普通高等教育“十一五”国家级规划教材

高 等 学 校 自 动 化 专 业 系 列 教 材
教育部高等学校自动化专业教学指导分委员会牵头规划

Fundamentals of Linear System Theory

线性系统理论基本教程

郑大钟　赵千川　编著
Zheng Dazhong　Zhao Qianchuan

清华大学出版社
北 京

内容简介

线性系统理论是系统与控制科学领域的一门最为基础的课程。本书按照课程的定位和少而精的原则，以线性系统为基本研究对象，对线性系统的时间域理论和复频率域理论作了系统而全面的论述。主要内容包括系统的状态空间描述和矩阵分式描述，系统的运动分析和系统的特性描述，系统基于各类性能指标的时间域综合和复频率域综合等。

本书体系新颖，内容丰富，论述严谨，重点突出。内容取舍上强调基础性和实用性，论述方式上力求符合理工科学生的认识规律。每章都配有相当数量不同类型的习题。本书可作为理工科大学生和研究生的教材或参考书，也可供科学工作者和工程技术人员学习参考。

图书在版编目(CIP)数据

线性系统理论基本教程/郑大钟，赵千川编著. —北京：清华大学出版社，2022.11
高等学校自动化专业系列教材
ISBN 978-7-302-61711-2

Ⅰ. ①线… Ⅱ. ①郑… ②赵… Ⅲ. ①线性系统理论－高等学校－教材 Ⅳ. ①O231

中国版本图书馆 CIP 数据核字(2022)第 155932 号

责任编辑：王一玲
封面设计：傅瑞学
责任校对：申晓焕
责任印制：丛怀宇

出版发行：清华大学出版社
网　　址：http://www.tup.com.cn，http://www.wqbook.com
地　　址：北京清华大学学研大厦 A 座　　**邮　　编**：100084
社 总 机：010-83470000　　**邮　　购**：010-62786544
投稿与读者服务：010-62776969，c-service@tup.tsinghua.edu.cn
质量反馈：010-62772015，zhiliang@tup.tsinghua.edu.cn
课件下载：http://www.tup.com.cn，010-83470236
印 装 者：三河市龙大印装有限公司
经　　销：全国新华书店
开　　本：175mm×245mm　　**印　　张**：37.75　　**字　　数**：803 千字
版　　次：2022 年 11 月第 1 版　　**印　　次**：2022 年 11 月第1次印刷
印　　数：1～1500
定　　价：109.00 元

产品编号：086850-01

出版说明

“高等学校自动化专业系列教材”

为适应我国对高等学校自动化专业人才培养的需要，配合各高校教学改革的进程，创建一套符合自动化专业培养目标和教学改革要求的新型自动化专业系列教材，“教育部高等学校自动化专业教学指导分委员会”（简称“教指委”）联合了“中国自动化学会教育工作委员会”“中国电工技术学会高校工业自动化教育专业委员会”“中国系统仿真学会教育工作委员会”“中国机械工业教育协会电气工程及自动化学科委员会”四个委员会，以教学创新为指导思想，以教材带动教学改革为方针，设立专项资助基金，采用全国公开招标方式，组织编写出版了一套自动化专业系列教材——“高等学校自动化专业系列教材”。

本系列教材主要面向本科生，同时兼顾研究生；覆盖面包括专业基础课、专业核心课、专业选修课、实践环节课和专业综合训练课；重点突出自动化专业基础理论和前沿技术；以文字教材为主，适当包括多媒体教材；以主教材为主，适当包括习题集、实验指导书、教师参考书、多媒体课件、网络课程脚本等辅助教材；力求做到符合自动化专业培养目标、反映自动化专业教育改革方向、满足自动化专业教学需要；努力创造使之成为具有先进性、创新性、适用性和系统性的特色品牌教材。

本系列教材在“教指委”的领导下，从 2004 年起，通过招标机制，计划用 3～4 年时间出版 50 本左右教材，2006 年开始陆续出版。为满足多层面、多类型的教学需求，同类教材可能出版多种版本。

本系列教材的主要读者群是自动化专业及相关专业的本科生和研究生，以及相关领域和部门的科学工作者和工程技术人员。我们希望本系列教材既能为在校本科生和研究生的学习提供内容先进、论述系统和适于教学的教材或参考书，也能为广大科学工作者和工程技术人员的知识更新与继续学习提供适合的参考资料。感谢使用本系列教材的广大教师、学生和科技工作者的热情支持，并欢迎提出批评和意见。

“高等学校自动化专业系列教材”编审委员会

2005 年 10 月于北京

序一

FOREWORD

自动化学科有着光荣的历史和重要的地位，20 世纪 50 年代我国政府就十分重视自动化学科的发展和自动化专业人才的培养。五十多年来，自动化科学技术在众多领域发挥了重大作用，如航空、航天等，“两弹一星”的伟大工程就包含了许多自动化科学技术的成果。自动化科学技术也改变了我国工业整体的面貌，不论是石油化工、电力、钢铁，还是轻工、建材、医药等领域都要用到自动化手段，在国防工业中自动化的作用更是巨大的。现在，世界上有很多非常活跃的领域都离不开自动化技术，比如机器人、月球车等。另外，自动化学科对一些交叉学科的发展同样起到了积极的促进作用，例如网络控制、量子控制、流媒体控制、生物信息学、系统生物学等学科就是在系统论、控制论、信息论的影响下得到不断的发展。在整个世界已经进入信息时代的背景下，中国要完成工业化的任务还很重，或者说我们正处在后工业化的阶段。因此，国家提出走新型工业化的道路和“信息化带动工业化，工业化促进信息化”的科学发展观，这对自动化科学技术的发展是一个前所未有的战略机遇。

机遇难得，人才更难得。要发展自动化学科，人才是基础、是关键。高等学校是人才培养的基地，或者说人才培养是高等学校的根本。作为高等学校的领导和教师始终要把人才培养放在第一位，具体对自动化系或自动化学院的领导和教师来说，要时刻想着为国家关键行业和战线培养和输送优秀的自动化技术人才。

影响人才培养的因素很多，涉及教学改革的方方面面，包括如何拓宽专业口径、优化教学计划、增强教学柔性、强化通识教育、提高知识起点、降低专业重心、加强基础知识、强调专业实践等，其中构建融会贯通、紧密配合、有机联系的课程体系，编写有利于促进学生个性发展、培养学生创新能力的教材尤为重要。清华大学吴澄院士领导的“高等学校自动化专业系列教材”编审委员会，根据自动化学科对自动化技术人才素质与能力的需求，充分吸取国外自动化专业教材的优势与特点，在全国范围内，以招标方式，组织编写了这套自动化专业系列教材，这对推动高等学校自动化专业发展与人才培养具有重要的意义。这套系列教材的建设有新思路、新机制，适应了高等学校教学改革与发展的新形势，立足创建精品教材，重视实践性环节在人才培养中的作用，采用了竞争机制，以激励和推动教材建设。在此，我谨向参与本系列教材规划、组织、编写的老师致以诚挚的感谢，并希望该系列教材在高等学校自动化专业人才培养中发挥应有的作用。

吴澄教授

2005年10月于教育部

序二

FOREWORD

“高等学校自动化专业系列教材”编审委员会在对国内外部分大学有关自动化专业的教材做深入调研的基础上，广泛听取了各方面的意见，以招标方式组织编写了一套面向全国本科生（兼顾研究生）、体现自动化专业教材整体规划和课程体系、强调专业基础和理论联系实际的系列教材，自2006年起将陆续出版。全套系列教材共50多本，涵盖了自动化学科的主要知识领域，大部分教材都配置了包括电子教案、多媒体课件、习题辅导、课程实验指导书等立体化教材配件。此外，为强调落实“加强实践教育，培养创新人才”的教学改革思想，还特别规划了一组专业实验教程，包括《自动控制原理实验教程》《运动控制实验教程》《过程控制实验教程》《检测技术实验教程》《计算机控制系统实验教程》等。

自动化科学技术是一门应用性很强的学科，面对的是各种各样错综复杂的系统，控制对象可能是确定性的，也可能是随机性的；控制方法可能是常规控制，也可能需要优化控制。这样的学科专业人才应该具有什么样的知识结构，又应该如何通过专业教材来体现，这正是“系列教材编审委员会”规划系列教材时所面临的问题。为此，设立了“自动化专业课程体系结构研究”专项研究课题，成立了由清华大学萧德云教授负责，包括清华大学、上海交通大学、西安交通大学和东北大学等多所院校参与的联合研究小组，对自动化专业课程体系结构进行深入的研究，提出了按“控制理论与工程、控制系统与技术、系统理论与工程、信息处理与分析、计算机与网络、软件基础与工程、专业课程实验”等知识板块构建的课程体系结构。以此为基础，组织规划了一套涵盖几十门自动化专业基础课程和专业课程的系列教材。从基础理论到控制技术，从系统理论到工程实践，从计算机技术到信号处理，从设计分析到课程实验，涉及的知识单元多达数百个、知识点几千个，参与的学校50多所，参与的教授120多人，是一项庞大的系统工程。从编制招标要求、公布招标公告，到组织投标和评审，最后商定教材大纲，凝聚着全国百余名教授的心血，为的是编写出版一套具有一定规模、富有特色的、既考虑研究型大学又考虑应用型大学的自动化专业创新型系列教材。

然而，如何进一步构建完善的自动化专业教材体系结构？如何建设基础知识与最新知识有机融合的教材？如何充分利用现代技术，适应现代大学生的接受习惯，改变教材单一形态，建设数字化、电子化、网络化等多元形态、开放性的“广义教材”？等等，这些都还有待我们进行更深入的研究。

本系列教材的出版，对更新自动化专业的知识体系、改善教学条件、创造个性化的教学环境，一定会起到积极的作用。但是由于受各方面条件所限，本套教材从整体结构到每本书的知识组成都可能存在不当甚至谬误之处，还望使用本套教材的广大教师、学生及各界人士不吝批评指正。

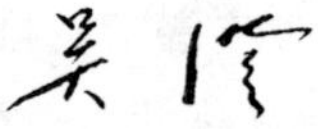 院士

2005 年 10 月于清华大学

前言

PREFACE

在系统与控制科学领域，线性系统是基本的研究对象，并在过去几十年中取得了众多成果和重要进展，已经形成和发展为相当完整和相当成熟的线性系统理论。线性系统理论的重要性首先在于它的基础性，其大量的概念、方法、原理和结论，对于系统与控制理论的许多学科分支，诸如最优控制、非线性控制、鲁棒控制、随机控制、智能控制、系统辨识和参数估计、过程控制、数字滤波和通信系统等，都具有重要的作用，成为学习和研究这些学科必不可少的基础知识。有鉴于此，国内外许多大学都毫无例外地把线性系统理论列为系统与控制科学方向的一门最为基础的课程。

本书是面向工科人才培养，在《线性系统理论》(第 2 版)(清华大学出版社，郑大钟编著)基础上适当删减形成的。《线性系统理论》自 1990 年出版第 1 版，2006 年出版第 2 版以来，被国内百余所大学采用作为高年级本科生和研究生教材，受到相关院校师生欢迎，更由台北儒林图书有限公司出版发行繁体字版本。1996 年 2 月，该书曾获国家电子工业部第三届全国工科电子类专业优秀教材一等奖。1997 年 7 月，获国家教育委员会国家级教学成果奖二等奖。1997 年经国务院学位委员会有关学科组审议通过，列入首批由国家教育部研究生工作办公室推荐的“研究生教学用书”。

本书在保持《线性系统理论》(第 2 版)体系结构和基本特色的前提下，借鉴 10 多年来课程改革和课程教学上的成果和经验，吸纳工科学生在教材使用中的反馈意见和有关建议，对全书理论推导部分进行了较大幅度的删减，只保留了绝大部分结论和若干基本结论的证明，在降低工科背景读者学习难度的同时，重点描述基本理论中各结论的正确内涵、直观意义和需要满足的条件，引导读者正确和灵活运用理论去解决现实世界中的问题。

本书以大学工科高年级本科生和研究生为读者对象，系统地、有重点地阐述分析和综合线性多变量系统的理论框架和主要结论。在内容选择和取舍上，力求以少而精的原则论述线性系统理论的基本概念、基本方法和基本结论。全书内容包括线性系统时间域理论和线性系统复频率域理论两部分，前者以状态空间描述和方法为核心，后者以传递函数矩阵的矩阵分式描述和多项式矩阵理论为基础。这两部分既有一定的内在联系和相互衔接，又具有一定程度的相对独立性。线性系统理论中，这两种方法在理论上最具基础性，而在工程上最富实用性。

本书可供工科高年级本科生和研究生作为教材或参考书使用，也可供系统与控制以及相关领域的广大工程技术人员和科学工作者自学和参考。本书所需的数学基础是微分方程和矩阵运算的基本知识。对于高年级本科生，可选学本书的第一部分，即前 5 章和第 6 章的前半部分，作为一个学期课程的教学内容。对于已具有状态空间法基本知识的研究生，则可略去第 1 章到第 5 章，以第 6 章大部分内容和整个第二部分内容，组成一个学期课程的教学内容。

感谢清华大学出版社王一玲编辑，感谢她为本书的编辑和出版做了很多细致的工作并提供了很多重要的帮助。

限于作者水平，书中难免有不妥和错误之处，衷心希望读者不吝批评指正。

作　者

2022 年 6 月于清华大学

目录

CONTENTS

第二部分 线性系统的复频率域理论

第1章 绪论

系统控制的理论和实践被认为是20世纪中对人类生产活动和社会生活发生重大影响的科学领域之一。线性系统理论是系统控制理论的一个最为基础和最为成熟的分支。本章是对线性系统理论的一个概貌性的论述，着重就研究对象、基本内容和论述范围等作一个简要的介绍，以期在宏观层次上对线性系统理论有一个总体的认识。

1.1 系统控制理论的研究对象

系统(system)存在于自然界和人类社会的一切领域中。系统是系统控制理论所要研究的对象。这一节是对系统、动态系统、线性系统、系统模型等基本概念的一个基本的和概要的说明。

1.1.1 系统

从系统控制理论的角度，通常将系统定义为是由相互关联和相互制约的若干"部分"所组成的具有特定功能的一个"整体"。系统的状态由描述系统行为特征的变量来表示。随着时间的推移系统会不断地演化。导致系统状态和演化进程发生变化的主要因素中，包括外部环境的影响，内部组成的相互作用，以及人为的控制作用等。

可以看出，系统作为系统控制理论的一个最为基本的概念，具有如下的3个基本特征。

(1) 整体性。一是，强调系统在结构上的整体性，即系统由"部分"所组成，各组成部分之间的相互作用是通过物质、能量和信息的交换来实现的。二是，突出系统行为和功能由整体所决定的特点，系统可以具有其组成部分所没有的功能，有着相同组成部分但它们的关联和作用关系不同的两个系统可以呈现出很不相同的行为和功能。

(2) 抽象性。在现实世界中，一个系统总是具有具体的物理、自然或社会属性的。例如，工程领域中的机电系统、制造系统、电力系统、通信系统等，自然领域中的生物系统、生态系统、气候系统等，以及社会领域中的经济系统、人口系统、社会系统等。但是，作为系统控制理论的研究对象的系统，常常是抽去了具体系统的物理、自然或社会含义，而把它抽象化为一个一般意义下的系统而加以研究。系统概念的这种抽象化处理，有助于揭示系统的一般特性和规律，使系统控制理论的理论和方法具有普适性。

(3) 相对性。在系统的定义中，“系统”和“部分”这种称谓具有相对的属性。事实上，对于一个系统而言，其组成部分通常也是由若干个更小部分所组成的一个系统，而这个系统往往又是另一个系统的一个组成部分。基于系统的这种相对关系，人们常常把系统进一步分类为小系统、系统、大系统和巨系统。这种区分反映了不同系统在组成规模和信息结构上的不同复杂程度。

1.1.2 动态系统

所谓动态系统，就是运动状态按确定规律或确定统计规律随时间演化的一类系统。通常，也称动态系统为动力学系统。大量的自然系统、工程系统和社会系统都属于动态系统。动态系统是系统控制理论所研究的主体。

动态系统的行为由其各类变量间的关系来表征。系统的变量可区分为三类形式。一是反映外部对系统的影响或作用的输入变量组如控制、投入、扰动等；二是表征系统状态行为的内部状态变量组；三是反映系统对外部作用或影响的输出变量组如响应、产出等。对于很大的一类动态系统，可以基于数学语言来对系统变量间的动态过程进行描述，这种描述常常具有微分方程组或差分方程组的形式。在系统描述的基础上，通过解析推导或数值分析的途径，可对系统的运动规律和各种性质给出严格的和定量的表达。

表征系统动态过程的数学描述具有两类基本形式。一是系统的内部描述，通常也被称为“白箱描述”，它是建立在系统的内部机理为已知的前提之上的。内部描述由两部分组成。一部分是反映输入变量组对状态变量组的动态影响关系，其描述具有微分方程组或差分方程组的形式；另一部分是反映输入变量组和状态变量组两者到输出变量组间的变换影响关系，其描述呈现为代数方程的形式。二是系统的外部描述，通常也被称为“黑箱描述”或输入输出描述，它是建立在系统的内部机理为未知的前提之上的。外部描述反映的是输入变量组对输出变量组间的动态影响关系，描述具有高阶微分方程组或高阶差分方程组的形式。对于特定的动态系统，两类描述之间可以进行相互的转化，内部描述通过既定的关系可化为输入输出描述，输入输出描述也可通过“实现理论”所提供的算法化为内部描述。

对于动态系统，我们还可以进一步按照其机制、特性和作用时间类型等，来进行多种方式的分类。

(1) 从机制的角度，动态系统可被分类为“连续变量动态系统”(continuous variable dynamic systems, CVDS)和“离散事件动态系统”(discrete event dynamic

systems,DEDS)。

连续变量动态系统服从于物理学定律(如电学的、力学的、热学的定律等)或广义物理学规律(如经济学规律、人口学规律、生态学规律、社会学规律等),其数学模型可表示为传统意义下的微分方程或差分方程。借助于数学理论所提供的问题描述与求解方法,可对这类系统的建模、分析、控制和优化进行研究。大量的自然系统和工程系统都可归属于CVDS的范畴。

离散事件动态系统来源于一批反映近年来技术发展方向的人造系统,其典型例子如柔性生产线或装配线、大规模计算机/通信网络、空中或机场交通管理系统、军事上的C^3I系统等。在DEDS中,对系统行为进程起决定作用的是一批作用于异步离散时刻的离散事件,并由离散事件驱动且按照一些复杂的人为规则相互作用来导致系统状态的演化。对DEDS,按照不同的层次,需要分别采用排队论、极大极小代数、自动机理论、佩特里(Petri)网等数学工具来进行建模和分析。

本书研究连续变量动态系统分析与综合的理论和方法。有关于离散事件动态系统的理论和方法,可以参看有关的著作①。

(2) 从特性的角度,动态系统可分别分类为线性系统(linear systems)和非线性系统(non-linear systems),集中参数系统(lumped parameter systems)和分布参数系统(distributed parameter systems)。

连续变量动态系统按其模型的关系属性可分类为线性系统和非线性系统。称描述系统模型的数学方程具有线性属性的系统为线性系统,相应地称模型数学方程具有非线性属性的系统为非线性系统。相比于线性系统,非线性系统在运动行为上要丰富得多,而在分析上则要复杂得多。研究表明,如分叉(bifurcation)、混沌(chaos)、奇异吸引子(strange attractor)等一些重要的现象,都只可能出现在非线性系统中。但是,在现今的非线性系统控制理论中,线性系统的理论和方法,仍然是不可或缺的基础。

连续变量动态系统按其参数的空间分布类型可分类为集中参数系统和分布参数系统。集中参数系统是一类不存在或不考虑参数的空间分布性的连续变量动态系统。在模型形式上,连续时间的集中参数系统可以由常微分方程来描述,属于有穷维系统。在现实世界中,大量的连续变量动态系统都可归属于或近似化为集中参数系统。相应地,分布参数系统是必须考虑其参数的空间分布性的一类连续变量动态系统,需要采用偏微分方程来描述,属于无穷维系统。相比于集中参数系统,分布参数系统的分析要复杂得多。

本书限于研究线性系统和集中参数系统,包括系统分析和综合的理论和方法。有关于非线性系统和分布参数系统的理论和方法,可以参看有关的著作②。

(3) 从作用时间类型的角度,动态系统可被分类为连续时间系统(continuous

---

① 郑大钟,赵千川.离散事件动态系统[M].北京:清华大学出版社,2001.

② 高为炳.非线性控制系统导论[M].北京:科学出版社,1988.

王康宁.分布参数控制系统[M].北京:科学出版社,1986.

time systems)和离散时间系统(discrete time systems)。

连续时间系统和离散时间系统的一个基本区别在于,前者中变量的作用时刻是连续的,描述系统动态过程的模型呈现为微分方程的形式,后者中变量的作用时刻是离散的采样时刻,描述系统动态过程的模型呈现为差分方程的形式。从本质上来说,大多数动态系统都属于连续时间系统的范畴。相比于连续时间系统,离散时间系统在分析和计算上要简单得多。

随着数字计算机的普及和其在系统控制中的广泛应用,离散时间系统日益显出其重要性。事实上,大量的连续时间系统常被通过采样的途径而化为时间离散化系统来进行分析和控制。而作为其中的重要类型的采样数据系统(sampled-data systems)也已成为系统控制理论中的一个重要分支。

本书将同时涉及连续时间系统和离散时间系统的分析和综合的理论和方法,并以连续时间系统为主。

1.1.3 线性系统

线性系统理论的研究对象为线性系统。线性系统理论是系统控制理论中研究最为充分、发展最为成熟和应用最为广泛的一个分支。线性系统理论中的很多概念和方法,对于研究系统控制理论的其他分支,如非线性系统理论、最优控制理论、自适应控制理论、鲁棒控制理论、随机控制理论等,同样也是不可缺少的基础。

线性系统的一个基本特征是其模型方程具有线性属性即满足叠加原理。叠加原理是指,若表系统的数学描述为$\boldsymbol{L}$,则对任意两个输入变量u_1和u_2以及任意两个非零有限常数c_1和c_2,必成立关系式:

$$\boldsymbol{L}(c_1u_1+c_2u_2)=c_1\boldsymbol{L}(u_1)+c_2\boldsymbol{L}(u_2) \tag{1.1}$$

进一步,对线性系统的定义及其相关属性,还需做如下的一些说明。

(1) 严格性。通常,线性系统可基于不同角度进行定义。但是,研究表明,只有基于叠加原理的定义才是严格的。例如,人们常常习惯于从物理的角度,把线性系统定义为由线性物理元件所组成的系统,这个定义无疑是充分的,但并不是必要的。事实上,可以容易举出反例,某个包含非线性物理元件的系统,其模型方程仍具有线性属性即满足叠加原理,也就是对于所讨论的状态变量而言这个系统仍可归属于线性系统的范畴。

(2) 对叠加原理的限制。在上述线性系统的定义中,叠加原理的关系式(1.1)通常限制于有限项和。如果不引入附加的假设,一般就不能推广到无穷项和。

(3) 叠加原理所导致的研究上的简便性。线性系统满足叠加原理这一属性,导致了其在数学处理上的简便性,使得可以采用比较成熟和比较简便的数学工具,如数学变换(傅里叶变换、拉普拉斯变换等)和线性代数等,来分析和综合系统的动态过程。

(4) 线性系统的现实性。严格地说,一切实际动态系统都是非线性的,真正的线性系统在现实世界中是不存在的。但是,另一方面,对于很大一部分实际系统,它们的某些主要关系特性可以在一定范围内足够精确地用线性系统来加以近似地代表。并且,实际系统与其理想化线性系统间的差别,相对于所研究的问题而言已经小到无关紧要的程度而可予以忽略不计。因此,从这个意义上说,线性系统或者线性化系统在现实问题中又是大量存在的,而这正是研究线性系统的实际背景。

对于线性系统,通常还可进一步细分为线性时不变系统(linear time-invariant systems)和线性时变系统(linear time-varying systems)两类。

线性时不变系统也称为线性定常系统或线性常系数系统。其特点是,描述系统动态过程的线性微分方程或差分方程中,每个系数都是不随时间变化的常数。从实际的观点而言,线性时不变系统实质上是对实际系统经过近似化和工程化处理后所导出的一类理想化系统。但是,由于线性时不变系统在研究上的简便性和基础性,并且为数很多的实际系统都可以在一定范围内足够精确地用线性时不变系统来代表,因此自然地成为线性系统理论中的主要研究对象。

线性时变系统也称为线性变系数系统。其特点是,表征系统动态过程的线性微分方程或差分方程中,至少包含一个参数为随时间变化的函数。在现实世界中,由于系统外部和内部的原因,参数的变化是不可避免的,因此严格地说几乎所有系统都属于时变系统的范畴。但是,从研究的角度,只要参数随时间的变化远慢于系统状态随时间的变化,那么就可将系统按时不变系统来研究,由此而导致的误差完全可以达到忽略不计的程度。

线性时不变系统和线性时变系统在系统描述上的这种区别,既决定了两者在运动状态特性上的实质性差别,也决定了两者在分析和综合方法的复杂程度上的重要差别。比之线性时不变系统,对线性时变系统的研究要远为复杂得多,也远为不成熟得多。有鉴于此,本书将以线性时不变系统作为研究的重点,对线性时变系统只给以基本的讨论。

1.1.4 系统模型

系统建模即对系统建立模型,在系统控制理论中具有基本的重要性。建模的目的在于深入和定量地揭示系统行为的规律性或因果关系性。建模的实质是对系统的动态过程即各个变量和参量间的关系按照研究需要的角度进行描述。系统模型就是对现实世界中的系统或其部分属性的一个简化的描述。

对于系统建模和系统模型中的有关概念和问题,有必要作如下几点说明。

(1) 系统模型的作用。一是,进行仿真的需要,即通过对实际系统建立模型,以实现在计算机上对系统进行数学仿真。特别是,对于许多复杂的工业控制过程和社会经济系统,建模往往是最为关键和最为困难的任务。二是,用以预测实际系统的某些状态的发展态势,例如天气预报、经济发展预测、人口增长预测等。三是,对系统综合或设计控制器的需要,即基于被控对象的模型和期望指标,运用控制理论所提供的方法和算法来设计控制器。

(2) 模型类型的多样性。由实际系统的多样性和不同复杂性所决定，并不是所有系统都有可能采用数学模型来表征。按照系统的不同类型和不同情况，系统描述的类型呈现出很大的多样性和差异性。有的只能采用语言、数据、图表或计算机程序来描述，有的则可采用逻辑关系、映射关系或数学方程来描述。

(3) 数学模型的基本性。系统控制理论着重于研究可以采用数学模型表征的系统。数学模型就是用数学语言描述的一类系统模型。方程描述是数学模型的主要形式，如一个或一组代数方程、微分方程、差分方程、积分方程或随机方程，或者它们的某种组合。数学模型的其他重要形式，还有代数、几何、拓扑、数理逻辑等描述的模型。但是，应当注意的是，数学模型只是对实际系统的行为和特征的描述，并不能反映系统的实际结构。

(4) 建立数学模型的途径。一是，机理建模的途径。其思路是，利用相应的“物理学定律”或“广义物理学定律”，对系统的各个变量和各个参量间建立起对应的数学方程。这种建模方法的特点是，物理概念清楚，物理意义明显，但一般只能用于较为简单的系统。二是，系统辨识的途径。其思路是，基于一定条件下对系统引入典型激励信号所获得的输入输出数据，利用相应的数学方法如最小二乘法或扩展最小二乘法等，建立反映系统变量关系的数学方程。现今，系统辨识已经成为系统控制理论中的一个独立的和重要的分支，有兴趣的读者可以参看相应的著作①。

(5) 系统建模的准则。在对实际系统的建模中，常常会面临一个令人两难的问题。一方面，总是希望在保持系统的一些本质特征的前提下使系统模型尽可能简单，以利于简化对系统的分析和综合；另一方面，也总是希望基于系统模型的分析和综合结果，能足够准确地反映实际系统的行为。因此，系统建模中应当遵循的一条准则是，必须在系统模型的简单性和分析结果的准确性之间作出适当的折中。

1.2 线性系统理论的基本概貌

线性系统理论以研究线性系统的分析与综合的理论和方法为基本任务。研究线性系统的目的在于认识线性系统中可能发生的运动行为，了解使线性系统具有所期望的性能的方法和手段。本节是对线性系统理论的基本内容、发展过程和主要学派等的一个粗线条的介绍。

1.2.1 线性系统理论的主要内容

线性系统理论着重于研究线性系统状态的运动规律和改变这种运动规律的可能性和方法，以建立和揭示系统结构、参数、行为和性能间的确定的和定量的关系。

---

① 方崇智，萧德云. 过程辨识[M]. 北京：清华大学出版社，1988.

通常,研究系统运动规律的问题称为分析问题,研究改变运动规律的可能性和方法的问题则为综合问题。前者属于认识系统的范畴,后者属于改造系统的范畴。

线性系统的理论和方法是建立在其模型基础之上的。不管是对系统进行分析还是综合,一个首要的前提是建立起系统的数学模型。建立模型时,最重要的是要确定什么是需要反映和研究的主要系统属性,并在此基础上来定出它们的定量关系。根据所考虑问题的性质的不同,一个系统可以有不同类型的模型,它们代表了系统的不同侧面的属性。系统数学模型的基本要素是变量、参量、常量和它们之间的关系。变量包括状态变量、输入变量和输出变量,有些情况下还需考虑扰动变量。参量可以是系统的参数或表征系统性能的参数,前者受系统环境的影响可产生变动,后者可随设计要求而人为地改变其取值。常量是指系统中不随时间改变的参数。线性系统的数学模型有两种主要形式,即时间域模型和频率域模型。时间域模型表现为微分方程组或差分方程组,可同时适用于线性时不变系统和线性时变系统。频率域模型表现为传递函数和频率响应,只适用于线性时不变系统。对应于系统的这两类模型,已经发展和形成了线性系统理论中的两类不同方法。

在系统数学模型的基础上,可以把线性系统理论分为"分析理论"和"综合理论"两个基本部分。

(1) 线性系统分析理论。线性系统的分析还可进一步区分为"定量分析"和"定性分析"两类情况。两者对研究系统的运动规律和结构特性具有同样重要的意义。

定量分析的关注点是建立系统状态或输出相对于输入的因果关系的一般表达式,以作为分析系统的响应和性能的基础。从数学的角度,系统分析归结为求解作为系统数学模型的微分方程组或差分方程组。从计算的角度,当应用一般关系式来分析比较复杂的线性系统的响应时,将会面临繁多和复杂的计算,常需借助于计算机来完成。在这方面,流行甚广的应用软件 MATLAB 可以提供很大的帮助,对此读者可参看有关的著作①。

定性分析着重于研究对系统性能和控制具有重要意义的基本结构特性。结构特性主要包括稳定性、能控性与能观测性、互质性等。对系统结构特性的分析,既是对线性系统特性本身的揭示,也是进一步研究系统综合问题的需要。线性系统的定性分析理论,在线性系统理论中占有重要的位置。

(2) 线性系统综合理论。综合是对分析的一个反命题。对系统的综合是建立在系统分析基础上的。系统综合的目的是使系统的性能达到期望的指标或实现最优化。

直观地说,系统综合就是同时基于系统模型和期望性能指标确定满足综合要求的控制器。控制器的基本形式为反馈控制,包括状态反馈和输出反馈,在一些情况下还需同时引入附加的补偿器。

系统综合的研究面临三个基本问题。一是,可综合性问题。其含义是,对应于

---

① 薛定宇. 反馈控制系统设计与分析——MATLAB 语言应用[M]. 北京:清华大学出版社,2000.

给定的系统和给定的期望性能指标，建立起系统能够实现综合指标所需满足的条件。二是，综合算法。其含义是，对满足可综合性条件的系统，建立用来确定控制器的计算方法，通常总是要求这种算法可在计算机上实现。三是，综合得到的控制系统在工程实现中出现的理论性问题。这是因为，系统的综合是相对于系统模型进行的，而所导出的控制器将施加和作用于实际系统，由此必然产生一系列实际性问题。这些问题主要有，在状态变量不能全部直接测量情况下如何来构成状态反馈，系统模型的不精确会对综合结果造成什么样的影响，参数不可避免的摄动将对系统性能导致什么样的影响，扰动对系统性能影响的抑制和消除等。不解决这些实际问题，系统综合中所达到的期望性能指标仍然是没有保证的。对此，传统的做法是采取相应的技术手段，如对系统的精心调试和采取对应的补偿措施。而在系统控制理论中，通常这些实际问题也被化成为理论问题来加以研究，从理论上保证使所综合的控制系统在实际环境中仍能达到期望的性能。

1.2.2 线性系统理论的发展过程

线性系统控制理论与一切其他技术科学学科一样，也是在社会发展需求的推动下，从解决相应时代的重大实际生产和工程问题的需要中产生和发展起来的。一般认为，奈奎斯特(H. Nyquist)在 20 世纪 30 年代初对反馈放大器稳定性的研究，是系统控制作为一门学科发展的开端。线性系统理论的发展过程经历了"经典线性系统理论"和"现代线性系统理论"两个阶段。

(1) 经典线性系统理论。线性系统的经典理论形成于 20 世纪三四十年代，以三项理论性结果为标志。一是奈奎斯特 1932 年提出的关于反馈放大器稳定性的结果，这个结果揭示了反馈系统中产生条件不稳定的原因，给出了判断反馈系统稳定性的准则即奈奎斯特判据，提供了避免不稳定振荡的方法。二是波特(H. W. Bode)在 20 世纪 40 年代初引入的相对于对数频率的对数增益图和线性相位图即波特图，波特图大大简化了当时已经十分流行的频率响应特性的运算和作图过程，使基于频率响应的分析与综合反馈控制系统的实用理论和方法得以形成。三是伊万思(W. R. Evans)1948 年提出的根轨迹法，这种方法为以复变量理论为基础的控制系统的分析和设计理论和方法开辟了新的途径。

经典线性系统控制理论的应用在第二次世界大战期间取得了巨大的成功。集成自动跟踪和自动控制功能的雷达-火炮系统和具有基本自动控制功能的 V2 火箭等，就是其中较为突出的范例。到 20 世纪 50 年代中期，线性系统控制理论已经发展成熟和完备，并在大量的武器自动控制和工业过程与装置的自动控制领域中得到了成功的应用。与此同时，线性系统控制理论对经典非线性系统理论的发展，也产生了深刻的影响。

经典线性系统理论的主要研究对象是单输入单输出线性时不变系统。主要的数学基础是傅里叶变换和拉普拉斯变换。描述系统的基本数学模型为传递函数和频率响应。分析和综合控制系统的主要方法是频率响应法和根轨迹法。系统分析设计中所采用的主要手段是作图和工程近似的有机结合。经典线性系统理论的突出特点是,物理概念清晰,研究思路直观,方法简便实用,易于为工程技术人员所掌握和采用。经典线性系统理论从概念和方法上为线性系统控制建立了基础,所采用的方法为现代数字计算机尚未产生和普及的那个时代提供了非常实用高效的手段,甚至在今天至少对于单输入单输出线性时不变系统的分析和综合仍不失其价值和魅力。随着数字计算机的广泛普及,对线性系统的分析和综合可直接置于时间领域里进行。经典线性系统理论的局限性表现在,一般难于有效地处理多输入多输出线性系统的分析综合,以及难以揭示系统内部结构的更为深刻的特性。

(2) 现代线性系统理论。在第二次世界大战结束后的 20 世纪 50 年代蓬勃兴起的航天技术需求推动下,线性系统理论在 1960 年前后开始了从经典理论到现代理论的过渡。反映这种过渡的重要标志性成果是,卡尔曼(R. E. Kalman)把在分析力学中广为采用的状态空间描述引入到线性系统控制理论中来,并在此基础上引入了对研究系统结构和控制具有基本意义的能控性和能观测性的概念。随后,经过 60 年代和 70 年代的大发展,系统地形成了基于状态空间描述的分析与综合线性系统的状态空间法。

状态空间法的基本特点是,采用状态空间描述这种系统内部描述来取代经典线性系统理论中习以为常的传递函数形式的外部输入输出描述,并将对系统的分析和综合直接置于时间域内来进行。状态空间法可同时适用于单输入单输出系统和多输入多输出系统,线性时不变系统和线性时变系统,并且大大拓宽了所能处理问题的领域。在状态空间描述基础上所揭示的能控性和能观测性这两个概念,已被证明是线性系统理论中两个最为基本的特性。能控性和能观测性的引入,导致了线性系统的分析和综合在指导原则上的一个根本性的变化。这种变化集中表现为用"系统内部研究"代替了传统的"系统外部研究",并使系统分析和综合过程建立在严格的理论基础上。通常,称建立在状态空间法基础上的线性系统的分析和综合方法为现代线性系统理论。

在状态空间法的基础上,线性系统理论不论是研究内容还是研究方法上,又出现了一系列新的发展。出现了着重从几何方法角度研究线性系统的结构和特性的线性系统几何理论,出现了以抽象代数为工具的线性系统代数理论,出现了在推广经典频率法基础上发展起来的多变量频率域理论。与此同时,随着计算机硬软件技术的发展和普及,线性系统分析和综合中的计算问题,特别是其中的病态问题和数值稳定性问题,以及利用计算机对线性系统进行辅助分析和辅助设计的问题,也都得到了广泛研究。

1.2.3 线性系统理论的主要学派

在线性系统理论的领域中,基于所采用的分析工具和所采用的系统描述的不同，已经形成了四个平行的分支。这些分支是，线性系统的状态空间法，线性系统的几何理论，线性系统的代数理论，以及线性系统多变量频域方法。它们以不同的研究方法构成了线性系统理论中四个主要学派。

(1) 线性系统的状态空间法。状态空间法是线性系统理论中影响最广的一个分支。在状态空间法中，表征系统动态过程的数学模型是反映输入变量、状态变量和输出变量间关系的一对向量方程，称为状态方程和输出方程。状态空间法本质上是一种时间域方法，主要的数学基础是线性代数和矩阵理论，系统分析和综合中所涉及的计算主要为矩阵运算和矩阵变换，并且这类计算问题已经有比较完备的软件，适宜在计算机上来进行。不管是系统分析还是系统综合，状态空间法都已经发展了一整套较为完整的和较为成熟的理论和算法。从发展历史的角度可以说，线性系统理论的其他分支，大都是在状态空间法的影响和推动下形成和发展起来的。

(2) 线性系统的几何理论。几何理论的特点是，把对线性系统的研究转化为状态空间中的相应几何问题，并采用几何语言来对系统进行描述、分析和综合。几何理论的主要数学工具是以几何形式表述的线性代数，基本思想是把能控性和能观测性等系统结构特性表述为不同的状态子空间的几何属性。在几何理论中，具有关键意义的两个概念是基于线性系统状态方程的系统矩阵 $\boldsymbol{A}$ 和输入矩阵 $\boldsymbol{B}$ 所组成的 $\langle \boldsymbol{A},\boldsymbol{B}\rangle$ 不变子空间和 $\langle \boldsymbol{A},\boldsymbol{B}\rangle$ 能控子空间，它们在用几何方法解决系统综合问题中具有基础性的作用。几何方法的特点是简洁明了，避免了状态空间法中大量繁杂的矩阵推演计算，而在一旦需要计算时几何方法的结果都能比较容易地转化成为相应的矩阵运算。但是，对于工程背景的学习者和研究者来说，对线性系统的几何理论不免会感到比较抽象，因而需要具备一定的相应数学基础。线性系统的几何理论由旺纳姆(W. M. Wonham)在 20 世纪 70 年代初所创立和发展。几何理论的代表作是旺纳姆著述的《线性多变量控制：一种几何方法》[①]一书。

(3) 线性系统的代数理论。线性系统的代数理论是采用抽象代数工具表征和研究线性系统的一种方法。代数理论的主要特点是，把系统各组变量间的关系看作为是某些代数结构之间的映射关系，从而可以实现对线性系统描述和分析的完全的形式化和抽象化，使之转化成为纯粹的一些抽象代数问题。代数理论的研究起源于卡尔曼在 20 世纪 60 年代末运用模论工具对域上线性系统的研究。随后，在模论方法的影响下，在比域更弱和更一般的代数系上，如环、群、泛代数、集合上，相继建立了相应的线性系统代数理论。在这些研究中，发现了线性系统的不同于状态空间描述中的某些属性，并且还试图把线性系统代数理论和计算机科学结合起来以建立起统一的理论。

(4) 线性系统的多变量频域方法。多变量频域方法的实质，是以状态空间法为基础，采用频率域的系统描述和频率域的计算方法，以分析和综合线性时不变系统。在多变量频域方法中，平行和独立地发展了两类分析综合方法。一是频率域方法，

---

① W. M. 旺纳姆. 线性多变量控制：一种几何方法[M]. 姚景尹，王恩平，译. 北京：科学出版社，1984.

其特点是把一个多输入多输出系统化为一组单输入单输出系统来进行处理，并把经典线性系统控制理论的频率响应方法中许多行之有效的分析综合技术和方法推广到多输入多输出系统中来。通常，由此导出的综合理论和方法可以通过计算机辅助设计而方便地用于系统的综合。这类综合理论和方法主要是由罗森布罗克(H. H. Rosenbrock)、麦克法伦(A. G. J. MacFalane)等英国学者所建立的，习惯地称作为英国学派。有关多变量频域控制理论可参看相关的著作①。二是多项式矩阵方法，其特点是采用传递函数矩阵的矩阵分式描述作为系统的数学模型，并在多项式矩阵的计算和单模变换的基础上，建立了一整套分析和综合线性时不变系统的理论和方法。多项式矩阵方法是由罗森布罗克、沃罗维奇(W. A. Wolovich)等在 20 世纪 70 年代初提出的，并在随后的发展中得到不断完善和广泛应用。

1.3　本书的论述范围

这一节是对本书的论述体系和论述内容的一个概要性的介绍。线性系统理论的内容丰富，材料众多，不同分支在理论和方法上很不相同，难以在一门课程或一本教材中给出全面的介绍。并且，不同的分支具有不同的体系，需要不同的数学基础知识。所有这一切，都为全面地介绍线性系统理论增加了难度。基于这种背景，本书从基础性、通用性和应用性的角度考虑，限于以状态空间法和多项式矩阵法为主线来系统地介绍线性系统的分析与综合的理论和方法。这种论述定位和取材方式，既兼顾了时间域理论和复频率域理论，又适度地考虑了内容的多元性。

下面就本书论述和取材中的几个问题的有关考虑，简要地作进一步的说明。

1. 本书的体系

本书在体系安排上把线性系统理论区分为“时间域理论”和“复频率域理论”两部分。基于这种框架，本书要系统地分别介绍分析与综合线性系统的两类基本理论与方法。从某种意义上说，两类方法之间具有相对的独立性，代表了线性系统理论中两种典型的和常用的方法体系。但是，与此同时，不管是在概念上还是在方法上，两类方法之间存在着广泛的相互渗透和交叉沟通。

2. 本书采用的系统描述

在本书的两部分中，对作为分析与综合系统基础的系统描述，对应地采用相应的形式。在“线性系统的时间域理论”部分中，主要采用系统的内部描述即状态空间描述，系统数学模型对连续时间情形限于为

$$\begin{aligned}\dot{\boldsymbol{x}}(t) &= \boldsymbol{A}\boldsymbol{x}(t) + \boldsymbol{B}\boldsymbol{u}(t)\\ \boldsymbol{y}(t) &= \boldsymbol{C}\boldsymbol{x}(t) + \boldsymbol{D}\boldsymbol{u}(t)\end{aligned} \tag{1.2}$$

① 高黛陵，吴麒. 多变量频域控制理论[M]. 北京：清华大学出版社，1998.

及其对时变情形的推广。上式是以向量方程形式表示的一阶微分方程组和变换方程组，称前者为状态方程，后者为输出方程。在“线性系统的复频率域理论”部分中，限于讨论线性时不变系统，主要采用系统的外部描述即传递函数矩阵描述，系统数学模型主要限于为

$$\hat{\boldsymbol{y}}(s)=\boldsymbol{G}(s)\hat{\boldsymbol{u}}(s)=\boldsymbol{N}(s)\boldsymbol{D}^{-1}(s)\hat{\boldsymbol{u}}(s)=\boldsymbol{D}_{\mathrm{L}}^{-1}(s)\boldsymbol{N}_{\mathrm{L}}(s)\hat{\boldsymbol{u}}(s) \tag{1.3}$$

上式是拉普拉斯变换(Laplace Transformation)意义下，反映系统输出向量 $\boldsymbol{y}$ 和输入向量 $\boldsymbol{u}$ 间“传递关系”的一种输入输出描述。并且，称 $\boldsymbol{G}(s)$ 为系统的传递函数矩阵，形式上为有理分式函数矩阵。称 $\boldsymbol{N}(s)\boldsymbol{D}^{-1}(s)$ 和 $\boldsymbol{D}_{\mathrm{L}}^{-1}(s)\boldsymbol{N}_{\mathrm{L}}(s)$ 分别为 $\boldsymbol{G}(s)$ 的右矩阵分式描述和左矩阵分式描述，其中 $\boldsymbol{N}(s)$，$\boldsymbol{D}(s)$，$\boldsymbol{D}_{\mathrm{L}}(s)$，$\boldsymbol{N}_{\mathrm{L}}(s)$ 均为多项式矩阵。

3. 时间域理论部分的内容安排

时间域理论定位为全面地介绍和论述线性系统的状态空间法。基本思路是，从式(1.2)的状态空间描述式出发，系统地讨论分析和综合线性系统的理论和方法。本部分覆盖从第 2 章到第 6 章共 5 章的内容。

第 2 章是对状态空间描述的一个较为系统性的讨论。针对本书的研究对象线性系统，在引入状态和状态空间描述等基本概念的基础上，着重从多个角度论述线性系统状态空间描述的组成方法，并进而讨论状态空间描述的特性和变换。本章的概念和描述将贯穿于时间域理论的整个部分。

第 3 章着重于讨论线性系统运动过程的定量分析。分别就线性连续时间系统和线性离散时间系统，线性时不变系统和线性时变系统，重点建立和导出系统状态相对于初始状态和外部输入的时域响应的一般表达式。本章的讨论，对于分析系统的性能和特性具有基本的意义。

第 4 章讨论的能控性和能观测性是线性系统理论中最为基本和最具重要性的两个概念。本章在对能控性和能观测性的严格定义基础上，就线性系统的各类情形，系统地讨论判别这两个结构特性的常用准则。在此基础上导出的规范分解定理，进一步揭示了状态空间描述和传递函数矩阵描述间的内在关系。

第 5 章讨论李雅普诺夫稳定性理论。稳定性是系统的一个最为基本的运动属性。稳定是一切控制系统能够正常工作的前提。本章是对李雅普诺夫稳定性理论的概念和方法的一个较为系统和全面的介绍。研究对象除线性系统外也将拓展到非线性系统。

第 6 章讨论线性时不变系统的综合问题。针对工程中常用的一些典型综合指标，诸如极点配置、镇定、动态和静态解耦控制、渐近跟踪和扰动抑制以及线性二次型最优控制等，分别讨论和建立了相应综合问题的可综合性条件和综合控制律的算法。与此同时，相关的一些其他重要问题，如状态重构问题和观测器理论，对参数摄动的鲁棒性问题，也会在本章的讨论中涉及和论述。

4. 复频率域理论部分的内容安排

复频率域理论包括第 7 章到第 13 章共 7 章内容。贯穿的一条主线是，采用

式(1.3)所示的矩阵分式描述为基本系统模型,基于多项式矩阵理论的方法,系统地论述线性时不变系统的分析和综合的理论和方法。

第 7 章是对数学基础的多项式矩阵理论的一个较为系统的介绍。内容涉及多项式矩阵的概念、属性、计算、变换和规范形。本章所提供的概念和方法,将被应用于复频率域理论的整个部分。

第 8 章专题介绍复频率域理论中系统模型的矩阵分式描述。内容涉及矩阵分式描述的概念和算法,重点讨论这种描述的基本属性,如真性和严真性、互质性、不可简约性等。

第 9 章讨论线性时不变系统的复频率域结构特性。思路是,通过引入传递函数矩阵的史密斯-麦克米伦形定义和推广定义多输入多输出系统的极点和零点,在此基础上围绕极点和零点讨论和分析结构指数、评价值、零空间和最小多项式基、亏数等相关概念。这些属性从不同角度反映了线性时不变系统的结构特性。

第 10 章介绍线性时不变系统的实现理论。实现理论建立和沟通了系统的状态空间描述和传递函数矩阵描述间的关系。内容涉及实现的概念,基于传递函数矩阵描述和矩阵分式描述的典型实现如能控类实现和能观测类实现等,以及最小实现及其性质。

第 11 章是对线性时不变系统的多项式矩阵描述的一个简要的介绍。内容包括多项式矩阵描述的形式、能控性与能观测性和互质性的关系、系统矩阵及其特性、阻塞零点和解耦零点、严格系统等价变换等。特别是严格系统等价变换,对运用多项式矩阵方法分析和综合线性时不变系统具有重要作用。

第 12 章介绍分析线性时不变系统的复频率域理论。针对典型组合系统,如并联系统、串联系统、状态反馈系统和输出反馈系统等,基于系统的矩阵分式描述和多项式矩阵描述,从复频率域的角度讨论系统的能控性、能观测性和稳定性等基本结构特性。

第 13 章研究线性时不变系统的复频率域综合理论和方法。内容包括各种典型综合指标下反馈控制系统的综合理论和算法。论述的课题有状态反馈极点配置,具有观测器-控制器类型补偿器的反馈极点配置,具有串联补偿器的输出反馈极点配置,具有串联补偿器的输出反馈动态解耦控制和静态解耦控制,基于内模原理的输出反馈渐近跟踪和扰动抑制,线性二次型最优控制的频率域综合等。

5. 习题的安排

习题的目的在于帮助读者正确理解和正确运用书中所给出的概念、方法和结论。基此考虑,本书各章的末尾均提供有相当数量和难度不等的习题,供学生结合课程学习或自学进行自我检验而用。在习题类型的设计上力求突出多元化和层次化的原则。有些习题比较直接和简单,目的在于训练相关概念和方法的实际和熟练运用;有些习题比较复杂和灵活,需要灵活运用有关的概念和知识,目的在于培养综合运用和融会贯通已学知识的能力;有些习题属于证明类型的题目,意在训练和提高工科学生的逻辑推理能力和数学证明技巧,这对于将要从事工程科学研究和开发的科技人员已经成为一种不可忽视的基本能力。

第一部分 线性系统的时间域理论

线性系统的时间域理论是以时间域数学模型为系统描述，直接在时间域内分析和综合线性系统的运动和特性的一种理论和方法。在早期阶段，经典线性系统时间域理论只能用来分析单输入单输出系统的运动，系统描述为反映输出输入关系的单变量高阶微分方程，分析领域主要限于系统运动的稳定性和时域响应。

20 世纪 60 年代以来，随着状态和状态空间的概念和方法系统地引入到系统控制理论中来，极大地推动和发展形成了现代线性系统时间域理论。现代线性系统的时间域理论和方法具有更为广阔的适用领域，既适用于单输入单输出系统，也适用于多输入多输出系统；既可处理时不变系统，也可处理时变系统；既能用于系统的分析，也能用于系统的综合。现代线性系统时间域理论的特点是，采用状态空间描述作为系统的数学模型，并以状态空间方法作为系统分析和综合的核心。

本部分由第 2 章到第 6 章的 3 个层次共 5 章组成。第一个层次为线性系统的描述，由第 2 章组成，内容覆盖状态与状态空间概念和线性系统的状态空间描述。第二个层次为线性系统的分析，由第 3 章到第 5 章组成，内容涉及线性系统的运动分析、能控性与能观测性，以及稳定性。第三个层次为线性控制系统的综合，由第 6 章组成，内容包括对应于一些典型综合指标的基于状态反馈的线性控制系统的综合和实现的理论与方法。

第2章 线性系统的状态空间描述

线性系统的状态空间描述是分析和综合线性系统的基础。本章的内容包括状态和状态空间的概念，状态空间描述的组成方法和描述形式，状态空间描述的特性和变换等。本章导出的概念和结果对于随后各章的讨论将是不可缺少的。

2.1 状态和状态空间

系统的状态空间描述是建立在状态和状态空间概念的基础上的。基此，首先对状态变量、状态和状态空间等基本概念进行严格的定义和相应的讨论。

2.1.1 系统动态过程的两类数学描述

作为引入状态和状态空间的背景，先来简要讨论系统动态过程的两类数学描述。考虑一个动态系统，它是由相互制约和相互作用的一些部分所组成的一个整体，习惯采用图2.1所示的方块来表征，方块以外的部分为系统环境。环境对系统的作用为系统输入，输入变量组表为 $u_1, u_2, \cdots, u_p$；系统对环境的作用为系统输出，输出变量组表为 $y_1, y_2, \cdots, y_q$；输入和输出构成系统的外部变量。用以刻画系统在每个时刻所处态势的变量为系统状态，状态变量组表为 $x_1, x_2, \cdots, x_n$，它们属于系统的一个内部变量组。

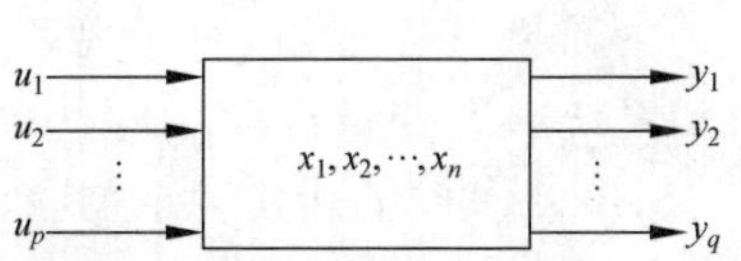

图2.1 系统的方块图表示及其变量

系统的行为由状态变量组随时间的变化过程所表征。系统动态过程的数学描述就是反映各组系统变量间因果关系的一个数学模型。通常，可把系统的数学描述区分为“外部描述”和“内部描述”两种类型。两类描述的区别在于,在表征系统动态过程的动态因果关系中,分别将输出变量组和状态变量组取作为外部输入的直接响应。

1. 系统的外部描述

外部描述常被称作为输出-输入描述。外部描述把系统当成为一个“黑箱”来处理,即假设系统的内部结构和内部信息是无法知道的。基于这个前提,外部描述的特点是,避开表征系统内部的动态过程,直接反映系统外部变量组(输出变量组和输入变量组)间的动态因果关系。

设所考虑的是一个线性的和参数不随时间改变的系统,且只有一个输入变量 u 和一个输出变量 y。那么,如同经典线性系统理论中所熟知的,此类系统在时间域内的外部描述就为形如下式的一个单变量高阶线性常系数微分方程:

$$y^{(n)}+a_{n-1}y^{(n-1)}+\cdots+a_1y^{(1)}+a_0y=b_{n-1}u^{(n-1)}+b_{n-2}u^{(n-2)}+\cdots+b_1u^{(1)}+b_0u \tag{2.1}$$

其中

$$y^{(i)}\triangleq \mathrm{d}^iy/\mathrm{d}t^i,\quad u^{(j)}\triangleq \mathrm{d}^ju/\mathrm{d}t^j$$

$$a_i \text{ 和 } b_j \text{ 为实常数},\quad a_n=1$$

$$i=1,2,\cdots,n,\quad j=1,2,\cdots,n-1$$

进一步,对上述常系数微分方程取拉普拉斯变换,并假定系统具有零初始条件,则由此可以导出系统的复频率域描述即传递函数描述的形式为

$$g(s)=\frac{\hat{y}(s)}{\hat{u}(s)}=\frac{b_{n-1}s^{n-1}+\cdots+b_1s+b_0}{s^n+a_{n-1}s^{n-1}+\cdots+a_1s+a_0} \tag{2.2}$$

其中,$\hat{u}(s)$和 $\hat{y}(s)$分别为输入变量 $u(t)$和输出变量 $y(t)$的拉普拉斯变换,s 为复变量。

2. 系统的内部描述

状态空间描述是系统内部描述的基本形式。内部描述认为系统是一个“白箱”,即系统的内部结构和内部信息是可以知道的。内部描述是基于系统的内部结构分析的一类数学模型,需要由两个数学方程来表征。一个是状态方程,反映“系统状态变量组 $x_1,x_2,\cdots,x_n$”和“输入变量组 $u_1,u_2,\cdots,u_p$”间的动态因果关系,其数学表达式对于连续时间系统为一阶微分方程组,对于离散时间系统为一阶差分方程组。另一个是输出方程,表征“系统状态变量组 $x_1,x_2,\cdots,x_n$ 与输入变量组 $u_1,u_2,\cdots,u_p$”和“输出变量组 $y_1,y_2,\cdots,y_q$”间的转换关系,其数学表达式为代数方程组。

3. 外部描述和内部描述的比较

对于线性系统,从第 4 章的系统结构的规范分解中将会看到,一般地说外部描述只是对系统的一种不完全的描述,不能反映黑箱内部结构的不能控或不能观测的部

分。内部描述则是系统的一种完全的描述，能够完全表征系统结构的一切部分。已经证明，只有在系统满足一定条件的前提下，系统的外部描述和内部描述之间才具有等价的关系。

2.1.2　状态和状态空间的定义

状态和状态空间的概念早已在质点和刚体动力学中得到广泛的应用。但是，随着将这两个概念引入到系统控制理论中来，并使之适合于描述一般意义下系统的动态过程，才使它们具有更为一般性的含义。

下面，给出状态变量组、状态和状态空间的定义。

定义 2.1［状态变量组］　一个动力学系统的状态变量组定义为能完全表征其时间域行为的一个最小内部变量组，表为 $x_1(t), x_2(t), \cdots, x_n(t)$，其中 t 为自变量时间。

定义 2.2［状态］　一个动力学系统的状态定义为由其状态变量组 $x_1(t)$，$x_2(t), \cdots, x_n(t)$所组成的一个列向量，表为

$$\boldsymbol{x}(t) = \begin{bmatrix} x_1(t) \\ \vdots \\ x_n(t) \end{bmatrix}$$

并且，状态 $\boldsymbol{x}$ 的维数定义为其组成状态变量 $x_1(t), x_2(t), \cdots, x_n(t)$的个数，即 $\dim\boldsymbol{x}=n$。

定义 2.3［状态空间］　状态空间定义为状态向量的一个集合，状态空间的维数等同于状态的维数。

为使对状态变量、状态和状态空间的含义和属性有一个正确和直观的理解，进一步对上述定义中所引入的有关概念和有关提法作如下的几点解释。

1. 状态变量组对系统行为的完全表征性

对于一个动态系统，定义中“系统行为可由其状态变量组完全表征”是指，只要给定初始时刻 t_0 的任意初始状态变量组

$$x_1(t_0), x_2(t_0), \cdots, x_n(t_0)$$

和 $t \geqslant t_0$ 各时刻的任意输入变量组

$$u_1(t), u_2(t), \cdots, u_p(t)$$

那么系统的任何一个内部变量在 $t \geqslant t_0$ 各时刻的运动行为也就随之而完全确定。

2. 状态变量组最小性的物理特征

物理直观上，定义中“状态变量组 $x_1(t), x_2(t), \cdots, x_n(t)$为最小”是指，减少其中的一个变量就会破坏它们对系统行为表征的完全性，而增加一个变量将是完全表征系统行为所不需要的。

3. 状态变量组最小性的数学特征

从数学的角度看,定义中"状态变量组 $x_1(t),x_2(t),\cdots,x_n(t)$ 为最小"是指,它们是系统所有内部变量中线性无关的一个极大变量组,也即 $x_1(t),x_2(t),\cdots,x_n(t)$ 以外的系统内部变量都必和它们线性相关。

4. 状态变量组的不唯一性

对一个动态系统,状态变量组 $x_1(t),x_2(t),\cdots,x_n(t)$ 的选取一般具有不唯一性。原因在于,系统内部变量的个数一般必大于状态的维数 n,而任意 n 个线性无关的内部变量组都有资格取成为系统的状态变量组。

5. 系统任意两个状态变量组之间的关系

对一个动态系统,任取两个状态变量组 $x_1,x_2,\cdots,x_n$ 和 $\bar{x}_1,\bar{x}_2,\cdots,\bar{x}_n$。则由状态变量组的线性无关性,并据线性代数的知识,可知 $x_i(i=1,2,\cdots,n)$ 必可表为 $\bar{x}_1,\bar{x}_2,\cdots,\bar{x}_n$ 的线性组合,且表达式为唯一,即有

$$\begin{cases} x_1 = p_{11}\bar{x}_1 + \cdots + p_{1n}\bar{x}_n \\ \cdots\cdots \\ x_n = p_{n1}\bar{x}_1 + \cdots + p_{nn}\bar{x}_n \end{cases} \tag{2.3}$$

现对变量和参数引入向量和矩阵表示:

$$\boldsymbol{x} = \begin{bmatrix} x_1 \\ \vdots \\ x_n \end{bmatrix}, \quad \bar{\boldsymbol{x}} = \begin{bmatrix} \bar{x}_1 \\ \vdots \\ \bar{x}_n \end{bmatrix}, \quad \boldsymbol{P} = \begin{bmatrix} p_{11} & \cdots & p_{1n} \\ \vdots & & \vdots \\ p_{n1} & \cdots & p_{nn} \end{bmatrix}$$

进而可将式(2.3)表为向量方程:

$$\boldsymbol{x} = \boldsymbol{P}\bar{\boldsymbol{x}} \tag{2.4}$$

同理,将 $\bar{x}_i(i=1,2,\cdots,n)$ 表为 $x_1,x_2,\cdots,x_n$ 的一个线性组合,可得到对应的向量方程:

$$\bar{\boldsymbol{x}} = \boldsymbol{Q}\boldsymbol{x} \tag{2.5}$$

其中,$\boldsymbol{Q}$ 为参数矩阵。于是,由式(2.4)和式(2.5),就可导出:

$$\boldsymbol{x} = \boldsymbol{P}\boldsymbol{Q}\boldsymbol{x}, \quad \bar{\boldsymbol{x}} = \boldsymbol{Q}\boldsymbol{P}\bar{\boldsymbol{x}} \tag{2.6}$$

这表明,下式成立:

$$\boldsymbol{P}\boldsymbol{Q} = \boldsymbol{Q}\boldsymbol{P} = \boldsymbol{I} \tag{2.7}$$

即矩阵 $\boldsymbol{P}$ 和 $\boldsymbol{Q}$ 互为逆。从而,可得结论,系统的任意选取的两个状态 $\boldsymbol{x}$ 和 $\bar{\boldsymbol{x}}$ 之间为线性非奇异变换的关系。

6. 有穷维系统和无穷维系统

动态系统的维数定义为其状态的维数。假设 Σ 为系统,$\boldsymbol{x}$ 为系统的状态,$n=$

$\dim\boldsymbol{x}$ 为状态的维数，则有 $\dim\Sigma=\dim\boldsymbol{x}=n$。若维数 n 为有穷正整数，称相应系统为有穷维系统，物理上一切集中参数系统都属于有穷维系统；若维数 n 为无穷大，称相应系统为无穷维系统，物理上一切分布参数系统属于无穷维系统。

7. 状态空间的属性

状态空间可理解为状态向量取值的一个向量空间。基于所有现实动态系统的状态变量 $x_1(t),x_2(t),\cdots,x_n(t)$ 只能取为实数值的事实，并考虑到设 $\dim\boldsymbol{x}=n$，因此状态空间即为建立在实数域 $\mathscr{R}$ 上的一个 n 维向量空间 $\mathscr{R}^n$。对某个确定时刻状态表示为状态空间中的一个点，状态随时间的变化过程则显现为状态空间中的一条运动轨迹。

2.2　线性系统的状态空间描述

动力学系统的状态空间描述是建立在状态和状态空间概念的基础上的。建立系统状态空间描述的基本方法有分析和辨识两条途径。分析途径适用于结构和参数为已知的系统，基于相应物理原理或广义物理原理直接建立系统状态空间描述；辨识途径适用于结构和参数难于清楚的系统，基于实验手段取得的输入输出数据导出相应系统状态空间描述。本节讨论建立状态空间描述的分析途径。并且，先就一些类型物理型系统进行讨论，再基此导出线性系统状态空间描述的一般形式。

2.2.1　电路系统状态空间描述的列写示例

电路系统是应用很广的一类工程系统。电路系统所遵循的物理原理包括各类电路元件的基本关系式和回路节点基尔霍夫定律。所考虑的电路系统如图 2.2 所示，设各组成元件的参数值为已知，取电压源 $e(t)$ 为输入变量，电阻 R_2 端电压 u_{R_2} 为输出变量。

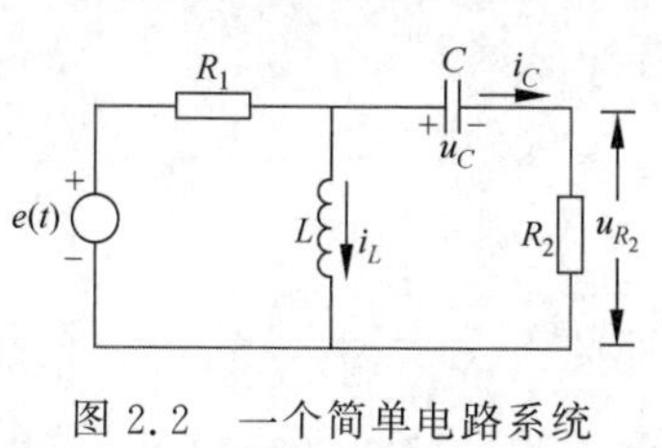

图 2.2　一个简单电路系统

基于给定电路系统的结构，并运用元件和电路的物理定律，可按如下步骤建立状态空间描述，即状态方程和输出方程。

(1) 选取状态变量。考虑到给定电路只含有电容 C 和电感 L 两个独立储能元件，可知系统有且仅有两个线性无关的内部变量。基此，不妨选取电路中独立储能元件的变量组即电容端电压 u_C 和流经电感的电流 i_L 作为电路状态变量组，u_C 和 i_L 必满足状态变量的线性无关极大组属性。

(2) 列出电路原始回路方程。运用回路基尔霍夫定律，可对图中右和左两个回路，分别列出其回路方程：

右回路
$$u_C+R_2C\frac{\mathrm{d}u_C}{\mathrm{d}t}-L\frac{\mathrm{d}i_L}{\mathrm{d}t}=0 \tag{2.8}$$

左回路
$$R_1 i_L + R_1 C \frac{\mathrm{d}u_C}{\mathrm{d}t} + L \frac{\mathrm{d}i_L}{\mathrm{d}t} = e \tag{2.9}$$

(3) 化回路方程为规范形式。具体做法是，在原始方程(2.8)和(2.9)中，把与状态变量 u_C 和 i_L 的一次导数的有关项置于方程的左端，而将其余的项移到方程的右端。按此处理，即可导出：

$$R_2 C \frac{\mathrm{d}u_C}{\mathrm{d}t} - L \frac{\mathrm{d}i_L}{\mathrm{d}t} = -u_C \tag{2.10}$$

$$R_1 C \frac{\mathrm{d}u_C}{\mathrm{d}t} + L \frac{\mathrm{d}i_L}{\mathrm{d}t} = e - R_1 i_L \tag{2.11}$$

(4) 导出状态变量方程和输出变量方程。将状态变量的一次导数 $\mathrm{d}u_C/\mathrm{d}t$ 和 $\mathrm{d}i_L/\mathrm{d}t$ 看成为待定量，并通过求解联立方程(2.10)和(2.11)可得到状态变量方程：

$$\frac{\mathrm{d}u_C}{\mathrm{d}t} = \frac{\begin{vmatrix} -u_C & -L \\ e - R_1 i_L & L \end{vmatrix}}{\begin{vmatrix} R_2 C & -L \\ R_1 C & L \end{vmatrix}}$$

$$= \left(-\frac{1}{(R_1 + R_2)C}\right) u_C + \left(-\frac{R_1}{(R_1 + R_2)C}\right) i_L + \left(\frac{1}{(R_1 + R_2)C}\right) e \tag{2.12}$$

$$\frac{\mathrm{d}i_L}{\mathrm{d}t} = \frac{\begin{vmatrix} R_2 C & -u_C \\ R_1 C & e - R_1 i_L \end{vmatrix}}{\begin{vmatrix} R_2 C & -L \\ R_1 C & L \end{vmatrix}}$$

$$= \left(\frac{R_1}{L(R_1 + R_2)}\right) u_C + \left(-\frac{R_1 R_2}{L(R_1 + R_2)}\right) i_L + \left(\frac{R_2}{L(R_1 + R_2)}\right) e \tag{2.13}$$

而输出变量方程则可根据电路关系式和式(2.12)直接导出：

$$u_{R_2} = R_2 C \frac{\mathrm{d}u_C}{\mathrm{d}t}$$

$$= \left(-\frac{R_2}{R_1 + R_2}\right) u_C + \left(-\frac{R_1 R_2}{R_1 + R_2}\right) i_L + \left(\frac{R_2}{R_1 + R_2}\right) e \tag{2.14}$$

(5) 导出状态方程和输出方程。对此，将状态变量方程(2.12)、(2.13)和输出变量方程(2.14)化为向量方程形式，即得到状态方程

$$\begin{bmatrix} \dot{u}_C \\ \dot{i}_L \end{bmatrix} = \begin{bmatrix} -\dfrac{1}{(R_1 + R_2)C} & -\dfrac{R_1}{(R_1 + R_2)C} \\ \dfrac{R_1}{L(R_1 + R_2)} & -\dfrac{R_1 R_2}{L(R_1 + R_2)} \end{bmatrix} \begin{bmatrix} u_C \\ i_L \end{bmatrix} + \begin{bmatrix} \dfrac{1}{(R_1 + R_2)C} \\ \dfrac{R_2}{L(R_1 + R_2)} \end{bmatrix} e \tag{2.15}$$

和输出方程

$$u_{R_2}=\begin{bmatrix}-\dfrac{R_2}{R_1+R_2} & -\dfrac{R_1R_2}{R_1+R_2}\end{bmatrix}\begin{bmatrix}u_C\\ i_L\end{bmatrix}+\begin{bmatrix}\dfrac{R_2}{R_1+R_2}\end{bmatrix}e \tag{2.16}$$

其中，$\dot{u}_C=\mathrm{d}u_C/\mathrm{d}t$，$\dot{i}_L=\mathrm{d}i_L/\mathrm{d}t$。

进而，引入参数矩阵表示：

$$\boldsymbol{A}=\begin{bmatrix}-\dfrac{1}{(R_1+R_2)C} & -\dfrac{R_1}{(R_1+R_2)C}\\ \dfrac{R_1}{L(R_1+R_2)} & -\dfrac{R_1R_2}{L(R_1+R_2)}\end{bmatrix},\quad \boldsymbol{B}=\begin{bmatrix}\dfrac{1}{(R_1+R_2)C}\\ \dfrac{R_2}{L(R_1+R_2)}\end{bmatrix}$$

$$\boldsymbol{C}=\begin{bmatrix}-\dfrac{R_2}{R_1+R_2} & -\dfrac{R_1R_2}{R_1+R_2}\end{bmatrix},\qquad \boldsymbol{D}=\begin{bmatrix}\dfrac{R_2}{R_1+R_2}\end{bmatrix}$$

那么，还可把所讨论电路的状态方程和输出方程表为如下的简洁形式：

$$\begin{bmatrix}\dot{u}_C\\ \dot{i}_L\end{bmatrix}=\boldsymbol{A}\begin{bmatrix}u_C\\ i_L\end{bmatrix}+\boldsymbol{B}e \tag{2.17}$$

$$u_{R_2}=\boldsymbol{C}\begin{bmatrix}u_C\\ i_L\end{bmatrix}+\boldsymbol{D}e \tag{2.18}$$

2.2.2　机电系统状态空间描述的列写示例

机电系统是同时包含电气动态过程和机械动态过程的一类工程系统。机电系统所遵循的物理原理包括力学定律、电路定律和电磁定律。考虑图 2.3 所示的电枢控制直流电动机，设组成参数为已知和励磁磁场为恒定，取加于电枢端的电压 e 为输入变量，电动机的转速 ω 为输出变量，要来建立机电系统的状态空间描述即状态方程和输出方程。

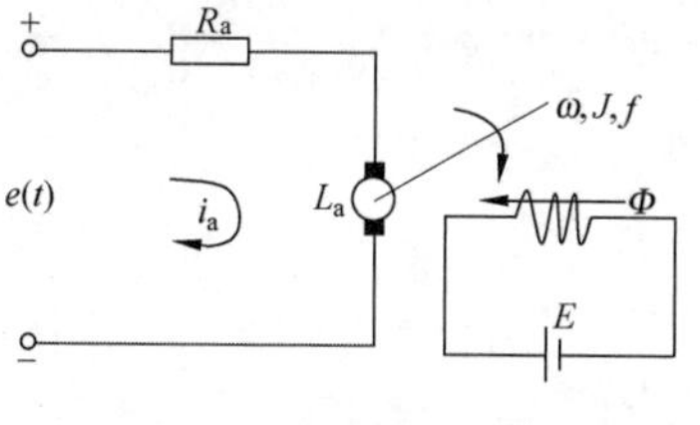

图 2.3　电枢控制直流电动机

(1) 选取状态变量。在电枢控制直流电动机中，只有电枢电感 L 和转子转动惯量 J 两个独立储能元件。基此可知，电枢电流 i_a 和转子转速 ω 必为线性无关极大变量组，按定义取为状态变量组。

(2) 列出电路部分和机械部分的原始动态方程。电路部分可依据回路基尔霍夫定律建立动态方程，但方程中需要包括由转子转速 ω 所引起的反电势项 $C_e\omega$，其中 C_e 为常数。机械部分可依据牛顿定律建立动态方程，但方程中需要包括由电枢电流 i_a 引起的电磁力矩项 C_Mi_a，其中 C_M 为常数。按此原则，即可导出：

电路部分方程
$$R_ai_a+L_a\frac{\mathrm{d}i_a}{\mathrm{d}t}+C_e\omega=e \tag{2.19}$$

机械部分方程
$$J\frac{\mathrm{d}\omega}{\mathrm{d}t}+f\omega-C_Mi_a=0 \tag{2.20}$$

(3) 导出状态变量方程和输出变量方程。对状态变量方程,通过将式(2.19)和式(2.20)作规范化改写,也即使方程左端只包含状态变量的一次导数项 $\mathrm{d}i_{\mathrm{a}}/\mathrm{d}t$ 和 $\mathrm{d}\omega/\mathrm{d}t$,就可导出:

$$\frac{\mathrm{d}i_{\mathrm{a}}}{\mathrm{d}t}=-\frac{R_{\mathrm{a}}}{L_{\mathrm{a}}}i_{\mathrm{a}}-\frac{C_e}{L_{\mathrm{a}}}\omega+\frac{1}{L_{\mathrm{a}}}e \tag{2.21}$$

$$\frac{\mathrm{d}\omega}{\mathrm{d}t}=\frac{C_M}{J}i_{\mathrm{a}}-\frac{f}{J}\omega \tag{2.22}$$

输出方程则依据输出变量的设定而可直接导出:

$$\omega=\omega \tag{2.23}$$

(4) 导出状态方程和输出方程。将状态变量方程(2.21)、(2.22)和输出变量方程(2.23)化为向量方程形式,就可分别得到状态方程

$$\begin{bmatrix}\dot{i}_{\mathrm{a}}\\ \dot{\omega}\end{bmatrix}=\begin{bmatrix}-\frac{R_{\mathrm{a}}}{L_{\mathrm{a}}} & -\frac{C_e}{L_{\mathrm{a}}}\\ \frac{C_M}{J} & -\frac{f}{J}\end{bmatrix}\begin{bmatrix}i_{\mathrm{a}}\\ \omega\end{bmatrix}+\begin{bmatrix}\frac{1}{L_{\mathrm{a}}}\\ 0\end{bmatrix}e \tag{2.24}$$

和输出方程

$$\omega=[0\quad 1]\begin{bmatrix}i_{\mathrm{a}}\\ \omega\end{bmatrix} \tag{2.25}$$

其中,$\dot{i}_{\mathrm{a}}=\mathrm{d}i_{\mathrm{a}}/\mathrm{d}t$,$\dot{\omega}=\mathrm{d}\omega/\mathrm{d}t$。

进而,引入参数矩阵表示:

$$\boldsymbol{A}=\begin{bmatrix}-\frac{R_{\mathrm{a}}}{L_{\mathrm{a}}} & -\frac{C_e}{L_{\mathrm{a}}}\\ \frac{C_M}{J} & -\frac{f}{J}\end{bmatrix},\quad \boldsymbol{B}=\begin{bmatrix}\frac{1}{L_{\mathrm{a}}}\\ 0\end{bmatrix},\quad \boldsymbol{C}=[0\quad 1],\quad \boldsymbol{D}=0$$

可把电枢控制直流电动机的状态方程和输出方程表为

$$\begin{bmatrix}\dot{i}_{\mathrm{a}}\\ \dot{\omega}\end{bmatrix}=\boldsymbol{A}\begin{bmatrix}i_{\mathrm{a}}\\ \omega\end{bmatrix}+\boldsymbol{B}e \tag{2.26}$$

$$\omega=\boldsymbol{C}\begin{bmatrix}i_{\mathrm{a}}\\ \omega\end{bmatrix}+\boldsymbol{D}e \tag{2.27}$$

2.2.3 连续时间线性系统的状态空间描述

前面举例的电路系统和机电系统,尽管它们的物理属性和遵循的物理规律各不相同,但系统属性都归属于连续时间线性时不变系统,并且具有相同的状态空间描述形式。通过对所讨论具体物理系统所得结果的归纳和一般化,可对连续时间线性系统的状态空间描述及其相关特性导出如下的一些推论。

1. 动态系统的结构

从系统状态空间描述的角度,动态系统的结构可区分为"动力学部件"和"输出部件",并采用图 2.4 所示的结构图来表示。图中,$x_1,x_2,\cdots,x_n$ 是表征系统行为的状态变量组,$u_1,u_2,\cdots,u_p$ 和 $y_1,y_2,\cdots,y_q$ 为系统的输入变量组和输出变量组,箭头表示信号的作用方向和部件变量组间的因果关系。

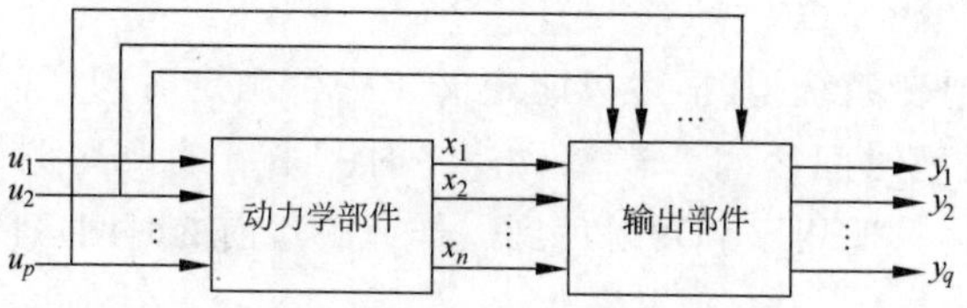

图 2.4　动态系统结构的示意图

2. 动态系统的状态空间描述

动态系统的状态空间描述需要由两个过程来反映。由动力学部件所决定的"输入引起状态变化的过程"和由输出部件所决定的"状态与输入导致输出变化的过程"。输入引起状态变化是一个动态性过程,对连续时间系统由微分方程所表征,且称其为状态方程。状态与输入导致输出变化是一个转换过程,其数学描述为代数方程,且称其为输出方程或量测方程。

3. 连续时间线性系统的状态空间描述

对连续时间线性时不变系统,基于前述电路系统和机电系统讨论结果的归纳,可以导出其状态空间描述的状态方程和输出方程具有如下一般形式:

$$\dot{\boldsymbol{x}}(t)=\boldsymbol{A}\boldsymbol{x}(t)+\boldsymbol{B}\boldsymbol{u}(t),\quad t\geqslant t_0 \tag{2.28}$$

$$\boldsymbol{y}(t)=\boldsymbol{C}\boldsymbol{x}(t)+\boldsymbol{D}\boldsymbol{u}(t) \tag{2.29}$$

其中,$\boldsymbol{x}$ 为 n 维状态,$\boldsymbol{u}$ 为 p 维输入,$\boldsymbol{y}$ 为 q 维输出,t_0 为初始时刻。称 $n\times n$ 阵 $\boldsymbol{A}$ 为系统矩阵,$n\times p$ 阵 $\boldsymbol{B}$ 为输入矩阵,$q\times n$ 阵 $\boldsymbol{C}$ 为输出矩阵,$q\times p$ 阵 $\boldsymbol{D}$ 为传输矩阵,它们由系统结构和参数所决定。

线性时不变系统的状态空间描述具有三个基本的特点。一是,描述形式的"线性属性"和系数矩阵的"时不变属性"。线性属性表现为,不管是状态方程还是输出方程,方程右端对状态 $\boldsymbol{x}$ 和输入 $\boldsymbol{u}$ 的项都具有线性关系。时不变属性表现为,所有参数矩阵 $\boldsymbol{A}$、$\boldsymbol{B}$、$\boldsymbol{C}$ 和 $\boldsymbol{D}$ 均为不随时间变化的实常阵。二是,描述形式的"共性属性"和参数矩阵的"个性属性"。这一特点意味着,对于不同的系统或同一系统的不同描述,状态方程和输出方程具有相同的固定形式,差别只体现在参数矩阵的不同。基此,为了表达上的简单,常可直接采用($\boldsymbol{A},\boldsymbol{B},\boldsymbol{C},\boldsymbol{D}$)来代表一个线性连续时间时不变系统。三是,描述形式的简洁性。将状态方程和输出方程表为向量方程形式,除了书写上的方便,当状态变量、输入变量和输出变量的数目增加时并不增加表达形式上的复杂性。

对连续时间线性时变系统，状态方程和输出方程仍具有线性属性，但系数矩阵就整体而言不具有时不变属性。这一特性意味着，描述方程在形式上等同于线性时不变系统，但系数矩阵中全部或至少一个为时变的即时间 t 的函数矩阵。线性时变系统状态空间描述的一般形式为

$$\dot{\boldsymbol{x}} = \boldsymbol{A}(t)\boldsymbol{x}(t) + \boldsymbol{B}(t)\boldsymbol{u}(t), \quad t \in [t_0, t_f] \tag{2.30}$$

$$\boldsymbol{y} = \boldsymbol{C}(t)\boldsymbol{x}(t) + \boldsymbol{D}(t)\boldsymbol{u}(t) \tag{2.31}$$

通常，对于现实的时变系统，其描述只能定义于一个确定时间区间上。基此，习惯上需要标出描述的适用时间区间 $t \in [t_0, t_f]$。时变系统的典型例子包括火箭、鱼雷、导弹等，显然其描述只适用于从发射后到爆炸或脱落前的时间区间内。

4. 连续时间线性系统的方块图

动态系统的方块图是对其描述方程的形象化表示。采用方块图表示，有利于直观地显示输入、状态和输出的作用位置，有利于形象地反映各个变量间的因果关系。方块图表示被广泛地应用于系统的分析和综合中，以增加讨论的方便性和形象性。对于连续时间线性时变系统，基于其状态空间描述(2.30)～(2.31)，可以导出其方块图具有图 2.5 所示的形式。当方块图中各系数矩阵不显含时间 t 时，此方块图对应于连续时间线性时不变系统。

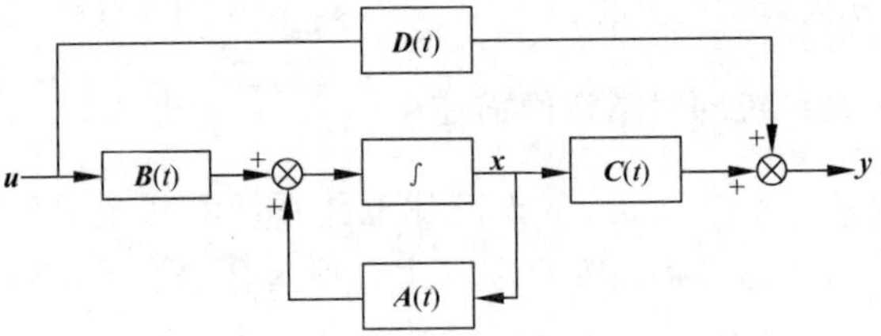

图 2.5　连续时间线性系统的方块图

2.2.4 人口分布问题状态空间描述的列写示例

人口分布问题属于社会系统问题。通过对人口分布问题建立状态空间描述模型，可以分析和预测人口分布的发展态势。这里讨论一个经过适当简化的城乡人口分布问题。假设某个国家，据普查统计 2020 年城乡人口的分布是，城市人口为 1000 万即 10^7，乡村人口为 9000 万即 9×10^7。人口流动情况是，每年有 4%上一年城市人口迁移去乡村，同时有 2%上一年乡村人口迁移去城市。人口增长情况是，整个国家人口的自然增长率为 1% 。我们要来建立反映这个国家城乡人口分布的状态空间描述模型。

(1) 符号和约定。表 k 为离散时间变量，取 $k=0$ 代表 2020 年。表 $x_1(k)$ 和 $x_2(k)$ 分别为第 k 年的城市人口和乡村人口；$u(k)$ 为第 k 年所采取的激励性政策控

制手段,设一个单位正控制措施可激励 5 万即 5×10^4 城市人口迁移去乡村,而一个单位负控制措施会导致 5 万即 5×10^4 乡村人口流向城市;$y(k)$为第 k 年的全国人口数。

(2) 选取变量。考虑到问题中城市人口 x_1 和乡村人口 x_2 的极大线性无关性,可取城市人口 x_1 和乡村人口 x_2 为状态变量。取政策控制 u 为输入变量,全国人口数 y 为输出变量。

(3) 建立状态变量方程和输出变量方程。基于问题给出的参量,即第 $k+1$ 年相比于第 k 年的人口迁移、增长和控制等关系,可以定出反映第 $k+1$ 年城市人口和乡村人口的分布的状态变量方程为

$$x_1(k+1)=1.01\times(1-0.04)x_1(k)+1.01\times0.02x_2(k)+1.01\times5\times10^4u(k) \tag{2.32}$$

$$x_2(k+1)=1.01\times0.04x_1(k)+1.01\times(1-0.02)x_2(k)-1.01\times5\times10^4u(k) \tag{2.33}$$

其中,$k=0,1,\cdots$,而反映全国人口变化态势的输出变量方程为

$$y(k)=x_1(k)+x_2(k) \tag{2.34}$$

(4) 导出向量方程形式的状态空间描述。将方程(2.32)、(2.33)和(2.34)表为向量方程形式的描述,就得到人口分布问题的状态方程和输出方程:

$$\begin{bmatrix}x_1(k+1)\\x_2(k+1)\end{bmatrix}=\begin{bmatrix}0.9696 & 0.0202\\0.0404 & 0.9898\end{bmatrix}\begin{bmatrix}x_1(k)\\x_2(k)\end{bmatrix}+\begin{bmatrix}5.05\times10^4\\-5.05\times10^4\end{bmatrix}u(k),\quad k=0,1,\cdots \tag{2.35}$$

$$y(k)=[1\quad 1]\begin{bmatrix}x_1(k)\\x_2(k)\end{bmatrix} \tag{2.36}$$

进而,引入参数矩阵:

$$\boldsymbol{G}=\begin{bmatrix}0.9696 & 0.0202\\0.0404 & 0.9898\end{bmatrix},\quad \boldsymbol{H}=\begin{bmatrix}5.05\times10^4\\-5.05\times10^4\end{bmatrix},\quad \boldsymbol{C}=[1\quad 1],\quad \boldsymbol{D}=0$$

还可将状态方程和输出方程表示为一般化形式:

$$\begin{bmatrix}x_1(k+1)\\x_2(k+1)\end{bmatrix}=\boldsymbol{G}\begin{bmatrix}x_1(k)\\x_2(k)\end{bmatrix}+\boldsymbol{H}u(k),\quad k=0,1,\cdots \tag{2.37}$$

$$y(k)=\boldsymbol{C}\begin{bmatrix}x_1(k)\\x_2(k)\end{bmatrix}+\boldsymbol{D}u(k) \tag{2.38}$$

2.2.5　离散时间线性系统的状态空间描述

前面举例的城乡人口分布问题就系统属性属于离散时间线性时不变系统。通过对人口分布问题结果的归纳和一般化,可对离散时间线性系统的状态空间描述及其相关特性导出如下的一些推论。

1. 状态空间描述形式

考虑离散时间线性时不变系统，设状态 $\boldsymbol{x}$ 的组成变量组为 $x_1, x_2, \cdots, x_n$，输入 $\boldsymbol{u}$ 的组成变量组为 $u_1, u_2, \cdots, u_p$，输出 $\boldsymbol{y}$ 的组成变量组为 $y_1, y_2, \cdots, y_q$，k 为离散化时间变量，那么系统状态空间描述的一般形式为

$$\boldsymbol{x}(k+1) = \boldsymbol{G}\boldsymbol{x}(k) + \boldsymbol{H}\boldsymbol{u}(k), \quad k = 0,1,2,\cdots \tag{2.39}$$

$$\boldsymbol{y}(k) = \boldsymbol{C}\boldsymbol{x}(k) + \boldsymbol{D}\boldsymbol{u}(k) \tag{2.40}$$

其中，称 $n\times n$ 阵 $\boldsymbol{G}$ 为系统矩阵，$n\times p$ 阵 $\boldsymbol{H}$ 为输入矩阵，$q\times n$ 阵 $\boldsymbol{C}$ 为输出矩阵，$q\times p$ 阵 $\boldsymbol{D}$ 为传输矩阵，它们由系统的结构和参数所决定。

对离散时间线性时变系统，状态方程和输出方程在形式上等同于线性时不变系统，但参数矩阵 $\boldsymbol{G}$、$\boldsymbol{H}$、$\boldsymbol{C}$、$\boldsymbol{D}$ 中全部或至少一个随时间变量 k 而变化。离散时间线性时变系统的状态空间描述的一般形式为

$$\boldsymbol{x}(k+1) = \boldsymbol{G}(k)\boldsymbol{x}(k) + \boldsymbol{H}(k)\boldsymbol{u}(k), \quad k = 0,1,2,\cdots \tag{2.41}$$

$$\boldsymbol{y}(k) = \boldsymbol{C}(k)\boldsymbol{x}(k) + \boldsymbol{D}(k)\boldsymbol{u}(k) \tag{2.42}$$

2. 状态空间描述的特点

离散时间线性系统状态空间描述具有三个基本特点。一是，状态方程形式上的差分型属性。不同于连续时间线性系统，离散时间线性系统的状态方程为差分方程而不是微分方程。二是，描述方程的线性属性。状态方程和输出方程的右端，无论是对状态 $\boldsymbol{x}$ 还是输入 $\boldsymbol{u}$ 都呈现为线性关系。三是，变量取值时间的离散属性。系统所有变量都只能在离散时刻 k 上取值，状态空间描述只反映离散时刻上变量组间的因果关系和转换关系。

3. 离散时间线性时变系统的方块图

对离散时间线性时变系统，形象地表征状态空间描述的方块图具有图 2.6 所示的形式。相比于连续时间线性时变系统，此方块图的特点是，用“滞后一步环节”代替“一重积分环节”。滞后环节的物理例子有移位寄存器、延迟线等。当方块图中各系数矩阵不显含时间 k 时，此方块图对应于离散时间线性时不变系统。

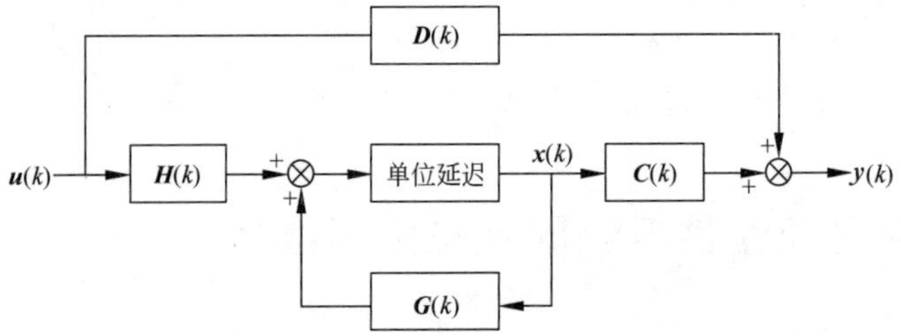

图 2.6　离散时间线性时变系统的方块图

2.3 连续变量动态系统按状态空间描述的分类

动态系统的状态空间描述是其动力学特性的完整表征。各类连续变量动态系统在结构和特性上的区别可由其状态空间描述直观显示。本节讨论连续变量动态系统基于状态空间描述的分类。

2.3.1 线性系统和非线性系统

讨论连续时间系统。首先,对系统分别选定:

$$\text{状态 } \boldsymbol{x}=[x_1,x_2,\cdots,x_n]^{\mathrm{T}}$$

$$\text{输入 } \boldsymbol{u}=[u_1,u_2,\cdots,u_p]^{\mathrm{T}}$$

$$\text{输出 } \boldsymbol{y}=[y_1,y_2,\cdots,y_q]^{\mathrm{T}}$$

其中,上标“T”表示转置。

称一个系统为非线性系统,当且仅当对其状态空间描述

$$\dot{\boldsymbol{x}}=\boldsymbol{f}(\boldsymbol{x},\boldsymbol{u},t) \tag{2.43}$$

$$\boldsymbol{y}=\boldsymbol{g}(\boldsymbol{x},\boldsymbol{u},t) \tag{2.44}$$

向量函数

$$\boldsymbol{f}(\boldsymbol{x},\boldsymbol{u},t)=\begin{bmatrix} f_1(\boldsymbol{x},\boldsymbol{u},t) \\ \vdots \\ f_n(\boldsymbol{x},\boldsymbol{u},t) \end{bmatrix} \quad \text{和} \quad \boldsymbol{g}(\boldsymbol{x},\boldsymbol{u},t)=\begin{bmatrix} g_1(\boldsymbol{x},\boldsymbol{u},t) \\ \vdots \\ g_q(\boldsymbol{x},\boldsymbol{u},t) \end{bmatrix}$$

的全部或至少一个组成元为状态变量 $x_1,x_2,\cdots,x_n$ 和/或输入量 $u_1,u_2,\cdots,u_p$ 的非线性函数。

称一个系统为线性系统,当且仅当系统的状态空间描述(2.43)~(2.44)中,向量函数 $\boldsymbol{f}(\boldsymbol{x},\boldsymbol{u},t)$ 和 $\boldsymbol{g}(\boldsymbol{x},\boldsymbol{u},t)$ 的所有组成元均为状态变量 $x_1,x_2,\cdots,x_n$ 和输入量 $u_1,u_2,\cdots,u_p$ 的线性函数,即有

$$\boldsymbol{f}(\boldsymbol{x},\boldsymbol{u},t)=\boldsymbol{A}(t)\boldsymbol{x}+\boldsymbol{B}(t)\boldsymbol{u} \tag{2.45}$$

$$\boldsymbol{g}(\boldsymbol{x},\boldsymbol{u},t)=\boldsymbol{C}(t)\boldsymbol{x}+\boldsymbol{D}(t)\boldsymbol{u} \tag{2.46}$$

等价地,称一个系统为线性系统,当且仅当系统的状态空间描述可表为

$$\dot{\boldsymbol{x}}=\boldsymbol{A}(t)\boldsymbol{x}+\boldsymbol{B}(t)\boldsymbol{u} \tag{2.47}$$

$$\boldsymbol{y}=\boldsymbol{C}(t)\boldsymbol{x}+\boldsymbol{D}(t)\boldsymbol{u} \tag{2.48}$$

其中,参数矩阵 $\boldsymbol{A}(t),\boldsymbol{B}(t),\boldsymbol{C}(t),\boldsymbol{D}(t)$ 为不依赖于状态 $\boldsymbol{x}$ 和输入 $\boldsymbol{u}$ 的时变矩阵。

现实世界中的一切实际系统严格地说都属于非线性系统。但是,同时也要指出,完全可以把相当多的实际系统按照线性系统对待和处理,其在简化分析的同时所得结果可在足够的精度下吻合于系统实际运动状态。特别是,如果限于讨论系统在某个$(\boldsymbol{x}_0,\boldsymbol{u}_0)$的足够小邻域内的运动,那么任一非线性系统都可在这一邻域内用

一个线性化系统来代替，其状态空间描述可以通过泰勒展开方法导出。

下面给出化非线性系统为线性化系统的泰勒展开方法。设非线性系统相应于指定状态 $\boldsymbol{x}_0$ 和指定输入 $\boldsymbol{u}_0$ 的状态空间描述为

$$\dot{\boldsymbol{x}}_0=\boldsymbol{f}(\boldsymbol{x}_0,\boldsymbol{u}_0,t) \tag{2.49}$$

$$\boldsymbol{y}_0=\boldsymbol{g}(\boldsymbol{x}_0,\boldsymbol{u}_0,t) \tag{2.50}$$

进而，在$(\boldsymbol{x}_0,\boldsymbol{u}_0)$的一个足够小邻域内，将非线性系统的状态空间描述(2.43)和(2.44)中的向量函数 $\boldsymbol{f}(\boldsymbol{x},\boldsymbol{u},t)$和 $\boldsymbol{g}(\boldsymbol{x},\boldsymbol{u},t)$进行泰勒展开，可得

$$\boldsymbol{f}(\boldsymbol{x},\boldsymbol{u},t)=\boldsymbol{f}(\boldsymbol{x}_0,\boldsymbol{u}_0,t)+\left(\frac{\partial \boldsymbol{f}}{\partial \boldsymbol{x}^{\mathrm{T}}}\right)_0\delta\boldsymbol{x}+\left(\frac{\partial \boldsymbol{f}}{\partial \boldsymbol{u}^{\mathrm{T}}}\right)_0\delta\boldsymbol{u}+ \alpha(\delta\boldsymbol{x},\delta\boldsymbol{u},t) \tag{2.51}$$

$$\boldsymbol{g}(\boldsymbol{x},\boldsymbol{u},t)=\boldsymbol{g}(\boldsymbol{x}_0,\boldsymbol{u}_0,t)+\left(\frac{\partial \boldsymbol{g}}{\partial \boldsymbol{x}^{\mathrm{T}}}\right)_0\delta\boldsymbol{x}+\left(\frac{\partial \boldsymbol{g}}{\partial \boldsymbol{u}^{\mathrm{T}}}\right)_0\delta\boldsymbol{u}+ \beta(\delta\boldsymbol{x},\delta\boldsymbol{u},t) \tag{2.52}$$

其中

$$\delta\boldsymbol{x}=\boldsymbol{x}-\boldsymbol{x}_0,\quad \delta\boldsymbol{u}=\boldsymbol{u}-\boldsymbol{u}_0$$

$\alpha(\delta\boldsymbol{x},\delta\boldsymbol{u},t)$, $\beta(\delta\boldsymbol{x},\delta\boldsymbol{u},t)$ 为高阶小项

再运用向量对向量的求导规则，并表

$$\left(\frac{\partial \boldsymbol{f}}{\partial \boldsymbol{x}^{\mathrm{T}}}\right)_0=\left(\frac{\partial \boldsymbol{f}}{\partial \boldsymbol{x}^{\mathrm{T}}}\right)_{\boldsymbol{x}_0,\boldsymbol{u}_0}=\begin{bmatrix}\dfrac{\partial f_1}{\partial x_1} & \cdots & \dfrac{\partial f_1}{\partial x_n}\\ \vdots & & \vdots\\ \dfrac{\partial f_n}{\partial x_1} & \cdots & \dfrac{\partial f_n}{\partial x_n}\end{bmatrix}_{\boldsymbol{x}_0,\boldsymbol{u}_0}=\boldsymbol{A}(t)$$

$$\left(\frac{\partial \boldsymbol{f}}{\partial \boldsymbol{u}^{\mathrm{T}}}\right)_0=\left(\frac{\partial \boldsymbol{f}}{\partial \boldsymbol{u}^{\mathrm{T}}}\right)_{\boldsymbol{x}_0,\boldsymbol{u}_0}=\begin{bmatrix}\dfrac{\partial f_1}{\partial u_1} & \cdots & \dfrac{\partial f_1}{\partial u_p}\\ \vdots & & \vdots\\ \dfrac{\partial f_n}{\partial u_1} & \cdots & \dfrac{\partial f_n}{\partial u_p}\end{bmatrix}_{\boldsymbol{x}_0,\boldsymbol{u}_0}=\boldsymbol{B}(t)$$

$$\left(\frac{\partial \boldsymbol{g}}{\partial \boldsymbol{x}^{\mathrm{T}}}\right)_0=\left(\frac{\partial \boldsymbol{g}}{\partial \boldsymbol{x}^{\mathrm{T}}}\right)_{\boldsymbol{x}_0,\boldsymbol{u}_0}=\begin{bmatrix}\dfrac{\partial g_1}{\partial x_1} & \cdots & \dfrac{\partial g_1}{\partial x_n}\\ \vdots & & \vdots\\ \dfrac{\partial g_q}{\partial x_1} & \cdots & \dfrac{\partial g_q}{\partial x_n}\end{bmatrix}_{\boldsymbol{x}_0,\boldsymbol{u}_0}=\boldsymbol{C}(t)$$

$$\left(\frac{\partial \boldsymbol{g}}{\partial \boldsymbol{u}^{\mathrm{T}}}\right)_0=\left(\frac{\partial \boldsymbol{g}}{\partial \boldsymbol{u}^{\mathrm{T}}}\right)_{\boldsymbol{x}_0,\boldsymbol{u}_0}=\begin{bmatrix}\dfrac{\partial g_1}{\partial u_1} & \cdots & \dfrac{\partial g_1}{\partial u_p}\\ \vdots & & \vdots\\ \dfrac{\partial g_q}{\partial u_1} & \cdots & \dfrac{\partial g_q}{\partial u_p}\end{bmatrix}_{\boldsymbol{x}_0,\boldsymbol{u}_0}=\boldsymbol{D}(t)$$

那么在略去高阶小量后，就可导出非线性系统在$(\boldsymbol{x}_0, \boldsymbol{u}_0)$的邻域内线性化系统的状态空间描述为

$$\delta\dot{\boldsymbol{x}} = \boldsymbol{f}(\boldsymbol{x}, \boldsymbol{u}, t) - \boldsymbol{f}(\boldsymbol{x}_0, \boldsymbol{u}_0, t) = \boldsymbol{A}(t)\delta\boldsymbol{x} + \boldsymbol{B}(t)\delta\boldsymbol{u} \tag{2.53}$$

$$\delta\boldsymbol{y} = \boldsymbol{g}(\boldsymbol{x}, \boldsymbol{u}, t) - \boldsymbol{g}(\boldsymbol{x}_0, \boldsymbol{u}_0, t) = \boldsymbol{C}(t)\delta\boldsymbol{x} + \boldsymbol{D}(t)\delta\boldsymbol{u} \tag{2.54}$$

进而，通过符号更换，以 $\boldsymbol{x}$ 代替 $\delta\boldsymbol{x}$，$\boldsymbol{u}$ 代替 $\delta\boldsymbol{u}$，$\boldsymbol{y}$ 代替 $\delta\boldsymbol{y}$，则方程(2.53)、(2.54)就可化为线性系统的规范状态空间描述(2.47)、(2.48)。容易看出，状态方程(2.53)和输出方程(2.54)属于系统的微偏运动的数学描述。邻域取得愈小，线性化模型能以愈高精确度“逼近”非线性系统。比之非线性系统，线性系统在分析或综合上都要简单和容易得多。

2.3.2 时变系统和时不变系统

讨论连续时间系统。称一个动态系统为时变系统，当且仅当其状态空间描述(2.43)、(2.44)或(2.47)、(2.48)中显含时间变量 t，即向量函数 $\boldsymbol{f}(\boldsymbol{x}, \boldsymbol{u}, t)$和 $\boldsymbol{g}(\boldsymbol{x}, \boldsymbol{u}, t)$或参数矩阵$\{\boldsymbol{A}(t), \boldsymbol{B}(t), \boldsymbol{C}(t), \boldsymbol{D}(t)\}$全部或至少一个是时间变量 t 的显函数。称一个动态系统为时不变系统，当且仅当其状态空间描述(2.43)、(2.44)或(2.47)、(2.48)中不显含时间变量 t，即向量函数为 $\boldsymbol{f}(\boldsymbol{x}, \boldsymbol{u})$和 $\boldsymbol{g}(\boldsymbol{x}, \boldsymbol{u})$或参数矩阵为$\{\boldsymbol{A}, \boldsymbol{B}, \boldsymbol{C}, \boldsymbol{D}\}$。

时变系统状态空间描述的形式已如前述。对非线性时变系统，其描述如方程(2.43)、(2.44)所示；对线性时变系统，其描述如方程(2.47)、(2.48)所示。对非线性时不变系统，状态空间描述为

$$\dot{\boldsymbol{x}} = \boldsymbol{f}(\boldsymbol{x}, \boldsymbol{u}) \tag{2.55}$$

$$\boldsymbol{y} = \boldsymbol{g}(\boldsymbol{x}, \boldsymbol{u}) \tag{2.56}$$

对线性时不变系统，状态空间描述已如前述，为

$$\dot{\boldsymbol{x}}(t) = \boldsymbol{A}\boldsymbol{x}(t) + \boldsymbol{B}\boldsymbol{u}(t) \tag{2.57}$$

$$\boldsymbol{y}(t) = \boldsymbol{C}\boldsymbol{x}(t) + \boldsymbol{D}\boldsymbol{u}(t) \tag{2.58}$$

时不变系统物理上代表结构和参数都不随时间变化的一类系统。严格地说，由于内部和外部影响的存在，使实际系统的参数或结构做到完全不变几乎是不可能的，时不变系统只是时变系统的一种理想化模型。但是，只要时变过程比之系统动态过程足够的慢，那么采用时不变系统代替时变系统进行分析，仍可保证具有足够的精确度。由于时不变系统在分析和综合上的简单性，由式(2.57)和式(2.58)所表征的线性时不变系统，将是本书讨论的重点。

2.3.3 连续时间系统和离散时间系统

称一个动态系统为连续时间系统，当且仅当系统的输入变量、状态变量和输出变量取值于连续时间点，反映变量间因果关系的动态过程为时间的连续过程。称一

个动态系统为离散时间系统，当且仅当系统的输入变量、状态变量和输出变量只取值于离散的时间点，反映变量间因果关系的动态过程为时间的不连续过程。

对于连续时间系统，状态方程为微分方程，输出方程为连续变换方程；对于离散时间系统，状态方程为差分方程，输出方程为离散变换方程。连续时间系统（包括非线性系统和线性系统）的状态空间描述已如前述。对离散时间系统，非线性时变系统的状态空间描述为

$$\boldsymbol{x}(k+1)=\boldsymbol{f}(\boldsymbol{x}(k),\boldsymbol{u}(k),k),\quad k=0,1,2,\cdots \tag{2.59}$$

$$\boldsymbol{y}(k)=\boldsymbol{g}(\boldsymbol{x}(k),\boldsymbol{u}(k),k) \tag{2.60}$$

非线性时不变系统的状态空间描述为

$$\boldsymbol{x}(k+1)=\boldsymbol{f}(\boldsymbol{x}(k),\boldsymbol{u}(k)),\quad k=0,1,2,\cdots \tag{2.61}$$

$$\boldsymbol{y}(k)=\boldsymbol{g}(\boldsymbol{x}(k),\boldsymbol{u}(k)) \tag{2.62}$$

对线性离散时间系统，不管是时变系统还是时不变系统，它们的状态空间描述已在上节中给出。

应当指出，一方面，由于时间的本质上的连续性，自然界和工程界中的几乎所有系统都毫无例外地归属于连续时间系统的范畴。另一方面，时间的度量上的离散特点，例如年、季、月、日、时、分、秒、毫秒、微秒、纳秒等，又使得社会经济领域中的许多问题适宜于作为离散时间系统来处理和研究。离散时间系统是对实际问题因需要和简便而导出的一类“等价性”系统。随着计算机的发展和普及，大量连续时间系统由于采用数字计算机来进行分析或控制的需要，被人为地通过时间离散化而化成为离散时间系统。因此，在系统控制理论中，离散时间系统的重要性正变得愈来愈突出。

2.3.4 确定性系统和不确定性系统

称一个动态系统为确定性系统，当且仅当不论是系统的特性和参数还是系统的输入和扰动，都是随时间按确定的规律而变化的。确定性系统的一个基本特点是，其状态和输出随时间的演化过程是时间变量的确定性函数。通过对状态方程和输出方程的求解和分析，可唯一地确定出系统的演化行为即状态和输出在任一时刻的态势。

称一个动态系统为不确定性系统，或者系统的特性与参数中包含某种不确定性，即其变化不能采用确定的规律来描述，或者作用于系统的输入和扰动是随机变量，即其随时间的变化是随机性的。不确定性系统的基本特点是，系统的状态和输出随时间的演化过程，或者是不确定的，或者是随机的，但满足一定的区域分析规律或一定的统计分析规律。

不论是描述上还是分析上，不确定性系统都要远复杂于确定性系统。对于非随机类型的不确定性系统，常采用区间分析等理论和方法来研究和处理，相应的理论和方法为鲁棒分析理论。对于随机类型的不确定系统，需要采用概率统计和随机过程的理论与方法来研究和处理，相应的理论和方法为随机系统理论。本书限于研究

确定性系统分析和综合的理论和方法。

2.4　由系统输入输出描述导出状态空间描述

由系统输入输出描述导出状态空间描述的问题称为实现问题。实现问题的一般理论和方法将在第 10 章中专题讨论。本节以单输入单输出线性时不变系统为对象讨论由输入输出描述导出状态空间描述的方法。

2.4.1　由输入输出描述导出状态空间描述

考虑单输入单输出线性时不变系统。系统的输出 y 和输入 u 均为标量变量。系统的输入输出描述,既可采用时间域的单变量高阶微分方程:

$$\begin{aligned} & y^{(n)}+a_{n-1}y^{(n-1)}+\cdots+a_1y^{(1)}+a_0y \\ & =b_mu^{(m)}+b_{m-1}u^{(m-1)}+\cdots+b_1u^{(1)}+b_0u \end{aligned} \tag{2.63}$$

也可等价地采用频率域的传递函数:

$$g(s)=\frac{\hat{y}(s)}{\hat{u}(s)}=\frac{b_ms^m+b_{m-1}s^{m-1}+\cdots+b_1s+b_0}{s^n+a_{n-1}s^{n-1}+\cdots+a_1s+a_0} \tag{2.64}$$

其中,$y^{(i)}=\mathrm{d}^iy/\mathrm{d}t^i$,$u^{(j)}=\mathrm{d}^ju/\mathrm{d}t^j$,$\hat{y}(s)$和 $\hat{u}(s)$分别为输出 y 和输入 u 的拉普拉斯变换。并且,从物理可实现性角度,一般有 $m\leqslant n$。

对于单输入单输出线性时不变系统,还可导出状态空间描述为

$$\dot{\boldsymbol{x}}=\boldsymbol{A}\boldsymbol{x}+\boldsymbol{b}u \tag{2.65}$$

$$y=\boldsymbol{c}\boldsymbol{x}+du \tag{2.66}$$

其中,由系统为 n 阶和单输入单输出所决定,$\boldsymbol{A}$ 为 $n\times n$ 矩阵,$\boldsymbol{b}$ 为 $n\times 1$ 矩阵,$\boldsymbol{c}$ 为 $1\times n$ 矩阵,d 为 1×1 矩阵即标量。

由输入输出时间域描述(2.63)或输入输出频率域描述(2.64)导出状态空间描述(2.65)、(2.66)的问题可归结为两个基本步骤。一是,选取状态变量组;二是,确定对应的参数矩阵组。并且,随状态变量组的选取不同,参数矩阵组也相应地不同。

通常,对由输入输出描述导出状态空间描述的问题,可以采用多种不同的算法。下面,限于介绍其中较为典型和较为简单的几种算法。

结论 2.1［由输入输出描述导出状态空间描述］　给定单输入单输出线性时不变系统的输入输出描述(2.63)或(2.64),其对应的状态空间描述可按如下两类情形来导出。

(1) $m<n$ 即系统为严真情形。对此,对应的一个状态空间描述为

$$\dot{\boldsymbol{x}}=\left[\begin{array}{c|ccc} 0 & 1 & & \\ \vdots & & \ddots & \\ 0 & & & 1 \\ \hline -a_0 & -a_1 & \cdots & -a_{n-1} \end{array}\right]\boldsymbol{x}+\begin{bmatrix} 0 \\ \vdots \\ 0 \\ 1 \end{bmatrix}u \tag{2.67}$$

$$y=[b_0,\cdots,b_m,0,\cdots,0]\boldsymbol{x} \tag{2.68}$$

(2) $m=n$ 即系统为真情形。对此，对应的一个状态空间描述为

$$\dot{\boldsymbol{x}}=\left[\begin{array}{c|ccc} 0 & 1 & & \\ \vdots & & \ddots & \\ 0 & & & 1 \\ \hline -a_0 & -a_1 & \cdots & -a_{n-1} \end{array}\right]\boldsymbol{x}+\begin{bmatrix}0\\ \vdots\\ 0\\ 1\end{bmatrix}u \tag{2.69}$$

$$y=[(b_0-b_na_0),(b_1-b_na_1),\cdots,(b_{n-1}-b_na_{n-1})]\boldsymbol{x}+b_nu \tag{2.70}$$

证 下面针对时间域描述(2.63)进行证明。

(1) $m<n$ 的情形。为便于推证，通过引入微分算符 $p=\mathrm{d}/\mathrm{d}t$，可表输入输出描述(2.63)为

$$y=\frac{b_mp^m+b_{m-1}p^{m-1}+\cdots+b_1p+b_0}{p^n+a_{n-1}p^{n-1}+\cdots+a_1p+a_0}u \tag{2.71}$$

进而，把式(2.71)分解为

$$\begin{aligned}&\tilde{y}=\frac{1}{p^n+a_{n-1}p^{n-1}+\cdots+a_1p+a_0}u\\ &y=(b_mp^m+b_{m-1}p^{m-1}+\cdots+b_1p+b_0)\tilde{y}\end{aligned} \tag{2.72}$$

或表为

$$\tilde{y}^{(n)}+a_{n-1}\tilde{y}^{(n-1)}+\cdots+a_1\tilde{y}^{(1)}+a_0\tilde{y}=u \tag{2.73}$$

$$y=b_m\tilde{y}^{(m)}+b_{m-1}\tilde{y}^{(m-1)}+\cdots+b_1\tilde{y}^{(1)}+b_0\tilde{y} \tag{2.74}$$

再由系统为 n 阶可知，有且仅有 n 个状态变量，将其取为

$$x_1=\tilde{y},x_2=\tilde{y}^{(1)},\cdots,x_n=\tilde{y}^{(n-1)} \tag{2.75}$$

基此，并利用式(2.73)和式(2.74)，可得

$$\begin{aligned}&\dot{x}_1=\tilde{y}^{(1)}=x_2\\ &\dot{x}_2=\tilde{y}^{(2)}=x_3\\ &\quad\cdots\cdots\\ &\dot{x}_{n-1}=\tilde{y}^{(n-1)}=x_n\\ &\dot{x}_n=-a_0x_1-a_1x_2-\cdots-a_{n-1}x_n+u\end{aligned} \tag{2.76}$$

和

$$y=b_0x_1+b_1x_2+\cdots+b_mx_{m+1} \tag{2.77}$$

从而，通过引入状态向量 $\boldsymbol{x}=[x_1,x_2,\cdots,x_n]^{\mathrm{T}}$，并将式(2.76)和式(2.77)表为向量方程，就得到状态空间描述(2.67)和(2.68)。

(2) $m=n$ 情形。类似地，将输入输出描述(2.63)表为

$$y=\frac{b_np^n+b_{n-1}p^{n-1}+\cdots+b_1p+b_0}{p^n+a_{n-1}p^{n-1}+\cdots+a_1p+a_0}u \tag{2.78}$$

对上述真有理分式作除法,导出其常数项和严真有理分式项,有

$$y=\left[b_n+\frac{(b_{n-1}-b_na_{n-1})p^{n-1}+\cdots+(b_0-b_na_0)}{p^n+a_{n-1}p^{n-1}+\cdots+a_1p+a_0}\right]u \tag{2.79}$$

将其作进一步分解:

$$\begin{aligned}&\tilde{y}^{(n)}+a_{n-1}\tilde{y}^{(n-1)}+\cdots+a_1\tilde{y}^{(1)}+a_0\tilde{y}=u\\&y=(b_{n-1}-b_na_{n-1})\tilde{y}^{(n-1)}+\cdots+(b_0-b_na_0)\tilde{y}+b_nu\end{aligned} \tag{2.80}$$

上式中第一个方程等同于式(2.73),表明在式(2.75)所示状态变量组的选取下,对应状态方程同于 $m<n$ 情形的状态方程(2.67),从而证得式(2.69)。而由上式中第二个方程,又可导出

$$y=(b_0-b_na_0)x_1+(b_1-b_na_1)x_2+\cdots+(b_{n-1}-b_na_{n-1})x_n+b_nu \tag{2.81}$$

把其表为向量方程,即可导出输出方程(2.70)。证明完成。

例 2.1　给定单输入单输出线性时不变系统的输入输出描述:

$$2y^{(3)}+32y^{(2)}+388y^{(1)}+1280y=320u^{(1)}+1440u$$

首先,将上述方程首一化,即把方程左端首系数化为 1,有

$$y^{(3)}+16y^{(2)}+194y^{(1)}+640y=160u^{(1)}+720u$$

对此例子,$n=3,m=1$,属于 $m<n$ 即系统为严真情形,可定出状态为 3 维。由此并利用式(2.67)和式(2.68),再将上述方程中系数直接填入相应参数矩阵,就可导出一个状态空间描述为

$$\begin{bmatrix}\dot{x}_1\\\dot{x}_2\\\dot{x}_3\end{bmatrix}=\begin{bmatrix}0&1&0\\0&0&1\\-640&-194&-16\end{bmatrix}\begin{bmatrix}x_1\\x_2\\x_3\end{bmatrix}+\begin{bmatrix}0\\0\\1\end{bmatrix}u$$

$$y=[720\quad 160\quad 0]\begin{bmatrix}x_1\\x_2\\x_3\end{bmatrix}$$

例 2.2　给定单输入单输出线性时不变系统的输入输出描述:

$$g(s)=\frac{4s^3+160s+720}{s^3+16s^2+194s+640}$$

对此例子,$n=3,m=3$,属于 $m=n$ 即系统为真情形。基此可知,系统维数为 3,并先来计算定出:

$$\begin{aligned}&(b_0-b_3a_0)=(720-4\times 640)=-1840\\&(b_1-b_3a_1)=(160-4\times 194)=-616\\&(b_2-b_3a_2)=(0-4\times 16)=-64\end{aligned}$$

于是,利用式(2.69)和式(2.70),并将方程系数和计算得到的系数填入相应的参数矩阵,即可导出一个状态空间描述为

$$\begin{bmatrix}\dot{x}_1\\ \dot{x}_2\\ \dot{x}_3\end{bmatrix}=\begin{bmatrix}0 & 1 & 0\\ 0 & 0 & 1\\ -640 & -194 & -16\end{bmatrix}\begin{bmatrix}x_1\\ x_2\\ x_3\end{bmatrix}+\begin{bmatrix}0\\ 0\\ 1\end{bmatrix}u$$

$$y=[-1840 \quad -616 \quad -64]\begin{bmatrix}x_1\\ x_2\\ x_3\end{bmatrix}+[4]u$$

结论 2.2[由输入输出描述导出状态空间描述] 给定单输入单输出线性时不变系统的输入输出描述(2.63)或(2.64),其对应的状态空间描述可按如下两类情形来导出。

(1) $m=0$ 情形。对此,输入输出描述为

$$y^{(n)}+a_{n-1}y^{(n-1)}+\cdots+a_1y^{(1)}+a_0y=b_0u \tag{2.82}$$

或

$$g(s)=\frac{b_0}{s^n+a_{n-1}s^{n-1}+\cdots+a_1s+a_0} \tag{2.83}$$

其对应的一个状态空间描述为

$$\dot{\boldsymbol{x}}=\left[\begin{array}{c:ccc}0 & 1 & & \\ \vdots & & \ddots & \\ 0 & & & 1\\ \hdashline -a_0 & -a_1 & \cdots & -a_{n-1}\end{array}\right]\boldsymbol{x}+\begin{bmatrix}0\\ \vdots\\ 0\\ b_0\end{bmatrix}u \tag{2.84}$$

$$y=[1,0,\cdots,0]\boldsymbol{x} \tag{2.85}$$

(2) $m\neq0$ 情形。对此,设输入输出描述为

$$y^{(n)}+a_{n-1}y^{(n-1)}+\cdots+a_1y^{(1)}+a_0y=b_nu^{(n)}+b_{n-1}u^{(n-1)}+\cdots+b_1u^{(1)}+b_0u \tag{2.86}$$

或

$$g(s)=\frac{b_ns^n+b_{n-1}s^{n-1}+\cdots+b_1s+b_0}{s^n+a_{n-1}s^{n-1}+\cdots+a_1s+a_0} \tag{2.87}$$

其中,允许取 $b_n=0$,包括 $m<n$ 即系统严真和 $m=n$ 即系统真两种情形。其对应的一个状态空间描述为

$$\dot{\boldsymbol{x}}=\left[\begin{array}{c:ccc}0 & 1 & & \\ \vdots & & \ddots & \\ 0 & & & 1\\ \hdashline -a_0 & -a_1 & \cdots & -a_{n-1}\end{array}\right]\boldsymbol{x}+\begin{bmatrix}\beta_1\\ \beta_2\\ \vdots\\ \beta_n\end{bmatrix}u \tag{2.88}$$

$$y=[1,0,\cdots,0]\boldsymbol{x}+b_nu \tag{2.89}$$

其中

$$\beta_0=b_n$$

$$
\begin{aligned}
\beta_1 &= b_{n-1} - a_{n-1}\beta_0 \\
\beta_2 &= b_{n-2} - a_{n-1}\beta_1 - a_{n-2}\beta_0 \\
&\cdots\cdots \\
\beta_n &= b_0 - a_{n-1}\beta_{n-1} - a_{n-2}\beta_{n-2} - \cdots - a_1\beta_1 - a_0\beta_0
\end{aligned}
\tag{2.90}
$$

例 2.3　给定单输入单输出线性时不变系统的输入输出描述为

$$y^{(3)} + 16y^{(2)} + 194y^{(1)} + 640y = 160u^{(1)} + 720u$$

注意到 $n=3$，可知状态为 3 维。再由于 $m \neq 0$，运用式(2.90)，先来定出：

$\beta_0 = b_3 = 0$

$\beta_1 = b_2 - a_2\beta_0 = 0 - 16 \times 0 = 0$

$\beta_2 = b_1 - a_2\beta_1 - a_1\beta_0 = 160 - 16 \times 0 - 194 \times 0 = 160$

$\beta_3 = b_0 - a_2\beta_2 - a_1\beta_1 - a_0\beta_0 = 720 - 16 \times 160 - 194 \times 0 - 640 \times 0 = -1840$

从而，运用式(2.88)和式(2.89)，可导出一个状态空间描述为

$$
\begin{bmatrix} \dot{x}_1 \\ \dot{x}_2 \\ \dot{x}_3 \end{bmatrix} = \begin{bmatrix} 0 & 1 & 0 \\ 0 & 0 & 1 \\ -640 & -194 & -16 \end{bmatrix} \begin{bmatrix} x_1 \\ x_2 \\ x_3 \end{bmatrix} + \begin{bmatrix} 0 \\ 160 \\ -1840 \end{bmatrix} u
$$

$$
y = \begin{bmatrix} 1 & 0 & 0 \end{bmatrix} \begin{bmatrix} x_1 \\ x_2 \\ x_3 \end{bmatrix}
$$

例 2.4　给定单输入单输出线性时不变系统的输入输出描述为

$$y^{(3)} + 16y^{(2)} + 194y^{(1)} + 640y = 4u^{(3)} + 160u^{(1)} + 720u$$

注意到 $n=3$，可知状态为 3 维。再由于 $m \neq 0$，运用式(2.90)，先来定出：

$\beta_0 = b_3 = 4$

$\beta_1 = b_2 - a_2\beta_0 = 0 - 16 \times 4 = -64$

$\beta_2 = b_1 - a_2\beta_1 - a_1\beta_0 = 160 - 16 \times (-64) - 194 \times 4 = 408$

$\beta_3 = b_0 - a_2\beta_2 - a_1\beta_1 - a_0\beta_0 = 720 - 16 \times 408 - 194 \times (-64) - 640 \times 4 = 4048$

从而，运用式(2.88)和式(2.89)，可导出一个状态空间描述为

$$
\begin{bmatrix} \dot{x}_1 \\ \dot{x}_2 \\ \dot{x}_3 \end{bmatrix} = \begin{bmatrix} 0 & 1 & 0 \\ 0 & 0 & 1 \\ -640 & -194 & -16 \end{bmatrix} \begin{bmatrix} x_1 \\ x_2 \\ x_3 \end{bmatrix} + \begin{bmatrix} -64 \\ 408 \\ 4048 \end{bmatrix} u
$$

$$
y = \begin{bmatrix} 1 & 0 & 0 \end{bmatrix} \begin{bmatrix} x_1 \\ x_2 \\ x_3 \end{bmatrix} + 4u
$$

结论 2.3［由传递函数描述导出状态空间描述］　给定单输入单输出线性时不变系统的传递函数描述为

$$g(s)=\frac{b_m s^m+b_{m-1}s^{m-1}+\cdots+b_1 s+b_0}{s^n+a_{n-1}s^{n-1}+\cdots+a_1 s+a_0} \tag{2.91}$$

假设其极点即分母方程的根 $\lambda_1,\lambda_2,\cdots,\lambda_n$ 为两两相异实数。那么,对应的状态空间描述可按如下两类情形来导出。

(1) $m<n$ 即系统为严真情形。表

$$k_i=\lim_{s\to\lambda_i} g(s)(s-\lambda_i),\quad i=1,2,\cdots,n$$

对此,对应的一个状态空间描述为

$$\dot{\boldsymbol{x}}=\begin{bmatrix}\lambda_1 & & & \\ & \lambda_2 & & \\ & & \ddots & \\ & & & \lambda_n\end{bmatrix}\boldsymbol{x}+\begin{bmatrix}k_1\\ k_2\\ \vdots\\ k_n\end{bmatrix}u \tag{2.92}$$

$$y=[1,1,\cdots,1]\boldsymbol{x} \tag{2.93}$$

(2) $m=n$ 即系统为真情形。表

$$g(s)=b_n+\bar{g}(s) \tag{2.94}$$

$$\bar{g}(s)=\frac{(b_{n-1}-b_n a_{n-1})s^{n-1}+\cdots+(b_0-b_n a_0)}{s^n+a_{n-1}s^{n-1}+\cdots+a_1 s+a_0} \tag{2.95}$$

$$\bar{k}_i=\lim_{s\to\lambda_i}\bar{g}(s)(s-\lambda_i),\quad i=1,2,\cdots,n$$

对此,对应的一个状态空间描述为

$$\dot{\boldsymbol{x}}=\begin{bmatrix}\lambda_1 & & & \\ & \lambda_2 & & \\ & & \ddots & \\ & & & \lambda_n\end{bmatrix}\boldsymbol{x}+\begin{bmatrix}\bar{k}_1\\ \bar{k}_2\\ \vdots\\ \bar{k}_n\end{bmatrix}u \tag{2.96}$$

$$y=[1,1,\cdots,1]\boldsymbol{x}+b_n u \tag{2.97}$$

例 2.5 给定一个单输入单输出线性时不变系统的传递函数为

$$g(s)=\frac{7s^2+2s+1}{s^3+6s^2+11s+6}$$

容易看出,系统为严真。进而,通过计算定出,分母方程的三个根 $\lambda_1=-1,\lambda_2=-2,\lambda_3=-3$ 为两两相异。再可定出:

$$k_1=\lim_{s\to-1} g(s)(s+1)=3$$

$$k_2=\lim_{s\to-2} g(s)(s+2)=-25$$

$$k_3=\lim_{s\to-3} g(s)(s+3)=29$$

于是,运用上述结论的式(2.92)和式(2.93),可导出一个状态空间描述为

$$\begin{bmatrix}\dot{x}_1\\ \dot{x}_2\\ \dot{x}_3\end{bmatrix}=\begin{bmatrix}-1 & 0 & 0\\ 0 & -2 & 0\\ 0 & 0 & -3\end{bmatrix}\begin{bmatrix}x_1\\ x_2\\ x_3\end{bmatrix}+\begin{bmatrix}3\\ -25\\ 29\end{bmatrix}u$$

$$y=\begin{bmatrix}1 & 1 & 1\end{bmatrix}\begin{bmatrix}x_1\\ x_2\\ x_3\end{bmatrix}$$

2.4.2 由方块图描述导出状态空间描述

方块图是单输入单输出线性时不变系统的一类应用广泛的描述。直接由方块图描述导出状态空间描述是一个需要讨论的问题。本节结合图 2.7(a)所示线性时不变系统的方块图阐明由方块图导出状态空间描述的方法和步骤。

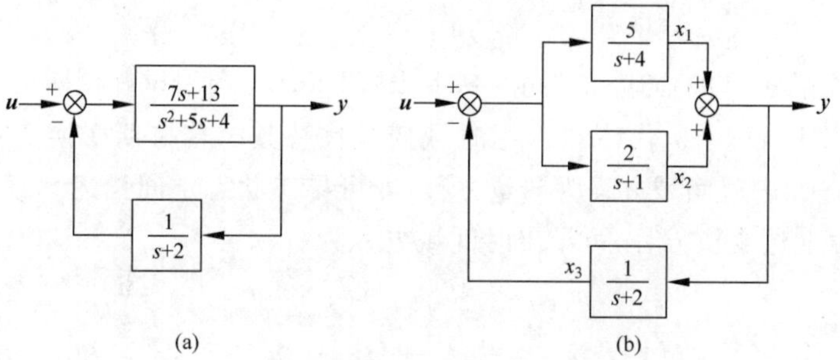

图 2.7　一个单输入单输出线性时不变系统的方块图

(1) 化给定方块图为规范化方块图。称一个方块图为规范化方块图，当且仅当其各组成环节的传递函数只为一阶惯性环节($k_i/(s+s_i)$)和比例放大环节 k_{0j}。对图 2.7(a)所示方块图，通过将二阶惯性环节的传递函数化为两个一阶惯性环节之和，即

$$\frac{7s+13}{s^2+5s+4}=\frac{5}{s+4}+\frac{2}{s+1}$$

可导出图 2.7(b)所示的对应规范化方块图。

(2) 对规范化方块图指定状态变量组。原则是当且仅当一阶惯性环节的输出有资格取为状态变量。状态变量的序号除有特别规定外可自行指定。对图 2.7(b)规范化方块图，共有 3 个一阶惯性环节，基此可指定 3 个状态变量，并按图示那样任意指定为 x_1, x_2, x_3。

(3) 列写变量间关系方程。基本步骤是，基于规范化方块图，围绕一阶惯性环节和求和环节，根据输出输入关系列写出相应关系方程。对图 2.7(b)规范化方块图，从 3 个一阶惯性环节和 1 个求和环节的输出输入关系，可列出其关系方程组为

$$x_1 = \frac{5}{s+4}(u - x_3)$$

$$x_2 = \frac{2}{s+1}(u - x_3)$$

$$x_3 = \frac{1}{s+2}(x_1 + x_2)$$

$$y = x_1 + x_2$$

其中，为书写简单起见，直接采用变量符号替代变量拉普拉斯变换。

(4) 导出变换域状态变量方程和输出变量方程。对图 2.7(b)所示方块图，通过对上述导出的关系方程的简单推演，可定出下述变换域状态变量方程

$$sx_1 = -4x_1 - 5x_3 + 5u$$

$$sx_2 = -x_2 - 2x_3 + 2u$$

$$sx_3 - x_1 + x_2 - 2x_3$$

和变换域输出变量方程

$$y = x_1 + x_2$$

(5) 导出状态空间描述。对此的基本步骤是，首先利用拉普拉斯反变换关系，在变换域方程中用 $\mathrm{d}x_i/\mathrm{d}t$ 代替 sx_i，用时域变量代替其拉普拉斯变换变量，以导出时间域方程；进而表时间域方程为向量方程，即可导出状态空间描述。对图 2.7(b)所示方块图，由上述变换方程，可导出时间域方程为

$$\dot{x}_1 = -4x_1 - 5x_3 + 5u$$

$$\dot{x}_2 = -x_2 - 2x_3 + 2u$$

$$\dot{x}_3 = x_1 + x_2 - 2x_3$$

和

$$y = x_1 + x_2$$

表上述时间域方程为向量方程，得到对应于图 2.7(a)所示方块图的状态空间描述为

$$\begin{bmatrix} \dot{x}_1 \\ \dot{x}_2 \\ \dot{x}_3 \end{bmatrix} = \begin{bmatrix} -4 & 0 & -5 \\ 0 & -1 & -2 \\ 1 & 1 & -2 \end{bmatrix} \begin{bmatrix} x_1 \\ x_2 \\ x_3 \end{bmatrix} + \begin{bmatrix} 5 \\ 2 \\ 0 \end{bmatrix} u$$

$$y = \begin{bmatrix} 1 & 1 & 0 \end{bmatrix} \begin{bmatrix} x_1 \\ x_2 \\ x_3 \end{bmatrix}$$

2.5 线性时不变系统的特征结构

线性时不变系统的特征结构由特征值和特征向量所表征。特征结构对系统运动的特性和行为具有重要影响。本节基本内容涉及系统的特征多项式、特征值和特

征向量。这些结果对于线性时不变系统的分析和综合是不可缺少的。

2.5.1 特征多项式

考虑连续时间线性时不变系统，状态方程为

$$\dot{\boldsymbol{x}}=\boldsymbol{A}\boldsymbol{x}+\boldsymbol{B}\boldsymbol{u} \tag{2.98}$$

下面，由此出发，给出系统的特征矩阵和特征多项式等的定义。

定义 2.4［特征矩阵］ 对线性时不变系统(2.98)

$$\text{特征矩阵}\triangleq(s\boldsymbol{I}-\boldsymbol{A}) \tag{2.99}$$

其中，s 为复数变量，$\boldsymbol{I}$ 为维数同于系统矩阵 $\boldsymbol{A}$ 的单位阵。

注 特征矩阵$(s\boldsymbol{I}-\boldsymbol{A})$作为多项式矩阵必为非奇异，且常称其逆矩阵$(s\boldsymbol{I}-\boldsymbol{A})^{-1}$为预解矩阵。

定义 2.5［特征多项式］ 对线性时不变系统(2.98)

$$\text{特征多项式}\triangleq\det(s\boldsymbol{I}-\boldsymbol{A}) \tag{2.100}$$

进而，我们再来指出特征多项式的基本属性和特性。

1. 特征多项式的形式

对 $n\times n$ 系统矩阵 $\boldsymbol{A}$，其特征多项式为复变量 s 的一个 n 阶多项式：

$$\alpha(s)\triangleq\det(s\boldsymbol{I}-\boldsymbol{A})=s^n+\alpha_{n-1}s^{n-1}+\cdots+\alpha_1 s+\alpha_0 \tag{2.101}$$

其中，由 $\boldsymbol{A}$ 为实矩阵所决定，系数 $\alpha_0,\alpha_1,\cdots,\alpha_{n-1}$ 均为实常数，它们由系统矩阵 $\boldsymbol{A}$ 的元素即系统参数所决定。

2. 特征方程

特征方程是由特征多项式的零化所导出的方程。特征方程可表为 $\det(s\boldsymbol{I}-\boldsymbol{A})=0$。对 $n\times n$ 系统矩阵 $\boldsymbol{A}$，特征方程是一个 n 阶代数方程：

$$\alpha(s)=s^n+\alpha_{n-1}s^{n-1}+\cdots+\alpha_1 s+\alpha_0=0 \tag{2.102}$$

3. 凯莱-哈密尔顿(Caley-Hamilton)定理

凯莱-哈密尔顿定理指出，系统矩阵 $\boldsymbol{A}$ 必是其特征方程的一个"矩阵根"，即成立：

$$\alpha(\boldsymbol{A})=\boldsymbol{A}^n+\alpha_{n-1}\boldsymbol{A}^{n-1}+\cdots+\alpha_1\boldsymbol{A}+\alpha_0\boldsymbol{I}=\boldsymbol{0} \tag{2.103}$$

凯莱-哈密尔顿定理揭示了线性时不变系统的一个基本特性。这个特性指出，对 $n\times n$ 系统矩阵 $\boldsymbol{A}$，有且仅有$\{\boldsymbol{I},\boldsymbol{A},\boldsymbol{A}^2,\cdots,\boldsymbol{A}^{n-1}\}$为线性无关，所有 $\boldsymbol{A}^i\ (i=n,n+1,\cdots)$都可表为它们的线性组合。在线性时不变系统的分析中，这个特性具有重要的应用。

4. 最小多项式

给定 $n\times n$ 系统矩阵 $\boldsymbol{A}$，伴随特征多项式还可导出最小多项式的概念。对此，由

系统的预解矩阵可以导出

$$(s\boldsymbol{I}-\boldsymbol{A})^{-1}=\frac{\operatorname{adj}(s\boldsymbol{I}-\boldsymbol{A})}{\alpha(s)}=\frac{\boldsymbol{P}(s)}{\phi(s)} \tag{2.104}$$

其中，$\alpha(s)$为特征多项式，$\operatorname{adj}(s\boldsymbol{I}-\boldsymbol{A})$是特征矩阵$(s\boldsymbol{I}-\boldsymbol{A})$的伴随矩阵且为多项式矩阵。进而，完全消去$\alpha(s)$和$\operatorname{adj}(s\boldsymbol{I}-\boldsymbol{A})$各个元多项式间的公因式。从而，得到式(2.104)的最右端表达式。其中，$\boldsymbol{P}(s)$为多项式矩阵，$\phi(s)$为次数小于或等于$\alpha(s)$的多项式，且$\phi(s)$和$\boldsymbol{P}(s)$的各个元多项式之间为互质。

在此基础上，定义$\phi(s)$为系统矩阵$\boldsymbol{A}$的最小多项式。$\phi(s)$必也以$\boldsymbol{A}$为根，即成立$\phi(\boldsymbol{A})=\boldsymbol{0}$。由此，也可定义最小多项式是以$\boldsymbol{A}$为根的次数最小的多项式。

5. 系统矩阵的循环性

称系统矩阵$\boldsymbol{A}$是循环的，如果其特征多项式$\alpha(s)$和最小多项式$\phi(s)$之间只存在常数类型的公因子k，即有

$$\alpha(s)=k\phi(s) \tag{2.105}$$

循环性概念在线性时不变系统的综合中有着重要的应用。

特征多项式的计算是线性系统理论中的一个基本问题。对系统矩阵为2维和3维的情形，线性代数中提供有简便的算法。当系统矩阵维数等于或大于4时，线性代数所给出的算法，或者是算法步骤复杂，或者是计算过程复杂，难以在控制工程中有效应用。下面，只介绍较为简便的基于迹计算的特征多项式算法，其特点是算法具有迭代性，易于在计算机上实现。

基于迹计算的特征多项式算法也称莱弗勒(Leverrier)算法。莱弗勒算法的基础是计算矩阵的迹。对$n\times n$矩阵$\boldsymbol{H}$，$\boldsymbol{H}$的迹定义为其对角线元素之和，即

$$\operatorname{tr}\boldsymbol{H}=(h_{11}+h_{22}+\cdots+h_{nn})=\sum_{i=1}^{n}h_{ii} \tag{2.106}$$

下面，不加证明地给出莱弗勒算法的计算步骤。

算法 2.1［特征多项式算法］ 给定$n\times n$系统矩阵$\boldsymbol{A}$，其特征多项式具有形式：

$$\alpha(s)\triangleq\det(s\boldsymbol{I}-\boldsymbol{A})=s^{n}+\alpha_{n-1}s^{n-1}+\cdots+\alpha_{1}s+\alpha_{0} \tag{2.107}$$

则其系数$\alpha_{n-1},\alpha_{n-2},\cdots,\alpha_{1},\alpha_{0}$可按下述步骤递推地定出。

Step 1：计算

$$\boldsymbol{R}_{n-1}=\boldsymbol{I}$$

$$\alpha_{n-1}=-\frac{\operatorname{tr}\boldsymbol{R}_{n-1}\boldsymbol{A}}{1}$$

Step 2：计算

$$\boldsymbol{R}_{n-2}=\boldsymbol{R}_{n-1}\boldsymbol{A}+\alpha_{n-1}\boldsymbol{I}$$

$$\alpha_{n-2}=-\frac{\operatorname{tr}\boldsymbol{R}_{n-2}\boldsymbol{A}}{2}$$

Step 3：计算

$$R_{n-3}=R_{n-2}A+\alpha_{n-2}I$$

$$\alpha_{n-3}=-\frac{\mathrm{tr}R_{n-3}A}{3}$$

⋮

Step $n-1$：计算

$$R_1=R_2A+\alpha_2 I$$

$$\alpha_1=-\frac{\mathrm{tr}R_1A}{n-1}$$

Step n：计算

$$R_0=R_1A+\alpha_1 I$$

$$\alpha_0=-\frac{\mathrm{tr}R_0A}{n}$$

Step $n+1$：计算停止。

注　上述算法中，矩阵积 $R_iA(i=0,1,\cdots,n-1)$ 也可以用 $AR_i(i=0,1,\cdots,n-1)$ 来代替，由此不影响计算结果的正确性。

例 2.6　给定 4×4 系统矩阵 A 为

$$A=\begin{bmatrix}-2 & 0 & 1 & 1\\ 1 & -1 & 1 & 2\\ 1 & 2 & -1 & 1\\ 1 & 1 & 1 & 2\end{bmatrix}$$

采用莱弗勒算法计算其特征多项式。

(1) 计算

$$R_3=I=\begin{bmatrix}1 & 0 & 0 & 0\\ 0 & 1 & 0 & 0\\ 0 & 0 & 1 & 0\\ 0 & 0 & 0 & 1\end{bmatrix},\quad R_3A=A=\begin{bmatrix}-2 & 0 & 1 & 1\\ 1 & -1 & 1 & 2\\ 1 & 2 & -1 & 1\\ 1 & 1 & 1 & 2\end{bmatrix}$$

$$\alpha_3=-\frac{\mathrm{tr}R_3A}{1}=2$$

(2) 计算

$$R_2=R_3A+\alpha_3 I=\begin{bmatrix}0 & 0 & 1 & 1\\ 1 & 1 & 1 & 2\\ 1 & 2 & 1 & 1\\ 1 & 1 & 1 & 4\end{bmatrix},\quad R_2A=\begin{bmatrix}2 & 3 & 0 & 3\\ 2 & 3 & 3 & 8\\ 2 & 1 & 3 & 8\\ 4 & 5 & 5 & 12\end{bmatrix}$$

$$\alpha_2=-\frac{\mathrm{tr}R_2A}{2}=-10$$

(3) 计算

$$\boldsymbol{R}_1=\boldsymbol{R}_2\boldsymbol{A}+\alpha_2\boldsymbol{I}=\begin{bmatrix}-8&3&0&3\\2&-7&3&8\\2&1&-7&8\\4&5&5&2\end{bmatrix},\quad \boldsymbol{R}_1\boldsymbol{A}=\begin{bmatrix}22&0&-2&4\\0&21&0&7\\-2&-7&18&13\\4&7&6&23\end{bmatrix}$$

$$\alpha_1=-\frac{\mathrm{tr}\boldsymbol{R}_1\boldsymbol{A}}{3}=-28$$

(4) 计算

$$\boldsymbol{R}_0=\boldsymbol{R}_1\boldsymbol{A}+\alpha_1\boldsymbol{I}=\begin{bmatrix}-6&0&-2&4\\0&-7&0&7\\-2&-7&-10&13\\4&7&6&-5\end{bmatrix},\quad \boldsymbol{R}_0\boldsymbol{A}=\begin{bmatrix}14&0&0&0\\0&14&0&0\\0&0&14&0\\0&0&0&14\end{bmatrix}$$

$$\alpha_0=-\frac{\mathrm{tr}\boldsymbol{R}_0\boldsymbol{A}}{4}=-14$$

基于上述对系数的计算结果,可以定出特征多项式:

$$\alpha(s)\triangleq\det(s\boldsymbol{I}-\boldsymbol{A})=s^4+2s^3-10s^2-28s-14$$

2.5.2 特征值

给定连续时间线性时不变系统的状态方程:

$$\dot{\boldsymbol{x}}=\boldsymbol{A}\boldsymbol{x}+\boldsymbol{B}\boldsymbol{u} \tag{2.108}$$

可基此给出系统特征值的定义。

定义 2.6 [特征值] 对线性时不变系统(2.108),有

$$\text{系统特征值}\triangleq\text{特征方程“}\det(s\boldsymbol{I}-\boldsymbol{A})=0\text{”的根} \tag{2.109}$$

下面,进一步对特征值的属性作如下说明。

1. 特征值的代数属性

对线性时不变系统(2.108),从代数角度可以等价地定义,λ_i 为系统的一个特征值,当且仅当特征矩阵($s\boldsymbol{I}-\boldsymbol{A}$)在 $s=\lambda_i$ 处降秩。换句话说,系统特征值就是使特征矩阵($s\boldsymbol{I}-\boldsymbol{A}$)降秩的所有 s 值。

2. 特征值集

对 n 维线性时不变系统(2.108),系统有且仅有 n 个特征值。特征值的全体构成系统的特征值集,表为

$$\Lambda=\{\lambda\in\mathscr{C}\mid\det(\lambda\boldsymbol{I}-\boldsymbol{A})=0\}=\{\lambda_1,\lambda_2,\cdots,\lambda_n\} \tag{2.110}$$

其中,$\mathscr{C}$ 为复数域。

3. 特征值的形态

对 n 维线性时不变系统(2.108)，由矩阵 $\boldsymbol{A}$ 的元均为实数和特征方程 $\det(s\boldsymbol{I}-\boldsymbol{A})=0$ 的系数均为实数所决定，特征值的形态要么为实数，要么为共轭复数。也就是说，复数特征值必是以共轭复数对形式出现的。

4. 特征值类型

对 n 维线性时不变系统(2.108)，系统特征值可区分为"单特征值"和"重特征值"两种类型。它们的含义分别为

$$\text{单特征值}=\text{“}\det(s\boldsymbol{I}-\boldsymbol{A})=0\text{” 的单根} \tag{2.111}$$

$$\text{重特征值}=\text{“}\det(s\boldsymbol{I}-\boldsymbol{A})=0\text{” 的重根} \tag{2.112}$$

5. 特征值的代数重数

对 n 维线性时不变系统(2.108)，$\lambda_i\in\Lambda$ 的代数重数定义为

$$\lambda_i\ \text{的代数重数}\ \sigma_i \triangleq \text{满足}\begin{cases}\det(s\boldsymbol{I}-\boldsymbol{A})=(s-\lambda_i)^{\sigma_i}\beta_i(s)\\ \beta_i(\lambda_i)\neq 0\end{cases}\quad\text{的正整数}\ \sigma_i \tag{2.113}$$

直观上，代数重数 σ_i 代表特征值集 Λ 中值为 λ_i 的特征值个数。

6. 特征值的几何重数

对 n 维线性时不变系统(2.108)，$\lambda_i\in\Lambda$ 的几何重数定义为

$$\lambda_i\ \text{的几何重数}\ \alpha_i \triangleq n-\operatorname{rank}(\lambda_i\boldsymbol{I}-\boldsymbol{A}) \tag{2.114}$$

其中，rank(·)为所示矩阵的秩。对属于特征值 λ_i 的特征矩阵$(\lambda_i\boldsymbol{I}-\boldsymbol{A})$引入右零空间，右零空间定义为满足

$$(\lambda_i\boldsymbol{I}-\boldsymbol{A})\boldsymbol{h}=\boldsymbol{0} \tag{2.115}$$

$n\times 1$ 非零向量 $\boldsymbol{h}$ 的集合。再由 λ_i 的几何重数的定义式，可以导出

$$\operatorname{rank}(\lambda_i\boldsymbol{I}-\boldsymbol{A})=n-\alpha_i \tag{2.116}$$

从而

$$(\lambda_i\boldsymbol{I}-\boldsymbol{A})\ \text{右零空间维数}=n-\operatorname{rank}(\lambda_i\boldsymbol{I}-\boldsymbol{A})=\alpha_i \tag{2.117}$$

而这正是称 α_i 为 λ_i 的几何重数的由来。

7. 特征值重数和类型的关系

对 n 维线性时不变系统(2.108)，若 $\lambda_i\in\Lambda$ 为单特征值，则其代数重数 σ_i 和几何重数 α_i 之间必成立：

$$\sigma_i=\alpha_i=1 \tag{2.118}$$

若$\lambda_i \in \Lambda$为重特征值，则其代数重数σ_i和几何重数α_i之间必成立：

$$1 \leqslant \alpha_i \leqslant \sigma_i \tag{2.119}$$

2.5.3 特征向量和广义特征向量

在线性时不变系统的分析和综合中，特征向量和广义特征向量同样有着重要的应用。首先，定义和讨论系统矩阵的特征向量。

定义 2.7［特征向量］ 对n维线性时不变系统(2.108)，设λ_i为$n \times n$系统矩阵$\boldsymbol{A}$的一个特征值，$i=1,2,\cdots,n$，则

$$\boldsymbol{A}\text{ 的属于 }\lambda_i\text{ 右特征向量} \triangleq \text{满足“}\lambda_i \boldsymbol{v}_i = \boldsymbol{A}\boldsymbol{v}_i\text{”的 } n \times 1 \text{ 非零向量} \boldsymbol{v}_i \tag{2.120}$$

$$\boldsymbol{A}\text{ 的属于 }\lambda_i\text{ 左特征向量} \triangleq \text{满足“}\bar{\boldsymbol{v}}_i^{\mathrm{T}} \lambda_i = \bar{\boldsymbol{v}}_i^{\mathrm{T}} \boldsymbol{A}\text{”的 } 1 \times n \text{ 非零向量} \bar{\boldsymbol{v}}_i^{\mathrm{T}} \tag{2.121}$$

下面，就特征向量的属性作进一步的说明。

1. 特征向量的几何特征

对n维线性时不变系统，将矩阵$\boldsymbol{A}$的特征值$\lambda_i \in \Lambda$的右特征向量$\boldsymbol{v}_i$和左特征向量$\bar{\boldsymbol{v}}_i^{\mathrm{T}}$的定义式分别改写为

$$(\lambda_i \boldsymbol{I} - \boldsymbol{A})\boldsymbol{v}_i = \boldsymbol{0} \tag{2.122}$$

$$\bar{\boldsymbol{v}}_i^{\mathrm{T}}(\lambda_i \boldsymbol{I} - \boldsymbol{A}) = \boldsymbol{0} \tag{2.123}$$

上述关系式的几何含义为

$$\boldsymbol{v}_i = \text{“}\lambda_i\text{ 的特征矩阵}(\lambda_i \boldsymbol{I} - \boldsymbol{A})\text{右零空间”中的列向量} \tag{2.124}$$

$$\bar{\boldsymbol{v}}_i^{\mathrm{T}} = \text{“}\lambda_i\text{ 的特征矩阵}(\lambda_i \boldsymbol{I} - \boldsymbol{A})\text{左零空间”中的行向量} \tag{2.125}$$

2. 特征向量的不唯一性

对n维线性时不变系统，系统矩阵$\boldsymbol{A}$的属于特征值$\lambda_i \in \Lambda$右特征向量$\boldsymbol{v}_i$和左特征向量$\bar{\boldsymbol{v}}_i^{\mathrm{T}}$为不唯一。

3. 单特征值所属特征向量的属性

对n维线性时不变系统，系统矩阵$\boldsymbol{A}$的属于特征值$\{\lambda_1,\lambda_2,\cdots,\lambda_n\}$的相应一组特征向量$\{\boldsymbol{v}_1,\boldsymbol{v}_2,\cdots,\boldsymbol{v}_n\}$为线性无关，当且仅当特征值$\{\lambda_1,\lambda_2,\cdots,\lambda_n\}$为两两相异。

进而，推广定义和讨论系统矩阵的广义特征向量。

定义 2.8［广义特征向量］ 对n维线性时不变系统(2.108)，设λ_i为$n \times n$系统矩阵$\boldsymbol{A}$的一个σ_i重特征值，$i=1,2,\cdots,\mu$，$\lambda_i \neq \lambda_j$，$i \neq j$，则

$\boldsymbol{A}$的属于λ_i的k级广义右特征向量$\triangleq$

$$\text{满足}\{(\lambda_i \boldsymbol{I} - \boldsymbol{A})^k \boldsymbol{v}_i = \boldsymbol{0}, (\lambda_i \boldsymbol{I} - \boldsymbol{A})^{k-1} \boldsymbol{v}_i \neq \boldsymbol{0}\}\text{ 的 } n \times 1 \text{ 非零向量} \boldsymbol{v}_i \tag{2.126}$$

$\boldsymbol{A}$ 的属于 λ_i 的 k 级广义左特征向量$\triangleq$

$$满足\{\bar{\boldsymbol{v}}_i^{\mathrm{T}}(\lambda_i\boldsymbol{I}-\boldsymbol{A})^k=\boldsymbol{0},\bar{\boldsymbol{v}}_i^{\mathrm{T}}(\lambda_i\boldsymbol{I}-\boldsymbol{A})^{k-1}\neq\boldsymbol{0}\}的 1\times n 非零向量\bar{\boldsymbol{v}}_i^{\mathrm{T}} \tag{2.127}$$

对于广义特征向量,可以指出其如下的一些基本属性。

1. 广义特征向量链

对 n 维线性时不变系统,设 $\boldsymbol{v}_i$ 为系统矩阵 $\boldsymbol{A}$ 的属于 σ_i 重特征值 λ_i 的 k 级广义右特征向量,则如下定义的 k 个特征向量必为线性无关:

$$\begin{aligned}
\boldsymbol{v}_i^{(k)} &\triangleq \boldsymbol{v}_i\\
\boldsymbol{v}_i^{(k-1)} &\triangleq (\lambda_i\boldsymbol{I}-\boldsymbol{A})\boldsymbol{v}_i\\
&\cdots\cdots\\
\boldsymbol{v}_i^{(1)} &\triangleq (\lambda_i\boldsymbol{I}-\boldsymbol{A})^{k-1}\boldsymbol{v}_i
\end{aligned} \tag{2.128}$$

且称此组特征向量为 λ_i 的长度为 k 的广义右特征向量链。

2. 确定广义特征向量组的算法

对 n 维线性时不变系统,设系统矩阵 $\boldsymbol{A}$ 的特征值 λ_i 的代数重数为 σ_i,则 $\boldsymbol{A}$ 的属于 λ_i 的右广义特征向量组由 σ_i 个线性无关 $n\times1$ 维非零向量组成,$i=1,2,\cdots,\mu$,$\lambda_i\neq\lambda_j$,$i\neq j$。

算法 2.2 [右广义特征向量组]　$\boldsymbol{A}$ 的属于 σ_i 重特征值 λ_i 的右广义特征向量组可按照如下的步骤来确定。

Step 1: 计算

$$\operatorname{rank}(\lambda_i\boldsymbol{I}-\boldsymbol{A})^m=n-\nu_m,\quad m=0,1,2,\cdots$$

直到 $m=m_0$,$\nu_{m_0}=\sigma_i$。为使讨论更为清晰和符号不致过于复杂,以下步骤中假定:

$$n=10,\quad \sigma_i=8,\quad m_0=4$$

并设计算结果为

$$\nu_0=0,\quad \nu_1=3,\quad \nu_2=6,\quad \nu_3=7,\quad \nu_4=8$$

Step 2: 确定广义特征向量组的分块表。基本原则为

$$表的列数=广义特征向量组分块数=m_0=4$$

$$表的“列 j”=“分块 j”,j=1,2,\cdots,m_0,m_0=4$$

$$列 j 即分块 j 中特征向量个数=\nu_{m_0-j+1}-\nu_{m_0-j},\quad j=1,2,\cdots,m_0,m_0=4$$

$$列 j 即分块 j 内特征向量按由下而上排列$$

基此,$\boldsymbol{A}$ 的属于 σ_i 重特征值 λ_i 的右广义特征向量组分块表的形式如下表所示。

	列 1 分块 1 特征向量数 $\nu_4-\nu_3=1$	列 2 分块 2 特征向量数 $\nu_3-\nu_2=1$	列 3 分块 3 特征向量数 $\nu_2-\nu_1=3$	列 4 分块 4 特征向量数 $\nu_1-\nu_0=3$
行 1			$\boldsymbol{v}_{i3}^{(2)}\triangleq\boldsymbol{v}_{i3}$	$\boldsymbol{v}_{i3}^{(1)}\triangleq-(\lambda_i\boldsymbol{I}-\boldsymbol{A})\boldsymbol{v}_{i3}$
行 2			$\boldsymbol{v}_{i2}^{(2)}\triangleq\boldsymbol{v}_{i2}$	$\boldsymbol{v}_{i2}^{(1)}\triangleq-(\lambda_i\boldsymbol{I}-\boldsymbol{A})\boldsymbol{v}_{i2}$
行 3	$\boldsymbol{v}_{i1}^{(4)}\triangleq\boldsymbol{v}_{i1}$	$\boldsymbol{v}_{i1}^{(3)}\triangleq-(\lambda_i\boldsymbol{I}-\boldsymbol{A})\boldsymbol{v}_{i1}$	$\boldsymbol{v}_{i1}^{(2)}\triangleq(\lambda_i\boldsymbol{I}-\boldsymbol{A})^2\boldsymbol{v}_{i1}$	$\boldsymbol{v}_{i1}^{(1)}\triangleq-(\lambda_i\boldsymbol{I}-\boldsymbol{A})^3\boldsymbol{v}_{i1}$

Step 3：定义表中的独立型特征向量和导出型特征向量。独立型特征向量定义为表的每个行中位于最左位置的特征向量，即为$\boldsymbol{v}_{i1},\boldsymbol{v}_{i2},\boldsymbol{v}_{i3}$。导出型特征向量定义为表的每个行中位于独立型特征向量右侧的各个特征向量，由$\boldsymbol{v}_{i1},\boldsymbol{v}_{i2},\boldsymbol{v}_{i3}$分别生成。

Step 4：确定独立型特征向量$\boldsymbol{v}_{i1},\boldsymbol{v}_{i2},\boldsymbol{v}_{i3}$。确定方法为

$\boldsymbol{v}_{i1}\triangleq$满足“$(\lambda_i\boldsymbol{I}-\boldsymbol{A})^4\boldsymbol{v}_{i1}=\boldsymbol{0},(\lambda_i\boldsymbol{I}-\boldsymbol{A})^3\boldsymbol{v}_{i1}\neq\boldsymbol{0}$”的$n\times1$非零向量

$\{\boldsymbol{v}_{i2},\boldsymbol{v}_{i3}\}\triangleq$满足如下条件的$n\times1$非零向量：

$\{\boldsymbol{v}_{i3},\boldsymbol{v}_{i2},(\lambda_i\boldsymbol{I}-\boldsymbol{A})^2\boldsymbol{v}_{i1}\}$线性无关

$$(\lambda_i\boldsymbol{I}-\boldsymbol{A})^2\boldsymbol{v}_{i2}=\boldsymbol{0},(\lambda_i\boldsymbol{I}-\boldsymbol{A})\boldsymbol{v}_{i2}\neq\boldsymbol{0}$$

$$(\lambda_i\boldsymbol{I}-\boldsymbol{A})^2\boldsymbol{v}_{i3}=\boldsymbol{0},(\lambda_i\boldsymbol{I}-\boldsymbol{A})\boldsymbol{v}_{i3}\neq\boldsymbol{0}$$

Step 5：确定导出型特征向量。基于独立型特征向量$\boldsymbol{v}_{i1},\boldsymbol{v}_{i2},\boldsymbol{v}_{i3}$，导出型特征向量可按下述关系式确定。

$$\boldsymbol{v}_{i1}^{(3)}\triangleq-(\lambda_i\boldsymbol{I}-\boldsymbol{A})\boldsymbol{v}_{i1},\quad\boldsymbol{v}_{i1}^{(2)}\triangleq(\lambda_i\boldsymbol{I}-\boldsymbol{A})^2\boldsymbol{v}_{i1},\quad\boldsymbol{v}_{i1}^{(1)}\triangleq-(\lambda_i\boldsymbol{I}-\boldsymbol{A})^3\boldsymbol{v}_{i1}$$

$$\boldsymbol{v}_{i2}^{(1)}\triangleq-(\lambda_i\boldsymbol{I}-\boldsymbol{A})\boldsymbol{v}_{i2}$$

$$\boldsymbol{v}_{i3}^{(1)}\triangleq-(\lambda_i\boldsymbol{I}-\boldsymbol{A})\boldsymbol{v}_{i3}$$

Step 6：对$\boldsymbol{A}$的属于σ_i重特征值λ_i的右特征向量组，确定广义特征向量链。其中

广义特征向量链的数目＝分块表中行的数目＝3

广义特征向量链＝分块表行中的特征向量组

基此，由表可以看出，3个广义特征向量链为

$$\{\boldsymbol{v}_{i1}^{(1)}\triangleq-(\lambda_i\boldsymbol{I}-\boldsymbol{A})^3\boldsymbol{v}_{i1},\boldsymbol{v}_{i1}^{(2)}\triangleq(\lambda_i\boldsymbol{I}-\boldsymbol{A})^2\boldsymbol{v}_{i1},\boldsymbol{v}_{i1}^{(3)}\triangleq-(\lambda_i\boldsymbol{I}-\boldsymbol{A})\boldsymbol{v}_{i1},\boldsymbol{v}_{i1}^{(4)}\triangleq\boldsymbol{v}_{i1}\}$$

$$\{\boldsymbol{v}_{i2}^{(1)}\triangleq-(\lambda_i\boldsymbol{I}-\boldsymbol{A})\boldsymbol{v}_{i2},\boldsymbol{v}_{i2}^{(2)}\triangleq\boldsymbol{v}_{i2}\}$$

$$\{\boldsymbol{v}_{i3}^{(1)}\triangleq-(\lambda_i\boldsymbol{I}-\boldsymbol{A})\boldsymbol{v}_{i3},\boldsymbol{v}_{i3}^{(2)}\triangleq\boldsymbol{v}_{i3}\}$$

3. 不同广义特征向量组间的关系

对n维线性时不变系统，设λ_i为$n\times n$系统矩阵$\boldsymbol{A}$的一个σ_i重特征值，$i=1,2,\cdots,\mu$，$\lambda_i\neq\lambda_j$，$i\neq j$，则矩阵$\boldsymbol{A}$的属于不同特征值的μ个广义特征向量组间必为线性无关。

2.6 状态方程的约当规范形

约当规范形被广泛应用于线性时不变系统结构特性的分析。约当规范形定义为直接以特征值表征系统矩阵的一种状态方程规范形。线性时不变系统的状态方程都可通过适当的线性非奇异变换而化为约当规范形。随系统特征值类型和属性的不同约当规范形具有不同形式。

2.6.1 特征值为两两相异的情形

考虑 n 维连续时间线性时不变系统,状态方程为

$$\dot{\boldsymbol{x}} = \boldsymbol{A}\boldsymbol{x} + \boldsymbol{B}\boldsymbol{u} \tag{2.129}$$

表 $\boldsymbol{A}$ 的 n 个两两相异的特征值为 $\{\lambda_1, \lambda_2, \cdots, \lambda_n\}$,再任取 $\boldsymbol{A}$ 的属于各个特征值的 n 个 $n\times 1$ 特征向量为 $\{\boldsymbol{v}_1, \boldsymbol{v}_2, \cdots, \boldsymbol{v}_n\}$。在此基础上,可导出状态方程的约当规范形。

结论 2.4 [特征值相异情形约当规范形]　对 n 个特征值 $\{\lambda_1, \lambda_2, \cdots, \lambda_n\}$ 两两相异的 n 维线性时不变系统,基于 n 个特征向量构造变换阵 $\boldsymbol{P} = [\boldsymbol{v}_1, \boldsymbol{v}_2, \cdots, \boldsymbol{v}_n]$,则状态方程(2.129)可通过线性非奇异变换 $\bar{\boldsymbol{x}} = \boldsymbol{P}^{-1}\boldsymbol{x}$ 而化为约当规范形:

$$\dot{\bar{\boldsymbol{x}}} = \begin{bmatrix} \lambda_1 & & & \\ & \lambda_2 & & \\ & & \ddots & \\ & & & \lambda_n \end{bmatrix} \bar{\boldsymbol{x}} + \bar{\boldsymbol{B}}\boldsymbol{u}, \quad \bar{\boldsymbol{B}} \triangleq \boldsymbol{P}^{-1}\boldsymbol{B} \tag{2.130}$$

证　由特征值 $\{\lambda_1, \lambda_2, \cdots, \lambda_n\}$ 两两相异知,n 维特征向量组 $\{\boldsymbol{v}_1, \boldsymbol{v}_2, \cdots, \boldsymbol{v}_n\}$ 为线性无关,变换阵 $\boldsymbol{P} = [\boldsymbol{v}_1, \boldsymbol{v}_2, \cdots, \boldsymbol{v}_n]$ 为非奇异。基此,由 $\bar{\boldsymbol{x}} = \boldsymbol{P}^{-1}\boldsymbol{x}$,可导出

$$\dot{\bar{\boldsymbol{x}}} = \boldsymbol{P}^{-1}\dot{\boldsymbol{x}} = \boldsymbol{P}^{-1}\boldsymbol{A}\boldsymbol{P}\bar{\boldsymbol{x}} + \boldsymbol{P}^{-1}\boldsymbol{B}\boldsymbol{u} = \bar{\boldsymbol{A}}\,\bar{\boldsymbol{x}} + \bar{\boldsymbol{B}}\boldsymbol{u} \tag{2.131}$$

其中,$\bar{\boldsymbol{A}} = \boldsymbol{P}^{-1}\boldsymbol{A}\boldsymbol{P}$。再由变换阵 $\boldsymbol{P} = [\boldsymbol{v}_1, \boldsymbol{v}_2, \cdots, \boldsymbol{v}_n]$ 和特征向量关系式 $\lambda_i\boldsymbol{v}_i = \boldsymbol{A}\boldsymbol{v}_i$,可得到

$$\begin{aligned} \boldsymbol{A}\boldsymbol{P} &= [\boldsymbol{A}\boldsymbol{v}_1, \cdots, \boldsymbol{A}\boldsymbol{v}_n] = [\lambda_1\boldsymbol{v}_1, \cdots, \lambda_n\boldsymbol{v}_n] \\ &= [\boldsymbol{v}_1, \cdots, \boldsymbol{v}_n]\begin{bmatrix} \lambda_1 & & \\ & \ddots & \\ & & \lambda_n \end{bmatrix} = \boldsymbol{P}\begin{bmatrix} \lambda_1 & & \\ & \ddots & \\ & & \lambda_n \end{bmatrix} \end{aligned} \tag{2.132}$$

于是,将上式左乘 $\boldsymbol{P}^{-1}$,即得

$$\bar{\boldsymbol{A}} = \boldsymbol{P}^{-1}\boldsymbol{A}\boldsymbol{P} = \begin{bmatrix} \lambda_1 & & \\ & \ddots & \\ & & \lambda_n \end{bmatrix} \tag{2.133}$$

将式(2.133)代入式(2.131)就可导出式(2.130)。证明完成。

进而,可对上述结论作如下的几点讨论。

1. 特征值相异情形约当规范形的特点

对特征值两两相异的 n 维线性时不变系统,由式(2.130)可以看出,系统的约当

规范形是一类对角线规范形，其系统矩阵是以特征值为元素的一个对角线矩阵。

2. 对角线规范形下状态的解耦性

对特征值两两相异的 n 维线性时不变系统，约当规范形中系统矩阵为对角线矩阵意味着，系统状态在这种表达下可实现完全的解耦。把对角线规范形状态方程(2.130)进一步表为状态变量方程组，有

$$\begin{aligned}\dot{\bar{x}}_1 &= \lambda_1 \bar{x}_1 + \bar{\boldsymbol{b}}_1^{\mathrm{T}} \boldsymbol{u} \\ \dot{\bar{x}}_2 &= \lambda_2 \bar{x}_2 + \bar{\boldsymbol{b}}_2^{\mathrm{T}} \boldsymbol{u} \\ &\cdots\cdots \\ \dot{\bar{x}}_n &= \lambda_n \bar{x}_n + \bar{\boldsymbol{b}}_n^{\mathrm{T}} \boldsymbol{u}\end{aligned} \tag{2.134}$$

可以看出，规范形系统状态变量间的耦合已被完全解除。

3. 系统矩阵的两类典型规范形间的关系

在线性时不变系统的分析与综合中，对系统矩阵还常采用另一种称为能控规范形的规范形式：

$$\boldsymbol{A} = \left[\begin{array}{c|ccc} 0 & 1 & & \\ \vdots & & \ddots & \\ 0 & & & 1 \\ \hline -a_0 & -a_1 & \cdots & -a_{n-1} \end{array}\right] \tag{2.135}$$

容易证明，在 n 个系统特征值 $\{\lambda_1, \lambda_2, \cdots, \lambda_n\}$ 为两两相异前提下，通过将上述结论中的变换矩阵 $\boldsymbol{P} = [\boldsymbol{v}_1, \boldsymbol{v}_2, \cdots, \boldsymbol{v}_n]$ 取为

$$\boldsymbol{P} = \begin{bmatrix} 1 & \cdots & 1 \\ \lambda_1 & \cdots & \lambda_n \\ \vdots & & \vdots \\ \lambda_1^{n-1} & \cdots & \lambda_n^{n-1} \end{bmatrix} \tag{2.136}$$

可把式(2.135)规范形的系统矩阵 $\boldsymbol{A}$ 化为式(2.133)的对角线矩阵。这个推论说明式(2.136)的变换矩阵 $\boldsymbol{P}$ 中的每一列向量即为式(2.135)的系统矩阵 $\boldsymbol{A}$ 的属于相应特征值的一个特征向量。

4. 包含复数特征值情形的对角线规范形

对特征值两两相异的 n 维线性时不变系统，如果特征值 $\{\lambda_1, \lambda_2, \cdots, \lambda_n\}$ 中包含复数特征值，那么由于结论中引入的变换阵 $\boldsymbol{P}$ 包含共轭复数元，对角线规范形状态方程的系数矩阵 $\bar{\boldsymbol{A}}$ 和 $\bar{\boldsymbol{B}}$ 也必包含共轭复数元。为避免应用上的这种不方便，需要对其作进一步的实数化处理。

下面说明实数化处理的步骤。不失一般性，设 $\boldsymbol{A}$ 的 n 个两两相异特征值中只含一对共轭复数特征值，即有

$$\lambda_1, \cdots, \lambda_{i-1}, \lambda_{i+2}, \cdots, \lambda_n \text{ 为实数}$$

$$\lambda_i = \alpha_i + j\beta_i, \lambda_{i+1} = \alpha_i - j\beta_i \text{ 为共轭复数}$$

相应地，在变换后的状态变量中，有

$$\bar{x}_1, \cdots, \bar{x}_{i-1}, \bar{x}_{i+2}, \cdots, \bar{x}_n \text{ 为实变量}$$

$$\bar{x}_i = \bar{x}_i^{(R)} + j\bar{x}_i^{(I)}, \bar{x}_{i+1} = \bar{x}_i^{(R)} - j\bar{x}_i^{(I)} \text{ 为共轭复状态变量}$$

再由(暂不考虑与控制有关项)

$$\begin{aligned}\dot{\bar{x}}_i^{(R)} + j\dot{\bar{x}}_i^{(I)} &= \dot{\bar{x}}_i = \lambda_i \bar{x}_i \\ &= (\alpha_i + j\beta_i)(\bar{x}_i^{(R)} + j\bar{x}_i^{(I)}) \\ &= (\alpha_i \bar{x}_i^{(R)} - \beta_i \bar{x}_i^{(I)}) + j(\beta_i \bar{x}_i^{(R)} + \alpha_i \bar{x}_i^{(I)})\end{aligned} \tag{2.137}$$

可以导出

$$\begin{aligned}\dot{\bar{x}}_i^{(R)} &= (\alpha_i \bar{x}_i^{(R)} - \beta_i \bar{x}_i^{(I)}) \\ \dot{\bar{x}}_i^{(I)} &= (\beta_i \bar{x}_i^{(R)} + \alpha_i \bar{x}_i^{(I)})\end{aligned} \tag{2.138}$$

那么，通过在对角线规范形状态方程中用式(2.138)给出的结果代替对应状态变量及其导数，就可导出实数化处理后的“对角线”规范形为

$$\begin{bmatrix} \dot{\bar{x}}_1 \\ \vdots \\ \dot{\bar{x}}_{i-1} \\ \dot{\bar{x}}_i^{(R)} \\ \dot{\bar{x}}_i^{(I)} \\ \dot{\bar{x}}_{i+2} \\ \vdots \\ \dot{\bar{x}}_n \end{bmatrix} = \begin{bmatrix} \lambda_1 & & & & & & & \\ & \ddots & & & & & & \\ & & \lambda_{i-1} & & & & & \\ & & & \alpha_i & -\beta_i & & & \\ & & & \beta_i & \alpha_i & & & \\ & & & & & \lambda_{i+2} & & \\ & & & & & & \ddots & \\ & & & & & & & \lambda_n \end{bmatrix} \begin{bmatrix} \bar{x}_1 \\ \vdots \\ \bar{x}_{i-1} \\ \bar{x}_i^{(R)} \\ \bar{x}_i^{(I)} \\ \bar{x}_{i+2} \\ \vdots \\ \bar{x}_n \end{bmatrix} + \widetilde{\boldsymbol{B}}\boldsymbol{u} \tag{2.139}$$

例 2.7　给定一个线性时不变系统的状态方程为

$$\dot{\boldsymbol{x}} = \begin{bmatrix} 2 & -1 & -1 \\ 0 & -1 & 0 \\ 0 & 2 & 1 \end{bmatrix} \boldsymbol{x} + \begin{bmatrix} 7 \\ 2 \\ 3 \end{bmatrix} u$$

导出其约当规范形。

(1) 定出系统特征值和特征向量。由系统特征方程$(s-2)(s+1)(s-1)=0$，可定出特征值为

$$\lambda_1 = 2, \quad \lambda_2 = 1, \quad \lambda_3 = -1$$

它们为两两相异。再由求解

$$\lambda_i \begin{bmatrix} v_{i1} \\ v_{i2} \\ v_{i3} \end{bmatrix} = \begin{bmatrix} 2 & -1 & -1 \\ 0 & -1 & 0 \\ 0 & 2 & 1 \end{bmatrix} \begin{bmatrix} v_{i1} \\ v_{i2} \\ v_{i3} \end{bmatrix}, \quad i = 1, 2, 3$$

可定出一组特征向量为

$$\boldsymbol{v}_1=\begin{bmatrix}1\\0\\0\end{bmatrix},\quad \boldsymbol{v}_2=\begin{bmatrix}1\\0\\1\end{bmatrix},\quad \boldsymbol{v}_3=\begin{bmatrix}0\\1\\-1\end{bmatrix}$$

(2) 构造变换阵并求逆

$$\boldsymbol{P}=[\boldsymbol{v}_1,\boldsymbol{v}_2,\boldsymbol{v}_3]=\begin{bmatrix}1&1&0\\0&0&1\\0&1&-1\end{bmatrix},\quad \boldsymbol{P}^{-1}=\begin{bmatrix}1&-1&-1\\0&1&1\\0&1&0\end{bmatrix}$$

(3) 计算变换后系数矩阵

$$\overline{\boldsymbol{A}}=\boldsymbol{P}^{-1}\boldsymbol{A}\boldsymbol{P}=\begin{bmatrix}2&0&0\\0&1&0\\0&0&-1\end{bmatrix},\quad \bar{\boldsymbol{b}}=\boldsymbol{P}^{-1}\boldsymbol{b}=\begin{bmatrix}2\\5\\2\end{bmatrix}$$

(4) 定出对角线规范形状态方程

$$\begin{bmatrix}\dot{\bar{x}}_1\\\dot{\bar{x}}_2\\\dot{\bar{x}}_3\end{bmatrix}=\begin{bmatrix}2&0&0\\0&1&0\\0&0&-1\end{bmatrix}\begin{bmatrix}\bar{x}_1\\\bar{x}_2\\\bar{x}_3\end{bmatrix}+\begin{bmatrix}2\\5\\2\end{bmatrix}u$$

2.6.2 特征值包含重值的情形

考虑 n 维连续时间线性时不变系统,状态方程为

$$\dot{\boldsymbol{x}}=\boldsymbol{A}\boldsymbol{x}+\boldsymbol{B}\boldsymbol{u} \tag{2.140}$$

对于矩阵 $\boldsymbol{A}$ 的 n 个特征值包含重值的情形,其约当规范形一般只可能具有准对角线形的形式。

下面,不加证明地给出包含重特征值情形的系统状态方程的约当规范形。

结论 2.5 [重特征值情形约当规范形] 对包含重特征值的 n 维线性时不变系统(2.140),设系统的特征值为

$$\lambda_1(\sigma_1\text{ 重},\alpha_1\text{ 重}),\lambda_2(\sigma_2\text{ 重},\alpha_2\text{ 重}),\cdots,\lambda_l(\sigma_l\text{ 重},\alpha_l\text{ 重})$$

$$\lambda_i\neq\lambda_j,\quad \forall i\neq j$$

其中

$$\sigma_i\text{ 和 }\alpha_i\text{ 为特征值}\lambda_i\text{ 的代数重数和几何重数},i=1,2,\cdots,l$$

$$(\sigma_1+\sigma_2+\cdots+\sigma_l)=n$$

那么,基于相应于各特征值的广义特征向量组所组成的变换阵 $\boldsymbol{Q}$,系统状态方程可通过线性非奇异变换 $\hat{\boldsymbol{x}}=\boldsymbol{Q}^{-1}\boldsymbol{x}$ 化为约当规范形:

$$\dot{\hat{\boldsymbol{x}}}=\boldsymbol{Q}^{-1}\boldsymbol{A}\boldsymbol{Q}\hat{\boldsymbol{x}}+\boldsymbol{Q}^{-1}\boldsymbol{B}\boldsymbol{u}=\begin{bmatrix}\boldsymbol{J}_1&&\\&\ddots&\\&&\boldsymbol{J}_l\end{bmatrix}\hat{\boldsymbol{x}}+\hat{\boldsymbol{B}}\boldsymbol{u},\quad \hat{\boldsymbol{B}}=\boldsymbol{Q}^{-1}\boldsymbol{B} \tag{2.141}$$

其中,称 $\boldsymbol{J}_i$ 为相应于特征值 λ_i 的约当块,且 $\boldsymbol{J}_i$ 可进一步表为 α_i 个约当小块组成的对角线分块矩阵:

$$\underset{(\sigma_i\times\sigma_i)}{\boldsymbol{J}_i}=\begin{bmatrix}\boldsymbol{J}_{i1} & & \\ & \ddots & \\ & & \boldsymbol{J}_{i\alpha_i}\end{bmatrix},\quad i=1,2,\cdots,l \tag{2.142}$$

称 $\boldsymbol{J}_{ik}$ 为相应于特征值 λ_i 的约当小块，且 $\boldsymbol{J}_{ik}$ 具有形式：

$$\underset{(r_{ik}\times r_{ik})}{\boldsymbol{J}_{ik}}=\begin{bmatrix}\lambda_i & 1 & & \\ & \lambda_i & \ddots & \\ & & \ddots & 1 \\ & & & \lambda_i\end{bmatrix},\quad k=1,2,\cdots,\alpha_i,\quad \sum_{k=1}^{\alpha_i} r_{ik}=\sigma_i \tag{2.143}$$

进一步，对重特征值情形的约当规范形作如下的几点讨论。

1. 重特征值情形约当规范形的特点

对包含重特征值的 n 维线性时不变系统，系统矩阵的约当规范形是一个"嵌套式"的对角块阵。"外层"反映整个矩阵，其形式是以相应于各个特征值的约当块为块元的对角线分块阵，约当块的个数等于相异特征值个数 l，约当块的维数等于相应特征值的代数重数 σ_i。"中层"就是约当块，其形式是以约当小块为块元的对角线分块阵，约当小块的个数等于相应特征值的几何重数 α_i。"内层"为约当小块，约当小块为"以相应特征值为对角元，其右邻元均为 1，而其余元均为 0"的矩阵。

2. 重特征值情形约当规范形的最简耦合性

对包含重特征值的 n 维线性时不变系统，系统矩阵的约当规范形意味着系统状态在规范形下可实现可能的最简耦合。为直观地说明这一属性，从约当规范形状态方程中取出相应于约当小块 $\boldsymbol{J}_{ik}$ 的部分，有

$$\dot{\hat{\boldsymbol{x}}}_{ik}=\begin{bmatrix}\lambda_i & 1 & & \\ & \lambda_i & \ddots & \\ & & \ddots & 1 \\ & & & \lambda_i\end{bmatrix}\hat{\boldsymbol{x}}_{ik}+\hat{\boldsymbol{B}}_{ik}\boldsymbol{u} \tag{2.144}$$

可以看出，由上式导出的每个状态变量方程至多只和下一序号的状态变量发生耦合，约当规范形可实现可能情形下的最简耦合。

3. 约当块为对角线矩阵的条件

对包含重特征值的 n 维线性时不变系统的约当规范形，由相应于特征值 λ_i 的约当块 $\boldsymbol{J}_i$ 的组成形式(2.142)可以看出，约当块 $\boldsymbol{J}_i$ 为对角线矩阵的充分必要条件是特征值 λ_i 的几何重数等同于代数重数即 $\alpha_i=\sigma_i$。整个约当规范形矩阵 $\hat{\boldsymbol{A}}$ 为对角线矩阵的充分必要条件是所有特征值 λ_i 的几何重数均等同于代数重数即 $\alpha_i=\sigma_i$，$i=1,2,\cdots,l$。对一般情形不可能满足上述条件，因此重特征值情形的约当规范形通常不具有对角线形的形式。

例 2.8 给定线性时不变系统的状态方程为

$$\dot{\boldsymbol{x}}=\begin{bmatrix}3&-1&1&1&0&0\\1&1&-1&-1&0&0\\0&0&2&0&1&1\\0&0&0&2&-1&-1\\0&0&0&0&1&1\\0&0&0&0&1&1\end{bmatrix}\boldsymbol{x}+\begin{bmatrix}1&0\\-1&1\\2&1\\0&-1\\0&2\\1&0\end{bmatrix}\boldsymbol{u}$$

现来导出其约当规范形。

(1) 计算特征值。首先,利用分块矩阵特征多项式的算法,对系统矩阵 $\boldsymbol{A}$ 定出特征多项式 $\det(s\boldsymbol{I}-\boldsymbol{A})=(s-2)^5 s$。进而,定出特征值为 $\lambda_1=2(\sigma_1=5)$,$\lambda_2=0(\sigma_2=1)$。

(2) 计算重特征值 $\lambda_1=2$ 的几何重数 α_1。由

$$(2\boldsymbol{I}-\boldsymbol{A})=\begin{bmatrix}-1&1&-1&-1&0&0\\-1&1&1&1&0&0\\0&0&0&0&-1&-1\\0&0&0&0&1&1\\0&0&0&0&1&-1\\0&0&0&0&-1&1\end{bmatrix},\quad \operatorname{rank}(2\boldsymbol{I}-\boldsymbol{A})=4=6-2$$

可以定出 $\alpha_1=2$。

(3) 对重特征值 $\lambda_1=2$ 计算 $\operatorname{rank}(2\boldsymbol{I}-\boldsymbol{A})^m=6-\nu_m$ 中的 ν_m,其中取 $m=0,1,\cdots$。对此,由

$$(2\boldsymbol{I}-\boldsymbol{A})^0=\boldsymbol{I},\quad \operatorname{rank}(2\boldsymbol{I}-\boldsymbol{A})^0=6=6-0$$

可知 $\nu_0=0$。由

$$(2\boldsymbol{I}-\boldsymbol{A})^1=\begin{bmatrix}-1&1&-1&-1&0&0\\-1&1&1&1&0&0\\0&0&0&0&-1&-1\\0&0&0&0&1&1\\0&0&0&0&1&-1\\0&0&0&0&-1&1\end{bmatrix},\quad \operatorname{rank}(2\boldsymbol{I}-\boldsymbol{A})^1=4=6-2$$

可知 $\nu_1=2$。由

$$(2\boldsymbol{I}-\boldsymbol{A})^2=\begin{bmatrix}0&0&2&2&0&0\\0&0&2&2&0&0\\0&0&0&0&0&0\\0&0&0&0&0&0\\0&0&0&0&2&-2\\0&0&0&0&-2&2\end{bmatrix},\quad \operatorname{rank}(2\boldsymbol{I}-\boldsymbol{A})^2=2=6-4$$

可知 $\nu_2=4$。由

$$(2\boldsymbol{I}-\boldsymbol{A})^3=\begin{bmatrix}0&0&0&0&0&0\\0&0&0&0&0&0\\0&0&0&0&0&0\\0&0&0&0&0&0\\0&0&0&0&4&-4\\0&0&0&0&-4&4\end{bmatrix},\quad \operatorname{rank}(2\boldsymbol{I}-\boldsymbol{A})^3=1=6-5$$

可知 $\nu_3=5$。并且,由 $\nu_3=5=\sigma_1$ 可知,计算可到此为止。

(4) 确定矩阵 $\boldsymbol{A}$ 的属于特征值 $\lambda_1=2$ 的广义特征向量组。首先,列出下表:

$\nu_3-\nu_2=1$	$\nu_2-\nu_1=2$	$\nu_1-\nu_0=2$
	$\boldsymbol{v}_{12}^{(2)}\triangleq\boldsymbol{v}_{12}$	$\boldsymbol{v}_{12}^{(1)}\triangleq-(2\boldsymbol{I}-\boldsymbol{A})\boldsymbol{v}_{12}$
$\boldsymbol{v}_{11}^{(3)}\triangleq\boldsymbol{v}_{11}$	$\boldsymbol{v}_{11}^{(2)}\triangleq-(2\boldsymbol{I}-\boldsymbol{A})\boldsymbol{v}_{11}$	$\boldsymbol{v}_{11}^{(1)}\triangleq(2\boldsymbol{I}-\boldsymbol{A})^2\boldsymbol{v}_{11}$

进而,由满足

$$(2\boldsymbol{I}-\boldsymbol{A})^3\boldsymbol{v}_{11}=\boldsymbol{0},\quad (2\boldsymbol{I}-\boldsymbol{A})^2\boldsymbol{v}_{11}\neq\boldsymbol{0}$$

定出一个独立型特征向量为 $\boldsymbol{v}_{11}=[0\quad 0\quad 1\quad 0\quad 0\quad 0]^{\mathrm{T}}$。基此,可导出其各个导出型特征向量为

$$\boldsymbol{v}_{11}^{(1)}\triangleq(2\boldsymbol{I}-\boldsymbol{A})^2\boldsymbol{v}_{11}=\begin{bmatrix}2\\2\\0\\0\\0\\0\end{bmatrix},\quad \boldsymbol{v}_{11}^{(2)}\triangleq-(2\boldsymbol{I}-\boldsymbol{A})\boldsymbol{v}_{11}=\begin{bmatrix}1\\-1\\0\\0\\0\\0\end{bmatrix},\quad \boldsymbol{v}_{11}^{(3)}\triangleq\boldsymbol{v}_{11}=\begin{bmatrix}0\\0\\1\\0\\0\\0\end{bmatrix}$$

再之,由满足

$$\{\boldsymbol{v}_{12},\boldsymbol{v}_{11}^{(2)}\}\text{ 线性无关},(2\boldsymbol{I}-\boldsymbol{A})^2\boldsymbol{v}_{12}=\boldsymbol{0},(2\boldsymbol{I}-\boldsymbol{A})\boldsymbol{v}_{12}\neq\boldsymbol{0}$$

可定出另一个独立型特征向量 $\boldsymbol{v}_{12}=[0\quad 0\quad 1\quad -1\quad 1\quad 1]^{\mathrm{T}}$。基此,可导出其各个导出型特征向量为

$$\boldsymbol{v}_{12}^{(1)}\triangleq-(2\boldsymbol{I}-\boldsymbol{A})\boldsymbol{v}_{12}=\begin{bmatrix}0\\0\\2\\-2\\0\\0\end{bmatrix},\quad \boldsymbol{v}_{12}^{(2)}\triangleq\boldsymbol{v}_{12}=\begin{bmatrix}0\\0\\1\\-1\\1\\1\end{bmatrix}$$

(5) 确定矩阵 **A** 的属于特征值 $\lambda_2=0$ 的特征向量。由

$$(\lambda_2 \boldsymbol{I}-\boldsymbol{A})\boldsymbol{v}_2=-\boldsymbol{A}\boldsymbol{v}_2=\boldsymbol{0}$$

可定出一个特征向量为

$$\boldsymbol{v}_2=[0\quad 0\quad 0\quad 0\quad 1\quad -1]^{\mathrm{T}}$$

(6) 组成变换阵 $\boldsymbol{Q}$ 并计算 $\boldsymbol{Q}^{-1}$。对此,有

$$\boldsymbol{Q}=[\boldsymbol{v}_{11}^{(1)}\quad \boldsymbol{v}_{11}^{(2)}\quad \boldsymbol{v}_{11}^{(3)}\quad \boldsymbol{v}_{12}^{(1)}\quad \boldsymbol{v}_{12}^{(2)}\quad \boldsymbol{v}_2]=\begin{bmatrix}2 & 1 & 0 & 0 & 0 & 0\\ 2 & -1 & 0 & 0 & 0 & 0\\ 0 & 0 & 1 & 2 & 1 & 0\\ 0 & 0 & 0 & -2 & -1 & 0\\ 0 & 0 & 0 & 0 & 1 & 1\\ 0 & 0 & 0 & 0 & 1 & -1\end{bmatrix}$$

$$\boldsymbol{Q}^{-1}=\begin{bmatrix}1/4 & 1/4 & 0 & 0 & 0 & 0\\ 1/2 & -1/2 & 0 & 0 & 0 & 0\\ 0 & 0 & 1 & 1 & 0 & 0\\ 0 & 0 & 0 & -1/2 & -1/4 & -1/4\\ 0 & 0 & 0 & 0 & 1/2 & 1/2\\ 0 & 0 & 0 & 0 & 1/2 & -1/2\end{bmatrix}$$

(7) 导出状态方程的约当规范形。对此,有

$$\dot{\hat{\boldsymbol{x}}}=\boldsymbol{Q}^{-1}\boldsymbol{A}\boldsymbol{Q}\hat{\boldsymbol{x}}+\boldsymbol{Q}^{-1}\boldsymbol{B}\boldsymbol{u}=\begin{bmatrix}2 & 1 & 0 & 0 & 0 & 0\\ 0 & 2 & 1 & 0 & 0 & 0\\ 0 & 0 & 2 & 0 & 0 & 0\\ 0 & 0 & 0 & 2 & 1 & 0\\ 0 & 0 & 0 & 0 & 2 & 0\\ 0 & 0 & 0 & 0 & 0 & 0\end{bmatrix}\hat{\boldsymbol{x}}+\begin{bmatrix}0 & 1/4\\ 1 & -1/2\\ 2 & 0\\ -1/4 & 0\\ 1/2 & 1\\ -1/2 & 1\end{bmatrix}\boldsymbol{u}$$

并且,变换后的状态向量为

$$\hat{\boldsymbol{x}}=\boldsymbol{Q}^{-1}\boldsymbol{x}=\begin{bmatrix}\frac{1}{4}x_1+\frac{1}{4}x_2\\ \frac{1}{2}x_1-\frac{1}{2}x_2\\ x_3+x_4\\ -\frac{1}{2}x_4-\frac{1}{4}x_5-\frac{1}{4}x_6\\ \frac{1}{2}x_5+\frac{1}{2}x_6\\ \frac{1}{2}x_5-\frac{1}{2}x_6\end{bmatrix}$$

2.7 由状态空间描述导出传递函数矩阵

传递函数矩阵是表征多输入多输出线性时不变系统输出输入关系的一种基本特性。本节着重讨论由系统状态空间描述导出传递函数矩阵的问题。内容包括传递函数矩阵的基本关系式和实用计算方法。

2.7.1 传递函数矩阵

这一部分针对多输入多输出线性时不变系统，讨论系统传递函数矩阵的概念和性质。为便于理解，先来回顾一下传递函数的概念。考虑图 2.8 所示的单输入单输出线性时不变系统，u 为标量输入变量，y 为标量输出变量，其初始条件即初始状态设为零。基此可引入系统传递函数的定义。

定义 2.9［传递函数］ 单输入单输出线性时不变系统的传递函数 $g(s)$，定义为零初始条件下输出变量拉普拉斯变换 $\hat{y}(s)$与输入变量拉普拉斯变换 $\hat{u}(s)$之比，即有

$$g(s) \triangleq \frac{\hat{y}(s)}{\hat{u}(s)} \tag{2.145}$$

传递函数 $g(s)$是复变量 s 的一个有理分式。对 n 阶线性时不变系统，$g(s)$的表达式具有如下一般形式：

$$g(s) = \frac{b_m s^m + \cdots + b_1 s + b_0}{a_n s^n + \cdots + a_1 s + a_0} \tag{2.146}$$

并且，从物理可实现性的角度，总是假定 $m \leqslant n$。其中，当 $m < n$ 时称为严真系统，当 $m = n$ 时称为真系统。

现在推广讨论传递函数矩阵。考虑图 2.9 所示多输入多输出线性时不变系统，输入变量组为$\{u_1, u_2, \cdots, u_p\}$，输出变量组为$\{y_1, y_2, \cdots, y_q\}$，且设系统初始条件为零。再表：

$\hat{y}_i(s)$ 和$\hat{u}_j(s)$ 为输出 y_i 和输入 u_j 的拉普拉斯变换

$g_{ij}(s)$ 为由系统第 j 个输入端到第 i 个输出端的传递函数

$$i = 1, 2, \cdots, q, \quad j = 1, 2, \cdots, p$$

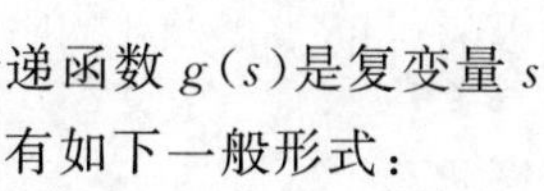

图 2.8　单输入单输出线性时不变系统

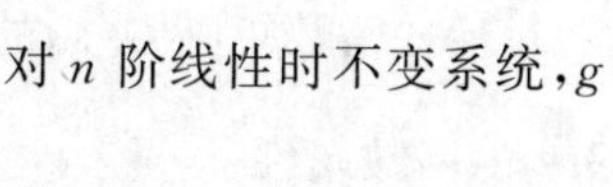

图 2.9　多输入多输出线性时不变系统

那么，基于传递函数的概念，并利用系统的线性属性即叠加原理，可导出拉普拉斯变换意义下的输出输入关系式为

$$
\begin{aligned}
\hat{y}_1(s) &= g_{11}(s)\hat{u}_1(s) + g_{12}(s)\hat{u}_2(s) + \cdots + g_{1p}(s)\hat{u}_p(s) \\
\hat{y}_2(s) &= g_{21}(s)\hat{u}_1(s) + g_{22}(s)\hat{u}_2(s) + \cdots + g_{2p}(s)\hat{u}_p(s) \\
&\cdots\cdots \\
\hat{y}_q(s) &= g_{q1}(s)\hat{u}_1(s) + g_{q2}(s)\hat{u}_2(s) + \cdots + g_{qp}(s)\hat{u}_p(s)
\end{aligned}
\tag{2.147}
$$

表上述方程组为向量方程，有

$$
\begin{bmatrix} \hat{y}_1(s) \\ \vdots \\ \hat{y}_q(s) \end{bmatrix} = \begin{bmatrix} g_{11}(s) & \cdots & g_{1p}(s) \\ \vdots & & \vdots \\ g_{q1}(s) & \cdots & g_{qp}(s) \end{bmatrix} \begin{bmatrix} \hat{u}_1(s) \\ \vdots \\ \hat{u}_p(s) \end{bmatrix} \tag{2.148}
$$

通过引入向量和矩阵符号

$$
\hat{\boldsymbol{y}}(s) \triangleq \begin{bmatrix} \hat{y}_1(s) \\ \vdots \\ \hat{y}_q(s) \end{bmatrix}, \quad \hat{\boldsymbol{u}}(s) \triangleq \begin{bmatrix} \hat{u}_1(s) \\ \vdots \\ \hat{u}_p(s) \end{bmatrix}, \quad \boldsymbol{G}(s) \triangleq \begin{bmatrix} g_{11}(s) & \cdots & g_{1p}(s) \\ \vdots & & \vdots \\ g_{q1}(s) & \cdots & g_{qp}(s) \end{bmatrix}
$$

还可将向量方程(2.148)简表为

$$
\hat{\boldsymbol{y}}(s) = \boldsymbol{G}(s)\hat{\boldsymbol{u}}(s) \tag{2.149}
$$

定义 2.10［传递函数矩阵］ 多输入多输出线性时不变系统的传递函数矩阵，定义为零初始条件下由式(2.149)表征的输出拉普拉斯变换 $\hat{\boldsymbol{y}}(s)$ 和输入拉普拉斯变换 $\hat{\boldsymbol{u}}(s)$ 因果关系中的 $\boldsymbol{G}(s)$。

下面，对传递函数矩阵 $\boldsymbol{G}(s)$ 的特性和属性作进一步的讨论。

1. G(s)的函数属性

对 p 维输入 q 维输出的线性时不变系统，由 $\boldsymbol{G}(s)$ 的元传递函数 $g_{ij}(s)(i=1,2,\cdots,q, j=1,2,\cdots,p)$ 均为复变量 s 的有理分式可知，传递函数矩阵 $\boldsymbol{G}(s)$ 是复变量 s 的 $q\times p$ 有理分式矩阵。

2. G(s)的真性和严真性

真性和严真性是传递函数矩阵 $\boldsymbol{G}(s)$ 的一个基本属性。当且仅当 $\boldsymbol{G}(s)$ 为真或严真时，$\boldsymbol{G}(s)$ 才是物理上可以实现的。一个 $\boldsymbol{G}(s)$ 为是真的，当且仅当

$$
\lim_{s\to\infty} \boldsymbol{G}(s) = \text{常阵} \tag{2.150}
$$

一个 $\boldsymbol{G}(s)$ 为是严真的，当且仅当

$$
\lim_{s\to\infty} \boldsymbol{G}(s) = \text{零阵} \tag{2.151}
$$

从组成元函数属性的角度，严真 $\boldsymbol{G}(s)$ 的特征是所有元传递函数 $g_{ij}(s)$ 均为严真有理分式，真 $\boldsymbol{G}(s)$ 的特征是组成元传递函数 $g_{ij}(s)$ 中除严真有理分式外可包含真有理分式。

3. 由真 G(s)导出严真 $G_{sp}(s)$

在线性时不变系统的复频率域分析和综合中，可能面临由真 $\boldsymbol{G}(s)$ 导出严真

$\boldsymbol{G}_{\mathrm{sp}}(s)$的问题。对此，一个简便的算法是

$$\boldsymbol{G}_{\mathrm{sp}}(s)=\boldsymbol{G}(s)-\boldsymbol{G}(\infty),\quad \boldsymbol{G}(\infty)\triangleq\boldsymbol{G}(s)\mid_{s=\infty} \tag{2.152}$$

4. G(s)的特征多项式和最小多项式

对 p 维输入 q 维输出的线性时不变系统，计算 $\boldsymbol{G}(s)$的特征多项式和最小多项式的基本关系式为

$\boldsymbol{G}(s)$ 的特征多项式 $\alpha_{\boldsymbol{G}}(s)=$

$\boldsymbol{G}(s)$ 所有 1 阶、2 阶、……、$\min(q,p)$ 阶子式的最小公分母　(2.153)

$\boldsymbol{G}(s)$ 的最小多项式 $\phi_{\boldsymbol{G}}(s)=\boldsymbol{G}(s)$ 所有 1 阶子式的最小公分母　(2.154)

例 2.9　给定 2×3 传递函数矩阵 $\boldsymbol{G}(s)$为

$$\boldsymbol{G}(s)=\begin{bmatrix}\dfrac{s+1}{s+2} & \dfrac{s+3}{s+2} & 0\\[2mm] \dfrac{1}{s+2} & 0 & \dfrac{1}{s+2}\end{bmatrix}$$

容易定出：

1 阶子式的最小公分母为$(s+2)$

2 阶子式的最小公分母为$(s+2)^2$

基此，可导出：

特征多项式 $\alpha_{\boldsymbol{G}}(s)=(s+2)^2$

最小多项式 $\phi_{\boldsymbol{G}}(s)=(s+2)$

5. G(s)的极点

$\boldsymbol{G}(s)$的极点对系统输出的运动行为具有重要影响。对 p 维输入 q 维输出的线性时不变系统，令 $\alpha_{\boldsymbol{G}}(s)$为传递函数矩阵 $\boldsymbol{G}(s)$的特征多项式，则 $\boldsymbol{G}(s)$的极点为特征方程 $\alpha_{\boldsymbol{G}}(s)=0$ 的根。

6. G(s)的循环性

在系统的综合问题中循环性是一个有用的特性。对 p 维输入 q 维输出的线性时不变系统，称其 $\boldsymbol{G}(s)$是循环的，当且仅当 $\boldsymbol{G}(s)$的特征多项式 $\alpha_{\boldsymbol{G}}(s)$和最小多项式 $\phi_{\boldsymbol{G}}(s)$之间只有常数性公因子，即有

$$\alpha_{\boldsymbol{G}}(s)=k\phi_{\boldsymbol{G}}(s),\quad k=\text{常数} \tag{2.155}$$

7. G(s)的正则性和奇异性

正则性和奇异性也是表征传递函数矩阵 $\boldsymbol{G}(s)$的一个基本特性。称一个 $\boldsymbol{G}(s)$是正则的，当且仅当 $\boldsymbol{G}(s)$是方有理分式阵和 $\det\boldsymbol{G}(s)\neq0$ 即不等于有理分式域上的零元。称一个 $\boldsymbol{G}(s)$为奇异，当且仅当 $\boldsymbol{G}(s)$是非正则的。

2.7.2 G(s)基于(A,B,C,D)的表达式

考虑连续时间线性时不变系统,状态空间描述为

$$\begin{aligned}\dot{\boldsymbol{x}} &= \boldsymbol{A}\boldsymbol{x} + \boldsymbol{B}\boldsymbol{u}, \quad t \geqslant 0 \\ \boldsymbol{y} &= \boldsymbol{C}\boldsymbol{x} + \boldsymbol{D}\boldsymbol{u}\end{aligned} \tag{2.156}$$

下面,给出系统传递函数矩阵 $\boldsymbol{G}(s)$ 和状态空间描述系数矩阵 $\{\boldsymbol{A},\boldsymbol{B},\boldsymbol{C},\boldsymbol{D}\}$ 间的显式关系。

结论 2.6 [$\boldsymbol{G}(s)$基本关系式]　对多输入多输出线性时不变系统(2.156),传递函数矩阵 $\boldsymbol{G}(s)$ 的基于系数矩阵 $\{\boldsymbol{A},\boldsymbol{B},\boldsymbol{C},\boldsymbol{D}\}$ 的基本关系式为

$$\boldsymbol{G}(s) = \boldsymbol{C}(s\boldsymbol{I} - \boldsymbol{A})^{-1}\boldsymbol{B} + \boldsymbol{D} \tag{2.157}$$

证　对状态空间描述(2.156)取拉普拉斯变换,并令初始状态 $\boldsymbol{x}(0)=\boldsymbol{0}$,得

$$\begin{aligned}s\hat{\boldsymbol{x}}(s) &= \boldsymbol{A}\hat{\boldsymbol{x}}(s) + \boldsymbol{B}\hat{\boldsymbol{u}}(s) \\ \hat{\boldsymbol{y}}(s) &= \boldsymbol{C}\hat{\boldsymbol{x}}(s) + \boldsymbol{D}\hat{\boldsymbol{u}}(s)\end{aligned} \tag{2.158}$$

由式(2.158)的第一个方程,可导出:

$$(s\boldsymbol{I} - \boldsymbol{A})\hat{\boldsymbol{x}}(s) = \boldsymbol{B}\hat{\boldsymbol{u}}(s) \tag{2.159}$$

考虑到 $(s\boldsymbol{I}-\boldsymbol{A})$ 作为多项式矩阵为非奇异,可把上式表为

$$\hat{\boldsymbol{x}}(s) = (s\boldsymbol{I} - \boldsymbol{A})^{-1}\boldsymbol{B}\hat{\boldsymbol{u}}(s) \tag{2.160}$$

再将式(2.160)代入式(2.158)的第二个方程,得

$$\hat{\boldsymbol{y}}(s) = [\boldsymbol{C}(s\boldsymbol{I} - \boldsymbol{A})^{-1}\boldsymbol{B} + \boldsymbol{D}]\hat{\boldsymbol{u}}(s) \tag{2.161}$$

从而,证得式(2.157)。证明完成。

进而,对 $\boldsymbol{G}(s)$ 的基于 $\{\boldsymbol{A},\boldsymbol{B},\boldsymbol{C},\boldsymbol{D}\}$ 的基本关系式作如下的一些说明。

1. 基本关系式的意义

基本关系式(2.157)建立了 $\boldsymbol{G}(s)$ 和 $\{\boldsymbol{A},\boldsymbol{B},\boldsymbol{C},\boldsymbol{D}\}$ 间的显式关系,为分析和揭示系统两种描述间的关系提供了基础。但是,由于基本关系式中包含矩阵求逆运算,对高维系统直接运用于计算 $\boldsymbol{G}(s)$ 将是不方便的。有鉴于此,需要在基本关系式基础上进一步导出相应的实用计算关系式。

2. G(s)的真性、严真性和状态空间描述形式

基于基本关系式(2.157)可以直观地显示真性、严真性和状态空间描述间的关系。$\boldsymbol{G}(s)$ 为真,当且仅当相应状态空间描述具有形式(2.156),且有

$$\lim_{s\to\infty} \boldsymbol{G}(s) = \boldsymbol{D} \tag{2.162}$$

$\boldsymbol{G}(s)$ 为严真,当且仅当相应状态空间描述具有形式:

$$\begin{aligned}\dot{\boldsymbol{x}} &= \boldsymbol{A}\boldsymbol{x} + \boldsymbol{B}\boldsymbol{u}, \quad t \geqslant 0 \\ \boldsymbol{y} &= \boldsymbol{C}\boldsymbol{x}\end{aligned} \tag{2.163}$$

3. G(s)的特征多项式和 A 的特征多项式

表 $\boldsymbol{G}(s)$ 的首一化特征多项式为 $\alpha_{\boldsymbol{G}}(s)$，$\boldsymbol{A}$ 的特征多项式为 $\alpha(s)$，当且仅当对系统引入附加条件即能控能观测条件，两者为相等即有 $\alpha_{\boldsymbol{G}}(s)=\alpha(s)$。并且，若 $\alpha(s)\neq\alpha_{\boldsymbol{G}}(s)$，必有 $\deg\alpha_{\boldsymbol{G}}(s)<\deg\alpha(s)$，其中 deg 表示多项式的次数。有关能控性和能观测性的概念和判据将在第 4 章中讨论。

4. G(s)的极点和 A 的特征值

表 $\boldsymbol{G}(s)$ 极点的集合为 $\Lambda_{\boldsymbol{G}}$，$\boldsymbol{A}$ 的特征值的集合为 Λ，当且仅当对系统引入附加条件即能控能观测条件，两者为相等即有 $\Lambda_{\boldsymbol{G}}=\Lambda$。并且，若 $\Lambda\neq\Lambda_{\boldsymbol{G}}$，必有 $\Lambda_{\boldsymbol{G}}\subset\Lambda$。

2.7.3 G(s)的实用计算关系式

当运用 $\boldsymbol{G}(s)$ 的基本关系式(2.157)计算系统传递函数矩阵时将面临矩阵求逆运算，这对高维系统是不方便的。基此，现来介绍计算 $\boldsymbol{G}(s)$ 的一个实用关系式。

结论 2.7 [$\boldsymbol{G}(s)$的实用算式] 对多输入多输出线性时不变系统(2.156)，首先基于状态空间描述$\{\boldsymbol{A},\boldsymbol{B},\boldsymbol{C},\boldsymbol{D}\}$计算定出特征多项式

$$\alpha(s)\triangleq\det(s\boldsymbol{I}-\boldsymbol{A})=s^n+\alpha_{n-1}s^{n-1}+\cdots+\alpha_1 s+\alpha_0 \tag{2.164}$$

和一组系数矩阵

$$\begin{aligned}
&\boldsymbol{E}_{n-1}=\boldsymbol{CB}\\
&\boldsymbol{E}_{n-2}=\boldsymbol{CAB}+\alpha_{n-1}\boldsymbol{CB}\\
&\cdots\cdots\\
&\boldsymbol{E}_1=\boldsymbol{CA}^{n-2}\boldsymbol{B}+\alpha_{n-1}\boldsymbol{CA}^{n-3}\boldsymbol{B}+\cdots+\alpha_2\boldsymbol{CB}\\
&\boldsymbol{E}_0=\boldsymbol{CA}^{n-1}\boldsymbol{B}+\alpha_{n-1}\boldsymbol{CA}^{n-2}\boldsymbol{B}+\cdots+\alpha_1\boldsymbol{CB}
\end{aligned} \tag{2.165}$$

则计算 $\boldsymbol{G}(s)$ 的一个实用关系式为

$$\boldsymbol{G}(s)=\frac{1}{\alpha(s)}[\boldsymbol{E}_{n-1}s^{n-1}+\boldsymbol{E}_{n-2}s^{n-2}+\cdots+\boldsymbol{E}_1 s+\boldsymbol{E}_0]+\boldsymbol{D} \tag{2.166}$$

可以看出，在运用实用算式(2.166)计算 $\boldsymbol{G}(s)$ 时，除计算特征多项式较为复杂外，涉及的运算只限于矩阵的乘和加，计算复杂程度明显降低。

例 2.10 给定线性时不变系统的状态空间描述为

$$\dot{\boldsymbol{x}}=\begin{bmatrix}2&0&0\\0&2&0\\0&3&1\end{bmatrix}\boldsymbol{x}+\begin{bmatrix}1&2\\1&0\\3&1\end{bmatrix}\boldsymbol{u}$$

$$y=[1\quad 1\quad 2]\boldsymbol{x}$$

现来计算系统的传递函数矩阵 $\boldsymbol{G}(s)$。

(1) 计算特征多项式

$$\alpha(s)=\det(s\boldsymbol{I}-\boldsymbol{A})=(s-2)^2(s-1)=s^3-5s^2+8s-4$$

(2) 计算系数矩阵

$$\boldsymbol{E}_2=\boldsymbol{CB}=[1\quad 1\quad 2]\begin{bmatrix}1 & 2\\1 & 0\\3 & 1\end{bmatrix}=[8\quad 4]$$

$$\boldsymbol{E}_1=\boldsymbol{CAB}+\alpha_2\boldsymbol{CB}$$

$$=[1\quad 1\quad 2]\begin{bmatrix}2 & 0 & 0\\0 & 2 & 0\\0 & 3 & 1\end{bmatrix}\begin{bmatrix}1 & 2\\1 & 0\\3 & 1\end{bmatrix}+[-40\quad -20]=[-24\quad -14]$$

$$\boldsymbol{E}_0=\boldsymbol{CA}^2\boldsymbol{B}+\alpha_2\boldsymbol{CAB}+\alpha_1\boldsymbol{CB}$$

$$=[1\quad 1\quad 2]\begin{bmatrix}2 & 0 & 0\\0 & 2 & 0\\0 & 3 & 1\end{bmatrix}\begin{bmatrix}2 & 4\\2 & 0\\6 & 1\end{bmatrix}+[-80\quad -30]+[64\quad 32]=[16\quad 12]$$

(3) 计算传递函数矩阵

$$\boldsymbol{G}(s)=\frac{1}{\alpha(s)}[\boldsymbol{E}_2s^2+\boldsymbol{E}_1s+\boldsymbol{E}_0]=\begin{bmatrix}\dfrac{8s^2-24s+16}{s^3-5s^2+8s-4} & \dfrac{4s^2-14s+12}{s^3-5s^2+8s-4}\end{bmatrix}$$

2.8 线性系统在坐标变换下的特性

坐标变换是状态空间方法分析和综合中广为采用的一种基本手段。引入坐标变换的目的,或是突出系统的特性或特征,或是简化系统分析和综合的计算过程。本节的内容包括坐标变换的几何含义,坐标变换的代数表征,以及线性系统在坐标变换下的特性。

2.8.1 坐标变换的几何含义和代数表征

坐标变换是把系统在状态空间一个坐标系上的表征化为另一坐标系上的表征。前面讨论过的化线性时不变系统的状态方程为约当规范形的变换,就是一种特定的坐标变换。下面,从一般的角度来阐明坐标变换的几何含义和代数特征。

定义 2.11 [坐标变换] 系统坐标变换的几何含义就是换基,即把状态空间的坐标系由一个基底换为另一个基底。

结论 2.8 [坐标变换代数表征] 对系统的坐标变换代数上等同于对其状态空间的基矩阵的一个线性非奇异变换。

证 考虑 n 维系统,设状态空间的原基底为$\{\boldsymbol{e}_1,\boldsymbol{e}_2,\cdots,\boldsymbol{e}_n\}$,新基底为$\{\bar{\boldsymbol{e}}_1,\bar{\boldsymbol{e}}_2,\cdots,\bar{\boldsymbol{e}}_n\}$。基于$\{\boldsymbol{e}_1,\boldsymbol{e}_2,\cdots,\boldsymbol{e}_n\}$为线性无关极大组的属性,可将 $\bar{\boldsymbol{e}}_1,\bar{\boldsymbol{e}}_2,\cdots,\bar{\boldsymbol{e}}_n$ 分别表示$\{\boldsymbol{e}_1,\boldsymbol{e}_2,\cdots,\boldsymbol{e}_n\}$的线性组合,有

$$\begin{aligned}\bar{e}_1&=p_{11}e_1+p_{21}e_2+\cdots+p_{n1}e_n\\ \bar{e}_2&=p_{12}e_1+p_{22}e_2+\cdots+p_{n2}e_n\\ &\cdots\cdots\\ \bar{e}_n&=p_{1n}e_1+p_{2n}e_2+\cdots+p_{nn}e_n\end{aligned}\tag{2.167}$$

引入矩阵

$$\boldsymbol{P}=\begin{bmatrix}p_{11} & \cdots & p_{1n}\\ \vdots & & \vdots\\ p_{n1} & \cdots & p_{nn}\end{bmatrix}\tag{2.168}$$

可将线性组合关系式(2.167)表为

$$[\bar{\boldsymbol{e}}_1,\bar{\boldsymbol{e}}_2,\cdots,\bar{\boldsymbol{e}}_n]=[\boldsymbol{e}_1,\boldsymbol{e}_2,\cdots,\boldsymbol{e}_n]\boldsymbol{P}\tag{2.169}$$

这就表明,新基矩阵$[\bar{\boldsymbol{e}}_1,\bar{\boldsymbol{e}}_2,\cdots,\bar{\boldsymbol{e}}_n]$为原基矩阵$[\boldsymbol{e}_1,\boldsymbol{e}_2,\cdots,\boldsymbol{e}_n]$的一个线性变换。进而,利用$\{\bar{\boldsymbol{e}}_1,\bar{\boldsymbol{e}}_2,\cdots,\bar{\boldsymbol{e}}_n\}$为线性无关极大组的属性,同理可导出:

$$[\boldsymbol{e}_1,\boldsymbol{e}_2,\cdots,\boldsymbol{e}_n]=[\bar{\boldsymbol{e}}_1,\bar{\boldsymbol{e}}_2,\cdots,\bar{\boldsymbol{e}}_n]\boldsymbol{Q}\tag{2.170}$$

从而由式(2.169)和式(2.170)可以得到

$$[\bar{\boldsymbol{e}}_1,\bar{\boldsymbol{e}}_2,\cdots,\bar{\boldsymbol{e}}_n]=[\bar{\boldsymbol{e}}_1,\bar{\boldsymbol{e}}_2,\cdots,\bar{\boldsymbol{e}}_n]\boldsymbol{QP}\tag{2.171}$$

$$[\boldsymbol{e}_1,\boldsymbol{e}_2,\cdots,\boldsymbol{e}_n]=[\boldsymbol{e}_1,\boldsymbol{e}_2,\cdots,\boldsymbol{e}_n]\boldsymbol{PQ}\tag{2.172}$$

再考虑到基底矩阵的任意性,式(2.171)和式(2.172)意味着必成立:

$$\boldsymbol{QP}=\boldsymbol{PQ}=\boldsymbol{I}\tag{2.173}$$

$$\boldsymbol{P}^{-1}=\boldsymbol{Q}\tag{2.174}$$

证得新基矩阵$[\bar{\boldsymbol{e}}_1,\bar{\boldsymbol{e}}_2,\cdots,\bar{\boldsymbol{e}}_n]$为原基矩阵$[\boldsymbol{e}_1,\boldsymbol{e}_2,\cdots,\boldsymbol{e}_n]$的线性非奇异变换。证明完成。

结论 2.9［坐标变换代数表征］　对系统的坐标变换代数上等同于对系统状态的一个线性非奇异变换。

证　考虑 n 维系统,设状态在状态空间原基底$\{\boldsymbol{e}_1,\boldsymbol{e}_2,\cdots,\boldsymbol{e}_n\}$上的表征为

$$\boldsymbol{x}=[x_1,x_2,\cdots,x_n]^{\mathrm{T}}\tag{2.175}$$

在新基底$\{\bar{\boldsymbol{e}}_1,\bar{\boldsymbol{e}}_2,\cdots,\bar{\boldsymbol{e}}_n\}$上的表征为

$$\bar{\boldsymbol{x}}=[\bar{x}_1,\bar{x}_2,\cdots,\bar{x}_n]^{\mathrm{T}}\tag{2.176}$$

利用结论 2.8 证明中给出的关系式:

$$[\boldsymbol{e}_1,\boldsymbol{e}_2,\cdots,\boldsymbol{e}_n]=[\bar{\boldsymbol{e}}_1,\bar{\boldsymbol{e}}_2,\cdots,\bar{\boldsymbol{e}}_n]\boldsymbol{Q},\quad \boldsymbol{Q}=\boldsymbol{P}^{-1}\tag{2.177}$$

可进一步导出:

$$[\bar{\boldsymbol{e}}_1,\bar{\boldsymbol{e}}_2,\cdots,\bar{\boldsymbol{e}}_n]\begin{bmatrix}\bar{x}_1\\ \vdots\\ \bar{x}_n\end{bmatrix}=[\boldsymbol{e}_1,\boldsymbol{e}_2,\cdots,\boldsymbol{e}_n]\begin{bmatrix}x_1\\ \vdots\\ x_n\end{bmatrix}=[\bar{\boldsymbol{e}}_1,\bar{\boldsymbol{e}}_2,\cdots,\bar{\boldsymbol{e}}_n]\boldsymbol{P}^{-1}\begin{bmatrix}x_1\\ \vdots\\ x_n\end{bmatrix}\tag{2.178}$$

于是,由上式的最左项和最右项,可以得到

$$\bar{x} = P^{-1}x \tag{2.179}$$

这就表明,状态在新基底$\{\bar{e}_1, \bar{e}_2, \cdots, \bar{e}_n\}$上表征 $\bar{x}$ 为原基底$\{e_1, e_2, \cdots, e_n\}$上表征 x 的一个线性非奇异变换。证明完成。

2.8.2 线性时不变系统在坐标变换下的特性

考虑连续时间线性时不变系统,状态空间描述为

$$\Sigma: \quad \begin{aligned} \dot{x} &= Ax + Bu \\ y &= Cx + Du \end{aligned} \tag{2.180}$$

现来讨论系统在坐标变换即线性非奇异变换下的特性。

结论 2.10 [状态空间描述的坐标变换] 对线性时不变系统的状态空间描述(2.180),引入坐标变换即线性非奇异变换 $\bar{x} = P^{-1}x$,则变换后的系统状态空间描述为

$$\bar{\Sigma}: \quad \begin{aligned} \dot{\bar{x}} &= \bar{A}\bar{x} + \bar{B}u \\ y &= \bar{C}\bar{x} + \bar{D}u \end{aligned} \tag{2.181}$$

其中,两者系数矩阵之间成立关系式:

$$\bar{A} = P^{-1}AP, \quad \bar{B} = P^{-1}B, \quad \bar{C} = CP, \quad \bar{D} = D \tag{2.182}$$

证 由线性非奇异变换 $\bar{x} = P^{-1}x$,可得

$$\dot{\bar{x}} = P^{-1}\dot{x} = P^{-1}(Ax + Bu) = P^{-1}AP\bar{x} + P^{-1}Bu = \bar{A}\bar{x} + \bar{B}u \tag{2.183}$$

$$y = Cx + Du = CP\bar{x} + Du = \bar{C}\bar{x} + \bar{D}u \tag{2.184}$$

基此,即可导出式(2.181)和式(2.182)。证明完成。

结论 2.11 [传递函数矩阵的坐标变换] 对线性时不变系统(2.180),引入坐标变换即线性非奇异变换 $\bar{x} = P^{-1}x$,表 $G(s)$和 $\bar{G}(s)$分别为变换前后系统的传递函数矩阵,则必成立 $\bar{G}(s) = G(s)$,即传递函数矩阵在线性非奇异变换下保持不变。

证 由式(2.180)和式(2.181),并利用传递函数矩阵的基本关系式,可得

$$G(s) = C(sI - A)^{-1}B + D \tag{2.185}$$

$$\bar{G}(s) = \bar{C}(sI - \bar{A})^{-1}\bar{B} + \bar{D} \tag{2.186}$$

其中

$$\bar{A} = P^{-1}AP, \quad \bar{B} = P^{-1}B, \quad \bar{C} = CP, \quad \bar{D} = D \tag{2.187}$$

由此即可证得

$$\begin{aligned} \bar{G}(s) &= CP(sI - P^{-1}AP)^{-1}P^{-1}B + D \\ &= C[P(sI - P^{-1}AP)P^{-1}]^{-1}B + D \\ &= C(sI - A)^{-1}B + D = G(s) \end{aligned} \tag{2.188}$$

进而,基于上述两个基本结论,就有关问题和推论作如下的几点讨论。

1. 非奇异变换表达形式

对线性非奇异变换采取哪种表达形式,如基本结论中所取的 $\bar{x} = P^{-1}x$ 或者相

反表达形式 $\bar{x}=Px$，一般既没有特定的限制，同时也不影响结论实质的普遍性。若对上述基本结论采用 $\bar{x}=Px$ 形式，那么除系数矩阵关系式在符号上需作相应改动外，不会改变结论的实质含义。有鉴于此，在后续讨论中，除有特定要求的以外，将对线性非奇异变换随意地取为上述两种形式中的任一种。

2. 特征多项式在坐标变换下的特性

作为上述两个基本结论的一个推论，对线性时不变系统，不管是系统矩阵还是传递函数矩阵，其特征多项式在坐标变换下保持不变。也就是，若令 $\alpha(s)$ 和 $\bar{\alpha}(s)$ 为系统矩阵在变换前后的特征多项式，$\alpha_G(s)$ 和 $\bar{\alpha}_G(s)$ 为传递函数矩阵在变换前后的特征多项式，则必成立：

$$\bar{\alpha}(s)=\alpha(s),\quad \bar{\alpha}_G(s)=\alpha_G(s) \tag{2.189}$$

3. 特征结构在坐标变换下的特性

作为上述两个基本结论的一个推论，对线性时不变系统，系统矩阵 A 的特征值在坐标变换保持不变，而特征向量在坐标变换下具有相同的变换关系。也就是，若令 λ_i 和 $\bar{\lambda}_i$ 为系统矩阵 A 变换前后的特征值，则必成立：

$$\bar{\lambda}_i=\lambda_i,\quad i=1,2,\cdots,n \tag{2.190}$$

若令 $\boldsymbol{v}_i$ 和 $\bar{\boldsymbol{v}}_i$ 为变换前后的特征向量，则对形式为 $\bar{x}=P^{-1}x$ 的线性非奇异变换，具有如下的关系：

$$\bar{\boldsymbol{v}}_i=P^{-1}\boldsymbol{v}_i,\quad i=1,2,\cdots,n \tag{2.191}$$

同样，传递函数矩阵 $G(s)$ 的极点在坐标变换下将保持不变。也就是，若令 s_j 和 $\bar{s}_j$ 为 $G(s)$ 在坐标变换前后的极点，则必成立：

$$\bar{s}_j=s_j,\quad j=1,2,\cdots,l \tag{2.192}$$

4. 约当规范形在坐标变换下的特性

作为上述两个基本结论的一个推论，对线性时不变系统，不管是系统矩阵 A 的特征值为两两相异情形还是包含重值情形，其约当规范形在坐标变换下保持不变，但将影响化为约当规范形的变换矩阵。

5. 代数等价系统

称具有相同输入和输出的两个同维线性时不变系统为代数等价系统，当且仅当它们的系数矩阵之间满足状态空间描述坐标变换中给出的关系。作为上述定义的直接推论，同一线性时不变系统的两个状态空间描述必为代数等价。进而，由传递函数矩阵在坐标变换下保持不变的属性所决定，所有代数等价系统均具有等同的输出输入特性。代数等价系统的基本特征是具有相同的代数结构特性，如特征多项式、特征值、极点等，以及随后章节中将会讨论的稳定性、能控性、能观测性等。

6. 坐标变换的人为属性

状态空间坐标系的选择具有人为属性。系统的不依赖于状态选择的所有特性具有客观性。因此，系统在坐标变换下的不变量如特征多项式、特征值、极点等和不变属性如稳定性、能控性、能观测性等，反映了系统运动和结构的固有特性。

2.8.3 线性时变系统在坐标变换下的特性

考虑连续时间线性时变系统，状态空间描述为

$$\Sigma:\quad \begin{aligned} \dot{\boldsymbol{x}} &= \boldsymbol{A}(t)\boldsymbol{x} + \boldsymbol{B}(t)\boldsymbol{u} \\ \boldsymbol{y} &= \boldsymbol{C}(t)\boldsymbol{x} + \boldsymbol{D}(t)\boldsymbol{u} \end{aligned} \tag{2.193}$$

现来讨论系统在坐标变换即线性非奇异变换下的特性。不同于时不变系统，时变系统的坐标变换中，变换矩阵一般应取为时变矩阵并满足可微性要求。

结论 2.12 [状态空间描述的坐标变换] 对线性时变系统的状态空间描述(2.193)，引入坐标变换即线性非奇异变换 $\bar{\boldsymbol{x}} = \boldsymbol{P}(t)\boldsymbol{x}$，$\boldsymbol{P}(t)$ 为可逆且连续可微，则变换后的状态空间描述为

$$\bar{\Sigma}:\quad \begin{aligned} \dot{\bar{\boldsymbol{x}}} &= \bar{\boldsymbol{A}}(t)\bar{\boldsymbol{x}} + \bar{\boldsymbol{B}}(t)\boldsymbol{u} \\ \boldsymbol{y} &= \bar{\boldsymbol{C}}(t)\bar{\boldsymbol{x}} + \bar{\boldsymbol{D}}(t)\boldsymbol{u} \end{aligned} \tag{2.194}$$

其中，两者的系数矩阵之间成立关系式：

$$\begin{aligned} &\bar{\boldsymbol{A}}(t) = \dot{\boldsymbol{P}}(t)\boldsymbol{P}^{-1}(t) + \boldsymbol{P}(t)\boldsymbol{A}\boldsymbol{P}^{-1}(t), \quad \bar{\boldsymbol{B}}(t) = \boldsymbol{P}(t)\boldsymbol{B}(t), \\ &\bar{\boldsymbol{C}}(t) = \boldsymbol{C}\boldsymbol{P}^{-1}(t), \quad \bar{\boldsymbol{D}}(t) = \boldsymbol{D}(t) \end{aligned} \tag{2.195}$$

2.9 组合系统的状态空间描述和传递函数矩阵

由两个或两个以上子系统连接构成的系统称为组合系统。基本组合方式分为并联、串联和反馈三种类型。一个较为复杂的系统总是包含若干种典型连接方式的一个组合系统。本节针对线性时不变系统和上述三类基本组合方式，讨论相应组合系统的状态空间描述和传递函数矩阵。

2.9.1 子系统的并联

并联是组合系统中最为简单的一种组合方式。考虑图 2.10 所示的由两个线性时不变子系统经并联构成的组合系统 Σ_P，子系统的状态空间描述和传递函数矩阵表为

$$\Sigma_i:\quad \begin{aligned} \dot{\boldsymbol{x}}_i &= \boldsymbol{A}_i\boldsymbol{x}_i + \boldsymbol{B}_i\boldsymbol{u}_i \\ \boldsymbol{y}_i &= \boldsymbol{C}_i\boldsymbol{x}_i + \boldsymbol{D}_i\boldsymbol{u}_i \end{aligned} \quad i=1,2 \tag{2.196}$$

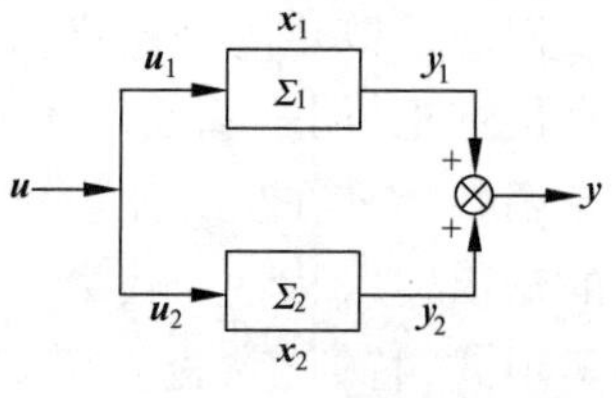

图 2.10 子系统的并联

和

$$\boldsymbol{G}_i(s),\quad i=1,2 \tag{2.197}$$

两个子系统可以实现并联的条件是，子系统在输入维数和输出维数上满足：

$$\dim(\boldsymbol{u}_1)=\dim(\boldsymbol{u}_2),\quad \dim(\boldsymbol{y}_1)=\dim(\boldsymbol{y}_2) \tag{2.198}$$

其中，dim(·)表示向量的维数。并联组合系统在变量关系上的特征为

$$\boldsymbol{u}_1=\boldsymbol{u}_2=\boldsymbol{u},\quad \boldsymbol{y}_1+\boldsymbol{y}_2=\boldsymbol{y} \tag{2.199}$$

在此基础上，对并联组合系统可导出如下的一些结论。

结论 2.13［并联系统的状态空间描述］　对两个线性时不变子系统(2.196)的并联组合系统 Σ_{P}，取组合状态为 $[\boldsymbol{x}_1^{\mathrm{T}},\boldsymbol{x}_2^{\mathrm{T}}]^{\mathrm{T}}$，T 表示转置，则 Σ_{P} 的状态空间描述为

$$\Sigma_{\mathrm{P}}:\quad \begin{aligned} \begin{bmatrix}\dot{\boldsymbol{x}}_1\\ \dot{\boldsymbol{x}}_2\end{bmatrix} &= \begin{bmatrix}\boldsymbol{A}_1 & \boldsymbol{0}\\ \boldsymbol{0} & \boldsymbol{A}_2\end{bmatrix}\begin{bmatrix}\boldsymbol{x}_1\\ \boldsymbol{x}_2\end{bmatrix}+\begin{bmatrix}\boldsymbol{B}_1\\ \boldsymbol{B}_2\end{bmatrix}\boldsymbol{u}\\ \boldsymbol{y} &= [\boldsymbol{C}_1\quad \boldsymbol{C}_2]\begin{bmatrix}\boldsymbol{x}_1\\ \boldsymbol{x}_2\end{bmatrix}+[\boldsymbol{D}_1+\boldsymbol{D}_2]\boldsymbol{u}\end{aligned} \tag{2.200}$$

证　基于子系统的描述(2.196)，并考虑到 Σ_1 与 Σ_2 的内部独立性，Σ_1 与 Σ_2 的互不影响性，以及并联系统的特征(2.199)，可以导出：

$$\begin{aligned}\dot{\boldsymbol{x}}_1&=\boldsymbol{A}_1\boldsymbol{x}_1+\boldsymbol{B}_1\boldsymbol{u}\\ \dot{\boldsymbol{x}}_2&=\boldsymbol{A}_2\boldsymbol{x}_2+\boldsymbol{B}_2\boldsymbol{u}\\ \boldsymbol{y}&=\boldsymbol{C}_1\boldsymbol{x}_1+\boldsymbol{C}_2\boldsymbol{x}_2+(\boldsymbol{D}_1+\boldsymbol{D}_2)\boldsymbol{u}\end{aligned} \tag{2.201}$$

进而，基于组合状态 $[\boldsymbol{x}_1^{\mathrm{T}},\boldsymbol{x}_2^{\mathrm{T}}]^{\mathrm{T}}$，将式(2.201)表为组合系统的状态方程和输出方程，就可得到式(2.200)。证明完成。

结论 2.14［并联系统的状态空间描述］　对 N 个线性时不变子系统(2.196)的并联组合系统 Σ_{P}，取组合状态为 $[\boldsymbol{x}_1^{\mathrm{T}},\cdots,\boldsymbol{x}_N^{\mathrm{T}}]^{\mathrm{T}}$，则 Σ_{P} 的状态空间描述为

$$\Sigma_{\mathrm{P}}:\quad \begin{aligned} \begin{bmatrix}\dot{\boldsymbol{x}}_1\\ \vdots\\ \dot{\boldsymbol{x}}_N\end{bmatrix} &= \begin{bmatrix}\boldsymbol{A}_1 & & \\ & \ddots & \\ & & \boldsymbol{A}_N\end{bmatrix}\begin{bmatrix}\boldsymbol{x}_1\\ \vdots\\ \boldsymbol{x}_N\end{bmatrix}+\begin{bmatrix}\boldsymbol{B}_1\\ \vdots\\ \boldsymbol{B}_N\end{bmatrix}\boldsymbol{u}\\ \boldsymbol{y} &= [\boldsymbol{C}_1\quad \cdots\quad \boldsymbol{C}_N]\begin{bmatrix}\boldsymbol{x}_1\\ \vdots\\ \boldsymbol{x}_N\end{bmatrix}+[\boldsymbol{D}_1+\cdots+\boldsymbol{D}_N]\boldsymbol{u}\end{aligned} \tag{2.202}$$

结论 2.15［并联系统的传递函数矩阵］　对两个线性时不变子系统的并联组合系统 Σ_{P}，表子系统的传递函数矩阵为 $\boldsymbol{G}_1(s)$ 和 $\boldsymbol{G}_2(s)$，则 Σ_{P} 的传递函数矩阵为

$$\boldsymbol{G}(s)=\boldsymbol{G}_1(s)+\boldsymbol{G}_2(s)=\sum_{i=1}^{2}\boldsymbol{G}_i(s) \tag{2.203}$$

对 N 个线性时不变子系统的并联组合系统 Σ_{P}，表子系统的传递函数矩阵为 $\boldsymbol{G}_1(s)$，$\boldsymbol{G}_2(s),\cdots,\boldsymbol{G}_N(s)$，则 Σ_{P} 的传递函数矩阵为

$$G(s)=\sum_{i=1}^{N}G_i(s) \tag{2.204}$$

证 利用并联系统的特征(2.199),可以得到

$$\hat{y}(s)=[G_1(s)+G_2(s)]\hat{u}(s) \tag{2.205}$$

基此,即证得式(2.203)。类似地,也可证明式(2.204)。证明完成。

2.9.2 子系统的串联

串联是组合系统中另一类简单的组合方式。考虑图2.11所示的由两个线性时不变子系统按照"$\Sigma_1-\Sigma_2$"顺序构成的串联组合系统Σ_T,子系统的状态空间描述和传递函数矩阵分别为

$$\Sigma_i:\quad \begin{aligned}\dot{x}_i&=A_ix_i+B_iu_i\\ y_i&=C_ix_i+D_iu_i\end{aligned}\qquad i=1,2 \tag{2.206}$$

和

$$G_i(s),\quad i=1,2 \tag{2.207}$$

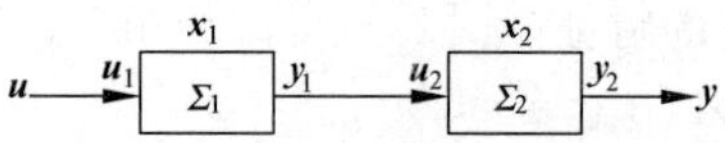

图2.11 子系统的串联

两个子系统可以实现串联的条件是,子系统在输入维数和输出维数上满足:

$$\dim(y_1)=\dim(u_2) \tag{2.208}$$

其中dim(·)表示向量的维数。串联组合系统在变量关系上的特征为

$$u=u_1,\quad u_2=y_1,\quad y_2=y \tag{2.209}$$

在此基础上,对串联组合系统可导出如下的一些结论。

结论2.16[串联系统的状态空间描述] 对两个线性时不变子系统(2.206)按"$\Sigma_1-\Sigma_2$"顺序构成的串联组合系统Σ_T,取组合状态为$[x_1^T,x_2^T]^T$,则Σ_T的状态空间描述为

$$\Sigma_T:\quad \begin{aligned}\begin{bmatrix}\dot{x}_1\\ \dot{x}_2\end{bmatrix}&=\begin{bmatrix}A_1 & 0\\ B_2C_1 & A_2\end{bmatrix}\begin{bmatrix}x_1\\ x_2\end{bmatrix}+\begin{bmatrix}B_1\\ B_2D_1\end{bmatrix}u\\ y&=[D_2C_1\quad C_2]\begin{bmatrix}x_1\\ x_2\end{bmatrix}+(D_2D_1)u\end{aligned} \tag{2.210}$$

证 基于子系统的描述(2.206),并考虑到Σ_1与Σ_2的内部独立性,Σ_1不受Σ_2的影响,以及串联系统的特征(2.209),就可导出:

$$\begin{aligned}\dot{x}_1&=A_1x_1+B_1u\\ \dot{x}_2&=A_2x_2+B_2C_1x_1+B_2D_1u\\ y&=C_2x_2+D_2C_1x_1+D_2D_1u\end{aligned} \tag{2.211}$$

进而,基于组合状态$[\boldsymbol{x}_1^{\mathrm{T}},\boldsymbol{x}_2^{\mathrm{T}}]^{\mathrm{T}}$,把(2.211)表为组合系统的状态方程和输出方程,即证得式(2.210)。证明完成。

注 类似地,可导出 N 个线性时不变子系统(2.206)顺序构成的串联组合系统 Σ_{T} 的状态空间描述,但描述的形式较之式(2.210)要复杂得多。

结论 2.17 [串联系统的传递函数矩阵] 对两个线性时不变子系统按"$\Sigma_1-\Sigma_2$"顺序串联的组合系统 Σ_{T},子系统的传递函数矩阵为 $\boldsymbol{G}_1(s)$ 和 $\boldsymbol{G}_2(s)$,则 Σ_{T} 的传递函数矩阵为

$$\boldsymbol{G}(s)=\boldsymbol{G}_2(s)\boldsymbol{G}_1(s)=\prod_{i=2}^{1}\boldsymbol{G}_i(s) \tag{2.212}$$

对 N 个线性时不变子系统按"$\Sigma_1-\Sigma_2-\cdots-\Sigma_{N-1}-\Sigma_N$"顺序串联的组合系统 Σ_{T},子系统的传递函数矩阵为 $\boldsymbol{G}_1(s),\boldsymbol{G}_2(s),\cdots,\boldsymbol{G}_N(s)$,则 Σ_{T} 的传递函数矩阵为

$$\boldsymbol{G}(s)=\prod_{i=N}^{1}\boldsymbol{G}_i(s) \tag{2.213}$$

证 利用串联系统的特征(2.209),可以得到

$$\hat{\boldsymbol{y}}(s)=[\boldsymbol{G}_2(s)\boldsymbol{G}_1(s)]\hat{\boldsymbol{u}}(s) \tag{2.214}$$

基此,即证得式(2.212)。类似地,也可证明式(2.213)。证明完成。

2.9.3 子系统的反馈连接

反馈组合系统是最为重要的一类控制系统。这里限于讨论考虑图 2.12 所示的由两个线性时不变子系统按图示方式构成的输出反馈系统 Σ_F,设子系统为严真,其状态空间描述和传递函数矩阵为

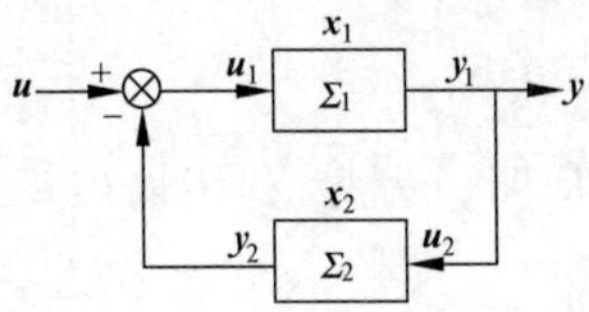

图 2.12 子系统的输出反馈连接

$$\Sigma_i:\quad \begin{aligned}\dot{\boldsymbol{x}}_i&=\boldsymbol{A}_i\boldsymbol{x}_i+\boldsymbol{B}_i\boldsymbol{u}_i\\ \boldsymbol{y}_i&=\boldsymbol{C}_i\boldsymbol{x}_i\end{aligned}\qquad i=1,2 \tag{2.215}$$

和

$$\boldsymbol{G}_i(s),\quad i=1,2 \tag{2.216}$$

两个子系统可以实现图示输出反馈的条件是,子系统在输入维数和输出维数上满足

$$\dim(\boldsymbol{u}_1)=\dim(\boldsymbol{y}_2),\quad \dim(\boldsymbol{u}_2)=\dim(\boldsymbol{y}_1) \tag{2.217}$$

其中,dim(·)表示向量的维数。输出反馈系统在变量关系上的特征为

$$\boldsymbol{u}_1=\boldsymbol{u}-\boldsymbol{y}_2,\quad \boldsymbol{y}_1=\boldsymbol{y}=\boldsymbol{u}_2 \tag{2.218}$$

在此基础上,对图示输出反馈系统可导出如下的一些结论。

结论 2.18 [输出反馈系统的状态空间描述] 对两个线性时不变子系统(2.215)按图示连接的输出反馈系统 Σ_F,取组合状态为$[\boldsymbol{x}_1^{\mathrm{T}},\boldsymbol{x}_2^{\mathrm{T}}]^{\mathrm{T}}$,则 Σ_F 的状态空间描述为

$$\Sigma_F: \quad \begin{bmatrix} \dot{\boldsymbol{x}}_1 \\ \dot{\boldsymbol{x}}_2 \end{bmatrix} = \begin{bmatrix} \boldsymbol{A}_1 & -\boldsymbol{B}_1\boldsymbol{C}_2 \\ \boldsymbol{B}_2\boldsymbol{C}_1 & \boldsymbol{A}_2 \end{bmatrix} \begin{bmatrix} \boldsymbol{x}_1 \\ \boldsymbol{x}_2 \end{bmatrix} + \begin{bmatrix} \boldsymbol{B}_1 \\ \boldsymbol{0} \end{bmatrix} \boldsymbol{u}$$
$$\boldsymbol{y} = [\boldsymbol{C}_1 \quad \boldsymbol{0}] \begin{bmatrix} \boldsymbol{x}_1 \\ \boldsymbol{x}_2 \end{bmatrix} \tag{2.219}$$

证 基于子系统的描述(2.215)，并考虑到 Σ_1 与 Σ_2 的内部独立性，以及输出反馈系统的特征(2.218)，就可导出：

$$\begin{aligned} \dot{\boldsymbol{x}}_1 &= \boldsymbol{A}_1\boldsymbol{x}_1 + \boldsymbol{B}_1\boldsymbol{u} - \boldsymbol{B}_1\boldsymbol{C}_2\boldsymbol{x}_2 \\ \dot{\boldsymbol{x}}_2 &= \boldsymbol{A}_2\boldsymbol{x}_2 + \boldsymbol{B}_2\boldsymbol{C}_1\boldsymbol{x}_1 \\ \boldsymbol{y} &= \boldsymbol{C}_1\boldsymbol{x}_1 \end{aligned} \tag{2.220}$$

进而，基于组合状态$[\boldsymbol{x}_1^{\mathrm{T}}, \boldsymbol{x}_2^{\mathrm{T}}]^{\mathrm{T}}$，把式(2.220)表为组合系统的状态方程和输出方程，即证得式(2.219)。证明完成。

注 应当指出，这里附加的子系统为严真的假设不是实质性的。引入这个假设的目的，只是为使式(2.219)给出的 Σ_F 的状态空间描述形式不致过于复杂。另一方面，这个假设也是符合现实世界中遇到的大多数实际问题的。

结论 2.19 ［输出反馈系统的传递函数矩阵］ 对两个线性时不变子系统按图示连接的输出反馈系统 Σ_F，表子系统的传递函数矩阵为 $\boldsymbol{G}_1(s)$和 $\boldsymbol{G}_2(s)$，并假设

$$\det[\boldsymbol{I} + \boldsymbol{G}_1(s)\boldsymbol{G}_2(s)] \neq 0, \quad \det[\boldsymbol{I} + \boldsymbol{G}_2(s)\boldsymbol{G}_1(s)] \neq 0$$

则 Σ_F 的传递函数矩阵为

$$\boldsymbol{G}(s) = [\boldsymbol{I} + \boldsymbol{G}_1(s)\boldsymbol{G}_2(s)]^{-1}\boldsymbol{G}_1(s) \tag{2.221}$$

或

$$\boldsymbol{G}(s) = \boldsymbol{G}_1(s)[\boldsymbol{I} + \boldsymbol{G}_2(s)\boldsymbol{G}_1(s)]^{-1} \tag{2.222}$$

证 限于证明式(2.221)，对式(2.222)可类似地证明。为此，利用输出反馈系统的特征(2.218)，可以得到

$$\begin{aligned} \hat{\boldsymbol{y}}(s) = \hat{\boldsymbol{y}}_1(s) &= \boldsymbol{G}_1(s)[\hat{\boldsymbol{u}}(s) - \boldsymbol{G}_2(s)\hat{\boldsymbol{y}}(s)] \\ &= \boldsymbol{G}_1(s)\hat{\boldsymbol{u}}(s) - \boldsymbol{G}_1(s)\boldsymbol{G}_2(s)\hat{\boldsymbol{y}}(s) \end{aligned} \tag{2.223}$$

进而，通过简单的运算和整理，可以导出：

$$[\boldsymbol{I} + \boldsymbol{G}_1(s)\boldsymbol{G}_2(s)]\hat{\boldsymbol{y}}(s) = \boldsymbol{G}_1(s)\hat{\boldsymbol{u}}(s) \tag{2.224}$$

再由 $\det[\boldsymbol{I}+\boldsymbol{G}_1(s)\boldsymbol{G}_2(s)]\neq 0$ 的假设知，$[\boldsymbol{I}+\boldsymbol{G}_1(s)\boldsymbol{G}_2(s)]$为非奇异。从而，将上式等式两边左乘$[\boldsymbol{I}+\boldsymbol{G}_1(s)\boldsymbol{G}_2(s)]^{-1}$，即证得式(2.221)。证明完成。

注 从上述对输出反馈系统传递函数矩阵关系式的推导过程可以看出，子系统为严真的假设在推导中没有起任何作用，这从另一方面说明这个假设的非实质性。

2.10 小结和评述

(1) 本章的定位。本章的重点，围绕线性系统特别是线性时不变系统，分析和论述状态空间描述的内涵、形式、建立方法、特性和变换，以及其对组合系统的推广。

给出的概念和方法对研究和讨论线性系统时间域方法的随后各章是必需的。

(2) 状态空间描述的内涵。状态空间描述属于由系统结构导出的一类内部描述。具有不同结构属性的系统可基于状态空间描述来分类。动态系统的基本分类有线性系统和非线性系统，时不变系统和时变系统，连续时间系统和离散时间系统。相比于系统输入输出描述，状态空间描述是对系统的一种完全描述。

(3) 状态空间描述的形式。对于线性系统理论研究重点的连续时间线性时不变系统和离散时间线性时不变系统，状态空间描述分别具有形式：

$$\dot{\boldsymbol{x}}(t)=\boldsymbol{A}\boldsymbol{x}(t)+\boldsymbol{B}\boldsymbol{u}(t),\quad t\geqslant 0$$
$$\boldsymbol{y}(t)=\boldsymbol{C}\boldsymbol{x}(t)+\boldsymbol{D}\boldsymbol{u}(t)$$

和

$$\boldsymbol{x}(k+1)=\boldsymbol{G}\boldsymbol{x}(k)+\boldsymbol{H}\boldsymbol{u}(k),\quad k=0,1,2,\cdots$$
$$\boldsymbol{y}(k)=\boldsymbol{C}\boldsymbol{x}(k)+\boldsymbol{D}\boldsymbol{u}(k)$$

(4) 状态空间描述的建立方法。基本途径包括基于系统结构的“机理方法”和基于系统输入输出特性的“实现方法”。机理方法是建立在把系统看作“白箱”的前提下的，归结为正确选择状态变量组和合理运用相应的物理定律或广义物理定律。实现方法以把系统看作“黑箱”为前提和以输入输出描述为出发点，归结为构造状态空间描述的系数矩阵。本章仅讨论单输入单输出线性时不变系统的实现方法。

(5) 状态空间描述的特性。线性时不变系统状态空间描述的基本特性由特征结构所表征。包括特征值和特征向量。特征值和特征向量，对于系统的动态特性如运动规律和稳定性，以及系统的结构特性如能控性和能观测性，都有着直接的影响和内在的联系。

(6) 状态空间描述的变换。状态空间描述坐标变换的代数实质是线性非奇异变换。线性非奇异变换是研究线性系统分析与综合的基本手段。一是导出反映各种层面系统结构特征的状态空间描述规范形，二是简化系统分析和综合的计算过程。线性时不变系统的固有特性，如特征多项式、特征值、传递函数矩阵、极点等，在线性非奇异变换下保持不变。

(7) 组合系统的状态空间描述。组合系统由一些子系统按各种组合方式连接构成。典型的组合方式包括并联、串联和反馈。基于子系统的状态空间描述和组合系统的组合特征，可以导出并联系统、串联系统和反馈系统的状态空间描述。

习题

2.1　给定图 P2.1(a)和(b)所示两个电路，试列写出其状态方程和输出方程。其中，分别指定：

(a) 状态变量组 $x_1=u_C, x_2=i$；输入变量 $u=e(t)$；输出变量 $y=i$

(b) 状态变量组 $x_1=u_{C_1}, x_2=u_{C_2}$；输入变量 $u=e(t)$；输出变量 $y=u_C$

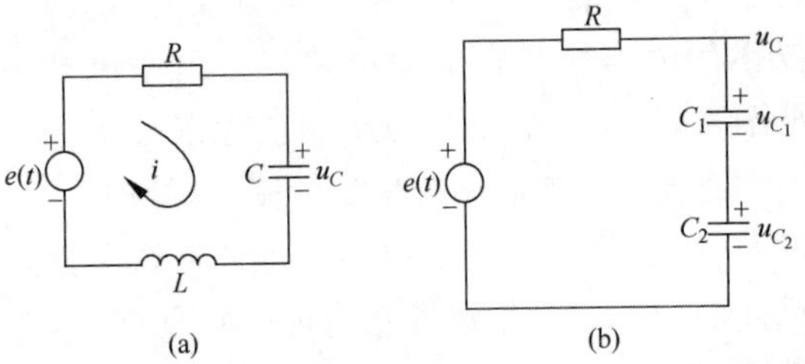

图 P2.1

2.2 给定图 P2.2 所示的一个液位系统，图中

$$q_{in}, q_1, q_2 = \text{相应位置处的液流速率}$$

$$h_1, h_2 = \text{相应液罐的液位高度}$$

$$A_1, A_2 = \text{相应液罐的截面积}$$

$$R_1, R_2 = \text{相应管道的流阻}$$

试列写出其状态方程和输出方程。其中，指定：

状态变量组 $x_1 = h_1, x_2 = h_2$

输入变量 $u = q_{in}$

输出变量组 $y_1 = h_1, y_2 = h_2$

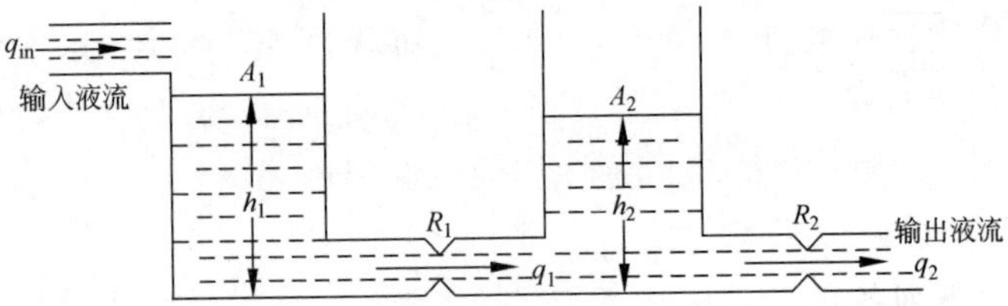

图 P2.2

2.3 图 P2.3 所示为登月舱在月球软着陆的示意图。登月舱的运动方程为

$$m\ddot{y} = -k\dot{m} - mg$$

其中，m 为登月舱质量，g 为月球表面重力常数，$-k\dot{m}$ 项为反向推力，k 为常数，y 为登月舱相对于月球表面着陆点的距离。现指定状态变量组 $x_1 = y, x_2 = \dot{y}$ 和 $x_3 = m$，输入变量 $u = \dot{m}$，试列出系统的状态方程。

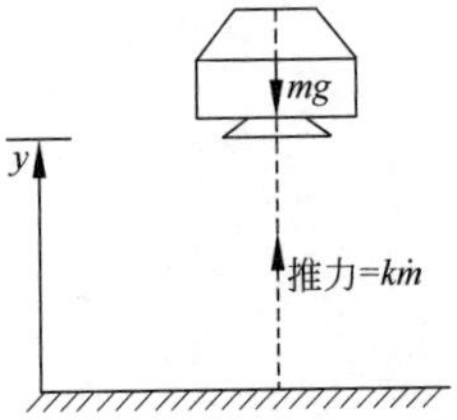

图 P2.3

2.4　给定图 P2.4 所示的一个系统方块图，输入变量和输出变量分别为 u 和 y，试列出系统的状态方程和输出方程，其中状态变量组指定为 $x_1=y$ 和 $x_2=\dot{y}$。

2.5　求出下列各输入输出描述的一个状态空间描述：

(i) $\dddot{y}+2\ddot{y}+6\dot{y}+3y=5u$

(ii) $\dddot{y}+8\ddot{y}+5\dot{y}+13y=4\dot{u}+7u$

(iii) $3\dddot{y}+6\ddot{y}+12\dot{y}+9y=6\dot{u}+3u$

2.6　求出下列各输入输出描述的一个状态空间描述：

(i) $\dfrac{\hat{y}(s)}{\hat{u}(s)}=\dfrac{2s^2+18s+40}{s^3+6s^2+11s+6}$

(ii) $\dfrac{\hat{y}(s)}{\hat{u}(s)}=\dfrac{3(s+5)}{(s+3)^2(s+1)}$

2.7　给定图 P2.7 所示的一个系统方块图，输入变量和输出变量分别为 u 和 y，试求出系统的一个状态空间描述。

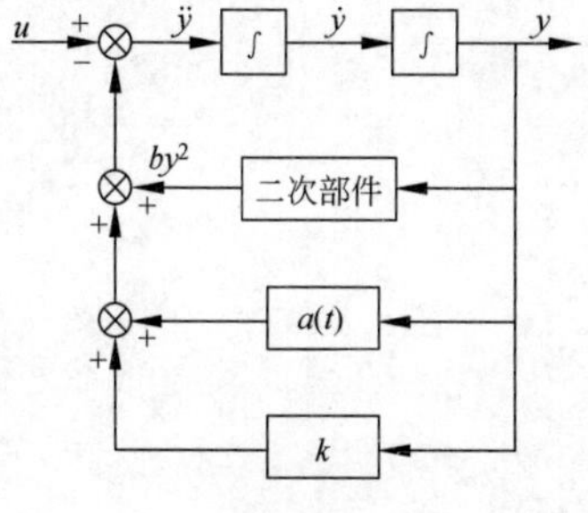

图 P2.4

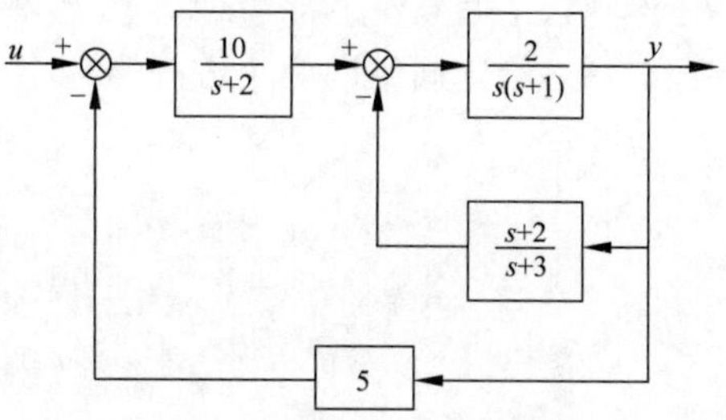

图 P2.7

2.8　求出下列各方阵 $\boldsymbol{A}$ 的特征方程和特征值：

(i) $\boldsymbol{A}=\begin{bmatrix}2 & 5\\ -2 & -3\end{bmatrix}$

(ii) $\boldsymbol{A}=\begin{bmatrix}0 & 1 & 0\\ 0 & 0 & 1\\ 0 & -1 & -1\end{bmatrix}$

2.9　设 $\boldsymbol{A}$ 和 $\boldsymbol{B}$ 为同维非奇异方阵，试证明 $\boldsymbol{AB}$ 和 $\boldsymbol{BA}$ 具有相同的特征值集。

2.10　设 $\boldsymbol{A}$ 为 n 维非奇异常阵，其特征值 $\{\lambda_1,\lambda_2,\cdots,\lambda_n\}$ 为两两相异，试证明 $\boldsymbol{A}^{-1}$ 的特征值为 $\{\lambda_1^{-1},\lambda_2^{-1},\cdots,\lambda_n^{-1}\}$。

2.11　将下列各状态方程转化为约当规范形：

(i) $\dot{\boldsymbol{x}}=\begin{bmatrix}8 & -8 & -2\\ 4 & -3 & -2\\ 3 & -4 & 1\end{bmatrix}\boldsymbol{x}+\begin{bmatrix}2 & 3\\ 1 & 5\\ 7 & 1\end{bmatrix}\boldsymbol{u}$

(ii) $\dot{\boldsymbol{x}}=\begin{bmatrix}0 & 1\\ -9 & -6\end{bmatrix}\boldsymbol{x}+\begin{bmatrix}4\\ 2\end{bmatrix}u$

2.12 计算下列状态空间描述的传递函数 $g(s)$：

$$\dot{\boldsymbol{x}}=\begin{bmatrix}-5 & -1\\ 3 & -1\end{bmatrix}\boldsymbol{x}+\begin{bmatrix}2\\ 5\end{bmatrix}u$$

$$y=[1\quad 2]\boldsymbol{x}+4u$$

2.13 给定一个单输入系统的状态方程为

$$\begin{bmatrix}\dot{x}_1\\ \dot{x}_2\\ \dot{x}_3\end{bmatrix}=\begin{bmatrix}0 & 2 & 0\\ 0 & 0 & 2\\ 1 & -3 & 5\end{bmatrix}\begin{bmatrix}x_1\\ x_2\\ x_3\end{bmatrix}+\begin{bmatrix}2\\ 3\\ 5\end{bmatrix}u$$

现知初态为零，且取输出变量 $y=x_2+3x_3$，试列出相应的 y-u 高阶微分方程。

2.14 计算下列状态空间描述的传递函数矩阵 $\boldsymbol{G}(s)$：

$$\dot{\boldsymbol{x}}=\begin{bmatrix}0 & 1 & 0\\ 0 & 0 & 1\\ -3 & -1 & -2\end{bmatrix}\boldsymbol{x}+\begin{bmatrix}1 & 0\\ 0 & 1\\ 1 & 1\end{bmatrix}\boldsymbol{u}$$

$$y=[1\quad 1\quad 1]\boldsymbol{x}$$

2.15 给定同维的两个方阵 $\boldsymbol{A}$ 和 $\widetilde{\boldsymbol{A}}$ 为

$$\boldsymbol{A}=\left[\begin{array}{c|ccc}0 & 1 & & \\ \vdots & & \ddots & \\ 0 & & & 1\\ \hline \alpha_0 & \alpha_1 & \cdots & \alpha_{n-1}\end{array}\right],\quad \widetilde{\boldsymbol{A}}=\left[\begin{array}{ccc|c}0 & \cdots & 0 & \alpha_0\\ \hline 1 & & & \alpha_1\\ & \ddots & & \vdots\\ & & 1 & \alpha_{n-1}\end{array}\right]$$

试确定一个非奇异变换阵 $\boldsymbol{P}$ 使 $\widetilde{\boldsymbol{A}}=\boldsymbol{P}^{-1}\boldsymbol{A}\boldsymbol{P}$ 成立。

2.16 对下列 3×3 常阵 $\boldsymbol{A}$ 计算 $\boldsymbol{A}^{100}$：

$$\boldsymbol{A}=\begin{bmatrix}0 & 1 & 0\\ 0 & 0 & 1\\ -6 & -1 & 4\end{bmatrix}$$

2.17 给定方常阵 $\boldsymbol{A}$，定义以 $\boldsymbol{A}$ 为幂的矩阵指数为

$$\mathrm{e}^{\boldsymbol{A}}\triangleq\boldsymbol{I}+\boldsymbol{A}+\frac{1}{2!}\boldsymbol{A}^2+\cdots+\frac{1}{k!}\boldsymbol{A}^k+\cdots$$

现知 $\boldsymbol{A}$ 的特征值 $\lambda_1,\lambda_2,\cdots,\lambda_n$ 为两两相异，试证明 $\det[\mathrm{e}^{\boldsymbol{A}}]=\prod_{i=1}^{n}\mathrm{e}^{\lambda_i}$。

2.18 计算下列方常阵 $\boldsymbol{A}$ 的 $\mathrm{e}^{\boldsymbol{A}}$：

$$\boldsymbol{A}=\begin{bmatrix}0 & 1\\ -2 & -3\end{bmatrix}$$

2.19 给定图 P2.19 所示的动态输出反馈系统，其中：

$$\boldsymbol{G}_1(s)=\begin{bmatrix}\dfrac{1}{s+1} & \dfrac{1}{s+2}\\ 0 & \dfrac{s+1}{s+2}\end{bmatrix},\quad \boldsymbol{G}_2(s)=\begin{bmatrix}\dfrac{1}{s+3} & \dfrac{1}{s+4}\\ \dfrac{1}{s+1} & 0\end{bmatrix}$$

试定出反馈系统的传递函数矩阵 $\boldsymbol{G}(s)$。

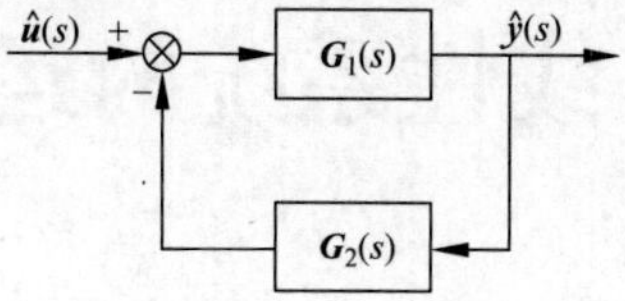

图 P2.19

2.20　定出图 P2.19 所示动态输出反馈系统的一个状态方程和一个输出方程，其中：

$$\boldsymbol{G}_1(s)=\frac{2s+1}{s(s+1)(s+3)},\quad \boldsymbol{G}_2(s)=\frac{s+2}{s+4}$$

第3章 线性系统的运动分析

动态系统的行为和性能是由系统运动过程的形态所决定的。状态空间描述的建立为严格地和定量地分析系统的运动提供了基础。本章以线性系统为对象,包括连续时间系统和离散时间系统,时不变系统和时变系统,较为系统和全面地讨论运动分析的理论和方法。

3.1 引言

对系统运动的分析,归结为从状态空间描述出发研究由输入作用和初始状态的激励所引起的状态或输出响应,以为分析系统的运动形态和性能行为提供基础。本节是对线性系统运动分析的一些共性概念的一个引论性介绍,包括运动分析的数学实质、运动解的存在性和唯一性条件、系统运动的分解等。

3.1.1 运动分析的数学实质

从数学的角度,运动分析的实质就是求解系统状态方程,以解析形式或数值分析形式,建立系统状态随输入和初始状态的演化规律,特别是状态演化形态对系统结构和参数的依赖关系。对连续时间线性系统,运动分析归结为相对于给定初始状态 $\boldsymbol{x}_0$ 和输入向量 $\boldsymbol{u}(t)$,求解向量微分方程型状态方程:

$$\dot{\boldsymbol{x}} = \boldsymbol{A}(t)\boldsymbol{x} + \boldsymbol{B}(t)\boldsymbol{u}, \quad \boldsymbol{x}(t_0) = \boldsymbol{x}_0, \quad t \in [t_0, t_\alpha] \tag{3.1}$$

或

$$\dot{\boldsymbol{x}} = \boldsymbol{A}\boldsymbol{x} + \boldsymbol{B}\boldsymbol{u}, \quad \boldsymbol{x}(0) = \boldsymbol{x}_0, \quad t \geqslant 0 \tag{3.2}$$

对离散时间线性系统,运动分析归结为相对于给定初始状态 $\boldsymbol{x}_0$ 和输入向量 $\boldsymbol{u}(k)$,求解向量差分方程型状态方程:

$$\boldsymbol{x}(k+1) = \boldsymbol{G}(k)\boldsymbol{x}(k) + \boldsymbol{H}(k)\boldsymbol{u}(k), \quad \boldsymbol{x}(0) = \boldsymbol{x}_0 \quad k = 0,1,2,\cdots \tag{3.3}$$

或

$$\boldsymbol{x}(k+1)=\boldsymbol{G}\boldsymbol{x}(k)+\boldsymbol{H}\boldsymbol{u}(k),\quad \boldsymbol{x}(0)=\boldsymbol{x}_0\quad k=0,1,2,\cdots \tag{3.4}$$

其中，式(3.2)和式(3.4)对应于时不变系统，式(3.1)和式(3.3)对应于时变系统。

应当指出，尽管运动响应由初始状态 $\boldsymbol{x}_0$ 和输入向量 $\boldsymbol{u}(t)$ 所激励，系统的运动形态主要由系统的结构和参数所决定。对连续时间线性系统，由矩阵对 $(\boldsymbol{A}(t),\boldsymbol{B}(t))$ 或 $(\boldsymbol{A},\boldsymbol{B})$ 决定；对离散时间线性系统，由矩阵对 $(\boldsymbol{G}(k),\boldsymbol{H}(k))$ 或 $(\boldsymbol{G},\boldsymbol{H})$ 决定。对于线性系统，必可得到解析形式的状态解 $\boldsymbol{x}(t)$ 或 $\boldsymbol{x}(k)$，即能以显式形式给出运动过程对系统结构与参数的依赖关系。这一属性为分析线性系统的基本特性如稳定性、能控性和能观测性等提供了简便的途径。

3.1.2　解的存在性和唯一性条件

容易理解，当且仅当状态方程的解为存在和唯一，对系统的运动分析才是有意义的。为此，需要对状态方程的系数矩阵和输入引入附加的限制条件，以保证状态方程解的存在性和唯一性。

考虑连续时间线性时变系统，其状态方程如式(3.1)所示。由微分方程理论可知，如果系数矩阵 $(\boldsymbol{A}(t),\boldsymbol{B}(t))$ 的所有元在时间定义区间 $[t_0,t_\alpha]$ 上为时间 t 的连续实函数，输入 $\boldsymbol{u}(t)$ 的所有元在时间定义区间 $[t_0,t_\alpha]$ 上为时间 t 的连续实函数，那么状态方程(3.1)的解 $\boldsymbol{x}(t)$ 为存在且唯一。对于大多数实际物理系统，上述条件一般总是能够满足的。但从数学观点，上述条件可能显得过强而可减弱为如下 3 个条件：

(i) 系统矩阵 $\boldsymbol{A}(t)$ 的各个元 $a_{ij}(t)$ 在时间区间 $[t_0,t_\alpha]$ 上为绝对可积，即有

$$\int_{t_0}^{t_\alpha}|a_{ij}(t)|\,\mathrm{d}t<\infty,\quad i,j=1,2,\cdots,n \tag{3.5}$$

(ii) 输入矩阵 $\boldsymbol{B}(t)$ 的各个元 $a_{ik}(t)$ 在时间区间 $[t_0,t_\alpha]$ 上为平方可积，即有

$$\int_{t_0}^{t_\alpha}[b_{ik}(t)]^2\,\mathrm{d}t<\infty,\quad i=1,2,\cdots,n;\quad k=1,2,\cdots,p \tag{3.6}$$

(iii) 输入 $\boldsymbol{u}(t)$ 的各个元 $u_k(t)$ 在时间区间 $[t_0,t_\alpha]$ 上为平方可积，即有

$$\int_{t_0}^{t_\alpha}[u_k(t)]^2\,\mathrm{d}t<\infty,\quad k=1,2,\cdots,p \tag{3.7}$$

其中，n 为状态 $\boldsymbol{x}$ 的维数，p 为输入 $\boldsymbol{u}$ 的维数。进而，利用施瓦茨(Schwarz)不等式，可以导出：

$$\sum_{k=1}^{p}\int_{t_0}^{t_\alpha}|b_{ik}(t)u_k(t)|\,\mathrm{d}t\leqslant\sum_{k=1}^{p}\left[\int_{t_0}^{t_\alpha}[b_{ik}(t)]^2\,\mathrm{d}t\cdot\int_{t_0}^{t_\alpha}[u_k(t)]^2\,\mathrm{d}t\right]^{1/2} \tag{3.8}$$

上式表明，条件(3.6)和(3.7)还可合并为要求 $\boldsymbol{B}(t)\boldsymbol{u}(t)$ 的各元在时间区间 $[t_0,t_\alpha]$ 上绝对可积。对于连续时间线性时不变系统，系数矩阵 $\boldsymbol{A}$ 和 $\boldsymbol{B}$ 为常阵且元为有限值，条件(3.5)和(3.6)自然满足，存在性唯一性条件只归结为条件(3.7)。

本章的讨论中，总是假定系统满足上述存在性唯一性条件，并在这一前提下分析系统状态运动的演化规律。

3.1.3 零输入响应和零初态响应

线性系统的一个基本属性是满足叠加原理。基于叠加原理，如图 3.1 所示，把系统同时在初始状态 $\boldsymbol{x}_0$ 和输入 $\boldsymbol{u}$ 作用下的状态运动 $\boldsymbol{x}(t)$ 分解为由初始状态 $\boldsymbol{x}_0$ 和输入 $\boldsymbol{u}$ 分别单独作用所产生的运动 $\boldsymbol{x}_{0u}(t)$ 和 $\boldsymbol{x}_{0x}(t)$ 的叠加，即 $\boldsymbol{x}(t)=\boldsymbol{x}_{0u}(t)+\boldsymbol{x}_{0x}(t)$。并且，称 $\boldsymbol{x}_{0u}(t)$ 为系统的零输入响应，$\boldsymbol{x}_{0x}(t)$ 为系统的零初态响应。线性系统运动的可分解属性为分析系统运动过程的演化规律提供了简便性和直观性。

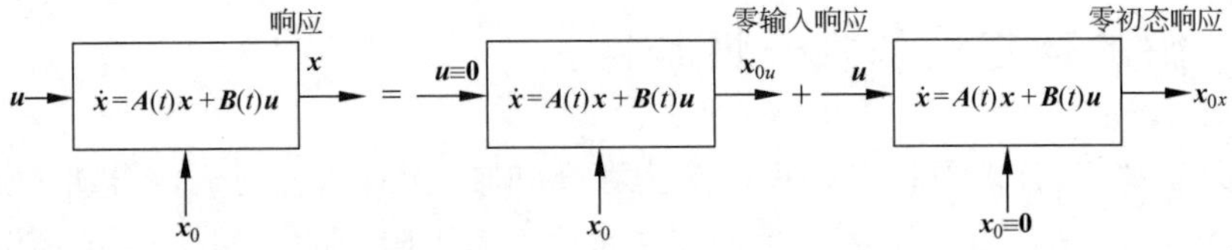

图 3.1 线性系统运动的分解

下面，给出零输入响应和零初态响应的定义。

定义 3.1［零输入响应］ 线性系统的零输入响应 $\boldsymbol{x}_{0u}(t)$ 定义为只有初始状态作用即 $\boldsymbol{x}_0\neq\boldsymbol{0}$ 而无输入作用即 $\boldsymbol{u}(t)\equiv\boldsymbol{0}$ 时系统的状态响应。

注 数学上，零输入响应 $\boldsymbol{x}_{0u}(t)$ 就是无输入自治状态方程

$$\dot{\boldsymbol{x}}=\boldsymbol{A}(t)\boldsymbol{x},\quad \boldsymbol{x}(t_0)=\boldsymbol{x}_0,\quad t\in[t_0,t_\alpha] \tag{3.9}$$

的状态解。物理上，零输入响应 $\boldsymbol{x}_{0u}(t)$ 代表系统状态的自由运动，特点是响应形态只由系统矩阵所决定，不受系统外部输入变量的影响。

定义 3.2［零初态响应］ 线性系统的零初态响应 $\boldsymbol{x}_{0x}(t)$ 定义为只有输入作用即 $\boldsymbol{u}(t)\neq\boldsymbol{0}$ 而无初始状态作用即 $\boldsymbol{x}_0=\boldsymbol{0}$ 时系统的状态响应。

注 数学上，零初态响应 $\boldsymbol{x}_{0x}(t)$ 即为零初始状态强迫状态方程

$$\dot{\boldsymbol{x}}=\boldsymbol{A}(t)\boldsymbol{x}+\boldsymbol{B}(t)\boldsymbol{u},\quad \boldsymbol{x}(t_0)=\boldsymbol{0},\quad t\in[t_0,t_\alpha] \tag{3.10}$$

的状态解。物理上，零初态响应 $\boldsymbol{x}_{0x}(t)$ 代表系统状态由输入 $\boldsymbol{u}$ 所激励的强迫运动，特点是响应稳态时具有和输入相同的函数形态。

3.2 连续时间线性时不变系统的运动分析

连续时间线性时不变系统的运动分析是本章讨论的重点。这不仅在于其在现实世界中存在的普遍性，而且还在于其基本结果和分析方法在运动分析中的基础性。本节以线性时不变系统为对象，先讨论系统零输入响应和作为分析基础的矩阵指数函数，再在此基础上拓展讨论零初态响应，最后基于叠加原理给出系统状态响应的完整表达式。

3.2.1 系统的零输入响应

考虑连续时间线性时不变系统。令系统输入 $\boldsymbol{u}(t)\equiv\boldsymbol{0}$ 即无外部输入，导出系统自治状态方程为

$$\dot{\boldsymbol{x}}=\boldsymbol{A}\boldsymbol{x},\quad \boldsymbol{x}(0)=\boldsymbol{x}_0,\quad t\geqslant 0 \tag{3.11}$$

其中，$\boldsymbol{x}$ 为 n 维状态，$\boldsymbol{A}$ 为 $n\times n$ 常阵。进而，仿照指数函数：

$$\mathrm{e}^{at}\triangleq 1+at+\frac{1}{2!}a^2t^2+\cdots=\sum_{k=0}^{\infty}\frac{1}{k!}a^kt^k \tag{3.12}$$

对系统矩阵 $\boldsymbol{A}$ 定义矩阵指数函数：

$$\mathrm{e}^{\boldsymbol{A}t}\triangleq \boldsymbol{I}+\boldsymbol{A}t+\frac{1}{2!}\boldsymbol{A}^2t^2+\cdots=\sum_{k=0}^{\infty}\frac{1}{k!}\boldsymbol{A}^kt^k \tag{3.13}$$

在此基础上，可对线性时不变系统的零输入响应导出如下的结论。

结论 3.1［零输入响应］ 连续时间线性时不变系统的零输入响应 $\boldsymbol{x}_{0u}(t)$，即系统自治状态方程(3.11)的解，具有如下的表达式：

$$\boldsymbol{x}_{0u}(t)=\mathrm{e}^{\boldsymbol{A}t}\boldsymbol{x}_0,\quad t\geqslant 0 \tag{3.14}$$

证 对自治方程(3.11)，表其解 $\boldsymbol{x}_{0u}(t)$ 是系数为待定向量的一个幂级数，有

$$\boldsymbol{x}_{0u}(t)=\boldsymbol{b}_0+\boldsymbol{b}_1t+\boldsymbol{b}_2t^2+\cdots=\sum_{k=0}^{\infty}\boldsymbol{b}_kt^k,\quad t\geqslant 0 \tag{3.15}$$

由使其满足方程(3.11)，可以导出：

$$\boldsymbol{b}_1+2\boldsymbol{b}_2t+3\boldsymbol{b}_3t^2+\cdots=\boldsymbol{A}\boldsymbol{b}_0+\boldsymbol{A}\boldsymbol{b}_1t+\boldsymbol{A}\boldsymbol{b}_2t^2+\cdots \tag{3.16}$$

由等式(3.16)两边 $t^k(k=0,1,2,\cdots)$ 项的系数向量必为相等，并顺序地利用所导出的结果，可以定出各个待定系数向量为

$$\begin{aligned}
&\boldsymbol{b}_1=\boldsymbol{A}\boldsymbol{b}_0\\
&\boldsymbol{b}_2=\frac{1}{2}\boldsymbol{A}\boldsymbol{b}_1=\frac{1}{2!}\boldsymbol{A}^2\boldsymbol{b}_0\\
&\boldsymbol{b}_3=\frac{1}{3}\boldsymbol{A}\boldsymbol{b}_2=\frac{1}{3!}\boldsymbol{A}^3\boldsymbol{b}_0\\
&\cdots\cdots\\
&\boldsymbol{b}_k=\frac{1}{k}\boldsymbol{A}\boldsymbol{b}_{k-1}=\frac{1}{k!}\boldsymbol{A}^k\boldsymbol{b}_0\\
&\cdots\cdots
\end{aligned} \tag{3.17}$$

将式(3.17)代入式(3.15)，进而得到

$$\boldsymbol{x}_{0u}(t)=\left(\boldsymbol{I}+\boldsymbol{A}t+\frac{1}{2!}\boldsymbol{A}^2t^2+\frac{1}{3!}\boldsymbol{A}^3t^3+\cdots\right)\boldsymbol{b}_0,\quad t\geqslant 0 \tag{3.18}$$

令上式中 $t=0$，并使其满足初始条件 $\boldsymbol{x}(0)=\boldsymbol{x}_0$，又可定出

$$\boldsymbol{b}_0=\boldsymbol{x}_0 \tag{3.19}$$

于是，将式(3.19)代入式(3.18)，并利用矩阵指数函数关系式(3.13)，即证得零输入

响应$\boldsymbol{x}_{0u}(t)$的表达式(3.14)。证明完成。

下面,对线性时不变系统零输入响应的属性导出如下的几点推论。

1. 零输入响应的几何表征

对线性时不变系统,表达式(3.14)表明,$\boldsymbol{x}_{0u}(t)$取 $t=t_i$ 导出的 $\boldsymbol{x}_{0u}(t_i)=\mathrm{e}^{\boldsymbol{A}t_i}\boldsymbol{x}_0$ 即时刻 t_i 状态点 $\boldsymbol{x}_{0u}(t_i)$,几何上对应于状态空间中由初始状态点 $\boldsymbol{x}_0$ 经线性变换 $\mathrm{e}^{\boldsymbol{A}t_i}\boldsymbol{x}_0$ 导出的一个变换点。零输入响应 $\boldsymbol{x}_{0u}(t)$随时间 t 演化过程,几何上即为状态空间中由初始状态点 $\boldsymbol{x}_0$ 出发和由各个时刻变换点构成的一条轨迹。

2. 零输入响应的运动属性

对线性时不变系统,由零输入响应为自治状态方程解属性决定,状态空间中 $\boldsymbol{x}_{0u}(t)$随时间 t 演化轨迹,属于由偏离系统平衡状态的初始状态 $\boldsymbol{x}_0$ 引起的自由运动。一个典型的例子是,人造卫星在末级火箭脱落后的运行轨迹就属于以脱落时刻运行状态为初始状态的自由运动即零输入响应。

3. 零输入响应的形态

对线性时不变系统,由表达式(3.14)看出,零输入响应即自由运动轨迹的形态,由且仅由系统的矩阵指数函数 $\mathrm{e}^{\boldsymbol{A}t}$ 唯一决定。不同的系统矩阵 $\boldsymbol{A}$,导致不同形态的矩阵指数函数 $\mathrm{e}^{\boldsymbol{A}t}$,从而导致不同形态的零输入响应即自由运动轨迹。这就表明,矩阵指数函数 $\mathrm{e}^{\boldsymbol{A}t}$ 即系统矩阵 $\boldsymbol{A}$ 包含了零输入响应即自由运动形态的全部信息。

4. 零输入响应的计算

对线性时不变系统,由表达式(3.14)看出,计算零输入响应 $\boldsymbol{x}_{0u}(t)$的核心步骤是计算矩阵指数函数 $\mathrm{e}^{\boldsymbol{A}t}$。$\mathrm{e}^{\boldsymbol{A}t}$ 的算法和特性将在随后进行讨论。

5. 零输入响应表达式的更一般形式

对线性时不变系统,通常习惯地取初始时间 $t_0=0$。由于时不变系统的分析只与相对时间有关,这种处理并不失去讨论的一般性。但若因某种需要,将初始时间取为 $t_0\neq 0$,对此需将 $\boldsymbol{x}_{0u}(t)$表为更一般形式:

$$\boldsymbol{x}_{0u}(t)=\mathrm{e}^{\boldsymbol{A}(t-t_0)}\boldsymbol{x}_0,\quad t\geqslant t_0 \tag{3.20}$$

3.2.2 矩阵指数函数的性质

矩阵指数函数 $\mathrm{e}^{\boldsymbol{A}t}$ 在线性时不变系统运动和特性的分析中具有基本的重要性。为此,基于定义式(3.13),下面进一步给出 $\mathrm{e}^{\boldsymbol{A}t}$ 的基本性质。

1. e^{At} 在 t=0 的值

由 $e^{\boldsymbol{A}t}$ 定义式(3.13)，取 $t=0$，即可导出：

$$\lim_{t \to 0} e^{\boldsymbol{A}t} = \boldsymbol{I} \tag{3.21}$$

2. e^{At} 相对于时间变量分解的表达式

由 $e^{\boldsymbol{A}t}$ 定义式(3.13)，取时间变量为 $t+\tau$，t 和 τ 为两个独立自变量，即可导出：

$$e^{\boldsymbol{A}(t+\tau)} = e^{\boldsymbol{A}t} e^{\boldsymbol{A}\tau} = e^{\boldsymbol{A}\tau} e^{\boldsymbol{A}t} \tag{3.22}$$

3. e^{At} 的逆

对任意系统矩阵 $\boldsymbol{A}$，矩阵指数函数 $e^{\boldsymbol{A}t}$ 必为非奇异。进而，在式(3.22)中，取 $\tau=-t$，即可导出 $e^{\boldsymbol{A}t}$ 的逆为

$$(e^{\boldsymbol{A}t})^{-1} = e^{-\boldsymbol{A}t} \tag{3.23}$$

4. 矩阵和的指数函数

由定义式(3.13)，对可交换两个同维方阵 $\boldsymbol{A}$ 和 $\boldsymbol{F}$，即成立 $\boldsymbol{AF}=\boldsymbol{FA}$，可以导出矩阵和的指数函数为

$$e^{(\boldsymbol{A}+\boldsymbol{F})t} = e^{\boldsymbol{A}t} e^{\boldsymbol{F}t} = e^{\boldsymbol{F}t} e^{\boldsymbol{A}t} \tag{3.24}$$

5. e^{At} 对 t 的导数

由 $e^{\boldsymbol{A}t}$ 定义式(3.13)，通过对时间变量 t 求导运算，即可导出：

$$\frac{\mathrm{d}}{\mathrm{d}t} e^{\boldsymbol{A}t} = \boldsymbol{A} e^{\boldsymbol{A}t} = e^{\boldsymbol{A}t} \boldsymbol{A} \tag{3.25}$$

6. e^{At} 逆对 t 的导数

由关系式 $e^{\boldsymbol{A}t}(e^{\boldsymbol{A}t})^{-1} = e^{\boldsymbol{A}t} e^{-\boldsymbol{A}t} = \boldsymbol{I}$，通过对时间变量 t 求导运算，即可导出：

$$\frac{\mathrm{d}}{\mathrm{d}t} e^{-\boldsymbol{A}t} = -\boldsymbol{A} e^{-\boldsymbol{A}t} = -e^{-\boldsymbol{A}t} \boldsymbol{A} \tag{3.26}$$

7. e^{At} 积的关系式

由 $e^{\boldsymbol{A}t}$ 相对于时间变量分解的表达式(3.22)，即可推导出：

$$(e^{\boldsymbol{A}t})^m = e^{\boldsymbol{A}(mt)}, \quad m=0,1,2,\cdots \tag{3.27}$$

3.2.3 矩阵指数函数的算法

进而，给出矩阵指数函数 $e^{\boldsymbol{A}t}$ 的一些常用计算方法，并举例说明其计算过程。

1. 定义法

结论 3.2 [$e^{\boldsymbol{A}t}$ 算法] 给定 $n\times n$ 矩阵 $\boldsymbol{A}$,则计算 $e^{\boldsymbol{A}t}$ 的算式为

$$e^{\boldsymbol{A}t}=\boldsymbol{I}+\boldsymbol{A}t+\frac{1}{2!}\boldsymbol{A}^2t^2+\frac{1}{3!}\boldsymbol{A}^3t^3+\cdots \tag{3.28}$$

注 通常,基于定义法只能得到 $e^{\boldsymbol{A}t}$ 数值结果,难以获得 $e^{\boldsymbol{A}t}$ 解析表达式。

2. 特征值法

结论 3.3 [$e^{\boldsymbol{A}t}$ 算法] 给定 $n\times n$ 矩阵 $\boldsymbol{A}$,且其 n 个特征值 $\lambda_1,\lambda_2,\cdots,\lambda_n$ 两两相异,表由矩阵 $\boldsymbol{A}$ 的属于各个特征值的右特征向量组成的变换阵为

$$\boldsymbol{P}=[\boldsymbol{v}_1\quad \boldsymbol{v}_2\quad \cdots\quad \boldsymbol{v}_n] \tag{3.29}$$

则计算 $e^{\boldsymbol{A}t}$ 的算式为

$$e^{\boldsymbol{A}t}=\boldsymbol{P}\begin{bmatrix} e^{\lambda_1 t} & & \\ & \ddots & \\ & & e^{\lambda_n t}\end{bmatrix}\boldsymbol{P}^{-1} \tag{3.30}$$

结论 3.4 [$e^{\boldsymbol{A}t}$ 算法] 给定 $n\times n$ 矩阵 $\boldsymbol{A}$,其特征值属于包含重值情形。为使符号不致过于复杂,设 $n=5$,特征值 λ_1(代数重数 $\sigma_1=3$,几何重数 $\alpha_1=1$),λ_2($\sigma_2=2$,$\alpha_2=1$)。再表由矩阵 $\boldsymbol{A}$ 的属于 λ_1 和 λ_2 的广义特征向量组所构成的变换矩阵为 $\boldsymbol{Q}$,且基于约当规范形可把 $\boldsymbol{A}$ 化为如下形式:

$$\boldsymbol{A}=\boldsymbol{Q}\left[\begin{array}{ccc|cc} \lambda_1 & 1 & 0 & 0 & 0\\ 0 & \lambda_1 & 1 & 0 & 0\\ 0 & 0 & \lambda_1 & 0 & 0\\ \hline 0 & 0 & 0 & \lambda_2 & 1\\ 0 & 0 & 0 & 0 & \lambda_2\end{array}\right]\boldsymbol{Q}^{-1} \tag{3.31}$$

则计算 $e^{\boldsymbol{A}t}$ 的算式为

$$e^{\boldsymbol{A}t}=\boldsymbol{Q}\left[\begin{array}{ccc|cc} e^{\lambda_1 t} & te^{\lambda_1 t} & \frac{1}{2!}t^2e^{\lambda_1 t} & 0 & 0\\ 0 & e^{\lambda_1 t} & te^{\lambda_1 t} & 0 & 0\\ 0 & 0 & e^{\lambda_1 t} & 0 & 0\\ \hline 0 & 0 & 0 & e^{\lambda_2 t} & te^{\lambda_2 t}\\ 0 & 0 & 0 & 0 & e^{\lambda_2 t}\end{array}\right]\boldsymbol{Q}^{-1} \tag{3.32}$$

证 证明思路类同于结论 3.3,具体证明过程略去。

3. 有限项展开法

结论 3.5 [$e^{\boldsymbol{A}t}$ 算法] 给定 $n\times n$ 矩阵 $\boldsymbol{A}$,则计算 $e^{\boldsymbol{A}t}$ 的算式为

$$e^{\boldsymbol{A}t}=\alpha_0(t)\boldsymbol{I}+\alpha_1(t)\boldsymbol{A}+\cdots+\alpha_{n-1}(t)\boldsymbol{A}^{n-1} \tag{3.33}$$

对 $\boldsymbol{A}$ 的特征值 $\lambda_1,\lambda_2,\cdots,\lambda_n$ 两两相异情形，系数 $\{\alpha_0,\alpha_1,\cdots,\alpha_{n-1}\}$ 的计算关系式为

$$\begin{bmatrix}\alpha_0(t)\\ \alpha_1(t)\\ \vdots\\ \alpha_{n-1}(t)\end{bmatrix}=\begin{bmatrix}1 & \lambda_1 & \lambda_1^2 & \cdots & \lambda_1^{n-1}\\ 1 & \lambda_2 & \lambda_2^2 & \cdots & \lambda_2^{n-1}\\ \vdots & \vdots & \vdots & & \vdots\\ 1 & \lambda_n & \lambda_n^2 & \cdots & \lambda_n^{n-1}\end{bmatrix}^{-1}\begin{bmatrix}e^{\lambda_1 t}\\ e^{\lambda_2 t}\\ \vdots\\ e^{\lambda_n t}\end{bmatrix} \tag{3.34}$$

对 $\boldsymbol{A}$ 的特征值包含重值如 λ_1（代数重数 $\sigma_1=3$，几何重数 $\alpha_1=1$），$\lambda_2(\sigma_2=2,\alpha_2=1)$，$\lambda_3,\cdots,\lambda_{n-3}$ 情形，系数 $\{\alpha_0,\alpha_1,\cdots,\alpha_{n-1}\}$ 的计算关系式为

$$\begin{bmatrix}\alpha_0(t)\\ \alpha_1(t)\\ \alpha_2(t)\\ \hdashline \alpha_3(t)\\ \alpha_4(t)\\ \hdashline \alpha_5(t)\\ \vdots\\ \alpha_{n-1}(t)\end{bmatrix}=\begin{bmatrix}0 & 0 & 1 & 3\lambda_1 & \cdots & \frac{(n-1)(n-2)}{2!}\lambda_1^{n-3}\\ 0 & 1 & 2\lambda_1 & 3\lambda_1^2 & \cdots & \frac{(n-1)}{1!}\lambda_1^{n-2}\\ 1 & \lambda_1 & \lambda_1^2 & \lambda_1^3 & \cdots & \lambda_1^{n-1}\\ \hdashline 0 & 1 & 2\lambda_2 & 3\lambda_2^2 & \cdots & \frac{(n-1)}{1!}\lambda_2^{n-2}\\ 1 & \lambda_2 & \lambda_2^2 & \lambda_2^3 & \cdots & \lambda_2^{n-1}\\ \hdashline 1 & \lambda_3 & \lambda_3^2 & \lambda_3^3 & \cdots & \lambda_3^{n-1}\\ \vdots & \vdots & \vdots & \vdots & & \vdots\\ 1 & \lambda_{n-3} & \lambda_{n-3}^2 & \lambda_{n-3}^3 & \cdots & \lambda_{n-3}^{n-1}\end{bmatrix}^{-1}\begin{bmatrix}\frac{1}{2!}t^2e^{\lambda_1 t}\\ \frac{1}{1!}te^{\lambda_1 t}\\ e^{\lambda_1 t}\\ \hdashline \frac{1}{1!}te^{\lambda_2 t}\\ e^{\lambda_2 t}\\ \hdashline e^{\lambda_3 t}\\ \vdots\\ e^{\lambda_{n-3} t}\end{bmatrix} \tag{3.35}$$

4. 预解矩阵法

结论 3.6［$e^{\boldsymbol{A}t}$ 算法］　给定 $n\times n$ 矩阵 $\boldsymbol{A}$，定出预解矩阵 $(s\boldsymbol{I}-\boldsymbol{A})^{-1}$，则计算 $e^{\boldsymbol{A}t}$ 的算式为

$$e^{\boldsymbol{A}t}=\mathscr{L}^{-1}(s\boldsymbol{I}-\boldsymbol{A})^{-1} \tag{3.36}$$

例 3.1　给定一个连续时间线性时不变系统，其自治状态方程为

$$\dot{\boldsymbol{x}}=\begin{bmatrix}0 & 1\\ -2 & -3\end{bmatrix}\boldsymbol{x}$$

下面，分别采用上述四种算法计算矩阵指数函数 $e^{\boldsymbol{A}t}$。

(1) 定义法。由算式(3.28)，即得

$$\begin{aligned}e^{\boldsymbol{A}t}&=\boldsymbol{I}+\boldsymbol{A}t+\frac{1}{2!}\boldsymbol{A}^2t^2+\cdots\\ &=\begin{bmatrix}1 & 0\\ 0 & 1\end{bmatrix}+\begin{bmatrix}0 & t\\ -2t & -3t\end{bmatrix}+\begin{bmatrix}-t^2 & -\frac{3}{2}t^2\\ 3t^2 & \frac{7}{2}t^2\end{bmatrix}+\cdots\end{aligned}$$

$$=\begin{bmatrix}1-t^2+\cdots & t-\frac{3}{2}t^2+\cdots \\ -2t+3t^2+\cdots & 1-3t+\frac{7}{2}t^2+\cdots\end{bmatrix}$$

(2) 特征值法。首先,定出矩阵 $\boldsymbol{A}$ 的特征值 $\lambda_1=-1$ 和 $\lambda_2=-2$。进而,定出使矩阵 $\boldsymbol{A}$ 化为对角线型约当规范形的变换矩阵 $\boldsymbol{P}$ 及其逆 $\boldsymbol{P}^{-1}$:

$$\boldsymbol{P}=\begin{bmatrix}1 & 1\\ -1 & -2\end{bmatrix},\quad \boldsymbol{P}^{-1}=\begin{bmatrix}2 & 1\\ -1 & -1\end{bmatrix}$$

基此并由算式(3.30),即可定出:

$$\begin{aligned}\mathrm{e}^{\boldsymbol{A}t} &= \boldsymbol{P}\begin{bmatrix}\mathrm{e}^{\lambda_1 t} & \\ & \mathrm{e}^{\lambda_2 t}\end{bmatrix}\boldsymbol{P}^{-1} \\ &= \begin{bmatrix}1 & 1\\ -1 & -2\end{bmatrix}\begin{bmatrix}\mathrm{e}^{-t} & \\ & \mathrm{e}^{-2t}\end{bmatrix}\begin{bmatrix}2 & 1\\ -1 & -1\end{bmatrix} \\ &= \begin{bmatrix}2\mathrm{e}^{-t}-\mathrm{e}^{-2t} & \mathrm{e}^{-t}-\mathrm{e}^{-2t} \\ -2\mathrm{e}^{-t}+2\mathrm{e}^{-2t} & -\mathrm{e}^{-t}+2\mathrm{e}^{-2t}\end{bmatrix}\end{aligned}$$

(3) 有限项展开法。首先,定出矩阵 $\boldsymbol{A}$ 的特征值 $\lambda_1=-1$ 和 $\lambda_2=-2$。进而,据此并利用(3.34),定出系数矩阵:

$$\begin{aligned}\begin{bmatrix}\alpha_0(t)\\ \alpha_1(t)\end{bmatrix} &= \begin{bmatrix}1 & \lambda_1\\ 1 & \lambda_2\end{bmatrix}^{-1}\begin{bmatrix}\mathrm{e}^{\lambda_1 t}\\ \mathrm{e}^{\lambda_2 t}\end{bmatrix} = \begin{bmatrix}1 & -1\\ 1 & -2\end{bmatrix}^{-1}\begin{bmatrix}\mathrm{e}^{-t}\\ \mathrm{e}^{-2t}\end{bmatrix} \\ &= \begin{bmatrix}2 & -1\\ 1 & -1\end{bmatrix}\begin{bmatrix}\mathrm{e}^{-t}\\ \mathrm{e}^{-2t}\end{bmatrix} = \begin{bmatrix}2\mathrm{e}^{-t}-\mathrm{e}^{-2t}\\ \mathrm{e}^{-t}-\mathrm{e}^{-2t}\end{bmatrix}\end{aligned}$$

基此并由算式(3.33),即可定出:

$$\begin{aligned}\mathrm{e}^{\boldsymbol{A}t} &= \alpha_0(t)\boldsymbol{I}+\alpha_1(t)\boldsymbol{A} \\ &= (2\mathrm{e}^{-t}-\mathrm{e}^{-2t})\begin{bmatrix}1 & 0\\ 0 & 1\end{bmatrix}+(\mathrm{e}^{-t}-\mathrm{e}^{-2t})\begin{bmatrix}0 & 1\\ -2 & -3\end{bmatrix} \\ &= \begin{bmatrix}2\mathrm{e}^{-t}-\mathrm{e}^{-2t} & \mathrm{e}^{-t}-\mathrm{e}^{-2t} \\ -2\mathrm{e}^{-t}+2\mathrm{e}^{-2t} & -\mathrm{e}^{-t}+2\mathrm{e}^{-2t}\end{bmatrix}\end{aligned}$$

(4) 预解矩阵法。首先,求出系统矩阵 $\boldsymbol{A}$ 的预解矩阵为

$$\begin{aligned}(s\boldsymbol{I}-\boldsymbol{A})^{-1} &= \begin{bmatrix}s & -1\\ 2 & s+3\end{bmatrix}^{-1} = \begin{bmatrix}\dfrac{(s+3)}{(s+1)(s+2)} & \dfrac{1}{(s+1)(s+2)} \\ \dfrac{-2}{(s+1)(s+2)} & \dfrac{s}{(s+1)(s+2)}\end{bmatrix} \\ &= \begin{bmatrix}\dfrac{2}{s+1}+\dfrac{-1}{s+2} & \dfrac{1}{s+1}+\dfrac{-1}{s+2} \\ \dfrac{-2}{s+1}+\dfrac{2}{s+2} & \dfrac{-1}{s+1}+\dfrac{2}{s+2}\end{bmatrix}\end{aligned}$$

对上式求拉普拉斯反变换,即可得到

$$e^{At}=\begin{bmatrix}2e^{-t}-e^{-2t} & e^{-t}-e^{-2t}\\ -2e^{-t}+2e^{-2t} & -e^{-t}+2e^{-2t}\end{bmatrix}$$

3.2.4 系统的零初态响应

考虑连续时间线性时不变系统,令系统初始状态 $\boldsymbol{x}(0)=\boldsymbol{0}$,相应状态方程为

$$\dot{\boldsymbol{x}}=\boldsymbol{A}\boldsymbol{x}+\boldsymbol{B}\boldsymbol{u},\quad \boldsymbol{x}(0)=\boldsymbol{0},\quad t\geqslant 0 \tag{3.37}$$

其中,$\boldsymbol{x}$ 为 n 维状态向量,$\boldsymbol{u}$ 为 p 维输入向量,$\boldsymbol{A}$ 和 $\boldsymbol{B}$ 分别为 $n\times n$ 和 $n\times p$ 常阵。那么,对系统零初态响应可导出如下的结论。

结论 3.7［零初态响应］ 连续时间线性时不变系统的零初态响应 $\boldsymbol{x}_{0x}(t)$,即状态方程(3.37)的解,具有如下表达式:

$$\boldsymbol{x}_{0x}(t)=\int_0^t e^{\boldsymbol{A}(t-\tau)}\boldsymbol{B}\boldsymbol{u}(\tau)d\tau,\quad t\geqslant 0 \tag{3.38}$$

证 考虑如下显等式:

$$\begin{aligned}\frac{d}{dt}e^{-\boldsymbol{A}t}\boldsymbol{x}&=\left(\frac{d}{dt}e^{-\boldsymbol{A}t}\right)\boldsymbol{x}+e^{-\boldsymbol{A}t}\dot{\boldsymbol{x}}\\&=e^{-\boldsymbol{A}t}[\dot{\boldsymbol{x}}-\boldsymbol{A}\boldsymbol{x}]=e^{-\boldsymbol{A}t}\boldsymbol{B}\boldsymbol{u}\end{aligned} \tag{3.39}$$

对上式从 0 到 t 积分,并注意到 $\boldsymbol{x}(0)=\boldsymbol{0}$,得到

$$e^{-\boldsymbol{A}t}\boldsymbol{x}(t)=\int_0^t e^{-\boldsymbol{A}\tau}\boldsymbol{B}\boldsymbol{u}(\tau)d\tau \tag{3.40}$$

再将等式(3.40)左乘 $e^{\boldsymbol{A}t}$,并利用 $e^{\boldsymbol{A}(t-\tau)}=e^{\boldsymbol{A}t}e^{-\boldsymbol{A}\tau}$,即可证得

$$\boldsymbol{x}_{0x}(t)=\int_0^t e^{\boldsymbol{A}t}e^{-\boldsymbol{A}\tau}\boldsymbol{B}\boldsymbol{u}(\tau)d\tau=\int_0^t e^{\boldsymbol{A}(t-\tau)}\boldsymbol{B}\boldsymbol{u}(\tau)d\tau \tag{3.41}$$

例 3.2 给定一个连续时间线性时不变系统:

$$\begin{bmatrix}\dot{x}_1\\ \dot{x}_2\end{bmatrix}=\begin{bmatrix}0 & 1\\ -2 & -3\end{bmatrix}\begin{bmatrix}x_1\\ x_2\end{bmatrix}+\begin{bmatrix}0\\ 1\end{bmatrix}u,\quad t\geqslant 0$$

其中,初始状态 $x_1(0)=x_2(0)=0$,输入 $u(t)=1(t)$ 即为单位阶跃函数。

例 3.1 中已经导出,矩阵 $\boldsymbol{A}$ 的矩阵指数函数为

$$e^{\boldsymbol{A}t}=\begin{bmatrix}2e^{-t}-e^{-2t} & e^{-t}-e^{-2t}\\ -2e^{-t}+2e^{-2t} & -e^{-t}+2e^{-2t}\end{bmatrix}$$

基此,并利用基本关系式(3.38),即可定出系统零初态响应为

$$\begin{aligned}\begin{bmatrix}x_{0x1}(t)\\ x_{0x2}(t)\end{bmatrix}&=\int_0^t e^{\boldsymbol{A}(t-\tau)}\boldsymbol{B}u(\tau)d\tau\\&=\int_0^t\begin{bmatrix}2e^{-(t-\tau)}-c^{-2(t-\tau)} & e^{-(t-\tau)}-e^{-2(t-\tau)}\\ -2e^{-(t-\tau)}+2e^{-2(t-\tau)} & -e^{-(t-\tau)}+2e^{-2(t-\tau)}\end{bmatrix}\begin{bmatrix}0\\ 1\end{bmatrix}\cdot 1d\tau\end{aligned}$$

$$=\int_0^t \begin{bmatrix} e^{-(t-\tau)}-e^{-2(t-\tau)} \\ -e^{-(t-\tau)}+2e^{-2(t-\tau)} \end{bmatrix} d\tau = \begin{bmatrix} \frac{1}{2}-e^{-t}+\frac{1}{2}e^{-2t} \\ e^{-t}-e^{-2t} \end{bmatrix}, \quad t \geqslant 0$$

下面,对零初态响应的特征和属性作如下的几点讨论。

1. 零初态响应关系式的数学特征

由零初态响应 $\boldsymbol{x}_{0x}(t)$的关系式

$$\boldsymbol{x}_{0x}(t)=\int_0^t e^{\boldsymbol{A}(t-\tau)}\boldsymbol{Bu}(\tau)d\tau, \quad t \geqslant 0 \tag{3.42}$$

可以看出,积分式中矩阵指数函数影响和输入作用函数影响在时序上是对偶的。对时刻 t,输入作用函数的影响是从 $\tau=0$ 考虑到 $\tau=t$,矩阵指数函数的影响则从 $\tau=t$ 考虑到 $\tau=0$。数学上,称这种类型的积分为"卷积"。卷积具有对称性,即可将上述 $\boldsymbol{x}_{0x}(t)$关系式化为如下等价形式:

$$\boldsymbol{x}_{0x}(t)=\int_0^t e^{\boldsymbol{A}\tau}\boldsymbol{Bu}(t-\tau)d\tau, \quad t \geqslant 0 \tag{3.43}$$

2. 零初态响应的几何特征

对零初态响应 $\boldsymbol{x}_{0x}(t)$关系式(3.38),可进而表示为

$$\boldsymbol{x}_u(t)=\int_0^t e^{-\boldsymbol{A}\tau}\boldsymbol{Bu}(\tau)d\tau$$

$$\boldsymbol{x}_{0x}(t)=e^{\boldsymbol{A}t}\boldsymbol{x}_u(t), \quad t \geqslant 0$$

$\boldsymbol{x}_u(t)$代表时刻 t 输入作用等价状态,$\boldsymbol{x}_{0x}(t)$是输入作用等价状态 $\boldsymbol{x}_u(t)$以 $e^{\boldsymbol{A}t}$ 为变换阵导出的变换点,$e^{\boldsymbol{A}t}$ 为矩阵指数函数。零初态响应 $\boldsymbol{x}_{0x}(t)$几何上代表状态空间中由各个时刻 t 输入作用等价状态的变换点构成的一条轨迹。

3. 零初态响应的运动属性

零初态响应 $\boldsymbol{x}_{0x}(t)$随时间 t 演化的轨迹属于输入驱动下的强迫运动。由$\boldsymbol{x}_{0x}(t)$的运动属性决定,$\boldsymbol{x}_{0x}(t)$的形态在稳态过程中同于输入函数结构,在过渡过程中则同时依赖于系统特性和输入作用。

4. 零初态响应相对于任意初始时刻的表达式

若更为一般地取初始时刻 $t_0 \neq 0$,则零初态响应 $\boldsymbol{x}_{0x}(t)$的关系式对应地具有形式:

$$\boldsymbol{x}_{0u}(t)=\int_{t_0}^t e^{\boldsymbol{A}(t-\tau)}\boldsymbol{Bu}(\tau)d\tau, \quad t \geqslant t_0 \tag{3.44}$$

3.2.5 系统状态运动规律的基本表达式

考虑同时作用有初始状态和输入的连续时间线性时不变系统,状态方程为

$$\dot{\boldsymbol{x}}=\boldsymbol{A}\boldsymbol{x}+\boldsymbol{B}\boldsymbol{u},\quad \boldsymbol{x}(t_0)=\boldsymbol{x}_0,\quad t\geqslant t_0 \tag{3.45}$$

其中,$\boldsymbol{x}$ 为 n 维状态,$\boldsymbol{u}$ 为 p 维输入,$\boldsymbol{A}$ 和 $\boldsymbol{B}$ 为 $n\times n$ 和 $n\times p$ 常阵。基于系统的零输入响应 $\boldsymbol{x}_{0u}(t)$ 和零初态响应 $\boldsymbol{x}_{0x}(t)$,并利用叠加原理,可对系统状态运动规律直接导出如下的一个结论。

结论 3.8［状态运动规律］　连续时间线性时不变系统的状态运动规律,即同时作用有初始状态和输入的状态方程(3.45)的解,对初始时刻 $t_0=0$ 情形具有表达式:

$$\boldsymbol{x}(t)=\mathrm{e}^{\boldsymbol{A}t}\boldsymbol{x}_0+\int_0^t \mathrm{e}^{\boldsymbol{A}(t-\tau)}\boldsymbol{B}\boldsymbol{u}(\tau)\mathrm{d}\tau,\quad t\geqslant 0 \tag{3.46}$$

对初始时刻 $t_0\neq 0$ 情形具有表达式:

$$\boldsymbol{x}(t)=\mathrm{e}^{\boldsymbol{A}(t-t_0)}\boldsymbol{x}_0+\int_{t_0}^t \mathrm{e}^{\boldsymbol{A}(t-\tau)}\boldsymbol{B}\boldsymbol{u}(\tau)\mathrm{d}\tau,\quad t\geqslant t_0 \tag{3.47}$$

注　直观上,式(3.46)或式(3.47)意味着系统状态运动由“初始状态转移项”和“输入作用下受控项”叠加而成。正是受控项的存在,使得有可能通过选取输入 $\boldsymbol{u}$ 来改善状态 $\boldsymbol{x}(t)$ 的运动行为和性能,以避免有害运动过程如不稳定或使状态轨迹满足期望性能指标。

3.2.6　基于特征结构的状态响应表达式

对特征值两两相异一类连续时间线性时不变系统,可进一步导出基于特征值和特征向量的状态响应表达式。系统状态空间描述为

$$\dot{\boldsymbol{x}}=\boldsymbol{A}\boldsymbol{x}+\boldsymbol{B}\boldsymbol{u},\quad \boldsymbol{x}(t_0)=\boldsymbol{x}_0,\quad t\geqslant t_0 \tag{3.48}$$

其中,$\boldsymbol{x}$ 为 n 维状态,$\boldsymbol{u}$ 为 p 维输入,$\boldsymbol{A}$ 和 $\boldsymbol{B}$ 为 $n\times n$ 和 $n\times p$ 常阵,矩阵 $\boldsymbol{A}$ 的 n 个特征值 $\lambda_1,\lambda_2,\cdots,\lambda_n$ 为两两相异。进而,表

$n\times 1$ 向量 $\boldsymbol{v}_1,\boldsymbol{v}_2,\cdots,\boldsymbol{v}_n=\boldsymbol{A}$ 的属于 $\lambda_1,\lambda_2,\cdots,\lambda_n$ 线性无关右特征向量组

$1\times n$ 向量 $\boldsymbol{w}_1^{\mathrm{T}},\boldsymbol{w}_2^{\mathrm{T}},\cdots,\boldsymbol{w}_n^{\mathrm{T}}=\boldsymbol{A}$ 的属于 $\lambda_1,\lambda_2,\cdots,\lambda_n$ 线性无关左特征向量组

再引入右特征向量矩阵

$$\boldsymbol{P}=[\boldsymbol{v}_1,\boldsymbol{v}_2,\cdots,\boldsymbol{v}_n],\quad \boldsymbol{P}^{-1}=\begin{bmatrix}\bar{\boldsymbol{v}}_1^{\mathrm{T}}\\ \bar{\boldsymbol{v}}_2^{\mathrm{T}}\\ \vdots\\ \bar{\boldsymbol{v}}_n^{\mathrm{T}}\end{bmatrix}$$

和左特征向量矩阵

$$\boldsymbol{T}=\begin{bmatrix}\boldsymbol{w}_1^{\mathrm{T}}\\ \boldsymbol{w}_2^{\mathrm{T}}\\ \vdots\\ \boldsymbol{w}_n^{\mathrm{T}}\end{bmatrix},\quad \boldsymbol{T}^{-1}=[\bar{\boldsymbol{w}}_1,\bar{\boldsymbol{w}}_2,\cdots,\bar{\boldsymbol{w}}_n]$$

并且,成立

$$\sum_{i=1}^{n}\boldsymbol{v}_i\bar{\boldsymbol{v}}_i^{\mathrm{T}}=\boldsymbol{I}_n,\quad \sum_{i=1}^{n}\bar{\boldsymbol{w}}_i\boldsymbol{w}_i^{\mathrm{T}}=\boldsymbol{I}_n \tag{3.49}$$

在此基础上，作为导出状态响应表达式的准备知识，先来给出关于矩阵指数函数 $e^{\boldsymbol{A}t}$ 的如下两个结论。

结论 3.9 [矩阵指数函数] 对特征值两两相异一类 n 维连续时间线性时不变系统(3.48)，基于特征结构的矩阵指数函数 $e^{\boldsymbol{A}t}$ 的表达式为

$$e^{\boldsymbol{A}t}=\sum_{i=1}^{n}\boldsymbol{v}_i\bar{\boldsymbol{v}}_i^{\mathrm{T}}e^{\lambda_i t} \tag{3.50}$$

其中，λ_i 为特征值，$\boldsymbol{v}_i$ 为 $\boldsymbol{A}$ 的属于 λ_i 的右特征向量，$i=1,2,\cdots,n$ 。

证 据矩阵指数函数 $e^{\boldsymbol{A}t}$ 的特征值算法，即可证得

$$e^{\boldsymbol{A}t}=\boldsymbol{P}\begin{bmatrix}e^{\lambda_1 t} & & \\ & \ddots & \\ & & e^{\lambda_n t}\end{bmatrix}\boldsymbol{P}^{-1}=[\boldsymbol{v}_1\ \cdots\ \boldsymbol{v}_n]\begin{bmatrix}e^{\lambda_1 t} & & \\ & \ddots & \\ & & e^{\lambda_n t}\end{bmatrix}\begin{bmatrix}\bar{\boldsymbol{v}}_1^{\mathrm{T}}\\ \vdots \\ \bar{\boldsymbol{v}}_n^{\mathrm{T}}\end{bmatrix}$$

$$=[\boldsymbol{v}_1e^{\lambda_1 t}\ \cdots\ \boldsymbol{v}_ne^{\lambda_n t}]\begin{bmatrix}\bar{\boldsymbol{v}}_1^{\mathrm{T}}\\ \vdots \\ \bar{\boldsymbol{v}}_n^{\mathrm{T}}\end{bmatrix}=\sum_{i=1}^{n}\boldsymbol{v}_i\bar{\boldsymbol{v}}_i^{\mathrm{T}}e^{\lambda_i t} \tag{3.51}$$

结论 3.10 [矩阵指数函数] 对特征值两两相异一类 n 维连续时间线性时不变系统(3.48)，基于特征结构的矩阵指数函数 $e^{\boldsymbol{A}t}$ 的表达式为

$$e^{\boldsymbol{A}t}=\sum_{i=1}^{n}\bar{\boldsymbol{w}}_i\boldsymbol{w}_i^{\mathrm{T}}e^{\lambda_i t} \tag{3.52}$$

其中，λ_i 为特征值，$\boldsymbol{w}_i^{\mathrm{T}}$ 为 $\boldsymbol{A}$ 的属于 λ_i 的左特征向量，$i=1,2,\cdots,n$。

证 证明过程类似结论 3.9。

基于特征结构的矩阵指数函数 $e^{\boldsymbol{A}t}$ 的表达式(3.50)和(3.52)，并运用状态响应的有关关系式，可直接给出基于特征结构的零输入响应 $\boldsymbol{x}_{0u}(t)$、零初态响应 $\boldsymbol{x}_{0x}(t)$ 和状态运动规律 $\boldsymbol{x}(t)$的表达式。

结论 3.11 [零输入响应] 对特征值两两相异一类 n 维连续时间线性时不变系统(3.48)，基于特征结构的零输入响应 $\boldsymbol{x}_{0u}(t)$的表达式可按两类情形给出。

对 $t_0=0$ 情形，有

$$\boldsymbol{x}_{0u}(t)=\sum_{i=1}^{n}(\boldsymbol{v}_i\bar{\boldsymbol{v}}_i^{\mathrm{T}})\boldsymbol{x}_0e^{\lambda_i t},\quad t\geqslant 0 \tag{3.53}$$

或

$$\boldsymbol{x}_{0u}(t)=\sum_{i=1}^{n}(\bar{\boldsymbol{w}}_i\boldsymbol{w}_i^{\mathrm{T}})\boldsymbol{x}_0e^{\lambda_i t},\quad t\geqslant 0 \tag{3.54}$$

对 $t_0\neq 0$ 情形，有

$$\boldsymbol{x}_{0u}(t)=\sum_{i=1}^{n}(\boldsymbol{v}_i\bar{\boldsymbol{v}}_i^{\mathrm{T}})\boldsymbol{x}_0e^{\lambda_i(t-t_0)},\quad t\geqslant t_0 \tag{3.55}$$

或

$$x_{0u}(t)=\sum_{i=1}^{n}(\bar{w}_i w_i^{\mathrm{T}})x_0\mathrm{e}^{\lambda_i(t-t_0)},\quad t\geqslant t_0 \tag{3.56}$$

其中，λ_i 为特征值，v_i 和 w_i^{T} 为 A 的属于 λ_i 的右和左特征向量，$i=1,2,\cdots,n$，x_0 为初始状态。

结论 3.12 [零初态响应] 对特征值两两相异一类 n 维连续时间线性时不变系统(3.48)，基于特征结构的零初态响应 $x_{0x}(t)$ 的表达式可按两类情形给出。

对 $t_0=0$ 情形，有

$$x_{0x}(t)=\sum_{i=1}^{n}(v_i\bar{v}_i^{\mathrm{T}})\left\{\sum_{j=1}^{p}b_j\int_0^t\mathrm{e}^{\lambda_i(t-\tau)}u_j(\tau)\mathrm{d}\tau\right\},\quad t\geqslant 0 \tag{3.57}$$

或

$$x_{0x}(t)=\sum_{i=1}^{n}(\bar{w}_i w_i^{\mathrm{T}})\left\{\sum_{j=1}^{p}b_j\int_0^t\mathrm{e}^{\lambda_i(t-\tau)}u_j(\tau)\mathrm{d}\tau\right\},\quad t\geqslant 0 \tag{3.58}$$

对 $t_0\neq 0$ 情形，有

$$x_{0x}(t)=\sum_{i=1}^{n}(v_i\bar{v}_i^{\mathrm{T}})\left\{\sum_{j=1}^{p}b_j\int_{t_0}^t\mathrm{e}^{\lambda_i(t-\tau)}u_j(\tau)\mathrm{d}\tau\right\},\quad t\geqslant t_0 \tag{3.59}$$

或

$$x_{0x}(t)=\sum_{i=1}^{n}(\bar{w}_i w_i^{\mathrm{T}})\left\{\sum_{j=1}^{p}b_j\int_{t_0}^t\mathrm{e}^{\lambda_i(t-\tau)}u_j(\tau)\mathrm{d}\tau\right\},\quad t\geqslant t_0 \tag{3.60}$$

其中，λ_i 为特征值，v_i 和 w_i^{T} 为 A 的属于 λ_i 的右和左特征向量，$i=1,2,\cdots,n$，b_j 为 B 的第 j 个列，u_j 为 u 的第 j 个分量，$j=1,2,\cdots,p$。

结论 3.13 [系统的运动规律] 对特征值两两相异一类 n 维连续时间线性时不变系统(3.48)，基于特征结构的状态运动规律 $x(t)$ 的表达式可按两类情形给出。

对 $t_0=0$ 情形，有

$$x(t)=\sum_{i=1}^{n}(v_i\bar{v}_i^{\mathrm{T}})\left[x_0\mathrm{e}^{\lambda_i t}+\sum_{j=1}^{p}b_j\int_0^t\mathrm{e}^{\lambda_i(t-\tau)}u_j(\tau)\mathrm{d}\tau\right],\quad t\geqslant 0 \tag{3.61}$$

或

$$x(t)=\sum_{i=1}^{n}(\bar{w}_i w_i^{\mathrm{T}})\left[x_0\mathrm{e}^{\lambda_i t}+\sum_{j=1}^{p}b_j\int_0^t\mathrm{e}^{\lambda_i(t-\tau)}u_j(\tau)\mathrm{d}\tau\right],\quad t\geqslant 0 \tag{3.62}$$

对 $t_0\neq 0$ 情形，有

$$x(t)=\sum_{i=1}^{n}(v_i\bar{v}_i^{\mathrm{T}})\left[x_0\mathrm{e}^{\lambda_i(t-t_0)}+\sum_{j=1}^{p}b_j\int_{t_0}^t\mathrm{e}^{\lambda_i(t-\tau)}u_j(\tau)\mathrm{d}\tau\right],\quad t\geqslant t_0 \tag{3.63}$$

或

$$x(t)=\sum_{i=1}^{n}(\bar{w}_i w_i^{\mathrm{T}})\left[x_0\mathrm{e}^{\lambda_i(t-t_0)}+\sum_{j=1}^{p}b_j\int_{t_0}^t\mathrm{e}^{\lambda_i(t-\tau)}u_j(\tau)\mathrm{d}\tau\right],\quad t\geqslant t_0 \tag{3.64}$$

其中，λ_i 为特征值，v_i 和 w_i^{T} 为 A 的属于 λ_i 的右和左特征向量，$i=1,2,\cdots,n$，x_0 为初始状态，b_j 为 B 的第 j 个列，u_j 为 u 的第 j 个分量，$j=1,2,\cdots,p$。

由基于特征结构的状态响应关系式，还可导出如下几点推论。

1. 特征值对状态响应的影响

由基于特征结构状态响应关系式可以看出，状态响应的运动模式即函数结构，主要由特征值所决定。对实数特征值，运动模式为指数函数形式；对共轭复数特征值，运动模式为指数正余弦函数形式。若特征值具有负实部，则运动模式随时间单调地或振荡地衰减至稳态过程；若特征值具有正实部，则运动模式随时间单调地或振荡地扩散至无穷大而不能到达稳态。因此，特征值对系统运动行为具有主导性作用。

2. 特征向量对状态响应的影响

基于特征结构状态响应关系式意味着，状态响应可以看成是各个特征值相应运动模式的一个线性组合，特征向量的影响体现于对不同运动模式的“权重”上。特征向量对状态响应的影响本质上属于“量”而非“质”的范畴，即只能影响各个运动模式在组合中的比重，一般不能影响各个运动模式本身。因此，尽管特征向量也对系统运动进程和行为具有影响，但其属性是属于非主导性的。

3. 特征结构在系统分析和综合中的基础性

基于特征结构的状态响应关系式及其推论表明，系统运动行为性能和特征值特征向量具有直接的相关性。这从一个方面说明特征值特征向量将对系统的分析和综合具有重要作用。随后章节中的讨论表明，系统基本特性如稳定性、能控性、能观测性等都和特征值有着直接关系，特征结构特别是特征值也是系统综合的一类重要指标形式。

3.3 连续时间线性时不变系统的状态转移矩阵

不管是初始状态引起的运动，还是输入作用引起的运动，本质上都属于相应状态的一种转移。引入状态转移矩阵有利于使状态响应表达式更为直观地反映这个基本事实。基于状态转移矩阵，还可使线性时不变系统和线性时变系统的状态响应建立形式上统一的表达式。

3.3.1 状态转移矩阵和基本解阵

考虑连续时间线性时不变系统，状态方程为

$$\dot{\boldsymbol{x}}=\boldsymbol{A}\boldsymbol{x}+\boldsymbol{B}\boldsymbol{u},\quad \boldsymbol{x}(t_0)=\boldsymbol{x}_0,\quad t\geqslant t_0 \tag{3.65}$$

其中，$\boldsymbol{x}$ 为 n 维状态，$\boldsymbol{u}$ 为 p 维输入，$\boldsymbol{A}$ 和 $\boldsymbol{B}$ 为 $n\times n$ 和 $n\times p$ 常阵。

定义 3.3［状态转移矩阵］ 连续时间线性时不变系统的状态转移矩阵，定义为基于(3.65)构造的矩阵方程

$$\dot{\boldsymbol{\Phi}}(t-t_0)=\boldsymbol{A}\boldsymbol{\Phi}(t-t_0),\quad \boldsymbol{\Phi}(0)=\boldsymbol{I},\quad t\geqslant t_0 \tag{3.66}$$

的 $n\times n$ 解阵 $\boldsymbol{\Phi}(t-t_0)$。

定义 3.4［基本解阵］　连续时间线性时不变系统的基本解阵，定义为基于(3.65)构造的矩阵方程

$$\dot{\boldsymbol{\Psi}}(t)=\boldsymbol{A\Psi}(t),\quad \boldsymbol{\Psi}(t_0)=\boldsymbol{H},\quad t\geqslant t_0 \tag{3.67}$$

的 $n\times n$ 解阵 $\boldsymbol{\Psi}(t)$。其中，$\boldsymbol{H}$ 为任意非奇异实常阵。

下面，就基本解阵和状态转移矩阵的属性和形式作进一步的讨论。

1. 基本解阵的构成和形式

结论 3.14［基本解阵不唯一性］　对连续时间线性时不变系统的基本解阵方程(3.67)，由初始常阵 $\boldsymbol{H}$ 的任意性所决定，基本解阵即解矩阵 $\boldsymbol{\Psi}(t)$ 为不唯一。

结论 3.15［基本解阵构成］　对连续时间线性时不变系统的基本解阵方程(3.67)，其一个基本解阵 $\boldsymbol{\Psi}(t)$ 可由系统自治状态方程

$$\dot{\boldsymbol{x}}=\boldsymbol{Ax},\quad \boldsymbol{x}(t_0)=\boldsymbol{x}_0,\quad t\geqslant t_0 \tag{3.68}$$

的任意 n 个线性无关解为列来构成。

证　对 n 维系统自治状态方程(3.68)，有且仅有 n 个线性无关解，表为

$$\boldsymbol{X}(t)=[\boldsymbol{x}_{(1)}(t)\quad \boldsymbol{x}_{(2)}(t)\quad \cdots\quad \boldsymbol{x}_{(n)}(t)],\quad t\geqslant t_0 \tag{3.69}$$

进而，由 $\boldsymbol{x}_{(i)}$ 为(3.68)的解，可以导出：

$$\begin{aligned}\dot{\boldsymbol{X}}(t)&=[\dot{\boldsymbol{x}}_{(1)}(t)\quad \dot{\boldsymbol{x}}_{(2)}(t)\quad \cdots\quad \dot{\boldsymbol{x}}_{(n)}(t)]\\&=[\boldsymbol{Ax}_{(1)}(t)\quad \boldsymbol{Ax}_{(2)}(t)\quad \cdots\quad \boldsymbol{Ax}_{(n)}(t)]\\&=\boldsymbol{AX}(t),\quad t\geqslant t_0\end{aligned} \tag{3.70}$$

和

$$\boldsymbol{X}(t_0)=[\boldsymbol{x}_{(1)}(t_0)\quad \boldsymbol{x}_{(2)}(t_0)\quad \cdots\quad \boldsymbol{x}_{(n)}(t_0)]=\boldsymbol{H}(\text{非奇异}) \tag{3.71}$$

表明，式(3.69)的 $\boldsymbol{X}(t)$ 为满足基本解阵方程和初始条件的 $n\times n$ 解阵。证明完成。

结论 3.16［基本解阵形式］　对连续时间线性时不变系统的基本解阵方程(3.67)，一个基本解阵 $\boldsymbol{\Psi}(t)$ 具有形式：

$$\boldsymbol{\Psi}(t)=\mathrm{e}^{\boldsymbol{A}t},\quad t\geqslant t_0 \tag{3.72}$$

2. 状态转移矩阵和基本解阵的关系

结论 3.17［状态转移矩阵］　对连续时间线性时不变系统的状态转移矩阵方程(3.66)，其解阵即状态转移矩阵 $\boldsymbol{\Phi}(t-t_0)$ 可由基本解阵 $\boldsymbol{\Psi}(t)$ 定出：

$$\boldsymbol{\Phi}(t-t_0)=\boldsymbol{\Psi}(t)\boldsymbol{\Psi}^{-1}(t_0),\quad t\geqslant t_0 \tag{3.73}$$

3. 状态转移矩阵的唯一性

结论 3.18［状态转移矩阵的唯一性］　对连续时间线性时不变系统的状态转移矩阵方程(3.66)，其解阵即状态转移矩阵 $\boldsymbol{\Phi}(t-t_0)$ 为唯一。并且，在运用式(3.73)确定 $\boldsymbol{\Phi}(t-t_0)$ 时，与所选择基本解阵 $\boldsymbol{\Psi}(t)$ 无关。

4. 状态转移矩阵的形式

结论 3.19 [状态转移矩阵形式] 对连续时间线性时不变系统的状态转移矩阵方程(3.66),其解阵即状态转移矩阵$\boldsymbol{\Phi}(t-t_0)$的形式可按两种情形给出:

对 $t_0\neq 0$ 情形,有

$$\boldsymbol{\Phi}(t-t_0)=\mathrm{e}^{\boldsymbol{A}(t-t_0)},\quad t\geqslant t_0 \tag{3.74}$$

对 $t_0=0$ 情形,有

$$\boldsymbol{\Phi}(t)=\mathrm{e}^{\boldsymbol{A}t},\quad t\geqslant 0 \tag{3.75}$$

3.3.2 基于状态转移矩阵的系统响应表达式

本部分讨论系统状态响应基于状态转移矩阵的表达式。

下面,基于状态转移矩阵的形式(3.74)和(3.75),直接给出相应的一些结论。

结论 3.20 [零输入响应] 对连续时间线性时不变系统(3.65),基于状态转移矩阵的零输入响应关系式可按两种情形给出:

对 $t_0\neq 0$ 情形,有

$$\boldsymbol{x}_{0u}(t)=\boldsymbol{\Phi}(t-t_0)\boldsymbol{x}_0,\quad t\geqslant t_0 \tag{3.76}$$

对 $t_0=0$ 情形,有

$$\boldsymbol{x}_{0u}(t)=\boldsymbol{\Phi}(t)\boldsymbol{x}_0,\quad t\geqslant 0 \tag{3.77}$$

结论 3.21 [零初态响应] 对连续时间线性时不变系统(3.65),基于状态转移矩阵的零初态响应关系式可按两种情形给出:

对 $t_0\neq 0$ 情形,有

$$\boldsymbol{x}_{0x}(t)=\int_{t_0}^{t}\boldsymbol{\Phi}(t-\tau)\boldsymbol{B}\boldsymbol{u}(\tau)\mathrm{d}\tau,\quad t\geqslant t_0 \tag{3.78}$$

对 $t_0=0$ 情形,有

$$\boldsymbol{x}_{0x}(t)=\int_{0}^{t}\boldsymbol{\Phi}(t-\tau)\boldsymbol{B}\boldsymbol{u}(\tau)\mathrm{d}\tau,\quad t\geqslant 0 \tag{3.79}$$

结论 3.22 [状态运动规律] 对连续时间线性时不变系统(3.65),基于状态转移矩阵的状态运动规律关系式可按两种情形给出:

对 $t_0\neq 0$ 情形,有

$$\boldsymbol{x}(t)=\boldsymbol{\Phi}(t-t_0)\boldsymbol{x}_0+\int_{t_0}^{t}\boldsymbol{\Phi}(t-\tau)\boldsymbol{B}\boldsymbol{u}(\tau)\mathrm{d}\tau,\quad t\geqslant t_0 \tag{3.80}$$

对 $t_0=0$ 情形,有

$$\boldsymbol{x}(t)=\boldsymbol{\Phi}(t)\boldsymbol{x}_0+\int_{0}^{t}\boldsymbol{\Phi}(t-\tau)\boldsymbol{B}\boldsymbol{u}(\tau)\mathrm{d}\tau,\quad t\geqslant 0 \tag{3.81}$$

基于对状态转移矩阵含义的直观理解,零输入响应是状态空间中从初始状态点 $\boldsymbol{x}_0$ 出发并由 $\boldsymbol{x}_0$ 经状态转移矩阵在各个时刻转移点构成的一条轨迹,零初态响应是状态空间中从原点 $\boldsymbol{0}$ 出发并由各个时刻输入作用等价状态经状态转移矩阵在相应时刻转移点构成的一条轨迹，整个状态运动为状态空间中由零输入响应和零初态响应叠加构成的一条轨迹。并且，轨迹的基本特征由状态转移矩阵所决定。

3.3.3　状态转移矩阵的特性

最后，在行将结束讨论状态转移矩阵之际，基于状态转移矩阵的基本关系式和方程，进一步给出状态转移矩阵$\boldsymbol{\Phi}(t-t_0)$的一些常用基本性质。

(1) 状态转移矩阵的初始阵。由式(3.73)并取 $t=t_0$，即得

$$\boldsymbol{\Phi}(0)=\boldsymbol{\Phi}(t_0-t_0)=\boldsymbol{\Psi}(t_0)\boldsymbol{\Psi}^{-1}(t_0)=\boldsymbol{I}$$

(2) 状态转移矩阵的逆。由式(3.73)，并考虑到基本矩阵的可逆性，即得

$$\boldsymbol{\Phi}^{-1}(t-t_0)=[\boldsymbol{\Psi}(t)\boldsymbol{\Psi}^{-1}(t_0)]^{-1}=\boldsymbol{\Psi}(t_0)\boldsymbol{\Psi}^{-1}(t)=\boldsymbol{\Phi}(t_0-t)$$

$$\boldsymbol{\Phi}^{-1}(t)=\boldsymbol{\Phi}^{-1}(t-0)=\boldsymbol{\Phi}(0-t)=\boldsymbol{\Phi}(-t)$$

(3) 状态转移矩阵的传递性。由式(3.73)，即得

$$\begin{aligned}\boldsymbol{\Phi}(t_2-t_1)\boldsymbol{\Phi}(t_1-t_0)&=\boldsymbol{\Psi}(t_2)\boldsymbol{\Psi}^{-1}(t_1)\cdot\boldsymbol{\Psi}(t_1)\boldsymbol{\Psi}^{-1}(t_0)\\&=\boldsymbol{\Psi}(t_2)\boldsymbol{\Psi}^{-1}(t_0)=\boldsymbol{\Phi}(t_2-t_0)\end{aligned}$$

(4) 时间变量为独立变量和的状态转移矩阵。由状态转移矩阵的传递性，即得

$$\boldsymbol{\Phi}(t_2+t_1)=\boldsymbol{\Phi}(t_2-(-t_1))=\boldsymbol{\Phi}(t_2-0)\boldsymbol{\Phi}(0-(-t_1))=\boldsymbol{\Phi}(t_2)\boldsymbol{\Phi}(t_1)$$

(5) 时间变量数乘的状态转移矩阵。由时间变量为独立变量和的状态转移矩阵属性，即得

$$\boldsymbol{\Phi}(mt)=\boldsymbol{\Phi}\left(\sum_{i=1}^{m}t\right)=\prod_{i=1}^{m}\boldsymbol{\Phi}(t)=[\boldsymbol{\Phi}(t)]^m$$

(6) 状态转移矩阵对时间的求导。由状态转移矩阵方程，并考虑到矩阵 $\boldsymbol{A}$ 和状态转移矩阵$\boldsymbol{\Phi}(t-t_0)=\mathrm{e}^{\boldsymbol{A}(t-t_0)}$的可交换性，即得

$$\frac{\mathrm{d}}{\mathrm{d}t}\boldsymbol{\Phi}(t-t_0)=\boldsymbol{A}\boldsymbol{\Phi}(t-t_0)=\boldsymbol{\Phi}(t-t_0)\boldsymbol{A}$$

(7) 状态转移矩阵逆对时间的求导。由式(3.66)，并利用$\boldsymbol{\Phi}^{-1}(t-t_0)=\boldsymbol{\Phi}(t_0-t)$，以及 $\boldsymbol{A}$ 和$\boldsymbol{\Phi}(t_0-t)=\mathrm{e}^{\boldsymbol{A}(t_0-t)}$的可交换性，即得

$$\frac{\mathrm{d}}{\mathrm{d}t}\boldsymbol{\Phi}^{-1}(t-t_0)=\frac{\mathrm{d}}{\mathrm{d}t}\boldsymbol{\Phi}(t_0-t)=-\boldsymbol{A}\boldsymbol{\Phi}(t_0-t)=-\boldsymbol{\Phi}(t_0-t)\boldsymbol{A}$$

3.4　连续时间线性时不变系统的脉冲响应矩阵

脉冲响应矩阵和传递函数矩阵一样也是线性时不变系统一个基本特性。脉冲响应矩阵是从时间域角度表征系统的输出输入关系。本节首先引入脉冲响应矩阵的概念和特性，在此基础上讨论脉冲响应矩阵和系统的状态空间描述及传递函数矩阵间的关系。

3.4.1 脉冲响应矩阵

先来讨论单输入单输出连续时间线性时不变系统的脉冲响应。下面，给出单位脉冲和脉冲响应的定义。

定义 3.5［单位脉冲］ 表 t 为时间自变量，$\delta(t-\tau)$是作用时刻为 τ 的单位脉冲，则 $\delta(t-\tau)$定义为满足如下关系的广义函数：

$$\delta(t-\tau)=\begin{cases}0, & t\neq\tau\\ \infty, & t=\tau\end{cases},\quad \int_{-\infty}^{+\infty}\delta(t-\tau)\mathrm{d}t=\lim_{\varepsilon\to 0}\int_{\tau-\varepsilon}^{\tau+\varepsilon}\delta(t-\tau)\mathrm{d}t=1 \tag{3.82}$$

注 单位脉冲 $\delta(t-\tau)$是多种形状现实脉冲的一个极限函数。一个作用于时刻 τ 的"宽度为 ε"和"高度为 $1/\varepsilon$"的矩形脉冲当 $\varepsilon\to 0$ 时的极限函数就为单位脉冲 $\delta(t-\tau)$。

定义 3.6［脉冲响应］ 对单输入单输出连续时间线性时不变系统

脉冲响应$\triangleq$零初始状态下以单位脉冲为输入的系统输出响应

表对应于单位脉冲 $\delta(t-\tau)$的系统脉冲响应为 $h(t-\tau)$。其中，由系统满足因果性和假设初始状态为零决定，$h(t-\tau)$具有属性：

$$h(t-\tau)=0,\quad \forall\tau \text{ 和 } \forall t<\tau \tag{3.83}$$

基于脉冲响应可来计算系统在任意输入 u 作用下的输出响应。对此，可以导出如下的一个结论。

结论 3.23［输出响应］ 对单输入单输出连续时间线性时不变系统，假设系统的初始状态为零，则系统在任意输入 u 作用下基于脉冲响应的输出响应 $y(t)$的关系式为

$$y(t)=\int_{t_0}^{t}h(t-\tau)u(\tau)\mathrm{d}\tau,\quad t\geqslant t_0 \tag{3.84}$$

或

$$y(t)=\int_{t_0}^{t}h(\tau)u(t-\tau)\mathrm{d}\tau,\quad t\geqslant t_0 \tag{3.85}$$

其中，可取初始时间为 $t_0\neq 0$ 或 $t_0=0$。

下面，推广讨论多输入多输出连续时间线性时不变系统，输入维数为 p 和输出维数为 q，且设系统初始状态为零。再表 $h_{ij}(t-\tau)$为，第 j 个输入端在时刻 τ 加以单位脉冲 $\delta(t-\tau)$而所有其他输入端的输入取为零时，第 i 个输出端在时刻 t 的脉冲响应。那么，基此可以给出脉冲响应矩阵的定义。

定义 3.7［脉冲响应矩阵］ 对 p 维输入 q 维输出连续时间线性时不变系统，脉冲响应矩阵定义为零初始状态条件下以脉冲响应 $h_{ij}(t-\tau)(i=1,2,\cdots,q,j=1,2,\cdots,p)$为元构成的一个 $q\times p$ 输出响应矩阵：

$$\boldsymbol{H}(t-\tau)=\begin{bmatrix}h_{11}(t-\tau) & h_{12}(t-\tau) & \cdots & h_{1p}(t-\tau)\\ h_{21}(t-\tau) & h_{22}(t-\tau) & \cdots & h_{2p}(t-\tau)\\ \vdots & \vdots & & \vdots\\ h_{q1}(t-\tau) & h_{q2}(t-\tau) & \cdots & h_{qp}(t-\tau)\end{bmatrix} \tag{3.86}$$

其中，由系统满足因果性和假设初始状态为零所决定，脉冲响应矩阵 $\boldsymbol{H}(t-\tau)$ 具有属性：

$$\boldsymbol{H}(t-\tau)=\boldsymbol{0},\quad \forall\tau \text{ 和 } \forall t<\tau \tag{3.87}$$

进而，基于脉冲响应矩阵可来计算系统在任意输入 $\boldsymbol{u}$ 作用下的输出响应。相应地，可以直接导出如下的一个结论。

结论 3.24［输出响应］　对 p 维输入 q 维输出连续时间线性时不变系统，假设初始状态为零，则系统在任意输入 $\boldsymbol{u}$ 作用下基于脉冲响应矩阵的输出响应 $\boldsymbol{y}(t)$ 的关系式为

$$\boldsymbol{y}(t)=\int_{t_0}^{t}\boldsymbol{H}(t-\tau)\boldsymbol{u}(\tau)\mathrm{d}\tau,\quad t\geqslant t_0 \tag{3.88}$$

或

$$\boldsymbol{y}(t)=\int_{t_0}^{t}\boldsymbol{H}(\tau)\boldsymbol{u}(t-\tau)\mathrm{d}\tau,\quad t\geqslant t_0 \tag{3.89}$$

其中，可取初始时间为 $t_0\neq 0$ 或 $t_0=0$。

3.4.2　脉冲响应矩阵和状态空间描述

这一部分讨论脉冲响应矩阵和状态空间描述间的关系。在此基础上，进而导出相关的一些基本属性。考虑连续时间线性时不变系统，状态空间描述为

$$\begin{aligned}&\dot{\boldsymbol{x}}=\boldsymbol{A}\boldsymbol{x}+\boldsymbol{B}\boldsymbol{u},\quad \boldsymbol{x}(t_0)=\boldsymbol{x}_0,\quad t\geqslant t_0\\&\boldsymbol{y}=\boldsymbol{C}\boldsymbol{x}+\boldsymbol{D}\boldsymbol{u}\end{aligned} \tag{3.90}$$

其中，$\boldsymbol{A}$，$\boldsymbol{B}$，$\boldsymbol{C}$ 和 $\boldsymbol{D}$ 分别为 $n\times n$，$n\times p$，$q\times n$ 和 $q\times p$ 的实常阵。

结论 3.25［脉冲响应矩阵］　对连续时间线性时不变系统(3.90)，设初始状态为零即 $\boldsymbol{x}_0=\boldsymbol{0}$，则系统脉冲响应矩阵基于状态空间描述的表达式为

$$\boldsymbol{H}(t-\tau)=\boldsymbol{C}\mathrm{e}^{\boldsymbol{A}(t-\tau)}\boldsymbol{B}+\boldsymbol{D}\delta(t-\tau) \tag{3.91}$$

或

$$\boldsymbol{H}(t)=\boldsymbol{C}\mathrm{e}^{\boldsymbol{A}t}\boldsymbol{B}+\boldsymbol{D}\delta(t) \tag{3.92}$$

证　对状态空间描述(3.90)，基于状态解表达式和输出方程，得到

$$\boldsymbol{y}(t)=\boldsymbol{C}\mathrm{e}^{\boldsymbol{A}(t-t_0)}\boldsymbol{x}_0+\int_{t_0}^{t}\boldsymbol{C}\mathrm{e}^{\boldsymbol{A}(t-\tau)}\boldsymbol{B}\boldsymbol{u}(\tau)\mathrm{d}\tau+\boldsymbol{D}\boldsymbol{u}(t) \tag{3.93}$$

进而，将上式中表 $\boldsymbol{D}\boldsymbol{u}(t)=\int_{t_0}^{t}\boldsymbol{D}\delta(t-\tau)\boldsymbol{u}(\tau)\mathrm{d}\tau$，并利用假定 $\boldsymbol{x}_0=\boldsymbol{0}$，可以导出

$$\boldsymbol{y}(t)=\int_{t_0}^{t}[\boldsymbol{C}\mathrm{e}^{\boldsymbol{A}(t-\tau)}\boldsymbol{B}+\boldsymbol{D}\delta(t-\tau)]\boldsymbol{u}(\tau)\mathrm{d}\tau \tag{3.94}$$

从而，比较式(3.94)和基于脉冲响应矩阵输出响应关系式(3.88)，即可证得

$$\boldsymbol{H}(t-\tau)=\boldsymbol{C}\mathrm{e}^{\boldsymbol{A}(t-\tau)}\boldsymbol{B}+\boldsymbol{D}\delta(t-\tau) \tag{3.95}$$

将上式作变量置换 $t=t-\tau$，又可证得

$$\boldsymbol{H}(t)=\boldsymbol{C}\mathrm{e}^{\boldsymbol{A}t}\boldsymbol{B}+\boldsymbol{D}\delta(t) \tag{3.96}$$

结论 3.26［脉冲响应矩阵］　对连续时间线性时不变系统(3.90)，设初始状态为

零即 $\boldsymbol{x}_0=\boldsymbol{0}$，表$\boldsymbol{\Phi}(t-\tau)$为系统状态转移矩阵，则系统脉冲响应矩阵基于状态空间描述的表达式为

$$\boldsymbol{H}(t-\tau)=\boldsymbol{C\Phi}(t-\tau)\boldsymbol{B}+\boldsymbol{D}\delta(t-\tau) \tag{3.97}$$

或

$$\boldsymbol{H}(t)=\boldsymbol{C\Phi}(t)\boldsymbol{B}+\boldsymbol{D}\delta(t) \tag{3.98}$$

证 对线性时不变系统，有$\boldsymbol{\Phi}(t-\tau)=\mathrm{e}^{\boldsymbol{A}(t-\tau)}$和$\boldsymbol{\Phi}(t)=\mathrm{e}^{\boldsymbol{A}t}$。基此，可由式(3.91)和式(3.92)立即导出式(3.97)和式(3.98)。证明完成。

结论 3.27 [代数等价系统的脉冲响应矩阵] 两个代数等价的连续时间线性时不变系统具有相同脉冲响应矩阵。

结论 3.28 [代数等价系统的输出响应] 两个代数等价的连续时间线性时不变系统具有相同的“输出零状态响应”和“输出零输入响应”。

3.4.3 脉冲响应矩阵和传递函数矩阵

这一部分进一步讨论脉冲响应矩阵和传递函数矩阵的关系。对此，给出如下的两个结论。

结论 3.29 [脉冲响应矩阵和传递函数矩阵] 对连续时间线性时不变系统(3.90)，表 $\boldsymbol{H}(t)$和$\boldsymbol{G}(s)$为系统的脉冲响应矩阵和传递函数矩阵，则两者具有如下的关系：

$$\boldsymbol{G}(s)=\mathscr{L}[\boldsymbol{H}(t)],\quad t\geqslant 0 \tag{3.99}$$

和

$$\boldsymbol{H}(t)=\mathscr{L}^{-1}[\boldsymbol{G}(s)],\quad t\geqslant 0 \tag{3.100}$$

证 由脉冲响应矩阵基本关系式：

$$\boldsymbol{H}(t)=\boldsymbol{C}\mathrm{e}^{\boldsymbol{A}t}\boldsymbol{B}+\boldsymbol{D}\delta(t) \tag{3.101}$$

再考虑到

$$\mathscr{L}[\mathrm{e}^{\boldsymbol{A}t}]=(s\boldsymbol{I}-\boldsymbol{A})^{-1},\quad \mathscr{L}[\delta(t)]=1 \tag{3.102}$$

其中，已注意到将拉普拉斯变换积分下限取为 0^-，以使变换积分包含 $\delta(t)$。于是，对(3.101)取拉普拉斯变换，即可证得

$$\mathscr{L}[\boldsymbol{H}(t)]=\boldsymbol{C}(s\boldsymbol{I}-\boldsymbol{A})^{-1}\boldsymbol{B}+\boldsymbol{D}=\boldsymbol{G}(s) \tag{3.103}$$

进而，对(3.103)取拉普拉斯反变换，又可证得

$$\boldsymbol{H}(t)=\mathscr{L}^{-1}[\boldsymbol{G}(s)]=\mathscr{L}^{-1}[\boldsymbol{C}(s\boldsymbol{I}-\boldsymbol{A})^{-1}\boldsymbol{B}+\boldsymbol{D}]=\boldsymbol{C}\mathrm{e}^{\boldsymbol{A}t}\boldsymbol{B}+\boldsymbol{D}\delta(t) \tag{3.104}$$

结论 3.30 [脉冲响应矩阵等同条件] 给定两个连续时间线性时不变系统($\boldsymbol{A}$, $\boldsymbol{B}$, $\boldsymbol{C}$, $\boldsymbol{D}$)和($\bar{\boldsymbol{A}}$, $\bar{\boldsymbol{B}}$, $\bar{\boldsymbol{C}}$, $\bar{\boldsymbol{D}}$)，两者具有相同输入维数和输出维数，但状态维数可不相同。则两个系统具有相同脉冲响应矩阵即相同传递函数矩阵，当且仅当两者参数矩阵间成立如下关系式：

$$\boldsymbol{D}=\bar{\boldsymbol{D}} \tag{3.105}$$

和

$$\boldsymbol{C}\boldsymbol{A}^i\boldsymbol{B}=\bar{\boldsymbol{C}}\bar{\boldsymbol{A}}^i\bar{\boldsymbol{B}},\quad i=0,1,2,\cdots \tag{3.106}$$

3.5 连续时间线性时变系统的运动分析

线性时变系统的运动不管是规律形态还是分析方法都要复杂得多。但运动规律表达式形式上十分类似于线性时不变系统。本节主要内容包括状态转移矩阵、状态运动响应、脉冲响应矩阵，以及一类周期性线性时变系统的运动分析等。

3.5.1 状态转移矩阵

考虑连续时间线性时变系统，状态方程为

$$\dot{\boldsymbol{x}}=\boldsymbol{A}(t)\boldsymbol{x}+\boldsymbol{B}(t)\boldsymbol{u},\quad \boldsymbol{x}(t_0)=\boldsymbol{x}_0,\quad t\in[t_0,t_\alpha] \tag{3.107}$$

其中，$\boldsymbol{x}$ 为 n 维状态，$\boldsymbol{u}$ 为 p 维输入，$\boldsymbol{A}(t)$和 $\boldsymbol{B}(t)$分别为 $n\times n$ 和 $n\times p$ 时变实值矩阵。

下面，首先给出状态转移矩阵和基本解阵的定义。

定义 3.8［状态转移矩阵］　对连续时间线性时变系统，表 t_0 为初始时刻，t 为观测时刻，则状态转移矩阵定义为基于式(3.107)构造的矩阵方程

$$\dot{\boldsymbol{\Phi}}(t,t_0)=\boldsymbol{A}(t)\boldsymbol{\Phi}(t,t_0),\quad \boldsymbol{\Phi}(t_0,t_0)=\boldsymbol{I},\quad t\in[t_0,t_\alpha] \tag{3.108}$$

的 $n\times n$ 解矩阵$\boldsymbol{\Phi}(t,t_0)$。

定义 3.9［基本解阵］　对连续时间线性时变系统，表 t_0 为初始时刻，t 为观测时刻，则基本解阵定义为基于式(3.107)构造的矩阵方程

$$\dot{\boldsymbol{\Psi}}(t)=\boldsymbol{A}(t)\boldsymbol{\Psi}(t),\quad \boldsymbol{\Psi}(t_0)=\boldsymbol{H},\quad t\in[t_0,t_\alpha] \tag{3.109}$$

的 $n\times n$ 解矩阵$\boldsymbol{\Psi}(t)$。其中，$\boldsymbol{H}$ 为任意非奇异实常值矩阵。

进而，讨论基本解阵和状态转移矩阵的属性和形式，并不加证明地表为相应的一些结论。

1. 基本解阵的构成

结论 3.31［基本解阵不唯一性］　对连续时间线性时变系统(3.107)，由矩阵 $\boldsymbol{H}$ 为任意非奇异实常阵决定，其基本解阵即矩阵方程(3.109)解阵$\boldsymbol{\Psi}(t)$为不唯一。

结论 3.32［基本解阵构成］　对连续时间线性时变系统(3.107)，其一个基本解阵即矩阵方程(3.109)的一个解阵$\boldsymbol{\Psi}(t)$，可由系统自治状态方程

$$\dot{\boldsymbol{x}}=\boldsymbol{A}(t)\boldsymbol{x},\quad \boldsymbol{x}(t_0)=\boldsymbol{x}_0,\quad t\in[t_0,t_\alpha] \tag{3.110}$$

的任意 n 个线性无关解为列构成。

结论 3.33［基本解阵形式］　对连续时间线性时变系统(3.107)，其一个基本解阵即矩阵方程(3.109)的一个解阵$\boldsymbol{\Psi}(t)$具有如下形式：

$$\boldsymbol{\Psi}(t)=\boldsymbol{\Phi}(t,t_0)\boldsymbol{\Psi}(t_0),\quad t\in[t_0,t_\alpha] \tag{3.111}$$

2. 状态转移矩阵和基本解阵的关系

结论 3.34［状态转移矩阵］　对连续时间线性时变系统(3.107)，其状态转移矩

阵即矩阵方程(3.108)解阵$\boldsymbol{\Phi}(t,t_0)$基于基本解阵$\boldsymbol{\Psi}(t)$的关系式为

$$\boldsymbol{\Phi}(t,t_0)=\boldsymbol{\Psi}(t)\boldsymbol{\Psi}^{-1}(t_0),\quad t\in[t_0,t_\alpha] \tag{3.112}$$

3. 状态转移矩阵的唯一性

结论 3.35［状态转移矩阵的唯一性］ 对连续时间线性时变系统(3.107)，其状态转移矩阵即矩阵方程(3.108)的解阵$\boldsymbol{\Phi}(t,t_0)$为唯一。并且，在运用方程(3.112)确定$\boldsymbol{\Phi}(t,t_0)$时，与选取的基本解阵$\boldsymbol{\Psi}(t)$无关。

4. 状态转移矩阵的形式

结论 3.36［状态转移矩阵形式］ 对连续时间线性时变系统(3.107)，其状态转移矩阵即矩阵方程(3.108)的解阵$\boldsymbol{\Phi}(t,t_0)$具有形式：

$$\boldsymbol{\Phi}(t,t_0)=\boldsymbol{I}+\int_{t_0}^{t}\boldsymbol{A}(\tau)\mathrm{d}\tau+\int_{t_0}^{t}\boldsymbol{A}(\tau_1)\left[\int_{t_0}^{\tau_1}\boldsymbol{A}(\tau_2)\mathrm{d}\tau_2\right]\mathrm{d}\tau_1+\cdots$$

$$t\in[t_0,t_\alpha] \tag{3.113}$$

5. 线性时变系统和线性时不变系统在状态转移矩阵上的区别

对线性时变系统和线性时不变系统，由比较状态转移矩阵$\boldsymbol{\Phi}(t,t_0)$和$\boldsymbol{\Phi}(t-t_0)$的符号和形式可以看出，基本区别表现在两个方面。一是，线性时变系统状态转移矩阵$\boldsymbol{\Phi}(t,t_0)$依赖于“绝对时间”，随初始时刻t_0选择不同具有不同结果；线性时不变系统状态转移矩阵$\boldsymbol{\Phi}(t-t_0)$依赖于“相对时间”，随初始时刻t_0选择不同具有相同结果。二是，对线性时不变系统，可以定出状态转移矩阵$\boldsymbol{\Phi}(t-t_0)$的闭合形式表达式；对线性时变系统，除极为特殊类型和简单情形外，状态转移矩阵$\boldsymbol{\Phi}(t,t_0)$一般难以求得闭合形式表达式。

在基本关系式(3.112)和(3.113)的基础上，现来给出线性时变系统状态转移矩阵的一些基本性质。

(1) 状态转移矩阵的初始阵。在式(3.112)中令$t_0=t$，$t\in[t_0,t_\alpha]$为任意，即得

$$\boldsymbol{\Phi}(t,t)=\boldsymbol{\Psi}(t)\boldsymbol{\Psi}^{-1}(t)=\boldsymbol{I} \tag{3.114}$$

(2) 状态转移矩阵的逆。由式(3.112)，并利用乘积矩阵求逆公式，即得

$$\boldsymbol{\Phi}^{-1}(t,t_0)=[\boldsymbol{\Psi}(t)\boldsymbol{\Psi}^{-1}(t_0)]^{-1}=\boldsymbol{\Psi}(t_0)\boldsymbol{\Psi}^{-1}(t)=\boldsymbol{\Phi}(t_0,t) \tag{3.115}$$

(3) 状态转移矩阵的传递性。由式(3.112)，即得

$$\begin{aligned}\boldsymbol{\Phi}(t_2,t_1)\boldsymbol{\Phi}(t_1,t_0)&=\boldsymbol{\Psi}(t_2)\boldsymbol{\Psi}^{-1}(t_1)\cdot\boldsymbol{\Psi}(t_1)\boldsymbol{\Psi}^{-1}(t_0)\\&=\boldsymbol{\Psi}(t_2)\boldsymbol{\Psi}^{-1}(t_0)=\boldsymbol{\Phi}(t_2,t_0)\end{aligned} \tag{3.116}$$

(4) 状态转移矩阵逆求导。由$\boldsymbol{\Phi}(t,t_0)\boldsymbol{\Phi}^{-1}(t,t_0)=\boldsymbol{I}$和$\boldsymbol{\Phi}^{-1}(t,t_0)=\boldsymbol{\Phi}(t_0,t)$，得

$$\frac{\mathrm{d}}{\mathrm{d}t}\boldsymbol{\Phi}^{-1}(t,t_0)=\frac{\mathrm{d}}{\mathrm{d}t}\boldsymbol{\Phi}(t_0,t)=-\boldsymbol{\Phi}(t_0,t)\boldsymbol{A}(t) \tag{3.117}$$

3.5.2 系统的状态响应

考虑连续时间线性时变系统,状态方程为

$$\dot{\boldsymbol{x}}=\boldsymbol{A}(t)\boldsymbol{x}+\boldsymbol{B}(t)\boldsymbol{u},\quad \boldsymbol{x}(t_0)=\boldsymbol{x}_0,\quad t\in[t_0,t_\alpha] \tag{3.118}$$

其中,$\boldsymbol{x}$ 为 n 维状态,$\boldsymbol{u}$ 为 p 维输入,$\boldsymbol{A}(t)$和 $\boldsymbol{B}(t)$为 $n\times n$ 和 $n\times p$ 的时变实值矩阵。

下面,基于系统状态转移矩阵,导出线性时变系统状态运动规律的关系式。

结论 3.37 [状态响应] 对连续时间线性时变系统,状态运动即状态方程(3.118)解基于状态转移矩阵的表达式为

$$\boldsymbol{x}(t)=\boldsymbol{\Phi}(t,t_0)\boldsymbol{x}_0+\int_{t_0}^{t}\boldsymbol{\Phi}(t,\tau)\boldsymbol{B}(\tau)\boldsymbol{u}(\tau)\mathrm{d}\tau,\quad t\in[t_0,t_\alpha] \tag{3.119}$$

其中,$\boldsymbol{\Phi}(t,\cdot)$为系统状态转移矩阵。

证 线性时变系统同样满足叠加原理,类似于线性时不变系统那样,把系统运动表为"初始状态 $\boldsymbol{x}_0$ 转移项"与"输入作用等价状态$\boldsymbol{\xi}(t)$转移项" 之和,有

$$\boldsymbol{x}(t)=\boldsymbol{\Phi}(t,t_0)\boldsymbol{x}_0+\boldsymbol{\Phi}(t,t_0)\boldsymbol{\xi}(t)=\boldsymbol{\Phi}(t,t_0)[\boldsymbol{x}_0+\boldsymbol{\xi}(t)] \tag{3.120}$$

由要求 $\boldsymbol{x}(t)$满足式(3.118)的初始条件,还可导出

$$\boldsymbol{x}_0=\boldsymbol{x}(t_0)=\boldsymbol{\Phi}(t_0,t_0)[\boldsymbol{x}_0+\boldsymbol{\xi}(t_0)]=\boldsymbol{x}_0+\boldsymbol{\xi}(t_0) \tag{3.121}$$

基此,可以定出等价状态$\boldsymbol{\xi}(t)$的初态:

$$\boldsymbol{\xi}(t_0)=\boldsymbol{0} \tag{3.122}$$

再由要求 $\boldsymbol{x}(t)$满足方程(3.118),又可得到

$$\begin{aligned}\boldsymbol{A}(t)\boldsymbol{x}+\boldsymbol{B}(t)\boldsymbol{u}=\dot{\boldsymbol{x}}&=\dot{\boldsymbol{\Phi}}(t,t_0)[\boldsymbol{x}_0+\boldsymbol{\xi}(t)]+\boldsymbol{\Phi}(t,t_0)\dot{\boldsymbol{\xi}}(t)\\&=\boldsymbol{A}(t)\boldsymbol{\Phi}(t,t_0)[\boldsymbol{x}_0+\boldsymbol{\xi}(t)]+\boldsymbol{\Phi}(t,t_0)\dot{\boldsymbol{\xi}}(t)\\&=\boldsymbol{A}(t)\boldsymbol{x}+\boldsymbol{\Phi}(t,t_0)\dot{\boldsymbol{\xi}}(t)\end{aligned} \tag{3.123}$$

基此,可以导出

$$\boldsymbol{\Phi}(t,t_0)\dot{\boldsymbol{\xi}}(t)=\boldsymbol{B}(t)\boldsymbol{u} \tag{3.124}$$

或

$$\dot{\boldsymbol{\xi}}(t)=\boldsymbol{\Phi}(t_0,t)\boldsymbol{B}(t)\boldsymbol{u} \tag{3.125}$$

上式中将时间符号以 τ 代替 t,并从 t_0 到 t 取积分,则由$\boldsymbol{\xi}(t_0)=\boldsymbol{0}$ 得到等价状态$\boldsymbol{\xi}(t)$为

$$\boldsymbol{\xi}(t)=\int_{t_0}^{t}\boldsymbol{\Phi}(t_0,\tau)\boldsymbol{B}(\tau)\boldsymbol{u}(\tau)\mathrm{d}\tau \tag{3.126}$$

将式(3.126)代入式(3.120),证得

$$\begin{aligned}\boldsymbol{x}(t)&=\boldsymbol{\Phi}(t,t_0)\boldsymbol{x}_0+\boldsymbol{\Phi}(t,t_0)\int_{t_0}^{t}\boldsymbol{\Phi}(t_0,\tau)\boldsymbol{B}(\tau)\boldsymbol{u}(\tau)\mathrm{d}\tau\\&=\boldsymbol{\Phi}(t,t_0)\boldsymbol{x}_0+\int_{t_0}^{t}\boldsymbol{\Phi}(t,\tau)\boldsymbol{B}(\tau)\boldsymbol{u}(\tau)\mathrm{d}\tau,\quad t\in[t_0,t_\alpha]\end{aligned} \tag{3.127}$$

进一步,基于关系式(3.119),还可对连续时间线性时变系统的运动性质导出如

下的几点推论。

1. 零输入响应和零初态响应

由运动关系式(3.119)看出，线性时变系统的状态运动 $\boldsymbol{x}(t)$ 由零输入响应 $\boldsymbol{x}_{0u}$ 和零初态响应 $\boldsymbol{x}_{0x}$ 叠加组成。$\boldsymbol{x}_{0u}$ 和 $\boldsymbol{x}_{0x}$ 基于状态转移矩阵的表达式，分别为

$$\boldsymbol{x}_{0u}(t)=\boldsymbol{\Phi}(t,t_0)\boldsymbol{x}_0,\quad t\in[t_0,t_\alpha] \tag{3.128}$$

和

$$\boldsymbol{x}_{0x}(t)=\int_{t_0}^{t}\boldsymbol{\Phi}(t,\tau)\boldsymbol{B}(\tau)\boldsymbol{u}(\tau)\mathrm{d}\tau,\quad t\in[t_0,t_\alpha] \tag{3.129}$$

2. 状态运动计算上的困难性

由运动关系式(3.119)看出，一旦定出状态转移矩阵$\boldsymbol{\Phi}(t,\tau)$，则线性时变系统状态运动 $\boldsymbol{x}(t)$就可通过计算得到。除极为简单情况外，一般难以确定$\boldsymbol{\Phi}(t,\tau)$的解析表达式，关系式(3.119)的意义主要在于理论分析中的应用。现今，对线性时变系统状态运动通常采用数值方法进行求解，且已有专门的求解程序。

3. 线性系统状态运动表达式在形式上的统一性

前已导出，对线性时不变系统，状态运动的关系式为

$$\boldsymbol{x}(t)=\boldsymbol{\Phi}(t-t_0)\boldsymbol{x}_0+\int_{t_0}^{t}\boldsymbol{\Phi}(t-\tau)\boldsymbol{B}(\tau)\boldsymbol{u}(\tau)\mathrm{d}\tau,\quad t\geqslant t_0 \tag{3.130}$$

对线性时变系统，状态运动的关系式为

$$\boldsymbol{x}(t)=\boldsymbol{\Phi}(t,t_0)\boldsymbol{x}_0+\int_{t_0}^{t}\boldsymbol{\Phi}(t,\tau)\boldsymbol{B}(\tau)\boldsymbol{u}(\tau)\mathrm{d}\tau,\quad t\in[t_0,t_\alpha] \tag{3.131}$$

比较(3.130)和(3.131)可以看出，两者运动规律表达式的形式类同，区别仅在于时不变系统表达式中“－”在时变系统表达式中代之为“,”。表达形式的这种统一性为理论研究提供了方便性。表达形式的这种区别则反映了一个基本物理事实，即时变系统运动形态对初始时刻 t_0 的选取具有直接依赖关系，时不变系统的运动形态和初始时刻 t_0 没有直接关系。

例 3.3 给定连续时间线性时变系统：

$$\dot{\boldsymbol{x}}=\begin{bmatrix}0&0\\t&0\end{bmatrix}\boldsymbol{x}+\begin{bmatrix}1\\1\end{bmatrix}u,\quad \boldsymbol{x}(1)=\begin{bmatrix}1\\2\end{bmatrix},\quad t_0=1,\quad t\in[1,10]$$

其中，u 为作用于时刻 $\tau=1$ 的单位阶跃函数 $1(t-1)$。

首先，定出系统状态转移矩阵$\boldsymbol{\Phi}(t,t_0)$。为此，求解系统自治状态方程组

$$\dot{x}_1=0$$

$$\dot{x}_2=tx_1$$

得到

$$x_1(t)=x_1(t_0)$$

$$x_2(t)=0.5x_1(t_0)t^2-0.5x_1(t_0)t_0^2+x_2(t_0)$$

再任取两组线性无关初始状态变量：

$$x_1(t_0)=0,\quad x_2(t_0)=1$$
$$x_1(t_0)=2,\quad x_2(t_0)=0$$

以导出两个线性无关解：

$$\boldsymbol{x}_{(1)}(t)=\begin{bmatrix}0\\1\end{bmatrix},\quad \boldsymbol{x}_{(2)}(t)=\begin{bmatrix}2\\t^2-t_0^2\end{bmatrix}$$

基此，得到系统的一个基本解阵：

$$\boldsymbol{\Psi}(t)=[\boldsymbol{x}_{(1)}\quad \boldsymbol{x}_{(2)}]=\begin{bmatrix}0 & 2\\1 & t^2-t_0^2\end{bmatrix}$$

于是，利用关系式(3.112)，即可定出状态转移矩阵$\boldsymbol{\Phi}(t,t_0)$：

$$\boldsymbol{\Phi}(t,t_0)=\boldsymbol{\Psi}(t)\boldsymbol{\Psi}^{-1}(t_0)=\begin{bmatrix}0 & 2\\1 & t^2-t_0^2\end{bmatrix}\begin{bmatrix}0 & 2\\1 & 0\end{bmatrix}^{-1}=\begin{bmatrix}1 & 0\\0.5t^2-0.5t_0^2 & 1\end{bmatrix}$$

进而，确定系统运动规律。为此，基于状态转移矩阵$\boldsymbol{\Phi}(t,t_0)$结果和系统运动基本关系式(3.119)，并利用给定 $t_0=1,\boldsymbol{x}(1)=\boldsymbol{x}_0=[1\quad 2]^{\mathrm{T}}$ 和 $u(t)=1(t-1)$，即可定出：

$$\begin{aligned}\boldsymbol{x}(t)&=\boldsymbol{\Phi}(t,t_0)\boldsymbol{x}_0+\int_{t_0}^{t}\boldsymbol{\Phi}(t,\tau)\boldsymbol{B}(\tau)\boldsymbol{u}(\tau)\mathrm{d}\tau\\
&=\begin{bmatrix}1 & 0\\0.5t^2-0.5 & 1\end{bmatrix}\begin{bmatrix}1\\2\end{bmatrix}+\int_1^t\begin{bmatrix}1 & 0\\0.5t^2-0.5\tau^2 & 1\end{bmatrix}\begin{bmatrix}1\\1\end{bmatrix}\mathrm{d}\tau\\
&=\begin{bmatrix}1\\0.5t^2+1.5\end{bmatrix}+\begin{bmatrix}t-1\\\frac{1}{3}t^3-0.5t^2+t-\frac{5}{6}\end{bmatrix}\\
&=\begin{bmatrix}t\\\frac{1}{3}t^3+t+\frac{2}{3}\end{bmatrix},\quad t\in[1,10]\end{aligned}$$

3.5.3 脉冲响应矩阵

考虑零初始状态的连续时间线性时变系统，状态空间描述为

$$\begin{aligned}\dot{\boldsymbol{x}}&=\boldsymbol{A}(t)\boldsymbol{x}+\boldsymbol{B}(t)\boldsymbol{u},\quad \boldsymbol{x}(t_0)=\boldsymbol{0},\quad t\in[t_0,t_\alpha]\\ \boldsymbol{y}&=\boldsymbol{C}(t)\boldsymbol{x}+\boldsymbol{D}(t)\boldsymbol{u}\end{aligned}\tag{3.132}$$

对线性时变系统，如同状态转移矩阵那样，脉冲响应矩阵的符号表示对应地采用$\boldsymbol{H}(t,\tau)$。通过与时不变系统类同推导，可导出如下的两个结论。

结论 3.38 [脉冲响应矩阵] 对零初始状态即 $\boldsymbol{x}(t_0)=\boldsymbol{0}$ 连续时间线性时变系统(3.132)，脉冲响应矩阵基于状态空间描述的表达式为

$$\boldsymbol{H}(t,\tau)=\boldsymbol{C}(t)\boldsymbol{\Phi}(t,\tau)\boldsymbol{B}(\tau)+\boldsymbol{D}(t)\delta(t-\tau)\tag{3.133}$$

其中，$\boldsymbol{\Phi}(t,\tau)$为状态转移矩阵，$\delta(t-\tau)$是作用点为$\tau$的单位脉冲。

结论 3.39 [输出响应] 对零初始状态即$\boldsymbol{x}(t_0)=\boldsymbol{0}$的连续时间线性时变系统(3.132)，取$\boldsymbol{u}$为任意输入，则输出响应$\boldsymbol{y}(t)$基于脉冲响应矩阵的表达式为

$$\boldsymbol{y}(t)=\int_{t_0}^{t}\boldsymbol{H}(t,\tau)\boldsymbol{u}(\tau)\mathrm{d}\tau,\quad t\in[t_0,t_\alpha] \tag{3.134}$$

3.5.4 A(t)为周期阵的线性时变系统的状态运动分析

本部分讨论一类特殊形式连续时间线性时变系统。系统状态空间描述为

$$\begin{aligned}\dot{\boldsymbol{x}}&=\boldsymbol{A}(t)\boldsymbol{x}+\boldsymbol{B}(t)\boldsymbol{u}\\ \boldsymbol{y}&=\boldsymbol{C}(t)\boldsymbol{x}+\boldsymbol{D}(t)\boldsymbol{u}\end{aligned} \tag{3.135}$$

其中，$\boldsymbol{x}$为n维状态，$\boldsymbol{u}$为p维输入，$\boldsymbol{y}$为q维输出，$n\times n$系统矩阵$\boldsymbol{A}(t)$是以T为周期的周期性矩阵，即满足如下属性：

$$\boldsymbol{A}(t)=\boldsymbol{A}(t+T),\quad \forall t \tag{3.136}$$

下面，针对这类特殊形式线性时变系统，分析和讨论系统运动响应的一些有关属性。

1. 基本解阵的属性

结论 3.40 [基本解阵属性] 对$\boldsymbol{A}(t)$为周期性矩阵即满足$\boldsymbol{A}(t)=\boldsymbol{A}(t+T)$的线性时变系统(3.135)，若$\boldsymbol{\Psi}(t)$为自治状态方程$\dot{\boldsymbol{x}}=\boldsymbol{A}(t)\boldsymbol{x}$的一个基本解阵，则$\boldsymbol{\Psi}(t+T)$必也为它的一个基本解阵。

结论 3.41 [基本解阵属性] 对$\boldsymbol{A}(t)$为周期性矩阵即满足$\boldsymbol{A}(t)=\boldsymbol{A}(t+T)$的线性时变系统(3.135)，若$\boldsymbol{\Psi}(t)$和$\boldsymbol{\Psi}(t+T)$均为系统自治状态方程$\dot{\boldsymbol{x}}=\boldsymbol{A}(t)\boldsymbol{x}$的基本解阵，则必存在一个常值矩阵$\bar{\boldsymbol{A}}$使下式成立：

$$\boldsymbol{\Psi}(t+T)=\boldsymbol{\Psi}(t)\mathrm{e}^{\bar{\boldsymbol{A}}T} \tag{3.137}$$

2. 周期性矩阵 A(t)在李雅普诺夫变换下的属性

定义 3.10 [李雅普诺夫变换] 对$\boldsymbol{A}(t)$为周期性矩阵即满足$\boldsymbol{A}(t)=\boldsymbol{A}(t+T)$的线性时变系统(3.135)，引入$n$维变换矩阵$\boldsymbol{P}(t)$，$\boldsymbol{P}(t)$和$\dot{\boldsymbol{P}}(t)$在$[t_0,\infty)$上为连续和有界，并存在有限实常数$\eta$使下式成立：

$$|\det\boldsymbol{P}(t)|>\eta>0,\quad \forall \text{ 所有 } t\geqslant t_0 \tag{3.138}$$

基此，取变换$\bar{\boldsymbol{x}}=\boldsymbol{P}(t)\boldsymbol{x}$使系统(3.135)变换为

$$\begin{aligned}\dot{\bar{\boldsymbol{x}}}&=\bar{\boldsymbol{A}}(t)\bar{\boldsymbol{x}}+\bar{\boldsymbol{B}}(t)\boldsymbol{u}\\ \boldsymbol{y}&=\bar{\boldsymbol{C}}(t)\bar{\boldsymbol{x}}+\bar{\boldsymbol{D}}(t)\boldsymbol{u}\end{aligned} \tag{3.139}$$

其中

$$\bar{\boldsymbol{A}}(t)=\boldsymbol{P}(t)\boldsymbol{A}(t)\boldsymbol{P}^{-1}(t)+\dot{\boldsymbol{P}}(t)\boldsymbol{P}^{-1}(t)$$

$$\bar{\boldsymbol{B}}(t)=\boldsymbol{P}(t)\boldsymbol{B}(t)$$
$$\bar{\boldsymbol{C}}(t)=\boldsymbol{C}(t)\boldsymbol{P}^{-1}(t) \tag{3.140}$$
$$\bar{\boldsymbol{D}}(t)=\boldsymbol{D}(t)$$

则称$\{\bar{\boldsymbol{A}}(t),\bar{\boldsymbol{B}}(t),\bar{\boldsymbol{C}}(t),\bar{\boldsymbol{D}}(t)\}$为$\{\boldsymbol{A}(t),\boldsymbol{B}(t),\boldsymbol{C}(t),\boldsymbol{D}(t)\}$的李雅普诺夫变换。

注　对所讨论的$\boldsymbol{A}(t)$为周期性矩阵的线性时变系统，李雅普诺夫变换不改变系统的稳定性，而一般等价变换不能保证这一点。

结论 3.42［周期性时变系统属性］　对$\boldsymbol{A}(t)$为周期性矩阵即满足$\boldsymbol{A}(t)=\boldsymbol{A}(t+T)$的线性时变系统(3.135)，必存在一个$n$维常值矩阵$\bar{\boldsymbol{A}}$以构成变换矩阵：

$$\boldsymbol{P}(t)=\mathrm{e}^{\bar{\boldsymbol{A}}t}\boldsymbol{\Psi}^{-1}(t) \tag{3.141}$$

$\boldsymbol{\Psi}(t)$为系统的一个基本解阵，使系统在李雅普诺夫变换$\bar{\boldsymbol{x}}=\boldsymbol{P}(t)\boldsymbol{x}$下的状态空间描述为

$$\begin{aligned}\dot{\bar{\boldsymbol{x}}}&=\bar{\boldsymbol{A}}\bar{\boldsymbol{x}}+[\boldsymbol{P}(t)\boldsymbol{B}(t)]\boldsymbol{u}\\ \boldsymbol{y}&=[\boldsymbol{C}(t)\boldsymbol{P}^{-1}(t)]\bar{\boldsymbol{x}}+\boldsymbol{D}(t)\boldsymbol{u}\end{aligned} \tag{3.142}$$

其中，变换后的系统矩阵为常阵$\bar{\boldsymbol{A}}$。

证　据李雅普诺夫变换下的系数矩阵关系式(3.140)，并利用$\boldsymbol{P}(t)=\mathrm{e}^{\bar{\boldsymbol{A}}t}\boldsymbol{\Psi}^{-1}(t)$和基本解阵的性质，即可证得

$$\begin{aligned}\bar{\boldsymbol{A}}(t)&=[\boldsymbol{P}(t)\boldsymbol{A}(t)+\dot{\boldsymbol{P}}(t)]\boldsymbol{P}^{-1}(t)\\ &=[\mathrm{e}^{\bar{\boldsymbol{A}}t}\boldsymbol{\Psi}^{-1}(t)\boldsymbol{A}(t)+\bar{\boldsymbol{A}}\mathrm{e}^{\bar{\boldsymbol{A}}t}\boldsymbol{\Psi}^{-1}(t)+\mathrm{e}^{\bar{\boldsymbol{A}}t}\dot{\boldsymbol{\Psi}}^{-1}(t)]\boldsymbol{\Psi}(t)\mathrm{e}^{-\bar{\boldsymbol{A}}t}\\ &=\bar{\boldsymbol{A}}+[\mathrm{e}^{\bar{\boldsymbol{A}}t}\boldsymbol{\Psi}^{-1}(t)\boldsymbol{A}(t)-\mathrm{e}^{\bar{\boldsymbol{A}}t}\boldsymbol{\Psi}^{-1}(t)\boldsymbol{A}(t)]\boldsymbol{\Psi}(t)\mathrm{e}^{-\bar{\boldsymbol{A}}t}\\ &=\bar{\boldsymbol{A}}\end{aligned} \tag{3.143}$$

注 1　对上述结论中由式(3.141)定义的变换矩阵$\boldsymbol{P}(t)$，利用线性周期性时变系统基本解阵的属性式(3.137)，可以导出

$$\begin{aligned}\boldsymbol{P}(t+T)&=\mathrm{e}^{\bar{\boldsymbol{A}}(t+T)}\boldsymbol{\Psi}^{-1}(t+T)=\mathrm{e}^{\bar{\boldsymbol{A}}t}\mathrm{e}^{\bar{\boldsymbol{A}}T}\mathrm{e}^{-\bar{\boldsymbol{A}}T}\boldsymbol{\Psi}^{-1}(t)\\ &=\mathrm{e}^{\bar{\boldsymbol{A}}t}\boldsymbol{\Psi}^{-1}(t)=\boldsymbol{P}(t)\end{aligned} \tag{3.144}$$

表明$\boldsymbol{P}(t)$为周期矩阵，从而$\boldsymbol{P}(t)$满足有界性。再由矩阵$\boldsymbol{P}(t)$的形式(3.141)知，$\boldsymbol{P}(t)$和$\dot{\boldsymbol{P}}(t)$满足连续性。因此，上述结论中引入的变换为李雅普诺夫变换。

注 2　上述结论的意义在于，基于李雅普诺夫变换不改变系统稳定性的属性可进而给出一个重要的推论，即线性周期性时变系统(3.135)的稳定性必同于对应线性时不变系统(3.142)。这是这类特殊线性时变系统的一个重要属性。

3.6　连续时间线性系统的时间离散化

本节在系统状态运动关系式基础上讨论连续时间线性系统的时间离散化问题。随着计算机在系统分析和控制中的广泛应用，时间离散化问题已经变得愈来愈突出。这从一个侧面反映了现代线性系统控制理论的时代特征。

3.6.1 问题的提出

无论是采用数字计算机分析连续时间系统运动行为，还是采用离散控制装置控制连续时间受控系统，都会遇到把连续时间系统化为等价离散时间系统的问题。通常，称这类问题为连续时间系统的时间离散化。

连续时间系统时间离散化的一类典型情形如图 3.2 所示。图 3.2(a)给出时间离散化系统的构成，其在组成上具有如下的一些特点。

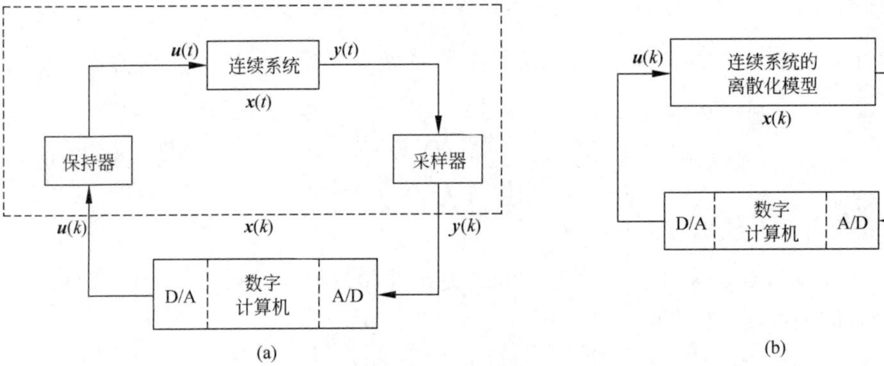

图 3.2 连续时间系统时间离散化的一类典型情形

(i) 受控对象为连续时间系统。受控对象的状态 $\boldsymbol{x}(t)$、输入 $\boldsymbol{u}(t)$ 和输出 $\boldsymbol{y}(t)$ 均为连续时间 t 的向量函数。

(ii) 控制装置为离散时间系统。控制装置由"数字量/模拟量转换装置"(D/A)、"数字计算机"和"模拟量/数字量转换装置"(A/D)构成。对控制装置，输入为受控对象输出 $\boldsymbol{y}(t)$ 的时间离散化向量 $\boldsymbol{y}(k)$，输出为受控对象输入 $\boldsymbol{u}(t)$ 的时间离散化向量 $\boldsymbol{u}(k)$，离散时间序列取为 $k=0,1,2,\cdots$。

(iii) 通过"采样器"和"保持器" 以连接连续时间受控对象和离散时间控制装置使系统实现协调运行。采样器的作用是把连续时间变量 $\boldsymbol{y}(t)$ 转换为离散时间变量 $\boldsymbol{y}(k)$。典型的采样器为周期性动作的采样开关，开关接通时将变量输入，开关断开时将变量阻断。保持器的作用是把离散时间变量 $\boldsymbol{u}(k)$ 转换为连续时间变量 $\boldsymbol{u}(t)$。典型的保持器为由电子元件组成的保持电路，按其保持函数类型可区分为零阶保持器、一阶保持器、二阶保持器等。

(iv) 由"保持器-连续时间系统-采样器"组成连续时间受控对象的时间离散化系统。时间离散化系统在结构上就为图中用虚线框出的一个整体。若表 $\boldsymbol{x}(k)$ 为离散时间状态向量，则时间离散化系统的状态空间描述即为以 $\boldsymbol{x}(k)$、$\boldsymbol{u}(k)$ 和 $\boldsymbol{y}(k)$ 为变量的离散时间系统。实质上，离散控制装置面对的正是时间离散化模型，图 3.2(b)给出其直观示意图。

由上述讨论可知，所谓连续时间线性系统的时间离散化问题，就是基于一定的采样方式和保持方式，由系统的连续时间状态空间描述导出相应的离散时间状态空间描述，并对两者的系数矩阵建立对应的关系式。

3.6.2 基本约定

对连续时间线性系统的时间离散化系统，随采样方式和保持方式的不同，通常其状态空间描述也为不同。为使系统的时间离散化状态空间描述具有简单形式，并使离散化变量在原理上是可复原的，进一步需要对采样方式和保持方式引入如下的3个基本约定。

(i) 对采样方式的约定。采样器的采样方式取为以常数 T 为周期的等间隔采样，并表采样瞬时为 $t_k=kT, k=0,1,2,\cdots$。进而，假定采样时间宽度 Δ 比之采样周期 T 小得多，即有 $\Delta \ll T$，因而分析中可将其视为零处理。由此，若表 $\boldsymbol{y}(t)$ 和 $\boldsymbol{y}(k)$ 为采样器的连续输入和离散输出，则在上述约定下两者具有如下关系：

$$\boldsymbol{y}(k)=\begin{cases}\boldsymbol{y}(t), & t=kT \\ \boldsymbol{0}, & t\neq kT\end{cases} \tag{3.145}$$

其中，$k=0,1,2,\cdots$。图 3.3 给出这种采样方式的示意图，其中 $y_i(t)$ 和 $y_i(k)$ 分别为向量 $\boldsymbol{y}(t)$ 和 $\boldsymbol{y}(k)$ 的第 i 个分量，$i=1,2,\cdots,q$。

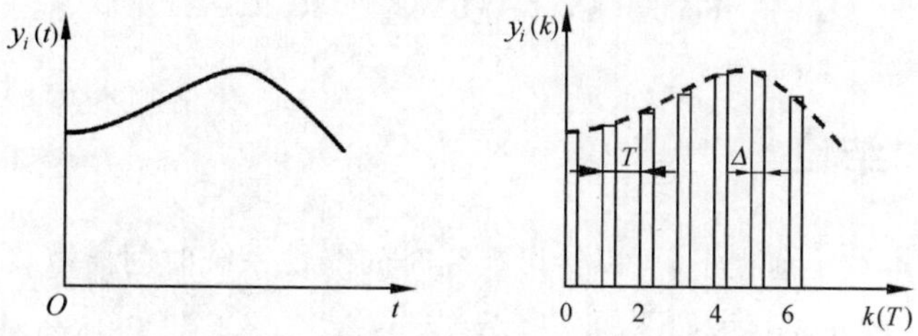

图 3.3　周期为 T 的等间隔采样示意图

(ii) 对采样周期 T 大小的约定。基于保证离散化变量在理论上可复原的要求，在周期 T 大小的选择上需要遵循香农(Shannon)采样定理给出的条件。表 $|Y_i(\mathrm{j}\omega)|$ 为连续时间信号 $y_i(t)$ 的幅频谱，其为自变量 ω 的一个偶函数即如图 3.4 所示具有对称于纵轴的形状，并称 ω_c 为上限频率。香农采样定理指出，离散时间信号 $y_i(k)$ 理论上可以完满地复原为原连续时间信号 $y_i(t)$ 的条件为，采样频率 $\omega_s=2\pi/T$ 必须满足如下关系式：

$$\omega_s > 2\omega_c \tag{3.146}$$

等价地，上述条件也可表为，采样周期 T 必须满足如下关系式：

$$T < \pi/\omega_c \tag{3.147}$$

实际上，为了兼顾其他性能，通常进一步把 T 的值取为理论上限值的几十分之一，如

$$T=\frac{1}{10\sim 20}\times\frac{\pi}{\omega_c} \tag{3.148}$$

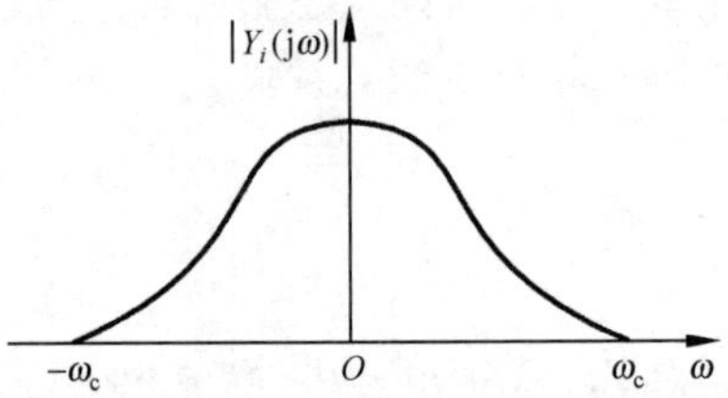

图 3.4 连续信号的幅频谱及其上限频率示例

(iii) 对保持方式的约定。为使离散化描述关系式及其推导过程较为简单,通常把由离散时间信号到连续时间信号的转换形式取为零阶保持方式,即将保持器取为零阶保持器。零阶保持方式的直观含义可由图 3.5 来说明。在采样瞬时,保持器输出$\boldsymbol{u}(t)$的分量$u_j(t)$的值等于对应离散时间分量$u_j(k)$的值;在两个采样瞬时的区间上,分量$u_j(t)$的值保持前一采样瞬时上的值。

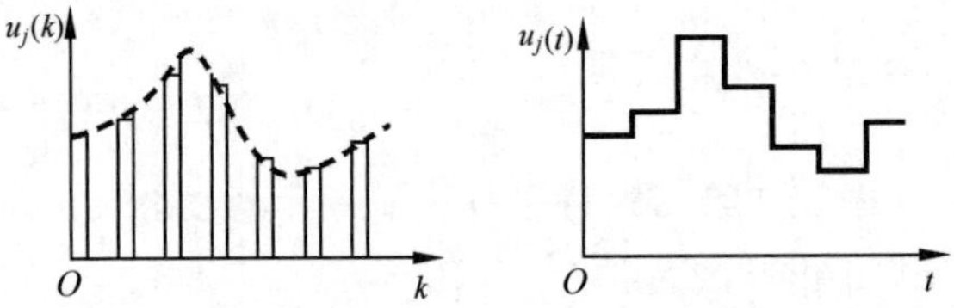

图 3.5 零阶保持方式的直观含义说明

3.6.3 基本结论

在上述基本约定前提下,可以给出连续时间线性系统时间离散化问题的基本关系式和相关属性,并表其为如下的一些结论。

结论 3.43 [时变系统情形] 给定连续时间线性时变系统:

$$\begin{aligned}&\dot{\boldsymbol{x}}=\boldsymbol{A}(t)\boldsymbol{x}+\boldsymbol{B}(t)\boldsymbol{u},\quad \boldsymbol{x}(t_0)=\boldsymbol{x}_0,\quad t\in[t_0,t_\alpha]\\&\boldsymbol{y}=\boldsymbol{C}(t)\boldsymbol{x}+\boldsymbol{D}(t)\boldsymbol{u}\end{aligned}\tag{3.149}$$

则其在基本约定下的时间离散化描述为

$$\begin{aligned}&\boldsymbol{x}(k+1)=\boldsymbol{G}(k)\boldsymbol{x}(k)+\boldsymbol{H}(k)\boldsymbol{u}(k),\quad \boldsymbol{x}(0)=\boldsymbol{x}_0,\quad k=0,1,\cdots,l\\&\boldsymbol{y}(k)=\boldsymbol{C}(k)\boldsymbol{x}(k)+\boldsymbol{D}(k)\boldsymbol{u}(k)\end{aligned}\tag{3.150}$$

两者在变量和系数矩阵上具有如下关系:

$$\boldsymbol{x}(k)=[\boldsymbol{x}(t)]_{t=kT},\quad \boldsymbol{u}(k)=[\boldsymbol{u}(t)]_{t=kT},\ \boldsymbol{y}(k)=[\boldsymbol{y}(t)]_{t=kT}\tag{3.151}$$

$$\begin{aligned}&\boldsymbol{G}(k)=\boldsymbol{\Phi}((k+1)T,kT)\triangleq\boldsymbol{\Phi}(k+1,k)\\&\boldsymbol{H}(k)=\int_{kT}^{(k+1)T}\boldsymbol{\Phi}((k+1)T,\tau)\boldsymbol{B}(\tau)\mathrm{d}\tau\\&\boldsymbol{C}(k)=[\boldsymbol{C}(t)]_{t=kT}\\&\boldsymbol{D}(k)=[\boldsymbol{D}(t)]_{t=kT}\end{aligned}\tag{3.152}$$

式中,T 为采样周期,$l=(t_\alpha-t_0)/T$ 为取整得到的正整数,$\boldsymbol{\Phi}(\cdot,\cdot)$为连续时间线性时变系统(3.149)的状态转移矩阵。

证 先来证明状态方程的时间离散化关系式。对此,导出线性时变系统(3.149)的状态运动响应表达式为

$$\boldsymbol{x}(t)=\boldsymbol{\Phi}(t,t_0)\boldsymbol{x}_0+\int_{t_0}^{t}\boldsymbol{\Phi}(t,\tau)\boldsymbol{B}(\tau)\boldsymbol{u}(\tau)\mathrm{d}\tau,\quad t\in[t_0,t_\alpha] \tag{3.153}$$

上式中,令 $t=(k+1)T$,并表 $k=0$ 对应于 t_0,即可证得

$$\begin{aligned}\boldsymbol{x}(k+1)&=\boldsymbol{\Phi}(k+1,0)\boldsymbol{x}_0+\int_{0}^{(k+1)T}\boldsymbol{\Phi}((k+1)T,\tau)\boldsymbol{B}(\tau)\boldsymbol{u}(\tau)\mathrm{d}\tau\\&=\boldsymbol{\Phi}(k+1,k)\left[\boldsymbol{\Phi}(k,0)\boldsymbol{x}_0+\int_{0}^{kT}\boldsymbol{\Phi}(kT,\tau)\boldsymbol{B}(\tau)\boldsymbol{u}(\tau)\mathrm{d}\tau\right]+\\&\quad\left[\int_{kT}^{(k+1)T}\boldsymbol{\Phi}((k+1)T,\tau)\boldsymbol{B}(\tau)\mathrm{d}\tau\right]\boldsymbol{u}(k)\\&=\boldsymbol{G}(k)\boldsymbol{x}(k)+\boldsymbol{H}(k)\boldsymbol{u}(k)\end{aligned} \tag{3.154}$$

其中,基于零阶保持的约定,在最后等式前的关系式中将 $\boldsymbol{u}(k)$移出积分式。并且,进而基于关系式(3.152),导出最后的关系式。再来证明输出方程的时间离散化关系式。对此,令 $t=kT$,即可证得

$$\boldsymbol{y}(k)=\boldsymbol{C}(k)\boldsymbol{x}(k)+\boldsymbol{D}(k)\boldsymbol{u}(k) \tag{3.155}$$

至此,证明完成。

结论 3.44 [时不变系统情形] 给定连续时间线性时不变系统:

$$\begin{aligned}&\dot{\boldsymbol{x}}=\boldsymbol{A}\boldsymbol{x}+\boldsymbol{B}\boldsymbol{u},\quad \boldsymbol{x}(0)=\boldsymbol{x}_0,\quad t\geqslant 0\\&\boldsymbol{y}=\boldsymbol{C}\boldsymbol{x}+\boldsymbol{D}\boldsymbol{u}\end{aligned} \tag{3.156}$$

则其在基本约定下的时间离散化描述为

$$\begin{aligned}&\boldsymbol{x}(k+1)=\boldsymbol{G}\boldsymbol{x}(k)+\boldsymbol{H}\boldsymbol{u}(k),\quad \boldsymbol{x}(0)=\boldsymbol{x}_0,\quad k=0,1,2,\cdots\\&\boldsymbol{y}(k)=\boldsymbol{C}\boldsymbol{x}(k)+\boldsymbol{D}\boldsymbol{u}(k)\end{aligned} \tag{3.157}$$

其中,两者在变量和系数矩阵上具有如下的关系:

$$\boldsymbol{x}(k)=[\boldsymbol{x}(t)]_{t=kT},\quad \boldsymbol{u}(k)=[\boldsymbol{u}(t)]_{t=kT},\quad \boldsymbol{y}(k)=[\boldsymbol{y}(t)]_{t=kT} \tag{3.158}$$

$$\boldsymbol{G}=\mathrm{e}^{\boldsymbol{A}T},\quad \boldsymbol{H}=\left(\int_0^T\mathrm{e}^{\boldsymbol{A}t}\mathrm{d}t\right)\boldsymbol{B} \tag{3.159}$$

证 时不变系统为时变系统的一种特殊情形。基于两者运动规律表达式的统一性和差异性,由式(3.150)即可导出式(3.157),而由式(3.152)则可导出

$$\boldsymbol{G}=\boldsymbol{\Phi}((k+1)T-kT)=\boldsymbol{\Phi}(T)=\mathrm{e}^{\boldsymbol{A}T} \tag{3.160}$$

$$\boldsymbol{H}=\int_{kT}^{(k+1)T}\boldsymbol{\Phi}((k+1)T-\tau)\boldsymbol{B}\mathrm{d}\tau \tag{3.161}$$

对式(3.161)作变量置换 $t=(k+1)T-\tau$,有

$$\mathrm{d}\tau=-\mathrm{d}t,\quad \int_{kT}^{(k+1)T}\cdot\mathrm{d}\tau=-\int_T^0\cdot\mathrm{d}t \tag{3.162}$$

于是,利用式(3.162),即可由式(3.161)证得

$$\boldsymbol{H}=\left(-\int_T^0\boldsymbol{\Phi}(t)\mathrm{d}t\right)\boldsymbol{B}=\left(\int_0^T\mathrm{e}^{\boldsymbol{A}t}\mathrm{d}t\right)\boldsymbol{B} \tag{3.163}$$

结论 3.45 [时间离散化属性] 上述两个结论表明，时间离散化不改变系统的时变或时不变属性。也即，时变系统在时间离散化后仍为时变系统，时不变系统在时间离散化后仍为时不变系统。

结论 3.46 [离散化系统属性] 对连续时间线性系统，不管为时变或时不变，也不管系统矩阵 $\boldsymbol{A}(t)$ 和 $\boldsymbol{A}$ 为非奇异或奇异，其离散化系统的系统矩阵 $\boldsymbol{G}(k)$ 和 $\boldsymbol{G}$ 必为非奇异。

例 3.4 给定连续时间线性时不变系统：

$$\begin{bmatrix}\dot{x}_1\\ \dot{x}_2\end{bmatrix}=\begin{bmatrix}0 & 1\\ 0 & -2\end{bmatrix}\begin{bmatrix}x_1\\ x_2\end{bmatrix}+\begin{bmatrix}0\\ 1\end{bmatrix}u,\quad t\geqslant 0 \tag{3.164}$$

取采样周期 $T=0.1\text{s}$，现在来定出其时间离散化模型。

首先，确定连续时间系统的矩阵指数函数 $\mathrm{e}^{\boldsymbol{A}t}$。为此，采用预解矩阵法，先来定出

$$(s\boldsymbol{I}-\boldsymbol{A})^{-1}=\begin{bmatrix}s & -1\\ 0 & s+2\end{bmatrix}^{-1}=\begin{bmatrix}\dfrac{1}{s} & \dfrac{1}{s(s+2)}\\ 0 & \dfrac{1}{s+2}\end{bmatrix}$$

将上式取拉普拉斯反变换，即可得到

$$\mathrm{e}^{\boldsymbol{A}t}=\begin{bmatrix}1 & 0.5(1-\mathrm{e}^{-2t})\\ 0 & \mathrm{e}^{-2t}\end{bmatrix}$$

进而，确定时间离散化系统的系数矩阵。对此，利用关系式(3.159)，即可得到

$$\boldsymbol{G}=\mathrm{e}^{\boldsymbol{A}T}=\begin{bmatrix}1 & 0.5(1-\mathrm{e}^{-2T})\\ 0 & \mathrm{e}^{-2T}\end{bmatrix}=\begin{bmatrix}1 & 0.091\\ 0 & 0.819\end{bmatrix}$$

$$\begin{aligned}\boldsymbol{H}&=\left(\int_0^T \mathrm{e}^{\boldsymbol{A}t}\,\mathrm{d}t\right)\boldsymbol{B}=\left(\int_0^T\begin{bmatrix}1 & 0.5(1-\mathrm{e}^{-2t})\\ 0 & \mathrm{e}^{-2t}\end{bmatrix}\mathrm{d}t\right)\begin{bmatrix}0\\ 1\end{bmatrix}\\ &=\begin{bmatrix}T & 0.5T+0.25\mathrm{e}^{-2T}-0.25\\ 0 & -0.5\mathrm{e}^{-2T}+0.5\end{bmatrix}\begin{bmatrix}0\\ 1\end{bmatrix}\\ &=\begin{bmatrix}0.5T+0.25\mathrm{e}^{-2T}-0.25\\ -0.5\mathrm{e}^{-2T}+0.5\end{bmatrix}=\begin{bmatrix}0.005\\ 0.091\end{bmatrix}\end{aligned}$$

最后，确定时间离散化描述。基于上述计算结果，即可定出给定连续时间线性时不变系统的时间离散化描述为

$$\begin{bmatrix}x_1(k+1)\\ x_2(k+1)\end{bmatrix}=\begin{bmatrix}1 & 0.091\\ 0 & 0.819\end{bmatrix}\begin{bmatrix}x_1(k)\\ x_2(k)\end{bmatrix}+\begin{bmatrix}0.005\\ 0.091\end{bmatrix}u(k)$$

3.7 离散时间线性系统的运动分析

离散时间系统不仅代表社会、经济、工程等领域一大批离散动态问题的数学模型，而且代表连续时间系统的时间离散化模型。离散时间线性系统的运动分析数学

上归结为求解时变或时不变线性差分方程。离散时间系统的差分方程型状态方程的求解，既在计算上简单得多也更宜于采用计算机进行计算。

3.7.1 迭代法求解状态响应

考虑离散时间线性系统，对时变情形系统状态方程为

$$\boldsymbol{x}(k+1)=\boldsymbol{G}(k)\boldsymbol{x}(k)+\boldsymbol{H}(k)\boldsymbol{u}(k),\quad \boldsymbol{x}(0)=\boldsymbol{x}_0,\quad k=0,1,2,\cdots \tag{3.165}$$

对时不变情形系统状态方程为

$$\boldsymbol{x}(k+1)=\boldsymbol{G}\boldsymbol{x}(k)+\boldsymbol{H}\boldsymbol{u}(k),\quad \boldsymbol{x}(0)=\boldsymbol{x}_0,\quad k=0,1,2,\cdots \tag{3.166}$$

其中，$\boldsymbol{x}(k)$为 n 维状态，$\boldsymbol{u}(k)$为 p 维输入。

可以看出，不管是时变差分方程(3.165)，还是时不变差分方程(3.166)，都可采用迭代法容易地求解。迭代法思路是，基于系统状态方程，利用给定的或定出的上一采样时刻状态值，迭代地定出下一个采样时刻的系统状态。

结论 3.47 [迭代法求解状态响应] 对离散时间线性时变系统(3.165)，给定系统初始状态 $\boldsymbol{x}(0)=\boldsymbol{x}_0$，各个采样时刻输入 $\boldsymbol{u}(0),\boldsymbol{u}(1),\boldsymbol{u}(2),\cdots$，以及分析过程末时刻正整数 l，则其系统状态响应可按如下算法来求解。

Step 1：令 $k=0$。

Step 2：对给定 $\boldsymbol{G}(k)$，$\boldsymbol{H}(k)$和 $\boldsymbol{u}(k)$，以及已知 $\boldsymbol{x}(k)$，计算

$$\boldsymbol{x}(k+1)=\boldsymbol{G}(k)\boldsymbol{x}(k)+\boldsymbol{H}(k)\boldsymbol{u}(k)$$

Step 3：令 $k=k+1$。

Step 4：如果 $k=l+1$，进入下一步；如果 $k<l+1$，去到 Step 2。

Step 5：计算停止。

注 1 上述算法具有递推特点，容易编程并适于采用计算机进行计算。但由于后一步计算依赖于前一步计算结果，导致对计算过程中引入的误差造成积累性误差，这是迭代法的一个共同缺点。

注 2 由时不变系统(3.166)为时变系统(3.165)的一类特殊情况可知，上述算法对时不变系统同样适用，差别只在于计算中取系数矩阵为 $\boldsymbol{G}(k)=\boldsymbol{G}$ 和 $\boldsymbol{H}(k)=\boldsymbol{H}$。

例 3.5 给定离散时间线性时变系统：

$$\begin{bmatrix}x_1(k+1)\\x_2(k+1)\end{bmatrix}=\begin{bmatrix}0&1\\1&\cos k\pi\end{bmatrix}\begin{bmatrix}x_1(k)\\x_2(k)\end{bmatrix}+\begin{bmatrix}\sin(k\pi/2)\\1\end{bmatrix}u(k),\quad \begin{bmatrix}x_1(0)\\x_2(0)\end{bmatrix}=\begin{bmatrix}1\\1\end{bmatrix}$$

其中

$$u(k)=\begin{cases}1, & k=0,2,4,\cdots\\-1, & k=1,3,5,\cdots\end{cases}$$

现来计算状态变量 $x_1(k)$和 $x_2(k)$在采样时刻 $k=1,2,3,4$ 的值。

对 $k=0$，由

$$\boldsymbol{G}(0)=\begin{bmatrix}0&1\\1&1\end{bmatrix},\quad \boldsymbol{H}(0)=\begin{bmatrix}0\\1\end{bmatrix},\quad u(0)=1,\quad \begin{bmatrix}x_1(0)\\x_2(0)\end{bmatrix}=\begin{bmatrix}1\\1\end{bmatrix}$$

即可定出：

$$\begin{bmatrix}x_1(1)\\x_2(1)\end{bmatrix}=\begin{bmatrix}0&1\\1&1\end{bmatrix}\begin{bmatrix}1\\1\end{bmatrix}+\begin{bmatrix}0\\1\end{bmatrix}=\begin{bmatrix}1\\3\end{bmatrix}$$

对 $k=1$，由

$$\boldsymbol{G}(1)=\begin{bmatrix}0&1\\1&-1\end{bmatrix},\quad \boldsymbol{H}(1)=\begin{bmatrix}1\\1\end{bmatrix},\quad u(1)=-1,\quad \begin{bmatrix}x_1(1)\\x_2(1)\end{bmatrix}=\begin{bmatrix}1\\3\end{bmatrix}$$

即可定出：

$$\begin{bmatrix}x_1(2)\\x_2(2)\end{bmatrix}=\begin{bmatrix}0&1\\1&-1\end{bmatrix}\begin{bmatrix}1\\3\end{bmatrix}+\begin{bmatrix}-1\\-1\end{bmatrix}=\begin{bmatrix}2\\-3\end{bmatrix}$$

对 $k=2$，由

$$\boldsymbol{G}(2)=\begin{bmatrix}0&1\\1&1\end{bmatrix},\quad \boldsymbol{H}(2)=\begin{bmatrix}0\\1\end{bmatrix},\quad u(2)=1,\quad \begin{bmatrix}x_1(2)\\x_2(2)\end{bmatrix}=\begin{bmatrix}2\\-3\end{bmatrix}$$

即可定出：

$$\begin{bmatrix}x_1(3)\\x_2(3)\end{bmatrix}=\begin{bmatrix}0&1\\1&1\end{bmatrix}\begin{bmatrix}2\\-3\end{bmatrix}+\begin{bmatrix}0\\1\end{bmatrix}=\begin{bmatrix}-3\\0\end{bmatrix}$$

对 $k=3$，由

$$\boldsymbol{G}(3)=\begin{bmatrix}0&1\\1&-1\end{bmatrix},\quad \boldsymbol{H}(3)=\begin{bmatrix}-1\\1\end{bmatrix},\quad u(3)=-1,\quad \begin{bmatrix}x_1(3)\\x_2(3)\end{bmatrix}=\begin{bmatrix}-3\\0\end{bmatrix}$$

即可定出：

$$\begin{bmatrix}x_1(4)\\x_2(4)\end{bmatrix}=\begin{bmatrix}0&1\\1&-1\end{bmatrix}\begin{bmatrix}-3\\0\end{bmatrix}+\begin{bmatrix}1\\-1\end{bmatrix}=\begin{bmatrix}1\\-4\end{bmatrix}$$

3.7.2 状态响应的解析关系式

迭代法对分析具体系统的运动行为和性能无疑是方便的。但在理论研究中，通常更为希望在一般意义上建立状态响应的解析表达式，以更深刻地揭示状态响应和系统结构的关系。这一部分进一步给出有关离散时间线性系统状态响应的一些一般性结论。

1. 状态转移矩阵

定义 3.11［状态转移矩阵］ 对离散时间线性时变系统(3.165)，状态转移矩阵定义为对应矩阵方程

$$\boldsymbol{\Phi}(k+1,m)=\boldsymbol{G}(k)\boldsymbol{\Phi}(k,m),\quad \boldsymbol{\Phi}(m,m)=\boldsymbol{I} \tag{3.167}$$

的 $n\times n$ 解阵 $\boldsymbol{\Phi}(k,m)$。对离散时间线性时不变系统(3.166)，状态转移矩阵定义为对应矩阵方程

$$\boldsymbol{\Phi}(k+1)=\boldsymbol{G}\boldsymbol{\Phi}(k),\quad \boldsymbol{\Phi}(0)=\boldsymbol{I} \tag{3.168}$$

的 $n\times n$ 解阵 $\boldsymbol{\Phi}(k)$。

结论 3.48［状态转移矩阵］ 对离散时间线性时变系统(3.165)，状态转移矩阵即矩阵方程(3.167)解阵 $\boldsymbol{\Phi}(k,m)$，具有如下关系式：

$$\boldsymbol{\Phi}(k,m)=\boldsymbol{G}(k-1)\boldsymbol{G}(k-2)\cdots\boldsymbol{G}(m) \tag{3.169}$$

对离散时间线性时不变系统(3.166)，状态转移矩阵即矩阵方程(3.168)解阵 $\boldsymbol{\Phi}(k)$，具有如下关系式：

$$\boldsymbol{\Phi}(k)=\boldsymbol{G}\boldsymbol{G}\cdots\boldsymbol{G}=\boldsymbol{G}^k \tag{3.170}$$

证 对线性时变系统(3.165)，由关系式(3.169)可以直接导出：

$$\boldsymbol{\Phi}(k+1,m)=\boldsymbol{G}(k)[\boldsymbol{G}(k-1)\boldsymbol{G}(k-2)\cdots\boldsymbol{G}(m)]=\boldsymbol{G}(k)\boldsymbol{\Phi}(k,m) \tag{3.171}$$

和

$$\boldsymbol{\Phi}(m,m)=\boldsymbol{I} \tag{3.172}$$

表明方程(3.169)给出的 $\boldsymbol{\Phi}(k,m)$ 同时满足方程(3.167)和初始条件，从而证得其为系统状态转移矩阵。对线性时不变系统(3.166)，方程(3.169)给出的 $\boldsymbol{\Phi}(k,m)$ 关系式中，取

$$m=0,\quad \boldsymbol{G}(k-1)=\boldsymbol{G}(k-2)=\cdots=\boldsymbol{G}(1)=\boldsymbol{G}(0)=\boldsymbol{G},\quad \text{“,”换为“–”}$$

即可证得式(3.170)。证明完成。

结论 3.49［状态转移矩阵属性］ 不同于连续时间线性系统，离散时间线性系统的状态转移矩阵不保证必为非奇异。对离散时间线性时变系统(3.165)，有

$$\boldsymbol{\Phi}(k,m)\ \text{非奇异}\ \Leftrightarrow\ \boldsymbol{G}(i),\ i=m,m+1,\cdots,k-2,k-1\ \text{均为非奇异}$$

对离散时间线性时不变系统(3.166)，有

$$\boldsymbol{\Phi}(k)\ \text{非奇异}\ \Leftrightarrow\ \boldsymbol{G}\ \text{非奇异}$$

结论 3.50［状态转移矩阵属性］ 对连续时间线性系统的时间离散化系统，不管为时不变或时变，状态转移矩阵必为非奇异。

2. 状态响应表达式

结论 3.51［状态响应］ 对离散时间线性时变系统(3.165)，同时由输入 $\boldsymbol{u}$ 和初始状态 $\boldsymbol{x}_0$ 激励的状态响应 $\boldsymbol{x}(k)$ 具有表达式：

$$\boldsymbol{x}(k)=\boldsymbol{\Phi}(k,0)\boldsymbol{x}_0+\sum_{i=0}^{k-1}\boldsymbol{\Phi}(k,i+1)\boldsymbol{H}(i)\boldsymbol{u}(i) \tag{3.173}$$

或

$$\boldsymbol{x}(k)=\boldsymbol{\Phi}(k,0)\boldsymbol{x}_0+\sum_{i=0}^{k-1}\boldsymbol{\Phi}(k,k-i)\boldsymbol{H}(k-i-1)\boldsymbol{u}(k-i-1) \tag{3.174}$$

证 由系统状态方程(3.165)，分别取 $k=0,1,2,\cdots$，可以得到

$$\boldsymbol{x}(1)=\boldsymbol{G}(0)\boldsymbol{x}(0)+\boldsymbol{H}(0)\boldsymbol{u}(0)$$
$$\boldsymbol{x}(2)=\boldsymbol{G}(1)\boldsymbol{x}(1)+\boldsymbol{H}(1)\boldsymbol{u}(1)$$

$$
\begin{aligned}
\boldsymbol{x}(3) &= \boldsymbol{G}(2)\boldsymbol{x}(2)+\boldsymbol{H}(2)\boldsymbol{u}(2)\\
&\cdots\cdots\\
\boldsymbol{x}(k) &= \boldsymbol{G}(k-1)\boldsymbol{x}(k-1)+\boldsymbol{H}(k-1)\boldsymbol{u}(k-1)
\end{aligned}
\tag{3.175}
$$

对式(3.175),由上而下依次迭代,可以导出:

$$
\begin{aligned}
&\boldsymbol{x}(1)=\boldsymbol{G}(0)\boldsymbol{x}_0+\boldsymbol{H}(0)\boldsymbol{u}(0)\\
&\boldsymbol{x}(2)=\boldsymbol{G}(1)\boldsymbol{G}(0)\boldsymbol{x}_0+\{\boldsymbol{G}(1)\boldsymbol{H}(0)\boldsymbol{u}(0)+\boldsymbol{H}(1)\boldsymbol{u}(1)\}\\
&\boldsymbol{x}(3)=\boldsymbol{G}(2)\boldsymbol{G}(1)\boldsymbol{G}(0)\boldsymbol{x}_0+\{\boldsymbol{G}(2)\boldsymbol{G}(1)\boldsymbol{H}(0)\boldsymbol{u}(0)+\boldsymbol{G}(2)\boldsymbol{H}(1)\boldsymbol{u}(1)+\\
&\qquad\boldsymbol{H}(2)\boldsymbol{u}(2)\}\\
&\cdots\cdots\\
&\boldsymbol{x}(k)=\boldsymbol{G}(k-1)\cdots\boldsymbol{G}(0)\boldsymbol{x}_0+\{\boldsymbol{G}(k-1)\cdots\boldsymbol{G}(1)\boldsymbol{H}(0)\boldsymbol{u}(0)+\\
&\qquad\boldsymbol{G}(k-1)\cdots\boldsymbol{G}(2)\boldsymbol{H}(1)\boldsymbol{u}(1)+\cdots+\boldsymbol{G}(k-1)\boldsymbol{H}(k-2)\boldsymbol{u}(k-2)+\\
&\qquad\boldsymbol{H}(k-1)\boldsymbol{u}(k-1)\}
\end{aligned}
\tag{3.176}
$$

再利用状态转移矩阵关系式:

$$
\boldsymbol{\Phi}(k,m)=\boldsymbol{G}(k-1)\boldsymbol{G}(k-2)\cdots\boldsymbol{G}(m) \tag{3.177}
$$

可把式(3.176)中 $\boldsymbol{x}(k)$关系式进而表为

$$
\begin{aligned}
\boldsymbol{x}(k)=\boldsymbol{\Phi}(k,0)\boldsymbol{x}_0+\{&\boldsymbol{\Phi}(k,1)\boldsymbol{H}(0)\boldsymbol{u}(0)+\boldsymbol{\Phi}(k,2)\boldsymbol{H}(1)\boldsymbol{u}(1)+\cdots+\\
&\boldsymbol{\Phi}(k,k-1)\boldsymbol{H}(k-2)\boldsymbol{u}(k-2)+\boldsymbol{H}(k-1)\boldsymbol{u}(k-1)\}
\end{aligned}
$$

于是,将上式中“与输入 $\boldsymbol{u}$ 相关部分”,按由左至右顺序相加可导出式(3.173),按由右至左顺序相加可导出式(3.174)。证明完成。

结论 3.52 [状态响应] 对离散时间线性时不变系统(3.166),同时由输入 $\boldsymbol{u}$ 和初始状态 $\boldsymbol{x}_0$ 激励的状态响应 $\boldsymbol{x}(k)$具有表达式:

$$
\boldsymbol{x}(k)=\boldsymbol{\Phi}(k)\boldsymbol{x}_0+\sum_{i=0}^{k-1}\boldsymbol{\Phi}(k-i-1)\boldsymbol{H}\boldsymbol{u}(i) \tag{3.178}
$$

或

$$
\boldsymbol{x}(k)=\boldsymbol{\Phi}(k)\boldsymbol{x}_0+\sum_{i=0}^{k-1}\boldsymbol{\Phi}(i)\boldsymbol{H}\boldsymbol{u}(k-i-1) \tag{3.179}
$$

证 在时变系统状态响应解析表达式(3.173)和(3.174)中,取

$$
\begin{aligned}
&\boldsymbol{\Phi}(k,0)=\boldsymbol{\Phi}(k-0)=\boldsymbol{\Phi}(k)\\
&\boldsymbol{\Phi}(k,i+1)=\boldsymbol{\Phi}(k-i-1)\\
&\boldsymbol{\Phi}(k,k-i)=\boldsymbol{\Phi}(k-k+i)=\boldsymbol{\Phi}(i)\\
&\boldsymbol{H}(0)=\boldsymbol{H}(1)=\cdots=\boldsymbol{H}(k-1)=\boldsymbol{H}
\end{aligned}
$$

即可导出式(3.178)和式(3.179)。证明完成。

3. 状态运动的分解

结论 3.53 [状态响应的分解] 离散时间线性系统的状态响应可分解为零输入响应 $\boldsymbol{x}_{0u}(k)$和零初态响应 $\boldsymbol{x}_{0x}(k)$,即有

$$
\boldsymbol{x}(k)=\boldsymbol{x}_{0u}(k)+\boldsymbol{x}_{0x}(k) \tag{3.180}
$$

结论 3.54 [零输入响应] 对离散时间线性时变系统(3.165),零输入响应 $\boldsymbol{x}_{0u}(k)$ 具有表达式:

$$\boldsymbol{x}_{0u}(k)=\boldsymbol{\Phi}(k,0)\boldsymbol{x}_0 \tag{3.181}$$

对离散时间线性时不变系统(3.166),零输入响应 $\boldsymbol{x}_{0u}(k)$ 具有表达式:

$$\boldsymbol{x}_{0u}(k)=\boldsymbol{\Phi}(k)\boldsymbol{x}_0 \tag{3.182}$$

结论 3.55 [零初态响应] 对离散时间线性时变系统(3.165),零初态响应 $\boldsymbol{x}_{0x}(k)$ 具有表达式:

$$\boldsymbol{x}_{0x}(k)=\sum_{i=0}^{k-1}\boldsymbol{\Phi}(k,i+1)\boldsymbol{H}(i)\boldsymbol{u}(i)=\sum_{i=0}^{k-1}\boldsymbol{\Phi}(k,k-i)\boldsymbol{H}(k-i-1)\boldsymbol{u}(k-i-1) \tag{3.183}$$

对离散时间线性时不变系统(3.166),零初态响应 $\boldsymbol{x}_{0x}(k)$ 具有表达式:

$$\boldsymbol{x}_{0x}(k)=\sum_{i=0}^{k-1}\boldsymbol{\Phi}(k-i-1)\boldsymbol{H}\boldsymbol{u}(i)=\sum_{i=0}^{k-1}\boldsymbol{\Phi}(i)\boldsymbol{H}\boldsymbol{u}(k-i-1) \tag{3.184}$$

4. 零初态响应的因果性

结论 3.56 [零初态响应的因果性] 对离散时间的线性时不变系统(3.166)和线性时变系统(3.165),基于零初态响应 $\boldsymbol{x}_{0x}(k)$ 的关系式(3.184)和(3.183),导出其零初态响应 $\boldsymbol{x}_{0x}(k)$ 的展开式:

$$\boldsymbol{x}_{0x}(k)=\boldsymbol{\Phi}(k-1)\boldsymbol{H}\boldsymbol{u}(0)+\boldsymbol{\Phi}(k-2)\boldsymbol{H}\boldsymbol{u}(1)+\cdots+\boldsymbol{H}\boldsymbol{u}(k-1) \tag{3.185}$$

和

$$\boldsymbol{x}_{0x}(k)=\boldsymbol{\Phi}(k,1)\boldsymbol{H}(0)\boldsymbol{u}(0)+\boldsymbol{\Phi}(k,2)\boldsymbol{H}(1)\boldsymbol{u}(1)+\cdots+\boldsymbol{H}(k-1)\boldsymbol{u}(k-1) \tag{3.186}$$

可以看出,零初态响应 $\boldsymbol{x}_{0x}(k)$ 必满足因果性。即对采样时刻 k,$\boldsymbol{x}_{0x}(k)$ 只与此前各个时刻的输入 $\boldsymbol{u}(0),\boldsymbol{u}(1),\cdots,\boldsymbol{u}(k-1)$ 有关,而与同时刻输入 $\boldsymbol{u}(k)$ 无关。

3.7.3 脉冲传递函数矩阵

对应于连续时间线性时不变系统的传递函数矩阵,对离散时间线性时不变系统同样可以采用脉冲传递函数矩阵作为系统的输入输出描述。

考虑离散时间线性时不变系统,状态空间描述为

$$\boldsymbol{x}(k+1)=\boldsymbol{G}\boldsymbol{x}(k)+\boldsymbol{H}\boldsymbol{u}(k),\quad \boldsymbol{x}(0)=\boldsymbol{x}_0 \tag{3.187}$$

$$\boldsymbol{y}(k)=\boldsymbol{C}\boldsymbol{x}(k)+\boldsymbol{D}\boldsymbol{u}(k) \tag{3.188}$$

其中,$\boldsymbol{x}(k)$ 为 n 维状态,$\boldsymbol{u}(k)$ 为 p 维输入,$\boldsymbol{y}(k)$ 为 q 维输出。

定义 3.12 [脉冲传递函数矩阵] 对离散时间线性时不变系统(3.187)和(3.188),表 $\hat{\boldsymbol{u}}(z)$ 和 $\hat{\boldsymbol{y}}(z)$ 为输入 $\boldsymbol{u}(k)$ 和输出 $\boldsymbol{y}(k)$ 的 z 变换,即有

$$\hat{\boldsymbol{u}}(z)=\mathscr{Z}[\boldsymbol{u}(k)]\triangleq\sum_{k=0}^{\infty}\boldsymbol{u}(k)z^{-k} \tag{3.189}$$

$$\hat{\boldsymbol{y}}(z) = \mathscr{Z}[\boldsymbol{y}(k)] \triangleq \sum_{k=0}^{\infty} \boldsymbol{y}(k) z^{-k} \tag{3.190}$$

则脉冲传递函数矩阵 $\hat{\boldsymbol{G}}(z)$ 定义为，零初始状态即 $\boldsymbol{x}_0 = \boldsymbol{0}$ 条件下，满足关系式

$$\hat{\boldsymbol{y}}(z) = \hat{\boldsymbol{G}}(z)\hat{\boldsymbol{u}}(z) \tag{3.191}$$

的一个 $q \times p$ 有理分式矩阵 $\hat{\boldsymbol{G}}(z)$，其中 z 为复变量。

结论 3.57 [脉冲传递函数矩阵] 对离散时间线性时不变系统(3.187)和(3.188)，令初始条件为零即 $\boldsymbol{x}_0 = \boldsymbol{0}$，则脉冲传递函数矩阵 $\hat{\boldsymbol{G}}(z)$ 的基于状态空间描述的表达式为

$$\hat{\boldsymbol{G}}(z) = \boldsymbol{C}(z\boldsymbol{I} - \boldsymbol{G})^{-1}\boldsymbol{H} + \boldsymbol{D} \tag{3.192}$$

3.8 小结和评述

(1) 本章的定位。本章分别就连续时间线性系统和离散时间线性系统，给出系统状态运动相对于初始状态和输入作用的显式关系。本章的内容对于进一步研究系统的基本结构特性，如能控性、能观测性和稳定性等，将是不可缺少的基础。

(2) 运动分析的实质。运动分析的数学实质，归结为相对于输入和初始状态求解系统状态方程，建立反映因果关系的解析形式解。运动分析的物理含义，是在状态空间中定出由初始状态点出发的状态运动轨道，运动轨道由“初始状态经状态转移矩阵在各时刻值阵的变换点构成的轨迹”和“各时刻输入作用等价状态经状态转移矩阵在各时刻值阵的变换点构成的轨迹”的合成。

(3) 连续时间线性系统的状态响应。对线性时不变系统，状态响应解析表达式为

$$\boldsymbol{x}(t) = \boldsymbol{\Phi}(t - t_0)\boldsymbol{x}_0 + \int_{t_0}^{t} \boldsymbol{\Phi}(t - \tau)\boldsymbol{B}\boldsymbol{u}(\tau)\mathrm{d}\tau, \quad t \geqslant t_0$$

对线性时变系统，状态响应解析表达式为

$$\boldsymbol{x}(t) = \boldsymbol{\Phi}(t, t_0)\boldsymbol{x}_0 + \int_{t_0}^{t} \boldsymbol{\Phi}(t, \tau)\boldsymbol{B}(\tau)\boldsymbol{u}(\tau)\mathrm{d}\tau, \quad t \in [t_0, t_\alpha]$$

除了参数矩阵随时间为不变和变化的差异外，两者形式上差别仅在于时不变情形状态转移矩阵 $\boldsymbol{\Phi}(t-\tau)$ 中的“－”在时变情形状态转移矩阵 $\boldsymbol{\Phi}(t,\tau)$ 中表为“，”。

(4) 离散时间线性系统的状态响应。对线性时不变系统，状态响应解析表达式为

$$\boldsymbol{x}(k) = \boldsymbol{\Phi}(k)\boldsymbol{x}_0 + \sum_{i=0}^{k-1} \boldsymbol{\Phi}(k - i - 1)\boldsymbol{H}\boldsymbol{u}(i)$$

对线性时变系统，状态响应解析表达式为

$$\boldsymbol{x}(k) = \boldsymbol{\Phi}(k, 0)\boldsymbol{x}_0 + \sum_{i=0}^{k-1} \boldsymbol{\Phi}(k, i + 1)\boldsymbol{H}(i)\boldsymbol{u}(i)$$

离散时间线性系统的分析结果只反映采样时刻上状态响应的形态。

（5）连续时间线性系统的时间离散化。时间离散化来自于将离散型计算机应用于分析与控制连续型线性系统的需要。对连续时间线性时不变系统，时间离散化描述具有形式：

$$\boldsymbol{x}(k+1)=\boldsymbol{G}\boldsymbol{x}(k)+\boldsymbol{H}\boldsymbol{u}(k),\quad \boldsymbol{x}(0)=\boldsymbol{x}_0,\quad k=0,1,2,\cdots$$
$$\boldsymbol{y}(k)=\boldsymbol{C}\boldsymbol{x}(k)+\boldsymbol{D}\boldsymbol{u}(k)$$

其中

$$\boldsymbol{G}=\mathrm{e}^{\boldsymbol{A}T}$$
$$\boldsymbol{H}=\left(\int_0^T \mathrm{e}^{\boldsymbol{A}t}\,\mathrm{d}t\right)\boldsymbol{B}$$

对连续时间线性时变系统，时间离散化描述具有形式：

$$\boldsymbol{x}(k+1)=\boldsymbol{G}(k)\boldsymbol{x}(k)+\boldsymbol{H}(k)\boldsymbol{u}(k),\quad \boldsymbol{x}(0)=\boldsymbol{x}_0,\quad k=0,1,\cdots,l$$
$$\boldsymbol{y}(k)=\boldsymbol{C}(k)\boldsymbol{x}(k)+\boldsymbol{D}(k)\boldsymbol{u}(k)$$

其中

$$\boldsymbol{G}(k)=\boldsymbol{\Phi}((k+1)T,kT)\triangleq\boldsymbol{\Phi}(k+1,k)$$
$$\boldsymbol{H}(k)=\int_{kT}^{(k+1)T}\boldsymbol{\Phi}((k+1)T,\tau)\boldsymbol{B}(\tau)\mathrm{d}\tau$$
$$\boldsymbol{C}(k)=[\boldsymbol{C}(t)]_{t=kT}$$
$$\boldsymbol{D}(k)=[\boldsymbol{D}(t)]_{t=kT}$$

（6）计算问题。对离散时间线性系统，不管为时变或时不变，状态运动分析在计算上归结为矩阵的代数运算如“乘”和“加”，不存在计算上的困难。对连续时间线性系统，状态运动分析在计算上主要归结为确定状态转移矩阵，这对时变系统将是一件困难的任务。

习题

3.1　分别定出下列常阵 $\boldsymbol{A}$ 的矩阵指数函数 $\mathrm{e}^{\boldsymbol{A}t}$：

(i) $\boldsymbol{A}=\begin{bmatrix}-2 & 0\\ 0 & -3\end{bmatrix}$

(ii) $\boldsymbol{A}=\begin{bmatrix}-2 & 1\\ 0 & -2\end{bmatrix}$

(iii) $\boldsymbol{A}=\begin{bmatrix}0 & 0\\ 1 & 0\end{bmatrix}$

(iv) $\boldsymbol{A}=\begin{bmatrix}0 & -1\\ 4 & 0\end{bmatrix}$

3.2　采用除定义算法外的三种方法，计算下列各个矩阵 $\boldsymbol{A}$ 的矩阵指数函数 $\mathrm{e}^{\boldsymbol{A}t}$：

(i) $\boldsymbol{A}=\begin{bmatrix}0 & 1\\ -2 & -3\end{bmatrix}$

(ii) $\boldsymbol{A}=\begin{bmatrix}0 & 1 & 0\\ 0 & 0 & 1\\ -6 & -11 & -6\end{bmatrix}$

3.3　试求下列各连续时间线性时不变系统的状态变量解 $x_1(t)$和 $x_2(t)$：

(i) $\begin{bmatrix}\dot{x}_1\\ \dot{x}_2\end{bmatrix}=\begin{bmatrix}0 & 1\\ -3 & -2\end{bmatrix}\begin{bmatrix}x_1\\ x_2\end{bmatrix}$，$\begin{bmatrix}x_1(0)\\ x_2(0)\end{bmatrix}=\begin{bmatrix}1\\ 1\end{bmatrix}$，$t\geqslant 0$

(ii) $\begin{bmatrix}\dot{x}_1\\ \dot{x}_2\end{bmatrix}=\begin{bmatrix}0 & 1\\ -2 & -3\end{bmatrix}\begin{bmatrix}x_1\\ x_2\end{bmatrix}+\begin{bmatrix}2\\ 0\end{bmatrix}u$，$\begin{bmatrix}x_1(0)\\ x_2(0)\end{bmatrix}=\begin{bmatrix}0\\ 1\end{bmatrix}$，$u(t)=\mathrm{e}^{-t}$，$t\geqslant 0$

3.4　给定一个连续时间线性时不变系统，已知

$$\boldsymbol{\Phi}(t)=\begin{bmatrix}\mathrm{e}^{-t} & 0\\ 0 & \mathrm{e}^{-2t}\end{bmatrix},\quad \boldsymbol{b}=\begin{bmatrix}1\\ 1\end{bmatrix},\quad \boldsymbol{x}(0)=\begin{bmatrix}2\\ 3\end{bmatrix}$$

定出系统相对于下列各个 $u(t)$的状态响应 $\boldsymbol{x}(t)$：

(i) $u(t)=\delta(t)$（单位脉冲函数）

(ii) $u(t)=1(t)$（单位阶跃函数）

(iii) $u(t)=t$

(iv) $u(t)=\sin t$

3.5　给定一个连续时间线性时不变系统，已知状态转移矩阵$\boldsymbol{\Phi}(t)$为

$$\boldsymbol{\Phi}(t)=\begin{bmatrix}\frac{1}{2}(\mathrm{e}^{-t}+\mathrm{e}^{3t}) & \frac{1}{4}(-\mathrm{e}^{-t}+\mathrm{e}^{3t})\\ -\mathrm{e}^{-t}+\mathrm{e}^{3t} & \frac{1}{2}(\mathrm{e}^{-t}+\mathrm{e}^{3t})\end{bmatrix}$$

试据此定出系统矩阵 $\boldsymbol{A}$。

3.6　对连续时间线性时不变系统 $\dot{\boldsymbol{x}}=\boldsymbol{A}\boldsymbol{x}+\boldsymbol{B}\boldsymbol{u}$，$\boldsymbol{x}(0)=\boldsymbol{x}_0$，试利用拉普拉斯变换证明系统状态运动的表达式为

$$\boldsymbol{x}(t)=\mathrm{e}^{\boldsymbol{A}t}\boldsymbol{x}_0+\int_0^t \mathrm{e}^{\boldsymbol{A}(t-\tau)}\boldsymbol{B}\boldsymbol{u}(\tau)\mathrm{d}\tau$$

3.7　给定一个时不变矩阵微分方程：

$$\dot{\boldsymbol{X}}=\boldsymbol{A}\boldsymbol{X}+\boldsymbol{X}\boldsymbol{A}^{\mathrm{T}},\quad \boldsymbol{X}(0)=\boldsymbol{P}_0$$

其中，$\boldsymbol{X}$ 为 $n\times n$ 变量矩阵。证明上述矩阵方程的解阵为

$$\boldsymbol{X}(t)=\mathrm{e}^{\boldsymbol{A}t}\boldsymbol{P}_0\mathrm{e}^{\boldsymbol{A}^{\mathrm{T}}t}$$

3.8　给定连续时间时变自治系统 $\dot{\boldsymbol{x}}=\boldsymbol{A}(t)\boldsymbol{x}$ 及其伴随系统 $\dot{\boldsymbol{z}}=-\boldsymbol{A}^{\mathrm{T}}(t)\boldsymbol{z}$，表$\boldsymbol{\Phi}(t,t_0)$和$\boldsymbol{\Phi}_z(t,t_0)$分别为它们的状态转移矩阵，试证明$\boldsymbol{\Phi}(t,t_0)\boldsymbol{\Phi}_z^{\mathrm{T}}(t,t_0)=\boldsymbol{I}$。

3.9　给定连续时间线性时变系统为

$$\dot{\boldsymbol{x}}=\begin{bmatrix}\boldsymbol{A}_{11}(t) & \boldsymbol{A}_{12}(t)\\ \boldsymbol{A}_{21}(t) & \boldsymbol{A}_{22}(t)\end{bmatrix}\boldsymbol{x}+\begin{bmatrix}\boldsymbol{B}_1(t)\\ \boldsymbol{B}_2(t)\end{bmatrix}\boldsymbol{u},\quad t\geqslant t_0$$

表系统状态转移矩阵为

$$\boldsymbol{\Phi}(t,t_0)=\begin{bmatrix}\boldsymbol{\Phi}_{11}(t,t_0) & \boldsymbol{\Phi}_{12}(t,t_0)\\ \boldsymbol{\Phi}_{21}(t,t_0) & \boldsymbol{\Phi}_{22}(t,t_0)\end{bmatrix}$$

试证明：若 $\boldsymbol{A}_{21}(t)\equiv\mathbf{0}$，则必有 $\boldsymbol{\Phi}_{21}(t,t_0)\equiv\mathbf{0}$。

3.10 给定一个二维连续时间线性时不变自治系统 $\dot{\boldsymbol{x}}=\boldsymbol{A}\boldsymbol{x},t\geqslant 0$。现知，对应于两个不同初态的状态响应为

$$对\ \boldsymbol{x}(0)=\begin{bmatrix}1\\-4\end{bmatrix},\quad \boldsymbol{x}(t)=\begin{bmatrix}\mathrm{e}^{-3t}\\-4\mathrm{e}^{-3t}\end{bmatrix}$$

$$对\ \boldsymbol{x}(0)=\begin{bmatrix}2\\-1\end{bmatrix},\quad \boldsymbol{x}(t)=\begin{bmatrix}2\mathrm{e}^{-2t}\\-\mathrm{e}^{-2t}\end{bmatrix}$$

试据此定出系统矩阵 $\boldsymbol{A}$。

3.11 给定方常阵 $\boldsymbol{A}$，设其特征值为两两相异，表 $\mathrm{tr}\boldsymbol{A}$ 为 $\boldsymbol{A}$ 的迹即其对角元素之和，试证明：

$$\det \mathrm{e}^{\boldsymbol{A}t}=\mathrm{e}^{(\mathrm{tr}\boldsymbol{A})t}$$

3.12 定出下列连续时间线性时不变系统的时间离散化状态方程：

$$\begin{bmatrix}\dot{x}_1\\ \dot{x}_2\end{bmatrix}=\begin{bmatrix}0 & 1\\ 0 & 0\end{bmatrix}\begin{bmatrix}x_1\\ x_2\end{bmatrix}+\begin{bmatrix}0\\ 1\end{bmatrix}u$$

其中，采样周期为 $T=2$。

3.13 给定一个人口分布问题的状态方程为

$$\begin{bmatrix}x_1(k+1)\\ x_2(k+1)\end{bmatrix}=\begin{bmatrix}1.01(1-0.04) & 1.01(0.02)\\ 1.01(0.04) & 1.01(1-0.02)\end{bmatrix}\begin{bmatrix}x_1(k)\\ x_2(k)\end{bmatrix},\quad \begin{bmatrix}x_1(0)\\ x_2(0)\end{bmatrix}=\begin{bmatrix}10^7\\ 9\times 10^7\end{bmatrix}$$

其中，x_1 表示城市人口，x_2 表示乡村人口，令 $k=0$ 表示 2001 年。试采用计算机计算 2001—2015 年城市和乡村人口分布的演化过程，并绘出城市和乡村人口分布的演化曲线。

3.14 给定一个离散时间线性时不变系统为

$$\begin{bmatrix}x_1(k+1)\\ x_2(k+1)\end{bmatrix}=\begin{bmatrix}1 & 2\\ 1 & 0\end{bmatrix}\begin{bmatrix}x_1(k)\\ x_2(k)\end{bmatrix}+\begin{bmatrix}1\\ 2\end{bmatrix}u(k),\quad \begin{bmatrix}x_1(0)\\ x_2(0)\end{bmatrix}=\begin{bmatrix}1\\ 1\end{bmatrix}$$

再取控制 $u(k)$ 为

$$u(k)=\begin{cases}1, & 当\ k=0,2,4,\cdots\\ 0, & 当\ k=1,3,5,\cdots\end{cases}$$

采用计算机计算 $x_1(k)$ 和 $x_2(k)$ 当 $k=1,2,\cdots,10$ 时的值。

3.15 对上题给出的离散时间线性时不变系统，计算系统状态转移矩阵 $\boldsymbol{\Phi}(k)$ 在 $k=10$ 时的结果。

第4章 线性系统的能控性和能观测性

能控性和能观测性是从控制和观测角度表征系统结构的两个基本特性。自20世纪60年代初引入这两个概念以来，已经证明它们对于系统控制和系统估计的研究具有基本的重要性。本章针对线性系统，包括时不变系统和时变系统，连续时间系统和离散时间系统，主要内容包括定义、判别准则、规范形、系统结构分解等。

4.1 能控性和能观测性的定义

本节着重讨论能控性和能观测性的概念和定义。为使对这两个特性的基本内涵有更为直观和具体的认识，讨论采取由特殊到一般的论述方式。先从直观论述和物理例子引入能控性能观测性的问题和现象，再来概括给出能控性能观测性的严格定义。

4.1.1 对能控性和能观测性的直观讨论

考虑一个系统，输入和输出构成系统的外部变量，状态属于反映运动行为的系统内部变量。从物理直观性看，能控性研究系统内部状态"是否可由输入影响"的问题，能观测性研究系统内部状态"是否可由输出反映"的问题。如果系统内部每个状态变量都可由输入完全影响，则称系统的状态为完全能控。如果系统内部每个状态变量都可由输出完全反映，则称系统的状态为完全能观测。

下面，列举一些直观的例子，以期对能控性和能观测性的概念有一个感性化的认识。

例4.1 给定连续时间线性时不变系统，状态空间描述为

$$\begin{bmatrix}\dot{x}_1\\ \dot{x}_2\end{bmatrix}=\begin{bmatrix}4 & 0\\ 0 & -5\end{bmatrix}\begin{bmatrix}x_1\\ x_2\end{bmatrix}+\begin{bmatrix}1\\ 2\end{bmatrix}u$$

$$y=\begin{bmatrix}0 & -6\end{bmatrix}\begin{bmatrix}x_1\\ x_2\end{bmatrix}$$

将其表为标量方程组形式，有

$$\dot{x}_1 = 4x_1 + u$$
$$\dot{x}_2 = -5x_2 + 2u$$
$$y = -6x_2$$

可以直观看出，状态变量 x_1 和 x_2 都可由输入 u 完全影响，系统状态为完全能控。状态变量 x_2 可由输出 y 完全反映，但状态变量 x_1 和输出 y 没有直接或间接关系，系统状态为不完全能观测。

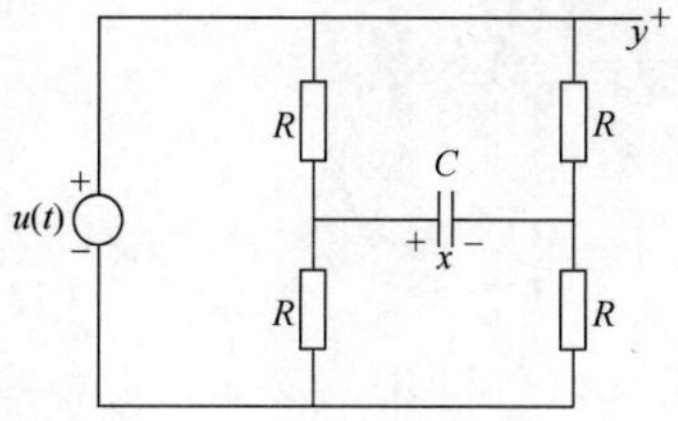

图 4.1　一个不能控和不能观测电路

例 4.2　考虑图 4.1 所示的电路。系统状态变量取为电容端电压 x，输入取为电压源 $u(t)$，输出取为电压 y。

可以直观看出，若有初始状态 $x(t_0)=0$，则不管如何选取输入 $u(t)$，对所有时刻 $t \geqslant t_0$ 都恒有 $x(t) \equiv 0$，状态 x 不受输入 $u(t)$ 影响即系统状态为不能控。若有输入 $u(t)=0$，则不论电容初始端电压即初始状态 $x(t_0)$ 取为多少，对所有时刻 $t \geqslant t_0$ 都恒有输出 $y(t) \equiv 0$，状态 x 不能由输出 $y(t)$ 反映即系统状态为不能观测。基此可知，这个电路为状态不能控和不能观测系统。

例 4.3　考虑图 4.2 所示的电路。取状态变量为 x_1 和 x_2，输入为 u，输出为 y。

对图 4.2(a)电路，若有初始状态 $x_1(t_0)=x_2(t_0)=0$，则不论如何选取输入 $u(t)$，对所有时刻 $t \geqslant t_0$，都只能使 $x_1(t)=x_2(t)$，而不能使 $x_1(t) \neq x_2(t)$。这意味着，在 x_1 和 x_2 的二维状态空间中，位于 $x_1(t)=x_2(t)$ 直线上的所有状态点均为能控，位于 $x_1(t)=x_2(t)$ 直线外的所有状态点均为不能控。基此可知，图 4.2(a)所示电路为不完全能控，且 $x_1(t)=x_2(t)$ 直线为系统的能控子空间。

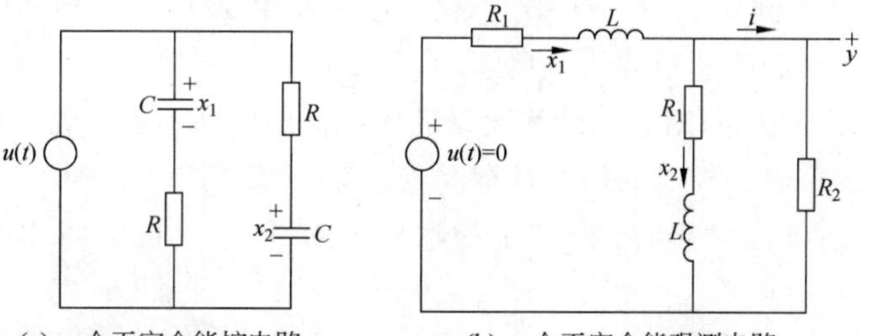

(a) 一个不完全能控电路　　(b) 一个不完全能观测电路

图 4.2

对图 4.2(b)电路，若有输入 $u(t)=0$，则对状态变量初始值相等即 $x_1(t_0)=x_2(t_0)$ 的情形，不论将 $x_1(t_0)$ 和 $x_2(t_0)$ 的值取为多少，对所有时刻 $t \geqslant t_0$ 都恒有电流 $i(t) \equiv 0$ 即 $y(t) \equiv 0$。这意味着，在 x_1 和 x_2 的二维状态空间中，位于 $x_1(t)=x_2(t)$ 直线上的所有状态点均不能由输出 $y(t)$ 反映即为不能观测，位于 $x_1(t)=$

$x_2(t)$直线外的所有状态点能由输出$y(t)$反映即为能观测。基此可知，图4.2(b)所示电路为不完全能观测，且$x_1(t)=x_2(t)$直线为系统的不能观测子空间。

应当指出，上述对能控性和能观测性的讨论，只是对这两个概念的一种直观的和不严密的说明。基于这种直观分析，只能用来解释和判断非常直观和非常简单系统的能控性和能观测性。为揭示能控性能观测性的本质属性，给出可用于分析和判断更为一般和更为复杂系统的能控性和能观测性的一般性准则，有待于对这两个概念建立严格的定义。

4.1.2 能控性的定义

考虑连续时间线性时变系统，状态方程为

$$\Sigma: \quad \dot{\boldsymbol{x}}=\boldsymbol{A}(t)\boldsymbol{x}+\boldsymbol{B}(t)\boldsymbol{u}, \quad t\in J \tag{4.1}$$

其中，$\boldsymbol{x}$为n维状态，$\boldsymbol{u}$为p维输入，J为时间定义区间，$\boldsymbol{A}(t)$和$\boldsymbol{B}(t)$为$n\times n$和$n\times p$时变矩阵，$\boldsymbol{A}(t)$的元在J上为绝对可积，$\boldsymbol{B}(t)$的元在J上为平方可积。

下面，从定义一个状态的能控性和能达性入手，再推广导出一个系统的能控性和能达性定义。

1. 一个状态的能控性和能达性

定义4.1［一个状态能控性］ 对连续时间线性时变系统(4.1)和指定初始时刻$t_0\in J$，称一个非零状态$\boldsymbol{x}_0$在时刻t_0为能控，如果存在一个时刻$t_1\in J, t_1>t_0$，以及一个无约束容许控制$\boldsymbol{u}(t), t\in[t_0,t_1]$，使系统状态由$\boldsymbol{x}(t_0)=\boldsymbol{x}_0$转移到$\boldsymbol{x}(t_1)=\boldsymbol{0}$。

定义4.2［一个状态能达性］ 对连续时间线性时变系统(4.1)和指定初始时刻$t_0\in J$，称一个非零状态$\boldsymbol{x}_f$在时刻t_0为能达，如果存在一个时刻$t_1\in J, t_1>t_0$，以及一个无约束容许控制$\boldsymbol{u}(t), t\in[t_0,t_1]$，使系统状态由$\boldsymbol{x}(t_0)=\boldsymbol{0}$转移到$\boldsymbol{x}(t_1)=\boldsymbol{x}_f$。

注1 能控性和能达性这两个概念中，重要的是存在输入$\boldsymbol{u}$可使初始状态经有限时间转移到目标状态，对状态转移运动的轨迹形态则并不加以关注和规定。

注2 无约束容许控制的提法具有双重含义。“无约束”反映输入$\boldsymbol{u}$的每个分量在幅值上的无限制性，“容许控制”是指输入$\boldsymbol{u}$所有分量在区间J上的平方可积属性。

注3 能控性和能达性是相对于时间区间J中的一个取定时刻t_0定义的，这对于时变系统是必要的。对线性时不变系统，能控性还是能达性都与时刻t_0的选取无关。

注4 尽管能控性和能达性在定义上只有微小差别，能控性规定为由非零状态转移到零状态，能达性规定为由零状态转移到非零状态，但两者的等价是有条件的。对连续时间线性时不变系统，能控性和能达性必为等价。对离散时间的线性时不变系统和线性时变系统，若系统矩阵为非奇异，则能控性和能达性为等价。对连续时间线性时变系统，能控性和能达性一般为不等价。

2. 系统的能控性和能达性

定义 4.3［系统完全能控/能达］　对连续时间线性时变系统(4.1)和指定初始时刻 $t_0 \in J$，称系统 Σ 在时刻 t_0 为完全能控/能达，如果状态空间中所有非零状态在时刻 $t_0 \in J$ 都为能控/能达。

定义 4.4［系统不完全能控/能达］　对连续时间线性时变系统(4.1)和指定初始时刻 $t_0 \in J$，称系统 Σ 在时刻 t_0 为不完全能控/能达，如果状态空间中存在一个非零状态或一个非空状态集合在时刻 $t_0 \in J$ 为不能控/能达。

注　从工程实际角度，系统为不完全能控/能达属于"奇异"情况。标称参数下的一个不完全能控/能达系统，随着组成元件参数值在环境影响下的很小变动，都可使其变为完全能控/能达。如图 4.1 的不能控电路，各个电阻参数值的任何不同变动都可破坏电路的对称性，从而使电路由不能控变为能控。若对线性时不变系统随机地选取系数矩阵 $\boldsymbol{A}$ 和 $\boldsymbol{B}$ 的元，则使系统为完全能控/能达的概率几乎等于 1。

3. 系统的一致能控性和一致能达性

定义 4.5［一致完全能控/能达］　称连续时间线性时变系统(4.1)为一致完全能控/能达，如果系统 Σ 对任意初始时刻 $t_0 \in J$ 均为完全能控/能达，即系统的能控/能达性与初始时刻 $t_0 \in J$ 的选取无关。

注　一致能控/能达性属于线性时变系统的特殊问题。对线性时不变系统，系统完全能控/能达必意味着一致完全能控/能达。

4.1.3　能观测性的定义

能观测性表征系统状态可由输出的完全反映性，需要同时考虑系统的状态方程和输出方程。考虑连续时间线性时变系统，状态方程和输出方程为

$$\begin{aligned}\Sigma:\quad &\dot{\boldsymbol{x}} = \boldsymbol{A}(t)\boldsymbol{x} + \boldsymbol{B}(t)\boldsymbol{u},\quad \boldsymbol{x}(t_0) = \boldsymbol{x}_0,\quad t_0, t \in J \\ &\boldsymbol{y} = \boldsymbol{C}(t)\boldsymbol{x} + \boldsymbol{D}(t)\boldsymbol{u}\end{aligned} \tag{4.2}$$

其中，$\boldsymbol{x}$ 为 n 维状态，$\boldsymbol{u}$ 为 p 维输入，$\boldsymbol{y}$ 为 q 维输出，J 为时间定义区间，$\boldsymbol{A}(t)$、$\boldsymbol{B}(t)$、$\boldsymbol{C}(t)$和 $\boldsymbol{D}(t)$为 $n\times n$、$n\times p$、$q\times n$ 和 $q\times p$ 时变矩阵，$\boldsymbol{A}(t)$的元在 J 上为绝对可积，$\boldsymbol{B}(t)$的元在 J 上为平方可积。

进而，可知系统 Σ 的状态解表达式为

$$\boldsymbol{x}(t) = \boldsymbol{\Phi}(t, t_0)\boldsymbol{x}_0 + \int_{t_0}^{t} \boldsymbol{\Phi}(t, \tau)\boldsymbol{B}(\tau)\boldsymbol{u}(\tau)\mathrm{d}\tau \tag{4.3}$$

其中，$\boldsymbol{\Phi}(t, \tau)$为系统状态转移矩阵。并且，若表输入 $\boldsymbol{u}$ 引起的等价状态为

$$\boldsymbol{\xi}(t) = \int_{t_0}^{t} \boldsymbol{\Phi}(t_0, \tau)\boldsymbol{B}(\tau)\boldsymbol{u}(\tau)\mathrm{d}\tau \tag{4.4}$$

则可将系统 Σ 的状态解表为

$$\boldsymbol{x}(t) = \boldsymbol{\Phi}(t, t_0)[\boldsymbol{x}_0 + \boldsymbol{\xi}(t)] \tag{4.5}$$

这意味着，在讨论能观测性即输出 $\boldsymbol{y}(t)$ 对 $\boldsymbol{x}(t)$ 的可反映性时，输入 $\boldsymbol{u}$ 的等价状态 $\boldsymbol{\xi}(t)$ 等同为初始状态，从而在状态方程中可去掉 $\boldsymbol{u}$ 的相关项。再由于只讨论状态 $\boldsymbol{x}(t)$ 由输出 $\boldsymbol{y}(t)$ 的可反映性，所以在输出方程中可去掉 $\boldsymbol{u}$ 的相关项。基此可以导出，对研究能观测性，系统的状态空间描述为

$$\begin{aligned}\Sigma:\quad &\dot{\boldsymbol{x}}=\boldsymbol{A}(t)\boldsymbol{x},\quad \boldsymbol{x}(t_0)=\boldsymbol{x}_0,\quad t_0,t\in J\\ &\boldsymbol{y}=\boldsymbol{C}(t)\boldsymbol{x}\end{aligned}\tag{4.6}$$

下面，基于系统的状态空间描述(4.6)，给出状态和系统能观测性的有关定义。

1. 一个状态的不能观测性

定义 4.6［一个状态不能观测性］ 对连续时间线性时变系统(4.6)和指定初始时刻 $t_0\in J$，称一个非零状态 $\boldsymbol{x}_0$ 在时刻 t_0 为不能观测，如果存在一个时刻 $t_1\in J$，$t_1>t_0$，使系统以 $\boldsymbol{x}(t_0)=\boldsymbol{x}_0$ 为初始状态的输出 $\boldsymbol{y}(t)$ 恒为零，即对所有 $t\in[t_0,t_1]$ 成立 $\boldsymbol{y}(t)\equiv\boldsymbol{0}$。

注 直观上，不能观测状态 $\boldsymbol{x}_0$ 具有这样属性，输出 $\boldsymbol{y}(t)$ 对以 $\boldsymbol{x}_0$ 为初始状态导致的运动响应 $\boldsymbol{x}_{0u}(t)$ 具有“过滤”作用，即 $\boldsymbol{x}_{0u}(t)$ 不能被反映在 $\boldsymbol{y}(t)$ 中。

2. 系统的能观测性

定义 4.7［系统完全能观测］ 对连续时间线性时变系统(4.6)和指定初始时刻 $t_0\in J$，称系统在时刻 t_0 为完全能观测，如果状态空间中所有非零状态在时刻 t_0 都不为不能观测。

定义 4.8［系统不完全能观测］ 对连续时间线性时变系统(4.6)和指定初始时刻 $t_0\in J$，称系统在时刻 t_0 为不完全能观测，如果状态空间中存在一个非零状态或一个非空状态集合在时刻 t_0 为不能观测。

注 从工程实际角度，系统为不完全能观测也属于“奇异”情况。一个实际系统为能观测的概率几乎为 1。若对线性时不变系统随机地选取系数矩阵 $\boldsymbol{A}$ 和 $\boldsymbol{C}$ 的元，则使系统为完全能观测的概率几乎等于 1。

3. 系统一致能观测性

定义 4.9［系统一致完全能观测］ 称连续时间线性时变系统(4.6)为一致完全能观测，如果系统对任意时刻 $t_0\in J$ 均为完全能观测，即能观测和初始时刻 $t_0\in J$ 的选取无关。

注 一致能观测性属于线性时变系统的特殊问题。对线性时不变系统，系统完全能观测必意味着一致完全能观测。

4.2 连续时间线性时不变系统的能控性判据

本节以连续时间线性时不变系统为研究对象，讨论基于系数矩阵判定能控性的常用准则。主要包括格拉姆(Gram)矩阵判据、秩判据、约当规范形判据、PBH 判据

等。这些判据,或在理论上具有重要意义,或在应用上十分简便。

4.2.1 格拉姆矩阵判据

考虑连续时间线性时不变系统,状态方程为

$$\dot{\boldsymbol{x}}=\boldsymbol{A}\boldsymbol{x}+\boldsymbol{B}\boldsymbol{u},\quad \boldsymbol{x}(0)=\boldsymbol{x}_0,\quad t\geqslant 0 \tag{4.7}$$

其中,$\boldsymbol{x}$ 为 n 维状态,$\boldsymbol{u}$ 为 p 维输入,$\boldsymbol{A}$ 和 $\boldsymbol{B}$ 为 $n\times n$ 和 $n\times p$ 常值矩阵。

结论 4.1 [能控性格拉姆矩阵判据] 连续时间线性时不变系统(4.7)为完全能控的充分必要条件是,存在时刻 $t_1>0$,使如下定义的格拉姆矩阵

$$\boldsymbol{W}_{\mathrm{c}}[0,t_1]\triangleq\int_0^{t_1}\mathrm{e}^{-\boldsymbol{A}t}\boldsymbol{B}\boldsymbol{B}^{\mathrm{T}}\mathrm{e}^{-\boldsymbol{A}^{\mathrm{T}}t}\mathrm{d}t \tag{4.8}$$

为非奇异。

证 先证充分性。已知 $\boldsymbol{W}_{\mathrm{c}}[0,t_1]$非奇异,欲证系统完全能控。

采用构造性方法。由 $\boldsymbol{W}_{\mathrm{c}}[0,t_1]$非奇异,可知 $\boldsymbol{W}_{\mathrm{c}}^{-1}[0,t_1]$存在。基此,对状态空间中任一非零状态 $\boldsymbol{x}_0$,均可构造相应控制输入 $\boldsymbol{u}(t)$为

$$\boldsymbol{u}(t)=-\boldsymbol{B}^{\mathrm{T}}\mathrm{e}^{-\boldsymbol{A}^{\mathrm{T}}t}\boldsymbol{W}_{\mathrm{c}}^{-1}[0,t_1]\boldsymbol{x}_0,\quad t\in[0,t_1] \tag{4.9}$$

使 $\boldsymbol{u}(t)$作用下状态 $\boldsymbol{x}(t)$在时刻 t_1 的结果为

$$\begin{aligned}\boldsymbol{x}(t_1)&=\mathrm{e}^{\boldsymbol{A}t_1}\boldsymbol{x}_0+\int_0^{t_1}\mathrm{e}^{\boldsymbol{A}(t_1-t)}\boldsymbol{B}\boldsymbol{u}(t)\mathrm{d}t\\&=\mathrm{e}^{\boldsymbol{A}t_1}\boldsymbol{x}_0-\left\{\mathrm{e}^{\boldsymbol{A}t_1}\int_0^{t_1}\mathrm{e}^{-\boldsymbol{A}t}\boldsymbol{B}\boldsymbol{B}^{\mathrm{T}}\mathrm{e}^{-\boldsymbol{A}^{\mathrm{T}}t}\mathrm{d}t\right\}\boldsymbol{W}_{\mathrm{c}}^{-1}[0,t_1]\boldsymbol{x}_0\\&=\mathrm{e}^{\boldsymbol{A}t_1}\boldsymbol{x}_0-\mathrm{e}^{\boldsymbol{A}t_1}\boldsymbol{W}_{\mathrm{c}}[0,t_1]\boldsymbol{W}_{\mathrm{c}}^{-1}[0,t_1]\boldsymbol{x}_0\\&=\mathrm{e}^{\boldsymbol{A}t_1}\boldsymbol{x}_0-\mathrm{e}^{\boldsymbol{A}t_1}\boldsymbol{x}_0=\boldsymbol{0},\quad \forall\boldsymbol{x}_0\in\mathscr{R}^n\end{aligned} \tag{4.10}$$

这表明,状态空间 $\mathscr{R}^n$ 中所有非零状态均为能控。据定义,系统完全能控。充分性得证。

再证必要性。已知系统完全能控,欲证 $\boldsymbol{W}_{\mathrm{c}}[0,t_1]$非奇异。

采用反证法。反设 $\boldsymbol{W}_{\mathrm{c}}[0,t_1]$奇异,即状态空间 $\mathscr{R}^n$ 中存在一个非零状态 $\bar{\boldsymbol{x}}_0$ 使下式成立:

$$\bar{\boldsymbol{x}}_0^{\mathrm{T}}\boldsymbol{W}_{\mathrm{c}}[0,t_1]\bar{\boldsymbol{x}}_0=0 \tag{4.11}$$

基此,可进而导出:

$$\begin{aligned}0=\bar{\boldsymbol{x}}_0^{\mathrm{T}}\boldsymbol{W}_{\mathrm{c}}[0,t_1]\bar{\boldsymbol{x}}_0&=\int_0^{t_1}\bar{\boldsymbol{x}}_0^{\mathrm{T}}\mathrm{e}^{-\boldsymbol{A}t}\boldsymbol{B}\boldsymbol{B}^{\mathrm{T}}\mathrm{e}^{-\boldsymbol{A}^{\mathrm{T}}t}\bar{\boldsymbol{x}}_0\mathrm{d}t\\&=\int_0^{t_1}[\boldsymbol{B}^{\mathrm{T}}\mathrm{e}^{-\boldsymbol{A}^{\mathrm{T}}t}\bar{\boldsymbol{x}}_0]^{\mathrm{T}}[\boldsymbol{B}^{\mathrm{T}}\mathrm{e}^{-\boldsymbol{A}^{\mathrm{T}}t}\bar{\boldsymbol{x}}_0]\mathrm{d}t\\&\doteq\int_0^{t_1}\|\boldsymbol{B}^{\mathrm{T}}\mathrm{e}^{-\boldsymbol{A}^{\mathrm{T}}t}\bar{\boldsymbol{x}}_0\|^2\mathrm{d}t\end{aligned} \tag{4.12}$$

其中,$\|\cdot\|$表示所示向量的范数,而范数必为非负值。欲上式成立,只可能有

$$\boldsymbol{B}^{\mathrm{T}}\mathrm{e}^{-\boldsymbol{A}^{\mathrm{T}}t}\bar{\boldsymbol{x}}_0=\boldsymbol{0},\quad \forall t\in[0,t_1] \tag{4.13}$$

另一方面,由系统完全能控知,对状态空间 $\mathscr{R}^n$ 中包括上述 $\bar{\boldsymbol{x}}_0$ 在内所有非零状态,均

可找到相应输入 $\boldsymbol{u}(t)$ 使下式成立：

$$\mathbf{0}=\boldsymbol{x}(t_1)=\mathrm{e}^{\boldsymbol{A}t_1}\bar{\boldsymbol{x}}_0+\int_0^{t_1}\mathrm{e}^{\boldsymbol{A}t_1}\mathrm{e}^{-\boldsymbol{A}t}\boldsymbol{Bu}(t)\mathrm{d}t \tag{4.14}$$

由此，又可导出：

$$\bar{\boldsymbol{x}}_0=-\int_0^{t_1}\mathrm{e}^{-\boldsymbol{A}t}\boldsymbol{Bu}(t)\mathrm{d}t \tag{4.15}$$

$$\|\bar{\boldsymbol{x}}_0\|^2=\bar{\boldsymbol{x}}_0^{\mathrm{T}}\bar{\boldsymbol{x}}_0=\left[-\int_0^{t_1}\mathrm{e}^{-\boldsymbol{A}t}\boldsymbol{Bu}(t)\mathrm{d}t\right]^{\mathrm{T}}\bar{\boldsymbol{x}}_0=-\int_0^{t_1}\boldsymbol{u}^{\mathrm{T}}(t)[\boldsymbol{B}^{\mathrm{T}}\mathrm{e}^{-\boldsymbol{A}^{\mathrm{T}}t}\bar{\boldsymbol{x}}_0]\mathrm{d}t \tag{4.16}$$

从而，利用式(4.13)，由式(4.16)可进一步得到

$$\|\bar{\boldsymbol{x}}_0\|^2=0 \quad 即 \quad \bar{\boldsymbol{x}}_0=\mathbf{0} \tag{4.17}$$

这表明，反设“$\boldsymbol{W}_{\mathrm{c}}[0,t_1]$奇异即 $\bar{\boldsymbol{x}}_0$ 非零”矛盾于由已知系统完全能控导出的结果式(4.17)。从而，反设不成立，证得 $\boldsymbol{W}_{\mathrm{c}}[0,t_1]$非奇异。必要性得证。证明完成。

注 1 格拉姆矩阵判据的意义在于理论分析和推导中的应用。运用于具体判别时，由于判别过程包括矩阵指数函数计算和积分计算，这对高维系统并非易事。

注 2 对完全能控连续时间线性时不变系统，基于格拉姆矩阵可给出使任意非零初态在有限时间内转移到原点的控制输入的构造关系式。

注 3 运用格拉姆矩阵判据的类同推证可以证明，对连续时间线性时不变系统，“$\boldsymbol{W}_{\mathrm{c}}[0,t_1]$非奇异”也是“系统完全能达”的充分必要条件。据此，有

系统完全能控 $\Leftrightarrow$ $\boldsymbol{W}_{\mathrm{c}}[0,t_1]$为非奇异 $\Leftrightarrow$ 系统完全能达

这就表明，对连续时间线性时不变系统，能控性等价于能达性。

4.2.2 秩判据

秩判据由于直接基于系统系数矩阵 $\boldsymbol{A}$ 和 $\boldsymbol{B}$，且只涉及矩阵的相乘和求秩运算，因而在具体判别中得到广泛应用。

结论 4.2［能控性秩判据］ 对 n 维连续时间线性时不变系统(4.7)，构造能控性判别矩阵：

$$\boldsymbol{Q}_{\mathrm{c}}=[\boldsymbol{B} \vdots \boldsymbol{AB} \vdots \cdots \vdots \boldsymbol{A}^{n-1}\boldsymbol{B}] \tag{4.18}$$

则系统完全能控的充分必要条件为

$$\mathrm{rank}\boldsymbol{Q}_{\mathrm{c}}=\mathrm{rank}[\boldsymbol{B} \vdots \boldsymbol{AB} \vdots \cdots \vdots \boldsymbol{A}^{n-1}\boldsymbol{B}]=n \tag{4.19}$$

例 4.4 考虑前面曾讨论过的例 4.1，状态方程为

$$\dot{\boldsymbol{x}}=\begin{bmatrix}4 & 0\\0 & -5\end{bmatrix}\boldsymbol{x}+\begin{bmatrix}1\\2\end{bmatrix}u,\quad n=2$$

通过计算，得到

$$\boldsymbol{Q}_{\mathrm{c}}=[\boldsymbol{B} \vdots \boldsymbol{AB}]=\begin{bmatrix}1 & 4\\2 & -10\end{bmatrix}$$

容易判定，$\mathrm{rank}\boldsymbol{Q}_{\mathrm{c}}=2=n$。据秩判据知，系统完全能控。

例 4.5　考虑前面曾讨论过的图 4.2(a)所示电路，定出状态方程为

$$\begin{bmatrix}\dot{x}_1\\ \dot{x}_2\end{bmatrix}=\begin{bmatrix}-\dfrac{1}{RC} & 0\\ 0 & -\dfrac{1}{RC}\end{bmatrix}\begin{bmatrix}x_1\\ x_2\end{bmatrix}+\begin{bmatrix}\dfrac{1}{RC}\\ \dfrac{1}{RC}\end{bmatrix}u,\quad n=2$$

其中，R 和 C 可取为任意有限值。通过计算，得到

$$\boldsymbol{Q}_{\mathrm{c}}=[\boldsymbol{B}\ \vdots\ \boldsymbol{AB}]=\begin{bmatrix}\dfrac{1}{RC} & -\dfrac{1}{(RC)^2}\\ \dfrac{1}{RC} & -\dfrac{1}{(RC)^2}\end{bmatrix}$$

容易判定，$\mathrm{rank}\boldsymbol{Q}_{\mathrm{c}}=1<2=n$。据秩判据知，系统不完全能控。

例 4.6　给定连续时间线性时不变系统为

$$\dot{\boldsymbol{x}}=\begin{bmatrix}-1 & -4 & -2\\ 0 & 6 & -1\\ 1 & 7 & -1\end{bmatrix}\boldsymbol{x}+\begin{bmatrix}2 & 0\\ 0 & 1\\ 1 & 1\end{bmatrix}\boldsymbol{u},\quad n=3$$

通过计算，得到

$$\boldsymbol{Q}_{\mathrm{c}}=[\boldsymbol{B}\ \vdots\ \boldsymbol{AB}\ \vdots\ \boldsymbol{A}^2\boldsymbol{B}]=\begin{bmatrix}2 & 0 & -4 & * & * & *\\ 0 & 1 & -1 & * & * & *\\ 1 & 1 & 1 & * & * & *\end{bmatrix}$$

考虑到，由上述判别矩阵的前三列，已可判定：

$$\det\begin{bmatrix}2 & 0 & -4\\ 0 & 1 & -1\\ 1 & 1 & 1\end{bmatrix}\neq 0$$

$$\mathrm{rank}\boldsymbol{Q}_{\mathrm{c}}=3=n$$

基此，后三列无须进行计算，可用 * 号代替。据秩判据知，系统完全能控。

4.2.3　PBH 判据

能控性 PBH 判据包括“PBH 秩判据”和“PBH 特征向量判据”。由波波夫(Popov)和贝尔维奇(Belevitch)提出，并由豪塔斯(Hautus)指出其广泛可应用性。以他们姓氏首字母组合命名，习惯地称为 PBH 判据。

结论 4.3［能控性 PBH 秩判据］　n 维连续时间线性时不变系统(4.7)完全能控的充分必要条件为

$$\mathrm{rank}[s\boldsymbol{I}-\boldsymbol{A},\boldsymbol{B}]=n,\quad \forall s\in\mathscr{C} \tag{4.20}$$

或

$$\mathrm{rank}[\lambda_i\boldsymbol{I}-\boldsymbol{A},\boldsymbol{B}]=n,\quad i=1,2,\cdots,n \tag{4.21}$$

其中，$\mathscr{C}$ 为复数域，$\lambda_i\,(i=1,2,\cdots,n)$为系统特征值。

注　需要指出，对状态方程作线性非奇异变换不改变系统能控性。对这一事实的证明在 4.8 节给出。

例 4.7 给定连续时间线性时不变系统为

$$\dot{\boldsymbol{x}}=\begin{bmatrix}0&1&0&0\\0&0&-1&0\\0&0&0&1\\0&0&5&0\end{bmatrix}\boldsymbol{x}+\begin{bmatrix}0&1\\1&0\\0&1\\-2&0\end{bmatrix}\boldsymbol{u},\quad n=4$$

首先,定出判别矩阵:

$$[s\boldsymbol{I}-\boldsymbol{A},\boldsymbol{B}]=\begin{bmatrix}s&-1&0&0&0&1\\0&s&1&0&1&0\\0&0&s&-1&0&1\\0&0&-5&s&-2&0\end{bmatrix}$$

进而,定出矩阵 $\boldsymbol{A}$ 的特征值,有

$$\lambda_1=\lambda_2=0,\quad \lambda_3=\sqrt{5},\quad \lambda_4=-\sqrt{5}$$

下面,针对各个特征值,检验判别矩阵的秩。对 $s=\lambda_1=\lambda_2=0$,通过计算,有

$$\begin{aligned}\mathrm{rank}[s\boldsymbol{I}-\boldsymbol{A},\boldsymbol{B}]&=\mathrm{rank}\begin{bmatrix}0&-1&0&0&0&1\\0&0&1&0&1&0\\0&0&0&-1&0&1\\0&0&-5&0&-2&0\end{bmatrix}\\&=\mathrm{rank}\begin{bmatrix}-1&0&0&0\\0&1&0&1\\0&0&-1&0\\0&-5&0&-2\end{bmatrix}=4=n\end{aligned}$$

对 $s=\lambda_3=\sqrt{5}$,通过计算,有

$$\begin{aligned}\mathrm{rank}[s\boldsymbol{I}-\boldsymbol{A},\boldsymbol{B}]&=\mathrm{rank}\begin{bmatrix}\sqrt{5}&-1&0&0&0&1\\0&\sqrt{5}&1&0&1&0\\0&0&\sqrt{5}&-1&0&1\\0&0&-5&\sqrt{5}&-2&0\end{bmatrix}\\&=\mathrm{rank}\begin{bmatrix}\sqrt{5}&-1&0&1\\0&\sqrt{5}&1&0\\0&0&0&1\\0&0&-2&0\end{bmatrix}=4=n\end{aligned}$$

对 $s=\lambda_4=-\sqrt{5}$,通过计算,有

$$\mathrm{rank}[s\boldsymbol{I}-\boldsymbol{A},\boldsymbol{B}]=\mathrm{rank}\begin{bmatrix}-\sqrt{5}&-1&0&0&0&1\\0&-\sqrt{5}&1&0&1&0\\0&0&-\sqrt{5}&-1&0&1\\0&0&-5&-\sqrt{5}&-2&0\end{bmatrix}$$

$$=\text{rank}\begin{bmatrix}-\sqrt{5} & -1 & 0 & 1\\ 0 & -\sqrt{5} & 1 & 0\\ 0 & 0 & 0 & 1\\ 0 & 0 & -2 & 0\end{bmatrix}=4=n$$

这表明,满足 PBH 秩判据条件,系统完全能控。

结论 4.4［能控性 PBH 特征向量判据］　n 维连续时间线性时不变系统(4.7)完全能控的充分必要条件为,矩阵 $\boldsymbol{A}$ 不存在与 $\boldsymbol{B}$ 所有列正交的非零左特征向量,即对矩阵 $\boldsymbol{A}$ 所有特征值 $\lambda_i(i=1,2,\cdots,n)$,使同时满足

$$\boldsymbol{\alpha}^{\mathrm{T}}\boldsymbol{A}=\lambda_i\boldsymbol{\alpha}^{\mathrm{T}},\quad \boldsymbol{\alpha}^{\mathrm{T}}\boldsymbol{B}=\boldsymbol{0} \tag{4.22}$$

的左特征向量 $\boldsymbol{\alpha}^{\mathrm{T}}=\boldsymbol{0}$。

注　能控性 PBH 特征向量判据主要用于理论分析中,特别是线性时不变系统的复频率域分析中。

4.2.4　约当规范形判据

约当规范形判据是基于系统约当规范形判别能控性的一类判据。特点是判别的直观性,在不计及变换运算下,只需直接观测输入矩阵或通过简便计算就可给出判别结果。

结论 4.5［能控性约当规范形判据］　对 n 维连续时间线性时不变系统(4.7),设 n 个特征值 $\lambda_1,\lambda_2,\cdots,\lambda_n$ 为两两相异,则系统完全能控的充分必要条件为,对状态方程(4.7)通过线性非奇异变换导出的约当规范形:

$$\dot{\bar{\boldsymbol{x}}}=\begin{bmatrix}\lambda_1 & & & \\ & \lambda_2 & & \\ & & \ddots & \\ & & & \lambda_n\end{bmatrix}\bar{\boldsymbol{x}}+\bar{\boldsymbol{B}}u \tag{4.23}$$

矩阵 $\bar{\boldsymbol{B}}$ 不包含零行向量,即 $\bar{\boldsymbol{B}}$ 的各个行向量满足:

$$\bar{\boldsymbol{b}}_i\neq\boldsymbol{0},\quad i=1,2,\cdots,n \tag{4.24}$$

结论 4.6［能控性约当规范形判据］　对 n 维连续时间线性时不变系统(4.7),设 n 个特征值为 $\lambda_1(\sigma_1$ 重,α_1 重$)$,$\lambda_2(\sigma_2$ 重,α_2 重$)$,$\cdots$,$\lambda_l(\sigma_l$ 重,α_l 重$)$,且有$(\sigma_1+\sigma_2+\cdots+\sigma_l)=n$,$\lambda_i\neq\lambda_j$,$\forall i\neq j$,则系统完全能控的充分必要条件为,对状态方程(4.7)通过线性非奇异变换导出的约当规范形:

$$\dot{\hat{\boldsymbol{x}}}=\hat{\boldsymbol{A}}\hat{\boldsymbol{x}}+\hat{\boldsymbol{B}}\boldsymbol{u} \tag{4.25}$$

其中

$$\underset{(n\times n)}{\hat{\boldsymbol{A}}}=\begin{bmatrix}\boldsymbol{J}_1 & & & \\ & \boldsymbol{J}_2 & & \\ & & \ddots & \\ & & & \boldsymbol{J}_l\end{bmatrix},\quad \underset{(n\times p)}{\hat{\boldsymbol{B}}}=\begin{bmatrix}\hat{\boldsymbol{B}}_1\\ \hat{\boldsymbol{B}}_2\\ \vdots\\ \hat{\boldsymbol{B}}_l\end{bmatrix} \tag{4.26}$$

$$\underset{(\sigma_i\times\sigma_i)}{\boldsymbol{J}_i}=\begin{bmatrix}\boldsymbol{J}_{i1} & & & \\ & \boldsymbol{J}_{i2} & & \\ & & \ddots & \\ & & & \boldsymbol{J}_{i\alpha_i}\end{bmatrix},\quad \underset{(\sigma_i\times p)}{\hat{\boldsymbol{B}}_i}=\begin{bmatrix}\hat{\boldsymbol{B}}_{i1}\\ \hat{\boldsymbol{B}}_{i2}\\ \vdots \\ \hat{\boldsymbol{B}}_{i\alpha_i}\end{bmatrix} \tag{4.27}$$

$$\underset{(r_{ik}\times r_{ik})}{\boldsymbol{J}_{ik}}=\begin{bmatrix}\lambda_i & 1 & & & \\ & \lambda_i & 1 & & \\ & & \ddots & \ddots & \\ & & & \ddots & 1 \\ & & & & \lambda_i\end{bmatrix},\quad \underset{(r_{ik}\times p)}{\hat{\boldsymbol{B}}_{ik}}=\begin{bmatrix}\hat{\boldsymbol{b}}_{1ik}\\ \hat{\boldsymbol{b}}_{2ik}\\ \vdots \\ \hat{\boldsymbol{b}}_{rik}\end{bmatrix} \tag{4.28}$$

$$\gamma_{i1}+\gamma_{i2}+\cdots+\gamma_{i\alpha_i}=\sigma_i \tag{4.29}$$

由 $\hat{\boldsymbol{B}}_{i1},\hat{\boldsymbol{B}}_{i2},\cdots,\hat{\boldsymbol{B}}_{i\alpha_i}$ 末行组成的矩阵行线性无关对 $i=1,2,\cdots,l$ 均成立，即有

$$\operatorname{rank}\begin{bmatrix}\hat{\boldsymbol{b}}_{ri1}\\ \hat{\boldsymbol{b}}_{ri2}\\ \vdots \\ \hat{\boldsymbol{b}}_{ri\alpha_i}\end{bmatrix}=\alpha_i,\quad \forall\, i=1,2,\cdots,l \tag{4.30}$$

例 4.8 给定特征值两两相异的一个连续时间线性时不变系统，设其约当规范形状态方程为

$$\begin{bmatrix}\dot{x}_1\\ \dot{x}_2\\ \dot{x}_3\end{bmatrix}=\begin{bmatrix}-7 & 0 & 0\\ 0 & -2 & 0\\ 0 & 0 & 1\end{bmatrix}\begin{bmatrix}x_1\\ x_2\\ x_3\end{bmatrix}+\begin{bmatrix}0 & 2\\ 4 & 0\\ 0 & 1\end{bmatrix}\begin{bmatrix}u_1\\ u_2\end{bmatrix}$$

直接观察可知，矩阵 $\bar{\boldsymbol{B}}$ 不包含零行。据约当规范形判据，系统完全能控。

例 4.9 给定包含重特征值的一个连续时间线性时不变系统，设其约当规范形状态方程为

$$\dot{\hat{\boldsymbol{x}}}=\begin{bmatrix}-2 & 1 & & & & & \\ 0 & -2 & & & & & \\ & & -2 & & & & \\ & & & -2 & & & \\ & & & & 3 & 1 & \\ & & & & 0 & 3 & \\ & & & & & & 3\end{bmatrix}\hat{\boldsymbol{x}}+\begin{bmatrix}0 & 0 & 0\\ 1 & 0 & 0\\ 0 & 4 & 0\\ 0 & 0 & 7\\ 0 & 0 & 0\\ 1 & 1 & 0\\ 0 & 4 & 1\end{bmatrix}\boldsymbol{u}$$

对应于 $\lambda_1=-2$ 和 $\lambda_2=3$ 各个约当小块的末行，找出矩阵 $\hat{\boldsymbol{B}}$ 的相应行，组成如下两个矩阵：

$$\begin{bmatrix}\hat{\boldsymbol{b}}_{\gamma 11}\\ \hat{\boldsymbol{b}}_{\gamma 12}\\ \hat{\boldsymbol{b}}_{\gamma 13}\end{bmatrix}=\begin{bmatrix}1 & 0 & 0\\ 0 & 4 & 0\\ 0 & 0 & 7\end{bmatrix},\quad \begin{bmatrix}\hat{\boldsymbol{b}}_{\gamma 21}\\ \hat{\boldsymbol{b}}_{\gamma 22}\end{bmatrix}=\begin{bmatrix}1 & 1 & 0\\ 0 & 4 & 1\end{bmatrix}$$

可以看出,它们均为行满秩。据约当规范形判据,系统完全能控。

4.2.5　能控性指数

现在引入能控性指数概念。在一些综合问题中,不管时域方法还是复频域方法,都会用到能控性指数概念。考虑连续时间线性时不变系统:

$$\dot{\boldsymbol{x}}=\boldsymbol{A}\boldsymbol{x}+\boldsymbol{B}\boldsymbol{u},\quad \boldsymbol{x}(0)=\boldsymbol{x}_0,\quad t\geqslant 0 \tag{4.31}$$

其中,$\boldsymbol{x}$ 为 n 维状态,$\boldsymbol{u}$ 为 p 维输入,$\boldsymbol{A}$ 和 $\boldsymbol{B}$ 为 $n\times n$ 和 $n\times p$ 的常值矩阵。表 k 为正整数,组成如下一个 $n\times kp$ 矩阵:

$$\boldsymbol{Q}_k=[\boldsymbol{B}\ \vdots\ \boldsymbol{A}\boldsymbol{B}\ \vdots\ \boldsymbol{A}^2\boldsymbol{B}\ \vdots\ \cdots\quad \boldsymbol{A}^{k-1}\boldsymbol{B}] \tag{4.32}$$

当 $k=n$ 时,$\boldsymbol{Q}_k$ 即为能控性判别矩阵。

定义 4.10［能控性指数］　对完全能控连续时间线性时不变系统(4.31),定义系统的能控性指数为

$$\mu=\text{使“}\mathrm{rank}\boldsymbol{Q}_k=n\text{”成立的 }k\text{ 最小正整数} \tag{4.33}$$

注　直观上,能控性指数 μ 可这样确定,对矩阵 $\boldsymbol{Q}_k$ 将 k 依次由 1 增加直到有 $\mathrm{rank}\boldsymbol{Q}_k=n$,则 k 这个临界值即为 μ。

对能控性指数,可以导出如下一些结论。

结论 4.7［能控性指数］　对完全能控单输入连续时间线性时不变系统(4.31),状态维数为 n,则系统能控性指数为

$$\mu=n \tag{4.34}$$

结论 4.8［能控性指数］　对完全能控多输入连续时间线性时不变系统(4.31),状态维数为 n,输入维数为 p,设 $\mathrm{rank}\boldsymbol{B}=r$,则系统能控性指数满足如下估计:

$$\frac{n}{p}\leqslant\mu\leqslant n-r+1 \tag{4.35}$$

结论 4.9［能控性指数］　对完全能控多输入连续时间线性时不变系统(4.31),状态维数为 n,输入维数为 p,$\mathrm{rank}\boldsymbol{B}=r$,$\bar{n}$ 为矩阵 $\boldsymbol{A}$ 最小多项式的次数,则系统能控性指数满足如下估计:

$$\frac{n}{p}\leqslant\mu\leqslant\min(\bar{n},n-r+1) \tag{4.36}$$

结论 4.10［能控性判据］　对多输入连续时间线性时不变系统(4.31),状态维数为 n,输入维数为 p,$\mathrm{rank}\boldsymbol{B}=r$,则系统完全能控的充分必要条件为

$$\mathrm{rank}\boldsymbol{Q}_{n-r+1}=\mathrm{rank}[\boldsymbol{B}\ \vdots\ \boldsymbol{A}\boldsymbol{B}\ \vdots\ \cdots\ \vdots\ \boldsymbol{A}^{n-r}\boldsymbol{B}]=n \tag{4.37}$$

结论 4.11［能控性指数属性］　对完全能控多输入连续时间线性时不变系统

(4.31),状态维数为 n,输入维数为 p,设 $\mathrm{rank}\boldsymbol{B}=r$,将 $\boldsymbol{Q}_\mu$ 表为

$$\boldsymbol{Q}_\mu=[\boldsymbol{b}_1,\boldsymbol{b}_2,\cdots,\boldsymbol{b}_p \vdots \boldsymbol{A}\boldsymbol{b}_1,\boldsymbol{A}\boldsymbol{b}_2,\cdots,\boldsymbol{A}\boldsymbol{b}_p \vdots \boldsymbol{A}^2\boldsymbol{b}_1,\boldsymbol{A}^2\boldsymbol{b}_2,\cdots,\boldsymbol{A}^2\boldsymbol{b}_p \vdots \cdots \vdots \boldsymbol{A}^{\mu-1}\boldsymbol{b}_1,\boldsymbol{A}^{\mu-1}\boldsymbol{b}_2,\cdots,\boldsymbol{A}^{\mu-1}\boldsymbol{b}_p] \tag{4.38}$$

并从左至右依次搜索 $\boldsymbol{Q}_\mu$ 的 n 个线性无关列,即若某个列不能表示成其左方各线性独立列的线性组合就为线性无关,否则为线性相关。考虑到 $\boldsymbol{B}$ 中有且仅有 r 个线性无关列,且不妨令为 $\boldsymbol{b}_1,\boldsymbol{b}_2,\cdots,\boldsymbol{b}_r$,再将按此搜索方式得到的 n 个线性无关列重新排列为

$$\begin{gathered}\boldsymbol{b}_1,\boldsymbol{A}\boldsymbol{b}_1,\cdots,\boldsymbol{A}^{\mu_1-1}\boldsymbol{b}_1;\boldsymbol{b}_2,\boldsymbol{A}\boldsymbol{b}_2,\cdots,\boldsymbol{A}^{\mu_2-1}\boldsymbol{b}_2;\cdots;\\ \boldsymbol{b}_r,\boldsymbol{A}\boldsymbol{b}_r,\cdots,\boldsymbol{A}^{\mu_r-1}\boldsymbol{b}_r\end{gathered} \tag{4.39}$$

其中

$$\mu_1+\mu_2+\cdots+\mu_r=n \tag{4.40}$$

则能控性指数 μ 满足关系式:

$$\mu=\max\{\mu_1,\mu_2,\cdots,\mu_r\} \tag{4.41}$$

且称 $\{\mu_1,\mu_2,\cdots,\mu_r\}$ 为系统的能控性指数集。

例 4.10 给定连续时间线性时不变系统为

$$\dot{\boldsymbol{x}}=\begin{bmatrix}-1 & -4 & -2\\ 0 & 6 & -1\\ 1 & 7 & -1\end{bmatrix}\boldsymbol{x}+\begin{bmatrix}2 & 0\\ 0 & 1\\ 1 & 1\end{bmatrix}\boldsymbol{u},\quad n=3,\quad \mathrm{rank}\boldsymbol{B}=2$$

通过计算,得到

$$\mathrm{rank}\boldsymbol{Q}_{\mathrm{c}}=\mathrm{rank}[\boldsymbol{B} \vdots \boldsymbol{A}\boldsymbol{B} \vdots \boldsymbol{A}^2\boldsymbol{B}]=\mathrm{rank}\begin{bmatrix}2 & 0 & -4 & * & * & *\\ 0 & 1 & -1 & * & * & *\\ 1 & 1 & 1 & * & * & *\end{bmatrix}=3=n$$

这表明,系统完全能控,且能控性指数集和能控性指数为

$$\{\mu_1=2,\mu_2=1\}\quad 和\quad \mu=\max\{\mu_1=2,\mu_2=1\}=2$$

4.3 连续时间线性时不变系统的能观测性判据

能观测性和能控性两者在特性和判据上是对偶的,这可由本节关于连续时间线性时不变系统能观测性判据的讨论得出。

4.3.1 格拉姆矩阵判据

考虑连续时间线性时不变系统,其用于讨论能观测性问题的状态空间描述为

$$\begin{aligned}&\dot{\boldsymbol{x}}=\boldsymbol{A}\boldsymbol{x},\quad \boldsymbol{x}(0)=\boldsymbol{x}_0,\quad t\geqslant 0\\ &\boldsymbol{y}=\boldsymbol{C}\boldsymbol{x}\end{aligned} \tag{4.42}$$

其中，$\boldsymbol{x}$ 为 n 维状态，$\boldsymbol{y}$ 为 q 维输出，$\boldsymbol{A}$ 和 $\boldsymbol{C}$ 为 $n\times n$ 和 $q\times n$ 常值矩阵。

结论 4.12 [能观测性格拉姆矩阵判据]　对连续时间线性时不变系统(4.42)，系统完全能观测的充分必要条件为，存在时刻 $t_1>0$，如下定义的格拉姆矩阵

$$\boldsymbol{W}_{\mathrm{o}}[0,t_1]\triangleq\int_0^{t_1}\mathrm{e}^{\boldsymbol{A}^{\mathrm{T}}t}\boldsymbol{C}^{\mathrm{T}}\boldsymbol{C}\mathrm{e}^{\boldsymbol{A}t}\,\mathrm{d}t \tag{4.43}$$

为非奇异。

证　先证充分性。已知 $\boldsymbol{W}_{\mathrm{o}}[0,t_1]$ 非奇异，欲证系统完全能观测。

采用构造性方法。由 $\boldsymbol{W}_{\mathrm{o}}[0,t_1]$ 非奇异，可知逆 $\boldsymbol{W}_{\mathrm{o}}^{-1}[0,t_1]$ 存在。基此，对区间 $[0,t_1]$ 上任意输出 $\boldsymbol{y}(t)$，构造：

$$\begin{aligned}\boldsymbol{W}_{\mathrm{o}}^{-1}[0,t_1]\int_0^{t_1}\mathrm{e}^{\boldsymbol{A}^{\mathrm{T}}t}\boldsymbol{C}^{\mathrm{T}}\boldsymbol{y}(t)\,\mathrm{d}t&=\boldsymbol{W}_{\mathrm{o}}^{-1}[0,t_1]\int_0^{t_1}\mathrm{e}^{\boldsymbol{A}^{\mathrm{T}}t}\boldsymbol{C}^{\mathrm{T}}\boldsymbol{C}\mathrm{e}^{\boldsymbol{A}t}\,\mathrm{d}t\boldsymbol{x}_0\\&=\boldsymbol{W}_{\mathrm{o}}^{-1}[0,t_1]\boldsymbol{W}_{\mathrm{o}}[0,t_1]\boldsymbol{x}_0=\boldsymbol{x}_0\end{aligned} \tag{4.44}$$

表明，总可根据区间 $[0,t_1]$ 上任意输出 $\boldsymbol{y}(t)$ 构造出对应非零初始状态 $\boldsymbol{x}_0$。根据定义，系统完全能观测。充分性得证。

再证必要性。已知系统完全能观测，欲证 $\boldsymbol{W}_{\mathrm{o}}[0,t_1]$ 非奇异。

采用反证法。反设 $\boldsymbol{W}_{\mathrm{o}}[0,t_1]$ 奇异，即存在某个 $n\times 1$ 非零状态 $\bar{\boldsymbol{x}}_0$，使下式成立：

$$\begin{aligned}0&=\bar{\boldsymbol{x}}_0^{\mathrm{T}}\boldsymbol{W}_{\mathrm{o}}[0,t_1]\bar{\boldsymbol{x}}_0=\int_0^{t_1}\bar{\boldsymbol{x}}_0^{\mathrm{T}}\mathrm{e}^{\boldsymbol{A}^{\mathrm{T}}t}\boldsymbol{C}^{\mathrm{T}}\boldsymbol{C}\mathrm{e}^{\boldsymbol{A}t}\bar{\boldsymbol{x}}_0\,\mathrm{d}t\\&=\int_0^{t_1}\boldsymbol{y}^{\mathrm{T}}(t)\boldsymbol{y}(t)\,\mathrm{d}t=\int_0^{t_1}\|\boldsymbol{y}(t)\|^2\,\mathrm{d}t\end{aligned} \tag{4.45}$$

这意味着

$$\boldsymbol{y}(t)=\boldsymbol{C}\mathrm{e}^{\boldsymbol{A}t}\bar{\boldsymbol{x}}_0\equiv\boldsymbol{0},\quad\forall t\in[0,t_1] \tag{4.46}$$

据定义知，非零 $\bar{\boldsymbol{x}}_0$ 为状态空间中一个不能观测状态，矛盾于已知系统完全能观测。反设不成立，$\boldsymbol{W}_{\mathrm{o}}[0,t_1]$ 非奇异。必要性得证。证明完成。

注 1　能观测性格拉姆矩阵判据主要意义同样在于在理论分析和推导中的应用。当运用于具体判别时，由于涉及矩阵指数函数计算和积分计算，这对高维系统并非易事。

注 2　对完全能观测连续时间线性时不变系统，格拉姆矩阵判据的证明过程同时给出了由区间 $[0,t_1]$ 上任意输出 $\boldsymbol{y}(t)$ 构造对应初始状态 $\boldsymbol{x}_0$ 的计算关系式。

4.3.2　秩判据

秩判据直接基于系数矩阵 $\boldsymbol{A}$ 和 $\boldsymbol{C}$，只涉及矩阵相乘和求秩运算，因而得到广泛的应用。

结论 4.13 [能观测性秩判据]　对 n 维连续时间线性时不变系统(4.42)，构造能观测性判别矩阵为

$$\boldsymbol{Q}_{\mathrm{o}}=\begin{bmatrix}\boldsymbol{C}\\\boldsymbol{CA}\\\vdots\\\boldsymbol{CA}^{n-1}\end{bmatrix}\quad 或\quad \boldsymbol{Q}_{\mathrm{o}}^{\mathrm{T}}=[\boldsymbol{C}^{\mathrm{T}}\ \vdots\ \boldsymbol{A}^{\mathrm{T}}\boldsymbol{C}^{\mathrm{T}}\ \vdots\ \cdots\ \vdots\ (\boldsymbol{A}^{\mathrm{T}})^{n-1}\boldsymbol{C}^{\mathrm{T}}] \tag{4.47}$$

则系统完全能观测的充分必要条件为

$$\mathrm{rank}\boldsymbol{Q}_{\mathrm{o}}=\mathrm{rank}\begin{bmatrix}\boldsymbol{C}\\\boldsymbol{CA}\\\vdots\\\boldsymbol{CA}^{n-1}\end{bmatrix}=n \tag{4.48}$$

或

$$\mathrm{rank}\boldsymbol{Q}_{\mathrm{o}}^{\mathrm{T}}=\mathrm{rank}[\boldsymbol{C}^{\mathrm{T}}\ \vdots\ \boldsymbol{A}^{\mathrm{T}}\boldsymbol{C}^{\mathrm{T}}\ \vdots\ \cdots\ \vdots\ (\boldsymbol{A}^{\mathrm{T}})^{n-1}\boldsymbol{C}^{\mathrm{T}}]=n \tag{4.49}$$

例 4.11　考虑图 4.2(b)所示电路，取输入为零即 $u(t)\equiv 0$，导出电路状态方程和输出方程为

$$\begin{bmatrix}\dot{x}_1\\\dot{x}_2\end{bmatrix}=\begin{bmatrix}-\dfrac{R_1+R_2}{L} & \dfrac{R_2}{L}\\ \dfrac{R_2}{L} & -\dfrac{R_1+R_2}{L}\end{bmatrix}\begin{bmatrix}x_1\\x_2\end{bmatrix},\quad n=2$$

$$y=[R_2\quad -R_2]\begin{bmatrix}x_1\\x_2\end{bmatrix}$$

其中，L、R_1 和 R_2 可取为任意非零值。进而，通过计算得到

$$\mathrm{rank}\boldsymbol{Q}_{\mathrm{o}}=\mathrm{rank}\begin{bmatrix}\boldsymbol{C}\\\boldsymbol{CA}\end{bmatrix}=\mathrm{rank}\begin{bmatrix}R_2 & -R_2\\ -\dfrac{(R_1R_2+2R_2^2)}{L} & \dfrac{(R_1R_2+2R_2^2)}{L}\end{bmatrix}=1<2=n$$

由秩判据可知，系统不完全能观测。

例 4.12　给定连续时间线性时不变系统为

$$\dot{\boldsymbol{x}}=\begin{bmatrix}-1 & -4 & -2\\0 & 6 & -1\\1 & 7 & -1\end{bmatrix}\boldsymbol{x},\quad n=3$$

$$\boldsymbol{y}=\begin{bmatrix}0 & 2 & 1\\1 & 1 & 0\end{bmatrix}\boldsymbol{x}$$

通过计算，得到

$$\mathrm{rank}\boldsymbol{Q}_{\mathrm{o}}=\mathrm{rank}\begin{bmatrix}\boldsymbol{C}\\\boldsymbol{CA}\\\boldsymbol{CA}^2\end{bmatrix}=\mathrm{rank}\begin{bmatrix}0 & 2 & 1\\1 & 1 & 0\\1 & 19 & -3\\ * & * & *\\ * & * & *\\ * & * & *\end{bmatrix}=3=n$$

其中，由于从前三行结果已可判定判别矩阵满秩，对后三行的元无需再加计算而用“ * ”表示。据秩判据，系统完全能观测。

4.3.3 PBH 判据

能观测性 PBH 判据包括“PBH 秩判据”和“PBH 特征向量判据”两类。

结论 4.14 [能观测性 PBH 秩判据]　n 维连续时间线性时不变系统(4.42)完全能观测的充分必要条件为

$$\operatorname{rank}\begin{bmatrix} s\boldsymbol{I}-\boldsymbol{A} \\ \boldsymbol{C} \end{bmatrix}=n, \quad \forall s \in \mathscr{C} \tag{4.50}$$

或

$$\operatorname{rank}\begin{bmatrix} \lambda_i\boldsymbol{I}-\boldsymbol{A} \\ \boldsymbol{C} \end{bmatrix}=n, \quad i=1,2,\cdots,n \tag{4.51}$$

其中，$\mathscr{C}$ 为复数域，$\lambda_i(i=1,2,\cdots,n)$为系统特征值。

例 4.13　给定连续时间线性时不变系统为

$$\dot{\boldsymbol{x}}=\begin{bmatrix} 0 & 1 & 0 & 0 \\ 0 & 0 & -1 & 0 \\ 0 & 0 & 0 & 1 \\ 0 & 0 & 5 & 0 \end{bmatrix}\boldsymbol{x}, \quad n=4$$

$$\boldsymbol{y}=\begin{bmatrix} 0 & 1 & 0 & -2 \\ 1 & 0 & 1 & 0 \end{bmatrix}\boldsymbol{x}$$

首先，导出判别矩阵：

$$\begin{bmatrix} s\boldsymbol{I}-\boldsymbol{A} \\ \boldsymbol{C} \end{bmatrix}=\begin{bmatrix} s & -1 & 0 & 0 \\ 0 & s & 1 & 0 \\ 0 & 0 & s & -1 \\ 0 & 0 & -5 & s \\ 0 & 1 & 0 & -2 \\ 1 & 0 & 1 & 0 \end{bmatrix}$$

进而，定出矩阵 $\boldsymbol{A}$ 的特征值：

$$\lambda_1=\lambda_2=0, \quad \lambda_3=\sqrt{5}, \quad \lambda_4=-\sqrt{5}$$

下面，对各个特征值，分别检验判别矩阵的秩。对 $s=\lambda_1=\lambda_2=0$，通过计算，有

$$\operatorname{rank}\begin{bmatrix} s\boldsymbol{I}-\boldsymbol{A} \\ \boldsymbol{C} \end{bmatrix}_{s=0}=\operatorname{rank}\begin{bmatrix} 0 & -1 & 0 & 0 \\ 0 & 0 & 1 & 0 \\ 0 & 0 & 0 & -1 \\ 0 & 0 & -5 & 0 \\ 0 & 1 & 0 & -2 \\ 1 & 0 & 1 & 0 \end{bmatrix}=4=n$$

对 $s=\lambda_3=\sqrt{5}$，通过计算，有

$$\operatorname{rank}\begin{bmatrix} sI-A \\ C \end{bmatrix}_{s=\sqrt{5}}=\operatorname{rank}\begin{bmatrix} \sqrt{5} & -1 & 0 & 0 \\ 0 & \sqrt{5} & 1 & 0 \\ 0 & 0 & \sqrt{5} & -1 \\ 0 & 0 & -5 & \sqrt{5} \\ 0 & 1 & 0 & -2 \\ 1 & 0 & 1 & 0 \end{bmatrix}=4=n$$

对 $s=\lambda_4=-\sqrt{5}$，通过计算，有

$$\operatorname{rank}\begin{bmatrix} sI-A \\ C \end{bmatrix}_{s=-\sqrt{5}}=\operatorname{rank}\begin{bmatrix} -\sqrt{5} & -1 & 0 & 0 \\ 0 & -\sqrt{5} & 1 & 0 \\ 0 & 0 & -\sqrt{5} & -1 \\ 0 & 0 & -5 & -\sqrt{5} \\ 0 & 1 & 0 & -2 \\ 1 & 0 & 1 & 0 \end{bmatrix}=4=n$$

这表明，满足 PBH 秩判据条件，系统完全能观测。

结论 4.15［能观测性 PBH 特征向量判据］ n 维连续时间线性时不变系统(4.42)完全能观测的充分必要条件为，矩阵 $\boldsymbol{A}$ 不存在与 $\boldsymbol{C}$ 所有行正交的非零右特征向量，即对矩阵 $\boldsymbol{A}$ 所有特征值 $\lambda_i(i=1,2,\cdots,n)$，使同时满足

$$\boldsymbol{A}\bar{\boldsymbol{\alpha}}=\lambda_i\bar{\boldsymbol{\alpha}}, \quad \boldsymbol{C}\bar{\boldsymbol{\alpha}}=\boldsymbol{0} \tag{4.52}$$

的右特征向量 $\bar{\boldsymbol{\alpha}}=\boldsymbol{0}$。

注 同样，能观测性 PBH 特征向量判据也主要用于理论分析，特别是线性时不变系统的复频率域分析。

4.3.4 约当规范形判据

约当规范形判据是基于系统约当规范形判别能观测性的一类判据。

结论 4.16［能观测性约当规范形判据］ 对 n 维连续时间线性时不变系统(4.42)，设 n 个特征值 $\lambda_1,\lambda_2,\cdots,\lambda_n$ 两两相异，则系统完全能观测的充分必要条件为，对通过线性非奇异变换导出的状态方程约当规范形：

$$\dot{\bar{\boldsymbol{x}}}=\begin{bmatrix} \lambda_1 & & & \\ & \lambda_2 & & \\ & & \ddots & \\ & & & \lambda_n \end{bmatrix}\bar{\boldsymbol{x}} \tag{4.53}$$

$$\boldsymbol{y}=\bar{\boldsymbol{C}}\bar{\boldsymbol{x}}$$

矩阵 $\bar{\boldsymbol{C}}$ 不包含零列向量，即 $\bar{\boldsymbol{C}}$ 的各个列向量均满足：

$$\bar{\boldsymbol{c}}_i \neq \boldsymbol{0}, \quad i=1,2,\cdots,n \tag{4.54}$$

结论 4.17［能观测性约当规范形判据］　对 n 维连续时间线性时不变系统(4.42)，设 n 个特征值为 $\lambda_1(\sigma_1$ 重，α_1 重)，$\lambda_2(\sigma_2$ 重，α_2 重)，…，$\lambda_l(\sigma_l$ 重，α_l 重)，$(\sigma_1+\sigma_2+\cdots+\sigma_l)=n$，$\lambda_i\neq\lambda_j$，$\forall i\neq j$，则系统完全能观测的充分必要条件为，对通过线性非奇异变换导出的状态方程约当规范形：

$$\begin{aligned}\dot{\hat{\boldsymbol{x}}} &= \hat{\boldsymbol{A}}\hat{\boldsymbol{x}} \\ \boldsymbol{y} &= \hat{\boldsymbol{C}}\hat{\boldsymbol{x}}\end{aligned} \tag{4.55}$$

其中

$$\underset{(n\times n)}{\hat{\boldsymbol{A}}} = \begin{bmatrix} \boldsymbol{J}_1 & & & \\ & \boldsymbol{J}_2 & & \\ & & \ddots & \\ & & & \boldsymbol{J}_l \end{bmatrix}, \quad \underset{(q\times n)}{\hat{\boldsymbol{C}}} = [\hat{\boldsymbol{C}}_1, \hat{\boldsymbol{C}}_2, \cdots, \hat{\boldsymbol{C}}_l] \tag{4.56}$$

$$\underset{(\sigma_i\times\sigma_i)}{\boldsymbol{J}_i} = \begin{bmatrix} \boldsymbol{J}_{i1} & & & \\ & \boldsymbol{J}_{i2} & & \\ & & \ddots & \\ & & & \boldsymbol{J}_{i\alpha_i} \end{bmatrix}, \quad \underset{(q\times\sigma_i)}{\hat{\boldsymbol{C}}_i} = [\hat{\boldsymbol{C}}_{i1}, \hat{\boldsymbol{C}}_{i2}, \cdots, \hat{\boldsymbol{C}}_{i\alpha_i}] \tag{4.57}$$

$$\underset{(r_{ik}\times r_{ik})}{\boldsymbol{J}_{ik}} = \begin{bmatrix} \lambda_i & 1 & & & \\ & \lambda_i & 1 & & \\ & & \ddots & \ddots & \\ & & & \ddots & 1 \\ & & & & \lambda_i \end{bmatrix}, \quad \underset{(q\times r_{ik})}{\hat{\boldsymbol{C}}_{ik}} = [\hat{\boldsymbol{c}}_{1ik}, \hat{\boldsymbol{c}}_{2ik}, \cdots, \hat{\boldsymbol{c}}_{rik}] \tag{4.58}$$

$$\gamma_{i1}+\gamma_{i2}+\cdots+\gamma_{i\alpha_i}=\sigma_i \tag{4.59}$$

对 $i=1,2,\cdots,l$，由 $\hat{\boldsymbol{C}}_{i1},\hat{\boldsymbol{C}}_{i2},\cdots,\hat{\boldsymbol{C}}_{i\alpha_i}$ 首列组成的矩阵列线性无关，即有

$$\operatorname{rank}[\hat{\boldsymbol{c}}_{1i1} \quad \hat{\boldsymbol{c}}_{1i2} \quad \cdots \quad \hat{\boldsymbol{c}}_{1i\alpha_i}] = \alpha_i, \quad \forall i=1,2,\cdots,l \tag{4.60}$$

例 4.14　给定特征值两两相异的连续时间线性时不变系统，设其约当规范形状态方程为

$$\begin{bmatrix}\dot{x}_1\\ \dot{x}_2\\ \dot{x}_3\end{bmatrix} = \begin{bmatrix}-7 & 0 & 0\\ 0 & -2 & 0\\ 0 & 0 & 1\end{bmatrix}\begin{bmatrix}x_1\\ x_2\\ x_3\end{bmatrix}$$

$$\boldsymbol{y} = \begin{bmatrix}0 & 4 & 0\\ 2 & 0 & 1\end{bmatrix}\boldsymbol{x}$$

通过观察可知，矩阵 $\bar{\boldsymbol{C}}$ 不包含零列。据约当规范形判据，系统完全能观测。

例 4.15　给定包含重特征值的一个连续时间线性时不变系统，设其约当规范形状态方程为

$$
\dot{\hat{x}} = \begin{bmatrix} -2 & 1 & & & & & \\ 0 & -2 & & & & & \\ & & -2 & & & & \\ & & & -2 & & & \\ & & & & 3 & 1 & \\ & & & & 0 & 3 & \\ & & & & & & 3 \end{bmatrix} \hat{x}
$$

$$
y = \begin{bmatrix} 1 & 0 & 0 & 0 & 1 & 0 & 0 \\ 0 & 0 & 4 & 0 & 1 & 0 & 4 \\ 0 & 0 & 0 & 7 & 0 & 0 & 1 \end{bmatrix} \hat{x}
$$

对应于特征值 $\lambda_1 = -2$ 和 $\lambda_2 = 3$ 各约当小块的首列，取出矩阵 $\hat{C}$ 中相应列，组成如下两个矩阵：

$$
[\hat{c}_{111} \quad \hat{c}_{112} \quad \hat{c}_{113}] = \begin{bmatrix} 1 & 0 & 0 \\ 0 & 4 & 0 \\ 0 & 0 & 7 \end{bmatrix}
$$

$$
[\hat{c}_{121} \quad \hat{c}_{122}] = \begin{bmatrix} 1 & 0 \\ 1 & 4 \\ 0 & 1 \end{bmatrix}
$$

易知，两个矩阵均为列线性无关。据约当规范形判据，系统完全能观测。

4.3.5 能观测性指数

进而，引入能观测性指数概念。考虑连续时间线性时不变系统：

$$
\begin{aligned} &\dot{x} = Ax, \quad x(0) = x_0, \quad t \geqslant 0 \\ &y = Cx \end{aligned} \tag{4.61}
$$

其中，x 为 n 维状态，y 为 q 维输出，A 和 C 为 $n \times n$ 和 $n \times q$ 常值矩阵。表 k 为正整数，组成如下 $kq \times n$ 矩阵：

$$
\bar{Q}_k = \begin{bmatrix} C \\ CA \\ \vdots \\ CA^{k-1} \end{bmatrix} \tag{4.62}
$$

定义 4.11 [能观测性指数] 完全能观测 n 维连续时间线性时不变系统(4.61)的能观测性指数定义为

$$
\nu = \text{使“}\operatorname{rank}\bar{Q}_k = n\text{”的 } k \text{ 最小正整数} \tag{4.63}
$$

结论 4.18 [能观测性指数] 对完全能观测单输出连续时间线性时不变系统(4.61)，状态维数为 n，则能观测性指数为

$$
\nu = n \tag{4.64}
$$

结论 4.19［能观测性指数］　对完全能观测多输出连续时间线性时不变系统(4.61)，状态维数为 n，输出维数为 q，设 $\mathrm{rank}\boldsymbol{C}=m$，则能观测性指数满足如下估计：

$$\frac{n}{q}\leqslant\nu\leqslant n-m+1 \tag{4.65}$$

结论 4.20［能观测性指数］　对完全能观测多输出连续时间线性时不变系统(4.61)，状态维数为 n，输入维数为 q，$\bar{n}$ 为矩阵 $\boldsymbol{A}$ 最小多项式次数，设 $\mathrm{rank}\boldsymbol{C}=m$，则能观测性指数满足如下估计：

$$\frac{n}{q}\leqslant\nu\leqslant\min(\bar{n},n-m+1) \tag{4.66}$$

结论 4.21［能观测性判据］　对多输出连续时间线性时不变系统(4.61)，状态维数为 n，输入维数为 q，设 $\mathrm{rank}\boldsymbol{C}=m$，则系统完全能观测的充分必要条件为

$$\mathrm{rank}\bar{\boldsymbol{Q}}_{n-m+1}^{\mathrm{T}}=\mathrm{rank}\left[\boldsymbol{C}^{\mathrm{T}}\ \vdots\ \boldsymbol{A}^{\mathrm{T}}\boldsymbol{C}^{\mathrm{T}}\ \vdots\ \cdots\ \vdots\ (\boldsymbol{A}^{\mathrm{T}})^{n-m}\boldsymbol{C}^{\mathrm{T}}\right]=n \tag{4.67}$$

结论 4.22［能观测性指数属性］　对完全能观测多输出连续时间线性时不变系统(4.61)，状态维数为 n，输入维数为 q，设 $\mathrm{rank}\boldsymbol{C}=m$，将 $\bar{\boldsymbol{Q}}_\nu$ 表为

$$\bar{\boldsymbol{Q}}_\nu=\begin{bmatrix}\boldsymbol{c}_1\\ \vdots\\ \boldsymbol{c}_q\\ \hdashline \boldsymbol{c}_1\boldsymbol{A}\\ \vdots\\ \boldsymbol{c}_q\boldsymbol{A}\\ \hdashline \vdots\\ \hdashline \boldsymbol{c}_1\boldsymbol{A}^{\nu-1}\\ \vdots\\ \boldsymbol{c}_q\boldsymbol{A}^{\nu-1}\end{bmatrix} \tag{4.68}$$

按从上至下顺序依次搜索 $\bar{\boldsymbol{Q}}_\nu$ 中 n 个线性无关行，若某个行不能表为上方各线性独立行的线性组合则为线性无关，否则就为线性相关。考虑到 $\boldsymbol{C}$ 中有且仅有 m 个线性无关行，故可将 n 个线性无关行重新排列，并为节省空间将其分成为几列：

$$\begin{matrix}\boldsymbol{c}_1 & \boldsymbol{c}_2 & & \boldsymbol{c}_m\\ \boldsymbol{c}_1\boldsymbol{A} & \boldsymbol{c}_2\boldsymbol{A} & & \boldsymbol{c}_m\boldsymbol{A}\\ \vdots & \vdots & \cdots & \vdots\\ \boldsymbol{c}_1\boldsymbol{A}^{\nu_1-1} & \boldsymbol{c}_2\boldsymbol{A}^{\nu_2-1} & & \boldsymbol{c}_m\boldsymbol{A}^{\nu_m-1}\end{matrix} \tag{4.69}$$

其中

$$\nu_1+\nu_2+\cdots+\nu_m=n \tag{4.70}$$

能观测性指数 ν 满足关系式：

$$\nu=\max\{\nu_1,\nu_2,\cdots,\nu_m\} \tag{4.71}$$

且称 $\{\nu_1,\nu_2,\cdots,\nu_m\}$ 为系统能观测性指数集。

4.4 连续时间线性时变系统的能控性和能观测性判据

本节的内容，以连续时间线性时变系统为研究对象，讨论能控性和能观测性的格拉姆矩阵判据和秩判据。

4.4.1 能控性判据

考虑连续时间线性时变系统，相对于能控性研究的系统模型为

$$\dot{\boldsymbol{x}}=\boldsymbol{A}(t)\boldsymbol{x}+\boldsymbol{B}(t)\boldsymbol{u},\quad \boldsymbol{x}(t_0)=\boldsymbol{x}_0,\quad t,t_0\in J \tag{4.72}$$

其中，$\boldsymbol{x}$ 为 n 维状态，$\boldsymbol{u}$ 为 p 维输入，J 为时间定义区间，$\boldsymbol{A}(t)$和 $\boldsymbol{B}(t)$为 $n\times n$ 和 $n\times p$ 时变矩阵，系统满足解存在唯一性条件。

结论 4.23［能控性格拉姆矩阵判据］ 对连续时间线性时变系统(4.72)，表 $\boldsymbol{\Phi}(\cdot,\cdot)$为状态转移矩阵，则系统在时刻 $t_0\in J$ 完全能控的充分必要条件为，存在一个有限时刻 $t_1\in J$，$t_1>t_0$，使如下定义的格拉姆矩阵

$$\boldsymbol{W}_{\mathrm{c}}[t_0,t_1]\triangleq\int_{t_0}^{t_1}\boldsymbol{\Phi}(t_0,t)\boldsymbol{B}(t)\boldsymbol{B}^{\mathrm{T}}(t)\boldsymbol{\Phi}^{\mathrm{T}}(t_0,t)\mathrm{d}t \tag{4.73}$$

为非奇异。

注 尽管能控性格拉姆矩阵判据的形式简单，但由于时变系统状态转移矩阵求解上的困难，使在具体判别中的应用受到限制。所以，能控性格拉姆矩阵判据的意义主要在于理论分析中的应用。

结论 4.24［能控性秩判据］ 对 n 维连续时间线性时变系统(4.72)，设 $\boldsymbol{A}(t)$和 $\boldsymbol{B}(t)$对 t 为$(n-1)$阶连续可微，再定义如下一组矩阵：

$$\begin{aligned}
&\boldsymbol{M}_0(t)=\boldsymbol{B}(t)\\
&\boldsymbol{M}_1(t)=-\boldsymbol{A}(t)\boldsymbol{M}_0(t)+\frac{\mathrm{d}}{\mathrm{d}t}\boldsymbol{M}_0(t)\\
&\boldsymbol{M}_2(t)=-\boldsymbol{A}(t)\boldsymbol{M}_1(t)+\frac{\mathrm{d}}{\mathrm{d}t}\boldsymbol{M}_1(t)\\
&\cdots\cdots\\
&\boldsymbol{M}_{n-1}(t)=-\boldsymbol{A}(t)\boldsymbol{M}_{n-2}(t)+\frac{\mathrm{d}}{\mathrm{d}t}\boldsymbol{M}_{n-2}(t)
\end{aligned} \tag{4.74}$$

则系统在时刻 $t_0\in J$ 完全能控的一个充分条件为，存在一个有限时刻 $t_1\in J$，$t_1>t_0$，使有

$$\mathrm{rank}\left[\boldsymbol{M}_0(t_1)\ \vdots\ \boldsymbol{M}_1(t_1)\ \vdots\ \cdots\ \vdots\ \boldsymbol{M}_{n-1}(t_1)\right]=n \tag{4.75}$$

注 秩判据的特点是直接利用系数矩阵判别系统能控性，避免计算状态转移矩阵，运算过程简便。但秩判据只是充分性判据，局限性在于，判据条件不满足不能导出系统不完全能控的结论。

例 4.16 给定连续时间线性时变系统：

$$\begin{bmatrix}\dot{x}_1\\ \dot{x}_2\\ \dot{x}_3\end{bmatrix}=\begin{bmatrix}t & 1 & 0\\ 0 & 2t & 0\\ 0 & 0 & t^2+t\end{bmatrix}\begin{bmatrix}x_1\\ x_2\\ x_3\end{bmatrix}+\begin{bmatrix}0\\ 1\\ 1\end{bmatrix}u,\quad J=[0,2],\quad t_0=0.5$$

首先,通过计算,定出

$$\boldsymbol{M}_0(t)=\boldsymbol{B}(t)=\begin{bmatrix}0\\ 1\\ 1\end{bmatrix}$$

$$\boldsymbol{M}_1(t)=-\boldsymbol{A}(t)\boldsymbol{M}_0(t)+\frac{\mathrm{d}}{\mathrm{d}t}\boldsymbol{M}_0(t)=\begin{bmatrix}-1\\ -2t\\ -t^2-t\end{bmatrix}$$

$$\boldsymbol{M}_2(t)=-\boldsymbol{A}(t)\boldsymbol{M}_1(t)+\frac{\mathrm{d}}{\mathrm{d}t}\boldsymbol{M}_1(t)=\begin{bmatrix}3t\\ 4t^2-2\\ (t^2+t)^2-2t-1\end{bmatrix}$$

进而,可以找到 $t=1\in[0,2]$,使有

$$\mathrm{rank}\left[\boldsymbol{M}_0(t)\ \vdots\ \boldsymbol{M}_1(t)\ \vdots\ \boldsymbol{M}_2(t)\right]_{t=1}=\mathrm{rank}\begin{bmatrix}0 & -1 & 3\\ 1 & -2 & 2\\ 1 & -2 & 1\end{bmatrix}=3$$

据秩判据知,系统在时刻 $t_0=0.5$ 完全能控。

4.4.2 能观测性判据

考虑连续时间线性时变系统,相对于能观测性研究的系统模型为

$$\begin{aligned}&\dot{\boldsymbol{x}}=\boldsymbol{A}(t)\boldsymbol{x},\quad \boldsymbol{x}(t_0)=\boldsymbol{x}_0,\quad t,t_0\in J\\ &\boldsymbol{y}=\boldsymbol{C}(t)\boldsymbol{x}\end{aligned}\tag{4.76}$$

其中,$\boldsymbol{x}$ 为 n 维状态,$\boldsymbol{y}$ 为 q 维输出,J 为时间定义区间,$\boldsymbol{A}(t)$和 $\boldsymbol{C}(t)$为 $n\times n$ 和 $q\times n$ 时变矩阵,系统满足解存在唯一性条件。

结论 4.25 [能观测性格拉姆矩阵判据]　对连续时间线性时变系统(4.76),表 $\boldsymbol{\Phi}(\cdot,\cdot)$为状态转移矩阵,则系统在时刻 $t_0\in J$ 完全能观测的充分必要条件为,存在一个有限时刻 $t_1\in J$,$t_1>t_0$,使如下定义格拉姆矩阵

$$\boldsymbol{W}_{\mathrm{o}}[t_0,t_1]\triangleq\int_{t_0}^{t_1}\boldsymbol{\Phi}^{\mathrm{T}}(t,t_0)\boldsymbol{C}^{\mathrm{T}}(t)\boldsymbol{C}(t)\boldsymbol{\Phi}(t,t_0)\mathrm{d}t\tag{4.77}$$

为非奇异。

注　同样,能观测性格拉姆矩阵判据的意义只在于理论分析上的应用。当应用于具体判别时,将会面临求解时变系统状态转移矩阵的困难。

结论 4.26 [能观测性秩判据]　对 n 维连续时间的线性时变系统(4.76),设 $\boldsymbol{A}(t)$和 $\boldsymbol{C}(t)$对 t 为$(n-1)$阶连续可微,定义如下一组矩阵:

$$\begin{aligned}&\boldsymbol{N}_0(t)=\boldsymbol{C}(t)\\&\boldsymbol{N}_1(t)=\boldsymbol{N}_0(t)\boldsymbol{A}(t)+\frac{\mathrm{d}}{\mathrm{d}t}\boldsymbol{N}_0(t)\\&\quad\cdots\cdots\\&\boldsymbol{N}_{n-1}(t)=\boldsymbol{N}_{n-2}(t)\boldsymbol{A}(t)+\frac{\mathrm{d}}{\mathrm{d}t}\boldsymbol{N}_{n-2}(t)\end{aligned}\tag{4.78}$$

则系统在时刻 $t_0\in J$ 完全能观测的一个充分条件为,存在一个有限时刻 $t_1\in J$,$t_1>t_0$,使有

$$\operatorname{rank}\begin{bmatrix}\boldsymbol{N}_0(t_1)\\\boldsymbol{N}_1(t_1)\\\vdots\\\boldsymbol{N}_{n-1}(t_1)\end{bmatrix}=n\tag{4.79}$$

例 4.17 给定连续时间线性时变系统:

$$\begin{bmatrix}\dot{x}_1\\\dot{x}_2\\\dot{x}_3\end{bmatrix}=\begin{bmatrix}t&1&0\\0&2t&0\\0&0&t^2+t\end{bmatrix}\begin{bmatrix}x_1\\x_2\\x_3\end{bmatrix},\quad J=[0,2],\quad t_0=0.5$$

$$y=[1\quad 1\quad 1]\begin{bmatrix}x_1\\x_2\\x_3\end{bmatrix}$$

首先,通过计算,定出

$$\boldsymbol{N}_0(t)=\boldsymbol{C}(t)=[1\quad 1\quad 1]$$

$$\boldsymbol{N}_1(t)=\boldsymbol{N}_0(t)\boldsymbol{A}(t)+\frac{\mathrm{d}}{\mathrm{d}t}\boldsymbol{N}_0(t)=[t\quad 2t+1\quad t^2+t]$$

$$\boldsymbol{N}_2(t)=\boldsymbol{N}_1(t)\boldsymbol{A}(t)+\frac{\mathrm{d}}{\mathrm{d}t}\boldsymbol{N}_1(t)=[t^2+1\quad 4t^2+3t+2\quad (t^2+t)^2+(2t+1)]$$

进而,可以找到 $t=2\in[0,2]$,使有

$$\operatorname{rank}\begin{bmatrix}\boldsymbol{N}_0(t)\\\boldsymbol{N}_1(t)\\\boldsymbol{N}_2(t)\end{bmatrix}_{t=2}=\operatorname{rank}\begin{bmatrix}1&1&1\\2&5&6\\5&24&41\end{bmatrix}=3$$

据秩判据知,系统在 $t=0.5$ 时刻完全能观测。

4.5 离散时间线性系统的能控性和能观测性判据

对离散时间线性系统,不管时不变系统还是时变系统,能控性和能观测性判别中的计算过程较之连续时间线性系统要大为简单。本节讨论离散时间线性系统能控性能观测性的常用判据和主要属性。

4.5.1 时变系统的能控性和能达性判据

考虑离散时间线性时变系统,相对于能控性和能达性研究的系统模型为

$$\boldsymbol{x}(k+1)=\boldsymbol{G}(k)\boldsymbol{x}(k)+\boldsymbol{H}(k)\boldsymbol{u}(k),\quad k\in J_k \tag{4.80}$$

其中,$\boldsymbol{x}$ 为 n 维状态,$\boldsymbol{u}$ 为 p 维输入,J_k 为离散时间定义区间,$\boldsymbol{G}(k)$和 $\boldsymbol{H}(k)$为 $n\times n$ 和 $n\times p$ 时变矩阵。

定义 4.12 [能控性]　称离散时间线性时变系统(4.80)在时刻 $h\in J_k$ 完全能控,如果对初始时刻 $h\in J_k$ 和任意非零初始状态 $\boldsymbol{x}(h)=\boldsymbol{x}_0$,都存在时刻 $l\in J_k,l>h$ 和对应输入 $\boldsymbol{u}(k)$,使输入作用下系统状态在时刻 $l\in J_k$ 达到原点即有 $\boldsymbol{x}(l)=\boldsymbol{0}$。

定义 4.13 [能达性]　称离散时间线性时变系统(4.80)在时刻 $h\in J_k$ 完全能达,如果对初始时刻 $h\in J_k$ 和任意非零状态 $\boldsymbol{x}_l$,都存在时刻 $l\in J_k,l>h$ 和对应输入 $\boldsymbol{u}(k)$,使输入作用下由初始状态 $\boldsymbol{x}(h)=\boldsymbol{0}$ 出发的系统运动在时刻 $l\in J_k$ 达到 $\boldsymbol{x}_l$ 即有 $\boldsymbol{x}(l)=\boldsymbol{x}_l$。

下面,限于给出离散时间线性时变系统能控性和能达性的格拉姆矩阵判据。它们既可应用于理论分析,也可应用于具体判别。

结论 4.27 [能达性格拉姆矩阵判据]　对离散时间线性时变系统(4.80),表 $\boldsymbol{\Phi}(\cdot,\cdot)$为状态转移矩阵,则系统在时刻 $h\in J_k$ 完全能达的充分必要条件为,存在时刻 $l\in J_k,l>h$,使如下定义的格拉姆矩阵

$$\boldsymbol{W}_{\mathrm{c}}[h,l]=\sum_{k=h}^{l-1}\boldsymbol{\Phi}(l,k+1)\boldsymbol{H}(k)\boldsymbol{H}^{\mathrm{T}}(k)\boldsymbol{\Phi}^{\mathrm{T}}(l,k+1) \tag{4.81}$$

为非奇异。

结论 4.28 [能控性格拉姆矩阵判据]　对离散时间线性时变系统(4.80),表 $\boldsymbol{\Phi}(\cdot,\cdot)$为状态转移矩阵,若系统矩阵 $\boldsymbol{G}(k)$对所有 $k\in[h,l-1]$非奇异,则系统在时刻 $h\in J_k$ 完全能控的充分必要条件为,存在时刻 $l\in J_k,l>h$,使如下定义的格拉姆矩阵

$$\boldsymbol{W}_{\mathrm{c}}[h,l]=\sum_{k=h}^{l-1}\boldsymbol{\Phi}(l,k+1)\boldsymbol{H}(k)\boldsymbol{H}^{\mathrm{T}}(k)\boldsymbol{\Phi}^{\mathrm{T}}(l,k+1) \tag{4.82}$$

为非奇异。若系统矩阵 $\boldsymbol{G}(k)$对一个或一些 $k\in[h,l-1]$奇异,则格拉姆矩阵 $\boldsymbol{W}_{\mathrm{c}}[h,l]$ 非奇异为系统在时刻 $h\in J_k$ 完全能控的一个充分条件。

进一步,讨论能控性和能达性的等价性问题。下面给出的结论表明,对离散时间线性时变系统,能控性和能达性等价是有条件的。

结论 4.29 [能控性和能达性]　对离散时间线性时变系统(4.80),若系统矩阵 $\boldsymbol{G}(k)$对所有 $k\in[h,l-1]$非奇异,则系统的能控性和能达性为等价,即系统在时刻 $h\in J_k$ 完全能控当且仅当系统在时刻 $h\in J_k$ 完全能达。

结论 4.30 [能控性和能达性]　若离散时间线性时变系统(4.80)为连续时间线性时变系统的时间离散化,则系统的能控性和能达性必为等价,即系统在时刻 $h\in$

J_k 完全能控当且仅当系统在时刻 $h\in J_k$ 完全能达。

4.5.2 时不变系统的能控性和能达性判据

考虑离散时间线性时不变系统，相对于能控性和能达性研究的系统模型为

$$\boldsymbol{x}(k+1)=\boldsymbol{G}\boldsymbol{x}(k)+\boldsymbol{H}\boldsymbol{u}(k),\quad k=0,1,\cdots \tag{4.83}$$

其中，$\boldsymbol{x}$ 为 n 维状态，$\boldsymbol{u}$ 为 p 维输入，$\boldsymbol{G}$ 和 $\boldsymbol{H}$ 为 $n\times n$ 和 $n\times p$ 常值矩阵。

下面，给出离散时间线性时不变系统能控性和能达性的常用判据，包括格拉姆矩阵判据和秩判据。

结论 4.31 [能达性格拉姆矩阵判据] 对离散时间线性时不变系统(4.83)，系统完全能达的充分必要条件为，存在时刻 $l>0$，使如下定义的格拉姆矩阵

$$\boldsymbol{W}_{\mathrm{c}}[0,l]=\sum_{k=0}^{l-1}\boldsymbol{G}^k\boldsymbol{H}\boldsymbol{H}^{\mathrm{T}}(\boldsymbol{G}^{\mathrm{T}})^k \tag{4.84}$$

为非奇异。

结论 4.32 [能控性格拉姆矩阵判据] 对离散时间线性时不变系统(4.83)，若系统矩阵 $\boldsymbol{G}$ 非奇异，则系统完全能控的充分必要条件为，存在时刻 $l>0$，使如下定义的格拉姆矩阵

$$\boldsymbol{W}_{\mathrm{c}}[0,l]=\sum_{k=0}^{l-1}\boldsymbol{G}^k\boldsymbol{H}\boldsymbol{H}^{\mathrm{T}}(\boldsymbol{G}^{\mathrm{T}})^k \tag{4.85}$$

为非奇异。若系统矩阵 $\boldsymbol{G}$ 奇异，则上述格拉姆矩阵非奇异为系统完全能控的充分条件。

结论 4.33 [能达性秩判据] 对 n 维离散时间线性时不变系统(4.83)，定义判别矩阵为

$$\boldsymbol{Q}_{\mathrm{ck}}=[\boldsymbol{H}\ \vdots\ \boldsymbol{G}\boldsymbol{H}\ \vdots\ \cdots\ \vdots\ \boldsymbol{G}^{n-1}\boldsymbol{H}] \tag{4.86}$$

则系统完全能达的充分必要条件为

$$\mathrm{rank}\boldsymbol{Q}_{\mathrm{ck}}=\mathrm{rank}[\boldsymbol{H}\ \vdots\ \boldsymbol{G}\boldsymbol{H}\ \vdots\ \cdots\ \vdots\ \boldsymbol{G}^{n-1}\boldsymbol{H}]=n \tag{4.87}$$

结论 4.34 [能控性秩判据] 对 n 维离散时间线性时不变系统(4.83)，定义判别矩阵为

$$\boldsymbol{Q}_{\mathrm{ck}}=[\boldsymbol{H}\ \vdots\ \boldsymbol{G}\boldsymbol{H}\ \vdots\ \cdots\ \vdots\ \boldsymbol{G}^{n-1}\boldsymbol{H}] \tag{4.88}$$

若系统矩阵 $\boldsymbol{G}$ 非奇异，则系统完全能控的充分必要条件为

$$\mathrm{rank}\boldsymbol{Q}_{\mathrm{ck}}=\mathrm{rank}[\boldsymbol{H}\ \vdots\ \boldsymbol{G}\boldsymbol{H}\ \vdots\ \cdots\ \vdots\ \boldsymbol{G}^{n-1}\boldsymbol{H}]=n \tag{4.89}$$

若系统矩阵 $\boldsymbol{G}$ 为奇异，则条件(4.89)为系统完全能控的一个充分条件。

结论 4.35 [最小拍控制] 考虑单输入离散时间线性时不变系统：

$$\boldsymbol{x}(k+1)=\boldsymbol{G}\boldsymbol{x}(k)+\boldsymbol{h}u(k),\quad k=0,1,\cdots \tag{4.90}$$

其中，$\boldsymbol{x}$ 为 n 维状态，u 为标量输入，$\boldsymbol{G}$ 和 $\boldsymbol{h}$ 为 $n\times n$ 和 $n\times 1$ 常值矩阵，且设 $\boldsymbol{G}$ 非奇异。那么，当系统为完全能控时，可构造如下一组输入控制：

$$\begin{bmatrix} u(0) \\ u(1) \\ \vdots \\ u(n-1) \end{bmatrix} = -[\boldsymbol{G}^{-1}\boldsymbol{h}, \boldsymbol{G}^{-2}\boldsymbol{h}, \cdots, \boldsymbol{G}^{-n}\boldsymbol{h}]^{-1}\boldsymbol{x}_0 \tag{4.91}$$

使系统必可在 n 步内由任意非零初始状态 $\boldsymbol{x}(0)=\boldsymbol{x}_0$ 转移到状态空间原点。通常，称这组控制为最小拍控制。

证　利用状态运动关系式,并取 $k=n$,得到

$$\begin{aligned} \boldsymbol{x}(n) &= \boldsymbol{G}^n\boldsymbol{x}_0 + [\boldsymbol{G}^{n-1}\boldsymbol{h}u(0) + \cdots + \boldsymbol{G}\boldsymbol{h}u(n-2) + \boldsymbol{h}u(n-1)] \\ &= \boldsymbol{G}^n\boldsymbol{x}_0 + \boldsymbol{G}^n[\boldsymbol{G}^{-1}\boldsymbol{h}u(0) + \cdots + \boldsymbol{G}^{-(n-1)}\boldsymbol{h}u(n-2) + \boldsymbol{G}^{-n}\boldsymbol{h}u(n-1)] \\ &= \boldsymbol{G}^n\boldsymbol{x}_0 + \boldsymbol{G}^n[\boldsymbol{G}^{-1}\boldsymbol{h}, \cdots, \boldsymbol{G}^{-n}\boldsymbol{h}]\begin{bmatrix} u(0) \\ \vdots \\ u(n-1) \end{bmatrix} \end{aligned} \tag{4.92}$$

再由系统完全能控,并利用 $\boldsymbol{G}$ 非奇异导出的关系式：

$$[\boldsymbol{G}^{n-1}\boldsymbol{h}, \cdots, \boldsymbol{G}\boldsymbol{h}, \boldsymbol{h}] = \boldsymbol{G}^n[\boldsymbol{G}^{-1}\boldsymbol{h}, \cdots, \boldsymbol{G}^{-n}\boldsymbol{h}] \tag{4.93}$$

推知：

$$[\boldsymbol{G}^{-1}\boldsymbol{h}, \boldsymbol{G}^{-2}\boldsymbol{h}, \cdots, \boldsymbol{G}^{-n}\boldsymbol{h}]\ 为非奇异 \tag{4.94}$$

这表明,式(4.91)给出的控制是可构成的。于是,将式(4.91)代入式(4.92),即可得到

$$\begin{aligned} \boldsymbol{x}(n) &= \boldsymbol{G}^n\boldsymbol{x}_0 - \boldsymbol{G}^n[\boldsymbol{G}^{-1}\boldsymbol{h}, \cdots, \boldsymbol{G}^{-n}\boldsymbol{h}][\boldsymbol{G}^{-1}\boldsymbol{h}, \cdots, \boldsymbol{G}^{-n}\boldsymbol{h}]^{-1}\boldsymbol{x}_0 \\ &= \boldsymbol{G}^n\boldsymbol{x}_0 - \boldsymbol{G}^n\boldsymbol{x}_0 = \boldsymbol{0} \end{aligned} \tag{4.95}$$

至此,证明完成。

进一步,给出系统能控性和能达性的等价条件。

结论 4.36［能控性和能达性］　对离散时间线性时不变系统(4.83),若系统矩阵 $\boldsymbol{G}$ 非奇异,则系统的能控性和能达性必为等价,即系统完全能控当且仅当系统完全能达。

结论 4.37［能控性和能达性］　若离散时间线性时不变系统(4.83)为连续时间线性时不变系统的时间离散化,则系统的能控性和能达性必为等价,即系统完全能控当且仅当系统完全能达。

例 4.18　给定离散时间线性时不变系统：

$$\boldsymbol{x}(k+1) = \begin{bmatrix} 3 & 2 \\ 6 & 4 \end{bmatrix}\boldsymbol{x}(k) + \begin{bmatrix} 1 \\ 2 \end{bmatrix}u(k), \quad k=0,1,2,\cdots$$

易知 $\boldsymbol{G}$ 为奇异,且有

$$\mathrm{rank}\boldsymbol{Q}_{\mathrm{ck}} = \mathrm{rank}[\boldsymbol{h} \quad \boldsymbol{G}\boldsymbol{h}] = \mathrm{rank}\begin{bmatrix} 1 & 7 \\ 2 & 14 \end{bmatrix} = 1 < 2 = n$$

据秩判据知,系统不完全能达。但是,据此不能导出是否完全能控的结论。事实上,由

$$\mathbf{0}=\boldsymbol{x}(1)=\begin{bmatrix}3 & 2\\6 & 4\end{bmatrix}\boldsymbol{x}(0)+\begin{bmatrix}1\\2\end{bmatrix}u(0)$$

可以导出：

$$3x_1(0)+2x_2(0)+u(0)=0$$

这意味着，对任意 $x_1(0)\neq 0$ 和 $x_2(0)\neq 0$，必可构成相应输入：

$$u(0)=-3x_1(0)-2x_2(0)$$

使其作用下有 $\boldsymbol{x}(1)=\mathbf{0}$。这就说明，尽管不满足充分性判别条件，但系统为完全能控。

4.5.3 时变系统的能观测性判据

考虑离散时间线性时变系统，相应于能观测性研究的系统模型为

$$\begin{aligned}\boldsymbol{x}(k+1)&=\boldsymbol{G}(k)\boldsymbol{x}(k),\quad k\in J_k\\\boldsymbol{y}(k)&=\boldsymbol{C}(k)\boldsymbol{x}(k)\end{aligned}\tag{4.96}$$

其中，$\boldsymbol{x}$ 为 n 维状态，$\boldsymbol{y}$ 为 q 维输出，J_k 为离散时间定义区间，$\boldsymbol{G}(k)$ 和 $\boldsymbol{C}(k)$ 为 $n\times n$ 和 $q\times n$ 时变矩阵。

结论 4.38［能观测性格拉姆矩阵判据］ 对离散时间线性时变系统(4.96)，表 $\boldsymbol{\Phi}(\cdot,\cdot)$ 为状态转移矩阵，则系统在时刻 $h\in J_k$ 完全能观测的充分必要条件为，存在一个离散时刻 $l\in J_k$，$l>h$，使如下定义的格拉姆矩阵

$$\boldsymbol{W}_{\mathrm{o}}[h,l]=\sum_{k=h}^{l-1}\boldsymbol{\Phi}^{\mathrm{T}}(k,h)\boldsymbol{C}^{\mathrm{T}}(k)\boldsymbol{C}(k)\boldsymbol{\Phi}(k,h)\tag{4.97}$$

为非奇异。

注 不同于能控性格拉姆矩阵判据，对离散时间线性时变系统的能观测性格拉姆矩阵判据，无须引入系统矩阵 $\boldsymbol{G}(k)$ 对所有 $k\in[h,l-1]$ 非奇异的条件。

4.5.4 时不变系统的能观测性判据

考虑离散时间线性时不变系统，相应于能观测性研究的系统模型为

$$\begin{aligned}\boldsymbol{x}(k+1)&=\boldsymbol{G}\boldsymbol{x}(k),\quad k=0,1,2,\cdots\\\boldsymbol{y}(k)&=\boldsymbol{C}\boldsymbol{x}(k)\end{aligned}\tag{4.98}$$

其中，$\boldsymbol{x}$ 为 n 维状态，$\boldsymbol{y}$ 为 q 维输出，$\boldsymbol{G}$ 和 $\boldsymbol{C}$ 为 $n\times n$ 和 $q\times n$ 常值矩阵。

结论 4.39［能观测性格拉姆矩阵判据］ 离散时间线性时不变系统(4.98)完全能观测的充分必要条件为，存在一个离散时刻 $l>0$，使如下定义的格拉姆矩阵

$$\boldsymbol{W}_{\mathrm{o}}[0,l]=\sum_{k=0}^{l-1}(\boldsymbol{G}^{\mathrm{T}})^k\boldsymbol{C}^{\mathrm{T}}\boldsymbol{C}\boldsymbol{G}^k\tag{4.99}$$

为非奇异。

证 证明思路类同于时变系统格拉姆矩阵判据。

结论 4.40［能观测性秩判据］　对 n 维离散时间线性时不变系统(4.98)，定义判别矩阵为

$$Q_{ok}=\begin{bmatrix} C \\ CG \\ \vdots \\ CG^{n-1} \end{bmatrix} \quad 或 \quad Q_{ok}^{T}=[C^{T} \vdots G^{T}C^{T} \vdots \cdots \vdots (G^{T})^{n-1}C^{T}] \tag{4.100}$$

则系统完全能观测的充分必要条件为

$$\text{rank}Q_{ok}=\text{rank}\begin{bmatrix} C \\ CG \\ \vdots \\ CG^{n-1} \end{bmatrix}=n \tag{4.101}$$

或

$$\text{rank}Q_{ok}^{T}=\text{rank}[C^{T} \vdots G^{T}C^{T} \vdots \cdots \vdots (G^{T})^{n-1}C^{T}]=n \tag{4.102}$$

注　对离散时间线性时不变系统的能观测性格拉姆矩阵判据和秩判据，同样无需引入系统矩阵 G 非奇异的条件。

结论 4.41［最小拍观测］　考虑单输出离散时间线性时不变系统：

$$\begin{aligned} x(k+1)&=Gx(k), \quad x(0)=x_0, \quad k=0,1,2,\cdots \\ y(k)&=cx(k) \end{aligned} \tag{4.103}$$

其中，x 为 n 维状态，y 为标量输出，G 和 c 为 $n\times n$ 和 $1\times n$ 常值矩阵。那么，若系统完全能观测，则只利用 n 步输出值 $y(0),y(1),\cdots,y(n-1)$就可构造相应初始状态 x_0：

$$x_0=\begin{bmatrix} c \\ cG \\ \vdots \\ cG^{n-1} \end{bmatrix}^{-1}\begin{bmatrix} y(0) \\ y(1) \\ \vdots \\ y(n-1) \end{bmatrix} \tag{4.104}$$

4.6　对偶性

对于线性系统，无论连续时间系统还是离散时间系统，时变系统还是时不变系统，能控性和能观测性之间在概念和判据形式上存在对偶关系。对偶关系实质上反映了系统控制问题和系统估计问题的对偶性。本节在引入对偶系统基础上讨论建立表征对偶关系规律性的对偶性原理。

4.6.1　对偶系统

考虑连续时间线性时变系统：

$$\begin{aligned} \dot{x}&=A(t)x+B(t)u \\ y&=C(t)x \end{aligned} \tag{4.105}$$

其中,状态 $\boldsymbol{x}$ 为 n 维列向量,输入 $\boldsymbol{u}$ 为 p 维列向量,输出 $\boldsymbol{y}$ 为 q 维列向量。基此,先来引入对偶系统的定义。

定义 4.14 [对偶系统] 对连续时间线性时变系统(4.105),对偶系统定义为如下形式的连续时间线性时变系统:

$$\begin{aligned}\dot{\boldsymbol{\psi}}^{\mathrm{T}} &= -\boldsymbol{A}^{\mathrm{T}}(t)\boldsymbol{\psi}^{\mathrm{T}} + \boldsymbol{C}^{\mathrm{T}}(t)\boldsymbol{\eta}^{\mathrm{T}} \\ \boldsymbol{\varphi}^{\mathrm{T}} &= \boldsymbol{B}^{\mathrm{T}}(t)\boldsymbol{\psi}^{\mathrm{T}}\end{aligned} \tag{4.106}$$

其中,协状态$\boldsymbol{\psi}$ 为 n 维行向量,输入$\boldsymbol{\eta}$ 为 q 维行向量,输出$\boldsymbol{\varphi}$ 为 p 维行向量。

进一步,原构系统和对偶系统之间具有如下一些对应属性。

1. 线性属性和时变属性的等同性

结论 4.42 [线性属性和时变属性] 无论连续时间系统还是离散时间系统,线性原构系统 Σ 的对偶系统 Σ_{d} 也为线性系统,时变(或时不变)原构系统 Σ 的对偶系统 Σ_{d} 也为时变(或时不变)系统。

2. 系数矩阵的对偶性

结论 4.43 [系数矩阵对偶属性] 原构系统 Σ 和对偶系统 Σ_{d} 的系数矩阵之间具有如下对应关系:

Σ_{d} 系统矩阵 $=-\Sigma$ 系统矩阵的转置

Σ_{d} 输入矩阵 $=\Sigma$ 输出矩阵的转置

Σ_{d} 输出矩阵 $=\Sigma$ 输入矩阵的转置

3. 状态转移矩阵的对偶性

结论 4.44 [状态转移矩阵对偶属性] 表$\boldsymbol{\Phi}(t,t_0)$和$\boldsymbol{\Phi}_{\mathrm{d}}(t,t_0)$为原构系统 Σ 和对偶系统 Σ_{d} 的状态转移矩阵,则两者之间具有如下对偶属性:

$$\boldsymbol{\Phi}_{\mathrm{d}}(t,t_0) = \boldsymbol{\Phi}(t,t_0)\ \text{逆的转置} = \boldsymbol{\Phi}^{\mathrm{T}}(t_0,t) \tag{4.107}$$

4. 方块图的对偶性

结论 4.45 [方块图对偶属性] 考虑连续时间线性时变系统,原构系统 Σ 和对偶系统 Σ_{d} 的方块图如图 4.3 所示。则两者在结构上(如信号流向,状态、输入和输出作用点,求和点位置等)呈现出对偶属性。

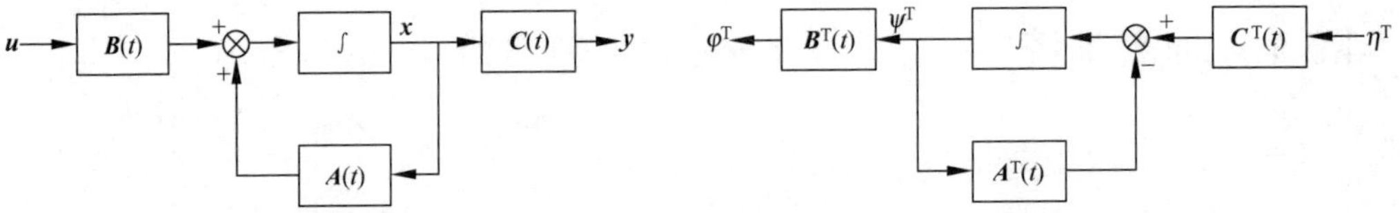

(a) 原构系统　　(b) 对偶系统

图 4.3 原构系统及其对偶系统

5. 时序的对偶性

结论 4.46 [时序对偶属性]　系统运动过程中状态点在状态空间的转移时序，对于原构系统 Σ 为由 t_0 到 t 的正时向转移，对于对偶系统 Σ_d 为由 t 到 t_0 的反时向转移。

4.6.2 对偶性原理

在对偶系统基础上，进而讨论和建立线性系统能控性和能观测性间的对偶关系。

结论 4.47 [对偶性原理]　假设 Σ 为原构线性系统，Σ_d 为对偶线性系统，则有

$$\Sigma \text{ 完全能控} \Leftrightarrow \Sigma_d \text{ 完全能观测} \tag{4.108}$$

$$\Sigma \text{ 完全能观测} \Leftrightarrow \Sigma_d \text{ 完全能控} \tag{4.109}$$

证　考虑连续时间线性时变系统。利用格拉姆矩阵判据，并利用 Σ 和 Σ_d 的系数矩阵对应关系，即可证得

Σ 完全能控 $\Leftrightarrow$ $\exists t_1 > t_0$ 使下式成立

$$\begin{aligned}
n &= \operatorname{rank}\left[\int_{t_0}^{t_1} \boldsymbol{\Phi}(t_0,t)\boldsymbol{B}(t)\boldsymbol{B}^{\mathrm{T}}(t)\boldsymbol{\Phi}^{\mathrm{T}}(t_0,t)\mathrm{d}t\right] \\
&= \operatorname{rank}\left[\int_{t_0}^{t_1} [\boldsymbol{\Phi}^{\mathrm{T}}(t_0,t)]^{\mathrm{T}}[\boldsymbol{B}^{\mathrm{T}}(t)]^{\mathrm{T}}[\boldsymbol{B}^{\mathrm{T}}(t)][\boldsymbol{\Phi}^{\mathrm{T}}(t_0,t)]\mathrm{d}t\right] \\
&= \operatorname{rank}\left[\int_{t_0}^{t_1} \boldsymbol{\Phi}_{\mathrm{d}}^{\mathrm{T}}(t,t_0)[\boldsymbol{B}^{\mathrm{T}}(t)]^{\mathrm{T}}[\boldsymbol{B}^{\mathrm{T}}(t)]\boldsymbol{\Phi}_{\mathrm{d}}(t,t_0)\mathrm{d}t\right]
\end{aligned}$$

$$\Leftrightarrow \Sigma_d \text{ 完全能观测} \tag{4.110}$$

Σ 完全能观测　$\Leftrightarrow$　$\exists t_1 > t_0$ 使下式成立

$$\begin{aligned}
n &= \operatorname{rank}\left[\int_{t_0}^{t_1} \boldsymbol{\Phi}^{\mathrm{T}}(t,t_0)\boldsymbol{C}^{\mathrm{T}}(t)\boldsymbol{C}(t)\boldsymbol{\Phi}(t,t_0)\mathrm{d}t\right] \\
&= \operatorname{rank}\left[\int_{t_0}^{t_1} [\boldsymbol{\Phi}^{\mathrm{T}}(t,t_0)][\boldsymbol{C}^{\mathrm{T}}(t)][\boldsymbol{C}^{\mathrm{T}}(t)]^{\mathrm{T}}[\boldsymbol{\Phi}^{\mathrm{T}}(t,t_0)]^{\mathrm{T}}\mathrm{d}t\right] \\
&= \operatorname{rank}\left[\int_{t_0}^{t_1} \boldsymbol{\Phi}_{\mathrm{d}}(t_0,t)[\boldsymbol{C}^{\mathrm{T}}(t)][\boldsymbol{C}^{\mathrm{T}}(t)]^{\mathrm{T}}\boldsymbol{\Phi}_{\mathrm{d}}^{\mathrm{T}}(t_0,t)\mathrm{d}t\right]
\end{aligned}$$

$$\Leftrightarrow \Sigma_d \text{ 完全能控} \tag{4.111}$$

注　对偶性原理的意义，不仅在于使可由一种结构特性（如能控性）判据导出另一种结构特性（如能观测性）判据；而且还在于使可建立系统控制问题和系统估计问题基本结论间的对应关系。

4.7 离散化线性系统保持能控性和能观测性的条件

将连续时间线性系统化为离散时间线性系统进行分析和控制是控制理论中常为采用的一种模式。本节讨论连续时间线性系统在时间离散化后仍可保持能控性和能观测性所应满足的条件。

4.7.1 问题的提法

限于讨论连续时间线性时不变系统,状态空间描述为

$$\Sigma: \quad \begin{aligned} \dot{\boldsymbol{x}} &= \boldsymbol{A}\boldsymbol{x} + \boldsymbol{B}\boldsymbol{u}, \quad t \geqslant 0 \\ \boldsymbol{y} &= \boldsymbol{C}\boldsymbol{x} \end{aligned} \tag{4.112}$$

取采样周期为 T 和零阶保持方式,则时间离散化系统为

$$\Sigma_T: \quad \begin{aligned} \boldsymbol{x}(k+1) &= \boldsymbol{G}\boldsymbol{x}(k) + \boldsymbol{H}\boldsymbol{u}(k), \quad k = 0,1,2,\cdots \\ \boldsymbol{y}(k) &= \boldsymbol{C}\boldsymbol{x}(k) \end{aligned} \tag{4.113}$$

其中

$$\boldsymbol{G} = \mathrm{e}^{\boldsymbol{A}T}, \quad \boldsymbol{H} = \left(\int_0^T \mathrm{e}^{\boldsymbol{A}t}\,\mathrm{d}t\right)\boldsymbol{B} \tag{4.114}$$

这里所讨论的问题的提法是,基于连续时间系统特征值,通过对采样周期 T 引入附加条件,使连续时间线性时不变系统在时间离散化后保持能控性和能观测性。

4.7.2 能控性和能观测性保持条件

对 n 维连续时间线性时不变系统(4.112),表系统矩阵 $\boldsymbol{A}$ 的特征值为

$$\lambda_1,\lambda_2,\cdots,\lambda_\mu, \quad \lambda_i \neq \lambda_j, \quad \forall i \neq j, \quad \mu \leqslant n \tag{4.115}$$

其中,λ_i 可为实数或共轭复数对型,单特征值或重特征值。

首先,给出如下的两个预备性结论。

结论 4.48 [离散化系统能控条件] 对时间离散化系统(4.113),使采样周期 T 的值,对满足

$$\mathrm{Re}[\lambda_i - \lambda_j] = 0, \quad \forall i,j = 1,2,\cdots,\mu \tag{4.116}$$

的一切特征值,成立

$$T \neq \frac{2l\pi}{\mathrm{Im}(\lambda_i - \lambda_j)}, \quad l = \pm 1, \pm 2,\cdots \tag{4.117}$$

则 Σ_T 完全能控的充分必要条件为

$$\mathrm{e}^{\boldsymbol{A}kT}\boldsymbol{B} \text{ 为行线性无关} \tag{4.118}$$

结论 4.49 [原构系统能控条件] 对连续时间线性时不变系统(4.112),使采样周期 T 的值,对满足

$$\mathrm{Re}[\lambda_i - \lambda_j] = 0, \quad \forall i,j = 1,2,\cdots,\mu \tag{4.119}$$

的一切特征值,成立

$$T \neq \frac{2l\pi}{\mathrm{Im}(\lambda_i - \lambda_j)}, \quad l = \pm 1, \pm 2,\cdots \tag{4.120}$$

那么,若时间离散化系统 Σ_T 的原构系统 Σ 完全能控,则有

$$\mathrm{e}^{\boldsymbol{A}kT}\boldsymbol{B} \text{ 行线性无关} \tag{4.121}$$

基于上述两个预备性结论，就可给出和证明如下的基本结论。

结论 4.50［能控性保持条件］　对连续时间线性时不变系统(4.112)，时间离散化系统(4.113)保持完全能控的一个充分条件为，对满足

$$\mathrm{Re}[\lambda_i-\lambda_j]=0,\quad \forall i,j=1,2,\cdots,\mu \tag{4.122}$$

的一切特征值，使采样周期 T 的值满足关系式：

$$T\neq\frac{2l\pi}{\mathrm{Im}(\lambda_i-\lambda_j)},\quad l=\pm1,\pm2,\cdots \tag{4.123}$$

证　由结论 4.49 知，在结论条件(4.122)和(4.123)下，若原构系统(4.112)完全能控，则有 $\mathrm{e}^{\boldsymbol{A}kT}\boldsymbol{B}$ 行线性无关。再由结论 4.48 知，若 $\mathrm{e}^{\boldsymbol{A}kT}\boldsymbol{B}$ 行线性无关，则时间离散化系统(4.113)完全能控。结论得证。

结论 4.51［能观测性保持条件］　对连续时间线性时不变系统(4.112)，时间离散化系统(4.113)保持完全能观测的一个充分条件为，对满足

$$\mathrm{Re}[\lambda_i-\lambda_j]=0,\quad \forall i,j=1,2,\cdots,\mu \tag{4.124}$$

的一切特征值，使采样周期 T 的值满足关系式：

$$T\neq\frac{2l\pi}{\mathrm{Im}(\lambda_i-\lambda_j)},\quad l=\pm1,\pm2,\cdots \tag{4.125}$$

证　由结论 4.50，并利用对偶性原理，即可证得本结论。

例 4.19　给定连续时间线性时不变系统：

$$\dot{\boldsymbol{x}}=\begin{bmatrix}0&1\\-1&0\end{bmatrix}\boldsymbol{x}+\begin{bmatrix}1\\0\end{bmatrix}u$$

$$y=[0\quad 1]\boldsymbol{x}$$

容易判断，系统完全能控和完全能观测。进而，定出系统特征值 $\lambda_1=j$ 和 $\lambda_2=-j$。据结论 4.50 和 4.51 可知，若选择采样周期 T 的值使

$$T\neq\frac{2l\pi}{\mathrm{Im}(\lambda_1-\lambda_2)}=\frac{2l\pi}{2}=l\pi,\quad l=1,2,\cdots$$

则离散化系统

$$\boldsymbol{x}(k+1)=\begin{bmatrix}\cos T&\sin T\\-\sin T&\cos T\end{bmatrix}\boldsymbol{x}(k)+\begin{bmatrix}\sin T\\\cos T-1\end{bmatrix}u(k)$$

$$y(k)=[0\quad 1]\boldsymbol{x}(k)$$

可保持完全能控和完全能观测。事实上，由时间离散化系统，可直接导出能控性和能观测性判别矩阵：

$$\boldsymbol{Q}_{\mathrm{ck}}=[\boldsymbol{H}\ \vdots\ \boldsymbol{GH}]=\begin{bmatrix}\sin T&2\sin T\cos T-\sin T\\\cos T-1&\cos^2T-\sin^2T-\cos T\end{bmatrix}$$

$$\boldsymbol{Q}_{\mathrm{ok}}=\begin{bmatrix}\boldsymbol{C}\\\boldsymbol{CG}\end{bmatrix}=\begin{bmatrix}0&1\\-\sin T&\cos T\end{bmatrix}$$

基此，由关系式

$$\det\boldsymbol{Q}_{\mathrm{ck}}=2\sin T[\cos T-1]\begin{cases}=0,T=l\pi\\\neq0,T\neq l\pi\end{cases}$$

$$\det \boldsymbol{Q}_{\mathrm{ok}} = \sin T \begin{cases} =0, T = l\pi \\ \neq 0, T \neq l\pi \end{cases}$$

可知，若取 $T \neq l\pi(l=1,2,\cdots)$，则时间离散化系统为完全能控和完全能观测。这就验证了上述判断结果的正确性。

4.8 能控规范形和能观测规范形：单输入单输出情形

能控规范形和能观测规范形能凸显系统的能控/能观测特征和结构特性。在状态反馈控制和状态观测器的综合问题中，这两种规范形有着重要的应用。本节以单输入单输出线性时不变系统为对象，讨论能控规范形和能观测规范形的基本形式和构造方法。

4.8.1 能控性能观测性在线性非奇异变换下的属性

构造能控规范形和能观测规范形的基本途径是对系统引入特定的线性非奇异变换。基此，有必要先对系统能控性和能观测性在线性非奇异变换下的属性进行简要的讨论。

考虑连续时间线性时不变系统，状态空间描述为

$$\begin{aligned} \Sigma: \quad \dot{\boldsymbol{x}} &= \boldsymbol{A}\boldsymbol{x} + \boldsymbol{B}\boldsymbol{u}, \quad t \geqslant 0 \\ \boldsymbol{y} &= \boldsymbol{C}\boldsymbol{x} \end{aligned} \tag{4.126}$$

其中，$\boldsymbol{x}$ 为 n 维状态，$\boldsymbol{u}$ 为 p 维输入，$\boldsymbol{y}$ 为 q 维输出。引入线性非奇异变换 $\bar{\boldsymbol{x}} = \boldsymbol{P}^{-1}\boldsymbol{x}$，可导出变换后系统状态空间描述为

$$\begin{aligned} \bar{\Sigma}: \quad \dot{\bar{\boldsymbol{x}}} &= \bar{\boldsymbol{A}}\bar{\boldsymbol{x}} + \bar{\boldsymbol{B}}\boldsymbol{u}, \quad t \geqslant 0 \\ \boldsymbol{y} &= \bar{\boldsymbol{C}}\bar{\boldsymbol{x}} \end{aligned} \tag{4.127}$$

其中

$$\bar{\boldsymbol{A}} = \boldsymbol{P}^{-1}\boldsymbol{A}\boldsymbol{P}, \quad \bar{\boldsymbol{B}} = \boldsymbol{P}^{-1}\boldsymbol{B}, \quad \bar{\boldsymbol{C}} = \boldsymbol{C}\boldsymbol{P} \tag{4.128}$$

结论 4.52 [线性非奇异变换属性] 对连续时间线性时不变系统 Σ 及其变换系统 $\bar{\Sigma}$，其能控性和能观测性判别矩阵满足关系：

$$\operatorname{rank}\left[\boldsymbol{B} \vdots \boldsymbol{A}\boldsymbol{B} \vdots \cdots \vdots \boldsymbol{A}^{n-1}\boldsymbol{B}\right] = \operatorname{rank}\left[\bar{\boldsymbol{B}} \vdots \bar{\boldsymbol{A}}\bar{\boldsymbol{B}} \vdots \cdots \vdots \bar{\boldsymbol{A}}^{n-1}\bar{\boldsymbol{B}}\right] \tag{4.129}$$

$$\operatorname{rank}\begin{bmatrix} \boldsymbol{C} \\ \boldsymbol{C}\boldsymbol{A} \\ \vdots \\ \boldsymbol{C}\boldsymbol{A}^{n-1} \end{bmatrix} = \operatorname{rank}\begin{bmatrix} \bar{\boldsymbol{C}} \\ \bar{\boldsymbol{C}}\bar{\boldsymbol{A}} \\ \vdots \\ \bar{\boldsymbol{C}}\bar{\boldsymbol{A}}^{n-1} \end{bmatrix} \tag{4.130}$$

证 利用系数矩阵变换式(4.128)，可以得到

$$\left[\bar{\boldsymbol{B}} \vdots \bar{\boldsymbol{A}}\bar{\boldsymbol{B}} \vdots \cdots \vdots \bar{\boldsymbol{A}}^{n-1}\bar{\boldsymbol{B}}\right]$$

$$= [\boldsymbol{P}^{-1}\boldsymbol{B} \mid \boldsymbol{P}^{-1}\boldsymbol{A}\boldsymbol{P} \cdot \boldsymbol{P}^{-1}\boldsymbol{B} \mid \cdots \mid \boldsymbol{P}^{-1}\boldsymbol{A}^{n-1}\boldsymbol{P} \cdot \boldsymbol{P}^{-1}\boldsymbol{B}]$$
$$= \boldsymbol{P}^{-1}[\boldsymbol{B} \mid \boldsymbol{A}\boldsymbol{B} \mid \cdots \mid \boldsymbol{A}^{n-1}\boldsymbol{B}] \tag{4.131}$$

基此,即可证得式(4.129)。类似地,又可证得式(4.130)。

结论 4.53 [线性非奇异变换属性]　连续时间线性时不变系统的能控性和能观测性在线性非奇异变换下保持不变,即有

$$\Sigma \text{ 完全能控} \iff \bar{\Sigma} \text{ 完全能控} \tag{4.132}$$

$$\Sigma \text{ 完全能观测} \iff \bar{\Sigma} \text{ 完全能观测} \tag{4.133}$$

证　基于秩判据并利用式(4.129)和式(4.130)即可导出本结论。

结论 4.54 [线性非奇异变换属性]　对连续时间线性时不变系统(4.126),能控性指数 μ 和能观测性指数 ν,能控性指数集 $\{\mu_1,\mu_2,\cdots,\mu_r\}$ 和能观测性指数集 $\{\nu_1,\nu_2,\cdots,\nu_m\}$,在线性非奇异变换下保持不变。

证　基于系数矩阵变换式(4.128),并利用相关的定义,即可证得本结论。

4.8.2　能控规范形

考虑完全能控 n 维单输入单输出连续时间线性时不变系统:

$$\Sigma: \quad \begin{aligned} \dot{\boldsymbol{x}} &= \boldsymbol{A}\boldsymbol{x} + \boldsymbol{b}u \\ y &= \boldsymbol{c}\boldsymbol{x} \end{aligned} \tag{4.134}$$

其中,$\boldsymbol{A}$ 为 $n \times n$ 常阵,$\boldsymbol{b}$ 和 $\boldsymbol{c}$ 为 $n \times 1$ 和 $1 \times n$ 常阵。由系统完全能控,有

$$\text{rank}[\boldsymbol{b} \mid \boldsymbol{A}\boldsymbol{b} \mid \cdots \mid \boldsymbol{A}^{n-1}\boldsymbol{b}] = n \tag{4.135}$$

再令系统特征多项式为

$$\det(s\boldsymbol{I} - \boldsymbol{A}) \triangleq \alpha(s) = s^n + \alpha_{n-1}s^{n-1} + \cdots + \alpha_1 s + \alpha_0 \tag{4.136}$$

并进而定义如下的 n 个常数:

$$\begin{aligned} \beta_{n-1} &= \boldsymbol{c}\boldsymbol{b} \\ \beta_{n-2} &= \boldsymbol{c}\boldsymbol{A}\boldsymbol{b} + \alpha_{n-1}\boldsymbol{c}\boldsymbol{b} \\ &\cdots\cdots \\ \beta_1 &= \boldsymbol{c}\boldsymbol{A}^{n-2}\boldsymbol{b} + \alpha_{n-1}\boldsymbol{c}\boldsymbol{A}^{n-3}\boldsymbol{b} + \cdots + \alpha_2\boldsymbol{c}\boldsymbol{b} \\ \beta_0 &= \boldsymbol{c}\boldsymbol{A}^{n-1}\boldsymbol{b} + \alpha_{n-1}\boldsymbol{c}\boldsymbol{A}^{n-2}\boldsymbol{b} + \cdots + \alpha_1\boldsymbol{c}\boldsymbol{b} \end{aligned} \tag{4.137}$$

在此基础上,可以导出如下两个结论。

结论 4.55 [能控特征变换阵]　对完全能控 n 维单输入单输出连续时间线性时不变系统(4.134),表征能控特征和结构特性的变换矩阵为

$$\boldsymbol{P} = [\boldsymbol{e}_1, \boldsymbol{e}_2, \cdots, \boldsymbol{e}_n] = [\boldsymbol{A}^{n-1}\boldsymbol{b}, \cdots, \boldsymbol{A}\boldsymbol{b}, \boldsymbol{b}] \begin{bmatrix} 1 & & & \\ \alpha_{n-1} & \ddots & & \\ \vdots & \ddots & \ddots & \\ \alpha_1 & \cdots & \alpha_{n-1} & 1 \end{bmatrix} \tag{4.138}$$

注 式(4.138)的变换矩阵 $\boldsymbol{P}$ 中,能控特征表征为,当且仅当系统完全能控,矩阵 $\boldsymbol{P}$ 非奇异;结构特性表征为,特征多项式系数组$\{\alpha_1,\cdots,\alpha_{n-1}\}$被直接引入于矩阵 $\boldsymbol{P}$ 中。

结论 4.56[能控规范形] 对完全能控 n 维单输入单输出连续时间线性时不变系统(4.134),其能控规范形可基于上述变换矩阵 $\boldsymbol{P}$ 和线性非奇异变换 $\bar{\boldsymbol{x}}=\boldsymbol{P}^{-1}\boldsymbol{x}$ 导出,为

$$\Sigma_c:\quad \begin{aligned}\dot{\bar{\boldsymbol{x}}}&=\bar{\boldsymbol{A}}_c\bar{\boldsymbol{x}}+\bar{\boldsymbol{b}}_c u\\ y&=\bar{\boldsymbol{c}}_c\bar{\boldsymbol{x}}\end{aligned} \tag{4.139}$$

其中

$$\bar{\boldsymbol{A}}_c=\boldsymbol{P}^{-1}\boldsymbol{A}\boldsymbol{P}=\left[\begin{array}{c|ccc}0 & 1 & & \\ \vdots & & \ddots & \\ 0 & & & 1\\ \hline -\alpha_0 & -\alpha_1 & \cdots & -\alpha_{n-1}\end{array}\right],\quad \bar{\boldsymbol{b}}_c=\boldsymbol{P}^{-1}\boldsymbol{b}=\begin{bmatrix}0\\ \vdots\\ 0\\ 1\end{bmatrix}$$

$$\bar{\boldsymbol{c}}_c=\boldsymbol{c}\boldsymbol{P}=[\beta_0,\beta_1,\cdots,\beta_{n-1}] \tag{4.140}$$

证 首先推导 $\bar{\boldsymbol{A}}_c$。对此,利用 $\bar{\boldsymbol{A}}_c=\boldsymbol{P}^{-1}\boldsymbol{A}\boldsymbol{P}$,可以得到

$$\begin{aligned}\boldsymbol{P}\bar{\boldsymbol{A}}_c&=\boldsymbol{A}\boldsymbol{P}=[\boldsymbol{A}\boldsymbol{e}_1,\boldsymbol{A}\boldsymbol{e}_2,\cdots,\boldsymbol{A}\boldsymbol{e}_n]\\ &=[\boldsymbol{A}^n\boldsymbol{b},\cdots,\boldsymbol{A}^2\boldsymbol{b},\boldsymbol{A}\boldsymbol{b}]\begin{bmatrix}1 & & & \\ \alpha_{n-1} & \ddots & & \\ \vdots & \ddots & \ddots & \\ \alpha_1 & \cdots & \alpha_{n-1} & 1\end{bmatrix}\end{aligned} \tag{4.141}$$

基此,并利用凯莱-哈密尔顿定理 $\alpha(\boldsymbol{A})=\boldsymbol{0}$ 和变换矩阵式(4.138),导出:

$$\begin{aligned}\boldsymbol{A}\boldsymbol{e}_1&=(\boldsymbol{A}^n\boldsymbol{b}+\alpha_{n-1}\boldsymbol{A}^{n-1}\boldsymbol{b}+\cdots+\alpha_1\boldsymbol{A}\boldsymbol{b}+\alpha_0\boldsymbol{b})-\alpha_0\boldsymbol{b}=-\alpha_0\boldsymbol{e}_n\\ \boldsymbol{A}\boldsymbol{e}_2&=(\boldsymbol{A}^{n-1}\boldsymbol{b}+\alpha_{n-1}\boldsymbol{A}^{n-2}\boldsymbol{b}+\cdots+\alpha_2\boldsymbol{A}\boldsymbol{b}+\alpha_1\boldsymbol{b})-\alpha_1\boldsymbol{b}=\boldsymbol{e}_1-\alpha_1\boldsymbol{e}_n\\ &\cdots\cdots\\ \boldsymbol{A}\boldsymbol{e}_{n-1}&=(\boldsymbol{A}^2\boldsymbol{b}+\alpha_{n-1}\boldsymbol{A}\boldsymbol{b}+\alpha_{n-2}\boldsymbol{b})-\alpha_{n-2}\boldsymbol{b}=\boldsymbol{e}_{n-2}-\alpha_{n-2}\boldsymbol{e}_n\\ \boldsymbol{A}\boldsymbol{e}_n&=(\boldsymbol{A}\boldsymbol{b}+\alpha_{n-1}\boldsymbol{b})-\alpha_{n-1}\boldsymbol{b}=\boldsymbol{e}_{n-1}-\alpha_{n-1}\boldsymbol{e}_n\end{aligned} \tag{4.142}$$

将式(4.142)代入式(4.141),有

$$\begin{aligned}\boldsymbol{P}\bar{\boldsymbol{A}}_c&=[-\alpha_0\boldsymbol{e}_n,\boldsymbol{e}_1-\alpha_1\boldsymbol{e}_n,\cdots,\boldsymbol{e}_{n-2}-\alpha_{n-2}\boldsymbol{e}_n,\ \boldsymbol{e}_{n-1}-\alpha_{n-1}\boldsymbol{e}_n]\\ &=[\boldsymbol{e}_1,\boldsymbol{e}_2,\cdots,\boldsymbol{e}_n]\left[\begin{array}{c|ccc}0 & 1 & & \\ \vdots & & \ddots & \\ 0 & & & 1\\ \hline -\alpha_0 & -\alpha_1 & \cdots & -\alpha_{n-1}\end{array}\right]\end{aligned} \tag{4.143}$$

考虑到$[\boldsymbol{e}_1,\boldsymbol{e}_2,\cdots,\boldsymbol{e}_n]=\boldsymbol{P}$,从而将上式左乘 $\boldsymbol{P}^{-1}$,证得 $\bar{\boldsymbol{A}}_c$ 表达式。

进而推导 $\bar{\boldsymbol{b}}_c$。对此,利用 $\bar{\boldsymbol{b}}_c=\boldsymbol{P}^{-1}\boldsymbol{b}$ 和变换矩阵定义式(4.138),得到

$$P\bar{b}_c = b = e_n = [e_1, e_2, \cdots, e_n]\begin{bmatrix}0\\0\\\vdots\\1\end{bmatrix} = P\begin{bmatrix}0\\0\\\vdots\\1\end{bmatrix} \tag{4.144}$$

将上式左乘 P^{-1}，证得 $\bar{b}_c$ 表达式。

最后推导 $\bar{c}_c$。对此，利用 $\bar{c}_c = cP$ 和变换矩阵式(4.138)，并注意到式(4.137)，证得

$$c_c = cP = c[A^{n-1}b, \cdots, Ab, b]\begin{bmatrix}1 & & & \\ \alpha_{n-1} & \ddots & & \\ \vdots & \ddots & \ddots & \\ \alpha_1 & \cdots & \alpha_{n-1} & 1\end{bmatrix} \tag{4.145}$$
$$= [\beta_0, \beta_1, \cdots, \beta_{n-1}]$$

注 1　能控规范形以显式直接和特征多项式系数$\{\alpha_0, \alpha_1, \cdots, \alpha_{n-1}\}$联系起来，这对于综合系统状态反馈和对系统仿真研究是很方便的。

注 2　作为上述结论的推论，完全能控两个代数等价系统必具有相同能控规范形。

例 4.20　给定完全能控单输入单输出连续时间线性时不变系统：

$$\dot{x} = \begin{bmatrix}1 & 0 & 2\\2 & 1 & 1\\1 & 0 & -2\end{bmatrix}x + \begin{bmatrix}1\\2\\1\end{bmatrix}u$$
$$y = [0 \quad 1 \quad 1]x$$

首先，定出系统特征多项式

$$\alpha(s) = \det(sI - A) = s^3 - 5s + 4$$

和一组常数

$$\beta_2 = cb = 3$$
$$\beta_1 = cAb + \alpha_2 cb = 4$$
$$\beta_0 = cA^2b + \alpha_2 cAb + \alpha_1 cb = 0$$

在此基础上，利用变换式(4.139)和式(4.140)，得到系统能控规范形为

$$\dot{\bar{x}} = \begin{bmatrix}0 & 1 & 0\\0 & 0 & 1\\-4 & 5 & 0\end{bmatrix}\bar{x} + \begin{bmatrix}0\\0\\1\end{bmatrix}u, \quad n = 3$$
$$y = [0 \quad 4 \quad 3]\bar{x}$$

进而，利用变换矩阵式(4.138)，导出：

$$P = [A^2b, Ab, b]\begin{bmatrix}1 & 0 & 0\\\alpha_2 & 1 & 0\\\alpha_1 & \alpha_2 & 1\end{bmatrix} = \begin{bmatrix}-4 & 3 & 1\\0 & 5 & 2\\0 & -1 & 1\end{bmatrix}$$

再求其逆，有

$$P^{-1}=\begin{bmatrix}-\frac{1}{4} & \frac{1}{7} & -\frac{1}{28}\\ 0 & \frac{1}{7} & -\frac{2}{7}\\ 0 & \frac{1}{7} & \frac{5}{7}\end{bmatrix}$$

从而,定出相对于能控规范形的系统状态为

$$\bar{x}=P^{-1}x=\begin{bmatrix}-\frac{1}{4} & \frac{1}{7} & -\frac{1}{28}\\ 0 & \frac{1}{7} & -\frac{2}{7}\\ 0 & \frac{1}{7} & \frac{5}{7}\end{bmatrix}\begin{bmatrix}x_1\\ x_2\\ x_3\end{bmatrix}=\begin{bmatrix}-\frac{1}{4}x_1+\frac{1}{7}x_2-\frac{1}{28}x_3\\ \frac{1}{7}x_2-\frac{2}{7}x_3\\ \frac{1}{7}x_2+\frac{5}{7}x_3\end{bmatrix}$$

4.8.3 能观测规范形

考虑完全能观测 n 维单输入单输出连续时间线性时不变系统,状态空间描述为

$$\Sigma:\quad \begin{aligned}\dot{x}&=Ax+bu\\ y&=cx\end{aligned}\tag{4.146}$$

其中,A 为 $n\times n$ 常阵,b 和 c 为 $n\times 1$ 和 $1\times n$ 常阵。由系统完全能观测,有

$$\operatorname{rank}\begin{bmatrix}c\\ cA\\ \vdots\\ cA^{n-1}\end{bmatrix}=n\tag{4.147}$$

再令特征多项式为式(4.136),常数组$\{\beta_{n-1},\cdots,\beta_1,\beta_0\}$如式(4.137)所定义。

基此,并利用能观测性和能控性的对偶关系,可以直接导出如下两个结论。

结论 4.57[能观测特征变换阵] 对完全能观测 n 维单输入单输出连续时间线性时不变系统(4.146),表征能观测特征和结构特性的变换矩阵为

$$Q=\begin{bmatrix}\bar{e}_1\\ \vdots\\ \bar{e}_n\end{bmatrix}=\begin{bmatrix}1 & \alpha_{n-1} & \cdots & \alpha_1\\ & \ddots & \ddots & \vdots\\ & & \ddots & \alpha_{n-1}\\ & & & 1\end{bmatrix}\begin{bmatrix}cA^{n-1}\\ \vdots\\ cA\\ c\end{bmatrix}\tag{4.148}$$

注 在式(4.148)定义的变换矩阵 Q 中,能观测特征表征为,当且仅当系统完全能观测,矩阵 Q 非奇异;结构特性表征为,特征多项式系数组$\{\alpha_1,\cdots,\alpha_{n-1}\}$被引入矩阵 Q 中。

结论 4.58[能观测规范形] 对完全能观测 n 维单输入单输出连续时间线性时不变系统(4.146),其能观测规范形可基于上述变换矩阵 Q 和线性非奇异变换 $\hat{x}=Qx$ 导出,为

$$\Sigma_o:\quad \begin{aligned}\dot{\hat{\boldsymbol{x}}} &= \hat{\boldsymbol{A}}_o\hat{\boldsymbol{x}} + \hat{\boldsymbol{b}}_o u \\ y &= \hat{\boldsymbol{c}}_o\hat{\boldsymbol{x}}\end{aligned} \tag{4.149}$$

其中

$$\hat{\boldsymbol{A}}_o = \boldsymbol{Q}\boldsymbol{A}\boldsymbol{Q}^{-1} = \left[\begin{array}{ccc:c} 0 & \cdots & 0 & -\alpha_0 \\ \hdashline 1 & & & -\alpha_1 \\ & \ddots & & \vdots \\ & & 1 & -\alpha_{n-1} \end{array}\right],\quad \hat{\boldsymbol{b}}_o = \boldsymbol{Q}\boldsymbol{b} = \begin{bmatrix} \beta_0 \\ \beta_1 \\ \vdots \\ \beta_{n-1} \end{bmatrix}$$

$$\hat{\boldsymbol{c}}_o = \boldsymbol{c}\boldsymbol{Q}^{-1} = [0 \quad \cdots \quad 0 \quad 1] \tag{4.150}$$

注 1　能观测规范形以显式和特征多项式系数$\{\alpha_0, \alpha_1, \cdots, \alpha_{n-1}\}$联系起来，这对综合系统的观测器是很方便的。

注 2　完全能观测两个代数等价系统必具有相同能观测规范形。

例 4.21　给定完全能观测单输入单输出连续时间线性时不变系统：

$$\dot{\boldsymbol{x}} = \begin{bmatrix} 1 & 0 & 2 \\ 2 & 1 & 1 \\ 1 & 0 & -2 \end{bmatrix}\boldsymbol{x} + \begin{bmatrix} 1 \\ 2 \\ 1 \end{bmatrix}u,\quad n = 3$$

$$y = [0 \quad 1 \quad 1]\boldsymbol{x}$$

首先，定出特征多项式

$$\alpha(s) = \det(s\boldsymbol{I} - \boldsymbol{A}) = s^3 - 5s + 4$$

和一组常数

$$\begin{aligned} \beta_2 &= \boldsymbol{c}\boldsymbol{b} = 3 \\ \beta_1 &= \boldsymbol{c}\boldsymbol{A}\boldsymbol{b} + \alpha_2\boldsymbol{c}\boldsymbol{b} = 4 \\ \beta_0 &= \boldsymbol{c}\boldsymbol{A}^2\boldsymbol{b} + \alpha_2\boldsymbol{c}\boldsymbol{A}\boldsymbol{b} + \alpha_1\boldsymbol{c}\boldsymbol{b} = 0 \end{aligned}$$

基此，并利用变换式(4.149)和(4.150)，得到系统能观测规范形为

$$\dot{\hat{\boldsymbol{x}}} = \begin{bmatrix} 0 & 0 & -4 \\ 1 & 0 & 5 \\ 0 & 1 & 0 \end{bmatrix}\hat{\boldsymbol{x}} + \begin{bmatrix} 0 \\ 4 \\ 3 \end{bmatrix}u$$

$$y = [0 \quad 0 \quad 1]\hat{\boldsymbol{x}}$$

进而，利用变换矩阵式(4.148)，定出变换矩阵为

$$\boldsymbol{Q} = \begin{bmatrix} 1 & \alpha_2 & \alpha_1 \\ 0 & 1 & \alpha_2 \\ 0 & 0 & 1 \end{bmatrix}\begin{bmatrix} \boldsymbol{c}\boldsymbol{A}^2 \\ \boldsymbol{c}\boldsymbol{A} \\ \boldsymbol{c} \end{bmatrix} = \begin{bmatrix} 4 & -4 & 4 \\ 3 & 1 & -1 \\ 0 & 1 & 1 \end{bmatrix}$$

定出相对于能观测规范形的状态为

$$\hat{\boldsymbol{x}} = \boldsymbol{Q}\boldsymbol{x} = \begin{bmatrix} 4 & -4 & 4 \\ 3 & 1 & -1 \\ 0 & 1 & 1 \end{bmatrix}\begin{bmatrix} x_1 \\ x_2 \\ x_3 \end{bmatrix} = \begin{bmatrix} 4x_1 - 4x_2 + 4x_3 \\ 3x_1 + x_2 - x_3 \\ x_2 + x_3 \end{bmatrix}$$

4.9 能控规范形和能观测规范形：多输入多输出情形

多输入多输出连续时间线性时不变系统的能控规范形和能观测规范形，无论规范形形式还是构造方法都要复杂一些。一是规范形不唯一，相对于不同变换矩阵得到不同形式规范形；二是构造变换矩阵复杂，包括判别矩阵中线性无关列或行的搜索和变换阵构造中复杂计算等。本节从基本性和实用性限于讨论旺纳姆（Wonham）规范形和龙伯格（Luenberger）规范形。

4.9.1 搜索线性无关列或行的方案

对多输入多输出情形，构造规范形面临的共同性问题是找出能控性判别矩阵中 n 个线性无关列或能观测性判别矩阵中 n 个线性无关行。这是一个搜索的过程。

考虑 n 维多输入多输出连续时间线性时不变系统，状态空间描述为

$$\Sigma:\quad \begin{aligned} \dot{\boldsymbol{x}} &= \boldsymbol{A}\boldsymbol{x} + \boldsymbol{B}\boldsymbol{u} \\ \boldsymbol{y} &= \boldsymbol{C}\boldsymbol{x} \end{aligned} \tag{4.151}$$

其中，$\boldsymbol{A}$ 为 $n\times n$ 常阵，$\boldsymbol{B}$ 和 $\boldsymbol{C}$ 为 $n\times p$ 和 $q\times n$ 常阵。再组成能控性判别阵 $\boldsymbol{Q}_{\mathrm{c}}$ 和能观测性判别阵 $\boldsymbol{Q}_{\mathrm{o}}$ 为

$$\boldsymbol{Q}_{\mathrm{c}} = [\boldsymbol{B} \;\vdots\; \boldsymbol{A}\boldsymbol{B} \;\vdots\; \cdots \;\vdots\; \boldsymbol{A}^{n-1}\boldsymbol{B}] \tag{4.152}$$

和

$$\boldsymbol{Q}_{\mathrm{o}} = \begin{bmatrix} \boldsymbol{C} \\ \boldsymbol{C}\boldsymbol{A} \\ \vdots \\ \boldsymbol{C}\boldsymbol{A}^{n-1} \end{bmatrix} \tag{4.153}$$

若系统完全能控，则 $\mathrm{rank}\boldsymbol{Q}_{\mathrm{c}}=n$，$n\times pn$ 矩阵 $\boldsymbol{Q}_{\mathrm{c}}$ 中有且仅有 n 个线性无关 n 维列向量；若系统完全能观测，则 $\mathrm{rank}\boldsymbol{Q}_{\mathrm{o}}=n$，$qn\times n$ 矩阵 $\boldsymbol{Q}_{\mathrm{o}}$ 中有且仅有 n 个线性无关 n 维行向量。下面说明搜索 $\boldsymbol{Q}_{\mathrm{c}}$ 中 n 个线性无关列的思路和步骤，搜索 $\boldsymbol{Q}_{\mathrm{o}}$ 中 n 个线性无关行类同。

为使搜索过程更为形象和直观，对 $(\boldsymbol{A},\boldsymbol{B})$ 建立形如图 4.4 和图 4.5 所示的格栅图。格栅图由行和列组成，格栅上方由左至右依次标为 $\boldsymbol{B}$ 的列 $\boldsymbol{b}_1,\boldsymbol{b}_2,\boldsymbol{b}_3,\cdots$，格栅左方由上至下依次标为 $\boldsymbol{A}$ 的各次幂 $\boldsymbol{A}^0,\boldsymbol{A},\boldsymbol{A}^2,\cdots$，格 ji 代表 $\boldsymbol{A}^j$ 和 $\boldsymbol{b}_i$ 乘积的列向量 $\boldsymbol{A}^j\boldsymbol{b}_i$。随对格栅图搜索方向的不同，可分为“列向搜索”和“行向搜索”两种方案。

1. 搜索 Q_c 中 n 个线性无关列的“列向搜索方案”

列向搜索思路是，从格栅图最左上格即 $\boldsymbol{A}^0\boldsymbol{b}_1$ 格向下，顺序找出列中所有线性无关列向量。随后，转入到紧右邻列，从乘积 $\boldsymbol{A}^0\boldsymbol{b}_2$ 格向下，顺序找出列中和已找到的

所有列向量组线性无关的全部列向量。依此类推，直到找到 n 个线性无关列向量。

	$\boldsymbol{b}_1$	$\boldsymbol{b}_2$	$\boldsymbol{b}_3$	$\boldsymbol{b}_4$
$\boldsymbol{I}=\boldsymbol{A}^0$	×	×	×	○
$\boldsymbol{A}$	×	×	○	
$\boldsymbol{A}^2$	×	○		
$\boldsymbol{A}^3$	○			
$\boldsymbol{A}^4$				
$\boldsymbol{A}^5$				
$\boldsymbol{A}^6$				

图 4.4　列向搜索方案的格栅图

	$\boldsymbol{b}_1$	$\boldsymbol{b}_2$	$\boldsymbol{b}_3$	$\boldsymbol{b}_4$
$\boldsymbol{I}=\boldsymbol{A}^0$	×	×	×	○
$\boldsymbol{A}$	×	○	×	
$\boldsymbol{A}^2$	×		○	
$\boldsymbol{A}^3$	○			
$\boldsymbol{A}^4$				
$\boldsymbol{A}^5$				
$\boldsymbol{A}^6$				

图 4.5　行向搜索方案的格栅图

下面给出列向搜索方案的搜索步骤。

Step 1：对格栅图的左列 1，若 $\boldsymbol{b}_1$ 非零，在 $\boldsymbol{A}^0\boldsymbol{b}_1$ 格内画×。转入下一格，若

$$\boldsymbol{A}\boldsymbol{b}_1 \text{ 和 } \boldsymbol{b}_1 \text{ 线性无关，}$$

在其格内画×。再转入下一格，若

$$\boldsymbol{A}^2\boldsymbol{b}_1 \text{ 和} \{\boldsymbol{b}_1, \boldsymbol{A}\boldsymbol{b}_1\} \text{ 线性无关，}$$

在其格内画×。如此等等，直到首次出现

$$\boldsymbol{A}^{\nu_1}\boldsymbol{b}_1 \text{ 和} \{\boldsymbol{b}_1, \boldsymbol{A}\boldsymbol{b}_1, \cdots, \boldsymbol{A}^{\nu_1-1}\boldsymbol{b}_1\} \text{ 线性相关，}$$

在其格内画○，并停止列 1 的搜索，得到一组线性无关列向量为

$$\boldsymbol{b}_1, \boldsymbol{A}\boldsymbol{b}_1, \cdots, \boldsymbol{A}^{\nu_1-1}\boldsymbol{b}_1, \quad \text{长度} = \nu_1$$

Step 2：向右转入左列 2，若

$$\boldsymbol{b}_2 \text{ 和} \{\boldsymbol{b}_1, \boldsymbol{A}\boldsymbol{b}_1, \boldsymbol{A}^2\boldsymbol{b}_1, \cdots, \boldsymbol{A}^{\nu_1-1}\boldsymbol{b}_1\} \text{ 线性无关，}$$

在乘积 $\boldsymbol{A}^0\boldsymbol{b}_2$ 格内画×。转入下一格，若

$$\boldsymbol{A}\boldsymbol{b}_2 \text{ 和} \{\boldsymbol{b}_1, \boldsymbol{A}\boldsymbol{b}_1, \boldsymbol{A}^2\boldsymbol{b}_1, \cdots, \boldsymbol{A}^{\nu_1-1}\boldsymbol{b}_1; \boldsymbol{b}_2\} \text{ 线性无关，}$$

在其格内画×。如此等等，直到首次出现

$$\boldsymbol{A}^{\nu_2}\boldsymbol{b}_2 \text{ 和} \{\boldsymbol{b}_1, \boldsymbol{A}\boldsymbol{b}_1, \cdots, \boldsymbol{A}^{\nu_1-1}\boldsymbol{b}_1; \boldsymbol{b}_2, \boldsymbol{A}\boldsymbol{b}_2, \cdots, \boldsymbol{A}^{\nu_2-1}\boldsymbol{b}_2\} \text{ 线性相关，}$$

在其格内画○，并停止列 2 的搜索，得到一组线性无关列向量为

$$\boldsymbol{b}_2, \boldsymbol{A}\boldsymbol{b}_2, \cdots, \boldsymbol{A}^{\nu_2-1}\boldsymbol{b}_2, \quad \text{长度} = \nu_2$$

……

Step l：向右转入左列 l，若

$$\boldsymbol{b}_l \text{ 和} \{\boldsymbol{b}_1, \boldsymbol{A}\boldsymbol{b}_1, \cdots, \boldsymbol{A}^{\nu_1-1}\boldsymbol{b}_1; \cdots; \boldsymbol{b}_{l-1}, \boldsymbol{A}\boldsymbol{b}_{l-1}, \cdots, \boldsymbol{A}^{\nu_{l-1}-1}\boldsymbol{b}_{l-1}\} \text{ 线性无关}$$

在 $\boldsymbol{A}^0\boldsymbol{b}_l$ 格内画×。转入下一格，若

$$\boldsymbol{A}\boldsymbol{b}_l \text{ 和} \{\boldsymbol{b}_1, \boldsymbol{A}\boldsymbol{b}_1, \cdots, \boldsymbol{A}^{\nu_1-1}\boldsymbol{b}_1; \cdots; \boldsymbol{b}_{l-1}, \boldsymbol{A}\boldsymbol{b}_{l-1}, \cdots, \boldsymbol{A}^{\nu_{l-1}-1}\boldsymbol{b}_{l-1}; \boldsymbol{b}_l\} \text{ 线性无关}$$

在其格内画×。如此等等，直到首次出现

$$\boldsymbol{A}^{\nu_l}\boldsymbol{b}_l \text{ 和} \{\boldsymbol{b}_1, \boldsymbol{A}\boldsymbol{b}_1, \cdots, \boldsymbol{A}^{\nu_1-1}\boldsymbol{b}_1; \cdots; \boldsymbol{b}_{l-1}, \boldsymbol{A}\boldsymbol{b}_{l-1}, \cdots, \boldsymbol{A}^{\nu_{l-1}-1}\boldsymbol{b}_{l-1}; \boldsymbol{b}_l, \boldsymbol{A}\boldsymbol{b}_l, \cdots, \boldsymbol{A}^{\nu_l-1}\boldsymbol{b}_l\}$$

$$\text{线性相关，}$$

在其格内画○，并停止列 l 的搜索，得到一组线性无关列向量为

$$\boldsymbol{b}_l,\boldsymbol{A}\boldsymbol{b}_l,\cdots,\boldsymbol{A}^{\nu_l-1}\boldsymbol{b}_l,\quad 长度=\nu_l$$

Step $l+1$：若 $\nu_1+\nu_2+\cdots+\nu_l=n$，停止搜索。上述 l 组列向量即为按列向搜索方案找到的 $\boldsymbol{Q}_c$ 的 n 个线性无关列向量。

对图 4.4 情形，有 $n=6$ 和 $l=3$，搜索结果为

$$\nu_1=3,\quad \nu_2=2,\quad \nu_3=1$$

$\boldsymbol{Q}_c$ 中 6 个线性无关列向量为

$$\boldsymbol{b}_1,\boldsymbol{A}\boldsymbol{b}_1,\boldsymbol{A}^2\boldsymbol{b}_1;\boldsymbol{b}_2,\boldsymbol{A}\boldsymbol{b}_2;\boldsymbol{b}_3$$

2. 搜索 Q_c 中 n 个线性无关列的"行向搜索方案"

行向搜索思路是，从格栅图最左上格即 $\boldsymbol{A}^0\boldsymbol{b}_1$ 格向右，顺序找出行中所有线性无关列向量。随后，转入紧邻下行，从 $\boldsymbol{A}\boldsymbol{b}_1$ 格向右，顺序找出行中和已找到的所有线性无关列向量组为线性无关的全部列向量。依此类推，直到找到 n 个线性无关列向量。

下面，给出行向搜索方案的搜索步骤。

Step 1：设 $\mathrm{rank}\boldsymbol{B}=r<p$，即 $\boldsymbol{B}$ 中有且仅有 r 个线性无关列。对格栅图行 1，若 $\boldsymbol{b}_1$ 非零，在 $\boldsymbol{A}^0\boldsymbol{b}_1$ 格内画×，由左至右找出 r 个线性无关列。不失普遍性，表 r 个线性无关列为

$$\boldsymbol{b}_1,\boldsymbol{b}_2,\cdots,\boldsymbol{b}_r$$

并在对应格内画×。如若不然，可通过交换 $\boldsymbol{B}$ 中列位置来实现这一点。

Step 2：转入行 2，从 $\boldsymbol{A}\boldsymbol{b}_1$ 格到 $\boldsymbol{A}\boldsymbol{b}_r$ 格由左至右进行搜索。对每一格，判断其所属列向量和先前得到的线性无关列向量组是否线性相关，若线性相关则在其格内画○，反之在其格内画×。并且，若某个格内已画○，则所在列中位于其下的所有列向量必和先前得到的线性无关列向量组为线性相关，因此对相应列中的搜索无需继续进行。

……

Step μ：转入行 μ，从 $\boldsymbol{A}^{\mu}\boldsymbol{b}_1$ 格到 $\boldsymbol{A}^{\mu}\boldsymbol{b}_r$ 格由左至右进行搜索。对需要搜索的每一格，判断其所属列向量和先前得到的线性无关列向量组是否线性相关，若线性相关则在其格内画○，反之在其格内画×。

Step $\mu+1$：若至此找到 n 个线性无关列向量，则结束搜索。格栅图中画×格对应的列向量组就为按行搜索方案得到的 $\boldsymbol{Q}_c$ 中 n 个线性无关列向量。

进而，相对于格栅图中的各列，表 $\mu_\alpha(\alpha=1,2,\cdots,r)$ 为第 α 列中画×格的个数即长度，那么 $\{\mu_1,\mu_2,\cdots,\mu_r\}$ 就为系统的能控性指数集，$\mu=\max\{\mu_1,\mu_2,\cdots,\mu_r\}$ 为系统的能控性指数。

对图 4.5 情形，有 $n=6$ 和 $r=3$，搜索结果为

$$\mu_1=3,\quad \mu_2=1,\quad \mu_3=2$$

Q_c 中6个线性无关列向量为

$$b_1, Ab_1, A^2 b_1; b_2; b_3, Ab_3$$

4.9.2 旺纳姆能控规范形

考虑完全能控多输入多输出连续时间线性时不变系统：

$$\Sigma: \quad \begin{aligned} \dot{x} &= Ax + Bu \\ y &= Cx \end{aligned} \tag{4.154}$$

其中，A 和 B 为 $n\times n$ 和 $n\times p$ 常阵，C 为 $q\times n$ 常阵。

首先，找出系统能控性矩阵 $Q_c=[B \vdots AB \vdots \cdots \vdots A^{n-1}B]$ 中 n 个线性无关列向量。为此，表 $B=[b_1, b_2, \cdots, b_p]$，不失一般性采用列向搜索方案，设 Q_c 的 n 个线性无关列向量为

$$b_1, Ab_1, \cdots, A^{\nu_1-1}b_1; b_2, Ab_2, \cdots, A^{\nu_2-1}b_2; \cdots; b_l, Ab_l, \cdots, A^{\nu_l-1}b_l \tag{4.155}$$

其中，$\nu_1+\nu_2+\cdots+\nu_l=n$；$A^{\nu_1}b_1$ 可表为 $\{b_1, Ab_1, \cdots, A^{\nu_1-1}b_1\}$ 线性组合；$A^{\nu_2}b_2$ 可表为 $\{b_1, Ab_1, \cdots, A^{\nu_1-1}b_1; b_2, Ab_2, \cdots, A^{\nu_2-1}b_2\}$ 线性组合；$A^{\nu_l}b_l$ 可表为 $\{b_1, Ab_1, \cdots, A^{\nu_1-1}b_1; \cdots; b_l, Ab_l, \cdots, A^{\nu_l-1}b_l\}$ 线性组合。

进而，构造变换阵。对此，基于上述线性组合关系，导出其所对应的各组基。

(1) 表

$$A^{\nu_1}b_1 = -\sum_{j=0}^{\nu_1-1}\alpha_{1j}A^j b_1 \tag{4.156}$$

基此，定义相应的基组为

$$\begin{cases} e_{11} \triangleq A^{\nu_1-1}b_1 + \alpha_{1,\nu_1-1}A^{\nu_1-2}b_1 + \cdots + \alpha_{11}b_1 \\ e_{12} \triangleq A^{\nu_1-2}b_1 + \alpha_{1,\nu_1-1}A^{\nu_1-3}b_1 + \cdots + \alpha_{12}b_1 \\ \vdots \\ e_{1\nu_1} \triangleq b_1 \end{cases} \tag{4.157}$$

(2) 表

$$A^{\nu_2}b_2 = -\sum_{j=0}^{\nu_2-1}\alpha_{2j}A^j b_2 + \sum_{i=1}^{1}\sum_{j=1}^{\nu_i}\gamma_{2ji}e_{ij} \tag{4.158}$$

其中，已把对 $\{b_1, Ab_1, \cdots, A^{\nu_1-1}b_1\}$ 线性组合关系等价换为对 $\{e_{11}, e_{12}, \cdots, e_{1\nu_1}\}$ 线性组合关系。基此，定义相应的基组为

$$\begin{cases} e_{21} \triangleq A^{\nu_2-1}b_2 + \alpha_{2,\nu_2-1}A^{\nu_2-2}b_2 + \cdots + \alpha_{21}b_2 \\ e_{22} \triangleq A^{\nu_2-2}b_2 + \alpha_{2,\nu_2-1}A^{\nu_2-3}b_2 + \cdots + \alpha_{22}b_2 \\ \vdots \\ e_{2\nu_1} \triangleq b_2 \end{cases} \tag{4.159}$$

(3) 表

$$A^{\nu_3} b_3 = -\sum_{j=0}^{\nu_3-1} \alpha_{3j} A^j b_3 + \sum_{i=1}^{2} \sum_{j=1}^{\nu_i} \gamma_{3ji} e_{ij} \tag{4.160}$$

其中,已把对$\{b_1, Ab_1, \cdots, A^{\nu_1-1} b_1; b_2, Ab_2, \cdots, A^{\nu_2-1} b_2\}$线性组合关系等价换为对

$$\{e_{11}, e_{12}, \cdots, e_{1\nu_1}; e_{21}, e_{22}, \cdots, e_{2\nu_2}\}$$

线性组合关系。基此,定义相应的基组为

$$\begin{cases} e_{31} \triangleq A^{\nu_3-1} b_3 + \alpha_{3,\nu_3-1} A^{\nu_3-2} b_3 + \cdots + \alpha_{31} b_3 \\ e_{32} \triangleq A^{\nu_3-2} b_3 + \alpha_{3,\nu_3-1} A^{\nu_3-3} b_3 + \cdots + \alpha_{32} b_3 \\ \quad \vdots \\ e_{3\nu_3} \triangleq b_3 \end{cases} \tag{4.161}$$

⋮

(l) 表

$$A^{\nu_l} b_l = -\sum_{j=0}^{\nu_l-1} \alpha_{lj} A^j b_l + \sum_{i=1}^{l-1} \sum_{j=1}^{\nu_i} \gamma_{lji} e_{ij} \tag{4.162}$$

其中,已把对$\{b_1, Ab_1, \cdots, A^{\nu_1-1} b_1; \cdots; b_{l-1}, Ab_{l-1}, \cdots, A^{\nu_{l-1}-1} b_{l-1}\}$线性组合关系等价换为对

$$\{e_{11}, e_{12}, \cdots, e_{1\nu_1}; \cdots; e_{l-1,1}, e_{l-1,2}, \cdots, e_{l-1,\nu_{l-1}}\}$$

线性组合关系。基此,定义相应的基组为

$$\begin{cases} e_{l1} \triangleq A^{\nu_l-1} b_l + \alpha_{l,\nu_l-1} A^{\nu_l-2} b_l + \cdots + \alpha_{l1} b_l \\ e_{l2} \triangleq A^{\nu_l-2} b_l + \alpha_{l,\nu_l-1} A^{\nu_l-3} b_l + \cdots + \alpha_{l2} b_l \\ \quad \vdots \\ e_{l\nu_l} \triangleq b_l \end{cases} \tag{4.163}$$

在所导出的各个基组的基础上,组成如下非奇异变换阵:

$$T = [e_{11}, e_{12}, \cdots, e_{1\nu_1}; \cdots; e_{l1}, e_{l2}, \cdots, e_{l\nu_l}] \tag{4.164}$$

下面,基于(4.164)定义的非奇异变换矩阵 T,给出系统的旺纳姆能控规范形。

结论 4.59 [旺纳姆能控规范形] 对完全能控的多输入多输出连续时间线性时不变系统(4.154),基于线性非奇异变换 $\bar{x} = T^{-1} x$,可导出系统的旺纳姆能控规范形为

$$\Sigma_{cW}: \quad \begin{aligned} \dot{\bar{x}} &= \bar{A}_c \bar{x} + \bar{B}_c u \\ y &= \bar{C}_c \bar{x} \end{aligned} \tag{4.165}$$

其中

$$\bar{\boldsymbol{A}}_{\mathrm{c}}=\boldsymbol{T}^{-1}\boldsymbol{A}\boldsymbol{T}=\begin{bmatrix}\bar{\boldsymbol{A}}_{11} & \bar{\boldsymbol{A}}_{12} & \cdots & \bar{\boldsymbol{A}}_{1l}\\ & \bar{\boldsymbol{A}}_{22} & \cdots & \bar{\boldsymbol{A}}_{2l}\\ & & \ddots & \vdots\\ & & & \bar{\boldsymbol{A}}_{ll}\end{bmatrix} \tag{4.166}$$

$$\underset{(\nu_i\times\nu_i)}{\bar{\boldsymbol{A}}_{ii}}=\left[\begin{array}{c|cccc}0 & 1 & & \\ \vdots & & \ddots & \\ 0 & & & 1\\ \hline -\alpha_{i0} & -\alpha_{i1} & \cdots & -\alpha_{i,\nu_i-1}\end{array}\right],\quad i=1,2,\cdots,l \tag{4.167}$$

$$\underset{(\nu_i\times\nu_j)}{\bar{\boldsymbol{A}}_{ij}}=\begin{bmatrix}\gamma_{j1i} & 0 & \cdots & 0\\ \vdots & \vdots & & \vdots\\ \gamma_{j\nu_i i} & 0 & \cdots & 0\end{bmatrix},\quad j=i+1,\cdots,l \tag{4.168}$$

$$\underset{(n\times p)}{\bar{\boldsymbol{B}}_{\mathrm{c}}}=\boldsymbol{T}^{-1}\boldsymbol{B}=\underbrace{\left[\begin{array}{c|c|c|ccc}0 & & & * & \cdots & *\\ \vdots & & & & & \\ 0 & & & & & \\ 1 & & & \vdots & & \vdots\\ \hline & \ddots & & & & \\ \hline & & 0 & \vdots & & \vdots\\ & & \vdots & & & \\ & & 0 & & & \\ & & 1 & * & \cdots & *\end{array}\right]}_{l\quad\quad\quad p-l}\begin{matrix}\}\nu_1\\ \vdots\\ \}\nu_l\end{matrix} \tag{4.169}$$

$$\underset{(q\times n)}{\bar{\boldsymbol{C}}_{\mathrm{c}}}=\boldsymbol{C}\boldsymbol{T}\text{（无特殊形式）} \tag{4.170}$$

式(4.169)中，用 $*$ 表示的元为可能非零元。

例 4.22　给定完全能控的连续时间线性时不变系统：

$$\dot{\boldsymbol{x}}=\begin{bmatrix}-1 & -4 & -2\\ 0 & 6 & -1\\ 1 & 7 & -1\end{bmatrix}\boldsymbol{x}+\begin{bmatrix}2 & 0\\ 0 & 0\\ 1 & 1\end{bmatrix}\boldsymbol{u},\quad n=3$$

首先，按列向搜索方案，找出能控性判别阵

$$\boldsymbol{Q}_{\mathrm{c}}=[\boldsymbol{B}\ \vdots\ \boldsymbol{A}\boldsymbol{B}\ \vdots\ \boldsymbol{A}^2\boldsymbol{B}]=\begin{bmatrix}2 & 0 & -4 & -2 & 6 & 8\\ 0 & 0 & -1 & -1 & -7 & -5\\ 1 & 1 & 1 & -1 & -12 & -8\end{bmatrix}$$

的 3 个线性无关列：

$$\boldsymbol{b}_1=\begin{bmatrix}2\\0\\1\end{bmatrix},\quad \boldsymbol{A}\boldsymbol{b}_1=\begin{bmatrix}-4\\-1\\1\end{bmatrix},\quad \boldsymbol{A}^2\boldsymbol{b}_1=\begin{bmatrix}6\\-7\\-12\end{bmatrix}$$

进而,由线性组合表示

$$\begin{bmatrix}46\\-30\\-31\end{bmatrix}=\boldsymbol{A}^3\boldsymbol{b}_1=-(\alpha_{12}\boldsymbol{A}^2\boldsymbol{b}_1+\alpha_{11}\boldsymbol{A}\boldsymbol{b}_1+\alpha_{10}\boldsymbol{b}_1)=-\alpha_{12}\begin{bmatrix}6\\-7\\-12\end{bmatrix}-\alpha_{11}\begin{bmatrix}-4\\-1\\1\end{bmatrix}-\alpha_{10}\begin{bmatrix}2\\0\\1\end{bmatrix}$$

导出:

$$\begin{bmatrix}6&-4&2\\-7&-1&0\\-12&1&1\end{bmatrix}\begin{bmatrix}\alpha_{12}\\\alpha_{11}\\\alpha_{10}\end{bmatrix}=-\begin{bmatrix}46\\-30\\-31\end{bmatrix}$$

于是,求解上述方程,得到

$$\begin{bmatrix}\alpha_{12}\\\alpha_{11}\\\alpha_{10}\end{bmatrix}=-\begin{bmatrix}6&-4&2\\-7&-1&0\\-12&1&1\end{bmatrix}^{-1}\begin{bmatrix}46\\-30\\-31\end{bmatrix}=-\left(-\frac{1}{72}\right)\begin{bmatrix}-1&6&2\\7&30&-14\\-19&42&-34\end{bmatrix}\begin{bmatrix}46\\-30\\-31\end{bmatrix}=\begin{bmatrix}-4\\-2\\-15\end{bmatrix}$$

基此,定出

$$\boldsymbol{e}_{11}=\boldsymbol{A}^2\boldsymbol{b}_1+\alpha_{12}\boldsymbol{A}\boldsymbol{b}_1+\alpha_{11}\boldsymbol{b}_1=\begin{bmatrix}18\\-3\\-18\end{bmatrix}$$

$$\boldsymbol{e}_{12}=\boldsymbol{A}\boldsymbol{b}_1+\alpha_{12}\boldsymbol{b}_1=\begin{bmatrix}-12\\-1\\-3\end{bmatrix}$$

$$\boldsymbol{e}_{13}=\boldsymbol{b}_1=\begin{bmatrix}2\\0\\1\end{bmatrix}$$

和

$$\boldsymbol{T}=[\boldsymbol{e}_{11}\quad\boldsymbol{e}_{12}\quad\boldsymbol{e}_{13}]=\begin{bmatrix}18&-12&2\\-3&-1&0\\-18&-3&1\end{bmatrix},\quad \boldsymbol{T}^{-1}=\left(-\frac{1}{72}\right)\begin{bmatrix}-1&6&2\\3&54&-6\\-9&270&-54\end{bmatrix}$$

从而,利用结论 4.59 给出的变换关系式,即可求得

$$\bar{\boldsymbol{A}}_c=\boldsymbol{T}^{-1}\boldsymbol{A}\boldsymbol{T}=\begin{bmatrix}0&1&0\\0&0&1\\15&2&4\end{bmatrix},\quad \bar{\boldsymbol{B}}_c=\boldsymbol{T}^{-1}\boldsymbol{B}=\begin{bmatrix}0&-\frac{1}{36}\\0&\frac{1}{12}\\1&\frac{3}{4}\end{bmatrix}$$

对应地,系统状态方程的旺纳姆能控规范形为

$$\dot{\bar{x}} = \begin{bmatrix} 0 & 1 & 0 \\ 0 & 0 & 1 \\ 15 & 2 & 4 \end{bmatrix} \bar{x} + \begin{bmatrix} 0 & -\dfrac{1}{36} \\ 0 & \dfrac{1}{12} \\ 1 & \dfrac{3}{4} \end{bmatrix} u$$

4.9.3 旺纳姆能观测规范形

考虑到能控性和能观测性间的对偶关系，利用对偶性原理，可由旺纳姆能控规范形的结论直接导出旺纳姆能观测规范形的对应结论。

结论 4.60［旺纳姆能观测规范形］ 对完全能观测的多输入多输出连续时间线性时不变系统(4.154)，可导出系统的旺纳姆能观测规范形为

$$\Sigma_{\mathrm{oW}}:\quad \begin{aligned} \dot{\tilde{x}} &= \tilde{A}_{\mathrm{o}}\tilde{x} + \tilde{B}_{\mathrm{o}}u \\ y &= \tilde{C}_{\mathrm{o}}\tilde{x} \end{aligned} \tag{4.171}$$

其中

$$\underset{(n\times n)}{\tilde{A}_{\mathrm{o}}} = \begin{bmatrix} \tilde{A}_{11} & & & \\ \tilde{A}_{21} & \tilde{A}_{22} & & \\ \vdots & \vdots & \ddots & \\ \tilde{A}_{m1} & \tilde{A}_{m2} & \cdots & \tilde{A}_{mm} \end{bmatrix} \tag{4.172}$$

$$\tilde{A}_{ii} = \left[\begin{array}{ccc:c} 0 & \cdots & 0 & -\beta_{i0} \\ \hdashline 1 & & & -\beta_{i1} \\ & \ddots & & \vdots \\ & & 1 & -\beta_{i,\zeta_i-1} \end{array}\right],\quad i=1,2,\cdots,m \tag{4.173}$$

$$\tilde{A}_{ij} = \begin{bmatrix} \rho_{i1j} & \cdots & \rho_{i\zeta_i j} \\ 0 & \cdots & 0 \\ \vdots & & \vdots \\ 0 & \cdots & 0 \end{bmatrix},\quad j=1,2,\cdots,i-1 \tag{4.174}$$

$$\tilde{C}_{\mathrm{o}} = \left[\begin{array}{cccc:c:cccc} 0 & \cdots & 0 & 1 & & & & & \\ \hdashline & & & & \ddots & & & & \\ \hdashline & & & & & 0 & \cdots & 0 & 1 \\ \hdashline * & & \cdots & & & \cdots & & & * \\ \vdots & & & & & & & & \vdots \\ * & & \cdots & & & \cdots & & & * \end{array}\right] \tag{4.175}$$

$\tilde{B}_{\mathrm{o}}$ 无特殊形式　(4.176)

式(4.175)中,用 * 表示的元为可能非零元。

4.9.4 龙伯格能控规范形

龙伯格能控规范形在系统极点配置综合问题中有着广泛的用途。考虑完全能控多输入多输出连续时间线性时不变系统:

$$\Sigma: \quad \begin{aligned} \dot{\boldsymbol{x}} &= \boldsymbol{A}\boldsymbol{x} + \boldsymbol{B}\boldsymbol{u} \\ \boldsymbol{y} &= \boldsymbol{C}\boldsymbol{x} \end{aligned} \tag{4.177}$$

其中,$\boldsymbol{A}$ 和 $\boldsymbol{B}$ 为 $n\times n$ 和 $n\times p$ 常阵,$\boldsymbol{C}$ 为 $q\times n$ 常阵,$\mathrm{rank}\boldsymbol{B}=r$。

首先,找出能控性矩阵 $\boldsymbol{Q}_{\mathrm{c}}=[\boldsymbol{B} \vdots \boldsymbol{A}\boldsymbol{B} \vdots \cdots \vdots \boldsymbol{A}^{n-1}\boldsymbol{B}]$ 中 n 个线性无关列向量。为此,表 $\boldsymbol{B}=[\boldsymbol{b}_1,\boldsymbol{b}_2,\cdots,\boldsymbol{b}_p]$,不失一般性令其 r 个线性无关列向量为 $\boldsymbol{b}_1,\boldsymbol{b}_2,\cdots,\boldsymbol{b}_r$。基此,采用行向搜索方案,找出 $\boldsymbol{Q}_{\mathrm{c}}$ 中 n 个线性无关列向量,并组成非奇异矩阵:

$$\boldsymbol{P}^{-1}=[\boldsymbol{b}_1,\boldsymbol{A}\boldsymbol{b}_1,\cdots,\boldsymbol{A}^{\mu_1-1}\boldsymbol{b}_1;\boldsymbol{b}_2,\boldsymbol{A}\boldsymbol{b}_2,\cdots,\boldsymbol{A}^{\mu_2-1}\boldsymbol{b}_2;\cdots;\boldsymbol{b}_r,\boldsymbol{A}\boldsymbol{b}_r,\cdots,\boldsymbol{A}^{\mu_r-1}\boldsymbol{b}_r] \tag{4.178}$$

其中,$\{\mu_1,\mu_2,\cdots,\mu_r\}$为系统的能控性指数集,$(\mu_1+\mu_2+\cdots+\mu_r)=n$。

进而,构造变换矩阵。为此,先对式(4.178)定义的矩阵 $\boldsymbol{P}^{-1}$ 求逆,并表结果矩阵为分块矩阵:

$$\boldsymbol{P}=(\boldsymbol{P}^{-1})^{-1}=\begin{bmatrix} \boldsymbol{e}_{11}^{\mathrm{T}} \\ \vdots \\ \boldsymbol{e}_{1\mu_1}^{\mathrm{T}} \\ \hdashline \vdots \\ \hdashline \boldsymbol{e}_{r1}^{\mathrm{T}} \\ \vdots \\ \boldsymbol{e}_{r\mu_r}^{\mathrm{T}} \end{bmatrix} \tag{4.179}$$

其中,块矩阵的行数为 $\mu_i,i=1,2,\cdots,r$。再在矩阵 $\boldsymbol{P}$ 中,取出各个块阵的末行,即为 $\boldsymbol{e}_{1\mu_1}^{\mathrm{T}},\boldsymbol{e}_{2\mu_2}^{\mathrm{T}},\cdots,\boldsymbol{e}_{r\mu_r}^{\mathrm{T}}$,并按如下方式组成变换矩阵 $\boldsymbol{S}^{-1}$:

$$\boldsymbol{S}^{-1}=\begin{bmatrix} \boldsymbol{e}_{1\mu_1}^{\mathrm{T}} \\ \boldsymbol{e}_{1\mu_1}^{\mathrm{T}}\boldsymbol{A} \\ \vdots \\ \boldsymbol{e}_{1\mu_1}^{\mathrm{T}}\boldsymbol{A}^{\mu_1-1} \\ \hdashline \vdots \\ \hdashline \boldsymbol{e}_{r\mu_r}^{\mathrm{T}} \\ \boldsymbol{e}_{r\mu_r}^{\mathrm{T}}\boldsymbol{A} \\ \vdots \\ \boldsymbol{e}_{r\mu_r}^{\mathrm{T}}\boldsymbol{A}^{\mu_r-1} \end{bmatrix} \tag{4.180}$$

在此基础上，给出如下的一个基本结论。

结论 4.61［龙伯格能控规范形］　对完全能控多输入多输出连续时间线性时不变系统(4.177)，基于线性非奇异变换 $\hat{x}=S^{-1}x$，可导出系统的龙伯格能控规范形为

$$\Sigma_{cL}:\quad \begin{aligned}\dot{\hat{x}} &= \hat{A}_c\hat{x}+\hat{B}_c u\\ y &= \hat{C}_c\hat{x}\end{aligned} \tag{4.181}$$

其中

$$\underset{(n\times n)}{\hat{A}_c}=S^{-1}AS=\begin{bmatrix}\hat{A}_{11} & \cdots & \hat{A}_{1r}\\ \vdots & & \vdots\\ \hat{A}_{r1} & \cdots & \hat{A}_{rr}\end{bmatrix} \tag{4.182}$$

$$\underset{(\mu_i\times\mu_i)}{\hat{A}_{ii}}=\left[\begin{array}{c:ccc}0 & 1 & & \\ \vdots & & \ddots & \\ 0 & & & 1\\ \hdashline * & * & \cdots & *\end{array}\right],\quad i=1,2,\cdots,r \tag{4.183}$$

$$\underset{(\mu_i\times\mu_j)}{\hat{A}_{ij}}=\begin{bmatrix}0 & \cdots & 0\\ \vdots & & \vdots\\ 0 & \cdots & 0\\ * & \cdots & *\end{bmatrix},\quad i\neq j \tag{4.184}$$

$$\underset{(n\times p)}{\hat{B}_c}=S^{-1}B=\left[\begin{array}{c:c:c:ccc}0 & & & * & \cdots & *\\ \vdots & & & & & \\ 0 & & & & & \\ 1 & * & & \vdots & & \vdots\\ \hdashline & & \ddots & & & \\ \hdashline & & 0 & \vdots & & \vdots\\ & & \vdots & & & \\ & & 0 & & & \\ & & 1 & * & \cdots & *\end{array}\right] \tag{4.185}$$

$$\underset{q\times n}{\hat{C}_c}=CS\text{（无特殊形式）} \tag{4.186}$$

式中，用 * 表示的元为可能非零元。

例 4.23　给定完全能控的连续时间线性时不变系统：

$$\dot{x}=\begin{bmatrix}-1 & -4 & -2\\ 0 & 6 & -1\\ 1 & 7 & -1\end{bmatrix}x+\begin{bmatrix}2 & 0\\ 0 & 0\\ 1 & 1\end{bmatrix}u,\quad n=3$$

首先，按行向搜索方案，找出能控性判别阵

$$Q_c=[B\ \vdots\ AB\ \vdots\ A^2B]=\begin{bmatrix}2&0&-4&-2&6&8\\0&0&-1&-1&-7&-5\\1&1&1&-1&-12&-8\end{bmatrix}$$

的 3 个线性无关列：

$$b_1=\begin{bmatrix}2\\0\\1\end{bmatrix},\quad b_2=\begin{bmatrix}0\\0\\1\end{bmatrix},\quad Ab_1=\begin{bmatrix}-4\\-1\\1\end{bmatrix}$$

其次，组成预备性变换矩阵 P^{-1}，并求出其逆 P：

$$P^{-1}=[b_1,Ab_1,b_2]=\begin{bmatrix}2&-4&0\\0&-1&0\\1&1&1\end{bmatrix}$$

$$P=(P^{-1})^{-1}=\begin{bmatrix}2&-4&0\\0&-1&0\\1&1&1\end{bmatrix}^{-1}=\begin{bmatrix}0.5&-2&0\\0&-1&0\\-0.5&3&1\end{bmatrix}$$

且将 P 分为两个块阵，第一个块阵的行数为 2，第二个块阵的行数为 1。进而，取出 P 中的第 2 行 e_{12}^{T} 和第 3 行 e_{21}^{T}，组成变换矩阵 S^{-1} 并求出其逆 S：

$$S^{-1}=\begin{bmatrix}e_{12}^{\mathrm{T}}\\e_{12}^{\mathrm{T}}A\\e_{21}^{\mathrm{T}}\end{bmatrix}=\begin{bmatrix}0&-1&0\\0&-6&1\\-0.5&3&1\end{bmatrix}$$

$$S=(S^{-1})^{-1}=\begin{bmatrix}0&-1&0\\0&-6&1\\-0.5&3&1\end{bmatrix}^{-1}=\begin{bmatrix}-18&2&-2\\-1&0&0\\-6&1&0\end{bmatrix}$$

最后，利用结论 4.61 中给出的变换关系式，通过计算得到

$$\hat{A}_c=S^{-1}AS=\begin{bmatrix}0&-1&0\\0&-6&1\\-0.5&3&1\end{bmatrix}\begin{bmatrix}-1&-4&-2\\0&6&-1\\1&7&-1\end{bmatrix}\begin{bmatrix}-18&2&-2\\-1&0&0\\-6&1&0\end{bmatrix}=\begin{bmatrix}0&1&0\\-19&7&-2\\-36&0&-3\end{bmatrix}$$

$$\hat{B}_c=S^{-1}B=\begin{bmatrix}0&-1&0\\0&-6&1\\-0.5&3&1\end{bmatrix}\begin{bmatrix}2&0\\0&0\\1&1\end{bmatrix}=\begin{bmatrix}0&0\\1&1\\0&1\end{bmatrix}$$

而系统状态方程的龙伯格能控规范形为

$$\dot{\hat{x}}=\begin{bmatrix}0&1&0\\-19&7&-2\\-36&0&-3\end{bmatrix}\hat{x}+\begin{bmatrix}0&0\\1&1\\0&1\end{bmatrix}u$$

4.9.5 龙伯格能观测规范形

龙伯格能观测规范形和龙伯格能控规范形具有对偶关系。下面，基于对偶性原

理，直接给出龙伯格能观测规范形的相应结论。

结论 4.62［龙伯格能观测规范形］　对完全能观测多输入多输出连续时间线性时不变系统(4.177)，可导出系统的龙伯格能观测规范形为

$$\Sigma_{\mathrm{oL}}:\quad \begin{aligned} \dot{\breve{\boldsymbol{x}}} &= \breve{\boldsymbol{A}}_{\mathrm{o}}\breve{\boldsymbol{x}} + \breve{\boldsymbol{B}}_{\mathrm{o}}\boldsymbol{u} \\ \boldsymbol{y} &= \breve{\boldsymbol{C}}_{\mathrm{o}}\breve{\boldsymbol{x}} \end{aligned} \tag{4.187}$$

其中

$$\breve{\boldsymbol{A}}_{\mathrm{o}} = \begin{bmatrix} \breve{\boldsymbol{A}}_{11} & \cdots & \breve{\boldsymbol{A}}_{1k} \\ \vdots & & \vdots \\ \breve{\boldsymbol{A}}_{k1} & \cdots & \breve{\boldsymbol{A}}_{kk} \end{bmatrix} \tag{4.188}$$

$$\breve{\boldsymbol{A}}_{ii} = \left[\begin{array}{ccc:c} 0 & \cdots & 0 & * \\ \hdashline 1 & & & * \\ & \ddots & & \vdots \\ & & 1 & * \end{array}\right], \quad i=1,2,\cdots,k \tag{4.189}$$

$$\breve{\boldsymbol{A}}_{ij} = \begin{bmatrix} 0 & \cdots & 0 & * \\ \vdots & & \vdots & \vdots \\ 0 & \cdots & 0 & * \end{bmatrix}, \quad i \neq j \tag{4.190}$$

$$\breve{\boldsymbol{C}}_{\mathrm{o}} = \begin{bmatrix} 0 & \cdots & 0 & 1 & & & & & \\ & & & * & \ddots & & & & \\ & & & & & 0 & \cdots & 0 & 1 \\ * & & & \cdots & & \cdots & & & * \\ \vdots & & & & & & & & \vdots \\ * & & & \cdots & & \cdots & & & * \end{bmatrix} \tag{4.191}$$

$$\breve{\boldsymbol{B}}_{\mathrm{o}}\ \text{无特殊形式} \tag{4.192}$$

式中，用 $*$ 表示的元为可能非零元。

4.10　连续时间线性时不变系统的结构分解

结构分解的实质是以明显形式，将不完全能控或/和不完全能观测的系统区分为能控部分和不能控部分，或能观测部分和不能观测部分，或能控能观测、能控不能观测、不能控能观测、不能控不能观测四个部分。系统结构分解的目的，既在于更为深入地了解系统的结构特性，也在于更为深入地揭示状态空间描述和输入输出描述间的关系。

4.10.1　按能控性的系统结构分解

按能控性的系统结构分解归结为将不完全能控系统显式地区分为能控部分和

不能控部分。结构分解的途径是引入基于不完全能控特征的特定线性非奇异变换。

考虑不完全能控 n 维多输入多输出连续时间线性时不变系统为

$$\Sigma: \quad \begin{aligned} \dot{\boldsymbol{x}} &= \boldsymbol{A}\boldsymbol{x} + \boldsymbol{B}\boldsymbol{u} \\ \boldsymbol{y} &= \boldsymbol{C}\boldsymbol{x} \end{aligned} \tag{4.193}$$

其中，$\boldsymbol{x}$ 为 n 维状态，$\boldsymbol{u}$ 为 p 维输入，$\boldsymbol{y}$ 为 q 维输出。且由系统不完全能控，有

$$\text{rank}\boldsymbol{Q}_{\text{c}} = \text{rank}\left[\boldsymbol{B} \;\vdots\; \boldsymbol{AB} \;\vdots\; \cdots \;\vdots\; \boldsymbol{A}^{n-1}\boldsymbol{B}\right] = k < n \tag{4.194}$$

即能控性矩阵 $\boldsymbol{Q}_{\text{c}}$ 中有且仅有 k 个线性无关列向量。

进而，对系统(4.193)引入线性非奇异变换 $\bar{\boldsymbol{x}} = \boldsymbol{P}\boldsymbol{x}$，并表

$$\bar{\boldsymbol{Q}}_{\text{c}} = \left[\bar{\boldsymbol{B}} \;\vdots\; \bar{\boldsymbol{A}}\bar{\boldsymbol{B}} \;\vdots\; \cdots \;\vdots\; \bar{\boldsymbol{A}}^{n-1}\bar{\boldsymbol{B}}\right]$$

那么，必有

$$\text{rank}\boldsymbol{Q}_{\text{c}} = \text{rank}\bar{\boldsymbol{Q}}_{\text{c}} \tag{4.195}$$

其中

$$\bar{\boldsymbol{A}} = \boldsymbol{PAP}^{-1}, \quad \bar{\boldsymbol{B}} = \boldsymbol{PB} \tag{4.196}$$

这意味着，对不完全能控系统引入线性非奇异变换不改变系统的不能控程度。这一属性正是讨论系统结构分解的基本依据。

下面，基于系统不完全能控特征，构造实现结构分解的非奇异变换矩阵。首先，找出能控性矩阵 $\boldsymbol{Q}_{\text{c}}$ 中有且仅有的 k 个线性无关列向量，可采用列向搜索方案或行向搜索方案，表搜索结果为 $\boldsymbol{q}_1, \boldsymbol{q}_2, \cdots, \boldsymbol{q}_k$。其次，在除 $\boldsymbol{Q}_{\text{c}}$ 外的 n 维状态空间中，选取 $n-k$ 个线性无关列向量 $\boldsymbol{q}_{k+1}, \boldsymbol{q}_{k+2}, \cdots, \boldsymbol{q}_n$，使和$\{\boldsymbol{q}_1, \boldsymbol{q}_2, \cdots, \boldsymbol{q}_k\}$线性无关。基此组成结构分解的变换矩阵为

$$\boldsymbol{P}^{-1} \triangleq \boldsymbol{Q} = \left[\boldsymbol{q}_1, \cdots, \boldsymbol{q}_k \;\vdots\; \boldsymbol{q}_{k+1}, \cdots, \boldsymbol{q}_n\right] \tag{4.197}$$

相应地，表其逆 $\boldsymbol{P}$ 为

$$\boldsymbol{P} = \boldsymbol{Q}^{-1} = \begin{bmatrix} \boldsymbol{p}_1^{\text{T}} \\ \vdots \\ \boldsymbol{p}_n^{\text{T}} \end{bmatrix} \tag{4.198}$$

在此基础上，可以给出系统按能控性结构分解的基本结论。

结论 4.63［系统按能控性结构分解］ 对不完全能控 n 维多输入多输出连续时间线性时不变系统(4.193)，$\text{rank}\boldsymbol{Q}_{\text{c}} = k < n$，通过引入线性非奇异变换 $\bar{\boldsymbol{x}} = \boldsymbol{P}\boldsymbol{x}$ 可使系统实现按能控性的结构分解，即有

$$\begin{aligned} \begin{bmatrix} \dot{\bar{\boldsymbol{x}}}_{\text{c}} \\ \dot{\bar{\boldsymbol{x}}}_{\bar{\text{c}}} \end{bmatrix} &= \begin{bmatrix} \bar{\boldsymbol{A}}_{\text{c}} & \bar{\boldsymbol{A}}_{12} \\ \boldsymbol{0} & \bar{\boldsymbol{A}}_{\bar{\text{c}}} \end{bmatrix} \begin{bmatrix} \bar{\boldsymbol{x}}_{\text{c}} \\ \bar{\boldsymbol{x}}_{\bar{\text{c}}} \end{bmatrix} + \begin{bmatrix} \bar{\boldsymbol{B}}_{\text{c}} \\ \boldsymbol{0} \end{bmatrix} \boldsymbol{u} \\ \boldsymbol{y} &= \left[\bar{\boldsymbol{C}}_{\text{c}} \quad \bar{\boldsymbol{C}}_{\bar{\text{c}}}\right] \begin{bmatrix} \bar{\boldsymbol{x}}_{\text{c}} \\ \bar{\boldsymbol{x}}_{\bar{\text{c}}} \end{bmatrix} \end{aligned} \tag{4.199}$$

其中，$\bar{\boldsymbol{x}}_{\text{c}}$ 为 k 维能控分状态，$\bar{\boldsymbol{x}}_{\bar{\text{c}}}$ 为 $n-k$ 维不能控分状态。

例 4.24　给定连续时间线性时不变系统：

$$\dot{\boldsymbol{x}}=\begin{bmatrix}1&1&1\\0&1&0\\1&1&1\end{bmatrix}\boldsymbol{x}+\begin{bmatrix}0&1\\1&0\\0&1\end{bmatrix}\boldsymbol{u},\quad n=3,\quad \mathrm{rank}\boldsymbol{B}=2$$

$$y=[1\quad 0\quad 1]\boldsymbol{x}$$

首先，由 rank$\boldsymbol{B}=2$，只需判断

$$\mathrm{rank}[\boldsymbol{B}\quad \boldsymbol{AB}]=\mathrm{rank}\begin{bmatrix}0&1&1&2\\1&0&1&0\\0&1&1&2\end{bmatrix}=2<n=3$$

即知系统不完全能控，且分解后能控分状态 $\bar{\boldsymbol{x}}_c$ 为二维。

进而，在 $\boldsymbol{Q}_c$ 中任取两个线性无关列向量，在除 $\boldsymbol{Q}_c$ 以外三维状态空间中任取一个列向量使与取定的两个列向量线性无关，有

$$\boldsymbol{q}_1=\begin{bmatrix}0\\1\\0\end{bmatrix},\quad \boldsymbol{q}_2=\begin{bmatrix}1\\0\\1\end{bmatrix},\quad \boldsymbol{q}_3=\begin{bmatrix}1\\0\\0\end{bmatrix}$$

基此，组成变换矩阵 $\boldsymbol{Q}$，并求出其逆矩阵 $\boldsymbol{P}$，有

$$\boldsymbol{P}^{-1}=\boldsymbol{Q}=\begin{bmatrix}0&1&1\\1&0&0\\0&1&0\end{bmatrix},\quad \boldsymbol{P}=\begin{bmatrix}0&1&0\\0&0&1\\1&0&-1\end{bmatrix}$$

最后，通过计算，得到

$$\bar{\boldsymbol{A}}=\boldsymbol{PAP}^{-1}=\begin{bmatrix}0&1&0\\0&0&1\\1&0&-1\end{bmatrix}\begin{bmatrix}1&1&1\\0&1&0\\1&1&1\end{bmatrix}\begin{bmatrix}0&1&1\\1&0&0\\0&1&0\end{bmatrix}=\begin{bmatrix}1&0&0\\1&2&1\\0&0&0\end{bmatrix}$$

$$\bar{\boldsymbol{B}}=\boldsymbol{PB}=\begin{bmatrix}0&1&0\\0&0&1\\1&0&-1\end{bmatrix}\begin{bmatrix}0&1\\1&0\\0&1\end{bmatrix}=\begin{bmatrix}1&0\\0&1\\0&0\end{bmatrix}$$

$$\bar{\boldsymbol{c}}=\boldsymbol{cP}^{-1}=[1\quad 0\quad 1]\begin{bmatrix}0&1&1\\1&0&0\\0&1&0\end{bmatrix}=[0\quad 2\quad 1]$$

从而，系统按能控性的结构分解式为

$$\begin{bmatrix}\dot{\bar{\boldsymbol{x}}}_c\\ \dot{\bar{\boldsymbol{x}}}_{\bar{c}}\end{bmatrix}=\begin{bmatrix}1&0&0\\1&2&1\\0&0&0\end{bmatrix}\begin{bmatrix}\bar{\boldsymbol{x}}_c\\ \bar{x}_{\bar{c}}\end{bmatrix}+\begin{bmatrix}1&0\\0&1\\0&0\end{bmatrix}\boldsymbol{u}$$

$$y=[0\quad 2\quad 1]\begin{bmatrix}\bar{\boldsymbol{x}}_c\\ \bar{x}_{\bar{c}}\end{bmatrix}$$

对系统按能控性的结构分解进而作如下一些说明。

1. 能控部分和不能控部分

连续时间线性时不变系统按能控性的结构分解式(4.199)表明,一个不完全能控系统可以显式地区分为能控部分和不能控部分。能控部分为 k 维子系统:

$$\begin{aligned}\dot{\boldsymbol{x}}_{\mathrm{c}} &= \bar{\boldsymbol{A}}_{\mathrm{c}}\bar{\boldsymbol{x}}_{\mathrm{c}} + \bar{\boldsymbol{A}}_{12}\bar{\boldsymbol{x}}_{\bar{\mathrm{c}}} + \bar{\boldsymbol{B}}_{\mathrm{c}}\boldsymbol{u} \\ \boldsymbol{y}_1 &= \bar{\boldsymbol{C}}_{\mathrm{c}}\bar{\boldsymbol{x}}_{\mathrm{c}}\end{aligned} \tag{4.200}$$

不能控部分为 $n-k$ 维子系统:

$$\begin{aligned}\dot{\boldsymbol{x}}_{\bar{\mathrm{c}}} &= \bar{\boldsymbol{A}}_{\bar{\mathrm{c}}}\bar{\boldsymbol{x}}_{\bar{\mathrm{c}}} \\ \boldsymbol{y}_2 &= \bar{\boldsymbol{C}}_{\bar{\mathrm{c}}}\bar{\boldsymbol{x}}_{\bar{\mathrm{c}}}\end{aligned} \tag{4.201}$$

且两者之间只存在由不能控部分到能控部分的耦合作用。

2. 能控振型和不能控振型

对连续时间线性时不变系统,由按能控性的结构分解式(4.199),有

$$\begin{aligned}\det(s\boldsymbol{I}-\boldsymbol{A}) &= \det(s\boldsymbol{I}-\bar{\boldsymbol{A}}) = \det\begin{bmatrix} s\boldsymbol{I}-\bar{\boldsymbol{A}}_{\mathrm{c}} & -\bar{\boldsymbol{A}}_{12} \\ \boldsymbol{0} & s\boldsymbol{I}-\bar{\boldsymbol{A}}_{\bar{\mathrm{c}}}\end{bmatrix} \\ &= \det(s\boldsymbol{I}-\bar{\boldsymbol{A}}_{\mathrm{c}})\det(s\boldsymbol{I}-\bar{\boldsymbol{A}}_{\bar{\mathrm{c}}})\end{aligned} \tag{4.202}$$

这就表明,不完全能控系统的特征值可以分离地分为两个部分,$\bar{\boldsymbol{A}}_c$ 特征值为能控振型,$\bar{\boldsymbol{A}}_{\bar{c}}$ 特征值为不能控振型。输入 $\boldsymbol{u}$ 的作用,只能改变能控振型位置。

3. 系统按能控性的结构分解方块图

对连续时间线性时不变系统,基于按能控性的结构分解式(4.199),可以导出图 4.6 所示的不完全能控系统结构分解方块图。由方块图可以直观看出,不能控部分既不受输入 $\boldsymbol{u}$ 的直接影响,也不通过能控状态 $\bar{\boldsymbol{x}}_{\mathrm{c}}$ 受输入 $\boldsymbol{u}$ 的间接影响,属于系统"黑箱"内部不能由外部作用影响的部分。

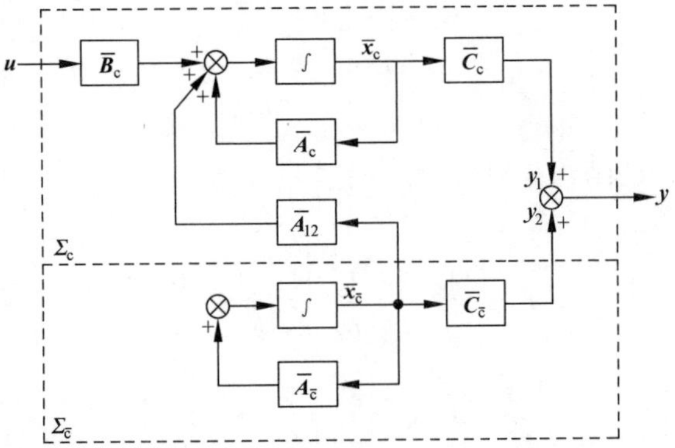

图 4.6 系统按能控性的结构分解方块图

4. 结构分解形式唯一性和结果不唯一性

连续时间线性时不变系统，按能控性的结构分解形式只依赖于变换矩阵的选择原则，不依赖于变换矩阵的具体结果，这就决定形式必为唯一，而结果为不唯一。

4.10.2　按能观测性的系统结构分解

系统按能观测性的结构分解对偶于系统按能控性的结构分解。考虑不完全能观测 n 维多输入多输出连续时间线性时不变系统为

$$\Sigma:\quad \begin{aligned} \dot{\boldsymbol{x}} &= \boldsymbol{A}\boldsymbol{x} + \boldsymbol{B}\boldsymbol{u} \\ \boldsymbol{y} &= \boldsymbol{C}\boldsymbol{x} \end{aligned} \tag{4.203}$$

其中，$\boldsymbol{x}$ 为 n 维状态，$\boldsymbol{u}$ 为 p 维输入，$\boldsymbol{y}$ 为 q 维输出。由系统不完全能观测，有

$$\operatorname{rank}\boldsymbol{Q}_{\mathrm{o}} = \operatorname{rank}\begin{bmatrix} \boldsymbol{C} \\ \boldsymbol{C}\boldsymbol{A} \\ \vdots \\ \boldsymbol{C}\boldsymbol{A}^{n-1} \end{bmatrix} = m < n \tag{4.204}$$

即能观测性矩阵 $\boldsymbol{Q}_{\mathrm{o}}$ 中有且仅有 m 个线性无关行向量。对系统(4.203)引入线性非奇异变换 $\hat{\boldsymbol{x}} = \boldsymbol{F}\boldsymbol{x}$，表变换后能观测性矩阵为 $\hat{\boldsymbol{Q}}_{\mathrm{o}}$，必有

$$\operatorname{rank}\boldsymbol{Q}_{\mathrm{o}} = \operatorname{rank}\hat{\boldsymbol{Q}}_{\mathrm{o}} \tag{4.205}$$

这意味着，引入线性非奇异变换，不改变系统的不能观测程度。在 $\boldsymbol{Q}_{\mathrm{o}}$ 中任取 m 个线性无关行向量 $\boldsymbol{h}_1, \boldsymbol{h}_2, \cdots, \boldsymbol{h}_m$，再在除 $\boldsymbol{Q}_{\mathrm{o}}$ 以外 n 维状态空间中任取 $n-m$ 个和取定线性无关行向量组为线性无关的行向量 $\boldsymbol{h}_{m+1}, \boldsymbol{h}_{m+2}, \cdots, \boldsymbol{h}_n$，基此组成变换阵：

$$\boldsymbol{F} = \begin{bmatrix} \boldsymbol{h}_1 \\ \vdots \\ \boldsymbol{h}_m \\ \hdashline \boldsymbol{h}_{m+1} \\ \vdots \\ \boldsymbol{h}_n \end{bmatrix} \tag{4.206}$$

在此基础上，对应地可给出如下的基本结论。

结论 4.64［系统按能观测性结构分解］　对不完全能观测 n 维多输入多输出连续时间线性时不变系统(4.203)，$\operatorname{rank}\boldsymbol{Q}_{\mathrm{o}} = m < n$，通过引入线性非奇异变换 $\hat{\boldsymbol{x}} = \boldsymbol{F}\boldsymbol{x}$，可使系统实现按能观测性的结构分解，即有

$$\begin{bmatrix} \dot{\hat{\boldsymbol{x}}}_{\mathrm{o}} \\ \dot{\hat{\boldsymbol{x}}}_{\bar{\mathrm{o}}} \end{bmatrix} = \begin{bmatrix} \hat{\boldsymbol{A}}_{\mathrm{o}} & \boldsymbol{0} \\ \hat{\boldsymbol{A}}_{21} & \hat{\boldsymbol{A}}_{\bar{\mathrm{o}}} \end{bmatrix} \begin{bmatrix} \hat{\boldsymbol{x}}_{\mathrm{o}} \\ \hat{\boldsymbol{x}}_{\bar{\mathrm{o}}} \end{bmatrix} + \begin{bmatrix} \hat{\boldsymbol{B}}_{\mathrm{o}} \\ \hat{\boldsymbol{B}}_{\bar{\mathrm{o}}} \end{bmatrix} \boldsymbol{u}$$

$$\boldsymbol{y}=[\hat{\boldsymbol{C}}_{o} \quad \boldsymbol{0}]\begin{bmatrix}\hat{\boldsymbol{x}}_{o}\\ \hat{\boldsymbol{x}}_{\bar{o}}\end{bmatrix} \tag{4.207}$$

其中,$\hat{\boldsymbol{x}}_o$ 为 m 维能观测分状态,$\hat{\boldsymbol{x}}_{\bar{o}}$ 为 $n-m$ 维不能观测分状态。并且,这种分解形式上为唯一,而结果上为不唯一。

对连续时间线性时不变系统,由系统按能观测性结构分解式(4.207)可以看出,在系统分解后,能观测部分为 m 维子系统:

$$\begin{aligned}\dot{\hat{\boldsymbol{x}}}_{o}&=\hat{\boldsymbol{A}}_{o}\hat{\boldsymbol{x}}_{o}+\hat{\boldsymbol{B}}_{o}\boldsymbol{u}\\ \boldsymbol{y}_{1}&=\hat{\boldsymbol{C}}_{o}\hat{\boldsymbol{x}}_{o}\end{aligned} \tag{4.208}$$

不能观测部分为 $n-m$ 维子系统:

$$\begin{aligned}\dot{\hat{\boldsymbol{x}}}_{\bar{o}}&=\hat{\boldsymbol{A}}_{\bar{o}}\hat{\boldsymbol{x}}_{\bar{o}}+\hat{\boldsymbol{A}}_{21}\hat{\boldsymbol{x}}_{o}+\hat{\boldsymbol{B}}_{\bar{o}}\boldsymbol{u}\\ \boldsymbol{y}_{2}&=\boldsymbol{0}\end{aligned} \tag{4.209}$$

进而,$\hat{\boldsymbol{A}}_o$ 特征值为能观测振型,$\hat{\boldsymbol{A}}_{\bar{o}}$ 特征值为不能观测振型。系统按能观测性分解后方块图如图 4.7 所示。

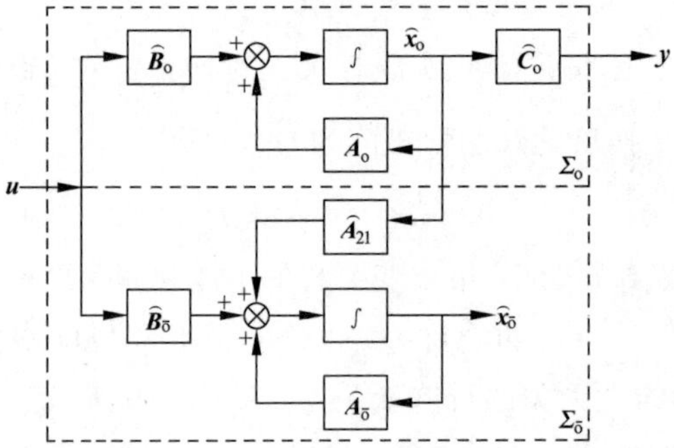

图 4.7 系统按能观测性的结构分解方块图

4.10.3 系统结构的规范分解

规范分解是指,对不完全能控和不完全能观测的系统,同时按能控性和能观测性进行结构分解,显式地分解为“能控能观测”“能控不能观测”“不能控能观测”和“不能控不能观测”。

考虑不完全能控和不完全能观测 n 维多输入多输出连续时间线性时不变系统为

$$\begin{aligned}\dot{\boldsymbol{x}}&=\boldsymbol{A}\boldsymbol{x}+\boldsymbol{B}\boldsymbol{u}\\ \boldsymbol{y}&=\boldsymbol{C}\boldsymbol{x}\end{aligned} \tag{4.210}$$

其中,$\boldsymbol{x}$ 为 n 维状态,$\boldsymbol{u}$ 为 p 维输入,$\boldsymbol{y}$ 为 q 维输出。

综合系统结构按能控性分解和按能观测性分解的结果,可以给出系统结构的规范分解定理。

结论 4.65 [系统结构规范分解定理]　对不完全能控和不完全能观测 n 维多输入多输出连续时间线性时不变系统(4.210),通过引入特定线性非奇异变换,可使系统结构实现规范分解,即有

$$\begin{bmatrix} \dot{\tilde{\boldsymbol{x}}}_{co} \\ \dot{\tilde{\boldsymbol{x}}}_{c\bar{o}} \\ \dot{\tilde{\boldsymbol{x}}}_{\bar{c}o} \\ \dot{\tilde{\boldsymbol{x}}}_{\bar{c}\bar{o}} \end{bmatrix} = \left[\begin{array}{cc:cc} \tilde{\boldsymbol{A}}_{co} & \boldsymbol{0} & \tilde{\boldsymbol{A}}_{13} & \boldsymbol{0} \\ \tilde{\boldsymbol{A}}_{21} & \tilde{\boldsymbol{A}}_{c\bar{o}} & \tilde{\boldsymbol{A}}_{23} & \tilde{\boldsymbol{A}}_{24} \\ \hdashline \boldsymbol{0} & \boldsymbol{0} & \tilde{\boldsymbol{A}}_{\bar{c}o} & \boldsymbol{0} \\ \boldsymbol{0} & \boldsymbol{0} & \tilde{\boldsymbol{A}}_{43} & \tilde{\boldsymbol{A}}_{\bar{c}\bar{o}} \end{array}\right] \begin{bmatrix} \tilde{\boldsymbol{x}}_{co} \\ \tilde{\boldsymbol{x}}_{c\bar{o}} \\ \tilde{\boldsymbol{x}}_{\bar{c}o} \\ \tilde{\boldsymbol{x}}_{\bar{c}\bar{o}} \end{bmatrix} + \left[\begin{array}{c} \tilde{\boldsymbol{B}}_{co} \\ \tilde{\boldsymbol{B}}_{c\bar{o}} \\ \hdashline \boldsymbol{0} \\ \boldsymbol{0} \end{array}\right] \boldsymbol{u} \tag{4.211}$$

$$\boldsymbol{y} = \left[\begin{array}{cc:cc} \tilde{\boldsymbol{C}}_{co} & \boldsymbol{0} & \tilde{\boldsymbol{C}}_{\bar{c}o} & \boldsymbol{0} \end{array}\right] \begin{bmatrix} \tilde{\boldsymbol{x}}_{co} \\ \tilde{\boldsymbol{x}}_{c\bar{o}} \\ \tilde{\boldsymbol{x}}_{\bar{c}o} \\ \tilde{\boldsymbol{x}}_{\bar{c}\bar{o}} \end{bmatrix}$$

其中,$\tilde{\boldsymbol{x}}_{co}$ 为能控能观测分状态,$\tilde{\boldsymbol{x}}_{c\bar{o}}$ 为能控不能观测分状态,$\tilde{\boldsymbol{x}}_{\bar{c}o}$ 为不能控能观测分状态,$\tilde{\boldsymbol{x}}_{\bar{c}\bar{o}}$ 为不能控不能观测分状态。并且,规范分解在形式上为唯一,而在结果上为不唯一。

$\Sigma_{ij}\,(i=\mathrm{c},\bar{\mathrm{c}};j=\mathrm{o},\bar{\mathrm{o}})$ 为基本反馈单元,其结构组成中正向通道环节为积分器组,反馈通道环节为 $\boldsymbol{A}_{ij}$。基此,基于规范分解式(4.211),可以导出系统结构规范分解方块图如图 4.8 所示,图中箭头表示各个变量所能传递方向。从规范分解方块图可以直观看出,单元 $\Sigma_{c\bar{o}}$ 只有信号进入而无信号送出,为系统能控不能观测部分;单元 $\Sigma_{\bar{c}o}$ 只有信号送出而无信号进入,为系统不能控能观测部分,单元 $\Sigma_{\bar{c}\bar{o}}$ 虽有信号进入和信号送出,但进入信号来自单元 $\Sigma_{\bar{c}o}$,送出信号只能到达单元 $\Sigma_{c\bar{o}}$,为系统不能控不能观测部分。只有单元 Σ_{co} 同时沟通输入和输出,能够实现输入 $\boldsymbol{u}$ 到输出 $\boldsymbol{y}$ 的传递,为系统能控能观测部分。

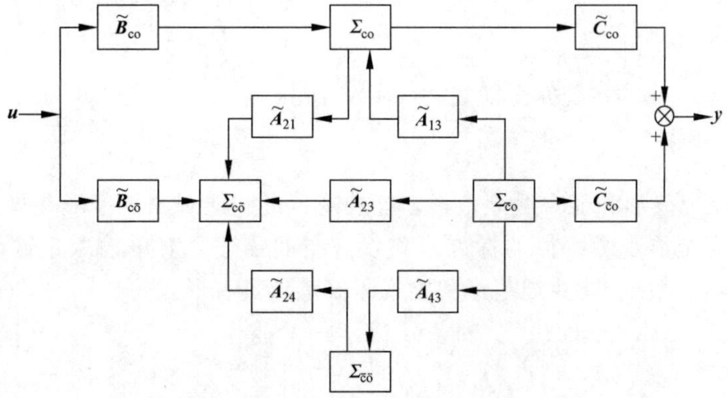

图 4.8　系统结构规范分解方块图

由系统结构规范分解定理，还可导出如下重要推论。

结论 4.66［传递函数矩阵属性］ 对不完全能控和不完全能观测 n 维多输入多输出连续时间线性时不变系统(4.210)，作为输入输出描述的传递函数矩阵 $\boldsymbol{G}(s)$ 只能反映系统的能控能观测部分，即有

$$\boldsymbol{G}(s)=\boldsymbol{C}(s\boldsymbol{I}-\boldsymbol{A})^{-1}\boldsymbol{B}=\widetilde{\boldsymbol{C}}_{co}(s\boldsymbol{I}-\widetilde{\boldsymbol{A}}_{co})^{-1}\widetilde{\boldsymbol{B}}_{co}=\boldsymbol{G}_{co}(s) \tag{4.212}$$

证 从图 4.8 的系统结构规范分解方块图可以看出，“$\boldsymbol{u}\to\widetilde{\boldsymbol{B}}_{co}\to\Sigma_{co}\to\widetilde{\boldsymbol{C}}_{co}\to\boldsymbol{y}$”为系统中由输入 $\boldsymbol{u}$ 到输出 $\boldsymbol{y}$ 的唯一信号传递通道。基此，即可导出式(4.212)。

上述推论表明，一般而言传递函数矩阵是对系统结构的一种不完全描述。系统可由传递函数矩阵完全表征，当且仅当系统为完全能控和完全能观测即系统为不可简约。这个推论建立了状态空间描述和传递函数矩阵描述间的有条件等价关系。

4.11 小结和评述

(1) 本章的定位。本章围绕能控性和能观测性这两个系统结构特性，重点针对连续时间线性时不变系统，就判据、规范形、结构分解 3 个基本问题进行了较为全面的论述。

(2) 能控性和能观测性的实质。能控性表征外部控制输入对系统内部运动的可影响性；能观测性表征系统内部运动可由外部量测输出的可反映性。它们构成线性系统理论中两个最为基本的概念，很多控制和估计的综合问题都是以这两个特性为前提的。

(3) 能控性和能观测性的判据。判据的作用是基于系统状态空间描述判断系统的能控性和能观测性。判据的形式随系统为连续时间或离散时间类型和系统为时变或时不变类型而不同。对 n 维连续时间线性时不变系统，应用最广的秩判据为

$$\text{系统完全能控} \quad \Leftrightarrow \quad \operatorname{rank}\left[\boldsymbol{B} \,\vdots\, \boldsymbol{AB} \,\vdots\, \cdots \,\vdots\, \boldsymbol{A}^{n-1}\boldsymbol{B}\right]=n$$

和

$$\text{系统完全能观测} \quad \Leftrightarrow \quad \operatorname{rank}\begin{bmatrix}\boldsymbol{C}\\ \boldsymbol{CA}\\ \vdots\\ \boldsymbol{CA}^{n-1}\end{bmatrix}=n$$

(4) 能控规范形和能观测规范形。能控规范形和能观测规范形是显式反映系统完全能控和完全能观测特征的标准形式状态空间描述。对单输入单输出 n 维连续时间线性时不变系统，能控规范形和能观测规范形具有形式：

$$\bar{\boldsymbol{A}}_c=\left[\begin{array}{c|ccc}0 & 1 & & \\ \vdots & & \ddots & \\ 0 & & & 1\\ \hline -\alpha_0 & -\alpha_1 & \cdots & -\alpha_{n-1}\end{array}\right], \quad \bar{\boldsymbol{b}}_c=\begin{bmatrix}0\\ \vdots\\ 0\\ 1\end{bmatrix}$$

和

$$\hat{A}_o=\left[\begin{array}{ccc|c}0 & \cdots & 0 & -\alpha_0\\ \hline 1 & & & -\alpha_1\\ & \ddots & & \vdots\\ & & 1 & -\alpha_{n-1}\end{array}\right],\quad \hat{c}_o=[0\ \ \cdots\ \ 0\ \ 1]$$

其中，$\{\alpha_{n-1},\cdots,\alpha_1,\alpha_0\}$为系统特征多项式的系数。对多输入多输出连续时间线性时不变系统，常用的能控规范形和能观测规范形有旺纳姆规范形和龙伯格规范形。

(5) 线性系统的结构分解。结构分解的作用在于，显式地把系统分解为能控部分和不能控部分，或能观测部分和不能观测部分，或能控能观测、能控不能观测、不能控能观测和不能控不能观测 4 个部分。结构分解可更深刻地揭示系统的结构特性属性，如能控振型和不能控振型、能观测振型和不能观测振型等。

(6) 状态空间描述和传递函数矩阵描述的关系。由系统结构的规范分解所揭示，传递函数矩阵一般只是对系统结构的不完全描述，只能反映系统中的能控能观测部分。状态空间描述则是对系统结构的完全描述，能够同时反映系统结构的各个部分。

习题

4.1　判断下列各连续时间线性时不变系统是否完全能控：

(i) $\dot{\boldsymbol{x}}=\begin{bmatrix}0 & 1 & 0\\ 0 & 0 & 1\\ -2 & -4 & -3\end{bmatrix}\boldsymbol{x}+\begin{bmatrix}1 & 0\\ 0 & 1\\ -1 & 1\end{bmatrix}\boldsymbol{u}$

(ii) $\dot{\boldsymbol{x}}=\begin{bmatrix}0 & 4 & 3\\ 0 & 20 & 21\\ 0 & -25 & -20\end{bmatrix}\boldsymbol{x}+\begin{bmatrix}-1\\ 3\\ 0\end{bmatrix}u$

(iii) $\dot{\boldsymbol{x}}=\begin{bmatrix}2 & 0 & 0 & 0\\ 0 & 3 & 0 & 0\\ 0 & 0 & 4 & 1\\ 0 & 0 & 0 & 4\end{bmatrix}\boldsymbol{x}+\begin{bmatrix}2 & 0\\ 4 & 1\\ 0 & 0\\ 1 & 0\end{bmatrix}\boldsymbol{u}$

(iv) $\dot{\boldsymbol{x}}=\begin{bmatrix}4 & 1 & 0 & 0\\ 0 & 4 & 0 & 0\\ 0 & 0 & 4 & 1\\ 0 & 0 & 0 & 4\end{bmatrix}\boldsymbol{x}+\begin{bmatrix}0 & 0\\ 1 & 2\\ 0 & 0\\ 2 & 1\end{bmatrix}\boldsymbol{u}$

4.2　确定使下列各连续时间线性时不变系统完全能控的待定参数 a,b,c 取值范围：

(i) $\dot{\boldsymbol{x}}=\begin{bmatrix}-2 & 0 & 0\\ 0 & -2 & 0\\ 0 & 0 & -2\end{bmatrix}\boldsymbol{x}+\begin{bmatrix}a & 1\\ 2 & 4\\ b & 1\end{bmatrix}\boldsymbol{u}$

(ii) $\dot{\boldsymbol{x}}=\begin{bmatrix}0 & a\\ b & c\end{bmatrix}\boldsymbol{x}+\begin{bmatrix}1\\ 0\end{bmatrix}u$

4.3 判断下列各连续时间线性时不变系统是否完全能观测：

(i) $\dot{\boldsymbol{x}}=\begin{bmatrix}0 & 1 & 0\\ 0 & 0 & 1\\ -2 & -4 & -3\end{bmatrix}\boldsymbol{x},\quad y=[1\quad 4\quad 2]\boldsymbol{x}$

(ii) $\dot{\boldsymbol{x}}=\begin{bmatrix}-2 & 1 & 0\\ 0 & -2 & 0\\ 0 & 0 & -2\end{bmatrix}\boldsymbol{x},\quad \boldsymbol{y}=\begin{bmatrix}1 & 0 & 4\\ 2 & 0 & 8\end{bmatrix}\boldsymbol{x}$

(iii) $\dot{\boldsymbol{x}}=\begin{bmatrix}1 & 3 & 2\\ 1 & 4 & 6\\ 2 & 1 & 7\end{bmatrix}\boldsymbol{x},\quad \boldsymbol{y}=\begin{bmatrix}1 & 0 & 0\\ 2 & 1 & 0\end{bmatrix}\boldsymbol{x}$

4.4 确定使下列各连续时间线性时不变系统完全能观测的待定参数 a,b,c 的取值范围：

(i) $\dot{\boldsymbol{x}}=\begin{bmatrix}a & b\\ c & 0\end{bmatrix}\boldsymbol{x},\quad y=[1\quad 0]\boldsymbol{x}$

(ii) $\dot{\boldsymbol{x}}=\begin{bmatrix}-2 & 0 & 0\\ 1 & -2 & 0\\ 0 & 0 & -2\end{bmatrix}\boldsymbol{x},\quad \boldsymbol{y}=\begin{bmatrix}1 & a & b\\ 4 & 0 & 4\end{bmatrix}\boldsymbol{x}$

4.5 确定使下列各连续时间线性时不变系统联合完全能控和完全能观测的待定参数 a 和 b 的取值范围：

(i) $\dot{\boldsymbol{x}}=\begin{bmatrix}-1 & 1 & a\\ 0 & -2 & 1\\ 0 & 0 & -3\end{bmatrix}\boldsymbol{x}+\begin{bmatrix}0\\ 0\\ 1\end{bmatrix}u$

$y=[0\quad 0\quad 1]\boldsymbol{x}$

(ii) $\dot{\boldsymbol{x}}=\begin{bmatrix}0 & 0 & 1\\ 0 & 1 & 0\\ -2 & -3 & -5\end{bmatrix}\boldsymbol{x}+\begin{bmatrix}0\\ 1\\ a\end{bmatrix}u$

$y=[0\quad 1\quad b]\boldsymbol{x}$

4.6 计算下列连续时间线性时不变系统的能控性指数和能观测性指数：

$$\dot{\boldsymbol{x}}=\begin{bmatrix}0 & 1 & 0\\ 0 & 0 & 1\\ 0 & 3 & -1\end{bmatrix}\boldsymbol{x}+\begin{bmatrix}0 & 1\\ 1 & 0\\ 0 & 0\end{bmatrix}\boldsymbol{u}$$

$$\boldsymbol{y}=\begin{bmatrix}1 & 0 & 1\\ 0 & 1 & 0\end{bmatrix}\boldsymbol{x}$$

4.7　已知连续时间线性时变系统 $\dot{\boldsymbol{x}}=\boldsymbol{A}(t)\boldsymbol{x}+\boldsymbol{B}(t)\boldsymbol{u}$ 在时刻 t_0 完全能控，设有 $t_1>t_0$ 和 $t_2<t_0$，试论证系统在时刻 t_1 和 t_2 是否完全能控。

4.8　判断下列各连续时间线性时变系统是否完全能控：

(i) $\dot{\boldsymbol{x}}=\begin{bmatrix}0 & 1\\ 0 & t\end{bmatrix}\boldsymbol{x}+\begin{bmatrix}0\\ 1\end{bmatrix}u,\quad t\geqslant 0$

(ii) $\dot{\boldsymbol{x}}=\begin{bmatrix}0 & 0\\ 0 & 1\end{bmatrix}\boldsymbol{x}+\begin{bmatrix}1\\ \mathrm{e}^{-2t}\end{bmatrix}u,\quad t\geqslant 0$

(iii) $\dot{\boldsymbol{x}}=\begin{bmatrix}t & 1 & 0\\ 0 & t & 0\\ 0 & 0 & t^2\end{bmatrix}\boldsymbol{x}+\begin{bmatrix}0\\ 1\\ 1\end{bmatrix}u,\quad t\in[0,2]$

4.9　给定离散时间线性时不变系统为

$$\begin{bmatrix}x_1(k+1)\\ x_2(k+1)\end{bmatrix}=\begin{bmatrix}1 & 1-\mathrm{e}^{-T}\\ 0 & \mathrm{e}^{-T}\end{bmatrix}\begin{bmatrix}x_1(k)\\ x_2(k)\end{bmatrix}+\begin{bmatrix}\mathrm{e}^{-T}+T-1\\ 1-\mathrm{e}^{-T}\end{bmatrix}u(k)$$

其中 $T\neq 0$，试论证：是否可找到 $u(k)$ 使在不超过 $2T$ 时间内将任意非零初态转移到状态空间原点。

4.10　给定图 P4.10 所示的一个并联系统，试证明：并联系统 Σ_{P} 完全能控（完全能观测）的必要条件是子系统 Σ_1 和 Σ_2 均为完全能控（完全能观测）。

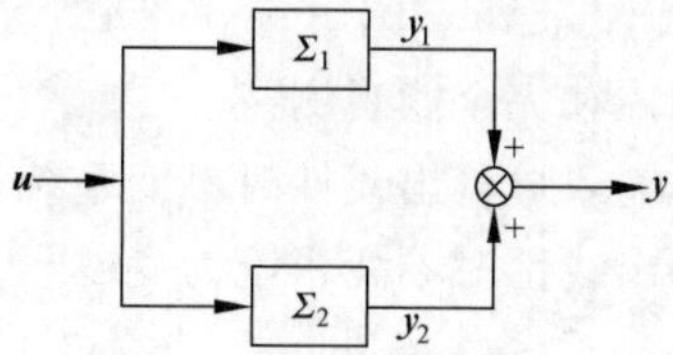

图 P4.10

4.11　给定完全能控和完全能观测的单输入单输出线性时不变系统为

$$\dot{\boldsymbol{x}}=\begin{bmatrix}-1 & -2 & -2\\ 0 & -1 & 1\\ 1 & 0 & 1\end{bmatrix}\boldsymbol{x}+\begin{bmatrix}2\\ 0\\ 1\end{bmatrix}u$$

$$y=[1\quad 1\quad 0]\boldsymbol{x}$$

试定出：(i)能控规范形和变换阵；(ii)能观测规范形和变换阵。

4.12　给定完全能控的单输入连续时间线性时不变系统为

$$\dot{\boldsymbol{x}}=\boldsymbol{A}\boldsymbol{x}+\boldsymbol{b}u$$

其中，$\boldsymbol{A}$ 和 $\boldsymbol{b}$ 为 $n\times n$ 和 $n\times 1$ 常阵。取变换阵的逆 $\boldsymbol{P}^{-1}=[\boldsymbol{b},\boldsymbol{A}\boldsymbol{b},\cdots,\boldsymbol{A}^{n-1}\boldsymbol{b}]$，并引入线性非奇异变换 $\bar{\boldsymbol{x}}=\boldsymbol{P}\boldsymbol{x}$。试定出变换后系统状态方程，并论证变换后系统是否完全能控。

4.13　给定完全能控连续时间线性时不变系统为

$$\dot{\boldsymbol{x}}=\begin{bmatrix}1&0&1\\0&1&0\\1&1&0\end{bmatrix}\boldsymbol{x}+\begin{bmatrix}1&0\\0&1\\1&0\end{bmatrix}\boldsymbol{u}$$

定出其旺纳姆能控规范形和龙伯格能控规范形。

4.14 定出下列线性时不变系统按能控性的结构分解式：

$$\dot{\boldsymbol{x}}=\begin{bmatrix}-1&1\\0&0\end{bmatrix}\boldsymbol{x}+\begin{bmatrix}1\\1\end{bmatrix}u$$

4.15 定出下列线性时不变系统的能控和能观测子系统：

$$\dot{\boldsymbol{x}}=\begin{bmatrix}\lambda_1&1&0&0&0\\0&\lambda_1&1&0&0\\0&0&\lambda_1&0&0\\0&0&0&\lambda_2&1\\0&0&0&0&\lambda_2\end{bmatrix}\boldsymbol{x}+\begin{bmatrix}0\\1\\0\\0\\1\end{bmatrix}u$$

$$y=[0\quad 1\quad 1\quad 0\quad 1]\boldsymbol{x}$$

4.16 给定单输入单输出线性时不变系统为

$$\dot{\boldsymbol{x}}=\boldsymbol{A}\boldsymbol{x}+\boldsymbol{b}u,\quad y=\boldsymbol{c}\boldsymbol{x}+du$$

其中，$\boldsymbol{A}$，$\boldsymbol{b}$ 和 $\boldsymbol{c}$ 为非零常阵，$\dim(\boldsymbol{A})=n$。现知：

$$\boldsymbol{c}\boldsymbol{b}=0,\quad \boldsymbol{c}\boldsymbol{A}\boldsymbol{b}=0,\quad \cdots,\quad \boldsymbol{c}\boldsymbol{A}^{n-1}\boldsymbol{b}=0$$

试论证系统是否联合完全能控和完全能观测。

4.17 对上题给出的单输入单输出线性时不变系统，定出传递函数 $g(s)$。

4.18 给定单输入单输出线性时不变系统为

$$\dot{\boldsymbol{x}}=\boldsymbol{A}\boldsymbol{x}+\boldsymbol{b}u,\quad y=\boldsymbol{c}\boldsymbol{x}$$

已知$\{\boldsymbol{A},\boldsymbol{b}\}$完全能控，试问若任意选取 $\boldsymbol{c}$ 是否几乎总能使$\{\boldsymbol{A},\boldsymbol{c}\}$完全能观测。请对此加以论证，并举例支持你的论证。

第 5 章 系统运动的稳定性

稳定性问题是系统控制理论研究的一个重要课题。对大多数情形，稳定是控制系统能够正常运行的前提。系统运动稳定性可分为基于输入输出描述的外部稳定性和基于状态空间描述的内部稳定性。本章主要讨论内部稳定性，重点论述稳定性理论中最具重要性和普遍性的李雅普诺夫(A. M. Lyapunov)方法。讨论领域扩展到包括线性系统和非线性系统、时不变系统和时变系统、连续时间系统和离散时间系统各类系统。

5.1 外部稳定性和内部稳定性

本节针对连续时间线性系统，从概念和属性上，对两类基本稳定性即外部稳定性和内部稳定性进行简要讨论。本节内容对后续讨论是不可缺少的预备知识。

5.1.1 外部稳定性

考虑以输入输出关系表征的线性因果系统，假定初始条件为零，以保证系统输入输出描述的唯一性。现对系统外部稳定性引入如下定义。

定义 5.1［外部稳定性］ 称一个因果系统为外部稳定，如果对任意有界输入$\boldsymbol{u}(t)$，即满足条件

$$\|\boldsymbol{u}(t)\| \leqslant \beta_1 < \infty, \quad \forall t \in [t_0, \infty) \tag{5.1}$$

的任意输入 $\boldsymbol{u}(t)$，对应的输出 $\boldsymbol{y}(t)$均为有界，即有

$$\|\boldsymbol{y}(t)\| \leqslant \beta_2 < \infty, \quad \forall t \in [t_0, \infty) \tag{5.2}$$

注 外部稳定性也常称为有界输入-有界输出稳定性，简称为 BIBO 稳定性。

对连续时间线性系统，外部稳定性即 BIBO 稳定性可根据系统脉冲响应矩阵或传递函数矩阵进行判别。

结论 5.1［线性时变系统 BIBO 稳定］ 对零初始条件 p 维输入和 q 维输出连续时间线性时变系统，时间定义区间为$[t_0, \infty)$，则 t_0 时刻系统

BIBO稳定的充分必要条件为，存在一个有限正常数 β，使对一切 $t\in[t_0,\infty)$，脉冲响应矩阵 $\boldsymbol{H}(t,\tau)$ 所有元

$$h_{ij}(t,\tau),\quad i=1,2,\cdots,q,\quad j=1,2,\cdots,p \tag{5.3}$$

均满足关系式：

$$\int_{t_0}^{t}\left|h_{ij}(t,\tau)\right|\mathrm{d}\tau\leqslant\beta<\infty \tag{5.4}$$

结论 5.2［线性时不变系统 BIBO 稳定］ 对零初始条件 p 维输入和 q 维输出连续时间线性时不变系统，初始时刻 $t_0=0$，则系统 BIBO 稳定的充分必要条件为，存在一个有限正常数 β，使脉冲响应矩阵 $\boldsymbol{H}(t)$ 所有元

$$h_{ij}(t),\quad i=1,2,\cdots,q,\quad j=1,2,\cdots,p \tag{5.5}$$

均满足关系式：

$$\int_{0}^{\infty}\mid h_{ij}(t)\mid\mathrm{d}t\leqslant\beta<\infty \tag{5.6}$$

结论 5.3［线性时不变系统 BIBO 稳定］ 对零初始条件 p 维输入和 q 维输出连续时间线性时不变系统，令初始时刻 $t_0=0$，则系统 BIBO 稳定的充分必要条件为，真或严真传递函数矩阵 $\boldsymbol{G}(s)$ 所有极点均具有负实部。

注 对传递函数矩阵 $\boldsymbol{G}(s)$，为决定极点是否均具有负实部，即是否均位于左半开 s 平面，广为采用的方法是劳斯-赫尔维茨(Routh-Hurwitz)判据，即基于 $\boldsymbol{G}(s)$ 特征多项式 $\alpha_G(s)$ 的系数直接判断。劳斯-赫尔维茨判据常称为代数稳定判据，有关结论和判断方法可在经典控制理论教材中找到。

5.1.2 内部稳定性

考虑连续时间线性时变系统，其自治状态方程为

$$\dot{\boldsymbol{x}}=\boldsymbol{A}(t)\boldsymbol{x},\quad \boldsymbol{x}(t_0)=\boldsymbol{x}_0,\quad t\in[t_0,\infty) \tag{5.7}$$

其中，$\boldsymbol{A}(t)$ 为 $n\times n$ 时变矩阵，且满足解存在唯一性条件。表状态零输入响应即由任意非零初始状态 $\boldsymbol{x}_0$ 引起的状态响应为 $\boldsymbol{x}_{0u}(t)$，基此引入内部稳定性定义。

定义 5.2［内部稳定性］ 称连续时间线性时变系统在时刻 t_0 为内部稳定，如果由时刻 t_0 任意非零初始状态 $\boldsymbol{x}(t_0)=\boldsymbol{x}_0$ 引起的状态零输入响应 $\boldsymbol{x}_{0u}(t)$ 对所有 $t\in[t_0,\infty)$ 为有界，并满足渐近属性即成立：

$$\lim_{t\to\infty}\boldsymbol{x}_{0u}(t)=\boldsymbol{0} \tag{5.8}$$

注 对于一般情况，不管系统为线性或非线性，内部稳定性意指自治系统状态运动的稳定性。实质上，内部稳定性等同于李雅普诺夫意义下渐近稳定性。

对连续时间线性系统，内部稳定性可根据状态转移矩阵或系数矩阵直接判别。

结论 5.4［线性时变系统内部稳定］ 对 n 维连续时间线性时变自治系统(5.7)，系统在时刻 t_0 是内部稳定即渐近稳定的充分必要条件为，状态转移矩阵 $\boldsymbol{\Phi}(t,t_0)$ 对所有 $t\in[t_0,\infty)$ 为有界，并满足渐近属性即成立：

$$\lim_{t\to\infty}\boldsymbol{\Phi}(t,t_0)=\mathbf{0} \tag{5.9}$$

证　对时刻 t_0 任意非零初始状态 $\boldsymbol{x}(t_0)=\boldsymbol{x}_0$，状态零输入响应 $\boldsymbol{x}_{0u}(t)$ 为

$$\boldsymbol{x}_{0u}(t)=\boldsymbol{\Phi}(t,t_0)\boldsymbol{x}_0,\quad \forall t\in[t_0,\infty) \tag{5.10}$$

容易看出，$\boldsymbol{x}_{0u}(t)$有界当且仅当$\boldsymbol{\Phi}(t,t_0)$有界，$\lim\limits_{t\to\infty}\boldsymbol{x}_{0u}(t)=\mathbf{0}$ 当且仅当 $\lim\limits_{t\to\infty}\boldsymbol{\Phi}(t,t_0)=\mathbf{0}$。

结论 5.5［线性时不变系统内部稳定］　对 n 维连续时间线性时不变自治系统：

$$\dot{\boldsymbol{x}}=\boldsymbol{A}\boldsymbol{x}+\boldsymbol{B}\boldsymbol{u},\quad \boldsymbol{x}(0)=\boldsymbol{x}_0,\quad t\geqslant 0 \tag{5.11}$$

系统是内部稳定即渐近稳定的充分必要条件为，矩阵指数函数 $\mathrm{e}^{\boldsymbol{A}t}$ 满足关系式：

$$\lim_{t\to\infty}\mathrm{e}^{\boldsymbol{A}t}=\mathbf{0} \tag{5.12}$$

证　对线性时不变系统，状态转移矩阵$\boldsymbol{\Phi}(t)=\mathrm{e}^{\boldsymbol{A}t}$，且 $\mathrm{e}^{\boldsymbol{A}t}$ 对所有 $t>0$ 为有界。于是，由结论 5.4 即可导出本结论。

结论 5.6［线性时不变系统内部稳定］　对 n 维连续时间线性时不变自治系统(5.11)，系统是内部稳定即渐近稳定的充分必要条件为，系统矩阵 $\boldsymbol{A}$ 所有特征值 $\lambda_i(\boldsymbol{A})$，$i=1,2,\cdots,n$ 均具有负实部，即成立：

$$\mathrm{Re}\{\lambda_i(\boldsymbol{A})\}<0,\quad i=1,2,\cdots,n \tag{5.13}$$

注 1　同样，可以采用劳斯-赫尔维茨判据，根据矩阵 $\boldsymbol{A}$ 特征多项式

$$\alpha(s)\triangleq\det(s\boldsymbol{I}-\boldsymbol{A})=s^n+\alpha_{n-1}s^{n-1}+\cdots+\alpha_1 s+\alpha_0 \tag{5.14}$$

的系数 $\alpha_0,\alpha_1,\cdots,\alpha_{n-1}$，直接判断 $\boldsymbol{A}$ 所有特征值是否均具有负实部即系统是否为内部稳定。

注 2　上述结论可能使人会对连续时间线性时变系统联想到一个推论，即系统为内部稳定，当且仅当矩阵 $\boldsymbol{A}(t)$所有特征值 $\lambda_1(t),\lambda_2(t),\cdots,\lambda_n(t)$对所有 $t\in[t_0,\infty)$均具有负实部。不幸的是，已经举出反例证明，这个推论尽管是自然的但一般是不正确的。在控制理论发展的早期阶段，控制工程师们曾习惯于把冻结参数法作为研究线性时变系统的一个常用手段。需要指出的是，这种处理方法对某些问题可能导致错误的结果。

注 3　对周期时变系统一类特殊连续时间线性时变系统，系统矩阵 $\boldsymbol{A}(t)$可通过李雅普诺夫变换化为时不变矩阵 $\bar{\boldsymbol{A}}$，系统内部稳定的充分必要条件归结为要求矩阵 $\bar{\boldsymbol{A}}$ 所有特征值均具有负实部。

5.1.3　内部稳定性和外部稳定性的关系

本小节限于连续时间线性时不变系统，讨论和给出内部稳定性和外部稳定性的等价条件，并将其归纳为如下的几个结论。

结论 5.7［内部稳定和外部稳定关系］　考虑连续时间线性时不变系统：

$$\begin{aligned}\dot{\boldsymbol{x}}&=\boldsymbol{A}\boldsymbol{x}+\boldsymbol{B}\boldsymbol{u},\quad \boldsymbol{x}(0)=\boldsymbol{x}_0,\quad t\geqslant 0\\ \boldsymbol{y}&=\boldsymbol{C}\boldsymbol{x}+\boldsymbol{D}\boldsymbol{u}\end{aligned} \tag{5.15}$$

其中，$\boldsymbol{x}$ 为 n 维状态，$\boldsymbol{u}$ 为 p 维输入，$\boldsymbol{y}$ 为 q 维输出。若系统为内部稳定即渐近稳定，

则系统必为 BIBO 稳定即外部稳定。

证 对线性时不变系统(5.15),系统脉冲响应矩阵 $\boldsymbol{H}(t)$的关系式为

$$\boldsymbol{H}(t)=\boldsymbol{C}\mathrm{e}^{\boldsymbol{A}t}\boldsymbol{B}+\boldsymbol{D}\delta(t) \tag{5.16}$$

再由结论 5.5 知,若系统为内部稳定,必有

$$\mathrm{e}^{\boldsymbol{A}t} \text{ 为有界且} \lim_{t\to\infty}\mathrm{e}^{\boldsymbol{A}t}=\boldsymbol{0} \tag{5.17}$$

从而,由式(5.16)和式(5.17)可以导出,脉冲响应矩阵 $\boldsymbol{H}(t)$所有元

$$h_{ij}(t),\quad i=1,2,\cdots,q,\quad j=1,2,\cdots,p \tag{5.18}$$

均满足关系式:

$$\int_0^\infty \left|h_{ij}(t)\right|\mathrm{d}t \leqslant \beta < \infty \tag{5.19}$$

据结论 5.2,系统为 BIBO 稳定。

结论 5.8［内部稳定和外部稳定关系］ 对连续时间线性时不变系统(5.15),系统为 BIBO 稳定即外部稳定不能保证系统必为内部稳定即渐近稳定。

证 第 4 章中结构规范分解定理的推论指出,传递函数矩阵 $\boldsymbol{G}(s)$只能反映系统结构中能控能观测部分。据此,系统为 BIBO 稳定即 $\boldsymbol{G}(s)$极点均具有负实部的事实,只能保证系统的能控能观测部分特征值均具有负实部,既不表明也不要求系统的能控不能观测、不能控能观测和不能控不能观测各部分特征值均具有负实部。由此,系统为 BIBO 稳定不能保证系统为内部稳定。

结论 5.9［内部稳定和外部稳定等价性］ 对连续时间线性时不变系统(5.15),若系统联合完全能控和完全能观测,则系统外部稳定当且仅当系统内部稳定。

证 由结论 5.7 知,系统内部稳定意味着系统外部稳定。而由结论 5.8 证明过程知,在系统联合完全能控和完全能观测条件下,系统外部稳定意味着系统内部稳定。从而,在结论条件下,系统外部稳定和系统内部稳定相等价。

5.2 李雅普诺夫意义下运动稳定性的一些基本概念

本节开始重点讨论分析系统稳定性的李雅普诺夫第二方法。作为随后各节讨论的基础,本节先就李雅普诺夫方法中的相关概念和基本定义进行介绍。内容包括李雅普诺夫第一方法和第二方法的主要思路,自治系统、平衡状态和受扰运动,李雅普诺夫意义下稳定、渐近稳定和不稳定的定义等。

5.2.1 李雅普诺夫第一方法和第二方法

一个多世纪以前,俄国力学家 A. M. 李雅普诺夫(A. M. Lyapunov)在 1892 年发表的《运动稳定性的一般问题》论文中,首先提出运动稳定性的一般理论。把由常微分方程组描述的动力学系统的稳定性分析方法区分为本质上不同的两种方法,现今称为李雅普诺夫第一方法和第二方法。李雅普诺夫方法同时适用于线性系统和非线性系统,时变系统和时不变系统,连续时间系统和离散时间系统。

李雅普诺夫第一方法也称为李雅普诺夫间接法，属于小范围稳定性分析方法。第一方法的基本思路为，将非线性自治系统运动方程在足够小邻域内进行泰勒展开导出一次近似线性化系统，再据线性化系统特征值在复平面上的分布推断非线性系统在邻域内的稳定性。若线性化系统特征值均具有负实部，则非线性系统在邻域内稳定；若线性化系统包含正实部特征值，则非线性系统在邻域内不稳定；若线性化系统除负实部特征值外包含零实部单特征值，则非线性系统在邻域内是否稳定需通过高次项分析进行判断。

李雅普诺夫第二方法也称为李雅普诺夫直接法，属于直接根据系统结构判断内部稳定性的方法。第二方法直接面对非线性系统，基于引入具有广义能量属性的李雅普诺夫函数和分析李雅普诺夫函数导数的定号性，建立判断系统稳定性的相应结论。直接法概念直观，方法具有一般性，当在 1960 年前后被引入系统控制理论后，很快显示出其在理论上和应用上的重要性，成为现代系统控制理论中研究系统稳定性的主要工具。

5.2.2　自治系统、平衡状态和受扰运动

系统运动的稳定性实质上归结为系统平衡状态的稳定性。系统平衡状态的稳定性问题就是，偏离平衡状态的受扰运动能否只依靠系统内部的结构因素，或者使之限制在平衡状态的有限邻域内，或者使之同时最终返回到平衡状态。为此，有必要先对自治系统、平衡状态和受扰运动等概念进行简要的讨论。

1. 自治系统

定义 5.3［自治系统］　自治系统定义为不受外部影响即没有输入作用的一类动态系统。

作为最一般情形，对连续时间非线性时变系统，自治系统状态方程具有形式：

$$\dot{\boldsymbol{x}}=\boldsymbol{f}(\boldsymbol{x},t),\quad \boldsymbol{x}(t_0)=\boldsymbol{x}_0,\quad t\in[t_0,\infty) \tag{5.20}$$

其中，$\boldsymbol{x}$ 为 n 维状态，$\boldsymbol{f}(\boldsymbol{x},t)$为显含时间变量 t 的 n 维向量函数。对连续时间非线性时不变系统，自治系统状态方程形式上类同于方程(5.20)，但向量函数 $\boldsymbol{f}(\boldsymbol{x},t)$中不再显含时间变量 t，即方程形式相应地为 $\dot{\boldsymbol{x}}=\boldsymbol{f}(\boldsymbol{x})$。

作为较特殊情形，对连续时间线性时变系统，方程(5.20)中的向量函数 $\boldsymbol{f}(\boldsymbol{x},t)$表为状态 $\boldsymbol{x}$ 的线性向量函数，自治系统状态方程具有形式：

$$\dot{\boldsymbol{x}}=\boldsymbol{A}(t)\boldsymbol{x},\quad \boldsymbol{x}(t_0)=\boldsymbol{x}_0,\quad t\in[t_0,\infty) \tag{5.21}$$

而对连续时间线性时不变系统，自治系统状态方程形式上类同于方程(5.21)，但系统矩阵$\boldsymbol{A}(t)$不再显含时间变量 t，即方程形式相应地为 $\dot{\boldsymbol{x}}=\boldsymbol{A}\boldsymbol{x}$。

在随后各节的讨论中，总是假定自治系统(5.20)或(5.21)满足解存在唯一性条件。

2. 平衡状态

定义 5.4［平衡状态］　对连续时间非线性时变系统，自治系统(5.20)的平衡状

态 $\boldsymbol{x}_e$ 定义为状态空间中满足属性

$$\dot{\boldsymbol{x}}_e = \boldsymbol{f}(\boldsymbol{x}_e, t) = \boldsymbol{0}, \quad \forall t \in [t_0, \infty) \tag{5.22}$$

的一个状态或一类状态。

下面,对平衡状态给出如下的几点说明。

(i) 直观含义。平衡状态 $\boldsymbol{x}_e$ 直观上为系统处于平衡时可能具有的一类状态,系统平衡的基本特征为 $\dot{\boldsymbol{x}}_e = \boldsymbol{0}$。

(ii) 形式。平衡状态 $\boldsymbol{x}_e$ 可由求解方程(5.22)定出。对 2 维自治系统,$\boldsymbol{x}_e$ 的形式包括状态空间中的点和线段。

(iii) 不唯一性。自治系统的平衡状态 $\boldsymbol{x}_e$ 一般为不唯一。对连续时间线性时不变系统,平衡状态 $\boldsymbol{x}_e$ 为方程 $\boldsymbol{A}\boldsymbol{x}_e = \boldsymbol{0}$ 的解,若矩阵 $\boldsymbol{A}$ 非奇异则有唯一解 $\boldsymbol{x}_e = \boldsymbol{0}$,若矩阵 $\boldsymbol{A}$ 奇异则解不唯一即除 $\boldsymbol{x}_e = \boldsymbol{0}$ 还有非零 $\boldsymbol{x}_e$。

(iv) 零平衡状态。对自治系统(5.20)或(5.21),在大多数情况下,$\boldsymbol{x}_e = \boldsymbol{0}$ 即状态空间原点必为系统的一个平衡状态。

(v) 孤立平衡状态。孤立平衡状态即为状态空间中彼此分隔的孤立点形式平衡状态。孤立平衡状态的特性是,通过移动坐标系可将其转换为状态空间原点即零平衡状态。

(vi) 对平衡状态的约定。在李雅普诺夫直接法中,稳定性分析主要针对孤立平衡状态。基此,在随后的稳定性分析中,总是把平衡状态设为状态空间原点即 $\boldsymbol{x}_e = \boldsymbol{0}$。

3. 受扰运动

定义 5.5[受扰运动] 动态系统的受扰运动定义为其自治系统由初始状态扰动 $\boldsymbol{x}_0$ 引起的一类状态运动。

注 实质上,受扰运动就是系统的状态零输入响应。所以称其为受扰运动,起因于稳定性分析中将非零初始状态 $\boldsymbol{x}_0$ 看成为相对于零平衡状态即 $\boldsymbol{x}_e = \boldsymbol{0}$ 的一个状态扰动。

通常,为更清晰地表示受扰运动中的时间关系和因果关系,习惯地将受扰运动进一步表为如下形式:

$$\boldsymbol{x}_{0u}(t) = \boldsymbol{\phi}(t; \boldsymbol{x}_0, t_0), \quad t \in [t_0, \infty) \tag{5.23}$$

其中,$\boldsymbol{\phi}$ 代表向量函数,括号内分号前反映对时间变量 t 的函数关系,分号后用以强调导致运动的初始状态 $\boldsymbol{x}_0$ 及其作用时刻 t_0。并且,对 $t = t_0$,受扰运动向量函数显然满足:

$$\boldsymbol{\phi}(t_0; \boldsymbol{x}_0, t_0) = \boldsymbol{x}_0 \tag{5.24}$$

几何上,受扰运动 $\boldsymbol{\phi}(t; \boldsymbol{x}_0, t_0)$ 呈现为状态空间中从初始点 $\boldsymbol{x}_0$ 出发的一条轨线,对应不同初始状态受扰运动 $\boldsymbol{\phi}(t; \boldsymbol{x}_0, t_0)$ 构成一个轨线族。

5.2.3 李雅普诺夫意义下的稳定

先来引入李雅普诺夫意义下稳定的概念。它是进一步定义李雅普诺夫意义下渐近稳定和不稳定的基础。

定义 5.6［李雅普诺夫意义下的稳定］　称自治系统(5.20)的孤立平衡状态 $\boldsymbol{x}_e=\mathbf{0}$ 在时刻 t_0 为李雅普诺夫意义下稳定，如果对任给一个实数 $\varepsilon>0$，都对应存在另一依赖于 ε 和 t_0 的实数 $\delta(\varepsilon,t_0)>0$，使得满足不等式

$$\|\boldsymbol{x}_0-\boldsymbol{x}_e\|\leqslant\delta(\varepsilon,t_0) \tag{5.25}$$

的任一初始状态 $\boldsymbol{x}_0$ 出发的受扰运动 $\boldsymbol{\phi}(t;\boldsymbol{x}_0,t_0)$ 都满足不等式：

$$\|\boldsymbol{\phi}(t;\boldsymbol{x}_0,t_0)-\boldsymbol{x}_e\|\leqslant\varepsilon,\quad\forall t\geqslant t_0 \tag{5.26}$$

对上述李雅普诺夫意义下稳定的定义，进而给出如下几点说明。

1. 稳定的几何解释

李雅普诺夫意义下稳定具有直观的几何含义。把不等式(5.26)看成为状态空间中以 $\boldsymbol{x}_e$ 为球心和以 ε 为半径的一个超球体，其球域表为 $S(\varepsilon)$；把不等式(5.25)看成为状态空间中以 $\boldsymbol{x}_e$ 为球心和以 $\delta(\varepsilon,t_0)$ 为半径的一个超球体，其球域表为 $S(\delta)$，且球域的大小同时依赖于 ε 和 t_0。在此基础上，李雅普诺夫意义下稳定的几何含义就是，由域 $S(\delta)$ 内任意一点出发的运动轨线 $\boldsymbol{\phi}(t;\boldsymbol{x}_0,t_0)$ 对所有时刻 $t\in[t_0,\infty)$ 都不越出域 $S(\varepsilon)$ 的边界 $H(\varepsilon)$。对二维系统，上述几何含义可由图 5.1 形象地表示。

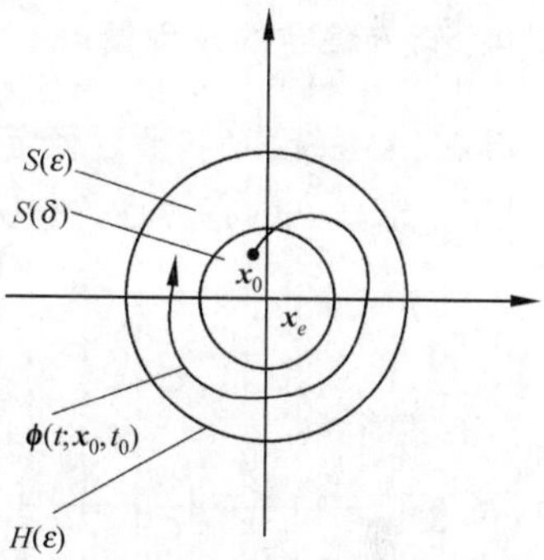

图 5.1　李雅普诺夫意义下稳定的平衡状态

2. 李雅普诺夫意义下一致稳定

在李雅普诺夫意义下的稳定定义中，若对取自时间定义区间的任一初始时刻 t_0，对任给实数 $\varepsilon>0$ 都存在与初始时刻 t_0 无关的实数 $\delta(\varepsilon)>0$，使相应受扰运动 $\boldsymbol{\phi}(t;\boldsymbol{x}_0,t_0)$ 满足条件(5.26)，则称平衡状态 $\boldsymbol{x}_e$ 为李雅普诺夫意义下一致稳定。通常，对于时变系统，一致稳定比之稳定更有实际意义。一致稳定意味着，若系统在一个初始时刻 t_0 为李雅普诺夫意义下稳定，则系统在取自时间定义区间的所有初始时刻 t_0 均为李雅普诺夫意义下稳定。

3. 时不变系统的稳定属性

对于时不变系统，不管线性系统还是非线性系统，连续时间系统还是离散时间系统，李雅普诺夫意义下的稳定和一致稳定必为等价。换句话说，若时不变系统的平衡状态 $\boldsymbol{x}_e$ 为李雅普诺夫意义下稳定，则 $\boldsymbol{x}_e$ 必为李雅普诺夫意义下一致稳定。

4. 李雅普诺夫意义下稳定的实质

定义表明，李雅普诺夫意义下稳定只能保证系统受扰运动相对于平衡状态的有界性，不能保证系统受扰运动相对于平衡状态的渐近性。因此，相比于稳定性的工

程理解，李雅普诺夫意义下的稳定实质上就是工程意义下的临界不稳定。

5.2.4 渐近稳定

稳定性问题中，无论理论上还是应用上，渐近稳定往往更有意义和更具重要性。

定义 5.7［渐近稳定］ 称自治系统(5.20)的孤立平衡状态 $\boldsymbol{x}_e=\boldsymbol{0}$ 在时刻 t_0 为渐近稳定，如果：(i)$\boldsymbol{x}_e=\boldsymbol{0}$ 在时刻 t_0 为李雅普诺夫意义下稳定；(ii)对实数 $\delta(\varepsilon,t_0)>0$ 和任给实数 $\mu>0$，都对应地存在实数 $T(\mu,\delta,t_0)>0$，使得满足不等式(5.25)的任一初始状态 $\boldsymbol{x}_0$ 出发的受扰运动 $\boldsymbol{\phi}(t;\boldsymbol{x}_0,t_0)$ 还同时满足不等式：

$$\|\boldsymbol{\phi}(t;\boldsymbol{x}_0,t_0)-\boldsymbol{x}_e\|\leqslant\mu,\quad\forall t\geqslant t_0+T(\mu,\delta,t_0)\tag{5.27}$$

下面，对渐近稳定概念作如下的几点说明。

1. 渐近稳定的几何解释

以二维系统为例，渐近稳定的几何含义如图 5.2 所示。其中，图(a)表征受扰运动相对于平衡状态的有界性，图(b)反映受扰运动相对于平衡状态随时间变化的渐近性。

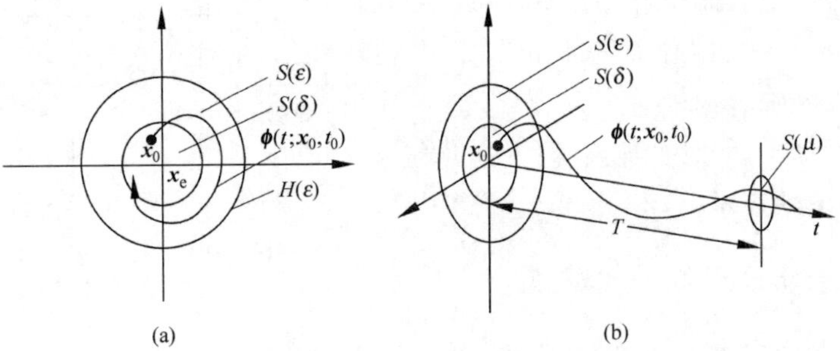

图 5.2 渐近稳定的几何含义

2. 渐近稳定的等价定义

在渐近稳定定义中，若取 $\mu\to0$，则对应地有 $T(\mu,\delta,t_0)\to\infty$。基此，可进而对渐近稳定引入等价定义，以更为直观的形式反映稳定过程的渐近特征。等价定义可表述为，如果：(i)由任一初始状态 $\boldsymbol{x}_0\in S(\delta)$ 出发的受扰运动 $\boldsymbol{\phi}(t;\boldsymbol{x}_0,t_0)$ 相对于平衡状态 $\boldsymbol{x}_e=\boldsymbol{0}$ 对所有 $t\in[t_0,\infty)$ 均为有界；(ii)受扰运动相对于平衡状态 $\boldsymbol{x}_e=\boldsymbol{0}$ 满足渐近性，即成立

$$\lim_{t\to\infty}\boldsymbol{\phi}(t;\boldsymbol{x}_0,t_0)=\boldsymbol{0},\quad\forall\boldsymbol{x}_0\in S(\delta)$$

称自治系统(5.20)的孤立平衡状态 $\boldsymbol{x}_e=\boldsymbol{0}$ 在时刻 t_0 为渐近稳定。

3. 一致渐近稳定

在渐近稳定定义中，若对取自时间定义区间的任意初始时刻 t_0，由任给实数 $\varepsilon>$

0 都存在与初始时刻 t_0 无关的实数 $\delta(\varepsilon)>0$，由实数 $\delta(\varepsilon)$ 和任给实数 $\mu>0$ 都存在与初始时刻 t_0 无关的实数 $T(\mu,\delta)>0$，使得相应受扰运动 $\boldsymbol{\phi}(t;\boldsymbol{x}_0,t_0)$ 相对于平衡状态为有界且满足条件(5.27)，则称平衡状态 $\boldsymbol{x}_e$ 为一致渐近稳定。对时变系统，一致渐近稳定比之渐近稳定更有意义。

4. 时不变系统的渐近稳定属性

对于时不变系统，不管线性系统还是非线性系统，连续时间系统还是离散时间系统，平衡状态 $\boldsymbol{x}_e$ 的渐近稳定和一致渐近稳定为等价，即有

$$\boldsymbol{x}_e \text{ 一致渐近稳定} \quad \Leftrightarrow \quad \boldsymbol{x}_e \text{ 渐近稳定} \tag{5.28}$$

5. 小范围和大范围渐近稳定

小范围渐近稳定又称为局部渐近稳定。直观上，局部渐近稳定的含义为

$$\text{“存在围绕 } \boldsymbol{x}_e=\boldsymbol{0} \text{ 超球域 } S(\delta), \forall\, \boldsymbol{0}\neq \boldsymbol{x}_0\in S(\delta), \boldsymbol{x}_e \text{ 为渐近稳定。”} \tag{5.29}$$

并且，称 $S(\delta)$ 为吸引区，以表示位于其内的所有状态点都可被“吸引”到平衡状态 $\boldsymbol{x}_e$ 的属性。对于小范围渐近稳定，将面临确定最大吸引区的问题。

大范围渐近稳定又称为全局渐近稳定。直观上，全局渐近稳定的含义为

$$\text{“}\forall\, \boldsymbol{0}\neq \boldsymbol{x}_0\in \mathscr{R}^n, \boldsymbol{x}_e=\boldsymbol{0} \text{ 为渐近稳定。”} \tag{5.30}$$

工程上，总是期望系统具有大范围渐近稳定属性。一个系统是否具有这种属性，完全由系统的结构和参数所决定。

6. 大范围渐近稳定的必要条件

由大范围渐近稳定含义(5.30)，容易理解，平衡状态 $\boldsymbol{x}_e=\boldsymbol{0}$ 为大范围渐近稳定的必要条件为，状态空间 $\mathscr{R}^n$ 中不存在其他渐近稳定的平衡状态。

7. 线性系统的渐近稳定属性

对于线性系统，不管时不变系统还是时变系统，连续时间系统还是离散时间系统，基于叠加原理可知，若平衡状态 $\boldsymbol{x}_e=\boldsymbol{0}$ 为渐近稳定，则其必为大范围渐近稳定。

8. 渐近稳定的工程含义

可以看出，把李雅普诺夫意义下渐近稳定和工程意义下稳定相比，有

$$\text{李雅普诺夫意义下渐近稳定}=\text{工程意义下稳定} \tag{5.31}$$

5.2.5　不稳定

最后，给出李雅普诺夫意义下不稳定的概念。

定义 5.8［不稳定］　称自治系统(5.20)的孤立平衡状态 $\boldsymbol{x}_e=\boldsymbol{0}$ 在时刻 t_0 为不稳定，如果不管取实数 $\varepsilon>0$ 为多么大，都不存在对应一个实数 $\delta(\varepsilon,t_0)>0$，使得满足

不等式

$$\| \boldsymbol{x}_0 - \boldsymbol{x}_e \| \leqslant \delta(\varepsilon, t_0) \tag{5.32}$$

的任意初始状态 $\boldsymbol{x}_0$ 出发的受扰运动 $\boldsymbol{\phi}(t; \boldsymbol{x}_0, t_0)$ 满足不等式：

$$\| \boldsymbol{\phi}(t; \boldsymbol{x}_0, t_0) - \boldsymbol{x}_e \| \leqslant \varepsilon, \quad \forall t \geqslant t_0 \tag{5.33}$$

对于二维系统，不稳定的几何含义如图 5.3 所示。可以看出，若平衡状态 $\boldsymbol{x}_e = \boldsymbol{0}$ 为不稳定，则不管取域 $S(\varepsilon)$ 多么大，也不管取域 $S(\delta)$ 多么小，总存在非零点 $\boldsymbol{x}_0^* \in S(\delta)$，使由 $\boldsymbol{x}_0^* \in S(\delta)$ 出发的受扰运动轨线越出域 $S(\varepsilon)$。李雅普诺夫意义下不稳定等同于工程意义下发散性不稳定。

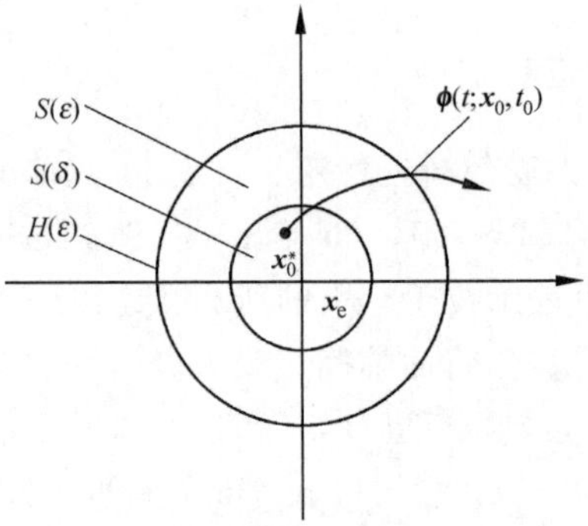

图 5.3 不稳定的几何含义

5.3 李雅普诺夫第二方法的主要定理

本节重点讨论李雅普诺夫第二方法的主要定理。第二方法主要定理的提出基于物理学中这样一个直观启示，即系统运动的进程总是伴随能量的变化，如果做到使系统能量变化的速率始终保持为负，也就是使运动进程中能量为单调减少，那么系统受扰运动最终必会返回到平衡状态。

5.3.1 大范围渐近稳定的判别定理

在李雅普诺夫第二方法的稳定性结论中，大范围渐近稳定判别定理具有基本的重要性。考虑最为一般情形的连续时间非线性时变自治系统：

$$\dot{\boldsymbol{x}} = \boldsymbol{f}(\boldsymbol{x}, t), \quad t \in [t_0, \infty) \tag{5.34}$$

其中，$\boldsymbol{x}$ 为 n 维状态。并且，对所有 $t \in [t_0, \infty)$ 成立 $\boldsymbol{f}(\boldsymbol{0}, t) = \boldsymbol{0}$，即状态空间原点 $\boldsymbol{x} = \boldsymbol{0}$ 为系统孤立平衡状态。

下面，给出李雅普诺夫主稳定性定理。

结论 5.10［李雅普诺夫主稳定性定理］ 对连续时间非线性时变自治系统(5.34)，若可构造对 $\boldsymbol{x}$ 和 t 具有连续一阶偏导数的一个标量函数 $V(\boldsymbol{x}, t)$，$V(\boldsymbol{0}, t) =$

0,且对状态空间 $\mathscr{R}^n$ 中所有非零状态点 $\boldsymbol{x}$ 满足如下条件：

(i) $V(\boldsymbol{x},t)$正定且有界,即存在两个连续的非减标量函数 $\alpha(\|\boldsymbol{x}\|)$和 $\beta(\|\boldsymbol{x}\|)$,其中 $\alpha(0)=0$ 和 $\beta(0)=0$,使对所有 $t\in[t_0,\infty)$和所有 $\boldsymbol{x}\neq\boldsymbol{0}$ 成立：

$$\beta(\|\boldsymbol{x}\|)\geqslant V(\boldsymbol{x},t)\geqslant\alpha(\|\boldsymbol{x}\|)>0 \tag{5.35}$$

(ii) $V(\boldsymbol{x},t)$对时间 t 的导数 $\dot{V}(\boldsymbol{x},t)$负定且有界,即存在一个连续的非减标量函数$\gamma(\|\boldsymbol{x}\|)$,其中 $\gamma(0)=0$,使对所有 $t\in[t_0,\infty)$和所有 $\boldsymbol{x}\neq\boldsymbol{0}$ 成立：

$$\dot{V}(\boldsymbol{x},t)\leqslant-\gamma(\|\boldsymbol{x}\|)<0 \tag{5.36}$$

(iii) 当 $\|\boldsymbol{x}\|\to\infty$,有 $\alpha(\|\boldsymbol{x}\|)\to\infty$ 即 $V(\boldsymbol{x},t)\to\infty$。

则系统的原点平衡状态 $\boldsymbol{x}=\boldsymbol{0}$ 为大范围一致渐近稳定。

进而,对李雅普诺夫主稳定性定理给出如下的几点讨论。

1. 判据的特点

李雅普诺夫主稳定性定理的基本特点是其普适性和直观性。普适性体现在,作为渐近稳定性的判据,可同时适用于线性和非线性、时变和时不变等各类动态系统。直观性表现为,从广义能量的角度,可直观地理解结论中给出条件的合理性。

2. 判据条件的物理含义

对李雅普诺夫主稳定性定理,从物理学角度,把正定有界标量函数 $V(\boldsymbol{x},t)$视为“广义能量”,把 $V(\boldsymbol{x},t)$对时间 t 的导数 $\dot{V}(\boldsymbol{x},t)$视为“广义能量变化率”,则其结论反映了物理世界中的一个直观事实,即只要系统的能量有限,且能量变化率始终为负,则随着系统能量有界并最终趋于零,系统运动对应地必有界并最终返回原点平衡状态。

3. 李雅普诺夫函数

在李雅普诺夫主稳定性定理中,$V(\boldsymbol{x},t)$毕竟不能等同于能量,且 $V(\boldsymbol{x},t)$的含义和形式随着系统物理属性的不同而不同。基此,通常称满足稳定性定理条件的 $V(\boldsymbol{x},t)$为李雅普诺夫函数。判断系统的渐近稳定性,归结为对给定系统构造李雅普诺夫函数 $V(\boldsymbol{x},t)$。

4. 候选李雅普诺夫函数的选取

对李雅普诺夫主稳定性定理,李雅普诺夫函数的选取是一个试选和验证的过程。对较为简单的系统,候选李雅普诺夫函数常先试取为状态 $\boldsymbol{x}$ 的二次型函数,若验证不满足定理条件,再试取四次型函数,如此等等。但总的来说,至今还缺少一般性的有效方法。

5. 判据的充分性属性

对李雅普诺夫主稳定性定理或李雅普诺夫第二方法其他定理,定理指出的条件只是保证自治系统(5.36)为大范围一致渐近稳定或具有其他稳定不稳定属性的一个充分条件。充分条件的局限性在于,如果对给定系统找不到满足定理条件的李雅普诺夫函数 $V(\boldsymbol{x},t)$,并不能对系统的相应稳定性作出否定性的结论。

现在,转而讨论连续时间非线性时不变系统,自治状态方程为

$$\dot{\boldsymbol{x}}=\boldsymbol{f}(\boldsymbol{x}),\quad t\geqslant 0 \tag{5.37}$$

其中,$\boldsymbol{x}$ 为 n 维状态,对所有 $t\in[0,\infty)$ 有 $\boldsymbol{f}(\boldsymbol{0})=\boldsymbol{0}$,即状态空间原点 $\boldsymbol{x}=\boldsymbol{0}$ 为系统的孤立平衡状态。

时不变系统为时变系统的一类特殊情形。直接基于时变情形的李雅普诺夫主稳定性定理可导出时不变情形的对应结论。并且可以看到时不变情形定理的条件在形式和判断上都可得到很大简化。

结论 5.11[李雅普诺夫主稳定性定理]　对连续时间非线性时不变自治系统(5.37),若可构造对 $\boldsymbol{x}$ 具有连续一阶偏导数的一个标量函数 $V(\boldsymbol{x})$,$V(\boldsymbol{0})=0$,且对状态空间 $\mathscr{R}^n$ 中所有非零状态点 $\boldsymbol{x}$ 满足如下条件:

(i) $V(\boldsymbol{x})$为正定;

(ii) $\dot{V}(\boldsymbol{x})\triangleq \mathrm{d}V(\boldsymbol{x})/\mathrm{d}t$ 为负定;

(iii) 当 $\|\boldsymbol{x}\|\to\infty$,有 $V(\boldsymbol{x})\to\infty$;

则系统的原点平衡状态 $\boldsymbol{x}=\boldsymbol{0}$ 为大范围渐近稳定。

例 5.1　给定连续时间非线性时不变自治系统:

$$\dot{x}_1=x_2-x_1(x_1^2+x_2^2)$$

$$\dot{x}_2=-x_1-x_2(x_1^2+x_2^2)$$

易知,$x_1=0$ 和 $x_2=0$ 为唯一平衡状态。

首先,取候选李雅普诺夫函数 $V(\boldsymbol{x})$为状态 $\boldsymbol{x}$ 的二次型函数:

$$V(\boldsymbol{x})=x_1^2+x_2^2$$

可知 $V(\boldsymbol{x})$为正定,且 $V(\boldsymbol{0})=0$。

进而,计算得到

$$\begin{aligned}\dot{V}(\boldsymbol{x})&=\frac{\partial V(\boldsymbol{x})}{\partial x_1}\frac{\mathrm{d}x_1}{\mathrm{d}t}+\frac{\partial V(\boldsymbol{x})}{\partial x_2}\frac{\mathrm{d}x_2}{\mathrm{d}t}\\&=\begin{bmatrix}\dfrac{\partial V(\boldsymbol{x})}{\partial x_1} & \dfrac{\partial V(\boldsymbol{x})}{\partial x_2}\end{bmatrix}\begin{bmatrix}\dot{x}_1\\ \dot{x}_2\end{bmatrix}\\&=[2x_1\quad 2x_2]\begin{bmatrix}x_2-x_1(x_1^2+x_2^2)\\ -x_1-x_2(x_1^2+x_2^2)\end{bmatrix}\\&=-2(x_1^2+x_2^2)^2\end{aligned}$$

容易看出,$\dot{V}(\boldsymbol{x})$为负定。

最后,当 $\|\boldsymbol{x}\|=\sqrt{x_1^2+x_2^2}\to\infty$,有

$$V(\boldsymbol{x})=\|\boldsymbol{x}\|^2=(x_1^2+x_2^2)\to\infty$$

据结论 5.11 知,系统原点平衡状态 $\boldsymbol{x}=\boldsymbol{0}$ 为大范围渐近稳定。

研究表明,对不少系统,结论 5.11 中"条件 $\dot{V}(\boldsymbol{x})$ 为负定"是构造 $V(\boldsymbol{x})$ 的主要困难。同时直观上容易理解,$\dot{V}(\boldsymbol{x})$ 为负定也是导致结论过于保守的条件。下面,限于连续时间非线性时不变系统,给出放宽上述条件后的李雅普诺夫主稳定性定理。

结论 5.12［李雅普诺夫主稳定性定理］ 对连续时间非线性时不变自治系统(5.37),若可构造对 $\boldsymbol{x}$ 具有连续一阶偏导数的一个标量函数 $V(\boldsymbol{x})$,$V(\boldsymbol{0})=0$,且对状态空间 $\mathscr{R}^n$ 中所有非零状态点 $\boldsymbol{x}$ 满足如下条件:

(i) $V(\boldsymbol{x})$为正定;

(ii) $\dot{V}(\boldsymbol{x})\triangleq \mathrm{d}V(\boldsymbol{x})/\mathrm{d}t$ 为负半定;

(iii) 对任意非零 $\boldsymbol{x}_0\in\mathscr{R}^n$,$\dot{V}(\boldsymbol{\phi}(t;\boldsymbol{x}_0,0))\neq 0$;

(iv) 当$\|\boldsymbol{x}\|\to\infty$,有 $V(\boldsymbol{x})\to\infty$;

则系统的原点平衡状态 $\boldsymbol{x}=\boldsymbol{0}$ 为大范围渐近稳定。

注 结论 5.12 相比于结论 5.11,用"$\dot{V}(\boldsymbol{x})$负半定,且 $\dot{V}(\boldsymbol{\phi}(t;\boldsymbol{x}_0,0))\neq 0$"代替"$\dot{V}(\boldsymbol{x})$负定"。放宽后条件的直观含义是,允许系统运动过程在某些状态点上"能量"速率为零,而由 $\dot{V}(\boldsymbol{\phi}(t;\boldsymbol{x}_0,0))\neq 0$ 保证运动过程能够脱离这类状态点而继续收敛到原点平衡状态。例子表明,试取的候选李雅普诺夫函数,对条件"$\dot{V}(\boldsymbol{x})$负定"难于满足,但对条件"$\dot{V}(\boldsymbol{x})$负半定,且 $\dot{V}(\boldsymbol{\phi}(t;\boldsymbol{x}_0,0))\neq 0$"则易于满足。

例 5.2 给定连续时间非线性时不变系统:

$$\dot{x}_1=x_2$$

$$\dot{x}_2=-x_1-(1+x_2)^2x_2$$

易知,$x_1=0$ 和 $x_2=0$ 为唯一平衡状态。

首先,取候选李雅普诺夫函数 $V(\boldsymbol{x})$为状态 $\boldsymbol{x}$ 的二次型函数:

$$V(\boldsymbol{x})=x_1^2+x_2^2$$

可知 $V(\boldsymbol{x})$为正定,且 $V(\boldsymbol{0})=0$。

进而,计算得到

$$\begin{aligned}\dot{V}(\boldsymbol{x})&=\begin{bmatrix}\dfrac{\partial V(\boldsymbol{x})}{\partial x_1} & \dfrac{\partial V(\boldsymbol{x})}{\partial x_2}\end{bmatrix}\begin{bmatrix}\dot{x}_1\\ \dot{x}_2\end{bmatrix}\\ &=\begin{bmatrix}2x_1 & 2x_2\end{bmatrix}\begin{bmatrix}x_2\\ -x_1-(1+x_2)^2x_2\end{bmatrix}\\ &=-2x_2^2(1+x_2)^2\end{aligned}$$

可以看出,使 $\dot{V}(\boldsymbol{x})=0$ 的情况有"x_1 任意,$x_2=0$"和"x_1 任意,$x_2=-1$",此外均有 $\dot{V}(\boldsymbol{x})<0$。表明,$\dot{V}(\boldsymbol{x})$为负半定。

现在,检查 $\dot{V}(\boldsymbol{x})$是否满足条件 $\dot{V}(\boldsymbol{\phi}(t;\boldsymbol{x}_0,0))\neq 0$。为此,问题归结为判断上述

使$\dot{V}(\boldsymbol{x})=0$的两种情况是否为系统受扰运动解。对“$x_1$任意，$x_2=0$”情形，表

$$\bar{\boldsymbol{\phi}}(t;\boldsymbol{x}_0,0)=[x_1(t),0]^{\mathrm{T}}$$

则由$x_2(t)\equiv 0$可导出$\dot{x}_2(t)=0$，将此代入系统方程得到

$$\dot{x}_1(t)=x_2(t)=0$$

$$0=\dot{x}_2(t)=-(1+x_2(t))^2x_2(t)-x_1(t)=-x_1(t)$$

这表明，除原点($x_1=0,x_2=0$)外，$\bar{\boldsymbol{\phi}}(t;\boldsymbol{x}_0,0)=[x_1(t),0]^{\mathrm{T}}$不是系统受扰运动解。对“$x_1$任意，$x_2=-1$”情形，表

$$\tilde{\boldsymbol{\phi}}(t;\boldsymbol{x}_0,0)=[x_1(t),-1]^{\mathrm{T}}$$

则由$x_2(t)=-1$可导出$\dot{x}_2(t)=0$，将此代入系统的方程得到

$$\dot{x}_1(t)=x_2(t)=-1$$

$$0=\dot{x}_2(t)=-(1+x_2(t))^2x_2(t)-x_1(t)=-x_1(t)$$

显然，这是一个矛盾的结果。从而意味着，$\tilde{\boldsymbol{\phi}}(t;\boldsymbol{x}_0,0)=[x_1(t),-1]^{\mathrm{T}}$同样不是系统受扰运动解。综上可知，条件$\dot{V}(\boldsymbol{\phi}(t;\boldsymbol{x}_0,0))\neq 0$满足。

最后，当$\|\boldsymbol{x}\|=\sqrt{x_1^2+x_2^2}\to\infty$，有

$$V(\boldsymbol{x})=\|\boldsymbol{x}\|^2=(x_1^2+x_2^2)\to\infty$$

据结论5.12知，系统原点平衡状态$\boldsymbol{x}=\boldsymbol{0}$为大范围渐近稳定。并且，还可看出，对此系统所取候选李雅普诺夫函数$V(\boldsymbol{x})$不满足结论5.11条件，但满足结论5.12条件。

5.3.2 小范围渐近稳定的判别定理

在李雅普诺夫第二方法应用中，当难以判断系统大范围渐近稳定性时，应当转而判断系统的小范围渐近稳定性。这一部分给出李雅普诺夫第二方法关于小范围渐近稳定性的一些基本定理。

对连续时间非线性时变系统，有如下一个结论。

结论 5.13［小范围渐近稳定性定理］ 对连续时间非线性时变自治系统(5.34)，若可构造对$\boldsymbol{x}$和t具有连续一阶偏导数的一个标量函数$V(\boldsymbol{x},t)$，$V(\boldsymbol{0},t)=0$，以及围绕状态空间原点的一个吸引区Ω，使对所有非零状态$\boldsymbol{x}\in\Omega$和所有$t\in[t_0,\infty)$满足如下条件：

(i) $V(\boldsymbol{x},t)$为正定且有界；

(ii) $\dot{V}(\boldsymbol{x},t)\triangleq \mathrm{d}V(\boldsymbol{x},t)/\mathrm{d}t$为负定且有界；

则系统原点平衡状态$\boldsymbol{x}=\boldsymbol{0}$在$\Omega$域内为一致渐近稳定。

对连续时间非线性时不变系统，有如下两个结论。

结论 5.14［小范围渐近稳定性定理］ 对连续时间非线性时不变自治系统

(5.37)，若可构造对 $\boldsymbol{x}$ 具有连续一阶偏导数的一个标量函数 $V(\boldsymbol{x})$，$V(\boldsymbol{0})=0$，以及围绕状态空间原点的一个吸引区 Ω，使对所有非零状态 $\boldsymbol{x}\in\Omega$ 满足如下条件：

(i) $V(\boldsymbol{x})$为正定；

(ii) $\dot{V}(\boldsymbol{x})\triangleq \mathrm{d}V(\boldsymbol{x})/\mathrm{d}t$ 为负定；

则系统原点平衡状态 $\boldsymbol{x}=\boldsymbol{0}$ 在 Ω 域内为渐近稳定。

结论 5.15［小范围渐近稳定性定理］ 对连续时间非线性时不变自治系统(5.37)，若可构造对 $\boldsymbol{x}$ 具有连续一阶偏导数的一个标量函数 $V(\boldsymbol{x})$，$V(\boldsymbol{0})=0$，以及围绕状态空间原点的一个吸引区 Ω，使对所有非零状态 $\boldsymbol{x}\in\Omega$ 满足如下条件：

(i) $V(\boldsymbol{x})$为正定；

(ii) $\dot{V}(\boldsymbol{x})\triangleq \mathrm{d}V(\boldsymbol{x})/\mathrm{d}t$ 为负半定；

(iii) 对任意非零 $\boldsymbol{x}_0\in\Omega$，$\dot{V}(\boldsymbol{\phi}(t;\boldsymbol{x}_0,0))\neq 0$；

则原点平衡状态 $\boldsymbol{x}=\boldsymbol{0}$ 在 Ω 域内为渐近稳定。

5.3.3 李雅普诺夫意义下稳定的判别定理

同样，当难以判断系统的小范围渐近稳定性时，应当转而判断李雅普诺夫意义下稳定性。这一部分给出系统为李雅普诺夫意义下稳定的一些判别准则。

对连续时间非线性时变系统，有如下的结论。

结论 5.16［稳定性定理］ 对连续时间非线性时变自治系统(5.34)，若可构造对 $\boldsymbol{x}$ 和 t 具有连续一阶偏导数的一个标量函数 $V(\boldsymbol{x},t)$，$V(\boldsymbol{0},t)=0$，以及围绕状态空间原点的一个吸引区 Ω，使对所有非零状态 $\boldsymbol{x}\in\Omega$ 和所有 $t\in[t_0,\infty)$ 满足如下条件：

(i) $V(\boldsymbol{x},t)$为正定且有界；

(ii) $\dot{V}(\boldsymbol{x},t)\triangleq \mathrm{d}V(\boldsymbol{x},t)/\mathrm{d}t$ 为负半定且有界；

则系统原点平衡状态 $\boldsymbol{x}=\boldsymbol{0}$ 在 Ω 域内为李雅普诺夫意义下一致稳定。

对连续时间非线性时不变系统，有如下的结论。

结论 5.17［稳定性定理］ 对连续时间非线性时不变自治系统(5.37)，若可构造对 $\boldsymbol{x}$ 具有连续一阶偏导数的一个标量函数 $V(\boldsymbol{x})$，$V(\boldsymbol{0})=0$，以及围绕状态空间原点的一个吸引区 Ω，使对所有非零状态 $\boldsymbol{x}\in\Omega$ 满足如下条件：

(i) $V(\boldsymbol{x})$为正定；

(ii) $\dot{V}(\boldsymbol{x})\triangleq \mathrm{d}V(\boldsymbol{x})/\mathrm{d}t$ 为负半定；

则系统原点平衡状态 $\boldsymbol{x}=\boldsymbol{0}$ 在 Ω 域内为李雅普诺夫意义下稳定。

5.3.4 不稳定的判别定理

对连续时间非线性时变系统，系统不稳定的判别准则由下述结论给出。

结论 5.18［不稳定性定理］ 对连续时间非线性时变自治系统(5.34)，若可构造对 $\boldsymbol{x}$ 和 t 具有连续一阶偏导数的一个标量函数 $V(\boldsymbol{x},t)$，$V(\boldsymbol{0},t)=0$，以及围绕状态空间原点的一个区域 Ω，使对所有非零状态 $\boldsymbol{x}\in\Omega$ 和所有 $t\in[t_0,\infty)$ 满足如下条件：

(i) $V(\boldsymbol{x},t)$ 为正定且有界；

(ii) $\dot{V}(\boldsymbol{x},t)\triangleq \mathrm{d}V(\boldsymbol{x},t)/\mathrm{d}t$ 为正定且有界；

则系统原点平衡状态 $\boldsymbol{x}=\boldsymbol{0}$ 为不稳定。

对连续时间非线性时不变系统，系统不稳定的判别准则由下述结论给出。

结论 5.19［不稳定性定理］ 对连续时间非线性时不变自治系统(5.37)，若可构造对 $\boldsymbol{x}$ 具有连续一阶偏导数的一个标量函数 $V(\boldsymbol{x})$，$V(\boldsymbol{0})=0$，以及围绕状态空间原点的一个区域 Ω，使对所有非零状态 $\boldsymbol{x}\in\Omega$ 满足如下条件：

(i) $V(\boldsymbol{x})$ 为正定；

(ii) $\dot{V}(\boldsymbol{x})\triangleq \mathrm{d}V(\boldsymbol{x})/\mathrm{d}t$ 为正定；

则系统原点平衡状态 $\boldsymbol{x}=\boldsymbol{0}$ 为不稳定。

注 由上述两个结论看出，当 $V(\boldsymbol{x},t)$ 或 $V(\boldsymbol{x})$ 和其导数 $\dot{V}(\boldsymbol{x},t)$ 或 $\dot{V}(\boldsymbol{x})$ 同号时，系统必为不稳定，理论上受扰运动轨线将会发散到无穷大。

5.4 构造李雅普诺夫函数的规则化方法

李雅普诺夫第二方法的核心是构造李雅普诺夫函数。构造的先前途径是基于经验的多次试取。本节介绍的变量梯度法和克拉索夫斯基方法属于规则化方法。虽然它们并不总是有效的，但对某些较为复杂的系统，可以提供构造李雅普诺夫函数的非试凑性途径。

5.4.1 变量梯度法

变量梯度法的特点是采用基于反向思维的构造思路。构造原则是，先按定理条件构造候选李雅普诺夫函数的导数，在此基础上定出候选李雅普诺夫函数，再判断其正定性。若判断成立则构造成功，若判断不成立则构造失败。

限于讨论连续时间非线性时不变系统，自治状态方程为

$$\dot{\boldsymbol{x}}=\boldsymbol{f}(\boldsymbol{x}),\quad t\geqslant 0 \tag{5.38}$$

其中，$\boldsymbol{x}$ 为 n 维状态，对所有 $t\in[0,\infty)$ 有 $\boldsymbol{f}(\boldsymbol{0})=\boldsymbol{0}$，即状态空间的原点为系统的孤立平衡状态。下面，给出变量梯度法构造系统李雅普诺夫函数的思路和方法。

1. 选取候选李雅普诺夫函数 V(x)的梯度∇V(x)

对系统(5.38)，表 $\boldsymbol{x}=[x_1,x_2,\cdots,x_n]^{\mathrm{T}}$，则 $V(\boldsymbol{x})$ 的梯度定义为

$$\nabla V(\boldsymbol{x})=\frac{\partial V(\boldsymbol{x})}{\partial \boldsymbol{x}}=\begin{bmatrix}\dfrac{\partial V(\boldsymbol{x})}{\partial x_1}\\ \vdots \\ \dfrac{\partial V(\boldsymbol{x})}{\partial x_n}\end{bmatrix}=\begin{bmatrix}\nabla V_1(\boldsymbol{x})\\ \vdots \\ \nabla V_n(\boldsymbol{x})\end{bmatrix} \tag{5.39}$$

进而,取梯度$\nabla V(\boldsymbol{x})$的形式为

$$\nabla V(\boldsymbol{x})=\begin{bmatrix}\dfrac{\partial V(\boldsymbol{x})}{\partial x_1}\\ \vdots \\ \dfrac{\partial V(\boldsymbol{x})}{\partial x_n}\end{bmatrix}=\begin{bmatrix}a_{11}x_1+a_{12}x_2+\cdots+a_{1n}x_n\\ \vdots \\ a_{n1}x_1+a_{n2}x_2+\cdots+a_{nn}x_n\end{bmatrix} \tag{5.40}$$

其中

$$\text{待定量 } a_{ij}=\text{常数或}\{x_1,x_2,\cdots,x_n\}\text{ 的函数}$$

2. 按稳定性结论的条件引入对梯度$\nabla V(x)$的限制

首先,由"$\mathrm{d}V(\boldsymbol{x})/\mathrm{d}t$ 为负定"条件,即由

$$\begin{aligned}0>\frac{\mathrm{d}V(\boldsymbol{x})}{\mathrm{d}t}&=\frac{\partial V(\boldsymbol{x})}{\partial x_1}\frac{\mathrm{d}x_1}{\mathrm{d}t}+\cdots+\frac{\partial V(\boldsymbol{x})}{\partial x_n}\frac{\mathrm{d}x_n}{\mathrm{d}t}\\ &=\left[\frac{\partial V(\boldsymbol{x})}{\partial x_1},\cdots,\frac{\partial V(\boldsymbol{x})}{\partial x_n}\right]\begin{bmatrix}\dot{x}_1\\ \vdots \\ \dot{x}_n\end{bmatrix}\\ &=[\nabla V(\boldsymbol{x})]^{\mathrm{T}}\dot{\boldsymbol{x}}\end{aligned} \tag{5.41}$$

导出梯度$\nabla V(\boldsymbol{x})$应满足的一个关系式:

$$\frac{\mathrm{d}V(\boldsymbol{x})}{\mathrm{d}t}<0 \quad \Leftrightarrow \quad [\nabla V(\boldsymbol{x})]^{\mathrm{T}}\dot{\boldsymbol{x}}<0 \tag{5.42}$$

进而,基于简化计算要求,设梯度$\nabla V(\boldsymbol{x})$对应于有势场。基此,由场论知识导出梯度$\nabla V(\boldsymbol{x})$应满足的另一个关系式:

$$\begin{aligned}\text{有势场} \quad &\Leftrightarrow \quad \text{旋度 rot } \nabla V(\boldsymbol{x})=0\\ &\Leftrightarrow \quad \frac{\partial\, \nabla V_j(\boldsymbol{x})}{\partial x_i}=\frac{\partial\, \nabla V_i(\boldsymbol{x})}{\partial x_j},\quad \forall\, i\neq j\end{aligned} \tag{5.43}$$

3. 确定$\nabla V(x)$的待定系数 $a_{ij}(i,j=1,2,\cdots,n)$

对梯度$\nabla V(\boldsymbol{x})$表达式(5.40),由满足"$\mathrm{d}V(\boldsymbol{x})/\mathrm{d}t$ 为负定"条件导出的关系式(5.42)和由简化计算要求导出的关系式(5.43),定出全部待定系数 a_{ij},得到确知的$\nabla V(\boldsymbol{x})$。

4. 定出对应于梯度$\nabla V(x)$的候选李雅普诺夫函数 $V(x)$

首先,导出理论关系式:

$$V(\boldsymbol{x})=\int_0^{V(\boldsymbol{x})}\mathrm{d}V(\boldsymbol{x})=\int_0^t\frac{\mathrm{d}V(\boldsymbol{x})}{\mathrm{d}t}\mathrm{d}t=\int_0^t[\nabla V(\boldsymbol{x})]^{\mathrm{T}}\dot{\boldsymbol{x}}\mathrm{d}t$$
$$=\int_0^x[\nabla V(\boldsymbol{x})]^{\mathrm{T}}\mathrm{d}\boldsymbol{x}=\int_0^x[\nabla V_1(\boldsymbol{x}),\cdots,\nabla V_n(\boldsymbol{x})]\begin{bmatrix}\mathrm{d}x_1\\ \vdots\\ \mathrm{d}x_n\end{bmatrix}\tag{5.44}$$

进而,利用有势场特性即上述积分结果与积分路径无关,按如下方式选取积分路径:

取 $x_2=\cdots=x_n=0$,取 x_1 为 $0\to x_1$

固定 x_1,取 $x_3=\cdots=x_n=0$,取 x_2 为 $0\to x_2$

……

固定 $x_1,x_2,\cdots,x_{n-2}$,取 $x_n=0$,取 x_{n-1} 为 $0\to x_{n-1}$

固定 $x_1,x_2,\cdots,x_{n-1}$,取 x_n 为 $0\to x_n$

对 $n=3$ 情形,上述积分路径如图 5.4 所示。相应地,导出 $V(\boldsymbol{x})$计算关系式:

$$\begin{aligned}V(\boldsymbol{x})=&\int_0^{x_1(x_2=\cdots=x_n=0)}\nabla V_1(\boldsymbol{x})\mathrm{d}x_1+\\&\int_0^{x_2(x_1=x_1,x_3=\cdots=x_n=0)}\nabla V_2(\boldsymbol{x})\mathrm{d}x_2+\cdots+\\&\int_0^{x_n(x_1=x_1,\cdots,x_{n-1}=x_{n-1})}\nabla V_n(\boldsymbol{x})\mathrm{d}x_n\end{aligned}\tag{5.45}$$

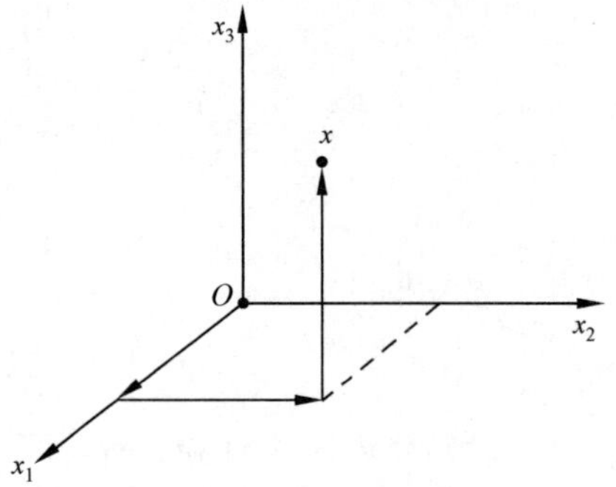

图 5.4 积分路径示例

5. 判断 V(x)计算结果的正定性

若计算结果满足 $V(\boldsymbol{x})>0$ 即为正定,则 $V(\boldsymbol{x})$是一个李雅普诺夫函数,系统平衡状态为局部或全局渐近稳定。若计算结果不满足 $V(\boldsymbol{x})>0$ 即为非正定,则表明变量梯度法对此系统不成功。

例 5.3 给定连续时间非线性时不变系统:

$$\Sigma:\dot{x}_1=x_2$$
$$\dot{x}_2=-x_1^3-x_2$$

易知,$(x_1=0,x_2=0)$为系统唯一平衡状态。

首先，由 $n=2$，取梯度$\nabla V(\boldsymbol{x})$形式为

$$\nabla V(\boldsymbol{x})=\begin{bmatrix}\nabla V_1(\boldsymbol{x})\\ \nabla V_2(\boldsymbol{x})\end{bmatrix}=\begin{bmatrix}a_{11}x_1+a_{12}x_2\\ a_{21}x_1+a_{22}x_2\end{bmatrix}$$

其中，不妨取 $a_{22}=2$。

进而，基于关系式(5.43)和(5.42)确定系数 a_{ij}。对此，由要求

$$\frac{\partial\,\nabla V_j(\boldsymbol{x})}{\partial x_i}=\frac{\partial\,\nabla V_i(\boldsymbol{x})}{\partial x_j},\ \forall\, i\neq j$$

可导出

$$a_{12}=\frac{\partial\,\nabla V_1(\boldsymbol{x})}{\partial x_2}=\frac{\partial\,\nabla V_2(\boldsymbol{x})}{\partial x_1}=a_{21}$$

再由要求

$$[\nabla V(\boldsymbol{x})]^{\mathrm{T}}\dot{\boldsymbol{x}}<0$$

可导出

$$\begin{aligned}0&>[a_{11}x_1+a_{12}x_2,a_{21}x_1+2x_2]\begin{bmatrix}x_2\\ -x_1^3-x_2\end{bmatrix}\\&=(a_{11}-a_{21}-2x_1^2)x_1x_2+(a_{12}-2)x_2^2-a_{21}x_1^4\end{aligned}$$

由同时满足上述两个关系式要求，取系数为

$$a_{12}=a_{21}$$
$$a_{11}=a_{12}+2x_1^2$$
$$0<a_{12}<2$$

基此，定出梯度$\nabla V(\boldsymbol{x})$为

$$\nabla V(\boldsymbol{x})=\begin{bmatrix}(a_{12}+2x_1^2)x_1+a_{12}x_2\\ a_{12}x_1+2x_2\end{bmatrix},\quad 0<a_{12}<2$$

再之，基于梯度$\nabla V(\boldsymbol{x})$结果计算 $V(\boldsymbol{x})$，得到

$$\begin{aligned}V(\boldsymbol{x})&=\int_0^{x_1(x_2=0)}(a_{12}x_1+2x_1^3)\mathrm{d}x_1+\int_0^{x_2(x_1=x_1)}(a_{12}x_1+2x_2)\mathrm{d}x_2\\&=\frac{1}{2}x_1^4+\frac{a_{12}}{2}x_1^2+a_{12}x_1x_2+x_2^2\\&=\frac{1}{2}x_1^4+[x_1\quad x_2]\begin{bmatrix}\dfrac{a_{12}}{2}&\dfrac{a_{12}}{2}\\ \dfrac{a_{12}}{2}&1\end{bmatrix}\begin{bmatrix}x_1\\ x_2\end{bmatrix}\end{aligned}$$

最后，判断 $V(\boldsymbol{x})$结果的正定性。由

$$\text{当 }0<a_{12}<2\text{，矩阵}\begin{bmatrix}\dfrac{a_{12}}{2}&\dfrac{a_{12}}{2}\\ \dfrac{a_{12}}{2}&1\end{bmatrix}>0\text{ 即正定}$$

可以推知，当 $0<a_{12}<2$，$V(\boldsymbol{x})>0$ 即正定。并且，当 $\|\boldsymbol{x}\|\to\infty$ 有 $V(\boldsymbol{x})\to\infty$。于是，可以得到结论，上述导出的 $V(\boldsymbol{x})$ 为满足渐近稳定性定理条件的一个李雅普诺夫函数，系统原点平衡状态 $\boldsymbol{x}=\mathbf{0}$ 为大范围渐近稳定。

5.4.2 克拉索夫斯基方法

克拉索夫斯基方法由苏联学者克拉索夫斯基(Krasovskii)在 20 世纪 60 年代提出。方法的特点是，不是相对于状态 $\boldsymbol{x}$ 而是相对于状态导数 $\dot{\boldsymbol{x}}$ 构造候选李雅普诺夫函数。

考虑连续时间非线性时不变系统：

$$\dot{\boldsymbol{x}}=\boldsymbol{f}(\boldsymbol{x}),\quad t\geqslant 0 \tag{5.46}$$

其中，$\boldsymbol{x}$ 为 n 维状态，对所有 $t\in[0,\infty)$ 有 $\boldsymbol{f}(\mathbf{0})=\mathbf{0}$，即状态空间原点 $\boldsymbol{x}=\mathbf{0}$ 为系统孤立平衡状态。再表 $\boldsymbol{x}=[x_1,x_2,\cdots,x_n]^{\mathrm{T}}$，$\boldsymbol{f}(\boldsymbol{x})=[f_1(\boldsymbol{x}),\cdots,f_n(\boldsymbol{x})]^{\mathrm{T}}$，并进而定出系统的雅可比(Jacobi)矩阵为

$$\boldsymbol{F}(\boldsymbol{x})=\frac{\partial \boldsymbol{f}(\boldsymbol{x})}{\partial \boldsymbol{x}^{\mathrm{T}}}=\begin{bmatrix}\dfrac{\partial f_1(\boldsymbol{x})}{\partial x_1} & \cdots & \dfrac{\partial f_1(\boldsymbol{x})}{\partial x_n}\\ \vdots & & \vdots\\ \dfrac{\partial f_n(\boldsymbol{x})}{\partial x_1} & \cdots & \dfrac{\partial f_n(\boldsymbol{x})}{\partial x_n}\end{bmatrix} \tag{5.47}$$

下面给出克拉索夫斯基定理的两个结论。

结论 5.20［克拉索夫斯基定理］ 对连续时间非线性时不变系统(5.46)和围绕原点平衡状态的一个域 $\Omega\subset\mathcal{R}^n$，原点 $\boldsymbol{x}=\mathbf{0}$ 为域 Ω 内唯一平衡状态，若 $\boldsymbol{F}^{\mathrm{T}}(\boldsymbol{x})+\boldsymbol{F}(\boldsymbol{x})<0$ 即为负定，则系统平衡状态 $\boldsymbol{x}=\mathbf{0}$ 为域 Ω 内渐近稳定，且 $V(\boldsymbol{x})=\boldsymbol{f}^{\mathrm{T}}(\boldsymbol{x})\boldsymbol{f}(\boldsymbol{x})$ 为一个李雅普诺夫函数。进而，若原点 $\boldsymbol{x}=\mathbf{0}$ 为状态空间 $\mathcal{R}^n$ 内唯一平衡状态，且当 $\|\boldsymbol{x}\|\to\infty$ 有 $\boldsymbol{f}^{\mathrm{T}}(\boldsymbol{x})\boldsymbol{f}(\boldsymbol{x})\to\infty$，则系统平衡状态 $\boldsymbol{x}=\mathbf{0}$ 为大范围渐近稳定。

结论 5.21［克拉索夫斯基定理］ 对连续时间线性时不变系统 $\dot{\boldsymbol{x}}=\boldsymbol{A}\boldsymbol{x}$，矩阵 $\boldsymbol{A}$ 为非奇异，若 $(\boldsymbol{A}+\boldsymbol{A}^{\mathrm{T}})$ 为负定，则原点平衡状态 $\boldsymbol{x}=\mathbf{0}$ 为大范围渐近稳定。

例 5.4 给定连续时间非线性时不变系统：

$$\Sigma:\ \dot{x}_1=-3x_1+x_2$$
$$\dot{x}_2=2x_1-x_2-x_2^3$$

易知，$(x_1=0,x_2=0)$ 为状态空间 $\mathcal{R}^2$ 内唯一平衡状态。

首先，计算定出：

$$\boldsymbol{F}(\boldsymbol{x})=\frac{\partial \boldsymbol{f}(\boldsymbol{x})}{\partial \boldsymbol{x}^{\mathrm{T}}}=\begin{bmatrix}\dfrac{\partial f_1(\boldsymbol{x})}{\partial x_1} & \dfrac{\partial f_1(\boldsymbol{x})}{\partial x_2}\\ \dfrac{\partial f_2(\boldsymbol{x})}{\partial x_1} & \dfrac{\partial f_2(\boldsymbol{x})}{\partial x_2}\end{bmatrix}=\begin{bmatrix}-3 & 1\\ 2 & -1-3x_2^2\end{bmatrix}$$

和

$$F^{T}(x)+F(x)=-\begin{bmatrix}6 & -3\\ -3 & 2+6x_2^2\end{bmatrix}$$

进而，由判断结果

对 $\begin{bmatrix}6 & -3\\ -3 & 2+6x_2^2\end{bmatrix}$，有 $\Delta_1=6>0$，$\Delta_2=36x_2^2+3>0$，$\begin{bmatrix}6 & -3\\ -3 & 2+6x_2^2\end{bmatrix}>0$

可知

$$F^{T}(x)+F(x)=-\begin{bmatrix}6 & -3\\ -3 & 2+6x_2^2\end{bmatrix}<0$$

同时，当 $\|x\|\to\infty$，有

$$f^{T}(x)f(x)=(-3x_1+x_2)^2+(2x_1-x_2-x_2^3)^2\to\infty$$

基于上述结果可得结论，系统平衡状态 $x=0$ 为大范围渐近稳定，且相应的一个李雅普诺夫函数为

$$V(x)=f^{T}(x)f(x)=(-3x_1+x_2)^2+(2x_1-x_2-x_2^3)^2$$
$$=13x_1^2-10x_1x_2-4x_1x_2^3+2x_2^2+2x_2^4+x_2^6$$

显然，上述形式的李雅普诺夫函数是采用经验方法所难以找到的，这从一个方面反映了规则化方法的效果。

5.5　连续时间线性系统的状态运动稳定性判据

本节基于李雅普诺夫第二方法的概念和结果，就线性时不变系统和线性时变系统，讨论受扰运动即状态零输入响应的稳定性，给出判别系统运动稳定性的一些常用判据。

5.5.1　线性时不变系统的稳定判据

考虑连续时间线性时不变系统，自治状态方程为

$$\dot{x}=Ax,\quad x(0)=x_0,\quad t\geqslant 0 \tag{5.48}$$

其中，x 为 n 维状态，状态空间原点即 $x=0$ 为系统的一个平衡状态。

首先给出基于特征值的线性时不变系统稳定性判据。

结论 5.22［特征值判据］　对连续时间线性时不变系统(5.48)，原点平衡状态即 $x=0$ 是李雅普诺夫意义下稳定的充分必要条件为，矩阵 A 的特征值均具有非正实部即实部为零或负，且零实部特征值只能为 A 的最小多项式的单根。

结论 5.23［特征值判据］　对连续时间线性时不变系统(5.48)，原点平衡状态 $x=0$ 是渐近稳定的充分必要条件为，矩阵 A 的特征值均具有负实部。

注　可以看出，上述结论中的渐近稳定性等同于 5.1 节中的内部稳定性。

进而，基于李雅普诺夫第二方法，给出线性时不变系统的李雅普诺夫稳定性判据。

结论 5.24［李雅普诺夫判据］ 对 n 维连续时间线性时不变系统(5.48)，原点平衡状态 $\boldsymbol{x}_e=\mathbf{0}$ 是渐近稳定的充分必要条件为，对任给一个 $n\times n$ 正定对称矩阵 $\boldsymbol{Q}$，李雅普诺夫方程

$$\boldsymbol{A}^{\mathrm{T}}\boldsymbol{P}+\boldsymbol{P}\boldsymbol{A}=-\boldsymbol{Q} \tag{5.49}$$

有唯一 $n\times n$ 正定对称解阵 $\boldsymbol{P}$。

证 先证充分性。已知 $n\times n$ 解阵 $\boldsymbol{P}$ 正定，欲证 $\boldsymbol{x}_e=\mathbf{0}$ 渐近稳定。取候选李雅普诺夫函数 $V(\boldsymbol{x})=\boldsymbol{x}^{\mathrm{T}}\boldsymbol{P}\boldsymbol{x}$，且由 $\boldsymbol{P}=\boldsymbol{P}^{\mathrm{T}}>0$ 知 $V(\boldsymbol{x})$ 正定。进而，可得

$$\begin{aligned}\dot{V}(\boldsymbol{x})&=\dot{\boldsymbol{x}}^{\mathrm{T}}\boldsymbol{P}\boldsymbol{x}+\boldsymbol{x}^{\mathrm{T}}\boldsymbol{P}\dot{\boldsymbol{x}}=(\boldsymbol{A}\boldsymbol{x})^{\mathrm{T}}\boldsymbol{P}\boldsymbol{x}+\boldsymbol{x}^{\mathrm{T}}\boldsymbol{P}(\boldsymbol{A}\boldsymbol{x})\\&=\boldsymbol{x}^{\mathrm{T}}(\boldsymbol{A}^{\mathrm{T}}\boldsymbol{P}+\boldsymbol{P}\boldsymbol{A})\boldsymbol{x}=-\boldsymbol{x}^{\mathrm{T}}\boldsymbol{Q}\boldsymbol{x}\end{aligned} \tag{5.50}$$

且由 $\boldsymbol{Q}=\boldsymbol{Q}^{\mathrm{T}}>0$ 知 $\dot{V}(\boldsymbol{x})$ 负定。据李雅普诺夫主稳定性定理，$\boldsymbol{x}_e=\mathbf{0}$ 为渐近稳定。

再证必要性。已知 $\boldsymbol{x}_e=\mathbf{0}$ 渐近稳定，欲证 $n\times n$ 解阵 $\boldsymbol{P}$ 正定。考虑矩阵方程：

$$\dot{\boldsymbol{X}}=\boldsymbol{A}^{\mathrm{T}}\boldsymbol{X}+\boldsymbol{X}\boldsymbol{A},\quad \boldsymbol{X}(0)=\boldsymbol{Q},\quad t\geqslant 0 \tag{5.51}$$

易知，$n\times n$ 解矩阵 $\boldsymbol{X}$ 为

$$\boldsymbol{X}(t)=\mathrm{e}^{\boldsymbol{A}^{\mathrm{T}}t}\boldsymbol{Q}\mathrm{e}^{\boldsymbol{A}t},\quad t\geqslant 0 \tag{5.52}$$

对式(5.51)由 $t=0$ 至 $t=\infty$ 进行积分，可得

$$\boldsymbol{X}(\infty)-\boldsymbol{X}(0)=\boldsymbol{A}^{\mathrm{T}}\left(\int_0^{\infty}\boldsymbol{X}(t)\mathrm{d}t\right)+\left(\int_0^{\infty}\boldsymbol{X}(t)\mathrm{d}t\right)\boldsymbol{A} \tag{5.53}$$

且由系统为渐近稳定知，当 $t\to\infty$ 有 $\mathrm{e}^{\boldsymbol{A}t}\to\mathbf{0}$，从而由(5.52)导出 $\boldsymbol{X}(\infty)=\mathbf{0}$。基此，并考虑到 $\boldsymbol{X}(0)=\boldsymbol{Q}$，再表 $\boldsymbol{P}=\int_0^{\infty}\boldsymbol{X}(t)\mathrm{d}t$，可将式(5.53)进而表为

$$\boldsymbol{A}^{\mathrm{T}}\boldsymbol{P}+\boldsymbol{P}\boldsymbol{A}=-\boldsymbol{Q} \tag{5.54}$$

这就表明，$\boldsymbol{P}=\int_0^{\infty}\boldsymbol{X}(t)\mathrm{d}t$ 为李雅普诺夫方程解阵。且由 $\boldsymbol{X}(t)$ 存在唯一和 $\boldsymbol{X}(\infty)=\mathbf{0}$ 可知，$\boldsymbol{P}=\int_0^{\infty}\boldsymbol{X}(t)\mathrm{d}t$ 存在唯一。而由

$$\boldsymbol{P}^{\mathrm{T}}=\int_0^{\infty}[\mathrm{e}^{\boldsymbol{A}^{\mathrm{T}}t}\boldsymbol{Q}\mathrm{e}^{\boldsymbol{A}t}]^{\mathrm{T}}\mathrm{d}t=\int_0^{\infty}\mathrm{e}^{\boldsymbol{A}^{\mathrm{T}}t}\boldsymbol{Q}\mathrm{e}^{\boldsymbol{A}t}\mathrm{d}t=\boldsymbol{P} \tag{5.55}$$

可知 $\boldsymbol{P}=\int_0^{\infty}\boldsymbol{X}(t)\mathrm{d}t$ 为对称。再对任意非零 $\boldsymbol{x}_0\in\mathscr{R}^n$，有

$$\boldsymbol{x}_0^{\mathrm{T}}\boldsymbol{P}\boldsymbol{x}_0=\int_0^{\infty}(\mathrm{e}^{\boldsymbol{A}t}\boldsymbol{x}_0)^{\mathrm{T}}\boldsymbol{Q}(\mathrm{e}^{\boldsymbol{A}t}\boldsymbol{x}_0)\mathrm{d}t \tag{5.56}$$

其中，可表正定 $\boldsymbol{Q}=\boldsymbol{N}^{\mathrm{T}}\boldsymbol{N}$，$\boldsymbol{N}$ 为非奇异。基此，由(5.56)可进而导出：

$$\begin{aligned}\boldsymbol{x}_0^{\mathrm{T}}\boldsymbol{P}\boldsymbol{x}_0&=\int_0^{\infty}(\mathrm{e}^{\boldsymbol{A}t}\boldsymbol{x}_0)^{\mathrm{T}}\boldsymbol{N}^{\mathrm{T}}\boldsymbol{N}(\mathrm{e}^{\boldsymbol{A}t}\boldsymbol{x}_0)\mathrm{d}t\\&=\int_0^{\infty}\left\|\boldsymbol{N}\mathrm{e}^{\boldsymbol{A}t}\boldsymbol{x}_0\right\|^2\mathrm{d}t>0\end{aligned} \tag{5.57}$$

从而，证得解阵 $\boldsymbol{P}$ 为唯一正定。证明完成。

进一步，对李雅普诺夫判据给出如下的几点说明。

1. 矩阵 Q 的选取

对李雅普诺夫判据，矩阵 $\boldsymbol{Q}$ 在保证正定前提下可任意选取，且判断结果与 $\boldsymbol{Q}$ 的不同选取无关。

2. 李雅普诺夫判据的实质

从系统特征值分布角度，李雅普诺夫判据给出了使矩阵 $\boldsymbol{A}$ 所有特征值均具有负实部即均分布于左半开 s 平面的充分必要条件。基此理解，提供了可把李雅普诺夫判据推广为更一般形式的可能性。

3. 李雅普诺夫判据的应用

李雅普诺夫判据应用中的困难主要在于李雅普诺夫方程的求解。但是，随着基本软件如 MATLAB 等的日益普及，求解李雅普诺夫方程的任务完全可由计算机来完成。

例 5.5　给定连续时间线性时不变系统：

$$\dot{\boldsymbol{x}}=\begin{bmatrix}-1 & 1\\ 2 & -3\end{bmatrix}\boldsymbol{x}$$

为简化计算过程，取 $\boldsymbol{Q}=\boldsymbol{I}_2$。进而，由李雅普诺夫方程

$$\boldsymbol{A}^{\mathrm{T}}\boldsymbol{P}+\boldsymbol{P}\boldsymbol{A}=\begin{bmatrix}-1 & 2\\ 1 & -3\end{bmatrix}\begin{bmatrix}p_1 & p_3\\ p_3 & p_2\end{bmatrix}+\begin{bmatrix}p_1 & p_3\\ p_3 & p_2\end{bmatrix}\begin{bmatrix}-1 & 1\\ 2 & -3\end{bmatrix}=\begin{bmatrix}-1 & 0\\ 0 & -1\end{bmatrix}=-\boldsymbol{Q}$$

导出：

$$\begin{aligned}-2p_1+0p_2+4p_3&=-1\\ 0p_1-6p_2+2p_3&=-1\\ p_1+2p_2-4p_3&=0\end{aligned}$$

基此，按代数方程组求解方法，定出：

$$\begin{bmatrix}p_1\\ p_2\\ p_3\end{bmatrix}=\begin{bmatrix}-2 & 0 & 4\\ 0 & -6 & 2\\ 1 & 2 & -4\end{bmatrix}^{-1}\begin{bmatrix}-1\\ -1\\ 0\end{bmatrix}=\begin{bmatrix}-\frac{5}{4} & -\frac{1}{2} & -\frac{3}{2}\\ -\frac{1}{8} & -\frac{1}{4} & -\frac{1}{4}\\ -\frac{3}{8} & -\frac{1}{4} & -\frac{3}{4}\end{bmatrix}\begin{bmatrix}-1\\ -1\\ 0\end{bmatrix}=\begin{bmatrix}\frac{7}{4}\\ \frac{3}{8}\\ \frac{5}{8}\end{bmatrix}$$

从而，导出李雅普诺夫方程解阵为

$$\boldsymbol{P}=\begin{bmatrix}\frac{7}{4} & \frac{5}{8}\\ \frac{5}{8} & \frac{3}{8}\end{bmatrix}>0$$

且由 $\boldsymbol{P}$ 为正定知,系统为渐近稳定。

下面给出李雅普诺夫判据的推广形式。

结论 5.25 [李雅普诺夫判据推广形式] 对 n 维连续时间线性时不变系统(5.48)和任给实数 $\sigma \geqslant 0$,令矩阵 $\boldsymbol{A}$ 特征值为 $\lambda_i(\boldsymbol{A}), i=1,2,\cdots,n$,则系统所有特征值均位于 s 平面的直线 $-\sigma+\mathrm{j}\omega$ 左半开平面上,即成立

$$\mathrm{Re}\lambda_i(\boldsymbol{A}) < -\sigma, \quad i=1,2,\cdots,n \tag{5.58}$$

的充分必要条件为,对任给一个 $n \times n$ 正定对称矩阵 $\boldsymbol{Q}$,推广李雅普诺夫方程

$$2\sigma\boldsymbol{P} + \boldsymbol{A}^{\mathrm{T}}\boldsymbol{P} + \boldsymbol{P}\boldsymbol{A} = -\boldsymbol{Q} \tag{5.59}$$

有唯一正定解阵 $\boldsymbol{P}$。

5.5.2 线性时变系统的稳定判据

现在,转而讨论连续时间线性时变系统,自治状态方程为

$$\dot{\boldsymbol{x}} = \boldsymbol{A}(t)\boldsymbol{x}, \quad \boldsymbol{x}(t_0) = \boldsymbol{x}_0, \quad t \in [t_0, \infty), \quad t_0 \in [0, \infty) \tag{5.60}$$

其中,$\boldsymbol{x}$ 为 n 维状态,$\boldsymbol{A}(t)$ 满足解存在唯一性条件,$\boldsymbol{x}_{\mathrm{e}}=\boldsymbol{0}$ 为系统的一个平衡状态。一般,除零平衡状态 $\boldsymbol{x}_{\mathrm{e}}=\boldsymbol{0}$ 外,还可有非零平衡状态 $\boldsymbol{x}_{\mathrm{e}}$。

对线性时变系统,同样可以采用两种方法判断平衡状态的稳定性,即基于状态转移矩阵的判断方法和基于李雅普诺夫判据的判断方法。

结论 5.26 [基于状态转移矩阵的判据] 对连续时间线性时变系统(5.60),表 $\boldsymbol{\Phi}(t, t_0)$ 为系统状态转移矩阵,则系统原点平衡状态 $\boldsymbol{x}_{\mathrm{e}}=\boldsymbol{0}$ 在时刻 t_0 是李雅普诺夫意义下稳定的充分必要条件为,存在依赖于 t_0 的一个实数 $\beta(t_0)>0$,使下式成立:

$$\|\boldsymbol{\Phi}(t, t_0)\| \leqslant \beta(t_0) < \infty, \quad \forall t \geqslant t_0 \tag{5.61}$$

进一步,当且仅当对所有 t_0 都存在独立实数 $\beta>0$ 使(5.61)成立,系统原点平衡状态 $\boldsymbol{x}_{\mathrm{e}}=\boldsymbol{0}$ 为李亚普诺夫意义下一致稳定。

结论 5.27 [基于状态转移矩阵的判据] 对连续时间线性时变系统(5.60),表 $\boldsymbol{\Phi}(t, t_0)$ 为系统状态转移矩阵,则系统唯一平衡状态 $\boldsymbol{x}_{\mathrm{e}}=\boldsymbol{0}$ 在时刻 t_0 是渐近稳定的充分必要条件为,存在依赖于 t_0 的一个实数 $\beta(t_0)>0$,使同时成立:

$$\begin{aligned} &\|\boldsymbol{\Phi}(t, t_0)\| \leqslant \beta(t_0) < \infty, \quad \forall t \geqslant t_0 \\ &\lim_{t \to \infty} \|\boldsymbol{\Phi}(t, t_0)\| = 0 \end{aligned} \tag{5.62}$$

进一步,当且仅当对所有 $t_0 \in [0, \infty)$ 都存在独立实数 $\beta_1>0$ 和 $\beta_2>0$,使下式成立:

$$\|\boldsymbol{\Phi}(t, t_0)\| \leqslant \beta_1 \mathrm{e}^{-\beta_2(t-t_0)} \tag{5.63}$$

系统原点平衡状态 $\boldsymbol{x}_{\mathrm{e}}=\boldsymbol{0}$ 为一致渐近稳定。

结论 5.28 [李雅普诺夫判据] 对 n 维连续时间线性时变系统(5.60),设 $\boldsymbol{x}_{\mathrm{e}}=\boldsymbol{0}$ 为系统唯一平衡状态,$n \times n$ 矩阵 $\boldsymbol{A}(t)$ 的元均为分段连续的一致有界实函数,则原点平衡状态 $\boldsymbol{x}_{\mathrm{e}}=\boldsymbol{0}$ 一致渐近稳定的充分必要条件为,对任给的一个实对称、一致有界、一致正定的 $n \times n$ 时变矩阵 $\boldsymbol{Q}(t)$,即存在两个实数 $\beta_1>0$ 和 $\beta_2>0$ 使

$$0 < \beta_1 \boldsymbol{I} \leqslant \boldsymbol{Q}(t) \leqslant \beta_2 \boldsymbol{I}, \quad \forall t \geqslant t_0 \tag{5.64}$$

李雅普诺夫方程

$$-\dot{\boldsymbol{P}}(t)=\boldsymbol{P}(t)\boldsymbol{A}(t)+\boldsymbol{A}^{\mathrm{T}}(t)\boldsymbol{P}(t)+\boldsymbol{Q}(t),\quad \forall t \geqslant t_0 \tag{5.65}$$

的 $n\times n$ 解阵 $\boldsymbol{P}(t)$ 为实对称、一致有界和一致正定,即存在两个实数 $\alpha_1>0$ 和 $\alpha_2>0$ 使

$$0<\alpha_1\boldsymbol{I}\leqslant\boldsymbol{P}(t)\leqslant\alpha_2\boldsymbol{I},\quad \forall t\geqslant t_0 \tag{5.66}$$

证　由李雅普诺夫第二方法主稳定性定理可导出本结论。推证过程略去。

5.6　连续时间线性时不变系统稳定自由运动的衰减性能的估计

本节针对渐近稳定的线性时不变系统,基于李雅普诺夫判据讨论系统自由运动衰减性能的估计问题,特点是可在不必求解系统自由运动解即零输入响应解情形下直接估计运动过程的衰减性能。

5.6.1　衰减系数

这一部分中,先来引入用以度量自由运动衰减性能的衰减系数。考虑渐近稳定的连续时间线性时不变系统,自治状态方程为

$$\dot{\boldsymbol{x}}=\boldsymbol{A}\boldsymbol{x},\quad \boldsymbol{x}(0)=\boldsymbol{x}_0,\quad t\geqslant 0 \tag{5.67}$$

其中,$\boldsymbol{x}$ 为 n 维状态,状态空间原点即 $\boldsymbol{x}=\boldsymbol{0}$ 为系统唯一平衡状态。系统为渐近稳定意味着,系统零输入响应即由任意初始状态 $\boldsymbol{x}_0\in\mathscr{R}^n$ 出发的自由运动轨线 $\boldsymbol{\phi}(t;\boldsymbol{x}_0,0)$,将随时间 t 的增加最终趋于状态空间原点即 $\boldsymbol{x}=\boldsymbol{0}$。并且,伴随着运动最终收敛于 $\boldsymbol{x}=\boldsymbol{0}$,能量相应地最终衰减到零。

定义 5.9［衰减系数］　对渐近稳定的连续时间线性时不变自治系统(5.67),用以表征自由运动衰减性能的衰减系数定义为如下的一个正实数:

$$\eta=-\frac{\dot{V}(\boldsymbol{x})}{V(\boldsymbol{x})} \tag{5.68}$$

其中,$V(\boldsymbol{x})$ 为系统的一个李雅普诺夫函数,$\dot{V}(\boldsymbol{x})$ 为 $V(\boldsymbol{x})$ 对时间变量 t 的导数。

下面,进一步对衰减系数作如下几点说明。

1. 衰减系数对运动状态的依赖性

由定义式(5.68)可以看出,在一般情形下,衰减系数是系统自由运动状态 $\boldsymbol{x}$ 的一个标量函数,记之为 $\eta(\boldsymbol{x})$。

2. 衰减系数定义的合理性

在定义式(5.68)中,若将正定 $V(\boldsymbol{x})$ 视为“能量”,负定 $\dot{V}(\boldsymbol{x})$ 视为“能量下降速

率”，则衰减系数 $\eta(\boldsymbol{x})$ 的量纲就为 1/秒。这从一个角度说明衰减系数定义在物理上的合理性。

3. 衰减系数的属性

从定义式(5.68)看出，“能量”$V(\boldsymbol{x})$ 愈大，“能量下降速率”$\dot{V}(\boldsymbol{x})$ 的值愈小，则 $\eta(\boldsymbol{x})$ 愈小，对应于运动衰减愈慢；“能量”$V(\boldsymbol{x})$ 愈小，“能量下降速率”$\dot{V}(\boldsymbol{x})$ 的值愈大，则 $\eta(\boldsymbol{x})$ 愈大，对应于运动衰减愈快。因此，由 $\eta(\boldsymbol{x})$ 的大小可直观地来表征运动衰减的快慢。

4. 最小衰减系数 $\eta_{\min}$

考虑到衰减系数 $\eta(\boldsymbol{x})$ 为状态 $\boldsymbol{x}$ 的标量函数，在系统自由运动衰减性能的分析中，直接运用 $\eta(\boldsymbol{x})$ 无论对于计算还是估计都将是不方便的。据此，从兼顾计算上简单性和估计上直观性角度，下面将采用最小衰减系数 $\eta_{\min}$ 作为反映运动衰减快慢的一个指标。

5.6.2 计算最小衰减系数 $\eta_{\min}$ 的关系式

对渐近稳定的 n 维连续时间线性时不变自治系统(5.67)，李雅普诺夫判据指出，对任给一个 $n\times n$ 正定对称实常阵 $\boldsymbol{Q}$，李雅普诺夫方程

$$\boldsymbol{A}^{\mathrm{T}}\boldsymbol{P}+\boldsymbol{P}\boldsymbol{A}=-\boldsymbol{Q} \tag{5.69}$$

的 $n\times n$ 解阵 $\boldsymbol{P}$ 存在唯一且为对称正定。并且，基此组成的李雅普诺夫函数 $V(\boldsymbol{x})=\boldsymbol{x}^{\mathrm{T}}\boldsymbol{P}\boldsymbol{x}$ 为正定，导数 $\dot{V}(\boldsymbol{x})=-\boldsymbol{x}^{\mathrm{T}}\boldsymbol{Q}\boldsymbol{x}$ 为负定。

定义 5.10 [最小衰减系数 $\eta_{\min}$] 对渐近稳定的连续时间线性时不变自治系统(5.67)，自由运动的最小衰减系数 $\eta_{\min}$ 定义为

$$\eta_{\min}=\min_{x}\left[-\frac{\dot{V}(\boldsymbol{x})}{V(\boldsymbol{x})}\right] \tag{5.70}$$

并且，基于分析上的方便性，进一步将其规范化为

$$\begin{aligned}\eta_{\min}&=\min_{x}\left[-\frac{\dot{V}(\boldsymbol{x})}{V(\boldsymbol{x})}\right]=\min_{x}\left[\frac{\boldsymbol{x}^{\mathrm{T}}\boldsymbol{Q}\boldsymbol{x}}{\boldsymbol{x}^{\mathrm{T}}\boldsymbol{P}\boldsymbol{x}}\right]\\&=\min_{x}\{\boldsymbol{x}^{\mathrm{T}}\boldsymbol{Q}\boldsymbol{x},\boldsymbol{x}^{\mathrm{T}}\boldsymbol{P}\boldsymbol{x}=1\}\end{aligned} \tag{5.71}$$

注 定义式(5.71)的几何含义为，最小衰减系数 $\eta_{\min}$ 就等于状态空间中单位超球面即 $V(\boldsymbol{x})=1$ 超球面上 $\boldsymbol{x}^{\mathrm{T}}\boldsymbol{Q}\boldsymbol{x}$ 的极小值。

下面，给出计算最小衰减系数 $\eta_{\min}$ 的一个关系式。

结论 5.29 [计算 $\eta_{\min}$ 关系式] 对 n 维渐近稳定的连续时间线性时不变自治系统(5.67)，给定 $n\times n$ 正定矩阵 $\boldsymbol{Q}$ 和相应李雅普诺夫方程的 $n\times n$ 正定解阵 $\boldsymbol{P}$，则可

导出计算 $\eta_{\min}$ 的关系式为

$$\eta_{\min}=\lambda_{\min}(\boldsymbol{Q}\boldsymbol{P}^{-1})=\lambda_{\min}(\boldsymbol{P}^{-1}\boldsymbol{Q}) \tag{5.72}$$

其中,$\lambda_{\min}(\cdot)$表示所属矩阵的最小特征值。

5.6.3 自由运动衰减快慢的估计

基于上述分析进而讨论渐近稳定线性时不变系统的零输入响应衰减快慢估计。

结论 5.30 [$V(\boldsymbol{x})$衰减快慢估计] 对渐近稳定线性时不变自治系统(5.67),给定 $n\times n$ 正定矩阵$\boldsymbol{Q}$ 和相应李雅普诺夫方程的$n\times n$ 正定解阵$\boldsymbol{P}$,$V(\boldsymbol{x})=\boldsymbol{x}^{\mathrm{T}}\boldsymbol{P}\boldsymbol{x}$,则可导出估计 $V(\boldsymbol{x})$衰减快慢的关系式为

$$V(\boldsymbol{x})\leqslant V(\boldsymbol{x}_0)\mathrm{e}^{-\lambda_{\min}(\boldsymbol{P}^{-1}\boldsymbol{Q})t} \tag{5.73}$$

或

$$V(\boldsymbol{x})\leqslant V(\boldsymbol{x}_0)\mathrm{e}^{-\lambda_{\min}(\boldsymbol{Q}\boldsymbol{P}^{-1})t} \tag{5.74}$$

其中,$\boldsymbol{x}_0\in\mathscr{R}^n$ 为任意非零初始状态。

结论 5.31 [$V(\boldsymbol{x})$衰减快慢估计] 对渐近稳定的连续时间线性时不变自治系统(5.67),给定 $n\times n$ 正定矩阵 $\boldsymbol{Q}$ 和相应李雅普诺夫方程的 $n\times n$ 正定解阵 $\boldsymbol{P}$,$V(\boldsymbol{x})=\boldsymbol{x}^{\mathrm{T}}\boldsymbol{P}\boldsymbol{x}$,则可采用 $\lambda_{\min}(\boldsymbol{P}^{-1}\boldsymbol{Q})$或 $\lambda_{\min}(\boldsymbol{Q}\boldsymbol{P}^{-1})$来表征 $V(\boldsymbol{x})$的衰减快慢,且$\lambda_{\min}(\boldsymbol{P}^{-1}\boldsymbol{Q})$或$\lambda_{\min}(\boldsymbol{Q}\boldsymbol{P}^{-1})$愈大则衰减愈快。

结论 5.32 [自由运动衰减快慢估计] 对渐近稳定线性时不变自治系统(5.67),给定 $n\times n$ 正定矩阵 $\boldsymbol{Q}$ 和相应李雅普诺夫方程的 $n\times n$ 正定解阵 $\boldsymbol{P}$,则可采用$\lambda_{\min}(\boldsymbol{P}^{-1}\boldsymbol{Q})$或 $\lambda_{\min}(\boldsymbol{Q}\boldsymbol{P}^{-1})$来表征自由运动的衰减快慢,且 $\lambda_{\min}(\boldsymbol{P}^{-1}\boldsymbol{Q})$或 $\lambda_{\min}(\boldsymbol{Q}\boldsymbol{P}^{-1})$愈大则衰减愈快。

5.7 离散时间系统状态运动的稳定性及其判据

本节转而讨论离散时间系统的稳定性及其判据。对象限于非线性时不变系统和线性时不变系统。内容包括李雅普诺夫主稳定性定理、李雅普诺夫判据和特征值判据等。考虑到结果推导思路类同于连续时间系统的对应结论,本节讨论中将只限于给出结论。

5.7.1 离散时间非线性时不变系统的李雅普诺夫主稳定性定理

考虑离散时间非线性时不变系统,自治状态方程为

$$\boldsymbol{x}(k+1)=\boldsymbol{f}(\boldsymbol{x}(k)),\quad \boldsymbol{x}(0)=\boldsymbol{x}_0,\quad k=0,1,2,\cdots \tag{5.75}$$

其中,$\boldsymbol{x}$ 为 n 维状态,$\boldsymbol{f}(\boldsymbol{0})=\boldsymbol{0}$ 即状态空间原点 $\boldsymbol{x}=\boldsymbol{0}$ 为系统平衡状态。

结论 5.33 [大范围渐近稳定判据] 对离散时间非线性时不变自治系统(5.75),

若存在一个相对于离散状态 $\boldsymbol{x}(k)$ 的标量函数 $V(\boldsymbol{x}(k))$，使对任意 $\boldsymbol{x}(k)\in\mathscr{R}^n$ 满足：

(i) $V(\boldsymbol{x}(k))$ 为正定；

(ii) 表 $\Delta V(\boldsymbol{x}(k))=V(\boldsymbol{x}(k+1))-V(\boldsymbol{x}(k))$，$\Delta V(\boldsymbol{x}(k))$ 为负定；

(iii) 当 $\|\boldsymbol{x}(k)\|\to\infty$，有 $V(\boldsymbol{x}(k))\to\infty$；

则原点平衡状态即 $\boldsymbol{x}=\boldsymbol{0}$ 为大范围渐近稳定。

注 从上述结论的应用中可以发现，结论中条件(ii)的保守性会使不少系统导致判断失败。对此，同样可以通过对此条件的放宽，以得到较少保守性的李雅普诺夫主稳定性定理。

结论 5.34 [大范围渐近稳定判据] 对离散时间非线性时不变自治系统(5.75)，若存在一个相对于离散状态 $\boldsymbol{x}(k)$ 的标量函数 $V(\boldsymbol{x}(k))$，使对任意 $\boldsymbol{x}(k)\in\mathscr{R}^n$ 满足：

(i) $V(\boldsymbol{x}(k))$ 为正定；

(ii) 表 $\Delta V(\boldsymbol{x}(k))=V(\boldsymbol{x}(k+1))-V(\boldsymbol{x}(k))$，$\Delta V(x(k))$ 为负半定；

(iii) 对由任意非零初始状态 $\boldsymbol{x}(0)\in\mathscr{R}^n$ 确定的所有自由运动即(5.75)所有解 $\boldsymbol{x}(k)$ 的轨线，$\Delta V(\boldsymbol{x}(k))$ 不恒为零；

(iv) 当 $\|\boldsymbol{x}(k)\|\to\infty$，有 $V(\boldsymbol{x}(k))\to\infty$；

则原点平衡状态即 $\boldsymbol{x}=\boldsymbol{0}$ 为大范围渐近稳定。

基于上述主稳定性定理，还可导出对离散时间系统的一个含义直观和应用方便的稳定性判据。

结论 5.35 [大范围渐近稳定判据] 对离散时间非线性时不变系统(5.75)，设 $\boldsymbol{f}(\boldsymbol{0})=\boldsymbol{0}$ 即状态空间原点 $\boldsymbol{x}=\boldsymbol{0}$ 为系统平衡状态，若 $\boldsymbol{f}(\boldsymbol{x}(k))$ 为收敛即对 $\boldsymbol{x}(k)\neq\boldsymbol{0}$ 有

$$\|\boldsymbol{f}(\boldsymbol{x}(k))\|<\|\boldsymbol{x}(k)\| \tag{5.76}$$

则原点平衡状态即 $\boldsymbol{x}=\boldsymbol{0}$ 为大范围渐近稳定。

证 对给定离散时间系统，取候选李雅普诺夫函数为

$$V(\boldsymbol{x}(k))=\|\boldsymbol{x}(k)\| \tag{5.77}$$

易知，$V(\boldsymbol{x}(k))$ 为正定。进而，导出：

$$\begin{aligned}\Delta V(\boldsymbol{x}(k))&=V(\boldsymbol{x}(k+1))-V(\boldsymbol{x}(k))=\|\boldsymbol{x}(k+1)\|-\|\boldsymbol{x}(k)\|\\&=\|\boldsymbol{f}(\boldsymbol{x}(k))\|-\|\boldsymbol{x}(k)\|\end{aligned} \tag{5.78}$$

运用式(5.76)，可知 $\Delta V(\boldsymbol{x}(k))$ 为负定。并且，当 $\|\boldsymbol{x}(k)\|\to\infty$，有 $V(\boldsymbol{x}(k))\to\infty$。据结论 5.33，原点平衡状态即 $\boldsymbol{x}=\boldsymbol{0}$ 为大范围渐近稳定。

5.7.2 离散时间线性时不变系统的稳定判据

考虑离散时间线性时不变系统，自治状态方程为

$$\boldsymbol{x}(k+1)=\boldsymbol{G}\boldsymbol{x}(k),\quad \boldsymbol{x}(0)=\boldsymbol{x}_0,\quad k=0,1,2,\cdots \tag{5.79}$$

其中，$\boldsymbol{x}$ 为 n 维状态，$\boldsymbol{G}\boldsymbol{x}_e=\boldsymbol{0}$ 的解状态 $\boldsymbol{x}_e$ 为系统平衡状态。若矩阵 $\boldsymbol{G}$ 为奇异，则除

原点平衡状态即 $\boldsymbol{x}_e=\boldsymbol{0}$ 还有非零平衡状态；若矩阵 $\boldsymbol{G}$ 为非奇异，则只有唯一平衡状态 $\boldsymbol{x}_e=\boldsymbol{0}$。

下面，给出线性时不变系统的平衡状态稳定性的相应判据。

结论 5.36［特征值判据］　对离散时间线性时不变自治系统(5.79)，原点平衡状态即 $\boldsymbol{x}_e=\boldsymbol{0}$ 是李雅普诺夫意义下稳定的充分必要条件为，$\boldsymbol{G}$ 的全部特征值 $\lambda_i(\boldsymbol{G})$ $(i=1,2,\cdots,n)$ 的幅值均等于或小于 1，且幅值等于 1 的特征值只能为 $\boldsymbol{G}$ 的最小多项式的单根。

结论 5.37［特征值判据］　对离散时间线性时不变自治系统(5.79)，原点平衡状态即 $\boldsymbol{x}_e=\boldsymbol{0}$ 是渐近稳定的充分必要条件为，$\boldsymbol{G}$ 的全部特征值 $\lambda_i(\boldsymbol{G})(i=1,2,\cdots,n)$ 的幅值均小于 1。

结论 5.38［李雅普诺夫判据］　对 n 维离散时间线性时不变自治系统(5.79)，原点平衡状态即 $\boldsymbol{x}_e=\boldsymbol{0}$ 渐近稳定，即 $\boldsymbol{G}$ 的全部特征值 $\lambda_i(\boldsymbol{G})(i=1,2,\cdots,n)$ 的幅值均小于 1，当且仅当对任一给定 $n\times n$ 正定对称矩阵 $\boldsymbol{Q}$，离散型李雅普诺夫方程

$$\boldsymbol{G}^{\mathrm{T}}\boldsymbol{P}\boldsymbol{G}-\boldsymbol{P}=-\boldsymbol{Q} \tag{5.80}$$

有唯一 $n\times n$ 正定对称解阵 $\boldsymbol{P}$。

结论 5.39［扩展李雅普诺夫判据］　对 n 维离散时间线性时不变自治系统(5.79)，原点平衡状态即 $\boldsymbol{x}_e=\boldsymbol{0}$ 以实数 $\sigma>0$ 为幂指数稳定，即 $\boldsymbol{G}$ 的特征值满足：

$$|\lambda_i(\boldsymbol{G})|<\sigma,\quad 0\leqslant\sigma\leqslant 1,\quad i=1,2,\cdots,n \tag{5.81}$$

当且仅当对任一给定 $n\times n$ 正定对称矩阵 $\boldsymbol{Q}$，扩展离散型李雅普诺夫方程

$$(1/\sigma)^2\boldsymbol{G}^{\mathrm{T}}\boldsymbol{P}\boldsymbol{G}-\boldsymbol{P}=-\boldsymbol{Q} \tag{5.82}$$

有唯一 $n\times n$ 正定对称解阵 $\boldsymbol{P}$。

5.8　小结和评述

(1) 本章的定位。本章是对系统稳定性问题的一个较为系统的讨论。稳定性是表征系统运动行为的一类重要结构特性。本章的内容偏重于李雅普诺夫第二方法。第二方法已成为现今系统控制理论中研究稳定性问题的基本理论工具。

(2) 两类稳定性。系统稳定性可区分为外部稳定性和内部稳定性。外部稳定性基于系统输入输出描述，属于有界输入有界输出稳定性，简称 BIBO 稳定性。内部稳定性基于系统状态空间描述，属于系统自由运动的稳定性，即为李雅普诺夫意义稳定性。对连续时间线性时不变系统，BIBO 稳定充分必要条件为传递函数矩阵所有极点均具有负实部，渐近稳定充分必要条件为系统特征值均具有负实部。若系统为联合完全能控和完全能观测，则渐近稳定性和 BIBO 稳定性为等价。

(3) 李雅普诺夫主稳定性定理。主稳定性定理给出系统大范围渐近稳定的充分性判据。判据归结为构造一个候选李雅普诺夫函数 $V(\boldsymbol{x})$，使 $V(\boldsymbol{x})$ 正定，$\dot{V}(\boldsymbol{x})$ 负定或 $\dot{V}(\boldsymbol{x})$ 负半定并附加其他条件，且当 $\|\boldsymbol{x}\|\rightarrow\infty$ 有 $V(\boldsymbol{x})\rightarrow\infty$。主稳定性定理同时适

用于线性系统和非线性系统及时变系统和时不变系统。

(4) 李雅普诺夫函数 $V(\boldsymbol{x})$ 的构造方法。对于较为简单的系统,可采用规则化方法如变量梯度法和克拉索夫斯基方法构造 $V(\boldsymbol{x})$。对于较为复杂的系统,构造 $V(\boldsymbol{x})$ 的主要途径至今仍限于基于经验的试凑性方法。

(5) 线性时不变系统的李雅普诺夫判据。李雅普诺夫判据给出线性时不变系统渐近稳定的充分必要性判据。对连续时间情形,归结为对系统矩阵 $\boldsymbol{A}$ 和任给正定矩阵 $\boldsymbol{Q}$,求解方程 $\boldsymbol{PA}+\boldsymbol{A}^{\mathrm{T}}\boldsymbol{P}=-\boldsymbol{Q}$ 并判别解阵 $\boldsymbol{P}$ 正定性。对离散时间情形,归结为对系统矩阵 $\boldsymbol{G}$ 和任给正定矩阵 $\boldsymbol{Q}$,求解方程 $\boldsymbol{G}^{\mathrm{T}}\boldsymbol{PG}-\boldsymbol{P}=-\boldsymbol{Q}$ 并判别解阵 $\boldsymbol{P}$ 正定性。李雅普诺夫判据的意义主要在于系统分析和系统综合中的应用。

(6) 稳定性的鲁棒分析。鲁棒分析讨论线性时不变系统在参数摄动下稳定性的判别准则和保持条件。这是出现于稳定性研究领域的一个新生长点。研究途径包括系统矩阵范数分析和特征多项式区间分析。在矩阵范数分析方法中,针对系统矩阵的加性或乘性摄动和通过引入相应匹配条件,建立使系统保持稳定的条件。在特征多项式区间分析中,着重于讨论多项式系数区间摄动下保持稳定的有限或最小检验问题,其中最为基本的结果是哈列托诺夫定理。本章没有涉及稳定性鲁棒分析问题,有兴趣读者可参看有关文献。

(7) 绝对稳定性和超稳定性。这是李雅普诺夫第二方法基础上提出的两类特殊稳定性问题。绝对稳定性研究对象为一类单输入单输出时不变系统,正向通道环节为线性时不变系统,反馈通道环节为非线性时不变系统。绝对稳定性给出当非线性环节特性为位于一、三象限扇形区域内的任意形状曲线时系统为渐近稳定的条件。超稳定性属于线性时不变系统在输入输出乘积积分受限下的一类稳定性。超稳定性的基本结论为,系统超稳定等价于系统传递函数矩阵为正实,系统超渐近稳定等价于系统传递函数矩阵为严正实。本章没有涉及绝对稳定性和超稳定性问题,有兴趣读者可参看有关文献。

习题

5.1 给定一个单输入单输出连续时间线性时不变系统为

$$\dot{\boldsymbol{x}}=\begin{bmatrix}0 & 1 & 0\\ 0 & 0 & 1\\ 250 & 0 & -5\end{bmatrix}\boldsymbol{x}+\begin{bmatrix}0\\ 0\\ 10\end{bmatrix}u$$

$$y=\begin{bmatrix}-25 & 5 & 0\end{bmatrix}\boldsymbol{x}$$

试判断:(i) 系统是否为渐近稳定;(ii) 系统是否为 BIBO 稳定。

5.2 给定一个二阶连续时间非线性时不变系统为

$$\dot{x}_1=x_2$$

$$\dot{x}_2=-\sin x_1-x_2$$

试：(i) 定出系统所有平衡状态；(ii)定出各平衡点处线性化状态方程，并分别判断是否为渐近稳定。

5.3　对下列连续时间非线性时不变系统，判断原点平衡状态即 $\boldsymbol{x}_e=\mathbf{0}$ 是否为大范围渐近稳定：

$$\begin{cases}\dot{x}_1=x_2\\ \dot{x}_2=-x_1-x_1^2x_2\end{cases}$$

5.4　对下列连续时间非线性时不变系统，判断原点平衡状态即 $\boldsymbol{x}_e=\mathbf{0}$ 是否为大范围渐近稳定：

$$\begin{cases}\dot{x}_1=x_2\\ \dot{x}_2=-x_1^3-x_2\end{cases}$$

5.5　对下列连续时间线性时变系统，判断原点平衡状态即 $\boldsymbol{x}_e=\mathbf{0}$ 是否为大范围渐近稳定：

$$\dot{\boldsymbol{x}}=\begin{bmatrix}0 & 1\\ -\dfrac{1}{t+1} & -10\end{bmatrix}\boldsymbol{x},\quad t\geqslant 0$$

(提示：取 $V(\boldsymbol{x},t)=\dfrac{1}{2}[x_1^2+(t+1)x_2^2]$)。

5.6　给定连续时间非线性时不变自治系统 $\dot{\boldsymbol{x}}=\boldsymbol{f}(\boldsymbol{x})$，$\boldsymbol{f}(\mathbf{0})=\mathbf{0}$，再表系统的雅可比(Jacobi)矩阵为

$$\boldsymbol{F}(\boldsymbol{x})\triangleq\frac{\partial\boldsymbol{f}(\boldsymbol{x})}{\partial\boldsymbol{x}^{\mathrm{T}}}=\begin{bmatrix}\dfrac{\partial f_1(\boldsymbol{x})}{\partial x_1} & \cdots & \dfrac{\partial f_1(\boldsymbol{x})}{\partial x_n}\\ \vdots & & \vdots\\ \dfrac{\partial f_n(\boldsymbol{x})}{\partial x_1} & \cdots & \dfrac{\partial f_n(\boldsymbol{x})}{\partial x_n}\end{bmatrix}$$

试证明：若 $\boldsymbol{F}(\boldsymbol{x})+\boldsymbol{F}^{\mathrm{T}}(\boldsymbol{x})$ 为负定，则系统原点平衡状态即 $\boldsymbol{x}_e=\mathbf{0}$ 为大范围渐近稳定。

5.7　利用上题给出的结论，判断下列连续时间非线性时不变系统是否为大范围渐近稳定：

$$\begin{cases}\dot{x}_1=-3x_1+x_2\\ \dot{x}_2=x_1-x_2-x_2^3\end{cases}$$

5.8　给定二阶连续时间线性时不变自治系统为

$$\dot{\boldsymbol{x}}=\begin{bmatrix}a_{11} & a_{12}\\ a_{21} & a_{22}\end{bmatrix}\boldsymbol{x}\triangleq\boldsymbol{A}\boldsymbol{x}$$

试用李雅普诺夫判据证明：系统原点平衡状态 $\boldsymbol{x}_e=\mathbf{0}$ 是大范围渐近稳定的条件为

$$\det\boldsymbol{A}>0,\quad a_{11}+a_{22}<0$$

(提示：李雅普诺夫方程中取 $\boldsymbol{Q}=\boldsymbol{I}$)。

5.9　对下列连续时间线性时不变系统，试用李雅普诺夫判据判断是否为大范

围渐近稳定：

$$\dot{\boldsymbol{x}}=\begin{bmatrix}-1 & 1\\ 2 & -3\end{bmatrix}\boldsymbol{x},\quad \boldsymbol{Q}=\boldsymbol{I}$$

5.10 给定渐近稳定的单输入单输出连续时间线性时不变系统为

$$\dot{\boldsymbol{x}}=\boldsymbol{A}\boldsymbol{x}+\boldsymbol{b}u,\quad y=\boldsymbol{c}\boldsymbol{x},\quad \boldsymbol{x}(0)=\boldsymbol{x}_0$$

其中 $u(t)\equiv 0$。再表 $\boldsymbol{P}$ 为李雅普诺夫方程

$$\boldsymbol{P}\boldsymbol{A}+\boldsymbol{A}^{\mathrm{T}}\boldsymbol{P}=-\boldsymbol{c}^{\mathrm{T}}\boldsymbol{c}$$

的正定对称解阵。试证明：

$$\int_0^{\infty} y^2(t)\mathrm{d}t=\boldsymbol{x}_0^{\mathrm{T}}\boldsymbol{P}\boldsymbol{x}_0$$

5.11 给定完全能控的连续时间线性时不变系统为

$$\dot{\boldsymbol{x}}=\boldsymbol{A}\boldsymbol{x}+\boldsymbol{B}\boldsymbol{u},\quad \boldsymbol{x}(0)=\boldsymbol{x}_0$$

其中，取 $\boldsymbol{u}=-\boldsymbol{B}^{\mathrm{T}}\mathrm{e}^{-\boldsymbol{A}^{\mathrm{T}}t}\boldsymbol{W}^{-1}(0,T)\boldsymbol{x}_0$，而

$$\boldsymbol{W}(0,T)=\int_0^{T}\mathrm{e}^{-\boldsymbol{A}t}\boldsymbol{B}\boldsymbol{B}^{\mathrm{T}}\mathrm{e}^{-\boldsymbol{A}^{\mathrm{T}}t}\mathrm{d}t,\quad T>0$$

试证明：基此构成的闭环系统为渐近稳定。

5.12 给定离散时间线性时不变系统为

$$\boldsymbol{x}(k+1)=\begin{bmatrix}1 & 4 & 0\\ -3 & -2 & -3\\ 2 & 0 & 0\end{bmatrix}\boldsymbol{x}(k)$$

试用两种方法判断系统是否为渐近稳定。

第6章 线性反馈系统的时间域综合

系统综合和系统分析在属性上是一对相反的命题。综合问题归结为对给定系统方程和指定期望运动行为，确定系统的外部输入即控制作用。通常控制作用取为反馈形式。无论是抑制外部扰动的影响还是减少内部参数变动的影响，反馈控制都要远优越于非反馈控制。本章以状态空间方法为基础，针对典型形式性能指标，讨论线性时不变系统的反馈控制综合。基本内容包括可综合性理论和反馈控制综合算法。

6.1 引言

本节是对系统综合问题的一个引论性讨论。目的在于对系统综合中所涉及的共性问题和共性概念作一概貌性介绍。内容包括综合问题的提法，性能指标的类型，综合问题的研究思路，以及控制系统工程实现中的理论问题等。

6.1.1 综合问题的提法

系统的综合问题由受控系统、性能指标和控制输入 3 个要素所组成。

受控系统是综合问题的对象。从兼顾工程应用广泛性和理论分析简单性的角度，本章限于考虑严真连续时间线性时不变受控系统，状态空间述为

$$\begin{aligned}\dot{\boldsymbol{x}} &= \boldsymbol{A}\boldsymbol{x} + \boldsymbol{B}\boldsymbol{u}, \quad \boldsymbol{x}(0) = \boldsymbol{x}_0, \quad t \geqslant 0 \\ \boldsymbol{y} &= \boldsymbol{C}\boldsymbol{x}\end{aligned} \tag{6.1}$$

其中，$\boldsymbol{x}$ 为 n 维状态，$\boldsymbol{u}$ 为 p 维输入，$\boldsymbol{y}$ 为 q 维输出，$\boldsymbol{A}$，$\boldsymbol{B}$ 和 $\boldsymbol{C}$ 为给定的相应维数常阵。

性能指标是综合问题的目标。性能指标实质上可看成是对综合导出的控制系统所应具有性能的一个表征。性能指标可以取为不同形式。既可取为系统状态运动形态的某些特征量，也可取为运动过程的某种期望形式，甚至取为可被极小化或极大化的一个性能函数。

控制输入是实现综合问题目标的手段。控制输入通常取为反馈控制形式。类型包括状态反馈和输出反馈。所谓状态反馈就是，把实现综合目标的控制输入 $\boldsymbol{u}$ 取为系统状态 $\boldsymbol{x}$ 的一个线性向量函数：

$$\boldsymbol{u}(t)=-\boldsymbol{K}\boldsymbol{x}(t)+\boldsymbol{v}(t) \tag{6.2}$$

所谓输出反馈则是，把实现综合目标的控制输入 $\boldsymbol{u}$ 取为系统输出 $\boldsymbol{y}$ 的一个线性向量函数：

$$\boldsymbol{u}(t)=-\boldsymbol{F}\boldsymbol{y}(t)+\boldsymbol{v}(t) \tag{6.3}$$

其中，$\boldsymbol{K}$ 为 $p\times n$ 状态反馈矩阵，$\boldsymbol{F}$ 为 $p\times q$ 输出反馈矩阵，$\boldsymbol{v}$ 为 p 维参考输入。相应地，称由式(6.2)的控制 $\boldsymbol{u}$ 施加于受控系统(6.1)导出的闭环控制系统为状态反馈系统，由式(6.3)的控制 $\boldsymbol{u}$ 施加于受控系统(6.1)导出的闭环控制系统为输出反馈系统。

在此基础上，系统综合就是，对给定受控系统(6.1)，确定反馈形式的一个控制 $\boldsymbol{u}$，使所导出闭环控制系统的运动行为达到或优于指定的期望性能指标。应当指出，这里所讨论的“系统综合”和控制工程中的“系统设计”是两个不完全等同的概念。系统综合本质上属于理论层面的范畴，可认为是一种理论性的“设计”，着重于在工程可实现性前提下确定控制 $\boldsymbol{u}$ 的形式和构成。系统设计则把问题进一步延伸到工程层面，可认为是一种工程性的“综合”，在设计中还需考虑实现控制作用 $\boldsymbol{u}$ 的控制器和基此导出的控制系统在工程构成中的实际问题，如线路类型选择、元件选用、元件参数和功率确定等。

6.1.2 性能指标的类型

基于对所要综合的控制系统在运动过程行为上的不同规定，系统综合问题的性能指标，总体上可区分为“非优化型性能指标”和“优化型性能指标”两类。非优化型性能指标属于不等式型指标的范畴，目标是使综合导出的控制系统性能达到或好于期望性能指标。优化型性能指标属于极值型指标的范畴，目标是综合控制器使系统的一个性能指标函数取为极小值或极大值。

在控制理论和工程中，典型的非优化型性能指标主要有如下四种类型。

(1) 以渐近稳定作为性能指标。称相应的综合问题为镇定问题，综合目标是使所导出的反馈控制系统为渐近稳定。考虑到稳定是控制系统能够正常运行的前提，因此渐近稳定被认为是系统综合中最为基本的指标。

(2) 以一组期望闭环系统特征值作为性能指标。称相应的综合问题为极点配置问题，综合目标是使所导出的反馈控制系统特征值配置于复平面上期望位置。由线性时不变系统运动分析可知，表征系统运动行为的一些典型指标，时间域指标如单位阶跃响应的上升时间、超调量、过渡过程时间等，频率域指标如幅频特性的频带宽度、剪切频率、峰值等，主要由系统特征值的位置所决定。把闭环特征值组配置于复平面上期望位置，等价于使综合导出的控制系统的动态性能达到期望的时间域指标或频率域指标。

(3) 以使“一个 m 输入 m 输出系统”化为“m 个单输入单输出系统”作为性能指标。称相应的综合问题为解耦控制问题，综合目标是使所导出的反馈控制系统实现一个输出由且仅由一个输入所控制。解耦控制还可进一步区分为动态解耦控制和静态解耦控制。

(4) 以使系统输出 $\boldsymbol{y}(t)$ 在存在外部扰动环境下无静差地跟踪参考信号 $\boldsymbol{y}_0(t)$ 作为性能指标。称相应的综合问题为跟踪问题，综合目标是使所导出的反馈控制系统实现扰动抑制和渐近跟踪。

优化型性能指标的含义和形式随问题背景的不同而不同。在线性系统中，从兼顾工程应用广泛性和理论分析简单性的角度，通常取优化型性能指标为状态 $\boldsymbol{x}$ 和控制 $\boldsymbol{u}$ 的二次型积分函数，即有

$$J(\boldsymbol{u}(\cdot)) = \int_0^{\infty} (\boldsymbol{x}^{\mathrm{T}}\boldsymbol{Q}\boldsymbol{x} + \boldsymbol{u}^{\mathrm{T}}\boldsymbol{R}\boldsymbol{u})\mathrm{d}t \tag{6.4}$$

其中，$\boldsymbol{R}$ 为 $p\times p$ 正定对称阵，$\boldsymbol{Q}$ 为 $n\times n$ 正定对称阵，或 $\boldsymbol{Q}$ 为正半定对称阵且($\boldsymbol{A}$，$\boldsymbol{Q}^{1/2}$)能观测。综合任务之一就是针对具体问题合理选取加权矩阵 $\boldsymbol{R}$ 和 $\boldsymbol{Q}$。综合目标则是确定一个控制 $\boldsymbol{u}^*(\cdot)$ 使对所导出的控制系统性能指标 $J(\boldsymbol{u}(\cdot))$ 取为极小值 $J(\boldsymbol{u}^*(\cdot))$。并且，称 $\boldsymbol{u}^*(\cdot)$ 为最优控制，$\boldsymbol{J}(\boldsymbol{u}^*(\cdot))$ 为最优性能。

6.1.3　研究综合问题的思路

给定一个综合问题，不管是非优化型性能指标还是优化型性能指标，不管性能指标具体形式，也不管采用状态反馈还是输出反馈类型的控制，都可把其进而分解为两个性质不同的问题进行研究。其中，建立相应综合问题的“可综合条件”问题属于综合理论的范畴，建立用以确定相应控制规律的“算法”问题属于综合方法的范畴。

可综合条件是指，相对于给定受控系统和指定期望性能指标，为使实现综合目标的反馈控制存在所需满足的条件。不同类型的综合问题通常具有不同的可综合条件。同一受控系统基于不同性能指标综合问题的可综合条件一般也不相同。只是对满足可综合条件的综合问题，相应的反馈控制律才是可综合的即综合问题才是可解的。可综合条件的建立，使对系统综合问题的研究置于严格的理论基础上，避免了系统综合过程中的盲目性。

对综合问题建立确定反馈控制的算法归结为提供计算状态反馈或输出反馈的方法和步骤。合理的算法应当适合于在计算机上进行计算，并不一定要求算法具有解析的形式。评价算法的一个重要标准是数值稳定性，即计算过程中是否存在使数值误差被不断“放大”的情形。从数值分析角度，作为一般准则，如果所研究的综合问题是非病态的，所采用的算法是数值稳定的，那么计算给出的结果通常是可信的。

6.1.4 工程实现中的一些理论问题

在系统控制理论中,对综合问题的研究通常还附加涉及控制系统在工程实现中的一些理论性问题。主要包括状态反馈的物理构成,系统结构参数摄动的影响,以及外部扰动影响的抑制等。这种把控制工程中技术性问题转化为理论性问题加以研究是现代系统控制理论的一个显著特色。

(1) 状态反馈物理构成问题。从随后的讨论可以发现,对众多类型性能指标的综合问题,控制必须采用状态反馈形式,体现了状态反馈的明显优越性。而由状态变量的内部变量属性,决定了状态一般不能直接量测,从而限制了状态反馈的物理构成。解决“状态反馈的优越性”和“状态反馈难于构成”矛盾的基本途径是引入状态重构,采用重构状态作为反馈变量以构成状态反馈。对确定性线性系统,利用系统可量测变量如输入 $\boldsymbol{u}$ 和输出 $\boldsymbol{y}$,通过构造一个相应动态系统可重构系统状态 $\boldsymbol{x}$,且称相应理论问题为状态重构即状态观测器问题。

(2) 系统模型不准确和系统参数摄动问题。系统综合的前提是对受控系统建立状态空间描述形式模型,系统综合导出的反馈控制是相对于受控系统模型而确定的。由于建模中不可避免的简化和实际中难以排除的因素,使得系统模型总是包含某种不准确性;此外,由于环境因素的原因,又可能导致系统参数的摄动。这种将基于系统模型综合得到的控制器作用于实际受控系统的情形,有可能导致所组成的控制系统达不到期望性能指标甚至出现不稳定。通常,称相应的理论性问题为控制系统鲁棒性问题。如果控制系统对标称模型参数一个邻域内的系统误差或参数摄动仍为渐近稳定或保持期望性能值,那么就称控制系统相对于系统误差或参数摄动具有鲁棒性。

(3) 对外部扰动影响的抑制问题。特别是对跟踪问题,扰动将对控制系统的跟踪精度产生直接的影响。因此,抑制扰动影响是综合高精度控制系统所必须考虑的一个基本问题。称对应的理论性问题为扰动抑制问题。

6.2 状态反馈和输出反馈

多数控制系统都采用基于反馈构成的闭环结构。反馈的基本类型包括“状态反馈”和“输出反馈”。本节是对这两种类型反馈的一个简要讨论。内容包括状态反馈系统和输出反馈系统的构成、描述和特性。

6.2.1 状态反馈

状态反馈是以系统状态为反馈变量的一类反馈形式。这一部分中,针对连续时间线性时不变受控系统,就状态反馈的相关问题进行讨论。

1. 状态反馈的构成

对连续时间线性时不变受控系统，状态反馈的构成可用图6.1所示的方块图表示。其中，状态 $\boldsymbol{x}$ 通过反馈矩阵 $\boldsymbol{K}$ 被回馈到系统输入端，$\boldsymbol{v}$ 为系统参考输入。考虑到反馈矩阵 $\boldsymbol{K}$ 为常阵而非动态系统，更确切地称这类状态反馈为静态状态反馈。

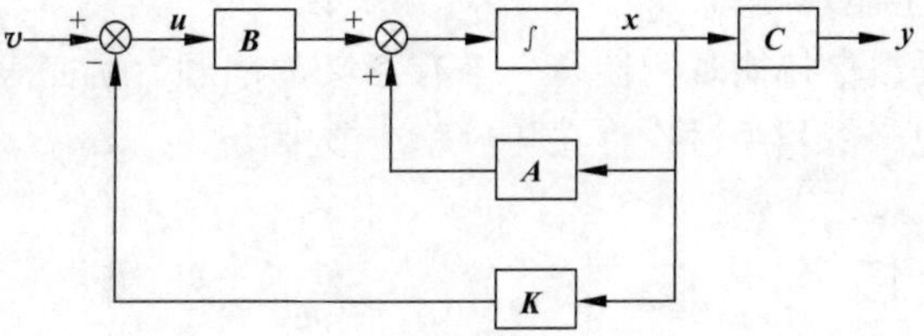

图6.1 状态反馈

2. 状态反馈系统的描述

考虑连续时间线性时不变受控系统 Σ_0，状态空间描述为

$$\Sigma_0:\ \dot{\boldsymbol{x}}=\boldsymbol{A}\boldsymbol{x}+\boldsymbol{B}\boldsymbol{u},\quad \boldsymbol{x}(0)=\boldsymbol{x}_0,\quad t\geqslant 0 \\ \boldsymbol{y}=\boldsymbol{C}\boldsymbol{x} \tag{6.5}$$

其中，$\boldsymbol{x}$ 为 n 维状态，$\boldsymbol{u}$ 为 p 维输入，$\boldsymbol{y}$ 为 q 维输出。而由图6.1可知，状态反馈下受控系统的输入为

$$\boldsymbol{u}=-\boldsymbol{K}\boldsymbol{x}+\boldsymbol{v} \tag{6.6}$$

其中，$\boldsymbol{K}$ 为 $p\times n$ 反馈矩阵，$\boldsymbol{v}$ 为 p 维参考输入。将式(6.6)代入式(6.5)，通过简单推导，导出线性时不变状态反馈系统 Σ_{xf} 的状态空间描述为

$$\Sigma_{xf}:\ \dot{\boldsymbol{x}}=(\boldsymbol{A}-\boldsymbol{B}\boldsymbol{K})\boldsymbol{x}+\boldsymbol{B}\boldsymbol{v},\quad \boldsymbol{x}(0)=\boldsymbol{x}_0,\quad t\geqslant 0 \\ \boldsymbol{y}=\boldsymbol{C}\boldsymbol{x} \tag{6.7}$$

上式表明，引入状态反馈的结果，使系统矩阵变为$(\boldsymbol{A}-\boldsymbol{B}\boldsymbol{K})$。不同的期望性能指标归结为综合不同的反馈矩阵 $\boldsymbol{K}$。由式(6.7)并利用传递函数矩阵基本关系式，可得线性时不变状态反馈系统 Σ_{xf} 的传递函数矩阵为

$$\boldsymbol{G}_K(s)=\boldsymbol{C}(s\boldsymbol{I}-\boldsymbol{A}+\boldsymbol{B}\boldsymbol{K})^{-1}\boldsymbol{B} \tag{6.8}$$

3. 状态反馈系统的结构特性

对 n 维线性时不变状态反馈系统 Σ_{xf}，结构特性可由其系统矩阵的特征值表征，有

$$\Sigma_{xf}\ \text{特征值}=\lambda_i(\boldsymbol{A}-\boldsymbol{B}\boldsymbol{K}),\quad i=1,2,\cdots,n \tag{6.9}$$

其中，$\lambda(\cdot)$表示相应矩阵的特征值。

4. 状态反馈系统的能控性和能观测性

对线性时不变状态反馈系统 Σ_{xf} 的能控性和能观测性，可以给出如下两个

结论。

结论 6.1［状态反馈系统能控性］ 对连续时间线性时不变系统，状态反馈保持能控性。即状态反馈系统(6.7)为完全能控，当且仅当受控系统(6.5)为完全能控。

结论 6.2［状态反馈系统能观测性］ 对连续时间线性时不变系统，状态反馈不一定保持能观测性。即，受控系统(6.5)为完全能观测，不保证线性时不变状态反馈系统(6.7)也为完全能观测。

注 使状态反馈保持能观测性是一个有意义的问题。研究表明，为此要求受控系统为强完全能观测。相关讨论将在随后相应节中给出。

6.2.2 输出反馈

输出反馈是以系统输出作为反馈变量的一类反馈形式。这一部分中，针对连续时间线性时不变受控系统，对输出反馈的相关问题进行讨论。

1. 输出反馈的构成

对连续时间线性时不变受控系统，输出反馈的构成可用图 6.2 所示方块图表示。其中，输出 $\boldsymbol{y}$ 通过反馈矩阵 $\boldsymbol{F}$ 回馈到系统输入端，$\boldsymbol{v}$ 为系统参考输入。进而，称这类输出反馈为静态输出反馈。若反馈回路中用补偿器取代矩阵 $\boldsymbol{F}$，则相应地称为动态输出反馈。

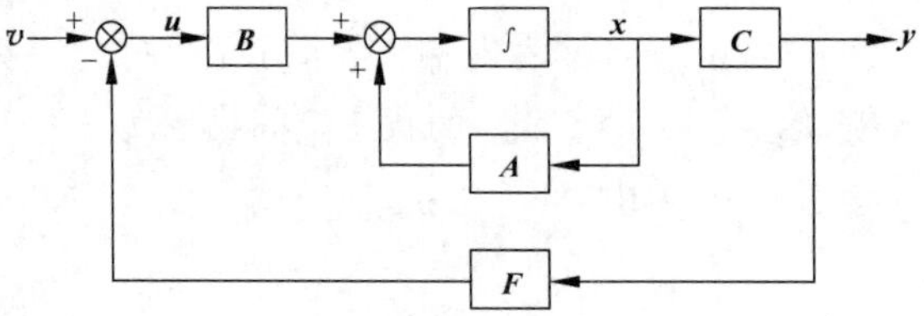

图 6.2 输出反馈

2. 输出反馈系统的描述

对连续时间线性时不变受控系统(6.5)，由图 6.2 可知，输出反馈下受控系统的输入为

$$\boldsymbol{u} = -\boldsymbol{F}\boldsymbol{y} + \boldsymbol{v} \tag{6.10}$$

其中，$\boldsymbol{F}$ 为 $p \times q$ 反馈矩阵，$\boldsymbol{v}$ 为 p 维参考输入。将式(6.10)代入式(6.5)，通过简单推导，导出线性时不变输出反馈系统 Σ_{yf} 的状态空间描述为

$$\Sigma_{yf}: \begin{aligned} &\dot{\boldsymbol{x}} = (\boldsymbol{A} - \boldsymbol{B}\boldsymbol{F}\boldsymbol{C})\boldsymbol{x} + \boldsymbol{B}\boldsymbol{v}, \quad \boldsymbol{x}(0) = \boldsymbol{x}_0, \quad t \geqslant 0 \\ &\boldsymbol{y} = \boldsymbol{C}\boldsymbol{x} \end{aligned} \tag{6.11}$$

上式表明，引入输出反馈的结果，使系统矩阵变为$(\boldsymbol{A} - \boldsymbol{B}\boldsymbol{F}\boldsymbol{C})$。基此，并利用传递函数矩阵基本关系式，可得线性时不变输出反馈系统 Σ_{yf} 的传递函数矩阵 $\boldsymbol{G}_F(s)$ 为

$$\boldsymbol{G}_F(s) = \boldsymbol{C}(s\boldsymbol{I} - \boldsymbol{A} + \boldsymbol{BFC})^{-1}\boldsymbol{B} \tag{6.12}$$

进而,考虑到受控系统 Σ_0 的传递函数矩阵为

$$\boldsymbol{G}_0(s) = \boldsymbol{C}(s\boldsymbol{I} - \boldsymbol{A})^{-1}\boldsymbol{B} \tag{6.13}$$

那么,由此还可导出输出反馈系统 Σ_{yf} 的传递函数矩阵 $\boldsymbol{G}_F(s)$ 和 $\boldsymbol{G}_0(s)$ 间的关系式为

$$\boldsymbol{G}_F(s) = \boldsymbol{G}_0(s)[\boldsymbol{I} + \boldsymbol{FG}_0(s)]^{-1} \tag{6.14}$$

或

$$\boldsymbol{G}_F(s) = [\boldsymbol{I} + \boldsymbol{G}_0(s)\boldsymbol{F}]^{-1}\boldsymbol{G}_0(s) \tag{6.15}$$

3. 输出反馈系统的结构特性

对 n 维线性时不变输出反馈系统 Σ_{yf},结构特性由其系统矩阵的特征值表征,有

$$\Sigma_{yf}\ \text{特征值} = \lambda_i(\boldsymbol{A} - \boldsymbol{BFC}),\quad i = 1, 2, \cdots, n \tag{6.16}$$

其中,$\lambda(\cdot)$表示相应矩阵的特征值。

从上面的分析可以看出,不管状态反馈还是输出反馈,都可改变受控系统的系统矩阵。但这并不意味着两者具有等同改变系统结构特性的功能。比较式(6.7)和式(6.11)可以看出,输出反馈可达到的功能必可利用相应状态反馈实现,而由方程 $\boldsymbol{FC} = \boldsymbol{K}$ 对给定 $\boldsymbol{K}$ 的解 $\boldsymbol{F}$ 一般不存在可知相反命题通常不成立。

4. 输出反馈系统的能控性和能观测性

对线性时不变输出反馈系统的能控性和能观测性,可以给出如下的结论。

结论 6.3[输出反馈系统能控性和能观测性] 对连续时间线性时不变系统,输出反馈可保持能控性和能观测性。即,线性时不变输出反馈系统(6.11)为完全能控(完全能观测),当且仅当线性时不变受控系统(6.5)为完全能控(完全能观测)。

6.2.3 状态反馈和输出反馈的比较

进一步,对状态反馈和输出反馈从属性、功能和改善途径等方面进行简要的比较。

(1) 反馈属性。由状态 $\boldsymbol{x}$ 可完全地表征系统结构信息所决定,状态反馈为系统结构信息的完全反馈;对应地,输出反馈则是系统结构信息的不完全反馈。

(2) 反馈功能。从本章随后讨论中将可看到,对各类性能指标时间域系统综合问题,几乎毫无例外要求采用状态反馈,表明状态反馈在功能上要远优于输出反馈。

(3) 改善输出反馈功能的途径。研究表明,使输出反馈达到状态反馈功能的一个途径是采用图 6.3 所示动态输出反馈方案,即在反馈系统中单独或同时引入串联补偿器和并联补偿器。对线性时不变受控系统,补偿器也为线性时不变系统。

(4) 反馈物理实现。由系统输出的可量测属性所决定,输出反馈是在物理上可构成的。相应地,状态反馈则是在物理上不能构成的。就物理实现而言,输出反馈

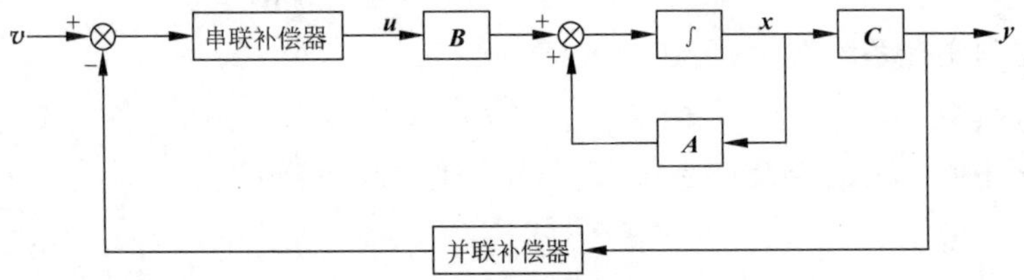

图 6.3 动态输出反馈

优越于状态反馈。

(5) 解决状态反馈物理实现的途径。使状态反馈物理实现的一个途径是,如图 6.4 所示引入附加状态观测器,基于状态 $\boldsymbol{x}$ 重构状态 $\hat{\boldsymbol{x}}$ 构成状态反馈。对线性时不变受控系统,状态观测器也为线性时不变系统。

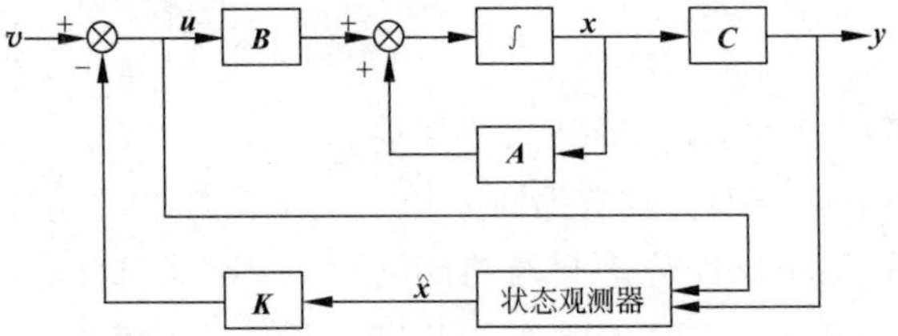

图 6.4 利用观测器实现状态反馈

(6) 扩展状态反馈和扩展输出反馈的等价性。研究表明,扩展输出反馈系统即动态输出反馈系统和扩展状态反馈系统即带观测器状态反馈系统实质上是等价的。利用简单转换关系,可以从一个结构转换为另一个结构。

6.3 状态反馈极点配置:单输入情形

极点配置是一类最为典型和最为简单的综合问题。本节针对单输入连续时间线性时不变受控系统,基于状态反馈类型控制,系统讨论极点配置问题的综合理论和综合算法。

6.3.1 问题的提法

先就一般情形给出极点配置问题的提法。考虑连续时间线性时不变受控系统,状态方程为

$$\dot{\boldsymbol{x}} = \boldsymbol{A}\boldsymbol{x} + \boldsymbol{B}\boldsymbol{u} \tag{6.17}$$

其中,$\boldsymbol{x}$ 为 n 维状态,$\boldsymbol{u}$ 为 p 维输入,$\boldsymbol{A}$ 和 $\boldsymbol{B}$ 为已知相应维数常阵。再任意指定 n 个期望闭环极点即特征值:

$$\{\lambda_1^*, \lambda_2^*, \cdots, \lambda_n^*\} \tag{6.18}$$

它们或为实数,或为共轭复数。进而,限定控制输入为状态反馈,有

$$\boldsymbol{u} = -\boldsymbol{K}\boldsymbol{x} + \boldsymbol{v} \tag{6.19}$$

其中，$\boldsymbol{K}$ 为 $p \times n$ 反馈矩阵，$\boldsymbol{v}$ 为 p 维参考输入。基此，状态反馈极点配置的形式化提法就是，对给定受控系统(6.17)，确定一个状态反馈矩阵 $\boldsymbol{K}$，使所导出的闭环控制系统

$$\dot{\boldsymbol{x}} = (\boldsymbol{A} - \boldsymbol{B}\boldsymbol{K})\boldsymbol{x} + \boldsymbol{B}\boldsymbol{v} \tag{6.20}$$

的特征值满足配置要求：

$$\lambda_i(\boldsymbol{A} - \boldsymbol{B}\boldsymbol{K}) = \lambda_i^*, \quad i = 1, 2, \cdots, n \tag{6.21}$$

其中，$\lambda(\cdot)$表示所示矩阵的特征值。

求解上述定义的极点配置问题可归结为研究两个不同属性的问题。一是建立“极点可配置条件”，即受控系统(6.17)基于状态反馈(6.19)可任意配置全部闭环极点所应满足的条件，对应问题属于综合理论的范畴。二是建立极点配置的“算法”，即按极点配置要求确定状态反馈增益矩阵 $\boldsymbol{K}$ 的算法，对应问题属于综合方法的范畴。

6.3.2　期望闭环极点组

对极点配置综合问题，首要前提是合理指定期望闭环极点组，对此有如下几点说明。

1. 期望闭环极点组的性能指标属性

期望闭环极点组作为性能指标具有二重属性。从控制理论角度，以期望闭环极点组为性能指标，可以严格和简洁地建立相应综合理论和算法。从控制工程角度，期望闭环极点组由于缺乏直观工程意义，因而不易为控制工程界所认同。基此，要使期望闭环极点组性能指标同时为理论界和工程界所接受，一件重要的工作是需要在直观性能指标和期望闭环极点组之间建立起对应的联系。

2. 控制工程中基本类型性能指标

控制工程中，对控制系统性能指标提法的基本要求，可归结为形式上的直观性和内涵上的工程性。基本性能指标类型有时间域性能指标和频率域性能指标。

时间域性能指标由系统单位阶跃响应所定义，主要有：

(1) 超调量(σ)＝响应曲线第一次越过稳态值达到峰点时超调部分与稳态值之比。

(2) 过渡过程时间(t_{s})＝响应曲线最终进入稳态值±5%(或±2%)范围而不再越出的时间。

(3) 上升时间(t_{r})＝响应曲线从零首次过渡到稳态值所需时间。

(4) 延迟时间(t_{d})＝响应曲线首次达到稳态值 50%所需时间。

(5) 峰值时间(t_{p})＝响应曲线第一次达到峰点时间。

它们的直观含义如图 6.5 所示。

频率域性能指标由系统频率响应幅频特性所定义,主要有:

(1) 谐振峰值(M_r)=幅频特性曲线达到峰点的值。

(2) 谐振角频率(ω_r)=幅频特性曲线峰值点对应角频率值。

(3) 截止角频率即带宽(ω_{cc})=幅频特性曲线上值为 0.707 处对应角频率值。

它们的直观含义如图 6.6 所示。

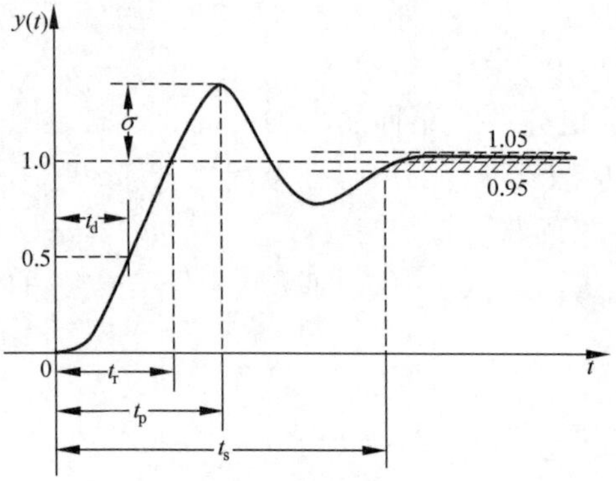

图 6.5 时间域性能指标示例

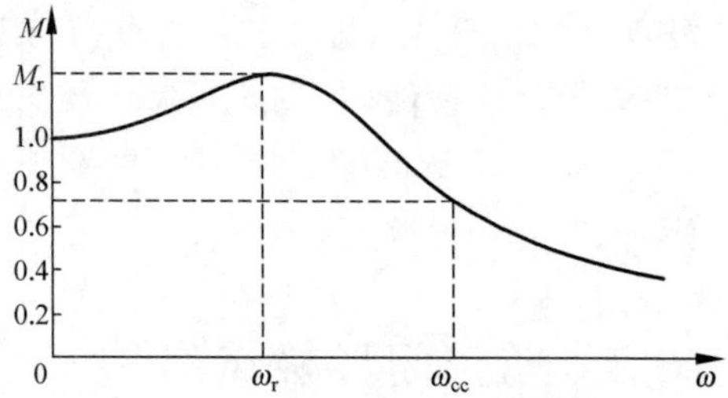

图 6.6 频率域性能指标示例

3. 二阶系统的性能指标关系式

考虑典型二阶单输入单输出连续时间线性时不变系统:

$$T^2 \frac{d^2 y}{dt^2} + 2\zeta T \frac{dy}{dt} + y = u \tag{6.22}$$

其中,y 为输出,u 为输入,T 为时间常数,ζ 为阻尼系数,且限于 $0 \leqslant \zeta \leqslant 0.707$ 情形。相应地,系统特征方程根为一对共轭复数:

$$s_1, s_2 = -\frac{1}{T}\zeta \pm j\frac{1}{T}\sqrt{1-\zeta^2} = -\omega_n\zeta \pm j\omega_n\sqrt{1-\zeta^2} \tag{6.23}$$

其中,称 $\omega_n = 1/T$ 为自然角频率。

对上述二阶系统,通过相应推导,可以导出其时间域性能指标和系统参数的显式关系:

(1) 超调量:

$$\sigma = e^{-(\zeta/\sqrt{1-\zeta^2})\pi} \tag{6.24}$$

(2) 过渡过程时间:

$$t_s \approx \frac{3-\ln\sqrt{1-\zeta^2}}{\zeta\omega_n}, \text{误差范围取为 } 5\% \text{ 稳态值} \tag{6.25}$$

$$t_s \approx \frac{4-\ln\sqrt{1-\zeta^2}}{\zeta\omega_n}, \text{误差范围取为 } 2\% \text{ 稳态值} \tag{6.26}$$

(3) 上升时间:

$$t_{\mathrm{r}}=\frac{T}{\sqrt{1-\zeta^{2}}}\arctan\left(\frac{\sqrt{1-\zeta^{2}}}{-\zeta}\right) \tag{6.27}$$

(4) 峰值时间：

$$t_{\mathrm{p}}=\frac{\pi T}{\sqrt{1-\zeta^{2}}} \tag{6.28}$$

类似地，通过对应推导，可以导出其频率域性能指标和系统参数的显式关系：

(1) 谐振峰值：

$$M_{\mathrm{r}}=\frac{1}{2\zeta\sqrt{1-\zeta^{2}}} \tag{6.29}$$

(2) 谐振角频率：

$$\omega_{\mathrm{r}}=\omega_{\mathrm{n}}\sqrt{1-2\zeta^{2}} \tag{6.30}$$

(3) 截止角频率即带宽：

$$\omega_{\mathrm{cc}}=\omega_{\mathrm{n}}\sqrt{1-2\zeta^{2}+\sqrt{4\zeta^{4}-4\zeta^{2}+2}} \tag{6.31}$$

基于上述关系式，可以曲线形式建立各个性能指标与参数 T,ζ 间的对应关系。这类曲线可在几乎任何一本经典控制理论教材中找到。

4. 基本类型性能指标和期望闭环极点组的主导极点对的关系

在系统综合中，首先从控制工程角度给定期望基本类型性能指标，如时间域性能指标的超调量、过渡过程时间等，或频率域性能指标的谐振峰值、截止角频率等，再通过查典型二阶系统曲线表定出对应参数 T 和 ζ，并基此构成一对共轭复数根

$$s_{1},s_{2}=-\frac{1}{T}\zeta\pm \mathrm{j}\,\frac{1}{T}\sqrt{1-\zeta^{2}} \tag{6.32}$$

作为期望闭环极点组的主导极点对。

5. 期望闭环极点组的确定

对 n 维线性时不变受控系统，作为综合指标的 n 个期望闭环极点可按如下的步骤来构成。首先，指定工程型性能指标，并基此定出参数 T 与 ζ 和基于(6.32)构成主导极点对。进而，选取其余$(n-2)$个期望闭环极点，对此可在左半开 s 平面远离主导极点对区域内任取，区域右端点离虚轴距离至少等于主导极点对离虚轴距离的 4～6 倍。研究表明，按此原则取定 n 个期望极点，综合导出的控制系统性能几乎完全由主导极点对决定。

6.3.3　极点配置定理

这一部分中，针对单输入连续时间线性时不变受控系统，给出基于状态反馈可任意配置全部闭环极点即特征值的条件，即极点配置定理。

结论 6.4[极点配置定理] 对单输入 n 维连续时间线性时不变受控系统:

$$\dot{\boldsymbol{x}}=\boldsymbol{A}\boldsymbol{x}+\boldsymbol{b}u \tag{6.33}$$

系统全部 n 个极点即特征值可任意配置的充分必要条件为$(\boldsymbol{A},\boldsymbol{b})$完全能控。

证 必要性。已知可任意配置,欲证$(\boldsymbol{A},\boldsymbol{b})$完全能控。采用反证法。反设$(\boldsymbol{A},\boldsymbol{b})$不完全能控,则通过线性非奇异变换进行结构分解可导出:

$$\bar{\boldsymbol{A}}=\bar{\boldsymbol{P}}\boldsymbol{A}\bar{\boldsymbol{P}}^{-1}=\begin{bmatrix}\bar{\boldsymbol{A}}_{c} & \bar{\boldsymbol{A}}_{12}\\ \boldsymbol{0} & \bar{\boldsymbol{A}}_{\bar{c}}\end{bmatrix},\quad \bar{\boldsymbol{b}}=\bar{\boldsymbol{P}}\boldsymbol{b}=\begin{bmatrix}\bar{\boldsymbol{b}}_{c}\\ \boldsymbol{0}\end{bmatrix} \tag{6.34}$$

并且,对任一 $1\times n$ 状态反馈矩阵 $\boldsymbol{k}=[\boldsymbol{k}_1\quad \boldsymbol{k}_2]$,有

$$\begin{aligned}\lambda_i(\boldsymbol{A}-\boldsymbol{b}\boldsymbol{k})&=\lambda_i(\bar{\boldsymbol{A}}-\bar{\boldsymbol{b}}\boldsymbol{k}\bar{\boldsymbol{P}}^{-1})=\lambda_i(\bar{\boldsymbol{A}}-\bar{\boldsymbol{b}}\bar{\boldsymbol{k}})\\ &=\lambda_i\left(\begin{bmatrix}\bar{\boldsymbol{A}}_{c}-\bar{\boldsymbol{b}}_{c}\bar{\boldsymbol{k}}_1 & \bar{\boldsymbol{A}}_{12}-\bar{\boldsymbol{b}}_{c}\bar{\boldsymbol{k}}_2\\ \boldsymbol{0} & \bar{\boldsymbol{A}}_{\bar{c}}\end{bmatrix}\right)\end{aligned} \tag{6.35}$$

其中,$\bar{\boldsymbol{k}}=\boldsymbol{k}\bar{\boldsymbol{P}}^{-1}=[\boldsymbol{k}_1\bar{\boldsymbol{P}}^{-1}\quad \boldsymbol{k}_2\bar{\boldsymbol{P}}^{-1}]=[\bar{\boldsymbol{k}}_1\quad \bar{\boldsymbol{k}}_2]$,$i=1,2,\cdots,n$,$\lambda(\cdot)$代表所示矩阵的特征值。基此,定出状态反馈系统的特征值集合为

$$\Lambda(\boldsymbol{A}-\boldsymbol{b}\boldsymbol{k})=\{\Lambda(\bar{\boldsymbol{A}}_{c}-\bar{\boldsymbol{b}}_{c}\bar{\boldsymbol{k}}_1),\Lambda(\bar{\boldsymbol{A}}_{\bar{c}})\} \tag{6.36}$$

上式表明,状态反馈不能改变系统不能控部分特征值,即反设下不能任意配置全部极点。矛盾于已知,反设不成立,即$(\boldsymbol{A},\boldsymbol{b})$完全能控。必要性得证。

充分性。已知$(\boldsymbol{A},\boldsymbol{b})$完全能控,欲证可任意配置。采用构造性方法。对此,表

$$\det(s\boldsymbol{I}-\boldsymbol{A})=\alpha(s)=s^n+\alpha_{n-1}s^{n-1}+\cdots+\alpha_1 s+\alpha_0 \tag{6.37}$$

并由$(\boldsymbol{A},\boldsymbol{b})$完全能控,可通过相应线性非奇异变换,将$(\boldsymbol{A},\boldsymbol{b})$化为能控规范形:

$$\bar{\boldsymbol{A}}=\boldsymbol{P}^{-1}\boldsymbol{A}\boldsymbol{P}=\left[\begin{array}{c|ccc}0 & & & \\ \vdots & & \boldsymbol{I}_{n-1} & \\ 0 & & & \\ \hline -\alpha_0 & -\alpha_1 & \cdots & -\alpha_{n-1}\end{array}\right],\quad \bar{\boldsymbol{b}}=\boldsymbol{P}^{-1}\boldsymbol{b}=\begin{bmatrix}0\\ \vdots\\ 0\\ 1\end{bmatrix} \tag{6.38}$$

再由任意指定的 n 个期望闭环极点$\{\lambda_1^*,\lambda_2^*,\cdots,\lambda_n^*\}$,可以导出:

$$\alpha^*(s)=\prod_{i=1}^{n}(s-\lambda_i^*)=s^n+\alpha_{n-1}^*s^{n-1}+\cdots+\alpha_1^*s+\alpha_0^* \tag{6.39}$$

基此,构造状态反馈矩阵为

$$\bar{\boldsymbol{k}}=\boldsymbol{k}\boldsymbol{P}=[\bar{k}_0,\cdots,\bar{k}_{n-1}]=[\alpha_0^*-\alpha_0,\cdots,\alpha_{n-1}^*-\alpha_{n-1}] \tag{6.40}$$

且由式(6.38)和(6.40),可以得到

$$\bar{\boldsymbol{A}}-\bar{\boldsymbol{b}}\bar{\boldsymbol{k}}=\left[\begin{array}{c|ccc}0 & & & \\ \vdots & & \boldsymbol{I}_{n-1} & \\ 0 & & & \\ \hline -\alpha_0 & -\alpha_1 & \cdots & -\alpha_{n-1}\end{array}\right]-\begin{bmatrix}0\\ \vdots\\ 0\\ 1\end{bmatrix}[\alpha_0^*-\alpha_0,\cdots,\alpha_{n-1}^*-\alpha_{n-1}]$$

$$=\left[\begin{array}{c:ccc} 0 & & & \\ \vdots & & I_{n-1} & \\ 0 & & & \\ \hdashline -\alpha_0^* & -\alpha_1^* & \cdots & -\alpha_{n-1}^* \end{array}\right] \tag{6.41}$$

于是,得到

$$\begin{aligned} \det(s\boldsymbol{I}-\boldsymbol{A}+\boldsymbol{b}\boldsymbol{k}) &= \det(s\boldsymbol{I}-\bar{\boldsymbol{A}}+\bar{\boldsymbol{b}}\bar{\boldsymbol{k}}) \\ &= s^n+\alpha_{n-1}^* s^{n-1}+\cdots+\alpha_1^* s+\alpha_0^*=\alpha^*(s) \end{aligned} \tag{6.42}$$

这就表明,对任给期望闭环极点组$\{\lambda_1^*,\lambda_2^*,\cdots,\lambda_n^*\}$,都必存在反馈矩阵$\boldsymbol{k}=\bar{\boldsymbol{k}}\boldsymbol{P}^{-1}$使式(6.42)成立,即可任意配置系统全部闭环极点。充分性得证。

注　上述结论给出的条件是相对于任意配置全部极点而言的。在具体极点配置问题中,可能会有这样的情况,即尽管系统不完全能控即不满足结论条件,但若系统不能控部分特征值属于期望闭环特征值,那么仍能配置系统的全部闭环极点。

6.3.4　极点配置算法

下面,基于上述结论证明中推导的结果,给出极点配置中确定状态反馈矩阵的算法。

算法 6.1[状态反馈阵算法]　给定 n 维单输入连续时间线性时不变受控系统$(\boldsymbol{A},\boldsymbol{b})$和一组任意的期望闭环特征值$\{\lambda_1^*,\lambda_2^*,\cdots,\lambda_n^*\}$,要来确定 $1\times n$ 状态反馈矩阵 $\boldsymbol{k}$,使 $\lambda_i(\boldsymbol{A}-\boldsymbol{b}\boldsymbol{k})=\lambda_i^*,i=1,2,\cdots,n$ 成立。

Step 1: 判断$(\boldsymbol{A},\boldsymbol{b})$能控性。若完全能控,进入下一步;若不完全能控,转到 Step 8。

Step 2: 计算矩阵 $\boldsymbol{A}$ 特征多项式。有

$$\det(s\boldsymbol{I}-\boldsymbol{A})=\alpha(s)=s^n+\alpha_{n-1}s^{n-1}+\cdots+\alpha_1 s+\alpha_0$$

Step 3: 计算由期望闭环特征值$\{\lambda_1^*,\lambda_2^*,\cdots,\lambda_n^*\}$决定的特征多项式。有

$$\alpha^*(s)=\prod_{i=1}^{n}(s-\lambda_i^*)=s^n+\alpha_{n-1}^* s^{n-1}+\cdots+\alpha_1^* s+\alpha_0^*$$

Step 4: 计算

$$\bar{\boldsymbol{k}}=[\alpha_0^*-\alpha_0,\cdots,\alpha_{n-1}^*-\alpha_{n-1}]$$

Step 5: 计算能控规范形变换矩阵

$$\boldsymbol{P}=[\boldsymbol{A}^{n-1}\boldsymbol{b},\cdots,\boldsymbol{A}\boldsymbol{b},\boldsymbol{b}]\begin{bmatrix} 1 & & & \\ \alpha_{n-1} & \ddots & & \\ \vdots & \ddots & \ddots & \\ \alpha_1 & \cdots & \alpha_{n-1} & 1 \end{bmatrix}$$

Step 6: 计算 $\boldsymbol{Q}=\boldsymbol{P}^{-1}$。

Step 7：计算 $k=\bar{k}Q$。

Step 8：停止计算。

例 6.1　给定单输入 3 维连续时间线性时不变受控系统为

$$\dot{x}=\begin{bmatrix}0 & 0 & 0\\ 1 & -6 & 0\\ 0 & 1 & -12\end{bmatrix}x+\begin{bmatrix}1\\ 0\\ 0\end{bmatrix}u$$

再指定一组期望闭环极点为

$$\lambda_1^*=-2,\quad \lambda_2^*=-1+\mathrm{j},\quad \lambda_3^*=-1-\mathrm{j}$$

容易判断，系统完全能控，满足可配置条件。下面，计算满足极点配置要求的 1×3 状态反馈矩阵 k。

(i) 计算系统特征多项式：

$$\det(sI-A)=\det\begin{bmatrix}s & 0 & 0\\ -1 & s+6 & 0\\ 0 & -1 & s+12\end{bmatrix}=s^3+18s^2+72s$$

(ii) 计算由期望闭环极点组决定的特征多项式：

$$\alpha^*(s)=\prod_{i=1}^{3}(s-\lambda_i^*)=(s+2)(s+1-\mathrm{j})(s+1+\mathrm{j})=s^3+4s^2+6s+4$$

(iii) 计算

$$\bar{k}=[\alpha_0^*-\alpha_0,\alpha_1^*-\alpha_1,\alpha_2^*-\alpha_2]=[4,-66,-14]$$

(iv) 计算

$$P=[A^2b,Ab,b]\begin{bmatrix}1 & & \\ \alpha_2 & 1 & \\ \alpha_1 & \alpha_2 & 1\end{bmatrix}=\begin{bmatrix}0 & 0 & 1\\ -6 & 1 & 0\\ 1 & 0 & 0\end{bmatrix}\begin{bmatrix}1 & 0 & 0\\ 18 & 1 & 0\\ 72 & 18 & 1\end{bmatrix}=\begin{bmatrix}72 & 18 & 1\\ 12 & 1 & 0\\ 1 & 0 & 0\end{bmatrix}$$

和

$$Q=P^{-1}=\begin{bmatrix}0 & 0 & 1\\ 0 & 1 & -12\\ 1 & -18 & 144\end{bmatrix}$$

(v) 定出满足极点配置要求的状态反馈矩阵：

$$k=\bar{k}Q=[4,-66,-14]\begin{bmatrix}0 & 0 & 1\\ 0 & 1 & -12\\ 1 & -18 & 144\end{bmatrix}=[-14,186,-1220]$$

6.4　状态反馈极点配置：多输入情形

相比于单输入情形，多输入情形的极点配置在研究思路和计算方法上都要复杂一些。考虑多输入连续时间线性时不变的受控系统：

$$\dot{\boldsymbol{x}} = \boldsymbol{A}\boldsymbol{x} + \boldsymbol{B}\boldsymbol{u} \tag{6.43}$$

其中，$\boldsymbol{x}$ 为 n 维状态，$\boldsymbol{u}$ 为 p 维输入，$\boldsymbol{A}$ 和 $\boldsymbol{B}$ 为已知相应维数常阵。

6.4.1　系统的循环性

作为研究多输入情形极点配置问题的准备知识，本部分中先就系统的循环性及其属性作一简要的讨论。

1. 循环矩阵

定义 6.1［循环矩阵］　称方阵 $\boldsymbol{A}$ 为循环矩阵，当且仅当其特征多项式 $\det(s\boldsymbol{I}-\boldsymbol{A})$ 等同于其最小多项式 $\phi(s)$。

2. 循环系统

定义 6.2［循环系统］　称线性时不变系统(6.43)为循环，当且仅当其系统矩阵 $\boldsymbol{A}$ 为循环矩阵。

3. 循环系统的约当规范形

结论 6.5［循环系统的约当规范形］　线性时不变系统(6.43)为循环，当且仅当其系统矩阵 $\boldsymbol{A}$ 的约当规范形中相应于每个不同特征值仅有一个约当小块。

4. 循环系统的特征值属性

结论 6.6［循环系统的特征值属性］　对线性时不变系统(6.43)，若系统矩阵 $\boldsymbol{A}$ 的 n 个特征值为两两相异，则系统为循环。

5. 循环系统的能控属性

结论 6.7［循环系统的能控属性］　若线性时不变系统(6.43)为循环即 $\boldsymbol{A}$ 为循环矩阵，则至少存在一个 n 维列向量 $\boldsymbol{b}$，$\{\boldsymbol{A},\boldsymbol{b}\}$ 为完全能控。

结论 6.8［循环系统的能控属性］　若线性时不变系统(6.43)为循环即 $\boldsymbol{A}$ 为循环矩阵，且 $\{\boldsymbol{A},\boldsymbol{B}\}$ 为完全能控，则对几乎所有的 $p\times1$ 实向量 $\boldsymbol{\rho}$，使单输入矩阵对 $\{\boldsymbol{A},\boldsymbol{B}\boldsymbol{\rho}\}$ 为完全能控。

6. 非循环系统的循环化

结论 6.9［非循环系统循环化］　设线性时不变系统(6.43)为非循环即 $\boldsymbol{A}$ 为非循环矩阵，$\{\boldsymbol{A},\boldsymbol{B}\}$ 为完全能控，则对几乎所有 $p\times n$ 实常阵 $\boldsymbol{K}$，可使 $(\boldsymbol{A}-\boldsymbol{B}\boldsymbol{K})$ 为循环。

6.4.2　极点配置定理

在系统循环性及其属性的基础上，下面给出多输入情形下状态反馈可任意配置全部极点即特征值的条件，即极点配置定理。

结论 6.10［极点配置定理］ 对多输入 n 维连续时间线性时不变系统(6.43)，系统可通过状态反馈任意配置全部 n 个极点即特征值的充分必要条件为$\{\boldsymbol{A},\boldsymbol{B}\}$完全能控。

证 必要性证明同于单输入情形。现证充分性。已知$\{\boldsymbol{A},\boldsymbol{B}\}$能控，欲证可任意配置。首先，使系统矩阵 $\boldsymbol{A}$ 循环化。若 $\boldsymbol{A}$ 循环，表 $\bar{\boldsymbol{A}}=\boldsymbol{A}$；若 $\boldsymbol{A}$ 非循环，引入一个预状态反馈$\boldsymbol{u}=-\boldsymbol{K}_1\boldsymbol{x}+\bar{\boldsymbol{u}}$，然后再作符号置换 $\bar{\boldsymbol{u}}=\boldsymbol{u}$，使

$$\dot{\boldsymbol{x}}=(\boldsymbol{A}-\boldsymbol{B}\boldsymbol{K}_1)\boldsymbol{x}+\boldsymbol{B}\boldsymbol{u} \tag{6.44}$$

为循环，即$\bar{\boldsymbol{A}}=(\boldsymbol{A}-\boldsymbol{B}\boldsymbol{K}_1)$为循环矩阵。进而，对能控$(\bar{\boldsymbol{A}},\boldsymbol{B})$引入状态反馈 $\boldsymbol{u}=-\boldsymbol{K}\boldsymbol{x}+\boldsymbol{v}$，且表 $p\times n$ 矩阵$\boldsymbol{K}=\boldsymbol{\rho}\boldsymbol{k}$，$\boldsymbol{\rho}$ 和 $\boldsymbol{k}$ 为 $p\times 1$ 和 $1\times n$ 向量。再选取$\boldsymbol{\rho}$ 使单输入矩阵对$\{\bar{\boldsymbol{A}},\boldsymbol{B}\boldsymbol{\rho}\}$保持完全能控。基此，可以导出等价单输入闭环系统：

$$\dot{\boldsymbol{x}}=(\bar{\boldsymbol{A}}-\boldsymbol{B}\boldsymbol{K})\boldsymbol{x}=(\bar{\boldsymbol{A}}-\boldsymbol{B}\boldsymbol{\rho}\boldsymbol{k})\boldsymbol{x}=(\bar{\boldsymbol{A}}-\boldsymbol{b}\boldsymbol{k})\boldsymbol{x} \tag{6.45}$$

其中 $\boldsymbol{b}=\boldsymbol{B}\boldsymbol{\rho}$ 为 $n\times 1$ 矩阵。并且，成立：

$$\det(s\boldsymbol{I}-\bar{\boldsymbol{A}}+\boldsymbol{B}\boldsymbol{K})=\det(s\boldsymbol{I}-\bar{\boldsymbol{A}}+\boldsymbol{b}\boldsymbol{k}) \tag{6.46}$$

最后，对单输入系统(6.45)前已证明，由$\{\bar{\boldsymbol{A}},\boldsymbol{b}\}$完全能控，必存在 $\boldsymbol{k}$ 可任意配置全部极点。再由等价性(6.46)知，对多输入系统(6.43)，由$\{\boldsymbol{A},\boldsymbol{B}\}$完全能控，必存在 $\boldsymbol{K}=\boldsymbol{\rho}\boldsymbol{k}$ 或$\boldsymbol{\rho}\boldsymbol{k}+\boldsymbol{K}_1$ 可任意配置全部极点。

6.4.3 极点配置算法

对多输入连续时间线性时不变受控系统，可采用多种算法用以确定极点配置状态反馈矩阵 $\boldsymbol{K}$，下面介绍其中 3 种常用算法。并且，总是假定受控系统为完全能控。

算法 6.2［状态反馈矩阵算法］ 给定 n 维多输入线性时不变受控系统$\{\boldsymbol{A},\boldsymbol{B}\}$和一组任意期望闭环特征值$\{\lambda_1^*,\lambda_2^*,\cdots,\lambda_n^*\}$，要求确定一个 $p\times n$ 状态反馈矩阵 $\boldsymbol{K}$，使 $\lambda_i(\boldsymbol{A}-\boldsymbol{B}\boldsymbol{K})=\lambda_i^*$，$i=1,2,\cdots,n$ 成立。

Step 1：判断 $\boldsymbol{A}$ 的循环性。若非循环，选取一个 $p\times n$ 实常阵 $\boldsymbol{K}_1$ 使 $\bar{\boldsymbol{A}}=(\boldsymbol{A}-\boldsymbol{B}\boldsymbol{K}_1)$为循环；若为循环，表 $\bar{\boldsymbol{A}}=\boldsymbol{A}$。

Step 2：对循环 $\bar{\boldsymbol{A}}$，选取一个 $p\times 1$ 实常向量$\boldsymbol{\rho}$，表 $\boldsymbol{b}=\boldsymbol{B}\boldsymbol{\rho}$，使$\{\bar{\boldsymbol{A}},\boldsymbol{b}\}$为完全能控。

Step 3：对等价单输入系统$\{\bar{\boldsymbol{A}},\boldsymbol{b}\}$，利用单输入情形极点配置算法 6.1，计算状态反馈向量 $\boldsymbol{k}$。

Step 4：对 $\boldsymbol{A}$ 为循环，所求状态反馈矩阵 $\boldsymbol{K}=\boldsymbol{\rho}\boldsymbol{k}$；对 $\boldsymbol{A}$ 为非循环，所求状态反馈矩阵为 $\boldsymbol{K}=\boldsymbol{\rho}\boldsymbol{k}+\boldsymbol{K}_1$。

Step 5：停止计算。

注 从上述算法看出，由 $\boldsymbol{K}_1$ 和$\boldsymbol{\rho}$ 不唯一性和 $\boldsymbol{K}=\boldsymbol{\rho}\boldsymbol{k}+\boldsymbol{K}_1$ 或 $\boldsymbol{K}=\boldsymbol{\rho}\boldsymbol{k}$，可知状态反馈矩阵 $\boldsymbol{K}$ 结果的不唯一性和秩 1 性。通常，希望 $\boldsymbol{K}_1$ 和$\boldsymbol{\rho}$ 的选取使 $\boldsymbol{K}$ 的各个元为

尽可能小。

算法 6.3［状态反馈矩阵算法］　给定 n 维多输入线性时不变受控系统 $\{\boldsymbol{A},\boldsymbol{B}\}$ 和一组任意期望闭环特征值 $\{\lambda_1^*,\lambda_2^*,\cdots,\lambda_n^*\}$，要求确定一个 $p\times n$ 状态反馈矩阵 $\boldsymbol{K}$，使 $\lambda_i(\boldsymbol{A}-\boldsymbol{BK})=\lambda_i^*$，$i=1,2,\cdots,n$ 成立。为叙述简便，下面以 $n=9$ 和 $p=3$ 的一般性例子说明算法的步骤。

Step 1：将能控矩阵对 $\{\boldsymbol{A},\boldsymbol{B}\}$ 化为龙伯格能控规范形。对所讨论例子，有

$$\bar{\boldsymbol{A}}=\boldsymbol{S}^{-1}\boldsymbol{AS}=\left[\begin{array}{ccc:cc:cccc}
0 & 1 & 0 & 0 & 0 & 0 & 0 & 0 & 0\\
0 & 0 & 1 & 0 & 0 & 0 & 0 & 0 & 0\\
-\alpha_{10} & -\alpha_{11} & -\alpha_{12} & \beta_{14} & \beta_{15} & \beta_{16} & \beta_{17} & \beta_{18} & \beta_{19}\\
\hdashline
0 & 0 & 0 & 0 & 1 & 0 & 0 & 0 & 0\\
\beta_{21} & \beta_{22} & \beta_{23} & -\alpha_{20} & -\alpha_{21} & \beta_{26} & \beta_{27} & \beta_{28} & \beta_{29}\\
\hdashline
0 & 0 & 0 & 0 & 0 & 0 & 1 & 0 & 0\\
0 & 0 & 0 & 0 & 0 & 0 & 0 & 1 & 0\\
0 & 0 & 0 & 0 & 0 & 0 & 0 & 0 & 1\\
\beta_{31} & \beta_{32} & \beta_{33} & \beta_{34} & \beta_{35} & -\alpha_{30} & -\alpha_{31} & -\alpha_{32} & -\alpha_{33}
\end{array}\right]$$

$$\bar{\boldsymbol{B}}=\boldsymbol{S}^{-1}\boldsymbol{B}=\left[\begin{array}{ccc}
0 & 0 & 0\\
0 & 0 & 0\\
1 & \gamma & 0\\
\hdashline
0 & 0 & 0\\
0 & 1 & 0\\
\hdashline
0 & 0 & 0\\
0 & 0 & 0\\
0 & 0 & 0\\
0 & 0 & 1
\end{array}\right]$$

Step 2：将期望闭环特征值组，按龙伯格能控规范形 $\bar{\boldsymbol{A}}$ 的对角块阵个数和维数，分组并计算每组对应多项式。对所讨论例子，将 $\{\lambda_1^*,\lambda_2^*,\cdots,\lambda_9^*\}$ 分为 3 组，计算

$$\alpha_1^*(s)=(s-\lambda_1^*)(s-\lambda_2^*)(s-\lambda_3^*)=s^3+\alpha_{12}^*s^2+\alpha_{11}^*s+\alpha_{10}^*$$

$$\alpha_2^*(s)=(s-\lambda_4^*)(s-\lambda_5^*)=s^2+\alpha_{21}^*s+\alpha_{20}^*$$

$$\alpha_3^*(s)=(s-\lambda_6^*)(s-\lambda_7^*)(s-\lambda_8^*)(s-\lambda_9^*)=s^4+\alpha_{33}^*s^3+\alpha_{32}^*s^2+\alpha_{31}^*s+\alpha_{30}^*$$

Step 3：对龙伯格能控规范形 $\{\bar{\boldsymbol{A}},\bar{\boldsymbol{B}}\}$，按如下形式选取 $p\times n$ 状态反馈矩阵 $\bar{\boldsymbol{K}}$，对所讨论例子为

$$\bar{\boldsymbol{K}}=\left[\begin{array}{ccc:}
\alpha_{10}^*-\alpha_{10} & \alpha_{11}^*-\alpha_{11} & \alpha_{12}^*-\alpha_{12}\\
0 & 0 & 0\\
0 & 0 & 0
\end{array}\right.$$

$$
\left.\begin{array}{cc:cccc}
\beta_{14}-\gamma(\alpha_{20}^{*}-\alpha_{20}) & \beta_{15}-\gamma(\alpha_{21}^{*}-\alpha_{21}) & \beta_{16}-\gamma\beta_{26} & \beta_{17}-\gamma\beta_{27} & \beta_{18}-\gamma\beta_{28} & \beta_{19}-\gamma\beta_{29} \\
\alpha_{20}^{*}-\alpha_{20} & \alpha_{21}^{*}-\alpha_{21} & \beta_{26} & \beta_{27} & \beta_{28} & \beta_{29} \\
0 & 0 & \alpha_{30}^{*}-\alpha_{30} & \alpha_{31}^{*}-\alpha_{31} & \alpha_{32}^{*}-\alpha_{32} & \alpha_{33}^{*}-\alpha_{33}
\end{array}\right]
$$

Step 4：计算化$\{\boldsymbol{A},\boldsymbol{B}\}$为龙伯格能控规范形$\{\bar{\boldsymbol{A}},\bar{\boldsymbol{B}}\}$的变换矩阵$\boldsymbol{S}^{-1}$。

Step 5：计算所求状态反馈矩阵$\boldsymbol{K}=\bar{\boldsymbol{K}}\boldsymbol{S}^{-1}$。

Step 6：停止计算。

注 1 验证上述算法正确性。在算法给出的状态反馈矩阵$\bar{\boldsymbol{K}}$取法下，有

$$
\bar{\boldsymbol{A}}-\bar{\boldsymbol{B}}\bar{\boldsymbol{K}}=\left[\begin{array}{ccc:cc:cccc}
0 & 1 & 0 & & & & & & \\
0 & 0 & 1 & & & & & & \\
-\alpha_{10}^{*} & -\alpha_{11}^{*} & -\alpha_{12}^{*} & & & & & & \\
\hdashline
 & & & 0 & 1 & & & & \\
\beta_{21} & \beta_{22} & \beta_{23} & -\alpha_{20}^{*} & -\alpha_{21}^{*} & & & & \\
\hdashline
 & & & & & 0 & 1 & 0 & 0 \\
 & & & & & 0 & 0 & 1 & 0 \\
 & & & & & 0 & 0 & 0 & 1 \\
\beta_{31} & \beta_{32} & \beta_{33} & \beta_{34} & \beta_{35} & -\alpha_{30}^{*} & -\alpha_{31}^{*} & -\alpha_{32}^{*} & -\alpha_{33}^{*}
\end{array}\right]
$$

其中，未加标注元均为 0。再考虑到

$$\boldsymbol{A}-\boldsymbol{B}\boldsymbol{K}=\boldsymbol{S}\bar{\boldsymbol{A}}\boldsymbol{S}^{-1}-\boldsymbol{S}\bar{\boldsymbol{B}}\bar{\boldsymbol{K}}\boldsymbol{S}^{-1}=\boldsymbol{S}(\bar{\boldsymbol{A}}-\bar{\boldsymbol{B}}\bar{\boldsymbol{K}})\boldsymbol{S}^{-1}$$

可以导出，闭环系统特征值集合为

$$
\begin{aligned}
\Lambda(\boldsymbol{A}-\boldsymbol{B}\boldsymbol{K})&=\Lambda(\bar{\boldsymbol{A}}-\bar{\boldsymbol{B}}\bar{\boldsymbol{K}})\\
&=\{\{\lambda_1^{*},\lambda_2^{*},\lambda_3^{*}\},\{\lambda_4^{*},\lambda_5^{*}\},\{\lambda_6^{*},\lambda_7^{*},\lambda_8^{*},\lambda_9^{*}\}\}=\{\lambda_1^{*},\lambda_2^{*},\cdots,\lambda_9^{*}\}
\end{aligned}
$$

这表明，算法给出的状态反馈矩阵$\boldsymbol{K}$可实现期望极点配置。

注 2 上述算法具有两个优点。一是计算过程规范化，主要为计算变换阵$\boldsymbol{S}^{-1}$和导出龙伯格能控规范形$\{\bar{\boldsymbol{A}},\bar{\boldsymbol{B}}\}$。二是状态反馈矩阵$\boldsymbol{K}$结果的元比之算法 6.2 结果要小得多，龙伯格规范形$\bar{\boldsymbol{A}}$中对角线块阵个数愈多和每个块阵维数愈小，$\boldsymbol{K}$结果的元一般也愈小。

算法 6.4［状态反馈矩阵算法］ 给定 n 维多输入线性时不变受控系统$\{\boldsymbol{A},\boldsymbol{B}\}$和一组任意期望闭环特征值$\{\lambda_1^{*},\lambda_2^{*},\cdots,\lambda_n^{*}\}$，并引入附加限制：

$$\lambda_j^{*}\neq\lambda_i(\boldsymbol{A}),\quad j=1,2,\cdots,n \tag{6.47}$$

要求确定一个 $p\times n$ 状态反馈矩阵$\boldsymbol{K}$，使$\lambda_i(\boldsymbol{A}-\boldsymbol{B}\boldsymbol{K})=\lambda_i^{*}$，$i=1,2,\cdots,n$ 成立。

Step 1：任选一个 $n\times n$ 实常阵$\boldsymbol{F}$，使满足

$$\lambda_i(\boldsymbol{F})=\lambda_i^{*},\quad i=1,2,\cdots,n \tag{6.48}$$

作为参考，矩阵$\boldsymbol{F}$可按如下方式选取，由期望特征值组$\{\lambda_1^{*},\lambda_2^{*},\cdots,\lambda_n^{*}\}$导出相应特征多项式：

$$\alpha^{*}(s)=\prod_{i=1}^{n}(s-\lambda_i^{*})=s^n+\alpha_{n-1}^{*}s^{n-1}+\cdots+\alpha_1^{*}s+\alpha_0^{*} \tag{6.49}$$

基此，并引入任意 $n\times n$ 非奇异实常阵 $\boldsymbol{H}$，可将矩阵 $\boldsymbol{F}$ 取为

$$\boldsymbol{F}=\boldsymbol{H}\begin{bmatrix}0 & 1 & & 0\\ \vdots & & \ddots & \\ 0 & 0 & & 1\\ -\alpha_0^* & -\alpha_1^* & \cdots & -\alpha_{n-1}^*\end{bmatrix}\boldsymbol{H}^{-1} \tag{6.50}$$

Step 2：选取一个 $p\times n$ 实常阵 $\bar{\boldsymbol{K}}$，使 $\{\boldsymbol{F},\bar{\boldsymbol{K}}\}$ 为能观测。一般，若任意地选取 $\bar{\boldsymbol{K}}$，则使 $\{\boldsymbol{F},\bar{\boldsymbol{K}}\}$ 能观测的概率几乎等于 1。

Step 3：对给定矩阵 $\boldsymbol{A},\boldsymbol{B},\boldsymbol{F}$ 和 $\bar{\boldsymbol{K}}$，求解西尔维斯特(Sylvester)方程

$$\boldsymbol{AT}-\boldsymbol{TF}=\boldsymbol{B}\bar{\boldsymbol{K}} \tag{6.51}$$

的 $n\times n$ 非奇异解阵 $\boldsymbol{T}$。已经证明，若 $\boldsymbol{A}$ 和 $\boldsymbol{F}$ 不具有等同特征值，则对任意 $p\times n$ 常阵 $\bar{\boldsymbol{K}}$，$n\times n$ 解阵 $\boldsymbol{T}$ 存在且唯一。进而，$\{\boldsymbol{A},\boldsymbol{B}\}$ 能控和 $\{\boldsymbol{F},\bar{\boldsymbol{K}}\}$ 能观测，对多输入情形是解阵 $\boldsymbol{T}$ 为非奇异必要条件，对单输入情形是解阵 $\boldsymbol{T}$ 为非奇异充分必要条件。

Step 4：判断 $\boldsymbol{T}$ 非奇异性。若 $\boldsymbol{T}$ 非奇异，进入下一步。若 $\boldsymbol{T}$ 奇异，返回 Step 2，即重新选取 $\bar{\boldsymbol{K}}$，重复以上计算过程。

Step 5：计算 $\boldsymbol{T}^{-1}$。

Step 6：计算所求状态反馈矩阵 $\boldsymbol{K}=\bar{\boldsymbol{K}}\boldsymbol{T}^{-1}$。

Step 7：停止计算。

注 1　验证上述算法的正确性。在算法中给出的状态反馈矩阵 $\boldsymbol{K}$ 取法下，有

$$\boldsymbol{A}-\boldsymbol{BK}=\boldsymbol{A}-\boldsymbol{B}\bar{\boldsymbol{K}}\boldsymbol{T}^{-1}=(\boldsymbol{AT}-\boldsymbol{B}\bar{\boldsymbol{K}})\boldsymbol{T}^{-1}=\boldsymbol{TFT}^{-1} \tag{6.52}$$

基此，并考虑到矩阵 $\boldsymbol{F}$ 特征值为 $\{\lambda_1^*,\lambda_2^*,\cdots,\lambda_n^*\}$，可以导出特征值集合为

$$\Lambda(\boldsymbol{A}-\boldsymbol{BK})=\Lambda(\boldsymbol{F})=\{\lambda_1^*,\lambda_2^*,\cdots,\lambda_n^*\} \tag{6.53}$$

这就表明，算法导出的状态反馈矩阵 $\boldsymbol{K}$ 可实现期望极点配置。

注 2　上述算法具有两个特点。一是相比于算法 6.3 避免了化 $\{\boldsymbol{A},\boldsymbol{B}\}$ 为龙伯格能控规范形 $\{\bar{\boldsymbol{A}},\bar{\boldsymbol{B}}\}$ 的过程。二是主要步骤为求解西尔维斯特方程非奇异解阵 $\boldsymbol{T}$。对单输入情形，一次计算就可求得非奇异解阵 $\boldsymbol{T}$；对多输入情形，需经几次计算才可求得非奇异的解阵 $\boldsymbol{T}$。

例 6.2　给定多输入线性时不变系统，设状态方程已为龙伯格能控规范形：

$$\dot{\boldsymbol{x}}=\left[\begin{array}{ccc:cc}0 & 1 & 0 & 0 & 0\\ 0 & 0 & 1 & 0 & 0\\ 3 & 1 & 0 & 1 & 2\\ \hdashline 0 & 0 & 0 & 0 & 1\\ 4 & 3 & 1 & -1 & -4\end{array}\right]\boldsymbol{x}+\left[\begin{array}{cc}0 & 0\\ 0 & 0\\ 1 & 2\\ \hdashline 0 & 0\\ 0 & 1\end{array}\right]\boldsymbol{u}$$

再指定一组期望闭环特征值：

$$\lambda_1^*=-1,\quad \lambda_{2,3}^*=-2\pm \mathrm{j},\quad \lambda_{4,5}^*=-1\pm \mathrm{j}2$$

要求综合 2×5 极点配置状态反馈矩阵 $\boldsymbol{K}$。

方案Ⅰ：基于算法 6.3。首先，按龙伯格能控规范形中对角块阵数为 2 和块阵维数为 3 和 2，将期望闭环特征值相应分为 $\{\lambda_1^*,\lambda_2^*,\lambda_3^*\}$ 和 $\{\lambda_4^*,\lambda_5^*\}$ 两组，导出其特征

多项式

$$\alpha_1^*(s)=(s+1)(s+2-\mathrm{j})(s+2+\mathrm{j})=s^3+5s^2+9s+5$$

$$\alpha_2^*(s)=(s+1-\mathrm{j}2)(s+1+\mathrm{j}2)=s^2+2s+5$$

进而,据反馈矩阵算式,定出:

$$\boldsymbol{K}=\begin{bmatrix}\alpha_{10}^*-\alpha_{10} & \alpha_{11}^*-\alpha_{11} & \alpha_{12}^*-\alpha_{12} & \beta_{14}-\gamma(\alpha_{20}^*-\alpha_{20}) & \beta_{15}-\gamma(\alpha_{21}^*-\alpha_{21}) \\ 0 & 0 & 0 & \alpha_{20}^*-\alpha_{20} & \alpha_{21}^*-\alpha_{21}\end{bmatrix}$$

$$=\left[\begin{array}{ccc:cc}8 & 10 & 5 & -7 & 6 \\ \hdashline 0 & 0 & 0 & 4 & -2\end{array}\right]$$

考虑到受控系统状态方程已为规范形,上述结果即为所求状态反馈矩阵。

方案Ⅱ:基于直接计算法,实质上即为算法 6.2。首先,定出对应于期望闭环特征值组的特征多项式

$$\alpha^*(s)=\prod_{i=1}^{5}(s-\lambda_i^*)=s^5+7s^4+24s^3+48s^2+55s+25$$

基此,可定出一个期望闭环系统矩阵为

$$\boldsymbol{A}-\boldsymbol{BK}=\begin{bmatrix}0 & 1 & 0 & 0 & 0 \\ 0 & 0 & 1 & 0 & 0 \\ 0 & 0 & 0 & 1 & 0 \\ 0 & 0 & 0 & 0 & 1 \\ -25 & -55 & -48 & -24 & -7\end{bmatrix}$$

再由给定 $\boldsymbol{A}$,$\boldsymbol{B}$ 和上述 $\boldsymbol{A}-\boldsymbol{BK}$,得到

$$\boldsymbol{BK}=\begin{bmatrix}0 & 0 & 0 & 0 & 0 \\ 0 & 0 & 0 & 0 & 0 \\ 3 & 1 & 0 & 0 & 2 \\ 0 & 0 & 0 & 0 & 0 \\ 29 & 58 & 49 & 23 & 3\end{bmatrix}=\begin{bmatrix}0 & 0 \\ 0 & 0 \\ 1 & 2 \\ 0 & 0 \\ 0 & 1\end{bmatrix}\boldsymbol{K}$$

基此,定出极点配置状态反馈矩阵 $\boldsymbol{K}$ 为

$$\boldsymbol{K}=\begin{bmatrix}-55 & -115 & -98 & -46 & -4 \\ 29 & 58 & 49 & 23 & 3\end{bmatrix}$$

比较算法 6.2 和算法 6.3 的综合结果可看出,算法 6.3 导出的状态反馈矩阵 $\boldsymbol{K}$ 中各元的值相比之下总体上要小得多。这一事实对于反馈的工程实现无疑是有意义的。

6.4.4 状态反馈对系统传递函数矩阵零点的影响

本部分讨论状态反馈对系统传递函数矩阵零点的影响。下面,就单输入单输出和多输入多输出两类情形,对此问题作出具体分析。

1. 单输入单输出情形

考虑完全能控单输入单输出线性时不变受控系统：

$$\begin{aligned}\dot{\boldsymbol{x}} &= \boldsymbol{A}\boldsymbol{x} + \boldsymbol{b}u \\ y &= \boldsymbol{c}\boldsymbol{x}\end{aligned} \tag{6.54}$$

其中，$\boldsymbol{x}$ 为 n 维状态，u 为标量输入，y 为标量输出。进而，表系统特征多项式为

$$\alpha(s) \triangleq \det(s\boldsymbol{I} - \boldsymbol{A}) = s_n + \alpha_{n-1}s^{n-1} + \cdots + \alpha_1 s + \alpha_0 \tag{6.55}$$

再定义一组标量系数为

$$\begin{aligned}\beta_{n-1} &= \boldsymbol{c}\boldsymbol{b} \\ \beta_{n-2} &= \boldsymbol{c}\boldsymbol{A}\boldsymbol{b} + \alpha_{n-1}\boldsymbol{c}\boldsymbol{b} \\ &\cdots\cdots \\ \beta_1 &= \boldsymbol{c}\boldsymbol{A}^{n-2}\boldsymbol{b} + \alpha_{n-1}\boldsymbol{c}\boldsymbol{A}^{n-3}\boldsymbol{b} + \cdots + \alpha_2\boldsymbol{c}\boldsymbol{b} \\ \beta_0 &= \boldsymbol{c}\boldsymbol{A}^{n-1}\boldsymbol{b} + \alpha_{n-1}\boldsymbol{c}\boldsymbol{A}^{n-2}\boldsymbol{b} + \cdots + \alpha_1\boldsymbol{c}\boldsymbol{b}\end{aligned} \tag{6.56}$$

基此，可以导出系统传递函数 $g(s)$ 为

$$g(s) = \boldsymbol{c}(s\boldsymbol{I} - \boldsymbol{A})^{-1}\boldsymbol{b} = \frac{\beta_{n-1}s^{n-1} + \cdots + \beta_1 s + \beta_0}{s^n + \alpha_{n-1}s^{n-1} + \cdots + \alpha_1 s + \alpha_0} \tag{6.57}$$

结论 6.11［状态反馈对零点影响］ 对完全能控 n 维单输入单输出线性时不变系统(6.54)，引入状态反馈任意配置传递函数 $g(s)$ 全部 n 个极点时，一般不影响 $g(s)$ 的零点。

注 上述结论给出的是一般性事实。实际上，也可出现这样的情况，状态反馈通过使 $g(s)$ 某些极点配置为与 $g(s)$ 零点相重合构成对消而对零点产生影响。并且，被对消掉的极点就成为不能观测，这也是对状态反馈不一定保持能观测性的一个直观解释。

2. 多输入多输出情形

考虑完全能控多输入多输出线性时不变受控系统：

$$\begin{aligned}\dot{\boldsymbol{x}} &= \boldsymbol{A}\boldsymbol{x} + \boldsymbol{B}\boldsymbol{u}, \quad \boldsymbol{x} \in \mathcal{R}^n, \quad \boldsymbol{u} \in \mathcal{R}^p \\ \boldsymbol{y} &= \boldsymbol{C}\boldsymbol{x}, \qquad\qquad \boldsymbol{y} \in \mathcal{R}^q\end{aligned} \tag{6.58}$$

其传递函数矩阵为

$$\boldsymbol{G}(s) = \boldsymbol{C}(s\boldsymbol{I} - \boldsymbol{A})^{-1}\boldsymbol{B} \tag{6.59}$$

$\boldsymbol{G}(s)$ 的零点可按多种方式定义，相关讨论将在第 9 章中给出。对系统的状态空间描述，设 $(\boldsymbol{A}, \boldsymbol{B}, \boldsymbol{C})$ 为联合能控和能观测，则系统零点定义为使

$$\operatorname{rank}\begin{bmatrix} s\boldsymbol{I} - \boldsymbol{A} & \boldsymbol{B} \\ -\boldsymbol{C} & \boldsymbol{0}\end{bmatrix} < n + \min(p, q) \tag{6.60}$$

的所有 s 值。

结论 6.12［状态反馈对零点影响］ 对完全能控 n 维多输入多输出连续时间线

性时不变系统(6.58),状态反馈在配置传递函数矩阵 $\boldsymbol{G}(s)$ 全部 n 个极点同时一般不影响 $\boldsymbol{G}(s)$ 零点。

注 应当指出,上述结论并不意味着,$\boldsymbol{G}(s)$ 每个元传递函数的分子多项式不受状态反馈的影响。对此,可以举例说明这一点。

例 6.3 考虑双输入双输出线性时不变系统,状态空间描述$(\boldsymbol{A},\boldsymbol{B},\boldsymbol{C})$为

$$\boldsymbol{A}=\begin{bmatrix}1&0&0\\0&2&0\\0&0&3\end{bmatrix},\quad \boldsymbol{B}=\begin{bmatrix}1&0\\0&1\\1&1\end{bmatrix},\quad \boldsymbol{C}=\begin{bmatrix}1&0&2\\2&1&0\end{bmatrix}$$

容易定出,系统传递函数矩阵 $\boldsymbol{G}(s)$ 为

$$\boldsymbol{G}(s)=\begin{bmatrix}\dfrac{3s-5}{(s-1)(s-3)} & \dfrac{2}{s-3}\\ \dfrac{2}{s-1} & \dfrac{1}{s-2}\end{bmatrix}$$

$\boldsymbol{G}(s)$ 的极点为 $\lambda_1=1,\lambda_2=2,\lambda_3=3$。引入状态反馈,取状态反馈矩阵为

$$\boldsymbol{K}=\begin{bmatrix}-6&-15&15\\0&3&0\end{bmatrix}$$

相应地,综合导出的状态反馈闭环系统的系数矩阵为

$$\boldsymbol{A}-\boldsymbol{BK}=\begin{bmatrix}7&15&-15\\0&-1&0\\6&12&-12\end{bmatrix},\quad \boldsymbol{B}=\begin{bmatrix}1&0\\0&1\\1&1\end{bmatrix},\quad \boldsymbol{C}=\begin{bmatrix}1&0&2\\2&1&0\end{bmatrix}$$

闭环系统传递函数矩阵 $\boldsymbol{G}_K(s)$ 为

$$\boldsymbol{G}_K(s)=\begin{bmatrix}\dfrac{3s-5}{(s+2)(s+3)} & \dfrac{2s^2+12s-17}{(s+1)(s+2)(s+3)}\\ \dfrac{2(s-3)}{(s+2)(s+3)} & \dfrac{(s-3)(s+8)}{(s+1)(s+2)(s+3)}\end{bmatrix}$$

比较 $\boldsymbol{G}_K(s)$ 和 $\boldsymbol{G}(s)$ 可以看出,状态反馈在使系统极点配置到

$$\lambda_1^*=-1,\quad \lambda_2^*=-2,\quad \lambda_3^*=-3$$

同时,对大部分元传递函数的分子多项式产生影响。

6.5 输出反馈极点配置

输出反馈是以输出为反馈变量的一类系统结构信息的不完全反馈。输出反馈的特点是易于物理构成。本节简要讨论输出反馈极点配置问题,着重阐明输出反馈在极点配置上的局限性,并介绍这一领域中的相关结果。

1. 问题的提法

考虑线性时不变系统:

$$\begin{aligned}\dot{\boldsymbol{x}} &= \boldsymbol{A}\boldsymbol{x} + \boldsymbol{B}\boldsymbol{u} \\ \boldsymbol{y} &= \boldsymbol{C}\boldsymbol{x}\end{aligned} \tag{6.61}$$

其中，$\boldsymbol{x} \in \mathscr{R}^n$ 为状态，$\boldsymbol{u} \in \mathscr{R}^p$ 为输入，$\boldsymbol{y} \in \mathscr{R}^q$ 为输出。取输入 $\boldsymbol{u}$ 为输出反馈型控制律：

$$\boldsymbol{u} = -\boldsymbol{F}\boldsymbol{y} + \boldsymbol{v} \tag{6.62}$$

其中，$\boldsymbol{F}$ 为 $p \times q$ 反馈矩阵，$\boldsymbol{v}$ 为参考输入。输出反馈极点配置就是，对任意给定的期望极点组：

$$\{\lambda_1^*, \lambda_2^*, \cdots, \lambda_n^*\} \tag{6.63}$$

确定一个反馈矩阵 $\boldsymbol{F}$，使导出的输出反馈闭环系统

$$\begin{aligned}\dot{\boldsymbol{x}} &= (\boldsymbol{A} - \boldsymbol{B}\boldsymbol{F}\boldsymbol{C})\boldsymbol{x} + \boldsymbol{B}\boldsymbol{v} \\ \boldsymbol{y} &= \boldsymbol{C}\boldsymbol{x}\end{aligned} \tag{6.64}$$

的所有特征值实现期望的配置，即有

$$\lambda_i(\boldsymbol{A} - \boldsymbol{B}\boldsymbol{F}\boldsymbol{C}) = \lambda_i^*, \quad i = 1, 2, \cdots, n \tag{6.65}$$

其中，$\lambda(\cdot)$ 表示所示矩阵的特征值。

2. 输出反馈极点配置的局限性

对输出反馈在极点配置上的局限性，可有如下两个结论。

结论 6.13［输出反馈局限性］　对完全能控线性时不变受控系统(6.61)，采用输出反馈(6.62)一般不能任意配置系统全部极点。

结论 6.14［输出反馈局限性］　对完全能控 n 维单输入单输出连续时间线性时不变受控系统：

$$\begin{aligned}\dot{\boldsymbol{x}} &= \boldsymbol{A}\boldsymbol{x} + \boldsymbol{b}u \\ y &= \boldsymbol{c}\boldsymbol{x}\end{aligned} \tag{6.66}$$

采用输出反馈：

$$u = v - fy = v - f\boldsymbol{c}\boldsymbol{x} \tag{6.67}$$

只能使闭环系统极点配置到根轨迹上，而不能配置到根轨迹以外位置上。

3. 输出反馈极点配置的基本结论

输出反馈极点配置曾是 20 世纪 70 年代后期系统控制理论中的一个热点问题。下面，不加证明地给出文献中提出的基本结果。

结论 6.15［输出反馈极点配置］　对完全能控和完全能观测 n 维线性时不变系统(6.61)，设 $\text{rank}\boldsymbol{B} = p$ 和 $\text{rank}\boldsymbol{C} = q$，则采用输出反馈 $\boldsymbol{u} = -\boldsymbol{F}\boldsymbol{y} + \boldsymbol{v}$，可对数目为

$$\min\{n, p + q - 1\}$$

的闭环系统极点进行“任意接近”式配置，即使其可任意地接近任给的期望极点位置。

4. 扩大输出反馈配置功能的途径

上述讨论表明，对线性时不变受控系统，静态输出反馈在极点配置上具有很大局限性。扩大配置功能的一个途径是采用动态输出反馈，即在采用输出反馈同时附加引入补偿器。可以证明，通过合理选取补偿器结构和特性，可对带补偿器输出反

馈系统的全部极点进行任意配置。

6.6 状态反馈镇定

考虑连续时间线性时不变受控系统，状态方程为

$$\dot{\boldsymbol{x}} = \boldsymbol{A}\boldsymbol{x} + \boldsymbol{B}\boldsymbol{u}, \quad \boldsymbol{x}(0) = \boldsymbol{x}_0, \quad t \geqslant 0 \tag{6.68}$$

其中，$\boldsymbol{x} \in \mathscr{R}^n$ 为状态，$\boldsymbol{u} \in \mathscr{R}^p$ 为输入，$\boldsymbol{A}$ 和 $\boldsymbol{B}$ 为相应维数常阵。

下面简要给出状态反馈镇定问题有关结果。

1. 问题的提法

所谓状态反馈镇定问题就是，对给定线性时不变受控系统(6.68)，找到一个状态反馈型控制律：

$$\boldsymbol{u} = -\boldsymbol{K}\boldsymbol{x} + \boldsymbol{v}, \quad \boldsymbol{v}\text{ 为参考输入} \tag{6.69}$$

使所导出的状态反馈闭环系统

$$\boldsymbol{x} = (\boldsymbol{A} - \boldsymbol{B}\boldsymbol{K})\boldsymbol{x} + \boldsymbol{B}\boldsymbol{v} \tag{6.70}$$

为渐近稳定，即系统闭环特征值均具有负实部。

2. 镇定问题属性

镇定问题属于极点区域配置问题。对于镇定问题，系统闭环极点的综合目标，并不要求配置于任意指定期望位置，而只要求配置于复平面的左半开平面上。基此属性，可以由极点配置结果直接导出镇定问题对应结论。

3. 可镇定条件

结论 6.16［可镇定充要条件］ 线性时不变受控系统(6.68)可由状态反馈(6.69)镇定，当且仅当系统不能控部分为渐近稳定。

结论 6.17［可镇定充分条件］ 线性时不变受控系统(6.68)可由状态反馈(6.69)镇定的一个充分条件是系统为完全能控。

证 镇定属于极点区域配置问题。完全能控系统必可由状态反馈任意配置全部极点，当然也必可由状态反馈镇定。

4. 状态反馈镇定的算法

算法 6.5［状态反馈镇定算法］ 给定 n 维线性时不变受控系统$\{\boldsymbol{A},\boldsymbol{B}\}$，设其满足可镇定条件，要求综合 $p \times n$ 镇定状态反馈矩阵$\boldsymbol{K}$。

Step 1：判断$\{\boldsymbol{A},\boldsymbol{B}\}$能控性。若不完全能控，进入下一步；若完全能控，去到 Step 5。

Step 2：对$\{\boldsymbol{A},\boldsymbol{B}\}$构造按能控性分解变换矩阵 $\boldsymbol{P}^{-1}$，计算 $\boldsymbol{P} = (\boldsymbol{P}^{-1})^{-1}$，计算

$$\bar{\boldsymbol{A}} = \boldsymbol{P}\boldsymbol{A}\boldsymbol{P}^{-1} = \begin{bmatrix} \bar{\boldsymbol{A}}_c & \bar{\boldsymbol{A}}_{12} \\ \boldsymbol{0} & \bar{\boldsymbol{A}}_{\bar{c}} \end{bmatrix}, \quad \bar{\boldsymbol{B}} = \boldsymbol{P}\boldsymbol{B} = \begin{bmatrix} \bar{\boldsymbol{B}}_c \\ \boldsymbol{0} \end{bmatrix}$$

其中，表 $\dim \bar{A}_c = n_1$，$\dim \bar{A}_{\bar{c}} = n_2$。

Step 3：对 $\{\bar{A}_c, \bar{B}_c\}$，任意指定 n_1 个实部为负期望闭环特征值 $\{\bar{\lambda}_1^*, \bar{\lambda}_2^*, \cdots, \bar{\lambda}_{n_1}^*\}$，按多输入情形极点配置算法，计算 $p \times n_1$ 极点配置状态反馈矩阵 $\bar{K}_1$。

Step 4：计算 $p \times n$ 镇定状态反馈矩阵 $K = [\bar{K}_1, 0]P$，并去到 Step 6。

Step 5：对 $\{A, B\}$，任意指定 n 个实部为负期望闭环特征值 $\{\lambda_1^*, \lambda_2^*, \cdots, \lambda_n^*\}$，按多输入情形极点配置算法，计算 $p \times n$ 镇定状态反馈矩阵 K。

Step 6：计算停止。

6.7 状态反馈动态解耦

解耦问题不仅具有重要理论意义，而且具有广泛应用背景。本节针对一类基本和典型受控系统，系统讨论状态反馈动态解耦问题的理论和方法。主要内容包括系统和假定，可解耦性条件，以及动态解耦状态反馈综合算法等。

6.7.1 系统和假定

考虑多输入多输出连续时间线性时不变系统，系统模型既可采用状态空间描述：

$$\begin{aligned} \dot{x} &= Ax + Bu \\ y &= Cx \end{aligned} \tag{6.71}$$

也可采用传递函数矩阵描述：

$$G(s) = C(sI - A)^{-1}B \tag{6.72}$$

其中，$x \in \mathcal{R}^n$ 为状态，$u \in \mathcal{R}^p$ 为输入，$y \in \mathcal{R}^q$ 为输出，$G(s)$ 为 $q \times p$ 严真有理分式矩阵。

进而引入如下 3 个基本假设。

(i) 受控系统为方系统，即输入变量和输出变量具有相同个数，有 $\dim(u) = \dim(y)$ 即 $p = q$。相应地，传递函数矩阵 $G(s)$ 为方有理分式矩阵。

(ii) 控制律取为“状态反馈”结合“输入变换”形式，即有

$$u = -Kx + Lv \tag{6.73}$$

其中，K 为 $p \times n$ 状态反馈矩阵，L 为 $p \times p$ 输入变换矩阵，v 为参考输入。相应地，包含输入变换的状态反馈系统的组成结构如图 6.7 所示。

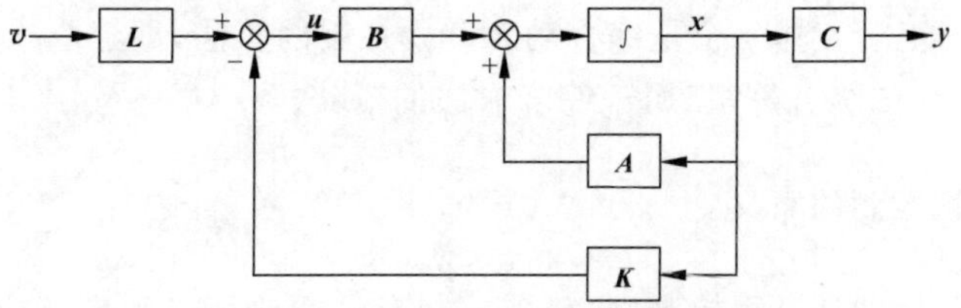

图 6.7　包含输入变换的状态反馈系统的组成结构

(iii) 输入变换矩阵 L 为非奇异，即有 $\det L \neq 0$。

6.7.2 问题的提法

考虑包含输入变换的状态反馈系统，容易导出，系统状态空间描述为

$$\begin{aligned}\dot{\boldsymbol{x}} &= (\boldsymbol{A}-\boldsymbol{BK})\boldsymbol{x}+\boldsymbol{BLv} \\ \boldsymbol{y} &= \boldsymbol{Cx}\end{aligned} \tag{6.74}$$

系统传递函数矩阵为

$$\boldsymbol{G}_{KL}(s)=\boldsymbol{C}(s\boldsymbol{I}-\boldsymbol{A}+\boldsymbol{BK})^{-1}\boldsymbol{BL} \tag{6.75}$$

下面，就动态解耦的问题提法及其相关内容作如下的几点说明。

1. 问题提法

对于多输入多输出方线性时不变受控系统(6.71)，动态解耦控制就是，寻找一个输入变换和状态反馈矩阵对$\{\boldsymbol{L}\in\mathscr{R}^{p\times p},\boldsymbol{K}\in\mathscr{R}^{p\times n}\}$，使所导出的闭环系统传递函数矩阵$\boldsymbol{G}_{KL}(s)$为非奇异对角有理分式矩阵，即

$$\boldsymbol{G}_{KL}(s)=\boldsymbol{C}(s\boldsymbol{I}-\boldsymbol{A}+\boldsymbol{BK})^{-1}\boldsymbol{BL}=\begin{bmatrix}\bar{g}_{11}(s) & & \\ & \ddots & \\ & & \bar{g}_{pp}(s)\end{bmatrix} \tag{6.76}$$

其中，$\bar{g}_{ii}(s)\neq 0, i=1,2,\cdots,p$。

2. 动态解耦的实质

动态解耦的实质，是在整个时间区间内，把一个 p 输入 p 输出耦合系统

$$\hat{\boldsymbol{y}}(s)=\boldsymbol{G}_{KL}(s)\hat{\boldsymbol{v}}(s) \tag{6.77}$$

通过引入适当$\{\boldsymbol{L}\in\mathscr{R}^{p\times p},\boldsymbol{K}\in\mathscr{R}^{p\times n}\}$，化为 p 个独立的单输入单输出系统：

$$\hat{y}_i(s)=\bar{g}_{ii}(s)\hat{v}_i(s),\quad i=1,2,\cdots,p \tag{6.78}$$

且一个输出 y_i 由且仅由一个输入 v_i 所控制。

3. 动态解耦问题的研究命题

动态解耦控制的综合同样面临两个基本问题。一个是受控系统的可动态解耦性，即建立使受控系统可通过状态反馈和输入变换实现动态解耦所应满足的条件，属于综合理论的范畴。另一个是综合动态解耦控制的算法，即建立求解矩阵对$\{\boldsymbol{L}\in\mathscr{R}^{p\times p},\boldsymbol{K}\in\mathscr{R}^{p\times n}\}$的综合算法，属于综合方法的范畴。

4. 动态解耦控制的意义

在工业控制特别是过程控制中，解耦控制有着重要意义和广泛应用。通过使系统实现动态解耦，使对为数众多的被控变量都可独立地和单独地进行控制，从而大大简化多变量系统的控制过程。

6.7.3　系统的结构特征量

这一部分着重于讨论线性时不变受控系统的两个结构特征量即结构特性指数和结构特性向量。在系统动态解耦问题的研究中,这两个结构特征量具有非常重要的作用。

考虑方连续时间线性时不变系统,状态空间描述为$\{\boldsymbol{A}\in\mathscr{R}^{n\times n},\boldsymbol{B}\in\mathscr{R}^{n\times p},\boldsymbol{C}\in\mathscr{R}^{p\times n}\}$,并表输出矩阵$\boldsymbol{C}$为

$$\boldsymbol{C}=\begin{bmatrix}\boldsymbol{c}_1'\\ \boldsymbol{c}_2'\\ \vdots\\ \boldsymbol{c}_p'\end{bmatrix}\tag{6.79}$$

传递函数矩阵描述为$p\times p$有理分式矩阵$\boldsymbol{G}(s)$,并表$\boldsymbol{G}(s)$为

$$\boldsymbol{G}(s)=\begin{bmatrix}\boldsymbol{g}_1'(s)\\ \boldsymbol{g}_2'(s)\\ \vdots\\ \boldsymbol{g}_p'(s)\end{bmatrix}\tag{6.80}$$

$$\boldsymbol{g}_i'(s)=[g_{i1}(s)\quad g_{i2}(s)\quad\cdots\quad g_{ip}(s)]\tag{6.81}$$

$$\sigma_{ij}=\text{“}g_{ij}(s)\text{ 分母多项式次数”}-\text{“}g_{ij}(s)\text{ 分子多项式次数”}\tag{6.82}$$

下面,给出结构特性指数和结构特性向量的概念和属性。

1. 结构特性指数

线性时不变受控系统的结构特性指数,既可基于状态空间描述$\{\boldsymbol{A},\boldsymbol{B},\boldsymbol{C}\}$定义,也可基于传递函数矩阵描述$\boldsymbol{G}(s)$定义。

定义 6.3［结构特性指数］　对方连续时间线性时不变受控系统,结构特性指数基于状态空间描述的定义为

$$d_i=\begin{cases}\mu_i, & \text{当 }\boldsymbol{c}_i\boldsymbol{A}^k\boldsymbol{B}=\boldsymbol{0},\quad k=0,1,\cdots,\mu_i-1,\quad\text{而 }\boldsymbol{c}_i\boldsymbol{A}^{\mu_i}\boldsymbol{B}\neq\boldsymbol{0}\\ n-1, & \text{当 }\boldsymbol{c}_i\boldsymbol{A}^k\boldsymbol{B}=\boldsymbol{0},\quad k=0,1,2,\cdots,n-1\end{cases}\tag{6.83}$$

基于传递函数矩阵描述的定义为

$$d_i=\min\{\sigma_{i1},\sigma_{i2},\cdots,\sigma_{ip}\}-1\tag{6.84}$$

其中,$i=1,2,\cdots,p$。

结构特性指数具有如下一些属性。

结论 6.18［d_i 取值范围］　结构特性指数d_i为非负整数,取值范围为

$$0\leqslant d_i\leqslant n-1,\quad i=1,2,\cdots,p\tag{6.85}$$

结论 6.19［d_i 定义等价性］ 结构特性指数 d_i 的两种定义(6.83)和(6.84)为等价。

结论 6.20［d_i 物理含义］ 直观上，结构特性指数即为

$$d_i = \boldsymbol{g}_i'(s)\text{ 元传递函数最小相对阶 }-1,\quad i=1,2,\cdots,p \tag{6.86}$$

2. 结构特性向量

对线性时不变受控系统，结构特性向量同样既可基于状态空间描述$\{\boldsymbol{A},\boldsymbol{B},\boldsymbol{C}\}$定义，也可基于传递函数矩阵描述$\boldsymbol{G}(s)$定义。

定义 6.4［结构特性向量］ 对方线性时不变受控系统，结构特性向量基于状态空间描述的定义为

$$\boldsymbol{E}_i = \boldsymbol{c}_i \boldsymbol{A}^{d_i} \boldsymbol{B} \tag{6.87}$$

基于传递函数矩阵描述的定义为

$$\boldsymbol{E}_i = \lim_{s\to\infty} s^{d_i+1} \boldsymbol{g}_i'(s) \tag{6.88}$$

其中，$i=1,2,\cdots,p$。

下面，给出结构特性向量的两个属性。

结论 6.21［$\boldsymbol{E}_i$ 的维数］ 结构特性向量 $\boldsymbol{E}_i$ 为 $1\times p$ 行向量。

结论 6.22［$\boldsymbol{E}_i$ 定义等价性］ 结构特性向量 $\boldsymbol{E}_i$ 两种定义(6.87)和(6.88)为等价。

3. 包含输入变换状态反馈闭环系统的结构特征量

给定任意矩阵对$\{\boldsymbol{L}\in\mathcal{R}^{p\times p},\boldsymbol{K}\in\mathcal{R}^{p\times n}\}$，其中 $\det\boldsymbol{L}\neq 0$，则可导出包含输入变换状态反馈系统的传递函数矩阵为

$$\boldsymbol{G}_{KL}(s) = \boldsymbol{C}(s\boldsymbol{I}-\boldsymbol{A}+\boldsymbol{B}\boldsymbol{K})^{-1}\boldsymbol{B}\boldsymbol{L} \tag{6.89}$$

且表 $\boldsymbol{G}_{KL}(s)$的第 i 个行传递函数向量为$\boldsymbol{g}_{KLi}'(s)$。

在此基础上，可以给出闭环系统两个结构特征量，即 $\boldsymbol{g}_{KLi}'(s)$的结构特性指数 $\bar{d}_i$ 和结构特性向量$\bar{\boldsymbol{E}}_i$ 为

$$\bar{d}_i = \begin{cases} \bar{\mu}_i, & \text{当 } \boldsymbol{c}_i'(\boldsymbol{A}-\boldsymbol{B}\boldsymbol{K})^k\boldsymbol{B}\boldsymbol{L}=\boldsymbol{0},\quad k=1,2,\cdots,\bar{\mu}_i-1 \\ & \text{而 } \boldsymbol{c}_i'(\boldsymbol{A}-\boldsymbol{B}\boldsymbol{K})^{\bar{\mu}_i}\boldsymbol{B}\boldsymbol{L}\neq\boldsymbol{0} \\ n-1, & \text{当 } \boldsymbol{c}_i'(\boldsymbol{A}-\boldsymbol{B}\boldsymbol{K})^k\boldsymbol{B}\boldsymbol{L}=\boldsymbol{0},\quad k=1,2,\cdots,n-1 \end{cases} \tag{6.90}$$

和

$$\bar{\boldsymbol{E}}_i = \boldsymbol{c}_i'(\boldsymbol{A}-\boldsymbol{B}\boldsymbol{K})^{\bar{d}_i}\boldsymbol{B}\boldsymbol{L} \tag{6.91}$$

其中，$i=1,2,\cdots,p$。

4. 开环系统和闭环系统的结构特征量的关系

对受控系统即开环系统的结构特征量和包含输入变换状态反馈系统即闭环系

统的结构特征量，两者之间的关系由下面的结论给出。

结论 6.23［开环和闭环结构特征量关系］ 给定受控系统$\{\boldsymbol{A},\boldsymbol{B},\boldsymbol{C}\}$和包含输入变换状态反馈系统$\{\boldsymbol{A}-\boldsymbol{BK},\boldsymbol{BL},\boldsymbol{C}\}$，其中$\{\boldsymbol{L}\in\mathscr{R}^{p\times p},\boldsymbol{K}\in\mathscr{R}^{p\times n}\}$为任意，$\det\boldsymbol{L}\neq 0$。表 d_i 和 $\bar{d}_i$ 为开环系统和闭环系统结构特性指数，$\boldsymbol{E}_i$ 和 $\bar{\boldsymbol{E}}_i$ 为开环系统和闭环系统结构特性向量，则两者具有如下关系：

$$\bar{d}_i=d_i,\quad i=1,2,\cdots,p \tag{6.92}$$

和

$$\bar{\boldsymbol{E}}_i=\boldsymbol{E}_i\boldsymbol{L},\quad i=1,2,\cdots,p \tag{6.93}$$

6.7.4 可解耦条件

在系统结构特征量及其属性基础上，现来建立方多输入多输出线性时不变系统基于输入变换和状态反馈的可动态解耦条件。并且，为了随后讨论的需要，先来引入积分型解耦系统概念和性质。

结论 6.24［积分型解耦系统］ 给定方线性时不变受控系统$\{\boldsymbol{A}\in\mathscr{R}^{n\times n},\boldsymbol{B}\in\mathscr{R}^{n\times p},\boldsymbol{C}\in\mathscr{R}^{p\times n}\}$，基于结构特性向量组成 $p\times p$ 矩阵：

$$\boldsymbol{E}=\begin{bmatrix}\boldsymbol{E}_1\\ \vdots\\ \boldsymbol{E}_p\end{bmatrix} \tag{6.94}$$

基于结构特性指数组成 $p\times n$ 矩阵：

$$\boldsymbol{F}=\begin{bmatrix}\boldsymbol{c}'_1\boldsymbol{A}^{d_1+1}\\ \vdots\\ \boldsymbol{c}'_p\boldsymbol{A}^{d_p+1}\end{bmatrix} \tag{6.95}$$

进而，令 $\boldsymbol{E}$ 为非奇异即 $\det\boldsymbol{E}\neq 0$，取$\{\boldsymbol{L}\in\mathscr{R}^{p\times p},\boldsymbol{K}\in\mathscr{R}^{p\times n}\}$为

$$\boldsymbol{L}=\boldsymbol{E}^{-1},\quad \boldsymbol{K}=\boldsymbol{E}^{-1}\boldsymbol{F} \tag{6.96}$$

则由此导出的包含输入变换状态反馈系统

$$\begin{aligned}\dot{\boldsymbol{x}}&=(\boldsymbol{A}-\boldsymbol{BE}^{-1}\boldsymbol{F})\boldsymbol{x}+\boldsymbol{BE}^{-1}\boldsymbol{v}\\ \boldsymbol{y}&=\boldsymbol{Cx}\end{aligned} \tag{6.97}$$

为积分型解耦系统，即闭环传递函数矩阵具有形式：

$$\boldsymbol{G}_{KL}(s)=\boldsymbol{C}(s\boldsymbol{I}-\boldsymbol{A}+\boldsymbol{BE}^{-1}\boldsymbol{F})^{-1}\boldsymbol{BE}^{-1}=\begin{bmatrix}\dfrac{1}{s^{d_1+1}} & & \\ & \ddots & \\ & & \dfrac{1}{s^{d_p+1}}\end{bmatrix} \tag{6.98}$$

注 1 物理上，闭环传递函数矩阵 $\boldsymbol{G}_{KL}(s)$具有(6.98)形式意味着，解耦后各单

输入单输出闭环系统传递函数为(d_i+1)重积分器，$i=1,2,\cdots,p$。这是称这类解耦为积分型解耦的由来。

注 2 积分型解耦系统由于其性能在工程上是不能被接受的，因而本身并没有实际的应用价值。积分型解耦系统的意义主要在于理论分析上的应用，既可为证明可解耦条件提供简单途径，也构成了综合具有期望性能指标解耦控制系统的必要步骤。

下面建立系统可由输入变换和状态反馈实现动态解耦的条件。

结论 6.25［可解耦条件］ 对方线性时不变受控系统$\{\boldsymbol{A}\in\mathscr{R}^{n\times n},\boldsymbol{B}\in\mathscr{R}^{n\times p},\boldsymbol{C}\in\mathscr{R}^{p\times n}\}$，按(6.94)定义$p\times p$结构特性矩阵$\boldsymbol{E}$，则存在输入变换$\boldsymbol{L}\in\mathscr{R}^{p\times p}$和状态反馈$\boldsymbol{K}\in\mathscr{R}^{p\times n}$，使包含输入变换状态反馈系统可动态解耦的充分必要条件是$\boldsymbol{E}$为非奇异即$\det\boldsymbol{E}\neq 0$。

证 先证充分性。已知$\boldsymbol{E}$非奇异，欲证存在$\{\boldsymbol{L},\boldsymbol{K}\}$可使闭环系统动态解耦。对此，由$\boldsymbol{E}$非奇异知，$\boldsymbol{E}^{-1}$存在。基此，取$\boldsymbol{L}=\boldsymbol{E}^{-1}$，$\boldsymbol{K}=\boldsymbol{E}^{-1}\boldsymbol{F}$，其中$p\times n$矩阵$\boldsymbol{F}$由(6.95)定义。据结论6.24知，在$\{\boldsymbol{L},\boldsymbol{K}\}$的上述选取下，包含输入变换状态的反馈系统为积分型解耦系统。从而，存在$\{\boldsymbol{L},\boldsymbol{K}\}$可使闭环系统动态解耦。充分性得证。

再证必要性。已知存在$\{\boldsymbol{L},\boldsymbol{K}\}$可使闭环系统动态解耦，欲证$\boldsymbol{E}$非奇异。由存在$\{\boldsymbol{L},\boldsymbol{K}\}$使系统$\{\boldsymbol{A},\boldsymbol{B},\boldsymbol{C}\}$实现动态解耦知，闭环传递函数矩阵$\boldsymbol{G}_{KL}(s)$具有如下形式：

$$\boldsymbol{G}_{KL}(s)=\begin{bmatrix}\bar{g}_{11}(s) & & \\ & \ddots & \\ & & \bar{g}_{pp}(s)\end{bmatrix},\quad \bar{g}_{ii}(s)\neq 0,\quad i=1,2,\cdots,p \tag{6.99}$$

由此，并利用$\bar{\boldsymbol{E}}_i$的基于传递函数矩阵的定义式，可以证得

$$\bar{\boldsymbol{E}}=\begin{bmatrix}\bar{\boldsymbol{E}}_1\\ \vdots \\ \bar{\boldsymbol{E}}_p\end{bmatrix}=\begin{bmatrix}\lim\limits_{s\to\infty}s^{d_1+1}\boldsymbol{g}'_{KL1}(s)\\ \vdots \\ \lim\limits_{s\to\infty}s^{d_p+1}\boldsymbol{g}'_{KLp}(s)\end{bmatrix}=\begin{bmatrix}\lim\limits_{s\to\infty}s^{d_1+1}\bar{g}_{11}(s) & & \\ & \ddots & \\ & & \lim\limits_{s\to\infty}s^{d_p+1}\bar{g}_{pp}(s)\end{bmatrix} \tag{6.100}$$

即$\bar{\boldsymbol{E}}$为非奇异。再由开环和闭环结构特性向量的关系式(6.93)，可以导出：

$$\bar{\boldsymbol{E}}=\boldsymbol{E}\boldsymbol{L},\quad \det\boldsymbol{L}\neq 0 \tag{6.101}$$

从而，证得$\boldsymbol{E}=\bar{\boldsymbol{E}}\boldsymbol{L}^{-1}$非奇异。必要性得证。

注 1 结论表明，受控系统$\{\boldsymbol{A},\boldsymbol{B},\boldsymbol{C}\}$可否由输入变换和状态反馈实现动态解耦，唯一决定于结构特征量$\{d_i,i=1,2,\cdots,p\}$和$\{\boldsymbol{E}_i,i=1,2,\cdots,p\}$。从表面上看，系统能控性对此是无关紧要的。但从使解耦后各单输入单输出系统具有任意期望动态性能而言，受控系统为完全能控仍然是不可缺少的一个条件。

注 2 判断受控系统$\{\boldsymbol{A},\boldsymbol{B},\boldsymbol{C}\}$可否由输入变换和状态反馈实现动态解耦的判

别矩阵 $\boldsymbol{E}$，既可基于系统传递函数矩阵来构成，也可基于系统状态空间描述来构成。

注 3　对不能实现严格意义下解耦即一个输出由且仅由一个输入控制的情形，不管受控系统为方或非方，通常可在较弱条件下实现块解耦，也即使闭环控制系统传递函数矩阵为对角分块矩阵。直观上，块解耦对应于系统一组输出由且仅由一组输入所控制。

注 4　从更一般的意义上，常把系统解耦问题称为"摩根问题"。现今，对非线性时不变受控系统，摩根问题仍是没有完全解决的一个"公开问题"。

6.7.5　解耦控制综合算法

这一部分中，讨论和给出解耦控制矩阵对$\{\boldsymbol{L},\boldsymbol{K}\}$的综合算法。

算法 6.6［动态解耦控制算法］　给定 n 维方连续时间线性时不变受控系统：

$$\begin{aligned}\dot{\boldsymbol{x}}&=\boldsymbol{A}\boldsymbol{x}+\boldsymbol{B}\boldsymbol{u}\\ \boldsymbol{y}&=\boldsymbol{C}\boldsymbol{x}\end{aligned} \tag{6.102}$$

其中，$\dim\boldsymbol{y}=\dim\boldsymbol{u}=p$，$\{\boldsymbol{A},\boldsymbol{B}\}$为完全能控。要求综合一个输入变换和状态反馈矩阵对$\{\boldsymbol{L},\boldsymbol{K}\}$，使包含输入变换的状态反馈系统动态解耦，并使解耦后每个单输入单输出系统实现期望极点配置。

Step 1：计算受控系统$\{\boldsymbol{A},\boldsymbol{B},\boldsymbol{C}\}$的结构特征量

$$\{d_i,\quad i=1,2,\cdots,p\},\quad \{\boldsymbol{E}_i=\boldsymbol{c}_i'\boldsymbol{A}^{d_i}\boldsymbol{B},\quad i=1,2,\cdots,p\}$$

Step 2：组成并判断判别矩阵 $\boldsymbol{E}$ 的非奇异性

$$\boldsymbol{E}=\begin{bmatrix}\boldsymbol{E}_1\\ \boldsymbol{E}_2\\ \vdots\\ \boldsymbol{E}_p\end{bmatrix}$$

若为非奇异即能解耦，进入下一步；若为奇异即不能解耦，去到 Step 11。

Step 3：计算矩阵

$$\boldsymbol{E}^{-1},\quad \boldsymbol{F}=\begin{bmatrix}\boldsymbol{c}_1'\boldsymbol{A}^{d_1+1}\\ \vdots\\ \boldsymbol{c}_p'\boldsymbol{A}^{d_p+1}\end{bmatrix}$$

Step 4：取预输入变换 $\bar{\boldsymbol{L}}$ 和预状态反馈矩阵 $\bar{\boldsymbol{K}}$ 为

$$\bar{\boldsymbol{L}}=\boldsymbol{E}^{-1},\quad \bar{\boldsymbol{K}}=\boldsymbol{E}^{-1}\boldsymbol{F}$$

导出积分型解耦系统：

$$\begin{aligned}\dot{\boldsymbol{x}}&=\bar{\boldsymbol{A}}\boldsymbol{x}+\bar{\boldsymbol{B}}\boldsymbol{v}\\ \boldsymbol{y}&=\bar{\boldsymbol{C}}\boldsymbol{x}\end{aligned}$$

其中

$$\bar{\boldsymbol{A}}=\boldsymbol{A}-\boldsymbol{B}\boldsymbol{E}^{-1}\boldsymbol{F},\quad \bar{\boldsymbol{B}}=\boldsymbol{B}\boldsymbol{E}^{-1},\quad \bar{\boldsymbol{C}}=\boldsymbol{C}$$

且$\{\bar{\boldsymbol{A}},\bar{\boldsymbol{B}}\}$保持为完全能控。

Step 5：判断$\{\bar{\boldsymbol{A}},\bar{\boldsymbol{C}}\}$能观测性。若为不完全能观测，计算

$$\operatorname{rank}\boldsymbol{Q}_{\mathrm{o}}=\operatorname{rank}\begin{bmatrix}\bar{\boldsymbol{C}}\\ \bar{\boldsymbol{C}}\bar{\boldsymbol{A}}\\ \vdots\\ \bar{\boldsymbol{C}}\bar{\boldsymbol{A}}^{n-1}\end{bmatrix}=m$$

进入下一步；若为完全能观测，直接进入下一步。

Step 6：引入线性非奇异变换 $\tilde{\boldsymbol{x}}=\boldsymbol{T}^{-1}\boldsymbol{x}$，化积分型解耦系统$\{\bar{\boldsymbol{A}},\bar{\boldsymbol{B}},\bar{\boldsymbol{C}}\}$为解耦规范形

$$\tilde{\boldsymbol{A}}=\boldsymbol{T}^{-1}\bar{\boldsymbol{A}}\boldsymbol{T},\quad \tilde{\boldsymbol{B}}=\boldsymbol{T}^{-1}\bar{\boldsymbol{B}},\quad \tilde{\boldsymbol{C}}=\bar{\boldsymbol{C}}\boldsymbol{T}$$

对完全能观测$\{\bar{\boldsymbol{A}},\bar{\boldsymbol{C}}\}$，解耦规范形具有形式：

$$\tilde{\boldsymbol{A}}=\begin{bmatrix}\tilde{\boldsymbol{A}}_1 & & \\ & \ddots & \\ & & \tilde{\boldsymbol{A}}_p\end{bmatrix},\quad \tilde{\boldsymbol{B}}=\begin{bmatrix}\tilde{\boldsymbol{b}}_1 & & \\ & \ddots & \\ & & \tilde{\boldsymbol{b}}_p\end{bmatrix},\quad \tilde{\boldsymbol{C}}=\begin{bmatrix}\tilde{\boldsymbol{c}}'_1 & & \\ & \ddots & \\ & & \tilde{\boldsymbol{c}}'_p\end{bmatrix}\tag{6.103}$$

其中，$\tilde{\boldsymbol{A}}_i\in\mathscr{R}^{m_i\times m_i}$，$\tilde{\boldsymbol{b}}_i\in\mathscr{R}^{m_i\times 1}$，$\tilde{\boldsymbol{c}}_i\in\mathscr{R}^{1\times m_i}$，$i=1,2,\cdots,p$，$\sum_{i=1}^{p}m_i=n$。

对不完全能观测$\{\bar{\boldsymbol{A}},\bar{\boldsymbol{C}}\}$，解耦规范形具有形式：

$$\tilde{\boldsymbol{A}}=\left[\begin{array}{ccc:c}\tilde{\boldsymbol{A}}_1 & & & \boldsymbol{0}\\ & \ddots & & \vdots\\ & & \tilde{\boldsymbol{A}}_p & \boldsymbol{0}\\ \hdashline \tilde{\boldsymbol{A}}_{c1} & \cdots & \tilde{\boldsymbol{A}}_{cp} & \tilde{\boldsymbol{A}}_{p+1}\end{array}\right],\quad \tilde{\boldsymbol{B}}=\left[\begin{array}{ccc}\tilde{\boldsymbol{b}}_1 & & \\ & \ddots & \\ & & \tilde{\boldsymbol{b}}_p\\ \hdashline \tilde{\boldsymbol{b}}_{c1} & \cdots & \tilde{\boldsymbol{b}}_{cp}\end{array}\right],\quad \tilde{\boldsymbol{C}}=\left[\begin{array}{ccc:c}\tilde{\boldsymbol{c}}'_1 & & & \boldsymbol{0}\\ & \ddots & & \vdots\\ & & \tilde{\boldsymbol{c}}'_p & \boldsymbol{0}\end{array}\right]\tag{6.104}$$

其中，虚线分块化为按能观测性结构分解，除能观测部分外的各个块阵将对综合结果不产生影响。此外，$\tilde{\boldsymbol{A}}_i\in\mathscr{R}^{m_i\times m_i}$，$\tilde{\boldsymbol{b}}_i\in\mathscr{R}^{m_i\times 1}$，$\tilde{\boldsymbol{c}}_i\in\mathscr{R}^{1\times m_i}$，$\sum_{i=1}^{p}m_i=m$。

进而，对 $m_i=d_i+1$ 情形，有

$$\underset{m_i\times m_i}{\tilde{\boldsymbol{A}}_i}=\left[\begin{array}{c:ccc}0 & 1 & & \\ \vdots & & \ddots & \\ 0 & & & 1\\ \hdashline 0 & 0 & \cdots & 0\end{array}\right],\quad \underset{m_i\times 1}{\tilde{\boldsymbol{b}}_i}=\begin{bmatrix}0\\ \vdots\\ 0\\ 1\end{bmatrix},\quad \underset{1\times m_i}{\tilde{\boldsymbol{c}}_i}=[1\quad 0\quad \cdots\quad 0]\tag{6.105}$$

其中，$\tilde{\boldsymbol{A}}_i$ 第 d_i+1 行即最下行元均为 0 反映积分型解耦系统特点。

对 $m_i>d_i+1$ 情形，有

$$\underset{m_i\times m_i}{\tilde{\boldsymbol{A}}_i}=\left[\begin{array}{c:c:c}\begin{matrix}0\\ \vdots\\ 0\end{matrix} & I_{d_i} & \\ \hdashline 0 & 0\ \cdots\ 0 & \boldsymbol{0}\\ \hdashline \multicolumn{2}{c:}{*} & *\end{array}\right]\begin{matrix}\}(d_i+1)\\ \\ \}m_i-(d_i+1)\end{matrix},\quad \underset{m_i\times 1}{\tilde{\boldsymbol{b}}_i}=\begin{bmatrix}0\\ \vdots\\ 0\\ 1\\ 0\\ \vdots\\ 0\end{bmatrix}\leftarrow(d_i+1)$$

$$\qquad\underbrace{\qquad}_{(d_i+1)}\ \underbrace{\qquad}_{m_i-(d_i+1)}$$

$$\underset{1\times m_i}{\tilde{\boldsymbol{c}}_i'}=[1\quad 0\quad \cdots\quad 0] \tag{6.106}$$

其中,用 * 表示的块阵将对综合结果不产生影响。

Step 7:由已知$\{\tilde{\boldsymbol{A}},\tilde{\boldsymbol{B}},\tilde{\boldsymbol{C}}\}$和$\{\bar{\boldsymbol{A}},\bar{\boldsymbol{B}},\bar{\boldsymbol{C}}\}$定出变换矩阵$\boldsymbol{T}^{-1}$。对$\{\tilde{\boldsymbol{A}},\tilde{\boldsymbol{B}},\tilde{\boldsymbol{C}}\}$和$\{\bar{\boldsymbol{A}},\bar{\boldsymbol{B}},\bar{\boldsymbol{C}}\}$为能控能观测情形,基于关系式

$$\tilde{\boldsymbol{A}}=\boldsymbol{T}^{-1}\bar{\boldsymbol{A}}\boldsymbol{T},\quad \tilde{\boldsymbol{B}}=\boldsymbol{T}^{-1}\bar{\boldsymbol{B}},\quad \tilde{\boldsymbol{C}}=\bar{\boldsymbol{C}}\boldsymbol{T}$$

再表

$$\bar{\boldsymbol{Q}}_{\mathrm{c}}=[\bar{\boldsymbol{B}},\bar{\boldsymbol{A}}\ \bar{\boldsymbol{B}},\cdots,\bar{\boldsymbol{A}}^{n-1}\bar{\boldsymbol{B}}],\quad \tilde{\boldsymbol{Q}}_{\mathrm{c}}=[\tilde{\boldsymbol{B}},\tilde{\boldsymbol{A}}\tilde{\boldsymbol{B}},\cdots,\tilde{\boldsymbol{A}}^{n-1}\tilde{\boldsymbol{B}}]$$

$$\bar{\boldsymbol{Q}}_{\mathrm{o}}=\begin{bmatrix}\bar{\boldsymbol{C}}\\ \bar{\boldsymbol{C}}\bar{\boldsymbol{A}}\\ \vdots\\ \bar{\boldsymbol{C}}\bar{\boldsymbol{A}}^{n-1}\end{bmatrix},\quad \tilde{\boldsymbol{Q}}_{\mathrm{o}}=\begin{bmatrix}\tilde{\boldsymbol{C}}\\ \tilde{\boldsymbol{C}}\tilde{\boldsymbol{A}}\\ \vdots\\ \tilde{\boldsymbol{C}}\tilde{\boldsymbol{A}}^{n-1}\end{bmatrix}$$

可以导出:

$$\boldsymbol{T}^{-1}=(\tilde{\boldsymbol{Q}}_{\mathrm{o}}^{\mathrm{T}}\tilde{\boldsymbol{Q}}_{\mathrm{o}})^{-1}\tilde{\boldsymbol{Q}}_{\mathrm{o}}^{\mathrm{T}}\bar{\boldsymbol{Q}}_{\mathrm{o}},\quad \boldsymbol{T}=\bar{\boldsymbol{Q}}_{\mathrm{c}}\tilde{\boldsymbol{Q}}_{\mathrm{c}}^{\mathrm{T}}(\tilde{\boldsymbol{Q}}_{\mathrm{c}}\tilde{\boldsymbol{Q}}_{\mathrm{c}}^{\mathrm{T}})^{-1} \tag{6.107}$$

Step 8:对解耦规范形$\{\tilde{\boldsymbol{A}},\tilde{\boldsymbol{B}},\tilde{\boldsymbol{C}}\}$选取 $p\times n$ 状态反馈矩阵$\tilde{\boldsymbol{K}}$的结构。相应于解耦规范形(6.103),取$\tilde{\boldsymbol{K}}$的形式为

$$\tilde{\boldsymbol{K}}=\begin{bmatrix}\tilde{\boldsymbol{k}}_1 & & \\ & \ddots & \\ & & \tilde{\boldsymbol{k}}_p\end{bmatrix} \tag{6.108}$$

相应于解耦规范形(6.104),取$\tilde{\boldsymbol{K}}$的形式为

$$\tilde{\boldsymbol{K}}=\begin{bmatrix}\tilde{\boldsymbol{k}}_1 & & & \boldsymbol{0}\\ & \ddots & & \vdots\\ & & \tilde{\boldsymbol{k}}_p & \boldsymbol{0}\end{bmatrix} \tag{6.109}$$

其中,相应于式(6.105)的情形,有

$$\underset{1\times m_i}{\tilde{\boldsymbol{k}}_i}=[k_{i0},k_{i1},\cdots,k_{id_i}] \tag{6.110}$$

相应于式(6.106)的情形,有

$$\underset{1\times m_i}{\tilde{\boldsymbol{k}}}=[k_{i0},k_{i1},\cdots,k_{id_i},0,\cdots,0] \tag{6.111}$$

并且,状态反馈矩阵 $\tilde{\boldsymbol{K}}$ 的这种选取必可使 $\{\tilde{\boldsymbol{A}},\tilde{\boldsymbol{B}},\tilde{\boldsymbol{C}}\}$ 实现动态解耦,即有

$$\tilde{\boldsymbol{C}}(s\boldsymbol{I}-\tilde{\boldsymbol{A}}+\tilde{\boldsymbol{B}}\tilde{\boldsymbol{K}})^{-1}\tilde{\boldsymbol{B}}=\begin{bmatrix}\tilde{\boldsymbol{c}}_1'(s\boldsymbol{I}-\tilde{\boldsymbol{A}}_1+\tilde{\boldsymbol{b}}_1\tilde{\boldsymbol{k}}_1)^{-1}\tilde{\boldsymbol{b}}_1 & & \\ & \ddots & \\ & & \tilde{\boldsymbol{c}}_p'(s\boldsymbol{I}-\tilde{\boldsymbol{A}}_p+\tilde{\boldsymbol{b}}_p\tilde{\boldsymbol{k}}_p)^{-1}\tilde{\boldsymbol{b}}_p\end{bmatrix}$$

$$\tilde{\boldsymbol{A}}_i-\tilde{\boldsymbol{b}}_i\tilde{\boldsymbol{k}}_i=\left[\begin{array}{c|ccc}0 & & & \\ \vdots & & \boldsymbol{I}_{d_i} & \\ 0 & & & \\ \hline -k_{i0} & -k_{i1} & \cdots & -k_{id_i}\end{array}\right]$$

或

$$\tilde{\boldsymbol{A}}_i-\tilde{\boldsymbol{b}}_i\tilde{\boldsymbol{k}}_i=\left[\begin{array}{c|ccc|c}0 & & & & \\ \vdots & & I_{d_i} & & \\ 0 & & & & \boldsymbol{0} \\ \hline -k_{i0} & -k_{i1} & \cdots & -k_{id_i} & \\ \hline & & * & & *\end{array}\right]$$

Step 9:对解耦后各单输入单输出系统指定期望极点组

$$\{\lambda_{i1}^*,\lambda_{i2}^*,\cdots,\lambda_{i,d_i+1}^*\},\quad i=1,2,\cdots,p$$

按单输入情形极点配置算法,定出状态反馈矩阵各个元组:

$$\{k_{i0},k_{i1},k_{i2},\cdots,k_{id_i}\},\quad i=1,2,\cdots,p$$

Step 10:对原系统 $\{\boldsymbol{A},\boldsymbol{B},\boldsymbol{C}\}$,定出满足动态解耦和期望极点配置的一个输入变换和状态反馈矩阵对 $\{\boldsymbol{L},\boldsymbol{K}\}$

$$\boldsymbol{K}=\boldsymbol{E}^{-1}\boldsymbol{F}+\boldsymbol{E}^{-1}\tilde{\boldsymbol{K}}\boldsymbol{T}^{-1},\quad \boldsymbol{L}=\boldsymbol{E}^{-1} \tag{6.112}$$

Step 11:停止计算。

例 6.4 给定双输入双输出线性时不变受控系统:

$$\dot{\boldsymbol{x}}=\begin{bmatrix}-1 & 1 & 1 & 1\\ 6 & 0 & -3 & 1\\ -1 & 1 & 1 & 2\\ 2 & -2 & -2 & 0\end{bmatrix}\boldsymbol{x}+\begin{bmatrix}0 & 0\\ 1 & 0\\ 0 & 0\\ 0 & 1\end{bmatrix}\boldsymbol{u}$$

$$\boldsymbol{y}=\begin{bmatrix}2 & 0 & -1 & 0\\ -1 & 0 & 1 & 0\end{bmatrix}$$

要求综合满足动态解耦和期望极点配置的一个输入变换和状态反馈矩阵对 $\{\boldsymbol{L},\boldsymbol{K}\}$。

(i) 计算受控系统的结构特性指数 $\{d_1,d_2\}$ 和结构特性向量 $\{\boldsymbol{E}_1,\boldsymbol{E}_2\}$

由计算结果:

$$c_1'B=[2\quad 0\quad -1\quad 0]\begin{bmatrix}0&0\\1&0\\0&0\\0&1\end{bmatrix}=[0\quad 0]$$

$$c_1'AB=[2\quad 0\quad -1\quad 0]\begin{bmatrix}-1&1&1&1\\6&0&-3&1\\-1&1&1&2\\2&-2&-2&0\end{bmatrix}\begin{bmatrix}0&0\\1&0\\0&0\\0&1\end{bmatrix}=[1\quad 0]$$

$$c_2'B=[-1\quad 0\quad 1\quad 0]\begin{bmatrix}0&0\\1&0\\0&0\\0&1\end{bmatrix}=[0\quad 0]$$

$$c_2'AB=[-1\quad 0\quad 1\quad 0]\begin{bmatrix}-1&1&1&1\\6&0&-3&1\\-1&1&1&2\\2&-2&-2&0\end{bmatrix}\begin{bmatrix}0&0\\1&0\\0&0\\0&1\end{bmatrix}=[0\quad 1]$$

可以定出：

$$d_1=1,\quad d_2=1$$

$$E_1=[1\quad 0],\quad E_2=[0\quad 1]$$

(ii) 判断可解耦性

组成判别阵

$$E=\begin{bmatrix}E_1\\E_2\end{bmatrix}=\begin{bmatrix}1&0\\0&1\end{bmatrix}$$

易知 E 为非奇异，即受控系统可动态解耦。

(iii) 导出积分型解耦系统

首先，计算定出：

$$E^{-1}=\begin{bmatrix}1&0\\0&1\end{bmatrix}$$

$$F=\begin{bmatrix}c_1'A^2\\c_2'A^2\end{bmatrix}=\begin{bmatrix}6&0&-3&2\\2&-2&-2&0\end{bmatrix}$$

基此，取输入变换矩阵和状态反馈矩阵为

$$\bar{L}=E^{-1}=\begin{bmatrix}1&0\\0&1\end{bmatrix}$$

$$\bar{K}=E^{-1}F=\begin{bmatrix}6&0&-3&2\\2&-2&-2&0\end{bmatrix}$$

可导出积分型解耦系统的系数矩阵为

$$\bar{A}=A-BE^{-1}F=\begin{bmatrix}-1&1&1&1\\0&0&0&-1\\-1&1&1&2\\0&0&0&0\end{bmatrix}$$

$$\bar{B}=BE^{-1}=\begin{bmatrix}0&0\\1&0\\0&0\\0&1\end{bmatrix}$$

$$\bar{C}=C=\begin{bmatrix}2&0&-1&0\\-1&0&1&0\end{bmatrix}$$

(iv) 判断$\{\bar{A},\bar{C}\}$能观测性

基于上述得到的系数矩阵，容易判断$\{\bar{A},\bar{C}\}$完全能观测，判别过程略去。

(v) 导出$\{\bar{A},\bar{B},\bar{C}\}$的解耦规范形

由 $d_1=1,d_2=1$ 和 $n=4$，可以导出 $m_1+m_2=4$ 和 $m_1=d_1+1,m_2=d_2+1$。基此，并考虑到$\{\bar{A},\bar{C}\}$完全能观测，导出解耦规范形具有形式：

$$\tilde{A}=T^{-1}\bar{A}T=\left[\begin{array}{cc:cc}0&1&0&0\\0&0&0&0\\\hdashline 0&0&0&1\\0&0&0&0\end{array}\right]$$

$$\tilde{B}=T^{-1}\bar{B}=\left[\begin{array}{c:c}0&0\\1&0\\\hdashline 0&0\\0&1\end{array}\right]$$

$$\tilde{C}=\bar{C}T=\left[\begin{array}{cc:cc}1&0&0&0\\\hdashline 0&0&1&0\end{array}\right]$$

且由已知能控能观测$\{\tilde{A},\tilde{B},\tilde{C}\}$和$\{\bar{A},\bar{B},\bar{C}\}$，定出变换矩阵为

$$T^{-1}=\begin{bmatrix}2&0&-1&0\\-1&1&1&0\\-1&0&1&0\\0&0&0&1\end{bmatrix}$$

$$T=\begin{bmatrix}1&0&1&0\\0&1&-1&0\\1&0&2&0\\0&0&0&1\end{bmatrix}$$

(vi) 对解耦规范形$\{\tilde{A},\tilde{B},\tilde{C}\}$定出状态反馈矩阵 $\tilde{K}$ 的结构

基于上述导出的$\{\tilde{A},\tilde{B},\tilde{C}\}$结构，取 2×4 反馈阵 $\tilde{K}$ 为两个对角分块阵，结构形

式为

$$\widetilde{\boldsymbol{K}}=\left[\begin{array}{cc:cc} k_{10} & k_{11} & 0 & 0 \\ \hdashline 0 & 0 & k_{20} & k_{21} \end{array}\right]$$

(vii) 对解耦后单输入单输出系统的期望极点配置

可以看出,解耦后单输入单输出系统均为 2 维系统。基此,指定两组期望闭环极点:

$$\lambda_{11}^{*}=-2,\quad \lambda_{12}^{*}=-4$$

$$\lambda_{21}^{*}=-2+\mathrm{j},\quad \lambda_{22}^{*}=-2-\mathrm{j}$$

并定出相应的两个期望特征多项式为

$$\alpha_1^{*}(s)=(s+2)(s+4)=s^2+6s+8$$

$$\alpha_2^{*}(s)=(s+2-\mathrm{j})(s+2+\mathrm{j})=s^2+4s+5$$

再注意到

$$\widetilde{\boldsymbol{A}}-\widetilde{\boldsymbol{B}}\widetilde{\boldsymbol{K}}=\left[\begin{array}{cc:cc} 0 & 1 & & \\ -k_{10} & -k_{11} & & \\ \hdashline & & 0 & 1 \\ & & -k_{20} & -k_{21} \end{array}\right]$$

故按极点配置算法,可以定出:

$$k_{10}=8,\quad k_{11}=6;\quad k_{20}=5,\quad k_{21}=4$$

从而,在保持动态解耦前提下,可以导出满足期望极点配置的状态反馈矩阵:

$$\widetilde{\boldsymbol{K}}=\left[\begin{array}{cc:cc} 8 & 6 & 0 & 0 \\ \hdashline 0 & 0 & 5 & 4 \end{array}\right]$$

(viii) 定出相对于原系统$\{\boldsymbol{A},\boldsymbol{B},\boldsymbol{C}\}$的输入变换阵 $\boldsymbol{L}$ 和状态反馈矩阵 $\boldsymbol{K}$

基于上述导出的结果,并利用式(6.112),可以定出状态反馈矩阵为

$$\begin{aligned}\boldsymbol{K}&=\boldsymbol{E}^{-1}\boldsymbol{F}+\boldsymbol{E}^{-1}\widetilde{\boldsymbol{K}}\boldsymbol{T}^{-1}=\boldsymbol{F}+\widetilde{\boldsymbol{K}}\boldsymbol{T}^{-1}\\ &=\begin{bmatrix} 6 & 0 & -3 & 2 \\ 2 & -2 & -2 & 0 \end{bmatrix}+\begin{bmatrix} 8 & 6 & 0 & 0 \\ 0 & 0 & 5 & 4 \end{bmatrix}\begin{bmatrix} 2 & 0 & -1 & 0 \\ -1 & 1 & 1 & 0 \\ -1 & 0 & 1 & 0 \\ 0 & 0 & 0 & 1 \end{bmatrix}\\ &=\begin{bmatrix} 16 & 6 & -5 & 2 \\ -3 & -2 & 3 & 4 \end{bmatrix}\end{aligned}$$

输入变换矩阵为

$$\boldsymbol{L}=\boldsymbol{E}^{-1}=\begin{bmatrix} 1 & 0 \\ 0 & 1 \end{bmatrix}$$

(ix) 定出包含输入变换的状态反馈系统的状态空间描述和传递函数矩阵

通过计算得到,对综合导出的解耦控制系统,状态方程和输出方程为

$$\dot{x}=(A-BK)x+BLv=\begin{bmatrix}-1&1&1&1\\-10&-6&2&-1\\-1&1&1&2\\5&0&-5&-4\end{bmatrix}x+\begin{bmatrix}0&0\\1&0\\0&0\\0&1\end{bmatrix}v$$

$$y=Cx=\begin{bmatrix}2&0&-1&0\\-1&0&1&0\end{bmatrix}x$$

传递函数矩阵为

$$G_{KL}(s)=C(sI-A+BK)^{-1}BL=\begin{bmatrix}\dfrac{1}{s^2+6s+8}&\\&\dfrac{1}{s^2+4s+5}\end{bmatrix}$$

6.8 状态反馈静态解耦

静态解耦的提出基于两个原因。一是动态解耦对系统模型的严重依赖性，任何模型误差和参数摄动都将破坏系统动态解耦。二是从工程角度静态解耦已可满足实际需要，而其对模型误差和参数摄动的敏感性则小得多。本节是对状态反馈静态解耦问题的简要讨论。内容包括问题的提法、可解耦条件、状态反馈静态解耦算法等。

6.8.1 问题的提法

考虑多输入多输出连续时间线性时不变受控系统：

$$\begin{aligned}\dot{x}&=Ax+Bu\\y&=Cx\end{aligned}\tag{6.113}$$

其中，$x\in\mathscr{R}^n$ 为状态，$u\in\mathscr{R}^p$ 为输入，$y\in\mathscr{R}^q$ 为输出。同样，引入三个基本假设：系统输入维数和输出维数相等，即 $q=p$；系统输入采用“状态反馈”加“输入变换”形式，即 $u=-Kx+Lv$，其中 K 为 $p\times n$ 状态反馈矩阵，v 为参考输入；$p\times p$ 输入变换阵 L 为非奇异，即 $\det L\neq 0$。

静态解耦就是，对线性时不变受控系统(6.113)，综合一个输入变换和状态反馈矩阵对$\{L\in\mathscr{R}^{p\times p},K\in\mathscr{R}^{p\times n}\}$，其中 L 为非奇异，使导出的包含输入变换状态反馈系统

$$\begin{aligned}\dot{x}&=(A-BK)x+BLv\\y&=Cx\end{aligned}\tag{6.114}$$

及其传递函数矩阵

$$G_{KL}(s)=C(sI-A+BK)^{-1}BL\tag{6.115}$$

满足如下两个属性：

(i) 闭环控制系统(6.114)为渐近稳定,即有

$$\mathrm{Re}\lambda_i(\boldsymbol{A}-\boldsymbol{BK})<0,\quad i=1,2,\cdots,n \tag{6.116}$$

其中,$\lambda(\cdot)$表示所示矩阵的特征值。

(ii) 闭环传递函数矩阵 $\boldsymbol{G}_{KL}(s)$当 $s=0$ 时为非奇异对角常阵,即有

$$\lim_{s\to 0}\boldsymbol{G}_{KL}(s)=\begin{bmatrix}\bar{g}_{11}(0) & & \\ & \ddots & \\ & & \bar{g}_{pp}(0)\end{bmatrix},\quad \bar{g}_{ii}(0)\neq 0,\quad i=1,2,\cdots,p \tag{6.117}$$

区别于动态解耦控制系统,静态解耦控制系统具有如下两个特点。

(1) 频率域特点。静态解耦控制系统的传递函数矩阵 $\boldsymbol{G}_{KL}(s)$,当 $s\neq 0$ 时为耦合非对角矩阵,当 $s=0$ 时为解耦对角矩阵。即有

$$\boldsymbol{G}_{KL}(s)=\begin{cases}\begin{bmatrix}\bar{g}_{11}(s) & \cdots & \bar{g}_{1p}(s)\\ \vdots & & \vdots\\ \bar{g}_{p1}(s) & \cdots & \bar{g}_{pp}(s)\end{bmatrix}, & \forall s\neq 0\\[2ex] \begin{bmatrix}\bar{g}_{11}(0) & & \\ & \ddots & \\ & & \bar{g}_{pp}(0)\end{bmatrix}, & \forall s=0\end{cases} \tag{6.118}$$

(2) 时间域特点。静态解耦只适用于 p 维参考输入 $\boldsymbol{v}$ 各分量为阶跃信号情况,即

$$\boldsymbol{v}(t)=\begin{bmatrix}\beta_1 1(t)\\ \vdots\\ \beta_p 1(t)\end{bmatrix} \tag{6.119}$$

其中,$1(t)$是以 $t=0$ 为作用点的单位阶跃函数,$\{\beta_i, i=1,2,\cdots,p\}$为常数组。闭环控制系统相对于阶跃参考输入的输出响应,可以基于拉普拉斯反变换导出,有

$$\begin{aligned}\boldsymbol{y}(t)&=\mathscr{L}^{-1}\left\{\boldsymbol{G}_{KL}(s)\begin{bmatrix}\beta_1\\ \vdots\\ \beta_p\end{bmatrix}\frac{1}{s}\right\}\\ &=\mathscr{L}^{-1}\left\{\begin{bmatrix}\bar{g}_{11}(s) & \cdots & \bar{g}_{1p}(s)\\ \vdots & & \vdots\\ \bar{g}_{p1}(s) & \cdots & \bar{g}_{pp}(s)\end{bmatrix}\begin{bmatrix}\beta_1\\ \vdots\\ \beta_p\end{bmatrix}\frac{1}{s}\right\}=\begin{bmatrix}\mathscr{L}^{-1}\left\{\sum\limits_{i=1}^{p}\frac{1}{s}\bar{g}_{1i}(s)\beta_i\right\}\\ \vdots\\ \mathscr{L}^{-1}\left\{\sum\limits_{i=1}^{p}\frac{1}{s}\bar{g}_{pi}(s)\beta_i\right\}\end{bmatrix}\end{aligned} \tag{6.120}$$

在系统为渐近稳定前提下，基此并利用拉普拉斯变换终值定理，可得静态解耦系统的稳态输出为

$$\lim_{t\to\infty} \boldsymbol{y}(t) = \lim_{s\to 0} s\boldsymbol{G}_{KL}(s)\begin{bmatrix}\beta_1\\ \vdots \\ \beta_p\end{bmatrix}\frac{1}{s} = [\lim_{s\to 0}\boldsymbol{G}_{KL}(s)]\begin{bmatrix}\beta_1\\ \vdots \\ \beta_p\end{bmatrix}$$
$$= \begin{bmatrix}\bar{g}_{11}(0) & & \\ & \ddots & \\ & & \bar{g}_{pp}(0)\end{bmatrix}\begin{bmatrix}\beta_1\\ \vdots \\ \beta_p\end{bmatrix} = \begin{bmatrix}\bar{g}_{11}(0)\beta_1\\ \vdots \\ \bar{g}_{pp}(0)\beta_p\end{bmatrix} \tag{6.121}$$

这意味着，静态解耦系统相对于阶跃参考输入的输出响应 $\boldsymbol{y}(t)$，稳态过程中可实现一个输出分量由且仅由同序号输入分量所控制，过渡过程中则为一个输出分量同时由各个输入分量所控制。即有

$$y_i(t)\begin{cases}\text{同时由 } v_1, v_2, \cdots, v_p \text{ 所控制，} & \text{过渡过程中}\\ \text{由且仅由 } v_i \text{ 所控制，} & \text{稳态过程中}\end{cases} \tag{6.122}$$

6.8.2 可解耦条件

这一部分中，针对线性时不变受控系统，给出系统可静态解耦条件，即由输入变换和状态反馈可实现静态解耦应满足的条件。

结论 6.26［可静态解耦条件］ 存在输入变换和状态反馈矩阵对$\{\boldsymbol{L}\in\mathscr{R}^{p\times p}, \boldsymbol{K}\in\mathscr{R}^{p\times n}\}$，其中 $\boldsymbol{L}$ 为非奇异即 $\det\boldsymbol{L}\neq 0$，可使方 n 维线性时不变受控系统(6.113)实现静态解耦，当且仅当：

(i) 受控系统可由状态反馈镇定；

(ii) 受控系统系数矩阵满足如下秩关系式：

$$\operatorname{rank}\begin{bmatrix}\boldsymbol{A} & \boldsymbol{B}\\ \boldsymbol{C} & \boldsymbol{0}\end{bmatrix} = n + p \tag{6.123}$$

6.8.3 静态解耦控制综合算法

下面，给出综合$\{\boldsymbol{L}\in\mathscr{R}^{p\times p}, \boldsymbol{K}\in\mathscr{R}^{p\times n}\}$使导出的包含输入变换状态反馈系统实现静态解耦的算法。

算法 6.7［静态解耦综合算法］ 给定方 n 维线性时不变受控系统(6.113)，要求综合使闭环控制系统实现静态解耦的矩阵对$\{\boldsymbol{L}, \boldsymbol{K}\}$。

Step 1：判断受控系统$\{\boldsymbol{A}, \boldsymbol{B}\}$的能镇定性。若为能镇定，进入下一步；若为不能镇定，去到 Step 7。

Step 2：判断受控系统的秩关系式(6.123)。若为满足，进入下一步；若为不满足，去到 Step 7。

Step 3：综合 $p\times n$ 镇定状态反馈阵 $\boldsymbol{K}$。按镇定或更一般地按极点配置要求，在

左半开 s 平面上任意指定 n 个期望极点，并按多输入情形极点配置算法计算 $\boldsymbol{K}$。

Step 4：对静态解耦后各单输入单输出控制系统按期望要求指定稳态增益即 $\tilde{d}_{ii}$ 的值，$i=1,2,\cdots,p$，组成 $\tilde{\boldsymbol{D}}=\mathrm{diag}(\tilde{d}_{11},\cdots,\tilde{d}_{pp})$。

Step 5：计算 $\boldsymbol{C}(\boldsymbol{A}-\boldsymbol{BK})^{-1}\boldsymbol{B}$，计算逆 $[\boldsymbol{C}(\boldsymbol{A}-\boldsymbol{BK})^{-1}\boldsymbol{B}]^{-1}$。

Step 6：计算 $\boldsymbol{L}=-[\boldsymbol{C}(\boldsymbol{A}-\boldsymbol{BK})^{-1}\boldsymbol{B}]^{-1}\tilde{\boldsymbol{D}}$。且 $\{\boldsymbol{L},\boldsymbol{K}\}$ 即为综合导出的输入变换和状态反馈矩阵，并有 $\boldsymbol{G}_{KF}(0)=\tilde{\boldsymbol{D}}$。

Step 7：停止计算。

6.9　跟踪控制和扰动抑制

跟踪控制和扰动抑制是广泛存在于工程实际中的一类基本控制问题。雷达天线跟踪运动体和导弹鱼雷飞向目标等就是典型例子。跟踪控制和扰动抑制统称为跟踪问题，目标是抑制外部扰动对系统性能影响和使系统输出无静差地跟踪外部参考输入。本节内容包括问题的提法、参考输入和扰动的信号模型、无静差跟踪控制系统等。

6.9.1　问题的提法

考虑同时作用控制输入和外部扰动的连续时间线性时不变受控系统，状态空间描述为

$$\begin{aligned}\dot{\boldsymbol{x}}&=\boldsymbol{Ax}+\boldsymbol{Bu}+\boldsymbol{B}_w\boldsymbol{w}\\ \boldsymbol{y}&=\boldsymbol{Cx}+\boldsymbol{Du}+\boldsymbol{D}_w\boldsymbol{w}\end{aligned}\tag{6.124}$$

其中，$\boldsymbol{x}$ 为 n 维状态，$\boldsymbol{u}$ 为 p 维控制，$\boldsymbol{y}$ 为 q 维输出，$\boldsymbol{w}$ 为 q 维确定性扰动。$\{\boldsymbol{A},\boldsymbol{B}\}$ 完全能控，$\{\boldsymbol{A},\boldsymbol{C}\}$ 完全能观测。再令受控系统输出 $\boldsymbol{y}(t)$ 跟踪外部参考输入 $\boldsymbol{y}_0(t)$，跟踪误差为

$$\boldsymbol{e}(t)=\boldsymbol{y}_0(t)-\boldsymbol{y}(t)\tag{6.125}$$

基于上述讨论，可以给出跟踪问题受控系统的结构框图，如图 6.8 所示。

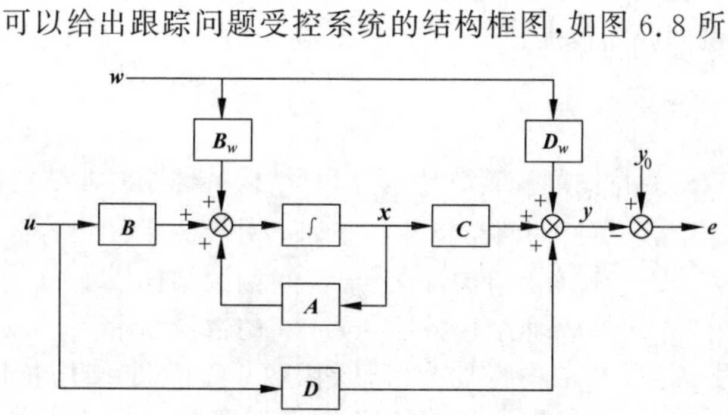

图 6.8　跟踪问题受控系统的结构框图

跟踪问题的提法可以区分为如下三种情形。

(i) 渐近跟踪。对图6.8所示受控系统,若对任意非零参考输入 $\boldsymbol{y}_0(t)\neq\mathbf{0}$ 和零扰动 $\boldsymbol{w}(t)\equiv\mathbf{0}$,存在控制输入 $\boldsymbol{u}$,成立:

$$\lim_{t\to\infty}\boldsymbol{y}(t)=\lim_{t\to\infty}\boldsymbol{y}_0(t) \tag{6.126}$$

即

$$\lim_{t\to\infty}\boldsymbol{e}(t)=\lim_{t\to\infty}[\boldsymbol{y}_0(t)-\boldsymbol{y}(t)]=\mathbf{0} \tag{6.127}$$

则称系统输出实现对参考输入的渐近跟踪。数学上,"渐近"含义是指 $t\to\infty$ 的情形;物理上,"渐近"含义则指系统结束过渡过程达到稳态的情形。

(ii) 扰动抑制。对图6.8所示受控系统,若对任意非零扰动 $\boldsymbol{w}(t)\neq\mathbf{0}$ 和零参考输入 $\boldsymbol{y}_0(t)\equiv\mathbf{0}$,存在控制输入 $\boldsymbol{u}$,成立:

$$\lim_{t\to\infty}\boldsymbol{y}_w(t)=\mathbf{0} \tag{6.128}$$

则称系统输出实现对扰动的抑制。

(iii) 无静差跟踪。对图6.8所示受控系统,若对任意非零参考输入 $\boldsymbol{y}_0(t)\neq\mathbf{0}$ 和任意非零扰动 $\boldsymbol{w}(t)\neq\mathbf{0}$,存在控制输入 $\boldsymbol{u}$,成立:

$$\lim_{t\to\infty}\boldsymbol{y}(t)=\lim_{t\to\infty}\boldsymbol{y}_0(t) \tag{6.129}$$

即

$$\lim_{t\to\infty}\boldsymbol{e}(t)=\lim_{t\to\infty}[\boldsymbol{y}_0(t)-\boldsymbol{y}(t)]=\mathbf{0} \tag{6.130}$$

则称系统输出实现对参考输入的无静差跟踪,即同时实现渐近跟踪和扰动抑制。

6.9.2 参考输入和扰动的信号模型

本部分讨论参考输入和扰动信号的建模问题。为使讨论简明起见,不妨把所讨论问题归纳为如下几方面。

1. 建立信号模型的必要性

从随后讨论中可以看到,使线性时不变受控系统的输出实现渐近跟踪和扰动抑制,是以控制器中"植入"参考输入和扰动信号的模型为机理的。信号模型是求解渐近跟踪和扰动抑制问题的前提。

2. 信号的特性和模型

一般信号 $\tilde{y}_0(t)$ 的特性可按其属性区分为"结构特性"和"非结构特性"两部分。

在时间域中,信号 $\tilde{y}_0(t)$ 的两类特性具有如下对应关系:

$$\tilde{y}_0(t)\text{ 结构特性}=\tilde{y}_0(t)\text{ 函数结构}$$

$$\tilde{y}_0(t)\text{ 非结构特性}=\tilde{y}_0(t)\text{ 的数量参量}$$

例如,对阶跃信号 $\beta_0 1(t)$,结构特性为"阶跃函数 $1(t)$",非结构特性为"阶跃幅值 β_0"。对正弦信号 $y_{0m}\sin(\omega t+\theta)$,结构特性为"正弦函数 $\sin\omega t$",非结构特性为"幅值 y_{0m} 和相位 θ"。

在频率域中,通过对信号 $\tilde{y}_0(t)$ 取拉普拉斯变换,得到信号变换函数的一般形式:

$$\bar{Y}_0(s)=\frac{n(s)}{d(s)} \tag{6.131}$$

基此可知,信号 $\tilde{y}_0(t)$ 的两类特性具有如下对应关系:

$$\tilde{y}_0(t)\text{ 结构特性}=\bar{Y}_0(s)\text{ 分母多项式 }d(s)$$

$$\tilde{y}_0(t)\text{ 非结构特性}=\bar{Y}_0(s)\text{ 分子多项式 }n(s)$$

例如,对阶跃信号 $\beta_0 1(t)$,其变换函数为 β_0/s,结构特性为 s,非结构特性为 β_0。对正弦信号 $y_{0m}\sin(\omega t+\theta)$,其变换函数为 $(\beta_1 s+\beta_0)/(s^2+\omega^2)$,结构特性为 $(s^2+\omega^2)$,非结构特性为 $(\beta_1 s+\beta_0)$。

对于跟踪问题的求解,主要采用信号结构特性模型。给定信号 $\tilde{y}_0(t)$,表其频率域结构特性为 $d(s)$,则信号结构特性模型为基此导出的一个线性时不变自治系统:

$$\begin{aligned}\dot{\boldsymbol{x}}&=\boldsymbol{A}_0\boldsymbol{x},\quad \boldsymbol{x}(0)=\boldsymbol{x}_0\\ \tilde{y}_0(t)&=\boldsymbol{c}_0\boldsymbol{x}\end{aligned} \tag{6.132}$$

其中

$$\dim\boldsymbol{x}=d(s)\text{ 阶次}=n_y$$

$$\boldsymbol{A}_0\text{ 的最小多项式}=d(s)$$

$$\boldsymbol{c}_0=1\times n_y\text{ 向量}$$

$$\boldsymbol{x}(0)=\boldsymbol{x}_0\text{ 为未知向量}$$

例如,对正弦信号 $y_{0m}\sin(\omega t+\theta)$,频率域结构特性为 $(s^2+\omega^2)$,基此导出的信号结构特性模型为

$$\begin{aligned}\dot{\boldsymbol{x}}&=\begin{bmatrix}0 & 1\\ -\omega^2 & 0\end{bmatrix}\boldsymbol{x},\quad \boldsymbol{x}(0)=\boldsymbol{x}_0\\ \tilde{y}_0&=[1\quad 0]\boldsymbol{x}\end{aligned}$$

3. 参考输入的结构特性模型

对图 6.8 所示受控系统,表 q 维参考输入 $\boldsymbol{y}_0(t)$ 为

$$\boldsymbol{y}_0(t)=\begin{bmatrix}y_{01}(t)\\ \vdots\\ y_{0q}(t)\end{bmatrix} \tag{6.133}$$

其变换函数 $\bar{\boldsymbol{Y}}_0(s)$ 相应地为

$$\bar{\boldsymbol{Y}}_0(s)=\begin{bmatrix}\bar{Y}_{01}(s)\\ \vdots\\ \bar{Y}_{0q}(s)\end{bmatrix}=\begin{bmatrix}\dfrac{n_{r1}(s)}{d_{r1}(s)}\\ \vdots\\ \dfrac{n_{rq}(s)}{d_{rq}(s)}\end{bmatrix} \tag{6.134}$$

再表

$$d_r(s)=\{d_{r1}(s),\cdots,d_{rq}(s)\}\text{ 最小公倍式} \tag{6.135}$$
$$n_r=\text{多项式 } d_r(s)\text{ 的次数}$$

则可基此导出，参考输入 $\boldsymbol{y}_0(t)$的结构特性模型为

$$\begin{aligned}\dot{\boldsymbol{x}}_r&=\boldsymbol{A}_r\boldsymbol{x}_r\\ \boldsymbol{y}_0(t)&=\boldsymbol{C}_r\boldsymbol{x}_r\end{aligned} \tag{6.136}$$

其中，$\boldsymbol{A}_r$ 是满足“最小多项式$=d_r(s)$”的任一 $n_r\times n_r$ 阵，$\boldsymbol{C}_r$ 是满足输出为 $\boldsymbol{y}_0(t)$的任一 $q\times n_r$ 阵。

4. 扰动信号的结构特性模型

对图 6.8 所示受控系统，表 q 维扰动信号 $\boldsymbol{w}(t)$为

$$\boldsymbol{w}(t)=\begin{bmatrix}w_1(t)\\ \vdots\\ w_q(t)\end{bmatrix} \tag{6.137}$$

其变换函数 $\bar{\boldsymbol{W}}(s)$相应地为

$$\bar{\boldsymbol{W}}(s)=\begin{bmatrix}\bar{W}_1(s)\\ \vdots\\ \bar{W}_q(s)\end{bmatrix}=\begin{bmatrix}\dfrac{n_{w1}(s)}{d_{w1}(s)}\\ \vdots\\ \dfrac{n_{wq}(s)}{d_{wq}(s)}\end{bmatrix} \tag{6.138}$$

再表

$$d_w(s)=\{d_{w1}(s),\cdots,d_{wq}(s)\}\text{ 最小公倍式} \tag{6.139}$$
$$n_w=\text{多项式 } d_w(s)\text{ 的次数}$$

基此可以导出，扰动信号 $\boldsymbol{w}(t)$的结构特性模型为

$$\begin{aligned}\dot{\boldsymbol{x}}_w&=\boldsymbol{A}_w\boldsymbol{x}_w\\ \boldsymbol{w}(t)&=\boldsymbol{C}_w\boldsymbol{x}_w\end{aligned} \tag{6.140}$$

其中，$\boldsymbol{A}_w$ 是满足“最小多项式$=d_w(s)$”的任一 $n_w\times n_w$ 阵，$\boldsymbol{C}_w$ 是满足输出为 $\boldsymbol{w}(t)$的任一$q\times n_w$ 阵。

5. 参考输入和扰动信号的共同不稳定模型

为使图 6.8 所示的受控系统综合满足渐近跟踪和扰动抑制的控制器，控制器中需要植入的信号模型实际上只是参考输入 $\boldsymbol{y}_0(t)$和扰动信号 $\boldsymbol{w}(t)$的共同不稳定模型。对此，分成如下几点进行讨论。

(i) $\boldsymbol{y}_0(t)$和 $\boldsymbol{w}(t)$的渐近影响。如前所述，对于渐近跟踪和扰动抑制，关注的只是系统输出 $\boldsymbol{y}(t)$在 $t\to\infty$的行为。而对系统稳态产生影响的信号只是 $\boldsymbol{y}_0(t)$和 $\boldsymbol{w}(t)$中 $t\to\infty$时不趋于零的部分。这表明，在对 $\boldsymbol{y}_0(t)$和 $\boldsymbol{w}(t)$建模时，只需考虑 $\boldsymbol{y}_0(t)$和

$\boldsymbol{w}(t)$的渐近影响。

(ii) $\boldsymbol{y}_0(t)$和$\boldsymbol{w}(t)$的分解。基于上述分析,可把参考输入$\boldsymbol{y}_0(t)$和扰动信号$\boldsymbol{w}(t)$分别分解为“稳定部分”和“不稳定部分”,即有

$$\boldsymbol{y}_0(t)=\boldsymbol{y}_{0t}(t)+\boldsymbol{y}_{0s}(t) \tag{6.141}$$

$$\boldsymbol{w}(t)=\boldsymbol{w}_t(t)+\boldsymbol{w}_s(t) \tag{6.142}$$

其中,$\boldsymbol{y}_{0t}(t)$和$\boldsymbol{w}_t(t)$当$t\to\infty$时趋于零即为稳定部分,$\boldsymbol{y}_{0s}(t)$和$\boldsymbol{w}_s(t)$当$t\to\infty$时不趋于零即为不稳定部分。

(iii) $\boldsymbol{y}_0(t)$和$\boldsymbol{w}(t)$模型的最小多项式的分解。对应于$\boldsymbol{y}_0(t)$和$\boldsymbol{w}(t)$的分解,其结构特性模型的最小多项式也可进行相应的分解,有

$$\boldsymbol{A}_r \text{ 最小多项式}=d_r(s)=\bar{\phi}_r(s)\cdot\phi_r(s)$$

$$\boldsymbol{A}_w \text{ 最小多项式}=d_w(s)=\bar{\phi}_w(s)\cdot\phi_w(s)$$

其中,$\bar{\phi}_r(s)=0$ 和 $\bar{\phi}_w(s)=0$ 的根为稳定即均位于左半开 s 平面,$\phi_r(s)=0$ 和 $\phi_w(s)=0$ 的根为不稳定即均位于右半闭 s 平面。

(iv) 参考输入和扰动信号的共同不稳定模型。表

$$\phi(s)=\phi_r(s) \text{ 和 } \phi_w(s) \text{ 最小公倍式}=s^l+\tilde{\alpha}_{l-1}s^{l-1}+\cdots+\tilde{\alpha}_1 s+\tilde{\alpha}_0 \tag{6.143}$$

基此,组成模型的系数矩阵:

$$\underset{l\times l}{\boldsymbol{\Gamma}}=\left[\begin{array}{c:ccc} 0 & & & \\ \vdots & & \boldsymbol{I}_{l-1} & \\ 0 & & & \\ \hdashline -\tilde{\alpha}_0 & -\tilde{\alpha}_1 & \cdots & -\tilde{\alpha}_{l-1} \end{array}\right] \tag{6.144}$$

$$\underset{ql\times ql}{\boldsymbol{A}_c}=\begin{bmatrix} \boldsymbol{\Gamma} & & \\ & \ddots & \\ & & \boldsymbol{\Gamma} \end{bmatrix} \tag{6.145}$$

$$\underset{l\times 1}{\boldsymbol{\beta}}=\begin{bmatrix} 0 \\ \vdots \\ 0 \\ 1 \end{bmatrix} \tag{6.146}$$

$$\underset{ql\times q}{\boldsymbol{B}_c}=\begin{bmatrix} \boldsymbol{\beta} & & \\ & \ddots & \\ & & \boldsymbol{\beta} \end{bmatrix} \tag{6.147}$$

并令,跟踪误差$\boldsymbol{e}(t)$为模型输入,$\boldsymbol{y}_c(t)$为模型输出,则可导出参考输入和扰动信号共同不稳定模型为

$$\begin{aligned} \dot{\boldsymbol{x}}_c &= \boldsymbol{A}_c\boldsymbol{x}_c+\boldsymbol{B}_c\boldsymbol{e} \\ \boldsymbol{y}_c &= \boldsymbol{x}_c \end{aligned} \tag{6.148}$$

6.9.3 无静差跟踪控制系统

这一部分中，针对连续时间线性时不变受控系统(6.124)，基于参考输入和扰动信号共同不稳定模型，讨论无静差跟踪控制系统的构成和综合。

1. 无静差跟踪控制系统的构成

无静差跟踪控制系统组成结构的一般形式如图 6.9 所示。控制器由“伺服补偿器”和“镇定补偿器”所组成。伺服补偿器为一个线性时不变系统，功能是为控制系统实现渐近跟踪和扰动抑制提供机理保证。镇定补偿器为一个静态状态反馈，功能是使控制系统实现渐近稳定。

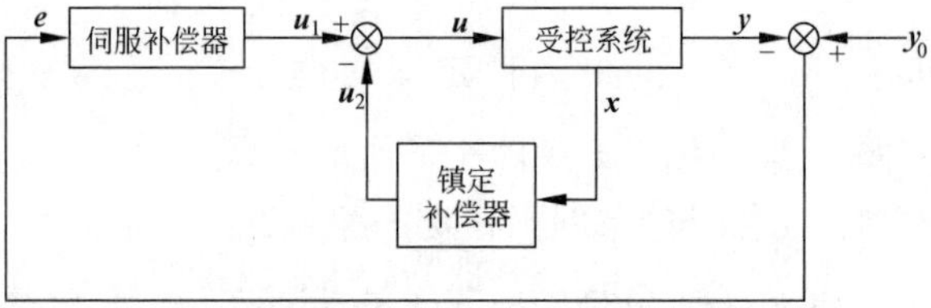

图 6.9 无静差跟踪控制系统组成结构的一般形式

进一步，对于图 6.8 所示线性时不变受控系统，将伺服补偿器取为“参考输入和扰动信号共同不稳定模型 Σ_c”和“比例型控制律即矩阵 $\boldsymbol{K}_c$”的串联，也即在补偿器中植入 $\boldsymbol{y}_0(t)$ 和 $\boldsymbol{w}(t)$ 的共同不稳定模型，有

$$\begin{aligned}\dot{\boldsymbol{x}}_c &= \boldsymbol{A}_c\boldsymbol{x}_c + \boldsymbol{B}_c\boldsymbol{e} \\ \boldsymbol{u}_1 &= \boldsymbol{K}_c\boldsymbol{x}_c\end{aligned} \tag{6.149}$$

将镇定补偿器取为受控系统的状态反馈，有

$$\boldsymbol{u}_2 = \boldsymbol{K}\boldsymbol{x} \tag{6.150}$$

基此，以更具体的形式，给出线性时不变无静差跟踪控制系统的结构组成，如图 6.10 所示。

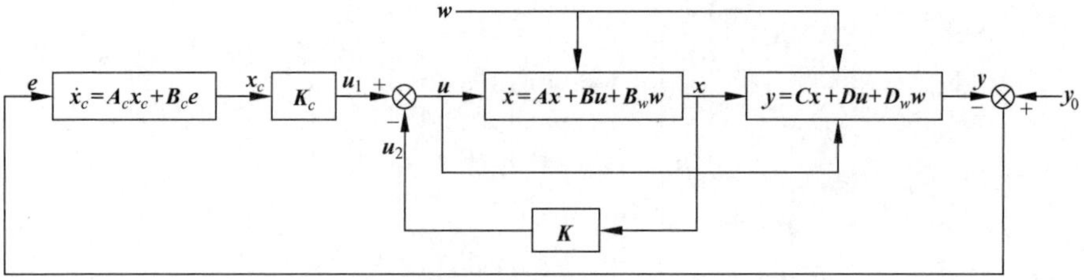

图 6.10 无静差跟踪控制系统的结构图

2. 无静差跟踪控制系统的状态空间描述

对图 6.10 所示无静差跟踪控制系统，设受控系统 Σ_0 为完全能控，其状态空间

描述为

$$\dot{\boldsymbol{x}}=\boldsymbol{A}\boldsymbol{x}+\boldsymbol{B}\boldsymbol{u}+\boldsymbol{B}_w\boldsymbol{w}$$
$$\boldsymbol{y}=\boldsymbol{C}\boldsymbol{x}+\boldsymbol{D}\boldsymbol{u}+\boldsymbol{D}_w\boldsymbol{w} \tag{6.151}$$
$$\boldsymbol{e}(t)=\boldsymbol{y}_0(t)-\boldsymbol{y}(t) \tag{6.152}$$

进而,假设"断开"$\boldsymbol{x}_c$ 的作用点,则可以得到按 $\Sigma_0-\Sigma_c$ 顺序组成的串联系统 Σ_{T}。基于 Σ_0 和 Σ_c 的状态空间描述,可以导出串联系统 Σ_{T} 的状态空间描述为

$$\begin{bmatrix}\dot{\boldsymbol{x}}\\ \dot{\boldsymbol{x}}_c\end{bmatrix}=\begin{bmatrix}\boldsymbol{A} & \boldsymbol{0}\\ -\boldsymbol{B}_c\boldsymbol{C} & \boldsymbol{A}_c\end{bmatrix}\begin{bmatrix}\boldsymbol{x}\\ \boldsymbol{x}_c\end{bmatrix}+\begin{bmatrix}\boldsymbol{B}\\ -\boldsymbol{B}_c\boldsymbol{D}\end{bmatrix}\boldsymbol{u}+\begin{bmatrix}\boldsymbol{B}_w\\ -\boldsymbol{B}_c\boldsymbol{D}_w\end{bmatrix}\boldsymbol{w}+\begin{bmatrix}\boldsymbol{0}\\ \boldsymbol{B}_c\end{bmatrix}\boldsymbol{y}_0 \tag{6.153}$$

再由图 6.10 所示无静差跟踪控制系统的结构知,上式中控制输入 $\boldsymbol{u}$ 即为串联系统 Σ_{T} 的状态反馈,有

$$\boldsymbol{u}=[-\boldsymbol{K}\quad \boldsymbol{K}_c]\begin{bmatrix}\boldsymbol{x}\\ \boldsymbol{x}_c\end{bmatrix} \tag{6.154}$$

基于上述分析,可以得出结论,图 6.10 无静差跟踪控制系统的状态方程即为由式(6.153)和式(6.154)组成的联立方程。

3. 串联系统 $\boldsymbol{\Sigma}_{\mathrm{T}}$ 的能控性

进而,讨论串联系统 Σ_{T} 的能控性。随后可以看到,Σ_{T} 的能控性对于控制系统的渐近跟踪和扰动抑制具有重要意义。

结论 6.27[Σ_{T} 完全能控条件]　对由式(6.153)给出的串联系统 Σ_{T},系统为完全能控的一个充分条件为

(i) 受控系统的输入维数大于等于输出维数,即 $\dim(\boldsymbol{u})\geqslant\dim(\boldsymbol{y})$;

(ii) 对参考输入和扰动信号共同不稳定代数方程 $\phi(s)=0$ 的每个根 λ_i,成立:

$$\operatorname{rank}\begin{bmatrix}\lambda_i\boldsymbol{I}-\boldsymbol{A} & \boldsymbol{B}\\ -\boldsymbol{C} & \boldsymbol{D}\end{bmatrix}=n+q,\quad i=1,2,\cdots,l \tag{6.155}$$

4. 控制系统的无静差跟踪条件

基于 Σ_{T} 的能控性,可给出图 6.10 所示控制系统可实现无静差跟踪的条件。

结论 6.28[无静差跟踪条件]　对图 6.10 所示控制系统,存在状态反馈(6.154),使可实现无静差跟踪的一个充分条件为

(i) 受控系统的输入维数大于等于输出维数,即 $\dim(\boldsymbol{u})\geqslant\dim(\boldsymbol{y})$;

(ii) 对参考输入和扰动信号共同不稳定代数方程 $\phi(s)=0$ 的每个根 λ_i,成立:

$$\operatorname{rank}\begin{bmatrix}\lambda_i\boldsymbol{I}-\boldsymbol{A} & \boldsymbol{B}\\ -\boldsymbol{C} & \boldsymbol{D}\end{bmatrix}=n+q,\quad i=1,2,\cdots,l \tag{6.156}$$

5. 无静差跟踪的综合算法

基于上述的讨论,下面归纳给出无静差跟踪控制的综合算法。

算法 6.8［无静差跟踪控制综合算法］ 给定同时考虑参考输入和扰动信号的线性时不变受控系统(6.124)，要求综合使系统实现无静差跟踪的镇定补偿器和伺服补偿器。

Step 1：判断是否 $\dim(\boldsymbol{u})\geqslant\dim(\boldsymbol{y})$。若是，进入下一步；若否，去到 Step 11。

Step 2：判断$\{\boldsymbol{A},\boldsymbol{B}\}$是否完全能控。若为完全能控，进入下一步；若为不完全能控，去到 Step 11。

Step 3：定出 $\boldsymbol{y}_0(t)$和 $\boldsymbol{w}(t)$的不稳定部分即当 $t\to\infty$时不趋于零部分 $\boldsymbol{y}_{0s}(t)$和 $\boldsymbol{w}_s(t)$，对 $\boldsymbol{y}_{0s}(t)$和 $\boldsymbol{w}_s(t)$定出频率域结构特性 $\phi_r(s)$和 $\phi_w(s)$，计算

$$\phi(s)=\phi_r(s)\text{ 和 }\phi_w(s)\text{ 最小公倍式}=s^l+\tilde{\alpha}_{l-1}s^{l-1}+\cdots+\tilde{\alpha}_1 s+\tilde{\alpha}_0$$

Step 4：计算 $\phi(s)=0$ 的根。判断对 $\phi(s)=0$ 每个根 λ_i，下式是否成立。

$$\operatorname{rank}\begin{bmatrix}\lambda_i\boldsymbol{I}-\boldsymbol{A} & \boldsymbol{B}\\ -\boldsymbol{C} & \boldsymbol{D}\end{bmatrix}=n+q,\quad i=1,2,\cdots,l$$

若成立，进入下一步；若不成立，去到 Step 11。

Step 5：定出分块系数矩阵

$$\underset{l\times l}{\boldsymbol{\Gamma}}=\left[\begin{array}{c:ccc}0 & & & \\ \vdots & & \boldsymbol{I}_{l-1} & \\ 0 & & & \\ \hdashline -\tilde{\alpha}_0 & -\tilde{\alpha}_1 & \cdots & -\tilde{\alpha}_{l-1}\end{array}\right],\quad \underset{l\times 1}{\boldsymbol{\beta}}=\begin{bmatrix}0\\ \vdots\\ 0\\ 1\end{bmatrix}$$

定出参考输入 $\boldsymbol{y}_0(t)$和扰动信号 $\boldsymbol{w}(t)$共同不稳定模型的系数矩阵：

$$\underset{ql\times ql}{\boldsymbol{A}_c}=\begin{bmatrix}\boldsymbol{\Gamma} & & \\ & \ddots & \\ & & \boldsymbol{\Gamma}\end{bmatrix},\quad \underset{ql\times q}{\boldsymbol{B}_c}=\begin{bmatrix}\boldsymbol{\beta} & & \\ & \ddots & \\ & & \boldsymbol{\beta}\end{bmatrix}$$

Step 6：组成$(n+ql)$维串联系统 Σ_{T} 的状态方程

$$\begin{bmatrix}\dot{\boldsymbol{x}}\\ \dot{\boldsymbol{x}}_c\end{bmatrix}=\begin{bmatrix}\boldsymbol{A} & \boldsymbol{0}\\ -\boldsymbol{B}_c\boldsymbol{C} & \boldsymbol{A}_c\end{bmatrix}\begin{bmatrix}\boldsymbol{x}\\ \boldsymbol{x}_c\end{bmatrix}+\begin{bmatrix}\boldsymbol{B}\\ -\boldsymbol{B}_c\boldsymbol{D}\end{bmatrix}\boldsymbol{u}+\begin{bmatrix}\boldsymbol{B}_w\\ -\boldsymbol{B}_c\boldsymbol{D}_w\end{bmatrix}\boldsymbol{w}+\begin{bmatrix}\boldsymbol{0}\\ \boldsymbol{B}_c\end{bmatrix}\boldsymbol{y}_0$$

Step 7：对串联系统 Σ_{T}，按期望动态性能指定$(n+ql)$个期望闭环极点$\{\lambda_1^*,\lambda_2^*,\cdots,\lambda_{n+ql}^*\}$，基于 $\boldsymbol{u}=\boldsymbol{K}_{\mathrm{T}}\boldsymbol{x}_{\mathrm{T}}$，$\boldsymbol{x}_{\mathrm{T}}=[\boldsymbol{x}^{\mathrm{T}},\boldsymbol{x}_c^{\mathrm{T}}]^{\mathrm{T}}$，采用极点配置算法定出 $p\times(n+ql)$维 $\boldsymbol{K}_{\mathrm{T}}$。

Step 8：将 $\boldsymbol{K}_{\mathrm{T}}$ 按如下形式分块化

$$\boldsymbol{K}_{\mathrm{T}}=[\underset{p\times n}{-\boldsymbol{K}}\quad \underset{p\times ql}{\boldsymbol{K}_c}]$$

Step 9：定出镇定补偿器

$$\boldsymbol{u}_2=\boldsymbol{K}\boldsymbol{x}$$

Step 10：定出伺服补偿器

$$\dot{\boldsymbol{x}}_c=\boldsymbol{A}_c\boldsymbol{x}_c+\boldsymbol{B}_c\boldsymbol{e}$$

$$\boldsymbol{u}_1=\boldsymbol{K}_c\boldsymbol{x}_c$$

Step 11：停止计算。

例 6.5　给定线性时不变受控系统：

$$\dot{\boldsymbol{x}}=\boldsymbol{A}\boldsymbol{x}+\boldsymbol{b}u+\boldsymbol{b}_w w=\begin{bmatrix}0&1&0&0\\0&0&-1&0\\0&0&0&1\\0&0&11&0\end{bmatrix}\boldsymbol{x}+\begin{bmatrix}0\\1\\0\\-1\end{bmatrix}u+\begin{bmatrix}0\\4\\0\\6\end{bmatrix}w$$

$$y=\boldsymbol{c}\boldsymbol{x}=[1\quad 0\quad 0\quad 0]\boldsymbol{x}$$

其中，$n=4,p=1,q=1$。给定参考输入 $y_0(t)$和扰动 $w(t)$为阶跃函数。要求综合使系统实现无静差跟踪的镇定补偿器和伺服补偿器。

(i) 判断受控系统的能控性和输入输出维数关系。容易判断，受控系统为完全能控，且由 $\dim(u)=\dim(y)=1$ 知满足输入输出维数关系式 $\dim(\boldsymbol{u})\geqslant\dim(\boldsymbol{y})$。

(ii) 导出 $y_0(t)$和 $w(t)$的共同不稳定多项式 $\phi(s)$。由 $y_0(t)$和 $w(t)$为阶跃函数，且其在 $t\to\infty$时不趋于零，有 $\phi_r(s)=s$ 和 $\phi_w(s)=s$，而其最小公倍式 $\phi(s)=s$。

(iii) 判断可实现无静差跟踪的秩关系式。对 $\phi(s)=s=0$ 根 $\lambda=0$，有

$$\operatorname{rank}\begin{bmatrix}-\boldsymbol{A}&\boldsymbol{b}\\-\boldsymbol{c}&0\end{bmatrix}=\operatorname{rank}\left[\begin{array}{cccc:c}0&-1&0&0&0\\0&0&1&0&1\\0&0&0&-1&0\\0&0&-11&0&-1\\\hdashline -1&0&0&0&0\end{array}\right]=5=n+q$$

表明秩关系式满足。

(iv) 导出 $y_0(t)$和 $w(t)$的共同不稳定模型：

$$\dot{x}_c=A_c x_c+b_c e=[0]x_c+[1]e$$

其中，$e=y_0(t)-y(t)$。

(v) 组成 5 维串联系统 Σ_T 的状态方程：

$$\begin{bmatrix}\dot{\boldsymbol{x}}\\\dot{x}_c\end{bmatrix}=\begin{bmatrix}\boldsymbol{A}&\boldsymbol{0}\\-b_c\boldsymbol{c}&A_c\end{bmatrix}\begin{bmatrix}\boldsymbol{x}\\x_c\end{bmatrix}+\begin{bmatrix}\boldsymbol{b}\\0\end{bmatrix}u+\begin{bmatrix}\boldsymbol{b}_w\\0\end{bmatrix}w+\begin{bmatrix}\boldsymbol{0}\\b_c\end{bmatrix}y_0$$

$$=\begin{bmatrix}0&1&0&0&0\\0&0&-1&0&0\\0&0&0&1&0\\0&0&11&0&0\\-1&0&0&0&0\end{bmatrix}\begin{bmatrix}\boldsymbol{x}\\x_c\end{bmatrix}+\begin{bmatrix}0\\1\\0\\-1\\0\end{bmatrix}u+\begin{bmatrix}0\\4\\0\\6\\0\end{bmatrix}w+\begin{bmatrix}0\\0\\0\\0\\1\end{bmatrix}y_0$$

(vi) 对串联系统 Σ_T 按极点配置综合状态反馈矩阵 $\boldsymbol{K}_T$。按期望动态性能要求，指定 5 个期望闭环极点：

$$\lambda_1^*=-1,\quad \lambda_2^*=-1,\quad \lambda_{3,4}^*=-1\pm \mathrm{j},\quad \lambda_5^*=-2$$

定出对应的期望特征多项式：

$$\begin{aligned}\alpha^*(s)&=(s+1)^2(s+1-\mathrm{j})(s+1+\mathrm{j})(s+2)\\&=s^5+6s^4+15s^3+20s^2+14s+4\end{aligned}$$

再取控制律为状态反馈：

$$u=[-k_1\quad -k_2\quad -k_3\quad -k_4 \mid k_c]\begin{bmatrix}\boldsymbol{x}\\ x_c\end{bmatrix}=[-\boldsymbol{k}\mid k_c]\begin{bmatrix}\boldsymbol{x}\\ x_c\end{bmatrix}$$

导出相对于 Σ_T 的闭环矩阵：

$$\bar{\mathbf{A}}=\begin{bmatrix}\mathbf{A}-\boldsymbol{bk} & \boldsymbol{b}k_c\\ -b_c\boldsymbol{c} & A_c\end{bmatrix}=\begin{bmatrix}0 & 1 & 0 & 0 & 0\\ -k_1 & -k_2 & -k_3-1 & -k_4 & k_c\\ 0 & 0 & 0 & 1 & 0\\ k_1 & k_2 & 11+k_3 & k_4 & -k_c\\ -1 & 0 & 0 & 0 & 0\end{bmatrix}$$

定出其特征多项式：

$$\begin{aligned}\alpha(s)=\det(s\boldsymbol{I}-\bar{\mathbf{A}})=s^5+(k_2-k_4)s^4+(k_1-k_3-11)s^3+\\ (k_c-10k_2)s^2-10k_1s-10k_c\end{aligned}$$

使 $\alpha(s)$和 $\alpha^*(s)$各个对应系数相等，定出：

$$k_c=-0.4,\quad k_1=-1.4,\quad k_2=-2.04$$

$$k_3=-27.4,\quad k_4=-8.04$$

从而，得到状态反馈的分块矩阵为

$$\boldsymbol{k}=[-1.4,-2.04,-27.4,-8.04]$$

$$k_c=-0.4$$

(vii) 定出镇定补偿器：

$$u_2=\boldsymbol{kx}=[-1.4,-2.04,-27.4,-8.04]\boldsymbol{x}$$

(viii) 定出伺服补偿器：

$$\dot{x}_c=[0]x_c+[1]e=e$$

$$u_1=k_cx_c=-0.4x_c$$

6. 内模原理

进一步，引入内模和内模原理的概念，以使对无静差跟踪控制在物理机理上有一个更为直观的了解。

(i) 内模。由图 6.10 所示线性时不变无静差跟踪控制系统的组成结构可以看出，这种控制方案的特点是，在伺服补偿器中“植入”参考输入 $\boldsymbol{y}_0(t)$和扰动信号$\boldsymbol{w}(t)$的共同不稳定模型，通常称这个置于系统内部的外部信号模型为“内模”。

(ii) 内模原理。对这种控制方案的线性时不变无静差跟踪控制系统，在系统为渐近稳定前提下，系统可实现渐近跟踪和扰动抑制的基本原因就在于内模以及由内模产生的补偿作用。通常，称基于 $\boldsymbol{y}_0(t)$和 $\boldsymbol{w}(t)$共同不稳定模型即内模实现无静差跟踪的控制机理为内模原理。

(iii) 内模原理的实质。内模和内模原理本身并不是一个新的概念，而是对经典控制理论中一阶无静差控制和二阶无静差控制的推广和一般化。在一阶和二阶无静差控制系统中，要求系统包含一阶和二阶积分环节，等价地可把它们看成是植入于系统的阶跃函数型和斜坡函数型参考输入信号模型即内模。由于采用内模原理的控制方案，使一阶和二阶无静差控制系统可分别实现对阶跃函数型和斜坡函数型的参考输入的无静差跟踪。

(iv) 内模原理的特点。相比于经典控制理论中的一阶和二阶无静差控制，内模原理从更为一般的意义上(即对任意类型的函数)和更为一般的角度(即同时对参考输入或和扰动信号)，给出了无静差跟踪问题包括渐近跟踪和扰动抑制的控制方案。内模原理所揭示的是无静差跟踪控制系统结构组成上的一般规律，而一阶和二阶无静差控制给出的只是内模原理的一个局部应用。

7. 无静差跟踪控制系统的鲁棒性

控制系统的鲁棒性是指系统稳定性或性能相对于系统参数摄动的不敏感属性。系统的鲁棒性愈好，可保持稳定性或性能的参数允许摄动范围愈大。在控制理论中，控制器的综合总是相对于系统标称模型得到的，而建模误差和参数摄动又是不可避免的，因此鲁棒性已成为衡量控制系统性能的一个重要指标。

基于内模原理的无静差跟踪控制系统方案的重要优点是，对除内模以外的受控系统和补偿器的参数变动具有很强的不敏感性。当受控系统和补偿器的参数产生摄动时，哪怕参数摄动范围为相当大，只要闭环控制系统保持为渐近稳定，则系统必仍具有无静差跟踪属性。内模控制的无静差跟踪特性及其很强的鲁棒性，是其在过程控制领域得到广泛应用的一个重要原因。

基于内模原理的无静差跟踪控制系统对内模参数的变化不具有鲁棒性。事实上，内模控制的实质，就是依靠参考输入 $\boldsymbol{y}_0(t)$ 和扰动信号 $\boldsymbol{w}(t)$ 的共同不稳定代数方程 $\phi(s)=0$ 根与 $\boldsymbol{y}_0(t)$ 和 $\boldsymbol{w}(t)$ 的不稳定振型实现精确的对消，而来达到渐近跟踪和扰动抑制的目标。内模参数的任何摄动，都将直接破坏这种精确的对消，从而破坏渐近跟踪和扰动抑制的机理。但是，尽管如此，对大多数实际工程问题，由于 $\boldsymbol{y}_0(t)$ 和 $\boldsymbol{w}(t)$ 为有界，即使 $\phi(s)$ 的系数产生变动，基于内模原理的无静差跟踪控制系统的输出 $\boldsymbol{y}(t)$ 仍能以有限稳态误差跟踪参考输入 $\boldsymbol{y}_0(t)$。如果在无静差跟踪控制系统中不采用内模原理控制方案，那么同样参数摄动下的控制效果将会更差。

基于上述分析，归纳给出如下两个结论。

结论 6.29［内模控制鲁棒性］　图 6.10 所示基于内模原理的线性时不变无静差跟踪控制系统对除内模以外的系统参数摄动具有很强的鲁棒性。

结论 6.30［内模控制属性］　对图 6.10 所示基于内模原理的线性时不变无静差跟踪控制系统，内模参数的任何摄动都将导致失去无静差跟踪属性。但尽管如此，在此情形下，内模原理控制方案的控制效果仍然优于其他类型的控制方案。

6.10　线性二次型最优控制：有限时间情形

线性二次型最优控制属于线性系统综合理论中最具重要性和最具典型性的一类优化型综合问题。优化型综合问题的特点是需要通过对指定性能指标函数取极大或极小而来导出系统的控制律。本节讨论有限时间情形的线性二次型最优控制问题。内容包括问题的提法和类型、最优解及其相关属性等。

6.10.1 LQ 问题

LQ 问题是对线性二次型(linear quadratic)最优控制问题的简称。L 是指受控系统限定为线性系统,Q 是指性能指标函数限定为二次型函数及其积分。

下面,给出线性二次型最优控制问题的提法。给定连续时间线性时变受控系统:

$$\dot{\boldsymbol{x}}=\boldsymbol{A}(t)\boldsymbol{x}+\boldsymbol{B}(t)\boldsymbol{u},\quad \boldsymbol{x}(t_0)=\boldsymbol{x}_0,\quad \boldsymbol{x}(t_f)=\boldsymbol{x}_f,\quad t\in[t_0,t_f] \tag{6.157}$$

其中,$\boldsymbol{x}$ 为 n 维状态,$\boldsymbol{u}$ 为满足解存在唯一性条件的 p 维容许控制,$\boldsymbol{A}(t)$和 $\boldsymbol{B}(t)$为满足解存在唯一性条件的相应维数矩阵。给定相对于状态和控制的二次型性能指标函数:

$$J(\boldsymbol{u}(\cdot))=\frac{1}{2}\boldsymbol{x}_f^{\mathrm{T}}\boldsymbol{S}\boldsymbol{x}_f+\frac{1}{2}\int_{t_0}^{t_f}[\boldsymbol{x}^{\mathrm{T}}(t)\boldsymbol{Q}(t)\boldsymbol{x}(t)+\boldsymbol{u}^{\mathrm{T}}(t)\boldsymbol{R}(t)\boldsymbol{u}(t)]\mathrm{d}t \tag{6.158}$$

其中,加权阵 $\boldsymbol{S}=\boldsymbol{S}^{\mathrm{T}}\geqslant 0$ 即为 $n\times n$ 正半定对称阵,$\boldsymbol{Q}(t)=\boldsymbol{Q}^{\mathrm{T}}(t)\geqslant 0$ 即为 $n\times n$ 正半定对称阵,$\boldsymbol{R}(t)=\boldsymbol{R}^{\mathrm{T}}(t)>0$ 即为 $p\times p$ 正定对称阵。LQ 最优控制问题就是,寻找一个容许控制 $\boldsymbol{u}^*(t)\in\mathscr{R}^{p\times 1}$,使沿着由初态 $\boldsymbol{x}_0$ 出发的相应状态轨线 $\boldsymbol{x}(t)$,性能指标函数取极小值:

$$J(\boldsymbol{u}^*(\cdot))=\min_{u(\cdot)}J(\boldsymbol{u}(\cdot)) \tag{6.159}$$

进而,对上述 LQ 问题作如下一些说明。

1. 性能指标函数的属性

从数学上看,性能指标函数 $J(\boldsymbol{u}(\cdot))$是以函数 $\boldsymbol{u}(\cdot)$为宗量的一个标量函数。对不同控制函数 $\boldsymbol{u}(\cdot)$,$J(\boldsymbol{u}(\cdot))$取为不同标量值,所以 $J(\boldsymbol{u}(\cdot))$为函数 $\boldsymbol{u}(\cdot)$的函数即泛函。尽管 $J(\boldsymbol{u}(\cdot))$直观上由控制 $\boldsymbol{u}$ 和状态 $\boldsymbol{x}$ 同时决定,但由状态方程可知状态 $\boldsymbol{x}$ 又由控制 $\boldsymbol{u}$ 所决定,因此 $J(\boldsymbol{u}(\cdot))$实质上由且只由控制 $\boldsymbol{u}$ 所决定。

从物理上看,$\boldsymbol{x}$ 的二次型函数积分代表“运动能量”,$\boldsymbol{u}$ 的二次型函数积分代表“控制能量”,因此性能指标函数 $J(\boldsymbol{u}(\cdot))$属于能量类型的性能指标。

2. 加权阵的选取

LQ 问题综合中面临的一个基本问题是如何合理选取性能指标函数 $J(\boldsymbol{u}(\cdot))$中的加权阵 $\boldsymbol{S},\boldsymbol{Q},\boldsymbol{R}$。尽管对应不同加权矩阵,都可使性能指标达到最优;但是加权矩阵的不同选取,将使最优控制系统具有很不相同动态性能。加权阵 $\boldsymbol{S}$,$\boldsymbol{Q}$,$\boldsymbol{R}$ 和系统动态性能间的关系是一个复杂的问题,虽已有文献进行过研究,但至今缺少一般的和有效的指导原则。

3. 容许控制的特点

在 LQ 问题中,容许控制 $\boldsymbol{u}$ 是指满足状态方程解存在唯一性条件的所有类型的控制,而对 $\boldsymbol{u}$ 的取值范围没有加以任何限制。基此,通常总是认为 $\boldsymbol{u}$ 取值于 $\mathscr{R}^p$ 即有 $\boldsymbol{u}\in\mathscr{R}^p$。

4. 最优控制和最优轨线

对于 LQ 问题,称使性能指标函数 $J(\boldsymbol{u}(\cdot))$取极小的控制即由式(6.159)导出的控制 $\boldsymbol{u}^*(\cdot)$为最优控制,系统状态方程以 $\boldsymbol{u}^*(\cdot)$为输入导出的解 $\boldsymbol{x}^*(\cdot)$为最优轨线,对应的性能值 $J^*=J(\boldsymbol{u}^*(\cdot))$为最优性能。

5. 极值化的类型

对于 LQ 问题,基于把二次型性能指标看成为能量类型性能指标,习惯地采用极小化类型优化形式。工程上,采用极小化还是极大化,取决于性能指标的物理内涵。若性能指标含义为收益、利润等,采用极大化类型优化;若性能指标含义为能耗、花费等,那么就应采用极小化类型优化。并且,任何极大化性能指标必可转化为极小化性能指标。基此原因,本节限于讨论极小化类型的 LQ 问题。

6. 最优控制问题的数学实质

数学上,LQ 最优控制问题归结为性能指标泛函的有约束极值问题。即对给定的一个性能指标泛函(6.158),在系统状态方程(6.157)约束下,通过相对于容许控制 $\boldsymbol{u}$ 求 $J(\boldsymbol{u}(\cdot))$的极值以确定最优控制 $\boldsymbol{u}^*(\cdot)$。变分法是求解这类泛函极值问题的基本工具。

7. 最优控制问题按末时刻的分类

在 LQ 问题中,按运动过程的末时刻情形,可分类为"有限时间 LQ 问题"和"无限时间 LQ 问题"。对有限时间 LQ 问题,末时刻 t_f 为有限值且为固定;对无限时间 LQ 问题,末时刻为 $t_f=\infty$。两类 LQ 问题在问题求解和最优控制属性上都会有所区别。本节讨论有限时间 LQ 问题。

8. 调节问题和跟踪问题

从控制工程角度,可把 LQ 最优控制问题分类为"最优调节问题"和"最优跟踪问题"。最优调节问题的目标是综合最优控制 $\boldsymbol{u}^*(\cdot)$,在保证性能指标泛函 $J(\boldsymbol{u}(\cdot))$取为极小的同时,使系统状态由初始状态 $\boldsymbol{x}_0$ 驱动到零平衡状态 $\boldsymbol{x}_e=\boldsymbol{0}$。最优跟踪问题的目标是综合最优控制 $\boldsymbol{u}^*(\cdot)$,在保证性能指标泛函 $J(\boldsymbol{u}(\cdot))$取为极小的同时,使系统输出 $\boldsymbol{y}(t)$跟踪已知或未知参考输入 $\boldsymbol{y}_0(t)$。跟踪问题可转化为等价调节问题进行研究。基此,下面重点讨论 LQ 调节问题。

6.10.2 有限时间 LQ 问题的最优解

首先,讨论有限时间时变 LQ 问题的最优解。考虑时变 LQ 调节问题:

$$\dot{\boldsymbol{x}}=\boldsymbol{A}(t)\boldsymbol{x}+\boldsymbol{B}(t)\boldsymbol{u},\quad \boldsymbol{x}(t_0)=\boldsymbol{x}_0,\quad t\in[t_0,t_f] \tag{6.160}$$

$$J(\boldsymbol{u}(\cdot))=\frac{1}{2}\boldsymbol{x}^{\mathrm{T}}(t_f)\boldsymbol{S}\boldsymbol{x}(t_f)+\frac{1}{2}\int_{t_0}^{t_f}[\boldsymbol{x}^{\mathrm{T}}(t)\boldsymbol{Q}(t)\boldsymbol{x}(t)+\boldsymbol{u}^{\mathrm{T}}(t)\boldsymbol{R}(t)\boldsymbol{u}(t)]\mathrm{d}t \tag{6.161}$$

其中,$\boldsymbol{x}$ 为 n 维状态,$\boldsymbol{u}$ 为 p 维输入,$\boldsymbol{S}=\boldsymbol{S}^{\mathrm{T}}\geqslant 0$ 和 $\boldsymbol{Q}(t)=\boldsymbol{Q}^{\mathrm{T}}(t)\geqslant 0$ 为 $n\times n$ 正半定矩阵,$\boldsymbol{R}(t)=\boldsymbol{R}^{\mathrm{T}}(t)>0$ 为 $p\times p$ 正定矩阵。时变 LQ 问题的特点是受控系统系数矩阵和性能指标积分中加权矩阵为时变矩阵。

有限时间时变 LQ 问题的最优解由如下结论给出。

结论 6.31[有限时间时变 LQ 问题最优解] 对有限时间时变 LQ 调节问题(6.160)和(6.161),设末时刻 t_f 为固定,组成对应矩阵黎卡提(Riccati)微分方程:

$$\begin{aligned}&-\dot{\boldsymbol{P}}(t)=\boldsymbol{P}(t)\boldsymbol{A}(t)+\boldsymbol{A}^{\mathrm{T}}(t)\boldsymbol{P}(t)+\boldsymbol{Q}(t)-\boldsymbol{P}(t)\boldsymbol{B}(t)\boldsymbol{R}^{-1}(t)\boldsymbol{B}^{\mathrm{T}}(t)\boldsymbol{P}(t)\\&\boldsymbol{P}(t_f)=\boldsymbol{S},\quad t\in[t_0,t_f]\end{aligned} \tag{6.162}$$

解阵 $\boldsymbol{P}(t)$ 为 $n\times n$ 正半定对称矩阵。则 $\boldsymbol{u}^*(\cdot)$ 为最优控制的充分必要条件是具有形式:

$$\boldsymbol{u}^*(t)=-\boldsymbol{K}^*(t)\boldsymbol{x}^*(t),\quad \boldsymbol{K}^*(t)=\boldsymbol{R}^{-1}(t)\boldsymbol{B}^{\mathrm{T}}(t)\boldsymbol{P}(t) \tag{6.163}$$

最优轨线 $\boldsymbol{x}^*(\cdot)$ 为下述状态方程的解:

$$\dot{\boldsymbol{x}}^*(t)=\boldsymbol{A}(t)\boldsymbol{x}^*(t)+\boldsymbol{B}(t)\boldsymbol{u}^*(t),\quad \boldsymbol{x}^*(t_0)=\boldsymbol{x}_0 \tag{6.164}$$

最优性能值 $J^*=J(\boldsymbol{u}^*(\cdot))$ 为

$$J^*=\frac{1}{2}\boldsymbol{x}_0^{\mathrm{T}}\boldsymbol{P}(t_0)\boldsymbol{x}_0,\quad \forall\boldsymbol{x}_0\neq\boldsymbol{0} \tag{6.165}$$

下面,对有限时间时变 LQ 问题,进一步指出最优控制和最优调节系统的一些基本属性。

1. 最优控制的唯一性

结论 6.32[最优控制存在唯一性] 给定有限时间时变 LQ 调节问题(6.160)和(6.161),最优控制必存在且唯一,即为 $\boldsymbol{u}^*(t)=-\boldsymbol{R}^{-1}(t)\boldsymbol{B}^{\mathrm{T}}(t)\boldsymbol{P}(t)\boldsymbol{x}^*(t)$。

2. 最优控制的状态反馈属性

结论 6.33[最优控制状态反馈属性] 对有限时间时变 LQ 调节问题(6.160)和(6.161),最优控制 $\boldsymbol{u}^*(\cdot)$ 具有状态反馈形式,状态反馈矩阵为

$$\boldsymbol{K}^*(t)=\boldsymbol{R}^{-1}(t)\boldsymbol{B}^{\mathrm{T}}(t)\boldsymbol{P}(t) \tag{6.166}$$

3. 最优调节系统的状态空间描述

结论 6.34[状态空间描述] 对有限时间时变 LQ 调节问题(6.160)和(6.161),

最优调节系统的状态空间描述为

$$\dot{\boldsymbol{x}}^{*}=[\boldsymbol{A}(t)-\boldsymbol{B}(t)\boldsymbol{R}^{-1}(t)\boldsymbol{B}^{\mathrm{T}}(t)\boldsymbol{P}(t)]\boldsymbol{x}^{*},\quad \boldsymbol{x}^{*}(t_0)=\boldsymbol{x}_0,\quad t\in[t_0,t_f] \tag{6.167}$$

系统的结构框图如图 6.11 所示。

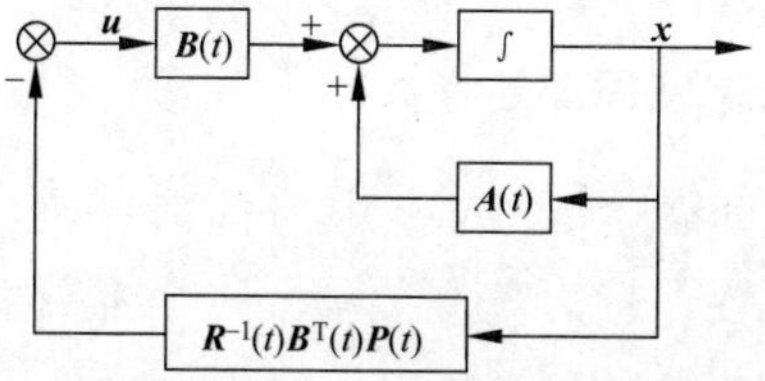

图 6.11　有限时间时变最优调节系统的结构框图

进而,讨论有限时间时不变 LQ 问题的最优解。考虑时不变 LQ 调节问题:

$$\dot{\boldsymbol{x}}=\boldsymbol{A}\boldsymbol{x}+\boldsymbol{B}\boldsymbol{u},\quad \boldsymbol{x}(t_0)=\boldsymbol{x}_0,\quad t\in[t_0,t_f] \tag{6.168}$$

$$J(\boldsymbol{u}(\cdot))=\frac{1}{2}\boldsymbol{x}^{\mathrm{T}}(t_f)\boldsymbol{S}\boldsymbol{x}(t_f)+\frac{1}{2}\int_{t_0}^{t_f}[\boldsymbol{x}^{\mathrm{T}}\boldsymbol{Q}\boldsymbol{x}+\boldsymbol{u}^{\mathrm{T}}\boldsymbol{R}\boldsymbol{u}]\mathrm{d}t \tag{6.169}$$

其中,$\boldsymbol{x}$ 为 n 维状态,$\boldsymbol{u}$ 为 p 维输入,加权矩阵 $\boldsymbol{S}=\boldsymbol{S}^{\mathrm{T}}\geqslant 0,\boldsymbol{Q}=\boldsymbol{Q}^{\mathrm{T}}\geqslant 0,\boldsymbol{R}=\boldsymbol{R}^{\mathrm{T}}>0$。时不变 LQ 问题的特点是,受控系统系数矩阵和性能指标加权矩阵均为时不变常阵。

有限时间时不变 LQ 问题的最优解由如下结论给出。

结论 6.35［有限时间时不变 LQ 问题最优解］　对有限时间时不变 LQ 调节问题(6.168)和(6.169),组成对应矩阵黎卡提微分方程:

$$\begin{aligned}&-\dot{\boldsymbol{P}}(t)=\boldsymbol{P}(t)\boldsymbol{A}+\boldsymbol{A}^{\mathrm{T}}\boldsymbol{P}(t)+\boldsymbol{Q}-\boldsymbol{P}(t)\boldsymbol{B}\boldsymbol{R}^{-1}\boldsymbol{B}^{\mathrm{T}}\boldsymbol{P}(t)\\&\boldsymbol{P}(t_f)=\boldsymbol{S},\quad t\in[t_0,t_f]\end{aligned} \tag{6.170}$$

解阵 $\boldsymbol{P}(t)$ 为 $n\times n$ 正半定对称矩阵。则 $\boldsymbol{u}^{*}(\cdot)$ 为最优控制的充分必要条件是具有形式:

$$\boldsymbol{u}^{*}(t)=-\boldsymbol{K}^{*}(t)\boldsymbol{x}^{*}(t),\quad \boldsymbol{K}^{*}(t)=\boldsymbol{R}^{-1}\boldsymbol{B}^{\mathrm{T}}\boldsymbol{P}(t) \tag{6.171}$$

最优轨线 $\boldsymbol{x}^{*}(\cdot)$ 为下述状态方程的解:

$$\dot{\boldsymbol{x}}^{*}(t)=\boldsymbol{A}\boldsymbol{x}^{*}(t)+\boldsymbol{B}\boldsymbol{u}^{*}(t),\quad \boldsymbol{x}^{*}(t_0)=\boldsymbol{x}_0 \tag{6.172}$$

最优性能值 $J^{*}=J(\boldsymbol{u}^{*}(\cdot))$ 为

$$J^{*}=\frac{1}{2}\boldsymbol{x}_0^{\mathrm{T}}\boldsymbol{P}(t_0)\boldsymbol{x}_0,\quad \forall\,\boldsymbol{x}_0\neq\boldsymbol{0} \tag{6.173}$$

对于有限时间时不变 LQ 问题,最优控制和最优调节系统具有如下一些基本属性。

1. 最优控制的唯一性

结论 6.36［最优控制存在唯一性］　给定有限时间时不变 LQ 调节问题(6.168)和(6.169),最优控制必存在且唯一,即为 $\boldsymbol{u}^{*}(t)=-\boldsymbol{R}^{-1}\boldsymbol{B}^{\mathrm{T}}\boldsymbol{P}(t)\boldsymbol{x}^{*}(t)$。

2. 最优控制的状态反馈属性

结论 6.37 [最优控制状态反馈属性] 对有限时间时不变 LQ 调节问题(6.168)和(6.169),最优控制具有状态反馈形式,状态反馈矩阵为

$$\boldsymbol{K}^*(t)=\boldsymbol{R}^{-1}\boldsymbol{B}^{\mathrm{T}}\boldsymbol{P}(t) \tag{6.174}$$

3. 最优调节系统的状态空间描述

结论 6.38 [状态空间描述] 对有限时间时不变 LQ 调节问题(6.168)和(6.169),最优调节系统不再保持为时不变,状态空间描述为

$$\dot{\boldsymbol{x}}^*=[\boldsymbol{A}-\boldsymbol{B}\boldsymbol{R}^{-1}\boldsymbol{B}^{\mathrm{T}}\boldsymbol{P}(t)]\boldsymbol{x}^*,\quad \boldsymbol{x}^*(t_0)=\boldsymbol{x}_0,\quad t\in[t_0,t_f] \tag{6.175}$$

6.11 线性二次型最优控制:无限时间情形

无限时间 LQ 问题是指末时刻 $t_f=\infty$ 的一类 LQ 问题。有限时间 LQ 问题和无限时间 LQ 问题的直观区别在于,前者只是考虑系统在过渡过程中的最优运行,后者则还需考虑系统趋于平衡状态时的渐近行为。无限时间 LQ 问题通常更有意义和更为实用。

6.11.1 无限时间 LQ 问题的最优解

对无限时间 LQ 问题需要引入一些附加限定。一是,受控系统限定为线性时不变系统。二是,由调节问题平衡状态为 $\boldsymbol{x}_e=\boldsymbol{0}$ 和最优控制系统前提为渐近稳定所决定,性能指标泛函中无需再考虑相对于末状态的二次项。三是,对受控系统结构特性和性能指标加权矩阵需要另加假定。基此,考虑无限时间时不变 LQ 问题为

$$\dot{\boldsymbol{x}}=\boldsymbol{A}\boldsymbol{x}+\boldsymbol{B}\boldsymbol{u},\quad \boldsymbol{x}(0)=\boldsymbol{x}_0,\quad t\in[0,\infty) \tag{6.176}$$

$$J(\boldsymbol{u}(\cdot))=\int_0^\infty(\boldsymbol{x}^{\mathrm{T}}\boldsymbol{Q}\boldsymbol{x}+\boldsymbol{u}^{\mathrm{T}}\boldsymbol{R}\boldsymbol{u})\mathrm{d}t \tag{6.177}$$

其中,$\boldsymbol{x}$ 为 n 维状态,$\boldsymbol{u}$ 为 p 维输入,$\{\boldsymbol{A},\boldsymbol{B}\}$为完全能控,对加权阵有

$$\boldsymbol{R}=\boldsymbol{R}^{\mathrm{T}}>0$$

“$\boldsymbol{Q}=\boldsymbol{Q}^{\mathrm{T}}>0$”或“$\boldsymbol{Q}=\boldsymbol{Q}^{\mathrm{T}}\geqslant 0$ 且$\{\boldsymbol{A},\boldsymbol{Q}^{1/2}\}$完全能观测”

这里,$\boldsymbol{Q}^{1/2}=\boldsymbol{G}\boldsymbol{\Lambda}^{1/2}\boldsymbol{G}^{\mathrm{T}}$,$\boldsymbol{\Lambda}$ 为 $\boldsymbol{Q}$ 的特征值对角矩阵,$\boldsymbol{G}$ 是具有正交矩阵形式的变换阵。

下面,给出无限时间时不变 LQ 问题的最优解以及相关的一些结论。

1. 矩阵黎卡提方程解阵的特性

对无限时间时不变 LQ 问题(6.176)和(6.177),基于上一节中的分析可知,对应的矩阵黎卡提微分方程具有形式:

$$-\dot{\boldsymbol{P}}(t)=\boldsymbol{P}(t)\boldsymbol{A}+\boldsymbol{A}^{\mathrm{T}}\boldsymbol{P}(t)+\boldsymbol{Q}-\boldsymbol{P}(t)\boldsymbol{B}\boldsymbol{R}^{-1}\boldsymbol{B}^{\mathrm{T}}\boldsymbol{P}(t)$$

$$P(t_f)=\mathbf{0},\quad t\in[0,t_f],\quad t_f\to\infty \tag{6.178}$$

现表 $n\times n$ 解阵 $\boldsymbol{P}(t)=\boldsymbol{P}(t,\mathbf{0},t_f)$，以直观反映对末时刻 t_f 和端点条件 $\boldsymbol{P}(t_f)=\mathbf{0}$ 的依赖关系，显然有 $\boldsymbol{P}(t_f,\mathbf{0},t_f)=\boldsymbol{P}(t_f)=\mathbf{0}$。对解阵 $\boldsymbol{P}(t)=\boldsymbol{P}(t,\mathbf{0},t_f)$，进而不加证明地给出它的一些基本属性。

性质 1：解阵 $\boldsymbol{P}(t)=\boldsymbol{P}(t,\mathbf{0},t_f)$ 在 $t=0$ 时结果 $\boldsymbol{P}(0)=\boldsymbol{P}(0,\mathbf{0},t_f)$ 对一切 $t_f\geqslant 0$ 有上界。即对任一 $\boldsymbol{x}_0\neq\mathbf{0}$，都对应存在不依赖于 t_f 的一个正实数 $m(0,\boldsymbol{x}_0)$，使对一切 $t_f\geqslant 0$ 成立。

$$\boldsymbol{x}_0^{\mathrm{T}}\boldsymbol{P}(0,\mathbf{0},t_f)\boldsymbol{x}_0\leqslant m(0,\boldsymbol{x}_0)<\infty \tag{6.179}$$

性质 2：对任意 $t>0$，解阵 $\boldsymbol{P}(t)=\boldsymbol{P}(t,\mathbf{0},t_f)$ 当末时刻 $t_f\to\infty$ 的极限必存在，即

$$\lim_{t_f\to\infty}\boldsymbol{P}(t,\mathbf{0},t_f)=\boldsymbol{P}(t,\mathbf{0},\infty) \tag{6.180}$$

性质 3：解阵 $\boldsymbol{P}(t)=\boldsymbol{P}(t,\mathbf{0},t_f)$ 当末时刻 $t_f\to\infty$ 的极限 $\boldsymbol{P}(t,\mathbf{0},\infty)$ 为不依赖于 t 的一个常阵，即

$$\boldsymbol{P}(t,\mathbf{0},\infty)=\boldsymbol{P} \tag{6.181}$$

性质 4：常阵 $\boldsymbol{P}(t,\mathbf{0},\infty)=\boldsymbol{P}$ 为下列无限时间时不变 LQ 问题的矩阵黎卡提代数方程的解阵，即

$$\boldsymbol{PA}+\boldsymbol{A}^{\mathrm{T}}\boldsymbol{P}+\boldsymbol{Q}-\boldsymbol{PBR}^{-1}\boldsymbol{B}^{\mathrm{T}}\boldsymbol{P}=\mathbf{0} \tag{6.182}$$

性质 5：矩阵黎卡提代数方程(6.182)，在“$\boldsymbol{R}=\boldsymbol{R}^{\mathrm{T}}>0,\boldsymbol{Q}=\boldsymbol{Q}^{\mathrm{T}}>0$”或“$\boldsymbol{R}=\boldsymbol{R}^{\mathrm{T}}>0,\boldsymbol{Q}=\boldsymbol{Q}^{\mathrm{T}}\geqslant 0$ 且$\{\boldsymbol{A},\boldsymbol{Q}^{1/2}\}$完全能观测”条件下，必有唯一正定对称解阵 $\boldsymbol{P}$。

2. 无限时间时不变 LQ 问题的最优解

结论 6.39［无限时间 LQ 问题最优解］　给定无限时间时不变 LQ 调节问题(6.176)和(6.177)，组成对应的矩阵黎卡提代数方程(6.182)，解阵 $\boldsymbol{P}$ 为 $n\times n$ 正定对称阵。则$\boldsymbol{u}^*(\cdot)$为最优控制的充分必要条件是具有形式：

$$\boldsymbol{u}^*(t)=-\boldsymbol{K}^*\boldsymbol{x}^*(t),\quad \boldsymbol{K}^*=\boldsymbol{R}^{-1}\boldsymbol{B}^{\mathrm{T}}\boldsymbol{P} \tag{6.183}$$

最优轨线 $\boldsymbol{x}^*(\cdot)$为下述状态方程的解：

$$\dot{\boldsymbol{x}}^*(t)=\boldsymbol{Ax}^*(t)+\boldsymbol{Bu}^*(t),\quad \boldsymbol{x}^*(0)=\boldsymbol{x}_0 \tag{6.184}$$

最优性能值 $J^*=J(\boldsymbol{u}^*(\cdot))$为

$$J^*=\boldsymbol{x}_0^{\mathrm{T}}\boldsymbol{Px}_0,\quad \forall\boldsymbol{x}_0\neq\mathbf{0} \tag{6.185}$$

3. 最优控制的状态反馈属性

结论 6.40［最优控制状态反馈属性］　对无限时间时不变 LQ 调节问题(6.176)和(6.177)，最优控制具有状态反馈的形式，状态反馈矩阵为

$$\boldsymbol{K}^*=\boldsymbol{R}^{-1}\boldsymbol{B}^{\mathrm{T}}\boldsymbol{P} \tag{6.186}$$

4. 最优调节系统的状态空间描述

结论 6.41［状态空间描述］　对无限时间时不变 LQ 调节问题(6.176)和(6.177)，最优调节系统保持为时不变，状态空间描述为

$$\dot{\boldsymbol{x}}^* = [\boldsymbol{A} - \boldsymbol{B}\boldsymbol{R}^{-1}\boldsymbol{B}^{\mathrm{T}}\boldsymbol{P}]\boldsymbol{x}^*, \quad \boldsymbol{x}^*(0) = \boldsymbol{x}_0, \quad t \geqslant 0 \tag{6.187}$$

6.11.2 稳定性和指数稳定性

无限时间时不变LQ调节问题由于需要考虑$t\to\infty$的系统运动行为，最优调节系统将会面临稳定性问题。下面，就渐近稳定性和指数稳定性两类情形，给出相应的结论。

1. 最优调节系统的渐近稳定性

结论 6.42［最优调节系统渐近稳定性］ 对无限时间时不变LQ调节问题(6.176)和(6.177)，其中“$\boldsymbol{R}>0,\boldsymbol{Q}>0$”或“$\boldsymbol{R}>0,\boldsymbol{Q}\geqslant0$且$\{\boldsymbol{A},\boldsymbol{Q}^{1/2}\}$完全能观测”，则最优调节系统(6.187)必为大范围渐近稳定。

2. 最优调节系统的指数稳定性

在无限时间时不变LQ调节问题性能指标中同时引入对运动和控制的指定指数衰减度，可归结为使最优调节系统具有期望的指数稳定性。对此情形，问题的描述具有形式：

$$\begin{gathered}\dot{\boldsymbol{x}} = \boldsymbol{A}\boldsymbol{x} + \boldsymbol{B}\boldsymbol{u}, \quad \boldsymbol{x}(0) = \boldsymbol{x}_0, \quad t \geqslant 0 \\ J(\boldsymbol{u}(\cdot)) = \int_0^\infty \mathrm{e}^{2\alpha t}(\boldsymbol{x}^{\mathrm{T}}\boldsymbol{Q}\boldsymbol{x} + \boldsymbol{u}^{\mathrm{T}}\boldsymbol{R}\boldsymbol{u})\mathrm{d}t \\ \lim_{t\to\infty} \boldsymbol{x}(t)\mathrm{e}^{\alpha t} = \boldsymbol{0}, \quad \alpha \geqslant 0\end{gathered} \tag{6.188}$$

其中，$\boldsymbol{x}$为n维状态，$\boldsymbol{u}$为p维输入，$\{\boldsymbol{A},\boldsymbol{B}\}$为完全能控，对加权阵有“$\boldsymbol{R}>0,\boldsymbol{Q}>0$”或“$\boldsymbol{R}>0,\boldsymbol{Q}\geqslant0$且$\{\boldsymbol{A},\boldsymbol{Q}^{1/2}\}$完全能观测”，$\alpha$为指定衰减上限。直观上，$\alpha$表示在综合得到的最优调节系统中状态$\boldsymbol{x}(t)$每一分量$x_i(t)$都必快于$x_i(0)\mathrm{e}^{-\alpha t}$，或等价地闭环系统矩阵所有特征值的实部均小于$-\alpha$。

结论 6.43［最优调节系统指数稳定性］ 对指定指数衰减度的无限时间时不变LQ调节问题(6.188)，组成相应矩阵黎卡提代数方程：

$$\boldsymbol{P}(\boldsymbol{A} + \alpha\boldsymbol{I}) + (\boldsymbol{A} + \alpha\boldsymbol{I})^{\mathrm{T}}\boldsymbol{P} + \boldsymbol{Q} - \boldsymbol{P}\boldsymbol{B}\boldsymbol{R}^{-1}\boldsymbol{B}^{\mathrm{T}}\boldsymbol{P} = \boldsymbol{0} \tag{6.189}$$

解阵$\boldsymbol{P}$为$n\times n$正定矩阵。进而，取最优控制$\boldsymbol{u}^*(\cdot)$为

$$\boldsymbol{u}^*(t) = -\boldsymbol{K}^*\boldsymbol{x}^*(t), \quad \boldsymbol{K}^* = \boldsymbol{R}^{-1}\boldsymbol{B}^{\mathrm{T}}\boldsymbol{P} \tag{6.190}$$

最优调节系统为

$$\dot{\boldsymbol{x}}^* = (\boldsymbol{A} - \boldsymbol{B}\boldsymbol{R}^{-1}\boldsymbol{B}^{\mathrm{T}}\boldsymbol{P})\boldsymbol{x}^*, \quad \boldsymbol{x}^*(0) = \boldsymbol{x}_0, \quad t \geqslant 0 \tag{6.191}$$

则最优调节系统(6.191)以α为衰减上限指数稳定，即

$$\lim_{t\to\infty} \boldsymbol{x}(t)\mathrm{e}^{\alpha t} = \boldsymbol{0} \tag{6.192}$$

6.11.3 最优调节系统的频率域条件

这一部分中，针对无限时间时不变LQ调节问题，讨论最优调节系统

$$\dot{\boldsymbol{x}}^* = (\boldsymbol{A} - \boldsymbol{B}\boldsymbol{R}^{-1}\boldsymbol{B}^{\mathrm{T}}\boldsymbol{P})\boldsymbol{x}^*, \quad \boldsymbol{x}^*(0) = \boldsymbol{x}_0, \quad t \geqslant 0 \tag{6.193}$$

的频率域条件。频率域条件的建立，既为综合最优调节系统提供了另一途径，也为分析最优调节系统鲁棒性提供了基础。

1. 多输入最优调节系统的频率域条件

结论 6.44［最优调节系统频率域条件］　对多输入无限时间时不变 LQ 调节问题，最优调节系统(6.193)满足如下频率域条件：

$$[\boldsymbol{I} + \boldsymbol{R}^{1/2}\boldsymbol{K}^*(-\mathrm{j}\omega\boldsymbol{I} - \boldsymbol{A})^{-1}\boldsymbol{B}\boldsymbol{R}^{-1/2}]^{\mathrm{T}}[\boldsymbol{I} + \boldsymbol{R}^{1/2}\boldsymbol{K}^*(\mathrm{j}\omega\boldsymbol{I} - \boldsymbol{A})^{-1}\boldsymbol{B}\boldsymbol{R}^{-1/2}] \geqslant \boldsymbol{I} \tag{6.194}$$

其中，等号只对有限个 ω 值成立。

2. 单输入最优调节系统的频率域条件

结论 6.45［最优调节系统频率域条件］　对单输入无限时间时不变 LQ 调节问题，最优调节系统(6.193)满足如下频率域条件：

$$|1 + \boldsymbol{k}^*(\mathrm{j}\omega\boldsymbol{I} - \boldsymbol{A})^{-1}\boldsymbol{b}| \geqslant 1 \tag{6.195}$$

其中，等号只对有限个 ω 值成立。

3. 频率域条件的几何解释

限于讨论单输入最优调节系统。对此，基于最优调节系统状态方程 $\dot{\boldsymbol{x}} = (\boldsymbol{A} - \boldsymbol{b}\boldsymbol{k}^*)\boldsymbol{x}$，可以导出图 6.12 所示闭环系统的结构图。再表

$$g_0(s) = \boldsymbol{k}^*(s\boldsymbol{I} - \boldsymbol{A})^{-1}\boldsymbol{b} \tag{6.196}$$

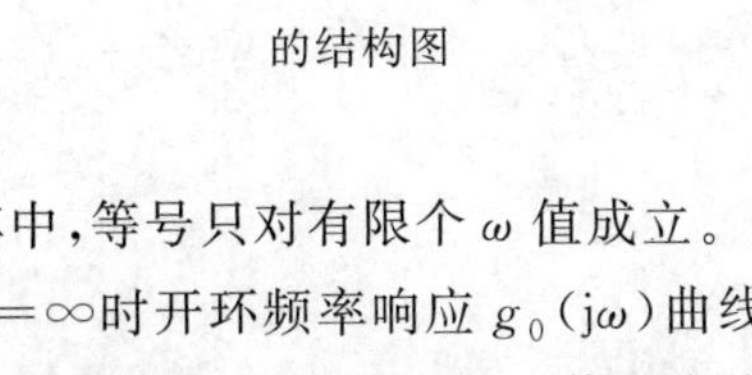

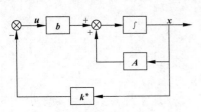

图 6.12　单输入最优调节系统的结构图

且由闭环系统结构图可以看出，$g_0(s)$即为最优调节系统断开反馈端后的开环传递函数。令 $s = \mathrm{j}\omega$，ω 为角频率，得到相应开环频率响应 $g_0(\mathrm{j}\omega)$为

$$g_0(\mathrm{j}\omega) = \boldsymbol{k}^*(\mathrm{j}\omega\boldsymbol{I} - \boldsymbol{A})^{-1}\boldsymbol{b} \tag{6.197}$$

进而，利用式(6.197)，将单输入最优调节系统的频率域条件(6.195)表为

$$|1 + g_0(\mathrm{j}\omega)| \geqslant 1 \tag{6.198}$$

其中，等号只对有限个 ω 值成立。如图 6.13 所示，在复平面上画出由 $\omega = 0$ 变化到 $\omega = \infty$ 时开环频率响应 $g_0(\mathrm{j}\omega)$曲线，并表坐标原点和$(-1, \mathrm{j}0)$点为 O 和 N，$g_0(\mathrm{j}\omega)$曲线上对应于任意一个 ω 值的点为 M，基此可以导出 $g_0(\mathrm{j}\omega)$和 $1 + g_0(\mathrm{j}\omega)$的几何表示为

$$g_0(\mathrm{j}\omega) = \overrightarrow{OM} \tag{6.199}$$

$$1 + g_0(\mathrm{j}\omega) = \overrightarrow{NO} + \overrightarrow{OM} = \overrightarrow{NM} \tag{6.200}$$

再之，如图 6.14 所示，在复平面上画出以$(-1, \mathrm{j}0)$点为圆心的一个单位圆

$\Gamma_{(-1,\mathrm{j}0)}$。那么,基于 $1+g_0(\mathrm{j}\omega)$ 的向量关系(6.200)可知,频率域条件 $|1+g_0(\mathrm{j}\omega)|\geqslant 1$ 在几何上的含义就是,最优调节系统开环频率响应 $g_0(\mathrm{j}\omega)$ 由 $\omega=0$ 变化到 $\omega=\infty$ 的曲线必定不进入单位圆 $\Gamma_{(-1,\mathrm{j}0)}$ 内,且 $g_0(\mathrm{j}\omega)$ 曲线和单位圆 $\Gamma_{(-1,\mathrm{j}0)}$ 只有有限个相切点。

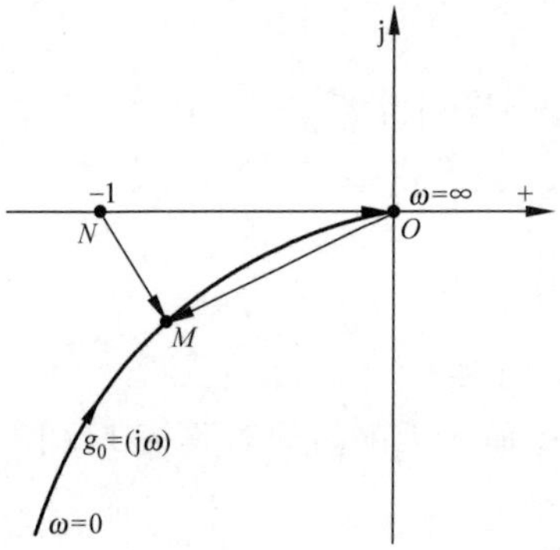

图 6.13　$g_0(\mathrm{j}\omega)$ 和 $1+g_0(\mathrm{j}\omega)$ 的几何表示

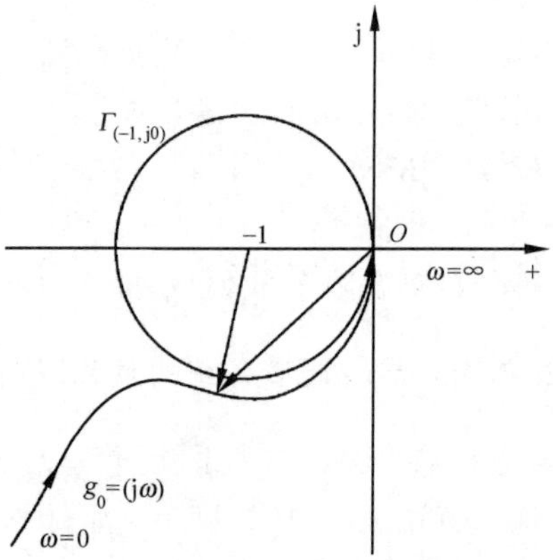

图 6.14　单输入最优调节系统频率域条件的几何表示

综上讨论,可以归纳出如下结论。

结论 6.46［频率域条件的几何表示］　对单输入无限时间时不变 LQ 调节问题,最优调节系统的频率域条件在几何上表示为,开环频率响应 $g_0(\mathrm{j}\omega)=\boldsymbol{k}^*(\mathrm{j}\omega\boldsymbol{I}-\boldsymbol{A})^{-1}\boldsymbol{b}$ 在复平面上由 $\omega=0$ 变化到 $\omega=\infty$ 的曲线必不进入单位圆 $\Gamma_{(-1,\mathrm{j}0)}$ 内,且 $g_0(\mathrm{j}\omega)$ 曲线和单位圆 $\Gamma_{(-1,\mathrm{j}0)}$ 只有有限个相切点。

6.11.4　最优调节系统的鲁棒性

鲁棒性是控制系统正常运行的必备条件。鲁棒性是系统参数产生摄动时闭环调节系统仍能保持渐近稳定或综合性能的一种属性。控制系统的允许参数摄动范围愈大相应地鲁棒性就愈好。稳定性,作为衡量鲁棒性程度的指标类型之一,有相角裕度与增益裕度和对非线性的容限。

1. 相角裕度和增益裕度的定义

经典控制理论中,相角裕度和增益裕度被广泛采用作为控制系统稳定裕度的一种定量表征。考虑图 6.15 所示稳定的单输入单输出反馈控制系统,其中 $g_0(s)$ 为开环传递函数。进而如图 6.16 所示,在复平面上画出以坐标原点为圆心的一个单位圆 Γ_0 和开环频率响应 $g_0(\mathrm{j}\omega)$ 由 $\omega=0$ 变化到 $\omega=\infty$ 的曲线。再表坐标原点为 O,$g_0(\mathrm{j}\omega)$ 曲线与负实轴和单位圆 Γ_0 的交点分别为 N 和 M。基此,对单输入单输出反馈控制系统,给出增益裕度和相角裕度的定义为

$$增益裕度=1/|g_0(\mathrm{j}\omega_a)|=1/|\overrightarrow{ON}|,\quad 当\measuredangle g_0(\mathrm{j}\omega_a)=180^\circ \tag{6.201}$$

$$相角裕度=\theta=\overrightarrow{OM}与负实轴夹角,\quad 当|g_0(\mathrm{j}\omega_b)|=1 \tag{6.202}$$

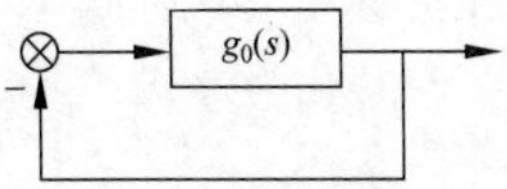

图 6.15　单输入单输出反馈控制系统

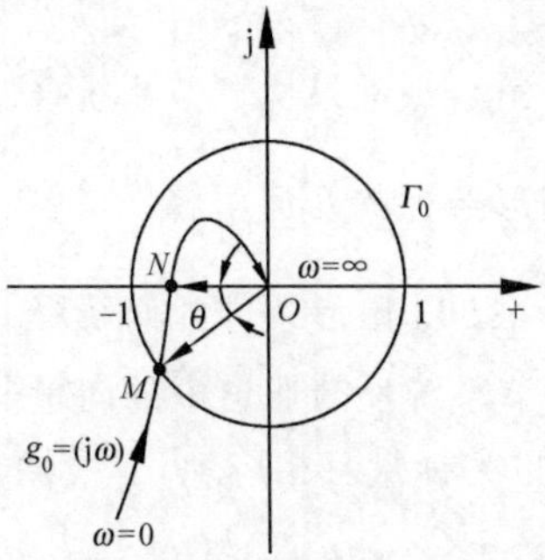

图 6.16　相角裕度与增益裕度的定义说明

2. 最优调节系统的相角裕度和增益裕度

结论 6.47［相角裕度和增益裕度］　对单输入无限时间时不变 LQ 调节问题，最优调节系统具有：(i) 至少$\pm 60^\circ$相角裕度；(ii) $(1/2,\infty)$增益裕度。

结论 6.48［相角裕度和增益裕度］　对多输入无限时间时不变 LQ 调节问题，取相对于控制输入的加权矩阵$\boldsymbol{R}=\mathrm{diag}\{\rho_1,\cdots,\rho_p\}$，$\rho_i>0, i=1,2,\cdots,p$，则最优调节系统的每个反馈控制回路均具有：(i) 至少$\pm 60^\circ$相角裕度；(ii) $(1/2,\infty)$增益裕度。

3. 最优调节系统对非线性的容限

在鲁棒性分析中，状态反馈矩阵产生非线性摄动的最优调节系统，可以等价地看成为如图 6.17 所示那样，在标称最优调节系统反馈通道中引入附加非线性环节$\boldsymbol{\Phi}(\boldsymbol{\sigma})$，$\boldsymbol{\sigma}=\boldsymbol{K}^*\boldsymbol{x}$。从物理上看，这类摄动反映了最优状态反馈矩阵在工程构成中的非线性偏差。基此，对状态反馈矩阵产生非线性摄动的最优调节系统，可表状态方程为

$$\begin{aligned}&\dot{\boldsymbol{x}}=\boldsymbol{A}\boldsymbol{x}-\boldsymbol{B}\boldsymbol{\Phi}(\boldsymbol{\sigma})\\&\boldsymbol{\sigma}=\boldsymbol{K}^*\boldsymbol{x},\quad \boldsymbol{K}^*=\boldsymbol{R}^{-1}\boldsymbol{B}^{\mathrm{T}}\boldsymbol{P}\end{aligned} \tag{6.203}$$

其中，$\boldsymbol{A}\in\mathscr{R}^{n\times n}$，$\boldsymbol{B}\in\mathscr{R}^{n\times p}$，$\boldsymbol{K}^*\in\mathscr{R}^{p\times n}$。对非线性容限的问题提法是，建立非线性摄动$\boldsymbol{\Phi}(\boldsymbol{\sigma})$应满足的条件，使对满足条件任意摄动$\boldsymbol{\Phi}(\boldsymbol{\sigma})$最优调节系统(6.203)为渐近稳定。

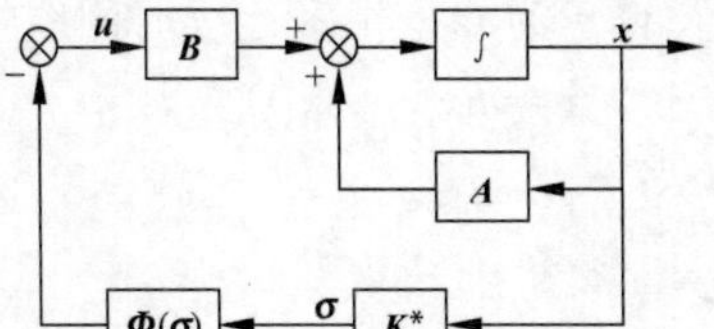

图 6.17　反馈矩阵产生非线性摄动的最优调节系统

结论 6.49 [对非线性的容限] 对多输入无限时间时不变 LQ 调节问题，给定反馈通道中包含非线性环节 $\boldsymbol{\Phi}(\boldsymbol{\sigma})$，$\boldsymbol{\sigma}=\boldsymbol{K}^*\boldsymbol{x}$ 的最优调节系统(6.203)，则对满足扇形条件

$$\begin{gathered} k_1\boldsymbol{\sigma}^{\mathrm{T}}\boldsymbol{R}\boldsymbol{\sigma} \leqslant \boldsymbol{\sigma}^{\mathrm{T}}\boldsymbol{R}\boldsymbol{\Phi}(\boldsymbol{\sigma}) \leqslant k_2\boldsymbol{\sigma}^{\mathrm{T}}\boldsymbol{\sigma}, \quad \forall\ \boldsymbol{\sigma}\neq\boldsymbol{0} \\ 1/2<k_1<k_2, \quad k_2<\infty \end{gathered} \tag{6.204}$$

的任意 $\boldsymbol{\Phi}(\boldsymbol{\sigma})$，摄动最优调节系统(6.203)可保持大范围渐近稳定。

4. 扇形条件的几何解释

结论 6.50 [扇形条件几何解释] 对单输入无限时间时不变 LQ 调节问题，引入于最优调节系统反馈通道中的向量非线性摄动 $\boldsymbol{\Phi}(\boldsymbol{\sigma})$ 化为标量非线性摄动 $\phi(\sigma)$，且 $\sigma=\boldsymbol{k}^*\boldsymbol{x}$ 也为标量。相应地，非线性容限的扇形条件(6.204)化为形式：

$$k_1\sigma\leqslant\phi(\sigma)\leqslant k_2\sigma, \quad 1/2<k_1<k_2, \quad k_2<\infty \tag{6.205}$$

扇形条件(6.205)的几何表征如图 6.18 所示，即是以 $\phi(\sigma)$ 为纵轴和 σ 为横轴平面上由直线 $k_1\sigma$ 和 $k_2\sigma$ 围成的扇形区域。这正是把条件(6.204)称为扇形条件的依据。

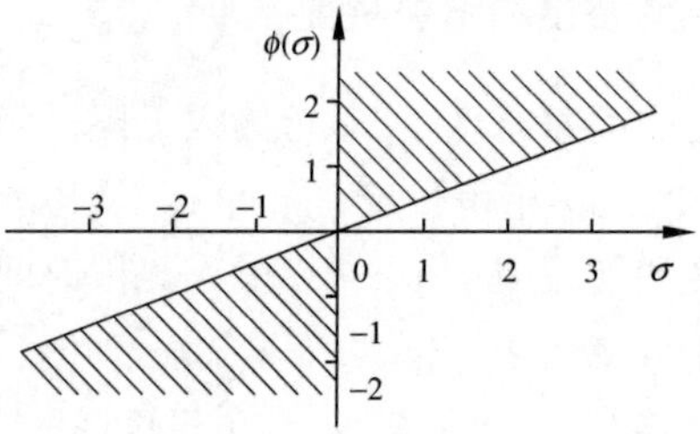

图 6.18 非线性摄动 $\phi(\sigma)$ 的扇形容许区域

6.11.5 最优跟踪问题

最优跟踪问题是对最优调节问题的一个自然推广。本部分是对最优跟踪问题的简要讨论，并将问题和结果归纳成为如下几方面。

1. 最优跟踪问题的提法

考虑连续时间线性时不变受控系统：

$$\begin{gathered} \dot{\boldsymbol{x}}=\boldsymbol{A}\boldsymbol{x}+\boldsymbol{B}\boldsymbol{u}, \quad \boldsymbol{x}(0)=\boldsymbol{x}_0, \quad t\geqslant 0 \\ \boldsymbol{y}=\boldsymbol{C}\boldsymbol{x} \end{gathered} \tag{6.206}$$

设系统输出 $\boldsymbol{y}$ 跟踪参考输入 $\tilde{\boldsymbol{y}}$，$\tilde{\boldsymbol{y}}$ 为如下稳定连续时间线性时不变系统的输出：

$$\begin{gathered} \dot{\boldsymbol{z}}=\boldsymbol{F}\boldsymbol{z}, \quad \boldsymbol{z}(0)=\boldsymbol{z}_0 \\ \tilde{\boldsymbol{y}}=\boldsymbol{H}\boldsymbol{z} \end{gathered} \tag{6.207}$$

其中，$\boldsymbol{x}\in\mathscr{R}^{n\times1}$，$\boldsymbol{u}\in\mathscr{R}^{p\times1}$，$\boldsymbol{y}\in\mathscr{R}^{q\times1}$，$\boldsymbol{z}\in\mathscr{R}^{m\times1}$，$\tilde{\boldsymbol{y}}\in\mathscr{R}^{q\times1}$。假定$(\boldsymbol{A},\boldsymbol{B})$为完全能控，$(\boldsymbol{A},\boldsymbol{C})$为完全能观测，$\boldsymbol{C}\in\mathscr{R}^{q\times n}$ 为满秩阵，$(\boldsymbol{F},\boldsymbol{H})$为完全能观测。

进而，引入二次型性能指标：

$$J(\boldsymbol{u}(\cdot))=\int_0^{\infty}[(\boldsymbol{y}-\tilde{\boldsymbol{y}})^{\mathrm{T}}\boldsymbol{Q}(\boldsymbol{y}-\tilde{\boldsymbol{y}})+\boldsymbol{u}^{\mathrm{T}}\boldsymbol{R}\boldsymbol{u}]\mathrm{d}t \tag{6.208}$$

其中，加权矩阵 $\boldsymbol{Q}\in\mathscr{R}^{q\times q}$ 为正半定对称阵，$\boldsymbol{R}\in\mathscr{R}^{p\times p}$ 为正定对称阵。

所谓最优跟踪问题就是，对受控系统(6.206)和参考输入模型(6.207)，由相对于(6.208)所示的性能指标，寻找一个控制 $\boldsymbol{u}^*(\cdot)$ 使输出 $\boldsymbol{y}$ 跟踪参考输入 $\tilde{\boldsymbol{y}}$ 同时，有

$$J(\boldsymbol{u}^*(\cdot))=\min_{\boldsymbol{u}\in\mathscr{R}^{p\times 1}} J(\boldsymbol{u}(\cdot)) \tag{6.209}$$

2. 等价调节问题及其最优解

求解最优跟踪问题的简便途径是直接借鉴利用最优调节问题结果。基本思路是，首先将跟踪问题(6.206)～(6.208)化为等价调节问题，进而对等价调节问题直接利用最优调节问题有关结果，最后基此导出相对于跟踪问题的对应结论。

首先，导出跟踪问题的等价调节问题。对此，定义增广状态和增广矩阵：

$$\bar{\boldsymbol{x}}=\begin{bmatrix}\boldsymbol{x}\\ \boldsymbol{z}\end{bmatrix},\quad \bar{\boldsymbol{A}}=\begin{bmatrix}\boldsymbol{A} & \boldsymbol{0}\\ \boldsymbol{0} & \boldsymbol{F}\end{bmatrix},\quad \bar{\boldsymbol{B}}=\begin{bmatrix}\boldsymbol{B}\\ \boldsymbol{0}\end{bmatrix} \tag{6.210}$$

对应地，定义等价调节问题性能指标中的加权矩阵：

$$\bar{\boldsymbol{Q}}=\begin{bmatrix}\boldsymbol{C}^{\mathrm{T}}\boldsymbol{Q}\boldsymbol{C} & -\boldsymbol{C}^{\mathrm{T}}\boldsymbol{Q}\boldsymbol{H}\\ -\boldsymbol{H}^{\mathrm{T}}\boldsymbol{Q}\boldsymbol{C} & \boldsymbol{H}^{\mathrm{T}}\boldsymbol{Q}\boldsymbol{H}\end{bmatrix},\quad \bar{\boldsymbol{R}}=\boldsymbol{R} \tag{6.211}$$

基此，容易证明，给定跟踪问题的等价调节问题为

$$\dot{\bar{\boldsymbol{x}}}=\bar{\boldsymbol{A}}\bar{\boldsymbol{x}}+\bar{\boldsymbol{B}}\boldsymbol{u},\quad \bar{\boldsymbol{x}}(0)=\bar{\boldsymbol{x}}_0,\quad t\geqslant 0$$
$$J(\boldsymbol{u}(\cdot))=\int_0^{\infty}(\bar{\boldsymbol{x}}^{\mathrm{T}}\bar{\boldsymbol{Q}}\bar{\boldsymbol{x}}+\boldsymbol{u}^{\mathrm{T}}\bar{\boldsymbol{R}}\boldsymbol{u})\mathrm{d}t \tag{6.212}$$

其中，由$(\boldsymbol{A},\boldsymbol{B})$能控和参考输入模型为稳定可知$(\bar{\boldsymbol{A}},\bar{\boldsymbol{B}})$为能稳，由$(\boldsymbol{A},\boldsymbol{C})$和$(\boldsymbol{F},\boldsymbol{H})$的能观测以及 $\boldsymbol{Q}\geqslant 0$ 可保证 $\bar{\boldsymbol{Q}}$ 为正半定，而 $\bar{\boldsymbol{R}}=\boldsymbol{R}$ 按假定为正定。

进而，求解最优等价调节问题。对此，直接运用最优调节问题基本结论可知，对无限时间时不变 LQ 调节问题(6.212)，最优控制 $\boldsymbol{u}^*(\cdot)$ 为

$$\boldsymbol{u}^*(t)=-\bar{\boldsymbol{K}}^*\bar{\boldsymbol{x}}^*(t),\quad \bar{\boldsymbol{K}}^*=\bar{\boldsymbol{R}}^{-1}\bar{\boldsymbol{B}}^{\mathrm{T}}\bar{\boldsymbol{P}} \tag{6.213}$$

最优轨线 $\boldsymbol{x}^*(\cdot)$ 为如下闭环状态方程的解：

$$\dot{\bar{\boldsymbol{x}}}^*=(\bar{\boldsymbol{A}}-\bar{\boldsymbol{B}}\bar{\boldsymbol{R}}^{-1}\bar{\boldsymbol{B}}^{\mathrm{T}}\bar{\boldsymbol{P}})\bar{\boldsymbol{x}}^*,\quad \bar{\boldsymbol{x}}^*(0)=\bar{\boldsymbol{x}}_0 \tag{6.214}$$

最优性能值 J^* 为

$$J^*=\bar{\boldsymbol{x}}_0^{\mathrm{T}}\bar{\boldsymbol{P}}\bar{\boldsymbol{x}}_0,\quad \forall\bar{\boldsymbol{x}}_0\neq\boldsymbol{0} \tag{6.215}$$

其中，$\bar{\boldsymbol{P}}$ 为如下矩阵黎卡提代数方程的唯一正定对称解阵：

$$\bar{\boldsymbol{P}}\bar{\boldsymbol{A}}+\bar{\boldsymbol{A}}^{\mathrm{T}}\bar{\boldsymbol{P}}+\bar{\boldsymbol{Q}}-\bar{\boldsymbol{P}}\bar{\boldsymbol{B}}\bar{\boldsymbol{R}}^{-1}\bar{\boldsymbol{B}}^{\mathrm{T}}\bar{\boldsymbol{P}}=\boldsymbol{0} \tag{6.216}$$

3. 跟踪问题的最优解

结论 6.51［跟踪问题最优解］　对由连续时间线性时不变受控系统(6.206)～(6.207)和二次型性能指标(6.208)组成的跟踪问题，将等价最优调节问题的矩阵黎

卡提代数方程解阵 $\bar{\boldsymbol{P}}$ 作分块化表示：

$$\bar{\boldsymbol{P}} = \begin{bmatrix} \boldsymbol{P} & \boldsymbol{P}_{12} \\ \boldsymbol{P}_{12}^{\mathrm{T}} & \boldsymbol{P}_{22} \end{bmatrix} \tag{6.217}$$

其中，$\boldsymbol{P} \in \mathscr{R}^{n \times n}$，$\boldsymbol{P}_{12} \in \mathscr{R}^{n \times m}$，$\boldsymbol{P}_{22} \in \mathscr{R}^{m \times m}$，分别为如下矩阵黎卡提代数方程的解阵：

$$\boldsymbol{PA} + \boldsymbol{A}^{\mathrm{T}}\boldsymbol{P} + \boldsymbol{C}^{\mathrm{T}}\boldsymbol{QC} - \boldsymbol{PBR}^{-1}\boldsymbol{B}^{\mathrm{T}}\boldsymbol{P} = \boldsymbol{0} \tag{6.218}$$

$$\boldsymbol{P}_{12}\boldsymbol{F} + \boldsymbol{A}^{\mathrm{T}}\boldsymbol{P}_{12} - \boldsymbol{C}^{\mathrm{T}}\boldsymbol{QH} - \boldsymbol{PBR}^{-1}\boldsymbol{B}^{\mathrm{T}}\boldsymbol{P}_{12} = \boldsymbol{0} \tag{6.219}$$

$$\boldsymbol{P}_{22}\boldsymbol{F} + \boldsymbol{F}^{\mathrm{T}}\boldsymbol{P}_{22} + \boldsymbol{H}^{\mathrm{T}}\boldsymbol{QH} - \boldsymbol{P}_{12}^{\mathrm{T}}\boldsymbol{BR}^{-1}\boldsymbol{B}^{\mathrm{T}}\boldsymbol{P}_{12} = \boldsymbol{0} \tag{6.220}$$

则最优跟踪控制 $\boldsymbol{u}^*(\cdot)$ 为

$$\boldsymbol{u}^*(t) = -\boldsymbol{K}_1^*\boldsymbol{x} - \boldsymbol{K}_2^*\boldsymbol{z}, \quad \boldsymbol{K}_1^* = \boldsymbol{R}^{-1}\boldsymbol{B}^{\mathrm{T}}\boldsymbol{P}, \quad \boldsymbol{K}_2^* = \boldsymbol{R}^{-1}\boldsymbol{B}^{\mathrm{T}}\boldsymbol{P}_{12} \tag{6.221}$$

最优性能值 J^* 为

$$J^* = \boldsymbol{x}_0^{\mathrm{T}}\boldsymbol{P}\boldsymbol{x}_0 + \boldsymbol{z}_0^{\mathrm{T}}\boldsymbol{P}_{22}\boldsymbol{z}_0 + 2\boldsymbol{x}_0^{\mathrm{T}}\boldsymbol{P}_{12}\boldsymbol{z}_0 \tag{6.222}$$

4. 最优跟踪系统的结构图

基于跟踪问题最优解，可导出最优跟踪系统的结构图，如图 6.19 所示。

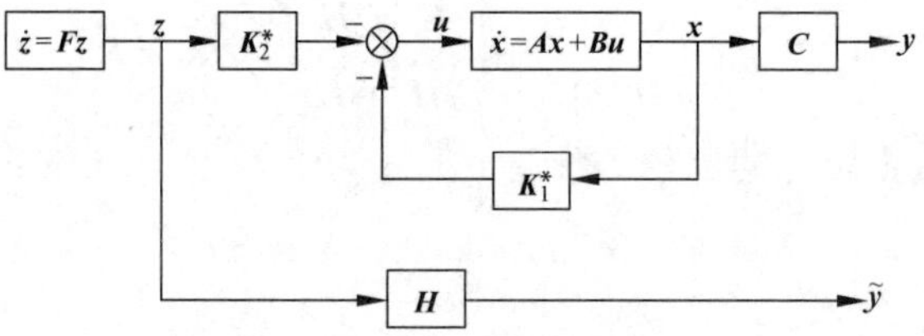

图 6.19 最优跟踪系统的结构图

6.11.6 矩阵黎卡提方程的求解

不管有限时间 LQ 调节问题还是无限时间 LQ 调节问题，面临的一个共同问题是求解矩阵黎卡提方程。对于一般情形，不管矩阵黎卡提微分方程还是矩阵黎卡提代数方程，都不可能找到基于受控系统系数矩阵和性能指标加权矩阵的解阵显式表达式。在过去几十年中，基于理论上和应用上的需要，求解矩阵黎卡提微分或代数方程的算法受到广泛研究。在提出的数值算法中，比较重要的有直接数值解法、舒尔(Schur)向量法、特征向量法、符号函数法等。求解实践表明，各种算法通常只能有效地求解对应一类矩阵黎卡提方程。基于 MATLAB 的求解矩阵黎卡提微分或代数方程的软件也已可供利用。

6.12 全维状态观测器

状态观测器的引入主要基于实现状态反馈的需要。状态观测器可分为全维状态观测器和降维状态观测器两种基本类型。本节讨论全维状态观测器，内容包括问题的提出、观测器组成原理，以及观测器综合方法等。

6.12.1 状态重构和状态观测器

作为提出状态观测器的工程背景和应用面向，本部分要就状态重构问题的提出和状态观测器的提法作一概要性介绍。

1. 状态反馈在功能和实现上的矛盾

状态重构即状态观测器的提出，主要是为了解决状态反馈在性能上的不可替代性和在物理上的不能实现性的矛盾。本章先前所讨论的各类综合问题，包括极点配置、镇定、动态解耦控制、静态解耦控制、渐近跟踪和扰动抑制，以及线性二次型最优控制等，都有赖于采用状态反馈才能实现，这显示了状态反馈的优越性。但是，状态作为系统内部变量组，或由于不可能直接量测，使状态反馈的物理实现成为不可能的事。基于解决控制工程中这类矛盾的需要，推动了状态重构问题的研究，导致状态观测器理论的形成和发展。

2. 解决状态反馈物理构成的途径

获取系统状态信息以构成状态反馈的途径之一是对受控系统状态进行重构。这种途径的思路是，采用理论分析和对应算法，导出在一定意义下等价于原状态的一个重构状态，并用重构状态组成状态反馈。

3. 状态重构的实质

状态重构的实质是，对给定线性时不变被观测系统 Σ，构造与 Σ 具有相同属性的一个系统即线性时不变系统 $\hat{\Sigma}$，利用 Σ 中可量测的输出 $\boldsymbol{y}$ 和输入 $\boldsymbol{u}$ 作为 $\hat{\Sigma}$ 的输入，并使 $\hat{\Sigma}$ 状态或其变换 $\hat{\boldsymbol{x}}$ 在一定指标下等价于 Σ 状态 $\boldsymbol{x}$。等价指标的提法通常取为渐近等价，即

$$\lim_{t\to\infty}\hat{\boldsymbol{x}}(t)=\lim_{t\to\infty}\boldsymbol{x}(t) \tag{6.223}$$

并且，称 $\hat{\Sigma}$ 状态 $\hat{\boldsymbol{x}}$ 为被观测系统 Σ 状态 $\boldsymbol{x}$ 的重构状态，所构造系统 $\hat{\Sigma}$ 为被观测系统 Σ 的一个状态观测器。对状态重构直观说明如图 6.20 所示。

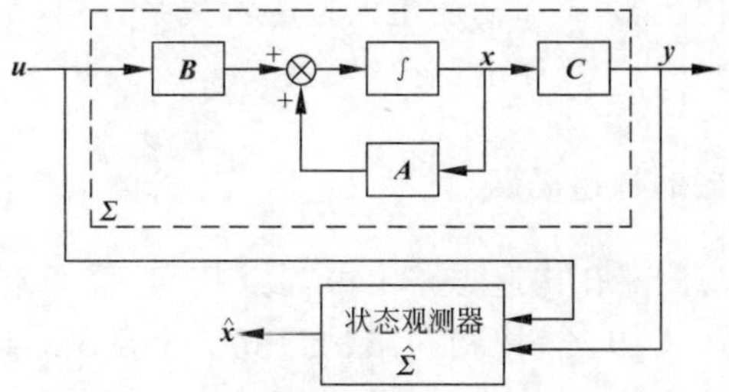

图 6.20 状态重构问题的直观说明

4. 观测器的分类

线性时不变被观测系统的观测器也是线性时不变系统。观测器可按两种方式分类。

从功能角度,可把观测器分类为状态观测器和函数观测器。状态观测器以重构被观测系统状态为目标,取重构状态 $\hat{\boldsymbol{x}}$ 和被观测状态 $\boldsymbol{x}$ 的渐近等价即式(6.223)为等价指标。状态观测器的特点是,当 $t\to\infty$ 即系统达到稳态时可使重构状态 $\hat{\boldsymbol{x}}$ 等同于被观测状态 $\boldsymbol{x}$。函数观测器以重构被观测系统状态的函数如反馈线性函数 $\boldsymbol{Kx}$ 为目标,将等价指标取为重构输出 $\boldsymbol{w}$ 和被观测状态函数如 $\boldsymbol{Kx}$ 的渐近等价,即

$$\lim_{t\to\infty}\boldsymbol{w}(t)=\lim_{t\to\infty}\boldsymbol{Kx}(t),\quad \boldsymbol{K}\text{ 为常数阵} \tag{6.224}$$

函数观测器的特点是,当 $t\to\infty$ 即系统达到稳态时可使重构输出 $\boldsymbol{w}$ 等同于被观测状态函数如 $\boldsymbol{Kx}$。函数观测器优点是在维数上低于状态观测器,状态观测器优点是综合方法较为简单。

从结构角度,可把状态观测器分类为全维观测器和降维观测器。维数等于被观测系统的状态观测器为全维观测器,维数小于被观测系统的状态观测器为降维观测器。降维观测器在结构上较全维观测器为简单,全维观测器在抗噪声影响上较降维观测器要优越。

6.12.2 全维状态观测器:综合方案Ⅰ

现在,讨论全维状态观测器的综合理论和综合算法。本部分中先来介绍全维状态观测器的综合方案Ⅰ。考虑 n 维线性时不变被观测系统:

$$\begin{aligned}\dot{\boldsymbol{x}}&=\boldsymbol{Ax}+\boldsymbol{Bu},\quad \boldsymbol{x}(0)=\boldsymbol{x}_0,\quad t\geqslant 0\\ \boldsymbol{y}&=\boldsymbol{Cx}\end{aligned} \tag{6.225}$$

其中,$\boldsymbol{A}\in\mathscr{R}^{n\times n}$,$\boldsymbol{B}\in\mathscr{R}^{n\times p}$,$\boldsymbol{C}\in\mathscr{R}^{q\times n}$,状态 $\boldsymbol{x}$ 不能量测,输出 $\boldsymbol{y}$ 和输入 $\boldsymbol{u}$ 是可以利用的。

1. 全维状态观测器的属性

给定 n 维线性时不变被观测系统(6.225),全维状态观测器也为 n 维线性时不变系统。并且,取状态观测器的输入为被观测系统的输出 $\boldsymbol{y}$ 和输入 $\boldsymbol{u}$,其状态 $\hat{\boldsymbol{x}}$ 为被观测系统状态 $\boldsymbol{x}$ 的重构状态,$\hat{\boldsymbol{x}}$ 和 $\boldsymbol{x}$ 满足渐近等价关系:

$$\lim_{t\to\infty}\hat{\boldsymbol{x}}(t)=\lim_{t\to\infty}\boldsymbol{x}(t) \tag{6.226}$$

2. 全维状态观测器的构造思路

方案Ⅰ全维状态观测器在构造思路上由“复制”和“反馈”合成。复制就是,基于被观测系统的系数矩阵 $\boldsymbol{A}$,$\boldsymbol{B}$,$\boldsymbol{C}$,按相同结构建立一个复制系统。反馈则指,取被观测系统输出 $\boldsymbol{y}$ 和复制系统输出 $\hat{\boldsymbol{y}}$ 的差值作为修正变量,经增益矩阵 $\boldsymbol{L}$ 反馈到复制系

统中积分器组输入端以构成闭环系统。

图 6.21 给出全维状态观测器的构造思路。虚线框出的部分为被观测系统，虚线以外部分为构造的全维状态观测器。状态观测器的维数为 n，以被观测系统的输出 $\boldsymbol{y}$ 和输入 $\boldsymbol{u}$ 作为输入，结构上与被观测系统的唯一区别是引入由 $\boldsymbol{L}(\boldsymbol{y}-\boldsymbol{C}\hat{\boldsymbol{x}})$ 表示的反馈项。

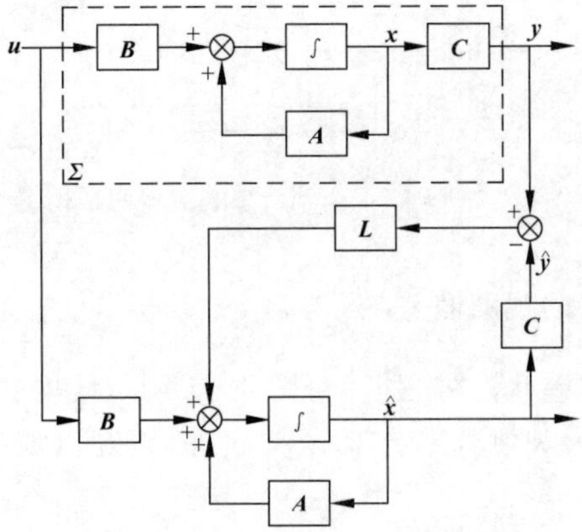

图 6.21　对方案 Ⅰ 全维状态观测器构造思路的直观说明

3. 引入反馈项 $L(y-C\hat{x})$ 的必要性

表面上看，在全维状态观测器构造中，由被观测系统系数矩阵 $\boldsymbol{A},\boldsymbol{B},\boldsymbol{C}$ 导出的复制系统

$$\dot{\hat{\boldsymbol{x}}}=\boldsymbol{A}\hat{\boldsymbol{x}}+\boldsymbol{B}\boldsymbol{u},\quad \hat{\boldsymbol{x}}(0)=\hat{\boldsymbol{x}}_0 \tag{6.227}$$

已可实现状态重构。这对于理想情形是可行的，且若进一步使初始状态为相等即 $\hat{\boldsymbol{x}}_0=\boldsymbol{x}_0$，则理论上应当可以实现对所有 $t\geqslant 0$ 有 $\hat{\boldsymbol{x}}(t)=\boldsymbol{x}(t)$，即实现完全状态重构。但是，这种开环型状态观测器在应用中存在三个问题。一是，对系统矩阵 $\boldsymbol{A}$ 包含不稳定特征值情形，只要初始状态 $\boldsymbol{x}_0$ 和 $\hat{\boldsymbol{x}}_0$ 存在很小偏差，系统状态 $\boldsymbol{x}(t)$ 和重构状态 $\hat{\boldsymbol{x}}(t)$ 的偏差就会随 t 增加而扩散或振荡，不可能满足渐近等价目标。二是，对系统矩阵 $\boldsymbol{A}$ 为稳定情形，尽管系统状态 $\boldsymbol{x}(t)$ 和重构状态 $\hat{\boldsymbol{x}}(t)$ 最终趋于渐近等价，但收敛速度不能由设计者按期望要求来综合。三是，对系统矩阵 $\boldsymbol{A}$ 出现摄动情形，开环型状态观测器由于系数矩阵不能相应调整，从而使系统状态 $\boldsymbol{x}(t)$ 和重构状态 $\hat{\boldsymbol{x}}(t)$ 的偏差情况变坏。反馈项 $\boldsymbol{L}(\boldsymbol{y}-\boldsymbol{C}\hat{\boldsymbol{x}})$ 的引入，有助于克服和减少上述这些问题的影响，从而说明这个反馈项的不可缺少性。

4. 全维状态观测器的状态空间描述

结论 6.52［全维观测器状态空间描述］　对按图 6.21 思路组成的全维状态观测器，状态空间描述为

$$\dot{\hat{\boldsymbol{x}}}=(\boldsymbol{A}-\boldsymbol{L}\boldsymbol{C})\hat{\boldsymbol{x}}+\boldsymbol{L}\boldsymbol{y}+\boldsymbol{B}\boldsymbol{u},\quad \hat{\boldsymbol{x}}(0)=\hat{\boldsymbol{x}}_0 \tag{6.228}$$

相应结构图如图 6.22 所示，虚线框内为被观测系统，虚线框外为全维状态观测器。

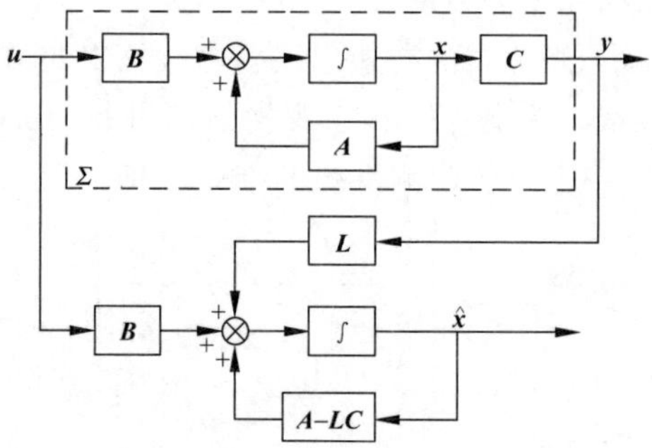

图 6.22　方案Ⅰ全维状态观测器的结构图

5. 全维状态观测器的观测偏差

结论 6.53［观测偏差状态方程］　对图 6.22 所示结构的全维状态观测器，表 $\boldsymbol{x}$ 为被观测系统状态，$\hat{\boldsymbol{x}}$ 为观测器状态即重构状态，则观测偏差 $\tilde{\boldsymbol{x}}=\boldsymbol{x}-\hat{\boldsymbol{x}}$ 的状态方程为

$$\dot{\tilde{\boldsymbol{x}}}=(\boldsymbol{A}-\boldsymbol{LC})\tilde{\boldsymbol{x}},\quad \tilde{\boldsymbol{x}}(0)=\tilde{\boldsymbol{x}}_0\triangleq\boldsymbol{x}_0-\hat{\boldsymbol{x}}_0 \tag{6.229}$$

结论 6.54［观测偏差表达式］　对图 6.22 所示结构的全维状态观测器，$\tilde{\boldsymbol{x}}=\boldsymbol{x}-\hat{\boldsymbol{x}}$ 即观测偏差的表达式为

$$\tilde{\boldsymbol{x}}(t)=\mathrm{e}^{(\boldsymbol{A}-\boldsymbol{LC})t}\tilde{\boldsymbol{x}}_0,\quad t\geqslant 0 \tag{6.230}$$

6. 全维状态观测器的渐近等价和极点配置条件

结论 6.55［全维观测器渐近等价条件］　对图 6.22 所示结构 n 维全维状态观测器，存在 $n\times q$ 反馈矩阵 $\boldsymbol{L}$ 使

$$\lim_{t\to\infty}\hat{\boldsymbol{x}}(t)=\lim_{t\to\infty}\boldsymbol{x}(t) \tag{6.231}$$

成立的充分必要条件是被观测系统 Σ 不能观测部分为渐近稳定，充分条件为被观测系统$(\boldsymbol{A},\boldsymbol{C})$完全能观测。

结论 6.56［全维观测器极点配置］　对图 6.22 所示结构 n 维全维状态观测器，存在$n\times q$ 反馈矩阵 $\boldsymbol{L}$ 可任意配置观测器全部特征值，即对任给 n 个期望特征值 $\{\lambda_1^*,\lambda_2^*,\cdots,\lambda_n^*\}$可找到 $n\times q$ 矩阵 $\boldsymbol{L}$ 使

$$\lambda_i(\boldsymbol{A}-\boldsymbol{LC})=\lambda_i^*,\quad i=1,2,\cdots,n \tag{6.232}$$

成立的充分必要条件为被观测系统$(\boldsymbol{A},\boldsymbol{C})$完全能观测。

7. 全维观测器综合算法

算法 6.9［全维观测器综合算法］　给定完全能观测连续时间线性时不变被观测系统：

$$\dot{\boldsymbol{x}}=\boldsymbol{Ax}+\boldsymbol{Bu},\quad \boldsymbol{x}(0)=\boldsymbol{x}_0,\quad t\geqslant 0$$
$$\boldsymbol{y}=\boldsymbol{Cx}$$

其中，$A\in\mathscr{R}^{n\times n}$，$B\in\mathscr{R}^{n\times p}$，$C\in\mathscr{R}^{q\times n}$。进而，对所综合方案 Ⅰ 全维观测器，指定一组期望特征值$\{\lambda_1^*,\lambda_2^*,\cdots,\lambda_n^*\}$。

Step 1：计算对偶系数矩阵 $\bar{A}=A^{\mathrm{T}}$，$\bar{B}=C^{\mathrm{T}}$。

Step 2：对$(\bar{A},\bar{B})$和期望特征值组$\{\lambda_1^*,\lambda_2^*,\cdots,\lambda_n^*\}$，采用极点配置算法，计算使

$$\lambda_i(\bar{A}-\bar{B}\bar{K})=\lambda_i^*,\quad i=1,2,\cdots,n$$

的 $q\times n$ 状态反馈矩阵 $\bar{K}$。其中，$\lambda(\cdot)$表示所示矩阵的特征值。

Step 3：取 $L=\bar{K}^{\mathrm{T}}$。

Step 4：计算 $A-LC$。

Step 5：所综合全维观测器为

$$\dot{\hat{x}}=(A-LC)\hat{x}+Bu+Ly$$

6.12.3　全维状态观测器：综合方案Ⅱ

现在，讨论方案Ⅱ全维状态观测器的综合理论和综合算法。考虑 n 维线性时不变被观测系统：

$$\begin{aligned}\dot{x}&=Ax+Bu,\quad x(0)=x_0,\quad t\geqslant 0\\ y&=Cx\end{aligned}\tag{6.233}$$

其中，$A\in\mathscr{R}^{n\times n}$，$B\in\mathscr{R}^{n\times p}$，$C\in\mathscr{R}^{q\times n}$，$(A,B)$完全能控，状态 x 不能直接量测，输出 y 和输入 u 是可以利用的。

1. 全维状态观测器的结构

给定 n 维线性时不变被观测系统(6.233)，方案Ⅱ全维状态观测器也是 n 维线性时不变系统。状态观测器的输入取为被观测系统的输出 y 和输入 u，状态空间描述为

$$\begin{aligned}\dot{z}&=Fz+Gy+Hu,\quad z(0)=z_0\\ \hat{x}&=T^{-1}z\end{aligned}\tag{6.234}$$

其中，待定系数矩阵 $F\in\mathscr{R}^{n\times n}$，$G\in\mathscr{R}^{n\times q}$，$H\in\mathscr{R}^{n\times p}$，$T\in\mathscr{R}^{n\times n}$，$\hat{x}$ 为被观测状态 x 的重构状态。方案Ⅱ全维状态观测器的结构图如图 6.23 所示。

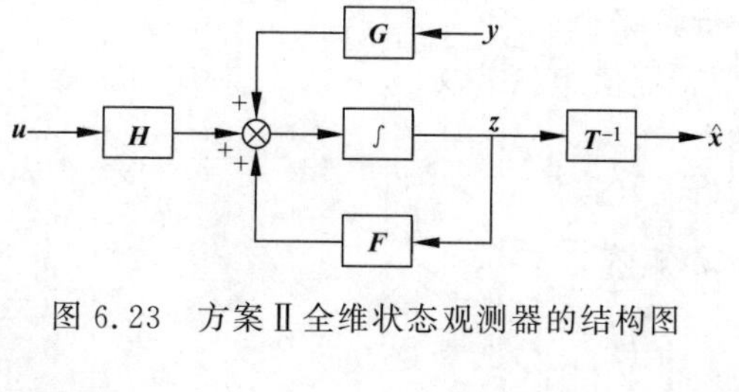

图 6.23　方案Ⅱ全维状态观测器的结构图

2. 全维状态观测器的条件

结论 6.57［全维状态观测器条件］　给定 n 维线性时不变被观测系统(6.233)，

n 维线性时不变系统(6.234)对任意 $\boldsymbol{z}_0,\boldsymbol{x}_0,\boldsymbol{u}$ 可成为全维状态观测器的充分必要条件是：

(i) $\boldsymbol{TA}-\boldsymbol{FT}=\boldsymbol{GC}$， $\boldsymbol{T}$ 非奇异；

(ii) $\boldsymbol{H}=\boldsymbol{TB}$；

(iii) 矩阵 $\boldsymbol{F}$ 的全部特征值 $\lambda_i(\boldsymbol{F}),i=1,2,\cdots,n$ 均具有负实部。

注 1 上述结论中，条件(i)是最为关键的条件，涉及求解西尔维斯特(Sylvester)方程 $\boldsymbol{TA}-\boldsymbol{FT}=\boldsymbol{GC}$ 问题。并且，只有满足一定条件，才能保证非奇异 $n\times n$ 解阵 $\boldsymbol{T}$ 存在。

注 2 要求解阵 $\boldsymbol{T}$ 非奇异是基于导出重构状态 $\hat{\boldsymbol{x}}$ 的需要。这是因为，只有 $\boldsymbol{T}^{-1}$ 存在，才能由全维状态观测器(6.234)唯一导出被观测状态 $\boldsymbol{x}$ 的重构状态 $\hat{\boldsymbol{x}}=\boldsymbol{T}^{-1}\boldsymbol{z}$。

3. 西尔维斯特方程解阵为非奇异的条件

结论 6.58 [解阵 $\boldsymbol{T}$ 非奇异条件] 对多输出 n 维线性时不变被观测系统(6.233)和方案Ⅱ全维状态观测器(6.234)，设矩阵 $\boldsymbol{F}$ 的全部特征值均具有负实部，且矩阵 $\boldsymbol{A}$ 和 $\boldsymbol{F}$ 不具有公共特征值，则西尔维斯特方程

$$\boldsymbol{TA}-\boldsymbol{FT}=\boldsymbol{GC} \tag{6.235}$$

存在非奇异 $n\times n$ 解阵 $\boldsymbol{T}$ 的必要条件是 $\{\boldsymbol{A},\boldsymbol{C}\}$ 完全能观测和 $\{\boldsymbol{F},\boldsymbol{G}\}$ 完全能控。

结论 6.59 [解阵 $\boldsymbol{T}$ 非奇异条件] 对单输出 n 维线性时不变被观测系统(6.233)和方案Ⅱ全维状态观测器(6.234)，设矩阵 $\boldsymbol{F}$ 的全部特征值均具有负实部，且矩阵 $\boldsymbol{A}$ 和 $\boldsymbol{F}$ 不具有公共特征值，则 $\{\boldsymbol{A},\boldsymbol{C}\}$ 完全能观测和 $\{\boldsymbol{F},\boldsymbol{G}\}$ 完全能控是西尔维斯特方程(6.235)解阵 $\boldsymbol{T}$ 为非奇异的充分必要条件。

4. 全维状态观测器的综合算法

算法 6.10 [全维观测器综合算法] 给定完全能观测连续时间线性时不变被观测系统：

$$\dot{\boldsymbol{x}}=\boldsymbol{Ax}+\boldsymbol{Bu},\quad \boldsymbol{x}(0)=\boldsymbol{x}_0,\quad t\geqslant 0$$
$$\boldsymbol{y}=\boldsymbol{Cx}$$

其中，$\boldsymbol{A}\in\mathscr{R}^{n\times n},\boldsymbol{B}\in\mathscr{R}^{n\times p},\boldsymbol{C}\in\mathscr{R}^{q\times n}$。再对所要综合全维状态观测器，指定一组期望特征值 $\{\lambda_1^*,\lambda_2^*,\cdots,\lambda_n^*\}$，且满足限制 $\lambda_i^*\neq\lambda_j(\boldsymbol{A}),i,j=1,2,\cdots,n$。那么，方案Ⅱ全维观测器可按如下步骤综合。

Step 1：计算期望特征值组 $\{\lambda_1^*,\lambda_2^*,\cdots,\lambda_n^*\}$ 对应特征多项式

$$\prod_{i=1}^{n}(s-\lambda_i^*)=s+\alpha_{n-1}^*s^{n-1}+\cdots+\alpha_1^*s+\alpha_0^*$$

Step 2：组成 $n\times n$ 矩阵

$$\boldsymbol{F}_0=\begin{bmatrix} 0 & 1 & & \\ \vdots & & \ddots & \\ 0 & & & 1 \\ -\alpha_0^* & -\alpha_1^* & & -\alpha_{n-1}^* \end{bmatrix}$$

Step 3：任取 $n\times n$ 非奇异矩阵 $\boldsymbol{S}$，计算 $\boldsymbol{S}^{-1}$，计算 $\boldsymbol{F}=\boldsymbol{S}\boldsymbol{F}_0\boldsymbol{S}^{-1}$。

Step 4：任取使 $\{\boldsymbol{F},\boldsymbol{G}\}$ 完全能控的 $n\times q$ 矩阵 $\boldsymbol{G}$。

Step 5：求解西尔维斯特方程 $\boldsymbol{TA}-\boldsymbol{FT}=\boldsymbol{GC}$ 解阵 $\boldsymbol{T}$。

Step 6：若 $q=1$，去到 Step 8；若 $q>1$，进入下一步。

Step 7：判断解阵 $\boldsymbol{T}$ 非奇异性。若为非奇异，进入下一步；若为奇异，去到 Step 3。

Step 8：计算 $\boldsymbol{H}=\boldsymbol{TB}$。

Step 9：定出全维观测器状态方程和重构状态。

$$\dot{\boldsymbol{z}}=\boldsymbol{F}\boldsymbol{z}+\boldsymbol{G}\boldsymbol{y}+\boldsymbol{H}\boldsymbol{u}$$
$$\hat{\boldsymbol{x}}=\boldsymbol{T}^{-1}\boldsymbol{z}$$

Step 10：停止计算。

6.13　降维状态观测器

本节讨论降维状态观测器的综合理论和综合算法。降维状态观测器结构上简单于全维状态观测器。构造降维状态观测器的根据在于利用被观测系统输出中所包含的状态信息。本节内容包括降维状态观测器的基本特性、构造方案及综合算法等。

6.13.1　降维状态观测器的基本特性

这一部分中，先来讨论降维状态观测器的一些基本特性。

1. 降维状态观测器的结构

降维状态观测器具有和被观测系统相同的结构属性。对线性时不变被观测系统，降维状态观测器也为线性时不变系统。

2. 降维状态观测器的最小维数

考虑 n 维线性时不变被观测系统：

$$\begin{aligned}\dot{\boldsymbol{x}}&=\boldsymbol{A}\boldsymbol{x}+\boldsymbol{B}\boldsymbol{u},\quad \boldsymbol{x}(0)=\boldsymbol{x}_0,\quad t\geqslant 0\\ \boldsymbol{y}&=\boldsymbol{C}\boldsymbol{x}\end{aligned}\tag{6.236}$$

其中，$\boldsymbol{A}\in\mathscr{R}^{n\times n}$，$\boldsymbol{B}\in\mathscr{R}^{n\times p}$，$\boldsymbol{C}\in\mathscr{R}^{q\times n}$，$\{\boldsymbol{A},\boldsymbol{C}\}$ 完全能观测。那么，若系统输出矩阵 $\boldsymbol{C}$ 为满秩，即 $\mathrm{rank}\boldsymbol{C}=q$，则系统降维状态观测器 Σ_{ROB} 最小维数为

$$\dim\Sigma_{\mathrm{ROB}}=n-q\tag{6.237}$$

进而，若被观测系统为单输出即 $q=1$，则降维状态观测器 Σ_{ROB} 最小维数为 $n-1$。若被观测系统为多输出即 $q>1$，则降维状态观测器 Σ_{ROB} 最小维数为 $n-q$。

3. 降维状态观测器的工程意义

降低维数意味着观测器只需由较少个数积分器来构成。特别是，在提出状态观

测器的20世纪70年代,受到那个年代模拟集成电路发展水平的限制,减少积分器个数无疑为状态观测器的工程实现提供了简便性。

4. 降维状态观测器的抗噪声能力

基于降维状态观测器得到的重构状态 $\hat{\boldsymbol{x}}$ 一般可表为

$$\hat{\boldsymbol{x}} = \boldsymbol{Q}_1 \boldsymbol{y} + \boldsymbol{Q}_2 \boldsymbol{z} \tag{6.238}$$

其中,$\boldsymbol{y}$ 为被观测系统输出,$\boldsymbol{z}$ 为降维状态观测器状态,$\boldsymbol{Q}_1$ 和 $\boldsymbol{Q}_2$ 为相应维数矩阵。因此,若输出 $\boldsymbol{y}$ 中包含噪声,则噪声直接进入重构状态 $\hat{\boldsymbol{x}}$。而基于全维状态观测器的重构状态 $\hat{\boldsymbol{x}}$ 不直接包含输出 $\boldsymbol{y}$,可利用观测器的低通滤波特性对包含于 $\boldsymbol{y}$ 中的噪声产生抑制作用。这就说明,在抗噪声的影响上,降维状态观测器差于全维状态观测器。

6.13.2 降维状态观测器:综合方案Ⅰ

与全维状态观测器相对应,降维状态观测器也可采用两种综合方案。本部分先来讨论方案Ⅰ降维状态观测器的综合理论和算法。

1. 构造降维状态观测器的变换矩阵

考虑 n 维线性时不变被观测系统:

$$\begin{aligned} \dot{\boldsymbol{x}} &= \boldsymbol{A}\boldsymbol{x} + \boldsymbol{B}\boldsymbol{u}, \quad \boldsymbol{x}(0) = \boldsymbol{x}_0, \quad t \geqslant 0 \\ \boldsymbol{y} &= \boldsymbol{C}\boldsymbol{x} \end{aligned} \tag{6.239}$$

其中,$\boldsymbol{A} \in \mathscr{R}^{n\times n}$,$\boldsymbol{B} \in \mathscr{R}^{n\times p}$,$\boldsymbol{C} \in \mathscr{R}^{q\times n}$,$\text{rank}\boldsymbol{C} = q$。

结论 6.60 [变换矩阵] 对线性时不变被观测系统(6.239),用以构造方案Ⅰ降维状态观测器的变换矩阵 $\{\boldsymbol{P},\boldsymbol{Q}\}$ 可按如下方式组成。基于 $\text{rank}\,\boldsymbol{C} = q$,任选一个 $\boldsymbol{R} \in \mathscr{R}^{(n-q)\times n}$,使 $n\times n$ 矩阵

$$\boldsymbol{P} \triangleq \begin{bmatrix} \boldsymbol{C} \\ \boldsymbol{R} \end{bmatrix} \tag{6.240}$$

为非奇异;求出矩阵 $\boldsymbol{P}$ 的逆记为 $\boldsymbol{Q}$,再将其作分块化表示:

$$\boldsymbol{Q} \triangleq \boldsymbol{P}^{-1} = [\boldsymbol{Q}_1 \ \vdots\ \boldsymbol{Q}_2] \tag{6.241}$$

其中,$\boldsymbol{Q}_1$ 为 $n\times q$ 阵,$\boldsymbol{Q}_2$ 为 $n\times(n-q)$ 阵。

结论 6.61 [变换矩阵属性] 式(6.240)和(6.241)给出的变换矩阵 $\{\boldsymbol{P},\boldsymbol{Q}\}$ 具有如下属性:

$$\boldsymbol{C}\boldsymbol{Q}_1 = \boldsymbol{I}_q, \quad \boldsymbol{C}\boldsymbol{Q}_2 = \boldsymbol{0} \tag{6.242}$$

2. 被观测系统的变换

结论 6.62 [基本变换属性] 对线性时不变被观测系统(6.239),引入线性非奇异变换 $\bar{\boldsymbol{x}} = \boldsymbol{P}\boldsymbol{x}$,并将结果向量做分块表示:

$$\bar{\boldsymbol{x}}=\begin{bmatrix}\bar{\boldsymbol{x}}_1\\ \bar{\boldsymbol{x}}_2\end{bmatrix} \tag{6.243}$$

其中，$\bar{x}_1$ 为 q 维分状态，$\bar{x}_2$ 为 $n-q$ 维分状态。则有

$$\bar{\boldsymbol{x}}_1=\boldsymbol{y} \tag{6.244}$$

证　基于变换 $\bar{\boldsymbol{x}}=\boldsymbol{P}\boldsymbol{x}$，并利用变换矩阵属性(6.242)，即可证得

$$\boldsymbol{y}=\boldsymbol{C}\boldsymbol{P}^{-1}\bar{\boldsymbol{x}}=[\boldsymbol{C}\boldsymbol{Q}_1\quad \boldsymbol{C}\boldsymbol{Q}_2]\bar{\boldsymbol{x}}=[\boldsymbol{I}_q\quad \boldsymbol{0}]\begin{bmatrix}\bar{\boldsymbol{x}}_1\\ \bar{\boldsymbol{x}}_2\end{bmatrix}=\bar{\boldsymbol{x}}_1 \tag{6.245}$$

注　上述结论说明，对被观测系统(6.239)引入上述特定变换，可以显式揭示系统输出 $\boldsymbol{y}$ 中的状态信息。从而就为利用输出 $\boldsymbol{y}$ 构造降维状态观测器提供了可能性。

结论 6.63 [状态方程变换形式]　对线性时不变被观测系统(6.239)，状态方程的变换形式为

$$\begin{bmatrix}\dot{\bar{\boldsymbol{x}}}_1\\ \dot{\bar{\boldsymbol{x}}}_2\end{bmatrix}=\begin{bmatrix}\bar{\boldsymbol{A}}_{11} & \bar{\boldsymbol{A}}_{12}\\ \bar{\boldsymbol{A}}_{21} & \bar{\boldsymbol{A}}_{22}\end{bmatrix}\begin{bmatrix}\bar{\boldsymbol{x}}_1\\ \bar{\boldsymbol{x}}_2\end{bmatrix}+\begin{bmatrix}\bar{\boldsymbol{B}}_1\\ \bar{\boldsymbol{B}}_2\end{bmatrix}\boldsymbol{u} \tag{6.246}$$

其中，$\bar{\boldsymbol{A}}_{11}$ 为 $q\times q$ 阵，$\bar{\boldsymbol{A}}_{21}$ 为 $(n-q)\times q$ 阵，$\bar{\boldsymbol{A}}_{12}$ 为 $q\times(n-q)$ 阵，$\bar{\boldsymbol{A}}_{22}$ 为 $(n-q)\times(n-q)$ 阵，$\bar{\boldsymbol{B}}_1$ 和 $\bar{\boldsymbol{B}}_2$ 为 $q\times p$ 和 $(n-q)\times p$ 阵。

注　方案Ⅰ降维状态观测器的综合，正是基于上述导出的系数矩阵 $\bar{\boldsymbol{A}}_{11}$，$\bar{\boldsymbol{A}}_{21}$，$\bar{\boldsymbol{A}}_{12}$，$\bar{\boldsymbol{A}}_{22}$ 和 $\bar{\boldsymbol{B}}_1$，$\bar{\boldsymbol{B}}_2$ 进行的。

3. 降维状态观测器的结构

对于方案Ⅰ降维状态观测器，综合的基本思路是在利用输出 $\boldsymbol{y}$ 的基础上，再对 $n-q$ 维分状态 $\bar{\boldsymbol{x}}_2$ 构造全维状态观测器。

结论 6.64 [$\bar{\boldsymbol{x}}_2$ 的状态观测器]　给定线性时不变被观测系统(6.239)，$\{\boldsymbol{A},\boldsymbol{C}\}$为完全能观测，输出矩阵 $\boldsymbol{C}$ 为满秩即 $\mathrm{rank}\boldsymbol{C}=q$，则分状态 $\bar{\boldsymbol{x}}_2$ 的 $n-q$ 维状态观测器为

$$\dot{\boldsymbol{z}}=(\bar{\boldsymbol{A}}_{22}-\bar{\boldsymbol{L}}\bar{\boldsymbol{A}}_{12})\boldsymbol{z}+[(\bar{\boldsymbol{A}}_{22}-\bar{\boldsymbol{L}}\bar{\boldsymbol{A}}_{12})\bar{\boldsymbol{L}}+(\bar{\boldsymbol{A}}_{21}-\bar{\boldsymbol{L}}\bar{\boldsymbol{A}}_{11})]\boldsymbol{y}+(\bar{\boldsymbol{B}}_2-\bar{\boldsymbol{L}}\bar{\boldsymbol{B}}_1)\boldsymbol{u} \tag{6.247}$$

或

$$\dot{\boldsymbol{z}}=(\bar{\boldsymbol{A}}_{22}-\bar{\boldsymbol{L}}\bar{\boldsymbol{A}}_{12})\hat{\bar{\boldsymbol{x}}}_2+(\bar{\boldsymbol{A}}_{21}-\bar{\boldsymbol{L}}\bar{\boldsymbol{A}}_{11})\boldsymbol{y}+(\bar{\boldsymbol{B}}_2-\bar{\boldsymbol{L}}\bar{\boldsymbol{B}}_1)\boldsymbol{u} \tag{6.248}$$

且 $\bar{\boldsymbol{x}}_2$ 的重构状态为

$$\hat{\bar{\boldsymbol{x}}}_2=\boldsymbol{z}+\bar{\boldsymbol{L}}\boldsymbol{y} \tag{6.249}$$

其中，各系数矩阵给出于结论 6.63，$(n-q)\times q$ 阵 $\bar{\boldsymbol{L}}$ 任取为使$(\bar{\boldsymbol{A}}_{22}-\bar{\boldsymbol{L}}\bar{\boldsymbol{A}}_{12})$满足渐近稳定或期望极点配置。

结论 6.65 [重构状态关系式]　对线性时不变被观测系统(6.239)，确定系统状态 $\boldsymbol{x}$ 重构状态 $\hat{\boldsymbol{x}}$ 的关系式为

$$\hat{\boldsymbol{x}}=\boldsymbol{Q}_1\boldsymbol{y}+\boldsymbol{Q}_2(\boldsymbol{z}+\bar{\boldsymbol{L}}\boldsymbol{y}) \tag{6.250}$$

其中，z 为观测器(6.247)状态，y 为被观测系统(6.239)输出，$\bar{L}$ 为观测器(6.247)中反馈矩阵，Q_1 和 Q_2 给出于式(6.241)。

结论 6.66 [降维状态观测器结构]　对线性时不变被观测系统(6.239)，方案Ⅰ降维状态观测器即重构状态 $\hat{x}$ 的 $n-q$ 维状态观测器为

$$\dot{z}=(\bar{A}_{22}-\bar{L}\bar{A}_{12})\hat{\bar{x}}_2+(\bar{A}_{21}-\bar{L}\bar{A}_{11})y+(\bar{B}_2-\bar{L}\bar{B}_1)u \tag{6.251}$$

$$\hat{x}=Q_1y+Q_2(z+\bar{L}y) \tag{6.252}$$

其组成结构图如图 6.24 所示。

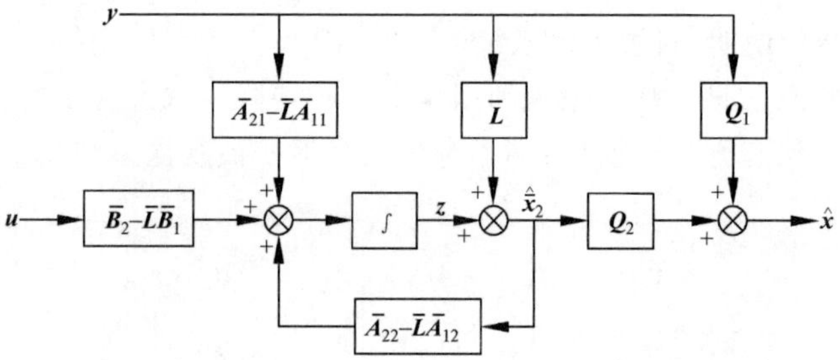

图 6.24　方案Ⅰ降维状态观测器的组成结构图

4. 降维状态观测器的综合算法

下面，给出方案Ⅰ降维状态观测器的综合算法。

算法 6.11 [降维观测器综合算法]　给定线性时不变被观测系统(6.239)，$\{A, C\}$完全能观测，C 满秩即 $\text{rank}C=q$，再指定观测器期望特征值组 $\{\lambda_1^*,\lambda_2^*,\cdots,\lambda_{n-q}^*\}$，要求综合方案Ⅰ降维状态观测器。

Step 1：对给定 C 任取 $R\in\mathscr{R}^{(n-q)\times n}$，使如下 $n\times n$ 矩阵 P 为非奇异

$$P\triangleq\begin{bmatrix}C\\R\end{bmatrix}$$

Step 2：计算矩阵 P 的逆，并分块化

$$Q\triangleq P^{-1}=[Q_1 \mid Q_2],\quad Q_1\text{ 为 }n\times q\text{ 阵},\quad Q_2\text{ 为 }n\times(n-q)\text{ 阵}$$

Step 3：计算变换系统系数矩阵，并分块化

$$\bar{A}=PAP^{-1}=\begin{bmatrix}\bar{A}_{11} & \bar{A}_{12}\\ \bar{A}_{21} & \bar{A}_{22}\end{bmatrix},\quad \bar{B}=PB=\begin{bmatrix}\bar{B}_1\\ \bar{B}_2\end{bmatrix}$$

$\bar{A}_{11}$ 为 $q\times q$ 阵，$\bar{A}_{12}$ 为 $q\times(n-q)$ 阵

$\bar{A}_{21}$ 为$(n-q)\times q$ 阵，$\bar{A}_{22}$ 为$(n-q)\times(n-q)$ 阵

$\bar{B}_1$ 为 $q\times p$ 阵，$\bar{B}_2$ 为$(n-q)\times p$ 阵

Step 4：计算期望特征多项式

$$\prod_{i=1}^{n-q}(s-\lambda_i^*)=\alpha^*(s)$$

Step 5：对$\{\bar{\boldsymbol{A}}_{22}^{\mathrm{T}},\bar{\boldsymbol{A}}_{12}^{\mathrm{T}}\}$，采用极点配置算法，综合一个$\bar{\boldsymbol{K}}\in\mathscr{R}^{q\times(n-q)}$使下式成立

$$\det(s\boldsymbol{I}-\bar{\boldsymbol{A}}_{22}^{\mathrm{T}}+\bar{\boldsymbol{A}}_{12}^{\mathrm{T}}\bar{\boldsymbol{K}})=\alpha^{*}(s)$$

Step 6：取$\bar{\boldsymbol{L}}=\bar{\boldsymbol{K}}^{\mathrm{T}}$。

Step 7：计算矩阵

$$(\bar{\boldsymbol{A}}_{22}-\bar{\boldsymbol{L}}\bar{\boldsymbol{A}}_{12}),\quad(\bar{\boldsymbol{A}}_{21}-\bar{\boldsymbol{L}}\bar{\boldsymbol{A}}_{11}),\quad(\bar{\boldsymbol{B}}_{2}-\bar{\boldsymbol{L}}\bar{\boldsymbol{B}}_{1})$$

Step 8：综合得到的降维状态观测器为

$$\dot{\boldsymbol{z}}=(\bar{\boldsymbol{A}}_{22}-\bar{\boldsymbol{L}}\bar{\boldsymbol{A}}_{12})\hat{\bar{\boldsymbol{x}}}_{2}+(\bar{\boldsymbol{A}}_{21}-\bar{\boldsymbol{L}}\bar{\boldsymbol{A}}_{11})\boldsymbol{y}+(\bar{\boldsymbol{B}}_{2}-\bar{\boldsymbol{L}}\bar{\boldsymbol{B}}_{1})\boldsymbol{u}$$

$$\hat{\bar{\boldsymbol{x}}}_{2}=\boldsymbol{z}+\bar{\boldsymbol{L}}\boldsymbol{y}$$

$$\hat{\boldsymbol{x}}=\boldsymbol{Q}_{1}\boldsymbol{y}+\boldsymbol{Q}_{2}(\boldsymbol{z}+\bar{\boldsymbol{L}}\boldsymbol{y})$$

Step 9：计算停止。

6.13.3　降维状态观测器：综合方案Ⅱ

方案Ⅱ降维状态观测器在构造思路上类似于方案Ⅱ全维状态观测器。考虑n维连续时间线性时不变被观测系统：

$$\begin{aligned}\dot{\boldsymbol{x}}&=\boldsymbol{A}\boldsymbol{x}+\boldsymbol{B}\boldsymbol{u},\quad \boldsymbol{x}(0)=\boldsymbol{x}_{0},\quad t\geqslant 0\\ \boldsymbol{y}&=\boldsymbol{C}\boldsymbol{x}\end{aligned}\tag{6.253}$$

其中，$\boldsymbol{A}\in\mathscr{R}^{n\times n}$，$\boldsymbol{B}\in\mathscr{R}^{n\times p}$，$\boldsymbol{C}\in\mathscr{R}^{q\times n}$，rank$\boldsymbol{C}=q$，$\{\boldsymbol{A},\boldsymbol{C}\}$完全能观测。

1. 降维状态观测器的结构

对线性时不变被观测系统(6.253)，方案Ⅱ降维状态观测器为$n-q$维线性时不变系统：

$$\dot{\boldsymbol{z}}=\boldsymbol{F}\boldsymbol{z}+\boldsymbol{G}\boldsymbol{y}+\boldsymbol{H}\boldsymbol{u}\tag{6.254}$$

其中，$\boldsymbol{F}$为$(n-q)\times(n-q)$阵，$\boldsymbol{G}$为$(n-q)\times q$阵，$\boldsymbol{H}$为$(n-q)\times p$阵。

2. 降维状态观测器的条件

结论 6.67［降维状态观测器条件］　对线性时不变被观测系统(6.253)，$\{\boldsymbol{A},\boldsymbol{C}\}$完全能观测，rank$\boldsymbol{C}=q$，则$n-q$维线性时不变系统(6.254)可作为降维状态观测器的充分必要条件是，存在一个$(n-q)\times n$满秩阵$\boldsymbol{T}$，使

$$\boldsymbol{P}=\begin{bmatrix}\boldsymbol{C}\\ \boldsymbol{T}\end{bmatrix}\tag{6.255}$$

为非奇异，且成立：

(i) $\boldsymbol{T}\boldsymbol{A}-\boldsymbol{F}\boldsymbol{T}=\boldsymbol{G}\boldsymbol{C}$；

(ii) $\boldsymbol{H}=\boldsymbol{T}\boldsymbol{B}$；

(iii) $\boldsymbol{F}$的全部特征值$\lambda_{i}(\boldsymbol{F})$，$i=1,2,\cdots,(n-q)$，均具有负实部。

进而，表$\boldsymbol{Q}=\boldsymbol{P}^{-1}=[\boldsymbol{Q}_{1}\quad \boldsymbol{Q}_{2}]$，其中$\boldsymbol{Q}_{1}$为$n\times q$阵，$\boldsymbol{Q}_{2}$为$n\times(n-q)$阵，则被观测状

态 $\boldsymbol{x}$ 的重构状态 $\hat{\boldsymbol{x}}$ 为

$$\hat{\boldsymbol{x}}=\begin{bmatrix}\boldsymbol{Q}_1 & \boldsymbol{Q}_2\end{bmatrix}\begin{bmatrix}\boldsymbol{y}\\ \boldsymbol{z}\end{bmatrix}=\boldsymbol{Q}_1\boldsymbol{y}+\boldsymbol{Q}_2\boldsymbol{z} \tag{6.256}$$

3. 西尔维斯特方程解阵满秩的条件

在方案Ⅱ降维状态观测器条件的结论中，核心条件是西尔维斯特方程 $\boldsymbol{TA}-\boldsymbol{FT}=\boldsymbol{GC}$ 解阵 $\boldsymbol{T}$ 满秩，且使式(6.255)定义的矩阵 $\boldsymbol{P}$ 非奇异。下面，给出实现这个目标所要求的条件。

结论 6.68 [解阵 $\boldsymbol{T}$ 满秩条件]　对多输出连续时间线性时不变被观测系统(6.253)和渐近稳定方案Ⅱ降维观测器(6.254)，设矩阵 $\boldsymbol{A}$ 和 $\boldsymbol{F}$ 不具有公共特征值，则西尔维斯特方程 $\boldsymbol{TA}-\boldsymbol{FT}=\boldsymbol{GC}$ 存在满秩解阵 $\boldsymbol{T}$，使

$$\boldsymbol{P}=\begin{bmatrix}\boldsymbol{C}\\ \boldsymbol{T}\end{bmatrix} \tag{6.257}$$

非奇异的必要条件为$\{\boldsymbol{A},\boldsymbol{C}\}$完全能观测和$\{\boldsymbol{F},\boldsymbol{G}\}$完全能控。

结论 6.69 [解阵 $\boldsymbol{T}$ 满秩条件]　对单输出连续时间线性时不变被观测系统(6.253)和渐近稳定方案Ⅱ降维观测器(6.254)，设矩阵 $\boldsymbol{A}$ 和 $\boldsymbol{F}$ 不具有公共特征值，则$\{\boldsymbol{A},\boldsymbol{C}\}$完全能观测和$\{\boldsymbol{F},\boldsymbol{G}\}$完全能控为西尔维斯特方程 $\boldsymbol{TA}-\boldsymbol{FT}=\boldsymbol{GC}$ 存在满秩解阵 $\boldsymbol{T}$，使

$$\boldsymbol{P}=\begin{bmatrix}\boldsymbol{C}\\ \boldsymbol{T}\end{bmatrix} \tag{6.258}$$

非奇异的充分必要条件。

4. 降维状态观测器的综合算法

算法 6.12 [降维观测器综合算法]　给定线性时不变被观测系统(6.253)，$\{\boldsymbol{A},\boldsymbol{C}\}$能观测，$\boldsymbol{C}$ 满秩即 $\operatorname{rank}\boldsymbol{C}=q$，指定观测器的期望特征值组$\{\lambda_1^*,\lambda_2^*,\cdots,\lambda_{n-q}^*\}$，要求综合方案Ⅱ降维状态观测器。

Step 1：对特征值组$\{\lambda_1^*,\lambda_2^*,\cdots,\lambda_{n-q}^*\}$计算期望特征多项式

$$\prod_{i=1}^{n-q}(s-\lambda_i^*)=s^{n-q}+\alpha_{n-q-1}^*s^{n-q-1}+\cdots+\alpha_1^*s+\alpha_0^*$$

Step 2：组成$(n-q)\times(n-q)$基本矩阵 $\boldsymbol{F}_0$

$$\boldsymbol{F}_0=\begin{bmatrix}0 & 1 & & \\ \vdots & & \ddots & \\ 0 & & & 1\\ -\alpha_0^* & -\alpha_1^* & \cdots & -\alpha_{n-q-1}^*\end{bmatrix}$$

Step 3：任取一个非奇异常阵 $\boldsymbol{R}\in\mathscr{R}^{(n-q)\times(n-q)}$，计算逆 $\boldsymbol{R}^{-1}$，计算 $\boldsymbol{F}=\boldsymbol{RF}_0\boldsymbol{R}^{-1}$。

Step 4：任取一个常阵 $\boldsymbol{G}\in\mathscr{R}^{(n-q)\times q}$，使$\{\boldsymbol{F},\boldsymbol{G}\}$完全能控，即

$$\operatorname{rank}\left[\boldsymbol{G} \;\vdots\; \boldsymbol{FG} \;\vdots\; \cdots \;\vdots\; \boldsymbol{F}^{n-q-1}\boldsymbol{G}\right]=n-q$$

Step 5：求解西尔维斯特方程 $\boldsymbol{TA}-\boldsymbol{FT}=\boldsymbol{GC}$ 的$(n-q)\times n$ 解阵 $\boldsymbol{T}$。

Step 6：若 $q>1$，进入下一步。若 $q=1$，组成下一步中的 $\boldsymbol{P}$，去到 Step 8。

Step 7：判断

$$\boldsymbol{P}=\begin{bmatrix}\boldsymbol{C}\\ \boldsymbol{T}\end{bmatrix}$$

的非奇异性。若非奇异，进入下一步；若奇异，去到 Step 3。

Step 8：计算 $\boldsymbol{H}=\boldsymbol{TB}$。

Step 9：计算并分块化 $\boldsymbol{Q}\triangleq\boldsymbol{P}^{-1}=[\boldsymbol{Q}_1,\boldsymbol{Q}_2]$，$\boldsymbol{Q}_1$ 为 $n\times q$ 阵，$\boldsymbol{Q}_2$ 为 $n\times(n-q)$阵。

Step 10：综合得到的方案Ⅱ降维状态观测器为

$$\dot{\boldsymbol{z}}=\boldsymbol{Fz}+\boldsymbol{Gy}+\boldsymbol{Hu}$$
$$\hat{\boldsymbol{x}}=\boldsymbol{Q}_1\boldsymbol{y}+\boldsymbol{Q}_2\boldsymbol{z}$$

其中，$\hat{\boldsymbol{x}}$ 为被观测状态 $\boldsymbol{x}$ 重构状态。图 6.25 给出方案Ⅱ降维状态观测器的组成结构图。

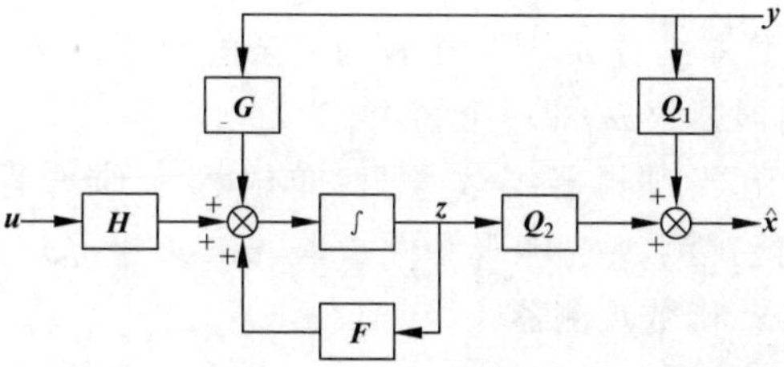

图 6.25　方案Ⅱ降维状态观测器的组成结构图

6.14　$\boldsymbol{Kx}$-函数观测器

函数观测器是以重构被观测状态的函数为目标的一类观测器。控制工程中函数观测器专指重构状态反馈 $\boldsymbol{Kx}$ 的一类观测器。直接重构 $\boldsymbol{Kx}$ 有可能使观测器的维数较之降维状态观测器维数为低。本节限于讨论 $\boldsymbol{Kx}$-函数观测器的综合理论和算法。内容包括 $\boldsymbol{Kx}$-函数观测器的结构、条件、维数和综合算法等。

1. Kx-函数观测器的结构

考虑完全能控和完全能观测的连续时间线性时不变系统：

$$\begin{aligned}\dot{\boldsymbol{x}}&=\boldsymbol{Ax}+\boldsymbol{Bu},\quad \boldsymbol{x}(0)=\boldsymbol{x}_0,\quad t\geqslant 0\\ \boldsymbol{y}&=\boldsymbol{Cx}\end{aligned}\tag{6.259}$$

其中，$\boldsymbol{A}\in\mathscr{R}^{n\times n}$，$\boldsymbol{B}\in\mathscr{R}^{n\times p}$，$\boldsymbol{C}\in\mathscr{R}^{q\times n}$。$\{\boldsymbol{A},\boldsymbol{B}\}$能控为出于综合反馈矩阵 $\boldsymbol{K}$ 的要求，$\{\boldsymbol{A},\boldsymbol{C}\}$能观测则是出于构造观测器的要求。那么，$\boldsymbol{Kx}$-函数观测器也是一个连续时

间线性时不变系统,状态空间描述为

$$\begin{aligned}&\dot{z}=Fz+Gy+Hu,\quad z(0)=z_0,\quad t\geqslant 0\\&w=Mz+Ny\end{aligned}\tag{6.260}$$

其中,设观测器的维数为 m,F 为 $m\times m$ 阵,G 为 $m\times q$ 阵,H 为 $m\times p$ 阵,M 为 $p\times m$ 阵,N 为 $p\times q$ 阵。Kx-函数观测器的目标为

$$\lim_{t\to\infty}w(t)=\lim_{t\to\infty}Kx(t)\tag{6.261}$$

2. Kx-函数观测器的条件

结论 6.70 [Kx-函数观测器条件]　对线性时不变被观测系统(6.259),线性时不变系统(6.260)可成为 Kx-函数观测器即式(6.261)成立的充分必要条件为

(i) $TA-FT=GC$,T 为 $m\times n$ 实常阵;

(ii) $H=TB$;

(iii) F 的所有特征值均具有负实部;

(iv) $MT+NC=K$。

3. 单输入 Kx-函数观测器的维数

确定 Kx-函数观测器维数 m 是一个较为复杂的问题。这里,仅就单输入即 $p=1$ 情形,给出确定观测器维数 m 的一个结论。

结论 6.71 [Kx-函数观测器维数]　对单输入 n 维线性时不变被观测系统(6.259),$\{A,C\}$完全能观测,ν 为能观测性指数,$\operatorname{rank}C=q$,k 为 $1\times n$ 常阵,必可构造维数 $m=\nu-1$ 的 Kx-函数观测器。

4. 单输入 Kx-函数观测器的综合算法

算法 6.13 [Kx-函数观测器综合算法]　给定单输入 n 维线性时不变被观测系统(6.259),$\{A,C\}$完全能观测,C 满秩即 $\operatorname{rank}C=q$,给定 $1\times n$ 状态反馈矩阵 k,要求综合 Kx-函数观测器。

Step 1:计算被观测系统的能观测性指数 ν。

Step 2:取 Kx-函数观测器维数 $m=\nu-1$。

Step 3:指定观测器期望特征值组$\{\lambda_1^*,\lambda_2^*,\cdots,\lambda_{\nu-1}^*\}$,计算相应期望特征多项式

$$\prod_{i=1}^{\nu-1}(s-\lambda_i^*)=s^{\nu-1}+\alpha_{\nu-2}^*s^{\nu-2}+\cdots+\alpha_1^*s+\alpha_0^*$$

Step 4:取

$$F=\left[\begin{array}{c|ccc}0 & & & \\ \vdots & & I_{\nu-2} & \\ 0 & & & \\ \hline -\alpha_0^* & -\alpha_1^* & \cdots & -\alpha_{\nu-2}^*\end{array}\right]\quad (\nu-1)\times(\nu-1)\text{ 阵}$$

$$M=[1\quad 0\quad \cdots\quad 0]\quad 1\times(\nu-1)\ 阵$$

Step 5：任取一个$(n-q)\times n$ 常阵$\boldsymbol{R}$，使 $n\times n$ 变换矩阵

$$\boldsymbol{P}=\begin{bmatrix}\boldsymbol{C}\\ \boldsymbol{R}\end{bmatrix}$$

为非奇异。计算变换矩阵逆 $\boldsymbol{P}^{-1}$。

Step 6：计算

$$\bar{\boldsymbol{A}}=\boldsymbol{PAP}^{-1}=\underbrace{\begin{bmatrix}\bar{\boldsymbol{A}}_{11} & \bar{\boldsymbol{A}}_{12}\\ \bar{\boldsymbol{A}}_{21} & \bar{\boldsymbol{A}}_{22}\end{bmatrix}}_{q\quad\ n-q}\begin{matrix}\}q\\ \}n-q\end{matrix}$$

$$\bar{\boldsymbol{b}}=\boldsymbol{Pb}=\begin{bmatrix}\bar{\boldsymbol{b}}_1\\ \bar{\boldsymbol{b}}_2\end{bmatrix}\begin{matrix}\}q\\ \}n-q\end{matrix}$$

$$\bar{\boldsymbol{k}}=\boldsymbol{kP}^{-1}=[\underbrace{\bar{\boldsymbol{k}}_1}_{q}\ \vdots\ \underbrace{\bar{\boldsymbol{k}}_2}_{n-q}]$$

Step 7：计算

$$\tilde{\boldsymbol{k}}\triangleq\bar{\boldsymbol{k}}_2\bar{\boldsymbol{A}}_{22}^{\nu-1}+\alpha_{\nu-2}^*\bar{\boldsymbol{k}}_2\bar{\boldsymbol{A}}_{22}^{\nu-2}+\cdots+\alpha_1^*\bar{\boldsymbol{k}}_2\bar{\boldsymbol{A}}_{22}+\alpha_0^*\bar{\boldsymbol{k}}_2$$

$$\boldsymbol{\Lambda}\triangleq\begin{bmatrix}\boldsymbol{I}_q & & & \\ \alpha_{\nu-2}^*\boldsymbol{I}_q & & & \\ \vdots & \ddots & & \\ \alpha_1^*\boldsymbol{I}_q & \cdots & \alpha_{\nu-2}^*\boldsymbol{I}_q & \boldsymbol{I}_q\end{bmatrix}\quad(\nu-1)q\times(\nu-1)q\ 阵$$

$$\boldsymbol{V}\triangleq\begin{bmatrix}\bar{\boldsymbol{A}}_{12}\\ \bar{\boldsymbol{A}}_{12}\bar{\boldsymbol{A}}_{22}\\ \vdots\\ \bar{\boldsymbol{A}}_{12}\bar{\boldsymbol{A}}_{22}^{\nu-2}\end{bmatrix}\quad(\nu-1)q\times(n-q)\ 阵$$

Step 8：求解方程

$$\tilde{\boldsymbol{k}}=-[\boldsymbol{t}_{1,\nu-1},\boldsymbol{t}_{1,\nu-2},\cdots,\boldsymbol{t}_{11}]\boldsymbol{\Lambda V}$$

定出 $\boldsymbol{t}_{1,\nu-1},\boldsymbol{t}_{1,\nu-2},\cdots,\boldsymbol{t}_{12},\boldsymbol{t}_{11}$，组成：

$$\bar{\boldsymbol{T}}_1\triangleq\begin{bmatrix}\boldsymbol{t}_{11}\\ \boldsymbol{t}_{12}\\ \vdots\\ \boldsymbol{t}_{1,\nu-1}\end{bmatrix}\quad(\nu-1)\times q\ 阵$$

Step 9：计算

$$t_{21}=\bar{k}_2$$

$$t_{22}=\bar{k}_2\bar{A}_{22}+t_{11}\bar{A}_{12}$$

$$t_{23}=\bar{k}_2\bar{A}_{22}^2+t_{11}\bar{A}_{12}\bar{A}_{22}+t_{12}\bar{A}_{12}$$

$$\cdots\cdots$$

$$t_{2,\nu-1}=\bar{k}_2\bar{A}_{22}^{\nu-2}+t_{11}\bar{A}_{12}\bar{A}_{22}^{\nu-3}+\cdots+t_{1,\nu-3}\bar{A}_{12}\bar{A}_{22}+t_{1,\nu-2}\bar{A}_{12}$$

组成：

$$\bar{T}_2\triangleq\begin{bmatrix}t_{21}\\t_{22}\\\vdots\\t_{2,\nu-1}\end{bmatrix}\quad(\nu-1)\times(n-q)\text{ 阵}$$

Step 10：组成$(\nu-1)\times n$ 矩阵 $\bar{T}\triangleq[\bar{T}_1 \,\vdots\, \bar{T}_2]$，计算 $T=\bar{T}P$。

Step 11：计算

$$G=\bar{T}_1\bar{A}_{11}+\bar{T}_2\bar{A}_{21}-F\bar{T}_1$$

$$N=\bar{k}_1-M\bar{T}_1=\bar{k}_1-t_{11}$$

Step 12：计算 $H=Tb$。

Step 13：综合得到的 Kx-函数观测器为

$$\dot{z}=Fz+Gy+Hu$$

$$w=Mz+Ny$$

Step 14：画出 Kx-函数观测器的组成结构图，如图 6.26 所示。

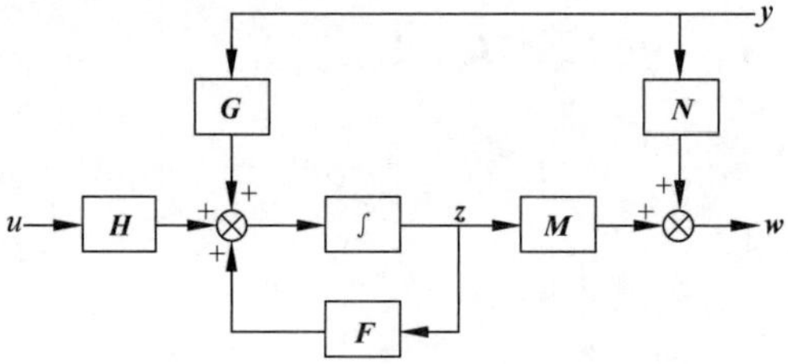

图 6.26 Kx-函数观测器的组成结构图

5. 多输入 Kx-函数观测器的维数

对多输入 n 维线性时不变被观测系统(6.259)，Kx-函数观测器的最小维数因具体问题不同而不同。但是，若 $p\times n$ 反馈阵 K 为秩 1，即 rank $K=1$，则可基于单输入情形结论导出如下结论。

结论 6.72 [Kx-函数观测器维数]　考虑多输入 n 维线性时不变被观测系统(6.259)，$\{A,C\}$完全能观测，ν 为能观测性指数，rank$C=q$。再知 $p\times n$ 反馈阵 K 为秩 1 即 rank $K=1$，并引入 $p\times 1$ 向量ρ 使表 $K=\rho k$，k 为 $1\times n$ 阵。那么，必可构造

维数 $m=\nu-1$ 的 $\boldsymbol{Kx}$-函数观测器

$$\begin{aligned}\dot{\boldsymbol{z}}&=\boldsymbol{Fz}+\boldsymbol{Gy}+\boldsymbol{Hu}\\ \boldsymbol{w}&=\boldsymbol{Mz}+\boldsymbol{Ny}\end{aligned}\tag{6.262}$$

重构 $\boldsymbol{Kx}$，且 $\boldsymbol{\rho w}(t)$ 为 $\boldsymbol{Kx}(t)$ 的渐近重构函数。

6.15　基于观测器的状态反馈控制系统的特性

观测器的引入使受控系统状态反馈的物理实现成为可能。讨论以重构状态代替系统状态实现状态反馈所导致的影响是一个需要进一步研究的基本问题。本节是对这个基本问题的较为系统的讨论，着重于阐明基于观测器的状态反馈控制系统的基本特性。

6.15.1　基于观测器的状态反馈系统的构成

基于观测器的状态反馈控制系统由受控系统、状态反馈和观测器三部分所构成。考虑 n 维连续时间线性时不变受控系统：

$$\Sigma_0:\ \begin{aligned}\dot{\boldsymbol{x}}&=\boldsymbol{Ax}+\boldsymbol{Bu},\quad \boldsymbol{x}(0)=\boldsymbol{x}_0,\quad t\geqslant 0\\ \boldsymbol{y}&=\boldsymbol{Cx}\end{aligned}\tag{6.263}$$

其中，$\boldsymbol{A}\in\mathcal{R}^{n\times n}$，$\boldsymbol{B}\in\mathcal{R}^{n\times p}$，$\boldsymbol{C}\in\mathcal{R}^{q\times n}$ 为满秩即 $\operatorname{rank}\boldsymbol{C}=q$，并设 $\{\boldsymbol{A},\boldsymbol{C}\}$ 完全能观测，$\{\boldsymbol{A},\boldsymbol{B}\}$ 完全能控。状态反馈控制为

$$\boldsymbol{u}=-\boldsymbol{Kx}+\boldsymbol{v}\tag{6.264}$$

其中，$p\times n$ 反馈矩阵 $\boldsymbol{K}$ 可按期望性能指标综合，$\boldsymbol{v}$ 为 p 维参考输入。如前所述，典型性能指标提法包括极点配置、镇定、动态解耦、静态解耦、扰动抑制和渐近跟踪、二次型最优等。观测器也为连续时间线性时不变系统，以重构受控系统状态 $\boldsymbol{x}$ 或反馈函数 $\boldsymbol{Kx}$ 为目标，类型包括全维状态观测器、降维状态观测器、函数观测器等。不失一般性，这里取观测器为 $n-q$ 维降维状态观测器：

$$\Sigma_{\mathrm{OB}}:\ \begin{aligned}\dot{\boldsymbol{z}}&=\boldsymbol{Fz}+\boldsymbol{Gy}+\boldsymbol{Hu}\\ \hat{\boldsymbol{x}}&=\begin{bmatrix}\boldsymbol{C}\\ \boldsymbol{T}\end{bmatrix}^{-1}\begin{bmatrix}\boldsymbol{y}\\ \boldsymbol{z}\end{bmatrix}=[\boldsymbol{Q}_1\quad \boldsymbol{Q}_2]\begin{bmatrix}\boldsymbol{y}\\ \boldsymbol{z}\end{bmatrix}\end{aligned}\tag{6.265}$$

其中，$(n-q)\times(n-q)$ 矩阵 $\boldsymbol{F}$ 的特征值可按期望要求任意配置，系数矩阵满足关系式：

$$\boldsymbol{TA}-\boldsymbol{FT}=\boldsymbol{GC},\quad \boldsymbol{H}=\boldsymbol{TB}\tag{6.266}$$

$$[\boldsymbol{Q}_1\quad \boldsymbol{Q}_2]\begin{bmatrix}\boldsymbol{C}\\ \boldsymbol{T}\end{bmatrix}=\boldsymbol{Q}_1\boldsymbol{C}+\boldsymbol{Q}_2\boldsymbol{T}=\boldsymbol{I}\tag{6.267}$$

其中，$\boldsymbol{G}$ 为 $(n-q)\times q$ 阵，$\boldsymbol{H}$ 为 $(n-q)\times p$ 阵，$\boldsymbol{T}$ 为 $(n-q)\times n$ 阵，$\boldsymbol{Q}_1$ 和 $\boldsymbol{Q}_2$ 为 $n\times q$ 和 $n\times(n-q)$ 阵。上述约定基础上，并以观测器重构状态 $\hat{\boldsymbol{x}}$ 代替受控系统状态 $\boldsymbol{x}$，可以给出基于观测器的状态反馈控制系统的组成结构，如图 6.27 所示。

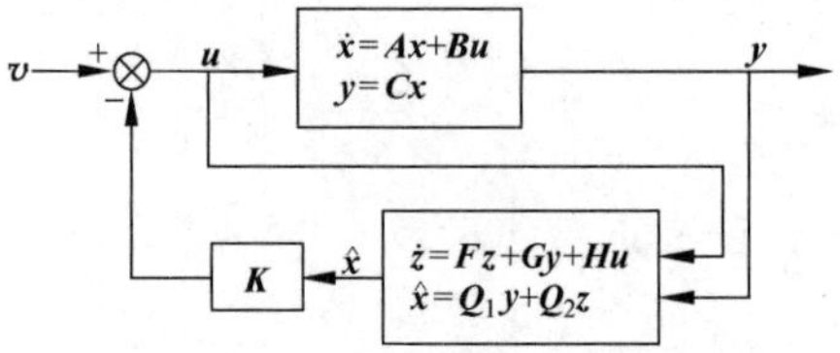

图 6.27　基于观测器的状态反馈控制系统的组成结构

进一步,对基于观测器的状态反馈控制系统,建立其状态空间描述。

结论 6.73 [状态空间描述]　对图 6.27 所示基于观测器的状态反馈控制系统 Σ_{KB},取

$$\begin{bmatrix} \boldsymbol{x} \\ \boldsymbol{z} \end{bmatrix} \text{为}(2n-q)\text{维状态},\quad \boldsymbol{v}\text{为}p\text{维输入},\quad \boldsymbol{y}\text{为}q\text{维输出}$$

则其状态空间描述为

$$\Sigma_{KB}:\begin{bmatrix} \dot{\boldsymbol{x}} \\ \dot{\boldsymbol{z}} \end{bmatrix}=\begin{bmatrix} \boldsymbol{A}-\boldsymbol{BKQ}_1\boldsymbol{C} & -\boldsymbol{BKQ}_2 \\ \boldsymbol{GC}-\boldsymbol{HKQ}_1\boldsymbol{C} & \boldsymbol{F}-\boldsymbol{HKQ}_2 \end{bmatrix}\begin{bmatrix} \boldsymbol{x} \\ \boldsymbol{z} \end{bmatrix}+\begin{bmatrix} \boldsymbol{B} \\ \boldsymbol{H} \end{bmatrix}\boldsymbol{v}$$
$$\boldsymbol{y}=[\boldsymbol{C}\quad \boldsymbol{0}]\begin{bmatrix} \boldsymbol{x} \\ \boldsymbol{z} \end{bmatrix} \tag{6.268}$$

6.15.2 基于观测器的状态反馈系统的特性

这一部分中,以 Σ_{KB} 的状态空间描述(6.268)为基础,给出基于观测器的状态反馈系统的一些基本特性。

1. $\boldsymbol{\Sigma}_{KB}$ 的维数

结论 6.74 [Σ_{KB} 维数]　对图 6.27 所示基于观测器的状态反馈控制系统 Σ_{KB},表dim(·)为所示系统维数,则有

$$\dim(\Sigma_{KB})=\dim(\Sigma_0)+\dim(\Sigma_{OB}) \tag{6.269}$$

注　结论表明,相比于直接状态反馈控制系统 Σ_K,引入观测器的结果提高了状态反馈控制系统的维数。

2. $\boldsymbol{\Sigma}_{KB}$ 的特征值集合

结论 6.75 [特征值集合]　对图 6.27 所示基于观测器的状态反馈控制系统 Σ_{KB},表 Λ(·)为所示系统或矩阵的特征值集合,λ_i(·)为所示矩阵特征值,则有

$$\begin{aligned}\Lambda(\Sigma_{KB})&=\{\Lambda(\Sigma_K),\Lambda(\Sigma_{OB})\}\\&=\{\lambda_i(\boldsymbol{A}-\boldsymbol{BK}),i=1,2,\cdots,n;\ \lambda_j(\boldsymbol{F}),j=1,2,\cdots,n-q\}\end{aligned} \tag{6.270}$$

注　结论表明,在基于观测器的状态反馈控制系统 Σ_{KB} 中,直接状态反馈系统 Σ_K 的特征值和观测器 Σ_{OB} 的特征值保持分离性。

3. $\boldsymbol{\Sigma}_{KB}$ 综合的分离性原理

结论 6.76 [分离性原理]　对图 6.27 所示基于观测器的状态反馈控制系统 Σ_{KB}，观测器 Σ_{OB} 的引入不影响 $\boldsymbol{K}$ 配置的直接状态反馈系统 Σ_K 特征值$\{\lambda_i(\boldsymbol{A}-\boldsymbol{BK}),i=1,2,\cdots,n\}$，状态反馈的引入不影响观测器 Σ_{OB} 特征值$\{\lambda_j(\boldsymbol{F}),j=1,2,\cdots,n-q\}$。因此，基于观测器的状态反馈控制系统 Σ_{KB} 的综合满足分离性原理，即状态反馈控制律的综合和观测器的综合可独立进行。

4. $\boldsymbol{\Sigma}_{KB}$ 的传递函数矩阵

结论 6.77 [传递函数矩阵]　观测器的引入不改变直接状态反馈控制系统 Σ_K 的传递函数矩阵。表 $\boldsymbol{G}_{KB}(s)$和 $\boldsymbol{G}_K(s)$为 Σ_{KB} 和Σ_K 的传递函数矩阵，则有

$$\boldsymbol{G}_{KB}(s)=\boldsymbol{G}_K(s) \tag{6.271}$$

5. $\boldsymbol{\Sigma}_{KB}$ 的能控性

结论 6.78 [Σ_{KB} 能控性]　观测器的引入使状态反馈控制系统不再保持完全能控，即 Σ_{KB} 为不完全能控，且 Σ_{KB} 分解后的能控部分为$\{\boldsymbol{A}-\boldsymbol{BK},\boldsymbol{B},\boldsymbol{C}\}$。

注　考虑到，从能控性分解角度，传递函数矩阵只能反映系统中能控部分。从而，这个结论的结果为结论 6.77 指出的 $\boldsymbol{G}_{KB}(s)=\boldsymbol{G}_K(s)$事实提供了直观解释。

6. $\boldsymbol{\Sigma}_{KB}$ 的鲁棒性

结论 6.79 [Σ_{KB} 鲁棒性]　一般地说，观测器的引入会使状态反馈控制系统的鲁棒性变坏，即 Σ_{KB} 的鲁棒性差于 Σ_K 的鲁棒性。改善的途径是采用回路传递函数矩阵恢复(loop transfer recovery)技术。对此，有兴趣的读者可以参阅有关文献。

7. $\boldsymbol{\Sigma}_{KB}$ 中观测器的综合原则

结论 6.80 [观测器综合原则]　对图 6.27 所示基于观测器的状态反馈控制系统 Σ_{KB}，其观测器综合的一条经验性原则是，把观测器的特征值负实部取为 $\boldsymbol{A}-\boldsymbol{BK}$ 特征值的负实部的 2～3 倍，即

$$\mathrm{Re}\lambda_i(\boldsymbol{F})=(2\sim 3)\mathrm{Re}\lambda_i(\boldsymbol{A}-\boldsymbol{BK}) \tag{6.272}$$

6.15.3　综合举例

这一部分中，通过对一个例子的讨论，具体说明基于观测器的状态反馈控制系统 Σ_{KB} 的综合步骤。

例 6.6　给定完全能控和完全能观测的线性时不变受控系统：

$$\dot{x}=\begin{bmatrix}0 & 1 & 0 & 0\\ 0 & 0 & -2 & 0\\ 0 & 0 & 0 & 1\\ 0 & 0 & 4 & 0\end{bmatrix}x+\begin{bmatrix}0\\ 1\\ 0\\ -1\end{bmatrix}u$$

$$y=[1\ \vdots\ 0\quad 0\quad 0]\,x$$

其中，$n=4$，$p=q=1$，$\mathrm{rank}\,c=1$。要求综合基于观测器的状态反馈控制系统 Σ_{KB}。

(i) 综合 $1\times n$ 状态反馈增益矩阵 k

基于分离性原理，综合状态反馈矩阵 k 时，可以不考虑状态观测器的存在。不失一般性，设性能指标为一组期望闭环特征值：

$$\lambda_1^*=-1,\quad \lambda_{2,3}^*=-1\pm \mathrm{j},\quad \lambda_4^*=-2$$

相应期望闭环特征多项式为

$$\begin{aligned}\alpha^*(s)&=(s+1)(s+1-\mathrm{j})(s+1+\mathrm{j})(s+2)\\ &=s^4+5s^3+10s^2+10s+4\end{aligned}$$

进而，考虑到问题比较简单，采用直接法综合 k。对此，表

$$k=-[k_1\quad k_2\quad k_3\quad k_4]$$

可得

$$A-bk=\begin{bmatrix}0 & 1 & 0 & 0\\ k_1 & k_2 & k_3-2 & k_4\\ 0 & 0 & 0 & 1\\ -k_1 & -k_2 & 4-k_3 & -k_4\end{bmatrix}$$

和

$$\alpha(s)=\det(sI-A+bk)=s^4+(k_4-k_2)s^3+(k_3-k_1-4)s^2+2k_2s+2k_1$$

而由比较 $\alpha(s)$ 和 $\alpha^*(s)$ 同幂次项系数，可以导出：

$$2k_1=4,\quad 2k_2=10,\quad k_3-k_1=14,\quad k_4-k_2=5$$

求解上述方程组，得到状态反馈矩阵 k 为

$$k=-[2\quad 5\quad 16\quad 10]$$

(ii) 综合降维状态观测器

依照分离性原理，综合状态观测器时，可以不考虑状态反馈的存在。不失一般性，取所综合观测器为方案 I 降维状态观测器。且由 $n=4$ 和 $\mathrm{rank}\ c=q=1$ 知，降维观测器的维数为 $n-q=3$。再由受控系统输出方程可以直接看出，$x_1=y$ 无需重构；而状态方程已处于规范形式，所以无需再引入变换。基此，导出各个分块矩阵为

$$\bar{A}_{11}=0,\quad \bar{A}_{12}=[1\quad 0\quad 0],\quad \bar{A}_{21}=\begin{bmatrix}0\\ 0\\ 0\end{bmatrix},\quad \bar{A}_{22}=\begin{bmatrix}0 & -2 & 0\\ 0 & 0 & 1\\ 0 & 4 & 0\end{bmatrix}$$

$$\bar{b}_1=0,\quad \bar{b}_2=\begin{bmatrix}1\\ 0\\ -1\end{bmatrix}$$

进而，按照 Σ_{KB} 中观测器的特征值选取经验性原则，取观测器期望特征值为

$$\lambda_{O1} = -3, \quad \lambda_{O2,O3} = -3 \pm \mathrm{j}2$$

观测器的对应期望特征多项式为

$$\begin{aligned}\bar{\alpha}_O(s) &= (s+3)(s+3-\mathrm{j}2)(s+3+\mathrm{j}2) \\ &= s^3 + 9s^2 + 31s + 39\end{aligned}$$

再按方案Ⅰ降维观测器综合算法，表 3×1 矩阵 $\bar{\boldsymbol{L}}$ 为

$$\bar{\boldsymbol{L}} = \begin{bmatrix} l_1 \\ l_2 \\ l_3 \end{bmatrix}$$

可以得到

$$\bar{\boldsymbol{A}}_{22} - \bar{\boldsymbol{L}}\bar{\boldsymbol{A}}_{12} = \begin{bmatrix} -l_1 & -2 & 0 \\ -l_2 & 0 & 1 \\ -l_3 & 4 & 0 \end{bmatrix}$$

和

$$\begin{aligned}\alpha_L(s) &= \det(s\boldsymbol{I} - \bar{\boldsymbol{A}}_{22} + \bar{\boldsymbol{L}}\bar{\boldsymbol{A}}_{12}) \\ &= s^3 + l_1 s^2 - (2l_2 + 4)s - (2l_3 + 4l_1)\end{aligned}$$

由比较 $\alpha_L(s)$ 和 $\bar{\alpha}_O(s)$ 同幂次项系数，可以导出：

$$l_1 = 9, \quad 2l_2 = -35, \quad 2l_3 + 4l_1 = -39$$

基此，定出矩阵 $\bar{\boldsymbol{L}}$：

$$\bar{\boldsymbol{L}} = \begin{bmatrix} 9 \\ -35/2 \\ -75/2 \end{bmatrix}$$

进而，由此并通过计算，得

$$\bar{\boldsymbol{A}}_{22} - \bar{\boldsymbol{L}}\boldsymbol{A}_{12} = \begin{bmatrix} -9 & -2 & 0 \\ 35/2 & 0 & 1 \\ 75/2 & 4 & 0 \end{bmatrix}$$

$$(\bar{\boldsymbol{A}}_{22} - \bar{\boldsymbol{L}}\bar{\boldsymbol{A}}_{12})\bar{\boldsymbol{L}} + (\bar{\boldsymbol{A}}_{21} - \bar{\boldsymbol{L}}\bar{\boldsymbol{A}}_{11}) = (\bar{\boldsymbol{A}}_{22} - \bar{\boldsymbol{L}}\bar{\boldsymbol{A}}_{12})\bar{\boldsymbol{L}} = \begin{bmatrix} -46 \\ 120 \\ 535/2 \end{bmatrix}$$

$$\bar{\boldsymbol{b}}_2 - \bar{\boldsymbol{L}}\bar{\boldsymbol{b}}_1 = \bar{\boldsymbol{b}}_2 = \begin{bmatrix} 1 \\ 0 \\ -1 \end{bmatrix}$$

从而定出方案Ⅰ降维状态观测器：

$$\dot{\boldsymbol{z}} = \begin{bmatrix} -9 & -2 & 0 \\ 35/2 & 0 & 1 \\ 75/2 & 4 & 0 \end{bmatrix}\boldsymbol{z} + \begin{bmatrix} -46 \\ 120 \\ 535/2 \end{bmatrix}y + \begin{bmatrix} 1 \\ 0 \\ -1 \end{bmatrix}u$$

和受控系统状态 $\boldsymbol{x}$ 重构状态 $\hat{\boldsymbol{x}}$：

$$\hat{\boldsymbol{x}} = \begin{bmatrix} y \\ z + \bar{\boldsymbol{L}} y \end{bmatrix} = \begin{bmatrix} 1 & \boldsymbol{0} \\ \bar{\boldsymbol{L}} & \boldsymbol{I}_3 \end{bmatrix} \begin{bmatrix} y \\ \boldsymbol{z} \end{bmatrix} = \begin{bmatrix} 1 & 0 & 0 & 0 \\ 9 & 1 & 0 & 0 \\ -17.5 & 0 & 1 & 0 \\ -37.5 & 0 & 0 & 1 \end{bmatrix} \begin{bmatrix} y \\ z_1 \\ z_2 \\ z_3 \end{bmatrix}$$

(iii) 确定基于重构状态 $\hat{\boldsymbol{x}}$ 的控制律

联合上述结果，可以导出受控系统基于重构状态 $\hat{\boldsymbol{x}}$ 的控制律：

$$u = v + [2 \quad 5 \quad 16 \quad 10]\, \hat{\boldsymbol{x}}$$

6.15.4 具有观测器状态反馈系统和具有补偿器输出反馈系统的等价性

从输出输入角度，具有观测器的状态反馈系统实质上就是具有补偿器的输出反馈系统。为直观说明这一事实，不失一般性，考虑图 6.28 所示具有观测器的状态反馈系统和图 6.29 所示具有补偿器的输出反馈系统。

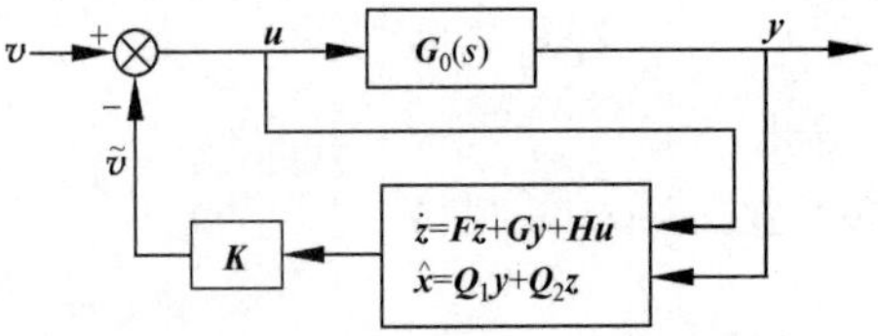

图 6.28 具有观测器的状态反馈系统

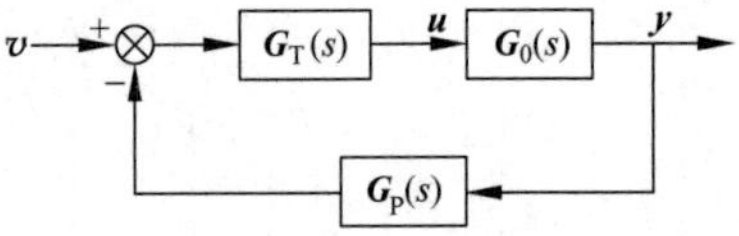

图 6.29 具有补偿器的输出反馈系统

上述反馈系统中，受控系统为多输入多输出 n 维连续时间线性时不变系统，并采用 $q \times p$ 传递函数矩阵 $\boldsymbol{G}_0(s)$ 描述。对图 6.28 所示具有观测器的状态反馈系统，取观测器为降维状态观测器：

$$\begin{aligned} \dot{\boldsymbol{z}} &= \boldsymbol{F}\boldsymbol{z} + \boldsymbol{G}\boldsymbol{y} + \boldsymbol{H}\boldsymbol{u} \\ \hat{\boldsymbol{x}} &= \boldsymbol{Q}_1 \boldsymbol{y} + \boldsymbol{Q}_2 \boldsymbol{z} \end{aligned} \tag{6.273}$$

控制律为状态反馈：

$$\boldsymbol{u} = -\boldsymbol{K}\hat{\boldsymbol{x}} + \boldsymbol{v} \tag{6.274}$$

其中，$\boldsymbol{K}$ 为 $p \times n$ 反馈阵，$\boldsymbol{v}$ 为 $p \times 1$ 参考输入。对图 6.29 所示具有补偿器的输出反馈系统，取控制律为动态输出反馈：

$$\bar{\boldsymbol{u}}(s) = \boldsymbol{G}_{\mathrm{T}}(s)[\bar{\boldsymbol{v}}(s) - \boldsymbol{G}_{\mathrm{P}}(s)\bar{\boldsymbol{y}}(s)] \tag{6.275}$$

其中，$p \times p$ 传递函数矩阵 $\boldsymbol{G}_{\mathrm{T}}(s)$ 代表串联补偿器，$p \times q$ 传递函数矩阵 $\boldsymbol{G}_{\mathrm{P}}(s)$ 代表并联补偿器，$\bar{\boldsymbol{v}}(s)$ 为参考输入拉普拉斯变换。

结论 6.81 [等价关系] 图 6.28 所示具有观测器的状态反馈系统 Σ_{KB} 在性能上等价于图 6.29 所示具有补偿器的输出反馈系统 Σ_{FC}。其中，串联补偿器 $\boldsymbol{G}_{\mathrm{T}}(s)$ 和并联补偿器 $\boldsymbol{G}_{\mathrm{P}}(s)$ 分别取为

$$G_T(s)=[I+KQ_2(sI-F)^{-1}H]^{-1} \tag{6.276}$$

和

$$G_P(s)=KQ_2(sI-F)^{-1}G+KQ_1 \tag{6.277}$$

证　对图 6.28 所示具有观测器的状态反馈系统 Σ_{KB}，把"观测器-状态反馈"看作以 $\boldsymbol{u}$ 与 $\boldsymbol{y}$ 为输入和以 $\tilde{\boldsymbol{v}}$ 为输出的线性时不变系统，表 $G_1(s)$ 和 $G_2(s)$ 为由 $\boldsymbol{u}$ 到 $\tilde{\boldsymbol{v}}$ 和由 $\boldsymbol{y}$ 到 $\tilde{\boldsymbol{v}}$ 的传递函数矩阵。那么，由 $\tilde{\boldsymbol{v}}=K\hat{\boldsymbol{x}}$ 和观测器方程(6.273)，可以得到

$$G_1(s)=KQ_2(sI-F)^{-1}H \tag{6.278}$$

$$G_2(s)=KQ_2(sI-F)^{-1}G+KQ_1 \tag{6.279}$$

基此，可把图 6.28 所示状态反馈系统 Σ_{KB} 等价地化为图 6.30 所示输出反馈系统。进而，利用结构图化简规则，可把图 6.30 所示输出反馈系统进一步化为图 6.31 所示输出反馈系统。随后，对图 6.31 所示输出反馈系统的内闭环加以化简，就可等价地导出图 6.29 所示具有补偿器的输出反馈系统 Σ_{FC}。其中，有

$$G_P(s)=G_2(s) \tag{6.280}$$

$$G_T(s)=[I+G_1(s)]^{-1} \tag{6.281}$$

于是，由式(6.279)代入式(6.280)得到式(6.277)，由式(6.278)代入式(6.281)得到式(6.276)。再据等价性的传递性知，图 6.28 所示状态反馈系统 Σ_{KB} 在性能上等价于图 6.29 所示输出反馈系统 Σ_{FC}。证明完成。

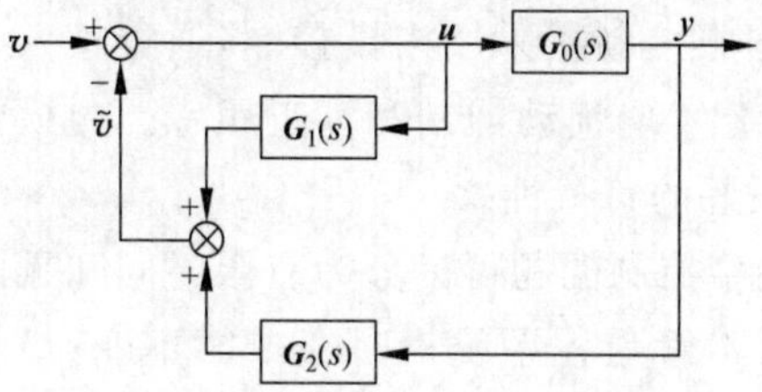

图 6.30　与图 6.28 系统等价的输出反馈系统

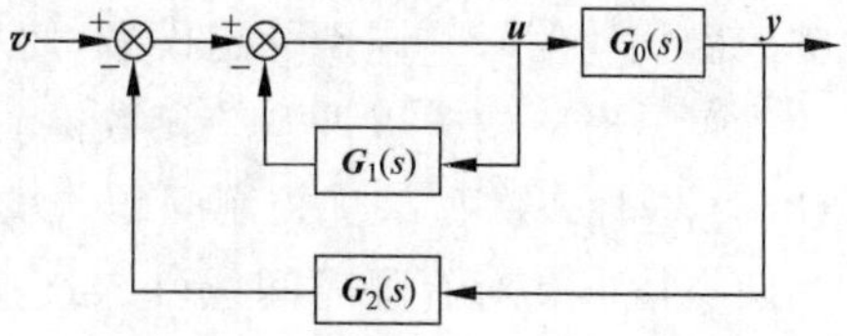

图 6.31　由图 6.30 系统导出的等价输出反馈系统

注 1　上述结论给出的等价关系，为在时间域内综合具有串联补偿器和并联补偿器的输出反馈系统 Σ_{FC} 提供了一条可能途径。

注 2　一般，按上述等价关系导出的输出反馈系统 Σ_{FC} 在结构上往往偏于复杂。从本书第二部分关于线性控制系统的复频率域综合方法中将可看到，通常采用具有串联补偿器的输出反馈系统就可实现期望的性能配置。

6.16　小结和评述

(1) 本章的定位。本章是对连续时间线性时不变状态反馈控制系统的综合和实现方法的系统论述。控制系统的综合归结为按期望性能指标设计状态反馈控制器。控制系统的实现着重于解决物理构成和实际运行中出现的理论问题。

(2) 控制系统综合的理论和方法。综合理论的核心是对相应类型性能指标建立状态反馈可综合条件。性能指标类型包括极点配置、渐近稳定、动态解耦、静态解耦、渐近跟踪和扰动抑制、二次型最优等。综合方法的实质是为确定状态反馈提供可行算法。对算法要求不拘泥于追求解析形式,但应数值稳定且易于在计算机上实施。

(3) 极点配置问题。极点配置是系统综合中最为基本的一类综合问题。对线性时不变受控系统,基于状态反馈可任意配置全部闭环特征值的充分必要条件是受控系统完全能控。极点配置可采用多种综合算法,基于能控规范形的算法由于计算上规范和性能上较好而受到更多采用。极点配置常被引入其他类型指标综合问题,以渐近稳定为指标的镇定问题则属于区域极点配置。

(4) 动态解耦和静态解耦问题。解耦控制在工业控制领域有着广泛的背景和应用。基于状态反馈和输入变换的可综合条件,对动态解耦是由受控系统结构决定的解耦判别矩阵为非奇异,对静态解耦是受控系统可镇定且静态解耦判别矩阵为满秩。动态解耦特点是,控制系统内部为耦合,而系统外部在整个运动过程中可实现一个输出变量由且仅由一个输入变量所控制。静态解耦特点是,控制系统相对于阶跃型输入的稳态过程中可实现解耦控制,且对系统参数摄动具有较好鲁棒性。

(5) 扰动抑制和渐近跟踪问题。扰动抑制和渐近跟踪广泛存在于运动体控制和过程控制。这类控制系统的控制器由伺服控制器和镇定控制器所构成。镇定控制器的功能是使闭环控制系统实现渐近稳定。伺服控制器采用内模控制,通过植入参考输入和扰动信号共同不稳定模型,使从机理上实现扰动抑制和渐近跟踪。内模控制的优点是对除内模以外系统参数摄动具有很好的鲁棒性。

(6) 线性二次型最优控制问题。线性二次型控制问题可区分为有限时间和无限时间两类情形。对有限时间线性二次型控制,不管受控系统为时变或时不变,最优状态反馈阵必为时变。对无限时间线性二次型控制,若受控系统为时不变,则最优状态反馈阵也为时不变,且系统有$\pm 60°$相位裕度和$(1/2,\infty)$增益裕度。线性二次型控制问题的求解,对有限时间情形归结为求解矩阵黎卡提微分方程,对无限时间情形归结为求解矩阵黎卡提代数方程。

(7) 控制系统物理实现和实际运行中的理论问题。这类理论问题包括状态重构、扰动抑制、对参数摄动的鲁棒性等。状态重构可以通过构造状态观测器的途径来解决。扰动抑制和对参数摄动的鲁棒性,需要针对具体类型指标综合问题而采取相应的解决方法。

(8) 观测器。观测器的基本功能在于对状态或状态函数进行重构以使状态反馈可以物理构成。观测器可以分类为全维状态观测器、降维状态观测器和函数观测器。观测器存在的充分条件是被观测系统为完全能观测。相比于被观测系统的维数,全维观测器为相同,降维观测器可小一些,函数观测器甚至可更小。

(9) 具有观测器的状态反馈系统。具有观测器的状态反馈控制系统的主要特点是,状态反馈配置的特征值和观测器的特征值具有分离性,使得对状态反馈和观测器的综合可以分离地进行。具有观测器的状态反馈系统在性能上等价于包含串联补偿器和并联补偿器的输出反馈系统。

习题

6.1　判断下列各连续时间线性时不变系统能否可用状态反馈任意配置全部特征值：

(i) $\dot{\boldsymbol{x}}=\begin{bmatrix}1 & 2\\ 3 & 1\end{bmatrix}\boldsymbol{x}+\begin{bmatrix}1\\ 0\end{bmatrix}u$

(ii) $\dot{\boldsymbol{x}}=\begin{bmatrix}1 & 0 & 0\\ 0 & -2 & 1\\ 0 & 0 & -2\end{bmatrix}\boldsymbol{x}+\begin{bmatrix}1 & 0\\ 0 & 1\\ 0 & 0\end{bmatrix}\boldsymbol{u}$

(iii) $\dot{\boldsymbol{x}}=\begin{bmatrix}0 & 1 & 0 & 0\\ 0 & 0 & 1 & 0\\ 0 & 0 & 0 & 1\\ -2 & -4 & -3 & -5\end{bmatrix}\boldsymbol{x}+\begin{bmatrix}0 & 0 & 0\\ 0 & 0 & 1\\ 0 & 1 & 0\\ 1 & 0 & 0\end{bmatrix}\boldsymbol{u}$

6.2　给定单输入连续时间线性时不变受控系统：

$$\dot{\boldsymbol{x}}=\begin{bmatrix}1 & 2\\ 3 & 1\end{bmatrix}\boldsymbol{x}+\begin{bmatrix}1\\ 0\end{bmatrix}u$$

试确定一个状态反馈阵 $\boldsymbol{k}$，使闭环特征值配置为 $\lambda_1^*=-2+\mathrm{j}$ 和 $\lambda_2^*=-2-\mathrm{j}$。

6.3　给定单输入单输出连续时间线性时不变受控系统的传递函数为

$$g_0(s)=\frac{1}{s(s+4)(s+8)}$$

试确定一个状态反馈阵 $\boldsymbol{k}$，使闭环极点配置为 $\lambda_1^*=-2$，$\lambda_2^*=-4$ 和 $\lambda_3^*=-7$。

6.4　对上题给出的受控系统，试确定一个状态反馈阵 $\boldsymbol{k}$，使相对于单位阶跃参考输入的输出过渡过程，满足期望指标：超调量 $\sigma\leqslant 20\%$，超调点时间 $t_\sigma\leqslant 0.4\mathrm{s}$。

6.5　给定连续时间线性时不变受控系统：

$$\dot{\boldsymbol{x}}=\begin{bmatrix}1 & 1\\ 0 & 1\end{bmatrix}\boldsymbol{x}+\begin{bmatrix}0\\ 1\end{bmatrix}u$$

$$\boldsymbol{y}=\begin{bmatrix}2 & 0\\ 0 & 1\end{bmatrix}\boldsymbol{x}$$

试确定一个输出反馈阵 $\boldsymbol{f}$，使闭环特征值配置为 $\lambda_1^*=-2$ 和 $\lambda_2^*=-4$。

6.6　给定单输入连续时间线性时不变受控系统：

$$\dot{\boldsymbol{x}}=\begin{bmatrix}2 & 1 & 0 & 0\\ 0 & 2 & 0 & 0\\ 0 & 0 & -2 & 0\\ 0 & 0 & 0 & -2\end{bmatrix}\boldsymbol{x}+\begin{bmatrix}0\\ 1\\ 1\\ 1\end{bmatrix}u$$

分别判断是否存在状态反馈阵 $\boldsymbol{k}$,使闭环特征值配置到下列期望位置:

(i) $\lambda_1^*=-2,\ \lambda_2^*=-2,\ \lambda_3^*=-2,\ \lambda_4^*=-2$

(ii) $\lambda_1^*=-3,\ \lambda_2^*=-3,\ \lambda_3^*=-3,\ \lambda_4^*=-2$

(iii) $\lambda_1^*=-3,\ \lambda_2^*=-4,\ \lambda_3^*=-3,\ \lambda_4^*=-3$

6.7 给定连续时间线性时不变受控系统:

$$\dot{\boldsymbol{x}}=\begin{bmatrix}1 & 1 & 0\\0 & 1 & 0\\0 & 0 & 2\end{bmatrix}\boldsymbol{x}+\begin{bmatrix}0 & 0\\1 & 0\\0 & -1\end{bmatrix}\boldsymbol{u}$$

确定两个不同状态反馈阵 $\boldsymbol{K}_1$ 和 $\boldsymbol{K}_2$,使闭环特征值配置为

$$\lambda_1^*=-2,\quad \lambda_2^*=-1+\mathrm{j}2,\quad \lambda_3^*=-1-\mathrm{j}2$$

6.8 给定连续时间线性时不变受控系统:

$$\dot{\boldsymbol{x}}=\begin{bmatrix}0 & 2 & 0 & 0\\0 & 0 & 1 & 0\\-3 & 1 & 2 & 3\\2 & 1 & 0 & 0\end{bmatrix}\boldsymbol{x}+\begin{bmatrix}0 & 0\\0 & 0\\1 & 2\\0 & 2\end{bmatrix}\boldsymbol{u}$$

确定两个不同状态反馈阵 $\boldsymbol{K}_1$ 和 $\boldsymbol{K}_2$,使闭环特征值配置为

$$\lambda_{1,2}^*=-2\pm\mathrm{j}3,\quad \lambda_{3,4}^*=-5\pm\mathrm{j}6$$

6.9 分别判断下列各连续时间线性时不变系统能否可用状态反馈镇定:

(i) $\dot{\boldsymbol{x}}=\begin{bmatrix}1 & 3\\2 & 1\end{bmatrix}\boldsymbol{x}+\begin{bmatrix}0\\1\end{bmatrix}u$

(ii) $\dot{\boldsymbol{x}}=\begin{bmatrix}4 & 2\\0 & -2\end{bmatrix}\boldsymbol{x}+\begin{bmatrix}1\\0\end{bmatrix}u$

(iii) $\dot{\boldsymbol{x}}=\begin{bmatrix}1 & 0 & 0\\0 & -2 & 1\\0 & 0 & -2\end{bmatrix}\boldsymbol{x}+\begin{bmatrix}1 & 0\\0 & 1\\0 & 0\end{bmatrix}\boldsymbol{u}$

6.10 分别判断下列各连续时间线性时不变系统能否可用输出反馈镇定:

(i) $\dot{\boldsymbol{x}}=\begin{bmatrix}1 & 3\\2 & 1\end{bmatrix}\boldsymbol{x}+\begin{bmatrix}0\\1\end{bmatrix}u$

$\boldsymbol{y}=\begin{bmatrix}0 & 2\\1 & 0\end{bmatrix}\boldsymbol{x}$

(ii) $\dot{\boldsymbol{x}}=\begin{bmatrix}4 & 2\\0 & -2\end{bmatrix}\boldsymbol{x}+\begin{bmatrix}1\\0\end{bmatrix}u$

$\boldsymbol{y}=\begin{bmatrix}1 & 1\\0 & 2\end{bmatrix}\boldsymbol{x}$

(iii) $\dot{\boldsymbol{x}}=\begin{bmatrix}4 & 0 & 0\\0 & -1 & 1\\0 & 0 & -1\end{bmatrix}\boldsymbol{x}+\begin{bmatrix}0 & 1\\1 & 0\\0 & 0\end{bmatrix}\boldsymbol{u}$

$$y=\begin{bmatrix}1 & 0 & 1\\1 & 1 & 0\\2 & 4 & 3\end{bmatrix}x$$

6.11　给定单输入单输出连续时间线性时不变系统的传递函数：

$$g_0(s)=\frac{(s+2)(s+3)}{(s+1)(s-2)(s+4)}$$

试判断是否存在状态反馈阵 $\boldsymbol{k}$ 使闭环传递函数：

$$g(s)=\frac{s+3}{(s+2)(s+4)}$$

如果存在，定出一个状态反馈阵 $\boldsymbol{k}$。

6.12　给定连续时间线性时不变受控系统：

$$\dot{x}=\begin{bmatrix}2 & 1 & 0\\0 & 1 & 0\\1 & 0 & 1\end{bmatrix}x+\begin{bmatrix}0\\1\\0\end{bmatrix}u$$

试定出一个状态反馈阵 $\boldsymbol{k}$，使 $(\boldsymbol{A}-\boldsymbol{bk})$ 相似于：

$$\boldsymbol{F}=\begin{bmatrix}-3 & 0 & 0\\0 & -2 & 0\\0 & 0 & -1\end{bmatrix}$$

6.13　给定下列连续时间线性时不变系统的传递函数矩阵或状态空间描述，分别判断系统能否可用状态反馈和输入变换实现动态解耦：

(i) $\boldsymbol{G}_0(s)=\begin{bmatrix}\dfrac{3}{s^2+2} & \dfrac{2}{s^2+s+1}\\ \dfrac{4s+1}{s^3+2s+1} & \dfrac{1}{s}\end{bmatrix}$

(ii) $\dot{x}=\begin{bmatrix}3 & 1 & 0\\0 & 0 & -1\\0 & 1 & -1\end{bmatrix}x+\begin{bmatrix}0 & 0\\1 & 0\\0 & 1\end{bmatrix}\boldsymbol{u}$

$$y=\begin{bmatrix}2 & -1 & 1\\0 & 2 & 1\end{bmatrix}x$$

6.14　给定连续时间线性时不变系统：

$$\dot{x}=\begin{bmatrix}-1 & 0 & 0\\0 & -2 & -3\\1 & 0 & 1\end{bmatrix}x+\begin{bmatrix}1 & 0\\0 & 1\\0 & -1\end{bmatrix}\boldsymbol{u}$$

$$y=\begin{bmatrix}1 & 2 & 0\\0 & 1 & 1\end{bmatrix}x$$

试：(i)判断系统能否可由输入变换和状态反馈实现动态解耦；(ii)若能，定出使系统实现积分型解耦的输入变换阵和状态反馈阵 $\{\boldsymbol{L},\boldsymbol{K}\}$。

6.15　对上题给出的受控系统，试：(i)判断系统能否可由输入变换和状态反馈实现静态解耦；(ii)若能，定出使系统实现静态解耦的一对输入变换阵和状态反馈阵$\{\boldsymbol{L},\boldsymbol{K}\}$。

6.16 给定连续时间线性时不变受控系统：

$$\dot{\boldsymbol{x}}=\begin{bmatrix}0&1\\0&0\end{bmatrix}\boldsymbol{x}+\begin{bmatrix}0\\1\end{bmatrix}u,\quad \boldsymbol{x}(0)=\begin{bmatrix}1\\2\end{bmatrix}$$

和性能指标：

$$\boldsymbol{J}=\int_0^{\infty}(2x_1^2+2x_1x_2+x_2^2+u^2)\mathrm{d}t$$

试确定最优状态反馈阵$\boldsymbol{k}^*$和最优性能值$\boldsymbol{J}^*$。

6.17 给定连续时间线性时不变受控系统：

$$\dot{\boldsymbol{x}}=\begin{bmatrix}1&0\\0&2\end{bmatrix}\boldsymbol{x}+\begin{bmatrix}1\\1\end{bmatrix}u,\quad \boldsymbol{x}(0)=\begin{bmatrix}2\\1\end{bmatrix}$$

$$y=[1\quad 2]\boldsymbol{x}$$

和性能指标：

$$\boldsymbol{J}=\int_0^{\infty}(y^2+2u^2)\mathrm{d}t$$

试确定最优状态反馈阵$\boldsymbol{k}^*$和最优性能值$\boldsymbol{J}^*$。

6.18 给定连续时间线性时不变系统：

$$\dot{\boldsymbol{x}}=\begin{bmatrix}0&1\\0&0\end{bmatrix}\boldsymbol{x}+\begin{bmatrix}0\\1\end{bmatrix}u$$

$$y=[1\quad 0]\boldsymbol{x}$$

试用两种方法确定其全维状态观测器，且指定观测器的特征值为$\lambda_1=-2$和$\lambda_2=-4$。

6.19 给定连续时间线性时不变系统：

$$\dot{\boldsymbol{x}}=\begin{bmatrix}1&3\\2&1\end{bmatrix}\boldsymbol{x}+\begin{bmatrix}1\\2\end{bmatrix}u$$

$$y=[0\quad 1]\boldsymbol{x}$$

试用两种方法确定其降维状态观测器，且指定观测器的特征值为$\lambda_1=-3$。

6.20 给定连续时间线性时不变系统：

$$\dot{\boldsymbol{x}}=\begin{bmatrix}-1&-2&-2\\0&-1&1\\1&0&-1\end{bmatrix}\boldsymbol{x}+\begin{bmatrix}2\\0\\1\end{bmatrix}u$$

$$y=[1\quad 1\quad 0]\boldsymbol{x}$$

试：(i)确定特征值为$-3,-3$和-4的一个三维状态观测器；(ii)确定特征值为-3和-4的一个二维状态观测器。

6.21 给定单输入单输出连续时间线性时不变受控系统的传递函数：

$$g_0(s)=\frac{1}{s(s+1)(s+2)}$$

试：(i) 确定一个状态反馈阵 $\boldsymbol{k}$，使闭环系统极点为

$$\lambda_1^* = -3,\quad \lambda_{2,3}^* = -\frac{1}{2} \pm \mathrm{j}\frac{\sqrt{3}}{2}$$

(ii) 确定一个特征值均为 -5 的降维状态观测器；

(iii) 按综合结果画出整个闭环控制系统的结构图；

(iv) 确定闭环控制系统的传递函数 $g(s)$。

6.22　根据上题计算结果，对极点配置等价的具有串联补偿器和并联补偿器的输出反馈系统，确定串联补偿器和并联补偿器的传递函数，并画出输出反馈控制系统的结构图。

6.23　给定单输入单输出连续时间线性时不变受控系统：

$$\dot{\boldsymbol{x}} = \begin{bmatrix} 0 & 1 & 0 & 0 \\ 0 & 0 & -1 & 0 \\ 0 & 0 & 0 & 1 \\ 0 & 0 & 5 & 0 \end{bmatrix} \boldsymbol{x} + \begin{bmatrix} 0 \\ 1 \\ 0 \\ -2 \end{bmatrix} u$$

$$y = \begin{bmatrix} 1 & 0 & 0 & 0 \end{bmatrix} \boldsymbol{x}$$

再指定，系统期望闭环特征值为 $\lambda_1^* = -1, \lambda_{2,3}^* = -1 \pm \mathrm{j}, \lambda_4^* = -2$，状态观测器特征值为$s_1 = -3, s_{2,3} = -3 \pm \mathrm{j}2$，试对具有观测器的状态反馈控制系统综合状态反馈阵和状态观测器，并画出整个控制系统的组成结构图。

6.24　考虑连续时间线性时不变系统：

$$\dot{\boldsymbol{x}} = \boldsymbol{A}\boldsymbol{x} + \boldsymbol{B}\boldsymbol{u}$$
$$\boldsymbol{y} = \boldsymbol{C}\boldsymbol{x}$$

已知它的一个全维状态观测器为

$$\dot{\hat{\boldsymbol{x}}} = (\boldsymbol{A} - \boldsymbol{L}\boldsymbol{C})\hat{\boldsymbol{x}} + \boldsymbol{L}\boldsymbol{y} + \boldsymbol{B}\boldsymbol{u}$$

试论证：上述观测器必是全维状态观测器

$$\dot{\boldsymbol{z}} = \boldsymbol{F}\boldsymbol{z} + \boldsymbol{G}\boldsymbol{y} + \boldsymbol{H}\boldsymbol{u}$$
$$\hat{\boldsymbol{x}} = \boldsymbol{T}^{-1}\boldsymbol{z}$$

的一类特殊情况，即也满足条件：(i)$\boldsymbol{TA} - \boldsymbol{FT} = \boldsymbol{GC}$；(ii)$\boldsymbol{H} = \boldsymbol{TB}$；(iii)$\boldsymbol{F}$ 特征值均具有负实部。

6.25　设连续时间线性时不变系统 $\dot{\boldsymbol{x}} = \boldsymbol{A}\boldsymbol{x} + \boldsymbol{B}\boldsymbol{u}, \boldsymbol{y} = \boldsymbol{C}\boldsymbol{x}$ 可用输入变换和状态反馈实现静态解耦，试证明：(i)系统的任一代数等价系统也必可用输入变换和状态反馈静态解耦；(ii)系统的任意状态反馈系统也必可用输入变换和状态反馈静态解耦。

6.26　给定 $\boldsymbol{LQ}$ 调节问题：

$$\dot{\boldsymbol{x}} = \boldsymbol{A}\boldsymbol{x} + \boldsymbol{B}\boldsymbol{u},\quad \boldsymbol{x}(0) = \boldsymbol{x}_0$$
$$J = \int_0^\infty (\boldsymbol{x}^{\mathrm{T}}\boldsymbol{Q}\boldsymbol{x} + \boldsymbol{u}^{\mathrm{T}}\boldsymbol{R}\boldsymbol{u})\mathrm{d}t$$

已知其最优控制和最优性能值为

$$u^* = -K^* x, \quad K^* = R^{-1}B^{\mathrm{T}}P$$
$$J^* = x_0^{\mathrm{T}}Px_0$$

其中,$\boldsymbol{P}$ 为如下黎卡提代数方程的正定对称解阵:

$$PA + A^{\mathrm{T}}P + Q - PBR^{-1}B^{\mathrm{T}}P = 0$$

现改取性能指标加权阵为 $\alpha Q>0$ 和 $\alpha R>0$,$\alpha>0$,试据此定出相应于此种情况的最优控制和最优性能值。

6.27 试证:对任一维数相容的输出反馈矩阵 $\boldsymbol{F}$,输出反馈系统$\{A-BFC,B,C\}$和受控系统$\{A,B,C\}$具有相同能控性指数和相同能观测性指数。

第二部分　线性系统的复频率域理论

线性系统的复频率域理论，是以传递函数矩阵作为系统描述，并在复频率域内分析和综合线性时不变系统的一种理论和方法。在经典线性控制理论中，频率域方法曾是最为主要并占统治地位的一类方法，研究对象为单输入单输出线性时不变系统，系统描述为传递函数和频率响应，研究领域涉及系统性能的分析和综合。

20 世纪 70 年代以来，在线性系统状态空间方法的影响和推动下，以多项式矩阵理论为基础的线性时不变系统的复频率域理论得到很大发展，形成较为完整和成熟的现代线性系统复频率域理论。通常认为，罗森布罗克(H. H. Rosenbrock)和沃罗维奇(W. A. Wolovich)在 20 世纪 70 年代前期的开创性研究是这一理论发展的起点。相比于经典频率域理论，线性系统的现代复频率域理论和方法在适用领域上得到很大拓宽，既适用于单输入单输出系统，又适用于多输入多输出系统；既可提供系统性能分析，又可揭示系统结构特性，还可用于系统补偿器综合。现代复频率域理论的特点是，采用传递函数矩阵的矩阵分式描述作为系统数学模型，并以多项式矩阵方法作为系统分析和综合的基本工具。

本篇是对线性时不变系统复频率域理论的较为系统和较为全面的论述。包括第 7 章到第 13 章的四个层次内容。第一层次为复频率域理论的数学基础，由第 7 章组成，内容涉及多项式矩阵的理论和方法。第二层次为线性时不变系统的复频率域描述和特性，由第 8 章和第 9 章组成，内容覆盖传递函数矩阵的矩阵分式描述及其结构特性。第三层次属于对线性时不变系统的各种描述的沟通，由第 10 章和第 11 章组成，内容涉及矩阵分式描述、状态空间描述和多项式矩阵描述间的关系。第四层次为线性时不变控制系统的复频率域分析和综合，由第 12 章和第 13 章组成，分析部分包括系统的稳定性、能控性、能观测性，综合部分涉及基于输出反馈的线性时不变控制系统的综合理论和方法。

第7章 数学基础：多项式矩阵理论

多项式矩阵理论是线性系统复频率域理论的主要数学基础。本章着重阐明复频率域理论中所要广泛用到的多项式矩阵相关的重要概念、基本方法和理论。

7.1 多项式矩阵

多项式矩阵是对多项式的矩阵化推广。本节讨论多项式矩阵的概念和特性。作为讨论多项式矩阵的基础，先来重温多项式的定义和有关属性。

7.1.1 多项式

表 $\mathscr{C}$ 为复数域，$\mathscr{R}$ 为实数域，$\mathscr{N}$ 为非负整数域，则可对多项式给出如下定义。

定义 7.1［多项式］ 设变量 $s\in\mathscr{C}$，系数 $d_i\in\mathscr{R}, i=0,1,2,\cdots,m, m\in\mathscr{N}$，则多项式定义为由多个形为 d_is^i 的项组成的代数关系式：

$$d(s)=d_ms^m+d_{m-1}s^{m-1}+\cdots+d_1s+d_0 \tag{7.1}$$

对多项式的属性，可以给出如下的一些说明。

1. 多项式的次数

多项式 $d(s)$ 的次数定义为

$$d(s)\text{ 次数}=\deg d(s)=d(s)\text{ 系数非零项 } d_is^i \text{ 的 } s \text{ 最高幂次} \tag{7.2}$$

对于式(7.1)描述的多项式 $d(s)$，若 $d_m\neq 0$，则 $d(s)$ 次数为 m，即 $\deg d(s)=m$。相应地，称次数项的对应系数 d_m 为多项式 $d(s)$ 的首系数。

2. 首 1 多项式

如果 $d(s)$ 的首系数为 1，则称多项式 $d(s)$ 为首 1 多项式。即

$$\text{首 1 多项式}=\text{首系数为 1 的多项式} \tag{7.3}$$

对于式(7.1)描述的多项式 $d(s)$，首 1 多项式即有形式：

$$d(s)=s^m+d_{m-1}s^{m-1}+\cdots+d_1s+d_0 \tag{7.4}$$

熟知，任意维数方常阵的特征多项式必为首 1 多项式，而将非首 1 多项式用首系数相除可实现首 1 化。

3. 多项式集合的属性

多项式的集合不构成为域。这是因为，多项式 $d(s)$ 的乘逆 $d^{-1}(s)$ 一般不为多项式。为此，将集合扩展为包括所有有理分式，多项式 $d(s)$ 可看成为有理分式 $d(s)/1$。由于有理分式的乘逆仍为有理分式即满足封闭性，所以有理分式集合可构成为域，相应地称为有理分式域 $\mathscr{R}(s)$。在随后的讨论中，总是假定多项式和有理分式均取值于有理分式域 $\mathscr{R}(s)$。

4. 多项式的应用

线性系统理论中，无论是时间域方法还是复频率域方法，多项式都有广泛的应用。时间域方法中，基于系统矩阵 $\boldsymbol{A}$ 的特征多项式 $\det(s\boldsymbol{I}-\boldsymbol{A})$ 是对系统分析和综合的基础。复频率域方法中，无论系统描述、系统分析还是系统综合，更是全面建立在多项式的扩展形式即多项式矩阵的基础上的。

7.1.2 多项式矩阵及其属性

定义 7.2 [多项式矩阵] 以多项式为元组成的矩阵称为多项式矩阵。设 $q_{ij}(s)\in\mathscr{R}(s)$ 为多项式，$i=1,2,\cdots,m$，$j=1,2,\cdots,n$，则以 $q_{ij}(s)$ 为元的 $m\times n$ 多项式矩阵 $\boldsymbol{Q}(s)$ 为

$$\boldsymbol{Q}(s)=\begin{bmatrix} q_{11}(s) & \cdots & q_{1n}(s) \\ \vdots & & \vdots \\ q_{m1}(s) & \cdots & q_{mn}(s) \end{bmatrix} \tag{7.5}$$

例 7.1 一个 2×3 的多项式矩阵为

$$\boldsymbol{Q}(s)=\begin{bmatrix} s+1 & 7s^2+2s+1 & 5s^3+2s^2+s \\ s^2+3s+2 & 4 & 6s+7 \end{bmatrix}$$

下面，对多项式矩阵的有关属性作如下的几点说明。

1. 多项式矩阵是对实数矩阵的扩展

实质上，实数矩阵就是元均为零次多项式的一类特殊多项式矩阵。多项式矩阵则是实数矩阵中将零次多项式元全部或部分拓展为非零次多项式所导出的结果。因此，从这个意义上说，多项式矩阵是对实数矩阵的自然扩展。

2. 多项式矩阵的运算规则

由多项式矩阵和实数矩阵间的上述这种一般和特殊关系所决定，基于实数矩阵

的许多概念和运算规则，诸如矩阵和、矩阵乘、矩阵逆等，都可直接扩展用于多项式矩阵。

3. 多项式矩阵的行列式

和实数矩阵一样，只有行数和列数相等的方多项式矩阵才可取行列式，且具有相同运算规则。进而，对方多项式矩阵$\boldsymbol{Q}(s)$，有

$$\boldsymbol{Q}(s)\text{ 行列式}=\det\boldsymbol{Q}(s)=\text{多项式} \tag{7.6}$$

例 7.2 给定 2×2 多项式矩阵：

$$\boldsymbol{Q}(s)=\begin{bmatrix} s+1 & s+3 \\ s^2+3s+2 & s^2+5s+4 \end{bmatrix}$$

按实数矩阵运算规则，即可求出

$$\det\boldsymbol{Q}(s)=(s+1)(s^2+5s+4)-(s+3)(s^2+3s+2)=-2s-2$$

7.2 奇异和非奇异

奇异性和非奇异性是方多项式矩阵的最为基本的属性。多项式矩阵的奇异性和非奇异性在含义上等同于实数矩阵。对奇异性和非奇异性的讨论是研究多项式矩阵的其他属性的基础。

定义 7.3［奇异和非奇异］ 称行数和列数相等的方多项式矩阵 $\boldsymbol{Q}(s)$为奇异，如果其行列式为有理分式域 $\mathscr{R}(s)$上零元，即 $\det\boldsymbol{Q}(s)\equiv 0$；称行数和列数相等的方多项式矩阵$\boldsymbol{Q}(s)$为非奇异，如果其行列式为有理分式域 $\mathscr{R}(s)$上非零元，即 $\det\boldsymbol{Q}(s)\neq 0$。

例 7.3 给定两个 2×2 多项式矩阵：

$$\boldsymbol{Q}_1(s)=\begin{bmatrix} s+1 & s+3 \\ s^2+3s+2 & s^2+5s+4 \end{bmatrix}$$

$$\boldsymbol{Q}_2(s)=\begin{bmatrix} s+1 & s+3 \\ s^2+3s+2 & s^2+5s+6 \end{bmatrix}$$

容易定出，它们的行列式为

$$\det\boldsymbol{Q}_1(s)=(s+1)(s^2+5s+4)-(s+3)(s^2+3s+2)=-2s-2$$

$$\det\boldsymbol{Q}_2(s)=(s+1)(s^2+5s+6)-(s+3)(s^2+3s+2)=0$$

据定义知，$\boldsymbol{Q}_1(s)$为非奇异，$\boldsymbol{Q}_2(s)$为奇异。

进一步，对方多项式矩阵的奇异性和非奇异性给出如下几点讨论。

1. 奇异性和非奇异性的直观说明

直观上，对方多项式矩阵 $\boldsymbol{Q}(s)$，其奇异性和非奇异性的区别表现为

$$\boldsymbol{Q}(s)\text{ 奇异} \quad \Leftrightarrow \quad \det\boldsymbol{Q}(s)=0, \qquad \forall\text{ 所有 } s\in\mathscr{C} \tag{7.7}$$

$$\boldsymbol{Q}(s)\text{ 非奇异} \quad \Leftrightarrow \quad \det\boldsymbol{Q}(s)=0, \qquad \forall\text{ 有限几个 } s\in\mathscr{C} \tag{7.8}$$

2. 方多项式矩阵的逆

方多项式矩阵 $\boldsymbol{Q}(s)$有逆的充分必要条件是 $\boldsymbol{Q}(s)$非奇异。当且仅当 $\boldsymbol{Q}(s)$非奇异,存在同维方有理分式矩阵 $\boldsymbol{R}(s)$,使下式成立:

$$\boldsymbol{R}(s)\boldsymbol{Q}(s)=\boldsymbol{Q}(s)\boldsymbol{R}(s)=\boldsymbol{I}, \qquad \forall \text{ 所有 } s\in\mathscr{C} \tag{7.9}$$

且有

$$\boldsymbol{Q}(s)\text{ 逆}=\boldsymbol{Q}^{-1}(s)=\boldsymbol{R}(s) \tag{7.10}$$

3. 计算逆 $Q^{-1}(s)$的基本关系式

对非奇异 $\boldsymbol{Q}(s)$,计算逆 $\boldsymbol{Q}^{-1}(s)$的关系式为

$$\boldsymbol{Q}^{-1}(s)=\frac{\mathrm{adj}\boldsymbol{Q}(s)}{\det\boldsymbol{Q}(s)}=\text{多项式矩阵 / 多项式}=\text{有理分式矩阵} \tag{7.11}$$

其中,多项式矩阵 $\mathrm{adj}\boldsymbol{Q}(s)$为 $\boldsymbol{Q}(s)$的伴随矩阵,计算规则同于实数矩阵情形。

7.3 线性相关和线性无关

给定元属于有理分式域 $\mathscr{R}(s)$的 m 个 n 维列或行多项式向量

$$\{\boldsymbol{q}_1(s),\ \boldsymbol{q}_2(s),\cdots,\ \boldsymbol{q}_m(s)\} \tag{7.12}$$

其中,$m\leqslant n$。下面给出线性相关性和线性无关性的定义。

定义 7.4 [线性相关和线性无关] 称多项式向量组$\{\boldsymbol{q}_1(s),\boldsymbol{q}_2(s),\ \cdots,\ \boldsymbol{q}_m(s)\}$为线性相关,当且仅当存在一组不全为零的多项式$\{\alpha_1(s),\alpha_2(s),\cdots,\alpha_m(s)\}$使下式成立:

$$\alpha_1(s)\boldsymbol{q}_1(s)+\alpha_2(s)\boldsymbol{q}_2(s)+\cdots+\alpha_m(s)\boldsymbol{q}_m(s)=\boldsymbol{0} \tag{7.13}$$

称多项式向量组$\{\boldsymbol{q}_1(s),\ \boldsymbol{q}_2(s),\ \cdots,\ \boldsymbol{q}_m(s)\}$为线性无关,当且仅当不存在一组不全为零的多项式$\{\alpha_1(s),\alpha_2(s),\cdots,\alpha_m(s)\}$使式(7.13)成立,即当且仅当使式(7.13)成立的 $\alpha_1(s)=0,\alpha_2(s)=0,\cdots,\alpha_m(s)=0$。

例 7.4 给定两个 2 维行多项式向量:

$$\boldsymbol{q}_1(s)=[s+2,\ s-1], \qquad \boldsymbol{q}_2(s)=[s^2+3s+2,\ s^2-1]$$

选取多项式 $\alpha_1(s)=s+1$ 和 $\alpha_2(s)=-1$,有

$$\begin{aligned}&\alpha_1(s)\boldsymbol{q}_1(s)+\alpha_2(s)\boldsymbol{q}_2(s)\\&=[s^2+3s+2,\ s^2-1]-[s^2+3s+2,\ s^2-1]=[0,0]\end{aligned}$$

据定义知,$\boldsymbol{q}_1(s)$和 $\boldsymbol{q}_2(s)$为线性相关。

对线性相关性和线性无关性,可以导出如下一些推论。

1. 等价定义

表列多项式向量组 $\boldsymbol{q}_1(s),\boldsymbol{q}_2(s),\cdots,\boldsymbol{q}_p(s)$和多项式 $\alpha_1(s),\alpha_2(s),\cdots,\alpha_p(s)$的

线性组合为如下形式：

$$\begin{aligned}&\alpha_1(s)\boldsymbol{q}_1(s)+\alpha_2(s)\boldsymbol{q}_2(s)+\cdots+\alpha_p(s)\boldsymbol{q}_p(s)\\&=[\boldsymbol{q}_1(s)\quad \boldsymbol{q}_2(s)\quad \cdots\quad \boldsymbol{q}_p(s)]\begin{bmatrix}\alpha_1(s)\\ \alpha_2(s)\\ \vdots\\ \alpha_p(s)\end{bmatrix}\\&=[\boldsymbol{q}_1(s)\quad \boldsymbol{q}_2(s)\quad \cdots\quad \boldsymbol{q}_p(s)]\boldsymbol{\alpha}(s)\end{aligned}\tag{7.14}$$

则多项式向量组的线性相关性和线性无关性的定义可用另一方式表述。

定义 7.5［线性相关和线性无关］ 称多项式向量组$\{\boldsymbol{q}_1(s),\boldsymbol{q}_2(s),\cdots,\boldsymbol{q}_p(s)\}$为线性相关，当且仅当存在 p 维多项式向量 $\boldsymbol{\alpha}(s)\neq\boldsymbol{0}$，使下式成立：

$$[\boldsymbol{q}_1(s)\quad \boldsymbol{q}_2(s)\quad \cdots\quad \boldsymbol{q}_p(s)]\boldsymbol{\alpha}(s)=\boldsymbol{0}\tag{7.15}$$

称多项式向量组$\{\boldsymbol{q}_1(s),\boldsymbol{q}_2(s),\cdots,\boldsymbol{q}_p(s)\}$为线性无关，当且仅当使式(7.15)成立的 $\boldsymbol{\alpha}(s)=\boldsymbol{0}$。

2. 奇异性/非奇异性和线性无关性/相关性

表 $\boldsymbol{Q}(s)$为一个 $n\times n$ 方多项式矩阵，则多项式矩阵的奇异性/非奇异性和多项式向量组的线性相关性/线性无关性，具有如下等价关系：

$\boldsymbol{Q}(s)$ 非奇异 $\Leftrightarrow$ $\boldsymbol{Q}(s)$ 行 / 列多项式向量为线性无关

$\boldsymbol{Q}(s)$ 奇异 $\Leftrightarrow$ $\boldsymbol{Q}(s)$ 行 / 列多项式向量为线性相关

3. 线性无关性/相关性和奇异性/非奇异性

表 n 个 n 维列多项式向量组为相应 $n\times n$ 方多项式矩阵$[\boldsymbol{q}_1(s),\boldsymbol{q}_2(s),\cdots,\boldsymbol{q}_n(s)]$，则多项式向量组的线性相关性/线性无关性和多项式矩阵的奇异性/非奇异性，具有如下等价关系：

$\boldsymbol{q}_1(s),\boldsymbol{q}_2(s),\cdots,\boldsymbol{q}_n(s)$ 线性无关 $\Leftrightarrow$ $[\boldsymbol{q}_1(s),\boldsymbol{q}_2(s),\cdots,\boldsymbol{q}_n(s)]$ 非奇异

$\boldsymbol{q}_1(s),\boldsymbol{q}_2(s),\cdots,\boldsymbol{q}_n(s)$ 线性相关 $\Leftrightarrow$ $[\boldsymbol{q}_1(s),\boldsymbol{q}_2(s),\cdots,\boldsymbol{q}_n(s)]$ 奇异

4. 线性相关性/线性无关性对组合系数属性的依赖性

多项式向量组 $\boldsymbol{q}_1(s),\boldsymbol{q}_2(s),\cdots,\boldsymbol{q}_m(s)$的线性相关性/线性无关性，不仅依赖于向量组本身，而且同时依赖于标量组 $\alpha_1(s),\alpha_2(s),\cdots,\alpha_m(s)$取值的域为有理分式域$\mathscr{R}(s)$或实数域 $\mathscr{R}$。对向量组 $\boldsymbol{q}_1(s),\boldsymbol{q}_2(s),\cdots,\boldsymbol{q}_m(s)$，其在$(\mathscr{R}^m(s),\mathscr{R}(s))$上为线性无关/线性相关，并不意味着其在$(\mathscr{R}^m(s),\mathscr{R})$上为线性无关/线性相关。这一点对于正确理解多项式向量组的线性相关/线性无关的含义是有帮助的。

例 7.5 给定两个 2 维行多项式向量：

$$\boldsymbol{q}_1(s)=[s+2,\ s-1],\qquad \boldsymbol{q}_2(s)=[s^2+3s+2,\ s^2-1]$$

对 $\boldsymbol{q}_1(s)$和 $\boldsymbol{q}_2(s)$，可取多项式 $\alpha_1(s)=s+1$ 和 $\alpha_2(s)=-1$ 使下式成立：

$$\begin{aligned}&\alpha_1(s)\boldsymbol{q}_1(s)+\alpha_2(s)\boldsymbol{q}_2(s)\\&=[s^2+3s+2,\ s^2-1]-[s^2+3s+2,\ s^2-1]=[0,0]\end{aligned}$$

即 $\boldsymbol{q}_1(s)$和 $\boldsymbol{q}_2(s)$在$(\mathscr{R}^2(s),\ \mathscr{R}(s))$上线性相关。而在$(\mathscr{R}^2(s),\ \mathscr{R})$上,可以导出

$$\begin{aligned}&\alpha_1\boldsymbol{q}_1(s)+\alpha_2\boldsymbol{q}_2(s)\\&=[\alpha_1(s+2),\ \alpha_1(s-1)]+[\alpha_2(s^2+3s+2),\ \alpha_2(s^2-1)]\end{aligned}$$

显然,上式为零,当且仅当 $\alpha_1=\alpha_2=0$,即 $\boldsymbol{q}_1(s)$和 $\boldsymbol{q}_2(s)$在$(\mathscr{R}^2(s),\ \mathscr{R})$上线性无关。

7.4 秩

给定元属于有理分式域 $\mathscr{R}(s)$上的 $m\times n$ 非方多项式矩阵:

$$\boldsymbol{Q}(s)=\begin{bmatrix}q_{11}(s) & \cdots & q_{1n}(s)\\ \vdots & & \vdots\\ q_{m1}(s) & \cdots & q_{mn}(s)\end{bmatrix}\tag{7.16}$$

类同于实数矩阵,多项式矩阵的秩具有如下定义。

定义 7.6[秩] 称 $m\times n$ 多项式矩阵 $\boldsymbol{Q}(s)$的秩为 r,记为 $\operatorname{rank}\boldsymbol{Q}(s)=r$,如果至少存在一个 $r\times r$ 子式不恒等于零,而所有等于和大于$(r+1)\times(r+1)$的子式均恒等于零。

例 7.6 给定 2×2 多项式矩阵:

$$\boldsymbol{Q}(s)=\begin{bmatrix}s+1 & s+3\\ s^2+3s+2 & s^2+5s+6\end{bmatrix}$$

容易看出,$\boldsymbol{Q}(s)$的所有 1×1 子式即所有元均不恒等于零,而 2×2 子式:

$$\begin{aligned}&\det\begin{bmatrix}s+1 & s+3\\ s^2+3s+2 & s^2+5s+6\end{bmatrix}\\&=(s+1)(s^2+5s+6)-(s+3)(s^2+3s+2)\equiv 0\end{aligned}$$

据定义知,$\operatorname{rank}\boldsymbol{Q}(s)=1$。

进一步,对多项式矩阵的秩给出如下一些推论。

1. 秩的取值范围

对任一非零 $m\times n$ 多项式矩阵 $\boldsymbol{Q}(s)$,成立:

$$1\leqslant\operatorname{rank}\boldsymbol{Q}(s)\leqslant\min(m,n)\tag{7.17}$$

2. 满秩和降秩

对任一非零 $m\times n$ 多项式矩阵 $\boldsymbol{Q}(s)$,有

$$\begin{aligned}&\boldsymbol{Q}(s)\text{ 满秩}\quad\Leftrightarrow\quad\operatorname{rank}\boldsymbol{Q}(s)=\min(m,n)\\&\boldsymbol{Q}(s)\text{ 降秩}\quad\Leftrightarrow\quad\operatorname{rank}\boldsymbol{Q}(s)<\min(m,n)\end{aligned}$$

3. 秩和线性无关性

对任一非零 $m\times n$ 多项式矩阵 $\boldsymbol{Q}(s)$，有

$$\text{rank}\boldsymbol{Q}(s)=r \quad\Leftrightarrow\quad \boldsymbol{Q}(s)\text{中有且仅有 } r \text{ 个线性无关的列/行向量}$$

4. 线性无关性/线性相关性和秩

对任意的 m 维多项式向量组 $\boldsymbol{q}_1(s),\boldsymbol{q}_2(s),\cdots,\boldsymbol{q}_n(s)$，$n\leqslant m$，有

$$\begin{aligned}&\boldsymbol{q}_1(s),\boldsymbol{q}_2(s),\cdots,\boldsymbol{q}_n(s)\text{ 有且仅有 } r \text{ 个线性无关}\\ &\quad\Leftrightarrow\quad \text{rank}[\boldsymbol{q}_1(s),\boldsymbol{q}_2(s),\cdots,\boldsymbol{q}_n(s)]=r\end{aligned} \tag{7.18}$$

特别是

$$\boldsymbol{q}_1(s),\boldsymbol{q}_2(s),\cdots,\boldsymbol{q}_n(s)\text{ 线性无关} \quad\Leftrightarrow\quad \text{rank}[\boldsymbol{q}_1(s),\boldsymbol{q}_2(s),\cdots,\boldsymbol{q}_n(s)]=n$$

$$\boldsymbol{q}_1(s),\boldsymbol{q}_2(s),\cdots,\boldsymbol{q}_n(s)\text{ 线性相关} \quad\Leftrightarrow\quad \text{rank}[\boldsymbol{q}_1(s),\boldsymbol{q}_2(s),\cdots,\boldsymbol{q}_n(s)]<n$$

5. 秩和奇异性/非奇异性

对任意非零 $n\times n$ 方多项式矩阵 $\boldsymbol{Q}(s)$，有

$$\boldsymbol{Q}(s)\text{ 非奇异} \quad\Leftrightarrow\quad \text{rank}\boldsymbol{Q}(s)=n$$

$$\boldsymbol{Q}(s)\text{ 奇异} \quad\Leftrightarrow\quad \text{rank}\boldsymbol{Q}(s)<n$$

6. 秩的意义

多项式矩阵的秩具有多重意义。首先，秩的引入是对方多项式矩阵的奇异性和非奇异性在表示上的统一化，方多项式矩阵的非奇异对应于满秩，方多项式矩阵的奇异对应于降秩。其次，秩的引入可使对方多项式矩阵的奇异性程度定量化，方多项式矩阵的秩愈小其奇异程度愈大，方多项式矩阵的秩愈大其奇异程度愈小，方多项式矩阵满秩其奇异程度为零即非奇异。最后，秩的引入也是将奇异性/非奇异性概念对非方多项式矩阵的推广。因此，多项式矩阵的秩是对奇异非奇异属性的最具一般性的表征。

7. 多项式矩阵在线性非奇异变换下的秩

对任意非零 $m\times n$ 多项式矩阵 $\boldsymbol{Q}(s)$，任取非奇异 $m\times m$ 阵 $\boldsymbol{P}(s)$ 和 $n\times n$ 阵 $\boldsymbol{R}(s)$，则必成立：

$$\text{rank}\boldsymbol{Q}(s)=\text{rank}\boldsymbol{P}(s)\boldsymbol{Q}(s)=\text{rank}\boldsymbol{Q}(s)\boldsymbol{R}(s) \tag{7.19}$$

8. 多项式矩阵乘积的秩

令 $\boldsymbol{Q}(s)$ 和 $\boldsymbol{R}(s)$ 为任意非零 $m\times n$ 和 $n\times p$ 多项式矩阵，则必成立：

$$\text{rank}\boldsymbol{Q}(s)\boldsymbol{R}(s)\leqslant\min(\text{rank}\boldsymbol{Q}(s),\ \text{rank}\boldsymbol{R}(s)) \tag{7.20}$$

7.5 单模矩阵

单模矩阵(unimodular matrices)或单模阵是一类重要的多项式矩阵。在多项式矩阵理论和基于多项式矩阵方法的线性系统复频率域理论中,单模矩阵由于其特有的性质而有着广泛的应用。

定义 7.7［单模矩阵］ 称方多项式矩阵 $\boldsymbol{Q}(s)$为单模阵,当且仅当其行列式 $\det\boldsymbol{Q}(s)=c$ 为独立于 s 的非零常数。

例 7.7 给定 2×2 多项式矩阵:

$$\boldsymbol{Q}(s)=\begin{bmatrix} s+1 & s+2 \\ s+3 & s+4 \end{bmatrix}$$

通过计算,可以得到

$$\det\boldsymbol{Q}(s)=(s+1)(s+4)-(s+2)(s+3)=-2$$

据定义知,$\boldsymbol{Q}(s)$为单模阵。

进一步,给出单模阵的一些重要性质。

1. 单模阵的基本性质

结论 7.1［单模阵基本性质］ 一个方多项式矩阵 $\boldsymbol{Q}(s)$为单模阵,当且仅当其逆 $\boldsymbol{Q}^{-1}(s)$也为多项式矩阵。

2. 单模阵的非奇异属性

结论 7.2［非奇异属性］ 单模阵具有非奇异多项式矩阵的基本属性,但反命题不成立。

3. 单模阵的乘积阵属性

结论 7.3［乘积阵属性］ 任意两个同维单模阵的乘积阵也为单模阵。

4. 单模阵的逆矩阵属性

结论 7.4［逆矩阵属性］ 单模阵 $\boldsymbol{Q}(s)$的逆 $\boldsymbol{Q}^{-1}(s)$也为单模阵。

5. 奇异、非奇异和单模的关系

结论 7.5［奇异、非奇异和单模的关系］ 方多项式矩阵的奇异性、非奇异性和单模性存在如下对应关系:

$$\boldsymbol{Q}(s)\text{ 奇异} \quad \Leftrightarrow \quad \text{不存在一个 } s\in\mathscr{C}\text{, 成立 } \det\boldsymbol{Q}(s)\neq 0$$

$$\boldsymbol{Q}(s)\text{ 非奇异} \quad \Leftrightarrow \quad \text{对几乎所有 } s\in\mathscr{C}\text{, 成立 } \det\boldsymbol{Q}(s)\neq 0$$

$$\boldsymbol{Q}(s)\text{ 单模} \quad \Leftrightarrow \quad \text{对所有 } s\in\mathscr{C}\text{, 成立 } \det\boldsymbol{Q}(s)\neq 0$$

7.6　初等变换

在多项式矩阵理论和基于多项式矩阵方法的线性系统复频率域理论中，初等变换具有重要的作用。多项式矩阵的初等变换类同于实数矩阵，具有三种基本形式。本节是对多项式矩阵初等变换的一个简要的讨论。主要内容包括初等变换的类型、功能、实现和属性。

7.6.1　第一种初等变换

考虑元属于有理分式域 $\mathscr{R}(s)$ 上的 m 行和 n 列多项式矩阵：

$$\boldsymbol{Q}(s)=\begin{bmatrix} q_{11}(s) & \cdots & q_{1n}(s) \\ \vdots & & \vdots \\ q_{m1}(s) & \cdots & q_{mn}(s) \end{bmatrix} \tag{7.21}$$

1. 变换的功能

第一种初等变换的功能为任意交换 $m\times n$ 多项式矩阵 $\boldsymbol{Q}(s)$ 的两行或两列。并且，称行交换为第一种行初等变换，列交换为第一种列初等变换。

2. 变换的实现

对 $m\times n$ 多项式矩阵 $\boldsymbol{Q}(s)$ 的第一种初等变换，可通过引入相应 $m\times m$ 行初等矩阵 $\boldsymbol{E}_{1\mathrm{r}}$ 和 $n\times n$ 列初等矩阵 $\boldsymbol{E}_{1\mathrm{c}}$ 来实现，且有

$$\text{交换 } \boldsymbol{Q}(s) \text{ 两行后 } \bar{\boldsymbol{Q}}_{1\mathrm{r}}(s)=\boldsymbol{E}_{1\mathrm{r}}\boldsymbol{Q}(s) \tag{7.22}$$

$$\text{交换 } \boldsymbol{Q}(s) \text{ 两列后 } \bar{\boldsymbol{Q}}_{1\mathrm{c}}(s)=\boldsymbol{Q}(s)\boldsymbol{E}_{1\mathrm{c}} \tag{7.23}$$

3. 初等矩阵 E_{1r} 和 E_{1c} 的生成

初等矩阵 $\boldsymbol{E}_{1\mathrm{r}}$ 和 $\boldsymbol{E}_{1\mathrm{c}}$ 的生成具有如下的规则：

$$m\times m \text{ 行初等矩阵 } \boldsymbol{E}_{1\mathrm{r}}=\text{对应“}m\times n \text{ 的 } \boldsymbol{Q}(s) \text{ 交换行 } i \text{ 和行 } j\text{”为“交换 } \boldsymbol{I}_m \text{ 的列 } i \text{ 和列 } j \text{ 导出的常阵”} \tag{7.24}$$

$$n\times n \text{ 列初等矩阵 } \boldsymbol{E}_{1\mathrm{c}}=\text{对应“}m\times n \text{ 的 } \boldsymbol{Q}(s) \text{ 交换列 } i \text{ 和列 } j\text{”为“交换 } \boldsymbol{I}_n \text{ 的行 } i \text{ 和行 } j \text{ 导出的常阵”} \tag{7.25}$$

4. 例子

例 7.8　给定 5×4 多项式矩阵 $\boldsymbol{Q}(s)$，并表其为

$$\boldsymbol{Q}(s)=\begin{bmatrix}\boldsymbol{q}'_1(s)\\ \boldsymbol{q}'_2(s)\\ \boldsymbol{q}'_3(s)\\ \boldsymbol{q}'_4(s)\\ \boldsymbol{q}'_5(s)\end{bmatrix}=[\boldsymbol{p}_1(s)\quad \boldsymbol{p}_2(s)\quad \boldsymbol{p}_3(s)\quad \boldsymbol{p}_4(s)]$$

其中,$\boldsymbol{q}'(s)$和 $\boldsymbol{p}(s)$为 $\boldsymbol{Q}(s)$的行向量和列向量。为对 $\boldsymbol{Q}(s)$作“行 2 交换行 5”变换,先来生成行初等矩阵:

$$\boldsymbol{E}_{1\mathrm{r}}=\begin{bmatrix}1&0&0&0&0\\0&1&0&0&0\\0&0&1&0&0\\0&0&0&1&0\\0&0&0&0&1\end{bmatrix}_{\text{列2和列5交换}}=\begin{bmatrix}1&0&0&0&0\\0&0&0&0&1\\0&0&1&0&0\\0&0&0&1&0\\0&1&0&0&0\end{bmatrix}$$

再由计算得到

$$\bar{\boldsymbol{Q}}_{1\mathrm{r}}(s)=\boldsymbol{E}_{1\mathrm{r}}\boldsymbol{Q}(s)=\begin{bmatrix}1&0&0&0&0\\0&0&0&0&1\\0&0&1&0&0\\0&0&0&1&0\\0&1&0&0&0\end{bmatrix}\begin{bmatrix}\boldsymbol{q}'_1(s)\\ \boldsymbol{q}'_2(s)\\ \boldsymbol{q}'_3(s)\\ \boldsymbol{q}'_4(s)\\ \boldsymbol{q}'_5(s)\end{bmatrix}=\begin{bmatrix}\boldsymbol{q}'_1(s)\\ \boldsymbol{q}'_5(s)\\ \boldsymbol{q}'_3(s)\\ \boldsymbol{q}'_4(s)\\ \boldsymbol{q}'_2(s)\end{bmatrix}$$

为对 $\boldsymbol{Q}(s)$作“列 4 交换列 1”变换,先生成列初等矩阵:

$$\boldsymbol{E}_{1\mathrm{c}}=\begin{bmatrix}1&0&0&0\\0&1&0&0\\0&0&1&0\\0&0&0&1\end{bmatrix}_{\text{行4和行1交换}}=\begin{bmatrix}0&0&0&1\\0&1&0&0\\0&0&1&0\\1&0&0&0\end{bmatrix}$$

再由计算得到

$$\begin{aligned}\bar{\boldsymbol{Q}}_{1\mathrm{c}}(s)&=\boldsymbol{Q}(s)\boldsymbol{E}_{1\mathrm{c}}=[\boldsymbol{p}_1(s)\quad \boldsymbol{p}_2(s)\quad \boldsymbol{p}_3(s)\quad \boldsymbol{p}_4(s)]\begin{bmatrix}0&0&0&1\\0&1&0&0\\0&0&1&0\\1&0&0&0\end{bmatrix}\\&=[\boldsymbol{p}_4(s)\quad \boldsymbol{p}_2(s)\quad \boldsymbol{p}_3(s)\quad \boldsymbol{p}_1(s)]\end{aligned}$$

5. 初等矩阵的性质

表 $\boldsymbol{E}_1$ 为行初等矩阵 $\boldsymbol{E}_{1\mathrm{r}}$ 和列初等矩阵 $\boldsymbol{E}_{1\mathrm{c}}$ 的统称,则可导出如下两个推论。

推论 7.1 $\boldsymbol{E}_1$ 的逆必存在,且$(\boldsymbol{E}_1)^{-1}=\boldsymbol{E}_1$,$(\boldsymbol{E}_1)^{-1}$ 也为初等矩阵。

推论 7.2 $\boldsymbol{E}_1$ 为单模矩阵。

7.6.2 第二种初等变换

考虑由式(7.21)给出的 m 行和 n 列多项式矩阵 $\boldsymbol{Q}(s)$,则对 $\boldsymbol{Q}(s)$的第二种初等

变换可类似给出如下几点讨论。

1. 变换的功能

第二种初等变换的功能为用非零常数 $c \in \mathcal{R}$ 乘于 $m \times n$ 多项式矩阵 $\boldsymbol{Q}(s)$ 的某行或某列。并且，称 c 乘于行为第二种行初等变换，c 乘于列为第二种列初等变换。

2. 变换的实现

对 $m \times n$ 多项式矩阵 $\boldsymbol{Q}(s)$ 的第二种初等变换，可通过引入相应 $m \times m$ 行初等矩阵 $\boldsymbol{E}_{2\mathrm{r}}$ 和 $n \times n$ 列初等矩阵 $\boldsymbol{E}_{2\mathrm{c}}$ 来实现，且有

$$\boldsymbol{Q}(s) \text{ 中用 } c \text{ 乘于行后 } \bar{\boldsymbol{Q}}_{2\mathrm{r}}(s) = \boldsymbol{E}_{2\mathrm{r}}\boldsymbol{Q}(s) \tag{7.26}$$

$$\boldsymbol{Q}(s) \text{ 中用 } c \text{ 乘于列后 } \bar{\boldsymbol{Q}}_{2\mathrm{c}}(s) = \boldsymbol{Q}(s)\boldsymbol{E}_{2\mathrm{c}} \tag{7.27}$$

3. 初等矩阵 E_{2r} 和 E_{2c} 的生成

初等矩阵 $\boldsymbol{E}_{2\mathrm{r}}$ 和 $\boldsymbol{E}_{2\mathrm{c}}$ 的生成具有如下规则：

$$m \times m \text{ 行初等矩阵 } \boldsymbol{E}_{2\mathrm{r}} = \text{对应“} c \text{ 乘于 } m \times n \text{ 的 } \boldsymbol{Q}(s) \text{ 行 } i\text{”为“} c \text{ 乘于 } \boldsymbol{I}_m \text{ 列 } i \text{ 导出的矩阵”} \tag{7.28}$$

$$n \times n \text{ 列初等矩阵 } \boldsymbol{E}_{2\mathrm{c}} = \text{对应“} c \text{ 乘于 } m \times n \text{ 的 } \boldsymbol{Q}(s) \text{ 列 } j\text{”为“} c \text{ 乘于 } \boldsymbol{I}_n \text{ 行 } j \text{ 导出的矩阵”} \tag{7.29}$$

4. 例子

例 7.9　给定 5×4 多项式矩阵 $\boldsymbol{Q}(s)$，并表其为

$$\boldsymbol{Q}(s) = \begin{bmatrix} \boldsymbol{q}'_1(s) \\ \boldsymbol{q}'_2(s) \\ \boldsymbol{q}'_3(s) \\ \boldsymbol{q}'_4(s) \\ \boldsymbol{q}'_5(s) \end{bmatrix} = [\boldsymbol{p}_1(s) \quad \boldsymbol{p}_2(s) \quad \boldsymbol{p}_3(s) \quad \boldsymbol{p}_4(s)]$$

其中，$\boldsymbol{q}'(s)$ 和 $\boldsymbol{p}(s)$ 为 $\boldsymbol{Q}(s)$ 的行向量和列向量。为对 $\boldsymbol{Q}(s)$ 作“c 乘于行 4”变换，先来生成行初等矩阵：

$$\boldsymbol{E}_{2\mathrm{r}} = \begin{bmatrix} 1 & 0 & 0 & 0 & 0 \\ 0 & 1 & 0 & 0 & 0 \\ 0 & 0 & 1 & 0 & 0 \\ 0 & 0 & 0 & 1 & 0 \\ 0 & 0 & 0 & 0 & 1 \end{bmatrix}_{\text{将}c\text{乘于列}4} = \begin{bmatrix} 1 & 0 & 0 & 0 & 0 \\ 0 & 1 & 0 & 0 & 0 \\ 0 & 0 & 1 & 0 & 0 \\ 0 & 0 & 0 & c & 0 \\ 0 & 0 & 0 & 0 & 1 \end{bmatrix}$$

再由计算得到

$$\bar{\boldsymbol{Q}}_{2r}(s)=\boldsymbol{E}_{2r}\boldsymbol{Q}(s)=\begin{bmatrix}1&0&0&0&0\\0&1&0&0&0\\0&0&1&0&0\\0&0&0&c&0\\0&0&0&0&1\end{bmatrix}\begin{bmatrix}\boldsymbol{q}'_1(s)\\\boldsymbol{q}'_2(s)\\\boldsymbol{q}'_3(s)\\\boldsymbol{q}'_4(s)\\\boldsymbol{q}'_5(s)\end{bmatrix}=\begin{bmatrix}\boldsymbol{q}'_1(s)\\\boldsymbol{q}'_2(s)\\\boldsymbol{q}'_3(s)\\c\boldsymbol{q}'_4(s)\\\boldsymbol{q}'_5(s)\end{bmatrix}$$

为对 $\boldsymbol{Q}(s)$作"c 乘于列 3"变换，先来生成列初等矩阵：

$$\boldsymbol{E}_{2c}=\begin{bmatrix}1&0&0&0\\0&1&0&0\\0&0&1&0\\0&0&0&1\end{bmatrix}_{\text{将}c\text{乘于行}3}=\begin{bmatrix}1&0&0&0\\0&1&0&0\\0&0&c&0\\0&0&0&1\end{bmatrix}$$

再由计算得到

$$\bar{\boldsymbol{Q}}_{2c}(s)=\boldsymbol{Q}(s)\boldsymbol{E}_{2c}=[\boldsymbol{p}_1(s)\quad \boldsymbol{p}_2(s)\quad \boldsymbol{p}_3(s)\quad \boldsymbol{p}_4(s)]\begin{bmatrix}1&0&0&0\\0&1&0&0\\0&0&c&0\\0&0&0&1\end{bmatrix}$$
$$=[\boldsymbol{p}_1(s)\quad \boldsymbol{p}_2(s)\quad c\boldsymbol{p}_3(s)\quad \boldsymbol{p}_4(s)]$$

5. 初等矩阵的性质

表 $\boldsymbol{E}_2$ 为行初等矩阵 $\boldsymbol{E}_{2r}$ 和列初等矩阵 $\boldsymbol{E}_{2c}$ 的统称，则可导出如下两个推论。

推论 7.3 $\boldsymbol{E}_2$ 的逆必存在，有

$$(\boldsymbol{E}_2)^{-1}=\boldsymbol{E}_2\text{ 中以 }1/c\text{ 代替 }c\text{ 导出的矩阵}$$

且$(\boldsymbol{E}_2)^{-1}$ 也为初等矩阵。

推论 7.4 $\boldsymbol{E}_2$ 为单模矩阵。

7.6.3 第三种初等变换

考虑由式(7.21)给出的 m 行和 n 列多项式矩阵 $\boldsymbol{Q}(s)$，则对 $\boldsymbol{Q}(s)$第三种初等变换可类似给出如下几点讨论。

1. 变换的功能

第三种初等变换的功能为将非零多项式 $d(s)\in\mathscr{R}(s)$乘于 $m\times n$ 多项式矩阵 $\boldsymbol{Q}(s)$的某行/某列所得结果加于另某行/另某列。并且，称相对于行的运算为第三种行初等变换，相对于列的运算为第三种列初等变换。

2. 变换的实现

对 $m\times n$ 多项式矩阵 $\boldsymbol{Q}(s)$的第三种初等变换，可通过引入相应 $m\times m$ 行初等矩

阵 $\boldsymbol{E}_{3r}$ 和 $n\times n$ 列初等矩阵 $\boldsymbol{E}_{3c}$ 来实现，且有

$$\boldsymbol{Q}(s)\text{ 中对行运算后 }\bar{\boldsymbol{Q}}_{3r}(s)=\boldsymbol{E}_{3r}\boldsymbol{Q}(s) \tag{7.30}$$

$$\boldsymbol{Q}(s)\text{ 中对列运算后 }\bar{\boldsymbol{Q}}_{3c}(s)=\boldsymbol{Q}(s)\boldsymbol{E}_{3c} \tag{7.31}$$

3. 初等矩阵 E_{3r} 和 E_{3c} 的生成

初等矩阵 $\boldsymbol{E}_{3r}$ 和 $\boldsymbol{E}_{3c}$ 的生成具有如下规则：

$$m\times m\text{ 行初等矩阵 }\boldsymbol{E}_{3r}=\text{ 对应“}d(s)\text{ 乘于 }m\times n\text{ 的 }\boldsymbol{Q}(s)\text{ 行 }i\text{ 后再加到行 }j\text{”}$$
$$\text{为“}d(s)\text{ 置于 }\boldsymbol{I}_m\text{ 的列 }i\text{ 和行 }j\text{ 交点处导出的矩阵”} \tag{7.32}$$

$$n\times n\text{ 列初等矩阵 }\boldsymbol{E}_{3c}=\text{ 对应“}d(s)\text{ 乘于 }m\times n\text{ 的 }\boldsymbol{Q}(s)\text{ 列 }i\text{ 后再加到列 }j\text{”}$$
$$\text{为“}d(s)\text{ 置于 }\boldsymbol{I}_n\text{ 的行 }i\text{ 和列 }j\text{ 交点处导出的矩阵”} \tag{7.33}$$

4. 例子

例 7.10　给定 5×4 多项式矩阵 $\boldsymbol{Q}(s)$，并表其为

$$\boldsymbol{Q}(s)=\begin{bmatrix}\boldsymbol{q}'_1(s)\\ \boldsymbol{q}'_2(s)\\ \boldsymbol{q}'_3(s)\\ \boldsymbol{q}'_4(s)\\ \boldsymbol{q}'_5(s)\end{bmatrix}=[\boldsymbol{p}_1(s)\quad \boldsymbol{p}_2(s)\quad \boldsymbol{p}_3(s)\quad \boldsymbol{p}_4(s)]$$

其中，$\boldsymbol{q}'(s)$和 $\boldsymbol{p}(s)$为 $\boldsymbol{Q}(s)$的行向量和列向量。为对 $\boldsymbol{Q}(s)$作“$d(s)$乘于行 2 后再加到行 4”变换，先来生成行初等矩阵：

$$\boldsymbol{E}_{3r}=\begin{bmatrix}1&0&0&0&0\\0&1&0&0&0\\0&0&1&0&0\\0&0&0&1&0\\0&0&0&0&1\end{bmatrix}_{\text{将}d(s)\text{置于列2和行4交点}}=\begin{bmatrix}1&0&0&0&0\\0&1&0&0&0\\0&0&1&0&0\\0&d(s)&0&1&0\\0&0&0&0&1\end{bmatrix}$$

再由计算得到

$$\bar{\boldsymbol{Q}}_{3r}(s)=\boldsymbol{E}_{3r}\boldsymbol{Q}(s)=\begin{bmatrix}1&0&0&0&0\\0&1&0&0&0\\0&0&1&0&0\\0&d(s)&0&1&0\\0&0&0&0&1\end{bmatrix}\begin{bmatrix}\boldsymbol{q}'_1(s)\\ \boldsymbol{q}'_2(s)\\ \boldsymbol{q}'_3(s)\\ \boldsymbol{q}'_4(s)\\ \boldsymbol{q}'_5(s)\end{bmatrix}=\begin{bmatrix}\boldsymbol{q}'_1(s)\\ \boldsymbol{q}'_2(s)\\ \boldsymbol{q}'_3(s)\\ d(s)\boldsymbol{q}'_2(s)+\boldsymbol{q}'_4(s)\\ \boldsymbol{q}'_5(s)\end{bmatrix}$$

为对 $\boldsymbol{Q}(s)$作“$d(s)$乘于列 1 后再加到列 3”变换，先来生成列初等矩阵：

$$\boldsymbol{E}_{3c}=\begin{bmatrix}1&0&0&0\\0&1&0&0\\0&0&1&0\\0&0&0&1\end{bmatrix}_{\text{将}d(s)\text{置于行1和列3的交点}}=\begin{bmatrix}1&0&d(s)&0\\0&1&0&0\\0&0&1&0\\0&0&0&1\end{bmatrix}$$

再由计算得到

$$\bar{Q}_{3c}(s)=Q(s)E_{3c}=[p_1(s)\quad p_2(s)\quad p_3(s)\quad p_4(s)]\begin{bmatrix}1&0&d(s)&0\\0&1&0&0\\0&0&1&0\\0&0&0&1\end{bmatrix}$$

$$=[p_1(s)\quad p_2(s)\quad d(s)p_1(s)+p_3(s)\quad p_4(s)]$$

5. 初等矩阵的性质

表 E_3 为行初等矩阵 E_{3r} 和列初等矩阵 E_{3c} 的统称，则可导出如下两个推论。

推论 7.5 E_3 的逆必存在，有

$$(E_3)^{-1}=E_3\ \text{中以}\ -d(s)\ \text{代替}\ d(s)\ \text{导出的矩阵}$$

$(E_3)^{-1}$ 也为初等矩阵。

推论 7.6 E_3 为单模矩阵。

7.6.4 单模变换和初等变换

首先，引入单模变换概念。

定义 7.8 [单模变换] 对 $m\times n$ 的多项式矩阵 $Q(s)$，设 $m\times m$ 的多项式矩阵 $R(s)$ 和 $n\times n$ 的多项式矩阵 $T(s)$ 为任意单模阵，则称 $R(s)Q(s)$，$Q(s)T(s)$ 和 $R(s)Q(s)T(s)$ 为 $Q(s)$ 的单模变换。

注 在基于多项式矩阵方法的线性系统复频率域理论中，单模变换是用来简化和推证的一个基本手段。

进而，基于初等变换属性给出如下一些有用推论，它们为单模阵和多项式矩阵单模变换提供了直观解释。

推论 7.7 [初等变换属性] 初等矩阵的乘积阵为单模阵，对矩阵 $Q(s)$ 作一系列行初等变换等价于 $Q(s)$ 左乘相应单模阵即相应左单模变换，对矩阵 $Q(s)$ 作一系列列初等变换等价于 $Q(s)$ 右乘相应单模阵即相应右单模变换。

推论 7.8 [单模变换属性] 对矩阵 $Q(s)$ 左乘单模阵即左单模变换，可等价地化为对 $Q(s)$ 的相应一系列行初等变换。对矩阵 $Q(s)$ 右乘单模阵即右单模变换，可等价地化为对 $Q(s)$ 的相应一系列列初等变换。

推论 7.9 [单模变换和初等变换关系] 矩阵 $Q(s)$ 的单模变换和初等变换存在如下对应关系：

$$R(s)Q(s)\quad\Leftrightarrow\quad \text{对}\ Q(s)\ \text{作等价一系列行初等变换}$$

$$Q(s)T(s)\quad\Leftrightarrow\quad \text{对}\ Q(s)\ \text{作等价一系列列初等变换}$$

$$R(s)Q(s)T(s)\quad\Leftrightarrow\quad \text{对}\ Q(s)\ \text{同时作等价一系列行和列初等变换}$$

7.7　埃尔米特形

埃尔米特(Hermite)形是多项式矩阵的一种规范形。埃尔米特形可分类为行埃尔米特形和列埃尔米特形。多项式矩阵规范形的特点是可以凸显矩阵的某些特性，以为分析提供直观性和方便性。

7.7.1　埃尔米特形的形式

任一多项式矩阵都可通过一系列初等变换或等价单模变换化为埃尔米特形。下面，给出行埃尔米特形和列埃尔米特形的形式。

结论 7.6［行埃尔米特形］　考虑 $m\times n$ 多项式矩阵 $\boldsymbol{Q}(s)$，$\mathrm{rank}\boldsymbol{Q}(s)=r\leqslant\min\{m,n\}$，则其行埃尔米特形 $\boldsymbol{Q}_{\mathrm{Hr}}(s)$ 具有如下形式：

$$\boldsymbol{Q}_{\mathrm{Hr}}(s)=\begin{bmatrix} 0 & \cdots & 0 & a_{1,k_1}(s) & \cdots & a_{1,k_2}(s) & \cdots & a_{1,k_3}(s) & \cdots & a_{1,k_r}(s) & \cdots \\ \vdots & & \vdots & & & a_{2,k_2}(s) & \cdots & a_{2,k_3}(s) & \cdots & a_{2,k_r}(s) & \cdots \\ \vdots & & \vdots & & & & & a_{3,k_3}(s) & \cdots & a_{3,k_r}(s) & \cdots \\ \vdots & & \vdots & & & & & & & \vdots & \\ 0 & \cdots & 0 & & & & & & & a_{r,k_r}(s) & \cdots \\ 0 & & & & \cdots & & \cdots & & \cdots & & 0 \\ \vdots & & & & & & & & & & \vdots \\ 0 & & & & \cdots & & \cdots & & \cdots & & 0 \end{bmatrix} \tag{7.34}$$

其中

(i) 前 r 行为非零行，后$(m-r)$行为零行。

(ii) 在每一非零行中，位于最左边非零元 $a_{i,k_i}(s)$ $(i=1,2,\cdots,r)$为首 1 多项式。

(iii) 非零行最左非零元的列位置指数满足不等式 $k_1<k_2<\cdots<k_r$，即最左非零元的排列呈现为阶梯形。

(iv) 最左非零元 $a_{i,k_i}(s)$ $(i=1,2,\cdots,r)$在所处列中次数最高。即，对 $i=2,3,\cdots,r$，$j=1,2,\cdots,i-1$，若 $a_{i,k_i}(s)=$含 s 多项式，则有 $\deg a_{i,k_i}(s)>\deg a_{j,k_i}(s)$；若 $a_{i,k_i}(s)=1$，则有 $a_{j,k_i}(s)=0$。

结论 7.7［列埃尔米特形］　考虑 $m\times n$ 多项式矩阵 $\boldsymbol{Q}(s)$，$\mathrm{rank}\boldsymbol{Q}(s)=r\leqslant\min\{m,n\}$，则其列埃尔米特形 $\boldsymbol{Q}_{\mathrm{Hc}}(s)$的形式对偶于行埃尔米特形 $\boldsymbol{Q}_{\mathrm{Hr}}(s)$，即有

$$\boldsymbol{Q}_{\mathrm{Hc}}(s)=\boldsymbol{Q}_{\mathrm{Hr}}^{\mathrm{T}}(s) \tag{7.35}$$

其中，上标 T 表示所示矩阵的转置。

7.7.2 埃尔米特形的算法

理论上，对 $m\times n$ 的多项式矩阵 $\boldsymbol{Q}(s)$，其行埃尔米特形 $\boldsymbol{Q}_{\mathrm{Hr}}(s)$ 可由寻找一个适当的 $m\times m$ 单模阵 $\boldsymbol{V}(s)$ 左乘 $\boldsymbol{Q}(s)$ 而得到，其列埃尔米特形 $\boldsymbol{Q}_{\mathrm{Hc}}(s)$ 可由寻找一个适当的 $n\times n$ 单模阵 $\boldsymbol{U}(s)$ 右乘 $\boldsymbol{Q}(s)$ 而得到，即有

$$\boldsymbol{Q}_{\mathrm{Hr}}(s)=\boldsymbol{V}(s)\boldsymbol{Q}(s) \tag{7.36}$$

$$\boldsymbol{Q}_{\mathrm{Hc}}(s)=\boldsymbol{Q}(s)\boldsymbol{U}(s) \tag{7.37}$$

考虑到单模变换和初等变换间的关系，埃尔米特形和相应单模变换阵可以等价地直接采用对多项式矩阵 $\boldsymbol{Q}(s)$ 作初等运算来确定。

下面，基于对多项式矩阵 $\boldsymbol{Q}(s)$ 的初等运算，给出确定行埃尔米特形 $\boldsymbol{Q}_{\mathrm{Hr}}(s)$ 的算法。

算法 7.1［行埃尔米特形算法］　给定 $m\times n$ 多项式矩阵 $\boldsymbol{Q}(s)$，$\mathrm{rank}\boldsymbol{Q}(s)=r$，要求确定其行埃尔米特形 $\boldsymbol{Q}_{\mathrm{Hr}}(s)$。

Step 1：给定 $\boldsymbol{Q}(s)$ 中，设第 1 到第 (k_1-1) 列均为零列，第 k_1 列为首非零列。

Step 2：令 $i=1$。

Step 3：通过行交换初等变换，把(行 i，列 k_i)位置处元换成为列 k_i 中次数最低元，并按使其首 1 化要求对列 k_i 乘以相应的常数，再记此元为 $\tilde{q}_{i,k_i}(s)$。

Step 4：采用多项式除法，将列 k_i 中其他各元表为

$$(\tilde{q}_{i,k_i}(s)\text{ 的一个乘式})+(\text{次数低于}\tilde{q}_{i,k_i}(s)\text{ 的余式})$$

Step 5：采用行初等运算，对列 k_i 中其他各元，减去元中乘式部分，使之只剩下次数低于 $\tilde{q}_{i,k_i}(s)$ 的余式部分。将上述变换过程循环多次，直到列 k_i 中(行 i，列 k_i)位置以下所有元均为零。

Step 6：在行 i 中，从列 k_i 沿右向搜索，设第 k_i+1，k_i+2，…列也变换为相同情况，直至找到首个出现不同情况的列，记其为列 k_{i+1}。

Step 7：令 $i+1=i$

Step 8：若 $i=r$，进入下一步；若 $i<r$，去到 Step 3。

Step 9：采用行初等运算，将后 $(m-r)$ 行变换为零行。

Step 10：所得结果即为行埃尔米特形 $\boldsymbol{Q}_{\mathrm{Hr}}(s)$。

Step 11：将上述各初等运算对应初等矩阵按相反顺序相乘，得到单模变换矩阵 $\boldsymbol{V}(s)$。

Step 12：计算停止。

例 7.11　基于初等变换方法，化如下 3×2 多项式矩阵 $\boldsymbol{Q}(s)$ 为行埃尔米特形 $\boldsymbol{Q}_{\mathrm{Hr}}(s)$，其中 $\mathrm{rank}\boldsymbol{Q}(s)=2$，并定出相应单模变换矩阵 $\boldsymbol{V}(s)$。

基于上述算法，有

$$\boldsymbol{Q}(s)=\begin{bmatrix} s^2 & 0 \\ 0 & s^2 \\ 1 & s+4 \end{bmatrix} \xrightarrow[E_a]{\text{行 1 和行 3 交换}} \begin{bmatrix} 1 & s+4 \\ 0 & s^2 \\ s^2 & 0 \end{bmatrix} \xrightarrow[E_b]{(-s^2)\times\text{行 1 加到行 3}}$$

$$\begin{bmatrix} 1 & s+4 \\ 0 & s^2 \\ 0 & -s^2(s+4) \end{bmatrix} \xrightarrow[E_c]{(s+4)\times 行 2 加到行 3} \begin{bmatrix} 1 & s+4 \\ 0 & s^2 \\ 0 & 0 \end{bmatrix} = \boldsymbol{Q}_{\mathrm{Hr}}(s)$$

$$\boldsymbol{V}(s) = \boldsymbol{E}_c \boldsymbol{E}_b \boldsymbol{E}_a = \begin{bmatrix} 1 & 0 & 0 \\ 0 & 1 & 0 \\ 0 & s+4 & 1 \end{bmatrix} \begin{bmatrix} 1 & 0 & 0 \\ 0 & 1 & 0 \\ -s^2 & 0 & 1 \end{bmatrix} \begin{bmatrix} 0 & 0 & 1 \\ 0 & 1 & 0 \\ 1 & 0 & 0 \end{bmatrix} = \begin{bmatrix} 0 & 0 & 1 \\ 0 & 1 & 0 \\ 1 & s+4 & -s^2 \end{bmatrix}$$

作为验算，将 $\boldsymbol{Q}(s)$ 左乘 $\boldsymbol{V}(s)$ 得到同样结果：

$$\boldsymbol{Q}_{\mathrm{Hr}}(s) = \boldsymbol{V}(s)\boldsymbol{Q}(s) = \begin{bmatrix} 0 & 0 & 1 \\ 0 & 1 & 0 \\ 1 & s+4 & -s^2 \end{bmatrix} \begin{bmatrix} s^2 & 0 \\ 0 & s^2 \\ 1 & s+4 \end{bmatrix} = \begin{bmatrix} 1 & s+4 \\ 0 & s^2 \\ 0 & 0 \end{bmatrix}$$

7.7.3　埃尔米特形的性质

下面，给出埃尔米特形的一些基本性质。

结论 7.8［列埃尔米特形性质］　设 $\boldsymbol{D}(s)$ 为 $n\times n$ 非奇异多项式矩阵，$\bar{\boldsymbol{D}}(s) = \boldsymbol{D}(s)\boldsymbol{R}(s)$，$\boldsymbol{R}(s)$ 为任一 $n\times n$ 单模阵，则多项式矩阵 $\boldsymbol{D}(s)$ 和 $\bar{\boldsymbol{D}}(s)$ 具有相同列埃尔米特形。

结论 7.9［行埃尔米特形性质］　设 $\boldsymbol{A}(s)$ 为 $n\times n$ 非奇异多项式矩阵，$\tilde{\boldsymbol{A}}(s) = \boldsymbol{T}(s)\boldsymbol{A}(s)$，$\boldsymbol{T}(s)$ 为任意 $n\times n$ 单模阵，则多项式矩阵 $\boldsymbol{A}(s)$ 和 $\tilde{\boldsymbol{A}}(s)$ 具有相同行埃尔米特形。

证　基于对偶性即可由结论 7.8 导出本结论。

结论 7.10［埃尔米特形强唯一性］　非奇异多项式矩阵的埃尔米特形满足强唯一性。也即，非奇异多项式矩阵和左乘或右乘同维任意单模阵导出的所有多项式矩阵，都具有等同埃尔米特形。

注　上述结论指出了一个重要事实，即对非奇异多项式矩阵引入单模变换不改变其埃尔米特形。

7.8　公因子和最大公因子

公因子和最大公因子是对多项式矩阵间关系的基本表征。最大公因子是讨论多项式矩阵间互质性的基础。对于线性时不变系统复频率域理论，最大公因子及其衍生的互质性概念具有基本意义和重要应用。

7.8.1　公因子和最大公因子的定义

先来讨论两个多项式矩阵的公因子。公因子可分类为右公因子（简称为 crd）和左公因子(简称为 cld)。

定义 7.9 [右公因子] 称 $p\times p$ 多项式矩阵 $\boldsymbol{R}(s)$ 为列数相同的两个多项式矩阵 $\boldsymbol{D}(s)\in\mathscr{R}^{p\times p}(s)$ 和 $\boldsymbol{N}(s)\in\mathscr{R}^{q\times p}(s)$ 的一个右公因子,如果存在多项式矩阵

$$\bar{\boldsymbol{D}}(s)\in\mathscr{R}^{p\times p}(s)\quad 和\quad \bar{\boldsymbol{N}}(s)\in\mathscr{R}^{q\times p}(s)$$

使下式成立:

$$\boldsymbol{D}(s)=\bar{\boldsymbol{D}}(s)\boldsymbol{R}(s),\qquad \boldsymbol{N}(s)=\bar{\boldsymbol{N}}(s)\boldsymbol{R}(s)\tag{7.38}$$

定义 7.10 [左公因子] 称 $q\times q$ 多项式矩阵 $\boldsymbol{R}_{\mathrm{L}}(s)$ 为行数相同的两个多项式矩阵 $\boldsymbol{D}_{\mathrm{L}}(s)\in\mathscr{R}^{q\times q}(s)$ 和 $\boldsymbol{N}_{\mathrm{L}}(s)\in\mathscr{R}^{q\times p}(s)$ 的一个左公因子,如果存在多项式矩阵

$$\bar{\boldsymbol{D}}_{\mathrm{L}}(s)\in\mathscr{R}^{q\times q}(s)\quad 和\quad \bar{\boldsymbol{N}}_{\mathrm{L}}(s)\in\mathscr{R}^{q\times p}(s)$$

使下式成立:

$$\boldsymbol{D}_{\mathrm{L}}(s)=\boldsymbol{R}_{\mathrm{L}}(s)\bar{\boldsymbol{D}}_{\mathrm{L}}(s),\qquad \boldsymbol{N}_{\mathrm{L}}(s)=\boldsymbol{R}_{\mathrm{L}}(s)\bar{\boldsymbol{N}}_{\mathrm{L}}(s)\tag{7.39}$$

注 从上述定义可以看出,不论是右公因子还是左公因子都具有不唯一性。

进而,在公因子基础上引入最大公因子概念。最大公因子同样可分类为最大右公因子(简称为 gcrd)和最大左公因子(简称为 gcld)。

定义 7.11 [最大右公因子] 称 $p\times p$ 多项式矩阵 $\boldsymbol{R}(s)$ 为列数相同的两个多项式矩阵 $\boldsymbol{D}(s)\in\mathscr{R}^{p\times p}(s)$ 和 $\boldsymbol{N}(s)\in\mathscr{R}^{q\times p}(s)$ 的一个最大右公因子,如果

(i) $\boldsymbol{R}(s)$ 是 $\{\boldsymbol{D}(s),\boldsymbol{N}(s)\}$ 的一个右公因子;

(ii) $\{\boldsymbol{D}(s),\boldsymbol{N}(s)\}$ 的任一其他右公因子如 $\tilde{\boldsymbol{R}}(s)$ 均为 $\boldsymbol{R}(s)$ 的右乘因子,即存在一个 $p\times p$ 多项式矩阵 $\boldsymbol{W}(s)$ 使 $\boldsymbol{R}(s)=\boldsymbol{W}(s)\tilde{\boldsymbol{R}}(s)$ 成立。

定义 7.12 [最大左公因子] 称 $q\times q$ 多项式矩阵 $\boldsymbol{R}_{\mathrm{L}}(s)$ 为行数相同的两个多项式矩阵 $\boldsymbol{D}_{\mathrm{L}}(s)\in\mathscr{R}^{q\times q}(s)$ 和 $\boldsymbol{N}_{\mathrm{L}}(s)\in\mathscr{R}^{q\times p}(s)$ 的一个最大左公因子,如果

(i) $\boldsymbol{R}_{\mathrm{L}}(s)$ 是 $\{\boldsymbol{D}_{\mathrm{L}}(s),\boldsymbol{N}_{\mathrm{L}}(s)\}$ 的一个左公因子;

(ii) $\{\boldsymbol{D}_{\mathrm{L}}(s),\boldsymbol{N}_{\mathrm{L}}(s)\}$ 的任一其他左公因子如 $\tilde{\boldsymbol{R}}_{\mathrm{L}}(s)$ 均为 $\boldsymbol{R}_{\mathrm{L}}(s)$ 的左乘因子,即存在一个 $q\times q$ 多项式矩阵 $\boldsymbol{W}_{\mathrm{L}}(s)$ 使 $\boldsymbol{R}_{\mathrm{L}}(s)=\tilde{\boldsymbol{R}}_{\mathrm{L}}(s)\boldsymbol{W}_{\mathrm{L}}(s)$ 成立。

注 同样,无论是最大右公因子还是最大左公因子都具有不唯一性。

7.8.2 最大公因子的构造定理

本部分给出构造最大公因子的基本结论。随后的讨论中将可看到,在推证多项式矩阵的一些重要结果中,最大公因子的构造定理有着广泛的应用。

结论 7.11 [gcrd 构造定理] 对列数相同的两个多项式矩阵

$$\boldsymbol{D}(s)\in\mathscr{R}^{p\times p}(s),\qquad \boldsymbol{N}(s)\in\mathscr{R}^{q\times p}(s)$$

如果可找到 $(p+q)\times(p+q)$ 的一个单模阵 $\boldsymbol{U}(s)$,使下式成立:

$$\boldsymbol{U}(s)\begin{bmatrix}\boldsymbol{D}(s)\\ \boldsymbol{N}(s)\end{bmatrix}=\begin{bmatrix}\boldsymbol{U}_{11}(s) & \boldsymbol{U}_{12}(s)\\ \boldsymbol{U}_{21}(s) & \boldsymbol{U}_{22}(s)\end{bmatrix}\begin{bmatrix}\boldsymbol{D}(s)\\ \boldsymbol{N}(s)\end{bmatrix}=\begin{bmatrix}\boldsymbol{R}(s)\\ \boldsymbol{0}\end{bmatrix}\tag{7.40}$$

则导出的 $p\times p$ 多项式矩阵 $\boldsymbol{R}(s)$ 就为 $\{\boldsymbol{D}(s),\boldsymbol{N}(s)\}$ 的一个最大右公因子。其中,分

块矩阵 $\boldsymbol{U}_{11}(s)$ 为 $p\times p$ 阵，$\boldsymbol{U}_{12}(s)$ 为 $p\times q$ 阵，$\boldsymbol{U}_{21}(s)$ 为 $q\times p$ 阵，$\boldsymbol{U}_{22}(s)$ 为 $q\times q$ 阵。

证　分为两步证明。

(i) 证明 $\boldsymbol{R}(s)$ 为 $\{\boldsymbol{D}(s),\boldsymbol{N}(s)\}$ 的右公因子。对此，表单模阵 $\boldsymbol{U}(s)$ 的逆 $\boldsymbol{V}(s)$ 为

$$\boldsymbol{V}(s)=\boldsymbol{U}^{-1}(s)=\begin{bmatrix}\boldsymbol{V}_{11}(s) & \boldsymbol{V}_{12}(s)\\ \boldsymbol{V}_{21}(s) & \boldsymbol{V}_{22}(s)\end{bmatrix} \tag{7.41}$$

其中，分块多项式矩阵 $\boldsymbol{V}_{11}(s)$ 为 $p\times p$ 阵，$\boldsymbol{V}_{12}(s)$ 为 $p\times q$ 阵，$\boldsymbol{V}_{21}(s)$ 为 $q\times p$ 阵，$\boldsymbol{V}_{22}(s)$ 为 $q\times q$ 阵。基此，并利用式(7.40)，可以导出

$$\begin{bmatrix}\boldsymbol{D}(s)\\ \boldsymbol{N}(s)\end{bmatrix}=\begin{bmatrix}\boldsymbol{V}_{11}(s) & \boldsymbol{V}_{12}(s)\\ \boldsymbol{V}_{21}(s) & \boldsymbol{V}_{22}(s)\end{bmatrix}\begin{bmatrix}\boldsymbol{R}(s)\\ \boldsymbol{0}\end{bmatrix}=\begin{bmatrix}\boldsymbol{V}_{11}(s)\boldsymbol{R}(s)\\ \boldsymbol{V}_{21}(s)\boldsymbol{R}(s)\end{bmatrix} \tag{7.42}$$

这表明，存在多项式矩阵对 $\{\boldsymbol{V}_{11}(s),\boldsymbol{V}_{21}(s)\}$，使下式成立：

$$\boldsymbol{D}(s)=\boldsymbol{V}_{11}(s)\boldsymbol{R}(s),\qquad \boldsymbol{N}(s)=\boldsymbol{V}_{21}(s)\boldsymbol{R}(s) \tag{7.43}$$

据右公因子定义，证得 $\boldsymbol{R}(s)$ 为 $\{\boldsymbol{D}(s),\boldsymbol{N}(s)\}$ 的右公因子。

(ii) 证明 $\{\boldsymbol{D}(s),\boldsymbol{N}(s)\}$ 的任一其他右公因子如 $\widetilde{\boldsymbol{R}}(s)$ 均为 $\boldsymbol{R}(s)$ 的右乘因子。由 $\widetilde{\boldsymbol{R}}(s)$ 为 $\{\boldsymbol{D}(s),\boldsymbol{N}(s)\}$ 的右公因子，可以导出

$$\boldsymbol{D}(s)=\widetilde{\boldsymbol{D}}(s)\widetilde{\boldsymbol{R}}(s),\qquad \boldsymbol{N}(s)=\widetilde{\boldsymbol{N}}(s)\widetilde{\boldsymbol{R}}(s) \tag{7.44}$$

再由式(7.40)，可以得到

$$\boldsymbol{R}(s)=\boldsymbol{U}_{11}(s)\boldsymbol{D}(s)+\boldsymbol{U}_{12}(s)\boldsymbol{N}(s) \tag{7.45}$$

将式(7.44)代入式(7.45)，有

$$\boldsymbol{R}(s)=[\boldsymbol{U}_{11}(s)\widetilde{\boldsymbol{D}}(s)+\boldsymbol{U}_{12}(s)\widetilde{\boldsymbol{N}}(s)]\widetilde{\boldsymbol{R}}(s)=\boldsymbol{W}(s)\widetilde{\boldsymbol{R}}(s) \tag{7.46}$$

由各组成部分均为多项式矩阵知，$\boldsymbol{W}(s)$ 为多项式矩阵。从而，$\widetilde{\boldsymbol{R}}(s)$ 为 $\boldsymbol{R}(s)$ 的右乘因子。

综上，并据最大右公因子的定义，证得式(7.40)导出的 $\boldsymbol{R}(s)$ 为 $\{\boldsymbol{D}(s),\boldsymbol{N}(s)\}$ 的一个最大右公因子。证明完成。

结论 7.12 [gcld 构造定理]　对行数相同的两个多项式矩阵

$$\boldsymbol{D}_{\mathrm{L}}(s)\in\mathscr{R}^{q\times q}(s),\qquad \boldsymbol{N}_{\mathrm{L}}(s)\in\mathscr{R}^{q\times p}(s)$$

如果可找到 $(q+p)\times(q+p)$ 的一个单模阵 $\bar{\boldsymbol{U}}(s)$，使下式成立：

$$[\boldsymbol{D}_{\mathrm{L}}(s)\quad \boldsymbol{N}_{\mathrm{L}}(s)]\bar{\boldsymbol{U}}(s)=[\boldsymbol{D}_{\mathrm{L}}(s)\quad \boldsymbol{N}_{\mathrm{L}}(s)]\begin{bmatrix}\bar{\boldsymbol{U}}_{11}(s) & \bar{\boldsymbol{U}}_{12}(s)\\ \bar{\boldsymbol{U}}_{21}(s) & \bar{\boldsymbol{U}}_{22}(s)\end{bmatrix}=[\boldsymbol{R}_{\mathrm{L}}(s)\quad \boldsymbol{0}] \tag{7.47}$$

则导出的 $q\times q$ 多项式矩阵 $\boldsymbol{R}_{\mathrm{L}}(s)$ 就为 $\{\boldsymbol{D}_{\mathrm{L}}(s),\boldsymbol{N}_{\mathrm{L}}(s)\}$ 的一个最大左公因子。其中，分块矩阵 $\bar{\boldsymbol{U}}_{11}(s)$ 为 $q\times q$ 阵，$\bar{\boldsymbol{U}}_{12}(s)$ 为 $q\times p$ 阵，$\bar{\boldsymbol{U}}_{21}(s)$ 为 $p\times q$ 阵，$\bar{\boldsymbol{U}}_{22}(s)$ 为 $p\times p$ 阵。

证　基于对偶性，即可由结论 7.11 导出本结论。

例 7.12　给定列数相同的两个多项式矩阵：

$$\boldsymbol{D}(s)=\begin{bmatrix} s & 3s+1 \\ -1 & s^2+s-2 \end{bmatrix}, \qquad \boldsymbol{N}(s)=\begin{bmatrix} -1 & s^2+2s-1 \end{bmatrix}$$

考虑到，构造关系式(7.40)左边左乘单模阵$\boldsymbol{U}(s)$，等价地代表对所示矩阵作相应的一系列行初等变换。基此，对给定$\{\boldsymbol{D}(s),\boldsymbol{N}(s)\}$，其 gcrd $\boldsymbol{R}(s)$和单模变换阵$\boldsymbol{U}(s)$可按如下方式定出：

$$\begin{bmatrix} \boldsymbol{D}(s) \\ \boldsymbol{N}(s) \end{bmatrix}=\begin{bmatrix} s & 3s+1 \\ -1 & s^2+s-2 \\ -1 & s^2+2s-1 \end{bmatrix} \xrightarrow[\boldsymbol{E}_a]{\text{交换行 1 和行 2}} \begin{bmatrix} -1 & s^2+s-2 \\ s & 3s+1 \\ -1 & s^2+2s-1 \end{bmatrix}$$

$$\xrightarrow[(-1)\times\text{行 1 加到行 3},(\boldsymbol{E}_c)]{s\times\text{行 1 加到行 2},(\boldsymbol{E}_b)\quad (-1)\times\text{行 1},(\boldsymbol{E}_d)} \begin{bmatrix} 1 & -s^2-s+2 \\ 0 & s^3+s^2+s+1 \\ 0 & s+1 \end{bmatrix} \xrightarrow[\boldsymbol{E}_e]{\text{交换行 2 和行 3}}$$

$$\begin{bmatrix} 1 & -s^2-s+2 \\ 0 & s+1 \\ 0 & s^3+s^2+s+1 \end{bmatrix} \xrightarrow[\boldsymbol{E}_f]{-(s^2+1)\times\text{行 2 加到行 3}} \begin{bmatrix} 1 & -s^2-s+2 \\ 0 & s+1 \\ \hdashline 0 & 0 \end{bmatrix}$$

从而，可以得到 gcrd $\boldsymbol{R}(s)$为

$$\boldsymbol{R}(s)=\begin{bmatrix} 1 & -s^2-s+2 \\ 0 & s+1 \end{bmatrix}$$

相应的单模变换阵$\boldsymbol{U}(s)$为

$$\begin{aligned} \boldsymbol{U}(s) &= \boldsymbol{E}_f\boldsymbol{E}_e E_d \boldsymbol{E}_c\boldsymbol{E}_b\boldsymbol{E}_a \\ &= \begin{bmatrix} 1 & 0 & 0 \\ 0 & 1 & 0 \\ 0 & -(s^2+1) & 1 \end{bmatrix} \begin{bmatrix} 1 & 0 & 0 \\ 0 & 0 & 1 \\ 0 & 1 & 0 \end{bmatrix} \begin{bmatrix} -1 & 0 & 0 \\ 0 & 1 & 0 \\ 0 & 0 & 1 \end{bmatrix} \begin{bmatrix} 1 & 0 & 0 \\ 0 & 1 & 0 \\ -1 & 0 & 1 \end{bmatrix} \begin{bmatrix} 1 & 0 & 0 \\ s & 1 & 0 \\ 0 & 0 & 1 \end{bmatrix} \begin{bmatrix} 0 & 1 & 0 \\ 1 & 0 & 0 \\ 0 & 0 & 1 \end{bmatrix} \\ &= \begin{bmatrix} 0 & -1 & 0 \\ 0 & -1 & 1 \\ 1 & s^2+s+1 & -(s^2+1) \end{bmatrix} \end{aligned}$$

7.8.3 最大公因子的性质

下面，基于定义和构造定理给出最大公因子的一些基本属性。并且，考虑到 gcrd 和 gcld 在形式和结果上的对偶性，这里限于对 gcrd 进行讨论。

1. 最大公因子的不唯一性

结论 7.13 [gcrd 的不唯一性]　令 $p\times p$ 多项式矩阵$\boldsymbol{R}(s)$为具有相同列数 p 的多项式矩阵对$\{\boldsymbol{D}(s)\in\mathscr{R}^{p\times p}(s),\boldsymbol{N}(s)\in\mathscr{R}^{q\times p}(s)\}$的一个 gcrd，则对任意 $p\times p$ 单模阵$\boldsymbol{W}(s)$，矩阵$\boldsymbol{W}(s)\boldsymbol{R}(s)$也必是$\{\boldsymbol{D}(s),\boldsymbol{N}(s)\}$的一个 gcrd。

证　据 gcrd 构造定理，有

$$\boldsymbol{U}(s)\begin{bmatrix}\boldsymbol{D}(s)\\\boldsymbol{N}(s)\end{bmatrix}=\begin{bmatrix}\boldsymbol{R}(s)\\\boldsymbol{0}\end{bmatrix} \tag{7.48}$$

其中，$\boldsymbol{R}(s)$为 gcrd，$\boldsymbol{U}(s)$为$(p+q)\times(p+q)$单模阵。现构造$(p+q)\times(p+q)$单模阵：

$$\widetilde{\boldsymbol{U}}(s)=\begin{bmatrix}\boldsymbol{W}(s) & \boldsymbol{0}\\\boldsymbol{0} & \boldsymbol{I}\end{bmatrix} \tag{7.49}$$

并将式(7.48)两边乘以$\widetilde{\boldsymbol{U}}(s)$，可以导出

$$\widetilde{\boldsymbol{U}}(s)\boldsymbol{U}(s)\begin{bmatrix}\boldsymbol{D}(s)\\\boldsymbol{N}(s)\end{bmatrix}=\begin{bmatrix}\boldsymbol{W}(s) & \boldsymbol{0}\\\boldsymbol{0} & \boldsymbol{I}\end{bmatrix}\begin{bmatrix}\boldsymbol{R}(s)\\\boldsymbol{0}\end{bmatrix}=\begin{bmatrix}\boldsymbol{W}(s)\boldsymbol{R}(s)\\\boldsymbol{0}\end{bmatrix} \tag{7.50}$$

且知$\bar{\boldsymbol{U}}(s)=\widetilde{\boldsymbol{U}}(s)\boldsymbol{U}(s)$为$(p+q)\times(p+q)$单模阵。基此表明，存在单模阵$\bar{\boldsymbol{U}}(s)$使下式成立：

$$\bar{\boldsymbol{U}}(s)\begin{bmatrix}\boldsymbol{D}(s)\\\boldsymbol{N}(s)\end{bmatrix}=\begin{bmatrix}\boldsymbol{W}(s)\boldsymbol{R}(s)\\\boldsymbol{0}\end{bmatrix} \tag{7.51}$$

由 gcrd 构造定理知，$\boldsymbol{W}(s)\boldsymbol{R}(s)$为$\{\boldsymbol{D}(s),\boldsymbol{N}(s)\}$的一个 gcrd。证明完成。

2. 最大公因子在非奇异性和单模性上的唯一性

结论 7.14 [gcrd 的广义唯一性]　令 $p\times p$ 多项式矩阵$\boldsymbol{R}_1(s)$和$\boldsymbol{R}_2(s)$为具有相同列数 p 的多项式矩阵对$\{\boldsymbol{D}(s)\in\mathscr{R}^{p\times p}(s),\ \boldsymbol{N}(s)\in\mathscr{R}^{q\times p}(s)\}$的任意两个 gcrd，则有

$$\boldsymbol{R}_1(s)\text{ 非奇异}\quad\Leftrightarrow\quad\boldsymbol{R}_2(s)\text{ 非奇异} \tag{7.52}$$

$$\boldsymbol{R}_1(s)\text{ 为单模}\quad\Leftrightarrow\quad\boldsymbol{R}_2(s)\text{ 为单模} \tag{7.53}$$

3. 最大公因子非奇异的条件

结论 7.15 [gcrd 非奇异条件]　对具有相同列数 p 的多项式矩阵对$\{\boldsymbol{D}(s)\in\mathscr{R}^{p\times p}(s),\boldsymbol{N}(s)\in\mathscr{R}^{q\times p}(s)\}$，当且仅当

$$\operatorname{rank}\begin{bmatrix}\boldsymbol{D}(s)\\\boldsymbol{N}(s)\end{bmatrix}=p\text{(列满秩)},\qquad\forall\text{ 几乎所有 }s\in\mathscr{C} \tag{7.54}$$

$\{\boldsymbol{D}(s),\boldsymbol{N}(s)\}$的所有 gcrd 都为非奇异。

4. 最大公因子的基于矩阵对表达式

结论 7.16 [gcrd 的基于矩阵对表达式]　令 $p\times p$ 多项式矩阵$\boldsymbol{R}(s)$为具有相同列数 p 的多项式矩阵对$\{\boldsymbol{D}(s)\in\mathscr{R}^{p\times p}(s),\boldsymbol{N}(s)\in\mathscr{R}^{q\times p}(s)\}$的一个 gcrd，则必存在 $p\times p$ 和 $p\times q$ 多项式矩阵$\boldsymbol{X}(s)$和$\boldsymbol{Y}(s)$可表$\boldsymbol{R}(s)$为

$$\boldsymbol{R}(s)=\boldsymbol{X}(s)\boldsymbol{D}(s)+\boldsymbol{Y}(s)\boldsymbol{N}(s) \tag{7.55}$$

证　由 gcrd 构造定理(7.40)，可以导出

$$\boldsymbol{R}(s)=\boldsymbol{U}_{11}(s)\boldsymbol{D}(s)+\boldsymbol{U}_{12}(s)\boldsymbol{N}(s) \tag{7.56}$$

其中，$U_{11}(s)$和$U_{12}(s)$为 $p\times p$ 和 $p\times q$ 多项式矩阵。基此，并表$U_{11}(s)=X(s)$和$U_{12}(s)=Y(s)$，即可得到式(7.55)。证明完成。

5. 最大公因子在次数上的特点

结论 7.17 [gcrd 在次数上的特点] 对多项式对$\{d(s),n(s)\}$，其 gcrd $r(s)$的次数必小于$d(s)$和$n(s)$的次数。对相同列数的多项式矩阵对$\{D(s)\in\mathscr{R}^{p\times p}(s),N(s)\in\mathscr{R}^{q\times p}(s)\}$，其 gcrd $p\times p$ 多项式矩阵$R(s)$的元多项式次数可能大于$D(s)$和$N(s)$的元多项式次数。

7.9 互质性

互质性是线性时不变系统复频率域理论中最具重要意义的一个基本概念。互质性是对两个多项式矩阵间的不可简约属性的表征。本节是对互质性的一个简明的讨论，着重于阐明互质性的定义、判据和属性。

7.9.1 右互质和左互质

互质性可以分类为右互质性和左互质性。两个多项式矩阵的互质性(co-primeness)可基于其最大公因子进行定义。

定义 7.13 [右互质] 称列数相同的多项式矩阵$D(s)\in\mathscr{R}^{p\times p}(s)$和$N(s)\in\mathscr{R}^{q\times p}(s)$为右互质，如果其最大右公因子即 gcrd 为单模阵。

定义 7.14 [左互质] 称行数相同的多项式矩阵$D_L(s)\in\mathscr{R}^{q\times q}(s)$和$N_L(s)\in\mathscr{R}^{q\times p}(s)$为左互质，如果其最大左公因子即 gcld 为单模阵。

注 在线性时不变系统的复频率域理论中将会看到，从系统结构特性角度，右互质性概念对应于系统能观测性，左互质性概念对应于系统能控性。

7.9.2 互质性的常用判据

在线性时不变系统复频率域理论中，常会涉及互质性的判别问题。这一部分中，给出常用的几种互质性判据。

1. 贝佐特(Bezout)等式判据

结论 7.18 [右互质贝佐特等式判据] 列数相同的 $p\times p$ 和 $q\times p$ 多项式矩阵$D(s)$和$N(s)$为右互质，当且仅当存在 $p\times p$ 和 $p\times q$ 多项式矩阵$X(s)$和$Y(s)$，使贝佐特等式成立：

$$X(s)D(s)+Y(s)N(s)=I_p \tag{7.57}$$

结论 7.19 [左互质贝佐特等式判据] 行数相同的 $q\times q$ 和 $q\times p$ 多项式矩阵

$\boldsymbol{D}_{\mathrm{L}}(s)$和$\boldsymbol{N}_{\mathrm{L}}(s)$为左互质，当且仅当存在 $q\times q$ 和 $p\times q$ 多项式矩阵$\bar{\boldsymbol{X}}(s)$和$\bar{\boldsymbol{Y}}(s)$，使贝佐特等式成立：

$$\boldsymbol{D}_{\mathrm{L}}(s)\bar{\boldsymbol{X}}(s)+\boldsymbol{N}_{\mathrm{L}}(s)\bar{\boldsymbol{Y}}(s)=\boldsymbol{I}_q \tag{7.58}$$

证　利用对偶性，即可由结论 7.18 导出本结论。

注　在线性时不变系统的复频率域分析与综合中，互质性贝佐特等式判据的意义，主要不在于具体判别中的应用，而在于推证和证明中的应用。

2. 秩判据

结论 7.20［右互质秩判据］　对列数相同 $p\times p$ 和 $q\times p$ 多项式矩阵$\boldsymbol{D}(s)$和$\boldsymbol{N}(s)$，其中$\boldsymbol{D}(s)$为非奇异，则有

$$\boldsymbol{D}(s)\text{ 和 }\boldsymbol{N}(s)\text{ 右互质}\quad\Leftrightarrow\quad \operatorname{rank}\begin{bmatrix}\boldsymbol{D}(s)\\ \boldsymbol{N}(s)\end{bmatrix}=p,\qquad \forall s\in\mathscr{C} \tag{7.59}$$

结论 7.21［左互质秩判据］　对行数相同 $q\times q$ 和 $q\times p$ 多项式矩阵$\boldsymbol{D}_{\mathrm{L}}(s)$和$\boldsymbol{N}_{\mathrm{L}}(s)$，其中$\boldsymbol{D}_{\mathrm{L}}(s)$为非奇异，则有

$$\boldsymbol{D}_{\mathrm{L}}(s)\text{ 和 }\boldsymbol{N}_{\mathrm{L}}(s)\text{ 左互质}\quad\Leftrightarrow\quad \operatorname{rank}[\boldsymbol{D}_{\mathrm{L}}(s)\quad \boldsymbol{N}_{\mathrm{L}}(s)]=q,\quad \forall s\in\mathscr{C} \tag{7.60}$$

证　利用对偶性，即可由结论 7.20 导出本结论。

注　互质性的秩判据由于形式上和计算上的简单性，常被方便地应用于具体判别中。

例 7.13　给定列数相同两个多项式矩阵$\boldsymbol{D}(s)$和$\boldsymbol{N}(s)$：

$$\boldsymbol{D}(s)=\begin{bmatrix}s+1 & 0\\ (s-1)(s+2) & s-1\end{bmatrix},\qquad \boldsymbol{N}(s)=[s\quad 1]$$

现采用秩判据判断右互质性。为此，构成判别矩阵：

$$\begin{bmatrix}\boldsymbol{D}(s)\\ \boldsymbol{N}(s)\end{bmatrix}=\begin{bmatrix}s+1 & 0\\ (s-1)(s+2) & s-1\\ s & 1\end{bmatrix}$$

进而，分别定出使判别矩阵中各个 2×2 多项式矩阵降秩的 s 值：

对$\begin{bmatrix}s+1 & 0\\ (s-1)(s+2) & s-1\end{bmatrix}$，降秩的 s 值$s=1$，$s=-1$

对$\begin{bmatrix}(s-1)(s+2) & s-1\\ s & 1\end{bmatrix}$，降秩的 s 值$s=1$

对$\begin{bmatrix}s+1 & 0\\ s & 1\end{bmatrix}$，降秩的 s 值$s=-1$

这表明，不存在一个 s 值使这 3 个 2×2 多项式矩阵同时降秩。基此可知，给定$\boldsymbol{D}(s)$和$\boldsymbol{N}(s)$满足秩判据条件：

$$\operatorname{rank}\begin{bmatrix}\boldsymbol{D}(s)\\ \boldsymbol{N}(s)\end{bmatrix}=p=2,\qquad \forall s\in\mathscr{C}$$

因此，$\boldsymbol{D}(s)$和 $\boldsymbol{N}(s)$为右互质。

3. 行列式次数判据

结论 7.22［右互质行列式次数判据］ 对列数相同 $p\times p$ 和 $q\times p$ 多项式矩阵 $\boldsymbol{D}(s)$和 $\boldsymbol{N}(s)$，其中 $\boldsymbol{D}(s)$为非奇异，则 $\boldsymbol{D}(s)$和 $\boldsymbol{N}(s)$为右互质，当且仅当存在 $q\times q$ 和 $q\times p$ 多项式矩阵 $\boldsymbol{A}(s)$和 $\boldsymbol{B}(s)$，使同时成立：

$$-\boldsymbol{B}(s)\boldsymbol{D}(s)+\boldsymbol{A}(s)\boldsymbol{N}(s)=[-\boldsymbol{B}(s)\quad \boldsymbol{A}(s)]\begin{bmatrix}\boldsymbol{D}(s)\\ \boldsymbol{N}(s)\end{bmatrix}=\boldsymbol{0} \tag{7.61}$$

$$\deg\det\boldsymbol{A}(s)=\deg\det\boldsymbol{D}(s) \tag{7.62}$$

结论 7.23［左互质行列式次数判据］ 对行数相同 $q\times q$ 和 $q\times p$ 多项式矩阵 $\boldsymbol{D}_{\mathrm{L}}(s)$和 $\boldsymbol{N}_{\mathrm{L}}(s)$，其中 $\boldsymbol{D}_{\mathrm{L}}(s)$非奇异，则 $\boldsymbol{D}_{\mathrm{L}}(s)$和 $\boldsymbol{N}_{\mathrm{L}}(s)$为左互质，当且仅当存在 $p\times p$ 和 $q\times p$ 多项式矩阵$\bar{\boldsymbol{A}}(s)$和 $\bar{\boldsymbol{B}}(s)$，使同时成立：

$$-\boldsymbol{D}_{\mathrm{L}}(s)\bar{\boldsymbol{B}}(s)+\boldsymbol{N}_{\mathrm{L}}(s)\bar{\boldsymbol{A}}(s)=[\boldsymbol{D}_{\mathrm{L}}(s)\quad \boldsymbol{N}_{\mathrm{L}}(s)]\begin{bmatrix}-\bar{\boldsymbol{B}}(s)\\ \bar{\boldsymbol{A}}(s)\end{bmatrix}=\boldsymbol{0} \tag{7.63}$$

$$\deg\det\bar{\boldsymbol{A}}(s)=\deg\det\boldsymbol{D}_{\mathrm{L}}(s) \tag{7.64}$$

证 利用对偶性，即可由结论 7.22 导出本结论。

注 线性时不变系统复频率域理论中，更为常用的是行列式次数判据的反向形式，即判别非互质性的判据。对应于结论 7.22 有，$\boldsymbol{D}(s)$和 $\boldsymbol{N}(s)$非右互质，当且仅当存在 $q\times q$ 和 $q\times p$ 多项式矩阵 $\boldsymbol{A}(s)$和 $\boldsymbol{B}(s)$使同时成立：

$$-\boldsymbol{B}(s)\boldsymbol{D}(s)+\boldsymbol{A}(s)\boldsymbol{N}(s)=[-\boldsymbol{B}(s)\quad \boldsymbol{A}(s)]\begin{bmatrix}\boldsymbol{D}(s)\\ \boldsymbol{N}(s)\end{bmatrix}=\boldsymbol{0} \tag{7.65}$$

$$\deg\det\boldsymbol{A}(s)<\deg\det\boldsymbol{D}(s) \tag{7.66}$$

对应于结论 7.23 有，$\boldsymbol{D}_{\mathrm{L}}(s)$和 $\boldsymbol{N}_{\mathrm{L}}(s)$非左互质，当且仅当存在 $p\times p$ 和 $q\times p$ 多项式矩阵$\bar{\boldsymbol{A}}(s)$和 $\bar{\boldsymbol{B}}(s)$使同时成立：

$$-\boldsymbol{D}_{\mathrm{L}}(s)\bar{\boldsymbol{B}}(s)+\boldsymbol{N}_{\mathrm{L}}(s)\bar{\boldsymbol{A}}(s)=[\boldsymbol{D}_{\mathrm{L}}(s)\quad \boldsymbol{N}_{\mathrm{L}}(s)]\begin{bmatrix}-\bar{\boldsymbol{B}}(s)\\ \bar{\boldsymbol{A}}(s)\end{bmatrix}=\boldsymbol{0} \tag{7.67}$$

$$\deg\det\bar{\boldsymbol{A}}(s)<\deg\det\boldsymbol{D}_{\mathrm{L}}(s) \tag{7.68}$$

7.9.3 对最大公因子构造关系式性质的进一步讨论

基于上面讨论结果，进而给出最大公因子构造关系式的一些性质，这在线性时不变系统的复频率域分析和综合中将会是有用的。

1. gcrd 构造关系式的性质

考虑 gcrd 的构造关系式

$$\boldsymbol{U}(s)\begin{bmatrix}\boldsymbol{D}(s)\\ \boldsymbol{N}(s)\end{bmatrix}=\begin{bmatrix}\boldsymbol{U}_{11}(s) & \boldsymbol{U}_{12}(s)\\ \boldsymbol{U}_{21}(s) & \boldsymbol{U}_{22}(s)\end{bmatrix}\begin{bmatrix}\boldsymbol{D}(s)\\ \boldsymbol{N}(s)\end{bmatrix}=\begin{bmatrix}\boldsymbol{R}(s)\\ \boldsymbol{0}\end{bmatrix} \tag{7.69}$$

其中，$\boldsymbol{D}(s)$为 $p\times p$ 多项式矩阵且非奇异，$\boldsymbol{N}(s)$为 $q\times p$ 多项式矩阵，$(p+q)\times(p+q)$矩阵 $\boldsymbol{U}(s)$为单模阵，$\boldsymbol{U}_{11}(s)$为 $p\times p$ 阵，$\boldsymbol{U}_{12}(s)$为 $p\times q$ 阵，$\boldsymbol{U}_{21}(s)$为 $q\times p$ 阵，$\boldsymbol{U}_{22}(s)$为 $q\times q$ 阵。

推论 7.10　行数相同的 $q\times q$ 和 $q\times p$ 多项式矩阵 $\boldsymbol{U}_{22}(s)$和 $\boldsymbol{U}_{21}(s)$为左互质。

证　由$(p+q)\times(p+q)$矩阵 $\boldsymbol{U}(s)$为单模阵，可知

$$\operatorname{rank}\boldsymbol{U}(s)=p+q,\qquad \forall s\in\mathscr{C} \tag{7.70}$$

相应地，有

$$\operatorname{rank}[\boldsymbol{U}_{21}(s)\quad \boldsymbol{U}_{22}(s)]=q,\qquad \forall s\in\mathscr{C} \tag{7.71}$$

据左互质的秩判据，即知 $\boldsymbol{U}_{22}(s)$和 $\boldsymbol{U}_{21}(s)$左互质。证明完成。

推论 7.11　$q\times q$ 多项式矩阵 $\boldsymbol{U}_{22}(s)$为非奇异，且成立：

$$\boldsymbol{N}(s)\boldsymbol{D}^{-1}(s)=-\boldsymbol{U}_{22}^{-1}(s)\boldsymbol{U}_{21}(s) \tag{7.72}$$

推论 7.12　$\boldsymbol{D}(s)$和 $\boldsymbol{N}(s)$为右互质，当且仅当 $\deg\det\boldsymbol{D}(s)=\deg\det\boldsymbol{U}_{22}(s)$。

注　可以看出，推论 7.12 实际上就是右互质行列式次数判据的一类特殊情形。

例 7.14　给定列数相同的两个多项式矩阵 $\boldsymbol{D}(s)$和 $\boldsymbol{N}(s)$：

$$\boldsymbol{D}(s)=\begin{bmatrix}s & 3s+1\\ -1 & s^2+s-2\end{bmatrix},\qquad \boldsymbol{N}(s)=[-1\quad s^2+2s-1]$$

易知，$\boldsymbol{D}(s)$为非奇异。例 7.12 中已经求出，它们的 gcrd 构造关系式的单模变换阵为

$$\boldsymbol{U}(s)=\begin{bmatrix}0 & -1 & 0\\ 0 & -1 & 1\\ 1 & s^2+s+1 & -(s^2+1)\end{bmatrix}$$

其中，$\boldsymbol{U}_{22}(s)=-(s^2+1)$。基此，可以定出

$$\begin{aligned}\deg\det\boldsymbol{D}(s)&=\deg\det\begin{bmatrix}s & 3s+1\\ -1 & s^2+s-2\end{bmatrix}=3>\deg\det\boldsymbol{U}_{22}(s)\\ &=\deg\{-(s^2+1)\}=2\end{aligned}$$

据推论 7.12 判据知，$\boldsymbol{D}(s)$和 $\boldsymbol{N}(s)$为非右互质。

2. gcld 构造关系式的性质

考虑 gcld 的构造关系式

$$[\boldsymbol{D}_{\mathrm{L}}(s)\quad \boldsymbol{N}_{\mathrm{L}}(s)]\bar{\boldsymbol{U}}(s)=[\boldsymbol{D}_{\mathrm{L}}(s)\quad \boldsymbol{N}_{\mathrm{L}}(s)]\begin{bmatrix}\bar{\boldsymbol{U}}_{11}(s) & \bar{\boldsymbol{U}}_{12}(s)\\ \bar{\boldsymbol{U}}_{21}(s) & \bar{\boldsymbol{U}}_{22}(s)\end{bmatrix}=[\boldsymbol{R}_{\mathrm{L}}(s)\quad \boldsymbol{0}] \tag{7.73}$$

其中，$\boldsymbol{D}_{\mathrm{L}}(s)$为 $q\times q$ 多项式矩阵且非奇异，$\boldsymbol{N}_{\mathrm{L}}(s)$为 $q\times p$ 多项式矩阵，$(q+p)\times(q+p)$矩阵 $\bar{\boldsymbol{U}}(s)$为单模阵，$\bar{\boldsymbol{U}}_{11}(s)$为 $q\times q$ 阵，$\bar{\boldsymbol{U}}_{12}(s)$为 $q\times p$ 阵，$\bar{\boldsymbol{U}}_{21}(s)$为 $p\times q$

阵，$\bar{\boldsymbol{U}}_{22}(s)$为 $p\times p$ 阵。

下面，基于对偶性和 gcrd 构造关系式的性质，导出 gcld 构造关系式的相应推论。

推论 7.13 列数相同的 $p\times p$ 和 $q\times p$ 多项式矩阵 $\bar{\boldsymbol{U}}_{22}(s)$和 $\bar{\boldsymbol{U}}_{12}(s)$为右互质。

推论 7.14 $p\times p$ 多项式矩阵 $\bar{\boldsymbol{U}}_{22}(s)$为非奇异，且成立：

$$\boldsymbol{D}_{\mathrm{L}}^{-1}(s)\boldsymbol{N}_{\mathrm{L}}(s)=-\bar{\boldsymbol{U}}_{12}(s)\bar{\boldsymbol{U}}_{22}^{-1}(s) \tag{7.74}$$

推论 7.15 $\boldsymbol{D}_{\mathrm{L}}(s)$和 $\boldsymbol{N}_{\mathrm{L}}(s)$为左互质，当且仅当 $\deg\det\bar{\boldsymbol{D}}_{\mathrm{L}}(s)=\deg\det\bar{\boldsymbol{U}}_{22}(s)$。

注 推论 7.15 实际上就是左互质行列式次数判据的一类特殊情形。

7.10 列次数和行次数

列次数和行次数在概念上是对多项式次数相对于多项式矩阵的一个推广。列次数和行次数的引入为定义和讨论多项式矩阵的既约性提供了基础。本节是对列次数和行次数的简要讨论。主要内容包括列次数与行次数的定义和多项式矩阵的列次与行次表达式。

7.10.1 列次数和行次数的定义

首先，基于多项式次数推广定义多项式向量的次数。

定义 7.15［多项式向量次数］ 对列或行多项式向量

$$\boldsymbol{a}(s)=\begin{bmatrix}a_1(s)\\ \vdots\\ a_q(s)\end{bmatrix},\qquad \bar{\boldsymbol{a}}'(s)=[\bar{a}_1(s)\quad\cdots\quad\bar{a}_p(s)] \tag{7.75}$$

将它的次数定义为组成向量的元多项式次数的最大值，即

$$\boldsymbol{a}(s)\text{ 的次数}=\delta\boldsymbol{a}(s)\overset{\Delta}{=}\max\{\deg a_i(s),\ i=1,2,\cdots,q\} \tag{7.76}$$

$$\bar{\boldsymbol{a}}'(s)\text{ 的次数}=\delta\bar{\boldsymbol{a}}'(s)\overset{\Delta}{=}\max\{\deg\bar{a}_i(s),\ i=1,2,\cdots,p\} \tag{7.77}$$

进而，基于多项式向量次数扩展定义多项式矩阵的列次数和行次数。

定义 7.16［列次数和行次数］ 对 $q\times p$ 多项式矩阵：

$$\boldsymbol{M}(s)=\begin{bmatrix}\bar{\boldsymbol{m}}_1'(s)\\ \vdots\\ \bar{\boldsymbol{m}}_q'(s)\end{bmatrix}=[\boldsymbol{m}_1(s)\quad\cdots\quad\boldsymbol{m}_p(s)] \tag{7.78}$$

$\boldsymbol{M}(s)$的列次数定义为其列向量 $\boldsymbol{m}_j(s)$，$j=1,2,\cdots,p$ 的次数，$\boldsymbol{M}(s)$的行次数定义为其行向量 $\bar{\boldsymbol{m}}_i'(s)$，$i=1,2,\cdots,q$ 的次数，即有

$$\boldsymbol{M}(s)\text{ 列次数 }\delta_{\mathrm{c}j}\boldsymbol{M}(s)=k_{\mathrm{c}j}\overset{\Delta}{=}\delta\boldsymbol{m}_j(s),\qquad j=1,2,\cdots,p \tag{7.79}$$

$$\boldsymbol{M}(s)\text{ 行次数 }\delta_{\mathrm{r}i}\boldsymbol{M}(s)=k_{\mathrm{r}i}\overset{\Delta}{=}\delta\bar{\boldsymbol{m}}_i'(s),\qquad i=1,2,\cdots,q \tag{7.80}$$

例 7.15　给定 2×3 多项式矩阵 $\boldsymbol{M}(s)$为

$$\boldsymbol{M}(s)=\begin{bmatrix} s^2+4s+1 & 2s^2+s+1 & s+4 \\ s+3 & s^3-2s & 3 \end{bmatrix}$$

据定义,容易定出

$$k_{c1}=2,\quad k_{c2}=3,\quad k_{c3}=1$$
$$k_{r1}=2,\quad k_{r2}=3$$

7.10.2 列次表达式和行次表达式

多项式矩阵的列次表达式和行次表达式是对列次数和行次数的一个直接应用。在线性时不变系统的复频率域分析中,采用列次表达式和行次表达式将会有助于简化问题的讨论。

结论 7.24 [列次表达式]　考虑 $q\times p$ 多项式矩阵 $\boldsymbol{M}(s)$,令列次数为 $\delta_{cj}\boldsymbol{M}(s)=k_{cj}$, $j=1,2,\cdots,p$,再表

$$\underset{p\times p}{\boldsymbol{S}_{c}(s)}=\begin{bmatrix} s^{k_{c1}} & & \\ & \ddots & \\ & & s^{k_{cp}} \end{bmatrix} \tag{7.81}$$

$$\underset{n\times p}{\boldsymbol{\Psi}_{c}(s)}=\begin{bmatrix} s^{k_{c1}-1} & & \\ \vdots & & \\ s & & \\ 1 & & \\ & \ddots & \\ & & s^{k_{cp}-1} \\ & & \vdots \\ & & s \\ & & 1 \end{bmatrix},\quad n=\sum_{j=1}^{p}k_{cj} \tag{7.82}$$

则可表 $\boldsymbol{M}(s)$为列次表达式:

$$\boldsymbol{M}(s)=\boldsymbol{M}_{hc}\boldsymbol{S}_{c}(s)+\boldsymbol{M}_{cL}(s) \tag{7.83}$$

其中

$$\boldsymbol{M}_{cL}(s)=\boldsymbol{M}_{Lc}\boldsymbol{\Psi}_{c}(s) \tag{7.84}$$

注 1　列次表达式(7.83)中,称 $q\times p$ 常阵 $\boldsymbol{M}_{hc}$ 为 $\boldsymbol{M}(s)$的列次系数阵,且有

$$\boldsymbol{M}_{hc}\text{ 列 } j=\boldsymbol{M}(s)\text{ 列 } j \text{ 中相应 } s^{k_{cj}} \text{ 的系数组成的列}, j=1,2,\cdots,p \tag{7.85}$$

相应地,称 $\boldsymbol{M}_{cL}(s)$为 $\boldsymbol{M}(s)$的低次多项式矩阵,且有

$$\delta_{cj}\boldsymbol{M}_{cL}(s)<k_{cj},\qquad j=1,2,\cdots,p \tag{7.86}$$

注 2　对 $q=p$ 即方多项式矩阵 $\boldsymbol{M}(s)$情形,由列次表达式(7.83)可以导出如下

的有用关系式：

$$\det\boldsymbol{M}(s)=(\det\boldsymbol{M}_{\mathrm{hc}})s^{\sum k_{cj}}+\text{次数低于}\sum k_{\mathrm{c}j}\text{多项式} \tag{7.87}$$

例 7.16 给定 2×3 多项式矩阵 $\boldsymbol{M}(s)$ 为

$$\boldsymbol{M}(s)=\begin{bmatrix} s^2+4s+1 & 2s^2 & s+4 \\ s+3 & 4s^3-2s & 3s+1 \end{bmatrix}$$

容易定出，列次数为 $k_{\mathrm{c}1}=2$，$k_{\mathrm{c}2}=3$，$k_{\mathrm{c}3}=1$。于是，即可导出列次表达式为

$$\boldsymbol{M}(s)=\begin{bmatrix} 1 & 0 & 1 \\ 0 & 4 & 3 \end{bmatrix}\begin{bmatrix} s^2 & & \\ & s^3 & \\ & & s \end{bmatrix}+\begin{bmatrix} 4 & 1 & 2 & 0 & 0 & 4 \\ 1 & 3 & 0 & -2 & 0 & 1 \end{bmatrix}\begin{bmatrix} s & & \\ 1 & & \\ & s^2 & \\ & s & \\ & 1 & \\ & & 1 \end{bmatrix}$$

结论 7.25［行次表达式］ 考虑 $q\times p$ 多项式矩阵 $\boldsymbol{M}(s)$，令行次数为 $\delta_{\mathrm{r}i}\boldsymbol{M}(s)=k_{\mathrm{r}i}$，$i=1,2,\cdots,q$，再表

$$\underset{q\times q}{\boldsymbol{S}_{\mathrm{r}}}(s)=\begin{bmatrix} s^{k_{\mathrm{r}1}} & & \\ & \ddots & \\ & & s^{k_{\mathrm{r}q}} \end{bmatrix} \tag{7.88}$$

$$\underset{q\times n}{\boldsymbol{\Psi}_{\mathrm{r}}}(s)=\begin{bmatrix} s^{k_{\mathrm{r}1}-1} \ \cdots \ s \ \ 1 & & \\ & \ddots & \\ & & s^{k_{\mathrm{r}q}-1} \ \cdots \ s \ \ 1 \end{bmatrix},\quad n=\sum_{i=1}^{q}k_{\mathrm{r}i} \tag{7.89}$$

则可表 $\boldsymbol{M}(s)$ 为行次表达式：

$$\boldsymbol{M}(s)=\boldsymbol{S}_{\mathrm{r}}(s)\boldsymbol{M}_{\mathrm{hr}}+\boldsymbol{M}_{\mathrm{rL}}(s) \tag{7.90}$$

其中

$$\boldsymbol{M}_{\mathrm{rL}}(s)=\boldsymbol{\Psi}_{\mathrm{r}}(s)\boldsymbol{M}_{\mathrm{Lr}} \tag{7.91}$$

注 1 行次表达式(7.90)中，称 $q\times p$ 常阵 $\boldsymbol{M}_{\mathrm{hr}}$ 为 $\boldsymbol{M}(s)$ 的行次系数阵，且有

$$\boldsymbol{M}_{\mathrm{hr}}\text{行 }i=\boldsymbol{M}(s)\text{ 行 }i\text{ 中相应 }s^{k_{\mathrm{r}i}}\text{ 的系数组成的行},\quad i=1,2,\cdots,q \tag{7.92}$$

相应地，称 $\boldsymbol{M}_{\mathrm{rL}}(s)$ 为 $\boldsymbol{M}(s)$ 的低次多项式矩阵，且有

$$\delta_{\mathrm{r}i}\boldsymbol{M}_{\mathrm{rL}}(s)<k_{\mathrm{r}i},\qquad i=1,2,\cdots,q \tag{7.93}$$

注 2 对 $q=p$ 即方多项式矩阵 $\boldsymbol{M}(s)$ 情形，由行次表达式(7.90)可导出如下的有用关系式：

$$\det\boldsymbol{M}(s)=(\det\boldsymbol{M}_{\mathrm{hr}})s^{\sum k_{\mathrm{r}i}}+\text{次数低于}\sum k_{\mathrm{r}i}\text{多项式} \tag{7.94}$$

7.11 既约性

既约性(reduced property)是多项式矩阵的一个基本属性。既约性实质上反映了多项式矩阵在次数上的不可简约属性。既约性可分类为列既约性和行既约性。

本节主要内容包括既约性定义，既约性判据，非既约矩阵的既约化等。

7.11.1　列既约性和行既约性

这一部分中，先来讨论列既约性和行既约性的概念。

定义 7.17［方阵的既约性］　给定 $p\times p$ 方非奇异多项式矩阵 $\boldsymbol{M}(s)$，表 $\delta_{ci}\boldsymbol{M}(s)$ 和 $\delta_{ri}\boldsymbol{M}(s)$ 为列次数和行次数，$i=1,2,\cdots,p$。则称 $\boldsymbol{M}(s)$ 为列既约，当且仅当

$$\deg\det\boldsymbol{M}(s)=\sum_{i=1}^{p}\delta_{ci}\boldsymbol{M}(s)\tag{7.95}$$

称 $\boldsymbol{M}(s)$ 为行既约，当且仅当

$$\deg\det\boldsymbol{M}(s)=\sum_{i=1}^{p}\delta_{ri}\boldsymbol{M}(s)\tag{7.96}$$

注　非奇异多项式矩阵的列既约和行既约一般为不相关。但若非奇异多项式矩阵为对角阵，则列既约必意味着行既约。

例 7.17　给定 2×2 多项式矩阵 $\boldsymbol{M}(s)$ 为

$$\boldsymbol{M}(s)=\begin{bmatrix}3s^2+2s & 2s+4\\ s^2+s-3 & 7s\end{bmatrix}$$

容易定出

$$k_{c1}=2,\quad k_{c2}=1;\qquad k_{r1}=2,\quad k_{r2}=2$$
$$\deg\det\boldsymbol{M}(s)=3$$

因而，有

$$\sum_{i=1}^{2}k_{ci}=3=\deg\det\boldsymbol{M}(s)=3$$
$$\sum_{i=1}^{2}k_{ri}=4>\deg\det\boldsymbol{M}(s)=3$$

据定义知，$\boldsymbol{M}(s)$ 为列既约但非行既约。

定义 7.18［非方阵的既约性］　给定一个 $q\times p$ 非方满秩多项式矩阵 $\boldsymbol{M}(s)$，称 $\boldsymbol{M}(s)$ 为列既约，当且仅当 $q\geqslant p$ 且 $\boldsymbol{M}(s)$ 至少包含一个 $p\times p$"行列式次数 $=\boldsymbol{M}(s)$ 列次数和"列既约矩阵；称 $\boldsymbol{M}(s)$ 为行既约，当且仅当 $p\geqslant q$ 且 $\boldsymbol{M}(s)$ 至少包含一个 $q\times q$"行列式次数 $=\boldsymbol{M}(s)$ 行次数和"行既约矩阵。

7.11.2　既约性判据

基于列既约性和行既约性的定义，下面给出判别多项式矩阵既约性的一些常用判据。

1. 列次/行次系数矩阵判据

结论 7.26［方多项式矩阵情形］　给定 $p\times p$ 方非奇异多项式矩阵 $\boldsymbol{M}(s)$，令

M_{hc} 和 M_{hr} 为列次系数矩阵和行次系数矩阵，k_{ci} 和 k_{ri} 为列次数和行次数，$i=1,2,\cdots,p$。则

$$M(s) \text{ 列既约} \Leftrightarrow \text{列次系数矩阵 } M_{hc} \text{ 非奇异} \tag{7.97}$$

$$M(s) \text{ 行既约} \Leftrightarrow \text{行次系数矩阵 } M_{hr} \text{ 非奇异} \tag{7.98}$$

证 限于证明式(7.97)，类似地也可证明式(7.98)。为此，基于方多项式矩阵 $M(s)$ 的列次表达式，有

$$\det M(s) = (\det M_{hc}) s^{\sum k_{ci}} + \text{次数低于} \sum k_{ci} \text{ 多项式}$$

基此，即可证得

$$\begin{aligned} M(s) \text{ 列既约} \quad &\Leftrightarrow \quad \deg \det M(s) = \sum_{i=1}^{p} k_{ci} \\ &\Leftrightarrow \quad \det M_{hc} \neq 0 \quad \Leftrightarrow \quad M_{hc} \text{ 非奇异} \end{aligned} \tag{7.99}$$

结论 7.27 [非方多项式矩阵情形] 给定 $q \times p$ 非方满秩多项式矩阵 $M(s)$，令 M_{hc} 和 M_{hr} 为列次系数矩阵和行次系数矩阵，k_{cj} 和 k_{ri} 为列次数和行次数，其中 $j=1,2,\cdots,p$，$i=1,2,\cdots,q$。则

$$M(s) \text{ 列既约} \quad \Leftrightarrow \quad q \geqslant p \text{ 且 } \operatorname{rank} M_{hc} = p \tag{7.100}$$

$$M(s) \text{ 行既约} \quad \Leftrightarrow \quad p \geqslant q \text{ 且 } \operatorname{rank} M_{hr} = q \tag{7.101}$$

证 限于证明式(7.100)，类似地可证式(7.101)。为此，据非方 $M(s)$ 列次表达式，有

$$M(s) = M_{hc} S_c(s) + M_{cL}(s) \tag{7.102}$$

基此，即可证得

$$\begin{aligned} &q \times p \text{ 的 } M(s) \text{ 列既约} \\ &\quad \Leftrightarrow \quad q \geqslant p \text{ 且 } M(s) \text{ 至少包含一个 } p \times p \text{“行列式次数} = M(s) \\ &\qquad\quad \text{列次数和”列既约阵} \\ &\quad \Leftrightarrow \quad q \geqslant p \text{ 且 } M_{hc} \text{ 至少包含一个 } p \times p \text{ 非奇异阵} \\ &\quad \Leftrightarrow \quad q \geqslant p \text{ 且 } \operatorname{rank} M_{hc} = p \end{aligned} \tag{7.103}$$

例 7.18 给定 2×2 非奇异方多项式矩阵 $M(s)$ 为

$$M(s) = \begin{bmatrix} 3s^2 + 2s & 2s + 4 \\ s^2 + s - 3 & 7s \end{bmatrix}$$

容易定出：

$$M_{hc} = \begin{bmatrix} 3 & 2 \\ 1 & 7 \end{bmatrix}, \qquad M_{hr} = \begin{bmatrix} 3 & 0 \\ 1 & 0 \end{bmatrix}$$

从而，由 M_{hc} 为非奇异和 M_{hr} 为奇异知，$M(s)$ 为列既约但非行既约。

2. 多项式向量判据

结论 7.28 [方多项式矩阵情形] 给定 $p \times p$ 方非奇异多项式矩阵 $M(s)$，令 k_{ci} 和 k_{ri} 为列次数和行次数，$i=1,2,\cdots,p$，则

(i) $\boldsymbol{M}(s)$为列既约，当且仅当对任一 $p\times 1$ 多项式向量 $\boldsymbol{p}(s)\neq\boldsymbol{0}$，使如下构成的 $p\times 1$ 多项式向量

$$\boldsymbol{q}(s)=\boldsymbol{M}(s)\boldsymbol{p}(s) \tag{7.104}$$

满足关系式

$$\deg\boldsymbol{q}(s)=\max_{i:p_i(s)\neq 0}[\deg p_i(s)+k_{ci}] \tag{7.105}$$

其中，$p_i(s)$为 $\boldsymbol{p}(s)$的第 i 个元多项式。

(ii) $\boldsymbol{M}(s)$为行既约，当且仅当对任一 $1\times p$ 多项式向量 $\boldsymbol{f}(s)\neq\boldsymbol{0}$，使如下构成的 $1\times p$ 多项式向量

$$\boldsymbol{h}(s)=\boldsymbol{f}(s)\boldsymbol{M}(s) \tag{7.106}$$

满足关系式

$$\deg\boldsymbol{h}(s)=\max_{j:f_j(s)\neq 0}[\deg f_j(s)+k_{rj}] \tag{7.107}$$

其中，$f_j(s)$为 $\boldsymbol{f}(s)$的第 j 个元多项式。

在既约性判据和定义基础上，进而给出如下重要推论。

结论 7.29［既约矩阵的属性］　在一定限制下，$p\times p$ 列既约矩阵的列次数和 $p\times p$ 行既约矩阵的行次数在单模变换下保持为不变。即对列既约矩阵情形，设 $\boldsymbol{M}(s)$和 $\bar{\boldsymbol{M}}(s)$为两个 $p\times p$ 列既约矩阵，且它们的列次数序列满足非降性，有

$$k_{c1}\leqslant k_{c2}\leqslant\cdots\leqslant k_{cp},\qquad \bar{k}_{c1}\leqslant\bar{k}_{c2}\leqslant\cdots\leqslant\bar{k}_{cp} \tag{7.108}$$

那么，若 $\boldsymbol{M}(s)$为 $\bar{\boldsymbol{M}}(s)$的单模变换即 $\boldsymbol{M}(s)=\bar{\boldsymbol{M}}(s)\boldsymbol{U}(s)$，$\boldsymbol{U}(s)$为单模阵，则必成立：

$$k_{ci}=\bar{k}_{ci},\qquad i=1,2,\cdots,p \tag{7.109}$$

7.11.3　非既约矩阵的既约化

线性时不变系统的不少复频率域分析和综合问题都以既约性为条件。把非既约多项式矩阵化为既约多项式矩阵是复频率域方法中经常遇到的基本问题。既约化的基本途径是通过引入单模变换以降低某些过高列次数或过高行次数。

下面，不加证明地给出如下一个结论。

结论 7.30［非既约矩阵的既约化］　给定非既约 $p\times p$ 非奇异多项式矩阵 $\boldsymbol{M}(s)$，则必可找到一对 $p\times p$ 单模阵 $\boldsymbol{U}(s)$和 $\boldsymbol{V}(s)$，使 $\boldsymbol{M}(s)\boldsymbol{U}(s)$和 $\boldsymbol{V}(s)\boldsymbol{M}(s)$为列既约或行既约。

例 7.19　给定 2×2 非奇异多项式矩阵 $\boldsymbol{M}(s)$为

$$\boldsymbol{M}(s)=\begin{bmatrix}(s+2)^2(s+3)^2 & -(s+2)^2(s+3)\\ 0 & s+3\end{bmatrix}$$

容易定出，列次系数阵为

$$\boldsymbol{M}_{hc}=\begin{bmatrix}1 & 1\\ 0 & 0\end{bmatrix}$$

且由 $\boldsymbol{M}_{hc}$ 为奇异知，$\boldsymbol{M}(s)$为非列既约。分别引入如下 2×2 单模阵 $\boldsymbol{U}(s)$和 $\boldsymbol{V}(s)$，

使有

$$\boldsymbol{M}(s)\boldsymbol{U}(s)=\begin{bmatrix}(s+2)^2(s+3)^2 & -(s+2)^2(s+3)\\ 0 & s+3\end{bmatrix}\begin{bmatrix}1 & 0\\ s+3 & 1\end{bmatrix}$$

$$=\begin{bmatrix}0 & -(s+2)^2(s+3)\\ (s+3)^2 & s+3\end{bmatrix}$$

和

$$\boldsymbol{V}(s)\boldsymbol{M}(s)=\begin{bmatrix}1 & (s+2)^2\\ 0 & 1\end{bmatrix}\begin{bmatrix}(s+2)^2(s+3)^2 & -(s+2)^2(s+3)\\ 0 & s+3\end{bmatrix}$$

$$=\begin{bmatrix}(s+2)^2(s+3)^2 & 0\\ 0 & s+3\end{bmatrix}$$

不难看出，$\boldsymbol{M}(s)\boldsymbol{U}(s)$和$\boldsymbol{V}(s)\boldsymbol{M}(s)$为列既约，实现了使非列既约$\boldsymbol{M}(s)$的列既约化。并且还可看出，在实现列既约化的机制上，$\boldsymbol{M}(s)\boldsymbol{U}(s)$是通过降低$\boldsymbol{M}(s)$中第一列的列次数而做到的，而$\boldsymbol{V}(s)\boldsymbol{M}(s)$则是通过降低$\boldsymbol{M}(s)$中第二列的列次数来做到的。

7.12 史密斯形

史密斯(Smith)形是多项式矩阵的一种重要规范形。任一多项式矩阵都可通过初等行运算和列运算而化为史密斯形。在史密斯形基础上导出的有理分式矩阵史密斯-麦克米伦形是研究传递函数矩阵极点和零点的基础。本节是对史密斯形的简要介绍，内容涉及史密斯形的形式、算法和属性等。

7.12.1 史密斯形的形式

首先，给出史密斯形的形式和特征。

定义 7.19 [史密斯形] 给定 $q\times p$ 多项式矩阵：

$$\boldsymbol{Q}(s),\quad \operatorname{rank}\boldsymbol{Q}(s)=r,\quad 0\leqslant r\leqslant \min(q,p) \tag{7.110}$$

其史密斯形为通过相应维数单模矩阵对$\{\boldsymbol{V}(s),\boldsymbol{U}(s)\}$变换导出的形如下式的多项式矩阵：

$$\boldsymbol{U}(s)\boldsymbol{Q}(s)\boldsymbol{V}(s)=\boldsymbol{\Lambda}(s)=\left[\begin{array}{ccc|c}\lambda_1(s) & & & \boldsymbol{0}\\ & \ddots & & \vdots\\ & & \lambda_r(s) & \boldsymbol{0}\\ \hline \boldsymbol{0} & \cdots & \boldsymbol{0} & \boldsymbol{0}\end{array}\right] \tag{7.111}$$

其中，$\{\lambda_i(s),\ i=1,2,\cdots,r\}$为非零首 1 多项式，且满足整除性：

$$\lambda_i(s)\mid\lambda_{i+1}(s),\qquad i=1,2,\cdots,r-1 \tag{7.112}$$

进而，给出构造史密斯形的算法。

算法 7.2 [史密斯形算法] 给定 $q\times p$ 多项式矩阵$\boldsymbol{Q}(s)$，$\operatorname{rank}\boldsymbol{Q}(s)=r$，$0\leqslant r\leqslant\min(q,p)$，要求构造其史密斯形$\boldsymbol{\Lambda}(s)$。

Step 1：若 $\boldsymbol{Q}(s)\equiv\boldsymbol{0}$，则史密斯形 $\boldsymbol{\Lambda}(s)=\boldsymbol{0}$，去到 Step 17；若 $\boldsymbol{Q}(s)\neq\boldsymbol{0}$，进入下一步。

Step 2：若 $\boldsymbol{Q}(s)$ 为式(7.117)所示形式，去到 Step 12；否则，令 $i=1$，进入下一步。

Step 3：对矩阵未对角化部分，通过行交换和列交换初等运算，将次数最低元多项式换到 (i,i) 位置上，记为 $q_{ii}(s)$。

Step 4：将所得矩阵未对角化部分第 i 行和第 i 列的各元多项式分别用 $q_{ii}(s)$ 相除，求出商式 $p_{ij}(s)$，$p_{ki}(s)$ 和余式 $f_{ij}(s)$，$f_{ki}(s)$：

$$\begin{cases} q_{ij}(s)=q_{ii}(s)p_{ij}(s)+f_{ij}(s) \\ q_{ki}(s)=q_{ii}(s)p_{ki}(s)+f_{ki}(s) \end{cases} \tag{7.113}$$

其中，$j=i+1,\cdots,p$，$k=i+1,\cdots,q$。

Step 5：若余式 $f_{ij}(s)$，$f_{ki}(s)$ 对所有 $j=i+1,\cdots,p$，$k=i+1,\cdots,q$ 全为零，去到Step 8；若余式 $f_{ij}(s)$，$f_{ki}(s)$ 对所有 $j=i+1,\cdots,p$，$k=i+1,\cdots,q$ 不全为零，进入下一步。

Step 6：在不为零余式中找出次数最低余式，例如 $f_{\alpha i}(s)$，并作如下运算

$$\text{“行 } \alpha\text{”}-\text{“行 } i\times p_{\alpha i}(s)\text{”} \tag{7.114}$$

Step 7：若余式 $f_{ij}(s)$，$f_{ki}(s)$ 对所有 $j=i+1,\cdots,p$，$k=i+1,\cdots,q$ 全为零，进入下一步；若余式 $f_{ij}(s)$，$f_{ki}(s)$ 对所有 $j=i+1,\cdots,p$，$k=i+1,\cdots,q$ 不全为零，去到 Step 3。

Step 8：作如下行和列运算

$$\begin{cases} \text{“行 } k\text{”}-\text{“行 } i\times\tilde{p}_{ki}(s)\text{”}, & k=i+1,\cdots,q \\ \text{“列 } j\text{”}-\text{“列 } i\times\tilde{p}_{ij}(s)\text{”}, & j=i+1,\cdots,p \end{cases} \tag{7.115}$$

其中，$\tilde{p}_{ki}(s)$ 和 $\tilde{p}_{ij}(s)$ 为当前第 i 列和第 i 行相应元中的商，且得形如下式的多项式矩阵：

$$\begin{bmatrix} \lambda_1^*(s) & & & \\ & \ddots & & \\ & & \lambda_i^*(s) & \\ & & & \boldsymbol{Q}_{i+1}(s) \end{bmatrix} \tag{7.116}$$

Step 9：令 $i+1=i$。

Step 10：若 $i<r+1$，去到 Step 3；若 $i=r+1$，进入下一步。

Step 11：对剩余子多项式矩阵 $\boldsymbol{Q}_{r+1}(s)$ 作行和列初等运算，使化为同维零矩阵，得到结果为

$$\left[\begin{array}{cccc:c} \lambda_1^*(s) & & & & \\ & \lambda_2^*(s) & & & \boldsymbol{0} \\ & & \ddots & & \\ & & & \lambda_r^*(s) & \\ \hdashline & & \boldsymbol{0} & & \boldsymbol{0} \end{array}\right] \tag{7.117}$$

Step 12：若$\{\lambda_i^*(s),i=1,2,\cdots,r\}$均为首1多项式，去到 Step 14；否则，进入下一步。

Step 13：对非首1多项式以首系数除以所在行。

Step 14：若$\{\lambda_i^*(s),i=1,2,\cdots,r\}$满足整除性

$$\lambda_i^*(s) \mid \lambda_{i+1}^*(s), \qquad i=1,2,\cdots,r-1 \tag{7.118}$$

去到 Step 16；否则，进入下一步。

Step 15：对式(7.117)或其导出结果同时作行和列初等变换，使得到$\{\lambda_i(s),i=1,2,\cdots,r\}$满足整除性，去到 Step 17。

Step 16：令$\lambda_i(s)=\lambda_i^*(s)$，$i=1,2,\cdots,r$。

Step 17：停止计算。

例 7.20 给定 2×3 多项式矩阵 $\boldsymbol{Q}(s)$，$\text{rank}\boldsymbol{Q}(s)=2$，现通过列和行初等变换使其变换为史密斯形。

$$\boldsymbol{Q}(s)=\begin{bmatrix} s^2+9s+8 & 4 & s+3 \\ 0 & s+3 & s+2 \end{bmatrix} \xrightarrow{\text{交换列 1 与列 2}}$$

$$\begin{bmatrix} 4 & s^2+9s+8 & s+3 \\ s+3 & 0 & s+2 \end{bmatrix} \xrightarrow{\text{“行 2”}-\text{“行 }1\times 0.25(s+3)\text{”}}$$

$$\begin{bmatrix} 4 & s^2+9s+8 & s+3 \\ 0 & -0.25(s^2+9s+8)(s+3) & (s+2)-0.25(s+3)^2 \end{bmatrix}$$

$$\xrightarrow[\text{“列 3”}-\text{“列 }1\times 0.25(s+3)\text{”}]{\text{“列 2”}-\text{“列 }1\times 0.25(s^2+9s+8)\text{”}}$$

$$\begin{bmatrix} 4 & 0 & 0 \\ 0 & -0.25(s^2+9s+8)(s+3) & (s+2)-0.25(s+3)^2 \end{bmatrix}$$

$$\xrightarrow{\text{交换列 2 与列 3}} \begin{bmatrix} 4 & 0 & 0 \\ 0 & -0.25(s+1)^2 & -0.25(s^3+12s^2+35s+24) \end{bmatrix}$$

$$\xrightarrow{\text{“列 3”}-\text{“列 }2\times(s+10)\text{”}} \begin{bmatrix} 4 & 0 & 0 \\ 0 & -0.25(s+1)^2 & -3.5(s+1) \end{bmatrix}$$

$$\xrightarrow{\text{交换列 2 与列 3}} \begin{bmatrix} 4 & 0 & 0 \\ 0 & -3.5(s+1) & -0.25(s+1)^2 \end{bmatrix}$$

$$\xrightarrow{\text{“列 3”}-\text{“列 }2\times(s+1)/14\text{”}} \begin{bmatrix} 4 & 0 & 0 \\ 0 & -3.5(s+1) & 0 \end{bmatrix}$$

$$\xrightarrow{\text{“行 1”}\times 1/4,\text{“行 2”}\times(-1/3.5)} \begin{bmatrix} 1 & 0 & 0 \\ 0 & s+1 & 0 \end{bmatrix}=\boldsymbol{\Lambda}(s)$$

7.12.2 史密斯形的特性

下面，进一步给出史密斯形的一些基本特性。

1. 不变多项式

结论 7.31 [不变多项式]　对 $q\times p$ 多项式矩阵 $\boldsymbol{Q}(s)$，$\mathrm{rank}\boldsymbol{Q}(s)=r$，$0\leqslant r\leqslant \min(q,p)$，其史密斯形 $\boldsymbol{\Lambda}(s)$ 中 $\lambda_1(s),\lambda_2(s),\cdots,\lambda_r(s)$ 为 $\boldsymbol{Q}(s)$ 的不变多项式。即，若令

$$\Delta_i(s)=\gcd\{\boldsymbol{Q}(s)\text{ 所有 } i\times i \text{ 子式}\},\quad i=1,2,\cdots,r,\quad \Delta_0=1 \tag{7.119}$$

则有

$$\begin{aligned}\lambda_1(s)&=\Delta_1(s)/\Delta_0(s)\\ \lambda_2(s)&=\Delta_2(s)/\Delta_1(s)\\ &\cdots\cdots\\ \lambda_r(s)&=\Delta_r(s)/\Delta_{r-1}(s)\end{aligned} \tag{7.120}$$

证　考虑到 $\gcd\{\boldsymbol{Q}(s)$ 所有 $i\times i$ 子式$\}$ 与对 $\boldsymbol{Q}(s)$ 施加的列和行初等运算无关，有

$$\gcd\{\boldsymbol{Q}(s)\text{ 所有 } i\times i \text{ 子式}\}=\gcd\{\boldsymbol{\Lambda}(s)\text{ 所有 } i\times i \text{ 子式}\} \tag{7.121}$$

基此，可以导出

$$\Delta_i(s)=\lambda_1(s)\cdots\lambda_i(s),\qquad \Delta_{i-1}(s)=\lambda_1(s)\cdots\lambda_{i-1}(s) \tag{7.122}$$

再注意到 $\lambda_i(s)$ 均为非零，$i=1,2,\cdots,r$，由式(7.122)即可证得

$$\Delta_i(s)/\Delta_{i-1}(s)=\lambda_i(s),\qquad i=1,2,\cdots,r \tag{7.123}$$

注　$\boldsymbol{Q}(s)$ 的不变多项式的含义是指与施加于其上的列和行初等运算无关的多项式。

2. 史密斯形的唯一性

结论 7.32 [史密斯形唯一性]　对 $q\times p$ 多项式矩阵 $\boldsymbol{Q}(s)$，$\mathrm{rank}\boldsymbol{Q}(s)=r$，$0\leqslant r\leqslant \min(p,q)$，其史密斯形 $\boldsymbol{\Lambda}(s)$ 唯一。

证　考虑到 $\boldsymbol{Q}(s)$ 给定后，其各阶子式最大公因式 $\gcd\{\boldsymbol{Q}(s)$ 所有 $i\times i$ 子式$\}$ 即 $\Delta_i(s)$，$i=1,2,\cdots,r$ 就唯一确定。再由式(7.120)可知，$\boldsymbol{Q}(s)$ 的不变多项式 $\lambda_i(s)$ 随之唯一确定，$i=1,2,\cdots,r$。从而，史密斯形 $\boldsymbol{\Lambda}(s)$ 唯一。证明完成。

3. 史密斯形的单模变换的不唯一性

结论 7.33 [单模变换不唯一性]　对 $q\times p$ 多项式矩阵 $\boldsymbol{Q}(s)$，$\mathrm{rank}\boldsymbol{Q}(s)=r$，使变换为史密斯形 $\boldsymbol{\Lambda}(s)$ 的单模变换矩阵对 $\{\boldsymbol{U}(s),\boldsymbol{V}(s)\}$ 不唯一。

4. 史密斯意义的等价性

结论 7.34 [史密斯意义等价]　称两个 $q\times p$ 多项式矩阵 $\boldsymbol{Q}_1(s)$ 和 $\boldsymbol{Q}_2(s)$ 为史密斯意义等价，当且仅当 $\boldsymbol{Q}_1(s)$ 和 $\boldsymbol{Q}_2(s)$ 具有相同史密斯形 $\boldsymbol{\Lambda}(s)$，记为

$$\boldsymbol{Q}_1(s)\overset{S}{\sim}\boldsymbol{Q}_2(s) \tag{7.124}$$

且史密斯意义等价性具有如下特性：

反身性：$Q_1(s) \overset{S}{\sim} Q_2(s) \quad \Rightarrow \quad Q_2(s) \overset{S}{\sim} Q_1(s)$

自反性：$Q_1(s) \overset{S}{\sim} Q_1(s)$

传递性：$Q_1(s) \overset{S}{\sim} Q_2(s),\ Q_2(s) \overset{S}{\sim} Q_3(s) \quad \Rightarrow \quad Q_1(s) \overset{S}{\sim} Q_3(s)$

5. 史密斯意义等价的条件

结论 7.35［史密斯意义等价条件］　两个 $q\times p$ 多项式矩阵 $\boldsymbol{Q}_1(s)$ 和 $\boldsymbol{Q}_2(s)$ 为史密斯意义等价即 $\boldsymbol{Q}_1(s)\overset{S}{\sim}\boldsymbol{Q}_2(s)$，当且仅当存在 $q\times q$ 和 $p\times p$ 单模阵 $\boldsymbol{P}(s)$ 和 $\boldsymbol{T}(s)$，使下式成立：

$$\boldsymbol{Q}_2(s) = \boldsymbol{P}(s)\boldsymbol{Q}_1(s)\boldsymbol{T}(s) \tag{7.125}$$

证　按史密斯意义等价定义，$\boldsymbol{Q}_1(s)\overset{S}{\sim}\boldsymbol{Q}_2(s)$ 等价于成立关系式：

$$\boldsymbol{\Lambda}(s) = \boldsymbol{U}_1(s)\boldsymbol{Q}_1(s)\boldsymbol{V}_1(s) = \boldsymbol{U}_2(s)\boldsymbol{Q}_2(s)\boldsymbol{V}_2(s) \tag{7.126}$$

其中，$\boldsymbol{U}_i(s)$ 和 $\boldsymbol{V}_i(s)$ 为单模阵，$i=1,2$。将式(7.126)左乘 $\boldsymbol{U}_2^{-1}(s)$ 和右乘 $\boldsymbol{V}_2^{-1}(s)$，且知它们也为单模阵，可以导出

$$\boldsymbol{Q}_2(s) = \boldsymbol{U}_2^{-1}(s)\boldsymbol{U}_1(s)\boldsymbol{Q}_1(s)\boldsymbol{V}_1(s)\boldsymbol{V}_2^{-1}(s) \tag{7.127}$$

再表

$$\boldsymbol{P}(s) = \boldsymbol{U}_2^{-1}(s)\boldsymbol{U}_1(s), \qquad \boldsymbol{T}(s) = \boldsymbol{V}_1(s)\boldsymbol{V}_2^{-1}(s) \tag{7.128}$$

且知它们也为单模阵。于是，由式(7.127)即可导出式(7.125)。证明完成。

6. 史密斯意义等价和相似等价

结论 7.36［史密斯意义等价和相似等价］　给定同维两个方常阵 $\boldsymbol{A}$ 和 $\boldsymbol{B}$，则有

$$(s\boldsymbol{I}-\boldsymbol{A}) \overset{S}{\sim} (s\boldsymbol{I}-\boldsymbol{B}) \quad \Leftrightarrow \quad \boldsymbol{A} \text{ 和 } \boldsymbol{B} \text{ 相似} \tag{7.129}$$

7. 基于史密斯形的互质性判据

结论 7.37［互质性判据］　两个列数相同的 $q\times p$ 和 $p\times p$ 多项式矩阵 $\boldsymbol{N}(s)$ 和 $\boldsymbol{D}(s)$ 为右互质的充分必要条件是

$$\begin{bmatrix}\boldsymbol{D}(s)\\ \boldsymbol{N}(s)\end{bmatrix} \text{ 的史密斯形为 } \begin{bmatrix}\boldsymbol{I}_p\\ \boldsymbol{0}\end{bmatrix} \tag{7.130}$$

对偶地，两个行数相同的 $q\times p$ 和 $q\times q$ 多项式矩阵 $\boldsymbol{N}_{\mathrm{L}}(s)$ 和 $\boldsymbol{D}_{\mathrm{L}}(s)$ 为左互质的充分必要条件是

$$[\boldsymbol{D}_{\mathrm{L}}(s) \quad \boldsymbol{N}_{\mathrm{L}}(s)] \text{ 的史密斯形为 } [\boldsymbol{I}_q \quad \boldsymbol{0}] \tag{7.131}$$

7.13　波波夫形

波波夫形(Popov form)又称多项式阶梯形(polynomial-echelon form)。波波夫形是多项式矩阵的一种规范形，由波波夫(V. M. Popov)在 20 世纪 60 年代末引入。

本节是对波波夫形的简要讨论，内容涉及波波夫形的形式、基本特性和算法等。

7.13.1　波波夫形的形式

这一部分中，先来给出多项式矩阵的波波夫形和准波波夫形的定义。

定义 7.20［波波夫形］　称 $p\times p$ 方多项式矩阵

$$\boldsymbol{D}_{\mathrm{E}}(s)=\begin{bmatrix} d_{11}(s) & \cdots & d_{1p}(s) \\ \vdots & & \vdots \\ d_{p1}(s) & \cdots & d_{pp}(s) \end{bmatrix} \tag{7.132}$$

为波波夫形，如果具有如下特性：

(i) $\boldsymbol{D}_{\mathrm{E}}(s)$为列既约，且列次数非降即有 $k_{c1}\leqslant k_{c2}\leqslant\cdots\leqslant k_{cp}$。

(ii) 对列 j，$j=1,2,\cdots,p$，存在主指数 $m_j\in[1,2,\cdots,p]$，使主元 $d_{m_j j}(s)$满足如下条件：

① $\deg[d_{m_j j}(s)]=k_{cj}$；

② $d_{m_j j}(s)$为首 1 多项式；

③ 列 j 中位于 $d_{m_j j}(s)$以下所有元多项式的次数均小于列次数，即

$$\deg[d_{ij}(s)]<k_{cj},\qquad \forall\, i>m_j \tag{7.133}$$

④ 对列 i 和列 j，如果 $i<j$ 而 $k_{ci}=k_{cj}$，则有 $m_i<m_j$；

⑤ $d_{m_j j}(s)$在所在行中为次数最高，即

$$\deg[d_{m_j q}(s)]<k_{cj},\qquad \forall\, q\neq j \tag{7.134}$$

例 7.21　给定 3×3 多项式矩阵 $\boldsymbol{D}(s)$为

$$\boldsymbol{D}(s)=\begin{bmatrix} 5s+1 & \boxed{s^2+3s+2} & 4s+6 \\ 3s+4 & 2s+1 & \boxed{s^3+s^2+2} \\ \boxed{s+7} & 3 & 5 \end{bmatrix}$$

现来判断 $\boldsymbol{D}(s)$是否为波波夫形 $\boldsymbol{D}_{\mathrm{E}}(s)$。

(i) 判别 $\boldsymbol{D}(s)$的列既约性和列次数非降性

由 $k_{c1}=1$，$k_{c2}=2$，$k_{c3}=3$ 和 $\deg\det\boldsymbol{D}(s)=6$ 知，$\boldsymbol{D}(s)$为列既约，并满足列次数非降性 $k_{c1}=1<k_{c2}=2<k_{c3}=3$。

(ii) 判别各个列的主元是否满足定义条件

按定义中主元主要特征，在 $\boldsymbol{D}(s)$中用虚线框出每个列候选主元，即

$$d_{m_1,1}(s)=d_{3,1}(s),\qquad d_{m_2,2}(s)=d_{1,2}(s),\qquad d_{m_3,3}(s)=d_{2,3}(s)$$

基此，定出主指数为

$$m_1=3,\qquad m_2=1,\qquad m_3=2$$

进而，逐个检验定义中的条件：

① 满足“$\deg[d_{m_jj}(s)]=k_{cj}$”条件，即

$$\deg(d_{31}(s))=1=k_{c1},\quad \deg(d_{12}(s))=2=k_{c2},\quad \deg(d_{23}(s))=3=k_{c3}$$

② 候选主元 $d_{31}(s)$，$d_{12}(s)$，$d_{23}(s)$ 均为首 1 多项式，满足“$d_{m_jj}(s)$ 为首 1”条件。

③ 位于候选主元 $d_{31}(s)$，$d_{12}(s)$，$d_{23}(s)$ 以下所有元多项式，满足其次数均小于对应列次数的条件。

④ “$k_{c1}=1$”≠“$k_{c2}=2$”≠“$k_{c3}=3$”，不出现“$k_{ci}=k_{cj}$，$i<j$”情形。

⑤ 候选主元 $d_{31}(s)$，$d_{12}(s)$，$d_{23}(s)$ 在所处行中次数最高，满足“$d_{m_jj}(s)$ 在所在行中次数最高”条件。

综上分析，并据定义，可知给定多项式矩阵 $\boldsymbol{D}(s)$ 为波波夫形 $\boldsymbol{D}_{\mathrm{E}}(s)$。

定义 7.21 [准波波夫形]　称形为式(7.132)的 $p\times p$ 多项式矩阵 $\boldsymbol{D}_{\mathrm{QE}}(s)$ 为准波波夫形，如果具有特性：

(i) 同于波波夫形定义中对应条件。

(ii) ①～④同于波波夫形定义中对应条件。

⑤ 主元位置指数即主指数 $\{m_1,m_2,\cdots,m_p\}$ 为两两相异。

注　由比较波波夫形和准波波夫形可以看出，差别仅在于条件(2)中⑤不同，即用较易满足的“主指数 $\{m_1,m_2,\cdots,m_p\}$ 两两相异”代替较难满足的“$d_{m_jj}(s)$ 在所在行中次数最高”。随后将可看到，准波波夫形是由给定多项式矩阵导出波波夫形的一个过渡形式。

例 7.22　给定 3×3 多项式矩阵 $\boldsymbol{D}(s)$ 为

$$\boldsymbol{D}(s)=\begin{bmatrix} 5s+1 & \boxed{s^2+3s+2} & 2s^3+3s^2+4s+5 \\ 3s+4 & 2s+1 & \boxed{s^3+s^2+2} \\ \boxed{s+7} & 4s+3 & 3s^2+5s+2 \end{bmatrix}$$

通过与例 7.21 中类同判别过程可知，满足定义中“条件(i)”和“条件(ii)中①～④”。进而，可以看出，主指数 $m_1=3$，$m_2=1$，$m_3=2$ 为两两相异，但主元多项式在所在行中次数不全为最高。这表明，满足准波波夫形定义中“条件(ii)⑤”，但不满足波波夫形定义中“条件(ii)⑤”。因此，给定多项式矩阵 $\boldsymbol{D}(s)$ 为准波波夫形，但不是波波夫形。

7.13.2　波波夫形的基本特性

下面，给出波波夫形的一些基本特性。

1. 波波夫形的矩阵系数多项式

结论 7.38 [矩阵系数多项式]　对 $p\times p$ 波波夫形多项式矩阵 $\boldsymbol{D}_{\mathrm{E}}(s)$，表

$$\text{列次数}=k_{ci},\quad i=1,2,\cdots,p \tag{7.135}$$

$$L=\max\{k_{c1},\cdots,k_{cp}\} \tag{7.136}$$

则可把 $\boldsymbol{D}_E(s)$ 表为矩阵系数多项式：

$$\boldsymbol{D}_E(s)=\boldsymbol{D}_L s^L+\boldsymbol{D}_{L-1}s^{L-1}+\cdots+\boldsymbol{D}_1 s+\boldsymbol{D}_0 \tag{7.137}$$

其中，矩阵系数 $\boldsymbol{D}_i, i=0,1,\cdots,L$ 均为 $p\times p$ 常阵。

2. 波波夫形的扩展系数矩阵

结论 7.39［扩展系数矩阵］　对 $p\times p$ 波波夫形多项式矩阵 $\boldsymbol{D}_E(s)$ 及其矩阵系数多项式(7.137)，定义 $\boldsymbol{D}_E(s)$ 的 $p\times p(L+1)$ 扩展系数矩阵为

$$\mathscr{D}'_E=[\boldsymbol{D}'_0\quad \boldsymbol{D}'_1\quad \cdots\quad \boldsymbol{D}'_L] \tag{7.138}$$

其中，$\boldsymbol{D}'_i$ 为所示矩阵的转置。则 $\mathscr{D}'_E$ 呈现为阶梯形常阵，而这正是又称波波夫形为多项式阶梯形的原因。

例 7.23　给定 3×3 波波夫形多项式矩阵 $\boldsymbol{D}_E(s)$，并表其为矩阵系数多项式，有

$$\boldsymbol{D}_E(s)=\begin{bmatrix}5s+1 & s^2+3s+2 & 4s+6\\ 3s+4 & 2s+1 & s^3+s^2+2\\ s+7 & 3 & 5\end{bmatrix}$$

$$=\begin{bmatrix}0&0&0\\0&0&1\\0&0&0\end{bmatrix}s^3+\begin{bmatrix}0&1&0\\0&0&1\\0&0&0\end{bmatrix}s^2+\begin{bmatrix}5&3&4\\3&2&0\\1&0&0\end{bmatrix}s+\begin{bmatrix}1&2&6\\4&1&2\\7&3&5\end{bmatrix}$$

进而，组成扩展系数矩阵 $\mathscr{D}'_E$ 为

$$\mathscr{D}'_E=\left[\begin{array}{ccc:ccc:ccc:ccc}1&4&7&5&3&①&0&0&0&0&0&0\\2&1&3&3&2&0&①&0&0&0&0&0\\6&2&5&4&0&0&0&1&0&0&①&0\end{array}\right]$$

显然，$\mathscr{D}'_E$ 中“圈①内元 1”对应于 $\boldsymbol{D}_E(s)$ 中相应列“主元多项式首系数”，并因此称其为 $\mathscr{D}'_E$ 的主元。可以看出，$\mathscr{D}'_E$ 形状上呈现为以主元①为支点的阶梯形。并且，$\mathscr{D}'_E$ 包含了波波夫形 $\boldsymbol{D}_E(s)$ 的一切特征。

3. 波波夫形的扩展系数矩阵特征

结论 7.40［扩展系数矩阵特征］　对 $p\times p$ 波波夫形 $\boldsymbol{D}_E(s)$ 的扩展系数矩阵 $\mathscr{D}'_E$，令

$$\alpha_i=\mathscr{D}'_E\text{ 的第 } i \text{ 行中主元 ① 所处列位置指数},\ i=1,2,\cdots,p \tag{7.139}$$

则列位置指数 $\{\alpha_i, i=1,2,\cdots,p\}$ 为强意义下不相等，即有

$$\alpha_i\neq\alpha_j \bmod p,\qquad i\neq j \tag{7.140}$$

例 7.24　对例 7.23 的 3×3 波波夫形 $\boldsymbol{D}_E(s)$，由所导出扩展系数矩阵 $\mathscr{D}'_E$ 可以看出，主元①在 $\mathscr{D}'_E$ 各行中所处列位置指数为

$$\alpha_1=6,\quad \alpha_2=7,\quad \alpha_3=11$$

不难看出，它们满足强意义下不相等性，即有

$$7=\alpha_2\neq\alpha_1=6$$
$$7=\alpha_2\neq\alpha_1+p=6+3=9$$
$$7=\alpha_2\neq\alpha_1+2p=6+6=12$$
$$11=\alpha_3\neq\alpha_1=6$$
$$11=\alpha_3\neq\alpha_1+p=6+3=9$$
$$11=\alpha_3\neq\alpha_1+2p=6+6=12$$
$$11=\alpha_3\neq\alpha_2\bmod 3=7,10$$

4. 波波夫形的扩展系数矩阵中的对应关系

结论 7.41［扩展系数矩阵中对应关系］ 对 $p\times p$ 波波夫形 $\boldsymbol{D}_{\mathrm{E}}(s)$ 的扩展系数矩阵 $\mathscr{D}_{\mathrm{E}}'$，$\mathscr{D}_{\mathrm{E}}'$ 的组成形式和 $\boldsymbol{D}_{\mathrm{E}}(s)$ 的基本特征之间具有如下一些对应关系。

(i) 对 $\boldsymbol{D}_{\mathrm{E}}(s)$ 的主元 $d_{m_jj}(s)$，有

$$\boldsymbol{D}_{\mathrm{E}}(s)\text{ 中 }d_{m_jj}(s)\text{ 行位置数 }m_j=\mathscr{D}_{\mathrm{E}}'\text{ 中对应主元 ① 在块阵中列位置数}\tag{7.141}$$

$$\boldsymbol{D}_{\mathrm{E}}(s)\text{ 中 }d_{m_jj}(s)\text{ 列位置数 }j=\mathscr{D}_{\mathrm{E}}'\text{ 中对应主元 ① 在块阵中行位置数}\tag{7.142}$$

(ii) 对 $\boldsymbol{D}_{\mathrm{E}}(s)$ 中的主元 $d_{m_jj}(s)$，有

$$\boldsymbol{D}_{\mathrm{E}}(s)\text{ 中主元为首 1 多项式}\quad\Leftrightarrow\quad\mathscr{D}_{\mathrm{E}}'\text{ 中主元 ① 圈中数字为 1}\tag{7.143}$$

(iii) 对 $\boldsymbol{D}_{\mathrm{E}}(s)$ 中的主元 $d_{m_jj}(s)$，有

$$\boldsymbol{D}_{\mathrm{E}}(s)\text{ 中主元为行中次数最高}\quad\Leftrightarrow\quad\mathscr{D}_{\mathrm{E}}'\text{ 中主元 ① 为列中唯一非零元}\tag{7.144}$$

(iv) 对 $\boldsymbol{D}_{\mathrm{E}}(s)$ 中主元 $d_{m_jj}(s)$ 和 $\mathscr{D}_{\mathrm{E}}'$ 中主元①列 α_i，有

$$\text{主元 }d_{m_jj}(s)\text{ 在行中次数最高}\quad\Leftrightarrow\quad\mathscr{D}_{\mathrm{E}}'\text{ 中列}(\alpha_i+\beta p)\text{ 为零列},\beta=1,2,\cdots\tag{7.145}$$

注 结论中这些对应关系，可由例 7.23 的波波夫形多项式矩阵 $\boldsymbol{D}_{\mathrm{E}}(s)$ 及其扩展系数矩阵 $\mathscr{D}_{\mathrm{E}}'$ 得到直观验证。

5. 波波夫形的强唯一性

结论 7.42［波波夫形强唯一性］ 给定 $p\times p$ 多项式矩阵 $\boldsymbol{D}(s)$ 和任意一个 $p\times p$ 单模阵 $\boldsymbol{V}(s)$，则 $\boldsymbol{D}(s)$ 和 $\boldsymbol{D}(s)\boldsymbol{V}(s)$ 具有相同波波夫形 $\boldsymbol{D}_{\mathrm{E}}(s)$。

证 从随后将会给出的波波夫形算法可以看出，多项式矩阵 $\boldsymbol{D}(s)$ 的波波夫形 $\boldsymbol{D}_{\mathrm{E}}(s)$ 可由右乘适当同维单模阵 $\boldsymbol{U}(s)$ 导出，即 $\boldsymbol{D}_{\mathrm{E}}(s)=\boldsymbol{D}(s)\boldsymbol{U}(s)$。基此，进而可有

$$\bar{\boldsymbol{D}}_{\mathrm{E}}(s)=[\boldsymbol{D}(s)\boldsymbol{V}(s)]\bar{\boldsymbol{U}}(s)=\boldsymbol{D}(s)\boldsymbol{V}(s)[\boldsymbol{V}^{-1}(s)\boldsymbol{U}(s)]$$
$$=\boldsymbol{D}(s)\boldsymbol{U}(s)=\boldsymbol{D}_{\mathrm{E}}(s) \tag{7.146}$$

其中，取 $\bar{\boldsymbol{U}}(s)=\boldsymbol{V}^{-1}(s)\boldsymbol{U}(s)$ 为单模阵。证明完成。

6. 准波波夫形的扩展系数矩阵

结论 7.43 [扩展系数矩阵] 对 $p\times p$ 准波波夫形多项式矩阵 $\boldsymbol{D}_{\mathrm{QE}}(s)$，类似地可组成其扩展系数矩阵 $\mathscr{D}'_{\mathrm{QE}}$，且 $\mathscr{D}'_{\mathrm{QE}}$ 满足结论 7.40 和结论 7.41 中属性(i)与(ii)，但不满足结论 7.41 中属性(iii)与(iv)。

7.13.3 波波夫形的算法

原理上，任一方多项式矩阵 $\boldsymbol{D}(s)$ 的波波夫形 $\boldsymbol{D}_{\mathrm{E}}(s)$ 均可通过右乘适当同维单模阵 $\boldsymbol{U}(s)$ 来导出。下面，在给出相应算法之前，先就算法中涉及的理论问题建立两个预备性结论。

1. 求解方程 D(s)U(s)=E(s)的矩阵对{U(s),E(s)}问题

结论 7.44 [求解 $\boldsymbol{U}(s)$ 和 $\boldsymbol{E}(s)$] 对 $p\times p$ 多项式矩阵 $\boldsymbol{D}(s)$，组成 $\boldsymbol{D}(s)\boldsymbol{U}(s)=\boldsymbol{E}(s)$，其中 $\boldsymbol{E}(s)$ 为准波波夫形 $\boldsymbol{D}_{\mathrm{QE}}(s)$ 或波波夫形 $\boldsymbol{D}_{\mathrm{E}}(s)$。再表

$$\boldsymbol{D}(s)\text{ 列次数}=k_{\mathrm{c}i},\quad i=1,2,\cdots,p \tag{7.147}$$

$$L=\max\{k_{\mathrm{c}1},k_{\mathrm{c}2},\cdots,k_{\mathrm{c}p}\} \tag{7.148}$$

$$\underset{p\times 2(L+1)p}{\mathscr{B}(s)}=\left[\boldsymbol{D}(s)\quad s\boldsymbol{D}(s)\quad\cdots\quad s^L\boldsymbol{D}(s)\ \vdots\ -\boldsymbol{I}_p\quad -s\boldsymbol{I}_p\quad\cdots\quad -s^L\boldsymbol{I}_p\right] \tag{7.149}$$

则有

(i) 求解 $\{\boldsymbol{U}(s),\boldsymbol{E}(s)\}$ 问题归结为求解方程：

$$\mathscr{B}(s)\mathscr{A}=\boldsymbol{0} \tag{7.150}$$

其中，$\mathscr{B}(s)=\left[\boldsymbol{D}(s)\quad\cdots\quad s^L\boldsymbol{D}(s)\ \vdots\ -\boldsymbol{I}_p\quad\cdots\quad -s^L\boldsymbol{I}_p\right]$，待求量 $\mathscr{A}$ 为 $2(L+1)p\times p$ 矩阵。

(ii) 将得到的解 $\mathscr{A}$ 按下式作分块化表示：

$$\mathscr{A}\triangleq\begin{bmatrix}\boldsymbol{U}_0\\ \vdots\\ \boldsymbol{U}_L\\ \hdashline \boldsymbol{E}_0\\ \vdots\\ \boldsymbol{E}_L\end{bmatrix},\qquad \boldsymbol{U}_i,\boldsymbol{E}_i\in\mathscr{R}^{p\times p} \tag{7.151}$$

就得到方程 $\boldsymbol{D}(s)\boldsymbol{U}(s)=\boldsymbol{E}(s)$ 解阵对 $\{\boldsymbol{U}(s),\boldsymbol{E}(s)\}$ 为

$$\boldsymbol{U}(s)=\boldsymbol{U}_L s^L+\cdots+\boldsymbol{U}_1 s+\boldsymbol{U}_0 \tag{7.152}$$

$$\boldsymbol{E}(s)=\boldsymbol{E}_L s^L+\cdots+\boldsymbol{E}_1 s+\boldsymbol{E}_0 \tag{7.153}$$

2. 对方程$\mathscr{B}(s)\mathscr{A}=0$求解矩阵$\mathscr{A}$问题

结论 7.45［求解矩阵 $\mathscr{A}$］ 给定方程 $\mathscr{B}(s)\mathscr{A}=\mathbf{0}$，其中

$$\mathscr{B}(s)=\left[\boldsymbol{D}(s)\quad\cdots\quad s^L\boldsymbol{D}(s)\ \vdots\ -\boldsymbol{I}_p\quad\cdots\quad -s^L\boldsymbol{I}_p\right] \tag{7.154}$$

进而，定义

$$\text{相关列}\triangleq\mathscr{B}(s)\text{ 中可表为先前各列的常系数线性组合的列} \tag{7.155}$$

$$\text{首相关列}\triangleq\mathscr{B}(s)\text{ 中列位置指数强意义下不相等的相关列} \tag{7.156}$$

则有

(i) $\mathscr{B}(s)$的 p 个首相关列必出现在其后半部分$[-\boldsymbol{I}_p\quad\cdots\quad -s^L\boldsymbol{I}_p]$中。

(ii) 由 $\mathscr{B}(s)$的 p 个首相关列的常系数线性组合可导出解矩阵 $\mathscr{A}$。

在上述预备性结论基础上，现在给出化方多项式矩阵为波波夫形的算法。

算法 7.3［波波夫形算法］ 给定 $p\times p$ 多项式矩阵 $\bar{\boldsymbol{D}}(s)$，求解 $\bar{\boldsymbol{D}}(s)\boldsymbol{U}(s)=\boldsymbol{D}_{\mathrm{E}}(s)$的解阵波波夫形 $\boldsymbol{D}_{\mathrm{E}}(s)$和单模变换阵$\boldsymbol{U}(s)$。

Step 1：判断 $\bar{\boldsymbol{D}}(s)$的列既约性和列次数非降性。若 $\bar{\boldsymbol{D}}(s)$为列既约且列次数非降，表 $\bar{\boldsymbol{D}}(s)=\boldsymbol{D}(s)$，去到 Step 3；若 $\bar{\boldsymbol{D}}(s)$为非列既约或/和不满足列次数非降，进入下一步。

Step 2：化 $\bar{\boldsymbol{D}}(s)$列既约和列次数非降。引入 $p\times p$ 单模阵 $\boldsymbol{V}(s)$，使 $\boldsymbol{D}(s)=\bar{\boldsymbol{D}}(s)\boldsymbol{V}(s)$同时满足列既约和列次数非降。

Step 3：计算 $\boldsymbol{D}(s)$列次数$=k_{ci}$，$i=1,2,\cdots,p$，表 $L=\max\{k_{c1},k_{c2},\cdots,k_{cp}\}$，组成

$$\underset{p\times 2(L+1)p}{\mathscr{B}(s)}=[\boldsymbol{D}(s)\quad\cdots\quad s^L\boldsymbol{D}(s)\quad -\boldsymbol{I}_p\quad\cdots\quad -s^L\boldsymbol{I}_p]$$

在$[-\boldsymbol{I}_p\quad\cdots\quad -s^L\boldsymbol{I}_p]$中，找出 p 个首相关列，设为

$$\boldsymbol{b}_{\beta_1}(s),\ \boldsymbol{b}_{\beta_2}(s),\ \cdots,\ \boldsymbol{b}_{\beta_p}(s)$$

Step 4：导出 p 个首相关列的常系数线性组合方程

$$\alpha_{11}\boldsymbol{b}_1(s)+\alpha_{21}\boldsymbol{b}_2(s)+\cdots+\alpha_{2(L+1)p,1}\boldsymbol{b}_{2(L+1)p}(s)=\mathbf{0}$$

$$\cdots\cdots$$

$$\alpha_{1p}\boldsymbol{b}_1(s)+\alpha_{2p}\boldsymbol{b}_2(s)+\cdots+\alpha_{2(L+1)p,p}\boldsymbol{b}_{2(L+1)p}(s)=\mathbf{0}$$

Step 5：基于上述方程的系数，组成

$$\underset{2(L+1)p\times p}{\mathscr{A}}=\begin{bmatrix}\alpha_{11} & \cdots & \alpha_{1p}\\ \vdots & & \vdots\\ \alpha_{2(L+1)p,1} & \cdots & \alpha_{2(L+1)p,p}\end{bmatrix}$$

并对其按 $p\times p$ 块阵引入分块化表示：

$$\underset{2(L+1)p\times p}{\mathscr{A}}=\begin{bmatrix}\bar{\boldsymbol{U}}_0\\ \vdots\\ \bar{\boldsymbol{U}}_L\\ \hdashline \boldsymbol{E}_0\\ \vdots\\ \boldsymbol{E}_L\end{bmatrix},\qquad \bar{\boldsymbol{U}}_i,\boldsymbol{E}_i\in\mathscr{R}^{p\times p}$$

Step 6：组成

$$\bar{\boldsymbol{U}}(s)=\bar{\boldsymbol{U}}_L s^L+\cdots+\bar{\boldsymbol{U}}_1 s+\bar{\boldsymbol{U}}_0$$
$$\boldsymbol{E}(s)=\boldsymbol{E}_L s^L+\cdots+\boldsymbol{E}_1 s+\boldsymbol{E}_0$$

Step 7：若 $\boldsymbol{E}(s)$为波波夫形，取 $\boldsymbol{E}(s)=\boldsymbol{D}_{\mathrm{E}}(s)$和 $\tilde{\boldsymbol{U}}(s)=\bar{\boldsymbol{U}}(s)$，去到 Step 9；若 $\boldsymbol{E}(s)$为准波波夫形，进入下一步。

Step 8：基于波波夫形特征，对 $\mathscr{A}^{\mathrm{T}}$ 作行初等变换使之化为阶梯形，以导出$\boldsymbol{D}_{\mathrm{E}}(s)$和 $\tilde{\boldsymbol{U}}(s)$。

Step 9：对 $\bar{\boldsymbol{D}}(s)$为列既约且列次数非降情形，表 $\boldsymbol{U}(s)=\tilde{\boldsymbol{U}}(s)$；对 $\bar{\boldsymbol{D}}(s)$为非列既约或/和不满足列次数非降情形，表 $\boldsymbol{U}(s)=\boldsymbol{V}(s)\tilde{\boldsymbol{U}}(s)$。

Step 10：停止计算。

例 7.25　给定 2×2 多项式矩阵 $\boldsymbol{D}(s)$为

$$\boldsymbol{D}(s)=\begin{bmatrix}-3s & s+2\\ -s+1 & 1\end{bmatrix}$$

(i) 判断 $\boldsymbol{D}(s)$的列既约性和列次数非降性。对此，有

$$k_{\mathrm{c}1}=1,\quad k_{\mathrm{c}2}=1,\quad L=\max\{k_{\mathrm{c}1},k_{\mathrm{c}2}\}=1$$
$$\deg\det\boldsymbol{D}(s)=2,\qquad \boldsymbol{D}(s)\text{ 为列既约且列次数非降}$$

(ii) 定出 2 个首相关列。为此，组成

$$\mathscr{B}(s)=[\boldsymbol{D}(s)\quad s\boldsymbol{D}(s)\quad -\boldsymbol{I}_2\quad -s\boldsymbol{I}_2]$$
$$=\left[\begin{array}{cc:cc:cc:cc}-3s & s+2 & -3s^2 & s^2+2s & -1 & 0 & -s & 0\\ -s+1 & 1 & -s^2+s & s & 0 & -1 & 0 & -s\end{array}\right]$$
$$\quad\boldsymbol{b}_1(s)\quad\boldsymbol{b}_2(s)\quad\boldsymbol{b}_3(s)\quad\boldsymbol{b}_4(s)\quad\boldsymbol{b}_5(s)\ \boldsymbol{b}_6(s)\boldsymbol{b}_7(s)\boldsymbol{b}_8(s)$$

并在$[\boldsymbol{b}_5(s),\boldsymbol{b}_6(s),\boldsymbol{b}_7(s),\boldsymbol{b}_8(s)]$中找出 2 个首相关列

$$\boldsymbol{b}_7(s)=\begin{bmatrix}-s\\ 0\end{bmatrix}=-\begin{bmatrix}s+2\\ 1\end{bmatrix}-2\begin{bmatrix}-1\\ 0\end{bmatrix}-\begin{bmatrix}0\\ -1\end{bmatrix}=-\boldsymbol{b}_2(s)-2\boldsymbol{b}_5(s)-\boldsymbol{b}_6(s)$$

$$\boldsymbol{b}_8(s)=\begin{bmatrix}0\\ -s\end{bmatrix}=\begin{bmatrix}-3s\\ -s+1\end{bmatrix}+\begin{bmatrix}0\\ -1\end{bmatrix}-3\begin{bmatrix}-s\\ 0\end{bmatrix}=\boldsymbol{b}_1(s)+\boldsymbol{b}_6(s)-3\boldsymbol{b}_7(s)$$

可以看出，它们的列位置指数为强意义下不相等，符合首相关列定义。

(iii) 定出 $\mathscr{A}$。为此,导出 2 个首相关列的常系数线性组合方程:

$$\boldsymbol{b}_2(s)+2\boldsymbol{b}_5(s)+\boldsymbol{b}_6(s)+\boldsymbol{b}_7(s)=\boldsymbol{0}$$

$$-\boldsymbol{b}_1(s)-\boldsymbol{b}_6(s)+3\boldsymbol{b}_7(s)+\boldsymbol{b}_8(s)=\boldsymbol{0}$$

即有

$$\mathscr{B}(s)\mathscr{A}=[\boldsymbol{b}_1(s),\boldsymbol{b}_2(s),\boldsymbol{b}_3(s),\boldsymbol{b}_4(s),\boldsymbol{b}_5(s),\boldsymbol{b}_6(s),\boldsymbol{b}_7(s),\boldsymbol{b}_8(s)]\begin{bmatrix}0 & -1\\ 1 & 0\\ \hdashline 0 & 0\\ 0 & 0\\ \hdashline 2 & 0\\ 1 & -1\\ \hdashline 1 & 3\\ 0 & 1\end{bmatrix}=\boldsymbol{0}$$

从而,得到

$$\mathscr{A}=\begin{bmatrix}0 & -1\\ 1 & 0\\ \hdashline 0 & 0\\ 0 & 0\\ \hdashline 2 & 0\\ 1 & -1\\ \hdashline 1 & 3\\ 0 & 1\end{bmatrix}=\begin{bmatrix}\bar{\boldsymbol{U}}_0\\ \bar{\boldsymbol{U}}_1\\ \boldsymbol{E}_0\\ \boldsymbol{E}_1\end{bmatrix}$$

(iv) 定出 $\boldsymbol{E}(s)$。据上述 $\mathscr{A}$ 的结果,可以定出:

$$\boldsymbol{E}(s)=\boldsymbol{E}_1 s+\boldsymbol{E}_0=\begin{bmatrix}1 & 3\\ 0 & 1\end{bmatrix}s+\begin{bmatrix}2 & 0\\ 1 & -1\end{bmatrix}=\begin{bmatrix}s+2 & 3s\\ 1 & s-1\end{bmatrix}$$

可以看出,不满足"主元为行中次数最高"条件,所以 $\boldsymbol{E}(s)$ 为准波波夫形。

(v) 定出波波夫形。为此,基于波波夫形特征,对 $\mathscr{A}^{\mathrm{T}}$ 作行初等变换使之化成为阶梯形:

$$\mathscr{A}^{\mathrm{T}}=\left[\begin{array}{cc:cc:cc:cc}0 & 1 & 0 & 0 & 2 & 1 & 1 & 0\\ -1 & 0 & 0 & 0 & 0 & -1 & 3 & 1\end{array}\right]\xrightarrow{\text{“行 2”}-\text{“}3\times\text{行 1”}}$$

$$\left[\begin{array}{cc:cc:cc:cc}0 & 1 & 0 & 0 & 2 & 1 & 1 & 0\\ -1 & -3 & 0 & 0 & -6 & -4 & 0 & 1\end{array}\right]=[\widetilde{\boldsymbol{U}}'_0,\widetilde{\boldsymbol{U}}'_1,\widetilde{\boldsymbol{E}}'_0,\widetilde{\boldsymbol{E}}'_1]=\widetilde{\mathscr{A}}^{\mathrm{T}}$$

由此,即可得到

$$\boldsymbol{D}_{\mathrm{E}}(s)=\widetilde{\boldsymbol{E}}_1 s+\widetilde{\boldsymbol{E}}_0=\begin{bmatrix}1 & 0\\ 0 & 1\end{bmatrix}s+\begin{bmatrix}2 & -6\\ 1 & -4\end{bmatrix}=\begin{bmatrix}s+2 & -6\\ 1 & s-4\end{bmatrix}$$

$$\boldsymbol{U}(s)=\widetilde{\boldsymbol{U}}_1 s+\widetilde{\boldsymbol{U}}_0=\begin{bmatrix}0 & 0\\ 0 & 0\end{bmatrix}s+\begin{bmatrix}0 & -1\\ 1 & -3\end{bmatrix}=\begin{bmatrix}0 & -1\\ 1 & -3\end{bmatrix}$$

7.14 矩阵束和克罗内克尔形

矩阵束是一类特殊的多项式矩阵。克罗内克尔(Kronecker)形是相对于矩阵束的一类多项式矩阵规范形。克罗内克尔形能够直观反映和分析矩阵束的正则性和奇异性。本节是对矩阵束及其克罗内克尔形的一个简要介绍。

7.14.1 矩阵束

本部分中，先就矩阵束的一些有关概念进行说明。

1. 矩阵束的定义

令 $\boldsymbol{E}$ 和 $\boldsymbol{A}$ 为 $m\times n$ 实常阵，$s\in\mathscr{C}$，则有

$$\text{矩阵束}\triangleq(s\boldsymbol{E}-\boldsymbol{A}) \tag{7.157}$$

可以看出，矩阵束是列次数和行次数均不大于 1 的一类多项式矩阵。

2. 矩阵束的实质

$m\times n$ 矩阵束$(s\boldsymbol{E}-\boldsymbol{A})$实质上是对 $n\times n$ 特征矩阵$(s\boldsymbol{I}-\boldsymbol{A})$的推广。若 $m=n$ 和 $\boldsymbol{E}=\boldsymbol{I}$，则矩阵束$(s\boldsymbol{E}-\boldsymbol{A})$蜕化为特征矩阵$(s\boldsymbol{I}-\boldsymbol{A})$。比之特征矩阵$(s\boldsymbol{I}-\boldsymbol{A})$，矩阵束$(s\boldsymbol{E}-\boldsymbol{A})$的特征结构要丰富得多。

3. 矩阵束的背景

在控制理论中，矩阵束$(s\boldsymbol{E}-\boldsymbol{A})$的提出是基于研究广义线性系统的需要。广义线性时不变系统状态方程具有形式：

$$\boldsymbol{E}\dot{\boldsymbol{x}}=\boldsymbol{A}\boldsymbol{x}+\boldsymbol{B}\boldsymbol{u} \tag{7.158}$$

在经济、社会、生态、工程等领域，都存在一些系统需要采用广义线性系统模型描述。广义线性系统的特征结构由矩阵束$(s\boldsymbol{E}-\boldsymbol{A})$所表征。

4. 严格等价性

称两个 $m\times n$ 矩阵束$(s\boldsymbol{E}-\boldsymbol{A})$和$(s\boldsymbol{E}-\bar{\boldsymbol{A}})$为严格等价，如果存在 $m\times m$ 和 $n\times n$ 非奇异常阵 $\boldsymbol{U}$ 和 $\boldsymbol{V}$，使下式成立：

$$(s\boldsymbol{E}-\boldsymbol{A})=\boldsymbol{U}(s\boldsymbol{E}-\bar{\boldsymbol{A}})\boldsymbol{V} \tag{7.159}$$

严格等价系统的特点是两者具有相同特征结构。

5. 矩阵束的正则性和奇异性

称 $m\times n$ 矩阵束$(s\boldsymbol{E}-\boldsymbol{A})$为正则，当且仅当同时满足

$$m=n \quad \text{和} \quad \det(s\boldsymbol{E}-\boldsymbol{A})\neq 0 \tag{7.160}$$

称 $m\times n$ 矩阵束$(s\boldsymbol{E}-\boldsymbol{A})$为奇异，当且仅当它不是正则的。

7.14.2 克罗内克尔形

对任一 $m\times n$ 矩阵束$(s\boldsymbol{E}-\boldsymbol{A})$，都可通过合适的 $m\times m$ 和 $n\times n$ 非奇异变换阵 $\boldsymbol{U}$ 和 $\boldsymbol{V}$，使之化为克罗内克尔形。下面，给出克罗内克尔形的形式和属性。

1. 克罗内克尔形的形式

结论 7.46［克罗内克尔形］ $m\times n$ 矩阵束$(s\boldsymbol{E}-\boldsymbol{A})$在非奇异阵 $\boldsymbol{U}$ 和 $\boldsymbol{V}$ 变换下导出的克罗内克尔形 $\boldsymbol{K}(s)$具有形式：

$$\boldsymbol{K}(s)=\boldsymbol{U}(s\boldsymbol{E}-\boldsymbol{A})\boldsymbol{V}=\begin{bmatrix}\boldsymbol{L}_{\mu_1} & & & & & & & \\ & \ddots & & & & & & \\ & & \boldsymbol{L}_{\mu_\alpha} & & & & & \\ & & & \widetilde{\boldsymbol{L}}_{\nu_1} & & & & \\ & & & & \ddots & & & \\ & & & & & \widetilde{\boldsymbol{L}}_{\nu_\beta} & & \\ & & & & & & s\boldsymbol{J}-\boldsymbol{I} & \\ & & & & & & & s\boldsymbol{I}-\boldsymbol{F}\end{bmatrix} \tag{7.161}$$

其中，$\{\boldsymbol{F},\boldsymbol{J},\{\boldsymbol{L}_{\mu_i}\},\{\widetilde{\boldsymbol{L}}_{\nu_j}\}\}$为唯一，且有

(i) $\boldsymbol{F}$ 为约当(Jordan)形，例如

$$\boldsymbol{F}=\left[\begin{array}{cccc:cc} a & 1 & & & & \\ & a & 1 & & & \\ & & a & & & \\ & & & a & & \\ \hdashline & & & & b & 1 \\ & & & & & b \end{array}\right] \tag{7.162}$$

(ii) $\boldsymbol{J}$ 为零特征值约当形，例如

$$\boldsymbol{J}=\left[\begin{array}{ccc:cc} 0 & 1 & & & \\ & 0 & 1 & & \\ & & 0 & & \\ \hdashline & & & 0 & 1 \\ & & & & 0 \end{array}\right] \tag{7.163}$$

(iii) $\boldsymbol{L}_{\mu_i}$ 为 $\mu_i\times(\mu_i+1)$矩阵，具有形式

$$\boldsymbol{L}_{\mu_i}=\begin{bmatrix} s & -1 & & \\ & \ddots & \ddots & \\ & & \ddots & \ddots \\ & & s & -1 \end{bmatrix} \tag{7.164}$$

(iv) $\widetilde{\boldsymbol{L}}_{\nu_j}$ 为$(\nu_j+1)\times\nu_j$ 矩阵，具有形式

$$\widetilde{\boldsymbol{L}}_{\nu_j}=\begin{bmatrix} s & & \\ -1 & \ddots & \\ & \ddots & \ddots \\ & & \ddots & s \\ & & & -1 \end{bmatrix} \tag{7.165}$$

上述关系式中，a 和 b 为常数，没有标出元均为零元。

2. $\{L_{\mu_i},\ i=1,2,\cdots,\alpha\}$的含义

结论 7.47 ［右奇异性］　克罗内克尔形 $\boldsymbol{K}(s)$中，项$\{\boldsymbol{L}_{\mu_i},\ i=1,2,\cdots,\alpha\}$对应反映矩阵束$(s\boldsymbol{E}-\boldsymbol{A})$的右奇异性，且称$\{\mu_1,\mu_2,\cdots,\mu_\alpha\}$为右克罗内克尔指数。

3. $\{\widetilde{L}_{\nu_j},\ j=1,2,\cdots,\beta\}$的含义

结论 7.48 ［左奇异性］　克罗内克尔形 $\boldsymbol{K}(s)$中，项$\{\widetilde{\boldsymbol{L}}_{\nu_j},\ j=1,2,\cdots,\beta\}$对应反映矩阵束$(s\boldsymbol{E}-\boldsymbol{A})$的左奇异性，且称$\{\nu_1,\nu_2,\cdots,\nu_\beta\}$为左克罗内克尔指数。

4. $(sJ-I)$的含义

结论 7.49 ［$s=\infty$处特征结构］　克罗内克尔形 $\boldsymbol{K}(s)$中，项$(s\boldsymbol{J}-\boldsymbol{I})$对应反映常阵 $\boldsymbol{E}$ 的奇异性，即反映矩阵束$(s\boldsymbol{E}-\boldsymbol{A})$在 $s=\infty$处特征结构。

证　令 $\lambda=s^{-1}$，基此可表$(s\boldsymbol{J}-\boldsymbol{I})$为

$$s\boldsymbol{J}-\boldsymbol{I}=-s(s^{-1}\boldsymbol{I}-\boldsymbol{J})=-s(\lambda\boldsymbol{I}-\boldsymbol{J}) \tag{7.166}$$

再由 $\boldsymbol{J}$ 为零特征值约当形，可知 $\boldsymbol{J}$ 的特征值 $\lambda_k(\boldsymbol{J})=0$，对应有 $s_k(\boldsymbol{J})=\infty$。从而，$(s\boldsymbol{J}-\boldsymbol{I})$反映矩阵束$(s\boldsymbol{E}-\boldsymbol{A})$在 $s=\infty$处特征结构。证明完成。

5. $(sI-F)$的含义

结论 7.50 ［有限 s 处特征结构］　克罗内克尔形 $\boldsymbol{K}(s)$中，项$(s\boldsymbol{I}-\boldsymbol{F})$对应反映矩阵束$(s\boldsymbol{E}-\boldsymbol{A})$在有限 s 处特征结构。

6. 克罗内克尔形 $K(s)$和矩阵束$(sE-A)$对应关系

结论 7.51 ［$(s\boldsymbol{E}-\boldsymbol{A})$和 $\boldsymbol{K}(s)$对应关系］　$m\times n$ 矩阵束$(s\boldsymbol{E}-\boldsymbol{A})$及其克罗内克尔形 $\boldsymbol{K}(s)$之间存在如下一些对应关系。

(i) 若矩阵束$(s\boldsymbol{E}-\boldsymbol{A})$为正则，且 $\boldsymbol{E}$ 非奇异，则其克罗内克尔形 $\boldsymbol{K}(s)$只由$(s\boldsymbol{I}-$

$\boldsymbol{F}$)组成,即有

$$\boldsymbol{K}(s)=\boldsymbol{U}(s\boldsymbol{E}-\boldsymbol{A})\boldsymbol{V}=s\boldsymbol{I}-\boldsymbol{F} \tag{7.167}$$

且对此情形,进而可有

$$s\boldsymbol{I}-\boldsymbol{F}=\boldsymbol{U}(s\boldsymbol{E}-\boldsymbol{A})\boldsymbol{V}=\boldsymbol{U}\boldsymbol{E}(s\boldsymbol{I}-\boldsymbol{E}^{-1}\boldsymbol{A})\boldsymbol{V} \tag{7.168}$$

即

$$\boldsymbol{U}\boldsymbol{E}\boldsymbol{V}=\boldsymbol{I},\quad \boldsymbol{U}=\boldsymbol{V}^{-1}\boldsymbol{E}^{-1},\quad \boldsymbol{F}=\boldsymbol{V}^{-1}(\boldsymbol{E}^{-1}\boldsymbol{A})\boldsymbol{V} \tag{7.169}$$

(ii) 若矩阵束$(s\boldsymbol{E}-\boldsymbol{A})$为正则,且$\boldsymbol{E}$为奇异,则其克罗内克尔形$\boldsymbol{K}(s)$由$(s\boldsymbol{I}-\boldsymbol{F})$和$(s\boldsymbol{J}-\boldsymbol{I})$组成,即有

$$\boldsymbol{K}(s)=\boldsymbol{U}(s\boldsymbol{E}-\boldsymbol{A})\boldsymbol{V}=\begin{bmatrix} s\boldsymbol{J}-\boldsymbol{I} & \\ & s\boldsymbol{I}-\boldsymbol{F}\end{bmatrix} \tag{7.170}$$

(iii) 若矩阵束$(s\boldsymbol{E}-\boldsymbol{A})$为奇异,且$n\geqslant m$和$\mathrm{rank}(s\boldsymbol{E}-\boldsymbol{A})=m$即行满秩,则其克罗内克尔形$\boldsymbol{K}(s)$由$(s\boldsymbol{I}-\boldsymbol{F})$,$(s\boldsymbol{J}-\boldsymbol{I})$和$\{\boldsymbol{L}_{\mu_i},\ i=1,2,\cdots,\alpha\}$组成,即有

$$\boldsymbol{K}(s)=\begin{bmatrix} \boldsymbol{L}_{\mu_1} & & & & \\ & \ddots & & & \\ & & \boldsymbol{L}_{\mu_\alpha} & & \\ & & & s\boldsymbol{J}-\boldsymbol{I} & \\ & & & & s\boldsymbol{I}-\boldsymbol{F}\end{bmatrix} \tag{7.171}$$

(iv) 若矩阵束$(s\boldsymbol{E}-\boldsymbol{A})$为奇异,且$m\geqslant n$和$\mathrm{rank}(s\boldsymbol{E}-\boldsymbol{A})=n$即列满秩,则其克罗内克尔形$\boldsymbol{K}(s)$由$(s\boldsymbol{I}-\boldsymbol{F})$,$(s\boldsymbol{J}-\boldsymbol{I})$和$\{\widetilde{\boldsymbol{L}}_{\nu_j},\ j=1,2,\cdots,\beta\}$组成,即有

$$\boldsymbol{K}(s)=\begin{bmatrix} \widetilde{\boldsymbol{L}}_{\nu_1} & & & & \\ & \ddots & & & \\ & & \widetilde{\boldsymbol{L}}_{\nu_\beta} & & \\ & & & s\boldsymbol{J}-\boldsymbol{I} & \\ & & & & s\boldsymbol{I}-\boldsymbol{F}\end{bmatrix} \tag{7.172}$$

7. 克罗内克尔形的广义唯一性

结论 7.52 [$\boldsymbol{K}(s)$广义唯一性] 严格等价的任意两个矩阵束具有相同克罗内克尔形。

7.15 小结和评述

(1) 本章的定位。本章是对作为线性时不变系统复频率域理论数学基础的多项式矩阵理论的一个系统性介绍。内容涉及单模变换、多项式矩阵属性和多项式矩阵规范形三个基本部分。多项式矩阵属性包括互质性和既约性。多项式矩阵规范形有埃尔米特形、史密斯形、波波夫形和克罗内克尔形等。

(2) 单模变换意义和实质。单模变换是指对多项式矩阵左乘或/和右乘单模阵。单模阵是行列式不恒为零的一类方多项式矩阵。左乘单模变换实质上等价于对多项式矩阵作相应一系列行初等变换，右乘单模变换实质上等价于对多项式矩阵作相应一系列列初等变换。初等变换包括行或列交换、用非零常数乘于行或列，以及用多项式乘于行或列后再加到另一行或列三种基本运算。单模变换是线性时不变系统复频率域方法中进行理论推演和简化计算的基本手段，其角色类同于线性系统状态空间方法中的非奇异变换。

(3) 互质性的实质和作用。互质性是表征维数相容的两个多项式矩阵间不可简约性的一种属性。互质性分类为右互质和左互质，分别定义为两个多项式矩阵的最大右公因子和最大左公因子为单模阵。常用互质性判据有贝佐特等式判据、秩判据和次数判据等。在线性系统复频率域方法中，左互质性对应能控性，右互质性对应能观测性。

(4) 既约性的实质和作用。既约性是反映多项式矩阵列/行次数上不可简约性的一种属性。既约性可分类为列既约和行既约，分别定义为多项式矩阵的列次数系数阵列满秩和行次数系数阵行满秩。常用既约性判据有列/行次数系数阵判据、次数判据等。既约性在线性时不变系统复频率域方法中是研究系统真性和严真性的一个基本属性。

(5) 史密斯形的实质和作用。史密斯形是最具重要性的一种多项式矩阵规范形，特点是由多项式矩阵不变多项式显式表示。不变多项式可由多项式矩阵各阶子式最大公因子导出。史密斯形是导出有理分式矩阵史密斯-麦克米伦形的桥梁，史密斯-麦克米伦形则是研究多输入多输出线性时不变系统极点和零点的基础。

(6) 克罗内克尔形的实质和作用。克罗内克尔形是相对于矩阵束一类多项式矩阵的规范形。矩阵束是研究广义线性时不变系统中导出的一种特征矩阵。克罗内克尔形能以显式和分离形式，将矩阵束分解为奇异和正则部分，左奇异和右奇异部分，无穷远处特征结构和有穷处特征结构。克罗内克尔形是研究线性时不变系统奇异性的基本手段，基此导出的克罗内克尔指数则是对奇异性程度的一种度量。

习题

7.1 判断下列各多项式矩阵是否为非奇异：

(i) $\boldsymbol{Q}_1(s)=\begin{bmatrix} s^2+3s+4 & s+1 \\ s+2 & 1 \end{bmatrix}$

(ii) $\boldsymbol{Q}_2(s)=\begin{bmatrix} s+2 & s+3 \\ s^2+3s+2 & s^2+4s+3 \end{bmatrix}$

(iii) $\boldsymbol{Q}_3(s)=\begin{bmatrix} s+3 & s+4 & 1 \\ 1 & s+1 & s+2 \\ 0 & s^2+s & s \end{bmatrix}$

7.2 判断下列各多项式向量组是否为线性无关：

(i) $\begin{bmatrix} s^2+7s+12 \\ s+3 \end{bmatrix}$, $\begin{bmatrix} s^2+5s+4 \\ s+1 \end{bmatrix}$

(ii) $\begin{bmatrix} 0 \\ s+3 \\ s+1 \end{bmatrix}$, $\begin{bmatrix} 4 \\ s+2 \\ s^2+s \end{bmatrix}$, $\begin{bmatrix} s+1 \\ s \\ 3 \end{bmatrix}$

7.3 判断下列各多项式矩阵是否为单模矩阵：

(i) $\boldsymbol{Q}_1(s)=\begin{bmatrix} s+3 & s+2 \\ s^2+2s-1 & s^2+s \end{bmatrix}$

(ii) $\boldsymbol{Q}_2(s)=\begin{bmatrix} s+4 & 1 \\ s^2+2s+1 & s+2 \end{bmatrix}$

(iii) $\boldsymbol{Q}_3(s)=\begin{bmatrix} s+1 & 1 & s+1 \\ 0 & s+2 & 3 \\ s+3 & 1 & s+3 \end{bmatrix}$

7.4 表下列单模阵为初等矩阵的乘积：

$$\boldsymbol{Q}(s)=\begin{bmatrix} s^2+2s+1 & s+4 & 1 \\ 1 & -1 & 0 \\ -(s^2+4) & s^2 & 0 \end{bmatrix}$$

7.5 设 $\boldsymbol{P}$ 和 $\boldsymbol{Q}(s)$ 分别为 $n\times n$ 常量阵和 $n\times n$ 多项式矩阵，若 $\boldsymbol{Q}(s)$ 为单模矩阵，试问能否断言 $\boldsymbol{PQ}(s)$ 也为单模矩阵，并说明理由。

7.6 将下列多项式矩阵变换为行埃尔米特形：

$$\boldsymbol{Q}(s)=\begin{bmatrix} 0 & 0 & (s+1)^2 & -s^2+s+1 \\ 0 & 0 & -(s+1) & s-1 \\ s+1 & s^2 & s^2+s+1 & s \end{bmatrix}$$

7.7 求出下列多项式矩阵 $\boldsymbol{D}(s)$ 和 $\boldsymbol{N}(s)$ 的两个不同的 gcrd：

$$\boldsymbol{D}(s)=\begin{bmatrix} s^2+2s & s+3 \\ 2s^2+s & 3s-2 \end{bmatrix},\qquad \boldsymbol{N}(s)=[s \quad 1]$$

7.8 证明 gcld 构造定理：对行数相同的 $q\times q$ 和 $q\times p$ 多项式矩阵 $\boldsymbol{A}(s)$ 和 $\boldsymbol{B}(s)$，若可找到一个 $(q+p)\times(q+p)$ 单模阵 $\boldsymbol{V}(s)$，使下式成立

$$[\boldsymbol{A}(s) \quad \boldsymbol{B}(s)]\boldsymbol{V}(s)=[\boldsymbol{A}(s) \quad \boldsymbol{B}(s)]\begin{bmatrix} \boldsymbol{V}_{11}(s) & \boldsymbol{V}_{12}(s) \\ \boldsymbol{V}_{21}(s) & \boldsymbol{V}_{22}(s) \end{bmatrix}$$

$$=[\boldsymbol{L}(s) \quad \boldsymbol{0}]$$

则 $q\times q$ 多项式矩阵 $\boldsymbol{L}(s)$ 为 $\boldsymbol{A}(s)$ 和 $\boldsymbol{B}(s)$ 的一个 gcld。

7.9 证明：设 $\boldsymbol{L}(s)$ 为行数相同的 $q\times q$ 和 $q\times p$ 多项式矩阵 $\boldsymbol{A}(s)$ 和 $\boldsymbol{B}(s)$ 的一个 gcld，则 $\boldsymbol{L}(s)$ 必可表为

$$\boldsymbol{L}(s)=\boldsymbol{A}(s)\boldsymbol{X}(s)+\boldsymbol{B}(s)\boldsymbol{Y}(s)$$

其中 $\boldsymbol{X}(s)$ 和 $\boldsymbol{Y}(s)$ 为 $q\times q$ 和 $p\times q$ 多项式矩阵。

7.10　判断下列各矩阵对是否为右互质：

(i) $\boldsymbol{D}(s)=\begin{bmatrix} s+1 & 0 \\ s^2+s-2 & s-1 \end{bmatrix}$，　$\boldsymbol{N}(s)=[s+2 \quad s+1]$

(ii) $\boldsymbol{D}(s)=\begin{bmatrix} s-1 & 0 \\ s^2+s-2 & s+1 \end{bmatrix}$，　$\boldsymbol{N}(s)=[s-2 \quad s+1]$

(iii) $\boldsymbol{D}(s)=\begin{bmatrix} 0 & -(s+1)^2(s+2) \\ (s+2)^2 & (s+2) \end{bmatrix}$，　$\boldsymbol{N}(s)=\begin{bmatrix} s & 0 \\ -s & s^2 \end{bmatrix}$

7.11　证明左互质贝佐特等式判据：行数相同的 $q\times q$ 和 $q\times p$ 多项式矩阵 $\boldsymbol{A}(s)$ 和 $\boldsymbol{B}(s)$ 为左互质，当且仅当存在 $q\times q$ 和 $p\times q$ 多项式矩阵 $\widetilde{\boldsymbol{X}}(s)$ 和 $\widetilde{\boldsymbol{Y}}(s)$，使下式成立：

$$\boldsymbol{A}(s)\widetilde{\boldsymbol{X}}(s)+\boldsymbol{B}(s)\widetilde{\boldsymbol{Y}}(s)=\boldsymbol{I}$$

7.12　定出下列多项式矩阵的列次数和行次数：

$$\boldsymbol{M}(s)=\begin{bmatrix} 0 & s+3 \\ s^3+2s^2+s & s^2+2s+3 \\ s^2+2s+1 & 7 \end{bmatrix}$$

7.13　定出上题中多项式矩阵 $\boldsymbol{M}(s)$ 的列次表达式和行次表达式。

7.14　判断下列多项式矩阵是否为列既约和是否为行既约：

$$\boldsymbol{M}(s)=\begin{bmatrix} s^3+s^2+1 & 2s+1 & 2s^2+s+1 \\ 2s^3+s-1 & 0 & 2s^2+s \\ 1 & s-1 & s^2-s \end{bmatrix}$$

7.15　对下列多项式矩阵 $\boldsymbol{M}(s)$ 寻找单模阵 $\boldsymbol{U}(s)$ 和 $\boldsymbol{V}(s)$，使 $\boldsymbol{M}(s)\boldsymbol{U}(s)$ 和 $\boldsymbol{V}(s)\boldsymbol{M}(s)$ 为列既约：

(i) $\boldsymbol{M}(s)=\begin{bmatrix} s^2+2s & s^2+s+1 \\ s & s+2 \end{bmatrix}$

(ii) $\boldsymbol{M}(s)=\begin{bmatrix} 3s^3+s^2+1 & s+1 & 4s^2+s+3 \\ 2s^3+s-1 & 0 & 2s^2+s \\ 1 & s-1 & s^2-4 \end{bmatrix}$

7.16　化下列多项式矩阵为史密斯形：

$$\boldsymbol{Q}(s)=\begin{bmatrix} s^2+7s+2 & 0 \\ 3 & s^2+s \\ s+1 & s+3 \end{bmatrix}$$

7.17　证明：单模矩阵的史密斯形为 $\boldsymbol{\Lambda}(s)=\boldsymbol{I}$。

7.18　证明：行数相同的 $q\times q$ 和 $q\times p$ 多项式矩阵 $\boldsymbol{A}(s)$ 和 $\boldsymbol{B}(s)$ 为左互质，当且仅当 $[\boldsymbol{A}(s) \quad \boldsymbol{B}(s)]$ 的史密斯形为 $\boldsymbol{\Lambda}(s)=[\boldsymbol{I} \quad \boldsymbol{0}]$。

7.19 判断下列各多项式矩阵是否为波波夫形或准波波夫形：

(i) $\boldsymbol{D}(s)=\begin{bmatrix} s+3 & s^3+2s+1 \\ 7 & s+4 \end{bmatrix}$

(ii) $\boldsymbol{D}(s)=\begin{bmatrix} 4s^2+1 & 3s^3+2s^2+1 & s^4+s^3+2 \\ s+2 & s^3+3s^2+3 & s^2+2s+3 \\ s^2+s+1 & s+1 & s+7 \end{bmatrix}$

7.20 导出下列多项式矩阵的波波夫形：

$$\boldsymbol{D}(s)=\begin{bmatrix} 4s^2+s+1 & s+2 & 0 \\ 7s & 3s^2+4s+1 & 2s^2+3s+1 \\ 4 & 2s^2+s & 4s^2 \end{bmatrix}$$

7.21 判断下列各矩阵对$\{\boldsymbol{E},\boldsymbol{A}\}$组成的矩阵束$(s\boldsymbol{E}-\boldsymbol{A})$是否为正则：

(i) $\boldsymbol{E}=\begin{bmatrix} 4 & 1 \\ 0 & 0 \end{bmatrix}$，　$\boldsymbol{A}=\begin{bmatrix} 4 & 1 \\ 4 & 1 \end{bmatrix}$

(ii) $\boldsymbol{E}=\begin{bmatrix} 2 & 0 & 0 \\ 0 & 3 & 0 \\ 1 & 0 & 0 \end{bmatrix}$，　$\boldsymbol{A}=\begin{bmatrix} 1 & 0 & 2 \\ 2 & 1 & 0 \\ 3 & 1 & 1 \end{bmatrix}$

7.22 对上题中给出的矩阵束$(s\boldsymbol{E}-\boldsymbol{A})$，导出它们的克罗内克尔规范形。

7.23 设$(s\boldsymbol{E}-\boldsymbol{A})$和$(s\boldsymbol{E}-\boldsymbol{B})$为两个同维矩阵束，且知它们具有相同克罗内克尔规范形$\boldsymbol{K}(s)$，试论证$(s\boldsymbol{E}-\boldsymbol{A})$和$(s\boldsymbol{E}-\boldsymbol{B})$是否为严格等价。

第8章 传递函数矩阵的矩阵分式描述

传递函数矩阵的矩阵分式描述是复频率域理论中表征线性时不变系统输入输出关系的一种基本模型。采用矩阵分式描述和基于多项式矩阵理论使有可能对线性时不变系统的复频率域分析和综合建立简便和实用的理论和方法。本章是对矩阵分式描述的一个较为系统和较为全面的讨论。主要内容包括矩阵分式描述的形式和构成,矩阵分式描述的真性和严真性,以及矩阵分式描述的不可简约性等。

8.1 矩阵分式描述

矩阵分式描述(matrix-fraction description,MFD)实质上就是把有理分式矩阵形式的传递函数矩阵 $\boldsymbol{G}(s)$ 表为两个多项式矩阵之“比”。MFD 形式上则是对标量有理分式形式传递函数 $g(s)$ 相应表示的一种自然推广。

8.1.1 右 MFD 和左 MFD

考虑 p 维输入和 q 维输出连续时间线性时不变系统,表征其输出输入关系的传递函数矩阵 $\boldsymbol{G}(s)$ 为 $q\times p$ 有理分式矩阵。数学上,对 $q\times p$ 有理分式矩阵 $\boldsymbol{G}(s)$,一定存在 $q\times p$ 和 $p\times p$ 多项式矩阵 $\boldsymbol{N}(s)$ 和 $\boldsymbol{D}(s)$,以及 $q\times p$ 和 $q\times q$ 多项式矩阵 $\boldsymbol{N}_{\mathrm{L}}(s)$ 和 $\boldsymbol{D}_{\mathrm{L}}(s)$,使下式成立:

$$\boldsymbol{G}(s)=\boldsymbol{N}(s)\boldsymbol{D}^{-1}(s)=\boldsymbol{D}_{\mathrm{L}}^{-1}(s)\boldsymbol{N}_{\mathrm{L}}(s) \tag{8.1}$$

并且,称 $\boldsymbol{N}(s)\boldsymbol{D}^{-1}(s)$ 为 $\boldsymbol{G}(s)$ 的一个右矩阵分式描述即右 MFD,称 $\boldsymbol{D}_{\mathrm{L}}^{-1}(s)\boldsymbol{N}_{\mathrm{L}}(s)$ 为 $\boldsymbol{G}(s)$ 的一个左矩阵分式描述即左 MFD。

例 8.1 给定 2×3 传递函数矩阵 $\boldsymbol{G}(s)$ 为

$$\boldsymbol{G}(s)=\begin{bmatrix}\dfrac{(s+1)}{(s+2)(s+3)^2} & \dfrac{(s+1)}{(s+3)} & \dfrac{s}{(s+2)}\\[2ex] \dfrac{-(s+1)}{(s+3)} & \dfrac{(s+3)}{(s+4)} & \dfrac{s}{(s+1)}\end{bmatrix}$$

首先，构造 $\boldsymbol{G}(s)$ 的右 MFD。为此，定出 $\boldsymbol{G}(s)$ 各列的最小公分母：

$$d_{c1}(s)=(s+2)(s+3)^2,\quad d_{c2}(s)=(s+3)(s+4),\quad d_{c3}(s)=(s+2)(s+1)$$

基此，表 $\boldsymbol{G}(s)$ 为

$$\boldsymbol{G}(s)=\begin{bmatrix}\dfrac{(s+1)}{(s+2)(s+3)^2} & \dfrac{(s+1)(s+4)}{(s+3)(s+4)} & \dfrac{s(s+1)}{(s+2)(s+1)}\\ \dfrac{-(s+1)(s+2)(s+3)}{(s+2)(s+3)^2} & \dfrac{(s+3)^2}{(s+3)(s+4)} & \dfrac{s(s+2)}{(s+2)(s+1)}\end{bmatrix}$$

于是，就可导出，给定 $\boldsymbol{G}(s)$ 的一个右 MFD 为

$$\boldsymbol{G}(s)=\boldsymbol{N}(s)\boldsymbol{D}^{-1}(s)=\begin{bmatrix}(s+1) & (s+1)(s+4) & s(s+1)\\ -(s+1)(s+2)(s+3) & (s+3)^2 & s(s+2)\end{bmatrix}\times$$

$$\begin{bmatrix}(s+2)(s+3)^2 & & \\ & (s+3)(s+4) & \\ & & (s+2)(s+1)\end{bmatrix}^{-1}$$

进而，构造 $\boldsymbol{G}(s)$ 的左 MFD。为此，定出 $\boldsymbol{G}(s)$ 各行的最小公分母：

$$d_{r1}(s)=(s+2)(s+3)^2,\qquad d_{r2}(s)=(s+3)(s+4)(s+1)$$

基此，表 $\boldsymbol{G}(s)$ 为

$$\boldsymbol{G}(s)=\begin{bmatrix}\dfrac{(s+1)}{(s+2)(s+3)^2} & \dfrac{(s+1)(s+2)(s+3)}{(s+2)(s+3)^2} & \dfrac{s(s+3)^2}{(s+2)(s+3)^2}\\ \dfrac{-(s+1)(s+4)(s+1)}{(s+3)(s+4)(s+1)} & \dfrac{(s+3)^2(s+1)}{(s+3)(s+4)(s+1)} & \dfrac{s(s+3)(s+4)}{(s+3)(s+4)(s+1)}\end{bmatrix}$$

从而，就可导出，给定 $\boldsymbol{G}(s)$ 的一个左 MFD 为

$$\begin{aligned}\boldsymbol{G}(s)&=\boldsymbol{D}_{\mathrm{L}}^{-1}(s)\boldsymbol{N}_{\mathrm{L}}(s)\\ &=\begin{bmatrix}(s+2)(s+3)^2 & \\ & (s+3)(s+4)(s+1)\end{bmatrix}^{-1}\times\\ &\quad\begin{bmatrix}(s+1) & (s+1)(s+2)(s+3) & s(s+3)^2\\ -(s+1)(s+4)(s+1) & (s+3)^2(s+1) & s(s+3)(s+4)\end{bmatrix}\end{aligned}$$

8.1.2 MFD 的特性

下面，基于 MFD 定义，进而给出 MFD 的一些基本特性。

1. MFD 的实质

结论 8.1 ［MFD 实质］ 类同于单输入单输出线性时不变系统的传递函数

$$g(s)=\frac{n(s)}{d(s)}=n(s)d^{-1}(s)=d^{-1}(s)n(s)\tag{8.2}$$

的分式化表示，多输入多输出线性时不变系统传递函数矩阵的 MFD

$$\boldsymbol{G}(s)=\boldsymbol{N}(s)\boldsymbol{D}^{-1}(s)=\boldsymbol{D}_{\mathrm{L}}^{-1}(s)\boldsymbol{N}_{\mathrm{L}}(s)\tag{8.3}$$

实质上也属于 $\boldsymbol{G}(s)$ 的分式化表示。习惯地，称 $\boldsymbol{D}(s)$ 和 $\boldsymbol{D}_{\mathrm{L}}(s)$ 为 $\boldsymbol{G}(s)$ 的分母矩阵，$\boldsymbol{N}(s)$ 和 $\boldsymbol{N}_{\mathrm{L}}(s)$ 为 $\boldsymbol{G}(s)$ 的分子矩阵。

注　不同于单输入单输出情形，对传递函数矩阵 $\boldsymbol{G}(s)$，右 MFD 和左 MFD 的分母矩阵和分子矩阵一般均为不相同。

2. MFD 的次数

结论 8.2［MFD 次数］　对传递函数矩阵 $\boldsymbol{G}(s)$ 的一个右 MFD $\boldsymbol{N}(s)\boldsymbol{D}^{-1}(s)$，规定

$$\boldsymbol{N}(s)\boldsymbol{D}^{-1}(s)\ \text{的次数} = \deg \det \boldsymbol{D}(s) \tag{8.4}$$

对传递函数矩阵 $\boldsymbol{G}(s)$ 的一个左 MFD $\boldsymbol{D}_{\mathrm{L}}^{-1}(s)\boldsymbol{N}_{\mathrm{L}}(s)$，规定

$$\boldsymbol{D}_{\mathrm{L}}^{-1}(s)\boldsymbol{N}_{\mathrm{L}}(s)\ \text{的次数} = \deg \det \boldsymbol{D}_{\mathrm{L}}(s) \tag{8.5}$$

注　对给定一个 $\boldsymbol{G}(s)$，其右 MFD 和左 MFD 在次数上一般为不相等。

3. MFD 的不唯一性

结论 8.3［MFD 不唯一性］　对传递函数矩阵 $\boldsymbol{G}(s)$，其右 MFD 和左 MFD 为不唯一，且不同的 MFD 可能具有不同的次数。

例 8.2　给定 2×2 传递函数矩阵 $\boldsymbol{G}(s)$ 为

$$\boldsymbol{G}(s) = \begin{bmatrix} \dfrac{s}{(s+1)^2(s+2)^2} & \dfrac{s}{(s+2)^2} \\ \dfrac{-s}{(s+2)^2} & \dfrac{-s}{(s+2)^2} \end{bmatrix}$$

容易验证，其两个右 MFD 为

$$\boldsymbol{G}(s) = \boldsymbol{N}_1(s)\boldsymbol{D}_1^{-1}(s) = \begin{bmatrix} s & s \\ -s(s+1)^2 & -s \end{bmatrix} \begin{bmatrix} (s+1)^2(s+2)^2 & 0 \\ 0 & (s+2)^2 \end{bmatrix}^{-1}$$

$$\boldsymbol{G}(s) = \boldsymbol{N}_2(s)\boldsymbol{D}_2^{-1}(s) = \begin{bmatrix} s & 0 \\ -s & s^2 \end{bmatrix} \begin{bmatrix} 0 & -(s+1)^2(s+2) \\ (s+2)^2 & (s+2) \end{bmatrix}^{-1}$$

并且，可以导出

$$\deg \det \boldsymbol{D}_1(s) = 6, \qquad \deg \det \boldsymbol{D}_2(s) = 5$$

4. MFD 的扩展构造

结论 8.4［右 MFD 扩展构造］　对 $q\times p$ 传递函数矩阵 $\boldsymbol{G}(s)$，设 $\boldsymbol{N}(s)\boldsymbol{D}^{-1}(s)$ 为其一个右 MFD，表 $\boldsymbol{W}(s)$ 为任一 $p\times p$ 非奇异多项式矩阵，定义

$$\bar{\boldsymbol{N}}(s) = \boldsymbol{N}(s)\boldsymbol{W}(s), \qquad \bar{\boldsymbol{D}}(s) = \boldsymbol{D}(s)\boldsymbol{W}(s) \tag{8.6}$$

则 $\bar{\boldsymbol{N}}(s)\bar{\boldsymbol{D}}^{-1}(s)$ 也为 $\boldsymbol{G}(s)$ 的一个右 MFD，且有

$$\deg \det \bar{\boldsymbol{D}}(s) \geqslant \deg \det \boldsymbol{D}(s) \tag{8.7}$$

证　由(8.6)，可以导出

$$\bar{\boldsymbol{N}}(s)\bar{\boldsymbol{D}}^{-1}(s)=\boldsymbol{N}(s)\boldsymbol{W}(s)\boldsymbol{W}^{-1}(s)\boldsymbol{D}^{-1}(s)=\boldsymbol{N}(s)\boldsymbol{D}^{-1}(s)=\boldsymbol{G}(s) \tag{8.8}$$

这就证得，$\bar{\boldsymbol{N}}(s)\bar{\boldsymbol{D}}^{-1}(s)$为$\boldsymbol{G}(s)$的一个右 MFD。进而，考虑到 $\deg\det\boldsymbol{W}(s)\geqslant 0$，并利用式(8.6)，又可证得

$$\deg\det\bar{\boldsymbol{D}}(s)=\deg\det\boldsymbol{D}(s)+\deg\det\boldsymbol{W}(s)\geqslant\deg\det\boldsymbol{D}(s) \tag{8.9}$$

结论 8.5［左 MFD 扩展构造］ 对 $q\times p$ 传递函数矩阵$\boldsymbol{G}(s)$，设$\boldsymbol{D}_{\mathrm{L}}^{-1}(s)\boldsymbol{N}_{\mathrm{L}}(s)$为其一个左 MFD，表$\boldsymbol{W}_{\mathrm{L}}(s)$为任一 $q\times q$ 非奇异多项式矩阵，定义

$$\bar{\boldsymbol{N}}_{\mathrm{L}}(s)=\boldsymbol{W}_{\mathrm{L}}(s)\boldsymbol{N}_{\mathrm{L}}(s),\qquad \bar{\boldsymbol{D}}_{\mathrm{L}}(s)=\boldsymbol{W}_{\mathrm{L}}(s)\boldsymbol{D}_{\mathrm{L}}(s) \tag{8.10}$$

则$\bar{\boldsymbol{D}}_{\mathrm{L}}^{-1}(s)\bar{\boldsymbol{N}}_{\mathrm{L}}(s)$也为$\boldsymbol{G}(s)$的一个左 MFD，且有

$$\deg\det\bar{\boldsymbol{D}}_{\mathrm{L}}(s)\geqslant\deg\det\boldsymbol{D}_{\mathrm{L}}(s) \tag{8.11}$$

5. 同次数 MFD 的扩展构造

结论 8.6［右 MFD 扩展构造］ 对 $q\times p$ 传递函数矩阵$\boldsymbol{G}(s)$，设$\boldsymbol{N}(s)\boldsymbol{D}^{-1}(s)$为其一个右 MFD，表$\boldsymbol{V}(s)$为任一 $p\times p$ 单模矩阵，定义

$$\tilde{\boldsymbol{N}}(s)=\boldsymbol{N}(s)\boldsymbol{V}(s),\qquad \tilde{\boldsymbol{D}}(s)=\boldsymbol{D}(s)\boldsymbol{V}(s) \tag{8.12}$$

则$\tilde{\boldsymbol{N}}(s)\tilde{\boldsymbol{D}}^{-1}(s)$也为$\boldsymbol{G}(s)$的一个右 MFD，且有

$$\deg\det\tilde{\boldsymbol{D}}(s)=\deg\det\boldsymbol{D}(s) \tag{8.13}$$

证 注意到，对单模矩阵$\boldsymbol{V}(s)$有 $\deg\det\boldsymbol{V}(s)=0$。基此，采用和结论 8.4 类同推证过程，即可证得本结论。

结论 8.7［左 MFD 扩展构造］ 对 $q\times p$ 传递函数矩阵$\boldsymbol{G}(s)$，设$\boldsymbol{D}_{\mathrm{L}}^{-1}(s)\boldsymbol{N}_{\mathrm{L}}(s)$为其一个左 MFD，表$\boldsymbol{V}_{\mathrm{L}}(s)$为任一 $q\times q$ 单模矩阵，定义

$$\tilde{\boldsymbol{N}}_{\mathrm{L}}(s)=\boldsymbol{V}_{\mathrm{L}}(s)\boldsymbol{N}_{\mathrm{L}}(s),\qquad \tilde{\boldsymbol{D}}_{\mathrm{L}}(s)=\boldsymbol{V}_{\mathrm{L}}(s)\boldsymbol{D}_{\mathrm{L}}(s) \tag{8.14}$$

则$\tilde{\boldsymbol{D}}_{\mathrm{L}}^{-1}(s)\tilde{\boldsymbol{N}}_{\mathrm{L}}(s)$也为$\boldsymbol{G}(s)$的一个左 MFD，且有

$$\deg\det\tilde{\boldsymbol{D}}_{\mathrm{L}}(s)=\deg\det\boldsymbol{D}_{\mathrm{L}}(s) \tag{8.15}$$

6. 最小阶 MFD

结论 8.8［最小阶 MFD］ 对 $q\times p$ 传递函数矩阵$\boldsymbol{G}(s)$，设$\boldsymbol{N}(s)\boldsymbol{D}^{-1}(s)$和$\boldsymbol{D}_{\mathrm{L}}^{-1}(s)\times\boldsymbol{N}_{\mathrm{L}}(s)$为其一个右 MFD 和一个左 MFD，则有

$$\boldsymbol{N}(s)\boldsymbol{D}^{-1}(s)\text{ 为最小阶右 MFD}\Leftrightarrow\deg\det\boldsymbol{D}(s)\text{ 最小} \tag{8.16}$$

$$\boldsymbol{D}_{\mathrm{L}}^{-1}(s)\boldsymbol{N}_{\mathrm{L}}(s)\text{ 为最小阶左 MFD}\Leftrightarrow\deg\det\boldsymbol{D}_{\mathrm{L}}(s)\text{ 最小} \tag{8.17}$$

注 1 由 MFD 不唯一属性知，最小阶 MFD 也为不唯一。

注 2 通常，称最小阶 MFD 为不可简约 MFD。关于不可简约 MFD 的判据和属性，以及将可简约 MFD 化为不可简约 MFD 等，将在本章随后进行讨论。

7. MFD 的基本特性

结论 8.9［MFD 基本特性］ 对传递函数矩阵$\boldsymbol{G}(s)$的 MFD，不管是右 MFD 还

是左 MFD，表征其结构特征的两个基本特性为真性严真性和不可简约性。

8.2　矩阵分式描述的真性和严真性

传递函数矩阵的矩阵分式描述的真性严真性是表征其物理可实现性的一个基本特性。严格地说，只有真或严真 MFD 所表征的系统才是用实际物理元件可以构成的，即才是在现实物理世界中存在的。本节内容包括传递函数矩阵 $\boldsymbol{G}(s)$ 及其 MFD 的真性严真性的定义和判别准则。

8.2.1　真性和严真性

考虑多输入多输出连续时间线性时不变系统，表 $q\times p$ 传递函数矩阵 $\boldsymbol{G}(s)$ 为

$$\boldsymbol{G}(s)=\begin{bmatrix}\dfrac{n_{11}(s)}{d_{11}(s)} & \cdots & \dfrac{n_{1p}(s)}{d_{1p}(s)}\\ \vdots & & \vdots\\ \dfrac{n_{q1}(s)}{d_{q1}(s)} & \cdots & \dfrac{n_{qp}(s)}{d_{qp}(s)}\end{bmatrix}\tag{8.18}$$

下面，引入 $\boldsymbol{G}(s)$ 的真性和严真性定义。

定义 8.1［$\boldsymbol{G}(s)$ 真性严真性］　对式(8.18)给出的传递函数矩阵 $\boldsymbol{G}(s)$，称 $\boldsymbol{G}(s)$ 为严真，当且仅当

对 $i=1,2,\cdots,q$，$j=1,2,\cdots,p$，$\boldsymbol{G}(s)$ 元满足 $\deg n_{ij}(s)<\deg d_{ij}(s)$

称 $\boldsymbol{G}(s)$ 为真，当且仅当

对 $i=1,2,\cdots,q$，$j=1,2,\cdots,p$，$\boldsymbol{G}(s)$ 元满足

$\deg n_{ij}(s)\leqslant \deg d_{ij}(s)$

定义 8.2［$\boldsymbol{G}(s)$ 真性严真性］　对式(8.18)给出的传递函数矩阵 $\boldsymbol{G}(s)$，称 $\boldsymbol{G}(s)$ 为真，当且仅当

$$\lim_{s\to\infty}\boldsymbol{G}(s)=\boldsymbol{G}_0\ (\text{常阵})\tag{8.19}$$

称 $\boldsymbol{G}(s)$ 为严真，当且仅当

$$\lim_{s\to\infty}\boldsymbol{G}(s)=\boldsymbol{0}\tag{8.20}$$

在此基础上，进而给出矩阵分式描述的真性严真性定义。

定义 8.3［MFD 真性严真性］　称 MFD 为严真，当且仅当其导出的传递函数矩阵 $\boldsymbol{G}(s)$ 为严真。称 MFD 为真，当且仅当其导出的传递函数矩阵 $\boldsymbol{G}(s)$ 为真。

8.2.2　真性和严真性的判别准则

对传递函数矩阵以 MFD 形式给出的情形，直接基于定义判断真性严真性是很不方便的。这一部分中，分别就 MFD 的分母矩阵为既约和非既约，给出判断 MFD

真性严真性的判据。

1. 分母矩阵为既约的情形

结论 8.10 [列既约右 MFD 真性严真性判据] 对右 MFD $\boldsymbol{N}(s)\boldsymbol{D}^{-1}(s)$，$\boldsymbol{D}(s)$ 为 $p\times p$ 阵且为列既约，$\boldsymbol{N}(s)$ 为 $q\times p$ 阵，则 $\boldsymbol{N}(s)\boldsymbol{D}^{-1}(s)$ 为真，当且仅当

$$\delta_{cj}\boldsymbol{N}(s)\leqslant\delta_{cj}\boldsymbol{D}(s),\qquad j=1,2,\cdots,p \tag{8.21}$$

$\boldsymbol{N}(s)\boldsymbol{D}^{-1}(s)$ 为严真，当且仅当

$$\delta_{cj}\boldsymbol{N}(s)<\delta_{cj}\boldsymbol{D}(s),\qquad j=1,2,\cdots,p \tag{8.22}$$

其中，δ_{cj} 为所示矩阵第 j 列的列次数。

证 限于证明真性，对严真性可类似证明。

先证必要性。已知 $\boldsymbol{N}(s)\boldsymbol{D}^{-1}(s)$ 为真，欲证式(8.21)。对此，表 $\boldsymbol{N}(s)\boldsymbol{D}^{-1}(s)=\boldsymbol{G}(s)$，基此可以导出 $\boldsymbol{N}(s)=\boldsymbol{G}(s)\boldsymbol{D}(s)$。再表 $\boldsymbol{N}(s)$ 的元为 $n_{ij}(s)$，$\boldsymbol{D}(s)$ 的元为 $d_{ij}(s)$，$\boldsymbol{G}(s)$ 的元为 $g_{ij}(s)$，则有

$$n_{ij}(s)=[g_{i1}(s)\quad\cdots\quad g_{ip}(s)]\begin{bmatrix}d_{1j}(s)\\ \vdots\\ d_{pj}(s)\end{bmatrix}=\sum_{k=1}^{p}g_{ik}(s)d_{kj}(s) \tag{8.23}$$

其中，$i=1,2,\cdots,q$，$j=1,2,\cdots,p$。进而，由 $\boldsymbol{N}(s)\boldsymbol{D}^{-1}(s)=\boldsymbol{G}(s)$ 为真知，上式中 $g_{ik}(s)$ 的分子次数必小于或等于分母次数。据此，由上式可知，$n_{ij}(s)$ 次数必小于或等于 $\{d_{kj}(s),k=1,2,\cdots,p\}$ 的最高次数，即有

$$\deg n_{ij}(s)\leqslant\max\{\deg d_{kj}(s),\ k=1,2,\cdots,p\},\qquad\forall i \tag{8.24}$$

等价地，可以导出

$$\delta_{cj}\boldsymbol{N}(s)\leqslant\delta_{cj}\boldsymbol{D}(s),\qquad j=1,2,\cdots,p \tag{8.25}$$

从而，证得式(8.21)。必要性得证。

再证充分性。已知式(8.21)，欲证 $\boldsymbol{N}(s)\boldsymbol{D}^{-1}(s)$ 为真。对此，利用列次表达式，表 $\boldsymbol{D}(s)$ 和 $\boldsymbol{N}(s)$ 为

$$\boldsymbol{D}(s)=[\boldsymbol{D}_{hc}+\boldsymbol{D}_{cL}(s)\boldsymbol{S}_c^{-1}(s)]\boldsymbol{S}_c(s) \tag{8.26}$$

$$\boldsymbol{N}(s)=[\boldsymbol{N}_{hc}+\boldsymbol{N}_{cL}(s)\boldsymbol{S}_c^{-1}(s)]\boldsymbol{S}_c(s) \tag{8.27}$$

基此，可以导出

$$\begin{aligned}\boldsymbol{G}(s)&=\boldsymbol{N}(s)\boldsymbol{D}^{-1}(s)\\&=[\boldsymbol{N}_{hc}+\boldsymbol{N}_{cL}(s)\boldsymbol{S}_c^{-1}(s)][\boldsymbol{D}_{hc}+\boldsymbol{D}_{cL}(s)\boldsymbol{S}_c^{-1}(s)]^{-1}\end{aligned} \tag{8.28}$$

再注意到 $\delta_{cj}\boldsymbol{D}_{cL}(s)<\delta_{cj}\boldsymbol{S}_c(s)$，而由式(8.21)知 $\delta_{cj}\boldsymbol{N}_{cL}(s)<\delta_{cj}\boldsymbol{S}_c(s)$，由此可以得到

$$\lim_{s\to\infty}\boldsymbol{N}_{cL}(s)\boldsymbol{S}_c^{-1}(s)=\boldsymbol{0},\qquad\lim_{s\to\infty}\boldsymbol{D}_{cL}(s)\boldsymbol{S}_c^{-1}(s)=\boldsymbol{0} \tag{8.29}$$

基此，并考虑到 $\boldsymbol{D}(s)$ 列既约即 $\boldsymbol{D}_{hc}^{-1}$ 存在，由式(8.28)进而得到

$$\lim_{s\to\infty}\boldsymbol{G}(s)=\boldsymbol{N}_{hc}\boldsymbol{D}_{hc}^{-1} \tag{8.30}$$

再由已知 $\delta_{cj}\boldsymbol{N}(s)\leqslant\delta_{cj}\boldsymbol{D}(s)$意味着 $\boldsymbol{N}_{hc}$ 为常阵。由此，并利用式(8.30)，就可导出

$$\lim_{s\to\infty}\boldsymbol{G}(s)=\boldsymbol{N}_{hc}\boldsymbol{D}_{hc}^{-1}=\boldsymbol{G}_0\text{（常阵）}\tag{8.31}$$

据定义知，$\boldsymbol{N}(s)\boldsymbol{D}^{-1}(s)$为真。充分性得证。证明完成。

注　需要指出，结论中 $\boldsymbol{D}(s)$列既约是一个不可缺少的前提。否则，结论中给出的式(8.21)和式(8.22)分别只是 $\boldsymbol{N}(s)\boldsymbol{D}^{-1}(s)$为真和严真的必要而非充分条件。也就是说，对$\boldsymbol{D}(s)$为非列既约情形，尽管式(8.21)和式(8.22)满足，但 $\boldsymbol{N}(s)\boldsymbol{D}^{-1}(s)$仍有可能为非真。

例 8.3　给定 3×2 右 MFD $\boldsymbol{N}(s)\boldsymbol{D}^{-1}(s)$：

$$\boldsymbol{N}(s)=\begin{bmatrix}s^2+2s+1 & 4\\ s+7 & 3s^2+7s\\ 4s^2+s+2 & 6s-1\end{bmatrix},\qquad \boldsymbol{D}(s)=\begin{bmatrix}0 & s^3+2s^2+s+1\\ s^2+2s+4 & s+2\end{bmatrix}$$

容易判断，$\boldsymbol{D}(s)$为列既约。进而，由直接验证知，满足条件(8.21)：

$$2=\delta_{c1}\boldsymbol{N}(s)=\delta_{c1}\boldsymbol{D}(s)=2$$
$$2=\delta_{c2}\boldsymbol{N}(s)<\delta_{c2}\boldsymbol{D}(s)=3$$

据上述判据知，给定右 MFD $\boldsymbol{N}(s)\boldsymbol{D}^{-1}(s)$为真但非严真。

例 8.4　给定 1×2 右 MFD $\boldsymbol{N}(s)\boldsymbol{D}^{-1}(s)$：

$$\boldsymbol{N}(s)=[1\quad 2],\qquad \boldsymbol{D}(s)=\begin{bmatrix}s^2 & s-1\\ s+1 & 1\end{bmatrix}$$

不难看出，$\boldsymbol{D}(s)$为非列既约。所以，尽管满足条件(8.22)：

$$0=\delta_{c1}\boldsymbol{N}(s)<\delta_{c1}\boldsymbol{D}(s)=2$$
$$0=\delta_{c2}\boldsymbol{N}(s)<\delta_{c2}\boldsymbol{D}(s)=1$$

但是，事实上

$$\begin{aligned}\boldsymbol{N}(s)\boldsymbol{D}^{-1}(s)&=[1\quad 2]\begin{bmatrix}s^2 & s-1\\ s+1 & 1\end{bmatrix}^{-1}\\ &=[1\quad 2]\begin{bmatrix}1 & -(s-1)\\ -(s+1) & s^2\end{bmatrix}=[-2s-1\quad 2s^2-s+1]\end{aligned}$$

这表明，给定 $\boldsymbol{N}(s)\boldsymbol{D}^{-1}(s)$为非真。

结论 8.11［行既约左 MFD 真性严真性判据］　对左 MFD $\boldsymbol{D}_L^{-1}(s)\boldsymbol{N}_L(s)$，$\boldsymbol{D}_L(s)$为 $q\times q$ 阵且为行既约，$\boldsymbol{N}_L(s)$为 $q\times p$ 阵，则 $\boldsymbol{D}_L^{-1}(s)\boldsymbol{N}_L(s)$为真，当且仅当

$$\delta_{ri}\boldsymbol{N}_L(s)\leqslant\delta_{ri}\boldsymbol{D}_L(s),\qquad i=1,2,\cdots,q\tag{8.32}$$

$\boldsymbol{D}_L^{-1}(s)\boldsymbol{N}_L(s)$为严真，当且仅当

$$\delta_{ri}\boldsymbol{N}_L(s)<\delta_{ri}\boldsymbol{D}_L(s),\qquad i=1,2,\cdots,q\tag{8.33}$$

其中，δ_{ri} 为所示矩阵第 i 行的行次数。

注　对上述结论，$\boldsymbol{D}_L(s)$行既约同样是一个不可缺少的前提。否则，结论中给出的式(8.32)和式(8.33)分别只是 $\boldsymbol{D}_L^{-1}(s)\boldsymbol{N}_L(s)$为真和严真的必要而非充分条件。

2. 分母矩阵为非既约的情形

结论 8.12 [非列既约右 MFD 真性严真性判据] 对右 MFD $\boldsymbol{N}(s)\boldsymbol{D}^{-1}(s)$，$\boldsymbol{D}(s)$为 $p\times p$ 阵但为非列既约，$\boldsymbol{N}(s)$为 $q\times p$ 阵，引入一个 $p\times p$ 单模阵 $\boldsymbol{V}(s)$，表

$$\bar{\boldsymbol{D}}(s)=\boldsymbol{D}(s)\boldsymbol{V}(s) \tag{8.34}$$

$$\bar{\boldsymbol{N}}(s)=\boldsymbol{N}(s)\boldsymbol{V}(s) \tag{8.35}$$

并使 $\bar{\boldsymbol{D}}(s)$为列既约。则 $\boldsymbol{N}(s)\boldsymbol{D}^{-1}(s)$为真，当且仅当

$$\delta_{cj}\bar{\boldsymbol{N}}(s)\leqslant\delta_{cj}\bar{\boldsymbol{D}}(s),\qquad j=1,2,\cdots,p \tag{8.36}$$

$\boldsymbol{N}(s)\boldsymbol{D}^{-1}(s)$为严真，当且仅当

$$\delta_{cj}\bar{\boldsymbol{N}}(s)<\delta_{cj}\bar{\boldsymbol{D}}(s),\qquad j=1,2,\cdots,p \tag{8.37}$$

其中，δ_{cj} 为所示矩阵第 j 列的列次数。

证 由 $\bar{\boldsymbol{D}}(s)$列既约和结论 8.10 知，式(8.36)和式(8.37)分别是 $\bar{\boldsymbol{N}}(s)\bar{\boldsymbol{D}}^{-1}(s)$为真和严真的充分必要条件。进而，又可导出

$$\bar{\boldsymbol{N}}(s)\bar{\boldsymbol{D}}^{-1}(s)=\boldsymbol{N}(s)\boldsymbol{V}(s)\cdot\boldsymbol{V}^{-1}(s)\boldsymbol{D}^{-1}(s)=\boldsymbol{N}(s)\boldsymbol{D}^{-1}(s) \tag{8.38}$$

这表明，$\boldsymbol{N}(s)\boldsymbol{D}^{-1}(s)$和 $\bar{\boldsymbol{N}}(s)\bar{\boldsymbol{D}}^{-1}(s)$具有相同真性严真性。从而，式(8.36)和式(8.37)也分别是 $\boldsymbol{N}(s)\boldsymbol{D}^{-1}(s)$为真和严真的充分必要条件。证明完成。

例 8.5 给定 2×2 右 MFD $\boldsymbol{N}(s)\boldsymbol{D}^{-1}(s)$：

$$\boldsymbol{N}(s)=\begin{bmatrix}s & 0\\ 2 & s+1\end{bmatrix},\qquad \boldsymbol{D}(s)=\begin{bmatrix}(s+2)^2(s+1)^2 & -(s+1)^2(s+2)\\ 0 & s+2\end{bmatrix}$$

容易判断，$\boldsymbol{D}(s)$为非列既约。为此，引入一个 2×2 单模阵 $\boldsymbol{V}(s)$，表

$$\bar{\boldsymbol{D}}(s)=\boldsymbol{D}(s)\boldsymbol{V}(s)=\begin{bmatrix}(s+2)^2(s+1)^2 & -(s+1)^2(s+2)\\ 0 & s+2\end{bmatrix}\begin{bmatrix}1 & 0\\ s+2 & 1\end{bmatrix}$$

$$=\begin{bmatrix}0 & -(s+1)^2(s+2)\\ (s+2)^2 & s+2\end{bmatrix}$$

$$\bar{\boldsymbol{N}}(s)=\boldsymbol{N}(s)\boldsymbol{V}(s)=\begin{bmatrix}s & 0\\ 2 & s+1\end{bmatrix}\begin{bmatrix}1 & 0\\ s+2 & 1\end{bmatrix}$$

$$=\begin{bmatrix}s & 0\\ s^2+3s+4 & s+1\end{bmatrix}$$

并知 $\bar{\boldsymbol{D}}(s)$为列既约。那么，由于

$$2=\delta_{c1}\bar{\boldsymbol{N}}(s)=\delta_{c1}\bar{\boldsymbol{D}}(s)=2$$

$$1=\delta_{c2}\bar{\boldsymbol{N}}(s)<\delta_{c2}\bar{\boldsymbol{D}}(s)=3$$

据上述结论知，给定 $\boldsymbol{N}(s)\boldsymbol{D}^{-1}(s)$为真但非严真。

结论 8.13 [非行既约左 MFD 真性严真性判据] 对左 MFD $\boldsymbol{D}_{\mathrm{L}}^{-1}(s)\boldsymbol{N}_{\mathrm{L}}(s)$，$\boldsymbol{D}_{\mathrm{L}}(s)$为 $q\times q$ 阵但为非行既约，$\boldsymbol{N}_{\mathrm{L}}(s)$为 $q\times p$ 阵，引入一个 $q\times q$ 单模阵 $\boldsymbol{V}_{\mathrm{L}}(s)$，表

$$\bar{\boldsymbol{D}}_{\mathrm{L}}(s)=\boldsymbol{V}_{\mathrm{L}}(s)\boldsymbol{D}_{\mathrm{L}}(s) \tag{8.39}$$

$$\bar{\boldsymbol{N}}_{\mathrm{L}}(s)=\boldsymbol{V}_{\mathrm{L}}(s)\boldsymbol{N}_{\mathrm{L}}(s) \tag{8.40}$$

并使 $\bar{\boldsymbol{D}}_{\mathrm{L}}(s)$为行既约。则 $\boldsymbol{D}_{\mathrm{L}}^{-1}(s)\boldsymbol{N}_{\mathrm{L}}(s)$为真，当且仅当

$$\delta_{\mathrm{r}i}\bar{\boldsymbol{N}}_{\mathrm{L}}(s)\leqslant\delta_{\mathrm{r}i}\bar{\boldsymbol{D}}_{\mathrm{L}}(s),\qquad i=1,2,\cdots,q \tag{8.41}$$

$\boldsymbol{D}_{\mathrm{L}}^{-1}(s)\boldsymbol{N}_{\mathrm{L}}(s)$为严真，当且仅当

$$\delta_{\mathrm{r}i}\bar{\boldsymbol{N}}_{\mathrm{L}}(s)<\delta_{\mathrm{r}i}\bar{\boldsymbol{D}}_{\mathrm{L}}(s),\qquad i=1,2,\cdots,q \tag{8.42}$$

其中，$\delta_{\mathrm{r}i}$ 为所示矩阵第 i 行的行次数。

8.3　从非真矩阵分式描述导出严真矩阵分式描述

线性时不变系统的复频率域分析和综合中常会导出非真矩阵分式描述。从非真矩阵分式描述导出严真矩阵分式描述问题是复频率域方法中经常可能遇到的一个基本问题。本节是对解决这一问题的有关理论和方法的简要介绍。

8.3.1　基本结论

由非真矩阵分式描述导出严真矩阵分式描述的问题在数学上可归结为多项式矩阵的除法。下面，区分为右 MFD 和左 MFD 两类情形，给出这一问题的有关原理和结果。

结论 8.14 [右 MFD 除法定理]　对非真右 MFD $\boldsymbol{N}(s)\boldsymbol{D}^{-1}(s)$，$\boldsymbol{D}(s)$为 $p\times p$ 多项式矩阵，$\boldsymbol{N}(s)$为 $q\times p$ 多项式矩阵，则唯一存在两个 $q\times p$ 多项式矩阵 $\boldsymbol{Q}(s)$和 $\boldsymbol{R}(s)$，使下式成立：

$$\boldsymbol{N}(s)\boldsymbol{D}^{-1}(s)=\boldsymbol{Q}(s)+\boldsymbol{R}(s)\boldsymbol{D}^{-1}(s) \tag{8.43}$$

且 $\boldsymbol{R}(s)\boldsymbol{D}^{-1}(s)$为非真 $\boldsymbol{N}(s)\boldsymbol{D}^{-1}(s)$导出的严真右 MFD。进而，$\boldsymbol{D}(s)$和 $\boldsymbol{R}(s)$在列次数上满足如下关系：

$$\delta_{\mathrm{c}j}\boldsymbol{D}(s)>\delta_{\mathrm{c}j}\boldsymbol{R}(s),\qquad j=1,2,\cdots,p \tag{8.44}$$

结论 8.15 [左 MFD 除法定理]　对非真左 MFD $\boldsymbol{D}_{\mathrm{L}}^{-1}(s)\boldsymbol{N}_{\mathrm{L}}(s)$，$\boldsymbol{D}_{\mathrm{L}}(s)$为 $q\times q$ 多项式矩阵，$\boldsymbol{N}_{\mathrm{L}}(s)$为 $q\times p$ 多项式矩阵，则唯一存在两个 $q\times p$ 多项式矩阵 $\boldsymbol{Q}_{\mathrm{L}}(s)$和 $\boldsymbol{R}_{\mathrm{L}}(s)$，使下式成立：

$$\boldsymbol{D}_{\mathrm{L}}^{-1}(s)\boldsymbol{N}_{\mathrm{L}}(s)=\boldsymbol{Q}_{\mathrm{L}}(s)+\boldsymbol{D}_{\mathrm{L}}^{-1}(s)\boldsymbol{R}_{\mathrm{L}}(s) \tag{8.45}$$

且 $\boldsymbol{D}_{\mathrm{L}}^{-1}(s)\boldsymbol{R}_{\mathrm{L}}(s)$为非真 $\boldsymbol{D}_{\mathrm{L}}^{-1}(s)\boldsymbol{N}_{\mathrm{L}}(s)$导出的严真左 MFD。进而，$\boldsymbol{D}_{\mathrm{L}}(s)$和 $\boldsymbol{R}_{\mathrm{L}}(s)$在行次数上满足如下关系：

$$\delta_{\mathrm{r}i}\boldsymbol{D}_{\mathrm{L}}(s)>\delta_{\mathrm{r}i}\boldsymbol{R}_{\mathrm{L}}(s),\qquad i=1,2,\cdots,q \tag{8.46}$$

8.3.2　确定严真 MFD 的算法

算法 8.1 [确定严真右 MFD 算法]　给定非真右 MFD $\boldsymbol{N}(s)\boldsymbol{D}^{-1}(s)$，要求确定

其严真右 MFD $\boldsymbol{R}(s)\boldsymbol{D}^{-1}(s)$和多项式矩阵 $\boldsymbol{Q}(s)$。

Step 1：计算给定 $\boldsymbol{N}(s)\boldsymbol{D}^{-1}(s)$的有理分式矩阵 $\boldsymbol{G}(s)$。

Step 2：对 $\boldsymbol{G}(s)$中所有非真和真元有理分式，通过多项式除法得到

$$g_{ij}(s)=q_{ij}(s)+(g_{ij}(s))_{sp}$$

其中，$q_{ij}(s)$为多项式或常数，$(g_{ij}(s))_{sp}$ 为严真有理分式。对 $\boldsymbol{G}(s)$中所有严真元有理分式，直接得到

$$g_{ij}(s)=0+(g_{ij}(s))_{sp}$$

Step 3：以$(g_{ij}(s))_{sp}$ 为元组成严真有理分式矩阵$\boldsymbol{G}_{sp}(s)$，以 $q_{ij}(s)$或 0 为元组成多项式矩阵 $\boldsymbol{Q}(s)$。

Step 4：计算 $\boldsymbol{R}(s)=\boldsymbol{G}_{sp}(s)\boldsymbol{D}(s)$。

Step 5：求解结果 $\boldsymbol{N}(s)\boldsymbol{D}^{-1}(s)=\boldsymbol{Q}(s)+\boldsymbol{R}(s)\boldsymbol{D}^{-1}(s)$，其中 $\boldsymbol{R}(s)\boldsymbol{D}^{-1}(s)$为非真右 MFD $\boldsymbol{N}(s)\boldsymbol{D}^{-1}(s)$的严真部分，$\boldsymbol{Q}(s)$为多项式矩阵部分。

Step 6：停止计算。

注 关于从非真左 MFD 来确定其严真左 MFD 的算法，可基于左 MFD 和右 MFD 间的对偶性而来直接导出，这里不再另行讨论。

例 8.6 给定 1×2 非真右 MFD $\boldsymbol{N}(s)\boldsymbol{D}^{-1}(s)$：

$$\boldsymbol{N}(s)=\begin{bmatrix}(s+1)^2(s+2) & -(s+2)^2\end{bmatrix}$$

$$\boldsymbol{D}(s)=\begin{bmatrix}(s+2)(s+1) & s+1\\ s+2 & s+1\end{bmatrix}$$

首先，定出 $\boldsymbol{N}(s)\boldsymbol{D}^{-1}(s)$的有理分式矩阵 $\boldsymbol{G}(s)$：

$$\boldsymbol{G}(s)=\begin{bmatrix}\dfrac{s^3+4s^2+7s+5}{s^2+s} & -\dfrac{2s^2+6s+5}{s}\end{bmatrix}$$

再对元传递函数运用多项式除法，把 $\boldsymbol{G}(s)$表为多项式矩阵和严真有理分式矩阵之和：

$$\begin{aligned}\boldsymbol{G}(s)&=\begin{bmatrix}(s+3)+\dfrac{4s+5}{s^2+s} & -(2s+6)-\dfrac{5}{s}\end{bmatrix}\\&=\begin{bmatrix}(s+3) & -(2s+6)\end{bmatrix}+\begin{bmatrix}\dfrac{4s+5}{s^2+s} & -\dfrac{5}{s}\end{bmatrix}\\&=\boldsymbol{Q}(s)+\boldsymbol{G}_{sp}(s)\end{aligned}$$

于是，基于上述结果，可以定出

$$\boldsymbol{Q}(s)=\begin{bmatrix}(s+3) & -(2s+6)\end{bmatrix}$$

$$\begin{aligned}\boldsymbol{R}(s)=\boldsymbol{G}_{sp}(s)\boldsymbol{D}(s)&=\begin{bmatrix}\dfrac{4s+5}{s^2+s} & -\dfrac{5}{s}\end{bmatrix}\begin{bmatrix}(s+2)(s+1) & s+1\\ s+2 & s+1\end{bmatrix}\\&=\begin{bmatrix}4s+8 & -1\end{bmatrix}\end{aligned}$$

从而，即可定出非真 $\boldsymbol{N}(s)\boldsymbol{D}^{-1}(s)$中的严真右 MFD 为

$$\boldsymbol{R}(s)\boldsymbol{D}^{-1}(s)=\begin{bmatrix}4s+8 & -1\end{bmatrix}\begin{bmatrix}(s+2)(s+1) & s+1\\ s+2 & s+1\end{bmatrix}^{-1}$$

8.3.3　一类特殊情形的多项式矩阵除法问题

本部分讨论一类特殊情形的多项式矩阵除法问题。其中，被除矩阵为一般形式多项式矩阵，除式矩阵为特征矩阵即$(s\boldsymbol{I}-\boldsymbol{A})$。在 MFD 状态空间实现问题的讨论中，常会出现这种类型的多项式矩阵除法问题。

首先，讨论这类特殊情形的右除法。考虑具有相同列数的 $p\times p$ 矩阵$(s\boldsymbol{I}-\boldsymbol{A})$和 $q\times p$ 多项式矩阵 $\boldsymbol{N}(s)$，$\boldsymbol{A}$ 为 $p\times p$ 常阵，$(s\boldsymbol{I}-\boldsymbol{A})$为非奇异且列次数和行次数满足

$$\delta_{cj}(s\boldsymbol{I}-\boldsymbol{A})=\delta_{rj}(s\boldsymbol{I}-\boldsymbol{A})=1,\qquad j=1,2,\cdots,p \tag{8.47}$$

表 $\boldsymbol{N}(s)$为矩阵系数多项式：

$$\boldsymbol{N}(s)=\boldsymbol{N}_n s^n+\cdots+\boldsymbol{N}_1 s+\boldsymbol{N}_0 \tag{8.48}$$

其中，$\boldsymbol{N}_l(l=0,1,2,\cdots,n)$为 $q\times p$ 常阵，而

$$n=\max(\delta_{cj}\boldsymbol{N}(s),\quad j=1,2,\cdots,p) \tag{8.49}$$

结论 8.16［特殊情形右除法定理］　对具有相同列数的 $p\times p$ 矩阵$(s\boldsymbol{I}-\boldsymbol{A})$和 $q\times p$ 多项式矩阵 $\boldsymbol{N}(s)$，唯一存在 $q\times p$ 常阵 $\boldsymbol{N}_{\mathrm{r}}(\boldsymbol{A})$和 $q\times p$ 多项式矩阵 $\boldsymbol{Q}_{\mathrm{r}}(s)$，使下式成立：

$$\boldsymbol{N}(s)=\boldsymbol{Q}_{\mathrm{r}}(s)(s\boldsymbol{I}-\boldsymbol{A})+\boldsymbol{N}_{\mathrm{r}}(\boldsymbol{A}) \tag{8.50}$$

其中

$$\boldsymbol{N}_{\mathrm{r}}(\boldsymbol{A})=\boldsymbol{N}_n\boldsymbol{A}^n+\cdots+\boldsymbol{N}_1\boldsymbol{A}+\boldsymbol{N}_0\boldsymbol{I} \tag{8.51}$$

$$\begin{aligned}\boldsymbol{Q}_{\mathrm{r}}(s)=&\boldsymbol{N}_n s^{n-1}+(\boldsymbol{N}_n\boldsymbol{A}+\boldsymbol{N}_{n-1})s^{n-2}+\cdots+\\&(\boldsymbol{N}_n\boldsymbol{A}^{n-2}+\boldsymbol{N}_{n-1}\boldsymbol{A}^{n-3}+\cdots+\boldsymbol{N}_2)s+\\&(\boldsymbol{N}_n\boldsymbol{A}^{n-1}+\boldsymbol{N}_{n-1}\boldsymbol{A}^{n-2}+\cdots+\boldsymbol{N}_1)\end{aligned} \tag{8.52}$$

证　将式(8.48)、式(8.51)和式(8.52)代入式(8.50)，即可验证等式(8.50)的成立。具体推证过程略去。

进而，讨论这类特殊情形的左除法。考虑具有相同行数的 $q\times q$ 矩阵$(s\boldsymbol{I}-\boldsymbol{A})$和 $q\times p$ 多项式矩阵 $\boldsymbol{N}_{\mathrm{L}}(s)$，$\boldsymbol{A}$ 为 $q\times q$ 常阵，$(s\boldsymbol{I}-\boldsymbol{A})$为非奇异且行次数和列次数满足

$$\delta_{ri}(s\boldsymbol{I}-\boldsymbol{A})=\delta_{ci}(s\boldsymbol{I}-\boldsymbol{A})=1,\qquad i=1,2,\cdots,q \tag{8.53}$$

表 $\boldsymbol{N}_{\mathrm{L}}(s)$为矩阵系数多项式：

$$\boldsymbol{N}_{\mathrm{L}}(s)=\overline{\boldsymbol{N}}_m s^m+\cdots+\overline{\boldsymbol{N}}_1 s+\overline{\boldsymbol{N}}_0 \tag{8.54}$$

其中，$\overline{\boldsymbol{N}}_k(k=0,1,2,\cdots,m)$为 $q\times p$ 常阵，而

$$m=\max(\delta_{ri}\boldsymbol{N}(s)),\quad i=1,2,\cdots,q \tag{8.55}$$

结论 8.17［特殊情形左除法定理］　对具有相同行数的 $q\times q$ 矩阵$(s\boldsymbol{I}-\boldsymbol{A})$和 $q\times p$ 多项式矩阵 $\boldsymbol{N}_{\mathrm{L}}(s)$，唯一存在 $q\times p$ 常阵 $\boldsymbol{N}_{\mathrm{L}}(\boldsymbol{A})$和 $q\times p$ 多项式矩阵 $\boldsymbol{Q}_{\mathrm{L}}(s)$，使下式成立：

$$\boldsymbol{N}_{\mathrm{L}}(s)=(s\boldsymbol{I}-\boldsymbol{A})\boldsymbol{Q}_{\mathrm{L}}(s)+\boldsymbol{N}_{\mathrm{L}}(\boldsymbol{A}) \tag{8.56}$$

其中

$$\boldsymbol{N}_{\mathrm{L}}(\boldsymbol{A}) = \boldsymbol{A}^m \overline{\boldsymbol{N}}_m + \cdots + \boldsymbol{A}\overline{\boldsymbol{N}}_1 + \boldsymbol{I}\overline{\boldsymbol{N}}_0 \tag{8.57}$$

$$\begin{aligned}\boldsymbol{Q}_{\mathrm{L}}(s) = {} & \overline{\boldsymbol{N}}_m s^{m-1} + (\boldsymbol{A}\overline{\boldsymbol{N}}_m + \overline{\boldsymbol{N}}_{m-1})s^{m-2} + \cdots + \\ & (\boldsymbol{A}^{m-2}\overline{\boldsymbol{N}}_m + \boldsymbol{A}^{m-3}\overline{\boldsymbol{N}}_{m-1} + \cdots + \overline{\boldsymbol{N}}_2)s + \\ & (\boldsymbol{A}^{m-1}\overline{\boldsymbol{N}}_m + \boldsymbol{A}^{m-2}\overline{\boldsymbol{N}}_{m-1} + \cdots + \overline{\boldsymbol{N}}_1)\end{aligned} \tag{8.58}$$

证 式(8.56)的正确性可将式(8.54)、式(8.57)和式(8.58)代入式(8.56)得到验证。具体推证过程略去。

8.4 不可简约矩阵分式描述

不可简约 MFD(Irreducible MFD)实质上是系统传递函数矩阵的一类最简结构MFD,通常也称为最小阶 MFD。在线性时不变系统复频率域理论中,对系统的分析和综合总是相对于不可简约 MFD 进行讨论的。本节是对不可简约矩阵分式描述的一个系统性的讨论。主要内容包括不可简约 MFD 的定义和基本特性。

8.4.1 不可简约 MFD

考虑 $q\times p$ 传递函数矩阵 $\boldsymbol{G}(s)$,$\boldsymbol{N}(s)\boldsymbol{D}^{-1}(s)$ 和 $\boldsymbol{D}_{\mathrm{L}}^{-1}(s)\boldsymbol{N}_{\mathrm{L}}(s)$ 为它的一个右 MFD 和一个左 MFD。其中,$\boldsymbol{D}(s)$ 和 $\boldsymbol{N}(s)$ 为 $p\times p$ 和 $q\times p$ 多项式矩阵,$\boldsymbol{D}_{\mathrm{L}}(s)$ 和 $\boldsymbol{N}_{\mathrm{L}}(s)$ 为 $q\times q$ 和 $q\times p$ 多项式矩阵。下面,给出 $\boldsymbol{G}(s)$ 的不可简约 MFD 的定义。

定义 8.4 [不可简约 MFD] 称 $\boldsymbol{G}(s)$ 的一个右 MFD $\boldsymbol{N}(s)\boldsymbol{D}^{-1}(s)$ 为不可简约或右不可简约,当且仅当 $\boldsymbol{D}(s)$ 和 $\boldsymbol{N}(s)$ 为右互质;称 $\boldsymbol{G}(s)$ 的一个左 MFD $\boldsymbol{D}_{\mathrm{L}}^{-1}(s)\boldsymbol{N}_{\mathrm{L}}(s)$ 为不可简约或左不可简约,当且仅当 $\boldsymbol{D}_{\mathrm{L}}(s)$ 和 $\boldsymbol{N}_{\mathrm{L}}(s)$ 为左互质。

例 8.7 给定 1×2 严真右 MFD $\boldsymbol{N}(s)\boldsymbol{D}^{-1}(s)$:

$$\boldsymbol{N}(s) = [1 \quad -1], \qquad \boldsymbol{D}(s) = \begin{bmatrix} 2s+1 & 1 \\ s-2 & s^2 \end{bmatrix}$$

容易判断:

$$\operatorname{rank}\begin{bmatrix} 2s+1 & 1 \\ s-2 & s^2 \\ 1 & -1 \end{bmatrix} = 2, \qquad \forall s \in \mathscr{C}$$

据右互质性秩判据知,$\boldsymbol{D}(s)$ 和 $\boldsymbol{N}(s)$ 为右互质。从而,据定义知,给定 $\boldsymbol{N}(s)\boldsymbol{D}^{-1}(s)$ 为不可简约 MFD。

8.4.2 不可简约 MFD 的基本特性

在定义的基础上,现在进而给出不可简约 MFD 的一些基本特性。这些特性对基于复频率域方法的线性时不变系统分析具有重要的应用。

1. 不可简约 MFD 的不唯一性

结论 8.18［不唯一性］　对 $q\times p$ 传递函数矩阵 $\boldsymbol{G}(s)$，其右不可简约 MFD 和左不可简约 MFD 均为不唯一。

2. 两个不可简约 MFD 间的关系

结论 8.19［两个右不可简约 MFD 关系］　设 $\boldsymbol{N}_1(s)\boldsymbol{D}_1^{-1}(s)$ 和 $\boldsymbol{N}_2(s)\boldsymbol{D}_2^{-1}(s)$ 为 $q\times p$ 传递函数矩阵 $\boldsymbol{G}(s)$ 的任意两个右不可简约 MFD，则必存在 $p\times p$ 单模阵 $\boldsymbol{U}(s)$，使下式成立：

$$\boldsymbol{D}_1(s)=\boldsymbol{D}_2(s)\boldsymbol{U}(s),\qquad \boldsymbol{N}_1(s)=\boldsymbol{N}_2(s)\boldsymbol{U}(s)\tag{8.59}$$

证　分成三步进行证明。

(i) 构造满足式(8.59)的矩阵 $\boldsymbol{U}(s)$。对此，由已知

$$\boldsymbol{N}_1(s)\boldsymbol{D}_1^{-1}(s)=\boldsymbol{N}_2(s)\boldsymbol{D}_2^{-1}(s)\tag{8.60}$$

可以导出

$$\boldsymbol{N}_1(s)=\boldsymbol{N}_2(s)\boldsymbol{D}_2^{-1}(s)\boldsymbol{D}_1(s)\tag{8.61}$$

基此，当取

$$\boldsymbol{U}(s)=\boldsymbol{D}_2^{-1}(s)\boldsymbol{D}_1(s)\tag{8.62}$$

即可导出

$$\boldsymbol{N}_1(s)=\boldsymbol{N}_2(s)\boldsymbol{D}_2^{-1}(s)\boldsymbol{D}_1(s)=\boldsymbol{N}_2(s)\boldsymbol{U}(s)\tag{8.63}$$

$$\boldsymbol{D}_1(s)=\boldsymbol{D}_2(s)\boldsymbol{D}_2^{-1}(s)\boldsymbol{D}_1(s)=\boldsymbol{D}_2(s)\boldsymbol{U}(s)\tag{8.64}$$

这表明，式(8.62)给出的 $\boldsymbol{U}(s)$ 满足式(8.59)，且由 $\boldsymbol{D}_1(s)$ 和 $\boldsymbol{D}_2(s)$ 非奇异知 $\boldsymbol{U}(s)$ 为非奇异。

(ii) 证明 $\boldsymbol{U}(s)$ 为多项式矩阵。对此，由 $\{\boldsymbol{D}_2(s),\boldsymbol{N}_2(s)\}$ 右互质，并利用右互质性贝佐特等式判据，可知存在 $p\times p$ 和 $p\times q$ 多项式矩阵 $\widetilde{\boldsymbol{X}}(s)$ 和 $\widetilde{\boldsymbol{Y}}(s)$，使下式成立：

$$\widetilde{\boldsymbol{X}}(s)\boldsymbol{D}_2(s)+\widetilde{\boldsymbol{Y}}(s)\boldsymbol{N}_2(s)=\boldsymbol{I}\tag{8.65}$$

注意到 $\boldsymbol{D}_2(s)=\boldsymbol{D}_1(s)\boldsymbol{U}^{-1}(s)$ 和 $\boldsymbol{N}_2(s)=\boldsymbol{N}_1(s)\boldsymbol{U}^{-1}(s)$，还可将上式改写为

$$\widetilde{\boldsymbol{X}}(s)\boldsymbol{D}_1(s)\boldsymbol{U}^{-1}(s)+\widetilde{\boldsymbol{Y}}(s)\boldsymbol{N}_1(s)\boldsymbol{U}^{-1}(s)=\boldsymbol{I}\tag{8.66}$$

再将上式右乘 $\boldsymbol{U}(s)$，可以得到

$$\boldsymbol{U}(s)=\widetilde{\boldsymbol{X}}(s)\boldsymbol{D}_1(s)+\widetilde{\boldsymbol{Y}}(s)\boldsymbol{N}_1(s)\tag{8.67}$$

上式等式右边各个矩阵均为多项式矩阵，它们的乘和加运算不改变多项式矩阵属性，从而证得 $\boldsymbol{U}(s)$ 为多项式矩阵。

(iii) 证明 $\boldsymbol{U}(s)$ 为单模阵。对此，由 $\{\boldsymbol{D}_1(s),\ \boldsymbol{N}_1(s)\}$ 右互质，并利用右互质性贝佐特等式判据，可知存在 $p\times p$ 和 $p\times q$ 多项式矩阵 $\boldsymbol{X}(s)$ 和 $\boldsymbol{Y}(s)$，使下式成立：

$$\boldsymbol{X}(s)\boldsymbol{D}_1(s)+\boldsymbol{Y}(s)\boldsymbol{N}_1(s)=\boldsymbol{I}\tag{8.68}$$

将 $\boldsymbol{D}_1(s)=\boldsymbol{D}_2(s)\boldsymbol{U}(s)$ 和 $\boldsymbol{N}_1(s)=\boldsymbol{N}_2(s)\boldsymbol{U}(s)$ 代入式(8.68),又可导出

$$\boldsymbol{X}(s)\boldsymbol{D}_2(s)\boldsymbol{U}(s)+\boldsymbol{Y}(s)\boldsymbol{N}_2(s)\boldsymbol{U}(s)=\boldsymbol{I} \tag{8.69}$$

再将上式右乘 $\boldsymbol{U}^{-1}(s)$,可以得到

$$\boldsymbol{U}^{-1}(s)=\boldsymbol{X}(s)\boldsymbol{D}_2(s)+\boldsymbol{Y}(s)\boldsymbol{N}_2(s) \tag{8.70}$$

这表明,$\boldsymbol{U}^{-1}(s)$ 也为多项式矩阵,据单模阵属性知 $\boldsymbol{U}(s)$ 为单模阵。证明完成。

结论 8.20 [两个左不可简约 MFD 关系] 设 $\boldsymbol{D}_{L1}^{-1}(s)\boldsymbol{N}_{L1}(s)$ 和 $\boldsymbol{D}_{L2}^{-1}(s)\boldsymbol{N}_{L2}(s)$ 为 $q\times p$ 传递函数矩阵 $\boldsymbol{G}(s)$ 的任意两个左不可简约 MFD,则必存在 $q\times q$ 单模阵 $\boldsymbol{V}(s)$,使下式成立:

$$\boldsymbol{D}_{L1}(s)=\boldsymbol{V}(s)\boldsymbol{D}_{L2}(s), \qquad \boldsymbol{N}_{L1}(s)=\boldsymbol{V}(s)\boldsymbol{N}_{L2}(s) \tag{8.71}$$

证 证明过程类同于结论 8.19,且有 $\boldsymbol{V}(s)=\boldsymbol{D}_{L1}(s)\boldsymbol{D}_{L2}^{-1}(s)$。具体推证过程略去。

3. 不可简约 MFD 的广义唯一性

结论 8.21 [广义唯一性] 传递函数矩阵 $\boldsymbol{G}(s)$ 的右不可简约 MFD 满足广义唯一性。即若定出一个右不可简约 MFD,则所有右不可简约 MFD 可以基此定出。具体地说,若 MFD $\boldsymbol{N}(s)\boldsymbol{D}^{-1}(s)$ 为 $q\times p$ 的 $\boldsymbol{G}(s)$ 的右不可简约 MFD,$\boldsymbol{U}(s)$ 为任一 $p\times p$ 单模阵,且取

$$\bar{\boldsymbol{D}}(s)=\boldsymbol{D}(s)\boldsymbol{U}(s), \qquad \bar{\boldsymbol{N}}(s)=\boldsymbol{N}(s)\boldsymbol{U}(s) \tag{8.72}$$

则 $\bar{\boldsymbol{N}}(s)\bar{\boldsymbol{D}}^{-1}(s)$ 也为 $\boldsymbol{G}(s)$ 的右不可简约 MFD。

结论 8.22 [广义唯一性] 传递函数矩阵 $\boldsymbol{G}(s)$ 的左不可简约 MFD 满足广义唯一性。即若定出一个左不可简约 MFD,则所有左不可简约 MFD 可以基此定出。具体地说,若 MFD $\boldsymbol{D}_L^{-1}(s)\boldsymbol{N}_L(s)$ 为 $q\times p$ 的 $\boldsymbol{G}(s)$ 的左不可简约 MFD,$\boldsymbol{V}(s)$ 为任一 $q\times q$ 单模阵,且取

$$\bar{\boldsymbol{D}}_L(s)=\boldsymbol{V}(s)\boldsymbol{D}_L(s), \qquad \bar{\boldsymbol{N}}_L(s)=\boldsymbol{V}(s)\boldsymbol{N}_L(s) \tag{8.73}$$

则 $\bar{\boldsymbol{D}}_L^{-1}(s)\bar{\boldsymbol{N}}_L(s)$ 也为 $\boldsymbol{G}(s)$ 的左不可简约 MFD。

4. 不可简约 MFD 和可简约 MFD 间的关系

结论 8.23 [右不可简约 MFD 和右可简约 MFD 关系] 对 $q\times p$ 传递函数矩阵 $\boldsymbol{G}(s)$ 的任一右不可简约 MFD $\boldsymbol{N}(s)\boldsymbol{D}^{-1}(s)$ 和任一右可简约 MFD $\tilde{\boldsymbol{N}}(s)\tilde{\boldsymbol{D}}^{-1}(s)$,必存在 $p\times p$ 非奇异多项式矩阵 $\boldsymbol{T}(s)$,使下式成立:

$$\tilde{\boldsymbol{D}}(s)=\boldsymbol{D}(s)\boldsymbol{T}(s), \qquad \tilde{\boldsymbol{N}}(s)=\boldsymbol{N}(s)\boldsymbol{T}(s) \tag{8.74}$$

结论 8.24 [左不可简约 MFD 和左可简约 MFD 关系] 对 $q\times p$ 传递函数矩阵 $\boldsymbol{G}(s)$ 的任一左不可简约 MFD $\boldsymbol{D}_L^{-1}(s)\boldsymbol{N}_L(s)$ 和任一左可简约 MFD $\tilde{\boldsymbol{D}}_L^{-1}(s)\tilde{\boldsymbol{N}}_L(s)$,必存在 $q\times q$ 非奇异多项式矩阵 $\boldsymbol{T}_L(s)$,使下式成立:

$$\tilde{\boldsymbol{D}}_L(s)=\boldsymbol{T}_L(s)\boldsymbol{D}_L(s), \qquad \tilde{\boldsymbol{N}}_L(s)=\boldsymbol{T}_L(s)\boldsymbol{N}_L(s) \tag{8.75}$$

5. 不可简约 MFD 在史密斯形和不变多项式意义下的同一性

结论 8.25 [右不可简约 MFD 的同一性]　对 $q\times p$ 传递函数矩阵 $\boldsymbol{G}(s)$ 的所有右不可简约 MFD：

$$\boldsymbol{G}(s)=\boldsymbol{N}_i(s)\boldsymbol{D}_i^{-1}(s),\qquad i=1,2,\cdots \tag{8.76}$$

必成立：(i) $\boldsymbol{N}_i(s)$，$i=1,2,\cdots$具有相同史密斯形；(ii) $\boldsymbol{D}_i(s)$，$i=1,2,\cdots$具有相同不变多项式。

结论 8.26 [左不可简约 MFD 的同一性]　对 $q\times p$ 传递函数矩阵 $\boldsymbol{G}(s)$ 的所有左不可简约 MFD：

$$\boldsymbol{G}(s)=\boldsymbol{D}_{\mathrm{L}i}^{-1}(s)\boldsymbol{N}_{\mathrm{L}i}(s),\qquad i=1,2,\cdots \tag{8.77}$$

必成立：(i) $\boldsymbol{N}_{\mathrm{L}i}(s)$，$i=1,2,\cdots$具有相同史密斯形；(ii) $\boldsymbol{D}_{\mathrm{L}i}(s)$，$i=1,2,\cdots$具有相同不变多项式。

6. 左不可简约 MFD 和右不可简约 MFD 的关系

结论 8.27 [左和右不可简约 MFD 的关系]　对 $q\times p$ 传递函数矩阵 $\boldsymbol{G}(s)$ 的任一左不可简约 MFD $\boldsymbol{D}_{\mathrm{L}}^{-1}(s)\boldsymbol{N}_{\mathrm{L}}(s)$ 和任一右不可简约 MFD $\boldsymbol{N}(s)\boldsymbol{D}^{-1}(s)$，必成立：

$$\deg\det\boldsymbol{D}_{\mathrm{L}}(s)=\deg\det\boldsymbol{D}(s) \tag{8.78}$$

证　据第 10 章中给出的 MFD 实现理论知，对 $\boldsymbol{G}(s)$ 的右不可简约 MFD $\boldsymbol{N}(s)\boldsymbol{D}^{-1}(s)$，维数为 $\deg\det\boldsymbol{D}(s)$ 的实现是最小实现；对 $\boldsymbol{G}(s)$ 左不可简约 MFD $\boldsymbol{D}_{\mathrm{L}}^{-1}(s)\boldsymbol{N}_{\mathrm{L}}(s)$，维数为 $\deg\det\boldsymbol{D}_{\mathrm{L}}(s)$ 的实现是最小实现。并且，$\boldsymbol{G}(s)$ 的最小实现必具有相同维数。基此，即可导出式(8.78)。证明完成。

7. 不可简约 MFD 的最小阶属性

结论 8.28 [不可简约 MFD 最小阶属性]　对 $q\times p$ 传递函数矩阵 $\boldsymbol{G}(s)$ 的一个左 MFD $\boldsymbol{D}_{\mathrm{L}}^{-1}(s)\boldsymbol{N}_{\mathrm{L}}(s)$ 和一个右 MFD $\boldsymbol{N}(s)\boldsymbol{D}^{-1}(s)$，定义它们的阶次为

$$n_{\mathrm{L}}=\deg\det\boldsymbol{D}_{\mathrm{L}}(s),\qquad n_r=\deg\det\boldsymbol{D}(s) \tag{8.79}$$

则 $\boldsymbol{D}_{\mathrm{L}}^{-1}(s)\boldsymbol{N}_{\mathrm{L}}(s)$ 为最小阶当且仅当其为左不可简约 MFD，$\boldsymbol{N}(s)\boldsymbol{D}^{-1}(s)$ 为最小阶当且仅当其为右不可简约 MFD。

注　上述结论说明，最小阶属性反映了不可简约 MFD 在结构上的最简性。

8.5　确定不可简约矩阵分式描述的算法

不可简约 MFD 在线性时不变系统的复频率域分析和综合中具有基本的地位。由可简约 MFD 确定不可简约 MFD 是一个常遇到的基本问题。本节的内容着重于介绍有关这个问题的几种常用算法。

8.5.1 基于最大公因子的算法

这里讨论的问题是，对传递函数矩阵 $\boldsymbol{G}(s)$，在已知其可简约 MFD $\widetilde{\boldsymbol{N}}(s)\widetilde{\boldsymbol{D}}^{-1}(s)$或$\widetilde{\boldsymbol{D}}_{\mathrm{L}}^{-1}(s)\widetilde{\boldsymbol{N}}_{\mathrm{L}}(s)$的前提下，由 $\widetilde{\boldsymbol{N}}(s)\widetilde{\boldsymbol{D}}^{-1}(s)$确定不可简约 $\boldsymbol{N}(s)\boldsymbol{D}^{-1}(s)$，由 $\widetilde{\boldsymbol{D}}_{\mathrm{L}}^{-1}(s)\widetilde{\boldsymbol{N}}_{\mathrm{L}}(s)$确定不可简约 $\boldsymbol{D}_{\mathrm{L}}^{-1}(s)\boldsymbol{N}_{\mathrm{L}}(s)$。

对基于最大公因子的算法，理论依据为上节中指出过的如下结论。

结论 8.29［基于最大公因子算法依据］ 对 $q\times p$ 传递函数矩阵 $\boldsymbol{G}(s)$，表$\widetilde{\boldsymbol{N}}(s)\widetilde{\boldsymbol{D}}^{-1}(s)$为任一右可简约 MFD，$p\times p$ 多项式矩阵 $\boldsymbol{R}(s)$为 $\widetilde{\boldsymbol{D}}(s)$和 $\widetilde{\boldsymbol{N}}(s)$的一个最大右公因子且为非奇异，那么若取

$$\boldsymbol{N}(s)=\widetilde{\boldsymbol{N}}(s)\boldsymbol{R}^{-1}(s),\qquad \boldsymbol{D}(s)=\widetilde{\boldsymbol{D}}(s)\boldsymbol{R}^{-1}(s) \tag{8.80}$$

则 $\boldsymbol{N}(s)\boldsymbol{D}^{-1}(s)$必为 $\boldsymbol{G}(s)$的一个右不可简约 MFD。对偶地，表 $\widetilde{\boldsymbol{D}}_{\mathrm{L}}^{-1}(s)\widetilde{\boldsymbol{N}}_{\mathrm{L}}(s)$为任一左可简约 MFD，$q\times q$ 多项式矩阵 $\boldsymbol{R}_{\mathrm{L}}(s)$为 $\widetilde{\boldsymbol{D}}_{\mathrm{L}}(s)$和 $\widetilde{\boldsymbol{N}}_{\mathrm{L}}(s)$的一个最大左公因子且为非奇异，那么若取

$$\boldsymbol{N}_{\mathrm{L}}(s)=\boldsymbol{R}_{\mathrm{L}}^{-1}(s)\widetilde{\boldsymbol{N}}_{\mathrm{L}}(s),\qquad \boldsymbol{D}_{\mathrm{L}}(s)=\boldsymbol{R}_{\mathrm{L}}^{-1}(s)\widetilde{\boldsymbol{D}}_{\mathrm{L}}(s) \tag{8.81}$$

则 $\boldsymbol{D}_{\mathrm{L}}^{-1}(s)\boldsymbol{N}_{\mathrm{L}}(s)$必为 $\boldsymbol{G}(s)$的一个左不可简约 MFD。

算法 8.2［确定右不可简约 MFD 算法］ 给定 $q\times p$ 右可简约 MFD $\widetilde{\boldsymbol{N}}(s)\widetilde{\boldsymbol{D}}^{-1}(s)$，要求确定一个右不可简约 $\boldsymbol{N}(s)\boldsymbol{D}^{-1}(s)$。

Step 1：计算 $\widetilde{\boldsymbol{D}}(s)$和 $\widetilde{\boldsymbol{N}}(s)$的一个最大右公因子 $p\times p$ 多项式矩阵 $\boldsymbol{R}(s)$。

Step 2：计算 $\boldsymbol{R}(s)$的逆 $\boldsymbol{R}^{-1}(s)$。

Step 3：计算 $\boldsymbol{N}(s)=\widetilde{\boldsymbol{N}}(s)\boldsymbol{R}^{-1}(s)$和 $\boldsymbol{D}(s)=\widetilde{\boldsymbol{D}}(s)\boldsymbol{R}^{-1}(s)$。

Step 4：组成 $\boldsymbol{N}(s)\boldsymbol{D}^{-1}(s)$即为所求一个右不可简约 MFD。

Step 5：停止计算。

例 8.8 给定 2×2 可简约右 MFD $\widetilde{\boldsymbol{N}}(s)\widetilde{\boldsymbol{D}}^{-1}(s)$：

$$\widetilde{\boldsymbol{N}}(s)=\begin{bmatrix} s & s(s+1)^2 \\ -s(s+1)^2 & -s(s+1)^2 \end{bmatrix},\quad \widetilde{\boldsymbol{D}}(s)=\begin{bmatrix} (s+1)^2(s+2)^2 & 0 \\ 0 & (s+1)^2(s+2)^2 \end{bmatrix}$$

要求确定一个右不可简约 MFD $\boldsymbol{N}(s)\boldsymbol{D}^{-1}(s)$。

首先，定出 $\widetilde{\boldsymbol{D}}(s)$和 $\widetilde{\boldsymbol{N}}(s)$的一个最大右公因子 $\boldsymbol{R}(s)$：

$$\boldsymbol{R}(s)=\begin{bmatrix} 1 & (s+1)^2 \\ -(s+2) & 0 \end{bmatrix}$$

对 $\boldsymbol{R}(s)$求逆，得到

$$\boldsymbol{R}^{-1}(s)=\begin{bmatrix} 0 & -\dfrac{1}{(s+2)} \\ \dfrac{1}{(s+1)^2} & \dfrac{1}{(s+1)^2(s+2)} \end{bmatrix}$$

于是,所求一个右不可简约 MFD 为 $\boldsymbol{N}(s)\boldsymbol{D}^{-1}(s)$,其中

$$\boldsymbol{N}(s)=\widetilde{\boldsymbol{N}}(s)\boldsymbol{R}^{-1}(s)$$

$$=\begin{bmatrix} s & s(s+1)^2 \\ -s(s+1)^2 & -s(s+1)^2 \end{bmatrix}\begin{bmatrix} 0 & -\dfrac{1}{(s+2)} \\ \dfrac{1}{(s+1)^2} & \dfrac{1}{(s+1)^2(s+2)} \end{bmatrix}=\begin{bmatrix} s & 0 \\ -s & s^2 \end{bmatrix}$$

$$\boldsymbol{D}(s)=\widetilde{\boldsymbol{D}}(s)\boldsymbol{R}^{-1}(s)$$

$$=\begin{bmatrix} (s+1)^2(s+2)^2 & 0 \\ 0 & (s+1)^2(s+2)^2 \end{bmatrix}\begin{bmatrix} 0 & -\dfrac{1}{(s+2)} \\ \dfrac{1}{(s+1)^2} & \dfrac{1}{(s+1)^2(s+2)} \end{bmatrix}$$

$$=\begin{bmatrix} 0 & -(s+1)^2(s+2) \\ (s+2)^2 & (s+2) \end{bmatrix}$$

算法 8.3［确定左不可简约 MFD 算法］　给定 $q\times p$ 左可简约 MFD $\widetilde{\boldsymbol{D}}_{\mathrm{L}}^{-1}(s)\widetilde{\boldsymbol{N}}_{\mathrm{L}}(s)$,要求确定一个左不可简约 $\boldsymbol{D}_{\mathrm{L}}^{-1}(s)\boldsymbol{N}_{\mathrm{L}}(s)$。

Step 1：计算 $\widetilde{\boldsymbol{D}}_{\mathrm{L}}(s)$ 和 $\widetilde{\boldsymbol{N}}_{\mathrm{L}}(s)$ 的一个最大左公因子 $q\times q$ 多项式矩阵 $\boldsymbol{R}_{\mathrm{L}}(s)$。

Step 2：计算 $\boldsymbol{R}_{\mathrm{L}}(s)$ 的逆 $\boldsymbol{R}_{\mathrm{L}}^{-1}(s)$。

Step 3：计算 $\boldsymbol{N}_{\mathrm{L}}(s)=\boldsymbol{R}_{\mathrm{L}}^{-1}(s)\widetilde{\boldsymbol{N}}_{\mathrm{L}}(s)$ 和 $\boldsymbol{D}_{\mathrm{L}}(s)=\boldsymbol{R}_{\mathrm{L}}^{-1}(s)\widetilde{\boldsymbol{D}}_{\mathrm{L}}(s)$。

Step 4：组成 $\boldsymbol{D}_{\mathrm{L}}^{-1}(s)\boldsymbol{N}_{\mathrm{L}}(s)$ 即为所求一个左不可简约 MFD。

Step 5：停止计算。

8.5.2　基于最大公因子构造定理的算法

对基于最大公因子构造定理的算法,理论依据为最大公因子构造关系式的如下结论。

结论 8.30［基于最大公因子构造定理算法依据］　给定 $q\times p$ 传递函数矩阵 $\boldsymbol{G}(s)$,设 $\widetilde{\boldsymbol{N}}(s)\widetilde{\boldsymbol{D}}^{-1}(s)$ 为任一右可简约 MFD,$\boldsymbol{U}(s)$ 为 $(p+q)\times(p+q)$ 单模阵,使下式成立：

$$\boldsymbol{U}(s)\begin{bmatrix} \widetilde{\boldsymbol{D}}(s) \\ \widetilde{\boldsymbol{N}}(s) \end{bmatrix}=\begin{bmatrix} \boldsymbol{R}(s) \\ \boldsymbol{0} \end{bmatrix} \tag{8.82}$$

$p\times p$ 多项式矩阵 $\boldsymbol{R}(s)$ 为 $\widetilde{\boldsymbol{D}}(s)$ 和 $\widetilde{\boldsymbol{N}}(s)$ 的一个最大右公因子。再表

$$\boldsymbol{U}^{-1}(s)=\boldsymbol{V}(s)=\begin{bmatrix} \boldsymbol{V}_{11}(s) & \boldsymbol{V}_{12}(s) \\ \boldsymbol{V}_{21}(s) & \boldsymbol{V}_{22}(s) \end{bmatrix} \tag{8.83}$$

其中,$\boldsymbol{V}_{11}(s)$ 为 $p\times p$ 阵,$\boldsymbol{V}_{21}(s)$ 为 $q\times p$ 阵。则 $\boldsymbol{V}_{21}(s)\boldsymbol{V}_{11}^{-1}(s)$ 必为 $\widetilde{\boldsymbol{N}}(s)\widetilde{\boldsymbol{D}}^{-1}(s)$ 的

一个右不可简约 MFD。对偶地，设 $\widetilde{\boldsymbol{D}}_{\mathrm{L}}^{-1}(s)\widetilde{\boldsymbol{N}}_{\mathrm{L}}(s)$ 为任一左可简约 MFD，$\boldsymbol{U}_{\mathrm{L}}(s)$ 为 $(q+p)\times(q+p)$ 单模阵，使下式成立：

$$[\widetilde{\boldsymbol{D}}_{\mathrm{L}}(s)\quad \widetilde{\boldsymbol{N}}_{\mathrm{L}}(s)]\boldsymbol{U}_{\mathrm{L}}(s)=[\boldsymbol{R}_{\mathrm{L}}(s)\quad \boldsymbol{0}] \tag{8.84}$$

$q\times q$ 多项式矩阵 $\boldsymbol{R}_{\mathrm{L}}(s)$ 为 $\widetilde{\boldsymbol{D}}_{\mathrm{L}}(s)$ 和 $\widetilde{\boldsymbol{N}}_{\mathrm{L}}(s)$ 的一个最大左公因子。再表

$$\boldsymbol{U}_{\mathrm{L}}^{-1}(s)=\boldsymbol{V}_{\mathrm{L}}(s)=\begin{bmatrix}\boldsymbol{V}_{\mathrm{L}11}(s) & \boldsymbol{V}_{\mathrm{L}12}(s)\\ \boldsymbol{V}_{\mathrm{L}21}(s) & \boldsymbol{V}_{\mathrm{L}22}(s)\end{bmatrix} \tag{8.85}$$

其中，$\boldsymbol{V}_{\mathrm{L}11}(s)$ 为 $q\times q$ 阵，$\boldsymbol{V}_{\mathrm{L}12}(s)$ 为 $q\times p$ 阵。则 $\boldsymbol{V}_{\mathrm{L}11}^{-1}(s)\boldsymbol{V}_{\mathrm{L}12}(s)$ 必为 $\widetilde{\boldsymbol{D}}_{\mathrm{L}}^{-1}(s)\widetilde{\boldsymbol{N}}_{\mathrm{L}}(s)$ 的一个左不可简约 MFD。

算法 8.4［确定右不可简约 MFD 算法］ 给定 $q\times p$ 右可简约 MFD $\widetilde{\boldsymbol{N}}(s)\widetilde{\boldsymbol{D}}^{-1}(s)$，要求确定一个右不可简约 MFD。

Step 1：对 $\widetilde{\boldsymbol{D}}(s)$ 和 $\widetilde{\boldsymbol{N}}(s)$，定出一个 $(p+q)\times(p+q)$ 单模阵 $\boldsymbol{U}(s)$，使下式成立

$$\boldsymbol{U}(s)\begin{bmatrix}\widetilde{\boldsymbol{D}}(s)\\ \widetilde{\boldsymbol{N}}(s)\end{bmatrix}=\begin{bmatrix}\boldsymbol{R}(s)\\ \boldsymbol{0}\end{bmatrix}$$

其中，$\boldsymbol{R}(s)$ 为 $p\times p$ 最大右公因子。

Step 2：计算单模阵 $\boldsymbol{U}(s)$ 的逆并分块化

$$\boldsymbol{U}^{-1}(s)=\boldsymbol{V}(s)=\begin{bmatrix}\boldsymbol{V}_{11}(s) & \boldsymbol{V}_{12}(s)\\ \boldsymbol{V}_{21}(s) & \boldsymbol{V}_{22}(s)\end{bmatrix}$$

其中，$\boldsymbol{V}_{11}(s)$ 为 $p\times p$ 阵，$\boldsymbol{V}_{21}(s)$ 为 $q\times p$ 阵。

Step 3：组成 $\boldsymbol{V}_{21}(s)\boldsymbol{V}_{11}^{-1}(s)$ 即为所求的一个右不可简约 MFD。

Step 4：停止计算。

算法 8.5［确定左不可简约 MFD 算法］ 给定 $q\times p$ 左可简约 MFD $\widetilde{\boldsymbol{D}}_{\mathrm{L}}^{-1}(s)\widetilde{\boldsymbol{N}}_{\mathrm{L}}(s)$，要求确定一个左不可简约 MFD。

Step 1：对 $\widetilde{\boldsymbol{D}}_{\mathrm{L}}(s)$ 和 $\widetilde{\boldsymbol{N}}_{\mathrm{L}}(s)$，定出一个 $(q+p)\times(q+p)$ 单模阵 $\boldsymbol{U}_{\mathrm{L}}(s)$，使下式成立

$$[\widetilde{\boldsymbol{D}}_{\mathrm{L}}(s)\quad \widetilde{\boldsymbol{N}}_{\mathrm{L}}(s)]\boldsymbol{U}_{\mathrm{L}}(s)=[\boldsymbol{R}_{\mathrm{L}}(s)\quad \boldsymbol{0}]$$

其中，$\boldsymbol{R}_{\mathrm{L}}(s)$ 为 $q\times q$ 最大左公因子。

Step 2：计算单模阵 $\boldsymbol{U}_{\mathrm{L}}(s)$ 的逆并分块化

$$\boldsymbol{U}_{\mathrm{L}}^{-1}(s)=\boldsymbol{V}_{\mathrm{L}}(s)=\begin{bmatrix}\boldsymbol{V}_{\mathrm{L}11}(s) & \boldsymbol{V}_{\mathrm{L}12}(s)\\ \boldsymbol{V}_{\mathrm{L}21}(s) & \boldsymbol{V}_{\mathrm{L}22}(s)\end{bmatrix}$$

其中，$\boldsymbol{V}_{\mathrm{L}11}(s)$ 为 $q\times q$ 阵，$\boldsymbol{V}_{\mathrm{L}12}(s)$ 为 $q\times p$ 阵。

Step 3：组成 $\boldsymbol{V}_{\mathrm{L}11}^{-1}(s)\boldsymbol{V}_{\mathrm{L}12}(s)$ 即为所求的一个左不可简约 MFD。

Step 4：停止计算。

8.5.3 由右可简约 MFD 确定左不可简约 MFD 的算法

算法 8.6［由右 MFD 确定左不可简约 MFD 算法］　对 $q\times p$ 右可简约 MFD $\tilde{\boldsymbol{N}}(s)\tilde{\boldsymbol{D}}^{-1}(s)$，要求确定一个左不可简约 MFD $\boldsymbol{D}_{\mathrm{L}}^{-1}(s)\boldsymbol{N}_{\mathrm{L}}(s)$。

Step 1：对 $p\times p$ 的 $\tilde{\boldsymbol{D}}(s)$ 和 $q\times p$ 的 $\tilde{\boldsymbol{N}}(s)$，组成矩阵方程

$$\begin{bmatrix}-\tilde{\boldsymbol{N}}_{\mathrm{L}}(s) & \tilde{\boldsymbol{D}}_{\mathrm{L}}(s)\end{bmatrix}\begin{bmatrix}\tilde{\boldsymbol{D}}(s)\\ \tilde{\boldsymbol{N}}(s)\end{bmatrix}=\boldsymbol{0}$$

求出多项式矩阵对解 $\{\tilde{\boldsymbol{D}}_{\mathrm{L}}(s),\ \tilde{\boldsymbol{N}}_{\mathrm{L}}(s)\}$，且成立 $\tilde{\boldsymbol{D}}_{\mathrm{L}}^{-1}(s)\tilde{\boldsymbol{N}}_{\mathrm{L}}(s)=\tilde{\boldsymbol{N}}(s)\tilde{\boldsymbol{D}}^{-1}(s)$。

Step 2：判断 $\{\tilde{\boldsymbol{D}}_{\mathrm{L}}(s),\ \tilde{\boldsymbol{N}}_{\mathrm{L}}(s)\}$ 的左互质性。若为左互质，取

$$\boldsymbol{D}_{\mathrm{L}}(s)=\tilde{\boldsymbol{D}}_{\mathrm{L}}(s),\qquad \boldsymbol{N}_{\mathrm{L}}(s)=\tilde{\boldsymbol{N}}_{\mathrm{L}}(s)$$

并去到 Step 6；若为非左互质，进入下一步。

Step 3：对 $[\tilde{\boldsymbol{D}}_{\mathrm{L}}(s)\quad \tilde{\boldsymbol{N}}_{\mathrm{L}}(s)]$ 利用列初等运算，求出 $\{\tilde{\boldsymbol{D}}_{\mathrm{L}}(s),\ \tilde{\boldsymbol{N}}_{\mathrm{L}}(s)\}$ 的一个 $q\times q$ 最大左公因子 $\boldsymbol{R}_{\mathrm{L}}(s)$。

Step 4：计算 $\boldsymbol{R}_{\mathrm{L}}(s)$ 的逆 $\boldsymbol{R}_{\mathrm{L}}^{-1}(s)$。

Step 5：计算 $\boldsymbol{D}_{\mathrm{L}}(s)=\boldsymbol{R}_{\mathrm{L}}^{-1}(s)\tilde{\boldsymbol{D}}_{\mathrm{L}}(s)$ 和 $\boldsymbol{N}_{\mathrm{L}}(s)=\boldsymbol{R}_{\mathrm{L}}^{-1}(s)\tilde{\boldsymbol{N}}_{\mathrm{L}}(s)$。

Step 6：组成 $\boldsymbol{D}_{\mathrm{L}}^{-1}(s)\boldsymbol{N}_{\mathrm{L}}(s)$ 即为所求的一个左不可简约 MFD。

Step 7：停止计算。

例 8.9　给定 2×3 右可简约 MFD $\tilde{\boldsymbol{N}}(s)\tilde{\boldsymbol{D}}^{-1}(s)$：

$$\tilde{\boldsymbol{N}}(s)=\begin{bmatrix}s & 0 & s(s+1)\\ 0 & s+1 & s+2\end{bmatrix},\quad \tilde{\boldsymbol{D}}(s)=\begin{bmatrix}s+2 & 0 & 0\\ 0 & s^2 & 0\\ 0 & 0 & s(s+2)\end{bmatrix}$$

要求确定一个左不可简约 MFD $\boldsymbol{D}_{\mathrm{L}}^{-1}(s)\boldsymbol{N}_{\mathrm{L}}(s)$。

首先，组成并求解矩阵方程：

$$\begin{bmatrix}-b_{11}(s) & -b_{12}(s) & -b_{13}(s) & a_{11}(s) & a_{12}(s)\\ -b_{21}(s) & -b_{22}(s) & -b_{23}(s) & a_{21}(s) & a_{22}(s)\end{bmatrix}\begin{bmatrix}s+2 & 0 & 0\\ 0 & s^2 & 0\\ 0 & 0 & s(s+2)\\ s & 0 & s(s+1)\\ 0 & s+1 & s+2\end{bmatrix}=\boldsymbol{0}$$

容易定出，一组解为

$$\begin{aligned}&b_{11}(s)=s, && b_{12}(s)=s+1, && b_{13}(s)=2s+1\\ &b_{21}(s)=s(s+2), && b_{22}(s)=s+1, && b_{23}(s)=s^2+4s+2\\ &a_{11}(s)=s+2, && a_{12}(s)=s^2\\ &a_{21}(s)=(s+2)^2, && a_{22}(s)=s^2\end{aligned}$$

于是，得到

$$\widetilde{\boldsymbol{D}}_{\mathrm{L}}(s)=\begin{bmatrix}a_{11}(s) & a_{12}(s)\\ a_{21}(s) & a_{22}(s)\end{bmatrix}=\begin{bmatrix}s+2 & s^2\\ (s+2)^2 & s^2\end{bmatrix}$$

$$\widetilde{\boldsymbol{N}}_{\mathrm{L}}(s)=\begin{bmatrix}b_{11}(s) & b_{12}(s) & b_{13}(s)\\ b_{21}(s) & b_{22}(s) & b_{23}(s)\end{bmatrix}=\begin{bmatrix}s & s+1 & 2s+1\\ s(s+2) & s+1 & s^2+4s+2\end{bmatrix}$$

经判断知，$\{\widetilde{\boldsymbol{D}}_{\mathrm{L}}(s),\widetilde{\boldsymbol{N}}_{\mathrm{L}}(s)\}$为非左互质。进而，定出$\{\widetilde{\boldsymbol{D}}_{\mathrm{L}}(s),\ \widetilde{\boldsymbol{N}}_{\mathrm{L}}(s)\}$的一个$2\times2$最大左公因子$\boldsymbol{R}_{\mathrm{L}}(s)$：

$$\boldsymbol{R}_{\mathrm{L}}(s)=\begin{bmatrix}1 & 1\\ s+2 & 1\end{bmatrix}$$

再计算逆$\boldsymbol{R}_{\mathrm{L}}^{-1}(s)$，有

$$\boldsymbol{R}_{\mathrm{L}}^{-1}(s)=\begin{bmatrix}-\dfrac{1}{s+1} & \dfrac{1}{s+1}\\ \dfrac{s+2}{s+1} & -\dfrac{1}{s+1}\end{bmatrix}$$

在此基础上，可以定出所求的一个左不可简约 MFD 为$\boldsymbol{D}_{\mathrm{L}}^{-1}(s)\boldsymbol{N}_{\mathrm{L}}(s)$，其中

$$\boldsymbol{D}_{\mathrm{L}}(s)=\boldsymbol{R}_{\mathrm{L}}^{-1}(s)\widetilde{\boldsymbol{D}}_{\mathrm{L}}(s)=\begin{bmatrix}-\dfrac{1}{s+1} & \dfrac{1}{s+1}\\ \dfrac{s+2}{s+1} & -\dfrac{1}{s+1}\end{bmatrix}\begin{bmatrix}s+2 & s^2\\ (s+2)^2 & s^2\end{bmatrix}=\begin{bmatrix}s+2 & 0\\ 0 & s^2\end{bmatrix}$$

$$\begin{aligned}\boldsymbol{N}_{\mathrm{L}}(s)&=\boldsymbol{R}_{\mathrm{L}}^{-1}(s)\widetilde{\boldsymbol{N}}_{\mathrm{L}}(s)\\ &=\begin{bmatrix}-\dfrac{1}{s+1} & \dfrac{1}{s+1}\\ \dfrac{s+2}{s+1} & -\dfrac{1}{s+1}\end{bmatrix}\begin{bmatrix}s & s+1 & 2s+1\\ s(s+2) & s+1 & s^2+4s+2\end{bmatrix}=\begin{bmatrix}s & 0 & s+1\\ 0 & s+1 & s\end{bmatrix}\end{aligned}$$

8.6 规范矩阵分式描述

传递函数矩阵的可简约 MFD 和不可简约 MFD 具有不唯一属性。MFD 的不唯一性可能导致对某些问题分析上的不方便。传递函数矩阵的 MFD 唯一化的途径是对 MFD 分母矩阵限定为规范形而得到规范 MFD。本节是对埃尔米特形 MFD 和波波夫形 MFD 的一个简短的讨论。

8.6.1 埃尔米特形 MFD

对 $q\times p$ 传递函数矩阵$\boldsymbol{G}(s)$，给出列埃尔米特形 MFD 和行埃尔米特形 MFD 的定义。

定义 8.5［列埃尔米特形 MFD］ 称 $q\times p$ 的 $\boldsymbol{N}_{\mathrm{H}}(s)\boldsymbol{D}_{\mathrm{H}}^{-1}(s)$为传递函数矩阵$\boldsymbol{G}(s)$的列埃尔米特形 MFD，如果 $p\times p$ 分母矩阵$\boldsymbol{D}_{\mathrm{H}}(s)$具有列埃尔米特形：

$$\boldsymbol{D}_{\mathrm{H}}(s)=\begin{bmatrix} d_{11}(s) & & & \\ d_{21}(s) & d_{22}(s) & & \\ \vdots & \vdots & \ddots & \\ d_{p1}(s) & d_{p2}(s) & \cdots & d_{pp}(s) \end{bmatrix} \tag{8.86}$$

其中

(i) 对角元 $d_{ii}(s)$为首 1 多项式，$i=1,2,\cdots,p$。

(ii) 当 $d_{ii}(s)$为含 s 多项式，满足关系式 $\deg d_{ii}(s)>\deg d_{ij}(s)$，$j=1,2,\cdots,i-1$；当 $d_{ii}(s)=1$，满足关系式 $d_{ij}(s)=0$，$j=1,2,\cdots,i-1$。

定义 8.6［行埃尔米特形 MFD］　称 $q\times p$ 的 $\boldsymbol{D}_{\mathrm{LH}}^{-1}(s)\boldsymbol{N}_{\mathrm{LH}}(s)$为传递函数矩阵 $\boldsymbol{G}(s)$的行埃尔米特形 MFD，如果 $q\times q$ 分母矩阵 $\boldsymbol{D}_{\mathrm{LH}}(s)$具有行埃尔米特形：

$$\boldsymbol{D}_{\mathrm{LH}}(s)=\begin{bmatrix} d_{\mathrm{L}11}(s) & d_{\mathrm{L}12}(s) & \cdots & d_{\mathrm{L}1q}(s) \\ & d_{\mathrm{L}22}(s) & \cdots & d_{\mathrm{L}2q}(s) \\ & & \ddots & \vdots \\ & & & d_{\mathrm{L}qq}(s) \end{bmatrix} \tag{8.87}$$

其中

(i) 对角元 $d_{\mathrm{L}ii}(s)$为首 1 多项式，$i=1,2,\cdots,q$。

(ii) 当 $d_{\mathrm{L}ii}(s)$为含 s 多项式，满足关系式 $\deg d_{\mathrm{L}ii}(s)>\deg d_{\mathrm{L}ji}(s)$，$j=1,2,\cdots,i-1$；当 $d_{\mathrm{L}ii}(s)=1$，满足关系式 $d_{\mathrm{L}ji}(s)=0$，$j=1,2,\cdots,i-1$。

注　按 MFD 实质，也称列埃尔米特形 MFD 为埃尔米特形右 MFD，行埃尔米特形 MFD 为埃尔米特形左 MFD。

下面，进而给出埃尔米特形 MFD 唯一性的结论。

结论 8.31［埃尔米特形 MFD 唯一性］　对 $q\times p$ 传递函数矩阵 $\boldsymbol{G}(s)$，其所有不可简约右 MFD 均具有相同列埃尔米特形 MFD $\boldsymbol{N}_{\mathrm{H}}(s)\boldsymbol{D}_{\mathrm{H}}^{-1}(s)$，其所有不可简约左 MFD 均具有相同行埃尔米特形 MFD $\boldsymbol{D}_{\mathrm{LH}}^{-1}(s)\boldsymbol{N}_{\mathrm{LH}}(s)$。

8.6.2　波波夫形 MFD

对 $q\times p$ 传递函数矩阵 $\boldsymbol{G}(s)$，给出波波夫形右 MFD 和波波夫形左 MFD 的定义。

定义 8.7［波波夫形 MFD］　称 $q\times p$ 的 $\boldsymbol{N}_{\mathrm{E}}(s)\boldsymbol{D}_{\mathrm{E}}^{-1}(s)$为传递函数矩阵 $\boldsymbol{G}(s)$的波波夫形右 MFD，如果 $p\times p$ 分母矩阵 $\boldsymbol{D}_{\mathrm{E}}(s)$具有波波夫形；称 $q\times p$ 的 $\boldsymbol{D}_{\mathrm{LE}}^{-1}(s)\boldsymbol{N}_{\mathrm{LE}}(s)$为传递函数矩阵 $\boldsymbol{G}(s)$的波波夫形左 MFD，如果 $q\times q$ 分母矩阵 $\boldsymbol{D}_{\mathrm{LE}}(s)$具有波波夫形。

下面，给出波波夫形 MFD 唯一性的结论。

结论 8.32［波波夫形 MFD 唯一性］　对 $q\times p$ 传递函数矩阵 $\boldsymbol{G}(s)$，所有不可简约右 MFD 均具有相同波波夫形右 MFD $\boldsymbol{N}_{\mathrm{E}}(s)\boldsymbol{D}_{\mathrm{E}}^{-1}(s)$，所有不可简约左 MFD 均具

有相同波波夫形左 MFD $\boldsymbol{D}_{LE}^{-1}(s)\boldsymbol{N}_{LE}(s)$。

证 限于证明不可简约右 MFD 情形，对不可简约左 MFD 可类同证明。

设 $\boldsymbol{N}_1(s)\boldsymbol{D}_1^{-1}(s)$ 和 $\boldsymbol{N}_2(s)\boldsymbol{D}_2^{-1}(s)$ 为传递函数矩阵 $\boldsymbol{G}(s)$ 的任意两个不可简约右 MFD，表 $\boldsymbol{N}_{1E}(s)\boldsymbol{D}_{1E}^{-1}(s)$ 和 $\boldsymbol{N}_{2E}(s)\boldsymbol{D}_{2E}^{-1}(s)$ 为它们的波波夫形右 MFD。据两个不可简约右 MFD 关系属性知，必存在一个 $p\times p$ 单模阵 $\boldsymbol{U}(s)$，使下式成立：

$$\boldsymbol{D}_1(s)=\boldsymbol{D}_2(s)\boldsymbol{U}(s),\qquad \boldsymbol{N}_1(s)=\boldsymbol{N}_2(s)\boldsymbol{U}(s) \tag{8.88}$$

再表 $\boldsymbol{D}_{2UE}(s)$ 为 $\boldsymbol{D}_2(s)\boldsymbol{U}(s)$ 的波波夫形，则由波波夫形性质和式(8.88)有

$$\boldsymbol{D}_{2E}(s)=\boldsymbol{D}_{2UE}(s)=\boldsymbol{D}_{1E}(s)=\boldsymbol{D}_E(s) \tag{8.89}$$

相应地，又可导出

$$\boldsymbol{N}_{1E}(s)=[\boldsymbol{N}_1(s)\boldsymbol{D}_1^{-1}(s)]\boldsymbol{D}_E(s)=[\boldsymbol{N}_2(s)\boldsymbol{D}_2^{-1}(s)]\boldsymbol{D}_E(s)=\boldsymbol{N}_{2E}(s)=\boldsymbol{N}_E(s) \tag{8.90}$$

从而，证得 $\boldsymbol{G}(s)$ 所有不可简约右 MFD 具有相同波波夫形右 MFD $\boldsymbol{N}_E(s)\boldsymbol{D}_E^{-1}(s)$。

基于上述结论及其证明过程，进而给出确定波波夫形 MFD 的算法。

算法 8.7 [波波夫形 MFD 算法] 对 $q\times p$ 传递函数矩阵 $\boldsymbol{G}(s)$，要求确定波波夫形 MFD。

Step 1：若确定波波夫形右 MFD(或波波夫形左 MFD)，定出 $\boldsymbol{G}(s)$ 任一不可简约右 MFD $\bar{\boldsymbol{N}}(s)\bar{\boldsymbol{D}}^{-1}(s)$(或任一不可简约左 MFD $\bar{\boldsymbol{D}}_L^{-1}(s)\bar{\boldsymbol{N}}_L(s)$)。

Step 2：判断 $\bar{\boldsymbol{D}}(s)$ 列既约性(或 $\bar{\boldsymbol{D}}_L(s)$ 行既约性)。若 $\bar{\boldsymbol{D}}(s)$ 列既约(或 $\bar{\boldsymbol{D}}_L(s)$ 行既约)，去到 Step 5；若 $\bar{\boldsymbol{D}}(s)$ 非列既约(或 $\bar{\boldsymbol{D}}_L(s)$ 非行既约)，进入下一步。

Step 3：寻找一个 $p\times p$ 单模阵 $\boldsymbol{V}(s)$(或 $q\times q$ 单模阵 $\boldsymbol{V}_L(s)$)，使 $\bar{\boldsymbol{D}}(s)\boldsymbol{V}(s)$ 为列既约(或 $\boldsymbol{V}_L(s)\bar{\boldsymbol{D}}_L(s)$ 为行既约)。

Step 4：计算

$$\boldsymbol{D}(s)=\bar{\boldsymbol{D}}(s)\boldsymbol{V}(s)\quad (\text{或 } \boldsymbol{D}_L(s)=\boldsymbol{V}_L(s)\bar{\boldsymbol{D}}_L(s))$$

$$\boldsymbol{N}(s)=\bar{\boldsymbol{N}}(s)\boldsymbol{V}(s)\quad (\text{或 } \boldsymbol{N}_L(s)=\boldsymbol{V}_L(s)\bar{\boldsymbol{N}}_L(s))$$

并去到 Step 6。

Step 5：表 $\boldsymbol{D}(s)=\bar{\boldsymbol{D}}(s)$(或 $\boldsymbol{D}_L(s)=\bar{\boldsymbol{D}}_L(s)$)，$\boldsymbol{N}(s)=\bar{\boldsymbol{N}}(s)$(或 $\boldsymbol{N}_L(s)=\bar{\boldsymbol{N}}_L(s)$)。

Step 6：采用波波夫形算法，计算 $\boldsymbol{D}(s)$ 波波夫形 $\boldsymbol{D}_E(s)$(或 $\boldsymbol{D}_L(s)$ 波波夫形 $\boldsymbol{D}_{LE}(s)$)。

Step 7：计算 $\boldsymbol{N}_E(s)=\boldsymbol{G}(s)\boldsymbol{D}_E(s)$(或 $\boldsymbol{N}_{LE}(s)=\boldsymbol{D}_{LE}(s)\boldsymbol{G}(s)$)。

Step 8：所求结果

右波波夫形 MFD $\boldsymbol{N}_E(s)\boldsymbol{D}_E^{-1}(s)$(或左波波夫形 MFD $\boldsymbol{N}_{LE}(s)\boldsymbol{D}_{LE}^{-1}(s)$)。

Step 9：停止计算。

8.7 小结和评述

(1) 本章的定位。本章是对作为线性时不变系统复频率域模型的矩阵分式描述即 MFD 的一个系统性的介绍。MFD 在复频率域方法中的角色和重要性类同于时

间域方法中的状态空间描述。但两者具有不同的属性，状态空间描述属于系统内部描述，MFD 属于系统外部描述。表征 MFD 的两个基本特性是真性严真性和不可简约性。

(2) MFD 的真性和严真性的意义和实质。内涵上，在分母矩阵为既约前提下，若分子矩阵的列/行次数均小于等于分母矩阵的对应列/行次数则 MFD 为真，若分子矩阵列/行次数均严格小于分母矩阵对应列/行次数则 MFD 为严真。直观上，MFD 真性严真性体现其所代表系统的物理可实现性，系统满足因果性和可用现实物理元件构成，当且仅当系统为真或严真。

(3) MFD 的不可简约性的意义和实质。不可简约性是对 MFD 结构最简性的一种表征。内涵上，MFD 为不可简约当且仅当其分母矩阵和分子矩阵的最大公因子为单模阵。直观上，MFD 不可简约性反映 MFD 的最小阶属性，MFD 的阶次定义为其分母矩阵行列式的次数。

(4) 规范 MFD 的意义和实质。规范 MFD 的提出起因于传递函数矩阵不可简约 MFD 的不唯一性。规范 MFD 类型包括埃尔米特形 MFD 和波波夫形 MFD，即分母矩阵分别限定为埃尔米特形和波波夫形。规范 MFD 的基本属性是满足唯一性，即传递函数矩阵所有不可简约 MFD 具有相同埃尔米特形 MFD 和相同波波夫形 MFD。

习题

8.1　确定下列传递函数矩阵 $\boldsymbol{G}(s)$ 的一个右 MFD 和一个左 MFD：

$$\boldsymbol{G}(s)=\begin{bmatrix}\dfrac{2s+1}{s^2-1} & \dfrac{s}{s^2+5s+4}\\[2mm] \dfrac{1}{s+3} & \dfrac{2s+5}{s^2+7s+12}\end{bmatrix}$$

8.2　确定下列传递函数矩阵 $\boldsymbol{G}(s)$ 的三个阶次不等的左 MFD：

$$\boldsymbol{G}(s)=\begin{bmatrix}\dfrac{s+1}{s^2} & 0 & \dfrac{1}{s}\\[2mm] 0 & \dfrac{s}{s+2} & \dfrac{s+1}{s+2}\end{bmatrix}$$

8.3　给定传递函数矩阵 $\boldsymbol{G}(s)$ 的一个左 MFD：

$$\boldsymbol{G}(s)=\begin{bmatrix}s^2 & 0\\ 1 & -s+1\end{bmatrix}^{-1}\begin{bmatrix}s+1 & 0\\ 1 & 1\end{bmatrix}$$

试：(i) 确定 MFD 是否为最小阶；(ii) 如是，求出另一个最小阶 MFD；如否，求出其最小阶 MFD。

8.4　确定下列传递函数矩阵 $\boldsymbol{G}(s)$ 的左 MFD 的一个右 MFD：

$$\boldsymbol{G}(s)=\begin{bmatrix}s^2-4 & 0\\ 0 & s^2-4\end{bmatrix}^{-1}\begin{bmatrix}s+2 & s-2 & s-2\\ s^2 & 2s-4 & s+2\end{bmatrix}$$

8.5 判断下列各传递函数矩阵 $\boldsymbol{G}(s)$ 为非真、真或严真：

(i) $\boldsymbol{G}(s)=\begin{bmatrix}\dfrac{s+3}{s^2+2s+1} & 0 & \dfrac{3}{s+2}\end{bmatrix}$

(ii) $\boldsymbol{G}(s)=\begin{bmatrix}\dfrac{s+3}{s^2+2s+1} & \dfrac{6}{3s+1}\\ 3 & \dfrac{s^2+2s+1}{s^3+2s^2+s}\end{bmatrix}$

(iii) $\boldsymbol{G}(s)=\begin{bmatrix}\dfrac{s^2}{s+1} & 3\\ 0 & \dfrac{s+1}{s(s+2)}\end{bmatrix}$

8.6 判断下列各 MFD 为非真、真或严真：

(i) $\begin{bmatrix}s^3+s^2+s+1 & s^2+s\\ s^2+1 & 2s\end{bmatrix}\begin{bmatrix}s^4+s^2 & s^3\\ s^2+1 & -s^2+2s\end{bmatrix}^{-1}$

(ii) $\begin{bmatrix}s^2-1 & s+1\\ 3 & s^2-1\end{bmatrix}^{-1}\begin{bmatrix}s-1 & s+1\\ s^2 & 2s+2\end{bmatrix}$

8.7 判断下列各 MFD 是否为不可简约：

(i) $\begin{bmatrix}s+2 & s+1\end{bmatrix}\begin{bmatrix}s+1 & 0\\ (s-1)(s+2) & s-1\end{bmatrix}^{-1}$

(ii) $\begin{bmatrix}s^2 & 0\\ 1 & -s+1\end{bmatrix}^{-1}\begin{bmatrix}s+1 & 0\\ 1 & 1\end{bmatrix}$

(iii) $\begin{bmatrix}s^2+s & 0\\ 2s+1 & 1\end{bmatrix}\begin{bmatrix}s^3 & 0\\ -s^2+s+1 & -s+1\end{bmatrix}^{-1}$

8.8 确定下列传递函数矩阵 $\boldsymbol{G}(s)$ 的两个不可简约右 MFD：

$$\boldsymbol{G}(s)=\begin{bmatrix}\dfrac{1}{s} & \dfrac{s+1}{s^2} & 0\\ \dfrac{s+1}{s+2} & 0 & \dfrac{s}{s+2}\end{bmatrix}$$

8.9 设 $\boldsymbol{A}^{-1}(s)\boldsymbol{B}(s)=\bar{\boldsymbol{A}}^{-1}(s)\bar{\boldsymbol{B}}(s)$ 均为不可简约左 MFD，试证明 $\boldsymbol{V}(s)=\boldsymbol{A}(s)\bar{\boldsymbol{A}}^{-1}(s)$ 为单模阵。

8.10 设 $\boldsymbol{G}(s)=\bar{\boldsymbol{A}}^{-1}(s)\bar{\boldsymbol{B}}(s)$ 为任一可简约左 MFD，$\boldsymbol{L}(s)=\text{gcld}\{\bar{\boldsymbol{A}}(s),\bar{\boldsymbol{B}}(s)\}$，现取 $\boldsymbol{A}(s)=\boldsymbol{L}^{-1}(s)\bar{\boldsymbol{A}}(s)$ 和 $\boldsymbol{B}(s)=\boldsymbol{L}^{-1}(s)\bar{\boldsymbol{B}}(s)$，试证明 $\boldsymbol{A}^{-1}(s)\boldsymbol{B}(s)$ 为 $\boldsymbol{G}(s)$ 的一个不可简约左 MFD。

8.11 定出下列可简约右 MFD 的一个不可简约左 MFD：

$$\boldsymbol{G}(s)=\begin{bmatrix}s^3+s^2+s+1 & s^2+s\\ s^2+1 & 2s\end{bmatrix}\begin{bmatrix}s^4+s^2 & s^3\\ s^2+1 & -s^2+2s\end{bmatrix}^{-1}$$

8.12 设 $q\times p$ 的 $\bar{\boldsymbol{A}}^{-1}(s)\bar{\boldsymbol{B}}(s)$ 为一个可简约左 MFD，$\boldsymbol{V}(s)$ 为使

$$\begin{bmatrix}\bar{\boldsymbol{A}}(s) & \bar{\boldsymbol{B}}(s)\end{bmatrix}\boldsymbol{V}(s)=\begin{bmatrix}\boldsymbol{L}(s) & \boldsymbol{0}\end{bmatrix}$$

的一个单模阵，$\boldsymbol{L}(s)$为$\bar{\boldsymbol{A}}(s)$和$\bar{\boldsymbol{B}}(s)$的一个 gcld。再表

$$\boldsymbol{V}^{-1}(s)=\boldsymbol{U}(s)=\begin{bmatrix}\boldsymbol{U}_{11}(s) & \boldsymbol{U}_{12}(s)\\ \underbrace{\boldsymbol{U}_{21}(s)}_{q} & \underbrace{\boldsymbol{U}_{22}(s)}_{p}\end{bmatrix}\begin{matrix}\}q\\ \}p\end{matrix}$$

试证明：$\boldsymbol{U}_{11}^{-1}(s)\boldsymbol{U}_{12}(s)$为$\bar{\boldsymbol{A}}^{-1}(s)\bar{\boldsymbol{B}}(s)$的一个不可简约左 MFD。

8.13　对下列连续时间线性时不变系统的状态空间描述，试定出系统传递函数矩阵$\boldsymbol{G}(s)$的一个不可简约右 MFD：

$$\dot{\boldsymbol{x}}=\begin{bmatrix}1 & 2 & 1\\0 & 1 & 0\\0 & 3 & 2\end{bmatrix}\boldsymbol{x}+\begin{bmatrix}0 & 1\\1 & 0\\1 & 1\end{bmatrix}\boldsymbol{u}$$

$$\boldsymbol{y}=\begin{bmatrix}1 & 0 & 1\\1 & 1 & 1\end{bmatrix}\boldsymbol{x}$$

8.14　给定一个右 MFD $\boldsymbol{N}(s)\boldsymbol{D}^{-1}(s)$，其中

$$\boldsymbol{D}(s)=\begin{bmatrix}s^2+2s & 1\\3s^3+4s^2-4s+3 & 3s-2\end{bmatrix}$$

试论证：对任意 2×2 多项式矩阵$\boldsymbol{N}(s)$，$\boldsymbol{N}(s)\boldsymbol{D}^{-1}(s)$必为不可简约。

第9章 传递函数矩阵的结构特性

传递函数矩阵的结构特性是复频率域分析和综合的基础。传递函数矩阵结构特性由极点零点分布属性和极点零点不平衡属性表征。前一属性决定系统的稳定特性和运动行为，后一属性反映系统的奇异特性和奇异程度。本章是对传递函数矩阵结构特性的较为系统的讨论。主要内容包括史密斯-麦克米伦形、极点和零点、评价值、零空间和最小多项式基、亏数等。

9.1 史密斯-麦克米伦形

史密斯-麦克米伦形实质上是有理分式矩阵的一种重要的规范形，由麦克米伦(B. McMillan)1952 年在推广多项式矩阵的史密斯形基础上提出。史密斯-麦克米伦形为定义和分析多输入多输出线性时不变系统传递函数矩阵的极点和零点提供了重要的概念性和理论性工具。本节内容包括史密斯-麦克米伦形的定义和特性。

9.1.1 史密斯-麦克米伦形及其构造定理

首先，给出史密斯-麦克米伦形的定义。

定义 9.1 [史密斯-麦克米伦形]　称秩为 r 的 $q\times p$ 有理分式矩阵为史密斯-麦克米伦形 $\boldsymbol{M}(s)$，当且仅当具有形式：

$$\boldsymbol{M}(s)=\left[\begin{array}{ccc:c}\dfrac{\varepsilon_1(s)}{\psi_1(s)} & & & \\ & \ddots & & \boldsymbol{0} \\ & & \dfrac{\varepsilon_r(s)}{\psi_r(s)} & \\ \hdashline & \boldsymbol{0} & & \boldsymbol{0}\end{array}\right] \tag{9.1}$$

其中，(i) $\{\varepsilon_i(s),\psi_i(s)\}$ 为互质首 1 多项式，$i=1,2,\cdots,r$；

(ii) 满足整除性 $\psi_{i+1}(s)|\psi_i(s)$ 和 $\varepsilon_i(s)|\varepsilon_{i+1}(s)$，$i=1,2,\cdots,r-1$。

进而，给出史密斯-麦克米伦形的构造定理。

结论 9.1［史密斯-麦克米伦形构造定理］　对 $q\times p$ 有理分式矩阵 $\boldsymbol{G}(s)$，设

$$\text{rank}\boldsymbol{G}(s)=r\leqslant\min\{q,p\}$$

则必存在 $q\times q$ 和 $p\times p$ 单模矩阵 $\boldsymbol{U}(s)$ 和 $\boldsymbol{V}(s)$，使变换后传递函数矩阵 $\boldsymbol{U}(s)\boldsymbol{G}(s)\boldsymbol{V}(s)$ 为史密斯-麦克米伦形 $\boldsymbol{M}(s)$。

例 9.1　导出如下 2×2 严真有理分式矩阵 $\boldsymbol{G}(s)$ 的史密斯-麦克米伦形：

$$\boldsymbol{G}(s)=\begin{bmatrix}\dfrac{s}{(s+1)^2(s+2)^2} & \dfrac{s}{(s+2)^2}\\ -\dfrac{s}{(s+2)^2} & -\dfrac{s}{(s+2)^2}\end{bmatrix}$$

首先，定出 $\boldsymbol{G}(s)$ 各元有理分式最小公分母 $d(s)$ 和相应分子多项式矩阵 $\boldsymbol{N}(s)$，有

$$d(s)=(s+1)^2(s+2)^2,\qquad \boldsymbol{N}(s)=\begin{bmatrix}s & s(s+1)^2\\ -s(s+1)^2 & -s(s+1)^2\end{bmatrix}$$

进而，取单模阵对 $\{\boldsymbol{U}(s),\boldsymbol{V}(s)\}$：

$$\boldsymbol{U}(s)=\begin{bmatrix}1 & 0\\ (s+1)^2 & 1\end{bmatrix},\qquad \boldsymbol{V}(s)=\begin{bmatrix}1 & -(s+1)^2\\ 0 & 1\end{bmatrix}$$

化 $\boldsymbol{N}(s)$ 为史密斯形

$$\begin{aligned}\boldsymbol{\Lambda}(s)&=\boldsymbol{U}(s)\boldsymbol{N}(s)\boldsymbol{V}(s)\\ &=\begin{bmatrix}1 & 0\\ (s+1)^2 & 1\end{bmatrix}\begin{bmatrix}s & s(s+1)^2\\ -s(s+1)^2 & -s(s+1)^2\end{bmatrix}\begin{bmatrix}1 & -(s+1)^2\\ 0 & 1\end{bmatrix}\\ &=\begin{bmatrix}s & 0\\ 0 & s^2(s+1)^2(s+2)\end{bmatrix}\end{aligned}$$

最后，将上式等式两边乘以 $1/d(s)$，可以导出

$$\boldsymbol{M}(s)=\frac{\boldsymbol{\Lambda}(s)}{d(s)}=\boldsymbol{U}(s)\boldsymbol{G}(s)\boldsymbol{V}(s)=\begin{bmatrix}\dfrac{s}{(s+1)^2(s+2)^2} & 0\\ 0 & \dfrac{s^2(s+1)^2(s+2)}{(s+1)^2(s+2)^2}\end{bmatrix}$$

消去上式中各对角元有理分式的公因子，就即得到 $\boldsymbol{G}(s)$ 的史密斯-麦克米伦形 $\boldsymbol{M}(s)$：

$$\boldsymbol{M}(s)=\boldsymbol{U}(s)\boldsymbol{G}(s)\boldsymbol{V}(s)=\begin{bmatrix}\dfrac{s}{(s+1)^2(s+2)^2} & 0\\ 0 & \dfrac{s^2}{s+2}\end{bmatrix}$$

可以看出，上述得到的史密斯-麦克米伦形 $\boldsymbol{M}(s)$ 不再保持为严真。

9.1.2 史密斯-麦克米伦形的基本特性

下面，给出史密斯-麦克米伦形 $\boldsymbol{M}(s)$ 的一些基本特性。

1. M(s)的唯一性

结论 9.2 [$\boldsymbol{M}(s)$唯一性] 有理分式矩阵 $\boldsymbol{G}(s)$ 的史密斯-麦克米伦形 $\boldsymbol{M}(s)$ 唯一。

2. 单模变换阵对{U(s),V(s)}的不唯一性

结论 9.3 [单模变换阵对不唯一性] 化有理分式矩阵 $\boldsymbol{G}(s)$ 为史密斯-麦克米伦形 $\boldsymbol{M}(s)$ 的单模变换阵对 $\{\boldsymbol{U}(s), \boldsymbol{V}(s)\}$ 不唯一。

3. M(s)的非保真属性

结论 9.4 [$\boldsymbol{M}(s)$非保真属性] 严真有理分式矩阵 $\boldsymbol{G}(s)$ 的史密斯-麦克米伦形 $\boldsymbol{M}(s)$ 不具有保持严真属性，$\boldsymbol{M}(s)$ 甚至可能为非真。

注 导致 $\boldsymbol{M}(s)$ 不具有保真属性的原因是，单模变换阵对 $\{\boldsymbol{U}(s), \boldsymbol{V}(s)\}$ 的引入，可能会在 $\boldsymbol{M}(s)$ 中附加引入乘子 s^k，$k=1,2,3,\cdots$。例 9.1 属于这类情形，其中 $\boldsymbol{G}(s)$ 为严真，但其史密斯-麦克米伦形 $\boldsymbol{M}(s)$ 为非真。

4. 非奇异 G(s)的属性

结论 9.5 [非奇异 $\boldsymbol{G}(s)$ 属性] 对 $q\times q$ 非奇异有理分式矩阵 $\boldsymbol{G}(s)$，成立关系式：

$$\det\boldsymbol{G}(s) = \alpha \prod_{i=1}^{q} \frac{\varepsilon_i(s)}{\psi_i(s)} \tag{9.2}$$

其中，α 为非零常数。

证 对 $q\times q$ 非奇异有理分式矩阵 $\boldsymbol{G}(s)$，由史密斯-麦克米伦形构造定理，有

$$\boldsymbol{M}(s) = \boldsymbol{U}(s)\boldsymbol{G}(s)\boldsymbol{V}(s) = \begin{bmatrix} \dfrac{\varepsilon_1(s)}{\psi_1(s)} & & \\ & \ddots & \\ & & \dfrac{\varepsilon_q(s)}{\psi_q(s)} \end{bmatrix} \tag{9.3}$$

对上式取行列式，并利用单模阵 $\boldsymbol{U}(s)$ 和 $\boldsymbol{V}(s)$ 的行列式 $\det\boldsymbol{U}(s)$ 和 $\det\boldsymbol{V}(s)$ 为独立于 s 常数的性质，即可证得

$$\det\boldsymbol{G}(s) = \frac{1}{\det\boldsymbol{U}(s)\det\boldsymbol{V}(s)} \prod_{i=1}^{q} \frac{\varepsilon_i(s)}{\psi_i(s)} = \alpha \prod_{i=1}^{q} \frac{\varepsilon_i(s)}{\psi_i(s)} \tag{9.4}$$

其中

$$\alpha = \frac{1}{\det\boldsymbol{U}(s)\det\boldsymbol{V}(s)} \tag{9.5}$$

5. M(s)的 MFD 表示

结论 9.6 [$\boldsymbol{M}(s)$的 MFD 表示] 对秩为 r 的 $q\times p$ 传递函数矩阵 $\boldsymbol{G}(s)$，其史密斯-麦克米伦形 $\boldsymbol{M}(s)$为

$$\boldsymbol{M}(s)=\boldsymbol{U}(s)\boldsymbol{G}(s)\boldsymbol{V}(s)=\left[\begin{array}{ccc:c}\frac{\varepsilon_1(s)}{\psi_1(s)} & & & \\ & \ddots & & \boldsymbol{0} \\ & & \frac{\varepsilon_r(s)}{\psi_r(s)} & \\ \hdashline & \boldsymbol{0} & & \boldsymbol{0}\end{array}\right] \tag{9.6}$$

如若引入

$$\boldsymbol{E}(s)=\left[\begin{array}{ccc:c}\varepsilon_1(s) & & & \\ & \ddots & & \boldsymbol{0} \\ & & \varepsilon_r(s) & \\ \hdashline & \boldsymbol{0} & & \boldsymbol{0}_{(q-r)\times(p-r)}\end{array}\right],\quad \boldsymbol{\Psi}(s)=\left[\begin{array}{ccc:c}\psi_1(s) & & & \\ & \ddots & & \boldsymbol{0} \\ & & \psi_r(s) & \\ \hdashline & \boldsymbol{0} & & \boldsymbol{I}_{p-r}\end{array}\right] \tag{9.7}$$

则可表 $\boldsymbol{M}(s)$为右 MFD：

$$\boldsymbol{M}(s)=\boldsymbol{E}(s)\boldsymbol{\Psi}^{-1}(s) \tag{9.8}$$

如若引入

$$\boldsymbol{E}_{\mathrm{L}}(s)=\left[\begin{array}{ccc:c}\varepsilon_1(s) & & & \\ & \ddots & & \boldsymbol{0} \\ & & \varepsilon_r(s) & \\ \hdashline & \boldsymbol{0} & & \boldsymbol{0}_{(q-r)\times(p-r)}\end{array}\right],\quad \boldsymbol{\Psi}_{\mathrm{L}}(s)=\left[\begin{array}{ccc:c}\psi_1(s) & & & \\ & \ddots & & \boldsymbol{0} \\ & & \psi_r(s) & \\ \hdashline & \boldsymbol{0} & & \boldsymbol{I}_{q-r}\end{array}\right] \tag{9.9}$$

则可表 $\boldsymbol{M}(s)$为左 MFD：

$$\boldsymbol{M}(s)=\boldsymbol{\Psi}_{\mathrm{L}}^{-1}(s)\boldsymbol{E}_{\mathrm{L}}(s) \tag{9.10}$$

6. G(s)基于史密斯-麦克米伦形 M(s)的不可简约 MFD

结论 9.7 [$\boldsymbol{G}(s)$基于 $\boldsymbol{M}(s)$的不可简约 MFD] 对 $q\times p$ 传递函数矩阵 $\boldsymbol{G}(s)$，其史密斯-麦克米伦形为 $\boldsymbol{M}(s)$，单模变换阵对为$\{\boldsymbol{U}(s),\boldsymbol{V}(s)\}$，$\boldsymbol{M}(s)$的右 MFD 和左 MFD 为

$$\boldsymbol{M}(s)=\boldsymbol{E}(s)\boldsymbol{\Psi}^{-1}(s)\quad 和\quad \boldsymbol{M}(s)=\boldsymbol{\Psi}_{\mathrm{L}}^{-1}(s)\boldsymbol{E}_{\mathrm{L}}(s)$$

若取

$$\boldsymbol{N}(s)=\boldsymbol{U}^{-1}(s)\boldsymbol{E}(s),\qquad \boldsymbol{D}(s)=\boldsymbol{V}(s)\boldsymbol{\Psi}(s) \tag{9.11}$$

则 $\boldsymbol{N}(s)\boldsymbol{D}^{-1}(s)$为 $\boldsymbol{G}(s)$的不可简约右 MFD。若取

$$\boldsymbol{N}_{\mathrm{L}}(s)=\boldsymbol{E}_{\mathrm{L}}(s)\boldsymbol{V}^{-1}(s),\qquad \boldsymbol{D}_{\mathrm{L}}(s)=\boldsymbol{\Psi}_{\mathrm{L}}(s)\boldsymbol{U}(s) \tag{9.12}$$

则 $\boldsymbol{D}_{\mathrm{L}}^{-1}(s)\boldsymbol{N}_{\mathrm{L}}(s)$为 $\boldsymbol{G}(s)$的不可简约左 MFD。

9.2 传递函数矩阵的有限极点和有限零点

多输入多输出线性时不变系统的极点零点按复平面上分布区域可区分为有限极点零点和无穷远处极点零点。传递函数矩阵的有限极点和有限零点可采用多种方式定义,尤以罗森布罗克(H. H. Rosenbrock)在20世纪70年代初提出的基于传递函数矩阵史密斯-麦克米伦形的定义应用最广。本节先来讨论传递函数矩阵的有限极点和有限零点,内容包括罗森布罗克定义和其他推论性定义。

9.2.1 极点和零点的基本定义

先来引入有限极点和有限零点的罗森布罗克定义即基本定义。考虑 $q\times p$ 传递函数矩阵 $\boldsymbol{G}(s)$, $\text{rank}\boldsymbol{G}(s)=r\leqslant\min\{q,p\}$,导出其史密斯-麦克米伦形 $\boldsymbol{M}(s)$ 为

$$\boldsymbol{M}(s)=\left[\begin{array}{ccc|c}\dfrac{\varepsilon_1(s)}{\psi_1(s)} & & & \\ & \ddots & & \boldsymbol{0} \\ & & \dfrac{\varepsilon_r(s)}{\psi_r(s)} & \\ \hline & \boldsymbol{0} & & \boldsymbol{0}\end{array}\right] \tag{9.13}$$

基此,下面给出罗森布罗克定义。

定义 9.2 [有限极点零点罗森布罗克定义] 对秩为 r 的 $q\times p$ 传递函数矩阵 $\boldsymbol{G}(s)$,基于式(9.13)给出的史密斯-麦克米伦形 $\boldsymbol{M}(s)$,有

$$\boldsymbol{G}(s)\text{ 有限极点}=\text{“}\boldsymbol{M}(s)\text{ 中 }\psi_i(s)=0\text{ 根},\quad i=1,2,\cdots,r\text{”} \tag{9.14}$$

$$\boldsymbol{G}(s)\text{ 有限零点}=\text{“}\boldsymbol{M}(s)\text{ 中 }\varepsilon_i(s)=0\text{ 根},\quad i=1,2,\cdots,r\text{”} \tag{9.15}$$

例 9.2 定出给定 2×2 传递函数矩阵 $\boldsymbol{G}(s)$ 的有限极点和有限零点,其中

$$\boldsymbol{G}(s)=\begin{bmatrix}\dfrac{s}{(s+1)^2(s+2)^2} & \dfrac{s}{(s+2)^2} \\ -\dfrac{s}{(s+2)^2} & -\dfrac{s}{(s+2)^2}\end{bmatrix}$$

例9.1中已经定出,其史密斯-麦克米伦形 $\boldsymbol{M}(s)$ 为

$$\boldsymbol{M}(s)=\begin{bmatrix}\dfrac{s}{(s+1)^2(s+2)^2} & 0 \\ 0 & \dfrac{s^2}{(s+2)}\end{bmatrix}$$

基此,并据罗森布罗克定义,就可定出

$\boldsymbol{G}(s)$ 有限极点:$s=-1$(二重),$s=-2$(三重)

$\boldsymbol{G}(s)$ 有限零点:$s=0$(三重)

进而，对 $\boldsymbol{G}(s)$ 有限极点和有限零点的罗森布罗克定义给出如下两点说明。

1. 定义的适用性

基于史密斯-麦克米伦形 $\boldsymbol{M}(s)$ 的罗森布罗克定义，只适用于传递函数矩阵 $\boldsymbol{G}(s)$ 在有限复数平面上的极点和零点，不适用于 $\boldsymbol{G}(s)$ 在无穷远处的极点和零点。这是因为，在化 $\boldsymbol{G}(s)$ 为史密斯-麦克米伦形 $\boldsymbol{M}(s)$ 的过程中，所引入的单模变换可能使严真 $\boldsymbol{G}(s)$ 对应的 $\boldsymbol{M}(s)$ 为非真，这说明 $\boldsymbol{M}(s)$ 在无穷远处的极点/零点一般不能代表 $\boldsymbol{G}(s)$ 在无穷远处的极点/零点。

2. 传递函数矩阵极点零点分布的特点

不同于单输入单输出线性时不变系统的标量传递函数，多输入多输出线性时不变系统的传递函数矩阵 $\boldsymbol{G}(s)$ 的极点和零点可位于复数平面上同一位置上而不构成对消。这是因为，在 $\boldsymbol{G}(s)$ 的史密斯-麦克米伦形 $\boldsymbol{M}(s)$ 中，尽管 $\{\varepsilon_i(s),\psi_i(s)\}$ 对 $i=1,2,\cdots,r$ 为互质即不包含任何公因子 $(s-a)$，但在 $\varepsilon_i(s)$ 和非同序号 $\psi_j(s)$ 之间允许和可能包含公因子如 $(s-a)$。基此，并据罗森布罗克定义，可知 $\boldsymbol{G}(s)$ 在复数平面上同一位置如 $s=a$ 处可以既有极点又有零点但不构成对消。

9.2.2　极点和零点的推论性定义

对线性时不变系统传递函数矩阵的有限极点和有限零点，在罗森布罗克定义的基础上，可以进一步导出其他形式的推论性定义。这些推论性定义，由于直接基于系统的矩阵分式描述和状态空间描述，因而在线性时不变系统的分析和综合中得到更为广泛的应用。

结论 9.8［有限极点零点的推论性定义］　对 $q\times p$ 传递函数矩阵 $\boldsymbol{G}(s)$，设

$$\operatorname{rank}\boldsymbol{G}(s)=r\leqslant\min\{q,p\}\tag{9.16}$$

表 $\boldsymbol{N}(s)\boldsymbol{D}^{-1}(s)$ 和 $\boldsymbol{D}_{\mathrm{L}}^{-1}(s)\boldsymbol{N}_{\mathrm{L}}(s)$ 为 $\boldsymbol{G}(s)$ 任一不可简约右 MFD 和任一不可简约左 MFD，则

$$\boldsymbol{G}(s)\text{ 有限极点}=\text{“}\det\boldsymbol{D}(s)=0\text{ 根”或“}\det\boldsymbol{D}_{\mathrm{L}}(s)=0\text{ 根”}\tag{9.17}$$

$$\boldsymbol{G}(s)\text{ 有限零点}=\text{“}\operatorname{rank}\boldsymbol{N}(s)<r\text{(降秩) 的 }s\text{ 值”或“}\operatorname{rank}\boldsymbol{N}_{\mathrm{L}}(s)<r\text{(降秩) 的 }s\text{ 值”}\tag{9.18}$$

例 9.3　定出给定 2×2 传递函数矩阵 $\boldsymbol{G}(s)=\boldsymbol{N}(s)\boldsymbol{D}^{-1}(s)$，$\operatorname{rank}\boldsymbol{G}(s)=2$ 的有限极点和有限零点，其中

$$\boldsymbol{N}(s)=\begin{bmatrix}s(s+1) & 0\\ 2s+1 & -1\end{bmatrix},\qquad \boldsymbol{D}(s)=\begin{bmatrix}s^3 & 0\\ (-s+1)(2s+1) & -s+1\end{bmatrix}$$

首先，由右互质性秩判据容易判断，$\{\boldsymbol{D}(s),\boldsymbol{N}(s)\}$ 为右互质，即 $\boldsymbol{N}(s)\boldsymbol{D}^{-1}(s)$ 为 $\boldsymbol{G}(s)$ 的一个不可简约右 MFD。进而，运用极点零点的上述推论性定义，就可定出

$$\boldsymbol{G}(s)\text{ 有限极点}=\text{“}\det\boldsymbol{D}(s)=s^3(-s+1)=0\text{ 根”}=\text{“}s=0\text{(三重)},s=1\text{”}$$

$G(s)$ 有限零点 = "rank$N(s) < 2$ 的 s 值" = "$s = 0$, $s = -1$"

例 9.4 定出给定 2×3 传递函数矩阵 $G(s)=D_L^{-1}(s)N_L(s)$，rank$G(s)=2$ 的有限极点和有限零点，其中

$$D_L(s)=\begin{bmatrix} s^3 & 0 \\ (-s+1)(s+1) & -s+1 \end{bmatrix},\quad N_L(s)=\begin{bmatrix} s+1 & 0 & s-2 \\ 0 & s-2 & s+1 \end{bmatrix}$$

首先，由左互质性秩判据容易判断，$\{D_L(s), N_L(s)\}$为左互质，即 $D_L^{-1}(s)N_L(s)$为$G(s)$的一个不可简约左 MFD。进而，运用极点零点的上述推论性定义，就可定出

$G(s)$ 有限极点 = "det$D_L(s) = s^3(-s+1) = 0$ 根" = "$s = 0$(三重)，$s = 1$"

$G(s)$ 有限零点 = "rank$N_L(s) < 2$ 的 s 值" = 不存在

结论 9.9 [有限极点零点的推论性定义] 对 $q\times p$ 严真传递函数矩阵 $G(s)$，设其外部等价的任一状态空间描述为$\{A\in\mathscr{R}^{n\times n}, B\in\mathscr{R}^{n\times p}, C\in\mathscr{R}^{q\times n}\}$，$\{A,B\}$完全能控，$\{A,C\}$完全能观测，则有

$$G(s)\ \text{有限极点} = \text{“}\det(sI-A)=0\ \text{根”} \tag{9.19}$$

$$G(s)\ \text{有限零点} = \text{使}\begin{bmatrix} sI-A & B \\ -C & 0 \end{bmatrix}\text{降秩的}\ s\ \text{值} \tag{9.20}$$

9.2.3 对零点的直观解释

从物理角度看，极点决定系统输出运动组成分量的模式，零点反映系统对与零点关联的一类输入函数具有阻塞的属性。下面，给出直观阐明零点物理属性的结论。

结论 9.10 [零点直观解释] 对 $q\times p$ 严真传递函数矩阵 $G(s)$，表其所属线性时不变系统的一个能控和能观测状态空间描述为$\{A,B,C\}$，z_0 为 $G(s)$任一零点，则对满足关系式：

$$\begin{cases} Cx_0 = 0 \\ (z_0 I - A)x_0 = -Bu_0 \end{cases} \tag{9.21}$$

的所有非零初始状态 x_0 和所有非零常向量 u_0，系统输出对形如

$$u(t) = u_0 e^{z_0 t} \tag{9.22}$$

的一类输入向量函数具有阻塞作用，即其所引起的系统强制输出 $y(t)$恒为零。

9.3 传递函数矩阵的结构指数

引入结构指数的基本目的是为传递函数矩阵的极点和零点及其重数提供统一的表征。传递函数矩阵的一个重要特征是极点和零点可位于复数平面同一位置而不构成对消，采用结构指数表示有助于直观地和完整地表征这一特征。此外，结构指数对于研究传递函数矩阵的奇异特性同样具有重要意义。本节是对结构指数概念和属性的一个简短的讨论。

9.3.1 结构指数

首先，给出传递函数矩阵的结构指数的定义。

定义 9.3 [结构指数]　对 $q \times p$ 传递函数矩阵 $\boldsymbol{G}(s)$，$\text{rank}\boldsymbol{G}(s) = r \leqslant \min\{q, p\}$，表

$$S_{\text{pz}} = \boldsymbol{G}(s) \text{ 的有限极点和有限零点的集合} \tag{9.23}$$

那么，若对任一 $\xi_k \in S_{\text{pz}}$ 导出对应的 $r \times r$ 对角矩阵：

$$\boldsymbol{M}_{\xi_k}(s) = \begin{bmatrix} (s-\xi_k)^{\sigma_1(\xi_k)} & & \\ & \ddots & \\ & & (s-\xi_k)^{\sigma_r(\xi_k)} \end{bmatrix} \tag{9.24}$$

则称 $\{\sigma_1(\xi_k), \cdots, \sigma_r\{\xi_k)\}$ 为 $\boldsymbol{G}(s)$ 在 $s = \xi_k$ 的一组结构指数。

例 9.5　定出给定 2×2 传递函数矩阵 $\boldsymbol{G}(s)$ 在各个极点零点处的结构指数，其中

$$\boldsymbol{G}(s) = \begin{bmatrix} \dfrac{s}{(s+1)^2(s+2)^2} & \dfrac{s}{(s+2)^2} \\ -\dfrac{s}{(s+2)^2} & -\dfrac{s}{(s+2)^2} \end{bmatrix}$$

容易判断，$\text{rank}\boldsymbol{G}(s) = 2$。并且，在例 9.1 中已经定出，$\boldsymbol{G}(s)$ 的史密斯-麦克米伦形为

$$\boldsymbol{M}(s) = \begin{bmatrix} \dfrac{s}{(s+1)^2(s+2)^2} & 0 \\ 0 & \dfrac{s^2}{(s+2)} \end{bmatrix}$$

基此，有

$$\boldsymbol{G}(s) \text{ 极点零点集合 } S_{\text{pz}} = \{-2, -1, 0\}$$

进而，直接由史密斯-麦克米伦形 $\boldsymbol{M}(s)$，即可定出

$$\boldsymbol{G}(s) \text{ 在“}s=-2\text{”结构指数} \{\sigma_1(-2), \sigma_2(-2)\} = \{-2, -1\}$$

$$\boldsymbol{G}(s) \text{ 在“}s=-1\text{”结构指数} \{\sigma_1(-1), \sigma_2(-1)\} = \{-2, 0\}$$

$$\boldsymbol{G}(s) \text{ 在“}s=0\text{”结构指数} \{\sigma_1(0), \sigma_2(0)\} = \{1, 2\}$$

9.3.2 对结构指数的几点讨论

进而，对传递函数矩阵的结构指数给出如下几点讨论。

1. 结构指数的意义

对传递函数矩阵 $\boldsymbol{G}(s)$ 引入结构指数的意义在于，可以用统一的形式表征 $\boldsymbol{G}(s)$

的极点和零点以及它们的重数，使对极点零点的研究置于更为一般的框架内。

2. 结构指数的含义

对传递函数矩阵 $\boldsymbol{G}(s)$，由其在 $s=\xi_k$ 的结构指数组 $\{\sigma_1(\xi_k),\cdots,\sigma_r(\xi_k)\}$，根据各个 $\sigma_i(\xi_k)$ 为"正整数"、"负整数"或"零"而可反映其在 $s=\xi_k$ 为零点、极点或无零点又无极点。

结论 9.11 [结构指数含义]　给定 $\boldsymbol{G}(s)$ 在 $s=\xi_k$ 的结构指数组 $\{\sigma_1(\xi_k),\cdots,\sigma_r(\xi_k)\}$，则对 $\sigma_i(\xi_k)$，有

$$\sigma_i(\xi_k)=\text{正整数}\Leftrightarrow \boldsymbol{G}(s)\text{ 在 } s=\xi_k \text{ 有 } \sigma_i(\xi_k) \text{ 个零点} \tag{9.25}$$

$$\sigma_i(\xi_k)=\text{负整数}\Leftrightarrow \boldsymbol{G}(s)\text{ 在 } s=\xi_k \text{ 有 } |\sigma_i(\xi_k)| \text{ 个极点} \tag{9.26}$$

$$\sigma_i(\xi_k)=\text{零}\Leftrightarrow \boldsymbol{G}(s)\text{ 在 } s=\xi_k \text{ 无极点又无零点} \tag{9.27}$$

3. 基于结构指数确定 G(s)的极点和零点的重数

对传递函数矩阵 $\boldsymbol{G}(s)$，根据其在 $s=\xi_k$ 的结构指数组 $\{\sigma_1(\xi_k),\cdots,\sigma_r(\xi_k)\}$，可以定出 $\boldsymbol{G}(s)$ 在 $s=\xi_k$ 处极点和零点的重数。

结论 9.12 [极点和零点重数]　给定 $\boldsymbol{G}(s)$ 在 $s=\xi_k$ 的结构指数组 $\{\sigma_1(\xi_k),\cdots,\sigma_r(\xi_k)\}$，则有

$$\boldsymbol{G}(s)\text{ 在“}s=\xi_k\text{”极点重数}=\{\sigma_1(\xi_k),\cdots,\sigma_r(\xi_k)\}\text{ 中负指数之和绝对值} \tag{9.28}$$

$$\boldsymbol{G}(s)\text{ 在“}s=\xi_k\text{”零点重数}=\{\sigma_1(\xi_k),\cdots,\sigma_r(\xi_k)\}\text{ 中正指数之和} \tag{9.29}$$

4. 非极点零点处的结构指数

结论 9.13 [非极点零点处结构指数]　传递函数矩阵 $\boldsymbol{G}(s)$ 在非极点零点处的结构指数必恒为零。即对给定 $\boldsymbol{G}(s)$，若 $\alpha\notin S_{\mathrm{pz}}$ 为任意有限值，则有

$$\sigma_i(\alpha)=0,\qquad i=1,2,\cdots,r \tag{9.30}$$

5. 基于结构指数的史密斯-麦克米伦形表达式

结论 9.14 [史密斯-麦克米伦形]　对 $q\times p$ 传递函数矩阵 $\boldsymbol{G}(s)$，设

$$\operatorname{rank}\boldsymbol{G}(s)=r\leqslant\min\{q,p\}$$

表

$$\boldsymbol{G}(s)\text{ 极点零点集合 } S_{\mathrm{pz}}=\{\xi_1,\xi_2,\cdots,\xi_n\} \tag{9.31}$$

$$\boldsymbol{G}(s)\text{ 在 } s=\xi_k \text{ 结构指数组}=\{\sigma_1(\xi_k),\cdots,\sigma_r(\xi_k)\} \tag{9.32}$$

$$\boldsymbol{M}_{\xi_k}(s)=\begin{bmatrix}(s-\xi_k)^{\sigma_1(\xi_k)} & & \\ & \ddots & \\ & & (s-\xi_k)^{\sigma_r(\xi_k)}\end{bmatrix} \tag{9.33}$$

则可表 $\boldsymbol{G}(s)$ 的史密斯-麦克米伦形 $\boldsymbol{M}(s)$ 为

$$\boldsymbol{M}(s)=\left[\begin{array}{c:c}\mathrm{diag}\left\{\dfrac{\varepsilon_i(s)}{\psi_i(s)}\right\} & \boldsymbol{0}\\ \hdashline \boldsymbol{0} & \boldsymbol{0}\end{array}\right]=\left[\begin{array}{c:c}\prod_{k=1}^{n}\boldsymbol{M}_{\xi_k}(s) & \boldsymbol{0}\\ \hdashline \boldsymbol{0} & \boldsymbol{0}\end{array}\right] \tag{9.34}$$

注　结论表明，一旦定出 $\boldsymbol{G}(s)$的各个极点零点及其结构指数组，就可由式(9.34)定出 $\boldsymbol{G}(s)$的史密斯-麦克米伦形 $\boldsymbol{M}(s)$。从而，为确定史密斯-麦克米伦形提供了一个新的途径。

9.4　传递函数矩阵在无穷远处的极点和零点

$\boldsymbol{G}(s)$在无穷远处的极点反映系统的非真性。$\boldsymbol{G}(s)$在无穷远处的零点是研究多输入多输出系统根轨迹渐近行为的基础。在线性时不变系统的复频率域理论中，传递函数矩阵 $\boldsymbol{G}(s)$在无穷远处的极点和零点同样也是需要关注的基本问题。本节的内容包括 $\boldsymbol{G}(s)$在无穷远处的极点零点和 $\boldsymbol{G}(s)$在无穷远处的结构指数。

9.4.1　无穷远处的极点和零点

给定 $q\times p$ 传递函数矩阵 $\boldsymbol{G}(s)$，下面讨论 $\boldsymbol{G}(s)$在无穷远处的极点和零点。

结论 9.15［基本推论］　对 $q\times p$ 传递函数矩阵 $\boldsymbol{G}(s)$，$\mathrm{rank}\boldsymbol{G}(s)=r\leqslant\min\{q,p\}$，则直接基于 $\boldsymbol{G}(s)$的史密斯-麦克米伦形 $\boldsymbol{M}(s)$不能定义 $\boldsymbol{G}(s)$在无穷远处的极点和零点。

这是因为，由 $\boldsymbol{G}(s)$导出 $\boldsymbol{M}(s)$所引入的单模变换，可能使 $\boldsymbol{G}(s)$导致非真或增加非真程度，即可能对 $\boldsymbol{G}(s)$引入附加无穷远处极点。因此，作为对此的一个推论，$\boldsymbol{G}(s)$在无穷远处的极点零点不能直接基于史密斯-麦克米伦形 $\boldsymbol{M}(s)$定义。

结论 9.16［确定 $s=\infty$处极点零点思路］　对 $q\times p$ 传递函数矩阵 $\boldsymbol{G}(s)$，确定 $\boldsymbol{G}(s)$在无穷远处的极点零点的思路是，对 $\boldsymbol{G}(s)$引入变换 $s=\lambda^{-1}$ 使化为 $\boldsymbol{G}(\lambda^{-1})$，再进而化成以 λ 为变量的有理分式矩阵 $\boldsymbol{H}(\lambda)$，则有

$$\boldsymbol{G}(s)\text{ 在“}s=\infty\text{”处极点 / 零点}=\boldsymbol{H}(\lambda)\text{ 在“}\lambda=0\text{”处极点 / 零点} \tag{9.35}$$

上述思路的依据是，避免对 $\boldsymbol{G}(s)$的直接单模变换所引起的非真性影响，利用 $\boldsymbol{H}(\lambda)$的单模变换对 $\lambda=0$ 处零点极点的不影响性。在此思路下，对 $\boldsymbol{G}(s)$确定无穷远处极点和零点，等价地化成为对 $\boldsymbol{H}(\lambda)$确定 $\lambda=0$ 处极点和零点。

结论 9.17［$s=\infty$处极点零点］　对 $q\times p$ 传递函数矩阵 $\boldsymbol{G}(s)$，设

$$\mathrm{rank}\boldsymbol{G}(s)=r\leqslant\min\{q,p\}$$

再基于变换 $s=\lambda^{-1}$ 由 $\boldsymbol{G}(s)$导出 $\boldsymbol{H}(\lambda)$，且有

$$\mathrm{rank}\boldsymbol{H}(\lambda)=r\leqslant\min\{q,p\}$$

现引入 $q\times q$ 和 $p\times p$ 单模阵 $\widetilde{\boldsymbol{U}}(\lambda)$和 $\widetilde{\boldsymbol{V}}(\lambda)$，导出 $\boldsymbol{H}(\lambda)$的史密斯-麦克米伦形 $\widetilde{\boldsymbol{M}}(\lambda)$：

$$\widetilde{M}(\lambda)=\widetilde{U}(\lambda)H(\lambda)\widetilde{V}(\lambda)=\left[\begin{array}{ccc|c}\dfrac{\tilde{\varepsilon}_1(\lambda)}{\tilde{\psi}_1(\lambda)} & & & \\ & \ddots & & \mathbf{0} \\ & & \dfrac{\tilde{\varepsilon}_r(\lambda)}{\tilde{\psi}_r(\lambda)} & \\ \hline & \mathbf{0} & & \mathbf{0}\end{array}\right] \tag{9.36}$$

则有

$G(s)$ 在“$s=\infty$”处极点重数

$$=\widetilde{M}(\lambda)\text{ 中“}\tilde{\psi}_i(\lambda)=0\text{”的“}\lambda=0\text{”根重数和，}\quad i=1,2,\cdots,r \tag{9.37}$$

$G(s)$ 在“$s=\infty$”处零点重数

$$=\widetilde{M}(\lambda)\text{ 中“}\tilde{\varepsilon}_i(\lambda)=0\text{”的“}\lambda=0\text{”根重数和，}\quad i=1,2,\cdots,r \tag{9.38}$$

例 9.6 定出给定 3×3 传递函数矩阵 $G(s)$在 $s=\infty$处的极点零点，其中

$$G(s)=\begin{bmatrix}\dfrac{s}{s-1} & & \\ & \dfrac{1}{s-1} & \\ & & (s-1)^2\end{bmatrix}$$

首先，基于变换 $s=\lambda^{-1}$，导出

$$G(\lambda^{-1})=\begin{bmatrix}\dfrac{\lambda^{-1}}{\lambda^{-1}-1} & & \\ & \dfrac{1}{\lambda^{-1}-1} & \\ & & (\lambda^{-1}-1)^2\end{bmatrix}$$

再表其为以 λ 为变量的有理分式矩阵，有

$$H(\lambda)=\begin{bmatrix}-\dfrac{1}{\lambda-1} & & \\ & -\dfrac{\lambda}{\lambda-1} & \\ & & \dfrac{(\lambda-1)^2}{\lambda^2}\end{bmatrix}$$

进而，定出 $H(\lambda)$的史密斯-麦克米伦形 $\widetilde{M}(\lambda)$：

$$\widetilde{M}(\lambda)=\begin{bmatrix}\dfrac{1}{\lambda^2(\lambda-1)} & & \\ & \dfrac{1}{\lambda-1} & \\ & & \lambda(\lambda-1)^2\end{bmatrix}$$

基此，可以定出

$$\boldsymbol{G}(s)\text{ 在“}s=\infty\text{”处极点重数}=2$$
$$\boldsymbol{G}(s)\text{ 在“}s=\infty\text{”处零点重数}=1$$

9.4.2 无穷远处的结构指数

同样，结构指数也可用于统一表征传递函数矩阵 $\boldsymbol{G}(s)$ 在无穷远处的极点和零点。

结论 9.18 [$s=\infty$处结构指数]　对 $q\times p$ 传递函数矩阵 $\boldsymbol{G}(s)$，设

$$\operatorname{rank}\boldsymbol{G}(s)=r\leqslant\min\{q,p\}$$

则据 $\boldsymbol{G}(s)$ 在 $s=\infty$ 处极点零点的定义式(9.37)和(9.38)，有

$$\begin{aligned}&\boldsymbol{G}(s)\text{ 在“}s=\infty\text{”处结构指数}\{\sigma_1(\infty),\cdots,\sigma_r(\infty)\}\\&=\widetilde{\boldsymbol{M}}(\lambda)\text{ 在“}\lambda=0\text{”处结构指数}\{\tilde{\sigma}_1(0),\cdots,\tilde{\sigma}_r(0)\}\end{aligned}\tag{9.39}$$

结论 9.19 [$s=\infty$处极点零点重数]　对 $q\times p$ 传递函数矩阵 $\boldsymbol{G}(s)$，设

$$\operatorname{rank}\boldsymbol{G}(s)=r\leqslant\min\{q,p\}$$

再表 $\widetilde{\boldsymbol{M}}(\lambda)$ 在 $\lambda=0$ 处结构指数为 $\{\tilde{\sigma}_1(0),\cdots,\tilde{\sigma}_r(0)\}$，则有

$$\boldsymbol{G}(s)\text{ 在“}s=\infty\text{”处极点重数}=\{\tilde{\sigma}_1(0),\cdots,\tilde{\sigma}_r(0)\}\text{ 中负指数之和绝对值}\tag{9.40}$$

$$\boldsymbol{G}(s)\text{ 在“}s=\infty\text{”处零点重数}=\{\tilde{\sigma}_1(0),\cdots,\tilde{\sigma}_r(0)\}\text{ 中正指数之和}\tag{9.41}$$

例 9.7　定出给定 3×3 传递函数矩阵 $\boldsymbol{G}(s)$ 在 $s=\infty$ 处结构指数和在 $s=\infty$ 处极点零点重数，其中

$$\boldsymbol{G}(s)=\begin{bmatrix}\dfrac{s}{s-1}&&\\&\dfrac{1}{s-1}&\\&&(s-1)^2\end{bmatrix}$$

在例 9.6 中，已经导出

$$\boldsymbol{H}(\lambda)=\begin{bmatrix}-\dfrac{1}{\lambda-1}&&\\&-\dfrac{\lambda}{\lambda-1}&\\&&\dfrac{(\lambda-1)^2}{\lambda^2}\end{bmatrix}$$

$$\widetilde{\boldsymbol{M}}(\lambda)=\begin{bmatrix}\dfrac{1}{\lambda^2(\lambda-1)}&&\\&\dfrac{1}{\lambda-1}&\\&&\lambda(\lambda-1)^2\end{bmatrix}$$

从而,即可得到$\boldsymbol{G}(s)$在$s=\infty$处结构指数为

$$\sigma_1(\infty)=\tilde{\sigma}_1(0)=-2,\qquad \sigma_2(\infty)=\tilde{\sigma}_2(0)=0,\qquad \sigma_3(\infty)=\tilde{\sigma}_3(0)=1$$

进而,又可定出$\boldsymbol{G}(s)$在$s=\infty$处极点零点重数为

$$\boldsymbol{G}(s)\text{ 在“}s=\infty\text{”处极点重数}=|\sigma_1(\infty)|=|-2|=2$$

$$\boldsymbol{G}(s)\text{ 在“}s=\infty\text{”处零点重数}=\sigma_3(\infty)=1$$

9.5 传递函数矩阵的评价值

评价值(valuation)是传递函数矩阵由极点零点导出的一个特性。评价值的特点是可直接根据传递函数矩阵计算确定。评价值的意义在于为确定传递函数矩阵的结构指数和极点零点及其重数提供一种易于计算的简便途径。本节是对评价值的一个较为系统的介绍,内容包括传递函数矩阵在有限位置和无穷远处的评价值。

9.5.1 传递函数矩阵在有限复平面上的评价值

首先,针对单输入单输出线性时不变系统的标量传递函数$g(s)$,给出评价值的定义。

定义 9.4[评价值] 对标量传递函数$g(s)=\bar{n}(s)/\bar{d}(s)$,则

$$g(s)\text{ 在}(s-\xi_k)\text{即“}s=\xi_k\text{”上评价值}=v_{\xi_k}(g)=\begin{cases}v_{\xi_k}, & g(s)\neq 0\\ \infty, & g(s)\equiv 0\end{cases}\tag{9.42}$$

当且仅当$g(s)$可表为

$$g(s)=(s-\xi_k)^{v_{\xi_k}}\frac{n(s)}{d(s)}\tag{9.43}$$

其中,$d(s)$和$n(s)$为互质且均不能为$(s-\xi_k)$所整除。

进而,推广定义多输入多输出线性时不变系统传递函数矩阵$\boldsymbol{G}(s)$的评价值。

定义 9.5[评价值] 对$q\times p$传递函数矩阵$\boldsymbol{G}(s)$,$\text{rank}\boldsymbol{G}(s)=r\leqslant\min\{q,p\}$,表$|\boldsymbol{G}|^i$为$\boldsymbol{G}(s)$的$i\times i$子式,则

$$\boldsymbol{G}(s)\text{ 在}(s-\xi_k)\text{即“}s=\xi_k\text{”上第 }i\text{ 阶评价值}$$

$$=v_{\xi_k}^{(i)}(\boldsymbol{G})=\min\{v_{\xi_k}(|\boldsymbol{G}|^i)\},\qquad i=1,2,\cdots,r\tag{9.44}$$

例 9.8 定出给定2×2传递函数矩阵$\boldsymbol{G}(s)$的各阶评价值,其中

$$\boldsymbol{G}(s)=\begin{bmatrix}\dfrac{s}{(s+1)^2(s+2)^2} & \dfrac{s}{(s+2)^2}\\ -\dfrac{s}{(s+2)^2} & -\dfrac{s}{(s+2)^2}\end{bmatrix},\qquad \text{rank}\boldsymbol{G}(s)=2$$

首先,定出$\boldsymbol{G}(s)$的所有1阶和2阶子式:

$$|\boldsymbol{G}|^1=\frac{s}{(s+1)^2(s+2)^2},\quad -\frac{s}{(s+2)^2},\quad \frac{s}{(s+2)^2},\quad -\frac{s}{(s+2)^2}$$

$$|\boldsymbol{G}|^2=\frac{s^3}{(s+1)^2(s+2)^3}$$

进而，据评价值定义式(9.44)和(9.42)，可以定出

$\boldsymbol{G}(s)$ 在 $s=0$ 的评价值为

$$v_0^{(1)}(\boldsymbol{G})=\min\{1,1,1,1\}=1$$

$$v_0^{(2)}(\boldsymbol{G})=3$$

$\boldsymbol{G}(s)$ 在 $s=-1$ 的评价值为

$$v_{-1}^{(1)}(\boldsymbol{G})=\min\{-2,0,0,0\}=-2$$

$$v_{-1}^{(2)}(\boldsymbol{G})=-2$$

$\boldsymbol{G}(s)$ 在 $s=-2$ 的评价值为

$$v_{-2}^{(1)}(\boldsymbol{G})=\min\{-2,-2,-2,-2\}=-2$$

$$v_{-2}^{(2)}(\boldsymbol{G})=-3$$

下面，给出对传递函数矩阵 $\boldsymbol{G}(s)$ 评价值的几点讨论。

1. 评价值的整数属性

结论 9.20 [评价值整数属性]　对 $q\times p$ 传递函数矩阵 $\boldsymbol{G}(s)$，设

$$\text{rank}\boldsymbol{G}(s)=r\leqslant\min\{q,p\}$$

则其各阶评价值 $v_{\xi_k}^{(i)}(\boldsymbol{G})$，$i=1,2,\cdots,r$ 只能取值为负整数、零或正整数。

2. 单模变换下评价值的不变性

结论 9.21 [单模变换下评价值属性]　对 $q\times p$ 传递函数矩阵 $\boldsymbol{G}(s)$，设

$$\text{rank}\boldsymbol{G}(s)=r\leqslant\min\{q,p\}$$

表 $\boldsymbol{G}(s)$ 的有限极点和零点集合：

$$S_{\text{pz}}=\{\xi_1,\ \xi_2,\ \cdots,\ \xi_l\}\tag{9.45}$$

并导出 $\boldsymbol{G}(s)$ 的史密斯-麦克米伦形：

$$\boldsymbol{M}(s)=\boldsymbol{U}(s)\boldsymbol{G}(s)\boldsymbol{V}(s)=\left[\begin{array}{c:c}\prod\limits_{k=1}^{l}\boldsymbol{M}_{\xi_k}(s) & \mathbf{0}\\ \hdashline \mathbf{0} & \mathbf{0}\end{array}\right]\tag{9.46}$$

其中，$\boldsymbol{U}(s)$ 和 $\boldsymbol{V}(s)$ 为单模阵，而

$$\boldsymbol{M}_{\xi_k}(s)=\begin{bmatrix}(s-\xi_k)^{\sigma_1(\xi_k)} & & \\ & \ddots & \\ & & (s-\xi_k)^{\sigma_r(\xi_k)}\end{bmatrix}\tag{9.47}$$

则对任一 $\xi_k\in S_{\text{pz}}$，成立：

$$v_{\xi_k}^{(i)}(\boldsymbol{G})=v_{\xi_k}^{(i)}(\boldsymbol{M})=v_{\xi_k}^{(i)}(\boldsymbol{M}_{\xi_k}),\qquad i=1,2,\cdots,r\tag{9.48}$$

3. 非极点零点处的评价值

结论 9.22 [非极点零点处评价值] 对 $q\times p$ 传递函数矩阵 $\boldsymbol{G}(s)$，设

$$\mathrm{rank}\boldsymbol{G}(s)=r\leqslant \min\{q,p\}$$

表 S_{pz} 为 $\boldsymbol{G}(s)$的有限极点零点集合，则对复平面上任一非极点零点 α 即 $\alpha\notin S_{\mathrm{pz}}\boldsymbol{G}(s)$ 的各阶评价值必为零，即成立：

$$v_{\alpha}^{(i)}(\boldsymbol{G})=0,\qquad i=1,2,\cdots,r \tag{9.49}$$

4. 评价值和结构指数间的关系

结论 9.23 [评价值和结构指数关系] 对 $q\times p$ 传递函数矩阵 $\boldsymbol{G}(s)$，设

$$\mathrm{rank}\boldsymbol{G}(s)=r\leqslant \min\{q,p\}$$

表$\{\sigma_1(\xi),\cdots,\sigma_r(\xi)\}$和$\{v_{\xi}^{(1)}(\boldsymbol{G}),\cdots,v_{\xi}^{(r)}(\boldsymbol{G})\}$为 $\boldsymbol{G}(s)$在$(s-\xi)$即 $s=\xi$ 的结构指数和评价值，则两者之间具有关系式：

$$\begin{cases}\sigma_1(\xi)=v_{\xi}^{(1)}(\boldsymbol{G})\\ \sigma_2(\xi)=v_{\xi}^{(2)}(\boldsymbol{G})-v_{\xi}^{(1)}(\boldsymbol{G})\\ \quad\cdots\cdots\\ \sigma_r(\xi)=v_{\xi}^{(r)}(\boldsymbol{G})-v_{\xi}^{(r-1)}(\boldsymbol{G})\end{cases} \tag{9.50}$$

5. 根据评价值构造史密斯-麦克米伦形

结论 9.24 [构造史密斯-麦克米伦形] 对 $q\times p$ 传递函数矩阵 $\boldsymbol{G}(s)$，设

$$\mathrm{rank}\boldsymbol{G}(s)=r\leqslant \min\{q,p\}$$

表 $S_{\mathrm{pz}}=\{\xi_1,\xi_2,\cdots,\xi_l\}$为 $\boldsymbol{G}(s)$的有限极点零点集合。再对所有 $\xi_k\in S_{\mathrm{pz}}$，分别定出 $\boldsymbol{G}(s)$的各阶评价值：

$$v_{\xi_k}^{(1)}(\boldsymbol{G}),v_{\xi_k}^{(2)}(\boldsymbol{G}),\cdots,v_{\xi_k}^{(r)}(\boldsymbol{G}) \tag{9.51}$$

和结构指数组：

$$\begin{cases}\sigma_1(\xi_k)=v_{\xi_k}^{(1)}(\boldsymbol{G})\\ \sigma_2(\xi_k)=v_{\xi_k}^{(2)}(\boldsymbol{G})-v_{\xi_k}^{(1)}(\boldsymbol{G})\\ \quad\cdots\cdots\\ \sigma_r(\xi_k)=v_{\xi_k}^{(r)}(\boldsymbol{G})-v_{\xi_k}^{(r-1)}(\boldsymbol{G})\end{cases} \tag{9.52}$$

则 $\boldsymbol{G}(s)$的史密斯-麦克米伦形 $\boldsymbol{M}(s)$就可基此定出

$$\boldsymbol{M}(s)=\left[\begin{array}{c:c}\prod_{k=1}^{l}\boldsymbol{M}_{\xi_k}(s) & \boldsymbol{0}\\ \hdashline \boldsymbol{0} & \boldsymbol{0}\end{array}\right] \tag{9.53}$$

其中

$$M_{\xi_k}(s)=\begin{bmatrix}(s-\xi_k)^{\sigma_1(\xi_k)} & & \\ & \ddots & \\ & & (s-\xi_k)^{\sigma_r(\xi_k)}\end{bmatrix} \tag{9.54}$$

例 9.9 定出给定传递函数矩阵 $\boldsymbol{G}(s)$ 的史密斯-麦克米伦形 $\boldsymbol{M}(s)$，其中

$$\boldsymbol{G}(s)=\begin{bmatrix}\dfrac{s}{(s+1)^2(s+2)^2} & \dfrac{s}{(s+2)^2} \\ -\dfrac{s}{(s+2)^2} & -\dfrac{s}{(s+2)^2}\end{bmatrix},\quad \operatorname{rank}\boldsymbol{G}(s)=2$$

在例 9.8 中已经定出，$\boldsymbol{G}(s)$ 在 $s=0,-1,-2$ 处的各阶评价值为

$$v_0^{(1)}(\boldsymbol{G})=1,\quad v_{-1}^{(1)}(\boldsymbol{G})=-2,\quad v_{-2}^{(1)}(\boldsymbol{G})=-2$$

$$v_0^{(2)}(\boldsymbol{G})=3,\quad v_{-1}^{(2)}(\boldsymbol{G})=-2,\quad v_{-2}^{(2)}(\boldsymbol{G})=-3$$

进而，利用关系式(9.52)，定出 $\boldsymbol{G}(s)$ 在 $s=0,-1,-2$ 处的结构指数为

$$\sigma_1(0)=v_0^{(1)}(\boldsymbol{G})=1,\qquad \sigma_2(0)=v_0^{(2)}(\boldsymbol{G})-v_0^{(1)}(\boldsymbol{G})=2$$

$$\sigma_1(-1)=v_{-1}^{(1)}(\boldsymbol{G})=-2,\qquad \sigma_2(-1)=v_{-1}^{(2)}(\boldsymbol{G})-v_{-1}^{(1)}(\boldsymbol{G})=0$$

$$\sigma_1(-2)=v_{-2}^{(1)}(\boldsymbol{G})=-2,\qquad \sigma_2(-2)=v_{-2}^{(2)}(\boldsymbol{G})-v_{-2}^{(1)}(\boldsymbol{G})=-1$$

基此，即可定出 $\boldsymbol{G}(s)$ 的史密斯-麦克米伦形 $\boldsymbol{M}(s)$ 为

$$\boldsymbol{M}(s)=\begin{bmatrix}s & \\ & s^2\end{bmatrix}\begin{bmatrix}(s+1)^{-2} & \\ & 1\end{bmatrix}\begin{bmatrix}(s+2)^{-2} & \\ & (s+2)^{-1}\end{bmatrix}=\begin{bmatrix}\dfrac{s}{(s+1)^2(s+2)^2} & 0 \\ 0 & \dfrac{s^2}{s+2}\end{bmatrix}$$

9.5.2 传递函数矩阵在无穷远处的评价值

首先，给出单输入单输出线性时不变系统标量传递函数 $g(s)$ 在 $s=\infty$ 处评价值的定义。

定义 9.6 [$s=\infty$ 处评价值] 对标量传递函数 $g(s)=n(s)/d(s)$，有

$$g(s)\text{在“}s=\infty\text{”处评价值}=v_\infty(g)=\text{分母多项式 }d(s)\text{ 次数}-\text{分子多项式 }n(s)\text{ 次数} \tag{9.55}$$

在此基础上，进而给出多输入多输出线性时不变系统传递函数矩阵 $\boldsymbol{G}(s)$ 在 $s=\infty$ 处评价值的定义。

定义 9.7 [$s=\infty$ 处评价值] 对 $q\times p$ 传递函数矩阵 $\boldsymbol{G}(s)$，设

$$\operatorname{rank}\boldsymbol{G}(s)=r\leqslant\min\{q,p\}$$

再表 $|\boldsymbol{G}|^i$ 为 $\boldsymbol{G}(s)$ 的 $i\times i$ 子式，则有

$$\boldsymbol{G}(s)\text{ 在“}s=\infty\text{” 处第 }i\text{ 阶评价值}=v_\infty^{(i)}(\boldsymbol{G})=\min\{v_\infty(|\boldsymbol{G}|^i)\},\quad i=1,2,\cdots,r \tag{9.56}$$

下面，对传递函数矩阵 $\boldsymbol{G}(s)$ 在 $s=\infty$ 处评价值的属性，直接给出如下两个结论。

结论 9.25 [评价值和结构指数关系]　对 $q\times p$ 传递函数矩阵 $\boldsymbol{G}(s)$，设

$$\text{rank}\boldsymbol{G}(s)=r\leqslant\min\{q,p\}$$

表 $\{\sigma_1(\infty),\sigma_2(\infty),\cdots,\sigma_r(\infty)\}$ 和 $\{v_\infty^{(1)}(\boldsymbol{G}),v_\infty^{(2)}(\boldsymbol{G}),\cdots,v_\infty^{(r)}(\boldsymbol{G})\}$ 分别为 $\boldsymbol{G}(s)$ 在 $s=\infty$ 处结构指数和评价值，则两者之间具有关系式：

$$\begin{cases}\sigma_1(\infty)=v_\infty^{(1)}(\boldsymbol{G})\\ \sigma_2(\infty)=v_\infty^{(2)}(\boldsymbol{G})-v_\infty^{(1)}(\boldsymbol{G})\\ \quad\vdots\\ \sigma_r(\infty)=v_\infty^{(r)}(\boldsymbol{G})-v_\infty^{(r-1)}(\boldsymbol{G})\end{cases}\tag{9.57}$$

结论 9.26 [构造史密斯-麦克米伦形]　对 $q\times p$ 传递函数矩阵 $\boldsymbol{G}(s)$，设

$$\text{rank}\boldsymbol{G}(s)=r\leqslant\min\{q,p\}$$

分别定出 $\boldsymbol{G}(s)$ 在 $s=\infty$ 处的各阶评价值和结构指数组：

$$v_\infty^{(1)}(\boldsymbol{G}),\ v_\infty^{(2)}(\boldsymbol{G}),\ \cdots,\ v_\infty^{(r)}(\boldsymbol{G})\tag{9.58}$$

和

$$\begin{cases}\sigma_1(\infty)=v_\infty^{(1)}(\boldsymbol{G})\\ \sigma_2(\infty)=v_\infty^{(2)}(\boldsymbol{G})-v_\infty^{(1)}(\boldsymbol{G})\\ \quad\vdots\\ \sigma_r(\infty)=v_\infty^{(r)}(\boldsymbol{G})-v_\infty^{(r-1)}(\boldsymbol{G})\end{cases}\tag{9.59}$$

则 $\boldsymbol{G}(s)$ 在 $s=\infty$ 处的史密斯-麦克米伦形 $\widetilde{\boldsymbol{M}}_0(\lambda)$ 就可定出为

$$\widetilde{\boldsymbol{M}}_0(\lambda)=\left[\begin{array}{ccc:c}\lambda^{\sigma_1(\infty)} & & & \\ & \ddots & & \boldsymbol{0}\\ & & \lambda^{\sigma_r(\infty)} & \\ \hdashline & \boldsymbol{0} & & \boldsymbol{0}\end{array}\right]\tag{9.60}$$

其中，$\lambda=1/s$。

例 9.10　定出给定 3×3 传递函数矩阵 $\boldsymbol{G}(s)$ 在 $s=\infty$ 处的史密斯-麦克米伦形 $\widetilde{\boldsymbol{M}}_0(\lambda)$，其中

$$\boldsymbol{G}(s)=\begin{bmatrix}\dfrac{s}{s-1} & & \\ & \dfrac{1}{s-1} & \\ & & (s-1)^2\end{bmatrix},\qquad \text{rank}\boldsymbol{G}(s)=3$$

据 $s=\infty$ 处评价值定义，先定出 $\boldsymbol{G}(s)$ 在 $s=\infty$ 处的各阶评价值：

$$v_\infty^{(1)}(\boldsymbol{G})=\min\{0,1,-2\}=-2$$

$$v_\infty^{(2)}(\boldsymbol{G})=\min\{1,-1,-2\}=-2$$

$$v_\infty^{(3)}(\boldsymbol{G})=-1$$

再据关系式(9.59)，定出 $\boldsymbol{G}(s)$ 在 $s=\infty$ 处的结构指数：

$$\sigma_1(\infty)=v_{\infty}^{(1)}(\boldsymbol{G})=-2$$

$$\sigma_2(\infty)=v_{\infty}^{(2)}(\boldsymbol{G})-v_{\infty}^{(1)}(\boldsymbol{G})=0$$

$$\sigma_3(\infty)=v_{\infty}^{(3)}(\boldsymbol{G})-v_{\infty}^{(2)}(\boldsymbol{G})=1$$

基此，即可导出 $\boldsymbol{G}(s)$ 在 $s=\infty$ 处的史密斯-麦克米伦形 $\widetilde{\boldsymbol{M}}_0(\lambda)$ 为

$$\widetilde{\boldsymbol{M}}_0(\lambda)=\begin{bmatrix}\frac{1}{\lambda^2} & & \\ & 1 & \\ & & \lambda\end{bmatrix}$$

9.5.3　传递函数矩阵的史密斯-麦克米伦形的合成表达式

现在，同时考虑传递函数矩阵 $\boldsymbol{G}(s)$ 的有限极点零点和无穷远处极点零点，就此情形导出 $\boldsymbol{G}(s)$ 的史密斯-麦克米伦形的合成表达式。

结论 9.27 ［$\boldsymbol{M}(s)$ 和 $\widetilde{\boldsymbol{M}}_0(\lambda)$ 的合成］　对 $q\times p$ 传递函数矩阵 $\boldsymbol{G}(s)$，设

$$\operatorname{rank}\boldsymbol{G}(s)=r\leqslant\min\{q,p\}$$

表 $\boldsymbol{M}(s)$ 和 $\widetilde{\boldsymbol{M}}_0(\lambda)$ 为 $\boldsymbol{G}(s)$ 在有限处和 $s=\infty$ 处的史密斯-麦克米伦形，则 $\boldsymbol{G}(s)$ 的史密斯-麦克米伦形的合成表达式为

$$\boldsymbol{M}(s,\lambda)=\boldsymbol{M}(s)\widetilde{\boldsymbol{M}}_0(\lambda)\tag{9.61}$$

注　合成表达式 $\boldsymbol{M}(s,\lambda)$ 是一个具有分离性的二元有理分式矩阵，以 s 为变量部分对应于 $\boldsymbol{G}(s)$ 的有限极点零点，以 $\lambda=1/s$ 为变量部分对应于 $\boldsymbol{G}(s)$ 的无穷远处极点零点。采用合成表达式有助于避免可能引起的史密斯-麦克米伦形在 $s=0$ 和 $s=\infty$ 的行为混淆。

例 9.11　定出给定 3×3 传递函数矩阵 $\boldsymbol{G}(s)$ 的史密斯-麦克米伦形合成表达式 $\boldsymbol{M}(s,\lambda)$，其中

$$\boldsymbol{G}(s)=\begin{bmatrix}\frac{s}{s-1} & & \\ & \frac{1}{s-1} & \\ & & (s-1)^2\end{bmatrix},\qquad \operatorname{rank}\boldsymbol{G}(s)=3$$

首先，定出 $\boldsymbol{G}(s)$ 在有限极点零点处的各阶评价值：

$$v_0^{(1)}(\boldsymbol{G})=0,\qquad v_0^{(2)}(\boldsymbol{G})=0,\qquad v_0^{(3)}(\boldsymbol{G})=1$$

$$v_1^{(1)}(\boldsymbol{G})=-1,\qquad v_1^{(2)}(\boldsymbol{G})=-2,\qquad v_1^{(3)}(\boldsymbol{G})=0$$

据此，又可定出 $\boldsymbol{G}(s)$ 在有限极点零点处的结构指数为

$$\sigma_1(0)=0,\qquad \sigma_2(0)=0,\qquad \sigma_3(0)=1$$

$$\sigma_1(1)=-1,\qquad \sigma_2(1)=-1,\qquad \sigma_3(1)=2$$

从而，$\boldsymbol{G}(s)$在有限极点零点处的史密斯-麦克米伦形$\boldsymbol{M}(s)$为

$$\boldsymbol{M}(s)=\begin{bmatrix}1 & & \\ & 1 & \\ & & s\end{bmatrix}\begin{bmatrix}(s-1)^{-1} & & \\ & (s-1)^{-1} & \\ & & (s-1)^2\end{bmatrix}=\begin{bmatrix}\dfrac{1}{s-1} & & \\ & \dfrac{1}{s-1} & \\ & & s(s-1)^2\end{bmatrix}$$

进而，基于例9.10中导出的结果，可得到$\boldsymbol{G}(s)$在无穷远极点零点处史密斯-麦克米伦形$\widetilde{\boldsymbol{M}}_0(\lambda)$为

$$\widetilde{\boldsymbol{M}}_0(\lambda)=\begin{bmatrix}\dfrac{1}{\lambda^2} & & \\ & 1 & \\ & & \lambda\end{bmatrix}$$

综合上述结果，得到$\boldsymbol{G}(s)$的史密斯-麦克米伦形合成表达式$\boldsymbol{M}(s,\lambda)$为

$$\boldsymbol{M}(s,\lambda)=\begin{bmatrix}\dfrac{1}{s-1} & & \\ & \dfrac{1}{s-1} & \\ & & s(s-1)^2\end{bmatrix}\begin{bmatrix}\dfrac{1}{\lambda^2} & & \\ & 1 & \\ & & \lambda\end{bmatrix}$$

9.6 传递函数矩阵的零空间和最小多项式基

零空间是用以刻画矩阵奇异性的一个重要概念。传递函数矩阵的奇异性是反映其非方性或非满秩性的一个结构特性。零空间的引入有助于对传递函数矩阵奇异性进行更为深刻的描述和分析。本节的内容包括传递函数矩阵的零空间及其多项式基。

9.6.1 零空间

考虑$q\times p$传递函数矩阵$\boldsymbol{G}(s)$，$\mathrm{rank}\boldsymbol{G}(s)=r\leqslant\min\{q,p\}$，则$\boldsymbol{G}(s)$的零空间可分类为右零空间$\boldsymbol{\Omega}_{\mathrm{r}}$和左零空间$\boldsymbol{\Omega}_{\mathrm{L}}$。

定义9.8［零空间］ 对$q\times p$传递函数矩阵$\boldsymbol{G}(s)$，右零空间$\boldsymbol{\Omega}_{\mathrm{r}}$为使

$$\boldsymbol{G}(s)\boldsymbol{f}(s)=\boldsymbol{0} \tag{9.62}$$

的$p\times 1$非零有理分式向量或多项式向量$\boldsymbol{f}(s)$的集合，左零空间$\boldsymbol{\Omega}_{\mathrm{L}}$为使

$$\boldsymbol{h}(s)\boldsymbol{G}(s)=\boldsymbol{0} \tag{9.63}$$

的$1\times q$非零有理分式向量或多项式向量$\boldsymbol{h}(s)$的集合。

下面，给出传递函数矩阵$\boldsymbol{G}(s)$的右零空间$\boldsymbol{\Omega}_{\mathrm{r}}$和左零空间$\boldsymbol{\Omega}_{\mathrm{L}}$的一些基本属性。

1. 零空间的所属域

结论 9.28［零空间的域］　传递函数矩阵 $\boldsymbol{G}(s)$ 的右零空间 $\boldsymbol{\Omega}_{\mathrm{r}}$ 和左零空间 $\boldsymbol{\Omega}_{\mathrm{L}}$ 是定义在有理分式域 $\mathscr{R}(s)$ 上的向量空间，表为

$$\boldsymbol{\Omega}_{\mathrm{r}}=\{\boldsymbol{f}(s)\mid \boldsymbol{f}(s)\in\mathscr{R}^{p\times 1}(s),\ \boldsymbol{G}(s)\boldsymbol{f}(s)=\boldsymbol{0}\}\tag{9.64}$$

和

$$\boldsymbol{\Omega}_{\mathrm{L}}=\{\boldsymbol{h}(s)\mid \boldsymbol{h}(s)\in\mathscr{R}^{1\times q}(s),\ \boldsymbol{h}(s)\boldsymbol{G}(s)=\boldsymbol{0}\}\tag{9.65}$$

注　比之常数向量空间，传递函数矩阵 $\boldsymbol{G}(s)$ 的零空间具有更为丰富的结构。

2. 零空间的维数

结论 9.29［零空间维数］　对 $q\times p$ 传递函数矩阵 $\boldsymbol{G}(s)$，$\mathrm{rank}\boldsymbol{G}(s)=r\leqslant\min\{q,p\}$，则零空间的维数为

$$\dim(\boldsymbol{\Omega}_{\mathrm{r}})=p-r\tag{9.66}$$

$$\dim(\boldsymbol{\Omega}_{\mathrm{L}})=q-r\tag{9.67}$$

3. 零空间的特征

结论 9.30［零空间特征］　传递函数矩阵 $\boldsymbol{G}(s)$ 的零空间具有特征：

任一非零 $\boldsymbol{f}(s)\in\boldsymbol{\Omega}_{\mathrm{r}}$ 必正交于 $\boldsymbol{G}(s)$ 所有行有理分式向量　(9.68)

任一非零 $\boldsymbol{h}(s)\in\boldsymbol{\Omega}_{\mathrm{L}}$ 必正交于 $\boldsymbol{G}(s)$ 所有列有理分式向量　(9.69)

4. 满秩 G(s)的零空间

结论 9.31［满秩 $\boldsymbol{G}(s)$ 零空间］　满秩传递函数矩阵 $\boldsymbol{G}(s)$ 的零空间具有特性：

$\boldsymbol{G}(s)$ 列满秩即 $\mathrm{rank}\boldsymbol{G}(s)=p$，$q>p\Leftrightarrow$ 右零空间 $\boldsymbol{\Omega}_{\mathrm{r}}$ 为空，即 $\boldsymbol{\Omega}_{\mathrm{r}}=\varnothing$　(9.70)

$\boldsymbol{G}(s)$ 行满秩即 $\mathrm{rank}\boldsymbol{G}(s)=q$，$q<p\Leftrightarrow$ 左零空间 $\boldsymbol{\Omega}_{\mathrm{L}}$ 为空，即 $\boldsymbol{\Omega}_{\mathrm{L}}=\varnothing$　(9.71)

5. 非奇异 G(s)的零空间

结论 9.32［非奇异 $\boldsymbol{G}(s)$ 零空间］　非奇异传递函数矩阵 $\boldsymbol{G}(s)$ 的零空间具有特性：

$\boldsymbol{G}(s)$ 非奇异，即 $q=p$ 和 $\det\boldsymbol{G}(s)\neq 0\Leftrightarrow$

右零空间 $\boldsymbol{\Omega}_{\mathrm{r}}$ 和左零空间 $\boldsymbol{\Omega}_{\mathrm{L}}$ 为空，即 $\boldsymbol{\Omega}_{\mathrm{L}}=\varnothing$ 和 $\boldsymbol{\Omega}_{\mathrm{r}}=\varnothing$　(9.72)

6. 零空间的线性无关向量

结论 9.33［线性无关向量］　表 $\boldsymbol{\Omega}$ 为传递函数矩阵 $\boldsymbol{G}(s)$ 的一个零空间，$\dim\boldsymbol{\Omega}=\alpha$，则 $\boldsymbol{\Omega}$ 中有且仅有 α 个线性无关有理分式向量或多项式向量。

7. 零空间的基

结论 9.34［零空间的基］　表 $\boldsymbol{\Omega}$ 为传递函数矩阵 $\boldsymbol{G}(s)$ 的一个零空间，$\dim\boldsymbol{\Omega}=$

α,则$\boldsymbol{\Omega}$中任意α个线性无关向量都有资格取作为基。并且,若基为有理分式向量组则称其为$\boldsymbol{\Omega}$的有理分式基,若基为多项式向量组则称其为$\boldsymbol{\Omega}$的多项式基。

9.6.2 最小多项式基

对零空间$\boldsymbol{\Omega}$引入最小多项式基的目的在于定量地刻画$\boldsymbol{\Omega}$的结构。下面,给出零空间$\boldsymbol{\Omega}$的最小多项式基的定义。

定义 9.9 [最小多项式基] 称传递函数矩阵$\boldsymbol{G}(s)$的零空间$\boldsymbol{\Omega}$的一个多项式基为最小多项式基,当且仅当组成基的各个多项式具有最小次数。

进而,对零空间$\boldsymbol{\Omega}$的最小多项式基给出如下的几点讨论。

1. 最小多项式基的搜索

结论 9.35 [最小多项式基搜索] 对$q\times p$传递函数矩阵$\boldsymbol{G}(s)$,表$\boldsymbol{\Omega}_{\mathrm{r}}$为其$\alpha_{\mathrm{r}}$维右零空间,$\boldsymbol{\Omega}_{\mathrm{L}}$为其$\alpha_{\mathrm{L}}$维左零空间,则它们的最小多项式基可按下述步骤来搜索。

对右零空间$\boldsymbol{\Omega}_{\mathrm{r}}$,对应搜索步骤为

Step 1:令$i=1$。

Step 2:在满足

$$\boldsymbol{G}(s)\boldsymbol{f}_i(s)=\boldsymbol{0} \tag{9.73}$$

$$\{\boldsymbol{f}_1(s),\cdots,\boldsymbol{f}_{i-1}(s),\boldsymbol{f}_i(s)\}\text{ 线性无关} \tag{9.74}$$

的$p\times 1$多项式向量$\boldsymbol{f}_i(s)$中,选择次数最小一个$\boldsymbol{f}_i(s)$,记$\mu_i=\deg\boldsymbol{f}_i(s)$,并有$\mu_i\geqslant\mu_{i-1}$。

Step 3:令$i=i+1$。

Step 4:若$i=\alpha_{\mathrm{r}}+1$,进入下一步;若$i<\alpha_{\mathrm{r}}+1$,去到 Step 2。

Step 5:停止计算。搜索结果为

$$\boldsymbol{\Omega}_{\mathrm{r}}\text{最小多项式基}=\{\boldsymbol{f}_1(s),\boldsymbol{f}_2(s),\cdots,\boldsymbol{f}_{\alpha_{\mathrm{r}}}(s)\} \tag{9.75}$$

$$\boldsymbol{\Omega}_{\mathrm{r}}\text{右最小指数}=\{\mu_1,\mu_2,\cdots,\mu_{\alpha_{\mathrm{r}}}\} \tag{9.76}$$

对左零空间$\boldsymbol{\Omega}_{\mathrm{L}}$,对应搜索步骤为

Step 1:令$j=1$。

Step 2:在满足

$$\boldsymbol{h}_j(s)\boldsymbol{G}(s)=\boldsymbol{0} \tag{9.77}$$

$$\{\boldsymbol{h}_1(s),\cdots,\boldsymbol{h}_{j-1}(s),\boldsymbol{h}_j(s)\}\text{ 线性无关} \tag{9.78}$$

的$1\times q$多项式向量$\boldsymbol{h}_j(s)$中,选择次数最小一个$\boldsymbol{h}_j(s)$,记$\nu_j=\deg\boldsymbol{h}_j(s)$,并有$\nu_j\geqslant\nu_{j-1}$。

Step 3:令$j=j+1$。

Step 4:若$j=\alpha_{\mathrm{L}}+1$,进入下一步;若$j<\alpha_{\mathrm{L}}+1$,去到 Step 2。

Step 5:停止计算。搜索结果为

$$\boldsymbol{\Omega}_{\mathrm{L}}\text{最小多项式基}=\{\boldsymbol{h}_1(s),\boldsymbol{h}_2(s),\cdots,\boldsymbol{h}_{\alpha_{\mathrm{L}}}(s)\} \tag{9.79}$$

$$\boldsymbol{\Omega}_{\mathrm{L}}\text{左最小指数}=\{\nu_1,\nu_2,\cdots,\nu_{\alpha_{\mathrm{L}}}\} \tag{9.80}$$

2. 最小指数的特点

结论 9.36 [最小指数特点] 对 $q\times p$ 传递函数矩阵 $\boldsymbol{G}(s)$，表 $\boldsymbol{\Omega}_{\mathrm{r}}$ 为 α_{r} 维右零空间，$\boldsymbol{\Omega}_{\mathrm{L}}$ 为 α_{L} 维左零空间，则

$$\boldsymbol{\Omega}_{\mathrm{r}}\text{右最小指数满足非降性即 }\mu_1\leqslant\mu_2\leqslant\cdots\leqslant\mu_{\alpha_{\mathrm{r}}} \tag{9.81}$$

$$\boldsymbol{\Omega}_{\mathrm{L}}\text{左最小指数满足非降性即 }\nu_1\leqslant\nu_2\leqslant\cdots\leqslant\nu_{\alpha_{\mathrm{L}}} \tag{9.82}$$

3. 最小多项式基的不唯一性和最小指数的唯一性

结论 9.37 [最小多项式基不唯一性] 对 $q\times p$ 传递函数矩阵 $\boldsymbol{G}(s)$，表 $\boldsymbol{\Omega}_{\mathrm{r}}$ 为 α_{r} 维右零空间，$\boldsymbol{\Omega}_{\mathrm{L}}$ 为 α_{L} 维左零空间，则

$$\boldsymbol{\Omega}_{\mathrm{r}}\text{最小多项式基}\{\boldsymbol{f}_1(s),\boldsymbol{f}_2(s),\cdots,\boldsymbol{f}_{\alpha_{\mathrm{r}}}(s)\}\text{ 不唯一} \tag{9.83}$$

$$\boldsymbol{\Omega}_{\mathrm{L}}\text{最小多项式基}\{\boldsymbol{h}_1(s),\boldsymbol{h}_2(s),\cdots,\boldsymbol{h}_{\alpha_{\mathrm{L}}}(s)\}\text{ 不唯一} \tag{9.84}$$

但不同选取下的右最小指数$\{\mu_1,\mu_2,\cdots,\mu_{\alpha_{\mathrm{r}}}\}$和左最小指数$\{\nu_1,\nu_2,\cdots,\nu_{\alpha_{\mathrm{L}}}\}$为唯一。

4. 零空间的阶

结论 9.38 [零空间的阶] 表 $\boldsymbol{\Omega}$ 为传递函数矩阵 $\boldsymbol{G}(s)$ 的一个零空间，则

$$\boldsymbol{\Omega}\text{ 阶数 }\rho=\sum(\boldsymbol{\Omega}\text{ 多项式基组成多项式向量的次数}) \tag{9.85}$$

并且

$$\boldsymbol{\Omega}\text{ 为最小阶}\Leftrightarrow\boldsymbol{\Omega}\text{ 基为最小多项式基} \tag{9.86}$$

进而

$$\boldsymbol{G}(s)\text{ 最小阶右零空间的阶数 }\rho_{\mathrm{r}}=\sum_{i=1}^{\alpha_{\mathrm{r}}}\mu_i \tag{9.87}$$

$$\boldsymbol{G}(s)\text{ 最小阶左零空间的阶数 }\rho_{\mathrm{L}}=\sum_{j=1}^{\alpha_{\mathrm{L}}}\nu_j \tag{9.88}$$

5. 最小指数和克罗内克尔指数

结论 9.39 [最小指数和克罗内克尔指数] 对 $\boldsymbol{G}(s)=(s\boldsymbol{E}-\boldsymbol{A})$ 一类特殊情形，其中 $\boldsymbol{E}$ 和 $\boldsymbol{A}$ 为 $q\times p$ 常数矩阵，则必成立

$$(s\boldsymbol{E}-\boldsymbol{A})\text{ 右最小指数}=(s\boldsymbol{E}-\boldsymbol{A})\text{ 右克罗内克尔指数} \tag{9.89}$$

$$(s\boldsymbol{E}-\boldsymbol{A})\text{ 左最小指数}=(s\boldsymbol{E}-\boldsymbol{A})\text{ 左克罗内克尔指数} \tag{9.90}$$

9.6.3 最小多项式基判据

基于定义判断零空间最小多项式基是一件不容易的事情。现在，进而给出最小

多项式基的一个判据。

结论 9.40［最小多项式基判据］ 对 $q\times p$ 传递函数矩阵 $\boldsymbol{G}(s)$，表 $\boldsymbol{\Omega}_{\mathrm{r}}$ 为 α_{r} 维右零空间，$\boldsymbol{\Omega}_{\mathrm{L}}$ 为 α_{L} 维左零空间，再分别给定 $\boldsymbol{\Omega}_{\mathrm{r}}$ 和 $\boldsymbol{\Omega}_{\mathrm{L}}$ 的多项式基：

$$\{\boldsymbol{f}_1(s),\ \boldsymbol{f}_2(s),\cdots,\ \boldsymbol{f}_{\alpha_{\mathrm{r}}}(s)\}\quad 和\quad \{\boldsymbol{h}_1(s),\ \boldsymbol{h}_2(s),\cdots,\ \boldsymbol{h}_{\alpha_{\mathrm{L}}}(s)\}\tag{9.91}$$

其列次数和行次数分别满足非降关系：

$$\mu_1\leqslant\mu_2\leqslant\cdots\leqslant\mu_{\alpha_{\mathrm{r}}}\quad 和\quad \nu_1\leqslant\nu_2\leqslant\cdots\leqslant\nu_{\alpha_{\mathrm{L}}}\tag{9.92}$$

并由多项式基向量分别组成多项式矩阵：

$$\boldsymbol{F}(s)=[\boldsymbol{f}_1(s),\ \boldsymbol{f}_2(s),\cdots,\ \boldsymbol{f}_{\alpha_{\mathrm{r}}}(s)]\quad 和\quad \boldsymbol{H}(s)=\begin{bmatrix}\boldsymbol{h}_1(s)\\ \boldsymbol{h}_2(s)\\ \vdots\\ \boldsymbol{h}_{\alpha_{\mathrm{L}}}(s)\end{bmatrix}\tag{9.93}$$

则

$$\{\boldsymbol{f}_1(s),\ \boldsymbol{f}_2(s),\cdots,\ \boldsymbol{f}_{\alpha_{\mathrm{r}}}(s)\}\ 为右最小多项式基即\ \boldsymbol{\Omega}_{\mathrm{r}}\ 为最小阶$$
$$\Leftrightarrow\quad \boldsymbol{F}(s)\ 为列既约和不可简约\tag{9.94}$$
$$\{\boldsymbol{h}_1(s),\ \boldsymbol{h}_2(s),\cdots,\ \boldsymbol{h}_{\alpha_{\mathrm{L}}}(s)\}\ 为左最小多项式基即\ \boldsymbol{\Omega}_{\mathrm{L}}\ 为最小阶$$
$$\Leftrightarrow\quad \boldsymbol{H}(s)\ 为行既约和不可简约\tag{9.95}$$

例 9.12 给定 2×3 传递函数矩阵 $\boldsymbol{G}(s)$：

$$\boldsymbol{G}(s)=\begin{bmatrix}\dfrac{1}{s+1} & \dfrac{1}{(s+2)(s+1)} & \dfrac{1}{(s+1)(s+4)}\\ \dfrac{s+2}{s+3} & \dfrac{1}{s+3} & \dfrac{s+2}{(s+3)(s+4)}\end{bmatrix}$$

容易判断，$\mathrm{rank}\boldsymbol{G}(s)=1$。基此，可以导出，$\boldsymbol{G}(s)$ 右零空间的维数为

$$\dim(\boldsymbol{\Omega}_{\mathrm{r}})=p-1=2$$

进而，找出 $\boldsymbol{\Omega}_{\mathrm{r}}$ 的一个多项式基：

$$\boldsymbol{f}_1(s)=\begin{bmatrix}-1\\ s+2\\ 0\end{bmatrix},\qquad \boldsymbol{f}_2(s)=\begin{bmatrix}0\\ -(s+2)\\ s+4\end{bmatrix}$$

并组成多项式矩阵 $\boldsymbol{F}(s)$：

$$\boldsymbol{F}(s)=[\boldsymbol{f}_1(s),\boldsymbol{f}_2(s)]=\begin{bmatrix}-1 & 0\\ s+2 & -(s+2)\\ 0 & s+4\end{bmatrix}$$

且由不存在使 $\boldsymbol{F}(s)$ 降秩的 s 知，$\boldsymbol{F}(s)$ 为不可简约。再导出 $\boldsymbol{F}(s)$ 的列次表达式：

$$\boldsymbol{F}(s)=\begin{bmatrix}0 & 0\\ 1 & -1\\ 0 & 1\end{bmatrix}\begin{bmatrix}s & 0\\ 0 & s\end{bmatrix}+\begin{bmatrix}-1 & 0\\ 2 & -2\\ 0 & 4\end{bmatrix}=\boldsymbol{F}_{\mathrm{hc}}\boldsymbol{S}_{\mathrm{c}}(s)+\boldsymbol{F}_{\mathrm{cL}}(s)$$

由列次系数阵 $\boldsymbol{F}_{\mathrm{hc}}$ 满秩知，$\boldsymbol{F}(s)$ 为列既约。据结论 9.40 判据，多项式基 $\{\boldsymbol{f}_1(s),$

$f_2(s)\}$为$G(s)$右零空间Ω_r的一个最小多项式基,最小指数为$\{1,1\}$。

9.7 传递函数矩阵的亏数

亏数(defect)是对传递函数矩阵极点零点个数不平衡性的表征。极点零点个数的不平衡性源于传递函数矩阵的奇异性。亏数的引入有助于沟通传递函数矩阵两类特性即极点零点和奇异性间的关系。本节是对亏数的一个简要讨论。主要内容包括亏数定义、亏数和极点零点关系、亏数和最小指数关系等。

9.7.1 亏数

对$q\times p$传递函数矩阵$G(s)$,$\text{rank}G(s)=r\leqslant\min\{q,p\}$,表$\mathscr{C}$为复平面,$\xi\in\mathscr{C}$为复平面上点,$v_\xi^{(r)}(G)$为$G(s)$在$s=\xi$处的第$r$阶评价值。在此基础上,给出$G(s)$的亏数的定义。

定义 9.10［亏数］　对秩为r的$q\times p$传递函数矩阵$G(s)$,则

$$G(s)\text{ 的亏数}=\text{def }G(s)$$
$$\triangleq-\sum(G(s)\text{ 在 }\mathscr{C}\text{ 的有限处和无穷远处的第 }r\text{ 阶评价值})$$
$$=-\sum_{\xi\in\mathscr{C}}v_\xi^{(r)}(G) \tag{9.96}$$

注　由$G(s)$在复平面$\mathscr{C}$上非极点和非零点处各阶评价值为零所决定,若表$\bar{S}_{pz}$为$G(s)$的有限极点零点和无穷远极点零点的集合,则定义(9.96)可进而表为

$$G(s)\text{ 的亏数}=\text{def}G(s)$$
$$\triangleq-\sum(G(s)\text{ 在有限极点零点和无穷远极点零点处第 }r\text{ 阶评价值})$$
$$=-\sum_{\xi\in\bar{S}_{pz}}v_\xi^{(r)}(G) \tag{9.97}$$

9.7.2 亏数和极点零点不平衡性

首先,给出极点零点的平衡性和不平衡性的有关结论。

结论 9.41［极点零点平衡性］　对单输入单输出即$q=p=1$线性时不变系统,其标量传递函数$g(s)$,$g(s)\neq0$,必满足极点零点平衡性,即

$$g(s)\text{ 在有限处和无穷远处极点总数}$$
$$=g(s)\text{ 在有限处和无穷远处零点总数} \tag{9.98}$$

注　经典控制理论中著名的根轨迹法就是基于传递函数$g(s)$的极点零点平衡性。正是由于这一属性,使根轨迹在构成上较为简单和在应用上易于分析。

结论 9.42［极点零点不平衡性］　对多输入多输出线性时不变系统,其$q\times p$传递函数矩阵$G(s)$一般不满足极点零点平衡性,即

$$\boldsymbol{G}(s)\text{ 在有限处和无穷远处极点总数} \neq \boldsymbol{G}(s)\text{ 在有限处和无穷远处零点总数} \tag{9.99}$$

注 对多输入多输出线性时不变系统,由于其传递函数矩阵一般不满足极点零点平衡性,使根轨迹在构造上和应用上都要复杂得多。

下面,进而给出亏数和极点零点不平衡性间关系的结论。

结论 9.43 [亏数和不平衡性关系] 对多输入多输出线性时不变系统的 $q\times p$ 传递函数矩阵 $\boldsymbol{G}(s)$,$\text{rank}\boldsymbol{G}(s)=r\leqslant\min\{q,p\}$,$\boldsymbol{G}(s)$的亏数 $\text{def}\boldsymbol{G}(s)$和极点零点不平衡性满足关系:

$$\text{def}\boldsymbol{G}(s)=\boldsymbol{G}(s)\text{ 在有限处和无穷远处极点总数}-\boldsymbol{G}(s)\text{ 在有限处和无穷远处零点总数} \tag{9.100}$$

下面,基于上述基本结论给出如下一些推论性结论。

结论 9.44 [亏数和不平衡性] 对 $q\times p$ 传递函数矩阵 $\boldsymbol{G}(s)$,亏数 $\text{def}\boldsymbol{G}(s)$反映 $\boldsymbol{G}(s)$极点零点不平衡性程度。$\text{def}\boldsymbol{G}(s)$愈大,$\boldsymbol{G}(s)$不平衡性程度愈大;$\text{def}\boldsymbol{G}(s)$愈小,$\boldsymbol{G}(s)$不平衡性程度愈小。

结论 9.45 [极点零点平衡条件] 对 $q\times p$ 传递函数矩阵 $\boldsymbol{G}(s)$,有

$$\boldsymbol{G}(s)\text{ 极点零点平衡} \quad \Leftrightarrow \quad \text{def}\boldsymbol{G}(s)=0 \tag{9.101}$$

结论 9.46 [亏数为零条件] 对 $q\times p$ 传递函数矩阵 $\boldsymbol{G}(s)$,有

$$\text{若 }\boldsymbol{G}(s)\text{ 为正则,即“}\boldsymbol{G}(s)\text{ 为方且 }\det\boldsymbol{G}(s)\neq 0\text{”,则 }\text{def}\boldsymbol{G}(s)=0 \tag{9.102}$$

9.7.3 亏数和最小指数

现在,转而讨论传递函数矩阵的亏数和传递函数矩阵的奇异性的关系。

结论 9.47 [亏数和最小指数关系] 对多输入多输出线性时不变系统的 $q\times p$ 传递函数矩阵 $\boldsymbol{G}(s)$,$\text{rank}\boldsymbol{G}(s)=r\leqslant\min\{q,p\}$,$\boldsymbol{G}(s)$的亏数和 $\boldsymbol{G}(s)$的最小指数具有关系:

$$\text{def}\boldsymbol{G}(s)=\text{“}\boldsymbol{G}(s)\text{ 的右最小指数之和”}+\text{“}\boldsymbol{G}(s)\text{ 的左最小指数之和”} \tag{9.103}$$

进一步,在上述结论基础上,就传递函数矩阵来给出亏数和奇异性、极点零点不平衡性和奇异性等推论性结论。

结论 9.48 [亏数和奇异性] 对 $q\times p$ 传递函数矩阵 $\boldsymbol{G}(s)$,亏数 $\text{def}\boldsymbol{G}(s)$反映 $\boldsymbol{G}(s)$的奇异性程度。亏数 $\text{def}\boldsymbol{G}(s)$愈大,$\boldsymbol{G}(s)$的奇异性程度愈大;亏数 $\text{def}\boldsymbol{G}(s)$愈小,$\boldsymbol{G}(s)$的奇异性程度愈小。

结论 9.49 [不平衡性和奇异性] 对 $q\times p$ 传递函数矩阵 $\boldsymbol{G}(s)$,极点零点不平衡性反映 $\boldsymbol{G}(s)$的奇异性程度。不平衡性愈大,$\boldsymbol{G}(s)$的奇异性程度愈大;不平衡性愈小,$\boldsymbol{G}(s)$的奇异性程度愈小。

结论 9.50 [亏数的正整数属性] 对 $q\times p$ 传递函数矩阵 $\boldsymbol{G}(s)$,亏数 $\text{def}\boldsymbol{G}(s)$必为正整数,即当 $\boldsymbol{G}(s)$为不平衡其极点总数必大于零点总数。

9.8　小结和评述

(1) 本章的定位。本章基于传递函数矩阵描述讨论线性时不变系统的两类结构特性即极点零点和奇异性。在线性时不变系统复频率域理论中，极点零点是分析系统运动行为的基础，奇异性是研究系统奇异特性的根据。

(2) 极点和零点。多输入多输出传递函数矩阵的有限极点零点和无穷极点零点有着不同定义方式。有限极点零点由传递函数矩阵的史密斯-麦克米伦形定义，基此导出的推论性定义使可从不可简约 MFD 和能控能观测状态空间描述分析极点零点。无穷极点零点由传递函数矩阵 $\boldsymbol{G}(s)$ 基于 $\lambda=1/s$ 的变换式 $\widetilde{\boldsymbol{G}}(\lambda)$ 的史密斯-麦克米伦形定义。多输入多输出系统的一个基本属性是其有限与无穷极点总数和有限与无穷零点总数一般为不平衡。

(3) 奇异性。多输入多输出传递函数矩阵的奇异性可从多种角度分析和度量。直观上，奇异性表现为 $\boldsymbol{G}(s)$ 的非方性和非满秩性。从零空间角度，奇异性体现为非空性和最小指数。从极点零点角度，奇异性反映极点总个数和零点总个数的不平衡性。而从亏数角度，奇异性呈现为亏数的非零和大小。

(4) 结构指数和评价值。结构指数的作用是为传递函数矩阵极点零点的分布和重数提供统一表示。评价值的作用是为计算极点零点和分析奇异性提供简便途径。传递函数矩阵的评价值可通过简单代数计算定出，结构指数则可利用转换关系式由评价值定出。

(5) 亏数。亏数在分析传递函数矩阵奇异性中具有核心地位。亏数由传递函数矩阵的评价值定义。亏数既可为沟通奇异性各种表征提供桥梁，也可为奇异性程度提供量化度量。亏数愈大，奇异性程度愈大，极点零点不平衡性程度愈大，最小指数和值愈大；亏数愈小，奇异性程度愈小，极点零点不平衡性程度愈小，最小指数和值愈小；亏数为零，奇异性程度为零即非奇异，极点零点不平衡性程度为零即满足平衡性，最小指数和值为零即零空间为空。

习题

9.1　定出下列传递函数矩阵 $\boldsymbol{G}(s)$ 的史密斯-麦克米伦形 $\boldsymbol{M}(s)$：

$$\boldsymbol{G}(s)=\begin{bmatrix}\dfrac{s^2}{(s+1)(s+2)^2} & \dfrac{s+1}{(s+2)^2}\\[2ex] \dfrac{-s}{(s+2)^2} & \dfrac{1}{s+2}\end{bmatrix}$$

9.2　确定下列各传递函数矩阵 $\boldsymbol{G}(s)$ 的 MFD 的有限极点和有限零点：

(i) $\begin{bmatrix} s-1 & 0 \\ 0 & s^2-1 \end{bmatrix}^{-1}\begin{bmatrix} 1 & s-1 & s-1 \\ 0 & s+1 & s+1 \end{bmatrix}$

(ii) $\begin{bmatrix} s^2-1 & 0 \\ 0 & s+1 \end{bmatrix}^{-1}\begin{bmatrix} s^2 & s-1 \\ 2 & 1 \end{bmatrix}$

(iii) $\begin{bmatrix} 0 & s-2 \\ s+3 & 0 \\ s-2 & s+1 \end{bmatrix}\begin{bmatrix} s^3 & 0 \\ -s^2+s+1 & -s+1 \end{bmatrix}^{-1}$

9.3 确定下列各传递函数矩阵 $\boldsymbol{G}(s)$ 的有限极点和有限零点：

(i) $\boldsymbol{G}(s)=\begin{bmatrix} \dfrac{2s+1}{s^2-1} & \dfrac{s}{s^2+5s+4} \\ \dfrac{1}{s+3} & \dfrac{2s+5}{s^2+7s+12} \end{bmatrix}$

(ii) $\boldsymbol{G}(s)=\begin{bmatrix} \dfrac{s+2}{(s+1)(s+3)} & \dfrac{s+1}{(s+3)^2(s+2)} \end{bmatrix}$

9.4 确定下列各线性时不变系统的有限极点和有限零点：

(i) $\dot{\boldsymbol{x}}=\begin{bmatrix} 0 & 1 & 0 \\ 0 & 0 & 1 \\ -2 & -4 & -3 \end{bmatrix}\boldsymbol{x}+\begin{bmatrix} 1 & 0 \\ 0 & 1 \\ -1 & 1 \end{bmatrix}\boldsymbol{u}$

$\boldsymbol{y}=\begin{bmatrix} 1 & 1 & 0 \\ 0 & 1 & 0 \end{bmatrix}\boldsymbol{x}$

(ii) $\dot{\boldsymbol{x}}=\begin{bmatrix} 1 & 0 & 1 \\ 0 & 1 & 0 \\ 1 & 1 & 0 \end{bmatrix}\boldsymbol{x}+\begin{bmatrix} 1 & 0 \\ 0 & 1 \\ 1 & 0 \end{bmatrix}\boldsymbol{u}$

$y=[1 \quad 4 \quad 1]\boldsymbol{x}$

9.5 对上题的两个线性时不变系统，分别确定一个初始状态 $\boldsymbol{x}_0$ 和一个输入函数 $\boldsymbol{u}(t)$，使系统强制输出 $\boldsymbol{y}(t)\equiv 0$。

9.6 给定线性时不变系统为

$$\dot{\boldsymbol{x}}=\begin{bmatrix} 0 & 1 \\ -2 & -3 \end{bmatrix}\boldsymbol{x}+\begin{bmatrix} 0 \\ 1 \end{bmatrix}u$$

$$y=[2 \quad 1]\boldsymbol{x}$$

试确定：(i) 两个初始状态 $\boldsymbol{x}_0$，使系统输出的零输入响应对所有 $t\geqslant 0$ 为 $y(t)=5\mathrm{e}^{-t}$。

(ii) 两个初始状态 $\boldsymbol{x}_0$，使系统相应于此初始状态和 $u(t)=\mathrm{e}^{3t}$ 的强制输出响应对所有 $t\geqslant 0$ 为

$$y(t)=\frac{1}{4}\mathrm{e}^{3t}$$

9.7 给定完全能控和完全能观测的线性时不变系统：

$$\dot{\boldsymbol{x}}=\boldsymbol{A}\boldsymbol{x}+\boldsymbol{B}\boldsymbol{u}$$

$$y = Cx + Eu$$

表其传递函数矩阵为 $G(s)$，试证明：λ 为 $G(s)$ 的极点的充分必要条件是，存在一个初始状态 x_0，使系统输出的零输入响应为 $y(t) = \beta e^{\lambda t}$，其中 β 为非零向量。

9.8　对上题的严真线性时不变系统，令输入 $u(t) = u_0 e^{-\alpha t}$，其中 $-\alpha$ 为实数且不是 $G(s)$ 的极点，u_0 为任意非零常向量，试证明：系统相对于输入 $u(t)$ 和初始状态

$$x(0) = (-A - \alpha I)^{-1} B u_0$$

的强制输出响应对 $t \geqslant 0$ 为

$$y(t) = Cx(0)e^{-\alpha t}$$

9.9　令传递函数矩阵 $G(s) = D_L^{-1}(s) N_L(s) = N(s) D^{-1}(s)$ 均为不可简约 MFD，试证明：由 $N(s)$ 定义的零点集必等同于由 $N_L(s)$ 所定义的零点集。

9.10　计算下列传递函数矩阵 $G(s)$ 在 $s=0,-1,-2,-3$ 上的评价值：

$$G(s) = \begin{bmatrix} \dfrac{s^2}{(s+1)(s+2)} & \dfrac{s(s+3)}{(s+1)(s+2)^2} \\ \dfrac{s+2}{(s+1)(s+2)} & \dfrac{s+1}{(s+3)^2(s+2)} \end{bmatrix}$$

9.11　对上题的传递函数矩阵 $G(s)$，利用评价值定出其在有限复平面的史密斯-麦克米伦形，并据此定出 $G(s)$ 的有限极点和有限零点及它们的重数。

9.12　对于题 9.10 的传递函数矩阵 $G(s)$，利用评价值定出其在无穷远处的史密斯-麦克米伦形。

9.13　确定下列各传递函数矩阵 $G(s)$ 的右零空间 Ω_r 和左零空间 Ω_L 的维数：

(i) $G(s) = \begin{bmatrix} \dfrac{2}{s-1} & \dfrac{s+10}{2(s-1)^3} \\ \dfrac{4(s+1)}{s+10} & \dfrac{s+1}{(s-1)^2} \end{bmatrix}$

(ii) $G(s) = \begin{bmatrix} 0 & s^2-1 \\ s-1 & 0 \end{bmatrix}^{-1} \begin{bmatrix} s-1 & 1 & s-1 \\ s+1 & 0 & s+1 \end{bmatrix}$

9.14　给定传递函数矩阵 $G(s)$ 为

$$G(s) = \begin{bmatrix} \dfrac{s}{(s+1)(s+2)^2} & \dfrac{1}{s+2} & \dfrac{s(s+3)}{(s+1)(s+2)^2} \\ \dfrac{1}{(s+2)^3} & \dfrac{s+1}{s(s+2)^2} & \dfrac{s+3}{(s+2)^3} \end{bmatrix}$$

试确定：(i) 其右零空间的一组有理分式基；(ii) 其右零空间的一组最小多项式基；(iii) 其右零空间的最小阶数。

9.15　计算题 9.10 的传递函数矩阵 $G(s)$ 的亏数。

9.16　计算题 9.14 的传递函数矩阵 $G(s)$ 的亏数。

9.17　试从题 9.15 和 9.16 的结果中归纳出传递函数矩阵的亏数的规律性结论。

第10章 传递函数矩阵的状态空间实现

状态空间实现简称实现(realization)。对线性时不变系统,实现是外部描述即传递函数矩阵的外部等价的一个内部描述即状态空间描述。研究实现的目的在于,建立系统各种描述的转换和反映关系,沟通系统不同描述下的结构特性,为采用各类分析技术研究系统运动过程和性能提供多元途径。本章是对线性时不变系统实现问题的较为系统和较为全面的讨论。主要内容包括实现的概念和属性,典型实现和最小实现,基于矩阵分式描述的状态空间实现的理论和算法等。

10.1 实现的基本概念和基本属性

作为随后各节讨论的基础,本节是对实现问题的共性概念和共性问题的一个引论性讨论。本节的讨论对象为有理分式矩阵形式的传递函数矩阵,内容包括实现的定义、能控类实现和能观测类实现、最小实现及其属性等。

10.1.1 实现的定义和属性

针对连续时间线性时不变系统,给出其传递函数矩阵的实现的定义。

定义 10.1 [实现] 对真或严真连续时间线性时不变系统,称一个状态空间描述

$$\begin{cases}\dot{\boldsymbol{x}}=\boldsymbol{A}\boldsymbol{x}+\boldsymbol{B}\boldsymbol{u}\\ \boldsymbol{y}=\boldsymbol{C}\boldsymbol{x}+\boldsymbol{E}\boldsymbol{u}\end{cases}\tag{10.1}$$

或简写为$(\boldsymbol{A},\boldsymbol{B},\boldsymbol{C},\boldsymbol{E})$是其传递函数矩阵$\boldsymbol{G}(s)$的一个实现,如果两者为外部等价即成立关系式:

$$\boldsymbol{C}(s\boldsymbol{I}-\boldsymbol{A})^{-1}\boldsymbol{B}+\boldsymbol{E}=\boldsymbol{G}(s)\tag{10.2}$$

注 考虑到传递函数矩阵$\boldsymbol{G}(s)$的矩阵分式描述中已采用$\boldsymbol{N}(s)\boldsymbol{D}^{-1}(s)$和$\boldsymbol{D}_{\mathrm{L}}^{-1}(s)\boldsymbol{N}_{\mathrm{L}}(s)$为右 MFD 和左 MFD 的表达式,为避免符号上的混同,从本节开始的随后讨论中,约定状态空间描述的符号用$(\boldsymbol{A},\boldsymbol{B},\boldsymbol{C},\boldsymbol{E})$代替先

前的($\boldsymbol{A},\boldsymbol{B},\boldsymbol{C},\boldsymbol{D}$)。

进而,对传递函数矩阵的状态空间实现可以导出如下一些基本属性。

1. 实现的维数

结论 10.1 [实现维数] 传递函数矩阵 $\boldsymbol{G}(s)$的实现($\boldsymbol{A},\boldsymbol{B},\boldsymbol{C},\boldsymbol{E}$)的结构复杂程度可由其维数表征。一个实现的维数规定为其系统矩阵 $\boldsymbol{A}$ 的维数,即有

$$\text{实现维数} = \dim \boldsymbol{A} \tag{10.3}$$

2. 实现的不唯一性

结论 10.2 [不唯一性] 传递函数矩阵 $\boldsymbol{G}(s)$的实现($\boldsymbol{A},\boldsymbol{B},\boldsymbol{C},\boldsymbol{E}$)满足强不唯一性。即对传递函数矩阵 $\boldsymbol{G}(s)$,不仅其实现结果为不唯一,而且其实现维数也为不唯一。

3. 最小实现

结论 10.3 [最小实现] 最小实现定义为传递函数矩阵 $\boldsymbol{G}(s)$的所有实现($\boldsymbol{A},\boldsymbol{B},\boldsymbol{C},\boldsymbol{E}$)中维数最小的一类实现。实质上,最小实现就是外部等价于 $\boldsymbol{G}(s)$的一个结构最简状态空间模型。

4. 实现间的关系

结论 10.4 [实现间关系] 对传递函数矩阵 $\boldsymbol{G}(s)$,其不同实现间一般不存在代数等价关系,但其所有最小实现间必具有代数等价关系。

5. 实现的物理本质

结论 10.5 [实现物理本质] 物理直观上,传递函数矩阵 $\boldsymbol{G}(s)$的实现就是对具有"黑箱"形式的真实系统在状态空间领域寻找一个外部等价的内部假想结构,内部假想结构对真实系统的可否完全表征性依赖于系统的是否能控和能观测。

6. 实现的形式

结论 10.6 [实现形式] 传递函数矩阵 $\boldsymbol{G}(s)$的实现形式取决于其真性或严真性属性。当 $\boldsymbol{G}(s)$为严真,其实现对应地具有形式($\boldsymbol{A},\boldsymbol{B},\boldsymbol{C}$)即 $\boldsymbol{E}=\boldsymbol{0}$; 当 $\boldsymbol{G}(s)$为真而非严真,其实现对应地具有形式($\boldsymbol{A},\boldsymbol{B},\boldsymbol{C},\boldsymbol{E}$)即 $\boldsymbol{E}\neq\boldsymbol{0}$,且有

$$\boldsymbol{E} = \lim_{s\to\infty} \boldsymbol{G}(s) \tag{10.4}$$

7. 扩展构造其他实现的途径

结论 10.7 [构造其他实现] 设状态空间描述($\boldsymbol{A},\boldsymbol{B},\boldsymbol{C},\boldsymbol{E}$) 为传递函数矩阵 $\boldsymbol{G}(s)$的一个实现,$\dim \boldsymbol{A}=n$,则对任一 $n\times n$ 非奇异阵 $\boldsymbol{T}$,状态空间描述($\boldsymbol{TAT}^{-1}$, $\boldsymbol{TB},\boldsymbol{CT}^{-1},\boldsymbol{E}$)必也为 $\boldsymbol{G}(s)$的一个同维实现。

10.1.2 能控类实现和能观测类实现

能控类实现和能观测类实现是两类基本的典型实现，并在线性时不变系统实现理论中扮演重要角色。能控类实现和能观测类实现的意义在于，不仅可对真实系统提供外部等价的具有较好结构特性的内部假想结构，而且还是构造传递函数矩阵的最小实现的一个桥梁。

定义 10.2［能控类实现］ 称状态空间描述$(\boldsymbol{A},\boldsymbol{B},\boldsymbol{C},\boldsymbol{E})$为传递函数矩阵$\boldsymbol{G}(s)$的一个能控类实现，当且仅当

$$\boldsymbol{C}(s\boldsymbol{I}-\boldsymbol{A})^{-1}\boldsymbol{B}+\boldsymbol{E}=\boldsymbol{G}(s) \tag{10.5}$$

$$(\boldsymbol{A},\boldsymbol{B})\text{ 能控且有指定形式} \tag{10.6}$$

注 传递函数矩阵$\boldsymbol{G}(s)$的能控类实现可有不同形式。在随后的讨论中将可看到，当$\boldsymbol{G}(s)$以有理分式矩阵或矩阵分式描述形式表达时，可以构成形式很不相同的能控类实现。

定义 10.3［能观测类实现］ 称状态空间描述$(\boldsymbol{A},\boldsymbol{B},\boldsymbol{C},\boldsymbol{E})$为传递函数矩阵$\boldsymbol{G}(s)$的一个能观测类实现，当且仅当

$$\boldsymbol{C}(s\boldsymbol{I}-\boldsymbol{A})^{-1}\boldsymbol{B}+\boldsymbol{E}=\boldsymbol{G}(s) \tag{10.7}$$

$$(\boldsymbol{A},\boldsymbol{C})\text{ 能观测且有指定形式} \tag{10.8}$$

注 同样，随传递函数矩阵$\boldsymbol{G}(s)$为有理分式矩阵描述或矩阵分式描述，可以构成形式很不相同的能观测类实现。

10.1.3 最小实现

最小实现是传递函数矩阵$\boldsymbol{G}(s)$的一类最为重要的实现。最小实现是$\boldsymbol{G}(s)$的所有实现中结构为最简的实现，即从外部等价的角度实现中不包含任何多余的部分，因此通常也称最小实现为不可简约实现。

下面，进一步给出最小实现的一些基本特性。

1. 最小实现的判据

结论 10.8［最小实现判据］ 设$(\boldsymbol{A},\boldsymbol{B},\boldsymbol{C})$为严真传递函数矩阵$\boldsymbol{G}(s)$的一个实现，则其为最小实现的充分必要条件是

$$(\boldsymbol{A},\boldsymbol{B})\text{ 完全能控，}(\boldsymbol{A},\boldsymbol{C})\text{ 完全能观测} \tag{10.9}$$

证 先证必要性。已知$(\boldsymbol{A},\boldsymbol{B},\boldsymbol{C})$为最小实现，欲证$(\boldsymbol{A},\boldsymbol{B})$能控和$(\boldsymbol{A},\boldsymbol{C})$能观测。采用反证法，反设$(\boldsymbol{A},\boldsymbol{B},\boldsymbol{C})$不是联合能控和能观测，则可通过系统结构规范分解找出其能控和能观测部分$(\widetilde{\boldsymbol{A}}_{11},\widetilde{\boldsymbol{B}}_1,\widetilde{\boldsymbol{C}}_1)$，且必成立：

$$\begin{cases}\boldsymbol{C}(s\boldsymbol{I}-\boldsymbol{A})^{-1}\boldsymbol{B}=\widetilde{\boldsymbol{C}}_1(s\boldsymbol{I}-\widetilde{\boldsymbol{A}}_{11})^{-1}\widetilde{\boldsymbol{B}}_1=\boldsymbol{G}(s)\\ \dim(\boldsymbol{A})>\dim(\widetilde{\boldsymbol{A}}_{11})\end{cases} \tag{10.10}$$

据定义，$(\widetilde{A}_{11},\widetilde{B}_1,\widetilde{C}_1)$也是$G(s)$的实现，且具有更小维数。这表明，$(A,B,C)$不是$G(s)$的最小实现，矛盾于已知条件。反设不成立，即$(A,B,C)$能控和能观测。必要性得证。

再证充分性。已知(A,B)能控和(A,C)能观测，欲证(A,B,C)为最小实现。采用反证法，反设(A,B,C)不是最小实现，则$G(s)$必存在另一最小实现$(\bar{A},\bar{B},\bar{C})$，使有

$$n=\dim(A)>\dim(\bar{A})=\bar{n} \tag{10.11}$$

并对任一输入u有相同输出y，即有

$$\int_0^t Ce^{A(t-\tau)}Bu(\tau)\mathrm{d}\tau=\int_0^t \bar{C}e^{\bar{A}(t-\tau)}\bar{B}u(\tau)\mathrm{d}\tau \tag{10.12}$$

考虑到上式中u和t的任意性，由此可进而导出

$$Ce^{A(t-\tau)}B=\bar{C}e^{\bar{A}(t-\tau)}\bar{B},\qquad \forall t,\tau \tag{10.13}$$

令$\tau=0$，且表

$$H(t)=Ce^{At}B,\qquad \bar{H}(t)=\bar{C}e^{\bar{A}t}\bar{B},\qquad \forall t\geqslant 0 \tag{10.14}$$

分别代表(A,B,C)和$(\bar{A},\bar{B},\bar{C})$的脉冲响应矩阵。基此，求出$H(t)$的各阶导数，并利用$A$和$e^{At}$的可交换属性，得到

$$\begin{cases} H^{(1)}(t)=CAe^{At}B=Ce^{At}AB \\ H^{(2)}(t)=CAe^{At}AB=CA^2e^{At}B=Ce^{At}A^2B \\ \cdots\cdots \\ H^{(n-1)}(t)=CA^{n-1}e^{At}B=Ce^{At}A^{n-1}B \\ \cdots\cdots \\ H^{(2n-2)}(t)=CA^{n-1}e^{At}A^{n-1}B \end{cases} \tag{10.15}$$

进而，基于上式组成：

$$\begin{aligned} L(t) &\triangleq \begin{bmatrix} H(t) & H^{(1)}(t) & \cdots & H^{(n-1)}(t) \\ H^{(1)}(t) & H^{(2)}(t) & \cdots & H^{(n)}(t) \\ \vdots & \vdots & & \vdots \\ H^{(n-1)}(t) & H^{(n)}(t) & \cdots & H^{(2n-2)}(t) \end{bmatrix} \\ &= \begin{bmatrix} Ce^{At}B & Ce^{At}AB & \cdots & Ce^{At}A^{n-1}B \\ CAe^{At}B & CAe^{At}AB & \cdots & CAe^{At}A^{n-1}B \\ \vdots & \vdots & & \vdots \\ CA^{n-1}e^{At}B & CA^{n-1}e^{At}AB & \cdots & CA^{n-1}e^{At}A^{n-1}B \end{bmatrix} \\ &= \begin{bmatrix} C \\ CA \\ \vdots \\ CA^{n-1} \end{bmatrix} e^{At}\begin{bmatrix} B & AB & \cdots & A^{n-1}B \end{bmatrix}=Q_o e^{At}Q_c,\qquad t\geqslant 0 \end{aligned} \tag{10.16}$$

其中，$\boldsymbol{Q}_{\mathrm{o}}$ 和 $\boldsymbol{Q}_{\mathrm{c}}$ 为 $(\boldsymbol{A},\boldsymbol{B},\boldsymbol{C})$ 的能观测性判别阵和能控性判别阵。考虑到式(10.16)对一切 $t\geqslant 0$ 均成立，所以对 $t=0$ 也成立。基此，又可得到

$$\boldsymbol{L}(0)=\boldsymbol{Q}_{\mathrm{o}}\boldsymbol{Q}_{\mathrm{c}} \tag{10.17}$$

对应地，同理可以导出

$$\bar{\boldsymbol{L}}(0)=\bar{\boldsymbol{Q}}_{\mathrm{o}}\bar{\boldsymbol{Q}}_{\mathrm{c}} \tag{10.18}$$

其中，$\bar{\boldsymbol{Q}}_{\mathrm{o}}$ 和 $\bar{\boldsymbol{Q}}_{\mathrm{c}}$ 为对 $(\bar{\boldsymbol{A}},\bar{\boldsymbol{B}},\bar{\boldsymbol{C}})$ 构造的取幂次等同于式(10.16)中所示的能观测性判别阵和能控性判别阵。且由式(10.13)和(10.14)还可导出 $\boldsymbol{H}(t)=\bar{\boldsymbol{H}}(t)$，基此又有 $\boldsymbol{L}(t)=\bar{\boldsymbol{L}}(t)$。从而，由式(10.17)和(10.18)，可以得到

$$\boldsymbol{Q}_{\mathrm{o}}\boldsymbol{Q}_{\mathrm{c}}=\bar{\boldsymbol{Q}}_{\mathrm{o}}\bar{\boldsymbol{Q}}_{\mathrm{c}} \tag{10.19}$$

但已知 $(\boldsymbol{A},\boldsymbol{B},\boldsymbol{C})$ 能控和能观测，因而可有

$$\mathrm{rank}\boldsymbol{Q}_{\mathrm{o}}=n,\quad \mathrm{rank}\boldsymbol{Q}_{\mathrm{c}}=n,\quad \mathrm{rank}\boldsymbol{Q}_{\mathrm{o}}\boldsymbol{Q}_{\mathrm{c}}=n \tag{10.20}$$

由此，并利用式(10.19)和乘积阵秩关系式，得到

$$n=\mathrm{rank}\bar{\boldsymbol{Q}}_{\mathrm{o}}\bar{\boldsymbol{Q}}_{\mathrm{c}}\leqslant \min\{\mathrm{rank}\bar{\boldsymbol{Q}}_{\mathrm{o}},\mathrm{rank}\bar{\boldsymbol{Q}}_{\mathrm{c}}\} \tag{10.21}$$

即

$$\mathrm{rank}\bar{\boldsymbol{Q}}_{\mathrm{o}}\geqslant n,\qquad \mathrm{rank}\bar{\boldsymbol{Q}}_{\mathrm{c}}\geqslant n \tag{10.22}$$

这和反设 $\dim(\bar{\boldsymbol{A}})<n$ 相矛盾，反设不成立，从而 $\boldsymbol{G}(s)$ 不存在维数比 $(\boldsymbol{A},\boldsymbol{B},\boldsymbol{C})$ 更小的实现，即 $(\boldsymbol{A},\boldsymbol{B},\boldsymbol{C})$ 为 $\boldsymbol{G}(s)$ 的最小实现。充分性得证。证明完成。

2. 最小实现的广义唯一性

结论 10.9 [最小实现广义唯一性] 严真传递函数矩阵 $\boldsymbol{G}(s)$ 的最小实现为不唯一但满足广义唯一性。即若 $(\boldsymbol{A},\boldsymbol{B},\boldsymbol{C})$ 和 $(\bar{\boldsymbol{A}},\bar{\boldsymbol{B}},\bar{\boldsymbol{C}})$ 为 $\boldsymbol{G}(s)$ 的任意两个 n 维最小实现，则必可基此构造出一个 $n\times n$ 非奇异常阵 $\boldsymbol{T}$ 使下式成立：

$$\bar{\boldsymbol{A}}=\boldsymbol{T}^{-1}\boldsymbol{A}\boldsymbol{T},\qquad \bar{\boldsymbol{B}}=\boldsymbol{T}^{-1}\boldsymbol{B},\qquad \bar{\boldsymbol{C}}=\boldsymbol{C}\boldsymbol{T} \tag{10.23}$$

10.1.4 实现的最小维数

通常，在线性时不变系统的某些复频率域分析中，感兴趣的只是传递函数矩阵 $\boldsymbol{G}(s)$ 的实现的最小维数。对于这类情形，没有必要导出最小实现的具体结果，只需根据 $\boldsymbol{G}(s)$ 直接定出其实现最小维数。

下面，给出两个结论以直接由传递函数矩阵 $\boldsymbol{G}(s)$ 计算其实现最小维数。

结论 10.10 [实现最小维数] 对严真传递函数矩阵 $\boldsymbol{G}(s)$，表其为幂级数表达式：

$$\boldsymbol{G}(s)=\sum_{i=1}^{\infty}\boldsymbol{h}_i s^{-i} \tag{10.24}$$

其中，$\{\boldsymbol{h}_i,\ i=1,2,\cdots\}$ 为马尔可夫(Markov)参数矩阵，并基此组成汉克尔(Hankel)矩阵：

$$\boldsymbol{H} \triangleq \begin{bmatrix} \boldsymbol{h}_1 & \boldsymbol{h}_2 & \boldsymbol{h}_3 & \cdots \\ \boldsymbol{h}_2 & \boldsymbol{h}_3 & \boldsymbol{h}_4 & \cdots \\ \boldsymbol{h}_3 & \boldsymbol{h}_4 & \boldsymbol{h}_5 & \cdots \\ \vdots & \vdots & \vdots & \end{bmatrix} \tag{10.25}$$

则 $\boldsymbol{G}(s)$ 的状态空间实现的最小维数为

$$n_{\min} = \text{rank}\boldsymbol{H} \tag{10.26}$$

注　上述结论还可表为

$$n_{\min} = \text{rank}\boldsymbol{H}(n,n) \tag{10.27}$$

结论 10.11［实现最小维数］　对 $q \times p$ 传递函数矩阵 $\boldsymbol{G}(s)$，$\text{rank}\boldsymbol{G}(s) = r$，其史密斯-麦克米伦形为

$$\boldsymbol{M}(s) = \boldsymbol{U}(s)\boldsymbol{G}(s)\boldsymbol{V}(s) = \left[\begin{array}{ccc|c} \dfrac{\varepsilon_1(s)}{\psi_1(s)} & & & \\ & \ddots & & \boldsymbol{0} \\ & & \dfrac{\varepsilon_r(s)}{\psi_r(s)} & \\ \hline & \boldsymbol{0} & & \boldsymbol{0} \end{array}\right] \tag{10.28}$$

其中，$\boldsymbol{U}(s)$ 和 $\boldsymbol{V}(s)$ 为 $q \times q$ 和 $p \times p$ 单模阵。那么，$\boldsymbol{G}(s)$ 的状态空间实现的最小维数为

$$n_{\min} = \sum_{i=1}^{r} \deg\psi_i(s) \tag{10.29}$$

10.2　标量传递函数的典型实现

对单输入单输出线性时不变系统，其输入输出复频率域描述为标量传递函数，并具有有理分式函数形式。本节讨论标量传递函数的典型实现，主要包括能控规范形实现、能观测规范形实现、并联形实现、串联形实现等。

不失一般性，考虑真标量传递函数 $g(s)$，并通过严真化先将其表为常数 e 和严真有理分式 $n(s)/d(s)$ 之和，即有

$$g(s) = e + \frac{\beta_{n-1}s^{n-1} + \cdots + \beta_1 s + \beta_0}{s^n + \alpha_{n-1}s^{n-1} + \cdots + \alpha_1 s + \alpha_0} = e + \frac{n(s)}{d(s)} \tag{10.30}$$

其中

$$d(s) = s^n + \alpha_{n-1}s^{n-1} + \cdots + \alpha_1 s + \alpha_0$$

$$n(s) = \beta_{n-1}s^{n-1} + \cdots + \beta_1 s + \beta_0$$

$$\{\alpha_0, \alpha_1, \cdots, \alpha_{n-1}\} \text{ 和 } \{\beta_0, \beta_1, \cdots, \beta_{n-1}\} \text{ 为实常数}$$

那么，对 $g(s)$ 的各类典型实现就归结为对严真传递函数 $n(s)/d(s)$ 导出相应的实现，而常数 e 为各类实现中的输入输出直接传递系数。

10.2.1 能控规范形实现

结论 10.12 [能控规范形实现] 式(10.30)所示标量传递函数 $g(s)$的严真部分 $n(s)/d(s)$的能控规范形实现具有形式：

$$\boldsymbol{A}_{\mathrm{c}}=\left[\begin{array}{c:ccc} 0 & 1 & & \\ \vdots & & \ddots & \\ 0 & & & 1 \\ \hdashline -\alpha_0 & -\alpha_1 & \cdots & -\alpha_{n-1} \end{array}\right], \quad \boldsymbol{b}_{\mathrm{c}}=\begin{bmatrix} 0 \\ \vdots \\ 0 \\ 1 \end{bmatrix}, \quad \boldsymbol{c}_{\mathrm{c}}=[\beta_0, \beta_1, \cdots, \beta_{n-1}] \tag{10.31}$$

进而,对标量传递函数的能控规范形实现进行如下几点讨论。

1. g(s)的能控规范形实现

结论 10.13 [$g(s)$能控规范形实现] 式(10.30)所示的真标量传递函数 $g(s)$的能控规范形实现为($\boldsymbol{A}_{\mathrm{c}}$,$\boldsymbol{b}_{\mathrm{c}}$,$\boldsymbol{c}_{\mathrm{c}}$, e),其中($\boldsymbol{A}_{\mathrm{c}}$,$\boldsymbol{b}_{\mathrm{c}}$,$\boldsymbol{c}_{\mathrm{c}}$)如式(10.31)所示。

2. 能控规范形实现形式的唯一性

结论 10.14 [实现形式唯一性] 对式(10.30)所示 $g(s)$的严真标量传递函数 $n(s)/d(s)$,不管 $d(s)$和 $n(s)$是否互质,其能控规范形实现都具有式(10.31)所示形式。

3. 能控规范形实现维数的非最小性

结论 10.15 [维数非最小性] 对式(10.30)所示 $g(s)$的严真标量传递函数 $n(s)/d(s)$,若 $d(s)$和 $n(s)$非互质,则由式(10.31)给出的能控规范形实现($\boldsymbol{A}_{\mathrm{c}}$,$\boldsymbol{b}_{\mathrm{c}}$,$\boldsymbol{c}_{\mathrm{c}}$)的维数为非最小,即实现($\boldsymbol{A}_{\mathrm{c}}$,$\boldsymbol{b}_{\mathrm{c}}$,$\boldsymbol{c}_{\mathrm{c}}$)为完全能控但不完全能观测。

4. 能控规范形实现为最小实现的条件

结论 10.16 [($\boldsymbol{A}_{\mathrm{c}}$,$\boldsymbol{b}_{\mathrm{c}}$,$\boldsymbol{c}_{\mathrm{c}}$)为最小实现条件] 对式(10.30)所示 $g(s)$的严真标量传递函数 $n(s)/d(s)$,若 $d(s)$和 $n(s)$互质,则其由式(10.31)给出的能控规范形实现($\boldsymbol{A}_{\mathrm{c}}$,$\boldsymbol{b}_{\mathrm{c}}$,$\boldsymbol{c}_{\mathrm{c}}$)为最小实现即具有最小维数。

证 由 $d(s)$和 $n(s)$互质,则 $n(s)/d(s)$即为其史密斯-麦克米伦形。由此,利用能控规范形实现式(10.31)和实现最小维数关系式(10.29),可以导出

$$n_{\min}=\deg d(s)=n=\dim(\boldsymbol{A}_{\mathrm{c}}) \tag{10.32}$$

这表明,($\boldsymbol{A}_{\mathrm{c}}$,$\boldsymbol{b}_{\mathrm{c}}$,$\boldsymbol{c}_{\mathrm{c}}$)为最小实现,即具有最小维数。证明完成。

5. 能控规范形实现的方块图

结论 10.17 [能控规范形实现方块图] 对式(10.30)所示 $g(s)$的严真标量传递

函数 $n(s)/d(s)$，式(10.31)给出的能控规范形实现($\boldsymbol{A}_c,\boldsymbol{b}_c,\boldsymbol{c}_c$)的方块图具有图 10.1 所示的形式。

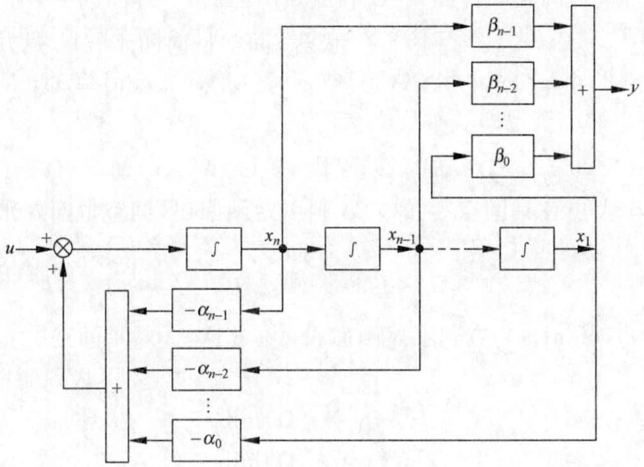

图 10.1 能控规范形实现的方块图表示

10.2.2 能观测规范形实现

结论 10.18 [能观测规范形实现] 式(10.30)所示标量传递函数 $g(s)$ 的严真部分 $n(s)/d(s)$ 的能观测规范形实现具有形式：

$$\boldsymbol{A}_o=\left[\begin{array}{ccc|c} 0 & \cdots & 0 & -\alpha_0 \\ \hline 1 & & & -\alpha_1 \\ & \ddots & & \vdots \\ & & 1 & -\alpha_{n-1} \end{array}\right],\quad \boldsymbol{b}_o=\begin{bmatrix} \beta_0 \\ \beta_1 \\ \vdots \\ \beta_{n-1} \end{bmatrix},\quad \boldsymbol{c}_o=[0,\cdots,0,1] \tag{10.33}$$

1. g(s)的能观测规范形实现

结论 10.19 [$g(s)$能观测规范形实现] 式(10.30)所示的真标量传递函数 $g(s)$ 的能观测规范形实现为($\boldsymbol{A}_o,\boldsymbol{b}_o,\boldsymbol{c}_o,e$)，其中($\boldsymbol{A}_o,\boldsymbol{b}_o,\boldsymbol{c}_o$)如式(10.33)所示。

2. 能观测规范形实现形式的唯一性

结论 10.20 [实现形式唯一性] 对式(10.30)所示 $g(s)$ 的严真标量传递函数 $n(s)/d(s)$，不管 $d(s)$ 和 $n(s)$ 是否互质，其能观测规范形实现都具有式(10.33)所示形式。

3. 能观测规范形实现维数的非最小性

结论 10.21 [维数的非最小性] 对式(10.30)所示 $g(s)$ 的严真标量传递函数 $n(s)/d(s)$，若 $d(s)$ 和 $n(s)$ 非互质，则其由式(10.33)给出的能观测规范形实现($\boldsymbol{A}_o$,

$\boldsymbol{b}_{\mathrm{o}},\boldsymbol{c}_{\mathrm{o}}$)的维数为非最小，即实现($\boldsymbol{A}_{\mathrm{o}},\boldsymbol{b}_{\mathrm{o}},\boldsymbol{c}_{\mathrm{o}}$)为完全能观测但不完全能控。

4. 能观测规范形实现为最小实现的条件

结论 10.22 [($\boldsymbol{A}_{\mathrm{o}},\boldsymbol{b}_{\mathrm{o}},\boldsymbol{c}_{\mathrm{o}}$)为最小实现条件]　对式(10.30)所示 $g(s)$ 的严真标量传递函数 $n(s)/d(s)$，若 $d(s)$ 和 $n(s)$ 互质，则其由式(10.33)给出的能观测规范形实现($\boldsymbol{A}_{\mathrm{o}},\boldsymbol{b}_{\mathrm{o}},\boldsymbol{c}_{\mathrm{o}}$)为最小实现即具有最小维数。

5. 能观测规范形实现的方块图

结论 10.23 [能观测规范形实现方块图]　对式(10.30)所示 $g(s)$ 的严真标量传递函数 $n(s)/d(s)$，式(10.33)给出的能观测规范形实现($\boldsymbol{A}_{\mathrm{o}},\boldsymbol{b}_{\mathrm{o}},\boldsymbol{c}_{\mathrm{o}}$)的方块图具有图 10.2 所示的形式。

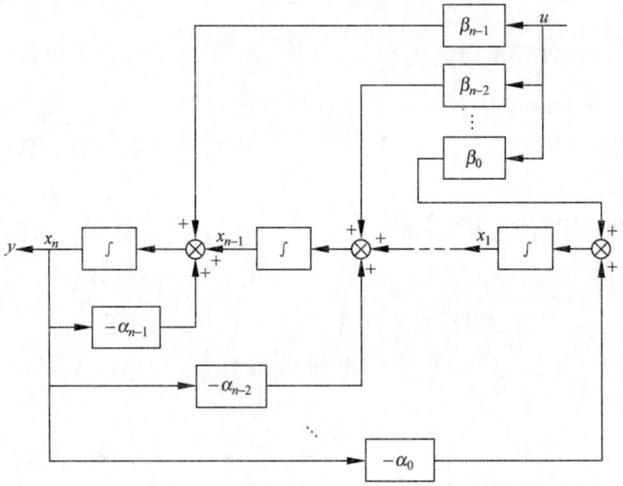

图 10.2　能观测规范形实现的方块图表示

6. 能控规范形实现和能观测规范形实现的对偶性

结论 10.24 [对偶性]　对式(10.30)所示 $g(s)$ 的严真标量传递函数 $n(s)/d(s)$，其由式(10.31)给出的能控规范形实现($\boldsymbol{A}_{\mathrm{c}},\boldsymbol{b}_{\mathrm{c}},\boldsymbol{c}_{\mathrm{c}}$)和由式(10.33)给出的能观测规范形实现($\boldsymbol{A}_{\mathrm{o}},\boldsymbol{b}_{\mathrm{o}},\boldsymbol{c}_{\mathrm{o}}$)满足对偶关系，即有

$$\boldsymbol{A}_{\mathrm{o}}=\boldsymbol{A}_{\mathrm{c}}^{\mathrm{T}},\qquad \boldsymbol{b}_{\mathrm{o}}=\boldsymbol{c}_{\mathrm{c}}^{\mathrm{T}},\qquad \boldsymbol{c}_{\mathrm{o}}=\boldsymbol{b}_{\mathrm{c}}^{\mathrm{T}} \tag{10.34}$$

10.2.3 并联形实现

结论 10.25 [并联形实现]　对式(10.30)所示的传递函数 $g(s)$ 及其严真部分 $n(s)/d(s)$，设其极点为

$$\lambda_1(\mu_1\ 重),\lambda_2(\mu_2\ 重),\cdots,\lambda_m(\mu_m\ 重),\sum_{i=1}^{m}\mu_i=n \tag{10.35}$$

其中，$\lambda_i \neq \lambda_k$，$\forall i \neq k$。再表 $n(s)/d(s)$ 为

$$\frac{n(s)}{d(s)}=\sum_{i=1}^{m}\left(\sum_{k=1}^{\mu_i}\frac{f_{ik}}{(s-\lambda_i)^k}\right) \tag{10.36}$$

则严真传递函数 $n(s)/d(s)$ 的并联形实现为

$$\boldsymbol{A}_{\mathrm{p}}=\left[\begin{array}{ccc}\left.\begin{bmatrix}\lambda_1 & 1 & & \\ & \ddots & \ddots & \\ & & \lambda_1 & 1\\ & & & \lambda_1\end{bmatrix}\right\}\mu_1 & & \\ & \ddots & \\ & & \left.\begin{bmatrix}\lambda_m & 1 & & \\ & \ddots & \ddots & \\ & & \lambda_m & 1\\ & & & \lambda_m\end{bmatrix}\right\}\mu_m\end{array}\right]\begin{array}{c}\\ \vdots\\ \\ \end{array},\quad \boldsymbol{b}_{\mathrm{p}}=\begin{bmatrix}\left.\begin{array}{c}0\\ \vdots\\ 0\\ 1\end{array}\right\}\mu_1\\ \hdashline \vdots \\ \hdashline \left.\begin{array}{c}0\\ \vdots\\ 0\\ 1\end{array}\right\}\mu_m\end{bmatrix}\ \vdots$$

$$\underbrace{\qquad\qquad}_{\mu_1}\quad \cdots \quad \underbrace{\qquad\qquad}_{\mu_m}$$

$$\boldsymbol{c}_{\mathrm{p}}=[\underbrace{f_{1\mu_1}\quad\cdots\quad f_{11}}_{\mu_1}\ \vdots\ \cdots\ \vdots\ \underbrace{f_{m\mu_m}\quad\cdots\quad f_{m1}}_{\mu_m}] \tag{10.37}$$

而 $g(s)$ 的并联形实现为 $(\boldsymbol{A}_{\mathrm{p}},\boldsymbol{b}_{\mathrm{p}},\boldsymbol{c}_{\mathrm{p}},e)$。

下面，给出对标量传递函数的并联形实现的几点解释。

1. 并联形实现在形式上的属性

结论 10.26［并联形实现形式属性］　式(10.30)所示 $g(s)$ 的严真标量传递函数 $n(s)/d(s)$ 的并联形实现 $(\boldsymbol{A}_{\mathrm{p}},\boldsymbol{b}_{\mathrm{p}},\boldsymbol{c}_{\mathrm{p}})$ 中，$\boldsymbol{A}_{\mathrm{p}}$ 为约当型规范形，基此也称并联形实现为约当型规范形实现。

2. 并联形实现在构成上的难点

结论 10.27［并联形实现构成难点］　式(10.30)所示 $g(s)$ 的严真标量传递函数 $n(s)/d(s)$ 的并联形实现 $(\boldsymbol{A}_{\mathrm{p}},\boldsymbol{b}_{\mathrm{p}},\boldsymbol{c}_{\mathrm{p}})$ 在构成上的主要难点是，需要事先定出 $n(s)/d(s)$ 的极点 $(\lambda_i,\ i=1,2,\cdots,m)$ 和 $n(s)/d(s)$ 在极点处的留数 $(f_{ik},\ i=1,2,\cdots,m,\ k=1,\cdots,\mu_i)$，这对系统维数 n 较大情形将会导致计算上的复杂性。

3. 对极点中包含共轭复数情形的处理

结论 10.28［对含复数极点情形的处理］　对式(10.30)所示 $g(s)$ 的严真标量传

递函数 $n(s)/d(s)$ 包含共轭复数极点情形，并联形实现 $(\boldsymbol{A}_{\mathrm{p}},\boldsymbol{c}_{\mathrm{p}})$ 中会相应地出现复数元，导致应用和分析上的不便。解决途径是对 $(\boldsymbol{A}_{\mathrm{p}},\boldsymbol{b}_{\mathrm{p}},\boldsymbol{c}_{\mathrm{p}})$ 引入适当等价变换使之实现实数化，以 $m=3$ 情形为例设 $(\boldsymbol{A}_{\mathrm{p}},\boldsymbol{b}_{\mathrm{p}},\boldsymbol{c}_{\mathrm{p}})$ 为

$$\boldsymbol{A}_{\mathrm{p}}=\begin{bmatrix}\boldsymbol{A}_1 & & \\ & \bar{\boldsymbol{A}}_1 & \\ & & \boldsymbol{A}_3\end{bmatrix},\quad \boldsymbol{b}_{\mathrm{p}}=\begin{bmatrix}\boldsymbol{b}_1\\ \boldsymbol{b}_1\\ \boldsymbol{b}_3\end{bmatrix},\quad \boldsymbol{c}_{\mathrm{p}}=[\boldsymbol{c}_1,\ \bar{\boldsymbol{c}}_1,\ \boldsymbol{c}_3] \tag{10.38}$$

其中，复数矩阵块 $\bar{\boldsymbol{A}}_1$ 共轭于 $\boldsymbol{A}_1$，复数矩阵块 $\bar{\boldsymbol{c}}_1$ 共轭于 $\boldsymbol{c}_1$，其余均为实数矩阵块。现引入线性非奇异变换：

$$\boldsymbol{A}=\boldsymbol{P}\boldsymbol{A}_{\mathrm{p}}\boldsymbol{P}^{-1},\quad \boldsymbol{b}=\boldsymbol{P}\boldsymbol{b}_{\mathrm{p}},\quad \boldsymbol{c}=\boldsymbol{c}_{\mathrm{p}}\boldsymbol{P}^{-1} \tag{10.39}$$

且变换矩阵取为

$$\boldsymbol{P}=\left[\begin{array}{cc:c}\boldsymbol{I}_1 & \boldsymbol{I}_1 & \boldsymbol{0}\\ \mathrm{j}\boldsymbol{I}_1 & -\mathrm{j}\boldsymbol{I}_1 & \boldsymbol{0}\\ \hdashline \boldsymbol{0} & \boldsymbol{0} & \boldsymbol{I}_3\end{array}\right],\quad \boldsymbol{P}^{-1}=\left[\begin{array}{cc:c}\frac{1}{2}\boldsymbol{I}_1 & -\frac{1}{2}\mathrm{j}\boldsymbol{I}_1 & \boldsymbol{0}\\ \frac{1}{2}\boldsymbol{I}_1 & \frac{1}{2}\mathrm{j}\boldsymbol{I}_1 & \boldsymbol{0}\\ \hdashline \boldsymbol{0} & \boldsymbol{0} & \boldsymbol{I}_3\end{array}\right] \tag{10.40}$$

其中，$\boldsymbol{I}_1$ 为维数同于 $\boldsymbol{A}_1$ 的单位阵，$\boldsymbol{I}_3$ 为维数同于 $\boldsymbol{A}_3$ 的单位阵，$\mathrm{j}^2=-1$。上述变换下导出的实数化并联形实现具有形式：

$$\boldsymbol{A}=\begin{bmatrix}\mathrm{Re}\boldsymbol{A}_1 & \mathrm{Im}\boldsymbol{A}_1 & \boldsymbol{0}\\ -\mathrm{Im}\boldsymbol{A}_1 & \mathrm{Re}\boldsymbol{A}_1 & \boldsymbol{0}\\ \boldsymbol{0} & \boldsymbol{0} & \boldsymbol{A}_3\end{bmatrix},\quad \boldsymbol{b}=\begin{bmatrix}2\boldsymbol{b}_1\\ \boldsymbol{0}\\ \boldsymbol{b}_3\end{bmatrix},\quad \boldsymbol{c}=[\mathrm{Re}\boldsymbol{c}_1,\ \mathrm{Im}\boldsymbol{c}_1,\ \boldsymbol{c}_3] \tag{10.41}$$

4. 并联形实现的方块图

结论 10.29 [并联形实现方块图] 对式(10.30)所示 $g(s)$ 的严真标量传递函数 $n(s)/d(s)$，式(10.37)给出的并联形实现 $(\boldsymbol{A}_{\mathrm{p}},\boldsymbol{b}_{\mathrm{p}},\boldsymbol{c}_{\mathrm{p}})$ 的方块图具有图 10.3 所示的形式。

10.2.4 串联形实现

结论 10.30[串联形实现] 对式(10.30)的标量传递函数 $g(s)$ 及其严真部分 $n(s)/d(s)$，设其极点和零点为 $\{\lambda_1,\lambda_2,\cdots,\lambda_n\}$ 和 $\{z_1,z_2,\cdots,z_{n-1}\}$，且表 $n(s)/d(s)$ 为

$$\frac{n(s)}{d(s)}=\beta_{n-1}\frac{1}{(s-\lambda_n)}\prod_{i=1}^{n-1}\frac{(s-z_i)}{(s-\lambda_i)} \tag{10.42}$$

则严真传递函数 $n(s)/d(s)$ 的串联形实现为

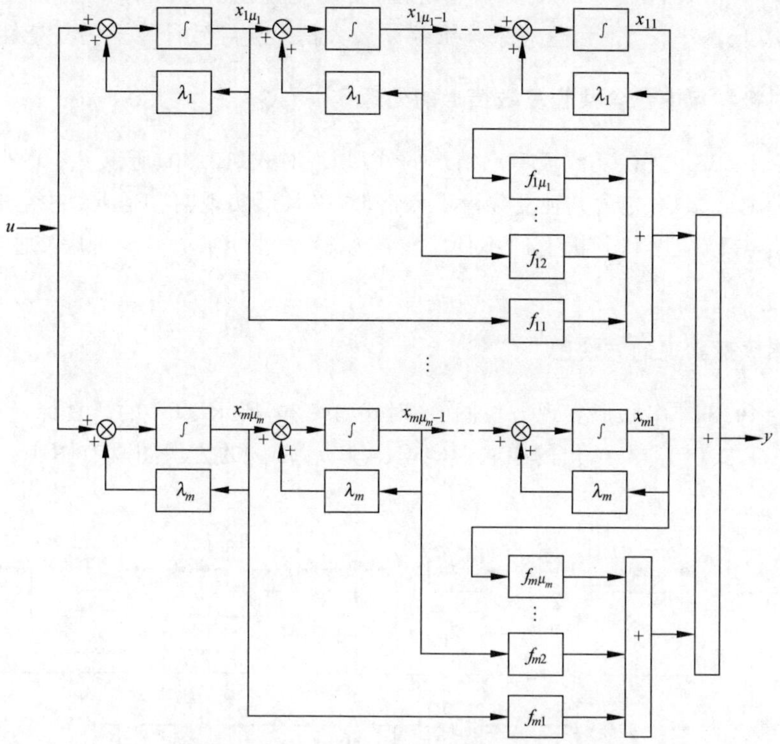

图 10.3　并联形实现的方块图表示

$$
\boldsymbol{A}_{\mathrm{T}}=\begin{bmatrix}
\lambda_1 & & & & \\
\lambda_2-z_2 & \lambda_2 & & & \\
\vdots & & \ddots & & \\
\lambda_{n-1}-z_{n-1} & \cdots & \lambda_{n-1}-z_{n-1} & \lambda_{n-1} & \\
1 & \cdots & \cdots & 1 & \lambda_n
\end{bmatrix},\quad
\boldsymbol{b}_{\mathrm{T}}=\beta_{n-1}\begin{bmatrix}
\lambda_1-z_1\\
\lambda_2-z_2\\
\vdots\\
\lambda_{n-1}-z_{n-1}\\
1
\end{bmatrix}
$$

$$
\boldsymbol{c}_{\mathrm{T}}=[0,\ \cdots,\ 0,\ 1] \tag{10.43}
$$

而 $g(s)$ 的串联形实现为 $(\boldsymbol{A}_{\mathrm{T}},\boldsymbol{b}_{\mathrm{T}},\boldsymbol{c}_{\mathrm{T}},e)$。

下面,给出对标量传递函数的串联形实现的几点解释。

1. 串联形实现形式的优点

结论 10.31 [串联形实现形式优点]　严真标量传递函数 $n(s)/d(s)$ 的串联形实现 $(\boldsymbol{A}_{\mathrm{T}},\boldsymbol{b}_{\mathrm{T}},\boldsymbol{c}_{\mathrm{T}})$ 的优点是组成简单和形式直观,便于在系统分析和仿真中应用。

2. 串联形实现在构成上的难点

结论 10.32 [串联形实现构成难点]　严真标量传递函数 $n(s)/d(s)$ 的串联形实

现$(\boldsymbol{A}_{\mathrm{T}},\boldsymbol{b}_{\mathrm{T}},\boldsymbol{c}_{\mathrm{T}})$在构成上的主要难点是，需要事先定出$n(s)/d(s)$的极点$\{\lambda_1,\cdots,\lambda_n\}$和零点$\{z_1,\cdots,z_{n-1}\}$，这对系统维数$n$较大情形会导致计算上的复杂性。

3. 对极零点中包含共轭复数情形的处理

结论 10.33 [对含复数极零点情形的处理] 对式(10.30)所示$g(s)$的严真标量传递函数$n(s)/d(s)$包含共轭复数极零点情形，串联形实现的$(\boldsymbol{A}_{\mathrm{T}},\boldsymbol{b}_{\mathrm{T}})$中会相应地出现复数元，导致应用和分析上的不便。解决途径是对$(\boldsymbol{A}_{\mathrm{T}},\boldsymbol{b}_{\mathrm{T}},\boldsymbol{c}_{\mathrm{T}})$引入适当等价变换使之实数化。

4. 串联形实现的方块图

结论 10.34 [串联形实现方块图] 对式(10.30)所示$g(s)$的严真标量传递函数$n(s)/d(s)$，式(10.43)给出的串联形实现$(\boldsymbol{A}_{\mathrm{T}},\boldsymbol{b}_{\mathrm{T}},\boldsymbol{c}_{\mathrm{T}})$的方块图具有图 10.4 所示的形式。

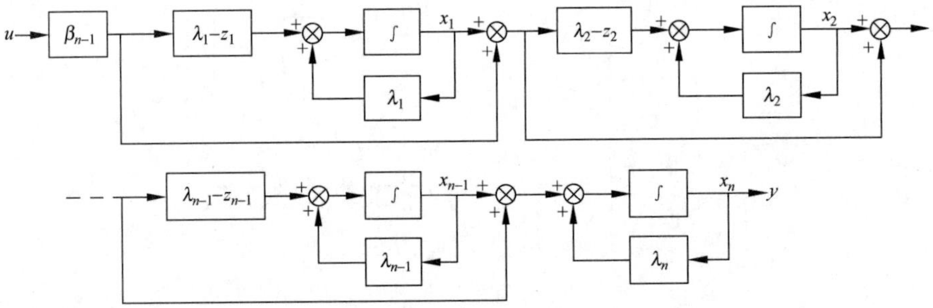

图 10.4 串联形实现的方块图表示

10.3 基于有理分式矩阵描述的典型实现：能控形实现和能观测形实现

对多输入多输出线性时不变系统，对应于传递函数矩阵的不同描述形式，相应地需要采用不同方法构造其状态空间实现。本节针对以有理分式矩阵描述给出的传递函数矩阵，讨论两类典型实现即能控形实现和能观测形实现的构造方法。

考虑以有理分式矩阵描述给出的真$q\times p$传递函数矩阵$\boldsymbol{G}(s)$

$$\boldsymbol{G}(s)=(g_{ij}(s)),\qquad i=1,\cdots,q\quad j=1,\cdots,p \tag{10.44}$$

进而，表$\boldsymbol{G}(s)$为"严真$q\times p$传递函数矩阵$\boldsymbol{G}_{\mathrm{sp}}(s)$"和"$q\times p$常阵$\boldsymbol{E}$"之和，即

$$\boldsymbol{G}(s)=(g_{ij}(s))=(e_{ij})+(g_{ij}^{\mathrm{sp}}(s))=\boldsymbol{E}+\boldsymbol{G}_{\mathrm{sp}}(s) \tag{10.45}$$

且有$\boldsymbol{E}=\boldsymbol{G}(\infty)$。再表$\boldsymbol{G}_{\mathrm{sp}}(s)$诸元即$\boldsymbol{G}(s)$诸元的最小公分母$d(s)$为

$$d(s)=s^l+\alpha_{l-1}s^{l-1}+\cdots+\alpha_1 s+\alpha_0 \tag{10.46}$$

基此，严真$q\times p$传递函数矩阵$\boldsymbol{G}_{\mathrm{sp}}(s)$可进而表为

$$G_{sp}(s)=\frac{1}{d(s)}P(s)=\frac{1}{d(s)}[P_{l-1}s^{l-1}+\cdots+P_1 s+P_0] \tag{10.47}$$

其中，$P_k(k=0,1,\cdots,l-1)$为 $q\times p$ 常阵。

10.3.1 能控形实现

结论 10.35［能控形实现］ 对式(10.47)的以有理分式矩阵描述给出的严真传递函数矩阵 $G_{sp}(s)$，其能控形实现$(\bar{A}_c,\bar{B}_c,\bar{C}_c)$具有形式：

$$\underset{lp\times lp}{\bar{A}_c}=\begin{bmatrix}0 & I_p & & \\ \vdots & & \ddots & \\ 0 & & & I_p \\ -\alpha_0 I_p & -\alpha_1 I_p & \cdots & -\alpha_{l-1}I_p\end{bmatrix},\quad \underset{lp\times p}{\bar{B}_c}=\begin{bmatrix}0\\ \vdots\\ 0\\ I_p\end{bmatrix}$$

$$\underset{q\times lp}{\bar{C}_c}=[P_0,\ P_1,\ \cdots,\ P_{l-1}] \tag{10.48}$$

而真传递函数矩阵 $G(s)$的能控形实现为$(\bar{A}_c,\bar{B}_c,\bar{C}_c,E)$。

注 1 结论中式(10.48)给出的严真 $q\times p$ 传递函数矩阵的能控形实现$(\bar{A}_c,\bar{B}_c,\bar{C}_c)$，实际上就是式(10.31)给出的严真标量传递函数的能控形实现(A_c,b_c,c_c)的推广形式。

注 2 严真 $q\times p$ 传递函数矩阵的能控形实现$(\bar{A}_c,\bar{B}_c,\bar{C}_c)$一般不保证为完全能观测，即其维数一般不具有最小性。

10.3.2 能观测形实现

结论 10.36［能观测形实现］ 对式(10.47)的以有理分式矩阵描述给出的严真传递函数矩阵 $G_{sp}(s)$，其能观测形实现$(\bar{A}_o,\bar{B}_o,\bar{C}_o)$具有形式：

$$\bar{A}_o=\begin{bmatrix}0 & \cdots & 0 & -\alpha_0 I_q\\ I_q & & & -\alpha_1 I_q\\ & \ddots & & \vdots\\ & & I_q & -\alpha_{l-1}I_q\end{bmatrix},\quad \bar{B}_o=\begin{bmatrix}P_0\\ P_1\\ \vdots\\ P_{l-1}\end{bmatrix}$$

$$\bar{C}_o=[0,\ \cdots,\ 0,\ I_q] \tag{10.49}$$

而真传递函数矩阵 $G(s)$的能观测形实现为$(\bar{A}_o,\bar{B}_o,\bar{C}_o,E)$。

注 1 结论中式(10.49)给出的严真 $q\times p$ 传递函数矩阵的能观测形实现$(\bar{A}_o,\bar{B}_o,\bar{C}_o)$，实际上就是式(10.33)给出的严真标量传递函数的能观测形实现(A_o,b_o,c_o)的推广形式。

注 2 严真 $q\times p$ 传递函数矩阵的能观测形实现$(\bar{A}_o,\bar{B}_o,\bar{C}_o)$一般不保证为完全能控，即其维数一般不具有最小性。

注 3 对严真 $q\times p$ 传递函数矩阵 $\boldsymbol{G}_{sp}(s)$，其能控形实现 $(\bar{\boldsymbol{A}}_c,\bar{\boldsymbol{B}}_c,\bar{\boldsymbol{C}}_c)$ 和能观测形实现 $(\bar{\boldsymbol{A}}_o,\bar{\boldsymbol{B}}_o,\bar{\boldsymbol{C}}_o)$ 形式上具有对偶关系，即有

$$\bar{\boldsymbol{A}}_o(=)\bar{\boldsymbol{A}}_c^T,\qquad \bar{\boldsymbol{B}}_o(=)\bar{\boldsymbol{C}}_c^T,\qquad \bar{\boldsymbol{C}}_o(=)\bar{\boldsymbol{B}}_c^T \tag{10.50}$$

其中，(=)表示形式上的等同关系。

10.4 基于矩阵分式描述的典型实现：控制器形实现和观测器形实现

矩阵分式描述是线性时不变系统在复频率域的基本描述。本节讨论以矩阵分式描述给出的传递函数矩阵的两类典型实现。对传递函数矩阵以右 MFD 表示的情形，给出构造其控制器形实现的方法；对传递函数矩阵以左 MFD 表示的情形，给出构造其观测器形实现的方法。

10.4.1 右 MFD 的控制器形实现

不失一般性，考虑真 $q\times p$ 右 MFD $\bar{\boldsymbol{N}}(s)\boldsymbol{D}^{-1}(s)$，$\bar{\boldsymbol{N}}(s)$ 和 $\boldsymbol{D}(s)$ 为 $q\times p$ 和 $p\times p$ 的多项式矩阵，设 $\boldsymbol{D}(s)$ 为列既约。首先，对真 $\bar{\boldsymbol{N}}(s)\boldsymbol{D}^{-1}(s)$ 导出其严真右 MFD。为此，通过矩阵除法，可以得到

$$\bar{\boldsymbol{N}}(s)=\boldsymbol{E}\boldsymbol{D}(s)+\boldsymbol{N}(s) \tag{10.51}$$

其中，$q\times p$ 常阵 $\boldsymbol{E}$ 为"商阵"，$q\times p$ 多项式矩阵 $\boldsymbol{N}(s)$ 为"余式阵"。基此，将上式右乘 $\boldsymbol{D}^{-1}(s)$，可以导出

$$\bar{\boldsymbol{N}}(s)\boldsymbol{D}^{-1}(s)=\boldsymbol{E}+\boldsymbol{N}(s)\boldsymbol{D}^{-1}(s) \tag{10.52}$$

其中，$\boldsymbol{N}(s)\boldsymbol{D}^{-1}(s)$ 为严真右 MFD。从而，下面的问题就是，对 $q\times p$ 严真右 MFD

$$\boldsymbol{N}(s)\boldsymbol{D}^{-1}(s),\quad \boldsymbol{D}(s)\text{ 列既约} \tag{10.53}$$

构造其控制器形实现。

1. 控制器形实现的定义

定义 10.4［控制器形实现］ 对 $q\times p$ 严真右 MFD $\boldsymbol{N}(s)\boldsymbol{D}^{-1}(s)$，$\boldsymbol{D}(s)$ 列既约，表列次数 $\delta_{ci}\boldsymbol{D}(s)=k_{ci}$，$i=1,2,\cdots,p$，称一个状态空间描述

$$\begin{cases}\dot{\boldsymbol{x}}=\boldsymbol{A}_c\boldsymbol{x}+\boldsymbol{B}_c\boldsymbol{u}\\ \boldsymbol{y}=\boldsymbol{C}_c\boldsymbol{x}\end{cases} \tag{10.54}$$

为其控制器形实现，其中

$$\dim\boldsymbol{A}_c=\sum_{i=1}^{p}k_{ci}=n \tag{10.55}$$

如果满足

$$\boldsymbol{C}_c(s\boldsymbol{I}-\boldsymbol{A}_c)^{-1}\boldsymbol{B}_c=\boldsymbol{N}(s)\boldsymbol{D}^{-1}(s) \tag{10.56}$$

$$(\boldsymbol{A}_c,\boldsymbol{B}_c)\text{ 为完全能控且具有特定形式} \tag{10.57}$$

2. 构造控制器形实现(A_c,B_c,C_c)的结构图和思路

作为构造控制器形实现($\boldsymbol{A}_c,\boldsymbol{B}_c,\boldsymbol{C}_c$)的基础，先来导出构造($\boldsymbol{A}_c,\boldsymbol{B}_c,\boldsymbol{C}_c$)所需要的结构图，以及在此基础上形成的构造($\boldsymbol{A}_c,\boldsymbol{B}_c,\boldsymbol{C}_c$)的思路。

结论 10.37［构造($\boldsymbol{A}_c,\boldsymbol{B}_c,\boldsymbol{C}_c$)的结构图］　对 $q\times p$ 严真右 MFD $\boldsymbol{N}(s)\boldsymbol{D}^{-1}(s)$，$\boldsymbol{D}(s)$列既约，表列次数 $\delta_{ci}\boldsymbol{D}(s)=k_{ci}$，$i=1,2,\cdots,p$，再引入列次表达式：

$$\boldsymbol{D}(s)=\boldsymbol{D}_{hc}\boldsymbol{S}_c(s)+\boldsymbol{D}_{Lc}\boldsymbol{\Psi}_c(s) \tag{10.58}$$

$$\boldsymbol{N}(s)=\boldsymbol{N}_{Lc}\boldsymbol{\Psi}_c(s) \tag{10.59}$$

其中

$$\boldsymbol{S}_c(s)=\begin{bmatrix} s^{k_{c1}} & & \\ & \ddots & \\ & & s^{k_{cp}} \end{bmatrix} \tag{10.60}$$

$$\boldsymbol{\Psi}_c(s)=\begin{bmatrix} \begin{matrix} s^{k_{c1}-1} \\ \vdots \\ s \\ 1 \end{matrix} & & \\ & \ddots & \\ & & \begin{matrix} s^{k_{cp}-1} \\ \vdots \\ s \\ 1 \end{matrix} \end{bmatrix} \tag{10.61}$$

$$\boldsymbol{D}_{hc}\text{ 为 }\boldsymbol{D}(s)\text{ 的列次系数阵，且 }\det\boldsymbol{D}_{hc}\neq 0 \tag{10.62}$$

$$\boldsymbol{D}_{Lc}\text{ 为 }\boldsymbol{D}(s)\text{ 的低次系数阵} \tag{10.63}$$

$$\boldsymbol{N}_{Lc}\text{ 为 }\boldsymbol{N}(s)\text{ 的低次系数阵} \tag{10.64}$$

$$\sum_{i=1}^{p}k_{ci}=n \tag{10.65}$$

那么，基此可导出构造($\boldsymbol{A}_c,\boldsymbol{B}_c,\boldsymbol{C}_c$)的结构图如图 10.5 所示。其中，称$\boldsymbol{\Psi}_c(s)\boldsymbol{S}_c^{-1}(s)$为核心右 MFD。

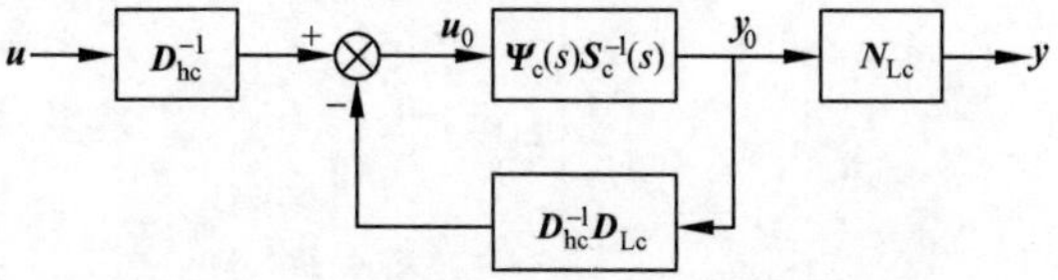

图 10.5　构造($\boldsymbol{A}_c,\boldsymbol{B}_c,\boldsymbol{C}_c$)的结构图

结论 10.38 [构造($\boldsymbol{A}_c,\boldsymbol{B}_c,\boldsymbol{C}_c$)的思路] 给定 $q\times p$ 严真右 MFD $\boldsymbol{N}(s)\boldsymbol{D}^{-1}(s)$，$\boldsymbol{D}(s)$列既约，则在图 10.5 所示构造($\boldsymbol{A}_c,\boldsymbol{B}_c,\boldsymbol{C}_c$)的结构图基础上，对($\boldsymbol{A}_c,\boldsymbol{B}_c,\boldsymbol{C}_c$)的构造可分为两步进行：首先，对核心 MFD $\boldsymbol{\Psi}_c(s)\boldsymbol{S}_c^{-1}(s)$构造实现($\boldsymbol{A}_c^o,\boldsymbol{B}_c^o,\boldsymbol{C}_c^o$)，称其为$\boldsymbol{N}(s)\boldsymbol{D}^{-1}(s)$的核实现。进而，用核实现($\boldsymbol{A}_c^o,\boldsymbol{B}_c^o,\boldsymbol{C}_c^o$)置换图 10.5 所示结构图中的核心 MFD $\boldsymbol{\Psi}_c(s)\boldsymbol{S}_c^{-1}(s)$，再通过结构图化简导出 $\boldsymbol{N}(s)\boldsymbol{D}^{-1}(s)$的控制器形实现。

3. 核实现(A_c^o,B_c^o,C_c^o)的构造

作为构造核实现($\boldsymbol{A}_c^o$, $\boldsymbol{B}_c^o$, $\boldsymbol{C}_c^o$)的桥梁，先来引入积分链组模型。相对于 $q\times p$ 右 MFD $\boldsymbol{N}(s)\boldsymbol{D}^{-1}(s)$，$\boldsymbol{D}(s)$列既约，列次数 $\delta_{ci}\boldsymbol{D}(s)=k_{ci}$，$i=1,2,\cdots,p$，其积分链组的组成如图 10.6 所示。图中，为使组成表达整齐起见，已经非实质性地假定列次数满足非降性，即成立 $k_{c1}\leqslant k_{c2}\leqslant\cdots\leqslant k_{cp}$。

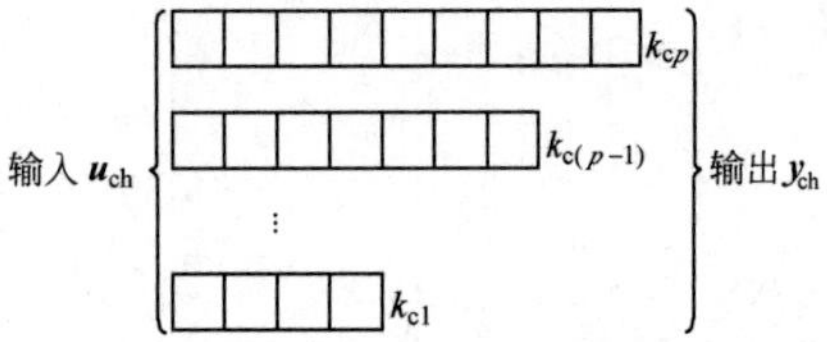

图 10.6 等价于$\boldsymbol{\Psi}_c(s)\boldsymbol{S}_c^{-1}(s)$的积分链组模型

积分链组在组成上的特点是：积分链组由 p 条独立积分链构成；第 i 条积分链的长度为 k_{ci}，即由 k_{ci} 个积分器串接而成，$i=1,2,\cdots,p$；积分链内部，按每个积分器的输出依次加到其右侧积分器输入端的方式进行连接。进而，积分链组的输入 $\boldsymbol{u}_{ch}$ 取为

$$\boldsymbol{u}_{ch}=\begin{bmatrix}\xi_1^{(k_{c1})}\\ \xi_2^{(k_{c2})}\\ \vdots\\ \xi_p^{(k_{cp})}\end{bmatrix}\tag{10.66}$$

积分链组的输出 $\boldsymbol{y}_{ch}$ 取为各个积分链的输出构成的向量：

$$\boldsymbol{y}_{ch}=\begin{bmatrix}\xi_1^{(k_{c1}-1)}\\ \vdots\\ \xi_1\\ \hdashline \vdots\\ \vdots\\ \hdashline \xi_p^{(k_{cp}-1)}\\ \vdots\\ \xi_p\end{bmatrix}\tag{10.67}$$

其中，$\xi_i^{(k_{ci})}=\mathrm{d}^{k_{ci}}\xi_i/\mathrm{d}t^{k_{ci}}$，$\xi_i$ 为系统的部分状态 ξ 的分量，$i=1,2,\cdots,p$。

在此基础上,可给出有关积分链组模型的两个结论。

结论 10.39 [积分链组的 MFD]　图 10.6 所示的相对于 $q\times p$ 右 MFD $\boldsymbol{N}(s)\boldsymbol{D}^{-1}(s)$的积分链组模型的矩阵分式描述为$\boldsymbol{\Psi}_{\rm c}(s)\boldsymbol{S}_{\rm c}^{-1}(s)$。

结论 10.40 [积分链组的状态空间描述]　对图 10.6 所示的相对于 $q\times p$ 右 MFD $\boldsymbol{N}(s)\boldsymbol{D}^{-1}(s)$的积分链组模型,取状态 $\boldsymbol{x}_{\rm ch}$、输出 $\boldsymbol{y}_{\rm ch}$ 和输入 $\boldsymbol{u}_{\rm ch}$ 为

$$\boldsymbol{x}_{\rm ch}=\boldsymbol{y}_{\rm ch}=\begin{bmatrix}\xi_1^{(k_{\rm c1}-1)}\\ \vdots\\ \xi_1\\ \hdashline \vdots\\ \vdots\\ \hdashline \xi_p^{(k_{\rm cp}-1)}\\ \vdots\\ \xi_p\end{bmatrix},\quad \boldsymbol{u}_{\rm ch}=\begin{bmatrix}\xi_1^{(k_{\rm c1})}\\ \xi_2^{(k_{\rm c2})}\\ \vdots\\ \xi_p^{(k_{\rm cp})}\end{bmatrix} \tag{10.68}$$

则其状态空间描述为

$$\dot{\boldsymbol{x}}_{\rm ch}=\boldsymbol{A}_{\rm c}^{\circ}\boldsymbol{x}_{\rm ch}+\boldsymbol{B}_{\rm c}^{\circ}\boldsymbol{u}_{\rm ch} \tag{10.69}$$

$$\boldsymbol{y}_{\rm ch}=\boldsymbol{C}_{\rm c}^{\circ}\boldsymbol{x}_{\rm ch} \tag{10.70}$$

其中

$$\boldsymbol{A}_{\rm c}^{\circ}=\begin{bmatrix}\overbrace{\begin{array}{|cccc|}\hline 0&&&\\ 1&0&&\\ &\ddots&\ddots&\\ &&1&0\\ \hline\end{array}}^{k_{\rm c1}}&&\\ &\ddots&\\ &&\overbrace{\begin{array}{|cccc|}\hline 0&&&\\ 1&0&&\\ &\ddots&\ddots&\\ &&1&0\\ \hline\end{array}}^{k_{\rm cp}}\end{bmatrix}\begin{array}{l}\}k_{\rm c1}\\ \vdots\\ \}k_{\rm cp}\end{array}$$

$$\boldsymbol{B}_{\rm c}^{\circ}=\begin{bmatrix}\begin{array}{|c|}\hline 1\\ 0\\ \vdots\\ 0\\ \hline\end{array}&&\\ &\ddots&\\ &&\begin{array}{|c|}\hline 1\\ 0\\ \vdots\\ 0\\ \hline\end{array}\end{bmatrix}\begin{array}{l}\}k_{\rm c1}\\ \vdots\\ \}k_{\rm cp}\end{array},\quad \boldsymbol{C}_{\rm c}^{\circ}=\boldsymbol{I}_n \tag{10.71}$$

可以看出，对 $q\times p$ 右 MFD $\boldsymbol{N}(s)\boldsymbol{D}^{-1}(s)$，其核心 MFD 和图 10.6 所示积分链组模型具有相同的矩阵分式描述 $\boldsymbol{\Psi}_{\mathrm{c}}(s)\boldsymbol{S}_{\mathrm{c}}^{-1}(s)$，并定义有相同的状态、输出和输入。基此，由上述两个结论可以直接导出核实现 $(\boldsymbol{A}_{\mathrm{c}}^{\circ},\boldsymbol{B}_{\mathrm{c}}^{\circ},\boldsymbol{C}_{\mathrm{c}}^{\circ})$ 的结论。

结论 10.41 [核实现] 对 $q\times p$ 右 MFD $\boldsymbol{N}(s)\boldsymbol{D}^{-1}(s)$，其核心 MFD $\boldsymbol{\Psi}_{\mathrm{c}}(s)\boldsymbol{S}_{\mathrm{c}}^{-1}(s)$ 的实现即 $\boldsymbol{N}(s)\boldsymbol{D}^{-1}(s)$ 的核实现为

$$\dot{\boldsymbol{x}}^{\circ}=\boldsymbol{A}_{\mathrm{c}}^{\circ}\boldsymbol{x}^{\circ}+\boldsymbol{B}_{\mathrm{c}}^{\circ}\boldsymbol{u}_0 \tag{10.72}$$

$$\boldsymbol{y}_0=\boldsymbol{C}_{\mathrm{c}}^{\circ}\boldsymbol{x}^{\circ} \tag{10.73}$$

其中，$(\boldsymbol{A}_{\mathrm{c}}^{\circ},\ \boldsymbol{B}_{\mathrm{c}}^{\circ},\ \boldsymbol{C}_{\mathrm{c}}^{\circ})$ 如式(10.71)所示，状态 $\boldsymbol{x}^{\circ}$、输出 $\boldsymbol{y}_0$ 和输入 $\boldsymbol{u}_0$ 取为

$$\boldsymbol{x}^{\circ}=\boldsymbol{y}_0=\begin{bmatrix}\xi_1^{(k_{\mathrm{c}1}-1)}\\ \vdots\\ \xi_1\\ \hdashline \vdots\\ \vdots\\ \hdashline \xi_p^{(k_{\mathrm{c}p}-1)}\\ \vdots\\ \xi_p\end{bmatrix},\qquad \boldsymbol{u}_0=\begin{bmatrix}\xi_1^{(k_{\mathrm{c}1})}\\ \xi_2^{(k_{\mathrm{c}2})}\\ \vdots\\ \xi_p^{(k_{\mathrm{c}p})}\end{bmatrix} \tag{10.74}$$

4. 控制器形实现的构造

在图 10.5 所示的构造控制器形实现 $(\boldsymbol{A}_{\mathrm{c}},\boldsymbol{B}_{\mathrm{c}},\boldsymbol{C}_{\mathrm{c}})$ 的结构图和核实现 $(\boldsymbol{A}_{\mathrm{c}}^{\circ},\boldsymbol{B}_{\mathrm{c}}^{\circ},\boldsymbol{C}_{\mathrm{c}}^{\circ})$ 的基础上，下面给出有关控制器形实现的结论。

结论 10.42 [控制器形实现] 对真 $q\times p$ 右 MFD $\bar{\boldsymbol{N}}(s)\boldsymbol{D}^{-1}(s)$，其严真右 MFD 为 $\boldsymbol{N}(s)\boldsymbol{D}^{-1}(s)$，$\boldsymbol{D}(s)$ 列既约，列次数 $\delta_{\mathrm{c}i}\boldsymbol{D}(s)=k_{\mathrm{c}i}$，$i=1,2,\cdots,p$，再引入列次表达式：

$$\boldsymbol{D}(s)=\boldsymbol{D}_{\mathrm{hc}}\boldsymbol{S}_{\mathrm{c}}(s)+\boldsymbol{D}_{\mathrm{Lc}}\boldsymbol{\Psi}_{\mathrm{c}}(s) \tag{10.75}$$

$$\boldsymbol{N}(s)=\boldsymbol{N}_{\mathrm{Lc}}\boldsymbol{\Psi}_{\mathrm{c}}(s) \tag{10.76}$$

且知核心 MFD $\boldsymbol{\Psi}_{\mathrm{c}}(s)\boldsymbol{S}_{\mathrm{c}}^{-1}(s)$ 的实现为 $(\boldsymbol{A}_{\mathrm{c}}^{\circ},\boldsymbol{B}_{\mathrm{c}}^{\circ},\boldsymbol{C}_{\mathrm{c}}^{\circ})$，则严真 $\boldsymbol{N}(s)\boldsymbol{D}^{-1}(s)$ 的控制器形实现 $(\boldsymbol{A}_{\mathrm{c}},\boldsymbol{B}_{\mathrm{c}},\boldsymbol{C}_{\mathrm{c}})$ 的系数矩阵为

$$\boldsymbol{A}_{\mathrm{c}}=\boldsymbol{A}_{\mathrm{c}}^{\circ}-\boldsymbol{B}_{\mathrm{c}}^{\circ}\boldsymbol{D}_{\mathrm{hc}}^{-1}\boldsymbol{D}_{\mathrm{Lc}},\qquad \boldsymbol{B}_{\mathrm{c}}=\boldsymbol{B}_{\mathrm{c}}^{\circ}\boldsymbol{D}_{\mathrm{hc}}^{-1},\qquad \boldsymbol{C}_{\mathrm{c}}=\boldsymbol{N}_{\mathrm{Lc}} \tag{10.77}$$

而真 $\bar{\boldsymbol{N}}(s)\boldsymbol{D}^{-1}(s)$ 的控制器形实现为 $(\boldsymbol{A}_{\mathrm{c}},\boldsymbol{B}_{\mathrm{c}},\boldsymbol{C}_{\mathrm{c}},\boldsymbol{E})$。

证 首先，在图 10.5 所示构造 $(\boldsymbol{A}_{\mathrm{c}},\boldsymbol{B}_{\mathrm{c}},\boldsymbol{C}_{\mathrm{c}})$ 的结构图中，用核实现 $(\boldsymbol{A}_{\mathrm{c}}^{\circ},\boldsymbol{B}_{\mathrm{c}}^{\circ},\boldsymbol{C}_{\mathrm{c}}^{\circ})$ 置换核心 MFD $\boldsymbol{\Psi}_{\mathrm{c}}(s)\boldsymbol{S}_{\mathrm{c}}^{-1}(s)$，导出时间域内的实现结构图如图 10.7 所示。进而，对图 10.7 所示结构图按作用点移动规则化简，得到图 10.8 所示的控制器形实现的结构图。于是，基此即可导出关系式(10.77)。最后，由 $(\boldsymbol{A}_{\mathrm{c}}^{\circ},\boldsymbol{B}_{\mathrm{c}}^{\circ})$ 形式知其必为完全能控，而输出反馈不改变系统的能控性，从而可知 $(\boldsymbol{A}_{\mathrm{c}},\boldsymbol{B}_{\mathrm{c}})$ 为完全能控。证明完成。

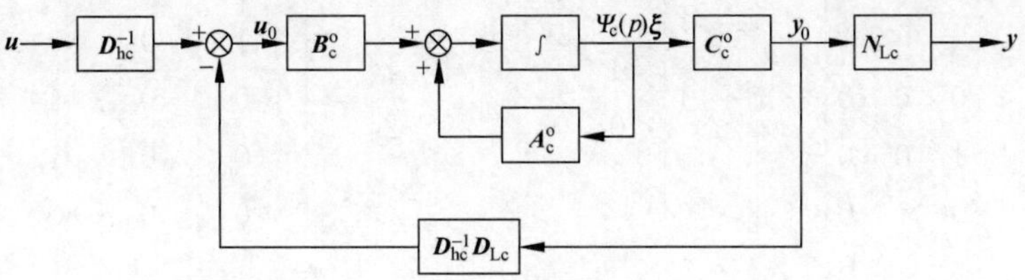

图 10.7　构造控制器形实现的时间域结构图

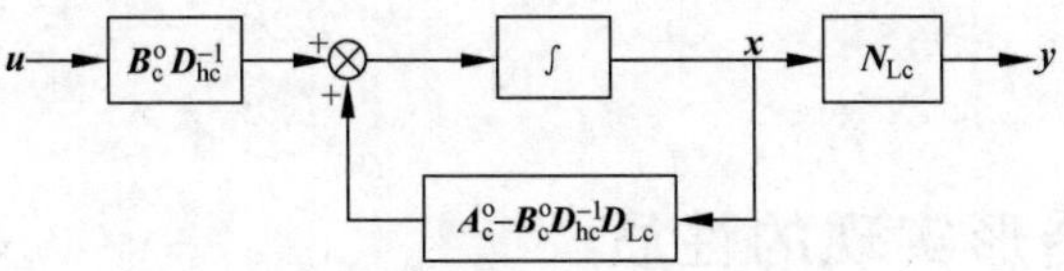

图 10.8　控制器形实现的结构图

例 10.1　定出给定 2×2 右 MFD $\boldsymbol{N}(s)\boldsymbol{D}^{-1}(s)$的控制器形实现$(\boldsymbol{A}_c,\boldsymbol{B}_c,\boldsymbol{C}_c)$，其中

$$\boldsymbol{N}(s)=\begin{bmatrix} s & 0 \\ -s & s^2 \end{bmatrix},\quad \boldsymbol{D}(s)=\begin{bmatrix} 0 & -(s^3+4s^2+5s+2) \\ (s+2)^2 & s+2 \end{bmatrix}$$

容易判断，$\boldsymbol{D}(s)$为列既约，且 $\boldsymbol{N}(s)\boldsymbol{D}^{-1}(s)$为严真。进而，定出列次数

$$k_{c1}=\delta_{c1}\boldsymbol{D}(s)=2,\qquad k_{c2}=\delta_{c2}\boldsymbol{D}(s)=3$$

和列次表达式的各个系数矩阵

$$\boldsymbol{D}_{hc}=\begin{bmatrix} 0 & -1 \\ 1 & 0 \end{bmatrix},\quad \boldsymbol{D}_{Lc}=\begin{bmatrix} 0 & 0 & -4 & -5 & -2 \\ 4 & 4 & 0 & 1 & 2 \end{bmatrix}$$

$$\boldsymbol{N}_{Lc}=\begin{bmatrix} 1 & 0 & 0 & 0 & 0 \\ -1 & 0 & 1 & 0 & 0 \end{bmatrix}$$

基此，又可定出

$$\boldsymbol{D}_{hc}^{-1}=\begin{bmatrix} 0 & 1 \\ -1 & 0 \end{bmatrix},\quad \boldsymbol{D}_{hc}^{-1}\boldsymbol{D}_{Lc}=\begin{bmatrix} 4 & 4 & 0 & 1 & 2 \\ 0 & 0 & 4 & 5 & 2 \end{bmatrix}$$

和核实现：

$$\boldsymbol{A}_c^o=\begin{bmatrix} 0 & 0 & & & \\ 1 & 0 & & & \\ & & 0 & 0 & 0 \\ & & 1 & 0 & 0 \\ & & 0 & 1 & 0 \end{bmatrix},\quad \boldsymbol{B}_c^o=\begin{bmatrix} 1 & \\ 0 & \\ & 1 \\ & 0 \\ & 0 \end{bmatrix},\quad \boldsymbol{C}_c^o=\boldsymbol{I}_5$$

于是，利用关系式(10.77)，就可导出控制器形实现$(\boldsymbol{A}_c,\boldsymbol{B}_c,\boldsymbol{C}_c)$为

$$\boldsymbol{A}_c=\boldsymbol{A}_c^o-\boldsymbol{B}_c^o\boldsymbol{D}_{hc}^{-1}\boldsymbol{D}_{Lc}$$

$$
=\begin{bmatrix} 0 & 0 & & & \\ 1 & 0 & & & \\ & & 0 & 0 & 0 \\ & & 1 & 0 & 0 \\ & & 0 & 1 & 0 \end{bmatrix}-\begin{bmatrix} 1 & \\ 0 & \\ & 1 \\ & 0 \\ & 0 \end{bmatrix}\begin{bmatrix} 4 & 4 & 0 & 1 & 2 \\ 0 & 0 & 4 & 5 & 2 \end{bmatrix}=\left[\begin{array}{cc:ccc} -4 & -4 & 0 & -1 & -2 \\ 1 & 0 & 0 & 0 & 0 \\ \hdashline 0 & 0 & -4 & -5 & -2 \\ 0 & 0 & 1 & 0 & 0 \\ 0 & 0 & 0 & 1 & 0 \end{array}\right]
$$

$$
\boldsymbol{B}_{\mathrm{c}}=\boldsymbol{B}_{\mathrm{c}}^{\circ}\boldsymbol{D}_{\mathrm{hc}}^{-1}=\begin{bmatrix} 1 & \\ 0 & \\ & 1 \\ & 0 \\ & 0 \end{bmatrix}\begin{bmatrix} 0 & 1 \\ -1 & 0 \end{bmatrix}=\left[\begin{array}{cc} 0 & 1 \\ 0 & 0 \\ \hdashline -1 & 0 \\ 0 & 0 \\ 0 & 0 \end{array}\right],\qquad \boldsymbol{C}_{\mathrm{c}}=\boldsymbol{N}_{\mathrm{Lc}}=\left[\begin{array}{cc:ccc} 1 & 0 & 0 & 0 & 0 \\ -1 & 0 & 1 & 0 & 0 \end{array}\right]
$$

10.4.2　控制器形实现的性质

下面，给出“$q\times p$ 严真右 MFD $\boldsymbol{N}(s)\boldsymbol{D}^{-1}(s)$，$\boldsymbol{D}(s)$列既约”的控制器形实现($\boldsymbol{A}_{\mathrm{c}}$，$\boldsymbol{B}_{\mathrm{c}}$，$\boldsymbol{C}_{\mathrm{c}}$)的一些基本性质。

1. 控制器形实现的形式

结论 10.43［控制器形实现］　对严真右 MFD $\boldsymbol{N}(s)\boldsymbol{D}^{-1}(s)$，$\boldsymbol{D}(s)$列既约，由核实现($\boldsymbol{A}_{\mathrm{c}}^{\circ}$，$\boldsymbol{B}_{\mathrm{c}}^{\circ}$，$\boldsymbol{C}_{\mathrm{c}}^{\circ}$)的结构所决定，其控制器形实现($\boldsymbol{A}_{\mathrm{c}}$，$\boldsymbol{B}_{\mathrm{c}}$，$\boldsymbol{C}_{\mathrm{c}}$)具有形式：

$$
\boldsymbol{A}_{\mathrm{c}}=\underbrace{\left[\begin{array}{c|c|c|c}
\begin{matrix} * & \cdots & \cdots & * \\ 1 & 0 & & \\ & \ddots & \ddots & \\ & & 1 & 0 \end{matrix} & \begin{matrix} * & \cdots & \cdots & * \\ 0 & \cdots & \cdots & 0 \\ \vdots & & & \vdots \\ 0 & \cdots & \cdots & 0 \end{matrix} & \cdots & \cdots \\ \hline
\begin{matrix} * & \cdots & \cdots & * \\ 0 & \cdots & \cdots & 0 \\ \vdots & & & \vdots \\ 0 & \cdots & \cdots & 0 \end{matrix} & \ddots & & \vdots \\ \hline
\vdots & & \ddots & \\ \hline
& & & \begin{matrix} * & \cdots & \cdots & * \\ 1 & 0 & & \\ & \ddots & \ddots & \\ & & 1 & 0 \end{matrix}
\end{array}\right]}_{k_{\mathrm{c1}}\ \cdots\ k_{\mathrm{c}p}}
\begin{array}{l} \}\,k_{\mathrm{c1}} \\ \vdots \\ \}\,k_{\mathrm{c}p} \end{array}
$$

$$
\boldsymbol{B}_{c}=\left[\begin{array}{ccc}
* & \cdots & * \\
0 & \cdots & 0 \\
\vdots & & \vdots \\
0 & \cdots & 0 \\
\hdashline
& \vdots & \\
& \vdots & \\
\hdashline
* & \cdots & * \\
0 & \cdots & 0 \\
\vdots & & \vdots \\
0 & \cdots & 0
\end{array}\right]
\begin{array}{l}
\left.\vphantom{\begin{array}{c}*\\0\\\vdots\\0\end{array}}\right\}k_{c1} \\
\\
\left.\vphantom{\begin{array}{c}*\\0\\\vdots\\0\end{array}}\right\}k_{cp}
\end{array}, \qquad \boldsymbol{C}_{c}=\boldsymbol{N}_{Lc} \text{ 无特殊形式} \qquad (10.78)
$$

$$\underbrace{\qquad\qquad}_{p}$$

其中, $*$ 表示可能的非零元。

2. 控制器形实现和列次表达式在系数阵间的对应关系

结论 10.44［对应关系］　对严真右 MFD $\boldsymbol{N}(s)\boldsymbol{D}^{-1}(s)$, $\boldsymbol{D}(s)$ 列既约,由关系式(10.77)和核实现($\boldsymbol{A}_{c}^{\circ}$, $\boldsymbol{B}_{c}^{\circ}$, $\boldsymbol{C}_{c}^{\circ}$)结构所决定,控制器形实现系数阵($\boldsymbol{A}_{c}$, $\boldsymbol{B}_{c}$, $\boldsymbol{C}_{c}$)和 $\boldsymbol{D}(s)$ 列次表达式系数阵之间具有直观关系:

$$\boldsymbol{A}_{c} \text{ 的第 } i \text{ 个 } * \text{ 行} = -\boldsymbol{D}_{hc}^{-1}\boldsymbol{D}_{Lc} \text{ 的第 } i \text{ 行} \qquad (10.79)$$

$$\boldsymbol{B}_{c} \text{ 的第 } i \text{ 个 } * \text{ 行} = \boldsymbol{D}_{hc}^{-1} \text{ 的第 } i \text{ 行} \qquad (10.80)$$

其中, $i=1,2,\cdots,p$。

注　上述直观对应关系,为由 $\boldsymbol{N}(s)\boldsymbol{D}^{-1}(s)$ 直接计算其控制器形实现($\boldsymbol{A}_{c}$, $\boldsymbol{B}_{c}$, $\boldsymbol{C}_{c}$)提供了简便途径。

例 10.2　定出给定 2×2 右 MFD $\boldsymbol{N}(s)\boldsymbol{D}^{-1}(s)$ 的控制器形实现($\boldsymbol{A}_{c}$, $\boldsymbol{B}_{c}$, $\boldsymbol{C}_{c}$),其中

$$\boldsymbol{N}(s)=\left[\begin{array}{cc} s & 0 \\ -s & s^{2} \end{array}\right], \qquad \boldsymbol{D}(s)=\left[\begin{array}{cc} 0 & -(s^{3}+4s^{2}+5s+2) \\ (s+2)^{2} & s+2 \end{array}\right]$$

在例 10.1 中已经定出, $\boldsymbol{D}(s)$ 为列既约,列次数为 $k_{c1}=2$ 和 $k_{c2}=3$, $\boldsymbol{N}(s)\boldsymbol{D}^{-1}(s)$ 为严真,列次表达式的系数矩阵为

$$\boldsymbol{D}_{hc}=\left[\begin{array}{cc} 0 & -1 \\ 1 & 0 \end{array}\right], \qquad \boldsymbol{D}_{Lc}=\left[\begin{array}{ccccc} 0 & 0 & -4 & -5 & -2 \\ 4 & 4 & 0 & 1 & 2 \end{array}\right]$$

$$\boldsymbol{N}_{Lc}=\left[\begin{array}{ccccc} 1 & 0 & 0 & 0 & 0 \\ -1 & 0 & 1 & 0 & 0 \end{array}\right]$$

基此,可以得到

$$\boldsymbol{D}_{hc}^{-1}=\left[\begin{array}{cc} 0 & 1 \\ -1 & 0 \end{array}\right], \qquad \boldsymbol{D}_{hc}^{-1}\boldsymbol{D}_{Lc}=\left[\begin{array}{ccccc} 4 & 4 & 0 & 1 & 2 \\ 0 & 0 & 4 & 5 & 2 \end{array}\right]$$

从而，利用关系式(10.79)和(10.80)，就可直接导出

$$
\boldsymbol{A}_{\mathrm{c}}=\left[\begin{array}{cc:ccc}
-4 & -4 & 0 & -1 & -2 \\
1 & 0 & 0 & 0 & 0 \\
\hdashline 0 & 0 & -4 & -5 & -2 \\
0 & 0 & 1 & 0 & 0 \\
0 & 0 & 0 & 1 & 0
\end{array}\right], \quad \boldsymbol{B}_{\mathrm{c}}=\left[\begin{array}{cc}
0 & 1 \\
0 & 0 \\
\hdashline -1 & 0 \\
0 & 0 \\
0 & 0
\end{array}\right],
$$

$$
\boldsymbol{C}_{\mathrm{c}}=\boldsymbol{N}_{\mathrm{Lc}}=\left[\begin{array}{cc:ccc}
1 & 0 & 0 & 0 & 0 \\
-1 & 0 & 1 & 0 & 0
\end{array}\right]
$$

3. 控制器形实现的不完全能观测属性

结论 10.45［不完全能观测属性］ 对严真右 MFD $\boldsymbol{N}(s)\boldsymbol{D}^{-1}(s)$，$\boldsymbol{D}(s)$列既约的控制器形实现$(\boldsymbol{A}_{\mathrm{c}},\boldsymbol{B}_{\mathrm{c}},\boldsymbol{C}_{\mathrm{c}})$，$(\boldsymbol{A}_{\mathrm{c}},\boldsymbol{B}_{\mathrm{c}})$为完全能控，但$(\boldsymbol{A}_{\mathrm{c}},\boldsymbol{C}_{\mathrm{c}})$一般为不完全能观测。

4. (A_c,B_c,C_c)和 $N(s)D^{-1}(s)$在系数矩阵间的关系

结论 10.46［系数矩阵间关系］ 对严真右 MFD $\boldsymbol{N}(s)\boldsymbol{D}^{-1}(s)$，$\boldsymbol{D}(s)$列既约，其控制器形实现$(\boldsymbol{A}_{\mathrm{c}},\boldsymbol{B}_{\mathrm{c}},\boldsymbol{C}_{\mathrm{c}})$和$\boldsymbol{N}(s)\boldsymbol{D}^{-1}(s)$在系数矩阵之间具有关系：

$$
\begin{bmatrix} s\boldsymbol{I}-\boldsymbol{A}_{\mathrm{c}}, & \boldsymbol{B}_{\mathrm{c}} \\ -\boldsymbol{C}_{\mathrm{c}} & \boldsymbol{0} \end{bmatrix}\begin{bmatrix} \boldsymbol{\Psi}_{\mathrm{c}}(s) & \boldsymbol{0} \\ \boldsymbol{0} & \boldsymbol{I} \end{bmatrix}=\begin{bmatrix} \boldsymbol{B}_{\mathrm{c}} & \boldsymbol{0} \\ \boldsymbol{0} & \boldsymbol{I} \end{bmatrix}\begin{bmatrix} \boldsymbol{D}(s) & \boldsymbol{I} \\ -\boldsymbol{N}(s) & \boldsymbol{0} \end{bmatrix} \tag{10.81}
$$

其中

$$
\{\boldsymbol{\Psi}_{\mathrm{c}}(s),\boldsymbol{D}(s)\}\ \text{为右互质} \tag{10.82}
$$

$$
\{s\boldsymbol{I}-\boldsymbol{A}_{\mathrm{c}},\boldsymbol{B}_{\mathrm{c}}\}\ \text{为左互质} \tag{10.83}
$$

证 分为三步进行证明。

(i) 证明式(10.81)。对此，基于控制器形实现的相关关系式，可以得到

$$
\boldsymbol{N}_{\mathrm{Lc}}(s\boldsymbol{I}-\boldsymbol{A}_{\mathrm{c}})^{-1}\boldsymbol{B}_{\mathrm{c}}=\boldsymbol{C}_{\mathrm{c}}(s\boldsymbol{I}-\boldsymbol{A}_{\mathrm{c}})^{-1}\boldsymbol{B}_{\mathrm{c}}=\boldsymbol{N}(s)\boldsymbol{D}^{-1}(s)=\boldsymbol{N}_{\mathrm{Lc}}\boldsymbol{\Psi}_{\mathrm{c}}(s)\boldsymbol{D}^{-1}(s) \tag{10.84}
$$

考虑到$\boldsymbol{N}_{\mathrm{Lc}}$的任意性，由上式进而导出

$$
(s\boldsymbol{I}-\boldsymbol{A}_{\mathrm{c}})^{-1}\boldsymbol{B}_{\mathrm{c}}=\boldsymbol{\Psi}_{\mathrm{c}}(s)\boldsymbol{D}^{-1}(s) \tag{10.85}
$$

基此，并引入其他一些等式，可以建立一组关系式：

$$
\begin{cases}
(s\boldsymbol{I}-\boldsymbol{A}_{\mathrm{c}})\boldsymbol{\Psi}_{\mathrm{c}}(s)=\boldsymbol{B}_{\mathrm{c}}\boldsymbol{D}(s) \\
\boldsymbol{B}_{\mathrm{c}}=\boldsymbol{B}_{\mathrm{c}} \\
-\boldsymbol{C}_{\mathrm{c}}\boldsymbol{\Psi}_{\mathrm{c}}(s)=-\boldsymbol{N}(s) \\
\boldsymbol{0}=\boldsymbol{0}
\end{cases} \tag{10.86}
$$

从而，将上式表为分块矩阵形式，证得式(10.81)。

(ii) 证明式(10.82)。对此，从$\boldsymbol{\Psi}_{\mathrm{c}}(s)$的表达式

$$\boldsymbol{\Psi}_c(s)=\begin{bmatrix} s^{k_{c1}-1} & & \\ \vdots & & \\ 1 & & \\ & \ddots & \\ & & s^{k_{cp}-1} \\ & & \vdots \\ & & 1 \end{bmatrix}\begin{matrix} \left.\right\} k_{c1} \\ \vdots \\ \left.\right\} k_{cp} \end{matrix} \tag{10.87}$$

（列数为 p）

可以看出，由 $\boldsymbol{\Psi}_c(s)$ 各对角块阵最后一行相应的行可构成 $p\times p$ 单位阵 $\boldsymbol{I}_p$。这意味着，对任意 $p\times p$ 多项式矩阵 $\boldsymbol{D}(s)$，都有

$$\operatorname{rank}\begin{bmatrix}\boldsymbol{D}(s)\\ \boldsymbol{\Psi}_c(s)\end{bmatrix}=p,\qquad \forall s\in\mathscr{C} \tag{10.88}$$

据互质性秩判据知，$\{\boldsymbol{\Psi}_c(s),\boldsymbol{D}(s)\}$ 为右互质，式(10.82)得证。

(iii) 证明式(10.83)。对此，考虑到控制器形实现中 $\{\boldsymbol{A}_c,\boldsymbol{B}_c\}$ 为完全能控，据能控性的 PBH 秩判据，有

$$\operatorname{rank}[s\boldsymbol{I}-\boldsymbol{A}_c\quad \boldsymbol{B}_c]=\sum_{i=1}^{p}k_{ci}=n,\qquad \forall s\in\mathscr{C} \tag{10.89}$$

从而，据互质性秩判据知，$\{s\boldsymbol{I}-\boldsymbol{A}_c,\ \boldsymbol{B}_c\}$ 为左互质，式(10.83)得证。证明完成。

5. (A_c,B_c,C_c) 和 $N(s)D^{-1}(s)$ 在系数矩阵行列式间的关系

结论 10.47 [系数矩阵行列式间关系]　对严真右 MFD $\boldsymbol{N}(s)\boldsymbol{D}^{-1}(s)$，$\boldsymbol{D}(s)$ 列既约，其控制器形实现 $(\boldsymbol{A}_c,\boldsymbol{B}_c,\boldsymbol{C}_c)$ 和 $\boldsymbol{N}(s)\boldsymbol{D}^{-1}(s)$ 在系数矩阵行列式之间具有关系：

$$\det(s\boldsymbol{I}-\boldsymbol{A}_c)=(\det\boldsymbol{D}_{hc})^{-1}\det\boldsymbol{D}(s) \tag{10.90}$$

$$\dim(\boldsymbol{A}_c)=\deg\det\boldsymbol{D}(s) \tag{10.91}$$

6. (A_c,B_c,C_c) 和 $N(s)$ 的关系

结论 10.48 [实现和 $\boldsymbol{N}(s)$ 关系]　对严真右 MFD $\boldsymbol{N}(s)\boldsymbol{D}^{-1}(s)$，$\boldsymbol{D}(s)$ 列既约，其控制器形实现 $(\boldsymbol{A}_c,\boldsymbol{B}_c,\boldsymbol{C}_c)$ 和 MFD 分子矩阵 $\boldsymbol{N}(s)$ 之间具有关系

$$\begin{bmatrix}s\boldsymbol{I}-\boldsymbol{A}_c & \boldsymbol{B}_c\\ -\boldsymbol{C}_c & \boldsymbol{0}\end{bmatrix}\overset{s}{\sim}\begin{bmatrix}\boldsymbol{I}_n & \boldsymbol{0}\\ \boldsymbol{0} & \boldsymbol{N}(s)\end{bmatrix} \tag{10.92}$$

7. (A_c,B_c,C_c) 联合能控和能观测的充分条件

结论 10.49 [联合能控能观测条件]　对严真右 MFD $\boldsymbol{N}(s)\boldsymbol{D}^{-1}(s)$，$\boldsymbol{D}(s)$ 列既

约，其控制器形实现$(\boldsymbol{A}_{c},\boldsymbol{B}_{c},\boldsymbol{C}_{c})$联合能控和能观测的一个充分条件为，对所有$s\in\mathscr{C}$，$q\times p$矩阵$\boldsymbol{N}(s)$为列满秩即$\operatorname{rank}\boldsymbol{N}(s)=p$。

8. 确定 A_c 的右特征向量的关系式

结论 10.50 [右特征向量关系式]　给定严真右 MFD $\boldsymbol{N}(s)\boldsymbol{D}^{-1}(s)$，$\boldsymbol{D}(s)$列既约，控制器形实现为$(\boldsymbol{A}_{c},\boldsymbol{B}_{c},\boldsymbol{C}_{c})$。设$\lambda$为$\boldsymbol{A}_{c}$的一个特征值，$\boldsymbol{q}$为使$\boldsymbol{D}(\lambda)\boldsymbol{q}=\boldsymbol{0}$的任一$p\times 1$非零常向量，则确定$\boldsymbol{A}_{c}$的属于$\lambda$的一个$n\times 1$右特征向量$\boldsymbol{p}$的关系式为

$$\boldsymbol{p}=\boldsymbol{\Psi}_{c}(\lambda)\boldsymbol{q} \tag{10.93}$$

其中，$\boldsymbol{\Psi}_{c}(\lambda)=\boldsymbol{\Psi}_{c}(s)|_{s=\lambda}$，$\boldsymbol{\Psi}_{c}(s)$如式(10.61)所示。

10.4.3 左 MFD 的观测器形实现

考虑真$q\times p$左 MFD $\boldsymbol{D}_{L}^{-1}(s)\overline{\boldsymbol{N}}_{L}(s)$，$\overline{\boldsymbol{N}}_{L}(s)$和$\boldsymbol{D}_{L}(s)$为$q\times p$和$q\times q$的多项式矩阵，$\boldsymbol{D}_{L}(s)$为行既约。为对真$\boldsymbol{D}_{L}^{-1}(s)\overline{\boldsymbol{N}}_{L}(s)$导出严真左 MFD，引入矩阵左除法可以得到

$$\overline{\boldsymbol{N}}_{L}(s)=\boldsymbol{D}_{L}(s)\boldsymbol{E}_{L}+\boldsymbol{N}_{L}(s) \tag{10.94}$$

其中，$q\times p$常阵$\boldsymbol{E}_{L}$为“商阵”，$q\times p$多项式矩阵$\boldsymbol{N}_{L}(s)$为“余式阵”。进而，将上式左乘$\boldsymbol{D}_{L}^{-1}(s)$，可以导出

$$\boldsymbol{D}_{L}^{-1}(s)\overline{\boldsymbol{N}}_{L}(s)=\boldsymbol{E}_{L}+\boldsymbol{D}_{L}^{-1}(s)\boldsymbol{N}_{L}(s) \tag{10.95}$$

其中，$\boldsymbol{D}_{L}^{-1}(s)\boldsymbol{N}_{L}(s)$为严真左 MFD。下面的问题就是，对$q\times p$严真左 MFD

$$\boldsymbol{D}_{L}^{-1}(s)\boldsymbol{N}_{L}(s),\qquad \boldsymbol{D}_{L}(s)\text{ 行既约} \tag{10.96}$$

构造观测器形实现。并且，考虑到右 MFD 的控制器形实现和左 MFD 的观测器形实现在形式上的对偶性，下面基于对偶原理直接由控制器形实现给出对应结果。

1. 观测器形实现的定义

定义 10.5 [观测器形实现]　对$q\times p$严真左 MFD $\boldsymbol{D}_{L}^{-1}(s)\boldsymbol{N}_{L}(s)$，$\boldsymbol{D}_{L}(s)$行既约，表行次数$\delta_{rj}\boldsymbol{D}_{L}(s)=k_{rj}$，$j=1,2,\cdots,q$，则称一个状态空间描述

$$\begin{cases}\dot{\boldsymbol{x}}=\boldsymbol{A}_{o}\boldsymbol{x}+\boldsymbol{B}_{o}\boldsymbol{u}\\ \boldsymbol{y}=\boldsymbol{C}_{o}\boldsymbol{x}\end{cases} \tag{10.97}$$

为其观测器形实现，其中

$$\dim\boldsymbol{A}_{o}=\sum_{j=1}^{q}k_{rj}=n_{L} \tag{10.98}$$

如果满足

$$\boldsymbol{C}_{o}(s\boldsymbol{I}-\boldsymbol{A}_{o})^{-1}\boldsymbol{B}_{o}=\boldsymbol{D}_{L}^{-1}(s)\boldsymbol{N}_{L}(s) \tag{10.99}$$

$$(\boldsymbol{A}_{o},\boldsymbol{B}_{o})\text{ 为完全能观测且具有特定形式} \tag{10.100}$$

2. 核实现(A_o^o,B_o^o,C_o^o)

对严真 $\boldsymbol{D}_L^{-1}(s)\boldsymbol{N}_L(s)$，行次数 $\delta_{rj}\boldsymbol{D}_L(s)=k_{rj}$，$j=1,2,\cdots,q$，引入行次表达式：

$$\boldsymbol{D}_L(s)=\boldsymbol{S}_r(s)\boldsymbol{D}_{hr}+\boldsymbol{\Psi}_r(s)\boldsymbol{D}_{Lr} \tag{10.101}$$

$$\boldsymbol{N}_L(s)=\boldsymbol{\Psi}_r(s)\boldsymbol{N}_{Lr} \tag{10.102}$$

其中

$$\boldsymbol{S}_r(s)=\begin{bmatrix} s^{k_{r1}} & & \\ & \ddots & \\ & & s^{k_{rq}} \end{bmatrix} \tag{10.103}$$

$$\boldsymbol{\Psi}_r(s)=\begin{bmatrix} s^{k_{r1}-1} \ \cdots \ s \ \ 1 & & \\ & \ddots & \\ & & s^{k_{rq}-1} \ \cdots \ s \ \ 1 \end{bmatrix} \tag{10.104}$$

$$\boldsymbol{D}_{hr} \text{ 为 } \boldsymbol{D}_L(s) \text{ 的行次系数阵，且 } \det\boldsymbol{D}_{hr}\neq 0 \tag{10.105}$$

$$\boldsymbol{D}_{Lr} \text{ 为 } \boldsymbol{D}_L(s) \text{ 的低次系数阵} \tag{10.106}$$

$$\boldsymbol{N}_{Lr} \text{ 为 } \boldsymbol{N}(s) \text{ 的低次系数阵} \tag{10.107}$$

$$\sum_{j=1}^{q}k_{rj}=n_L \tag{10.108}$$

结论 10.51［核实现］　对 $q\times p$ 左 MFD $\boldsymbol{D}_L^{-1}(s)\boldsymbol{N}_L(s)$，其核心 MFD $\boldsymbol{S}_r^{-1}(s)\boldsymbol{\Psi}_r(s)$的实现即 $\boldsymbol{D}_L^{-1}(s)\boldsymbol{N}_L(s)$的核实现为

$$\dot{\boldsymbol{x}}_o=\boldsymbol{A}_o^o\boldsymbol{x}_o+\boldsymbol{B}_o^o\boldsymbol{u}_o \tag{10.109}$$

$$\boldsymbol{y}_o=\boldsymbol{C}_o^o\boldsymbol{x}_o \tag{10.110}$$

其中，($\boldsymbol{A}_o^o,\boldsymbol{B}_o^o,\boldsymbol{C}_o^o$)为

$$\boldsymbol{A}_o^o=\overbrace{}^{k_{r1}}\cdots\overbrace{}^{k_{rq}}\begin{bmatrix} \begin{matrix} 0 & 1 & & \\ & 0 & \ddots & \\ & & \ddots & 1 \\ & & & 0 \end{matrix} & & \\ & \ddots & \\ & & \begin{matrix} 0 & 1 & & \\ & 0 & \ddots & \\ & & \ddots & 1 \\ & & & 0 \end{matrix} \end{bmatrix}\begin{matrix} \}k_{r1} \\ \vdots \\ \}k_{rq} \end{matrix}$$

$$\boldsymbol{B}_o^o=\boldsymbol{I}_{n_L}$$

$$
C_o^o = \begin{bmatrix} \overbrace{\begin{array}{cccc} 1 & 0 & \cdots & 0 \end{array}}^{k_{r1}} & & \\ & \ddots & \\ & & \overbrace{\begin{array}{cccc} 1 & 0 & \cdots & 0 \end{array}}^{k_{rq}} \end{bmatrix} \tag{10.111}
$$

3. 观测器形实现

结论 10.52 [观测器形实现]　对真 $q\times p$ 左 MFD $\boldsymbol{D}_L^{-1}(s)\bar{\boldsymbol{N}}_L(s)$，其严真左 MFD 为 $\boldsymbol{D}_L^{-1}(s)\boldsymbol{N}_L(s)$，$\boldsymbol{D}_L(s)$行既约，行次数 $\delta_{rj}\boldsymbol{D}_L(s)=k_{rj}$，$j=1,2,\cdots,q$，$\boldsymbol{S}_r^{-1}(s)\boldsymbol{\Psi}_r(s)$的实现即核实现$(\boldsymbol{A}_o^o,\boldsymbol{B}_o^o,\boldsymbol{C}_o^o)$如式(10.111)所示，则严真 $\boldsymbol{D}_L^{-1}(s)\boldsymbol{N}_L(s)$的观测器形实现$(\boldsymbol{A}_o,\boldsymbol{B}_o,\boldsymbol{C}_o)$的系数矩阵关系式为

$$
\boldsymbol{A}_o=\boldsymbol{A}_o^o-\boldsymbol{D}_{Lr}\boldsymbol{D}_{hr}^{-1}\boldsymbol{C}_o^o,\qquad \boldsymbol{B}_o=\boldsymbol{N}_{Lr},\qquad \boldsymbol{C}_o=\boldsymbol{D}_{hr}^{-1}\boldsymbol{C}_o^o \tag{10.112}
$$

而真 $\boldsymbol{D}_L^{-1}(s)\bar{\boldsymbol{N}}_L(s)$的控制器形实现为$(\boldsymbol{A}_o,\boldsymbol{B}_o,\boldsymbol{C}_o,\boldsymbol{E}_L)$。

10.4.4　观测器形实现的性质

同样，基于右 MFD 的控制器形实现和左 MFD 的观测器形实现的对偶性，可直接给出"$q\times p$ 严真左 MFD $\boldsymbol{D}_L^{-1}(s)\boldsymbol{N}_L(s)$，$\boldsymbol{D}_L(s)$行既约"的观测器形实现$(\boldsymbol{A}_o,\boldsymbol{B}_o,\boldsymbol{C}_o)$的基本性质。

1. 观测器形实现的形式

结论 10.53 [观测器形实现]　对严真左 MFD $\boldsymbol{D}_L^{-1}(s)\boldsymbol{N}_L(s)$，$\boldsymbol{D}_L(s)$行既约，由核实现$(\boldsymbol{A}_o^o,\boldsymbol{B}_o^o,\boldsymbol{C}_o^o)$的结构所决定，其观测器形实现$(\boldsymbol{A}_o,\boldsymbol{B}_o,\boldsymbol{C}_o)$具有形式：

$$
\boldsymbol{A}_o = \left[\begin{array}{c|c|c|c}
\begin{array}{cccc} * & 1 & & \\ \vdots & 0 & \ddots & \\ \vdots & & \ddots & 1 \\ * & & & 0 \end{array} &
\begin{array}{cccc} * & 0 & \cdots & 0 \\ \vdots & \vdots & & \vdots \\ \vdots & \vdots & & \vdots \\ * & 0 & \cdots & 0 \end{array} & \cdots & \cdots \\
\hline
\begin{array}{cccc} * & 0 & \cdots & 0 \\ \vdots & \vdots & & \vdots \\ \vdots & \vdots & & \vdots \\ * & 0 & \cdots & 0 \end{array} & \ddots & & \vdots \\
\hline
\vdots & & \ddots & \\
\hline
 & & & \begin{array}{cccc} * & 1 & & \\ \vdots & 0 & \ddots & \\ \vdots & & \ddots & 1 \\ * & & & 0 \end{array}
\end{array}\right]
\begin{array}{l} \}\,k_{r1} \\ \\ \vdots \\ \\ \}\,k_{rq} \end{array}
$$

$$
\underbrace{\qquad\quad}_{k_{r1}}\qquad\cdots\qquad\underbrace{\qquad\quad}_{k_{rq}}
$$

$$
C_o = \begin{bmatrix} * & 0 & \cdots & 0 & \vdots & & \vdots & * & 0 & \cdots & 0 \\ \vdots & \vdots & & \vdots & \vdots & \cdots & \vdots & \vdots & \vdots & & \vdots \\ * & 0 & \cdots & 0 & \vdots & & \vdots & * & 0 & \cdots & 0 \end{bmatrix} \Big\} q, \quad B_o = N_{Lr} \text{ 无特殊形式}
$$

$$
\underbrace{\qquad\qquad}_{k_{r1}} \quad \cdots \quad \underbrace{\qquad\qquad}_{k_{rq}} \tag{10.113}
$$

其中，* 表示可能的非零元。

2. 观测器形实现和行次表达式在系数阵间对应关系

结论 10.54 [对应关系]　对严真左 MFD $D_L^{-1}(s)N_L(s)$，$D_L(s)$行既约，由关系式(10.112)和核实现($A_o^\circ, B_o^\circ, C_o^\circ$)结构所决定，观测器形实现($A_o, B_o, C_o$)系数阵和$D_L(s)$列次表达式系数阵之间具有直观关系：

$$
A_o \text{ 的第 } j \text{ 个 } * \text{ 列} = -D_{Lr}D_{hr}^{-1} \text{ 的第 } j \text{ 列} \tag{10.114}
$$

$$
C_o \text{ 的第 } j \text{ 个 } * \text{ 列} = D_{hr}^{-1} \text{ 的第 } j \text{ 列} \tag{10.115}
$$

其中，$j = 1, 2, \cdots, q$。

3. 观测器形实现的不完全能控属性

结论 10.55 [不完全能控属性]　对严真左 MFD $D_L^{-1}(s)N_L(s)$，$D_L(s)$行既约，则其观测器形实现(A_o, B_o, C_o)中，(A_o, C_o)为完全能观测，但(A_o, B_o)一般为不完全能控。

4. (A_o, B_o, C_o)和 $D_L^{-1}(s)N_L(s)$在系数矩阵间的关系

结论 10.56 [系数矩阵间关系]　对严真左 MFD $D_L^{-1}(s)N_L(s)$，$D_L(s)$行既约，其观测器形实现(A_o, B_o, C_o)和 $D_L^{-1}(s)N_L(s)$在系数矩阵之间具有关系：

$$
\begin{bmatrix} \Psi_r(s) & 0 \\ 0 & I \end{bmatrix} \begin{bmatrix} sI - A_o & B_o \\ -C_o & 0 \end{bmatrix} = \begin{bmatrix} D_L(s) & N_L(s) \\ -I & 0 \end{bmatrix} \begin{bmatrix} C_o & 0 \\ 0 & I \end{bmatrix} \tag{10.116}
$$

其中

$$
\{\Psi_L(s), D_L(s)\} \text{ 为左互质} \tag{10.117}
$$

$$
\{sI - A_o, C_o\} \text{ 为右互质} \tag{10.118}
$$

5. (A_o, B_o, C_o)和 $D_L^{-1}(s)N_L(s)$在系数矩阵行列式间的关系

结论 10.57 [系数矩阵行列式间关系]　对严真左 MFD $D_L^{-1}(s)N_L(s)$，$D_L(s)$行既约，其观测器形实现(A_o, B_o, C_o)和 $D_L^{-1}(s)N_L(s)$在系数矩阵的行列式之间具有关系：

$$\det(s\boldsymbol{I}-\boldsymbol{A}_o)=(\det\boldsymbol{D}_{hr})^{-1}\det\boldsymbol{D}_L(s) \tag{10.119}$$

$$\dim(\boldsymbol{A}_o)=\deg\det\boldsymbol{D}_L(s) \tag{10.120}$$

6. (A_o,B_o,C_o)和 $N_L(s)$的关系

结论 10.58 [实现和 $\boldsymbol{N}_L(s)$关系] 对严真左 MFD $\boldsymbol{D}_L^{-1}(s)\boldsymbol{N}_L(s)$，$\boldsymbol{D}_L(s)$行既约，其观测器形实现($\boldsymbol{A}_o$，$\boldsymbol{B}_o$，$\boldsymbol{C}_o$)和 MFD 的分子矩阵 $\boldsymbol{N}_L(s)$之间具有关系：

$$\begin{bmatrix} s\boldsymbol{I}-\boldsymbol{A}_o & \boldsymbol{B}_o \\ -\boldsymbol{C}_o & \boldsymbol{0} \end{bmatrix} \overset{s}{\sim} \begin{bmatrix} \boldsymbol{I}_{n_L} & \boldsymbol{0} \\ \boldsymbol{0} & \boldsymbol{N}_L(s) \end{bmatrix} \tag{10.121}$$

7. (A_o,B_o,C_o)为联合能控和能观测的充分条件

结论 10.59 [联合能控能观测条件] 对严真左 MFD $\boldsymbol{D}_L^{-1}(s)\boldsymbol{N}_L(s)$，$\boldsymbol{D}_L(s)$行既约，其观测器形实现($\boldsymbol{A}_o$，$\boldsymbol{B}_o$，$\boldsymbol{C}_o$)联合能控和能观测的一个充分条件为，对所有 $s\in\mathscr{C}$，$q\times p$ 矩阵$\boldsymbol{N}_L(s)$为行满秩即 $\mathrm{rank}\boldsymbol{N}_L(s)=q$。

8. 确定 A_o 的左特征向量的关系式

结论 10.60 [左特征向量关系式] 给定严真左 MFD $\boldsymbol{D}_L^{-1}(s)\boldsymbol{N}_L(s)$，$\boldsymbol{D}_L(s)$行既约，观测器形实现为($\boldsymbol{A}_o$，$\boldsymbol{B}_o$，$\boldsymbol{C}_o$)。设$\lambda$ 为$\boldsymbol{A}_o$ 的一个特征值，$\bar{\boldsymbol{q}}^T$ 为使 $\bar{\boldsymbol{q}}^T\boldsymbol{D}_L(\lambda)=\boldsymbol{0}$ 的任一 $1\times q$ 非零常向量，则确定 $\boldsymbol{A}_o$ 的属于 λ 的一个 $1\times n_L$左特征向量 $\bar{\boldsymbol{p}}^T$ 的关系式为

$$\bar{\boldsymbol{p}}^T=\bar{\boldsymbol{q}}^T\boldsymbol{\Psi}_r(\lambda) \tag{10.122}$$

其中，$\boldsymbol{\Psi}_r(\lambda)=\boldsymbol{\Psi}_r(s)|_{s=\lambda}$，$\boldsymbol{\Psi}_r(s)$如式(10.104)所示。

9. (A_o,B_o,C_o)和(A_c,B_c,C_c)的对偶性

结论 10.61 [对偶性] 设($\boldsymbol{A}_o$，$\boldsymbol{B}_o$，$\boldsymbol{C}_o$)为“严真左 MFD $\boldsymbol{D}_L^{-1}(s)\boldsymbol{N}_L(s)$，$\boldsymbol{D}_L(s)$行既约”的观测器形实现，($\boldsymbol{A}_c$，$\boldsymbol{B}_c$，$\boldsymbol{C}_c$)为“严真右 MFD $\boldsymbol{N}(s)\boldsymbol{D}^{-1}(s)$，$\boldsymbol{D}(s)$列既约”的控制器形实现，则($\boldsymbol{A}_o$，$\boldsymbol{B}_o$，$\boldsymbol{C}_o$)和($\boldsymbol{A}_c$，$\boldsymbol{B}_c$，$\boldsymbol{C}_c$)形式上为对偶，即

$$\boldsymbol{A}_o(=)\boldsymbol{A}_c^T, \qquad \boldsymbol{C}_o(=)\boldsymbol{B}_c^T \tag{10.123}$$

10.5 基于矩阵分式描述的典型实现：能控性形实现和能观测性形实现

基于矩阵分式描述的实现按“右或左 MFD”和“分母矩阵列既约或行既约”共有四种可能的组合。上节已就“右 MFD $\boldsymbol{N}(s)\boldsymbol{D}^{-1}(s)$，$\boldsymbol{D}(s)$列既约”和“左 MFD

$\boldsymbol{D}_{\mathrm{L}}^{-1}(s)\boldsymbol{N}_{\mathrm{L}}(s)$，$\boldsymbol{D}_{\mathrm{L}}(s)$行既约”构造“控制器形实现”和“观测器形实现”。本节讨论“右 MFD $\boldsymbol{N}(s)\boldsymbol{D}^{-1}(s)$，$\boldsymbol{D}(s)$行既约”和“左 MFD $\boldsymbol{D}_{\mathrm{L}}^{-1}(s)\boldsymbol{N}_{\mathrm{L}}(s)$，$\boldsymbol{D}_{\mathrm{L}}(s)$列既约”构造对应的“能控性形实现”和“能观测性形实现”。

10.5.1　右 MFD 的能控性形实现

考虑真 $q\times p$ 右 MFD $\bar{\boldsymbol{N}}(s)\boldsymbol{D}^{-1}(s)$，$\bar{\boldsymbol{N}}(s)$和 $\boldsymbol{D}(s)$为 $q\times p$ 和 $p\times p$ 多项式矩阵，$\boldsymbol{D}(s)$行既约。类同于前，对真 $\bar{\boldsymbol{N}}(s)\boldsymbol{D}^{-1}(s)$导出其严真右 MFD，有

$$\bar{\boldsymbol{N}}(s)\boldsymbol{D}^{-1}(s)=\boldsymbol{E}+\boldsymbol{N}(s)\boldsymbol{D}^{-1}(s) \tag{10.124}$$

其中，$\boldsymbol{N}(s)\boldsymbol{D}^{-1}(s)$为严真右 MFD，$\boldsymbol{E}$ 为 $q\times p$ 常阵。下面的问题就是，对“$q\times p$ 严真右 MFD $\boldsymbol{N}(s)\boldsymbol{D}^{-1}(s)$，$\boldsymbol{D}(s)$行既约”构造能控性形实现。现在，简要地给出有关的主要结果和结论。

1. 能控性形实现的定义

定义 10.6［能控性形实现］　对 $q\times p$ 严真右 MFD $\boldsymbol{N}(s)\boldsymbol{D}^{-1}(s)$，$\boldsymbol{D}(s)$行既约，表行次数 $\delta_{\mathrm{r}i}\boldsymbol{D}(s)=k_{\mathrm{r}i}$，$i=1,2,\cdots,p$，则称一个状态空间描述

$$\begin{cases}\dot{\boldsymbol{x}}=\boldsymbol{A}_{\mathrm{co}}\boldsymbol{x}+\boldsymbol{B}_{\mathrm{co}}\boldsymbol{u}\\ \boldsymbol{y}=\boldsymbol{C}_{\mathrm{co}}\boldsymbol{x}\end{cases} \tag{10.125}$$

为其能控性形实现，其中

$$\dim\boldsymbol{A}_{\mathrm{co}}=\sum_{i=1}^{p}k_{\mathrm{r}i}=n \tag{10.126}$$

如果满足：

(i) $\boldsymbol{C}_{\mathrm{co}}(s\boldsymbol{I}-\boldsymbol{A}_{\mathrm{co}})^{-1}\boldsymbol{B}_{\mathrm{co}}=\boldsymbol{N}(s)\boldsymbol{D}^{-1}(s)$；

(ii) 表 $\boldsymbol{B}_{\mathrm{co}}=[\boldsymbol{b}_1,\boldsymbol{b}_2,\cdots,\boldsymbol{b}_p]$，有

$$\left[\boldsymbol{b}_1\quad \boldsymbol{A}_{\mathrm{co}}\boldsymbol{b}_1\quad \cdots\quad \boldsymbol{A}_{\mathrm{co}}^{k_{\mathrm{r}1}-1}\boldsymbol{b}_1\ \vdots\ \cdots\ \vdots\ \boldsymbol{b}_p\quad \boldsymbol{A}_{\mathrm{co}}\boldsymbol{b}_p\quad \cdots\quad \boldsymbol{A}_{\mathrm{co}}^{k_{\mathrm{r}p}-1}\boldsymbol{b}_p\right]=\boldsymbol{I}_n \tag{10.127}$$

2. 能控性形实现的构造思路

结论 10.62［构造思路］　对 $q\times p$ 严真右 MFD $\boldsymbol{N}(s)\boldsymbol{D}^{-1}(s)$，$\boldsymbol{D}(s)$行既约，表

$$\boldsymbol{N}(s)\boldsymbol{D}^{-1}(s)=\boldsymbol{N}(s)[\boldsymbol{D}^{-1}(s)\boldsymbol{I}_p] \tag{10.128}$$

则能控性形实现($\boldsymbol{A}_{\mathrm{co}}$，$\boldsymbol{B}_{\mathrm{co}}$，$\boldsymbol{C}_{\mathrm{co}}$)可分为两步构造：第一步，对“$\boldsymbol{D}^{-1}(s)\boldsymbol{I}_p$，$\boldsymbol{D}(s)$行既约”构造观测器形实现($\boldsymbol{A}_{\mathrm{o}}$，$\boldsymbol{B}_{\mathrm{o}}$，$\boldsymbol{C}_{\mathrm{o}}$)；第二步，基于($\boldsymbol{A}_{\mathrm{o}}$，$\boldsymbol{B}_{\mathrm{o}}$，$\boldsymbol{C}_{\mathrm{o}}$)和关系式(10.128)构造能控性形实现($\boldsymbol{A}_{\mathrm{co}}$，$\boldsymbol{B}_{\mathrm{co}}$，$\boldsymbol{C}_{\mathrm{co}}$)。

注　$\boldsymbol{D}^{-1}(s)\boldsymbol{I}_p$ 的严真性需要检验，必要时要导出其严真左 MFD。

3. $D^{-1}(s)I_p$ 的观测器形实现

结论 10.63［观测器形实现$(\boldsymbol{A}_o,\boldsymbol{B}_o,\boldsymbol{C}_o)$］ 对 $p\times p$ 严真左 MFD $\boldsymbol{D}^{-1}(s)\boldsymbol{I}_p$，$\boldsymbol{D}(s)$行既约，行次数 $\delta_{ri}\boldsymbol{D}(s)=k_{ri}$，$i=1,2,\cdots,p$。引入行次表达式：

$$\begin{cases}\boldsymbol{D}(s)=\boldsymbol{S}_r(s)\boldsymbol{D}_{hr}+\boldsymbol{\Psi}_r(s)\boldsymbol{D}_{Lr}\\ \boldsymbol{I}_p=\boldsymbol{\Psi}_r(s)\overline{\boldsymbol{N}}_{Lr}\end{cases} \tag{10.129}$$

其中

$$\boldsymbol{S}_r(s)=\begin{bmatrix}s^{k_{r1}} & & \\ & \ddots & \\ & & s^{k_{rp}}\end{bmatrix} \tag{10.130}$$

$$\boldsymbol{\Psi}_r(s)=\begin{bmatrix}\begin{array}{cccc}s^{k_{r1}-1} & \cdots & s & 1\end{array} & & \\ & \ddots & \\ & & \begin{array}{cccc}s^{k_{rp}-1} & \cdots & s & 1\end{array}\end{bmatrix} \tag{10.131}$$

$$\boldsymbol{D}_{hr}\text{ 为 }\boldsymbol{D}(s)\text{ 的行次系数阵，且 }\det\boldsymbol{D}_{hr}\neq 0 \tag{10.132}$$

$$\boldsymbol{D}_{Lr}\text{ 为 }\boldsymbol{D}(s)\text{ 的低次系数阵} \tag{10.133}$$

$$\overline{\boldsymbol{N}}_{Lr}=\begin{bmatrix}\begin{array}{c}0\\ \vdots\\ 0\\ 1\end{array} & & \\ & \ddots & \\ & & \begin{array}{c}0\\ \vdots\\ 0\\ 1\end{array}\end{bmatrix}\begin{array}{l}\left.\vphantom{\begin{array}{c}0\\ \vdots\\ 0\\ 1\end{array}}\right\} k_{r1}\\ \vdots\\ \left.\vphantom{\begin{array}{c}0\\ \vdots\\ 0\\ 1\end{array}}\right\} k_{rp}\end{array}\quad\text{为 }\boldsymbol{I}_p\text{ 的低次系数阵} \tag{10.134}$$

$$\sum_{i=1}^{p}k_{ri}=n \tag{10.135}$$

则据上节中观测器形实现相关结论，可以导出构造观测器形实现$(\boldsymbol{A}_o,\boldsymbol{B}_o,\boldsymbol{C}_o)$的关系式为

$$\boldsymbol{A}_o=\boldsymbol{A}_o^o-\boldsymbol{D}_{Lr}\boldsymbol{D}_{hr}^{-1}\boldsymbol{C}_o^o,\qquad \boldsymbol{B}_o=\overline{\boldsymbol{N}}_{Lr},\qquad \boldsymbol{C}_o=\boldsymbol{D}_{hr}^{-1}\boldsymbol{C}_o^o \tag{10.136}$$

其中，$(\boldsymbol{A}_o^o,\boldsymbol{B}_o^o,\boldsymbol{C}_o^o)$为 $\boldsymbol{S}_r^{-1}(s)\boldsymbol{\Psi}_r(s)$的实现即核实现，其形式如式(10.111)所示，且 q 为 p。

结论 10.64［$(\boldsymbol{A}_o,\boldsymbol{B}_o,\boldsymbol{C}_o)$的形式］ 对 $p\times p$ 严真左 MFD $\boldsymbol{D}^{-1}(s)\boldsymbol{I}_p$，$\boldsymbol{D}(s)$行既约，依据上节中观测器形实现相关结论，可以导出观测器形实现$(\boldsymbol{A}_o,\boldsymbol{B}_o,\boldsymbol{C}_o)$具有形式：

$$
\boldsymbol{A}_{\mathrm{o}}=\left[\begin{array}{cccc:cccc:c:c}
*_{1}^{(11)} & 1 & & & *_{1}^{(12)} & 0 & \cdots & 0 & & \\
\vdots & 0 & \ddots & & \vdots & \vdots & & \vdots & \cdots & \\
\vdots & & \ddots & 1 & \vdots & \vdots & & \vdots & & \\
*_{k_{\mathrm{r}1}}^{(11)} & & & 0 & *_{k_{\mathrm{r}1}}^{(12)} & 0 & \cdots & 0 & & \\
\hdashline
*_{1}^{(21)} & 0 & \cdots & 0 & & & & & & \\
\vdots & \vdots & & \vdots & & \ddots & & & & \\
\vdots & \vdots & & \vdots & & & & & & \\
*_{k_{\mathrm{r}2}}^{(21)} & 0 & \cdots & 0 & & & & & & \\
\hdashline
 & \vdots & & & & & & & & \\
\hdashline
 & & & & & & & & & *_{1}^{(pp)}\ \ 1 \\
 & & & & & & & & & \vdots\ \ 0\ \ \ddots \\
 & & & & & & & & & \vdots\ \ \ \ \ddots\ \ 1 \\
 & & & & & & & & & *_{k_{\mathrm{r}p}}^{(pp)}\ \ \ \ 0
\end{array}\right]
\begin{array}{l}
\left.\right\}k_{\mathrm{r}1} \\ \vdots \\ \left.\right\}k_{\mathrm{r}p}
\end{array}
$$

$$
\underbrace{\qquad\qquad}_{k_{\mathrm{r}1}}\quad \cdots \quad \underbrace{\qquad\qquad}_{k_{\mathrm{r}p}}
$$

$$
\boldsymbol{B}_{\mathrm{o}}=\left[\begin{array}{ccc}
\begin{bmatrix}0\\ \vdots\\ 0\\ 1\end{bmatrix} & & \\
 & \ddots & \\
 & & \begin{bmatrix}0\\ \vdots\\ 0\\ 1\end{bmatrix}
\end{array}\right]
\begin{array}{l}
\left.\right\}k_{\mathrm{r}1} \\ \vdots \\ \left.\right\}k_{\mathrm{r}p}
\end{array}
\qquad
\boldsymbol{C}_{\mathrm{o}}=\left[\begin{array}{cccc:c:cccc}
* & 0 & \cdots & 0 & & * & 0 & \cdots & 0 \\
\vdots & \vdots & & \vdots & \cdots & \vdots & \vdots & & \vdots \\
* & 0 & \cdots & 0 & & * & 0 & \cdots & 0
\end{array}\right]\Bigg\}p
$$

$$
\qquad\qquad\qquad\qquad\qquad\qquad\underbrace{\qquad\qquad}_{k_{\mathrm{r}1}}\quad \cdots \quad \underbrace{\qquad\qquad}_{k_{\mathrm{r}p}}
$$

(10.137)

其中，$*$ 表示可能的非零元。

注　为了下面讨论需要，在 $\boldsymbol{A}_{\mathrm{o}}$ 的 $*$ 元中引入上下标以显示所在位置，上标表示所在块阵的块行和块列序号，下标表示块阵内行序号。例如，$*_{k}^{(ij)}$ 表示位于第 i 块行和第 j 块列的块阵的第 k 行 $*$ 元。

结论 10.65 ［对应关系］　对"$p\times p$ 严真左 MFD $\boldsymbol{D}^{-1}(s)\boldsymbol{I}_{p}$，$\boldsymbol{D}(s)$ 行既约"和观测器形实现（$\boldsymbol{A}_{\mathrm{o}}$，$\boldsymbol{B}_{\mathrm{o}}$，$\boldsymbol{C}_{\mathrm{o}}$），据上节中观测器形实现相关结论，可以导出两者具有对应关系：

$$\boldsymbol{A}_{\mathrm{o}}\text{ 的第 } i \text{ 个 } * \text{ 列}=-\boldsymbol{D}_{\mathrm{Lr}}\boldsymbol{D}_{\mathrm{hr}}^{-1}\text{ 的第 } i \text{ 列}\tag{10.138}$$

$$\boldsymbol{C}_{\mathrm{o}}\text{ 的第 } i \text{ 个 } * \text{ 列}=\boldsymbol{D}_{\mathrm{hr}}^{-1}\text{ 的第 } i \text{ 列}\tag{10.139}$$

其中，$i=1,2,\cdots,p$。

结论 10.66［$(\boldsymbol{A}_{\rm o},\boldsymbol{B}_{\rm o},\boldsymbol{C}_{\rm o})$属性］ 对“$p\times p$ 严真左 MFD $\boldsymbol{D}^{-1}(s)\boldsymbol{I}_p$，$\boldsymbol{D}(s)$行既约”和观测器形实现$(\boldsymbol{A}_{\rm o},\boldsymbol{B}_{\rm o},\boldsymbol{C}_{\rm o})$，表 $\boldsymbol{B}_{\rm o}=[\bar{\boldsymbol{b}}_1,\bar{\boldsymbol{b}}_2,\cdots,\bar{\boldsymbol{b}}_p]$，则有

$$\left[\bar{\boldsymbol{b}}_1 \quad \boldsymbol{A}_{\rm o}\bar{\boldsymbol{b}}_1 \quad \cdots \quad \boldsymbol{A}_{\rm o}^{k_{r1}-1}\bar{\boldsymbol{b}}_1 \;\vdots\; \cdots \;\vdots\; \bar{\boldsymbol{b}}_p \quad \boldsymbol{A}_{\rm o}\bar{\boldsymbol{b}}_p \quad \cdots \quad \boldsymbol{A}_{\rm o}^{k_{rp}-1}\bar{\boldsymbol{b}}_p\right]=\tilde{\boldsymbol{I}}_n \tag{10.140}$$

其中，变形单位阵 $\tilde{\boldsymbol{I}}_n$ 为

$$\tilde{\boldsymbol{I}}_n=\begin{bmatrix} \begin{matrix} & & 1 \\ & \cdot^{\cdot^{\cdot}} & \\ 1 & & \end{matrix} & & \\ & \ddots & \\ & & \begin{matrix} & & 1 \\ & \cdot^{\cdot^{\cdot}} & \\ 1 & & \end{matrix} \end{bmatrix} \begin{matrix} \}\,k_{r1} \\ \vdots \\ \}\,k_{rp} \end{matrix} \tag{10.141}$$

$$\underbrace{\qquad\quad}_{k_{r1}} \quad \cdots \quad \underbrace{\qquad\quad}_{k_{rp}}$$

且有

$$\tilde{\boldsymbol{I}}_n^{-1}=\tilde{\boldsymbol{I}}_n \tag{10.142}$$

4. $N(s)D^{-1}(s)$的能控性实现

结论 10.67［能控性形实现］ 对真 $q\times p$ 右 MFD $\bar{\boldsymbol{N}}(s)\boldsymbol{D}^{-1}(s)$，表其严真右 MFD 为 $\boldsymbol{N}(s)\boldsymbol{D}^{-1}(s)$，$\boldsymbol{D}(s)$行既约，则构造 $\boldsymbol{N}(s)\boldsymbol{D}^{-1}(s)$的能控性形实现$(\boldsymbol{A}_{\rm co},\boldsymbol{B}_{\rm co},\boldsymbol{C}_{\rm co})$的关系式为

$$\boldsymbol{A}_{\rm co}=\tilde{\boldsymbol{I}}_n\boldsymbol{A}_{\rm o}\tilde{\boldsymbol{I}}_n,\qquad \boldsymbol{B}_{\rm co}=\tilde{\boldsymbol{I}}_n\boldsymbol{B}_{\rm o},\qquad \boldsymbol{C}_{\rm co}=[\boldsymbol{N}(s)\boldsymbol{C}_{\rm o}\tilde{\boldsymbol{I}}_n]_{s\to\boldsymbol{A}_{\rm co}} \tag{10.143}$$

其中，$(\boldsymbol{A}_{\rm o},\boldsymbol{B}_{\rm o},\boldsymbol{C}_{\rm o})$为由式(10.137)给出的“$p\times p$ 严真 $\boldsymbol{D}^{-1}(s)\boldsymbol{I}_p$，$\boldsymbol{D}(s)$行既约”的观测器形实现，$\tilde{\boldsymbol{I}}_n$ 为由(10.141)给出的变形单位阵。而 $q\times p$ 真 $\bar{\boldsymbol{N}}(s)\boldsymbol{D}^{-1}(s)$的能控性形实现则为$(\boldsymbol{A}_{\rm co},\boldsymbol{B}_{\rm co},\boldsymbol{C}_{\rm co},\boldsymbol{E})$。

注 式(10.143)确定 $\boldsymbol{C}_{\rm co}$ 的正确做法应当是，先将多项式矩阵 $\tilde{\boldsymbol{N}}(s)\triangleq\boldsymbol{N}(s)\boldsymbol{C}_{\rm o}\tilde{\boldsymbol{I}}_n$ 表为矩阵系数多项式，再取 $s\to\boldsymbol{A}_{\rm co}$。例如，表

$$\tilde{\boldsymbol{N}}(s)=\tilde{\boldsymbol{N}}_h s^h+\cdots+\tilde{\boldsymbol{N}}_1 s+\tilde{\boldsymbol{N}}_0 \tag{10.144}$$

则

$$\boldsymbol{C}_{\rm co}=\tilde{\boldsymbol{N}}(\boldsymbol{A}_{\rm co})=\tilde{\boldsymbol{N}}_h\boldsymbol{A}_{\rm co}^h+\cdots+\tilde{\boldsymbol{N}}_1\boldsymbol{A}_{\rm co}+\tilde{\boldsymbol{N}}_0\boldsymbol{I} \tag{10.145}$$

结论 10.68［能控性形实现的形式］ 对 $q\times p$ 严真右 MFD $\boldsymbol{N}(s)\boldsymbol{D}^{-1}(s)$，$\boldsymbol{D}(s)$

行既约，由式(10.137)给出的观测器形实现$(\boldsymbol{A}_{\mathrm{o}},\boldsymbol{B}_{\mathrm{o}},\boldsymbol{C}_{\mathrm{o}})$形式所决定，其能控性形实现$(\boldsymbol{A}_{\mathrm{co}},\boldsymbol{B}_{\mathrm{co}},\boldsymbol{C}_{\mathrm{co}})$具有形式：

$$
\boldsymbol{A}_{\mathrm{co}}=\left[\begin{array}{cccc}
\left.\begin{array}{cccc|}
0 & & & *^{(11)}_{k_{\mathrm{r}1}}\\
1 & \ddots & & \vdots\\
 & \ddots & 0 & \vdots\\
 & & 1 & *^{(11)}_{1}\\ \hline
\end{array}\right. &
\begin{array}{cccc|}
0 & \cdots & 0 & *^{(12)}_{k_{\mathrm{r}1}}\\
\vdots & & \vdots & \vdots\\
\vdots & & \vdots & \vdots\\
0 & \cdots & 0 & *^{(12)}_{1}\\ \hline
\end{array} & \cdots & \\
\begin{array}{cccc|}
0 & \cdots & 0 & *^{(21)}_{k_{\mathrm{r}2}}\\
\vdots & & \vdots & \vdots\\
\vdots & & \vdots & \vdots\\
0 & \cdots & 0 & *^{(21)}_{1}\\ \hline
\end{array} & \ddots & & \\
\vdots & & & \\
 & & & \begin{array}{|cccc}\hline
0 & & & *^{(pp)}_{k_{\mathrm{r}p}}\\
1 & \ddots & & \vdots\\
 & \ddots & 0 & \vdots\\
 & & 1 & *^{(pp)}_{1}
\end{array}
\end{array}\right]
\begin{array}{l}
\left.\vphantom{\begin{array}{c}0\\0\\0\\0\end{array}}\right\}k_{\mathrm{r}1}\\
\vdots\\
\left.\vphantom{\begin{array}{c}0\\0\\0\\0\end{array}}\right\}k_{\mathrm{r}p}
\end{array}
$$

$$
\underbrace{\qquad\qquad}_{k_{\mathrm{r}1}}\quad\cdots\quad\underbrace{\qquad\qquad}_{k_{\mathrm{r}p}}
$$

$$
\boldsymbol{B}_{\mathrm{co}}=\left[\begin{array}{ccc}
\begin{array}{|c|}1\\0\\\vdots\\0\\ \hline\end{array} & & \\
 & \ddots & \\
 & & \begin{array}{|c|}\hline 1\\0\\\vdots\\0\end{array}
\end{array}\right]
\begin{array}{l}
\left.\vphantom{\begin{array}{c}0\\0\\0\\0\end{array}}\right\}k_{\mathrm{r}1}\\
\vdots\\
\left.\vphantom{\begin{array}{c}0\\0\\0\\0\end{array}}\right\}k_{\mathrm{r}p}
\end{array}
\qquad \boldsymbol{C}_{\mathrm{co}}=\text{无特殊形式} \tag{10.146}
$$

结论 10.69［对应关系］　对 $q\times p$ 严真右 MFD $\boldsymbol{N}(s)\boldsymbol{D}^{-1}(s)$，$\boldsymbol{D}(s)$行既约，引入$\boldsymbol{D}(s)$的行次表达式为

$$
\boldsymbol{D}(s)=\boldsymbol{S}_{\mathrm{r}}(s)\boldsymbol{D}_{\mathrm{hr}}+\boldsymbol{\Psi}_{\mathrm{r}}(s)\boldsymbol{D}_{\mathrm{Lr}} \tag{10.147}
$$

再表 $n\times p$ 矩阵 $\boldsymbol{D}_{\mathrm{Lr}}\boldsymbol{D}_{\mathrm{hr}}^{-1}$ 为 $p\times p$ 分块阵，每个块阵维数为 $k_{\mathrm{r}i}\times 1$，$i=1,2,\cdots,p$，即有

$$
D_{Lr}D_{hr}^{-1}=\begin{bmatrix}\begin{bmatrix}\beta_1^{(11)}\\ \vdots \\ \beta_{k_{r1}}^{(11)}\end{bmatrix} & \cdots & \begin{bmatrix}\beta_1^{(1p)}\\ \vdots \\ \beta_{k_{r1}}^{(1p)}\end{bmatrix}\\ \vdots & & \vdots \\ \begin{bmatrix}\beta_1^{(p1)}\\ \vdots \\ \beta_{k_{rp}}^{(p1)}\end{bmatrix} & \cdots & \begin{bmatrix}\beta_1^{(pp)}\\ \vdots \\ \beta_{k_{rp}}^{(pp)}\end{bmatrix}\end{bmatrix} \tag{10.148}
$$

那么，基于观测器形实现(A_o,B_o,C_o)的关系式(10.136)和能控性形实现A_{co}的关系式(10.143)，可以导出A_{co}中的$*$列和$D_{Lr}D_{hr}^{-1}$的块阵之间具有对应关系：

$$
\begin{bmatrix} *_{k_{ri}}^{(ij)} \\ \vdots \\ *_1^{(ij)}\end{bmatrix}=-\begin{bmatrix} & & 1\\ & \iddots & \\ 1 & & \end{bmatrix}\begin{bmatrix}\beta_1^{(ij)}\\ \vdots \\ \beta_{k_{ri}}^{(ij)}\end{bmatrix}=\begin{bmatrix}-\beta_{k_{ri}}^{(ij)}\\ \vdots \\ -\beta_1^{(ij)}\end{bmatrix} \tag{10.149}
$$

其中，$i,j=1,2,\cdots,p$。

注 结论中给出的对应关系，为根据$D(s)$的行次系数矩阵直接确定能控性形实现A_{co}提供了简便的途径。

例 10.3 定出给定 2×2 右 MFD $N(s)D^{-1}(s)$的能控性形实现，其中

$$
N(s)=\begin{bmatrix} s & 0\\ -s & s^2\end{bmatrix},\qquad D(s)=\begin{bmatrix} 0 & -(s^3+4s^2+5s+2)\\ (s+2)(s+1) & s+2\end{bmatrix}
$$

容易判断，$D(s)$为行既约，$N(s)D^{-1}(s)$为严真。首先，定出$D(s)$的行次数

$$
k_{r1}=\delta_{r1}D(s)=3,\qquad k_{r2}=\delta_{r2}D(s)=2
$$

和$D(s)$行次表达式的系数矩阵

$$
D_{hr}=\begin{bmatrix}0 & -1\\ 1 & 0\end{bmatrix},\qquad D_{Lr}=\left[\begin{array}{c:c}0 & -4\\ 0 & -5\\ 0 & -2\\ \hdashline 3 & 1\\ 2 & 2\end{array}\right]
$$

进而，计算得到

$$
D_{hr}^{-1}=\begin{bmatrix}0 & 1\\ -1 & 0\end{bmatrix},\qquad D_{Lr}D_{hr}^{-1}=\left[\begin{array}{c:c}4 & 0\\ 5 & 0\\ 2 & 0\\ \hdashline -1 & 3\\ -2 & 2\end{array}\right]
$$

再利用对应关系式(10.149)，可以定出

$$\begin{bmatrix} *_3^{(11)} \\ *_2^{(11)} \\ *_1^{(11)} \end{bmatrix} = \begin{bmatrix} -\beta_3^{(11)} \\ -\beta_2^{(11)} \\ -\beta_1^{(11)} \end{bmatrix} = \begin{bmatrix} -2 \\ -5 \\ -4 \end{bmatrix}, \quad \begin{bmatrix} *_3^{(12)} \\ *_2^{(12)} \\ *_1^{(12)} \end{bmatrix} = \begin{bmatrix} -\beta_3^{(12)} \\ -\beta_2^{(12)} \\ -\beta_1^{(12)} \end{bmatrix} = \begin{bmatrix} 0 \\ 0 \\ 0 \end{bmatrix}$$

$$\begin{bmatrix} *_2^{(21)} \\ *_1^{(21)} \end{bmatrix} = \begin{bmatrix} -\beta_2^{(21)} \\ -\beta_1^{(21)} \end{bmatrix} = \begin{bmatrix} 2 \\ 1 \end{bmatrix}, \quad \begin{bmatrix} *_2^{(22)} \\ *_1^{(22)} \end{bmatrix} = \begin{bmatrix} -\beta_2^{(22)} \\ -\beta_1^{(22)} \end{bmatrix} = \begin{bmatrix} -2 \\ -3 \end{bmatrix}$$

于是，基此并考虑到 $\boldsymbol{B}_{co}$ 具有固定形式，就即得到

$$\boldsymbol{A}_{co} = \begin{bmatrix} 0 & 0 & -2 & 0 & 0 \\ 1 & 0 & -5 & 0 & 0 \\ 0 & 1 & -4 & 0 & 0 \\ 0 & 0 & 2 & 0 & -2 \\ 0 & 0 & 1 & 1 & -3 \end{bmatrix}, \quad \boldsymbol{B}_{co} = \begin{bmatrix} 1 & 0 \\ 0 & 0 \\ 0 & 0 \\ 0 & 1 \\ 0 & 0 \end{bmatrix}$$

转而，首先定出

$$\boldsymbol{C}_o = \boldsymbol{D}_{hr}^{-1} \boldsymbol{C}_o^o = \begin{bmatrix} 0 & 1 \\ -1 & 0 \end{bmatrix} \begin{bmatrix} 1 & 0 & 0 & 0 & 0 \\ 0 & 0 & 0 & 1 & 0 \end{bmatrix} = \begin{bmatrix} 0 & 0 & 0 & 1 & 0 \\ -1 & 0 & 0 & 0 & 0 \end{bmatrix}$$

进而，计算得到

$$\boldsymbol{C}_o \widetilde{\boldsymbol{I}} = \begin{bmatrix} 0 & 0 & 0 & 0 & 1 \\ 0 & 0 & -1 & 0 & 0 \end{bmatrix}$$

$$\begin{aligned} \boldsymbol{N}(s) \boldsymbol{C}_o \widetilde{\boldsymbol{I}} &= \begin{bmatrix} s & 0 \\ -s & s^2 \end{bmatrix} \begin{bmatrix} 0 & 0 & 0 & 0 & 1 \\ 0 & 0 & -1 & 0 & 0 \end{bmatrix} \\ &= \begin{bmatrix} 0 & 0 & 0 & 0 & s \\ 0 & 0 & -s^2 & 0 & -s \end{bmatrix} \\ &= \begin{bmatrix} 0 & 0 & 0 & 0 & 0 \\ 0 & 0 & -1 & 0 & 0 \end{bmatrix} s^2 + \begin{bmatrix} 0 & 0 & 0 & 0 & 1 \\ 0 & 0 & 0 & 0 & -1 \end{bmatrix} s \end{aligned}$$

从而得到

$$\begin{aligned} \boldsymbol{C}_{co} &= [\boldsymbol{N}(s) \boldsymbol{C}_o \widetilde{\boldsymbol{I}}]_{s \to \boldsymbol{A}_{co}} \\ &= \begin{bmatrix} 0 & 0 & 0 & 0 & 0 \\ 0 & 0 & -1 & 0 & 0 \end{bmatrix} \boldsymbol{A}_{co}^2 + \begin{bmatrix} 0 & 0 & 0 & 0 & 1 \\ 0 & 0 & 0 & 0 & -1 \end{bmatrix} \boldsymbol{A}_{co} \\ &= \begin{bmatrix} 0 & 0 & 1 & 1 & -3 \\ -1 & 4 & -12 & -1 & 3 \end{bmatrix} \end{aligned}$$

10.5.2　左 MFD 的能观测性形实现

考虑真 $q \times p$ 左 MFD $\boldsymbol{D}_L^{-1}(s)\bar{\boldsymbol{N}}_L(s)$，$\bar{\boldsymbol{N}}_L(s)$ 和 $\boldsymbol{D}_L(s)$ 为 $q \times p$ 和 $q \times q$ 多项式矩阵，$\boldsymbol{D}_L(s)$ 列既约。类同于前，对真 $\boldsymbol{D}_L^{-1}(s)\bar{\boldsymbol{N}}_L(s)$ 导出其严真左 MFD，有

$$\boldsymbol{D}_{\mathrm{L}}^{-1}(s)\overline{\boldsymbol{N}}_{\mathrm{L}}(s)=\boldsymbol{E}_{\mathrm{L}}+\boldsymbol{D}_{\mathrm{L}}^{-1}(s)\boldsymbol{N}_{\mathrm{L}}(s) \tag{10.150}$$

其中，$\boldsymbol{D}_{\mathrm{L}}^{-1}(s)\boldsymbol{N}_{\mathrm{L}}(s)$为严真左 MFD，$\boldsymbol{E}_{\mathrm{L}}$ 为 $q\times p$ 常阵。

下面，对"$q\times p$ 严真左 MFD $\boldsymbol{D}_{\mathrm{L}}^{-1}(s)\boldsymbol{N}_{\mathrm{L}}(s)$，$\boldsymbol{D}_{\mathrm{L}}(s)$列既约"构造能观测性形实现。考虑到左 MFD 能观测性形实现和右 MFD 能控性形实现为对偶，所以基于能控性形实现($\boldsymbol{A}_{\mathrm{co}}$，$\boldsymbol{B}_{\mathrm{co}}$，$\boldsymbol{C}_{\mathrm{co}}$)并利用对偶关系可以直接给出能观测性形实现($\boldsymbol{A}_{\mathrm{ob}}$，$\boldsymbol{B}_{\mathrm{ob}}$，$\boldsymbol{C}_{\mathrm{ob}}$)的相应结果和结论。

1. 能观测性形实现的定义

定义 10.7 [能观测性形实现] 对 $q\times p$ 严真左 MFD $\boldsymbol{D}_{\mathrm{L}}^{-1}(s)\boldsymbol{N}_{\mathrm{L}}(s)$，$\boldsymbol{D}_{\mathrm{L}}(s)$列既约，表列次数 $\delta_{\mathrm{c}j}\boldsymbol{D}_{\mathrm{L}}(s)=k_{\mathrm{c}j}$，$j=1,2,\cdots,q$，则称一个状态空间描述

$$\begin{cases}\dot{\boldsymbol{x}}=\boldsymbol{A}_{\mathrm{ob}}\boldsymbol{x}+\boldsymbol{B}_{\mathrm{ob}}\boldsymbol{u}\\ \boldsymbol{y}=\boldsymbol{C}_{\mathrm{ob}}\boldsymbol{x}\end{cases} \tag{10.151}$$

为其能观测性形实现，其中

$$\dim\boldsymbol{A}_{\mathrm{ob}}=\sum_{j=1}^{q}k_{\mathrm{c}j}=n_{\mathrm{L}} \tag{10.152}$$

如果满足：

(i) $\boldsymbol{C}_{\mathrm{ob}}(s\boldsymbol{I}-\boldsymbol{A}_{\mathrm{ob}})^{-1}\boldsymbol{B}_{\mathrm{ob}}=\boldsymbol{D}_{\mathrm{L}}^{-1}(s)\boldsymbol{N}_{\mathrm{L}}(s)$；

(ii) 表 $\boldsymbol{C}_{\mathrm{ob}}=[\boldsymbol{c}_1^{\mathrm{T}},\boldsymbol{c}_2^{\mathrm{T}},\cdots,\boldsymbol{c}_q^{\mathrm{T}}]^{\mathrm{T}}$，有

$$\begin{bmatrix}\boldsymbol{c}_1\\ \boldsymbol{c}_1\boldsymbol{A}_{\mathrm{ob}}\\ \vdots\\ \boldsymbol{c}_1\boldsymbol{A}_{\mathrm{ob}}^{k_{\mathrm{c}1}-1}\\ \hdashline \vdots\\ \hdashline \boldsymbol{c}_q\\ \boldsymbol{c}_q\boldsymbol{A}_{\mathrm{ob}}\\ \vdots\\ \boldsymbol{c}_q\boldsymbol{A}_{\mathrm{ob}}^{k_{\mathrm{c}q}-1}\end{bmatrix}=\boldsymbol{I}_{n_{\mathrm{L}}} \tag{10.153}$$

2. $I_qD_{\mathrm{L}}^{-1}(s)$的控制器形实现

结论 10.70 [控制器形实现($\boldsymbol{A}_{\mathrm{c}}$，$\boldsymbol{B}_{\mathrm{c}}$，$\boldsymbol{C}_{\mathrm{c}}$)] 表 $q\times p$ 严真左 MFD $\boldsymbol{D}_{\mathrm{L}}^{-1}(s)\boldsymbol{N}_{\mathrm{L}}(s)$为

$$\boldsymbol{D}_{\mathrm{L}}^{-1}(s)\boldsymbol{N}_{\mathrm{L}}(s)=\boldsymbol{I}_q\boldsymbol{D}_{\mathrm{L}}^{-1}(s)\cdot\boldsymbol{N}_{\mathrm{L}}(s) \tag{10.154}$$

并对 $q\times q$ 严真右 MFD $\boldsymbol{I}_q\boldsymbol{D}_{\mathrm{L}}^{-1}(s)$，$\boldsymbol{D}_{\mathrm{L}}(s)$列既约，列次数 $\delta_{\mathrm{c}j}\boldsymbol{D}_{\mathrm{L}}(s)=k_{\mathrm{c}j}$，$j=1,2,\cdots,q$，引入列次表达式：

$$\begin{cases} \boldsymbol{D}_{\mathrm{L}}(s)=\boldsymbol{D}_{\mathrm{hc}}\boldsymbol{S}_{\mathrm{c}}(s)+\boldsymbol{D}_{\mathrm{Lc}}\boldsymbol{\Psi}_{\mathrm{c}}(s) \\ \boldsymbol{I}_q=\overline{\boldsymbol{N}}_{\mathrm{Lc}}\boldsymbol{\Psi}_{\mathrm{c}}(s) \end{cases} \tag{10.155}$$

其中

$$\boldsymbol{S}_{\mathrm{c}}(s)=\begin{bmatrix} s^{k_{\mathrm{c}1}} & & \\ & \ddots & \\ & & s^{k_{\mathrm{c}q}} \end{bmatrix} \tag{10.156}$$

$$\boldsymbol{\Psi}_{\mathrm{c}}(s)=\begin{bmatrix} \begin{array}{c} s^{k_{\mathrm{c}1}-1} \\ \vdots \\ s \\ 1 \end{array} & & \\ & \ddots & \\ & & \begin{array}{c} s^{k_{\mathrm{c}q}-1} \\ \vdots \\ s \\ 1 \end{array} \end{bmatrix} \begin{array}{l} \left.\vphantom{\begin{array}{c} s \\ \vdots \\ s \\ 1 \end{array}}\right\} k_{\mathrm{c}1} \\ \vdots \\ \left.\vphantom{\begin{array}{c} s \\ \vdots \\ s \\ 1 \end{array}}\right\} k_{\mathrm{c}q} \end{array} \tag{10.157}$$

$$\boldsymbol{D}_{\mathrm{hc}}\ \text{为}\ \boldsymbol{D}_{\mathrm{L}}(s)\ \text{的列次系数阵，且}\ \det\boldsymbol{D}_{\mathrm{hc}}\neq 0 \tag{10.158}$$

$$\boldsymbol{D}_{\mathrm{Lc}}\ \text{为}\ \boldsymbol{D}_{\mathrm{L}}(s)\ \text{的低次系数阵} \tag{10.159}$$

$$\overline{\boldsymbol{N}}_{\mathrm{Lc}}=\begin{bmatrix} \underbrace{0\ \cdots\ 0\ 1}_{k_{\mathrm{c}1}} & & \\ & \ddots & \\ & & \underbrace{0\ \cdots\ 0\ 1}_{k_{\mathrm{c}q}} \end{bmatrix}\ \text{为}\ \boldsymbol{I}_q\ \text{的低次系数阵} \tag{10.160}$$

$$\sum_{j=1}^{q}k_{\mathrm{c}j}=n_{\mathrm{L}} \tag{10.161}$$

则据上节中控制器形实现相关结论，可以导出构造 $\boldsymbol{I}_q\boldsymbol{D}_{\mathrm{L}}^{-1}(s)$的控制器形实现($\boldsymbol{A}_{\mathrm{c}}$，$\boldsymbol{B}_{\mathrm{c}}$，$\boldsymbol{C}_{\mathrm{c}}$)的关系式为

$$\boldsymbol{A}_{\mathrm{c}}=\boldsymbol{A}_{\mathrm{c}}^{\circ}-\boldsymbol{B}_{\mathrm{c}}^{\circ}\boldsymbol{D}_{\mathrm{hc}}^{-1}\boldsymbol{D}_{\mathrm{Lc}},\qquad \boldsymbol{B}_{\mathrm{c}}=\boldsymbol{B}_{\mathrm{c}}^{\circ}\boldsymbol{D}_{\mathrm{hc}}^{-1},\qquad \boldsymbol{C}_{\mathrm{c}}=\overline{\boldsymbol{N}}_{\mathrm{Lc}} \tag{10.162}$$

其中($\boldsymbol{A}_{\mathrm{c}}^{\circ}$，$\boldsymbol{B}_{\mathrm{c}}^{\circ}$，$\boldsymbol{C}_{\mathrm{c}}^{\circ}$)为$\boldsymbol{\Psi}_{\mathrm{c}}(s)\boldsymbol{S}_{\mathrm{c}}^{-1}(s)$的实现即核实现，其形式如式(10.71)所示，且 p 为 q。

结论 10.71 [($\boldsymbol{A}_{\mathrm{c}}$，$\boldsymbol{B}_{\mathrm{c}}$，$\boldsymbol{C}_{\mathrm{c}}$)的形式]　对 $q\times q$ 严真右 MFD $\boldsymbol{I}_q\boldsymbol{D}_{\mathrm{L}}^{-1}(s)$，$\boldsymbol{D}_{\mathrm{L}}(s)$列既约，则据上节中控制器形实现相关结论，可以导出其控制器形实现($\boldsymbol{A}_{\mathrm{c}}$，$\boldsymbol{B}_{\mathrm{c}}$，$\boldsymbol{C}_{\mathrm{c}}$)具有形式：

$$
\boldsymbol{A}_{\mathrm{c}}=\left[\begin{array}{cccc|cccc|c|cccc}
\theta_1^{(11)} & \cdots & \cdots & \theta_{k_{\mathrm{c1}}}^{(11)} & \theta_1^{(12)} & \cdots & \cdots & \theta_{k_{\mathrm{c2}}}^{(12)} & & & & & \\
1 & 0 & & & 0 & \cdots & \cdots & 0 & \cdots & & & & \\
 & \ddots & \ddots & & \vdots & & & \vdots & & & & & \\
 & & 1 & 0 & 0 & \cdots & \cdots & 0 & & & & & \\
\hline
\theta_1^{(21)} & \cdots & \cdots & \theta_{k_{\mathrm{c1}}}^{(21)} & & & & & & & & & \\
0 & \cdots & \cdots & 0 & & & & & & & & & \\
\vdots & & & \vdots & & & \ddots & & & & & & \\
0 & \cdots & \cdots & 0 & & & & & & & & & \\
\hline
 & \vdots & & & & & & & & & & & \\
\hline
 & & & & & & & & & \theta_1^{(qq)} & \cdots & \cdots & \theta_{k_{\mathrm{c}q}}^{(qq)} \\
 & & & & & & & & & 1 & 0 & & \\
 & & & & & & & & & & \ddots & \ddots & \\
 & & & & & & & & & & & 1 & 0
\end{array}\right]
\begin{array}{l}
\left.\vphantom{\begin{array}{c}1\\1\\1\\1\end{array}}\right\}k_{\mathrm{c1}}\\
\vdots\\
\left.\vphantom{\begin{array}{c}1\\1\\1\\1\end{array}}\right\}k_{\mathrm{c}q}
\end{array}
$$

$$
\underbrace{\qquad\qquad}_{k_{\mathrm{c1}}}\qquad\cdots\qquad\underbrace{\qquad\qquad}_{k_{\mathrm{c}q}}
$$

$$
\boldsymbol{B}_{\mathrm{c}}=\left[\begin{array}{ccc}
\theta & \cdots & \theta\\
0 & \cdots & 0\\
\vdots & & \vdots\\
0 & & 0\\
\hdashline
 & \vdots & \\
\hdashline
\theta & \cdots & \theta\\
0 & \cdots & 0\\
\vdots & & \vdots\\
0 & \cdots & 0
\end{array}\right]
\begin{array}{l}
\left.\vphantom{\begin{array}{c}1\\1\\1\\1\end{array}}\right\}k_{\mathrm{c1}}\\
\vdots\\
\left.\vphantom{\begin{array}{c}1\\1\\1\\1\end{array}}\right\}k_{\mathrm{c}q}
\end{array}
\quad
\boldsymbol{C}_{\mathrm{c}}=\left[\begin{array}{cccc|c|cccc}
0 & \cdots & 0 & 1 & & & & & \\
\hline
 & & & & \ddots & & & & \\
\hline
 & & & & & 0 & \cdots & 0 & 1
\end{array}\right]\Bigg\}q
$$

$$
\underbrace{\qquad\qquad}_{k_{\mathrm{c1}}}\qquad\cdots\qquad\underbrace{\qquad\qquad}_{k_{\mathrm{c}q}}
\tag{10.163}
$$

其中，θ 表示可能的非零元。

注 为了下面讨论需要，在 $\boldsymbol{A}_{\mathrm{c}}$ 的 θ 元中引入上下标以显示所在位置，上标表示块阵的块行和块列序号，下标表示块内的列序号。例如，$\theta_k^{(ji)}$ 表示位于第 j 块行和第 i 块列的块阵的第 k 列 θ 元。

结论 10.72 ［对应关系］ 对"$q\times q$ 严真右 MFD $\boldsymbol{I}_q\boldsymbol{D}_{\mathrm{L}}^{-1}(s)$，$\boldsymbol{D}_{\mathrm{L}}(s)$列既约"和控制器形实现($\boldsymbol{A}_{\mathrm{c}}$，$\boldsymbol{B}_{\mathrm{c}}$，$\boldsymbol{C}_{\mathrm{c}}$)，据上节中控制器形实现相关结论，可以导出两者间的对应关系：

$$
\boldsymbol{A}_{\mathrm{c}}\text{ 的第 }i\text{ 个 }\theta\text{ 行}=-\boldsymbol{D}_{\mathrm{hc}}^{-1}\boldsymbol{D}_{\mathrm{Lc}}\text{ 的第 }i\text{ 行}
\tag{10.164}
$$

$$\boldsymbol{B}_c \text{ 的第 } i \text{ 个 } \theta \text{ 行} = \boldsymbol{D}_{hc}^{-1} \text{ 的第 } i \text{ 行} \tag{10.165}$$

其中，$i=1,2,\cdots,q$。

结论 10.73 ［$(\boldsymbol{A}_c,\boldsymbol{B}_c,\boldsymbol{C}_c)$属性］　对“$q\times q$ 严真右 MFD $\boldsymbol{I}_q\boldsymbol{D}_L^{-1}(s)$，$\boldsymbol{D}_L(s)$列既约”和控制器形实现$(\boldsymbol{A}_c,\boldsymbol{B}_c,\boldsymbol{C}_c)$，表

$$\boldsymbol{C}_c = \begin{bmatrix} \tilde{\boldsymbol{c}}_1 \\ \tilde{\boldsymbol{c}}_2 \\ \vdots \\ \tilde{\boldsymbol{c}}_q \end{bmatrix} \tag{10.166}$$

则有

$$\begin{bmatrix} \tilde{\boldsymbol{c}}_1 \\ \tilde{\boldsymbol{c}}_1\boldsymbol{A}_c \\ \vdots \\ \tilde{\boldsymbol{c}}_1\boldsymbol{A}_c^{k_{c1}-1} \\ \hdashline \vdots \\ \hdashline \tilde{\boldsymbol{c}}_q \\ \tilde{\boldsymbol{c}}_q\boldsymbol{A}_c \\ \vdots \\ \tilde{\boldsymbol{c}}_q\boldsymbol{A}_c^{k_{cq}-1} \end{bmatrix} = \tilde{\boldsymbol{I}}_{n_L} \tag{10.167}$$

其中，变形单位阵 $\tilde{\boldsymbol{I}}_{n_L}$ 为

$$\tilde{\boldsymbol{I}}_{n_L} = \begin{bmatrix} \begin{matrix} & & 1 \\ & \cdot^{\cdot^{\cdot}} & \\ 1 & & \end{matrix} & & \\ & \ddots & \\ & & \begin{matrix} & & 1 \\ & \cdot^{\cdot^{\cdot}} & \\ 1 & & \end{matrix} \end{bmatrix} \begin{matrix} \}\,k_{c1} \\ \vdots \\ \}\,k_{cq} \end{matrix} \tag{10.168}$$

$$\underbrace{\qquad\qquad}_{k_{c1}} \quad \cdots \quad \underbrace{\qquad\qquad}_{k_{cq}}$$

且有

$$\tilde{\boldsymbol{I}}_{n_L}^{-1} = \tilde{\boldsymbol{I}}_{n_L} \tag{10.169}$$

3. $D_L^{-1}(s)N_L(s)$的能观测性实现

结论 10.74 ［能观测性实现］　对真 $q\times p$ 左 MFD $\boldsymbol{D}_L^{-1}(s)\bar{\boldsymbol{N}}_L(s)$，其严真左 MFD 为 $\boldsymbol{D}_L^{-1}(s)\boldsymbol{N}_L(s)$，$\boldsymbol{D}_L(s)$列既约，则构造 $\boldsymbol{D}_L^{-1}(s)\boldsymbol{N}_L(s)$的能观测性实现$(\boldsymbol{A}_{ob}$，

$\boldsymbol{B}_{\text{ob}}, \boldsymbol{C}_{\text{ob}}$)的关系式为

$$\boldsymbol{A}_{\text{ob}}=\widetilde{\boldsymbol{I}}_{n_{\text{L}}}\boldsymbol{A}_{\text{c}}\widetilde{\boldsymbol{I}}_{n_{\text{L}}}, \qquad \boldsymbol{B}_{\text{ob}}=[\widetilde{\boldsymbol{I}}_{n_{\text{L}}}\boldsymbol{B}_{\text{c}}\boldsymbol{N}_{\text{L}}(s)]_{s\to\boldsymbol{A}_{\text{ob}}}, \qquad \boldsymbol{C}_{\text{ob}}=\boldsymbol{C}_{\text{c}}\widetilde{\boldsymbol{I}}_{n_{\text{L}}} \tag{10.170}$$

其中，($\boldsymbol{A}_{\text{c}}, \boldsymbol{B}_{\text{c}}, \boldsymbol{C}_{\text{c}}$)为由式(10.163)给出的"$q\times q$ 严真 $\boldsymbol{I}_q\boldsymbol{D}_{\text{L}}^{-1}(s)$，$\boldsymbol{D}_{\text{L}}(s)$列既约"的控制器形实现，$\widetilde{\boldsymbol{I}}_{n_{\text{L}}}$ 为由式(10.168)形式给出的变形单位阵。而真 $\boldsymbol{D}_{\text{L}}^{-1}(s)\overline{\boldsymbol{N}}_{\text{L}}(s)$的能观测性实现为($\boldsymbol{A}_{\text{ob}}, \boldsymbol{B}_{\text{ob}}, \boldsymbol{C}_{\text{ob}}, \boldsymbol{E}_{\text{L}}$)。

结论 10.75［能观测性实现的形式］ 对 $q\times p$ 严真左 MFD $\boldsymbol{D}_{\text{L}}^{-1}(s)\boldsymbol{N}_{\text{L}}(s)$，$\boldsymbol{D}_{\text{L}}(s)$列既约，由基于式(10.163)给出的控制器形实现($\boldsymbol{A}_{\text{c}}, \boldsymbol{B}_{\text{c}}, \boldsymbol{C}_{\text{c}}$)和式(10.170)决定，可导出能观测性实现($\boldsymbol{A}_{\text{ob}}, \boldsymbol{B}_{\text{ob}}, \boldsymbol{C}_{\text{ob}}$)具有形式：

$$\boldsymbol{A}_{\text{ob}}=\left[\begin{array}{c|c|c|c}
\begin{matrix} 0 & 1 & & \\ & \ddots & \ddots & \\ & & 0 & 1 \\ \theta_{k_{\text{c1}}}^{(11)} & \cdots & \cdots & \theta_1^{(11)} \end{matrix} &
\begin{matrix} 0 & \cdots & 0 \\ \vdots & & \vdots \\ 0 & \cdots & 0 \\ \theta_{k_{\text{c2}}}^{(12)} & \cdots & \theta_1^{(12)} \end{matrix} & \cdots & \\
\hline
\begin{matrix} 0 & \cdots & \cdots & 0 \\ \vdots & & & \vdots \\ 0 & \cdots & \cdots & 0 \\ \theta_{k_{\text{c1}}}^{(21)} & \cdots & \cdots & \theta_1^{(21)} \end{matrix} & \ddots & & \vdots \\
\hline
\vdots & & & \begin{matrix} 0 & 1 & & \\ & \ddots & \ddots & \\ & & 0 & 1 \\ \theta_{k_{\text{c}q}}^{(qq)} & \cdots & \cdots & \theta_1^{(qq)} \end{matrix}
\end{array}\right]
\begin{matrix} \}k_{\text{c1}} \\ \\ \vdots \\ \\ \}k_{\text{c}q} \end{matrix}$$

$$\underbrace{\qquad\qquad}_{k_{\text{c1}}} \qquad \cdots \qquad \underbrace{\qquad\qquad}_{k_{\text{c}q}}$$

$$\boldsymbol{C}_{\text{ob}}=\begin{bmatrix} \underbrace{1 \;\; 0 \;\; \cdots \;\; 0}_{k_{\text{c1}}} & & \\ & \cdots & \\ & & \underbrace{1 \;\; 0 \;\; \cdots \;\; 0}_{k_{\text{c}q}} \end{bmatrix} \qquad \boldsymbol{B}_{\text{co}}=\text{无特殊形式} \tag{10.171}$$

结论 10.76［对应关系］ 对 $q\times p$ 严真左 MFD $\boldsymbol{D}_{\text{L}}^{-1}(s)\boldsymbol{N}_{\text{L}}(s)$，$\boldsymbol{D}_{\text{L}}(s)$ 列既约，引入 $\boldsymbol{D}_{\text{L}}(s)$的列次表达式为

$$\boldsymbol{D}_{\text{L}}(s)=\boldsymbol{D}_{\text{hc}}\boldsymbol{S}_{\text{c}}(s)+\boldsymbol{D}_{\text{Lc}}\boldsymbol{\Psi}_{\text{c}}(s) \tag{10.172}$$

表 $q\times n_{\text{L}}$ 矩阵 $\boldsymbol{D}_{\text{hc}}^{-1}\boldsymbol{D}_{\text{Lc}}$ 为 $q\times q$ 分块阵，每个块阵维数为 $1\times k_{\text{c}j}$，$j=1,2,\cdots,q$，

即有

$$\boldsymbol{D}_{\mathrm{hc}}^{-1}\boldsymbol{D}_{\mathrm{Lc}}=\left[\begin{array}{ccc|c|ccc}\eta_1^{(11)} & \cdots & \eta_{k_{c1}}^{(11)} & \cdots & \eta_1^{(1q)} & \cdots & \eta_{k_{cq}}^{(1q)}\\ \hline & \vdots & & & & \vdots & \\ \hline \eta_1^{(q1)} & \cdots & \eta_{k_{c1}}^{(q1)} & \cdots & \eta_1^{(qq)} & \cdots & \eta_{k_{cq}}^{(qq)}\end{array}\right] \tag{10.173}$$

那么，基于控制器形实现$(\boldsymbol{A}_{\mathrm{c}},\boldsymbol{B}_{\mathrm{c}},\boldsymbol{C}_{\mathrm{c}})$的关系式(10.162)和能观测性形实现$\boldsymbol{A}_{\mathrm{ob}}$的关系式(10.170)，可以导出$\boldsymbol{A}_{\mathrm{ob}}$中的$\theta$行和$\boldsymbol{D}_{\mathrm{hc}}^{-1}\boldsymbol{D}_{\mathrm{Lc}}$的块阵之间具有对应关系：

$$\begin{aligned}&[\theta_{k_{ci}}^{(ji)} \quad \cdots \quad \theta_1^{(ji)}]\\ &=-[\eta_1^{(ji)} \quad \cdots \quad \eta_{k_{ci}}^{(ji)}]\begin{bmatrix} & & 1\\ & \cdot^{\cdot^{\cdot}} & \\ 1 & & \end{bmatrix}=[-\eta_{k_{ci}}^{(ji)} \quad \cdots \quad -\eta_1^{(ji)}]\end{aligned} \tag{10.174}$$

其中，$i,j=1,2,\cdots,q$。

结论 10.77［对偶性］　设$(\boldsymbol{A}_{\mathrm{ob}},\boldsymbol{B}_{\mathrm{ob}},\boldsymbol{C}_{\mathrm{ob}})$为“严真左 MFD $\boldsymbol{D}_{\mathrm{L}}^{-1}(s)\boldsymbol{N}_{\mathrm{L}}(s)$，$\boldsymbol{D}_{\mathrm{L}}(s)$列既约”的能观测性形实现，$(\boldsymbol{A}_{\mathrm{co}},\boldsymbol{B}_{\mathrm{co}},\boldsymbol{C}_{\mathrm{co}})$为“严真右 MFD $\boldsymbol{N}(s)\boldsymbol{D}^{-1}(s)$，$\boldsymbol{D}(s)$行既约”的能控性形实现，则$(\boldsymbol{A}_{\mathrm{ob}},\boldsymbol{B}_{\mathrm{ob}},\boldsymbol{C}_{\mathrm{ob}})$和$(\boldsymbol{A}_{\mathrm{co}},\boldsymbol{B}_{\mathrm{co}},\boldsymbol{C}_{\mathrm{co}})$形式上为对偶，即下式成立：

$$\boldsymbol{A}_{\mathrm{ob}}(=)\boldsymbol{A}_{\mathrm{co}}^{\mathrm{T}},\qquad \boldsymbol{C}_{\mathrm{ob}}(=)\boldsymbol{B}_{\mathrm{co}}^{\mathrm{T}} \tag{10.175}$$

10.6　不可简约矩阵分式描述的最小实现

最小实现也称为不可简约实现。最小实现是传递函数矩阵的维数最小即结构最简的一类实现。最小实现的引入可使对系统的分析和仿真得到很大程度的简化。本节研究基于不可简约 MFD 构造最小实现的问题，并将讨论区分为右 MFD 和左 MFD 两类情形。

10.6.1　不可简约右 MFD 的最小实现

对不可简约右 MFD $\boldsymbol{N}(s)\boldsymbol{D}^{-1}(s)$，不管是相应于$\boldsymbol{D}(s)$列既约的控制器形实现$(\boldsymbol{A}_{\mathrm{c}},\boldsymbol{B}_{\mathrm{c}},\boldsymbol{C}_{\mathrm{c}})$，还是相应于$\boldsymbol{D}(s)$行既约的能控性形实现$(\boldsymbol{A}_{\mathrm{co}},\boldsymbol{B}_{\mathrm{co}},\boldsymbol{C}_{\mathrm{co}})$，都将直接成为$\boldsymbol{N}(s)\boldsymbol{D}^{-1}(s)$的最小实现。

结论 10.78［不可简约右 MFD 最小实现］　对$q\times p$严真右 MFD $\boldsymbol{N}(s)\boldsymbol{D}^{-1}(s)$，设$n=\deg\det\boldsymbol{D}(s)$，表$(\boldsymbol{A}_{\mathrm{c}},\boldsymbol{B}_{\mathrm{c}},\boldsymbol{C}_{\mathrm{c}})$为“$\boldsymbol{N}(s)\boldsymbol{D}^{-1}(s)$，$\boldsymbol{D}(s)$列既约”的$n$维控制器形实现，$(\boldsymbol{A}_{\mathrm{co}},\boldsymbol{B}_{\mathrm{co}},\boldsymbol{C}_{\mathrm{co}})$为“$\boldsymbol{N}(s)\boldsymbol{D}^{-1}(s)$，$\boldsymbol{D}(s)$行既约”的$n$维能控性形实现，则有

$$(\boldsymbol{A}_{\mathrm{c}},\boldsymbol{B}_{\mathrm{c}},\boldsymbol{C}_{\mathrm{c}})\text{ 为最小实现}\quad\Leftrightarrow\quad \boldsymbol{N}(s)\boldsymbol{D}^{-1}(s)\text{ 不可简约} \tag{10.176}$$

$$(\boldsymbol{A}_{\mathrm{co}},\boldsymbol{B}_{\mathrm{co}},\boldsymbol{C}_{\mathrm{co}})\text{ 为最小实现}\quad\Leftrightarrow\quad \boldsymbol{N}(s)\boldsymbol{D}^{-1}(s)\text{ 不可简约} \tag{10.177}$$

需要指出，尽管上述结论为由右 MFD 确定最小实现提供了一条易于计算的途

径，但这并不意味着右 MFD 的最小实现只可能有控制器形或能控性形的形式。下面，给出右 MFD 最小实现的更具普遍性的结论。

结论 10.79 [不可简约右 MFD 最小实现] 对 $q\times p$ 严真右 MFD $\boldsymbol{N}(s)\boldsymbol{D}^{-1}(s)$，$\boldsymbol{D}(s)$列或行既约，表$(\boldsymbol{A},\boldsymbol{B},\boldsymbol{C})$为其任意形式的 n 维实现，$n=\deg\det\boldsymbol{D}(s)$，则有

$$(\boldsymbol{A},\boldsymbol{B},\boldsymbol{C})\text{ 为最小实现}\quad\Leftrightarrow\quad\boldsymbol{N}(s)\boldsymbol{D}^{-1}(s)\text{ 不可简约}\tag{10.178}$$

10.6.2 不可简约左 MFD 的最小实现

对偶地，对不可简约左 MFD $\boldsymbol{D}_{\mathrm{L}}^{-1}(s)\boldsymbol{N}_{\mathrm{L}}(s)$，不管是相应于 $\boldsymbol{D}_{\mathrm{L}}(s)$行既约的观测器形实现$(\boldsymbol{A}_{\mathrm{o}},\boldsymbol{B}_{\mathrm{o}},\boldsymbol{C}_{\mathrm{o}})$，还是相应于 $\boldsymbol{D}_{\mathrm{L}}(s)$列既约的能观测性形实现$(\boldsymbol{A}_{\mathrm{ob}},\boldsymbol{B}_{\mathrm{ob}},\boldsymbol{C}_{\mathrm{ob}})$，都将直接成为 $\boldsymbol{D}_{\mathrm{L}}^{-1}(s)\boldsymbol{N}_{\mathrm{L}}(s)$的最小实现。

结论 10.80 [不可简约左 MFD 最小实现] 对 $q\times p$ 严真左 MFD $\boldsymbol{D}_{\mathrm{L}}^{-1}(s)\boldsymbol{N}_{\mathrm{L}}(s)$，设 $n=\deg\det\boldsymbol{D}_{\mathrm{L}}(s)$，表$(\boldsymbol{A}_{\mathrm{o}},\boldsymbol{B}_{\mathrm{o}},\boldsymbol{C}_{\mathrm{o}})$为"$\boldsymbol{D}_{\mathrm{L}}^{-1}(s)\boldsymbol{N}_{\mathrm{L}}(s)$，$\boldsymbol{D}_{\mathrm{L}}(s)$行既约"的 n 维观测器形实现，$(\boldsymbol{A}_{\mathrm{ob}},\boldsymbol{B}_{\mathrm{ob}},\boldsymbol{C}_{\mathrm{ob}})$为"$\boldsymbol{D}_{\mathrm{L}}^{-1}(s)\boldsymbol{N}_{\mathrm{L}}(s)$，$\boldsymbol{D}_{\mathrm{L}}(s)$列既约"的 n 维能观测性形实现，则有

$$(\boldsymbol{A}_{\mathrm{o}},\boldsymbol{B}_{\mathrm{o}},\boldsymbol{C}_{\mathrm{o}})\text{ 为最小实现}\quad\Leftrightarrow\quad\boldsymbol{D}_{\mathrm{L}}^{-1}(s)\boldsymbol{N}_{\mathrm{L}}(s)\text{ 不可简约}\tag{10.179}$$

$$(\boldsymbol{A}_{\mathrm{ob}},\boldsymbol{B}_{\mathrm{ob}},\boldsymbol{C}_{\mathrm{ob}})\text{ 为最小实现}\quad\Leftrightarrow\quad\boldsymbol{D}_{\mathrm{L}}^{-1}(s)\boldsymbol{N}_{\mathrm{L}}(s)\text{ 不可简约}\tag{10.180}$$

同样，上述结论并不意味着，左 MFD 的最小实现只可能有观测器形或能观测性形的形式。下面，给出左 MFD 的最小实现的更具普遍性的结论。

结论 10.81 [不可简约左 MFD 最小实现] 对 $q\times p$ 严真左 MFD $\boldsymbol{D}_{\mathrm{L}}^{-1}(s)\boldsymbol{N}_{\mathrm{L}}(s)$，$\boldsymbol{D}_{\mathrm{L}}(s)$行或列既约，表$(\bar{\boldsymbol{A}},\bar{\boldsymbol{B}},\bar{\boldsymbol{C}})$为其任意形式的 n 维实现，$n=\deg\det\boldsymbol{D}_{\mathrm{L}}(s)$，则有

$$(\bar{\boldsymbol{A}},\bar{\boldsymbol{B}},\bar{\boldsymbol{C}})\text{ 为最小实现}\quad\Leftrightarrow\quad\boldsymbol{D}_{\mathrm{L}}^{-1}(s)\boldsymbol{N}_{\mathrm{L}}(s)\text{ 不可简约}\tag{10.181}$$

10.6.3 对不可简约 MFD 的最小实现的几点讨论

下面，给出对不可简约 MFD 的最小实现的几点讨论。

1. MFD 最小实现的狭义唯一性

结论 10.82 [狭义唯一性] 尽管严真不可简约右 MFD $\boldsymbol{N}(s)\boldsymbol{D}^{-1}(s)$或严真不可简约左 MFD $\boldsymbol{D}_{\mathrm{L}}^{-1}(s)\boldsymbol{N}_{\mathrm{L}}(s)$的最小实现为不唯一，但其特定形式最小实现则为唯一，如控制器形最小实现、观测器形最小实现、能控性形最小实现和能观测性形最小实现等。

2. 传递函数矩阵最小实现的不唯一性

结论 10.83 [不唯一性] 对严真传递函数矩阵 $\boldsymbol{G}(s)$，由不可简约 MFD 的不唯一性所决定，上述基于 MFD 的特定形式最小实现也为不唯一。

3. 最小实现维数的唯一性

结论 10.84 [维数唯一性]　对严真传递函数矩阵 $\boldsymbol{G}(s)$，不管表为哪种类型的不可简约 MFD，也不管导出的为哪种类型的最小实现，最小实现的维数均为相同，且有

$$\text{最小实现维数} = \text{MFD 分母矩阵行列式的次数} \tag{10.182}$$

4. 最小实现间的代数等价性

结论 10.85 [代数等价性]　对严真传递函数矩阵 $\boldsymbol{G}(s)$ 或矩阵分式描述 MFD，其各种形式的最小实现之间为代数等价。

5. 确定最小实现的途径

结论 10.86 [确定最小实现途径]　对严真可简约 MFD，确定最小实现的途径可有频率域方法和时间域方法两类。

(1) 频率域方法：

严真可简约 MFD，分母矩阵为列既约或行既约

$\Rightarrow$导出不可简约 MFD，分母矩阵为列既约或行既约

$\Rightarrow$导出“控制器形实现/能控性形实现”或“观测器形实现/能观测性形实现”

$\Rightarrow$所得实现为最小实现，且维数等于分母矩阵行列式的次数

(2) 时间域方法：

严真可简约 MFD，分母矩阵为列既约或行既约

$$\Rightarrow\begin{cases}\text{能控类实现}\Rightarrow\text{按能观测性分解}\\ \text{能观测类实现}\Rightarrow\text{按能控性分解}\end{cases}$$

$\Rightarrow$导出能控能观测部分 $(\boldsymbol{A}^{co},\boldsymbol{B}^{co},\boldsymbol{C}^{co})$

$\Rightarrow$导出能观测能控部分 $(\boldsymbol{A}^{oc},\boldsymbol{B}^{oc},\boldsymbol{C}^{oc})$

$\Rightarrow$最小实现即为 $(\boldsymbol{A}^{co},\boldsymbol{B}^{co},\boldsymbol{C}^{co})$

$\Rightarrow$最小实现即为 $(\boldsymbol{A}^{oc},\boldsymbol{B}^{oc},\boldsymbol{C}^{oc})$

10.6.4　不可简约规范 MFD 的最小实现

前已指出，传递函数矩阵 $\boldsymbol{G}(s)$ 的 MFD 为不唯一，但规范 MFD 为唯一。正是利用规范 MFD 的唯一性，可使传递函数矩阵的最小实现在一定限制范围内具有唯一性，这对分析和研究线性时不变系统某些问题是有意义的。

1. 埃尔米特形 MFD 的最小实现

对 $q\times p$ 严真传递函数矩阵 $\boldsymbol{G}(s)$，定出其不可简约埃尔米特形右 MFD $\boldsymbol{N}_{\mathrm{H}}(s)\boldsymbol{D}_{\mathrm{H}}^{-1}(s)$ 或不可简约埃尔米特形左 MFD $\boldsymbol{D}_{\mathrm{LH}}^{-1}(s)\boldsymbol{N}_{\mathrm{LH}}(s)$，表

$(\boldsymbol{A}_{c}^{\mathrm{H}},\boldsymbol{B}_{c}^{\mathrm{H}},\boldsymbol{C}_{c}^{\mathrm{H}})$ 为“$\boldsymbol{N}_{\mathrm{H}}(s)\boldsymbol{D}_{\mathrm{H}}^{-1}(s)$，$\boldsymbol{D}_{\mathrm{H}}(s)$ 列既约”的控制器形实现

$(\boldsymbol{A}_{co}^{H},\boldsymbol{B}_{co}^{H},\boldsymbol{C}_{co}^{H})$ 为“$\boldsymbol{N}_{H}(s)\boldsymbol{D}_{H}^{-1}(s)$，$\boldsymbol{D}_{H}(s)$ 行既约”的能控性形实现

$(\boldsymbol{A}_{o}^{H},\boldsymbol{B}_{o}^{H},\boldsymbol{C}_{o}^{H})$ 为“$\boldsymbol{D}_{LH}^{-1}(s)\boldsymbol{N}_{LH}(s)$，$\boldsymbol{D}_{LH}(s)$ 行既约”的观测器形实现

$(\boldsymbol{A}_{ob}^{H},\boldsymbol{B}_{ob}^{H},\boldsymbol{C}_{ob}^{H})$ 为“$\boldsymbol{D}_{LH}^{-1}(s)\boldsymbol{N}_{LH}(s)$，$\boldsymbol{D}_{LH}(s)$ 列既约”的能观测性形实现

在此基础上，对传递函数矩阵 $\boldsymbol{G}(s)$的基于不可简约埃尔米特形 MFD 的规范最小实现，可直接给出如下的结论。

结论 10.87［基于埃尔米特形 MFD 的 $\boldsymbol{G}(s)$规范最小实现］ 对 $q\times p$ 严真传递函数矩阵 $\boldsymbol{G}(s)$，基于其不可简约埃尔米特形 MFD，可以导出唯一控制器形最小实现 $(\boldsymbol{A}_{c}^{H},\boldsymbol{B}_{c}^{H},\boldsymbol{C}_{c}^{H})$，唯一能控性形最小实现 $(\boldsymbol{A}_{co}^{H},\boldsymbol{B}_{co}^{H},\boldsymbol{C}_{co}^{H})$，唯一观测器形最小实现 $(\boldsymbol{A}_{o}^{H},\boldsymbol{B}_{o}^{H},\boldsymbol{C}_{o}^{H})$，以及唯一能观测性形最小实现 $(\boldsymbol{A}_{ob}^{H},\boldsymbol{B}_{ob}^{H},\boldsymbol{C}_{ob}^{H})$。

2. 波波夫形 MFD 的最小实现

对 $q\times p$ 严真传递函数矩阵 $\boldsymbol{G}(s)$，定出其不可简约的波波夫形右 MFD $\boldsymbol{N}_{E}(s)\boldsymbol{D}_{E}^{-1}(s)$或不可简约的波波夫形左 MFD $\boldsymbol{D}_{LE}^{-1}(s)\boldsymbol{N}_{LE}(s)$，表

$(\boldsymbol{A}_{c}^{E},\boldsymbol{B}_{c}^{E},\boldsymbol{C}_{c}^{E})$ 为“$\boldsymbol{N}_{E}(s)\boldsymbol{D}_{E}^{-1}(s)$，$\boldsymbol{D}_{E}(s)$ 列既约”的控制器形实现

$(\boldsymbol{A}_{co}^{E},\boldsymbol{B}_{co}^{E},\boldsymbol{C}_{co}^{E})$ 为“$\boldsymbol{N}_{E}(s)\boldsymbol{D}_{E}^{-1}(s)$，$\boldsymbol{D}_{E}(s)$ 行既约”的能控性形实现

$(\boldsymbol{A}_{o}^{E},\boldsymbol{B}_{o}^{E},\boldsymbol{C}_{o}^{E})$ 为“$\boldsymbol{D}_{LE}^{-1}(s)\boldsymbol{N}_{LE}(s)$，$\boldsymbol{D}_{LE}(s)$ 行既约”的观测器形实现

$(\boldsymbol{A}_{ob}^{E},\boldsymbol{B}_{ob}^{E},\boldsymbol{C}_{ob}^{E})$ 为“$\boldsymbol{D}_{LE}^{-1}(s)\boldsymbol{N}_{LE}(s)$，$\boldsymbol{D}_{LE}(s)$ 列既约”的能观测性形实现

在此基础上，对传递函数矩阵 $\boldsymbol{G}(s)$的基于不可简约波波夫形 MFD 的规范最小实现，可以直接给出如下的结论。

结论 10.88［基于波波夫形 MFD 的 $\boldsymbol{G}(s)$规范最小实现］ 对 $q\times p$ 严真传递函数矩阵 $\boldsymbol{G}(s)$，基于不可简约波波夫形 MFD，可以导出唯一控制器形最小实现 $(\boldsymbol{A}_{c}^{E},\boldsymbol{B}_{c}^{E},\boldsymbol{C}_{c}^{E})$，唯一能控性形最小实现 $(\boldsymbol{A}_{co}^{E},\boldsymbol{B}_{co}^{E},\boldsymbol{C}_{co}^{E})$，唯一观测器形最小实现 $(\boldsymbol{A}_{o}^{E},\boldsymbol{B}_{o}^{E},\boldsymbol{C}_{o}^{E})$，以及唯一能观测性形最小实现 $(\boldsymbol{A}_{ob}^{E},\boldsymbol{B}_{ob}^{E},\boldsymbol{C}_{ob}^{E})$。

10.7 小结和评述

(1) 本章的定位。本章论述线性时不变系统传递函数矩阵的状态空间实现问题。实现定义为与传递函数矩阵外部等价的一个状态空间描述。对实现的构造，既可基于有理分式矩阵形式的传递函数矩阵，也可基于矩阵分式描述的传递函数矩阵。对实现问题的研究是基于系统分析和系统仿真的需要。

(2) 实现的模式和类型。对传递函数矩阵 $\boldsymbol{G}(s)$，真 $\boldsymbol{G}(s)$的实现模式为$(\boldsymbol{A},\boldsymbol{B},\boldsymbol{C},\boldsymbol{E})$，严真 $\boldsymbol{G}(s)$的实现模式为$(\boldsymbol{A},\boldsymbol{B},\boldsymbol{C})$，其中 $\boldsymbol{E}=\boldsymbol{G}(\infty)$。$\boldsymbol{G}(s)$的实现满足强非唯一性，即不仅结果不唯一，而且维数也不唯一。$\boldsymbol{G}(s)$的实现具有多种类型，最为基本的有能控类能观测类实现和最小实现。

(3) 能控类能观测类实现。对有理分式矩阵形式的传递函数矩阵，能控类实现

有能控形实现,能观测类实现有能观测形实现。对矩阵分式描述形式的传递函数矩阵,能控类实现有相对于“$\boldsymbol{N}(s)\boldsymbol{D}^{-1}(s)$,$\boldsymbol{D}(s)$列既约”的控制器形实现和相对于“$\boldsymbol{N}(s)\boldsymbol{D}^{-1}(s)$,$\boldsymbol{D}(s)$行既约”的能控性形实现,能观测类实现有相对于“$\boldsymbol{D}_{\mathrm{L}}^{-1}(s)\boldsymbol{N}_{\mathrm{L}}(s)$,$\boldsymbol{D}_{\mathrm{L}}(s)$行既约”的观测器形实现和相对于“$\boldsymbol{D}_{\mathrm{L}}^{-1}(s)\boldsymbol{N}_{\mathrm{L}}(s)$,$\boldsymbol{D}_{\mathrm{L}}(s)$列既约”的能观测性形实现。结构上,能控类实现为完全能控,但不保证为完全能观测；能观测类实现为完全能观测,但不保证为完全能控。能控类能观测类实现是构造最小实现的一个桥梁。

(4) 最小实现。最小实现定义为传递函数矩阵 $\boldsymbol{G}(s)$的维数最小的一类实现。最小实现的基本特征是其结构上的不可简约性。一个实现($\boldsymbol{A}$,$\boldsymbol{B}$,$\boldsymbol{C}$)为最小实现的时间域判别准则是其为联合能控和能观测；一个能控类能观测类实现为最小实现的频率域判别准则是其对应 MFD 为不可简约。最小实现的引入可使对系统的分析或仿真得到简化。

(5) 构造最小实现的途径。对传递函数矩阵 $\boldsymbol{G}(s)$构造最小实现的途径有频率域方法和时间域方法两类。频率域方法中,由可简约 MFD 先导出不可简约 MFD,而不可简约 MFD 所导出的能控类或能观测类实现即为最小实现。时间域方法中,由可简约的 MFD 先导出能控类或能观测类实现,而能控类或能观测类实现经结构分解所导出的能控能观测部分即为最小实现。

习题

10.1　定出下列各标量传递函数 $g(s)$的能控规范形实现和能观测规范形实现:

(i) $g(s)=\dfrac{4s^2+2s+1}{3s^3+5s^2+2s+3}$

(ii) $g(s)=\dfrac{(s+1)(s+3)}{(s+2)(s+4)(s+6)}$

(iii) $g(s)=\dfrac{5s^3+s^2+4s+1}{2s^3+4s^2+6s+3}$

10.2　定出下列各传递函数矩阵 $\boldsymbol{G}(s)$的能控形实现和能观测形实现:

(i) $\boldsymbol{G}(s)=\begin{bmatrix}\dfrac{1}{s+1} & \dfrac{1}{s^2+3s+2}\end{bmatrix}$

(ii) $\boldsymbol{G}(s)=\begin{bmatrix}\dfrac{1}{s(s+1)} & \dfrac{2}{s+2}\\[2mm] \dfrac{2}{s+1} & \dfrac{1}{s+1}\end{bmatrix}$

10.3　定出下列传递函数矩阵 $\boldsymbol{G}(s)$的任意两个最小实现:

$$\boldsymbol{G}(s)=\begin{bmatrix}\dfrac{2s+1}{s^2-1} & \dfrac{s}{s^2+5s+4}\\[2mm] \dfrac{1}{s+3} & \dfrac{2s+5}{s^2+7s+12}\end{bmatrix}$$

10.4 给定状态空间描述为

$$\dot{\boldsymbol{x}}=\begin{bmatrix}1&2&1\\0&1&0\\0&3&2\end{bmatrix}\boldsymbol{x}+\begin{bmatrix}0&1\\1&0\\1&1\end{bmatrix}\boldsymbol{u},\qquad \boldsymbol{y}=\begin{bmatrix}1&0&1\\1&1&1\end{bmatrix}\boldsymbol{x}$$

试判断它是否为下列传递函数矩阵的一个实现或最小实现：

$$\boldsymbol{G}(s)=\begin{bmatrix}1&0\\1&-2(s-1)\end{bmatrix}\begin{bmatrix}0&-2(s-1)^2\\\frac{1}{2}(s-2)&s^2+4s-4\end{bmatrix}^{-1}$$

10.5 定出下列各右 MFD 的控制器形实现：

(i) $[s^2-1\quad s+1]\begin{bmatrix}s^3&s^2-1\\s+1&s^3+s^2+1\end{bmatrix}^{-1}$

(ii) $\begin{bmatrix}2s&0\\-s&s^2\end{bmatrix}\begin{bmatrix}0&s^3+4s^2+5s+2\\(s+2)^2&s+2\end{bmatrix}^{-1}$

10.6 定出下列各传递函数矩阵 $\boldsymbol{G}(s)$ 的任意两个维数不同的控制器形实现：

(i) $\boldsymbol{G}(s)=\begin{bmatrix}\dfrac{1}{s^2-1}&\dfrac{s+1}{s^2+5s+4}\\\dfrac{1}{s+3}&\dfrac{s+4}{s^2+7s+12}\end{bmatrix}$

(ii) $\boldsymbol{G}(s)=\begin{bmatrix}\dfrac{2s^2+2s+1}{s^2-3}&\dfrac{s^2+4s+6}{s^2+s+1}\\\dfrac{4s+5}{s+2}&\dfrac{3s^2+4s+1}{s^2+7s+12}\end{bmatrix}$

10.7 定出下列各左 MFD 的观测器形实现：

(i) $\begin{bmatrix}s^2-1&0\\0&s-1\end{bmatrix}^{-1}\begin{bmatrix}1&s-1\\2&s\end{bmatrix}$

(ii) $\begin{bmatrix}0&s^2-1\\s-1&0\end{bmatrix}^{-1}\begin{bmatrix}s-1&1&s-1\\s+1&0&s+1\end{bmatrix}$

10.8 给定传递函数矩阵 $\boldsymbol{G}(s)$ 为

$$\boldsymbol{G}(s)=\begin{bmatrix}\dfrac{1}{s+1}&\dfrac{2}{s+1}\\\dfrac{1}{(s+1)(s+2)}&\dfrac{1}{s+2}\end{bmatrix}$$

试：(i) 定出它的一个观测器形实现；(ii) 定出它的一个能控性形实现。

10.9 证明：左 MFD $\boldsymbol{D}_{\mathrm{L}}^{-1}(s)\boldsymbol{N}_{\mathrm{L}}(s)$ 和其观测器形实现 $(\boldsymbol{A}_{\mathrm{o}},\boldsymbol{B}_{\mathrm{o}},\boldsymbol{C}_{\mathrm{o}})$ 之间成立关系式：

$$\begin{bmatrix}s\boldsymbol{I}-\boldsymbol{A}_{\mathrm{o}}&\boldsymbol{B}_{\mathrm{o}}\\-\boldsymbol{C}_{\mathrm{o}}&\boldsymbol{0}\end{bmatrix}\overset{s}{\sim}\begin{bmatrix}\boldsymbol{I}_n&\boldsymbol{0}\\\boldsymbol{0}&\boldsymbol{N}_{\mathrm{L}}(s)\end{bmatrix}$$

10.10　试判断给定 $\boldsymbol{N}(s)\boldsymbol{D}^{-1}(s)$的控制器形实现是否为最小实现，并定出控制器形实现的维数，其中

$$\boldsymbol{N}(s)=[s+2 \quad s+1], \qquad \boldsymbol{D}(s)=\begin{bmatrix} s^2+1 & 0 \\ s^2+s-2 & s-1 \end{bmatrix}$$

10.11　设 $q\times p$ 的 $\boldsymbol{G}(s)=\boldsymbol{N}(s)\boldsymbol{D}^{-1}(s)=\boldsymbol{D}_{\mathrm{L}}^{-1}(s)\boldsymbol{N}_{\mathrm{L}}(s)$均为不可简约 MFD，试论证：

(i) $\boldsymbol{N}(s)\boldsymbol{D}^{-1}(s)$的控制器形实现和 $\boldsymbol{D}_{\mathrm{L}}^{-1}(s)\boldsymbol{N}_{\mathrm{L}}(s)$的观测器形实现在维数上是否相同。

(ii) 两个实现之间是否为代数等价。

(iii) 若 $\boldsymbol{N}(s)\boldsymbol{D}^{-1}(s)$或 $\boldsymbol{D}_{\mathrm{L}}^{-1}(s)\boldsymbol{N}_{\mathrm{L}}(s)$为可简约，则对上述问题的回答是否仍然正确，如不正确应作何更改。

10.12　设$(\boldsymbol{A},\boldsymbol{B},\boldsymbol{C})$和$(\bar{\boldsymbol{A}},\bar{\boldsymbol{B}},\bar{\boldsymbol{C}})$为传递函数矩阵 $\boldsymbol{G}(s)$的任意两个最小实现，试对这两个实现分别推导能控性格拉姆矩阵 $\boldsymbol{W}_{\mathrm{c}}[0,t_\alpha]$和 $\bar{\boldsymbol{W}}_{\mathrm{c}}[0,t_\alpha]$及能观测性格拉姆矩阵$\boldsymbol{W}_{\mathrm{o}}[0,t_\alpha]$和 $\bar{\boldsymbol{W}}_{\mathrm{o}}[0,t_\alpha]$间的关系式。

第11章 线性时不变系统的多项式矩阵描述

多项式矩阵描述由英国学者罗森布罗克(H. H. Rosenbrock)在20世纪60年代中期提出。多项式矩阵描述的概念和方法常被用于线性时不变系统的复频率域分析和综合。本章是对多项式矩阵描述及其属性的一个较为系统和较为简要的讨论。主要内容包括多项式矩阵描述及其与其他形式描述间的关系、互质性和能控性与能观测性、传输零点和解耦零点、系统矩阵,以及严格系统等价等。

11.1 多项式矩阵描述

多项式矩阵描述(polynomial matrix descriptions, PMD)是对线性时不变系统引入的更具有普遍性的一类内部描述。本节从讨论一个具体系统入手导出多项式矩阵描述的形式,在此基础上讨论多项式矩阵描述的一般概念及其与其他描述间的关系。

11.1.1 多项式矩阵描述的形式

为引出多项式矩阵描述的形式,讨论图11.1所示的一个简单电路,电路中元件参数仅为计算方便而选取。约定,取两个回路电流 ζ_1 和 ζ_2 为广义状态变量,u 为输入变量,y 为输出变量。

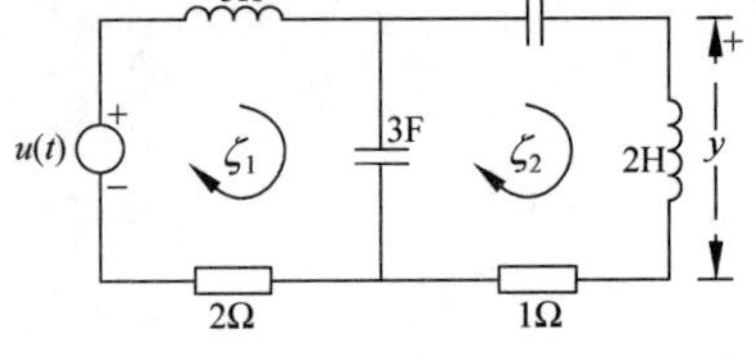

图 11.1 一个简单电路

进而,根据电路的物理定律,列出两个回路的微分方程和电路的输出方程。并且,通过对变量和运算关系引入拉普拉斯变换,可把微分方程和输出方程化为变换形式：

$$\begin{cases}\left(3s+2+\dfrac{1}{3s}\right)\hat{\zeta}_1(s)-\dfrac{1}{3s}\hat{\zeta}_2(s)=\hat{u}(s)\\ -\dfrac{1}{3s}\hat{\zeta}_1(s)+\left(2s+1+\dfrac{1}{3s}+\dfrac{1}{s}\right)\hat{\zeta}_2(s)=0\end{cases}\tag{11.1}$$

$$\hat{y}(s)=2s\hat{\zeta}_2(s)\tag{11.2}$$

将上述方程作化简和改写，可以导出

$$\begin{cases}(9s^2+6s+1)\hat{\zeta}_1(s)-\hat{\zeta}_2(s)=3s\hat{u}(s)\\ -\hat{\zeta}_1(s)+(6s^2+3s+4)\hat{\zeta}_2(s)=0\end{cases}\tag{11.3}$$

$$\hat{y}(s)=0\hat{\zeta}_1(s)+2s\hat{\zeta}_2(s)+0\hat{u}(s)\tag{11.4}$$

再将式(11.3)和式(11.4)表为向量方程形式，有

$$\begin{bmatrix}9s^2+6s+1 & -1\\ -1 & 6s^2+3s+4\end{bmatrix}\begin{bmatrix}\hat{\zeta}_1(s)\\ \hat{\zeta}_2(s)\end{bmatrix}=\begin{bmatrix}3s\\ 0\end{bmatrix}\hat{u}(s)\tag{11.5}$$

$$\hat{y}(s)=[0\quad 2s]\begin{bmatrix}\hat{\zeta}_1(s)\\ \hat{\zeta}_2(s)\end{bmatrix}+[0]\hat{u}(s)\tag{11.6}$$

上述两个方程就是描述给定电路的广义状态方程和输出方程，且系数矩阵均具有多项式矩阵形式，相应地称为给定电路的一个多项式矩阵描述，即 PMD。

现在，推广讨论一般形式的多输入多输出线性时不变系统，定义：

$$输入\ \boldsymbol{u}=\begin{bmatrix}u_1\\ \vdots\\ u_p\end{bmatrix}，广义状态\boldsymbol{\zeta}=\begin{bmatrix}\zeta_1\\ \vdots\\ \zeta_m\end{bmatrix}，输出\ \boldsymbol{y}=\begin{bmatrix}y_1\\ \vdots\\ y_q\end{bmatrix}\tag{11.7}$$

那么，基于对上述电路的 PMD 的推广，可以导出系统的多项式矩阵描述为

$$\begin{cases}\boldsymbol{P}(s)\hat{\boldsymbol{\zeta}}(s)=\boldsymbol{Q}(s)\hat{\boldsymbol{u}}(s)\\ \hat{\boldsymbol{y}}(s)=\boldsymbol{R}(s)\hat{\boldsymbol{\zeta}}(s)+\boldsymbol{W}(s)\hat{\boldsymbol{u}}(s)\end{cases}\tag{11.8}$$

下面，对线性时不变系统的 PMD 给出如下的说明和推论。

1. PMD 的属性

对线性时不变系统，由式(11.8)给出的 PMD 本质上属于系统的一种内部描述。但是，不同于系统的状态空间描述，这里引入的$\boldsymbol{\zeta}$是一种广义状态或伪状态，对其并不要求按状态定义进行严格限定。

2. 系数矩阵的多项式矩阵属性

对线性时不变系统，由式(11.8)给出的 PMD 的系数矩阵均属于多项式矩阵。其中，$\boldsymbol{P}(s)$为 $m\times m$ 多项式矩阵，$\boldsymbol{Q}(s)$，$\boldsymbol{R}(s)$和$\boldsymbol{W}(s)$为 $m\times p$，$q\times m$ 和 $q\times p$ 多项式矩阵。

3. 对 PMD 的基本假定

对线性时不变系统，为保证由式(11.8)给出的 PMD 有唯一解，需要引入一个基本性假设，即假定多项式矩阵 $\boldsymbol{P}(s)$为非奇异，也就是 $\boldsymbol{P}^{-1}(s)$存在。通常，现实世界中的绝大多数线性时不变系统都满足基本性假设。

4. 时间域 PMD

对线性时不变系统，若在由式(11.8)给出的频率域 PMD 的系数矩阵中，用微分算子 $p \triangleq \mathrm{d}/\mathrm{d}t$ 代替复数变量 s，并将复频率域变量替换为时间域变量，就得到时间域 PMD 为

$$\begin{cases} \boldsymbol{P}(p)\boldsymbol{\zeta}(t) = \boldsymbol{Q}(p)\boldsymbol{u}(t) \\ \boldsymbol{y}(t) = \boldsymbol{R}(p)\boldsymbol{\zeta}(t) + \boldsymbol{W}(p)\boldsymbol{u}(t) \end{cases} \tag{11.9}$$

5. PMD 的意义

从随后的讨论中可以看到，对线性时不变系统由式(11.8)给出的 PMD 提供了最为一般的系统描述。在线性时不变系统的复频率域理论中，PMD 是沟通系统不同描述的结构性质间关系的一个桥梁。

11.1.2 PMD 和其他描述的关系

本部分针对线性时不变系统，进而建立多项式矩阵描述与其他类型描述如传递函数矩阵、状态空间描述、左右 MFD 等之间的关系。

1. 多项式矩阵描述的传递函数矩阵

结论 11.1 [PMD 的传递函数矩阵] 对线性时不变系统，由式(11.8)给出的 PMD 的传递函数矩阵 $\boldsymbol{G}(s)$为

$$\boldsymbol{G}(s) = \boldsymbol{R}(s)\boldsymbol{P}^{-1}(s)\boldsymbol{Q}(s) + \boldsymbol{W}(s) \tag{11.10}$$

证 考虑到 $\boldsymbol{P}(s)$非奇异，由式(11.8)的第一个关系式可以导出

$$\hat{\boldsymbol{\zeta}}(s) = \boldsymbol{P}^{-1}(s)\boldsymbol{Q}(s)\hat{\boldsymbol{u}}(s) \tag{11.11}$$

将其代入式(11.8)的第二个关系式，可以得到

$$\hat{\boldsymbol{y}}(s) = [\boldsymbol{R}(s)\boldsymbol{P}^{-1}(s)\boldsymbol{Q}(s) + \boldsymbol{W}(s)]\hat{\boldsymbol{u}}(s) \tag{11.12}$$

基此，即可导出式(11.10)。证明完成。

2. 状态空间描述的多项式矩阵描述

结论 11.2 [状态空间描述的 PMD] 给定线性时不变系统的状态空间描述：

$$\begin{cases} \dot{\boldsymbol{x}} = \boldsymbol{A}\boldsymbol{x} + \boldsymbol{B}\boldsymbol{u}, \quad t \geqslant 0 \\ \boldsymbol{y} = \boldsymbol{C}\boldsymbol{x} + \boldsymbol{E}(p)\boldsymbol{u} \end{cases} \tag{11.13}$$

其中，$\boldsymbol{E}(p)$为多项式矩阵，$p=\mathrm{d}/\mathrm{d}t$ 为微分算子，$\boldsymbol{x}(0)=\boldsymbol{0}$，且 $\boldsymbol{E}(p)$的存在反映系统的非真性(可能作为设计模型产生)。那么，状态空间描述(11.13)的等价的 PMD 为

$$\begin{cases}(s\boldsymbol{I}-\boldsymbol{A})\hat{\boldsymbol{\zeta}}(s)=\boldsymbol{B}\hat{\boldsymbol{u}}(s)\\ \hat{\boldsymbol{y}}(s)=\boldsymbol{C}\hat{\boldsymbol{\zeta}}(s)+\boldsymbol{E}(s)\hat{\boldsymbol{u}}(s)\end{cases}\tag{11.14}$$

其中，$\hat{\boldsymbol{\zeta}}(s)=\hat{\boldsymbol{x}}(s)$为 $n\times 1$ 广义状态，PMD 的各个系数矩阵为

$$\begin{aligned}&\boldsymbol{P}(s)=(s\boldsymbol{I}-\boldsymbol{A}),\quad &\boldsymbol{Q}(s)=\boldsymbol{B}\\ &\boldsymbol{R}(s)=\boldsymbol{C}, &\boldsymbol{W}(s)=\boldsymbol{E}(s)\end{aligned}\tag{11.15}$$

3. 矩阵分式描述的多项式矩阵描述

结论 11.3 [MFD 的 PMD]　给定 $q\times p$ 线性时不变系统的右 MFD $\boldsymbol{N}(s)\boldsymbol{D}^{-1}(s)+\boldsymbol{E}(s)$和左 MFD $\boldsymbol{D}_{\mathrm{L}}^{-1}(s)\boldsymbol{N}_{\mathrm{L}}(s)+\boldsymbol{E}(s)$，其中 $\boldsymbol{N}(s)\boldsymbol{D}^{-1}(s)$和 $\boldsymbol{D}_{\mathrm{L}}^{-1}(s)\boldsymbol{N}_{\mathrm{L}}(s)$为严真 MFD，$\boldsymbol{E}(s)$为多项式矩阵。那么，等价于 $\boldsymbol{N}(s)\boldsymbol{D}^{-1}(s)+\boldsymbol{E}(s)$的 PMD 为

$$\begin{cases}\boldsymbol{D}(s)\hat{\boldsymbol{\zeta}}(s)=\boldsymbol{I}\hat{\boldsymbol{u}}(s)\\ \hat{\boldsymbol{y}}(s)=\boldsymbol{N}(s)\hat{\boldsymbol{\zeta}}(s)+\boldsymbol{E}(s)\hat{\boldsymbol{u}}(s)\end{cases}\tag{11.16}$$

其中，$\hat{\boldsymbol{\zeta}}(s)=\boldsymbol{D}^{-1}(s)\boldsymbol{I}\hat{\boldsymbol{u}}(s)$为 $p\times 1$ 广义状态，PMD 的各个系数矩阵为

$$\begin{aligned}&\boldsymbol{P}(s)=\boldsymbol{D}(s),\quad &\boldsymbol{Q}(s)=\boldsymbol{I}\\ &\boldsymbol{R}(s)=\boldsymbol{N}(s), &\boldsymbol{W}(s)=\boldsymbol{E}(s)\end{aligned}\tag{11.17}$$

等价于 $\boldsymbol{D}_{\mathrm{L}}^{-1}(s)\boldsymbol{N}_{\mathrm{L}}(s)+\boldsymbol{E}(s)$的 PMD 为

$$\begin{cases}\boldsymbol{D}_{\mathrm{L}}(s)\hat{\boldsymbol{\zeta}}(s)=\boldsymbol{N}_{\mathrm{L}}(s)\hat{\boldsymbol{u}}(s)\\ \hat{\boldsymbol{y}}(s)=\boldsymbol{I}\hat{\boldsymbol{\zeta}}(s)+\boldsymbol{E}(s)\hat{\boldsymbol{u}}(s)\end{cases}\tag{11.18}$$

其中，$\hat{\boldsymbol{\zeta}}(s)=\boldsymbol{D}_{\mathrm{L}}^{-1}(s)\boldsymbol{N}_{\mathrm{L}}(s)\hat{\boldsymbol{u}}(s)$为 $q\times 1$ 广义状态，PMD 的各个系数矩阵为

$$\begin{aligned}&\boldsymbol{P}(s)=\boldsymbol{D}_{\mathrm{L}}(s),\quad &\boldsymbol{Q}(s)=\boldsymbol{N}_{\mathrm{L}}(s)\\ &\boldsymbol{R}(s)=\boldsymbol{I}, &\boldsymbol{W}(s)=\boldsymbol{E}(s)\end{aligned}\tag{11.19}$$

4. 多项式矩阵描述的一般性

结论 11.4 [PMD 的一般性]　基于上述各个结论可知，PMD 是线性时不变系统的最为一般的描述，系统的其他描述均可认为是 PMD 的特殊情形。

11.1.3　不可简约 PMD

不可简约 PMD 是线性时不变系统的最为基本和应用最广的一类 PMD。

定义 11.1 [不可简约 PMD]　称$(\boldsymbol{P}(s),\boldsymbol{Q}(s),\boldsymbol{R}(s),\boldsymbol{W}(s))$为不可简约 PMD，当且仅当

$$\{\boldsymbol{P}(s),\boldsymbol{Q}(s)\}\ \text{左互质},\ \{\boldsymbol{P}(s),\boldsymbol{R}(s)\}\ \text{右互质}\tag{11.20}$$

注 若$(\boldsymbol{P}(s),\boldsymbol{Q}(s),\boldsymbol{R}(s),\boldsymbol{W}(s))$为可简约 PMD,则只可能为下列三类情形之一:

$\{\boldsymbol{P}(s),\boldsymbol{Q}(s)\}$ 非左互质,$\{\boldsymbol{P}(s),\boldsymbol{R}(s)\}$ 右互质
$\{\boldsymbol{P}(s),\boldsymbol{Q}(s)\}$ 左互质,$\{\boldsymbol{P}(s),\boldsymbol{R}(s)\}$ 非右互质
$\{\boldsymbol{P}(s),\boldsymbol{Q}(s)\}$ 非左互质,$\{\boldsymbol{P}(s),\boldsymbol{R}(s)\}$ 非右互质

把可简约 PMD 化为不可简约 PMD 是复频率域方法中经常面临的一个问题。解决这一问题的基本途径是引入变换。考虑可简约 PMD:

$$\begin{cases}\boldsymbol{P}(s)\hat{\boldsymbol{\zeta}}(s)=\boldsymbol{Q}(s)\hat{\boldsymbol{u}}(s)\\ \hat{\boldsymbol{y}}(s)=\boldsymbol{R}(s)\hat{\boldsymbol{\zeta}}(s)+\boldsymbol{W}(s)\hat{\boldsymbol{u}}(s)\end{cases}\tag{11.21}$$

其中,$\hat{\boldsymbol{\zeta}}(s)\in\mathscr{R}^m(s)$,$\hat{\boldsymbol{y}}(s)\in\mathscr{R}^q(s)$,$\hat{\boldsymbol{u}}(s)\in\mathscr{R}^p(s)$。下面就上述三种情形,给出由可简约 PMD(11.21)构造不可简约 PMD 的方法。

1. 情形Ⅰ:{P(s),R(s)}右互质,{P(s),Q(s)}非左互质

结论 11.5[构造不可简约 PMD] 对“$\{\boldsymbol{P}(s),\boldsymbol{R}(s)\}$右互质,$\{\boldsymbol{P}(s),\boldsymbol{Q}(s)\}$非左互质”型可简约 PMD(11.21),表 $m\times m$ 多项式矩阵$\boldsymbol{H}(s)$为非左互质$\{\boldsymbol{P}(s),\boldsymbol{Q}(s)\}$的任一最大左公因子,再取

$$\bar{\boldsymbol{P}}(s)=\boldsymbol{H}^{-1}(s)\boldsymbol{P}(s),\quad \bar{\boldsymbol{Q}}(s)=\boldsymbol{H}^{-1}(s)\boldsymbol{Q}(s)\tag{11.22}$$

则可简约 PMD(11.21)的一个不可简约 PMD 为

$$\begin{cases}\bar{\boldsymbol{P}}(s)\hat{\boldsymbol{\zeta}}(s)=\bar{\boldsymbol{Q}}(s)\hat{\boldsymbol{u}}(s)\\ \hat{\boldsymbol{y}}(s)=\boldsymbol{R}(s)\hat{\boldsymbol{\zeta}}(s)+\boldsymbol{W}(s)\hat{\boldsymbol{u}}(s)\end{cases}\tag{11.23}$$

2. 情形Ⅱ:{P(s),R(s)}非右互质,{P(s),Q(s)}左互质

结论 11.6[构造不可简约 PMD] 对“$\{\boldsymbol{P}(s),\boldsymbol{R}(s)\}$非右互质,$\{\boldsymbol{P}(s),\boldsymbol{Q}(s)\}$左互质”型可简约 PMD(11.21),表 $m\times m$ 多项式矩阵$\boldsymbol{F}(s)$为非右互质$\{\boldsymbol{P}(s),\boldsymbol{R}(s)\}$的任一最大右公因子,再取$\tilde{\boldsymbol{\zeta}}(s)=\boldsymbol{F}(s)\hat{\boldsymbol{\zeta}}(s)$,即有

$$\tilde{\boldsymbol{P}}(s)=\boldsymbol{P}(s)\boldsymbol{F}^{-1}(s),\quad \tilde{\boldsymbol{R}}(s)=\boldsymbol{R}(s)\boldsymbol{F}^{-1}(s)\tag{11.24}$$

则可简约 PMD(11.21)的一个不可简约 PMD 为

$$\begin{cases}\tilde{\boldsymbol{P}}(s)\tilde{\boldsymbol{\zeta}}(s)=\boldsymbol{Q}(s)\hat{\boldsymbol{u}}(s)\\ \hat{\boldsymbol{y}}(s)=\tilde{\boldsymbol{R}}(s)\tilde{\boldsymbol{\zeta}}(s)+\boldsymbol{W}(s)\hat{\boldsymbol{u}}(s)\end{cases}\tag{11.25}$$

3. 情形Ⅲ:{P(s),R(s)}非右互质,{P(s),Q(s)}非左互质

结论 11.7[构造不可简约 PMD] 对“$\{\boldsymbol{P}(s),\boldsymbol{R}(s)\}$非右互质,$\{\boldsymbol{P}(s),\boldsymbol{Q}(s)\}$非左互质”型可简约 PMD(11.21),表 $m\times m$ 多项式矩阵$\boldsymbol{H}(s)$为非左互质$\{\boldsymbol{P}(s),\boldsymbol{Q}(s)\}$的任一最大左公因子,取$\bar{\boldsymbol{P}}(s)=\boldsymbol{H}^{-1}(s)\boldsymbol{P}(s)$,$m\times m$ 多项式矩阵$\bar{\boldsymbol{F}}(s)$为

$\{\bar{\boldsymbol{P}}(s),\boldsymbol{R}(s)\}$的任一最大右公因子,取$\tilde{\boldsymbol{\zeta}}(s)=\bar{\boldsymbol{F}}(s)\hat{\boldsymbol{\zeta}}(s)$,即有

$$\hat{\boldsymbol{P}}(s)=\boldsymbol{H}^{-1}(s)\boldsymbol{P}(s)\bar{\boldsymbol{F}}^{-1}(s),\quad \hat{\boldsymbol{Q}}(s)=\boldsymbol{H}^{-1}(s)\boldsymbol{Q}(s),\quad \hat{\boldsymbol{R}}(s)=\boldsymbol{R}(s)\bar{\boldsymbol{F}}^{-1}(s) \tag{11.26}$$

则可简约 PMD(11.21)的一个不可简约 PMD 为

$$\begin{cases}\hat{\boldsymbol{P}}(s)\,\tilde{\boldsymbol{\zeta}}(s)=\hat{\boldsymbol{Q}}(s)\hat{\boldsymbol{u}}(s)\\ \hat{\boldsymbol{y}}(s)=\hat{\boldsymbol{R}}(s)\,\tilde{\boldsymbol{\zeta}}(s)+\boldsymbol{W}(s)\hat{\boldsymbol{u}}(s)\end{cases} \tag{11.27}$$

下面,进而给出不可简约 PMD 的不唯一性结论。

结论 11.8［不可简约 PMD 不唯一性］　设$(\boldsymbol{P}(s),\boldsymbol{Q}(s),\boldsymbol{R}(s),\boldsymbol{W}(s))$为线性时不变系统的一个不可简约 PMD,$\boldsymbol{P}(s)$为 $m\times m$ 多项式矩阵,$\boldsymbol{Q}(s)$、$\boldsymbol{R}(s)$和$\boldsymbol{W}(s)$为 $m\times p$、$q\times m$ 和 $q\times p$ 多项式矩阵。表$\boldsymbol{U}(s)$和$\boldsymbol{V}(s)$为任意两个 $m\times m$ 单模阵,取

$$\bar{\boldsymbol{P}}(s)=\boldsymbol{U}(s)\boldsymbol{P}(s)\boldsymbol{V}(s),\quad \bar{\boldsymbol{Q}}(s)=\boldsymbol{U}(s)\boldsymbol{Q}(s),\quad \bar{\boldsymbol{R}}(s)=\boldsymbol{R}(s)\boldsymbol{V}(s) \tag{11.28}$$

则$(\bar{\boldsymbol{P}}(s),\bar{\boldsymbol{Q}}(s),\bar{\boldsymbol{R}}(s),\boldsymbol{W}(s))$也为系统的一个不可简约 PMD。

11.2　多项式矩阵描述的状态空间实现

本节讨论多项式矩阵描述即 PMD 的实现问题。随后将可看到,PMD 的实现问题的结果,对于讨论 PMD 的基本属性,以及建立线性时不变系统的时间域结构特性和复频率域结构特性间的关系,都有着重要意义。

11.2.1　PMD 的实现

考虑线性时不变系统,其多项式矩阵描述即 PMD 为

$$\begin{cases}\boldsymbol{P}(s)\,\hat{\boldsymbol{\zeta}}(s)=\boldsymbol{Q}(s)\hat{\boldsymbol{u}}(s)\\ \hat{\boldsymbol{y}}(s)=\boldsymbol{R}(s)\,\hat{\boldsymbol{\zeta}}(s)+\boldsymbol{W}(s)\hat{\boldsymbol{u}}(s)\end{cases} \tag{11.29}$$

其中,$\boldsymbol{P}(s)$为 $m\times m$ 多项式矩阵,$\boldsymbol{Q}(s)$,$\boldsymbol{R}(s)$和$\boldsymbol{W}(s)$为 $m\times p$,$q\times m$ 和 $q\times p$ 多项式矩阵。

定义 11.2［PMD 的实现］　称状态空间描述

$$\begin{cases}\dot{\boldsymbol{x}}=\boldsymbol{A}\boldsymbol{x}+\boldsymbol{B}\boldsymbol{u}\\ \boldsymbol{y}=\boldsymbol{C}\boldsymbol{x}+\boldsymbol{E}(p)\boldsymbol{u}\end{cases} \tag{11.30}$$

为由式(11.29)给出的 PMD $(\boldsymbol{P}(s),\boldsymbol{Q}(s),\boldsymbol{R}(s),\boldsymbol{W}(s))$的一个实现,如果两者的传递函数矩阵为相等,即成立:

$$\boldsymbol{R}(s)\boldsymbol{P}^{-1}(s)\boldsymbol{Q}(s)+\boldsymbol{W}(s)=\boldsymbol{C}(s\boldsymbol{I}-\boldsymbol{A})^{-1}\boldsymbol{B}+\boldsymbol{E}(s) \tag{11.31}$$

其中,$\boldsymbol{E}(s)=\boldsymbol{E}(p)|_{p=s}$。

注　PMD 的实现具有强不唯一性,即不仅实现的结果不唯一,且实现的维数也不唯一。

11.2.2 构造 PMD 的实现的方法

给定 PMD ($\boldsymbol{P}(s),\boldsymbol{Q}(s),\boldsymbol{R}(s),\boldsymbol{W}(s)$)，下面给出构造其能控类与能观测类实现的方法。

1. 对实现的内核类型的选取

PMD的实现是基于 MFD 的能控类与能观测类实现而建立的。实现的内核是构造 PMD 的实现的基础，含义是指 PMD 的传递函数矩阵 $\boldsymbol{G}(s)$中包含的一个 MFD 的实现。考虑对 PMD 有 $\boldsymbol{G}(s)=\boldsymbol{R}(s)\boldsymbol{P}^{-1}(s)\boldsymbol{Q}(s)+\boldsymbol{W}(s)$，基此随着 $\boldsymbol{G}(s)$中内核 MFD 的不同选取，实现的内核相应地分为如下四种类型：

(i) 内核 MFD 为"$\boldsymbol{R}(s)\boldsymbol{P}^{-1}(s)$，$\boldsymbol{P}(s)$列既约"，则实现内核为"控制器形实现"；

(ii) 内核 MFD 为"$\boldsymbol{R}(s)\boldsymbol{P}^{-1}(s)$，$\boldsymbol{P}(s)$行既约"，则实现内核为"能控性形实现"；

(iii) 内核 MFD 为"$\boldsymbol{P}^{-1}(s)\boldsymbol{Q}(s)$，$\boldsymbol{P}(s)$行既约"，则实现内核为"观测器形实现"；

(iv) 内核 MFD 为"$\boldsymbol{P}^{-1}(s)\boldsymbol{Q}(s)$，$\boldsymbol{P}(s)$列既约"，则实现内核为"能观测性形实现"。

本节限于讨论内核 MFD 为"$\boldsymbol{P}^{-1}(s)\boldsymbol{Q}(s)$，$\boldsymbol{P}(s)$行既约"情形，给出以"观测器形实现"为实现内核的构造 PMD 的实现($\boldsymbol{A},\boldsymbol{B},\boldsymbol{C},\boldsymbol{E}(p)$)的方法。

2. 化 P(s)为行既约

对内核 MFD $\boldsymbol{P}^{-1}(s)\boldsymbol{Q}(s)$，由实现内核为"观测器形实现"要求 $\boldsymbol{P}(s)$行既约。若 $\boldsymbol{P}(s)$行既约，无须引入转换，令

$$\boldsymbol{P}_r(s)=\boldsymbol{P}(s),\quad \boldsymbol{Q}_r(s)=\boldsymbol{Q}(s) \tag{11.32}$$

若 $\boldsymbol{P}(s)$非行既约，引入一个 $m\times m$ 单模阵 $\boldsymbol{M}(s)$使 $\boldsymbol{M}(s)\boldsymbol{P}(s)$行既约，并表

$$\boldsymbol{P}_r(s)=\boldsymbol{M}(s)\boldsymbol{P}(s),\quad \boldsymbol{Q}_r(s)=\boldsymbol{M}(s)\boldsymbol{Q}(s) \tag{11.33}$$

考虑到

$$\boldsymbol{P}_r^{-1}(s)\boldsymbol{Q}_r(s)=[\boldsymbol{M}(s)\boldsymbol{P}(s)]^{-1}\boldsymbol{M}(s)\boldsymbol{Q}(s)=\boldsymbol{P}^{-1}(s)\boldsymbol{Q}(s) \tag{11.34}$$

$$\deg\det\boldsymbol{P}_r(s)=\deg\det\boldsymbol{P}(s) \tag{11.35}$$

可以断言 $\boldsymbol{P}_r^{-1}(s)\boldsymbol{Q}_r(s)$和 $\boldsymbol{P}^{-1}(s)\boldsymbol{Q}(s)$具有等同实现。

3. 由 $P_r^{-1}(s)Q_r(s)$导出严真 $P_r^{-1}(s)\overline{Q}_r(s)$

一般而言，不能保证 $\boldsymbol{P}_r^{-1}(s)\boldsymbol{Q}_r(s)$必为严真，需要基此进一步导出严真 $\boldsymbol{P}_r^{-1}(s)\overline{\boldsymbol{Q}}_r(s)$。对此，引入"矩阵左除法"，有

$$\boldsymbol{Q}_r(s)=\boldsymbol{P}_r(s)\boldsymbol{Y}(s)+\overline{\boldsymbol{Q}}_r(s) \tag{11.36}$$

将上式左乘 $\boldsymbol{P}_r^{-1}(s)$，可以得到

$$\boldsymbol{P}_r^{-1}(s)\boldsymbol{Q}_r(s)=\boldsymbol{P}_r^{-1}(s)\overline{\boldsymbol{Q}}_r(s)+\boldsymbol{Y}(s) \tag{11.37}$$

其中，$\boldsymbol{P}_{\mathrm{r}}^{-1}(s)\bar{\boldsymbol{Q}}_{\mathrm{r}}(s)$为严真 MFD，$\boldsymbol{Y}(s)$为多项式矩阵。

4. 对 $P_r^{-1}(s)\bar{Q}_r(s)$构造观测器形实现(A_o,B_o,C_o)

对“$m\times p$ 严真 MFD $\boldsymbol{P}_{\mathrm{r}}^{-1}(s)\bar{\boldsymbol{Q}}_{\mathrm{r}}(s)$，$\boldsymbol{P}_{\mathrm{r}}(s)$行既约”，采用上一章中给出的有关方法，可以定出观测器形实现$(\boldsymbol{A}_{\mathrm{o}},\boldsymbol{B}_{\mathrm{o}},\boldsymbol{C}_{\mathrm{o}})$，且有

$$\boldsymbol{A}_{\mathrm{o}}\text{ 为 }n\times n\text{ 阵，}\boldsymbol{B}_{\mathrm{o}}\text{ 为 }n\times p\text{ 阵，}\boldsymbol{C}_{\mathrm{o}}\text{ 为 }m\times n\text{ 阵} \tag{11.38}$$

$$\boldsymbol{C}_{\mathrm{o}}(s\boldsymbol{I}-\boldsymbol{A}_{\mathrm{o}})^{-1}\boldsymbol{B}_{\mathrm{o}}=\boldsymbol{P}_{\mathrm{r}}^{-1}(s)\bar{\boldsymbol{Q}}_{\mathrm{r}}(s) \tag{11.39}$$

$$\{\boldsymbol{A}_{\mathrm{o}},\boldsymbol{C}_{\mathrm{o}}\}\text{ 完全能观测} \tag{11.40}$$

$$n=\deg\det\boldsymbol{P}(s) \tag{11.41}$$

5. 由(A_o,B_o,C_o)导出 PMD 的实现$(A,B,C,E(p))$

首先，直接取定：

$$\boldsymbol{A}=\boldsymbol{A}_{\mathrm{o}},\quad \boldsymbol{B}=\boldsymbol{B}_{\mathrm{o}} \tag{11.42}$$

进而，推导 $\boldsymbol{C}$ 和 $\boldsymbol{E}(p)$。对此，基于已知和前所导出，有

$$(\boldsymbol{P}(s),\ \boldsymbol{Q}(s),\ \boldsymbol{R}(s),\ \boldsymbol{W}(s))$$
$$\boldsymbol{P}^{-1}(s)\boldsymbol{Q}(s)=\boldsymbol{P}_{\mathrm{r}}^{-1}(s)\boldsymbol{Q}_{\mathrm{r}}(s)$$
$$\boldsymbol{P}_{\mathrm{r}}^{-1}(s)\boldsymbol{Q}_{\mathrm{r}}(s)=\boldsymbol{P}_{\mathrm{r}}^{-1}(s)\bar{\boldsymbol{Q}}_{\mathrm{r}}(s)+\boldsymbol{Y}(s)$$
$$\boldsymbol{C}_{\mathrm{o}}(s\boldsymbol{I}-\boldsymbol{A}_{\mathrm{o}})^{-1}\boldsymbol{B}_{\mathrm{o}}=\boldsymbol{P}_{\mathrm{r}}^{-1}(s)\bar{\boldsymbol{Q}}_{\mathrm{r}}(s)$$

基此，可以得到

$$\begin{aligned}\boldsymbol{R}(s)\boldsymbol{P}^{-1}(s)\boldsymbol{Q}(s)+\boldsymbol{W}(s)&=\boldsymbol{R}(s)\boldsymbol{P}_{\mathrm{r}}^{-1}(s)\boldsymbol{Q}_{\mathrm{r}}(s)+\boldsymbol{W}(s)\\&=\boldsymbol{R}(s)[\boldsymbol{P}_{\mathrm{r}}^{-1}(s)\bar{\boldsymbol{Q}}_{\mathrm{r}}(s)+\boldsymbol{Y}(s)]+\boldsymbol{W}(s)\\&=\boldsymbol{R}(s)\boldsymbol{P}_{\mathrm{r}}^{-1}(s)\bar{\boldsymbol{Q}}_{\mathrm{r}}(s)+[\boldsymbol{R}(s)\boldsymbol{Y}(s)+\boldsymbol{W}(s)]\\&=\boldsymbol{R}(s)\boldsymbol{C}_{\mathrm{o}}(s\boldsymbol{I}-\boldsymbol{A}_{\mathrm{o}})^{-1}\boldsymbol{B}_{\mathrm{o}}+[\boldsymbol{R}(s)\boldsymbol{Y}(s)+\boldsymbol{W}(s)]\\&=\boldsymbol{R}(s)\boldsymbol{C}_{\mathrm{o}}(s\boldsymbol{I}-\boldsymbol{A})^{-1}\boldsymbol{B}+[\boldsymbol{R}(s)\boldsymbol{Y}(s)+\boldsymbol{W}(s)]\end{aligned} \tag{11.43}$$

上式中，$\boldsymbol{R}(s)\boldsymbol{C}_{\mathrm{o}}(s\boldsymbol{I}-\boldsymbol{A}_{\mathrm{o}})^{-1}$ 一般为非严真，为此引入“矩阵右除法”，可以导出

$$\boldsymbol{R}(s)\boldsymbol{C}_{\mathrm{o}}=\boldsymbol{X}(s)(s\boldsymbol{I}-\boldsymbol{A})+[\boldsymbol{R}(s)\boldsymbol{C}_{\mathrm{o}}]_{s\to A} \tag{11.44}$$

于是，就取

$$\boldsymbol{C}=[\boldsymbol{R}(s)\boldsymbol{C}_{\mathrm{o}}]_{s\to A} \tag{11.45}$$

再将式(11.44)代入式(11.43)，并利用式(11.45)，又有

$$\boldsymbol{R}(s)\boldsymbol{P}^{-1}(s)\boldsymbol{Q}(s)+\boldsymbol{W}(s)=\boldsymbol{C}(s\boldsymbol{I}-\boldsymbol{A})^{-1}\boldsymbol{B}+[\boldsymbol{X}(s)\boldsymbol{B}+\boldsymbol{R}(s)\boldsymbol{Y}(s)+\boldsymbol{W}(s)] \tag{11.46}$$

其中，表

$$\boldsymbol{E}(s)\triangleq[\boldsymbol{X}(s)\boldsymbol{B}+\boldsymbol{R}(s)\boldsymbol{Y}(s)+\boldsymbol{W}(s)] \tag{11.47}$$

从而，可取

$$\boldsymbol{E}(p)=\boldsymbol{E}(s)\mid_{s\to p} \tag{11.48}$$

6. 结论

最后，归纳上述导出的结果，可以给出如下一个结论。

结论 11.9［PMD 的实现］ 对线性时不变系统的 PMD $(\boldsymbol{P}(s),\boldsymbol{Q}(s),\boldsymbol{R}(s),\boldsymbol{W}(s))$，表 $\boldsymbol{P}^{-1}(s)\boldsymbol{Q}(s)=\boldsymbol{P}_{\mathrm{r}}^{-1}(s)\boldsymbol{Q}_{\mathrm{r}}(s)$，其中 $\boldsymbol{P}_{\mathrm{r}}(s)$ 为行既约，$\boldsymbol{P}_{\mathrm{r}}^{-1}(s)\boldsymbol{Q}_{\mathrm{r}}(s)=\boldsymbol{P}_{\mathrm{r}}^{-1}(s)\bar{\boldsymbol{Q}}_{\mathrm{r}}(s)+\boldsymbol{Y}(s)$，而 $(\boldsymbol{A}_{\mathrm{o}},\boldsymbol{B}_{\mathrm{o}},\boldsymbol{C}_{\mathrm{o}})$ 为严真 $\boldsymbol{P}_{\mathrm{r}}^{-1}(s)\bar{\boldsymbol{Q}}_{\mathrm{r}}(s)$ 的观测器形实现，则 PMD 的一个实现 $(\boldsymbol{A},\boldsymbol{B},\boldsymbol{C},\boldsymbol{E}(p))$ 为

$$\begin{cases}\boldsymbol{A}=\boldsymbol{A}_{\mathrm{o}},\ \boldsymbol{B}=\boldsymbol{B}_{\mathrm{o}}\\ \boldsymbol{C}=[\boldsymbol{R}(s)\boldsymbol{C}_{\mathrm{o}}]_{s\to A}\\ \boldsymbol{E}(p)=\boldsymbol{E}(s)\mid_{s\to p}\end{cases} \tag{11.49}$$

其中 $\boldsymbol{E}(s)$ 如式(11.47)所示。

11.2.3 PMD 的最小实现

PMD 的维数最小的一类实现称为最小实现。基于 MFD 的最小实现的理论，可以直接给出 PMD 的最小实现的有关结论。

1. 最小实现的时间域条件

结论 11.10［最小实现时间域条件］ 设 $(\boldsymbol{A},\boldsymbol{B},\boldsymbol{C},\boldsymbol{E}(p))$ 为 $(\boldsymbol{P}(s),\boldsymbol{Q}(s),\boldsymbol{R}(s),\boldsymbol{W}(s))$ 的一个实现，则有

$$(\boldsymbol{A},\boldsymbol{B},\boldsymbol{C},\boldsymbol{E}(p))\text{ 为最小实现 }\Leftrightarrow(\boldsymbol{A},\boldsymbol{B})\text{ 完全能控，}(\boldsymbol{A},\boldsymbol{C})\text{ 完全能观测} \tag{11.50}$$

2. 最小实现的复频率域条件

结论 11.11［最小实现复频率域条件］ 设 $(\boldsymbol{A},\boldsymbol{B},\boldsymbol{C},\boldsymbol{E}(p))$ 为 $(\boldsymbol{P}(s),\boldsymbol{Q}(s),\boldsymbol{R}(s),\boldsymbol{W}(s))$ 的一个维数为 $n=\deg\det\boldsymbol{P}(s)$ 的实现，则有

$$(\boldsymbol{A},\boldsymbol{B},\boldsymbol{C},\boldsymbol{E}(p))\text{ 为最小实现 }\Leftrightarrow(\boldsymbol{P}(s),\boldsymbol{Q}(s),\boldsymbol{R}(s),\boldsymbol{W}(s))\text{ 不可简约} \tag{11.51}$$

3. 最小实现的不唯一性

结论 11.12［最小实现不唯一性］ PMD 的最小实现为不唯一，但必具有相同维数。

4. 最小实现的扩展构造

结论 11.13［最小实现的扩展构造］ 设 $(\boldsymbol{A},\boldsymbol{B},\boldsymbol{C},\boldsymbol{E}(p))$ 为 $(\boldsymbol{P}(s),\boldsymbol{Q}(s),\boldsymbol{R}(s),\boldsymbol{W}(s))$ 的一个最小实现，$\boldsymbol{T}$ 为与 $\boldsymbol{A}$ 同维的任一非奇异常阵，则 $(\boldsymbol{TAT}^{-1},\boldsymbol{TB},\boldsymbol{CT}^{-1},$

$\boldsymbol{E}(p)$)也必为一个最小实现。

5. 最小实现间的代数等价属性

结论 11.14［最小实现间的代数等价性］　对 PMD ($\boldsymbol{P}(s)$,$\boldsymbol{Q}(s)$,$\boldsymbol{R}(s)$,$\boldsymbol{W}(s)$)，设($\boldsymbol{A}$,$\boldsymbol{B}$,$\boldsymbol{C}$,$\boldsymbol{E}(p)$)和($\bar{\boldsymbol{A}}$,$\bar{\boldsymbol{B}}$,$\bar{\boldsymbol{C}}$,$\boldsymbol{E}(p)$)是其维数为 n 的任意两个最小实现，则必可基此构造出一个特定 $n\times n$ 非奇异常阵 $\boldsymbol{H}$，使下式成立：

$$\bar{\boldsymbol{A}}=\boldsymbol{H}\boldsymbol{A}\boldsymbol{H}^{-1},\quad \bar{\boldsymbol{B}}=\boldsymbol{H}\boldsymbol{B},\quad \bar{\boldsymbol{C}}=\boldsymbol{C}\boldsymbol{H}^{-1} \tag{11.52}$$

6. 最小实现的复频率域构造方法

结论 11.15［最小实现的复频率域构造方法］　对 PMD ($\boldsymbol{P}(s)$,$\boldsymbol{Q}(s)$,$\boldsymbol{R}(s)$,$\boldsymbol{W}(s)$)，其最小实现($\boldsymbol{A}$,$\boldsymbol{B}$,$\boldsymbol{C}$,$\boldsymbol{E}(p)$)可按如下方法构造：首先，导出 PMD 的一个不可简约 PMD；其次，按具体需要和情形，对不可简约 PMD 构造控制器形实现、或能控性形实现、或观测器形实现、或能观测性形实现。

11.3　多项式矩阵描述的互质性和状态空间描述的能控性与能观测性

对线性时不变系统，能控性和能观测性是其在时间域内的基本结构特性，左互质性和右互质性是其在复频率域内的基本结构特性。本节的目的在于沟通和揭示线性时不变系统的这两类结构特性间的关系。在系统复频率域的分析和综合理论中，这种关系有着重要的意义。

11.3.1　左互质性与能控性

考虑线性时不变系统，其多项式矩阵描述为

$$\begin{cases}\boldsymbol{P}(s)\hat{\boldsymbol{\zeta}}(s)=\boldsymbol{Q}(s)\hat{\boldsymbol{u}}(s)\\ \hat{\boldsymbol{y}}(s)=\boldsymbol{R}(s)\hat{\boldsymbol{\zeta}}(s)+\boldsymbol{W}(s)\hat{\boldsymbol{u}}(s)\end{cases} \tag{11.53}$$

其中，$\boldsymbol{P}(s)$为 $m\times m$ 多项式矩阵，$\boldsymbol{Q}(s)$，$\boldsymbol{R}(s)$和 $\boldsymbol{W}(s)$分别为 $m\times p$，$q\times m$ 和 $q\times p$ 多项式矩阵。系统的状态空间描述即 PMD 的一个实现为

$$\begin{cases}\dot{\boldsymbol{x}}=\boldsymbol{A}\boldsymbol{x}+\boldsymbol{B}\boldsymbol{u}\\ \boldsymbol{y}=\boldsymbol{C}\boldsymbol{x}+\boldsymbol{E}(p)\boldsymbol{u},\quad p=\mathrm{d}/\mathrm{d}t\end{cases} \tag{11.54}$$

其中，$\boldsymbol{A}$ 为 $n\times n$ 常阵，$\boldsymbol{B}$ 和 $\boldsymbol{C}$ 为 $n\times p$ 和 $q\times n$ 常阵，$\boldsymbol{E}(p)$为 $q\times p$ 多项式矩阵，$n=\deg\det\boldsymbol{P}(s)$。下面，给出能控性和左互质性间关系的结论。

结论 11.16［左互质性和能控性］　对线性时不变系统的 PMD(11.53)及其状态空间实现(11.54)，有

$$(\boldsymbol{P}(s),\boldsymbol{Q}(s))\text{ 左互质}\Leftrightarrow(\boldsymbol{A},\boldsymbol{B})\text{ 完全能控} \tag{11.55}$$

证 不失一般性，设$(\boldsymbol{A},\boldsymbol{B},\boldsymbol{C},\boldsymbol{E}(p))$为$(\boldsymbol{P}(s),\boldsymbol{Q}(s),\boldsymbol{R}(s),\boldsymbol{W}(s))$的基于观测器形实现为内核的一个实现。并且，为清晰起见，分为三步进行证明。

(i) 推导一个关系式。为此，对$(\boldsymbol{P}(s),\boldsymbol{Q}(s),\boldsymbol{R}(s),\boldsymbol{W}(s))$，如上节中所做那样，引入一个$m\times m$单模阵$\boldsymbol{M}(s)$，使$\boldsymbol{P}_{\mathrm{r}}(s)=\boldsymbol{M}(s)\boldsymbol{P}(s)$，$\boldsymbol{Q}_{\mathrm{r}}(s)=\boldsymbol{M}(s)\boldsymbol{Q}(s)$，$\boldsymbol{P}_{\mathrm{r}}(s)$行既约，且有$\boldsymbol{P}^{-1}(s)\boldsymbol{Q}(s)=\boldsymbol{P}_{\mathrm{r}}^{-1}(s)\boldsymbol{Q}_{\mathrm{r}}(s)$。再表$\boldsymbol{P}_{\mathrm{r}}^{-1}(s)\bar{\boldsymbol{Q}}_{\mathrm{r}}(s)$为$\boldsymbol{P}_{\mathrm{r}}^{-1}(s)\boldsymbol{Q}_{\mathrm{r}}(s)$的严真部分，$(\boldsymbol{A},\boldsymbol{B},\boldsymbol{C}_{\mathrm{o}})$为严真$\boldsymbol{P}_{\mathrm{r}}^{-1}(s)\bar{\boldsymbol{Q}}_{\mathrm{r}}(s)$的维数等于

$$n=\deg\det\boldsymbol{P}_{\mathrm{r}}(s)=\deg\det\boldsymbol{P}(s) \tag{11.56}$$

的观测器形实现。进而，表$\bar{\boldsymbol{Q}}_{\mathrm{r}}(s)$为

$$\bar{\boldsymbol{Q}}_{\mathrm{r}}(s)=\boldsymbol{\Psi}_{\mathrm{L}}(s)\bar{\boldsymbol{Q}}_{\mathrm{rL}} \tag{11.57}$$

$$\boldsymbol{\Psi}_{\mathrm{L}}(s)=\begin{bmatrix} \begin{array}{c|}s^{k_{\mathrm{r}1}-1}\ \cdots\ s\ \ 1\\ \hline\end{array} & & \\ & \ddots & \\ & & \begin{array}{|c}\hline s^{k_{\mathrm{r}m}-1}\ \cdots\ s\ \ 1\end{array}\end{bmatrix} \tag{11.58}$$

$$k_{\mathrm{r}i}=\delta_{\mathrm{r}i}\boldsymbol{P}_{\mathrm{r}}(s),\quad \sum_{i=1}^{m}k_{\mathrm{r}i}=n \tag{11.59}$$

并考虑对观测器形实现有$\boldsymbol{B}=\bar{\boldsymbol{Q}}_{\mathrm{rL}}$，可以得到

$$\boldsymbol{C}_{\mathrm{o}}(s\boldsymbol{I}-\boldsymbol{A})^{-1}\bar{\boldsymbol{Q}}_{\mathrm{rL}}=\boldsymbol{C}_{\mathrm{o}}(s\boldsymbol{I}-\boldsymbol{A})^{-1}\boldsymbol{B}=\boldsymbol{P}_{\mathrm{r}}^{-1}(s)\bar{\boldsymbol{Q}}_{\mathrm{r}}(s)=\boldsymbol{P}_{\mathrm{r}}^{-1}(s)\boldsymbol{\Psi}_{\mathrm{L}}(s)\bar{\boldsymbol{Q}}_{\mathrm{rL}} \tag{11.60}$$

再因$\bar{\boldsymbol{Q}}_{\mathrm{rL}}$的任意性，由上式又可导出$\boldsymbol{C}_{\mathrm{o}}(s\boldsymbol{I}-\boldsymbol{A})^{-1}=\boldsymbol{P}_{\mathrm{r}}^{-1}(s)\boldsymbol{\Psi}_{\mathrm{L}}(s)$，即有

$$\boldsymbol{P}_{\mathrm{r}}(s)\boldsymbol{C}_{\mathrm{o}}=\boldsymbol{\Psi}_{\mathrm{L}}(s)(s\boldsymbol{I}-\boldsymbol{A}) \tag{11.61}$$

而由上节构造 PMD 的实现中导出的关系式(11.36)、式(11.44)、式(11.45)和式(11.47)，可以进而构成关系式：

$$\bar{\boldsymbol{Q}}_{\mathrm{r}}(s)=\boldsymbol{Q}_{\mathrm{r}}(s)-\boldsymbol{P}_{\mathrm{r}}(s)\boldsymbol{Y}(s)=\boldsymbol{\Psi}_{\mathrm{L}}(s)\boldsymbol{B} \tag{11.62}$$

$$\boldsymbol{R}(s)\boldsymbol{C}_{\mathrm{o}}=\boldsymbol{X}(s)(s\boldsymbol{I}-\boldsymbol{A})+\boldsymbol{C} \tag{11.63}$$

$$\boldsymbol{E}(s)=\boldsymbol{X}(s)\boldsymbol{B}+\boldsymbol{R}(s)\boldsymbol{Y}(s)+\boldsymbol{W}(s) \tag{11.64}$$

于是，组合式(11.61)～式(11.64)的结果，可以得到分块矩阵关系式：

$$\begin{bmatrix}\boldsymbol{P}_{\mathrm{r}}(s) & \boldsymbol{Q}_{\mathrm{r}}(s)\\ -\boldsymbol{R}(s) & \boldsymbol{W}(s)\end{bmatrix}\begin{bmatrix}\boldsymbol{C}_{\mathrm{o}} & -\boldsymbol{Y}(s)\\ \boldsymbol{0} & \boldsymbol{I}_p\end{bmatrix}=\begin{bmatrix}\boldsymbol{\Psi}_{\mathrm{L}}(s) & \boldsymbol{0}\\ -\boldsymbol{X}(s) & \boldsymbol{I}_q\end{bmatrix}\begin{bmatrix}s\boldsymbol{I}-\boldsymbol{A} & \boldsymbol{B}\\ -\boldsymbol{C} & \boldsymbol{E}(s)\end{bmatrix} \tag{11.65}$$

其中，由式(11.58)给出的$\boldsymbol{\Psi}_{\mathrm{L}}(s)$中隐含$\boldsymbol{I}_m$可知，对任意$m\times m$的$\boldsymbol{P}_{\mathrm{r}}(s)$，必有

$$\{\boldsymbol{P}_{\mathrm{r}}(s),\boldsymbol{\Psi}_{\mathrm{L}}(s)\}\text{ 左互质} \tag{11.66}$$

而由$(\boldsymbol{A},\boldsymbol{B},\boldsymbol{C}_{\mathrm{o}})$为观测器形实现知$(\boldsymbol{A},\boldsymbol{C}_{\mathrm{o}})$完全能观测，并利用能观测性 PBH 秩判据，又有

$$\{s\boldsymbol{I}-\boldsymbol{A},\boldsymbol{C}_{\mathrm{o}}\}\text{ 右互质} \tag{11.67}$$

基此，存在$n\times m$和$n\times n$多项式矩阵$\boldsymbol{U}_{11}(s)$和$\boldsymbol{U}_{12}(s)$，使下式成立：

$$\begin{bmatrix} -\boldsymbol{U}_{11}(s) & \boldsymbol{U}_{12}(s) \\ \boldsymbol{P}_{\mathrm{r}}(s) & \boldsymbol{\Psi}_{\mathrm{L}}(s) \end{bmatrix} \text{为}(n+m)\times(n+m)\text{单模阵} \tag{11.68}$$

$$\begin{bmatrix} -\boldsymbol{U}_{11}(s) & \boldsymbol{U}_{12}(s) \\ \boldsymbol{P}_{\mathrm{r}}(s) & \boldsymbol{\Psi}_{\mathrm{L}}(s) \end{bmatrix} \begin{bmatrix} -\boldsymbol{C}_{\mathrm{o}} \\ s\boldsymbol{I}-\boldsymbol{A} \end{bmatrix} = \begin{bmatrix} \boldsymbol{I}_n \\ \boldsymbol{0} \end{bmatrix} \tag{11.69}$$

从而，合并式(11.65)和式(11.69)，即得到所要推导的关系式：

$$\begin{bmatrix} -\boldsymbol{U}_{11}(s) & \boldsymbol{U}_{12}(s) & \boldsymbol{0} \\ \boldsymbol{P}_{\mathrm{r}}(s) & \boldsymbol{\Psi}_{\mathrm{L}}(s) & \boldsymbol{0} \\ -\boldsymbol{R}(s) & -\boldsymbol{X}(s) & \boldsymbol{I}_q \end{bmatrix} \begin{bmatrix} \boldsymbol{I}_m & \boldsymbol{0} & \boldsymbol{0} \\ \boldsymbol{0} & s\boldsymbol{I}-\boldsymbol{A} & \boldsymbol{B} \\ \boldsymbol{0} & -\boldsymbol{C} & \boldsymbol{E}(s) \end{bmatrix}$$

$$= \begin{bmatrix} \boldsymbol{I}_n & \boldsymbol{0} & \boldsymbol{0} \\ \boldsymbol{0} & \boldsymbol{P}_{\mathrm{r}}(s) & \boldsymbol{Q}_{\mathrm{r}}(s) \\ \boldsymbol{0} & -\boldsymbol{R}(s) & \boldsymbol{W}(s) \end{bmatrix} \begin{bmatrix} -\boldsymbol{U}_{11}(s) & \boldsymbol{U}_{12}(s)(s\boldsymbol{I}-\boldsymbol{A}) & \boldsymbol{U}_{12}(s)\boldsymbol{B} \\ \boldsymbol{I}_m & \boldsymbol{C}_{\mathrm{o}} & -\boldsymbol{Y}(s) \\ \boldsymbol{0} & \boldsymbol{0} & \boldsymbol{I}_p \end{bmatrix} \tag{11.70}$$

其中，由式(11.68)知位于上式最左边的矩阵为单模阵，而由

$$\begin{bmatrix} -\boldsymbol{U}_{11}(s) & \boldsymbol{U}_{12}(s)(s\boldsymbol{I}-\boldsymbol{A}) \\ \boldsymbol{I}_m & \boldsymbol{C}_{\mathrm{o}} \end{bmatrix} = \begin{bmatrix} -\boldsymbol{U}_{11}(s) & \boldsymbol{I}_n-\boldsymbol{U}_{11}(s)\boldsymbol{C}_{\mathrm{o}} \\ \boldsymbol{I}_m & \boldsymbol{C}_{\mathrm{o}} \end{bmatrix}$$

$$= \begin{bmatrix} \boldsymbol{I}_n & -\boldsymbol{U}_{11}(s) \\ \boldsymbol{0} & \boldsymbol{I}_m \end{bmatrix} \begin{bmatrix} \boldsymbol{0} & \boldsymbol{I}_n \\ \boldsymbol{I}_m & \boldsymbol{C}_{\mathrm{o}} \end{bmatrix} = \text{单模阵} \tag{11.71}$$

知位于上式最右边的矩阵也为单模阵。

(ii) 推导基本关系式。对此，由 $\boldsymbol{P}_{\mathrm{r}}(s)=\boldsymbol{M}(s)\boldsymbol{P}(s)$ 和 $\boldsymbol{Q}_{\mathrm{r}}(s)=\boldsymbol{M}(s)\boldsymbol{Q}(s)$，$\boldsymbol{M}(s)$ 为单模阵，构造一个单模阵：

$$\begin{bmatrix} \boldsymbol{I}_n & \boldsymbol{0} & \boldsymbol{0} \\ \boldsymbol{0} & \boldsymbol{M}^{-1}(s) & \boldsymbol{0} \\ \boldsymbol{0} & \boldsymbol{0} & \boldsymbol{I}_q \end{bmatrix} \tag{11.72}$$

进而，将其左乘式(11.70)，就可得到为证明结论所需要的基本关系式：

$$\begin{bmatrix} -\boldsymbol{U}_{11}(s) & \boldsymbol{U}_{12}(s) & \boldsymbol{0} \\ \boldsymbol{P}(s) & \boldsymbol{M}^{-1}(s)\boldsymbol{\Psi}_{\mathrm{L}}(s) & \boldsymbol{0} \\ -\boldsymbol{R}(s) & -\boldsymbol{X}(s) & \boldsymbol{I}_q \end{bmatrix} \begin{bmatrix} \boldsymbol{I}_m & \boldsymbol{0} & \boldsymbol{0} \\ \boldsymbol{0} & s\boldsymbol{I}-\boldsymbol{A} & \boldsymbol{B} \\ \boldsymbol{0} & -\boldsymbol{C} & \boldsymbol{E}(s) \end{bmatrix}$$

$$= \begin{bmatrix} \boldsymbol{I}_n & \boldsymbol{0} & \boldsymbol{0} \\ \boldsymbol{0} & \boldsymbol{P}(s) & \boldsymbol{Q}(s) \\ \boldsymbol{0} & -\boldsymbol{R}(s) & \boldsymbol{W}(s) \end{bmatrix} \begin{bmatrix} -\boldsymbol{U}_{12}(s) & \boldsymbol{U}_{12}(s)(s\boldsymbol{I}-\boldsymbol{A}) & \boldsymbol{U}_{12}(s)\boldsymbol{B} \\ \boldsymbol{I}_m & \boldsymbol{C}_{\mathrm{o}} & -\boldsymbol{Y}(s) \\ \boldsymbol{0} & \boldsymbol{0} & \boldsymbol{I}_p \end{bmatrix} \tag{11.73}$$

其中，位于最左边和最右边的矩阵均为单模阵。

(iii) 证明结论。对此，从式(11.73)中取出等式关系：

$$\begin{bmatrix} -\boldsymbol{U}_{11}(s) & \boldsymbol{U}_{12}(s) \\ \boldsymbol{P}(s) & \boldsymbol{M}^{-1}(s)\boldsymbol{\Psi}_{\mathrm{L}}(s) \end{bmatrix} \begin{bmatrix} \boldsymbol{I}_m & \boldsymbol{0} & \boldsymbol{0} \\ \boldsymbol{0} & s\boldsymbol{I}-\boldsymbol{A} & \boldsymbol{B} \end{bmatrix}$$

$$=\begin{bmatrix}I_n & 0 & 0\\ 0 & P(s) & Q(s)\end{bmatrix}\begin{bmatrix}-U_{12}(s) & U_{12}(s)(sI-A) & U_{12}(s)B\\ I_m & C_o & -Y(s)\\ 0 & 0 & I_p\end{bmatrix} \quad (11.74)$$

基此,并考虑上式最左边和最右边的矩阵为单模阵,可知

$$\operatorname{rank}\begin{bmatrix}I_m & 0 & 0\\ 0 & sI-A & B\end{bmatrix}=m+n,\quad \forall s\in\mathscr{C}$$

$$\Leftrightarrow\quad \operatorname{rank}\begin{bmatrix}I_n & 0 & 0\\ 0 & P(s) & Q(s)\end{bmatrix}=n+m,\quad \forall s\in\mathscr{C} \quad (11.75)$$

等价地,这又意味着

$$\operatorname{rank}[sI-A\quad B]=n,\quad \forall s\in\mathscr{C}$$

$$\Leftrightarrow\quad \operatorname{rank}[P(s)\quad Q(s)]=m,\quad \forall s\in\mathscr{C} \quad (11.76)$$

基此,并据能控性的 PBH 秩判据和左互质性的秩判据,就即证得

$$(A,B)\text{ 完全能控} \Leftrightarrow (P(s),Q(s))\text{ 左互质} \quad (11.77)$$

11.3.2 右互质性与能观测性

本部分讨论 PMD 的右互质性与其状态空间实现的能观测性间的关系。对此,由"左互质性和能控性的等价性",并基于对偶原理,可以直接给出右互质性和能观测性的等价性结论。

结论 11.17 [右互质性和能观测性] 对线性时不变系统的 PMD(11.53)及其状态空间实现式(11.54),有

$$(P(s),R(s))\text{ 右互质} \Leftrightarrow (A,C)\text{ 完全能观测} \quad (11.78)$$

11.3.3 几点推论

下面,对多项式矩阵描述的左右互质性与其状态空间实现的能控性能观测性间的等价关系,并就一些特殊情况下的系统 PMD,进一步给出相应的几点推论。

1. 不可简约 PMD 的最小描述属性

结论 11.18 [不可简约 PMD 的最小描述性] 对线性时不变系统,如同称 (A,B)完全能控和(A,C)完全能观测的状态空间描述$(A,B,C,E(p))$为最小描述一样,也称$(P(s),Q(s))$左互质和$(P(s),R(s))$右互质的不可简约 PMD$(P(s),Q(s),R(s),W(s))$为最小描述。

2. MFD 互质性与其状态空间实现能控性能观测性

结论 11.19 [MFD 右互质性和能观测性] 考虑线性时不变系统的右 MFD

$\bar{N}(s)D^{-1}(s)$，并表其为

$$\bar{N}(s)D^{-1}(s) = N(s)D^{-1}(s) + E(s) \tag{11.79}$$

其中，$N(s)D^{-1}(s)$为严真。再表 $\bar{N}(s)D^{-1}(s)$的能控类实现为

$$\begin{cases} \dot{x} = A^c x + B^c u \\ y = C^c x + E(p)u, \quad p = \mathrm{d}/\mathrm{d}t \end{cases} \tag{11.80}$$

其中，$\dim(A^c) = \deg\ \det D(s)$。则有

$$\{D(s), N(s)\}\ 右互质 \quad \Leftrightarrow \quad (A^c, C^c)\ 完全能观测 \tag{11.81}$$

结论 11.20［MFD 左互质性和能控性］　考虑线性时不变系统的左 MFD $D_L^{-1}(s)\bar{N}_L(s)$，并表其为

$$D_L^{-1}(s)\bar{N}_L(s) = D_L^{-1}(s)N_L(s) + E_L(s) \tag{11.82}$$

其中，$D_L^{-1}(s)N_L(s)$为严真。再表 $D_L^{-1}(s)\bar{N}_L(s)$的能观测类实现为

$$\begin{cases} \dot{x} = A^o x + B^o u \\ y = C^o x + E_L(p)u, \quad p = \mathrm{d}/\mathrm{d}t \end{cases} \tag{11.83}$$

其中，$\dim(A^o) = \deg\ \det D_L(s)$。则有

$$D_L^{-1}(s)N_L(s)\ 左互质 \quad \Leftrightarrow \quad (A^o, B^o)\ 完全能控 \tag{11.84}$$

3. 状态空间描述的互质性

结论 11.21［状态空间描述的互质性］　考虑线性时不变系统，其状态空间描述为$(A, B, C, E(p))$，传递函数矩阵 $G(s)$的关系式为

$$G(s) = C(sI - A)^{-1}B + E(s) = R(s)P^{-1}(s)Q(s) + W(s) \tag{11.85}$$

则由 PMD 左右互质性和状态空间描述能控性能观测性的等价关系，可知

$$\{sI - A, B\}\ 左互质 \quad \Leftrightarrow \quad (A, B)\ 完全能控 \tag{11.86}$$

$$\{sI - A, C\}\ 右互质 \quad \Leftrightarrow \quad (A, C)\ 完全能观测 \tag{11.87}$$

而这正是 PBH 秩判据所给出的结论。

4. SISO 系统的互质性

结论 11.22［SISO 系统互质性］　考虑单输入单输出即 SISO 线性时不变系统，表其传递函数 $g(s)$为

$$g(s) = r(s)P^{-1}(s)q(s) + w(s) = \frac{r(s)H(s)q(s)}{\phi(s)} + w(s) \tag{11.88}$$

其中，$P(s)$为 $m \times m$ 多项式矩阵，$r(s)$和 $q(s)$为 $1 \times m$ 和 $m \times 1$ 多项式项量，$w(s)$为多项式，$\phi(s)$为 $P(s)$的最小多项式。则有

$$\{P(s), r(s)\}\ 右互质 \quad \Leftrightarrow \quad \phi(s)\ 和\ r(s)H(s)\ 不含相消因子 \tag{11.89}$$

$$\{P(s), q(s)\}\ 左互质 \quad \Leftrightarrow \quad \phi(s)\ 和\ H(s)q(s)\ 不含相消因子 \tag{11.90}$$

$$\{P(s), r(s)\}\ 和\{P(s), q(s)\}\ 均互质 \quad \Leftrightarrow \quad g(s)\ 严真部分不含零点 - 极点对消 \tag{11.91}$$

11.4 传输零点和解耦零点

本节讨论线性时不变系统的基于多项式矩阵描述的极点零点问题。随后的讨论中将可看到，基于 PMD 的极点零点分析，将会有助于更深刻地揭示系统极点零点和系统结构特性之间的关系。本节的主要内容包括 PMD 的极点、PMD 的传输零点和 PMD 的解耦零点。

11.4.1 PMD 的极点

考虑线性时不变系统的 PMD $(\boldsymbol{P}(s),\boldsymbol{Q}(s),\boldsymbol{R}(s),\boldsymbol{W}(s))$，其传递函数矩阵为

$$\boldsymbol{G}(s)=\boldsymbol{R}(s)\boldsymbol{P}^{-1}(s)\boldsymbol{Q}(s)+\boldsymbol{W}(s) \tag{11.92}$$

下面，基此给出 PMD 的极点的定义。

定义 11.3 [PMD 的极点] 对 PMD $(\boldsymbol{P}(s),\boldsymbol{Q}(s),\boldsymbol{R}(s),\boldsymbol{W}(s))$，定义：

$$\text{PMD 的极点}=\text{“}\boldsymbol{R}(s)\boldsymbol{P}^{-1}(s)\boldsymbol{Q}(s)+\boldsymbol{W}(s)\text{”的极点} \tag{11.93}$$

注 尽管 PMD 属于系统内部描述范畴，但因复频率域中对系统的分析和综合几乎都是针对输入输出描述进行的，因此 PMD 的极点零点基于传递函数矩阵定义是合理的。

基于上述定义，进而就确定 PMD 的极点问题给出下述两个结论。

结论 11.23 [PMD 的极点] 表$(\boldsymbol{A},\boldsymbol{B},\boldsymbol{C},\boldsymbol{E}(p))$为 PMD $(\boldsymbol{P}(s),\boldsymbol{Q}(s),\boldsymbol{R}(s),\boldsymbol{W}(s))$的任一最小实现，则有

$$\text{PMD 的极点}=\text{“}\det(s\boldsymbol{I}-\boldsymbol{A})=0\text{ 的根”} \tag{11.94}$$

证 由定义知，PMD 的极点为其 $\boldsymbol{G}(s)$的极点。再据 $\boldsymbol{G}(s)$的极点的推广性定义知，$\boldsymbol{G}(s)$的极点就为 $\det(s\boldsymbol{I}-\boldsymbol{A})=0$ 的根。从而，由此即可导出式(11.94)。证明完成。

结论 11.24 [PMD 的极点] 若 PMD$(\boldsymbol{P}(s),\boldsymbol{Q}(s),\boldsymbol{R}(s),\boldsymbol{W}(s))$为不可简约，则有

$$\text{PMD 的极点}=\text{“}\det\boldsymbol{P}(s)=0\text{ 的根”} \tag{11.95}$$

注 由上述结论还可等价导出，若$(\boldsymbol{P}(s),\boldsymbol{Q}(s),\boldsymbol{R}(s),\boldsymbol{W}(s))$为不可简约，则

$$\text{PMD 的极点}=\text{使 }\boldsymbol{P}(s)\text{ 降秩的 }s\text{ 值} \tag{11.96}$$

11.4.2 PMD 的传输零点

PMD 的传输零点即为 PMD 的零点。这里所以称零点为传输零点，一是强调其区别于下面将要引入的解耦零点，二是突出其具有的内在含义。下面，给出 PMD 的传输零点的定义。

定义 11.4 [PMD 的传输零点] 对 PMD $(\boldsymbol{P}(s),\boldsymbol{Q}(s),\boldsymbol{R}(s),\boldsymbol{W}(s))$，其传递函

数矩阵为 $\boldsymbol{G}(s)=\boldsymbol{R}(s)\boldsymbol{P}^{-1}(s)\boldsymbol{Q}(s)+\boldsymbol{W}(s)$，则定义：

$$\text{PMD 的传输零点}=\text{“}\boldsymbol{R}(s)\boldsymbol{P}^{-1}(s)\boldsymbol{Q}(s)+\boldsymbol{W}(s)\text{”的零点} \tag{11.97}$$

下面，基于上述定义，就确定 PMD 的传输零点问题，进一步给出如下两个结论。

结论 11.25 [PMD 的传输零点]　表 $(\boldsymbol{A},\boldsymbol{B},\boldsymbol{C},\boldsymbol{E}(p))$ 为 PMD $(\boldsymbol{P}(s),\boldsymbol{Q}(s),\boldsymbol{R}(s),\boldsymbol{W}(s))$ 的任一最小实现，则有

$$\text{PMD 的传输零点}=\text{使}\begin{bmatrix} s\boldsymbol{I}-\boldsymbol{A} & \boldsymbol{B} \\ -\boldsymbol{C} & \boldsymbol{E}(s)\end{bmatrix}\text{降秩的 } s \text{ 值} \tag{11.98}$$

证　由定义知 PMD 的传输零点为其 $\boldsymbol{G}(s)$ 的零点，再据 $\boldsymbol{G}(s)$ 的零点的推广性定义知

$$\boldsymbol{G}(s)\text{ 的零点}=\text{使}\begin{bmatrix} s\boldsymbol{I}-\boldsymbol{A} & \boldsymbol{B} \\ -\boldsymbol{C} & \boldsymbol{E}(s)\end{bmatrix}\text{降秩的 } s \text{ 值} \tag{11.99}$$

从而，由此即可导出式(11.98)。证明完成。

结论 11.26 [PMD 的传输零点]　若 PMD $(\boldsymbol{P}(s),\boldsymbol{Q}(s),\boldsymbol{R}(s),\boldsymbol{W}(s))$ 为不可简约，则有

$$\text{PMD 的传输零点}=\text{使}\begin{bmatrix} \boldsymbol{P}(s) & \boldsymbol{Q}(s) \\ -\boldsymbol{R}(s) & \boldsymbol{W}(s)\end{bmatrix}\text{降秩的 } s \text{ 值} \tag{11.100}$$

11.4.3　PMD 的解耦零点

PMD 的解耦零点出现于系统 PMD $(\boldsymbol{P}(s),\boldsymbol{Q}(s),\boldsymbol{R}(s),\boldsymbol{W}(s))$ 为可简约的情形。事实上，随后的分析表明，对可简约 $(\boldsymbol{P}(s),\boldsymbol{Q}(s),\boldsymbol{R}(s),\boldsymbol{W}(s))$，在

$$\text{使 } \det\boldsymbol{P}(s)=0 \text{ 的 } s \text{ 值} \tag{11.101}$$

和

$$\text{使}\begin{bmatrix} \boldsymbol{P}(s) & \boldsymbol{Q}(s) \\ -\boldsymbol{R}(s) & \boldsymbol{W}(s)\end{bmatrix}\text{降秩 } s \text{ 值} \tag{11.102}$$

中，通常还包含有 PMD 的解耦零点。进而，可把解耦零点区分为“输入解耦零点”和“输出解耦零点”，分别表征其对输入和输出的解耦属性。下面，就可简约 PMD 的三类典型情形，讨论解耦零点的基本属性和直观含义。

1. 情形Ⅰ：(P(s),R(s))右互质，(P(s),Q(s))非左互质

考虑 PMD $(\boldsymbol{P}(s),\boldsymbol{Q}(s),\boldsymbol{R}(s),\boldsymbol{W}(s))$，设 $(\boldsymbol{P}(s),\boldsymbol{R}(s))$ 为右互质，但 $(\boldsymbol{P}(s),\boldsymbol{Q}(s))$ 为非左互质。其中，$\boldsymbol{P}(s)$ 和 $\boldsymbol{Q}(s)$ 为 $m\times m$ 和 $m\times p$ 多项式矩阵。

定义 11.5 [输入解耦零点]　对“$(\boldsymbol{P}(s),\boldsymbol{Q}(s))$ 非左互质”型可简约 PMD，表 $m\times m$ 多项式矩阵 $\boldsymbol{H}(s)$ 为 $(\boldsymbol{P}(s),\boldsymbol{Q}(s))$ 的任一最大左公因子，且 $\boldsymbol{H}(s)$ 为非单模但非奇异，则有

$$\text{PMD 的输入解耦零点}=\text{“}\det\boldsymbol{H}(s)=0 \text{ 的根”} \tag{11.103}$$

基于上述定义，可以进而给出两点推论性结论。

结论 11.27［输入解耦零点］ 对“$(\boldsymbol{P}(s),\boldsymbol{Q}(s))$非左互质”型可简约 PMD，则有

$$\text{PMD 的输入解耦零点}=\text{使}[\boldsymbol{P}(s)\quad \boldsymbol{Q}(s)]\text{降秩 } s \text{ 值} \tag{11.104}$$

结论 11.28［输入解耦零点］ 对“$(\boldsymbol{P}(s),\boldsymbol{Q}(s))$非左互质”型可简约 PMD，表维数为 $n=\deg\det\boldsymbol{P}(s)$的$(\boldsymbol{A},\boldsymbol{B},\boldsymbol{C},\boldsymbol{E}(p))$是$(\boldsymbol{P}(s),\boldsymbol{Q}(s),\boldsymbol{R}(s),\boldsymbol{W}(s))$的任一实现，则有

$$\begin{aligned}\text{PMD 的输入解耦零点}&=\boldsymbol{A}\text{ 的不能控模}\\&=\boldsymbol{A}\text{ 的不能控分块阵 }\bar{\boldsymbol{A}}_{\bar{c}}\text{ 的特征值}\end{aligned} \tag{11.105}$$

注 1 正是由于结论关系式(11.105)，并考虑到 $\bar{\boldsymbol{A}}_{\bar{c}}$ 的特征值不受输入 $\boldsymbol{u}$ 影响(即和输入解耦)，所以称这类解耦零点为输入解耦零点。

注 2 由于传递函数矩阵 $\boldsymbol{G}(s)$只能表征系统中能控能观测部分，因此结论(11.105)意味着，在 PMD 导出的 $\boldsymbol{G}(s)$的极点中 $\boldsymbol{A}$ 的不能控模即 $\bar{\boldsymbol{A}}_{\bar{c}}$ 的特征值已与 PMD 的输入解耦零点构成对消。

2. 情形Ⅱ：(P(s),R(s))非右互质，(P(s),Q(s))左互质

考虑 PMD$(\boldsymbol{P}(s),\boldsymbol{Q}(s),\boldsymbol{R}(s),\boldsymbol{W}(s))$，设$(\boldsymbol{P}(s),\boldsymbol{Q}(s))$为左互质，但$(\boldsymbol{P}(s),\boldsymbol{R}(s))$为非右互质。其中，$\boldsymbol{P}(s)$和 $\boldsymbol{R}(s)$为 $m\times m$ 和 $q\times m$ 多项式矩阵。

定义 11.6［输出解耦零点］ 对“$(\boldsymbol{P}(s),\boldsymbol{R}(s))$非右互质”型可简约 PMD，表 $m\times m$ 多项式矩阵 $\boldsymbol{F}(s)$为$(\boldsymbol{P}(s),\boldsymbol{R}(s))$的任一最大右公因子，且 $\boldsymbol{F}(s)$为非单模但非奇异，则有

$$\text{PMD 的输出解耦零点}=\text{“}\det\boldsymbol{F}(s)=0\text{ 的根”} \tag{11.106}$$

基于上述定义，可以进而给出两点推论性结论。

结论 11.29［输出解耦零点］ 对“$(\boldsymbol{P}(s),\boldsymbol{R}(s))$非右互质”型可简约 PMD，则有

$$\text{PMD 的输出解耦零点}=\text{使}\begin{bmatrix}\boldsymbol{P}(s)\\\boldsymbol{R}(s)\end{bmatrix}\text{降秩 } s \text{ 值} \tag{11.107}$$

结论 11.30［输出解耦零点］ 对“$(\boldsymbol{P}(s),\boldsymbol{R}(s))$非右互质”型可简约 PMD，表维数为 $n=\deg\det\boldsymbol{P}(s)$ 的$(\boldsymbol{A},\boldsymbol{B},\boldsymbol{C},\boldsymbol{E}(p))$是$(\boldsymbol{P}(s),\boldsymbol{Q}(s),\boldsymbol{R}(s),\boldsymbol{W}(s))$的任一实现，则有

$$\begin{aligned}\text{PMD 的输出解耦零点}&=\boldsymbol{A}\text{ 的不能观测模}\\&=\boldsymbol{A}\text{ 的不能观测分块阵}\hat{\boldsymbol{A}}_{\bar{o}}\text{ 的特征值}\end{aligned} \tag{11.108}$$

注 1 同样，由于结论关系式(11.108)，并考虑到 $\hat{\boldsymbol{A}}_{\bar{o}}$ 的特征值不影响输出 $\boldsymbol{y}$(即和输出解耦)，所以称这类解耦零点为输出解耦零点。

注 2 由于传递函数矩阵 $\boldsymbol{G}(s)$只能表征系统中能控能观测部分，因此结论(11.108)意味着，在 PMD 导出的 $\boldsymbol{G}(s)$的极点中 $\boldsymbol{A}$ 的不能观测模即 $\hat{\boldsymbol{A}}_{\bar{o}}$ 的特征值已与 PMD 的输出解耦零点构成对消。

3. 情形Ⅲ：{P(s),R(s)}非右互质，{P(s),Q(s)}非左互质

考虑 PMD$(\boldsymbol{P}(s),\boldsymbol{Q}(s),\boldsymbol{R}(s),\boldsymbol{W}(s))$，设$(\boldsymbol{P}(s),\boldsymbol{Q}(s))$为非左互质，$(\boldsymbol{P}(s),$

$\boldsymbol{R}(s)$)为非右互质。其中,$\boldsymbol{P}(s)$、$\boldsymbol{Q}(s)$和$\boldsymbol{R}(s)$为$m\times m$、$m\times p$和$q\times m$的多项式矩阵。显然,这类情形即为情形Ⅰ和Ⅱ的组合,因此由情形Ⅰ和Ⅱ对应的定义和结论,即可直接导出如下的定义和结论。

定义 11.7 [输入/输出解耦零点]　对"($\boldsymbol{P}(s)$,$\boldsymbol{R}(s)$)非右互质,{$\boldsymbol{P}(s)$,$\boldsymbol{Q}(s)$}非左互质"型可简约 PMD,表$m\times m$多项式矩阵$\boldsymbol{H}(s)$为{$\boldsymbol{P}(s)$,$\boldsymbol{Q}(s)$}的任一最大左公因子,表$m\times m$多项式矩阵$\boldsymbol{F}(s)$为{$\boldsymbol{P}(s)$,$\boldsymbol{R}(s)$}的任一最大右公因子,则有

$$\text{PMD 的输入解耦零点}=\text{“}\det\boldsymbol{H}(s)=0\text{ 的根”}\tag{11.109}$$

$$\text{PMD 的输出解耦零点}=\text{“}\det\boldsymbol{F}(s)=0\text{ 的根”}\tag{11.110}$$

结论 11.31 [输入/输出解耦零点]　对"($\boldsymbol{P}(s)$,$\boldsymbol{R}(s)$)非右互质,{$\boldsymbol{P}(s)$,$\boldsymbol{Q}(s)$}非左互质"型可简约 PMD,则有

$$\text{PMD 的输入解耦零点}=\text{使}\begin{bmatrix}\boldsymbol{P}(s) & \boldsymbol{Q}(s)\end{bmatrix}\text{降秩 }s\text{ 值}\tag{11.111}$$

$$\text{PMD 的输出解耦零点}=\text{使}\begin{bmatrix}\boldsymbol{P}(s)\\ \boldsymbol{R}(s)\end{bmatrix}\text{降秩 }s\text{ 值}\tag{11.112}$$

结论 11.32 [输入/输出解耦零点]　对"($\boldsymbol{P}(s)$,$\boldsymbol{R}(s)$)非右互质,{$\boldsymbol{P}(s)$,$\boldsymbol{Q}(s)$}非左互质"型可简约 PMD,表($\boldsymbol{A}$,$\boldsymbol{B}$,$\boldsymbol{C}$,$\boldsymbol{E}(p)$)为($\boldsymbol{P}(s)$,$\boldsymbol{Q}(s)$,$\boldsymbol{R}(s)$,$\boldsymbol{W}(s)$)的任一实现,且维数为$n=\deg\det\boldsymbol{P}(s)$,则有

$$\text{PMD 的输入解耦零点}=\boldsymbol{A}\text{ 的不能控模}\tag{11.113}$$

$$\text{PMD 的输出解耦零点}=\boldsymbol{A}\text{ 的不能观测模}\tag{11.114}$$

11.4.4　两点注记

下面,还要就 PMD 的极点和传输零点问题,进一步引入两点注记性结论。

结论 11.33 [PMD 的极点集和零点集]　由于引入 PMD 的解耦零点,使 PMD 的极点集和零点集得到扩展,有

$$\{\text{PMD 的极点}\}=\{\text{传递函数矩阵 }\boldsymbol{G}(s)\text{ 的极点}\}\cup\{\text{PMD 的解耦零点}\}\tag{11.115}$$

$$\{\text{PMD 的零点}\}=\{\text{传递函数矩阵 }\boldsymbol{G}(s)\text{ 的零点}\}\cup\{\text{PMD 的解耦零点}\}\tag{11.116}$$

结论 11.34 [PMD 零点集属性]　对 PMD ($\boldsymbol{P}(s)$,$\boldsymbol{Q}(s)$,$\boldsymbol{R}(s)$,$\boldsymbol{W}(s)$),若其导出的传递函数矩阵$\boldsymbol{G}(s)$为非奇异,则必成立:

$$\begin{aligned}&\text{使}\begin{bmatrix}\boldsymbol{P}(s) & \boldsymbol{Q}(s)\\ -\boldsymbol{R}(s) & \boldsymbol{W}(s)\end{bmatrix}\text{降秩 }s\text{ 值的集合}\\ &=\{\text{PMD 的传输零点}\}\cup\{\text{PMD 的解耦零点}\}\end{aligned}\tag{11.117}$$

若导出的传递函数矩阵$\boldsymbol{G}(s)$为奇异,则式(11.117)不一定成立,即可能出现"解耦零点不是使等式(11.117)中左边多项式分块矩阵降秩s值"的情形。

例 11.1 给定 PMD $(\boldsymbol{P}(s),\boldsymbol{Q}(s),\boldsymbol{R}(s),\boldsymbol{W}(s))$，其中

$$\boldsymbol{P}(s)=\begin{bmatrix} s+1 & 0 & 0 \\ 0 & s+2 & 0 \\ 0 & 0 & s+3 \end{bmatrix} \quad \boldsymbol{Q}(s)=\begin{bmatrix} 0 \\ 1 \\ 1 \end{bmatrix}$$

$$\boldsymbol{R}(s)=\begin{bmatrix} 1 & -4 & 0 \\ 0 & 3 & 1 \end{bmatrix} \quad \boldsymbol{W}(s)=\begin{bmatrix} 0 \\ 0 \end{bmatrix}$$

容易判断，由给定 PMD 导出的 2×1 传递函数矩阵 $\boldsymbol{G}(s)$ 为奇异。进而，定出输入解耦零点，即使

$$[\boldsymbol{P}(s) \quad \boldsymbol{Q}(s)]=\begin{bmatrix} s+1 & 0 & 0 & 0 \\ 0 & s+2 & 0 & 1 \\ 0 & 0 & s+3 & 1 \end{bmatrix}$$

降秩 s 值为 $s=-1$。但是，对 $s=-1$，显然

$$\begin{bmatrix} \boldsymbol{P}(s) & \boldsymbol{Q}(s) \\ -\boldsymbol{R}(s) & \boldsymbol{W}(s) \end{bmatrix}_{s=-1}=\begin{bmatrix} 0 & 0 & 0 & 0 \\ 0 & 1 & 0 & 1 \\ 0 & 0 & 2 & 1 \\ -1 & 4 & 0 & 0 \\ 0 & -3 & -1 & 0 \end{bmatrix}$$

并不降秩。从而，验证了上述结论中给出的论断，即对 $\boldsymbol{G}(s)$ 为奇异情形解耦零点不是使等式(11.117)中左边多项式分块矩阵降秩 s 值。

11.5 系统矩阵

本节对线性时不变系统的多项式矩阵描述引入系统矩阵表示。系统矩阵的基本特点是以集中和简洁的形式表征系统的所有结构性质。基于系统矩阵可以进一步引入线性时不变系统的等价变换。本节的内容包括系统矩阵和增广系统矩阵的概念和属性，有关等价变换的概念和属性则在下一节中讨论。

11.5.1 系统矩阵的概念

考虑线性时不变系统，其多项式矩阵描述为

$$\begin{cases} \boldsymbol{P}(s)\hat{\boldsymbol{\zeta}}(s)=\boldsymbol{Q}(s)\hat{\boldsymbol{u}}(s) \\ \hat{\boldsymbol{y}}(s)=\boldsymbol{R}(s)\hat{\boldsymbol{\zeta}}(s)+\boldsymbol{W}(s)\hat{\boldsymbol{u}}(s) \end{cases} \tag{11.118}$$

其中，$\boldsymbol{P}(s)$ 为 $m\times m$ 非奇异多项式矩阵；$\boldsymbol{Q}(s)$，$\boldsymbol{R}(s)$ 和 $\boldsymbol{W}(s)$ 为 $m\times p$，$q\times m$ 和 $q\times p$ 多项式矩阵。进而，表上式为增广变量方程形式，有

$$\begin{bmatrix} \boldsymbol{P}(s) & \boldsymbol{Q}(s) \\ -\boldsymbol{R}(s) & \boldsymbol{W}(s) \end{bmatrix}\begin{bmatrix} \hat{\boldsymbol{\zeta}}(s) \\ -\hat{\boldsymbol{u}}(s) \end{bmatrix}=\begin{bmatrix} \boldsymbol{0} \\ -\hat{\boldsymbol{y}}(s) \end{bmatrix} \tag{11.119}$$

在此基础上，下面引入 PMD 的系统矩阵的定义。

定义 11.8［PMD 系统矩阵］　线性时不变系统 PMD 的系统矩阵定义为其增广变量方程(11.119)的系数矩阵，即

$$\boldsymbol{S}(s)=\begin{bmatrix}\boldsymbol{P}(s) & \boldsymbol{Q}(s)\\ -\boldsymbol{R}(s) & \boldsymbol{W}(s)\end{bmatrix}\begin{matrix}\}m\\ \}q\end{matrix} \qquad (11.120)$$

$$\qquad\qquad\quad \underbrace{\qquad\quad}_{m}\ \underbrace{\qquad}_{p}$$

进一步，就线性时不变系统的系统矩阵给出如下一些推论性结论。

1. 其他描述的系统矩阵

结论 11.35［状态空间描述系统矩阵］　线性时不变系统状态空间描述的系统矩阵为

$$\boldsymbol{S}(s)=\begin{bmatrix}s\boldsymbol{I}-\boldsymbol{A} & \boldsymbol{B}\\ -\boldsymbol{C} & \boldsymbol{E}(s)\end{bmatrix} \qquad (11.121)$$

结论 11.36［MFD 系统矩阵］　对 $q\times p$ 线性时不变系统的 MFD，右 $\boldsymbol{N}(s)\boldsymbol{D}^{-1}(s)$ 的系统矩阵为

$$\boldsymbol{S}(s)=\begin{bmatrix}\boldsymbol{D}(s) & \boldsymbol{I}_p\\ -\boldsymbol{N}(s) & \boldsymbol{0}\end{bmatrix} \qquad (11.122)$$

左 $\boldsymbol{D}_{\mathrm{L}}^{-1}(s)\boldsymbol{N}_{\mathrm{L}}(s)$ 的系统矩阵为

$$\boldsymbol{S}(s)=\begin{bmatrix}\boldsymbol{D}_{\mathrm{L}}(s) & \boldsymbol{N}_{\mathrm{L}}(s)\\ -\boldsymbol{I}_q & \boldsymbol{0}\end{bmatrix} \qquad (11.123)$$

2. 判断 PMD 即 S(s)的不可简约性

结论 11.37［判断不可简约性］　对式(11.120)给出的线性时不变系统 PMD 的系统矩阵 $\boldsymbol{S}(s)$，有

$$\text{PMD 不可简约}\quad\Leftrightarrow\quad \boldsymbol{S}(s)\text{ 的前 }m\text{ 行和前 }m\text{ 列分别满秩，}\forall s\in\mathscr{C} \qquad (11.124)$$

3. 确定 PMD 即 S(s)的极点和零点

结论 11.38［PMD 的极点零点］　对式(11.120)给出的线性时不变系统 PMD 的系统矩阵 $\boldsymbol{S}(s)$，若 PMD 为不可简约，则有

$$\text{PMD 的极点}=\text{使 }\boldsymbol{S}(s)\text{ 左上方 }m\times m\text{ 块矩阵降秩 }s\text{ 值} \qquad (11.125)$$

$$\text{PMD 的传输零点}=\text{使 }\boldsymbol{S}(s)\text{ 降秩 }s\text{ 值} \qquad (11.126)$$

4. 确定 PMD 即 S(s)的输入解耦零点和输出解耦零点

结论 11.39［PMD 的解耦零点］　对式(11.120)给出的线性时不变系统 PMD 的系统矩阵 $\boldsymbol{S}(s)$，若 PMD 为可简约，则有

$$\text{PMD 的输入解耦零点} = \text{使 } \boldsymbol{S}(s) \text{ 的前 } m \text{ 行降秩 } s \text{ 值} \tag{11.127}$$

$$\text{PMD 的输出解耦零点} = \text{使 } \boldsymbol{S}(s) \text{ 的前 } m \text{ 列降秩 } s \text{ 值} \tag{11.128}$$

5. 系统矩阵的属性

结论 11.40 [系统矩阵属性] 式(11.120)给出的线性时不变系统 PMD 的系统矩阵 $\boldsymbol{S}(s)$以集中和简洁的形式表征了系统的所有结构性质。

6. 系统矩阵的意义

结论 11.41 [系统矩阵意义] 对线性时不变系统，系统矩阵 $\boldsymbol{S}(s)$的引入，既为讨论同一类型不同描述间的关系提供了方便，也为讨论不同类型描述间的关系提供了方便。

11.5.2 增广系统矩阵

通常，一个线性时不变系统的不同类型描述的系统矩阵在维数上为不同。进而，同一类型不同描述的系统矩阵在维数上也常为不同。增广系统矩阵正是为克服由此而引起的不便而在系统矩阵基础上导出的一类广义系统矩阵。

下面，先给出增广系统矩阵的定义。

定义 11.9 [PMD 增广系统矩阵] 线性时不变系统 PMD 的增广系统矩阵定义为

$$\boldsymbol{S}_{\mathrm{e}}(s) = \begin{bmatrix} \boldsymbol{P}_{\mathrm{e}}(s) & \boldsymbol{Q}_{\mathrm{e}}(s) \\ -\boldsymbol{R}_{\mathrm{e}}(s) & \boldsymbol{W}(s) \end{bmatrix} \triangleq \left[\begin{array}{cc|c} \boldsymbol{I}_{\beta} & \boldsymbol{0} & \boldsymbol{0} \\ \boldsymbol{0} & \boldsymbol{P}(s) & \boldsymbol{Q}(s) \\ \hline \boldsymbol{0} & -\boldsymbol{R}(s) & \boldsymbol{W}(s) \end{array}\right] \tag{11.129}$$

其中，β 为正整数且可按需要任取。

注 在系统分析中，通过对增广系统矩阵适当选取 β 数值，可使一个描述的增广系统矩阵维数相等于另一个描述的系统矩阵，从而为讨论两者间关系提供了简便性。

进而，给出系统矩阵 $\boldsymbol{S}(s)$及其增广系统矩阵 $\boldsymbol{S}_{\mathrm{e}}(s)$之间的如下一些等价关系。

1. 等同的不可简约性

结论 11.42 [不可简约性相同] 对线性时不变系统的系统矩阵 $\boldsymbol{S}(s)$及其增广系统矩阵 $\boldsymbol{S}_{\mathrm{e}}(s)$，有

$$\boldsymbol{S}_{\mathrm{e}}(s) \text{ 不可简约} \Leftrightarrow \boldsymbol{S}(s) \text{ 不可简约} \tag{11.130}$$

2. 等同的互质性

结论 11.43 [互质性相同] 对线性时不变系统的系统矩阵 $\boldsymbol{S}(s)$及其增广系统矩阵$\boldsymbol{S}_{\mathrm{e}}(s)$，有

$$\{\boldsymbol{P}_{\mathrm{e}}(s),\boldsymbol{Q}_{\mathrm{e}}(s)\}\text{ 左互质}\Leftrightarrow\{\boldsymbol{P}(s),\boldsymbol{Q}(s)\}\text{ 左互质}\tag{11.131}$$

$$\{\boldsymbol{P}_{\mathrm{e}}(s),\boldsymbol{R}_{\mathrm{e}}(s)\}\text{ 右互质}\Leftrightarrow\{\boldsymbol{P}(s),\boldsymbol{R}(s)\}\text{ 右互质}\tag{11.132}$$

3. 等同的极点和传输零点

结论 11.44［极点和传输零点相同］ 对线性时不变系统的不可简约系统矩阵 $\boldsymbol{S}(s)$及其不可简约增广系统矩阵 $\boldsymbol{S}_{\mathrm{e}}(s)$，有

$$\boldsymbol{S}_{\mathrm{e}}(s)\text{ 的极点}=\boldsymbol{S}(s)\text{ 的极点}\tag{11.133}$$

$$\boldsymbol{S}_{\mathrm{e}}(s)\text{ 的传输零点}=\boldsymbol{S}(s)\text{ 的传输零点}\tag{11.134}$$

4. 等同的输入解耦零点和输出解耦零点

结论 11.45［解耦零点相同］ 对线性时不变系统的可简约系统矩阵 $\boldsymbol{S}(s)$及其可简约增广系统矩阵 $\boldsymbol{S}_{\mathrm{e}}(s)$，有

$$\boldsymbol{S}_{\mathrm{e}}(s)\text{ 的输入解耦零点}=\boldsymbol{S}(s)\text{ 的输入解耦零点}\tag{11.135}$$

$$\boldsymbol{S}_{\mathrm{e}}(s)\text{ 的输出解耦零点}=\boldsymbol{S}(s)\text{ 的输出解耦零点}\tag{11.136}$$

5. 等同的传递函数矩阵

结论 11.46［传递函数矩阵相同］ 线性时不变系统的系统矩阵 $\boldsymbol{S}(s)$及其增广系统矩阵 $\boldsymbol{S}_{\mathrm{e}}(s)$具有相同的传递函数矩阵，即有

$$\boldsymbol{R}_{\mathrm{e}}(s)\boldsymbol{P}_{\mathrm{e}}^{-1}(s)\boldsymbol{Q}_{\mathrm{e}}(s)+\boldsymbol{W}(s)=\boldsymbol{R}(s)\boldsymbol{P}^{-1}(s)\boldsymbol{Q}(s)+\boldsymbol{W}(s)\tag{11.137}$$

6. 等同的分母矩阵行列式

结论 11.47［分母矩阵行列式相同］ 线性时不变系统的系统矩阵 $\boldsymbol{S}(s)$及其增广系统矩阵 $\boldsymbol{S}_{\mathrm{e}}(s)$具有相同的分母矩阵行列式，即有

$$\det\boldsymbol{P}_{\mathrm{e}}(s)=\det\boldsymbol{P}(s)\tag{11.138}$$

7. 等同的特性关系属性

结论 11.48［特性关系属性相同］ 对线性时不变系统，引入增广系统矩阵$\boldsymbol{S}_{\mathrm{e}}(s)$代替系统矩阵 $\boldsymbol{S}(s)$以讨论不同描述间关系，不会损失不同描述在特性上的关系属性，如互质性、能控性能观测性、稳定性等。

11.6 严格系统等价

本节针对线性时不变系统讨论系统矩阵间的严格系统等价问题。不管是不同系统的系统矩阵之间，还是同一系统的不同系统矩阵之间，都可基于严格系统等价变换建立其在特性上的对应关系。这些关系对于线性时不变系统的复频率域分析和综合有着重要应用。

11.6.1 严格系统等价的定义

对线性时不变系统，考虑相同输入和相同输出的两个 PMD 的系统矩阵 $\boldsymbol{S}_1(s)$ 和 $\boldsymbol{S}_2(s)$，它们既可属于同一系统也可属于不同系统，并表 $\boldsymbol{S}_1(s)$ 和 $\boldsymbol{S}_2(s)$ 分别为

$$\boldsymbol{S}_1(s)=\begin{bmatrix}\boldsymbol{P}_1(s) & \boldsymbol{Q}_1(s)\\ -\boldsymbol{R}_1(s) & \boldsymbol{W}_1(s)\end{bmatrix},\quad \boldsymbol{S}_2(s)=\begin{bmatrix}\boldsymbol{P}_2(s) & \boldsymbol{Q}_2(s)\\ -\boldsymbol{R}_2(s) & \boldsymbol{W}_2(s)\end{bmatrix} \tag{11.139}$$

其中，$\boldsymbol{P}_i(s)$ 为 $m_i\times m_i$ 非奇异多项式矩阵，$\boldsymbol{R}_i(s)$、$\boldsymbol{Q}_i(s)$ 和 $\boldsymbol{W}_i(s)$ 分别为 $m_i\times p$、$q\times m_i$ 和 $q\times p$ 多项式矩阵，$i=1,2$。进而，不妨设 $m_1=m_2=m$，如若不然，可对维数较小的系统矩阵通过增广途径做到这一点。如果考虑一般性，则必有

$$m\geqslant m_i,\quad i=1,2 \tag{11.140}$$

在此基础上，给出两个 PMD 的系统矩阵 $\boldsymbol{S}_1(s)$ 和 $\boldsymbol{S}_2(s)$ 为严格系统等价的定义。

定义 11.10［严格系统等价］ 称两个 PMD 型系统矩阵 $\boldsymbol{S}_1(s)$ 和 $\boldsymbol{S}_2(s)$ 为严格系统等价，当且仅当存在 $m\times m$ 单模阵 $\boldsymbol{U}(s)$ 和 $\boldsymbol{V}(s)$，以及 $q\times m$ 和 $m\times p$ 多项式矩阵 $\boldsymbol{X}(s)$ 和 $\boldsymbol{Y}(s)$，使下式成立：

$$\begin{bmatrix}\boldsymbol{U}(s) & \boldsymbol{0}\\ \boldsymbol{X}(s) & \boldsymbol{I}_q\end{bmatrix}\begin{bmatrix}\boldsymbol{P}_1(s) & \boldsymbol{Q}_1(s)\\ -\boldsymbol{R}_1(s) & \boldsymbol{W}_1(s)\end{bmatrix}\begin{bmatrix}\boldsymbol{V}(s) & \boldsymbol{Y}(s)\\ \boldsymbol{0} & \boldsymbol{I}_p\end{bmatrix}=\begin{bmatrix}\boldsymbol{P}_2(s) & \boldsymbol{Q}_2(s)\\ -\boldsymbol{R}_2(s) & \boldsymbol{W}_2(s)\end{bmatrix} \tag{11.141}$$

并且，记为 $\boldsymbol{S}_1(s)\sim\boldsymbol{S}_2(s)$。

注 上述相对于 PMD 型系统矩阵而定义的严格系统等价，同样适用于相对于其他描述的系统矩阵，如状态空间描述和矩阵分式描述的系统矩阵。

进而，对上述给出的严格系统等价定义，需要作如下的三点说明。

1. 严格系统等价是一种变换关系

由严格系统等价的定义关系式(11.141)可以看出，两个严格系统等价系统矩阵 $\boldsymbol{S}_1(s)$ 和 $\boldsymbol{S}_2(s)$，在属性上是一种变换的关系。基此，习惯地称 $\boldsymbol{S}_2(s)$ 为 $\boldsymbol{S}_1(s)$ 的一个严格系统等价变换。

2. 严格系统等价变换是一类特定的左右单模变换

由严格系统等价的定义关系式(11.141)还可看出，等式左边的第一个矩阵和第三个矩阵是形式对偶的两个单模阵，且它们具有特定的形式。因此，严格系统等价变换实际上属于特殊形式单模阵下的一种同时左右单模变换。

3. 严格系统等价变换满足对称性、自反性和传递性

由定义关系式(11.141)不难导出，严格系统等价变换满足如下的三个基本属性。

对称性：若 $\boldsymbol{S}_1(s)\sim\boldsymbol{S}_2(s)$，则 $\boldsymbol{S}_2(s)\sim\boldsymbol{S}_1(s)$。

自反性：$\boldsymbol{S}_1(s)\sim\boldsymbol{S}_1(s)$。

传递性：若 $\boldsymbol{S}_1(s)\sim\boldsymbol{S}_2(s)$，$\boldsymbol{S}_2(s)\sim\boldsymbol{S}_3(s)$，则 $\boldsymbol{S}_1(s)\sim\boldsymbol{S}_3(s)$。

11.6.2　严格系统等价变换的性质

进而，就线性时不变系统的各类描述，讨论它们的系统矩阵在严格系统等价变换下的重要性质。这些性质对线性时不变系统的复频率域分析和综合有着重要意义。

1. 严格系统等价变换下分母矩阵具有等同的不变多项式

结论 11.49［分母矩阵不变多项式相同］　对式(11.139)给出的线性时不变系统的两个 PMD 型系统矩阵 $\boldsymbol{S}_1(s)$ 和 $\boldsymbol{S}_2(s)$，若 $\boldsymbol{S}_1(s)\sim\boldsymbol{S}_2(s)$ 即严格系统等价，则两者分母矩阵 $\boldsymbol{P}_2(s)$ 和 $\boldsymbol{P}_1(s)$ 具有等同的不变多项式，即有

$$\det\boldsymbol{P}_2(s)=\beta_0\det\boldsymbol{P}_1(s) \tag{11.142}$$

其中，β_0 为非零常数。

2. 严格系统等价变换下传递函数矩阵保持不变

结论 11.50［传递函数矩阵相同］　对式(11.139)给出的线性时不变系统的两个 PMD 型系统矩阵 $\boldsymbol{S}_1(s)$ 和 $\boldsymbol{S}_2(s)$，若 $\boldsymbol{S}_1(s)\sim\boldsymbol{S}_2(s)$ 即严格系统等价，则两者传递函数矩阵相同，即有

$$\boldsymbol{R}_1(s)\boldsymbol{P}_1^{-1}(s)\boldsymbol{Q}_1(s)+\boldsymbol{W}_1(s)=\boldsymbol{R}_2(s)\boldsymbol{P}_2^{-1}(s)\boldsymbol{Q}_2(s)+\boldsymbol{W}_2(s) \tag{11.143}$$

3. 严格系统等价变换下两个广义状态间的关系

结论 11.51［广义状态间关系］　对线性时不变系统，表两个多项式矩阵描述为

$$\begin{bmatrix}\boldsymbol{P}_1(s) & \boldsymbol{Q}_1(s)\\ -\boldsymbol{R}_1(s) & \boldsymbol{W}_1(s)\end{bmatrix}\begin{bmatrix}\hat{\boldsymbol{\zeta}}_1(s)\\ -\hat{\boldsymbol{u}}(s)\end{bmatrix}=\begin{bmatrix}\boldsymbol{0}\\ -\hat{\boldsymbol{y}}(s)\end{bmatrix} \tag{11.144}$$

$$\begin{bmatrix}\boldsymbol{P}_2(s) & \boldsymbol{Q}_2(s)\\ -\boldsymbol{R}_2(s) & \boldsymbol{W}_2(s)\end{bmatrix}\begin{bmatrix}\hat{\boldsymbol{\zeta}}_2(s)\\ -\hat{\boldsymbol{u}}(s)\end{bmatrix}=\begin{bmatrix}\boldsymbol{0}\\ -\hat{\boldsymbol{y}}(s)\end{bmatrix} \tag{11.145}$$

其系统矩阵为 $\boldsymbol{S}_1(s)$ 和 $\boldsymbol{S}_2(s)$，若 $\boldsymbol{S}_1(s)\sim\boldsymbol{S}_2(s)$ 即严格系统等价，则两者广义状态 $\hat{\boldsymbol{\zeta}}_2(s)$ 和 $\hat{\boldsymbol{\zeta}}_1(s)$ 之间成立关系式

$$\begin{cases}\hat{\boldsymbol{\zeta}}_2(s)=\boldsymbol{V}^{-1}(s)\,\hat{\boldsymbol{\zeta}}_1(s)+\boldsymbol{V}^{-1}(s)\boldsymbol{Y}(s)\hat{\boldsymbol{u}}(s)\\ \hat{\boldsymbol{\zeta}}_1(s)=\boldsymbol{V}(s)\,\hat{\boldsymbol{\zeta}}_2(s)-\boldsymbol{Y}(s)\hat{\boldsymbol{u}}(s)\end{cases} \tag{11.146}$$

4. 严格系统等价变换下系统同类实现在维数和特征多项式上的等同性

结论 11.52［实现维数和特征多项式相同］　对线性时不变系统，表两个多项式

矩阵描述：

$$\text{PMD 1} \quad \begin{bmatrix} \boldsymbol{P}_1(s) & \boldsymbol{Q}_1(s) \\ -\boldsymbol{R}_1(s) & \boldsymbol{W}_1(s) \end{bmatrix} \begin{bmatrix} \hat{\boldsymbol{\zeta}}_1(s) \\ -\hat{\boldsymbol{u}}(s) \end{bmatrix} = \begin{bmatrix} \boldsymbol{0} \\ -\hat{\boldsymbol{y}}(s) \end{bmatrix} \tag{11.147}$$

$$\text{PMD 2} \quad \begin{bmatrix} \boldsymbol{P}_2(s) & \boldsymbol{Q}_2(s) \\ -\boldsymbol{R}_2(s) & \boldsymbol{W}_2(s) \end{bmatrix} \begin{bmatrix} \hat{\boldsymbol{\zeta}}_2(s) \\ -\hat{\boldsymbol{u}}(s) \end{bmatrix} = \begin{bmatrix} \boldsymbol{0} \\ -\hat{\boldsymbol{y}}(s) \end{bmatrix} \tag{11.148}$$

其系统矩阵为 $\boldsymbol{S}_1(s)$ 和 $\boldsymbol{S}_2(s)$，再令

$$(\boldsymbol{A}_1,\boldsymbol{B}_1,\boldsymbol{C}_1,\boldsymbol{E}_1(p)) = \text{PMD 1 的任一能控类或能观测类实现} \tag{11.149}$$

$$(\boldsymbol{A}_2,\boldsymbol{B}_2,\boldsymbol{C}_2,\boldsymbol{E}_2(p)) = \text{PMD 2 的任一能控类或能观测类实现} \tag{11.150}$$

若 $\boldsymbol{S}_1(s) \sim \boldsymbol{S}_2(s)$ 即严格系统等价，则两个同类实现具有相同维数和相同特征多项式，即有

$$\dim(\boldsymbol{A}_1) = \dim(\boldsymbol{A}_2) \tag{11.151}$$

$$\det(s\boldsymbol{I} - \boldsymbol{A}_1) = \det(s\boldsymbol{I} - \boldsymbol{A}_2) \tag{11.152}$$

5. 左互质性和右互质性在严格系统等价变换下的不变性

结论 11.53［互质性的不变性］ 对线性时不变系统，PMD 的互质性在严格系统等价变换下保持不变。即对由式(11.139)给出的基于 PMD 的两个系统矩阵 $\boldsymbol{S}_1(s)$ 和 $\boldsymbol{S}_2(s)$，若 $\boldsymbol{S}_1(s) \sim \boldsymbol{S}_2(s)$ 即严格系统等价，则有

$$\{\boldsymbol{P}_2(s),\boldsymbol{Q}_2(s)\} \text{ 左互质} \Leftrightarrow \{\boldsymbol{P}_1(s),\boldsymbol{Q}_1(s)\} \text{ 左互质} \tag{11.153}$$

$$\{\boldsymbol{P}_2(s),\boldsymbol{R}_2(s)\} \text{ 右互质} \Leftrightarrow \{\boldsymbol{P}_1(s),\boldsymbol{R}_1(s)\} \text{ 右互质} \tag{11.154}$$

6. 能控性和能观测性在严格系统等价变换下的不变性

结论 11.54［能控性能观测性的不变性］ 表 $(\boldsymbol{A}_1,\boldsymbol{B}_1,\boldsymbol{C}_1,\boldsymbol{E}_1(p))$ 和 $(\boldsymbol{A}_2,\boldsymbol{B}_2,\boldsymbol{C}_2,\boldsymbol{E}_2(p))$ 为线性时不变系统 PMD $\boldsymbol{S}_1(s)$ 和 $\boldsymbol{S}_2(s)$ 的任一能控类或能观测类实现，若 $\boldsymbol{S}_1(s) \sim \boldsymbol{S}_2(s)$ 即严格系统等价，则有

$$\{\boldsymbol{A}_2,\boldsymbol{B}_2\} \text{ 完全能控} \Leftrightarrow \{\boldsymbol{A}_1,\boldsymbol{B}_1\} \text{ 完全能控} \tag{11.155}$$

$$\{\boldsymbol{A}_2,\boldsymbol{C}_2\} \text{ 完全能观测} \Leftrightarrow \{\boldsymbol{A}_1,\boldsymbol{C}_1\} \text{ 完全能观测} \tag{11.156}$$

7. “状态空间描述代数等价”和“系统矩阵严格系统等价”的等价性

结论 11.55［代数等价和严格系统等价的等价性］ 对线性时不变系统，表两个状态空间描述为

$$(\boldsymbol{A}_1,\boldsymbol{B}_1,\boldsymbol{C}_1,\boldsymbol{E}_1(p)) \quad \text{和} \quad (\boldsymbol{A}_2,\boldsymbol{B}_2,\boldsymbol{C}_2,\boldsymbol{E}_2(p)) \tag{11.157}$$

其系统矩阵为

$$\boldsymbol{S}_1(s) = \begin{bmatrix} s\boldsymbol{I} - \boldsymbol{A}_1 & \boldsymbol{B}_1 \\ -\boldsymbol{C}_1 & \boldsymbol{E}_1(s) \end{bmatrix} \quad \text{和} \quad \boldsymbol{S}_2(s) = \begin{bmatrix} s\boldsymbol{I} - \boldsymbol{A}_2 & \boldsymbol{B}_2 \\ -\boldsymbol{C}_2 & \boldsymbol{E}_2(s) \end{bmatrix} \tag{11.158}$$

则有

$$(\boldsymbol{A}_2,\boldsymbol{B}_2,\boldsymbol{C}_2,\boldsymbol{E}_2(p))\text{ 代数等价}(\boldsymbol{A}_1,\boldsymbol{B}_1,\boldsymbol{C}_1,\boldsymbol{E}_1(p)) \Leftrightarrow \boldsymbol{S}_2(s) \sim \boldsymbol{S}_1(s) \tag{11.159}$$

8. 传递函数矩阵的所有不可简约 MFD 的严格系统等价

结论 11.56 [不可简约 MFD 的严格系统等价]　对线性时不变系统的 $q \times p$ 传递函数矩阵 $\boldsymbol{G}(s)$，且不要求为严真，则 $\boldsymbol{G}(s)$ 的所有不可简约 MFD 必都为严格系统等价。

9. 传递函数矩阵的所有类型不可简约描述的等价关系

结论 11.57 [所有类型不可简约描述等价关系]　对线性时不变系统的 $q \times p$ 传递函数矩阵 $\boldsymbol{G}(s)$，由 $\boldsymbol{G}(s)$ 的所有不可简约状态空间描述、不可简约 MFD 以及不可简约 PMD 间为严格系统等价所决定，必成立关系式：

$$\Delta(\boldsymbol{G}(s)) \sim \det(s\boldsymbol{I} - \boldsymbol{A}) \sim \det\boldsymbol{D}(s) \sim \det\boldsymbol{D}_{\mathrm{L}}(s) \sim \det\boldsymbol{P}(s) \tag{11.160}$$

其中，符号～表示以模为非零常数意义下的相等关系；$\Delta(\boldsymbol{G}(s))$ 为 $\boldsymbol{G}(s)$ 的特征多项式；$\boldsymbol{A}$，$\boldsymbol{D}(s)$，$\boldsymbol{D}_{\mathrm{L}}(s)$ 和 $\boldsymbol{P}(s)$ 为相应描述的系数矩阵。

10. 严格系统等价描述在结构性质和运动行为上的等同性

结论 11.58 [结构性质和运动行为等同性]　由严格系统等价性保证，在不可简约的前提下，线性时不变系统的三类描述即状态空间描述、右或左 MFD 以及 PMD 在用于系统的分析和综合时的结果为完全等价，不会出现丢失系统结构信息的情况。

11. 严格系统等价变换的初等运算属性

结论 11.59 [初等运算属性]　对线性时不变系统，其 PMD 的系统矩阵 $\boldsymbol{S}(s)$ 为

$$\boldsymbol{S}(s) = \begin{bmatrix} \boldsymbol{P}(s) & \boldsymbol{Q}(s) \\ -\boldsymbol{R}(s) & \boldsymbol{W}(s) \end{bmatrix} \begin{matrix} \}m \\ \}q \end{matrix} \quad (\text{列宽 } m,\ p) \tag{11.161}$$

则严格系统等价于 $\boldsymbol{S}(s)$ 的所有系统矩阵，可通过对 $\boldsymbol{S}(s)$ 作一系列的行和列初等运算来得到，其中初等运算的三种类型为

(i) 将 $\boldsymbol{S}(s)$ 的前 m 行（或列）中的任意一行（或列）乘以非零常数；

(ii) 将 $\boldsymbol{S}(s)$ 的前 m 行（或列）中的任意两行（或列）交换位置；

(iii) 将 $\boldsymbol{S}(s)$ 的前 m 行（或列）中的任一行（或列）用一个多项式相乘后加到整个 $m+q$ 行（或 $m+p$ 列）中的任意一行（或列）上。

注　这一结论的意义在于，既从运算属性角度解释了严格系统等价变换的初等运算属性，也从实用计算角度指出了构造严格等价系统矩阵的简便途径。

11.7　小结和评述

(1) 本章的定位。本章是对线性时不变系统的多项式矩阵描述即 PMD 的一个专题性讨论。PMD 属于表征系统广义状态、输入和输出间关系的一类复频率域模

型。对 PMD 的讨论，既有助于揭示系统不同描述结构特性间的关系，也有助于建立系统不同描述的严格等价性。基于 PMD 导出的结果是分析和综合线性时不变系统的复频率域理论的基础。

(2) 多项式矩阵描述的属性。PMD 由$\{\boldsymbol{P}(s),\boldsymbol{Q}(s),\boldsymbol{R}(s),\boldsymbol{W}(s)\}$表示，属于系统内部描述范畴，主要用于系统输入输出特性的研究。对线性时不变系统，PMD 是一类最具一般性的描述，其他类型内部描述和外部描述都可表为特殊形式的一类 PMD。状态空间描述的 PMD 为$\{s\boldsymbol{I}-\boldsymbol{A},\boldsymbol{B},\boldsymbol{C},\boldsymbol{E}(s)\}$，右 MFD 的 PMD 为$\{\boldsymbol{D}(s),\boldsymbol{I},\boldsymbol{N}(s),\boldsymbol{0}\}$，左 MFD 的 PMD 为$\{\boldsymbol{D}_{\mathrm{L}}(s),\boldsymbol{N}_{\mathrm{L}}(s),\boldsymbol{I},\boldsymbol{0}\}$，传递函数矩阵的 PMD 表示为$\boldsymbol{R}(s)\boldsymbol{P}^{-1}(s)\boldsymbol{Q}(s)+\boldsymbol{W}(s)$。

(3) 互质性和能控性能观测性。左右互质性和能控性能观测性分别属于系统在复频率域描述和状态空间描述中的基本结构特性。PMD 的引入，沟通了左右互质性和能控性能观测性间的对应关系，为线性时不变系统的复频率域分析和综合方法提供了理论支持。对 PMD $\{\boldsymbol{P}(s),\boldsymbol{Q}(s),\boldsymbol{R}(s),\boldsymbol{W}(s)\}$及其状态空间实现$\{\boldsymbol{A},\boldsymbol{B},\boldsymbol{C},\boldsymbol{E}(p)\}$，$\{\boldsymbol{P}(s),\boldsymbol{Q}(s)\}$左互质等价于$\{\boldsymbol{A},\boldsymbol{B}\}$能控，$\{\boldsymbol{P}(s),\boldsymbol{R}(s)\}$右互质等价于$\{\boldsymbol{A},\boldsymbol{C}\}$能观测。

(4) 解耦零点。对解耦零点的揭示是引入 PMD 导出的另一重要结果。解耦零点实质上是系统传递函数矩阵中被消去的极点零点，可分类为输入解耦零点和输出解耦零点。输入解耦零点定义为非左互质$\{\boldsymbol{P}(s),\boldsymbol{Q}(s)\}$最大左公因子行列式方程的根，属于由不完全能控引起的被消去的那部分极点零点；输出解耦零点定义为非右互质$\{\boldsymbol{P}(s),\boldsymbol{R}(s)\}$最大右公因子行列式方程的根，属于由不完全能观测引起的被消去的那部分极点零点。

(5) 系统矩阵。系统矩阵是对系统结构特性的集中和简洁表示。相对于 PMD 系统矩阵具有形式：

$$\boldsymbol{S}(s)=\begin{bmatrix}\boldsymbol{P}(s) & \boldsymbol{Q}(s)\\ -\boldsymbol{R}(s) & \boldsymbol{W}(s)\end{bmatrix}$$

相对于状态空间描述和 MFD 也可导出对应形式系统矩阵。系统矩阵及其增广系统矩阵的引入，为讨论系统的不同描述之间和不同描述的系统之间的特性和属性关系，提供了理论上的可行性和分析上的简便性。

(6) 严格系统等价变换。严格系统等价变换是复频率域方法中采用最广的基本手段。严格系统等价实质上是对相同类型或不同类型的系统矩阵引入的一类特殊单模变换。称$(m+q)\times(m+p)$的两个系统矩阵$\boldsymbol{S}_2(s)$和$\boldsymbol{S}_1(s)$为严格系统等价，当且仅当满足关系式：

$$\boldsymbol{S}_2(s)=\begin{bmatrix}\boldsymbol{U}(s) & \boldsymbol{0}\\ \boldsymbol{X}(s) & \boldsymbol{I}_q\end{bmatrix}\boldsymbol{S}_1(s)\begin{bmatrix}\boldsymbol{V}(s) & \boldsymbol{Y}(s)\\ \boldsymbol{0} & \boldsymbol{I}_p\end{bmatrix}$$

其中，$\boldsymbol{U}(s)$和$\boldsymbol{V}(s)$为$m\times m$单模阵，$\boldsymbol{X}(s)$和$\boldsymbol{Y}(s)$为$q\times m$和$m\times p$多项式矩阵。对线性时不变系统，不可简约 PMD、不可简约状态空间描述、不可简约右和左 MFD 的内部之间和相互之间都为严格系统等价。系统的互质性、能控性能观测性、极点等对严格系统等价变换具有不变性。由严格系统等价性所保证，基于不可简约的任何类型描述所导出的分析和综合结果都必为完全等价。

习题

11.1　判断下列各线性时不变系统的 PMD 是否为不可简约：

(i) $\begin{bmatrix} s^2-1 & 0 \\ 0 & s+1 \end{bmatrix} \hat{\boldsymbol{\zeta}}(s) = \begin{bmatrix} s+1 \\ s-1 \end{bmatrix} \hat{u}(s)$

$\hat{\boldsymbol{y}}(s) = \begin{bmatrix} s(s+1) & 2 \\ s & 1 \end{bmatrix} \hat{\boldsymbol{\zeta}}(s) + \begin{bmatrix} s+1 \\ 2 \end{bmatrix} \hat{u}(s)$

(ii) $\begin{bmatrix} s^2-1 & 1 \\ 0 & s+1 \end{bmatrix} \hat{\boldsymbol{\zeta}}(s) = \begin{bmatrix} s+2 & 2 \\ s & 0 \end{bmatrix} \hat{\boldsymbol{u}}(s)$

$\hat{y}(s) = [2 \quad s-1] \hat{\boldsymbol{\zeta}}(s) + [s+1 \quad 4] \hat{\boldsymbol{u}}(s)$

11.2　对上题中给出的线性时不变系统的 PMD，若为可简约导出一个不可简约 PMD，若为不可简约导出另一个不可简约 PMD。

11.3　确定下列各线性时不变系统 MFD 的一个不可简约 PMD：

(i) $[s+2 \quad s+1] \begin{bmatrix} s+1 & 0 \\ (s+1)(s+2) & s^2-1 \end{bmatrix}^{-1}$

(ii) $\begin{bmatrix} s^2-1 & 0 \\ 0 & s-1 \end{bmatrix}^{-1} \begin{bmatrix} 0 & s-1 \\ 2 & s^2 \end{bmatrix}$

11.4　确定下列各线性时不变系统传递函数矩阵 $\boldsymbol{G}(s)$ 的一个不可简约 PMD：

(i) $\boldsymbol{G}(s) = \begin{bmatrix} \dfrac{2s+1}{s^2+s+1} \\ \dfrac{1}{s+3} \end{bmatrix}$

(ii) $\boldsymbol{G}(s) = \begin{bmatrix} \dfrac{s^2+s}{s^2+1} & \dfrac{s+1}{s+2} \\ 0 & \dfrac{(s+2)(s+1)}{s^2+2s+2} \end{bmatrix}$

11.5　给定线性时不变系统的状态空间描述为

$$\dot{\boldsymbol{x}} = \boldsymbol{A}\boldsymbol{x} + \boldsymbol{B}\boldsymbol{u}$$
$$\boldsymbol{y} = \boldsymbol{C}\boldsymbol{x} + \boldsymbol{E}\boldsymbol{u}$$

且其为完全能控和完全能观测。试证明：若取

$$\boldsymbol{P}(s) = (s\boldsymbol{I} - \boldsymbol{A}), \quad \boldsymbol{Q}(s) = \boldsymbol{B}, \quad \boldsymbol{R}(s) = \boldsymbol{C}, \quad \boldsymbol{W}(s) = \boldsymbol{E}$$

则所导出的 PMD 为不可简约。

11.6　给定线性时不变系统的 PMD 为

$$\begin{bmatrix} s^2+2s+1 & 2 \\ 0 & s+1 \end{bmatrix} \hat{\boldsymbol{\zeta}}(s) = \begin{bmatrix} s+2 \\ s+1 \end{bmatrix} \hat{u}(s)$$

$$\hat{y}(s) = [s+1 \quad 2]\, \hat{\boldsymbol{\zeta}}(s) + 2\hat{u}(s)$$

试：(i) 计算系统的传递函数 $g(s)$；(ii) 定出系统的一个最小实现。

11.7 给定线性时不变系统的 PMD 为

$$\begin{bmatrix} s^2+2s+1 & 3 \\ 0 & s+1 \end{bmatrix} \hat{\boldsymbol{\zeta}}(s) = \begin{bmatrix} s+2 & s \\ 0 & s+1 \end{bmatrix} \hat{\boldsymbol{u}}(s)$$

$$\hat{\boldsymbol{y}}(s) = \begin{bmatrix} s+1 & 2 \\ 0 & s \end{bmatrix} \hat{\boldsymbol{\zeta}}(s)$$

试：(i) 计算系统的传递函数矩阵 $\boldsymbol{G}(s)$；(ii) 定出 PMD 的一个最小实现。

11.8 给定线性时不变系统的不可简约 PMD 为 $\{\boldsymbol{P}(s), \boldsymbol{Q}(s), \boldsymbol{R}(s), \boldsymbol{W}(s)\}$，试证明：

$$\text{矩阵} \begin{bmatrix} \boldsymbol{P}^2(s) & \boldsymbol{P}(s)\boldsymbol{Q}(s) \\ -\boldsymbol{R}(s)\boldsymbol{P}(s) & -\boldsymbol{R}(s)\boldsymbol{Q}(s) \end{bmatrix} \text{的史密斯形为} \begin{bmatrix} \boldsymbol{I} & \boldsymbol{0} \\ \boldsymbol{0} & \boldsymbol{0} \end{bmatrix}$$

11.9 给定基于 PMD 的传递函数矩阵 $\boldsymbol{G}(s) = \boldsymbol{R}(s)\boldsymbol{P}^{-1}(s)\boldsymbol{Q}(s) + \boldsymbol{W}(s)$，设其为 $q \times q$ 有理分式矩阵，且 $\det \boldsymbol{W}(s) \neq 0$。试证明：$\boldsymbol{G}(s)$ 为可逆，当且仅当

$$\det[\boldsymbol{P}(s) + \boldsymbol{Q}(s)\boldsymbol{W}^{-1}(s)\boldsymbol{R}(s)] \neq 0$$

11.10 给定基于 PMD 的传递函数矩阵 $\boldsymbol{G}(s) = \boldsymbol{R}(s)\boldsymbol{P}^{-1}(s)\boldsymbol{Q}(s) + \boldsymbol{W}(s)$，设其为 $q \times q$ 有理分式矩阵，其中 $\det \boldsymbol{W}(s) \neq 0$。现知 $\boldsymbol{G}(s)$ 为可逆，且表

$$\boldsymbol{G}^{-1}(s) = \widetilde{\boldsymbol{R}}(s)\widetilde{\boldsymbol{P}}^{-1}(s)\widetilde{\boldsymbol{Q}}(s) + \widetilde{\boldsymbol{W}}(s)$$

其中

$$\widetilde{\boldsymbol{W}} = \boldsymbol{W}^{-1}, \quad \widetilde{\boldsymbol{Q}} = \boldsymbol{Q}\boldsymbol{W}^{-1}, \quad \widetilde{\boldsymbol{R}} = -\boldsymbol{W}^{-1}\boldsymbol{R}, \quad \widetilde{\boldsymbol{P}} = \boldsymbol{P} + \boldsymbol{Q}\boldsymbol{W}^{-1}\boldsymbol{R}$$

试证明：$\{\widetilde{\boldsymbol{P}}(s), \widetilde{\boldsymbol{Q}}(s), \widetilde{\boldsymbol{R}}(s), \widetilde{\boldsymbol{W}}(s)\}$ 为不可简约，当且仅当 $\{\boldsymbol{P}(s), \boldsymbol{Q}(s), \boldsymbol{R}(s), \boldsymbol{W}(s)\}$ 为不可简约。

11.11 定出下列线性时不变系统的 PMD 的极点和传输零点：

$$\begin{bmatrix} s^2+2s+1 & 2 \\ 0 & s+1 \end{bmatrix} \hat{\boldsymbol{\zeta}}(s) = \begin{bmatrix} s+2 & s \\ 1 & s+3 \end{bmatrix} \hat{\boldsymbol{u}}(s)$$

$$\hat{\boldsymbol{y}}(s) = \begin{bmatrix} s+1 & 1 \\ 2 & s \end{bmatrix} \hat{\boldsymbol{\zeta}}(s)$$

11.12 定出下列线性时不变系统的 PMD 的输入解耦零点和输出解耦零点：

$$\begin{bmatrix} s^2+2s+1 & 3 \\ 0 & s+1 \end{bmatrix} \hat{\boldsymbol{\zeta}}(s) = \begin{bmatrix} s+2 & s \\ 0 & s+1 \end{bmatrix} \hat{\boldsymbol{u}}(s)$$

$$\hat{\boldsymbol{y}}(s) = \begin{bmatrix} s+1 & 2 \\ 0 & s \end{bmatrix} \hat{\boldsymbol{\zeta}}(s)$$

11.13 判断下列两个系统矩阵 $\boldsymbol{S}_1(s)$ 和 $\boldsymbol{S}_2(s)$ 是否为严格系统等价：

$$
\boldsymbol{S}_1(s)=\left[\begin{array}{cc:c} s+1 & s^3 & 0 \\ 0 & s+1 & 1 \\ \hdashline -1 & 0 & 0 \end{array}\right],\quad \boldsymbol{S}_2(s)=\left[\begin{array}{cc:c} s+1 & -1 & -3 \\ 0 & s+1 & 1 \\ \hdashline -1 & 0 & 2-s \end{array}\right]
$$

(提示：可通过行和列的初等运算判断。)

11.14　给定线性时不变受控系统的 PMD 为

$$
\boldsymbol{P}(s)\hat{\boldsymbol{\zeta}}(s)=\boldsymbol{Q}(s)\hat{\boldsymbol{u}}(s)
$$

$$
\hat{\boldsymbol{y}}(s)=\boldsymbol{R}(s)\hat{\boldsymbol{\zeta}}(s)+\boldsymbol{W}(s)\hat{\boldsymbol{u}}(s)
$$

且取 $\hat{\boldsymbol{u}}(s)$ 为反馈控制律 $\hat{\boldsymbol{u}}(s)=\hat{\boldsymbol{v}}(s)-\boldsymbol{F}(s)\hat{\boldsymbol{y}}(s)$ 组成闭环控制系统，$\hat{\boldsymbol{v}}(s)$ 为参考输入。试证明：闭环控制系统的系统矩阵为

$$
\left[\begin{array}{ccc:c} \boldsymbol{P}(s) & \boldsymbol{Q}(s) & \boldsymbol{0} & \boldsymbol{0} \\ -\boldsymbol{R}(s) & \boldsymbol{W}(s) & \boldsymbol{I} & \boldsymbol{0} \\ \boldsymbol{0} & -\boldsymbol{I} & \boldsymbol{F}(s) & \boldsymbol{I} \\ \hdashline \boldsymbol{0} & \boldsymbol{0} & -\boldsymbol{I} & \boldsymbol{0} \end{array}\right]
$$

11.15　试对上题中导出的闭环控制系统证明：若 $\{\boldsymbol{P}(s),\boldsymbol{Q}(s),\boldsymbol{R}(s),\boldsymbol{W}(s)\}$ 为不可简约，则闭环控制系统的系统矩阵为不可简约。

第12章 线性时不变控制系统的复频率域分析

本章讨论线性时不变控制系统的复频率域分析问题。研究对象包括并联系统，串联系统，状态反馈系统，以及输出反馈系统。系统模型取为传递函数矩阵及其矩阵分式描述即 MFD 和多项式矩阵描述即 PMD。基本方法采用 MFD 和 PMD 的相关理论和方法。分析层面限于系统的能控性能观测性和稳定性。本章内容既具有理论和应用上的独立价值和意义，也是讨论线性时不变控制系统复频率域综合的基础。

12.1 并联系统的能控性和能观测性

控制系统属于由两个或多个子系统按一定方式连接而成的组合系统。尽管系统构成形式各异，但从分解观点可以将组合方式归纳为一些典型的基本连接方式。并联系统是其中最为简单的一类基本连接方式。本节针对线性时不变系统讨论并联系统保持能控性和能观测性应满足的条件。

12.1.1 并联系统

并联系统是以"输入相同"和"输出相加"为特征的一类组合系统。图 12.1 所示为由两个线性时不变子系统 S_1 和 S_2 组成的并联系统 S_P，其中子系统的输入端相连接并加以同一输入 $\boldsymbol{u}$，子系统的输出加到求和器而形成总输出 $\boldsymbol{y}$，子系统的内部为相互独立。

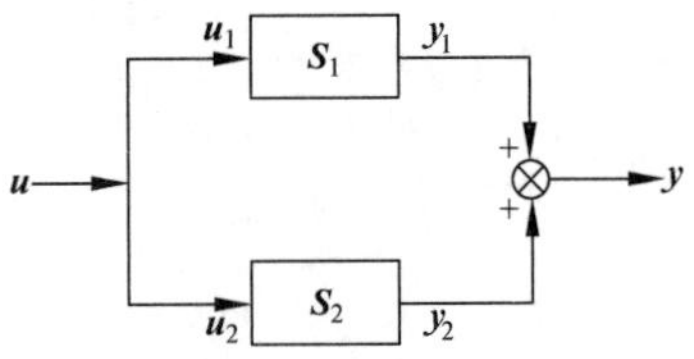

图 12.1 并联系统

首先，给出对子系统的两个基本假定。一是，S_1 和 S_2 可由其传递函数矩阵 $\boldsymbol{G}_1(s)$和 $\boldsymbol{G}_2(s)$完全表征，即其相应的状态空间描述为完全能控和完全能观测。二是，子系统传递函数矩阵 $\boldsymbol{G}_i(s)$，$i=1,2$ 为 $q_i \times p_i$ 有理分式矩阵，且表为不可简约右和左 MFD：

$$\boldsymbol{G}_i(s)=\boldsymbol{N}_i(s)\boldsymbol{D}_i^{-1}(s)=\boldsymbol{D}_{Li}^{-1}(s)\boldsymbol{N}_{Li}(s), \quad i=1,2 \qquad (12.1)$$

进而，基于子系统的并联特征，可以给出系统组成上的相应约束条件为

$$\boldsymbol{u}=\boldsymbol{u}_1=\boldsymbol{u}_2,\quad \boldsymbol{y}=\boldsymbol{y}_1+\boldsymbol{y}_2 \tag{12.2}$$

$$p_1=p_2=p,\quad q_1=q_2=q \tag{12.3}$$

12.1.2　并联系统的能控性和能观测性判据

为使讨论更为清晰，不妨将线性时不变系统的并联系统的能控性能观测性问题，分成为如下几点进行论述。

1. 子系统以 MFD 表征的能控性保持条件

结论 12.1［能控性条件］　对图 12.1 所示由线性时不变子系统 S_1 和 S_2 组成的并联系统 S_P，若取

$$\boldsymbol{G}_1(s)=\text{不可简约右 MFD } \boldsymbol{N}_1(s)\boldsymbol{D}_1^{-1}(s)$$

$$\boldsymbol{G}_2(s)=\text{不可简约右 MFD } \boldsymbol{N}_2(s)\boldsymbol{D}_2^{-1}(s)$$

则有

$$S_P\text{ 完全能控} \Leftrightarrow \{\boldsymbol{D}_1(s),\boldsymbol{D}_2(s)\}\text{ 左互质} \tag{12.4}$$

证　由不可简约右 MFD $\boldsymbol{G}_i(s)=\boldsymbol{N}_i(s)\boldsymbol{D}_i^{-1}(s)$，$i=1,2$，可以导出子系统 S_i 的 PMD 为

$$\begin{bmatrix} \boldsymbol{D}_i(s) & \boldsymbol{I}_p \\ -\boldsymbol{N}_i(s) & \boldsymbol{0} \end{bmatrix}\begin{bmatrix} \hat{\boldsymbol{\zeta}}_i(s) \\ -\hat{\boldsymbol{u}}_i(s) \end{bmatrix}=\begin{bmatrix} \boldsymbol{0} \\ -\hat{\boldsymbol{y}}_i(s) \end{bmatrix},\quad i=1,2 \tag{12.5}$$

其中，$\hat{\boldsymbol{\zeta}}_i(s)$，$i=1,2$ 为子系统广义状态。进而，基于并联特征可以导出关系式：

$$\hat{\boldsymbol{u}}_1(s)=\hat{\boldsymbol{u}}_2(s)=\hat{\boldsymbol{u}}(s),\quad \hat{\boldsymbol{y}}_1(s)+\hat{\boldsymbol{y}}_2(s)=\hat{\boldsymbol{y}}(s) \tag{12.6}$$

于是，由式(12.5)和式(12.6)，得到并联系统 S_P 的 PMD 为

$$\left[\begin{array}{cc:c} \boldsymbol{D}_1(s) & \boldsymbol{0} & \boldsymbol{I}_p \\ \boldsymbol{0} & \boldsymbol{D}_2(s) & \boldsymbol{I}_p \\ \hdashline -\boldsymbol{N}_1(s) & -\boldsymbol{N}_2(s) & \boldsymbol{0} \end{array}\right]\begin{bmatrix} \hat{\boldsymbol{\zeta}}_1(s) \\ \hat{\boldsymbol{\zeta}}_2(s) \\ -\hat{\boldsymbol{u}}(s) \end{bmatrix}=\begin{bmatrix} \boldsymbol{0} \\ \boldsymbol{0} \\ -\hat{\boldsymbol{y}}(s) \end{bmatrix} \tag{12.7}$$

对上式中系统矩阵引入严格系统等价变换，有

$$\left[\begin{array}{cc:c} \boldsymbol{I}_p & -\boldsymbol{I}_p & \boldsymbol{0} \\ \boldsymbol{0} & \boldsymbol{I}_p & \boldsymbol{0} \\ \hdashline \boldsymbol{0} & \boldsymbol{0} & \boldsymbol{I}_q \end{array}\right]\left[\begin{array}{cc:c} \boldsymbol{D}_1(s) & \boldsymbol{0} & \boldsymbol{I}_p \\ \boldsymbol{0} & \boldsymbol{D}_2(s) & \boldsymbol{I}_p \\ \hdashline -\boldsymbol{N}_1(s) & -\boldsymbol{N}_2(s) & \boldsymbol{0} \end{array}\right]\left[\begin{array}{cc:c} \boldsymbol{I}_p & \boldsymbol{0} & \boldsymbol{0} \\ \boldsymbol{0} & -\boldsymbol{I}_p & \boldsymbol{0} \\ \hdashline \boldsymbol{0} & \boldsymbol{0} & \boldsymbol{I}_p \end{array}\right]$$

$$=\left[\begin{array}{cc:c} \boldsymbol{D}_1(s) & \boldsymbol{D}_2(s) & \boldsymbol{0} \\ \boldsymbol{0} & -\boldsymbol{D}_2(s) & \boldsymbol{I}_p \\ \hdashline -\boldsymbol{N}_1(s) & \boldsymbol{N}_2(s) & \boldsymbol{0} \end{array}\right] \tag{12.8}$$

从而，由式(12.7)和(12.8)，并利用状态空间描述能控性和 PMD 左互质性间对应关

系，PMD左互质性在严格系统等价变换下的不变属性，以及左互质性的秩判据，即可证得

$$\begin{aligned}
S_{\mathrm{P}}\text{ 完全能控} &\Leftrightarrow \left\{\begin{bmatrix}\boldsymbol{D}_1(s) & \boldsymbol{0}\\ \boldsymbol{0} & \boldsymbol{D}_2(s)\end{bmatrix},\ \begin{bmatrix}\boldsymbol{I}_p\\ \boldsymbol{I}_p\end{bmatrix}\right\}\text{ 左互质}\\
&\Leftrightarrow \left\{\begin{bmatrix}\boldsymbol{D}_1(s) & \boldsymbol{D}_2(s)\\ \boldsymbol{0} & -\boldsymbol{D}_2(s)\end{bmatrix},\ \begin{bmatrix}\boldsymbol{0}\\ \boldsymbol{I}_p\end{bmatrix}\right\}\text{ 左互质}\\
&\Leftrightarrow \begin{bmatrix}\boldsymbol{D}_1(s) & \boldsymbol{D}_2(s) & \boldsymbol{0}\\ \boldsymbol{0} & -\boldsymbol{D}_2(s) & \boldsymbol{I}_p\end{bmatrix}\text{ 行满秩},\ \forall s\in\mathscr{C}\\
&\Leftrightarrow [\boldsymbol{D}_1(s)\quad \boldsymbol{D}_2(s)]\text{ 行满秩},\ \forall s\in\mathscr{C}\\
&\Leftrightarrow \{\boldsymbol{D}_1(s),\ \boldsymbol{D}_2(s)\}\text{ 左互质}
\end{aligned}\tag{12.9}$$

注 上述结论中把$\boldsymbol{G}_1(s)$和$\boldsymbol{G}_2(s)$同时取为不可简约右MFD并不具有本质意义。理论上，不管把$\boldsymbol{G}_1(s)$和$\boldsymbol{G}_2(s)$取为什么类型的不可简约MFD，如同时为左MFD或分别为右和左MFD，都不对推导条件导致实质性困难。但只是对上述取法情形，才能得到结论中给出的简单形式条件。

2. 子系统以MFD表征的能观测性保持条件

结论 12.2［能观测性条件］ 对图12.1所示由线性时不变子系统S_1和S_2组成的并联系统S_{P}，若取

$$\boldsymbol{G}_1(s)=\text{不可简约左 MFD }\boldsymbol{D}_{\mathrm{L}1}^{-1}(s)\boldsymbol{N}_{\mathrm{L}1}(s)$$

$$\boldsymbol{G}_2(s)=\text{不可简约左 MFD }\boldsymbol{D}_{\mathrm{L}2}^{-1}(s)\boldsymbol{N}_{\mathrm{L}2}(s)$$

则有

$$S_{\mathrm{P}}\text{ 完全能观测}\Leftrightarrow\{\boldsymbol{D}_{\mathrm{L}1}(s),\ \boldsymbol{D}_{\mathrm{L}2}(s)\}\text{ 右互质}\tag{12.10}$$

注 上述结论中把$\boldsymbol{G}_1(s)$和$\boldsymbol{G}_2(s)$同时取为不可简约左MFD同样不具有本质意义。不管把$\boldsymbol{G}_1(s)$和$\boldsymbol{G}_2(s)$取为何种类型不可简约MFD，如同时为右MFD或分别为右和左MFD，都不对推导条件导致实质性困难。但只是对上述取法才能导出结论中的简单形式条件。

3. 子系统以MFD表征的不可简约性保持条件

结论 12.3［不可简约性条件］ 对图12.1所示由线性时不变子系统S_1和S_2组成的并联系统S_{P}，若取$\boldsymbol{G}_1(s)$和$\boldsymbol{G}_2(s)$为“不可简约右MFD $\boldsymbol{N}_1(s)\boldsymbol{D}_1^{-1}(s)$与$\boldsymbol{N}_2(s)\boldsymbol{D}_2^{-1}(s)$”和“不可简约左MFD $\boldsymbol{D}_{\mathrm{L}1}^{-1}(s)\boldsymbol{N}_{\mathrm{L}1}(s)$与$\boldsymbol{D}_{\mathrm{L}2}^{-1}(s)\boldsymbol{N}_{\mathrm{L}2}(s)$”，则有

$$\begin{aligned}
&S_{\mathrm{P}}\text{ 不可简约，即可用 }\boldsymbol{G}_1(s)+\boldsymbol{G}_2(s)\text{ 完全表征}\\
&\Leftrightarrow\{\boldsymbol{D}_1(s),\boldsymbol{D}_2(s)\}\text{ 左互质},\{\boldsymbol{D}_{\mathrm{L}1}(s),\boldsymbol{D}_{\mathrm{L}2}(s)\}\text{ 右互质}
\end{aligned}\tag{12.11}$$

4. 多输入多输出并联系统基于“极点对消”的能控性和能观测性保持条件

结论 12.4［能控性和能观测性条件］ 对图12.1所示由线性时不变子系统S_1

和 S_2 组成的多输入多输出并联系统 S_P，则 S_P 保持完全能控和完全能观测的一个充分条件是，$q \times p$ 传递函数矩阵 $\boldsymbol{G}_1(s)$ 和 $\boldsymbol{G}_2(s)$ 不包含公共极点。

结论 12.5［能控性和能观测性条件］　对图 12.1 所示由线性时不变子系统 S_1 和 S_2 组成的多输入多输出并联系统 S_P，“$q \times p$ 传递函数矩阵 $\boldsymbol{G}_1(s)$ 和 $\boldsymbol{G}_2(s)$ 不包含公共极点”不是 S_P 完全能控和完全能观测的必要条件。

5. 单输入单输出并联系统基于“极点对消”的能控性和能观测性保持条件

结论 12.6［能控性和能观测性条件］　对图 12.1 所示由线性时不变子系统 S_1 和 S_2 组成的单输入单输出并联系统 S_P，则 S_P 保持为完全能控和完全能观测的充分必要条件是，标量传递函数 $g_1(s)$ 和 $g_2(s)$ 不包含公共极点。

12.2　串联系统的能控性和能观测性

串联系统是控制系统中广为遇到的又一类典型的基本连接方式。本节针对线性时不变系统，讨论串联系统的能控性和能观测性问题，导出串联系统保持能控性和能观测性所需满足的条件。

12.2.1　串联系统

串联系统是由子系统按串接方式顺序连接的组合系统。图 12.2 所示为由两个线性时不变子系统 S_1 和 S_2 组成的串联系统 S_T，其中子系统 S_1 的输入端输入 $\boldsymbol{u}$，子系统 S_1 的输出端连接到子系统 S_2 的输入端，子系统 S_2 的输出规定为串联系统的输出 $\boldsymbol{y}$。

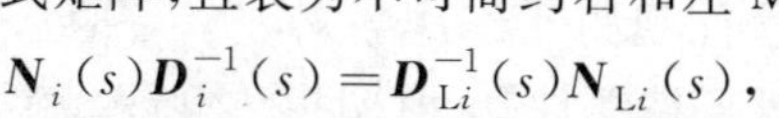

图 12.2　串联系统

首先，对子系统引入两个基本假定。一是，S_1 和 S_2 可由其传递函数矩阵 $\boldsymbol{G}_1(s)$ 和 $\boldsymbol{G}_2(s)$ 所完全表征，即其状态空间描述为完全能控和完全能观测。二是，$\boldsymbol{G}_i(s)$，$i=1,2$ 为 $q_i \times p_i$ 有理分式矩阵，且表为不可简约右和左 MFD：

$$\boldsymbol{G}_i(s) = \boldsymbol{N}_i(s)\boldsymbol{D}_i^{-1}(s) = \boldsymbol{D}_{Li}^{-1}(s)\boldsymbol{N}_{Li}(s), \quad i=1,2 \tag{12.12}$$

进而，由子系统的 S_1—S_2 串联特征，可以给出系统组成上的相应约束条件为

$$\boldsymbol{u} = \boldsymbol{u}_1,\ \boldsymbol{y}_1 = \boldsymbol{u}_2,\ \boldsymbol{y} = \boldsymbol{y}_2 \tag{12.13}$$

$$p_1 = p,\ q_1 = p_2,\ q_2 = q \tag{12.14}$$

12.2.2　串联系统的能控性和能观测性判据

下面，就线性时不变系统的串联系统的能控性能观测性问题的有关结果，进行

如下几点论述。

1. 子系统以 MFD 表征的能控性保持条件

结论 12.7 [能控性条件] 对图 12.2 所示由线性时不变子系统按 S_1—S_2 顺序组成的串联系统 S_T，若取

$$G_1(s) = \text{不可简约右 MFD } N_1(s)D_1^{-1}(s)$$
$$G_2(s) = \text{不可简约右 MFD } N_2(s)D_2^{-1}(s)$$

则有

$$S_T \text{ 完全能控} \Leftrightarrow \{D_2(s),\ N_1(s)\} \text{ 左互质} \tag{12.15}$$

结论 12.8 [能控性条件] 对图 12.2 所示由线性时不变子系统按 S_1—S_2 顺序组成的串联系统 S_T，若取

$$G_1(s) = \text{不可简约右 MFD } N_1(s)D_1^{-1}(s)$$
$$G_2(s) = \text{不可简约左 MFD } D_{L2}^{-1}(s)N_{L2}(s)$$

则有

$$S_T \text{ 完全能控} \Leftrightarrow \{D_{L2}(s), N_{L2}(s)N_1(s)\} \text{ 左互质} \tag{12.16}$$

结论 12.9 [能控性条件] 对图 12.2 所示由线性时不变子系统按 S_1—S_2 顺序组成的串联系统 S_T，若取

$$G_1(s) = \text{不可简约左 MFD } D_{L1}^{-1}(s)N_{L1}(s)$$
$$G_2(s) = \text{不可简约右 MFD } N_2(s)D_2^{-1}(s)$$

则有

$$S_T \text{ 完全能控} \Leftrightarrow \{D_{L1}(s)D_2(s), N_{L1}(s)\} \text{ 左互质} \tag{12.17}$$

2. 子系统以 MFD 表征的能观测性保持条件

结论 12.10 [能观测性条件] 对图 12.2 所示由线性时不变子系统按 S_1—S_2 顺序组成的串联系统 S_T，若取

$$G_1(s) = \text{不可简约左 MFD } D_{L1}^{-1}(s)N_{L1}(s)$$
$$G_2(s) = \text{不可简约左 MFD } D_{L2}^{-1}(s)N_{L2}(s)$$

则有

$$S_T \text{ 完全能观测} \Leftrightarrow \{D_{L1}(s),\ N_{L2}(s)\} \text{ 右互质} \tag{12.18}$$

结论 12.11 [能观测性保持条件] 对图 12.2 所示由线性时不变子系统按 S_1—S_2 顺序组成的串联系统 S_T，若取

$$G_1(s) = \text{不可简约左 MFD } D_{L1}^{-1}(s)N_{L1}(s)$$
$$G_2(s) = \text{不可简约右 MFD } N_2(s)D_2^{-1}(s)$$

则有

$$S_T \text{ 完全能观测} \Leftrightarrow \{D_{L1}(s)D_2(s), N_2(s)\} \text{ 右互质} \tag{12.19}$$

结论 12.12 [能观测性保持条件] 对图 12.2 所示由线性时不变子系统按 S_1—

S_2 顺序组成的串联系统 S_T，若取

$$G_1(s)=\text{不可简约右 MFD } \boldsymbol{N}_1(s)\boldsymbol{D}_1^{-1}(s)$$

$$G_2(s)=\text{不可简约左 MFD } \boldsymbol{D}_{L2}^{-1}(s)\boldsymbol{N}_{L2}(s)$$

则有

$$S_T\text{ 完全能观测} \Leftrightarrow \{\boldsymbol{D}_1(s),\boldsymbol{N}_{L2}(s)\boldsymbol{N}_1(s)\}\text{ 右互质} \tag{12.20}$$

3. 多输入多输出串联系统基于"零点极点对消"的能控性保持条件

结论 12.13 [能控性条件]　对图 12.2 所示由线性时不变子系统按 S_1—S_2 顺序组成的多输入多输出串联系统 S_T，设 $p=p_1\geqslant q_1=p_2$，传递函数矩阵 $\boldsymbol{G}_1(s)$为满秩，则 S_T 保持完全能控的一个充分条件是，没有 $\boldsymbol{G}_2(s)$极点等同于 $\boldsymbol{G}_1(s)$传输零点。

结论 12.14 [能控性条件]　对图 12.2 所示由线性时不变子系统按 S_1—S_2 顺序组成的多输入多输出串联系统 S_T，设 $p=p_1\geqslant q_1=p_2$，传递函数矩阵 $\boldsymbol{G}_1(s)$为满秩，则"没有$\boldsymbol{G}_2(s)$极点等同于 $\boldsymbol{G}_1(s)$传输零点"不是 S_T 保持完全能控的必要条件。

4. 多输入多输出串联系统基于"零点极点对消"的能观测性保持条件

结论 12.15 [能观测性条件]　对图 12.2 所示由线性时不变子系统按 S_1—S_2 顺序组成的多输入多输出串联系统 S_T，设 $p_2=q_1\leqslant q_2=q$，传递函数矩阵 $\boldsymbol{G}_2(s)$为满秩，则 S_T 保持完全能观测的一个充分条件是，没有 $\boldsymbol{G}_1(s)$极点等同于 $\boldsymbol{G}_2(s)$传输零点。

结论 12.16 [能观测性条件]　对图 12.2 所示由线性时不变子系统按 S_1—S_2 顺序组成的多输入多输出串联系统 S_T，设 $p_2=q_1\leqslant q_2=q$，传递函数矩阵 $\boldsymbol{G}_2(s)$为满秩，则"没有 $\boldsymbol{G}_1(s)$极点等同于 $\boldsymbol{G}_2(s)$传输零点"不是 S_T 保持完全能观测的必要条件。

5. 单输入单输出串联系统基于"零点极点对消"的能控性和能观测性保持条件

结论 12.17 [能控性条件]　对图 12.2 所示由线性时不变子系统按 S_1—S_2 顺序组成的单输入单输出串联系统 S_T，则 S_T 保持完全能控的充分必要条件是，没有 $g_2(s)$极点为 $g_1(s)$零点所对消。

结论 12.18 [能观测性条件]　对图 12.2 所示由线性时不变子系统按 S_1—S_2 顺序组成的单输入单输出串联系统 S_T，则 S_T 保持完全能观测的充分必要条件是，没有 $g_1(s)$极点为 $g_2(s)$零点所对消。

结论 12.19 [完全表征条件]　对图 12.2 所示由线性时不变子系统按 S_1—S_2 顺序组成的单输入单输出串联系统 S_T，则 S_T 可用 $g_2(s)g_1(s)$完全表征的充分必要条件是，$g_1(s)$ 和 $g_2(s)$没有极点零点对消现象。

证　S_T 可用 $g_2(s)g_1(s)$完全表征，当且仅当 S_T 为完全能控和完全能观测。从而，由结论 12.17 和结论 12.18，即可导出本结论。

6. 多输入多输出串联系统中“零点极点对消”的表征

结论 12.20 [零点极点对消表征] 对图 12.2 所示由线性时不变子系统按 S_1—S_2 顺序组成的多输入多输出串联系统 S_T，表

$$\Delta(s)=\boldsymbol{G}_2(s)\boldsymbol{G}_1(s)\text{ 的特征多项式}$$
$$\Delta_1(s)=\boldsymbol{G}_1(s)\text{ 的特征多项式}$$
$$\Delta_2(s)=\boldsymbol{G}_2(s)\text{ 的特征多项式}$$

则有

$$\boldsymbol{G}_1(s)\text{ 和 }\boldsymbol{G}_2(s)\text{ 没有极点零点对消}$$
$$\Leftrightarrow \deg\Delta(s)=\deg\Delta_1(s)+\deg\Delta_2(s) \tag{12.21}$$
$$\boldsymbol{G}_1(s)\text{ 和 }\boldsymbol{G}_2(s)\text{ 包含极点零点对消}$$
$$\Leftrightarrow \deg\Delta(s)<\deg\Delta_1(s)+\deg\Delta_2(s) \tag{12.22}$$

并且

$$\boldsymbol{G}_1(s)\text{ 和 }\boldsymbol{G}_2(s)\text{ 被对消掉的极点}=\text{“}\Delta_1(s)\Delta_2(s)/\Delta(s)=0\text{ 的根”} \tag{12.23}$$

12.3 状态反馈系统的能控性和能观测性

状态反馈是广为采用的一种控制系统结构类型。状态反馈系统是以状态为反馈变量构成的一类闭环系统。线性系统时间域理论中已对引入状态反馈后能控性能观测性问题进行了系统讨论，本节则从复频率域描述和概念角度讨论状态反馈系统的能控性能观测性保持问题。

12.3.1 状态反馈系统的复频率域形式

考虑线性时不变系统，设其可由 $q\times p$ 传递函数矩阵 $\boldsymbol{G}(s)$完全表征，再表

$$\boldsymbol{G}(s)=\text{不可简约右 MFD }\boldsymbol{N}(s)\boldsymbol{D}^{-1}(s),\ \boldsymbol{D}(s)\text{ 列既约} \tag{12.24}$$

其中，$\boldsymbol{D}(s)$和 $\boldsymbol{N}(s)$为 $p\times p$ 和 $q\times p$ 多项式矩阵。对应地，导出其 PMD 为

$$\begin{cases}\boldsymbol{D}(s)\hat{\boldsymbol{\zeta}}(s)=\hat{\boldsymbol{u}}(s)\\ \hat{\boldsymbol{y}}(s)=\boldsymbol{N}(s)\hat{\boldsymbol{\zeta}}(s)\end{cases} \tag{12.25}$$

其中，$\hat{\boldsymbol{\zeta}}(s)$为广义状态$\boldsymbol{\zeta}$ 的拉普拉斯变换，$\hat{\boldsymbol{u}}(s)$和 $\hat{\boldsymbol{y}}(s)$为输入 $\boldsymbol{u}$ 和输出 $\boldsymbol{y}$ 的拉普拉斯变换。

进而，利用第 10 章中给出的右 MFD 的控制器形实现，可以得到图 12.3 所示右 MFD $\boldsymbol{N}(s)\boldsymbol{D}^{-1}(s)$即对应 PMD 的控制器形状态空间实现结构图。图中，$\boldsymbol{\Psi}(p)\boldsymbol{\zeta}$ 为状态向量，$\boldsymbol{\Psi}(p)=\boldsymbol{\Psi}(s)_{s=p}$，$p=\mathrm{d}/\mathrm{d}t$ 为微分算子，参数矩阵的含义见于多项式矩阵 $\boldsymbol{D}(s)$和$\boldsymbol{N}(s)$的列次表达式：

$$\boldsymbol{D}(s)=\boldsymbol{D}_{\mathrm{hc}}\boldsymbol{S}(s)+\boldsymbol{D}_{\mathrm{Lc}}\boldsymbol{\Psi}(s) \tag{12.26}$$

$$N(s)=N_{Lc}\Psi(s) \tag{12.27}$$

$$S(s)=\begin{bmatrix} s^{k_1} & & \\ & \ddots & \\ & & s^{k_p}\end{bmatrix},\quad k_i=\delta_{ci}D(s)\text{ 即列次数} \tag{12.28}$$

$$\Psi(s)=\begin{bmatrix} \begin{bmatrix} s^{k_1-1} \\ \vdots \\ s \\ 1 \end{bmatrix} & & \\ & \ddots & \\ & & \begin{bmatrix} s^{k_p-1} \\ \vdots \\ s \\ 1 \end{bmatrix}\end{bmatrix},\quad \sum_{i=1}^{p}k_i=n \tag{12.29}$$

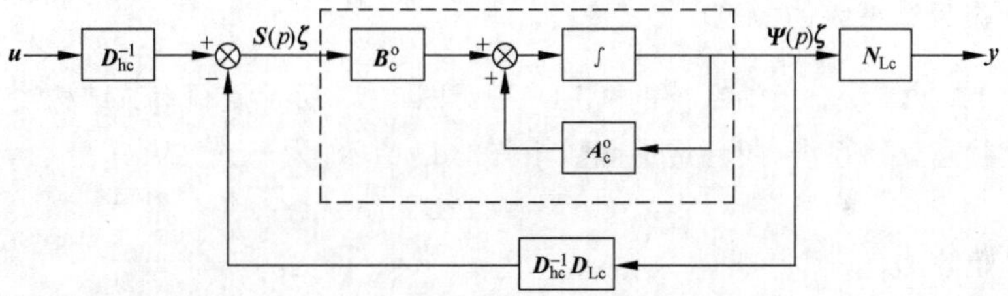

图 12.3　$N(s)D^{-1}(s)$的控制器形实现结构图

于是，基于图 12.3 的状态空间描述形式结构图，取 $n\times1$ 状态$\Psi(p)\zeta$为反馈量，并将其通过 $p\times n$ 反馈阵K馈送到输入端，就可构成状态反馈系统时间域形式结构图。考虑到控制器形核实现的关系式：

$$C_c^o(sI-A_c^o)B_c^o=I(sI-A_c^o)B_c^o=\Psi(s)S^{-1}(s) \tag{12.30}$$

并以$\Psi(s)S^{-1}(s)$取代$\{A_c^o,B_c^o,I\}$即图 12.3 中用虚线框出的部分，则可由此导出图 12.4 所示的状态反馈系统复频率域形式结构图。再在保证馈送到输入端的反馈量不改变前提下，利用关系式(12.55)和(12.56)，可通过对图 12.4 复频率域形式结构图的化简，等价地导出图 12.5 所示形式的状态反馈系统复频率域结构图，$\hat{v}(s)$为 $p\times1$ 参考输入拉普拉斯变换。

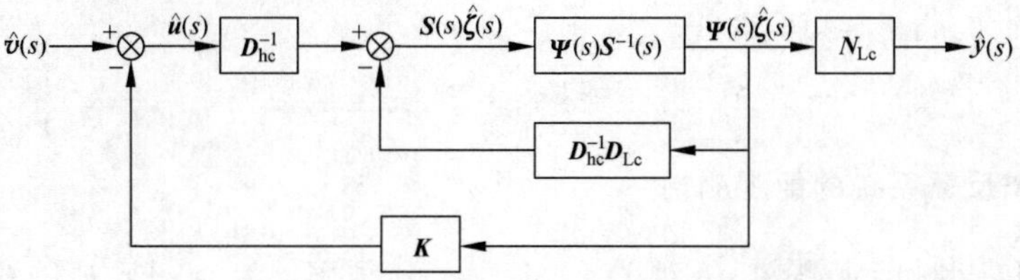

图 12.4　状态反馈系统的复频率域结构图

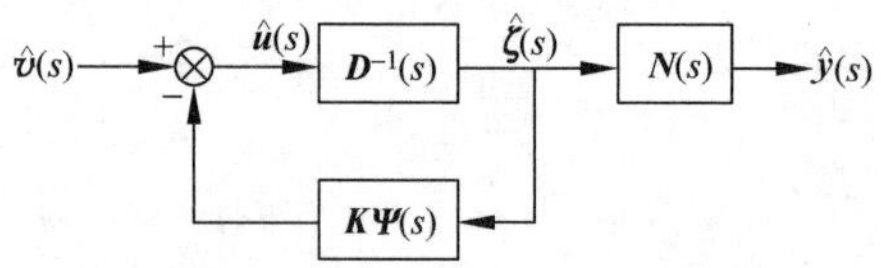

图 12.5 用于复频率域分析和综合的状态反馈系统结构图

下面,归纳上述结果,可以给出如下的结论。

结论 12.21 [状态反馈系统复频率域形式] 对线性时不变受控系统,状态反馈系统复频率域结构基本形式如图 12.5 所示,并被采用作为复频率域方法中分析和综合状态反馈的基本模型。

12.3.2 状态反馈系统的能控性和能观测性判据

基于图 12.5 所示的状态反馈系统复频率域结构图,下面简要讨论线性时不变状态反馈系统的能控性和能观测性。

1. 状态反馈系统的 MFD

结论 12.22 [状态反馈系统的 MFD] 对图 12.5 所示复频率域结构图表征的线性时不变状态反馈系统,闭环传递函数矩阵的右 MFD 为

$$\boldsymbol{G}_K(s)=\boldsymbol{N}(s)\boldsymbol{D}_K^{-1}(s) \tag{12.31}$$

闭环分母矩阵 $\boldsymbol{D}_K(s)$为

$$\boldsymbol{D}_K(s)=\boldsymbol{D}_{\mathrm{hc}}\boldsymbol{S}(s)+(\boldsymbol{D}_{\mathrm{Lc}}+\boldsymbol{K})\boldsymbol{\Psi}(s) \tag{12.32}$$

证 由图 12.5 所示复频率域结构图,可以导出

$$\begin{cases}\hat{\boldsymbol{\zeta}}(s)=\boldsymbol{D}^{-1}(s)[\hat{\boldsymbol{v}}(s)-\boldsymbol{K}\boldsymbol{\Psi}(s)\hat{\boldsymbol{\zeta}}(s)]\\ \hat{\boldsymbol{y}}(s)=\boldsymbol{N}(s)\hat{\boldsymbol{\zeta}}(s)\end{cases} \tag{12.33}$$

对上式进行运算和化简,进而得到

$$\hat{\boldsymbol{y}}(s)=\boldsymbol{N}(s)[\boldsymbol{D}(s)+\boldsymbol{K}\boldsymbol{\Psi}(s)]^{-1}\hat{\boldsymbol{v}}(s) \tag{12.34}$$

在式(12.34)中代入列次表达式(12.26)并加化简整理,即可证得式(12.31)和(12.32)。

2. 状态反馈系统的能控性

结论 12.23 [能控性] 对图 12.5 所示复频率域结构图表征的线性时不变状态反馈系统 Σ_K 和开环受控系统 Σ_0,有

$$\Sigma_K \text{ 完全能控} \Leftrightarrow \Sigma_0 \text{ 完全能控} \tag{12.35}$$

3. 状态反馈系统的能观测性

结论 12.24 [能观测性] 对图 12.5 所示复频率域结构图表征的线性时不变

状态反馈系统 Σ_K 和开环受控系统 Σ_0，Σ_0 完全能观测不能保证 Σ_K 必为完全能观测。

证　对状态反馈系统 Σ_K，可能存在反馈阵 $\boldsymbol{K}$，使同时满足

$$\lambda_i = \text{“}\det\boldsymbol{D}_K(s)=0\text{ 根”} = \text{使 }\boldsymbol{N}(s)\text{ 降秩的 }s\text{ 值} \tag{12.36}$$

$$\operatorname{rank}\begin{bmatrix}\boldsymbol{D}_K(\lambda_i)\\ \boldsymbol{N}(\lambda_i)\end{bmatrix} < p \tag{12.37}$$

即 $\{\boldsymbol{D}_K(s), \boldsymbol{N}(s)\}$ 可能为非右互质，从而不能保证 Σ_K 必为完全能观测。证明完成。

4. 受控系统的强能观测性

结论 12.25 [强能观测性]　对由满秩 $\boldsymbol{G}(s)=\boldsymbol{N}(s)\boldsymbol{D}^{-1}(s)$ 完全表征的线性时不变受控系统 Σ_0，称 Σ_0 为强能观测，当且仅当不存在使 $\boldsymbol{N}(s)$ 降秩的 s 值。

5. 状态反馈系统保持能观测性的条件

结论 12.26 [能观测性保持条件]　对图 12.5 所示复频率域结构图表征的线性时不变状态反馈系统 Σ_K 和开环受控系统 Σ_0，有

$$\Sigma_K \text{ 完全能观测} \Leftarrow \Sigma_0 \text{ 强能观测} \tag{12.38}$$

12.4　输出反馈系统的能控性和能观测性

输出反馈系统由于物理上易于实现而在控制工程上具有重要地位。输出反馈是线性时不变控制系统复频率域综合理论中采用的主要结构形式。本节是对输出反馈系统的能控性能观测性问题的一个简要的讨论。

12.4.1　输出反馈系统

考虑图 12.6 所示结构组成的线性时不变输出反馈系统 Σ_F。首先，对输出反馈系统 Σ_F 引入三个基本约定：

(i) 子系统 S_1 和 S_2 为真或严真，且可由传递函数矩阵 $\boldsymbol{G}_1(s)$ 和 $\boldsymbol{G}_2(s)$ 分别完全表征。

(ii) 为保证输出反馈系统 Σ_F 传递函数矩阵的真性或严真性，令

$$\det[\boldsymbol{I}+\boldsymbol{G}_1(s)\boldsymbol{G}_2(s)]\big|_{s=\infty} = \det[\boldsymbol{I}+\boldsymbol{G}_2(s)\boldsymbol{G}_1(s)]\big|_{s=\infty} \neq 0 \tag{12.39}$$

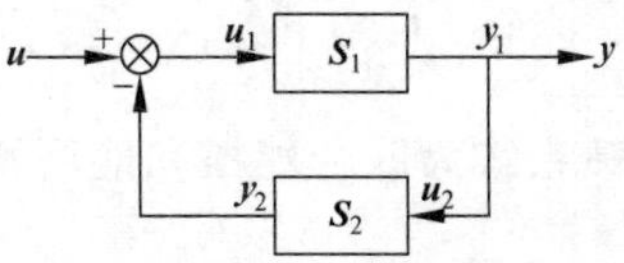

图 12.6　输出反馈系统

(iii) 对输出反馈系统 Σ_F 中包含的串联系统,表

$$S_{12} \triangleq \text{按 } S_1\text{—}S_2 \text{ 顺序 } p \times p \text{ 串联系统}$$

$$S_{21} \triangleq \text{按 } S_2\text{—}S_1 \text{ 顺序 } q \times q \text{ 串联系统}$$

进而,由输出反馈的连接特征,可以导出系统组成上的约束关系式为

$$\boldsymbol{u}_1 = \boldsymbol{u} - \boldsymbol{y}_2, \quad \boldsymbol{y} = \boldsymbol{y}_1 = \boldsymbol{u}_2 \tag{12.40}$$

在此基础上,直接给出输出反馈系统 Σ_F 的传递函数矩阵 $\boldsymbol{G}_F(s)$的结论。

结论 12.27 [Σ_F 的传递函数矩阵] 对图 12.6 所示的线性时不变输出反馈系统 Σ_F,有

$$\boldsymbol{G}_F(s) = \boldsymbol{G}_1(s)[\boldsymbol{I} + \boldsymbol{G}_2(s)\boldsymbol{G}_1(s)]^{-1} \tag{12.41}$$

或

$$\boldsymbol{G}_F(s) = [\boldsymbol{I} + \boldsymbol{G}_1(s)\boldsymbol{G}_2(s)]^{-1}\boldsymbol{G}_1(s) \tag{12.42}$$

12.4.2 输出反馈系统的能控性和能观测性判据

首先,给出线性时不变输出反馈系统保持完全能控和完全能观测的基本结论。

结论 12.28 [完全能控条件] 对图 12.6 所示线性时不变输出反馈系统 Σ_F,有

$$\Sigma_F \text{ 完全能控} \Leftrightarrow S_{12} \text{ 完全能控} \tag{12.43}$$

结论 12.29 [完全能观测条件] 对图 12.6 所示线性时不变输出反馈系统 Σ_F,有

$$\Sigma_F \text{ 完全能观测} \Leftrightarrow S_{21} \text{ 完全能观测} \tag{12.44}$$

进而,从上述基本结论出发,给出如下一些推论性结论。

1. S_{12} 能控条件和 S_{21} 能观测条件对多输入多输出情形的不等价性

结论 12.30 [条件不等价性] 对图 12.6 所示多输入多输出线性时不变输出反馈系统 Σ_F,有

$$S_{12} \text{ 能控条件} \neq S_{21} \text{ 能观测条件} \tag{12.45}$$

2. S_{12} 能控条件和 S_{21} 能观测条件对单输入单输出情形的等价性

结论 12.31 [条件等价性] 对图 12.6 所示单输入单输出线性时不变输出反馈系统 Σ_F,有

$$\begin{aligned} S_{12} \text{ 能控条件} &= S_{21} \text{ 能观测条件} \\ &= g_2(s) \text{ 极点和 } g_1(s) \text{ 零点间不存在对消} \end{aligned} \tag{12.46}$$

3. 单输入单输出输出反馈系统为联合能控和能观测的条件

结论 12.32 [联合能控能观测条件] 对图 12.6 所示单输入单输出线性时不变输出反馈系统 Σ_F,有

$$\Sigma_F \text{ 完全能控和完全能观测} \Leftrightarrow g_2(s) \text{ 极点和 } g_1(s) \text{ 零点间不存在对消} \tag{12.47}$$

4. $G_2(s)= F$(常阵)的输出反馈系统的能控和能观测条件

结论 12.33［能控和能观测条件］　对图 12.6 所示多输入多输出线性时不变输出反馈系统 Σ_F，若对子系统 S_2 有 $\boldsymbol{G}_2(s)=\boldsymbol{F}$(常阵)，则有

$$\Sigma_F \text{ 完全能控} \Leftrightarrow S_1 \text{ 完全能控} \tag{12.48}$$

$$\Sigma_F \text{ 完全能观测} \Leftrightarrow S_1 \text{ 完全能观测} \tag{12.49}$$

12.5　直接输出反馈系统的稳定性分析

稳定性是系统分析中面临的一个基本课题。稳定是一切控制系统能够正常运行的必要前提和基本要求。在复频率域理论中，主要讨论输入输出稳定性，研究对象限于输出反馈系统。本节讨论直接输出反馈系统的稳定性问题，重点建立系统稳定所应满足的条件。

12.5.1　两类稳定性

系统运动的稳定性可以区分为两种基本类型，"内部稳定性"和"外部稳定性"，前者就是渐近稳定性，后者即为有界输入有界输出稳定性或 BIBO 稳定性。

状态空间方法中，主要采用渐近稳定性概念，分析模型为系统自治状态方程。渐近稳定性定义为状态运动相对于平衡状态的有界性和渐近收敛性。对线性时不变系统，系统渐近稳定的基本充分必要条件为其状态方程系统矩阵的特征值均具有负实部，并可基此导出其他形式的稳定性判据。

复频率域方法中，主要采用有界输入有界输出稳定性概念，分析模型对线性时不变系统为传递函数矩阵。BIBO 稳定性定义为输出运动相对于任意有界输入的有界性。对线性时不变系统，系统 BIBO 稳定的基本充分必要条件为其传递函数矩阵极点均具有负实部，并可基此导出其他形式的稳定性判据。

对线性时不变系统，传递函数矩阵只能反映系统中能控和能观测的部分。基此，当系统为完全能控和完全能观测，系统的 BIBO 稳定性和渐近稳定性为等价。就一般情形，系统渐近稳定必意味着系统 BIBO 稳定，但反命题则一般不一定成立。

12.5.2　直接输出反馈系统的稳定性

考虑图 12.7 所示的线性时不变直接输出反馈系统 Σ_{DF}，其特点是反馈通道中子系统的传递函数矩阵 $\boldsymbol{G}_2(s)=\boldsymbol{I}$。通常，也称直接输出反馈系统为单位输出反馈系

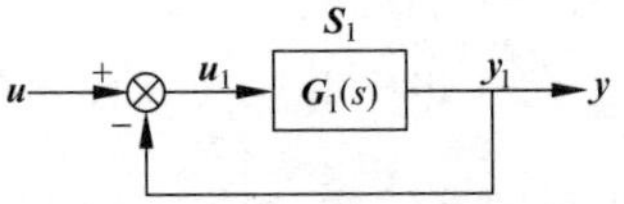

图 12.7 直接输出反馈系统

统。进而,约定子系统 S_1 可由传递函数矩阵 $\boldsymbol{G}_1(s)$完全表征,$\boldsymbol{G}_1(s)$为方的真有理分式矩阵,$\det[\boldsymbol{I}+\boldsymbol{G}_1(s)]|_{s=\infty}\neq 0$。

下面,给出线性时不变直接输出反馈系统 Σ_{DF} 的稳定性的相关结论。并且,随着表征子系统 S_1 的 $\boldsymbol{G}_1(s)$的描述形式的不同,稳定条件对应地具有不同形式。

1. BIBO 稳定和渐近稳定的等价性

结论 12.34 [两类稳定等价性] 对图 12.7 所示线性时不变直接输出反馈系统 Σ_{DF},子系统 S_1 可由 $\boldsymbol{G}_1(s)$完全表征,则有

$$\Sigma_{DF}\text{BIBO 稳定} \Leftrightarrow \Sigma_{DF}\text{ 渐近稳定} \tag{12.50}$$

证 由子系统 S_1 可由 $\boldsymbol{G}_1(s)$完全表征,并利用结论 12.33,可知 Σ_{DF} 为完全能控和完全能观测。从而,Σ_{DF} 的 BIBO 稳定必等价于其渐近稳定。

2. $\boldsymbol{\Sigma}_{DF}$ 的特征多项式

结论 12.35 [特征多项式] 对图 12.7 所示线性时不变直接输出反馈系统 Σ_{DF},子系统 S_1 由 $\boldsymbol{G}_1(s)$完全表征,$\Delta_1(s)$为 $\boldsymbol{G}_1(s)$的特征多项式,则有

$$\Sigma_{DF}\text{ 的特征多项式}=\beta\,\Delta_1(s)\det[\boldsymbol{I}+\boldsymbol{G}_1(s)] \tag{12.51}$$

其中,β 为非零常数。

证 为使思路更为清晰,分成两步进行证明。

(i) 推证 Σ_{DF} 的状态空间描述。对此,设子系统 S_1 的状态空间描述为

$$\begin{cases}\dot{\boldsymbol{x}}=\boldsymbol{A}_1\boldsymbol{x}+\boldsymbol{B}_1\boldsymbol{u}_1\\ \boldsymbol{y}_1=\boldsymbol{C}_1\boldsymbol{x}+\boldsymbol{E}_1\boldsymbol{u}_1\end{cases} \tag{12.52}$$

而由 Σ_{DF} 的连接特征,有

$$\boldsymbol{u}_1=\boldsymbol{u}-\boldsymbol{y}_1,\quad \boldsymbol{y}_1=\boldsymbol{y} \tag{12.53}$$

将上式代入式(12.52)和简单运算整理,并注意到 $\det[\boldsymbol{I}+\boldsymbol{G}_1(s)]|_{s=\infty}=\det[\boldsymbol{I}+\boldsymbol{E}_1]\neq 0$ 的事实,可以得到

$$\begin{cases}\boldsymbol{y}=(\boldsymbol{I}+\boldsymbol{E}_1)^{-1}\boldsymbol{C}_1\boldsymbol{x}+(\boldsymbol{I}+\boldsymbol{E}_1)^{-1}\boldsymbol{E}_1\boldsymbol{u}\\ \dot{\boldsymbol{x}}=[\boldsymbol{A}_1-\boldsymbol{B}_1(\boldsymbol{I}+\boldsymbol{E}_1)^{-1}\boldsymbol{C}_1]\boldsymbol{x}+\boldsymbol{B}_1[\boldsymbol{I}-(\boldsymbol{I}+\boldsymbol{E}_1)^{-1}\boldsymbol{E}_1]\boldsymbol{u}\end{cases} \tag{12.54}$$

再由恒等关系式:

$$\boldsymbol{I}=(\boldsymbol{I}+\boldsymbol{E}_1)^{-1}(\boldsymbol{I}+\boldsymbol{E}_1)=(\boldsymbol{I}+\boldsymbol{E}_1)^{-1}+(\boldsymbol{I}+\boldsymbol{E}_1)^{-1}\boldsymbol{E}_1 \tag{12.55}$$

可以导出

$$\boldsymbol{I}-(\boldsymbol{I}+\boldsymbol{E}_1)^{-1}\boldsymbol{E}_1=(\boldsymbol{I}+\boldsymbol{E}_1)^{-1} \tag{12.56}$$

将式(12.56)代入式(12.54)的第二个方程，就即得到 Σ_{DF} 的状态空间描述为

$$\begin{cases}\dot{\boldsymbol{x}}=[\boldsymbol{A}_1-\boldsymbol{B}_1(\boldsymbol{I}+\boldsymbol{E}_1)^{-1}\boldsymbol{C}_1]\boldsymbol{x}+\boldsymbol{B}_1(\boldsymbol{I}+\boldsymbol{E}_1)^{-1}\boldsymbol{u}\\ \boldsymbol{y}=(\boldsymbol{I}+\boldsymbol{E}_1)^{-1}\boldsymbol{C}_1\boldsymbol{x}+(\boldsymbol{I}+\boldsymbol{E}_1)^{-1}\boldsymbol{E}_1\boldsymbol{u}\end{cases} \tag{12.57}$$

(ii) 推证 Σ_{DF} 的特征多项式。首先，对子系统 S_1，有

$$\boldsymbol{G}_1(s)=\boldsymbol{C}_1(s\boldsymbol{I}-\boldsymbol{A}_1)^{-1}\boldsymbol{B}_1+\boldsymbol{E}_1 \tag{12.58}$$

而由 $\{\boldsymbol{A}_1,\boldsymbol{B}_1,\boldsymbol{C}_1,\boldsymbol{E}_1\}$ 为完全能控和完全能观测，可以得到

$$\Delta_1(s)=\Delta[\boldsymbol{G}_1(s)]=\beta_1\det(s\boldsymbol{I}-\boldsymbol{A}_1) \tag{12.59}$$

其中，β_1 为非零常数。进而，由式(12.57)，可以导出

$$\begin{aligned}&\det[s\boldsymbol{I}-\boldsymbol{A}_1+\boldsymbol{B}_1(\boldsymbol{I}+\boldsymbol{E}_1)^{-1}\boldsymbol{C}_1]\\ &\quad=\det\{(s\boldsymbol{I}-\boldsymbol{A}_1)[\boldsymbol{I}+(s\boldsymbol{I}-\boldsymbol{A}_1)^{-1}\boldsymbol{B}_1(\boldsymbol{I}+\boldsymbol{E}_1)^{-1}\boldsymbol{C}_1]\}\\ &\quad=\det(s\boldsymbol{I}-\boldsymbol{A}_1)\det[\boldsymbol{I}+(s\boldsymbol{I}-\boldsymbol{A}_1)^{-1}\boldsymbol{B}_1(\boldsymbol{I}+\boldsymbol{E}_1)^{-1}\boldsymbol{C}_1]\end{aligned} \tag{12.60}$$

现令

$$\widetilde{\boldsymbol{G}}_1(s)=(s\boldsymbol{I}-\boldsymbol{A}_1)^{-1}\boldsymbol{B}_1(\boldsymbol{I}+\boldsymbol{E}_1)^{-1},\quad \widetilde{\boldsymbol{G}}_2(s)=\boldsymbol{C}_1 \tag{12.61}$$

那么，利用式(12.61)和事实：

$$\det[\boldsymbol{I}+\widetilde{\boldsymbol{G}}_1(s)\widetilde{\boldsymbol{G}}_2(s)]=\det[\boldsymbol{I}+\widetilde{\boldsymbol{G}}_2(s)\widetilde{\boldsymbol{G}}_1(s)] \tag{12.62}$$

并运用式(12.58)，可将式(12.60)进一步表为

$$\begin{aligned}&\det[s\boldsymbol{I}-\boldsymbol{A}_1+\boldsymbol{B}_1(\boldsymbol{I}+\boldsymbol{E}_1)^{-1}\boldsymbol{C}_1]\\ &\quad=\det(s\boldsymbol{I}-\boldsymbol{A}_1)\det[\boldsymbol{I}+\boldsymbol{C}_1(s\boldsymbol{I}-\boldsymbol{A}_1)^{-1}\boldsymbol{B}_1(\boldsymbol{I}+\boldsymbol{E}_1)^{-1}]\\ &\quad=\det(s\boldsymbol{I}-\boldsymbol{A}_1)\det\{[\boldsymbol{I}+\boldsymbol{E}_1+\boldsymbol{C}_1(s\boldsymbol{I}-\boldsymbol{A}_1)^{-1}\boldsymbol{B}_1](\boldsymbol{I}+\boldsymbol{E}_1)^{-1}\}\\ &\quad=\det(s\boldsymbol{I}-\boldsymbol{A}_1)\det[\boldsymbol{I}+\boldsymbol{G}_1(s)]\det(\boldsymbol{I}+\boldsymbol{E}_1)^{-1}\end{aligned} \tag{12.63}$$

再由 $\det[\boldsymbol{I}+\boldsymbol{E}_1]\neq 0$，可表 $\beta_2=\det(\boldsymbol{I}+\boldsymbol{E}_1)^{-1}$ 为非零常数。基此，并利用式(12.59)，可由式(12.63)证得

$$\begin{aligned}\Sigma_{DF}\text{ 的特征多项式}&=\det[s\boldsymbol{I}-\boldsymbol{A}_1+\boldsymbol{B}_1(\boldsymbol{I}+\boldsymbol{E}_1)^{-1}\boldsymbol{C}_1]\\ &=\frac{\beta_2}{\beta_1}\Delta_1(s)\det[\boldsymbol{I}+\boldsymbol{G}_1(s)]\\ &=\beta\Delta_1(s)\det[\boldsymbol{I}+\boldsymbol{G}_1(s)]\end{aligned} \tag{12.64}$$

其中，$\beta=\beta_2/\beta_1$ 为非零常数。证明完成。

3. $G_1(s)$以有理分式矩阵表征情形的 $\boldsymbol{\Sigma}_{DF}$ 稳定条件

结论 12.36 [稳定条件]　对图 12.7 所示线性时不变直接输出反馈系统 Σ_{DF}，若 $\boldsymbol{G}_1(s)$ 以有理分式矩阵表征，则有

$$\begin{aligned}&\Sigma_{DF}\text{ 为渐近稳定和 BIBO 稳定}\\ &\qquad\Leftrightarrow \text{“}\Delta_1(s)\det[\boldsymbol{I}+\boldsymbol{G}_1(s)]=0\text{ 根”均具有负实部}\end{aligned} \tag{12.65}$$

其中，$\Delta_1(s)$ 为 $\boldsymbol{G}_1(s)$ 的特征多项式。

证 前知，Σ_{DF} 的渐近稳定和 BIBO 稳定等价。基此，并利用结论 11.35，即可证得

$$\begin{aligned}\Sigma_{DF}\text{BIBO 稳定} &\Leftrightarrow \Sigma_{DF}\text{ 渐近稳定}\\ &\Leftrightarrow \text{“}\det[s\boldsymbol{I}-\boldsymbol{A}_1+\boldsymbol{B}_1(\boldsymbol{I}+\boldsymbol{E}_1)^{-1}\boldsymbol{C}_1]=0\text{ 根”均具有负实部}\\ &\Leftrightarrow \text{“}\Delta_1(s)\det[\boldsymbol{I}+\boldsymbol{G}_1(s)]=0\text{ 根”均具有负实部}\end{aligned}\tag{12.66}$$

4. $G_1(s)$以不可简约右 MFD 表征情形的 $\boldsymbol{\Sigma}_{DF}$ 稳定条件

结论 12.37 [稳定条件] 对图 12.7 所示线性时不变直接输出反馈系统 Σ_{DF}，若 $\boldsymbol{G}_1(s)$以不可简约右 MFD $\boldsymbol{N}_1(s)\boldsymbol{D}_1^{-1}(s)$表征，则有

$$\begin{aligned}&\Sigma_{DF}\text{ 渐近稳定和 BIBO 稳定}\\ &\quad\Leftrightarrow\text{“}\det[\boldsymbol{D}_1(s)+\boldsymbol{N}_1(s)]=0\text{ 根”均具有负实部}\end{aligned}\tag{12.67}$$

5. $G_1(s)$以不可简约左 MFD 表征情形的 $\boldsymbol{\Sigma}_{DF}$ 稳定条件

结论 12.38 [稳定条件] 对图 12.7 所示线性时不变直接输出反馈系统 Σ_{DF}，若 $\boldsymbol{G}_1(s)$以不可简约左 MFD $\boldsymbol{D}_{L1}^{-1}(s)\boldsymbol{N}_{L1}(s)$表征，则有

$$\begin{aligned}&\Sigma_{DF}\text{ 渐近稳定和 BIBO 稳定}\\ &\quad\Leftrightarrow\text{“}\det[\boldsymbol{D}_{L1}(s)+\boldsymbol{N}_{L1}(s)]=0\text{ 根”均具有负实部}\end{aligned}\tag{12.68}$$

12.6 具有补偿器的输出反馈系统的稳定性分析

具有补偿器的输出反馈系统由在反馈通道中引入称为补偿器的子系统所构成。具有补偿器的输出反馈系统属于动态输出反馈系统。控制工程中，大多数控制系统采用动态输出反馈方案，其控制功能优于直接输出反馈系统。本节简要讨论动态输出反馈系统的稳定性问题，重点在于导出相应的稳定条件。

12.6.1 具有补偿器的输出反馈系统

具有补偿器的输出反馈系统简表为 Σ_{CF}。Σ_{CF} 是更为一般形式的输出反馈系统，其构成如图 12.8 所示。

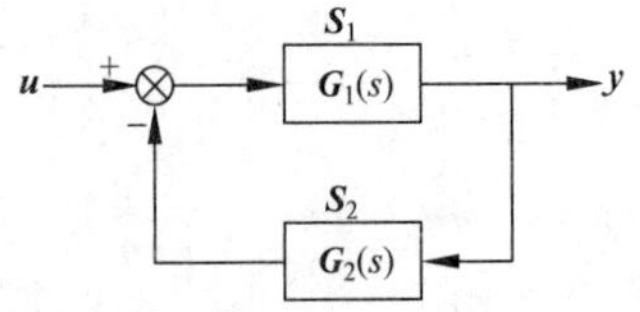

图 12.8 具有补偿器的输出反馈系统

同样，对 Σ_{CF} 引入如下三个基本约定。

(i) 子系统 S_1 和 S_2 为完全能控和完全能观测，即可由其传递函数矩阵 $\boldsymbol{G}_1(s)$ 和 $\boldsymbol{G}_2(s)$ 完全表征，且 $\boldsymbol{G}_1(s)$ 和 $\boldsymbol{G}_2(s)$ 为 $q\times p$ 和 $p\times q$ 真有理分式矩阵。

(ii) 子系统 S_1 和 S_2 采用有理分式矩阵和不可简约 MFD 描述：

$$\begin{aligned}\boldsymbol{G}_i(s) &= \text{不可简约右 MFD } \boldsymbol{N}_i(s)\boldsymbol{D}_i^{-1}(s)\\ &= \text{不可简约左 MFD } \boldsymbol{D}_{\mathrm{L}i}^{-1}(s)\boldsymbol{N}_{\mathrm{L}i}(s)\end{aligned}\tag{12.69}$$

(iii) 为保证 Σ_{CF} 的传递函数矩阵 $\boldsymbol{G}_{CF}(s)$ 为真，设 $\det[\boldsymbol{I}+\boldsymbol{G}_1(s)\boldsymbol{G}_2(s)]|_{s=\infty}\neq 0$。

12.6.2 具有补偿器的输出反馈系统的稳定性

下面，给出具有补偿器输出反馈系统 Σ_{CF} 的稳定性的基本结论。并且，随表征子系统 S_1 和 S_2 的 $\boldsymbol{G}_1(s)$ 和 $\boldsymbol{G}_2(s)$ 的描述形式不同，稳定条件对应地具有不同形式。

1. BIBO 稳定和渐近稳定的等价条件

结论 12.39 [等价条件]　对图 12.8 所示具有补偿器的线性时不变输出反馈系统 Σ_{CF}，表

$$S_{12} \triangleq \text{按 } S_1\text{—}S_2 \text{ 顺序 } p\times p \text{ 串联系统}$$

$$S_{21} \triangleq \text{按 } S_2\text{—}S_1 \text{ 顺序 } q\times q \text{ 串联系统}$$

若满足“S_{12} 完全能控，S_{21} 完全能观测”条件，则有

$$\Sigma_{CF} \text{ 渐近稳定} \Leftrightarrow \Sigma_{CF} \text{BIBO 稳定}\tag{12.70}$$

若不满足“S_{12} 完全能控，S_{21} 完全能观测”条件，则有

$$\Sigma_{CF} \text{ 渐近稳定} \Rightarrow \Sigma_{CF} \text{BIBO 稳定}\tag{12.71}$$

2. $\boldsymbol{\Sigma}_{CF}$ 的特征多项式

结论 12.40 [特征多项式]　对图 12.8 所示具有补偿器的线性时不变输出反馈系统 Σ_{CF}，表

$$\Sigma_{CF} \text{ 状态空间描述} = \{\boldsymbol{A}_{CF},\boldsymbol{B}_{CF},\boldsymbol{C}_{CF},\boldsymbol{E}_{CF}\}$$

$$S_1 \text{ 状态空间描述} = \{\boldsymbol{A}_1,\boldsymbol{B}_1,\boldsymbol{C}_1,\boldsymbol{E}_1\}$$

$$S_2 \text{ 状态空间描述} = \{\boldsymbol{A}_2,\boldsymbol{B}_2,\boldsymbol{C}_2,\boldsymbol{E}_2\}$$

$$\Delta_1(s) = \boldsymbol{G}_1(s) \text{ 特征多项式} = \beta_1\det(s\boldsymbol{I}-\boldsymbol{A}_1)$$

$$\Delta_2(s) = \boldsymbol{G}_2(s) \text{ 特征多项式} = \beta_2\det(s\boldsymbol{I}-\boldsymbol{A}_2)$$

则有

$$\begin{aligned}\Sigma_{CF} \text{ 的特征多项式} &= \det(s\boldsymbol{I}-\boldsymbol{A}_{CF})\\ &= \beta\Delta_1(s)\Delta_2(s)\det[\boldsymbol{I}+\boldsymbol{G}_1(s)\boldsymbol{G}_2(s)]\end{aligned}\tag{12.72}$$

3. $G_1(s)$和 $G_2(s)$以有理分式矩阵表征情形的 $\boldsymbol{\Sigma}_{CF}$ 渐近稳定条件

结论 12.41［渐近稳定条件］　对图 12.8 所示具有补偿器的线性时不变输出反馈系统 Σ_{CF}，若 $\boldsymbol{G}_1(s)$和 $\boldsymbol{G}_2(s)$以有理分式矩阵表征，则有

$$\Sigma_{CF}\text{ 渐近稳定} \Leftrightarrow \text{“}\Delta_1(s)\Delta_2(s)\det[\boldsymbol{I}+\boldsymbol{G}_1(s)\boldsymbol{G}_2(s)]=0\text{ 根”均具有负实部} \tag{12.73}$$

证　利用结论 12.40 中导出的特征多项式(12.72)，即可证得

$$\begin{aligned}\Sigma_{CF}\text{ 渐近稳定} &\Leftrightarrow \Sigma_{CF}\text{ 特征值均具有负实部}\\ &\Leftrightarrow \text{“}\det(s\boldsymbol{I}-\boldsymbol{A}_{CF})=0\text{ 根”均具有负实部}\\ &\Leftrightarrow \text{“}\Delta_1(s)\Delta_2(s)\det[\boldsymbol{I}+\boldsymbol{G}_1(s)\boldsymbol{G}_2(s)]=0\text{ 根”均具有负实部}\end{aligned} \tag{12.74}$$

4. $G_1(s)$和 $G_2(s)$以不可简约左 MFD 和右 MFD 表征情形的 $\boldsymbol{\Sigma}_{CF}$ 渐近稳定条件

结论 12.42［渐近稳定条件］　对图 12.8 所示具有补偿器的线性时不变输出反馈系统 Σ_{CF}，若 $\boldsymbol{G}_1(s)$和 $\boldsymbol{G}_2(s)$以不可简约左 MFD $\boldsymbol{D}_{L1}^{-1}(s)\boldsymbol{N}_{L1}(s)$和不可简约右 MFD $\boldsymbol{N}_2(s)\boldsymbol{D}_2^{-1}(s)$表征，则有

$$\Sigma_{CF}\text{ 渐近稳定} \Leftrightarrow \text{“}\det[\boldsymbol{D}_{L1}(s)\boldsymbol{D}_2(s)+\boldsymbol{N}_{L1}(s)\boldsymbol{N}_2(s)]=0\text{ 根”均具有负实部} \tag{12.75}$$

5. $G_1(s)$和 $G_2(s)$以不可简约右 MFD 和左 MFD 表征情形的 $\boldsymbol{\Sigma}_{CF}$ 渐近稳定条件

结论 12.43［渐近稳定条件］　对图 12.8 所示具有补偿器的线性时不变输出反馈系统 Σ_{CF}，若 $\boldsymbol{G}_1(s)$和 $\boldsymbol{G}_2(s)$以不可简约右 MFD $\boldsymbol{N}_1(s)\boldsymbol{D}_1^{-1}(s)$和不可简约左MFD $\boldsymbol{D}_{L2}^{-1}(s)\boldsymbol{N}_{L2}(s)$表征，则有

$$\Sigma_{CF}\text{ 渐近稳定} \Leftrightarrow \text{“}\det[\boldsymbol{D}_{L2}(s)\boldsymbol{D}_1(s)+\boldsymbol{N}_{L2}(s)\boldsymbol{N}_1(s)]=0\text{ 根”均具有负实部} \tag{12.76}$$

6. $\boldsymbol{\Sigma}_{CF}$ 的 BIBO 稳定条件

结论 12.44［BIBO 稳定条件］　对图 12.8 所示具有补偿器的线性时不变输出反馈系统 Σ_{CF}，由结论 12.41～结论 12.43 给出的渐近稳定条件一般只是 Σ_{CF}BIBO 稳定的充分条件。

7. 一类特殊 $\boldsymbol{\Sigma}_{CF}$ 的稳定条件

结论 12.45［特殊 Σ_{CF} 稳定条件］　对图 12.8 所示具有补偿器的线性时不变输出反馈系统 Σ_{CF}，若子系统 S_2 的传递函数矩阵 $\boldsymbol{G}_2(s)=\boldsymbol{F}$(常阵)，则由结论 12.41～结论 12.43 给出的 Σ_{CF} 为渐近稳定的条件也是 Σ_{CF} 为 BIBO 稳定的充分必要条件。

12.7　小结和评述

(1) 本章的定位。本章是对线性时不变控制系统复频率域分析的系统和简要的论述。研究对象包括并联系统、串联系统、状态反馈系统、直接输出反馈系统和具有补偿器输出反馈系统等组合系统。涉及问题包括系统结构特性如能控性能观测性和系统运动特性如稳定性。系统模型基于传递函数矩阵及其矩阵分式描述。本章结果既具有独立理论意义和应用价值,也是线性时不变控制系统复频率域综合的重要基础。

(2) 组合系统的能控性。问题实质是建立使组合系统保持能控所需满足的条件。若组成子系统以不可简约右 MFD $\boldsymbol{N}_1(s)\boldsymbol{D}_1^{-1}(s)$和 $\boldsymbol{N}_2(s)\boldsymbol{D}_2^{-1}(s)$表征,并联系统保持能控条件为$\{\boldsymbol{D}_1(s),\boldsymbol{D}_2(s)\}$左互质,串联系统保持能控条件为$\{\boldsymbol{D}_2(s),\boldsymbol{N}_1(s)\}$左互质。状态反馈系统必保持能控性。具有补偿器输出反馈系统保持能控的条件是主通道子系统和反馈通道子系统顺序构成的串联系统能控。

(3) 组合系统的能观测性。问题实质是建立使组合系统保持能观测所需满足的条件。若组成子系统以不可简约左 MFD $\boldsymbol{D}_{L1}^{-1}(s)\boldsymbol{N}_{L1}(s)$和 $\boldsymbol{D}_{L2}^{-1}(s)\boldsymbol{N}_{L2}(s)$表征,并联系统保持能观测条件为$\{\boldsymbol{D}_{L1}(s),\boldsymbol{D}_{L2}(s)\}$右互质,串联系统保持能观测条件为$\{\boldsymbol{D}_{L1}(s),\boldsymbol{N}_{L2}(s)\}$右互质。状态反馈系统不一定保持能观测,但强能观测系统状态反馈必保持能观测。具有补偿器输出反馈系统保持能观测的条件是反馈通道子系统和主通道子系统顺序构成的串联系统能观测。

(4) 输出反馈系统的稳定性。稳定性区分为渐近稳定和 BIBO 稳定,对线性时不变系统两者等价条件是系统可由传递函数矩阵完全表征。对直接输出反馈系统,渐近稳定和 BIBO 稳定为等价,若主通道子系统以不可简约右 MFD $\boldsymbol{N}_1(s)\boldsymbol{D}_1^{-1}(s)$表征,稳定条件为

$$\text{“}\det[\boldsymbol{D}_1(s)+\boldsymbol{N}_1(s)]=0\text{ 根”均具有负实部}$$

对具有补偿器输出反馈系统,渐近稳定和 BIBO 稳定为有条件等价,若主通道子系统以不可简约左 MFD $\boldsymbol{D}_{L1}^{-1}(s)\boldsymbol{N}_{L1}(s)$表征,反馈通道子系统以不可简约右 MFD $\boldsymbol{N}_2(s)\boldsymbol{D}_2^{-1}(s)$表征,渐近稳定条件为

$$\text{“}\det[\boldsymbol{D}_{L1}(s)\boldsymbol{D}_2(s)+\boldsymbol{N}_{L1}(s)\boldsymbol{N}_2(s)]=0\text{ 根”均具有负实部}$$

这同时也是 BIBO 稳定的充分条件。

习题

12.1　给定按顺序 $g_1(s)$—$g_2(s)$连接的串联系统,其中传递函数 $g_1(s)$和 $g_2(s)$为

$$g_1(s)=\frac{s+3}{s^2+3s+2},\quad g_2(s)=\frac{s+2}{s+4}$$

试判断：(i) 串联系统是否为完全能控；(ii) 串联系统是否为完全能观测；(iii) 串联系统是否可由传递函数 $g_2(s)g_1(s)$ 完全表征。

12.2 给定按顺序 $\boldsymbol{G}_1(s)$—$\boldsymbol{G}_2(s)$ 连接的串联系统，其中传递函数矩阵 $\boldsymbol{G}_1(s)$ 和 $\boldsymbol{G}_2(s)$ 为

$$\boldsymbol{G}_1(s)=\begin{bmatrix}\dfrac{s+1}{s+2} & 0\\ 0 & \dfrac{s+2}{s+1}\end{bmatrix},\quad \boldsymbol{G}_2(s)=\begin{bmatrix}\dfrac{1}{s-1} & \dfrac{s+2}{s+1}\\ 0 & \dfrac{1}{s+1}\end{bmatrix}$$

试判断：(i) 串联系统是否为完全能控；(ii) 串联系统是否为完全能观测；(iii) 串联系统是否可由传递函数矩阵 $\boldsymbol{G}_2(s)\boldsymbol{G}_1(s)$ 完全表征。

12.3 给定图 P12.3 所示具有补偿器的线性时不变输出反馈系统，其中传递函数矩阵为

$$\boldsymbol{G}_1(s)=\begin{bmatrix}\dfrac{1}{s+1} & 1\\ \dfrac{1}{s^2-1} & \dfrac{1}{s-1}\end{bmatrix},\quad \boldsymbol{G}_2(s)=\begin{bmatrix}\dfrac{1}{s+3} & \dfrac{1}{s+1}\\ \dfrac{1}{s+3} & \dfrac{1}{s+2}\end{bmatrix}$$

试判断：(i) 输出反馈系统是否为完全能控；(ii) 输出反馈系统是否为完全能观测。

12.4 给定图 P12.4 所示具有补偿器的线性时不变输出反馈系统，其中传递函数矩阵为

$$\boldsymbol{G}_1(s)=\begin{bmatrix}\dfrac{1}{s+1} & 1\\ \dfrac{1}{s^2-1} & \dfrac{1}{s-1}\end{bmatrix},\quad \boldsymbol{G}_2(s)=\begin{bmatrix}\dfrac{1}{s+3} & \dfrac{1}{s+1}\\ \dfrac{1}{s+3} & \dfrac{1}{s+2}\end{bmatrix}$$

试判断：(i) 输出反馈系统是否为完全能控；(ii) 输出反馈系统是否为完全能观测。

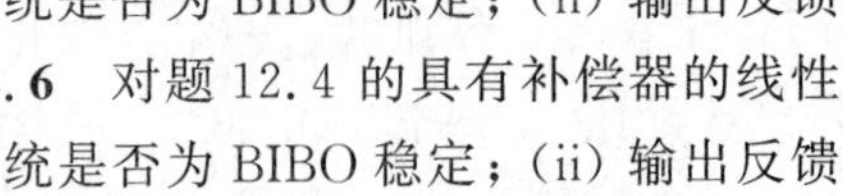

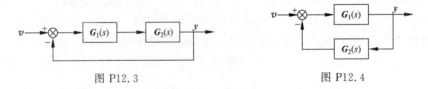

图 P12.3

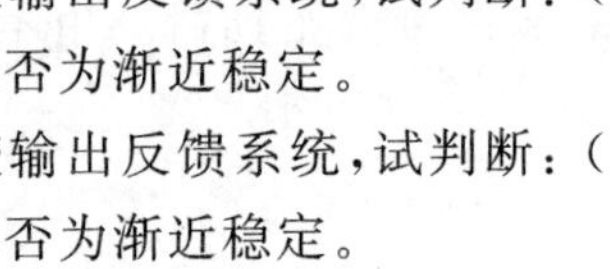

图 P12.4

12.5 对题 12.3 的具有补偿器的线性时不变输出反馈系统，试判断：(i) 输出反馈系统是否为 BIBO 稳定；(ii) 输出反馈系统是否为渐近稳定。

12.6 对题 12.4 的具有补偿器的线性时不变输出反馈系统，试判断：(i) 输出反馈系统是否为 BIBO 稳定；(ii) 输出反馈系统是否为渐近稳定。

第13章 线性时不变反馈系统的复频率域综合

本章是对线性时不变反馈系统复频率域综合问题的较为系统和全面的论述。系统模型采用传递函数矩阵及其矩阵分式描述。反馈形式包括状态反馈和输出反馈,而以具有补偿器的输出反馈为主。综合方法采用基于多项式矩阵理论的复频率域方法。综合指标类型覆盖控制工程中的典型综合问题,包括极点配置、解耦控制、无静差跟踪控制以及线性二次型最优控制等。基本内容涉及线性时不变反馈控制系统的综合理论和算法。

13.1 极点配置问题状态反馈的复频率域综合

极点配置是线性时不变控制系统中最为基本的一类综合准则。状态反馈极点配置问题的求解,既可采用时间域的状态空间方法,相关综合理论和算法已在第 6 章中系统论述,也可采用复频率域的多项式矩阵方法,相关综合理论和算法将在本节中专门讨论。本节内容包括状态反馈特性复频率域分析,极点配置综合方法,特征值-特征向量配置等。

13.1.1 状态反馈特性的复频率域分析

考虑线性时不变受控对象的状态反馈系统 Σ_K。受控对象采用 $q\times p$ 不可简约右 MFD $\boldsymbol{N}(s)\boldsymbol{D}^{-1}(s)$表征,$\boldsymbol{D}(s)$为列既约。状态反馈矩阵取为 $p\times n$ 常阵$\boldsymbol{K}$,n 为$\boldsymbol{D}(s)$的列次数之和。Σ_K 的组成采用第 12 章中图 12.5 所示基于 $\boldsymbol{N}(s)\boldsymbol{D}^{-1}(s)$的控制器形实现的复频率域形式状态反馈结构图,为讨论方便现重新给出图 13.1。

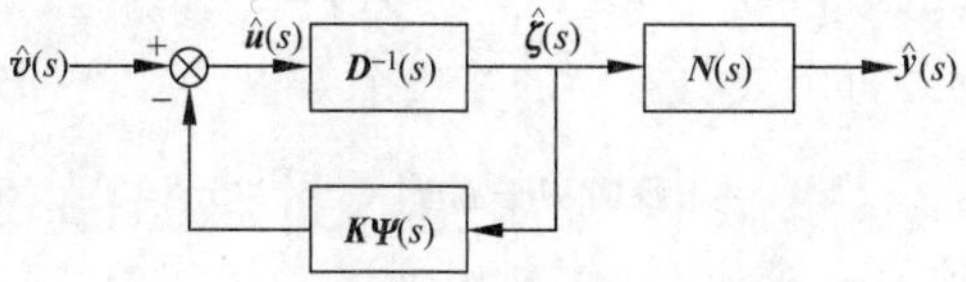

图 13.1 状态反馈系统的复频率域结构图

下面,基于图 13.1 所示线性时不变状态反馈系统的复频率域结构图,进而给出状态反馈的一些基本特性和相关结果。

1. 状态反馈系统 $\boldsymbol{\Sigma}_K$ 的传递函数矩阵

结论 13.1 [Σ_K 的传递函数矩阵] 对图 13.1 所示线性时不变状态反馈系统 Σ_K,受控系统由 $q\times p$ 右 MFD $\boldsymbol{N}(s)\boldsymbol{D}^{-1}(s)$表征,表 $p\times p$ 列既约矩阵 $\boldsymbol{D}(s)$为列次表达式:

$$\boldsymbol{D}(s)=\boldsymbol{D}_{\mathrm{hc}}\boldsymbol{S}(s)+\boldsymbol{D}_{\mathrm{Lc}}\boldsymbol{\Psi}(s) \tag{13.1}$$

其中

$$\boldsymbol{S}(s)=\begin{bmatrix} s^{k_1} & & \\ & \ddots & \\ & & s^{k_p}\end{bmatrix},\ k_i=\delta_{ci}\boldsymbol{D}(s)\ \text{即列次数} \tag{13.2}$$

$$\boldsymbol{\Psi}(s)=\begin{bmatrix} \begin{array}{c} s^{k_1-1} \\ \vdots \\ s \\ 1 \end{array} & & \\ & \ddots & \\ & & \begin{array}{c} s^{k_p-1} \\ \vdots \\ s \\ 1 \end{array}\end{bmatrix},\ \sum_{i=1}^{p}k_i=n \tag{13.3}$$

$$\boldsymbol{D}_{\mathrm{hc}}=\boldsymbol{D}(s)\ \text{的}\ p\times p\ \text{列次系数阵} \tag{13.4}$$

$$\boldsymbol{D}_{\mathrm{Lc}}=\boldsymbol{D}(s)\ \text{的}\ p\times n\ \text{低次系数阵} \tag{13.5}$$

则 Σ_K 的右 MFD 形式传递函数矩阵 $\boldsymbol{G}_K(s)$为

$$\boldsymbol{G}_K(s)=\boldsymbol{N}(s)\boldsymbol{D}_K^{-1}(s) \tag{13.6}$$

其中

$$\boldsymbol{D}_K(s)=[\boldsymbol{D}(s)+\boldsymbol{K}\boldsymbol{\Psi}(s)]=\boldsymbol{D}_{\mathrm{hc}}\boldsymbol{S}(s)+(\boldsymbol{D}_{\mathrm{Lc}}+\boldsymbol{K})\boldsymbol{\Psi}(s) \tag{13.7}$$

证 基于图 13.1 所示 Σ_K 复频率域结构图,可以得到

$$\begin{cases} \hat{\boldsymbol{y}}(s)=\boldsymbol{N}(s)\hat{\boldsymbol{\zeta}}(s) \\ \hat{\boldsymbol{\zeta}}(s)=\boldsymbol{D}^{-1}(s)[\hat{\boldsymbol{v}}(s)-\boldsymbol{K}\boldsymbol{\Psi}(s)\hat{\boldsymbol{\zeta}}(s)] \end{cases} \tag{13.8}$$

其中,$\hat{\boldsymbol{v}}(s)$为参考输入。再由式(13.8)的第二个方程,可以导出

$$\hat{\boldsymbol{\zeta}}(s)=[\boldsymbol{D}(s)+\boldsymbol{K}\boldsymbol{\Psi}(s)]^{-1}\hat{\boldsymbol{v}}(s) \tag{13.9}$$

将上式代入式(13.8)的第一个方程,并利用列次表达式(13.1),就即证得式(13.6)和式(13.7)。

2. 状态反馈对分子矩阵 N(s)的影响

结论 13.2 [对 $\boldsymbol{N}(s)$的影响]　对图 13.1 所示线性时不变状态反馈系统 Σ_K，反馈矩阵 $\boldsymbol{K}$ 的引入对分子矩阵 $\boldsymbol{N}(s)$没有直接影响，即受控系统 Σ_0 的右 MFD $\boldsymbol{N}(s)\boldsymbol{D}^{-1}(s)$和状态反馈系统 Σ_K 的右 MFD $\boldsymbol{N}(s)\boldsymbol{D}_K^{-1}(s)$具有相同分子矩阵 $\boldsymbol{N}(s)$。

证　由结论 13.1 的关系式(13.6)可直接导出本结论。

注 1　上述结论说明一个重要事实，即状态反馈矩阵 $\boldsymbol{K}$ 的引入在配置系统极点同时，一般不影响系统零点的整体分布。

注 2　但需指出，尽管 $\boldsymbol{K}$ 的引入对分子矩阵 $\boldsymbol{N}(s)$没有直接影响，仍有可能对 $\boldsymbol{N}(s)$产生间接影响。例如，在由极点配置不当造成的极点零点对消情形中，对消后 Σ_K 的分子矩阵不再保持为 $\boldsymbol{N}(s)$。

注 3　对受控系统传递函数矩阵的元传递函数而言，$\boldsymbol{K}$ 的引入在改变极点同时也将导致其零点的改变。这就是为什么对相同极点配置的不同反馈矩阵 $\boldsymbol{K}$，相应 Σ_K 的各个输出变量在时间域行为上会有明显差别。

3. 状态反馈对分母矩阵 D(s)的影响

结论 13.3 [对 $\boldsymbol{D}(s)$的影响]　对图 13.1 所示线性时不变状态反馈系统 Σ_K，反馈矩阵 $\boldsymbol{K}$ 的引入对分母矩阵 $\boldsymbol{D}(s)$的影响为

(i) 不改变分母矩阵 $\boldsymbol{D}(s)$的列次数，即成立 $\delta_{ci}\boldsymbol{D}(s)=\delta_{ci}\boldsymbol{D}_K(s), i=1,2,\cdots,p$。

(ii) 不改变分母矩阵 $\boldsymbol{D}(s)$的列次系数阵，即 $\boldsymbol{D}(s)$和 $\boldsymbol{D}_K(s)$具有相同列次系数阵 $\boldsymbol{D}_{\mathrm{hc}}$。

(iii) 可改变分母矩阵 $\boldsymbol{D}(s)$的低次系数阵，即 $\boldsymbol{D}_{K\mathrm{Lc}}=(\boldsymbol{K}+\boldsymbol{D}_{\mathrm{Lc}})$。

证　由结论 13.1 的关系式(13.7)可直接导出本结论。

4. 扩大状态反馈功能的途径

结论 13.4 [扩大功能途径]　扩大状态反馈功能的一个途径是，在引入状态反馈同时附加引入输入变换，构成图 13.2 所示包含输入变换的线性时不变状态反馈系统 Σ_{HK}，其中 $p\times p$ 输入变换阵 $\boldsymbol{H}$ 为非奇异，即 $\det\boldsymbol{H}\neq 0$。

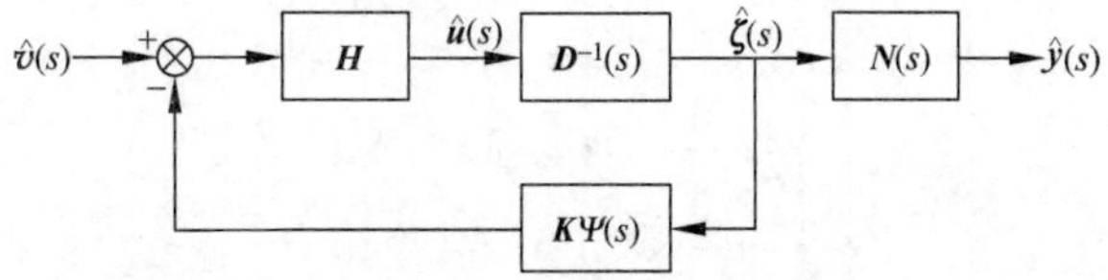

图 13.2　包含输入变换的状态反馈系统

5. 包含输入变换的状态反馈系统的传递函数矩阵

结论 13.5 [Σ_{HK} 的传递函数矩阵]　对图 13.2 所示包含输入变换的线性时不变

变状态反馈系统 Σ_{HK}，受控系统由 $q\times p$ 右 MFD $\boldsymbol{N}(s)\boldsymbol{D}^{-1}(s)$表征，则 Σ_{HK} 的右 MFD 形式传递函数矩阵 $\boldsymbol{G}_{HK}(s)$为

$$\boldsymbol{G}_{HK}(s)=\boldsymbol{N}(s)\boldsymbol{D}_{HK}^{-1}(s) \tag{13.10}$$

其中

$$\begin{aligned}\boldsymbol{D}_{HK}(s)&=[\boldsymbol{H}^{-1}\boldsymbol{D}(s)+\boldsymbol{K}\boldsymbol{\Psi}(s)]\\&=\boldsymbol{H}^{-1}\boldsymbol{D}_{\mathrm{hc}}\boldsymbol{S}(s)+(\boldsymbol{H}^{-1}\boldsymbol{D}_{\mathrm{Lc}}+\boldsymbol{K})\boldsymbol{\Psi}(s)\end{aligned} \tag{13.11}$$

证 由图 13.2 的含输入变换状态反馈系统 Σ_{HK}，并利用 $\boldsymbol{D}(s)$的列次表达式(13.1)，即可证得

$$\begin{aligned}\boldsymbol{G}_{HK}(s)&=\boldsymbol{N}(s)[\boldsymbol{H}^{-1}\boldsymbol{D}(s)+\boldsymbol{K}\boldsymbol{\Psi}(s)]^{-1}\\&=\boldsymbol{N}(s)[\boldsymbol{H}^{-1}\boldsymbol{D}_{\mathrm{hc}}\boldsymbol{S}(s)+\boldsymbol{H}^{-1}\boldsymbol{D}_{\mathrm{Lc}}\boldsymbol{\Psi}(s)+\boldsymbol{K}\boldsymbol{\Psi}(s)]^{-1}\\&=\boldsymbol{N}(s)[\boldsymbol{H}^{-1}\boldsymbol{D}_{\mathrm{hc}}\boldsymbol{S}(s)+(\boldsymbol{H}^{-1}\boldsymbol{D}_{\mathrm{Lc}}+\boldsymbol{K})\boldsymbol{\Psi}(s)]^{-1}\\&=\boldsymbol{N}(s)\boldsymbol{D}_{HK}^{-1}(s)\end{aligned} \tag{13.12}$$

6. 包含输入变换的状态反馈系统的功能

结论 13.6 [Σ_{HK} 的功能] 对图 13.2 所示包含输入变换的线性时不变状态反馈系统 Σ_{HK}，反馈矩阵 $\boldsymbol{K}$ 和非奇异输入变换矩阵 $\boldsymbol{H}$ 的引入，可同时改变分母矩阵 $\boldsymbol{D}(s)$的列次系数阵和低次系数阵。特别是，若取 $\boldsymbol{H}=\boldsymbol{D}_{\mathrm{hc}}$，则可使 Σ_{HK} 的分母矩阵 $\boldsymbol{D}_{HK}(s)$的行列式为首 1 多项式，即有

$$\boldsymbol{D}_{HK}(s)=\boldsymbol{S}(s)+(\boldsymbol{D}_{\mathrm{hc}}^{-1}\boldsymbol{D}_{\mathrm{Lc}}+\boldsymbol{K})\boldsymbol{\Psi}(s) \tag{13.13}$$

证 由结论 13.5 的关系式(13.11)可直接导出本结论。

13.1.2 极点配置的复频率域综合

现在，讨论线性时不变受控系统基于状态反馈的极点配置问题的复频率域综合方法，并将问题和结果归纳为如下几方面加以说明。

1. 问题的提法

给定严真线性时不变受控系统，由 $q\times p$ 不可简约右 MFD $\boldsymbol{N}(s)\boldsymbol{D}^{-1}(s)$表征，$\boldsymbol{D}(s)$和 $\boldsymbol{N}(s)$为 $p\times p$ 和 $q\times p$ 多项式矩阵，$\boldsymbol{D}(s)$为列既约，且有

$$k_i=\delta_{ci}\boldsymbol{D}(s)\ \text{即列次数}$$

$$\text{不失一般性令 } k_1\leqslant k_2\leqslant\cdots\leqslant k_p$$

$$\sum_{i=1}^{p}k_i=n$$

给定 n 个任意期望极点值：

$$\lambda_1^*,\ \lambda_2^*,\ \cdots,\ \lambda_n^* \tag{13.14}$$

且有

$$\lambda_1^*, \lambda_2^*, \cdots, \lambda_n^* \text{ 或为实数,或为共轭复数}$$

$$\text{期望特征多项式} \prod_{i=1}^{n}(s-\lambda_i^*)=\alpha^*(s) \tag{13.15}$$

那么,状态反馈极点配置问题就是,确定一个 $p\times p$ 非奇异输入变换矩阵 $\boldsymbol{H}$ 和一个 $p\times n$ 状态反馈矩阵 $\boldsymbol{K}$,使图 13.2 所示包含输入变换的线性时不变状态反馈系统 Σ_{HK} 满足

$$\begin{cases} \boldsymbol{G}_{HK}(s)=\boldsymbol{N}(s)\boldsymbol{D}_{HK}^{-1}(s) \\ \det\boldsymbol{D}_{HK}(s)=\alpha^*(s) \end{cases} \tag{13.16}$$

进一步,若令 $(\boldsymbol{A}_c,\boldsymbol{B}_c,\boldsymbol{C}_c)$ 为严真 $\boldsymbol{N}(s)\boldsymbol{D}^{-1}(s)$ 的控制器形实现,则上述极点配置问题就等价于确定一个 $p\times p$ 非奇异输入变换矩阵 $\boldsymbol{H}$ 和一个 $p\times n$ 状态反馈矩阵 $\boldsymbol{K}$,使下式成立:

$$\det(s\boldsymbol{I}-\boldsymbol{A}_c+\boldsymbol{B}_c\boldsymbol{H}\boldsymbol{K})=\alpha^*(s) \tag{13.17}$$

即

$$\Sigma_{HK} \text{ 闭环系统矩阵特征值}=\lambda_1^*,\lambda_2^*,\cdots,\lambda_n^* \tag{13.18}$$

基此,也称极点配置问题为特征值配置问题。

2. $\boldsymbol{\Sigma}_{HK}$ 极点配置的基本结论

结论 13.7［极点配置基本结论］　对图 13.2 所示包含输入变换的线性时不变状态反馈系统 Σ_{HK},受控系统由 $q\times p$ 严真不可简约右 MFD $\boldsymbol{N}(s)\boldsymbol{D}^{-1}(s)$表征,表 $p\times p$ 列既约矩阵 $\boldsymbol{D}(s)$为列次表达式:

$$\boldsymbol{D}(s)=\boldsymbol{D}_{hc}\boldsymbol{S}(s)+\boldsymbol{D}_{Lc}\boldsymbol{\Psi}(s) \tag{13.19}$$

再表期望特征多项式为

$$\alpha^*(s)=s^n+a_1(s)s^{n-k_1}+a_2(s)s^{n-(k_1+k_2)}+\cdots+ a_{p-1}(s)s^{n-(k_1+\cdots+k_{p-1})}+a_p(s) \tag{13.20}$$

其中,$k_i=\delta_{ci}\boldsymbol{D}(s)$即列次数。那么,若取输入变换矩阵 $\boldsymbol{H}$ 和状态反馈矩阵 $\boldsymbol{K}$ 使有

$$\boldsymbol{H}=\boldsymbol{D}_{hc} \tag{13.21}$$

$$\boldsymbol{K}\boldsymbol{\Psi}(s)=\begin{bmatrix} a_1(s) & \cdots & \cdots & a_p(s) \\ -1 & & & 0 \\ & \ddots & & \vdots \\ & & -1 & 0 \end{bmatrix}-\boldsymbol{D}_{hc}^{-1}\boldsymbol{D}_{Lc}\boldsymbol{\Psi}(s) \tag{13.22}$$

则状态反馈系统 Σ_{HK} 可实现期望极点配置,即有

$$\det\boldsymbol{D}_{HK}(s)=\alpha^*(s) \tag{13.23}$$

证　结论 13.5 中已经导出,Σ_{HK} 右 MFD 的分母矩阵的关系式为

$$\boldsymbol{D}_{HK}(s)=\boldsymbol{H}^{-1}\boldsymbol{D}_{hc}\boldsymbol{S}(s)+(\boldsymbol{H}^{-1}\boldsymbol{D}_{Lc}+\boldsymbol{K})\boldsymbol{\Psi}(s) \tag{13.24}$$

将式(13.21)和式(13.22)代入式(13.24),可以得到

$$\boldsymbol{D}_{HK}(s)=\boldsymbol{S}(s)+\boldsymbol{D}_{\mathrm{hc}}^{-1}\boldsymbol{D}_{\mathrm{Lc}}\boldsymbol{\Psi}(s)-\boldsymbol{D}_{\mathrm{hc}}^{-1}\boldsymbol{D}_{\mathrm{Lc}}\boldsymbol{\Psi}(s)+\begin{bmatrix} a_1(s) & \cdots & \cdots & a_p(s) \\ -1 & & & 0 \\ & \ddots & & \vdots \\ & & -1 & 0 \end{bmatrix}$$

$$=\left[\begin{array}{c|cccc} s^{k_1}+a_1(s) & a_2(s) & \cdots & \cdots & a_p(s) \\ \hline -1 & s^{k_2} & & & \\ 0 & -1 & \ddots & & \\ \vdots & & \ddots & \ddots & \\ 0 & & & -1 & s^{k_p} \end{array}\right] \tag{13.25}$$

进而,将上式中最后一个矩阵按虚线作分块化处理,导出四个分块矩阵:

$$\boldsymbol{D}_{11}(s)=s^{k_1}+a_1(s),\quad \boldsymbol{D}_{12}(s)=[a_2(s)\ \ \cdots\ \ a_p(s)]$$

$$\boldsymbol{D}_{21}(s)=\begin{bmatrix} -1 \\ 0 \\ \vdots \\ 0 \end{bmatrix},\quad \boldsymbol{D}_{22}(s)=\begin{bmatrix} s^{k_2} & & & \\ -1 & \ddots & & \\ & \ddots & \ddots & \\ & & -1 & s^{k_p} \end{bmatrix} \tag{13.26}$$

基此,并利用分块矩阵行列式计算公式,就即证得

$$\begin{aligned} \det\boldsymbol{D}_{HK}(s) &= \det\boldsymbol{D}_{22}(s)\det[\boldsymbol{D}_{11}(s)-\boldsymbol{D}_{12}(s)\boldsymbol{D}_{22}^{-1}(s)\boldsymbol{D}_{21}(s)] \\ &= s^{(k_2+\cdots+k_p)}[s^{k_1}+a_1(s)+a_2(s)s^{-k_2}+\cdots+a_p(s)s^{-(k_2+\cdots+k_p)}] \\ &= s^n+a_1(s)s^{n-k_1}+a_2(s)s^{n-(k_1+k_2)}+\cdots+a_{p-1}(s)s^{k_p}+a_p(s) \\ &= \alpha^*(s) \end{aligned} \tag{13.27}$$

结论 13.8[求解反馈矩阵方程] 对上述结论给出的方程:

$$\boldsymbol{K\Psi}(s)=\begin{bmatrix} a_1(s) & \cdots & \cdots & a_p(s) \\ -1 & & & 0 \\ & \ddots & & \vdots \\ & & -1 & 0 \end{bmatrix}-\boldsymbol{D}_{\mathrm{hc}}^{-1}\boldsymbol{D}_{\mathrm{Lc}}\boldsymbol{\Psi}(s) \tag{13.28}$$

表

待定矩阵 $\boldsymbol{K}=[\boldsymbol{K}_1,\boldsymbol{K}_2,\cdots,\boldsymbol{K}_p]$,$\boldsymbol{K}_i$ 为 $p\times k_i$ 阵 (13.29)

已知矩阵 $\boldsymbol{D}_{\mathrm{hc}}^{-1}\boldsymbol{D}_{\mathrm{Lc}}=[\bar{\boldsymbol{D}}_1,\bar{\boldsymbol{D}}_2,\cdots,\bar{\boldsymbol{D}}_p]$,$\bar{\boldsymbol{D}}_i$ 为 $p\times k_i$ 阵 (13.30)

则求解反馈矩阵分量 $\boldsymbol{K}_i$ 的方程为

$$\boldsymbol{K}_1\begin{bmatrix}s^{k_1-1}\\ \vdots\\ s\\ 1\end{bmatrix}=\begin{bmatrix}a_1(s)\\ -1\\ 0\\ \vdots\\ \vdots\\ 0\end{bmatrix}-\bar{\boldsymbol{D}}_1\begin{bmatrix}s^{k_1-1}\\ \vdots\\ s\\ 1\end{bmatrix},\quad \boldsymbol{K}_2\begin{bmatrix}s^{k_2-1}\\ \vdots\\ s\\ 1\end{bmatrix}=\begin{bmatrix}a_2(s)\\ 0\\ -1\\ 0\\ \vdots\\ 0\end{bmatrix}-\bar{\boldsymbol{D}}_2\begin{bmatrix}s^{k_2-1}\\ \vdots\\ s\\ 1\end{bmatrix},\quad \cdots,$$

$$\boldsymbol{K}_{p-1}\begin{bmatrix}s^{k_{p-1}-1}\\ \vdots\\ s\\ 1\end{bmatrix}=\begin{bmatrix}a_{p-1}(s)\\ 0\\ \vdots\\ \vdots\\ 0\\ -1\end{bmatrix}-\bar{\boldsymbol{D}}_{p-1}\begin{bmatrix}s^{k_{p-1}-1}\\ \vdots\\ s\\ 1\end{bmatrix},\quad \boldsymbol{K}_p\begin{bmatrix}s^{k_p-1}\\ \vdots\\ s\\ 1\end{bmatrix}=\begin{bmatrix}a_p(s)\\ 0\\ \vdots\\ 0\end{bmatrix}-\bar{\boldsymbol{D}}_p\begin{bmatrix}s^{k_p-1}\\ \vdots\\ s\\ 1\end{bmatrix}$$

(13.31)

证　考虑到

$$\boldsymbol{K}\boldsymbol{\Psi}(s)=[\boldsymbol{K}_1,\cdots,\boldsymbol{K}_p]\begin{bmatrix}\begin{bmatrix}s^{k_1-1}\\ \vdots\\ s\\ 1\end{bmatrix} & & \\ & \ddots & \\ & & \begin{bmatrix}s^{k_p-1}\\ \vdots\\ s\\ 1\end{bmatrix}\end{bmatrix}=\left[\boldsymbol{K}_1\begin{bmatrix}s^{k_1-1}\\ \vdots\\ s\\ 1\end{bmatrix}\ \cdots\ \boldsymbol{K}_p\begin{bmatrix}s^{k_p-1}\\ \vdots\\ s\\ 1\end{bmatrix}\right]$$

(13.32)

$$\boldsymbol{D}_{\mathrm{hc}}^{-1}\boldsymbol{D}_{\mathrm{Lc}}\boldsymbol{\Psi}(s)=[\bar{\boldsymbol{D}}_1,\cdots,\bar{\boldsymbol{D}}_p]\begin{bmatrix}\begin{bmatrix}s^{k_1-1}\\ \vdots\\ s\\ 1\end{bmatrix} & & \\ & \ddots & \\ & & \begin{bmatrix}s^{k_p-1}\\ \vdots\\ s\\ 1\end{bmatrix}\end{bmatrix}=\left[\bar{\boldsymbol{D}}_1\begin{bmatrix}s^{k_1-1}\\ \vdots\\ s\\ 1\end{bmatrix}\ \cdots\ \bar{\boldsymbol{D}}_p\begin{bmatrix}s^{k_p-1}\\ \vdots\\ s\\ 1\end{bmatrix}\right]$$

(13.33)

并将式(13.32)和式(13.33)代入式(13.28)，就即导出式(13.31)。证明完成。

3. $\boldsymbol{\Sigma}_{HK}$ 极点配置的综合算法

算法 13.1 [极点配置综合算法] 给定线性时不变受控系统的 $q\times p$ 严真不可简约$\boldsymbol{N}(s)\boldsymbol{D}^{-1}(s)$，$\boldsymbol{D}(s)$为列既约，$\deg\det\boldsymbol{D}(s)=n$。再给定 n 个任意期望极点值 $\lambda_1^*,\lambda_2^*,\cdots,\lambda_n^*$。要求综合满足极点配置要求的 $p\times p$ 输入变换矩阵 $\boldsymbol{H}$ 和 $p\times n$ 状态反馈矩阵 $\boldsymbol{K}$。

Step 1：定出 $\boldsymbol{D}(s)$列次数 $k_1,k_2,\cdots,k_p$。

Step 2：定出 $\boldsymbol{D}(s)$列次表达式的系数矩阵 $\boldsymbol{D}_{hc},\boldsymbol{D}_{Lc}$ 和低次阵 $\boldsymbol{\Psi}(s)$。计算 $\boldsymbol{D}_{hc}^{-1}\boldsymbol{D}_{Lc}$。

Step 3：计算对应 $\lambda_1^*,\lambda_2^*,\cdots,\lambda_n^*$ 的特征多项式 $\alpha^*(s)$。

Step 4：表 $\alpha^*(s)$为

$$\alpha^*(s)=s^n+a_1(s)s^{n-k_1}+a_2(s)s^{n-(k_1+k_2)}+\cdots+a_{p-1}(s)s^{n-(k_1+\cdots+k_{p-1})}+a_p(s)$$

定出子多项式组 $a_1(s),a_2(s),\cdots,a_p(s)$。

Step 5：取 $\boldsymbol{H}=\boldsymbol{D}_{hc}$。表 $\boldsymbol{D}_{hc}^{-1}\boldsymbol{D}_{Lc}=[\bar{\boldsymbol{D}}_1,\cdots,\bar{\boldsymbol{D}}_p]$。

Step 6：采用比较系数法求解方程组

$$\boldsymbol{K}_1\begin{bmatrix}s^{k_1-1}\\ \vdots\\ s\\ 1\end{bmatrix}=\begin{bmatrix}a_1(s)\\ -1\\ 0\\ \vdots\\ \vdots\\ 0\end{bmatrix}-\bar{\boldsymbol{D}}_1\begin{bmatrix}s^{k_1-1}\\ \vdots\\ s\\ 1\end{bmatrix},\quad \boldsymbol{K}_2\begin{bmatrix}s^{k_2-1}\\ \vdots\\ s\\ 1\end{bmatrix}=\begin{bmatrix}a_2(s)\\ 0\\ -1\\ 0\\ \vdots\\ 0\end{bmatrix}-\bar{\boldsymbol{D}}_2\begin{bmatrix}s^{k_2-1}\\ \vdots\\ s\\ 1\end{bmatrix},\cdots,$$

$$\boldsymbol{K}_{p-1}\begin{bmatrix}s^{k_{p-1}-1}\\ \vdots\\ s\\ 1\end{bmatrix}=\begin{bmatrix}a_{p-1}(s)\\ 0\\ \vdots\\ \vdots\\ 0\\ -1\end{bmatrix}-\bar{\boldsymbol{D}}_{p-1}\begin{bmatrix}s^{k_{p-1}-1}\\ \vdots\\ s\\ 1\end{bmatrix},\quad \boldsymbol{K}_p\begin{bmatrix}s^{k_p-1}\\ \vdots\\ s\\ 1\end{bmatrix}=\begin{bmatrix}a_p(s)\\ 0\\ \vdots\\ 0\end{bmatrix}-\bar{\boldsymbol{D}}_p\begin{bmatrix}s^{k_p-1}\\ \vdots\\ s\\ 1\end{bmatrix}$$

定出 $\boldsymbol{K}_i,i=1,2,\cdots,p$。

Step 7：组成 $\boldsymbol{K}=[\boldsymbol{K}_1,\boldsymbol{K}_2,\cdots,\boldsymbol{K}_p]$。

Step 8：计算停止。

4. 综合举例

例 13.1 给定 2×2 线性时不变受控系统的严真 $\boldsymbol{N}(s)\boldsymbol{D}^{-1}(s)$，其中

$$\boldsymbol{N}(s)=\begin{bmatrix}s^2+s & 0\\ 2s+1 & -1\end{bmatrix},\quad \boldsymbol{D}(s)=\begin{bmatrix}s^3 & 0\\ -2s^2+s+1 & 4s+1\end{bmatrix}$$

容易判断其为不可简约，且 $\boldsymbol{D}(s)$为列既约。定出 $\boldsymbol{D}(s)$的列次数为

$$k_1=3,\ k_2=1$$

基此可知 $n=k_1+k_2=3+1=4$。给出一组 4 个期望闭环极点：

$$\lambda_1^*=-2,\ \lambda_{2,3}^*=-1\pm \mathrm{j}2,\ \lambda_4^*=-5$$

并导出相应期望闭环特征多项式：

$$\alpha^*(s)=\prod_{i=1}^{4}(s-\lambda_i^*)=s^4+9s^3+29s^2+55s+50$$

下面，首先定出 $\boldsymbol{D}(s)$ 的系数矩阵和低次阵：

$$\boldsymbol{D}_{\mathrm{hc}}=\begin{bmatrix}1&0\\0&4\end{bmatrix},\ \boldsymbol{\Psi}(s)=\begin{bmatrix}s^2&0\\s&0\\1&0\\0&1\end{bmatrix},\ \boldsymbol{D}_{\mathrm{Lc}}=\begin{bmatrix}0&0&0&0\\-2&1&1&1\end{bmatrix},\ \boldsymbol{D}_{\mathrm{hc}}^{-1}=\begin{bmatrix}1&0\\0&\frac{1}{4}\end{bmatrix}$$

进而，通过将 $\alpha^*(s)$ 表为标准形式：

$$\alpha^*(s)=s^4+(9s^2+29s+55)s+50$$

定出子多项式组：

$$a_1(s)=9s^2+29s+55,\ a_2(s)=50$$

并可计算导出

$$\begin{bmatrix}a_1(s)&a_2(s)\\-1&0\end{bmatrix}=\begin{bmatrix}9s^2+29s+55&50\\-1&0\end{bmatrix}$$

$$\boldsymbol{D}_{\mathrm{hc}}^{-1}\boldsymbol{D}_{\mathrm{Lc}}\boldsymbol{\Psi}(s)=\begin{bmatrix}0&0\\-\frac{1}{2}s^2+\frac{1}{4}s+\frac{1}{4}&\frac{1}{4}\end{bmatrix}$$

再表 $\boldsymbol{K}=[\boldsymbol{K}_1,\boldsymbol{K}_2]$，$\boldsymbol{K}_1$ 和 $\boldsymbol{K}_2$ 为 2×3 和 2×1 待定矩阵，组成求解 $\boldsymbol{K}_1$ 和 $\boldsymbol{K}_2$ 的方程组：

$$\boldsymbol{K}_1\begin{bmatrix}s^2\\s\\1\end{bmatrix}=\begin{bmatrix}\beta_{11}s^2+\beta_{12}s+\beta_{13}\\\beta_{21}s^2+\beta_{22}s+\beta_{23}\end{bmatrix}=\begin{bmatrix}9s^2+29s+55\\-1\end{bmatrix}-\begin{bmatrix}0\\-\frac{1}{2}s^2+\frac{1}{4}s+\frac{1}{4}\end{bmatrix}$$

$$=\begin{bmatrix}9s^2+29s+55\\\frac{1}{2}s^2-\frac{1}{4}s-\frac{5}{4}\end{bmatrix}$$

$$\boldsymbol{K}_2[1]=\begin{bmatrix}\beta_{14}\\\beta_{24}\end{bmatrix}=\begin{bmatrix}50\\0\end{bmatrix}-\begin{bmatrix}0\\\frac{1}{4}\end{bmatrix}=\begin{bmatrix}50\\-\frac{1}{4}\end{bmatrix}$$

并采用比较系数法，定出

$$\boldsymbol{K}_1=\begin{bmatrix}9&29&55\\\frac{1}{2}&-\frac{1}{4}&-\frac{5}{4}\end{bmatrix},\quad \boldsymbol{K}_2=\begin{bmatrix}50\\-\frac{1}{4}\end{bmatrix}$$

从而，求得满足极点配置要求的状态反馈矩阵为

$$K = [K_1, K_2] = \begin{bmatrix} 9 & 29 & 55 & 50 \\ \frac{1}{2} & -\frac{1}{4} & -\frac{5}{4} & -\frac{1}{4} \end{bmatrix}$$

而输入变换矩阵取为

$$H = D_{hc} = \begin{bmatrix} 1 & 0 \\ 0 & 4 \end{bmatrix}$$

最后,基于上述综合结果,可以导出包含输入变换的状态反馈系统 Σ_{HK} 的传递函数矩阵 $G_{HK}(s)$ 为

$$G_{HK}(s) = N(s) D_{HK}^{-1}(s)$$

其中

$$N(s) = \begin{bmatrix} s^2 + s & 0 \\ 2s + 1 & -1 \end{bmatrix}$$

$$D_{HK}(s) = S(s) + (D_{hc}^{-1} D_{Lc} + K)\Psi(s) = S(s) + \begin{bmatrix} a_1(s) & a_2(s) \\ -1 & 0 \end{bmatrix}$$

$$= \begin{bmatrix} s^3 & 0 \\ 0 & s \end{bmatrix} + \begin{bmatrix} 9s^2 + 29s + 55 & 50 \\ -1 & 0 \end{bmatrix}$$

$$= \begin{bmatrix} s^3 + 9s^2 + 29s + 55 & 50 \\ -1 & s \end{bmatrix}$$

13.1.3 特征值-特征向量配置的复频率域综合

特征值-特征向量配置是对极点配置问题的自然推广。对线性时不变受控系统,其特征值-特征向量配置复频率域综合的问题和结果,可归纳为如下几方面加以论述。

1. 问题的提法

给定严真线性时不变受控系统,设由 $q \times p$ 不可简约右 MFD $N(s)D^{-1}(s)$ 表征,$D(s)$ 和 $N(s)$ 为 $p \times p$ 和 $q \times p$ 多项式矩阵,$D(s)$ 为列既约。给定期望性能指标,包括一组期望闭环特征值和一组期望特征向量。表期望闭环特征值组为

$$\lambda_1^*, \lambda_2^*, \cdots, \lambda_n^* \tag{13.34}$$

且为实数或共轭复数,并满足两两相异限制。其中

$$\sum_{i=1}^{p} k_i = n, \quad k_i = \delta_{ci} D(s) \text{ 即列次数} \tag{13.35}$$

表期望特征向量组为

$$f_1, f_2, \cdots, f_n \tag{13.36}$$

且满足限制条件:

(i) $\boldsymbol{f}_i$ 为属于$\boldsymbol{\Psi}(\lambda_i^*)$的值域空间的 $n\times 1$ 常向量，即可表为 $\boldsymbol{f}_i=\boldsymbol{\Psi}(\lambda_i^*)\boldsymbol{p}_i$。其中，$\boldsymbol{p}_i$ 为任意 $p\times 1$ 非零向量，$\boldsymbol{\Psi}(s)$为$\boldsymbol{D}(s)$的低次阵，$i=1,2,\cdots,n$。

(ii) $\{\boldsymbol{f}_i,i=1,2,\cdots,n\}$为线性无关。

(iii) 当 λ_i^* 为实数，相应 $\boldsymbol{f}_i$ 为实向量；当 λ_i^* 和 λ_{i+1}^* 为共轭复数，相应 $\boldsymbol{f}_i$ 和 $\boldsymbol{f}_{i+1}$ 为共轭复向量。

基此，特征值-特征向量配置问题就是，确定一个 $p\times p$ 非奇异输入变换矩阵 $\boldsymbol{H}$ 和一个 $p\times n$ 状态反馈矩阵 $\boldsymbol{K}$，使包含输入变换的线性时不变状态反馈系统 Σ_{HK} 的状态空间描述具有期望特征值组$\{\lambda_i^*,i=1,2,\cdots,n\}$和期望特征向量组$\{\boldsymbol{f}_i,i=1,2,\cdots,n\}$。

2. $\boldsymbol{\Sigma}_{HK}$ 特征值-特征向量配置的基本结论

结论 13.9 [特征值-特征向量配置基本结论] 对包含输入变换的线性时不变状态反馈系统 Σ_{HK}，受控系统由 $q\times p$ 不可简约右 MFD $\boldsymbol{N}(s)\boldsymbol{D}^{-1}(s)$表征，表 $p\times p$ 列既约矩阵$\boldsymbol{D}(s)$为列次表达式：

$$\boldsymbol{D}(s)=\boldsymbol{D}_{\mathrm{hc}}\boldsymbol{S}(s)+\boldsymbol{D}_{\mathrm{Lc}}\boldsymbol{\Psi}(s) \tag{13.37}$$

表$\{\lambda_i^*,i=1,2,\cdots,n\}$为期望特征值组，$\{\boldsymbol{f}_i,i=1,2,\cdots,n\}$为期望特征向量组，且满足前述限制条件，其中

$$n=\sum_{i=1}^{p}k_i,k_i=\delta_{ci}\boldsymbol{D}(s)\ \text{即列次数} \tag{13.38}$$

那么，若取输入变换矩阵 $\boldsymbol{H}$ 和状态反馈矩阵 $\boldsymbol{K}$ 为

$$\boldsymbol{H}=\boldsymbol{D}_{\mathrm{hc}} \tag{13.39}$$

$$\boldsymbol{K}=-\boldsymbol{D}_{\mathrm{hc}}^{-1}[\boldsymbol{g}_1,\cdots,\boldsymbol{g}_n][\boldsymbol{f}_1,\cdots,\boldsymbol{f}_n]^{-1}=\boldsymbol{D}_{\mathrm{hc}}^{-1}\bar{\boldsymbol{K}} \tag{13.40}$$

其中

$$\boldsymbol{g}_i=\boldsymbol{D}(\lambda_i^*)\boldsymbol{p}_i,\quad \boldsymbol{p}_i\ \text{为使}\ \boldsymbol{f}_i=\boldsymbol{\Psi}(\lambda_i^*)\boldsymbol{p}_i\ \text{的任意}\ p\times 1\ \text{非零向量},\quad i=1,2,\cdots,n \tag{13.41}$$

则状态反馈系统 Σ_{HK} 可实现特征值-特征向量期望配置，即 Σ_{HK} 的传递函数矩阵

$$\boldsymbol{G}_{HK}(s)=\boldsymbol{N}(s)\boldsymbol{D}_{HK}^{-1}(s),\ \boldsymbol{D}_{HK}(s)=\boldsymbol{S}(s)+(\boldsymbol{D}_{\mathrm{hc}}^{-1}\boldsymbol{D}_{\mathrm{Lc}}+\boldsymbol{K})\boldsymbol{\Psi}(s) \tag{13.42}$$

的控制器形实现$(\boldsymbol{A}_{\mathrm{c}}-\boldsymbol{B}_{\mathrm{c}}\boldsymbol{HK},\ \boldsymbol{B}_{\mathrm{c}}\boldsymbol{H},\boldsymbol{C}_{\mathrm{c}})$具有期望特征值组$\{\lambda_i^*,i=1,2,\cdots,n\}$和期望特征向量组$\{\boldsymbol{f}_i,i=1,2,\cdots,n\}$。

3. $\boldsymbol{\Sigma}_{HK}$ 特征值-特征向量配置的综合算法

算法 13.2 [特征值-特征向量配置综合算法] 给定线性时不变受控系统的 $q\times p$ 不可简约严真 $\boldsymbol{N}(s)\boldsymbol{D}^{-1}(s)$，$\boldsymbol{D}(s)$为列既约，$\deg\det\boldsymbol{D}(s)=n$。给定满足限制条件的期望闭环极点组$\{\lambda_i^*,i=1,2,\cdots,n\}$和期望特征向量组$\{\boldsymbol{f}_i,i=1,2,\cdots,n\}$，要求综合满足配置要求的一个 $p\times p$ 输入变换矩阵 $\boldsymbol{H}$ 和一个 $p\times n$ 状态反馈矩阵 $\boldsymbol{K}$。

Step 1：定出 $\boldsymbol{D}(s)$ 的列次表达式的系数矩阵 $\boldsymbol{D}_{hc}$，$\boldsymbol{D}_{Lc}$ 和低次阵 $\boldsymbol{\Psi}(s)$。计算 $\boldsymbol{D}_{hc}^{-1}$。

Step 2：计算 $\boldsymbol{g}_i=\boldsymbol{D}(\lambda_i^*)\boldsymbol{p}_i$，$\boldsymbol{p}_i$ 为使 $\boldsymbol{f}_i=\boldsymbol{\Psi}(\lambda_i)\boldsymbol{p}$ 的任意 $p\times 1$ 非零向量，$i=1,2,\cdots,n$。

Step 3：计算 $[\boldsymbol{f}_1,\boldsymbol{f}_2,\cdots,\boldsymbol{f}_n]^{-1}$。

Step 4：计算 $\bar{\boldsymbol{K}}=-[\boldsymbol{g}_1,\boldsymbol{g}_2,\cdots,\boldsymbol{g}_n][\boldsymbol{f}_1,\boldsymbol{f}_2,\cdots,\boldsymbol{f}_n]^{-1}$。

Step 5：计算 $\boldsymbol{K}=\boldsymbol{D}_{hc}^{-1}\bar{\boldsymbol{K}}$。

Step 6：取 $\boldsymbol{H}=\boldsymbol{D}_{hc}$。

4. 综合举例

例 13.2 给定 2×2 线性时不变受控系统的严真右 MFD $\boldsymbol{N}(s)\boldsymbol{D}^{-1}(s)$，其中

$$\boldsymbol{N}(s)=\begin{bmatrix} s^2+s & 0 \\ 2s+1 & -1 \end{bmatrix},\quad \boldsymbol{D}(s)=\begin{bmatrix} s^3 & 0 \\ -2s^2+s+1 & 4s+1 \end{bmatrix}$$

容易判断其为不可简约，且 $\boldsymbol{D}(s)$ 为列既约。定出 $\boldsymbol{D}(s)$ 的列次数：

$$k_1=3,\quad k_2=1$$

由此可知 $n=k_1+k_2=3+1=4$。据此，给出一组 4 个期望闭环特征值：

$$\lambda_1^*=-2,\quad \lambda_{2,3}^*=-1\pm \mathrm{j}2,\quad \lambda_4^*=-5$$

和满足限制条件的一组期望特征向量：

$$\boldsymbol{f}_1=\boldsymbol{\Psi}(\lambda_1^*)\boldsymbol{p}_1=\begin{bmatrix} 4 & 0 \\ -2 & 0 \\ 1 & 0 \\ 0 & 1 \end{bmatrix}\begin{bmatrix} 2 \\ 1 \end{bmatrix}=\begin{bmatrix} 8 \\ -4 \\ 2 \\ 1 \end{bmatrix}$$

$$\boldsymbol{f}_2=\boldsymbol{\Psi}(\lambda_2^*)\boldsymbol{p}_2=\begin{bmatrix} -3-\mathrm{j}4 & 0 \\ -1+\mathrm{j}2 & 0 \\ 1 & 0 \\ 0 & 1 \end{bmatrix}\begin{bmatrix} 1 \\ 1 \end{bmatrix}=\begin{bmatrix} -3-\mathrm{j}4 \\ -1+\mathrm{j}2 \\ 1 \\ 1 \end{bmatrix}$$

$$\boldsymbol{f}_3=\boldsymbol{\Psi}(\lambda_3^*)\boldsymbol{p}_3=\begin{bmatrix} -3+\mathrm{j}4 & 0 \\ -1-\mathrm{j}2 & 0 \\ 1 & 0 \\ 0 & 1 \end{bmatrix}\begin{bmatrix} 1 \\ 1 \end{bmatrix}=\begin{bmatrix} -3+\mathrm{j}4 \\ -1-\mathrm{j}2 \\ 1 \\ 1 \end{bmatrix}$$

$$\boldsymbol{f}_4=\boldsymbol{\Psi}(\lambda_4^*)\boldsymbol{p}_4=\begin{bmatrix} 25 & 0 \\ -5 & 0 \\ 1 & 0 \\ 0 & 1 \end{bmatrix}\begin{bmatrix} 0 \\ 1 \end{bmatrix}=\begin{bmatrix} 0 \\ 0 \\ 0 \\ 1 \end{bmatrix}$$

下面，首先定出 $\boldsymbol{D}(s)$ 的系数矩阵和低次阵：

$$\boldsymbol{D}_{hc}=\begin{bmatrix}1&0\\0&4\end{bmatrix},\quad \boldsymbol{\Psi}(s)=\begin{bmatrix}s^2&0\\s&0\\1&0\\0&1\end{bmatrix},\quad \boldsymbol{D}_{Lc}=\begin{bmatrix}0&0&0&0\\-2&1&1&1\end{bmatrix},\quad \boldsymbol{D}_{hc}^{-1}=\begin{bmatrix}1&0\\0&\frac{1}{4}\end{bmatrix}$$

进而,计算定出

$$\boldsymbol{g}_1=\boldsymbol{D}(\lambda_1^*)\boldsymbol{p}_1=\begin{bmatrix}-8&0\\-9&-7\end{bmatrix}\begin{bmatrix}2\\1\end{bmatrix}=\begin{bmatrix}-16\\-25\end{bmatrix}$$

$$\boldsymbol{g}_2=\boldsymbol{D}(\lambda_2^*)\boldsymbol{p}_2=\begin{bmatrix}11-\mathrm{j}2&0\\6+\mathrm{j}10&-3+\mathrm{j}8\end{bmatrix}\begin{bmatrix}1\\1\end{bmatrix}=\begin{bmatrix}11-\mathrm{j}2\\3+\mathrm{j}18\end{bmatrix}$$

$$\boldsymbol{g}_3=\boldsymbol{D}(\lambda_3^*)\boldsymbol{p}_3=\begin{bmatrix}11+\mathrm{j}2&0\\6-\mathrm{j}10&-3-\mathrm{j}8\end{bmatrix}\begin{bmatrix}1\\1\end{bmatrix}=\begin{bmatrix}11+\mathrm{j}2\\3-\mathrm{j}18\end{bmatrix}$$

$$\boldsymbol{g}_4=\boldsymbol{D}(\lambda_4^*)\boldsymbol{p}_4=\begin{bmatrix}-125&0\\-54&-19\end{bmatrix}\begin{bmatrix}0\\1\end{bmatrix}=\begin{bmatrix}0\\-19\end{bmatrix}$$

于是,就可求得

$$[\boldsymbol{g}_1,\boldsymbol{g}_2,\boldsymbol{g}_3,\boldsymbol{g}_4]=\begin{bmatrix}-16&11-\mathrm{j}2&11+\mathrm{j}2&0\\-25&3+\mathrm{j}18&3-\mathrm{j}18&-19\end{bmatrix}$$

$$[\boldsymbol{f}_1,\boldsymbol{f}_2,\boldsymbol{f}_3,\boldsymbol{f}_4]^{-1}=\begin{bmatrix}\frac{1}{10}&\frac{1}{5}&\frac{1}{2}&0\\-\frac{1}{10}-\mathrm{j}\frac{1}{20}&-\frac{1}{5}-\mathrm{j}\frac{7}{20}&-\mathrm{j}\frac{1}{2}&0\\-\frac{1}{10}+\mathrm{j}\frac{1}{20}&-\frac{1}{5}+\mathrm{j}\frac{7}{20}&\mathrm{j}\frac{1}{2}&0\\\frac{1}{10}&\frac{1}{5}&-\frac{1}{2}&1\end{bmatrix}$$

$$\begin{aligned}\boldsymbol{K}&=-\boldsymbol{D}_{hc}^{-1}[\boldsymbol{g}_1,\boldsymbol{g}_2,\boldsymbol{g}_3,\boldsymbol{g}_4][\boldsymbol{f}_1,\boldsymbol{f}_2,\boldsymbol{f}_3,\boldsymbol{f}_4]^{-1}\\&=\begin{bmatrix}4&9&10&0\\\frac{4}{5}&-\frac{13}{20}&-\frac{15}{4}&\frac{19}{4}\end{bmatrix}\end{aligned}$$

$$\boldsymbol{H}=\boldsymbol{D}_{hc}=\begin{bmatrix}1&0\\0&4\end{bmatrix}$$

并且,基于上述综合结果,还可导出状态反馈系统 Σ_{HK} 的传递函数矩阵 $\boldsymbol{G}_{HK}(s)$ 为

$$\boldsymbol{G}_{HK}(s)=\boldsymbol{N}(s)\boldsymbol{D}_{HK}^{-1}(s)$$

其中

$$\boldsymbol{N}(s)=\begin{bmatrix}s^2+s&0\\2s+1&-1\end{bmatrix}$$

$$\boldsymbol{D}_{HK}(s)=\begin{bmatrix}s^3+4s^2+9s+10&0\\\frac{3}{10}s^2-\frac{2}{5}s-\frac{7}{2}&s+5\end{bmatrix}$$

13.2 极点配置问题的观测器-控制器型补偿器的综合

极点配置的状态反馈具有结构简单和易于综合的特点。状态反馈的问题在于状态不可量测导致的物理不可实现性。基本解决途径是引入状态观测器，利用重构状态取代真实状态构成状态反馈，以兼顾期望极点配置和物理可实现性的要求。基于这种思路，本节推广讨论极点配置的观测器-控制器型补偿反馈控制。观测器-控制器型补偿反馈实质上就是具有观测器状态反馈的复频率域形式。

13.2.1 问题的提法

给定线性时不变受控系统，由 $q\times p$ 严真传递函数矩阵 $\boldsymbol{G}(s)$ 表征，并表为不可简约严真右 MFD $\boldsymbol{N}(s)\boldsymbol{D}^{-1}(s)$，$\boldsymbol{D}(s)$ 和 $\boldsymbol{N}(s)$ 为 $p\times p$ 和 $q\times p$ 多项式矩阵，$\boldsymbol{D}(s)$ 为列既约。

给定任意期望闭环极点组：

$$\{\lambda_i^*, i=1,2,\cdots,n\},\quad n=\sum_{j=1}^{p}k_j,\quad k_j=\delta_{cj}\boldsymbol{D}(s)\ \text{即列次数} \tag{13.43}$$

它们可为实数或共轭复数。由期望闭环极点组还可导出期望闭环特征多项式为

$$\alpha^*(s)=\prod_{i=1}^{n}(s-\lambda_i^*)=s^n+\alpha_{n-1}^*s^{n-1}+\cdots+\alpha_1^*s+\alpha_0^* \tag{13.44}$$

基于观测器-控制器型补偿反馈的极点配置问题就是，构造补偿器以实现如下两方面的综合要求。

(i) 闭环控制系统 Σ_{CF} 满足期望极点配置。综合一个补偿器，使 Σ_{CF} 的极点为期望极点 $\{\lambda_i^*, i=1,2,\cdots,n\}$，即等价地满足

$$\begin{cases}\boldsymbol{G}_{\text{CF}}(s)=\boldsymbol{N}(s)\boldsymbol{D}_{\text{CF}}^{-1}(s)\\ (\det\boldsymbol{D}_{\text{fhc}})^{-1}\det\boldsymbol{D}_{\text{CF}}(s)=\alpha^*(s)\end{cases} \tag{13.45}$$

其中，$\boldsymbol{D}_{\text{fhc}}$ 为 $\boldsymbol{D}_{\text{CF}}(s)$ 的列次系数矩阵。

(ii) 观测器-控制器型补偿器满足物理可实现性。一是反馈方式满足物理可实现性，即构成反馈的系统变量是可量测的，如输出 $\boldsymbol{y}$ 和输入 $\boldsymbol{u}$。二是补偿器满足物理可实现性，即其传递函数矩阵为真。

实质上，观测器-控制器型补偿反馈极点配置属于具有物理可实现性约束的极点配置问题范畴。基此，自然地可把这类有约束极点配置问题的求解过程顺序地分为两个步骤，即“以状态反馈极点配置结果为基础的原理性综合”和“以物理实现为目标的可实现性综合”。

13.2.2 观测器-控制器型反馈极点配置的原理性综合

先来讨论观测器-控制器型补偿反馈极点配置的原理性综合问题。简而言之，问

题的实质是，以$(\det\boldsymbol{D}_{\mathrm{fhc}})^{-1}\det\boldsymbol{D}_{\mathrm{CF}}(s)=\alpha^*(s)$为综合指标，导出闭环控制系统$\Sigma_{\mathrm{CF}}$的组成结构和原理性补偿器的传递函数矩阵。其中$\alpha^*(s)$为由期望闭环极点组导出的期望闭环特征多项式，$\boldsymbol{D}_{\mathrm{CF}}(s)$和$\boldsymbol{D}_{\mathrm{fhc}}$为闭环分母矩阵及其列次系数矩阵。

1. 期望闭环分母矩阵 $D_{\mathrm{CF}}^*(s)$

结论 13.10［期望闭环分母矩阵］　对给定期望闭环极点组$\{\lambda_i^*, i=1,2\cdots,n\}$，表对应期望闭环特征多项式为

$$\alpha^*(s)=s^n+\alpha_1(s)s^{n-k_1}+\alpha_2(s)s^{n-(k_1+k_2)}+\cdots+\alpha_p(s)s^{n-(k_1+\cdots+k_p)} \tag{13.46}$$

其中

$$n=\sum_{j=1}^{p}k_j,\ k_j=\delta_{\mathrm{c}j}\boldsymbol{D}(s)\ \text{即列次数} \tag{13.47}$$

则以$\{\lambda_i^*, i=1,2,\cdots,n\}$为特征值的一个期望闭环分母矩阵$\boldsymbol{D}_{\mathrm{CF}}^*(s)$为

$$\boldsymbol{D}_{\mathrm{CF}}^*(s)=\begin{bmatrix} s^{k_1}+\alpha_1(s) & \alpha_2(s) & \cdots & \cdots & \alpha_p(s) \\ -1 & s^{k_2} & & & 0 \\ & -1 & \ddots & & \vdots \\ & & \ddots & \ddots & 0 \\ & & & -1 & s^{k_p} \end{bmatrix} \tag{13.48}$$

且有

$$k_j=k_j^*=\delta_{\mathrm{c}j}\boldsymbol{D}_{\mathrm{CF}}^*(s)\ \text{即列次数},n=\sum_{j=1}^{p}k_j^* \tag{13.49}$$

$$\boldsymbol{D}_{\mathrm{CF}}^*(s)\ \text{的列次系数阵}\ \boldsymbol{D}_{\mathrm{fhc}}^*=\boldsymbol{I}_n \tag{13.50}$$

证　表$\boldsymbol{D}_{\mathrm{CF}}^*(s)$为分块矩阵：

$$\boldsymbol{D}_{\mathrm{CF}}^*(s)=\begin{bmatrix} \boldsymbol{D}_{11}(s) & \boldsymbol{D}_{12}(s) \\ \boldsymbol{D}_{21}(s) & \boldsymbol{D}_{22}(s) \end{bmatrix}$$

$$=\left[\begin{array}{c:cccc} s^{k_1}+\alpha_1(s) & \alpha_2(s) & \cdots & \cdots & \alpha_p(s) \\ \hdashline -1 & s^{k_2} & & & \\ 0 & -1 & \ddots & & \\ \vdots & & \ddots & \ddots & \\ 0 & & & -1 & s^{k_p} \end{array}\right] \tag{13.51}$$

再据分块矩阵行列式计算公式，就即证得

$$\begin{aligned}\det\boldsymbol{D}_{\mathrm{CF}}^*(s)&=\det\boldsymbol{D}_{22}(s)\det[\boldsymbol{D}_{11}(s)-\boldsymbol{D}_{12}(s)\boldsymbol{D}_{22}^{-1}(s)\boldsymbol{D}_{21}(s)]\\&=s^{k_2+\cdots+k_p}[s^{k_1}+\alpha_1(s)+\alpha_2(s)s^{-k_2}+\cdots+\alpha_p(s)s^{-(k_2+\cdots+k_p)}]\end{aligned}$$

$$=s^n+\alpha_1(s)s^{n-k_1}+\alpha_2(s)s^{n-(k_1+k_2)}+\cdots+\alpha_{p-1}(s)s^{k_p}+\alpha_p(s)$$
$$=\alpha^*(s) \tag{13.52}$$

2. 状态反馈矩阵 M(s)

结论 13.11 [状态反馈矩阵]　给定线性时不变受控系统的 $q\times p$ 不可简约严真右 MFD $\boldsymbol{N}(s)\boldsymbol{D}^{-1}(s)$，$p\times p$ 分母矩阵 $\boldsymbol{D}(s)$ 为列既约，组成图 13.3 所示状态反馈系统的复频率域结构图。现取 $p\times p$ 状态反馈矩阵 $\boldsymbol{M}(s)$ 为

$$\boldsymbol{M}(s)=\boldsymbol{D}_{\mathrm{CF}}^*(s)-\boldsymbol{D}(s) \tag{13.53}$$

其中 $\boldsymbol{D}_{\mathrm{CF}}^*(s)$ 为期望闭环分母矩阵，则可使对应状态反馈系统 Σ_K 实现对任意期望闭环极点组 $\{\lambda_i^*, i=1,2,\cdots,n\}$ 的配置。

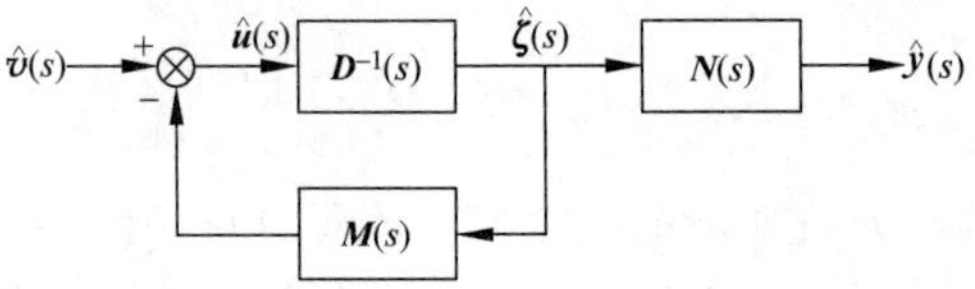

图 13.3　状态反馈系统的复频率域结构图

证　由图 13.3 所示状态反馈系统 Σ_K，可以得到

$$\begin{cases}\hat{\boldsymbol{\zeta}}(s)=\boldsymbol{D}^{-1}(s)[\hat{\boldsymbol{v}}(s)-\boldsymbol{M}(s)\hat{\boldsymbol{\zeta}}(s)]\\ \hat{\boldsymbol{y}}(s)=\boldsymbol{N}(s)\hat{\boldsymbol{\zeta}}(s)\end{cases} \tag{13.54}$$

其中，$\hat{\boldsymbol{\zeta}}(s)$ 为 $p\times 1$ 复频率域部分状态向量。再由上式的第一个方程，通过计算和整理，有

$$\hat{\boldsymbol{\zeta}}(s)=[\boldsymbol{D}(s)+\boldsymbol{M}(s)]^{-1}\hat{\boldsymbol{v}}(s) \tag{13.55}$$

将式(13.55)代入式(13.54)的第二个方程，可进而得到 Σ_K 的传递函数矩阵 $\boldsymbol{G}_K(s)$ 为

$$\boldsymbol{G}_K(s)=\boldsymbol{N}(s)\boldsymbol{D}_K^{-1}(s) \tag{13.56}$$
$$\boldsymbol{D}_K(s)=[\boldsymbol{D}(s)+\boldsymbol{M}(s)] \tag{13.57}$$

现令 $\boldsymbol{D}_K(s)=\boldsymbol{D}_{\mathrm{CF}}^*(s)$，即使 Σ_K 对 $\{\lambda_i^*, i=1,2,\cdots,n\}$ 实现配置。基此，并利用式(13.57)，就可导出式(13.53)。证明完成。

3. 状态反馈系统 $\boldsymbol{\Sigma}_K$ 的物理不可实现性

结论 13.12 [Σ_K 的不可实现性]　按图 13.3 所示结构综合得到的线性时不变状态反馈系统 Σ_K，尽管满足期望极点配置要求，但由于部分状态 $\hat{\boldsymbol{\zeta}}(s)$ 为不可量测和 $\boldsymbol{M}(s)$ 为多项式矩阵，因而是物理上不能实现的。

13.2.3　观测器-控制器型反馈极点配置的可实现性综合

在上述综合导出的状态反馈系统 Σ_K 基础上，进而按物理可实现原则讨论 Σ_K

的可实现性综合问题。

1. 控制功能等价于 $\boldsymbol{\Sigma}_K$ 的结构物理可实现输出输入反馈系统 $\boldsymbol{\Sigma}_{CF}$

结论 13.13［输出输入反馈系统］　对图 13.3 所示按期望极点配置综合导出的状态反馈系统 Σ_K，其控制功能等价的结构物理可实现输出输入反馈系统 Σ_{CF} 如图 13.4 所示。

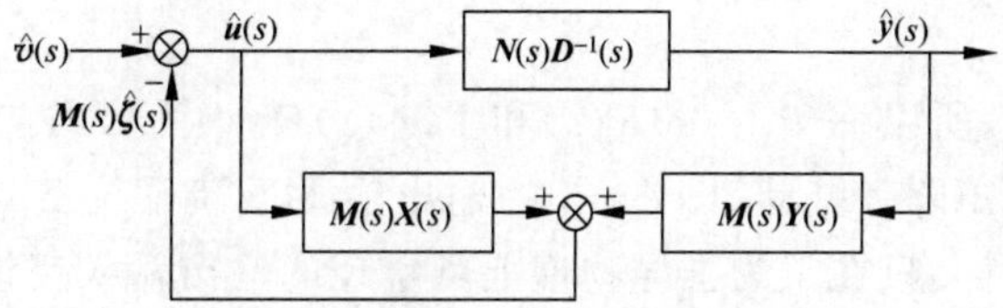

图 13.4　输出输入反馈系统 Σ_{CF} 结构图

证　由受控系统 $q\times p$ 严真右 MFD $\boldsymbol{N}(s)\boldsymbol{D}^{-1}(s)$不可简约知，$\{\boldsymbol{D}(s),\boldsymbol{N}(s)\}$为右互质。基此，并据右互质性贝佐特等式判据，可知存在 $p\times p$ 和 $p\times q$ 多项式矩阵 $\boldsymbol{X}(s)$和$\boldsymbol{Y}(s)$使下式成立：

$$\boldsymbol{X}(s)\boldsymbol{D}(s)+\boldsymbol{Y}(s)\boldsymbol{N}(s)=\boldsymbol{I} \tag{13.58}$$

由此，并利用 $p\times 1$ 的$\hat{\boldsymbol{\zeta}}(s)=\boldsymbol{D}^{-1}(s)\hat{\boldsymbol{u}}(s)$和 $q\times 1$ 的 $\hat{\boldsymbol{y}}(s)=\boldsymbol{N}(s)\hat{\boldsymbol{\zeta}}(s)$，可以得到

$$\begin{aligned}\boldsymbol{M}(s)\hat{\boldsymbol{\zeta}}(s)&=\boldsymbol{M}(s)[\boldsymbol{X}(s)\boldsymbol{D}(s)+\boldsymbol{Y}(s)\boldsymbol{N}(s)]\hat{\boldsymbol{\zeta}}(s)\\&=\boldsymbol{M}(s)\boldsymbol{X}(s)\boldsymbol{D}(s)\hat{\boldsymbol{\zeta}}(s)+\boldsymbol{M}(s)\boldsymbol{Y}(s)\boldsymbol{N}(s)\hat{\boldsymbol{\zeta}}(s)\\&=\boldsymbol{M}(s)\boldsymbol{X}(s)\hat{\boldsymbol{u}}(s)+\boldsymbol{M}(s)\boldsymbol{Y}(s)\hat{\boldsymbol{y}}(s)\end{aligned} \tag{13.59}$$

这就表明，在保持“期望极点配置”即“反馈作用为$\boldsymbol{M}(s)\hat{\boldsymbol{\zeta}}(s)$”前提下，提供$\boldsymbol{M}(s)\hat{\boldsymbol{\zeta}}(s)$的反馈变量已被取代为可以量测的输出 $\hat{\boldsymbol{y}}(s)$和输入 $\hat{\boldsymbol{u}}(s)$，因而反馈结构是物理上可实现的。进而，由式(13.59)即可导出图 13.4 所示控制功能等价于 Σ_K 的结构物理可实现输出输入反馈系统Σ_{CF}。证明完成。

注　应当指出，尽管 Σ_{CF} 在反馈结构上是物理上可实现的，但由于两个补偿器的传递函数矩阵即 $p\times p$ 的$\boldsymbol{M}(s)\boldsymbol{X}(s)$和 $p\times q$ 的$\boldsymbol{M}(s)\boldsymbol{Y}(s)$为多项式矩阵，因而$\Sigma_{CF}$ 整体上仍是物理上不可实现的。

2. 以形式 MFD 表征补偿器

结论 13.14［以形式 MFD 表征补偿器］　对图 13.4 所示按期望极点配置得到的线性时不变输出输入反馈系统 Σ_{CF}，引入 $p\times p$ 待定可逆矩阵$\boldsymbol{T}(s)$，并表

$$\boldsymbol{F}(s)=\boldsymbol{T}(s)\boldsymbol{M}(s)\boldsymbol{X}(s),\ \boldsymbol{H}(s)=\boldsymbol{T}(s)\boldsymbol{M}(s)\boldsymbol{Y}(s) \tag{13.60}$$

则在控制功能等价前提下，导出以形式左 MFD $\boldsymbol{T}^{-1}(s)\boldsymbol{F}(s)$和 $\boldsymbol{T}^{-1}(s)\boldsymbol{H}(s)$表征补偿器的输出输入反馈系统$\Sigma_{CF}$，如图 13.5 所示。

证　对式(13.59)的$\boldsymbol{M}(s)\hat{\boldsymbol{\zeta}}(s)$关系式，引入可逆矩阵$\boldsymbol{T}(s)$，并采用式(13.60)中

给出的表示，可以得到

$$\begin{aligned}\boldsymbol{M}(s)\hat{\boldsymbol{\zeta}}(s) &= \boldsymbol{T}^{-1}(s)[\boldsymbol{T}(s)\boldsymbol{M}(s)\boldsymbol{X}(s)\hat{\boldsymbol{u}}(s)+\boldsymbol{T}(s)\boldsymbol{M}(s)\boldsymbol{Y}(s)\hat{\boldsymbol{y}}(s)] \\ &= \boldsymbol{T}^{-1}(s)\boldsymbol{F}(s)\hat{\boldsymbol{u}}(s)+\boldsymbol{T}^{-1}(s)\boldsymbol{H}(s)\hat{\boldsymbol{y}}(s)\end{aligned} \tag{13.61}$$

这表明，在保持"期望极点配置"即"反馈作用为 $\boldsymbol{M}(s)\hat{\boldsymbol{\zeta}}(s)$"的前提下，两个补偿器已由形式左 MFD $\boldsymbol{T}^{-1}(s)\boldsymbol{F}(s)$ 和 $\boldsymbol{T}^{-1}(s)\boldsymbol{H}(s)$ 所表征。并且，由式(13.61)即可导出图 13.5 所示控制功能等价于 Σ_K 的以形式 MFD 表征补偿器的输出输入反馈系统 Σ_{CF}。证明完成。

注 在结论中，所以称 $\boldsymbol{T}^{-1}(s)\boldsymbol{F}(s)$ 和 $\boldsymbol{T}^{-1}(s)\boldsymbol{H}(s)$ 为形式左 MFD 是因为它们实质上仍为多项式矩阵。基此，图 13.5 的输出输入反馈系统 Σ_{CF} 实际上仍是物理上不可实现的，其意义只在于为推导物理上可实现的输出输入反馈系统 Σ_{CF} 提供过渡性步骤。

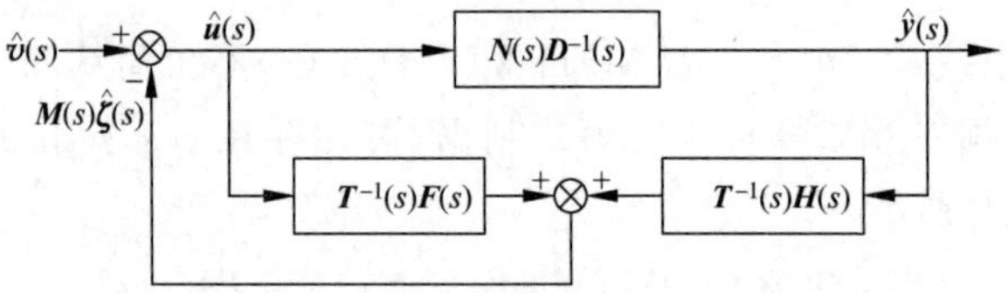

图 13.5 以形式 MFD 表征补偿器的输出输入反馈系统 Σ_{CF}

3. 以真正 MFD 表征补偿器

结论 13.15 [以真正 MFD 表征补偿器] 对图 13.5 所示按期望极点配置得到的以形式 MFD 表征补偿器的线性时不变输出输入反馈系统 Σ_{CF}，表受控系统的 $q\times p$ 严真右和左 MFD 为

$$\text{不可简约 } \boldsymbol{N}(s)\boldsymbol{D}^{-1}(s)=\text{不可简约 } \boldsymbol{D}_{\mathrm{L}}^{-1}(s)\boldsymbol{N}_{\mathrm{L}}(s) \tag{13.62}$$

再引入 $\boldsymbol{H}(s)$ 对 $\boldsymbol{D}_{\mathrm{L}}(s)$ 的"矩阵除"：

$$\boldsymbol{H}(s)=\boldsymbol{L}(s)\boldsymbol{D}_{\mathrm{L}}(s)+\boldsymbol{N}_y(s) \tag{13.63}$$

并基于 $\boldsymbol{F}(s)$ 定义：

$$\boldsymbol{N}_u(s)=\boldsymbol{F}(s)+\boldsymbol{L}(s)\boldsymbol{N}_{\mathrm{L}}(s) \tag{13.64}$$

则在控制功能等价前提下，导出以真正左 MFD $\boldsymbol{T}^{-1}(s)\boldsymbol{N}_u(s)$ 和 $\boldsymbol{T}^{-1}(s)\boldsymbol{N}_y(s)$ 表征补偿器的输出输入反馈系统 Σ_{CF}，如图 13.6 所示。

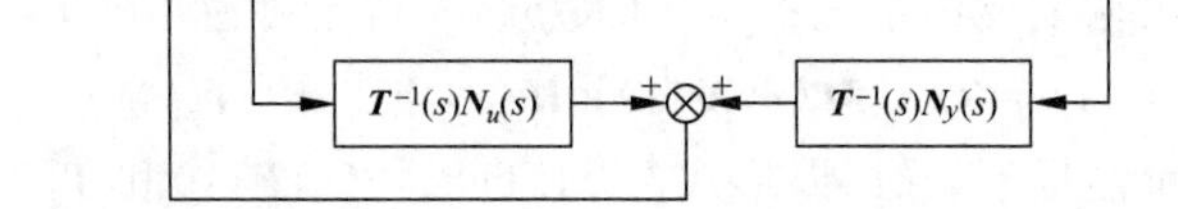

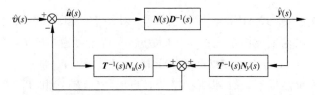

图 13.6 以真正 MFD 表征补偿器的输出输入反馈系统 Σ_{CF}

注　在结论中,尽管 $\boldsymbol{T}^{-1}(s)\boldsymbol{N}_u(s)$ 和 $\boldsymbol{T}^{-1}(s)\boldsymbol{N}_y(s)$ 已为真正左 MFD,但还有待于通过选择适当可逆阵 $\boldsymbol{T}(s)$ 使 $\boldsymbol{T}^{-1}(s)\boldsymbol{N}_u(s)$ 和 $\boldsymbol{T}^{-1}(s)\boldsymbol{N}_y(s)$ 为真。从这个意义上说,图 13.6 的输出输入反馈系统 Σ_{CF} 仍然只是推导物理上可实现补偿器的输出输入反馈系统 Σ_{CF} 的"桥梁性"结果。

4. 构造真 MFD 表征的补偿器

结论 13.16［构造真 MFD 补偿器］　对图 13.6 所示按期望极点配置得到的以真正 MFD 表征补偿器的线性时不变输出输入反馈系统 Σ_{CF},表受控系统的 $q\times p$ 严真右和左 MFD 为

$$\text{不可简约 } \boldsymbol{N}(s)\boldsymbol{D}^{-1}(s)=\text{不可简约 } \boldsymbol{D}_{\mathrm{L}}^{-1}(s)\boldsymbol{N}_{\mathrm{L}}(s) \tag{13.65}$$

表

$$\delta_{\mathrm{r}j}\boldsymbol{D}_{\mathrm{L}}(s)=q\times q \text{ 分母矩阵 } \boldsymbol{D}_{\mathrm{L}}(s) \text{ 行次数},j=1,2,\cdots,q \tag{13.66}$$

$$\nu=\max\{\delta_{\mathrm{r}1}\boldsymbol{D}_{\mathrm{L}}(s),\cdots,\delta_{\mathrm{r}q}\boldsymbol{D}_{\mathrm{L}}(s)\} \tag{13.67}$$

再为"观测器"任意指定$(\nu-1)p$ 个期望极点$\{s_1^*,s_2^*,\cdots,s_{(\nu-1)p}^*\}$,它们为实数或共轭复数,并表对应期望特征多项式为

$$\begin{aligned}\alpha_T(s)&=\prod_{r=1}^{(\nu-1)\mathrm{p}}(s-s_r^*)\\&=s^{(\nu-1)\mathrm{p}}+\rho_{(\nu-1)\mathrm{p}-1}s^{(\nu-1)\mathrm{p}-1}+\cdots+\rho_1 s+\rho_0\\&=s^{(\nu-1)\mathrm{p}}+\beta_1(s)s^{(\nu-1)(\mathrm{p}-1)}+\beta_2(s)s^{(\nu-1)(\mathrm{p}-2)}+\cdots+\beta_{\mathrm{p}-1}(s)s^{(\nu-1)}+\beta_{\mathrm{p}}(s)\end{aligned} \tag{13.68}$$

那么,若取

$$\boldsymbol{T}(s)=\begin{bmatrix}s^{\nu-1}+\beta_1(s) & -1 & & \\ \beta_2(s) & s^{\nu-1} & \ddots & \\ \vdots & & \ddots & -1\\ \beta_p(s) & & & s^{\nu-1}\end{bmatrix} \tag{13.69}$$

则有

(i) $\boldsymbol{T}^{-1}(s)\boldsymbol{N}_y(s)$ 为真 MFD;

(ii) $\boldsymbol{T}^{-1}(s)\boldsymbol{N}_u(s)$ 为真 MFD,当且仅当 $\boldsymbol{D}(s)\boldsymbol{D}_K^{-1}(s)$ 为正则真,即$[\boldsymbol{D}(s)\boldsymbol{D}_K^{-1}(s)]_{s=\infty}\neq\boldsymbol{I}$ 为非奇异常阵。其中,$\boldsymbol{D}_K(s)$ 为原理性综合中导出的闭环分母矩阵。

5. 物理可实现输出输入反馈系统的传递函数矩阵

结论 13.17［物理可实现 Σ_{CF} 的传递函数矩阵］　对兼顾期望极点配置和物理可实现性得到的线性时不变输出输入反馈系统 Σ_{CF},即图 13.6 所示结构和补偿器以真 $\boldsymbol{T}^{-1}(s)\boldsymbol{N}_y(s)$ 与真 $\boldsymbol{T}^{-1}(s)\boldsymbol{N}_u(s)$ 表征的输出输入反馈系统,其以 MFD 表示的传递

函数矩阵为

$$\boldsymbol{G}_{\text{CF}}(s)=\boldsymbol{N}(s)\boldsymbol{D}_K^{-1}(s) \tag{13.70}$$

$$\boldsymbol{D}_K(s)=[\boldsymbol{D}(s)+\boldsymbol{M}(s)] \tag{13.71}$$

注 结论表明，引入观测器-控制器型补偿器的结果，不改变按期望极点配置原理性综合给出的闭环系统传递函数矩阵，即 $\boldsymbol{G}_{\text{CF}}(s)=\boldsymbol{G}_K(s)=\boldsymbol{N}(s)\boldsymbol{D}_K^{-1}(s)$。

6. 分离性原理

结论 13.18 [分离性原理] 对兼顾期望极点配置和物理可实现性的线性时不变输出输入反馈系统 Σ_{CF} 的综合可分离地进行，即满足分离性原理。在按期望极点配置综合时，可以不考虑物理可实现性；在解决物理可实现性时，可独立于期望极点配置进行。

13.2.4 极点配置的观测器-控制器型补偿器的综合算法

算法 13.3 [极点配置综合算法] 给定线性时不变受控系统的 $q\times p$ 严真不可简约 MFD：

$$\boldsymbol{N}(s)\boldsymbol{D}^{-1}(s)=\boldsymbol{D}_{\text{L}}^{-1}(s)\boldsymbol{N}_{\text{L}}(s)$$

其中，$p\times p$ 的 $\boldsymbol{D}(s)$ 列既约，$q\times q$ 的 $\boldsymbol{D}_{\text{L}}(s)$ 行既约，$\deg\det\boldsymbol{D}(s)=\deg\det\boldsymbol{D}_{\text{L}}(s)=n$，表 $\boldsymbol{D}_{\text{L}}(s)$ 的最大行次数为 ν。再任意给定期望闭环系统极点组 $\{\lambda_i^*, i=1,2,\cdots,n\}$，补偿器期望极点组 $\{s_j^*, j=1,2,\cdots,(\nu-1)p\}$。要求综合满足极点配置要求的补偿器的真 MFD：

$$\boldsymbol{T}^{-1}(s)\boldsymbol{N}_y(s) \text{ 和 } \boldsymbol{T}^{-1}(s)\boldsymbol{N}_u(s)$$

其中，$\boldsymbol{T}(s)$ 为 $p\times p$ 多项式矩阵，$\boldsymbol{N}_y(s)$ 和 $\boldsymbol{N}_u(s)$ 为 $p\times q$ 和 $p\times p$ 多项式矩阵。

Step 1：定出

$$\boldsymbol{D}(s) \text{ 的列次数}\{k_1,k_2,\cdots,k_p\}$$

$$\boldsymbol{D}_{\text{L}}(s) \text{ 的行次数}\{k_{\text{r}1},k_{\text{r}2},\cdots,k_{\text{r}q}\}$$

Step 2：计算

$$\begin{aligned}\alpha^*(s)&=\prod_{i=1}^{n}(s-\lambda_i^*)=s^n+\alpha_{n-1}^*s^{n-1}+\cdots+\alpha_1^*s+\alpha_0^*\\&=s^n+\alpha_1(s)s^{n-k_1}+\alpha_2(s)s^{n-(k_1+k_2)}+\cdots+\alpha_p(s)s^{n-(k_1+\cdots+k_p)}\end{aligned}$$

Step 3：计算

$$\begin{aligned}\alpha_T(s)&=\prod_{r=1}^{(\nu-1)p}(s-s_r^*)=s^{(\nu-1)p}+\rho_{(\nu-1)p-1}s^{(\nu-1)(p-1)}+\cdots+\rho_1s+\rho_0\\&=s^{(\nu-1)p}+\beta_1(s)s^{(\nu-1)(p-1)}+\beta_2(s)s^{(\nu-1)(p-2)}+\cdots+\beta_{p-1}(s)s^{\nu-1}+\beta_p(s)\end{aligned}$$

Step 4：组成

$$
\boldsymbol{D}_{\mathrm{CF}}^{*}(s)=\begin{bmatrix}
s^{k_1}+\alpha_1(s) & \alpha_2(s) & \cdots & \cdots & \alpha_p(s)\\
-1 & s^{k_2} & & & 0\\
 & -1 & \ddots & & \vdots\\
 & & \ddots & \ddots & 0\\
 & & & -1 & s^{k_p}
\end{bmatrix}
$$

Step 5：组成

$$
\boldsymbol{T}(s)=\begin{bmatrix}
s^{\nu-1}+\beta_1(s) & -1 & & \\
\beta_2(s) & s^{\nu-1} & \ddots & \\
\vdots & & \ddots & -1\\
\beta_p(s) & & & s^{\nu-1}
\end{bmatrix}
$$

Step 6：计算

$$\boldsymbol{M}(s)=\boldsymbol{D}_{\mathrm{CF}}^{*}(s)-\boldsymbol{D}(s)$$

Step 7：定出使

$$\boldsymbol{X}(s)\boldsymbol{D}(s)+\boldsymbol{Y}(s)\boldsymbol{N}(s)=\boldsymbol{I}$$

的 $p\times p$ 和 $p\times q$ 多项式矩阵 $\boldsymbol{X}(s)$ 和 $\boldsymbol{Y}(s)$。

Step 8：计算

$$\boldsymbol{F}(s)=\boldsymbol{T}(s)\boldsymbol{M}(s)\boldsymbol{X}(s)$$

$$\boldsymbol{H}(s)=\boldsymbol{T}(s)\boldsymbol{M}(s)\boldsymbol{Y}(s)$$

Step 9：由 $\boldsymbol{H}(s)$ 对 $\boldsymbol{D}_{\mathrm{L}}(s)$ 的“矩阵除”关系式

$$\boldsymbol{H}(s)=\boldsymbol{L}(s)\boldsymbol{D}_{\mathrm{L}}(s)+\boldsymbol{N}_y(s)$$

定出 $\boldsymbol{N}_y(s)$ 和 $\boldsymbol{L}(s)$。

Step 10：计算

$$\boldsymbol{N}_u(s)=\boldsymbol{F}(s)+\boldsymbol{L}(s)\boldsymbol{N}_{\mathrm{L}}(s)$$

Step 11：补偿器的左 MFD 为

$$\boldsymbol{T}^{-1}(s)\boldsymbol{N}_y(s) \text{ 和 } \boldsymbol{T}^{-1}(s)\boldsymbol{N}_u(s)$$

Step 12：停止计算。

13.3　输出反馈极点配置问题的补偿器的综合

以输出变量为反馈变量构成的反馈结构称为输出反馈。输出反馈的优点是具有良好物理可实现性。但是，输出反馈不具有状态反馈所具有的控制功能，包括不能对系统全部极点的任意配置。扩大输出反馈控制功能的基本途径是引入补偿器。基此，本节讨论输出反馈极点配置的补偿器综合问题，内容涉及补偿器的复频率域综合理论和综合算法。

13.3.1 问题的提法

给定线性时不变受控系统，可由真或严真传递函数矩阵 $\boldsymbol{G}(s)$完全表征，表 $q\times p$ 的$\boldsymbol{G}(s)$为不可简约右和左 MFD：

$$\boldsymbol{G}(s)=\boldsymbol{N}(s)\boldsymbol{D}^{-1}(s)=\boldsymbol{D}_{\mathrm{L}}^{-1}(s)\boldsymbol{N}_{\mathrm{L}}(s) \tag{13.72}$$

其中，$\boldsymbol{N}(s)$和 $\boldsymbol{D}(s)$为 $q\times p$ 和 $p\times p$ 多项式矩阵，$\boldsymbol{N}_{\mathrm{L}}(s)$和 $\boldsymbol{D}_{\mathrm{L}}(s)$为 $q\times p$ 和 $q\times q$ 多项式矩阵，$\boldsymbol{D}(s)$为列既约，$\boldsymbol{D}_{\mathrm{L}}(s)$为行既约，且有

$$k_j=\delta_{\mathrm{c}j}\boldsymbol{D}(s),\quad j=1,2,\cdots,p$$

$$k_{\mathrm{r}i}=\delta_{\mathrm{r}i}\boldsymbol{D}_{\mathrm{L}}(s),\quad i=1,2,\cdots,q$$

$$\sum_{j=1}^{p}k_j=\sum_{i=1}^{q}k_{\mathrm{r}i}=n \tag{13.73}$$

进而，约定采用图 13.7 所示具有补偿器的单位输出反馈结构。其中，由 $\boldsymbol{G}(s)$表征的方块为受控系统，由 $\boldsymbol{C}(s)$表征的方块为补偿器。补偿器也为线性时不变系统，由 $p\times q$ 传递函数矩阵 $\boldsymbol{C}(s)$或其不可简约 MFD 表征，补偿器的阶数设为 m。

再之，任意给定期望性能指标，即一组期望闭环极点：

$$\{\lambda_1^*,\lambda_2^*,\cdots,\lambda_\beta^*\} \tag{13.74}$$

它们可为实数或共轭复数，且 $\beta=n+m$。

基此，输出反馈极点配置的补偿器综合问题的提法为，确定一个补偿器使图 13.7 所示单位输出反馈系统 Σ_{CF} 满足如下两个综合要求。

(i) 实现期望的极点配置，即对输出反馈系统 Σ_{CF} 的传递函数矩阵 $\boldsymbol{G}_{\mathrm{CF}}(s)$有

$$\boldsymbol{G}_{\mathrm{CF}}(s)\ \text{极点}=\lambda_h^*,\quad h=1,2,\cdots,\beta \tag{13.75}$$

(ii) $\boldsymbol{C}(s)$为物理上可实现，即 $\boldsymbol{C}(s)$为真或严真有理分式矩阵或其 MFD。

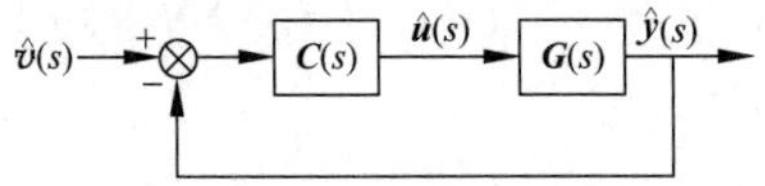

图 13.7 具有补偿器的单位输出反馈系统

在复频率域方法中，对输出反馈极点配置的补偿器综合问题的求解，区分为两类情形进行研究。一类是受控系统传递函数矩阵 $\boldsymbol{G}(s)$为循环情形，利用循环 $\boldsymbol{G}(s)$的有关特性，可为综合问题的求解提供理论上和算法上的简便性。另一类是受控系统传递函数矩阵$\boldsymbol{G}(s)$为非循环情形，基于循环情形综合问题结论和附加反馈，可以直接导出综合结果。

13.3.2 传递函数矩阵的循环性

本部分中，对传递函数矩阵 $\boldsymbol{G}(s)$引入循环性及其相关概念，在此基础上给出循

环传递函数矩阵的基本属性。随后可以看到，这些属性对于简化输出反馈极点配置的补偿器综合问题的研究是很有帮助的。

1. G(s)的特征多项式和最小多项式

结论 13.19 [特征多项式和最小多项式]　对真或严真 $q\times p$ 传递函数矩阵 $\boldsymbol{G}(s)$，从复频率域角度，有

$$\boldsymbol{G}(s)\text{ 的特征多项式 }\Delta(s) = \boldsymbol{G}(s)\text{ 所有 1 阶、2 阶、……、}\min\{q,p\}\text{ 阶子式最小公分母} \quad (13.76)$$

$$\boldsymbol{G}(s)\text{ 的最小多项式 }\phi(s) = \boldsymbol{G}(s)\text{ 所有 1 阶子式最小公分母} \quad (13.77)$$

一般，$\Delta(s)$和 $\phi(s)$之间成立：

$$\Delta(s)=b(s)\phi(s),\quad b(s)\text{ 为标量多项式} \quad (13.78)$$

注　$\boldsymbol{G}(s)$的 i 阶子式指 $\boldsymbol{G}(s)$中由任意 i 行和任意 i 列构成方阵的行列式，$\boldsymbol{G}(s)$的 1 阶子式同于 $\boldsymbol{G}(s)$的元传递函数。

2. 循环传递函数矩阵

结论 13.20 [循环传递函数矩阵]　对真或严真 $q\times p$ 传递函数矩阵 $\boldsymbol{G}(s)$，表 $\Delta(s)$为其特征多项式，$\phi(s)$为其最小多项式，则有

$$\boldsymbol{G}(s)\text{ 循环} \Leftrightarrow \Delta(s)=k\phi(s),k\text{ 为非零常数} \quad (13.79)$$

例 13.3　给定 2×3 传递函数矩阵 $\boldsymbol{G}_{o1}(s)$和 $\boldsymbol{G}_{o2}(s)$为

$$\boldsymbol{G}_{o1}(s)=\begin{bmatrix}\dfrac{1}{s+2} & \dfrac{3}{s+2} & 0\\ \dfrac{1}{s+2} & 0 & \dfrac{1}{s+2}\end{bmatrix},\ \boldsymbol{G}_{o2}(s)=\begin{bmatrix}\dfrac{1}{s+2} & \dfrac{1}{s+2} & \dfrac{1}{s+2}\\ \dfrac{1}{s+2} & \dfrac{s+3}{s+2} & \dfrac{2s+5}{s+2}\end{bmatrix}$$

容易定出

$$\Delta_{o1}(s)=(s+2)^2,\ \phi_{o1}(s)=s+2$$
$$\Delta_{o2}(s)=s+2,\ \phi_{o2}(s)=s+2$$

基此，有

$$\Delta_{o1}(s)=(s+2)\phi_{o1}(s),\ \Delta_{o2}(s)=1\cdot\phi_{o2}(s)$$

从而，可知

$$\boldsymbol{G}_{o1}(s)\text{ 为非循环},\quad \boldsymbol{G}_{o2}(s)\text{ 为循环}$$

3. 循环 G(s)的零空间

结论 13.21 [零空间]　对真或严真 $q\times p$ 循环传递函数矩阵 $\boldsymbol{G}(s)$，其元传递函数 $g_{ij}(s)$为不可简约，$i=1,2,\cdots,q$，$j=1,2,\cdots,p$。再设

$$\text{“}\Delta(s)=0\text{ 根”}=\text{“}\phi(s)=0\text{ 根”}=\{\lambda_1,\lambda_2,\cdots,\lambda_n\}\text{ 两两相异} \quad (13.80)$$

且表

$$\boldsymbol{G}(s)=\frac{1}{\phi(s)}\widetilde{\boldsymbol{N}}(s),\ \widetilde{\boldsymbol{N}}(s) \text{ 为 } q\times p \text{ 多项式矩阵} \tag{13.81}$$

则有

$$\Omega=\boldsymbol{G}(s)\text{ 零空间}=\Omega_{\mathrm{r}}\cup\Omega_{\mathrm{L}} \tag{13.82}$$

$$\Omega_{\mathrm{r}}=\boldsymbol{G}(s)\text{ 右零空间}=\Omega_{\mathrm{r}}^{(1)}\cup\Omega_{\mathrm{r}}^{(2)}\cup\cdots\cup\Omega_{\mathrm{r}}^{(n)} \tag{13.83}$$

$$\Omega_{\mathrm{L}}=\boldsymbol{G}(s)\text{ 左零空间}=\Omega_{\mathrm{L}}^{(1)}\cup\Omega_{\mathrm{L}}^{(2)}\cup\cdots\cup\Omega_{\mathrm{L}}^{(n)} \tag{13.84}$$

其中

$$\Omega_{\mathrm{r}}^{(d)}=\boldsymbol{G}(\lambda_d)\text{ 右零空间}=\{\boldsymbol{t}_1\mid\boldsymbol{t}_1\in\mathscr{R}^{p\times 1},\widetilde{\boldsymbol{N}}(\lambda_d)\boldsymbol{t}_1=\boldsymbol{0}\} \tag{13.85}$$

$$\Omega_{\mathrm{L}}^{(d)}=\boldsymbol{G}(\lambda_d)\text{ 左零空间}=\{\boldsymbol{t}_2\mid\boldsymbol{t}_2\in\mathscr{R}^{1\times q},\boldsymbol{t}_2\widetilde{\boldsymbol{N}}(\lambda_d)=\boldsymbol{0}\} \tag{13.86}$$

且有

$$\dim\Omega_{\mathrm{r}}^{(d)}=p-\mathrm{rank}\widetilde{\boldsymbol{N}}(\lambda_d) \tag{13.87}$$

$$\dim\Omega_{\mathrm{L}}^{(d)}=q-\mathrm{rank}\widetilde{\boldsymbol{N}}(\lambda_d) \tag{13.88}$$

$$d=1,2,\cdots,n \tag{13.89}$$

4. G(s)的循环性判据

结论 13.22 [循环性判据] 若真或严真 $\boldsymbol{G}(s)$为 $1\times p$ 或$q\times 1$ 有理分式矩阵,则 $\boldsymbol{G}(s)$为循环。

证 基于循环性定义即可证得本结论。

结论 13.23 [循环性判据] 对真或严真 $q\times p$ 传递函数矩阵 $\boldsymbol{G}(s)$,表 $g_{ij}(s)$和 $g_{\alpha\beta}(s)$为任意两个元有理分式传递函数,$i\neq\alpha,j\neq\beta,i=1,2,\cdots,q,j=1,2,\cdots,p$。那么,若不存在一个 λ 为它们的公共极点,即不存在 λ 使

$$g_{ij}(\lambda)=\infty \text{ 和 } g_{\alpha\beta}(\lambda)=\infty \tag{13.90}$$

同时成立,则 $\boldsymbol{G}(s)$为循环。

证 基于循环性定义即可证得本结论。

注 需要注意,上述结论只是 $\boldsymbol{G}(s)$为循环的充分条件,这意味着 $\boldsymbol{G}(s)$不满足结论条件时仍有可能为循环。

5. 循环 G(s)的特征多项式的属性

结论 13.24 [特征多项式属性] 对真或严真 $q\times p$ 循环传递函数矩阵 $\boldsymbol{G}(s)$,表其特征多项式为 $\Delta[\boldsymbol{G}(s)]$。那么,对任意 $\boldsymbol{0}\neq\boldsymbol{t}_1\in\mathscr{R}^{p\times 1}$ 和 $\boldsymbol{0}\neq\boldsymbol{t}_2\in\mathscr{R}^{1\times q}$,且 $\boldsymbol{t}_1\notin\Omega_{\mathrm{r}}$ 和 $\boldsymbol{t}_2\notin\Omega_{\mathrm{L}}$,必成立:

$$\Delta[\boldsymbol{G}(s)]=k_1\Delta[\boldsymbol{G}(s)\boldsymbol{t}_1]=k_2\Delta[\boldsymbol{t}_2\boldsymbol{G}(s)] \tag{13.91}$$

其中,k_1 和 k_2 为非零常数。

注 前已导出

$$\Omega_{\mathrm{r}}=\Omega_{\mathrm{r}}^{(1)}\cup\Omega_{\mathrm{r}}^{(2)}\cup\cdots\cup\Omega_{\mathrm{r}}^{(n)},\ \dim\Omega_{\mathrm{r}}^{(d)}=p-\mathrm{rank}\widetilde{\boldsymbol{N}}(\lambda_d)$$

则由 rank$\widetilde{\boldsymbol{N}}(\lambda_d)\geqslant 1$ 可知，Ω_{r} 为 $\mathscr{R}^p$ 中 n 个子空间，且子空间的最大维数为 $p-1$。以 $p=2$ 为例，Ω_{r} 为 2 维平面上的 n 条直线。这意味着，对 $\mathscr{R}^p$ 中的几乎所有 $p\times 1$ 维实向量 $\boldsymbol{t}_1$ 都可使式(13.91)成立。这一论断同样适用于 $\boldsymbol{t}_2$。对循环受控系统的输出反馈极点配置补偿器的综合问题的求解，上述结论具有重要意义。

6. 循环 G(s)的能控性指数和能观测性指数的属性

结论 13.25 [能控性指数和能观测性指数属性]　对真或严真 $q\times p$ 循环传递函数矩阵 $\boldsymbol{G}(s)$，表

$$\boldsymbol{G}(s)=\text{不可简约 }\bar{\boldsymbol{N}}(s)\bar{\boldsymbol{D}}^{-1}(s)=\text{不可简约 }\bar{\boldsymbol{D}}_{\mathrm{L}}^{-1}(s)\bar{\boldsymbol{N}}_{\mathrm{L}}(s) \tag{13.92}$$

$$p\times p\text{ 的 }\bar{\boldsymbol{D}}(s)\text{ 列次数}=\{k_1,k_2,\cdots,k_p\} \tag{13.93}$$

$$q\times q\text{ 的 }\bar{\boldsymbol{D}}_{\mathrm{L}}(s)\text{ 行次数}=\{k_{\mathrm{r}1},k_{\mathrm{r}2},\cdots,k_{\mathrm{r}q}\} \tag{13.94}$$

$$\boldsymbol{G}(s)\text{ 能控性指数}=\max\{k_1,k_2,\cdots,k_p\} \tag{13.95}$$

$$\boldsymbol{G}(s)\text{ 能观测性指数}=\max\{k_{\mathrm{r}1},k_{\mathrm{r}2},\cdots,k_{\mathrm{r}q}\} \tag{13.96}$$

那么，对任意 $\boldsymbol{0}\neq\boldsymbol{t}_1\in\mathscr{R}^{p\times 1}$ 和 $\boldsymbol{0}\neq\boldsymbol{t}_2\in\mathscr{R}^{1\times q}$，且 $\boldsymbol{t}_1\notin\Omega_{\mathrm{r}}$ 和 $\boldsymbol{t}_2\notin\Omega_{\mathrm{L}}$，成立

$$\boldsymbol{t}_2\boldsymbol{G}(s)\text{ 能控性指数}=\boldsymbol{G}(s)\text{ 能控性指数} \tag{13.97}$$

$$\boldsymbol{G}(s)\boldsymbol{t}_1\text{ 能观测性指数}=\boldsymbol{G}(s)\text{ 能观测性指数} \tag{13.98}$$

7. 对非循环传递函数矩阵的循环化方法

结论 13.26 [非循环 $\boldsymbol{G}(s)$的循环化]　对真或严真 $q\times p$ 非循环传递函数矩阵 $\boldsymbol{G}(s)$，构成图 13.8 所示输出反馈系统，$\boldsymbol{K}$ 为 $p\times q$ 常阵，且可导出闭环系统传递函数矩阵为

$$\bar{\boldsymbol{G}}(s)=[\boldsymbol{I}+\boldsymbol{G}(s)\boldsymbol{K}]^{-1}\boldsymbol{G}(s)=\boldsymbol{G}(s)[\boldsymbol{I}+\boldsymbol{K}\boldsymbol{G}(s)]^{-1} \tag{13.99}$$

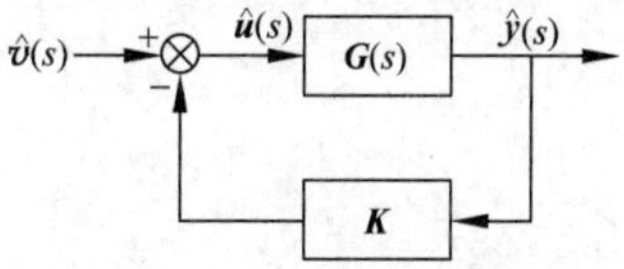

图 13.8　常反馈阵输出反馈系统

则对几乎所有任意 $p\times q$ 常阵 $\boldsymbol{K}$，$\bar{\boldsymbol{G}}(s)$均为循环传递函数矩阵。

注　上述结论为对非循环 $\boldsymbol{G}(s)$的循环化提供了一条简单可行的途径，这在非循环受控系统的输出反馈极点配置补偿器综合中有着重要意义。

13.3.3　输出反馈极点配置补偿器的综合：循环 G(s)情形

在循环性概念基础上，现在进而讨论循环 $\boldsymbol{G}(s)$情形的输出反馈极点配置补偿器的综合问题。并且，为使讨论思路更为清晰，将问题和结果分解为如下几方面进行

论述。

1. 补偿器的组成方案

结论 13.27［补偿器组成方案］ 对真或严真受控系统的 $q\times p$ 循环传递函数矩阵$\boldsymbol{G}(s)$，表 Ω_{r} 和 Ω_{L} 为其右零空间和左零空间，则随综合过程中取辅助向量为 $p\times 1$ 非零$\boldsymbol{t}_1\notin\Omega_{\mathrm{r}}$ 或 $1\times q$ 非零$\boldsymbol{t}_2\notin\Omega_{\mathrm{L}}$，输出反馈系统中的补偿器相应地有图 13.9(a)和(b)两种方案。

注 在上述两种方案的补偿器的综合中，不管是采用的描述还是引入的运算，都是对偶的。基此，下面的讨论中，只就图 13.9(a)的方案给出综合方法和相关结论。

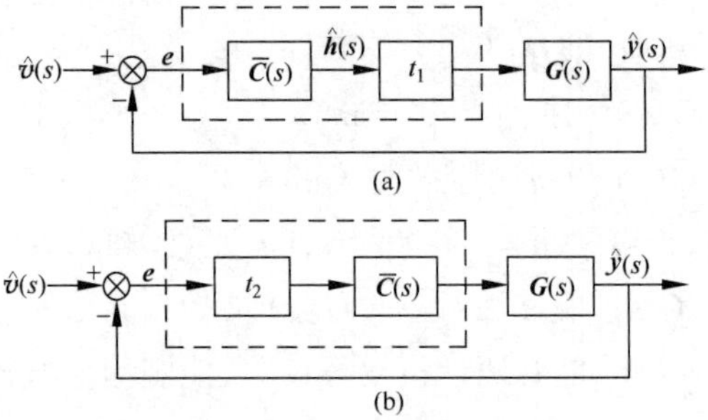

图 13.9 输出反馈系统中补偿器的两种组成方案

2. 受控系统的描述

结论 13.28［受控系统描述］ 对图 13.9(a)所示具有补偿器的线性时不变输出反馈系统 Σ_{CF}，若原受控系统由真或严真 $q\times p$ 循环传递函数矩阵 $\boldsymbol{G}(s)$表征，则综合中采用的受控对象由真或严真 $q\times 1$ 传递函数矩阵 $\boldsymbol{G}(s)\boldsymbol{t}_1$ 表征，其中 $\boldsymbol{t}_1\notin\Omega_{\mathrm{r}}$ 为使

$$\Delta[\boldsymbol{G}(s)]=k_1\Delta[\boldsymbol{G}(s)\boldsymbol{t}_1] \tag{13.100}$$

成立的任意 $p\times 1$ 非零向量，Ω_{r} 为 $\boldsymbol{G}(s)$的右零空间，k_1 为非零常数。进而，表

$$\boldsymbol{G}(s)\boldsymbol{t}_1=\text{不可简约 }\boldsymbol{N}(s)D^{-1}(s) \tag{13.101}$$

其中 $\boldsymbol{N}(s)$为 $q\times 1$ 多项式矩阵，$D(s)$为标量多项式，且令

$$\deg D(s)=n \tag{13.102}$$

$$D(s)=D_ns^n+\cdots+D_1s+D_0,\quad D_n\neq 0 \tag{13.103}$$

$$\boldsymbol{N}(s)=\boldsymbol{N}_ns^n+\cdots+\boldsymbol{N}_1s+\boldsymbol{N}_0 \tag{13.104}$$

3. 补偿器的描述

结论 13.29［补偿器描述］ 对图 13.9(a)所示具有补偿器的线性时不变输出反馈系统 Σ_{CF}，若原补偿器的传递函数矩阵为 $p\times q$ 真或严真$\boldsymbol{C}(s)=\boldsymbol{t}_1\bar{\boldsymbol{C}}(s)$，则综合中要确定的补偿器传递函数矩阵为 $1\times q$ 真或严真$\bar{\boldsymbol{C}}(s)$。进而，表

$$\bar{\boldsymbol{C}}(s)=\text{不可简约 } D_{\mathrm{c}}^{-1}(s)\boldsymbol{N}_{\mathrm{c}}(s) \tag{13.105}$$

其中 $\boldsymbol{N}_{\mathrm{c}}(s)$为 $1\times q$ 多项式矩阵,$D_{\mathrm{c}}(s)$为标量多项式,且令

$$\deg D_{\mathrm{c}}(s)=m \tag{13.106}$$

$$D_{\mathrm{c}}(s)=D_{\mathrm{c}m}s^m+\cdots+D_{\mathrm{c}1}s+D_{\mathrm{c}0},\quad D_{\mathrm{c}m}\neq 0 \tag{13.107}$$

$$\boldsymbol{N}_{\mathrm{c}}(s)=\boldsymbol{N}_{\mathrm{c}m}s^m+\cdots+\boldsymbol{N}_{\mathrm{c}1}s+\boldsymbol{N}_{\mathrm{c}0} \tag{13.108}$$

4. 具有补偿器输出反馈系统 $\boldsymbol{\Sigma}_{\mathrm{CF}}$ 的传递函数矩阵

结论 13.30 [Σ_{CF} 传递函数矩阵]　对图 13.9(a)所示具有补偿器的线性时不变输出反馈系统 Σ_{CF},基于上述描述的 $q\times q$ 闭环传递函数矩阵 $\boldsymbol{G}_{\mathrm{CF}}(s)$为

$$\boldsymbol{G}_{\mathrm{CF}}(s)=D_{\mathrm{CF}}^{-1}(s)\boldsymbol{N}_{\mathrm{CF}}(s) \tag{13.109}$$

$$1\times 1\text{ 阵 } D_{\mathrm{CF}}(s)=D_{\mathrm{c}}(s)D(s)+\boldsymbol{N}_{\mathrm{c}}(s)\boldsymbol{N}(s) \tag{13.110}$$

$$q\times q\text{ 阵 }\boldsymbol{N}_{\mathrm{CF}}(s)=\boldsymbol{N}(s)\boldsymbol{N}_{\mathrm{c}}(s) \tag{13.111}$$

证　据图 13.9(a)的 Σ_{CF} 结构图,可以得到

$$\begin{cases}\hat{\boldsymbol{h}}(s)=\bar{\boldsymbol{C}}(s)[\hat{\boldsymbol{v}}(s)-\boldsymbol{G}(s)\boldsymbol{t}_1\hat{\boldsymbol{h}}(s)]\\ \hat{\boldsymbol{y}}(s)=\boldsymbol{G}(s)\boldsymbol{t}_1\hat{\boldsymbol{h}}(s)\end{cases} \tag{13.112}$$

再由式(13.112)的第一个方程,可以导出

$$\hat{\boldsymbol{h}}(s)=[1+\bar{\boldsymbol{C}}(s)\boldsymbol{G}(s)\boldsymbol{t}_1]^{-1}\bar{\boldsymbol{C}}(s)\,\hat{\boldsymbol{v}}(s) \tag{13.113}$$

将式(13.113)代入式(13.112)的第二个方程,并考虑到 $\hat{\boldsymbol{y}}(s)=\boldsymbol{G}_{\mathrm{CF}}(s)\hat{\boldsymbol{v}}(s)$,得到

$$\boldsymbol{G}_{\mathrm{CF}}(s)=\boldsymbol{G}(s)\boldsymbol{t}_1[1+\bar{\boldsymbol{C}}(s)\boldsymbol{G}(s)\boldsymbol{t}_1]^{-1}\bar{\boldsymbol{C}}(s) \tag{13.114}$$

基此,并注意到 $\boldsymbol{G}(s)\boldsymbol{t}_1=\boldsymbol{N}(s)D^{-1}(s)$和 $\bar{\boldsymbol{C}}(s)=D_{\mathrm{c}}^{-1}(s)\boldsymbol{N}_{\mathrm{c}}(s)$,就即证得

$$\begin{aligned}\boldsymbol{G}_{\mathrm{CF}}(s)&=\boldsymbol{N}(s)D^{-1}(s)[1+D_{\mathrm{c}}^{-1}(s)\boldsymbol{N}_{\mathrm{c}}(s)\boldsymbol{N}(s)D^{-1}(s)]^{-1}D_{\mathrm{c}}^{-1}(s)\boldsymbol{N}_{\mathrm{c}}(s)\\&=\boldsymbol{N}(s)[D_{\mathrm{c}}(s)D(s)+\boldsymbol{N}_{\mathrm{c}}(s)\boldsymbol{N}(s)]^{-1}\boldsymbol{N}_{\mathrm{c}}(s)\\&=[D_{\mathrm{c}}(s)D(s)+\boldsymbol{N}_{\mathrm{c}}(s)\boldsymbol{N}(s)]^{-1}\boldsymbol{N}(s)\boldsymbol{N}_{\mathrm{c}}(s)\\&=D_{\mathrm{CF}}^{-1}(s)\boldsymbol{N}_{\mathrm{CF}}(s)\end{aligned} \tag{13.115}$$

5. 期望闭环分母矩阵 $D_{\mathrm{CF}}^{*}(s)$

结论 13.31 [期望闭环分母阵]　对图 13.9(a)所示具有补偿器的线性时不变输出反馈系统 Σ_{CF},任意给定期望闭环极点组$\{\lambda_1^*,\lambda_2^*,\cdots,\lambda_{n+m}^*\}$,它们为实数或共轭复数,并表对应期望闭环特征多项式为

$$\alpha^*(s)=\prod_{h=1}^{n+m}(s-\lambda_h^*)=s^{n+m}+\alpha_{n+m-1}^*s^{n+m-1}+\cdots+\alpha_1^*s+\alpha_0^* \tag{13.116}$$

则可取 1×1 期望闭环分母阵 $D_{\mathrm{CF}}^*(s)$为

$$D_{\mathrm{CF}}^*(s)=k\alpha^*(s)=F_{n+m}s^{n+m}+F_{n+m-1}s^{n+m-1}+\cdots+F_1s+F_0 \tag{13.117}$$

$$F_h = k\alpha_h^*,\ h = 0,1,\cdots,n+m \tag{13.118}$$

$$k = \text{任意非零常数} \tag{13.119}$$

6. 综合问题的形式化

结论 13.32［综合问题形式化］ 对图 13.9(a)所示具有补偿器的线性时不变输出反馈系统 Σ_{CF}，基于上述各结论中导出的表达式：

$$1\times 1 \text{ 多项式矩阵 } D(s) = D_n s^n + \cdots + D_1 s + D_0$$

$$q\times 1 \text{ 多项式矩阵 } \boldsymbol{N}(s) = \boldsymbol{N}_n s^n + \cdots + \boldsymbol{N}_1 s + \boldsymbol{N}_0$$

$$1\times 1 \text{ 多项式矩阵 } D_{\mathrm{c}}(s) = D_{\mathrm{c}m} s^m + \cdots + D_{\mathrm{c}1} s + D_{\mathrm{c}0}$$

$$1\times q \text{ 多项式矩阵 } \boldsymbol{N}_{\mathrm{c}}(s) = \boldsymbol{N}_{\mathrm{c}m} s^m + \cdots + \boldsymbol{N}_{\mathrm{c}1} s + \boldsymbol{N}_{\mathrm{c}0}$$

$$1\times 1 \text{ 多项式矩阵 } D_{\mathrm{CF}}^*(s) = F_{n+m} s^{n+m} + \cdots + F_1 s + F_0$$

组成分块矩阵：

$$\boldsymbol{S}_m = \underbrace{\left[\begin{array}{cccccccccc} D_0 & D_1 & \cdots & \cdots & \cdots & D_n & 0 & \cdots & \cdots & 0 \\ \boldsymbol{N}_0 & \boldsymbol{N}_1 & \cdots & \cdots & \cdots & \boldsymbol{N}_n & \boldsymbol{0} & \cdots & \cdots & \boldsymbol{0} \\ \hdashline 0 & D_0 & \cdots & \cdots & \cdots & D_{n-1} & D_n & 0 & \cdots & 0 \\ \boldsymbol{0} & \boldsymbol{N}_0 & \cdots & \cdots & \cdots & \boldsymbol{N}_{n-1} & \boldsymbol{N}_n & \boldsymbol{0} & \cdots & \boldsymbol{0} \\ \hdashline & & & & \vdots & & & & & \\ \hdashline 0 & \cdots & 0 & D_0 & \cdots & D_{n-m} & \cdots & \cdots & \cdots & D_n \\ \boldsymbol{0} & \cdots & \boldsymbol{0} & \boldsymbol{N}_0 & \cdots & \boldsymbol{N}_{n-m} & \cdots & \cdots & \cdots & \boldsymbol{N}_n \end{array}\right]}_{n+m+1} \left.\vphantom{\begin{array}{c}1\\1\\1\\1\\1\\1\\1\end{array}}\right\}(q+1)(m+1) \tag{13.120}$$

$$\underset{1\times(q+1)(m+1)}{\boldsymbol{T}_{\mathrm{c}}} = [D_{\mathrm{c}0} \quad \boldsymbol{N}_{\mathrm{c}0} \,\vdots\, D_{\mathrm{c}1} \quad \boldsymbol{N}_{\mathrm{c}1} \,\vdots\, \cdots \,\vdots\, D_{\mathrm{c}m} \quad \boldsymbol{N}_{\mathrm{c}m}] \tag{13.121}$$

$$\underset{1\times(n+m+1)}{\boldsymbol{F}} = [F_0 \quad F_1 \quad \cdots \quad F_{n+m}] \tag{13.122}$$

则有

综合补偿器 $\boldsymbol{C}(s)$，使闭环极点 $s_h(\boldsymbol{G}_{\mathrm{CF}}(s)) = \lambda_h^*,\ h = 1,2,\cdots,n+m$

$\Leftrightarrow$ 对方程 $D_{\mathrm{c}}(s)D(s) + \boldsymbol{N}_{\mathrm{c}}(s)\boldsymbol{N}(s) = D_{\mathrm{CF}}^*(s)$ 求解 $\{D_{\mathrm{c}}(s), \boldsymbol{N}_{\mathrm{c}}(s)\}$

$\Leftrightarrow$ 对方程 $\boldsymbol{T}_{\mathrm{c}}\boldsymbol{S}_m = \boldsymbol{F}$ 求解 $\boldsymbol{T}_{\mathrm{c}}$ (13.123)

注 由上述结论推知，补偿器 $\boldsymbol{C}(s)$ 的存在性等价于方程 $\boldsymbol{T}_{\mathrm{c}}\boldsymbol{S}_m = \boldsymbol{F}$ 的有解性，而综合补偿器 $\boldsymbol{C}(s)$ 等价于确定方程 $\boldsymbol{T}_{\mathrm{c}}\boldsymbol{S}_m = \boldsymbol{F}$ 的解阵 $\boldsymbol{T}_{\mathrm{c}}$。

7. 补偿器综合的基本结论

结论 13.33［补偿器综合结论］ 对图 13.9(a)所示具有补偿器的线性时不变输出反馈系统 Σ_{CF}，设受控系统的 $q\times p$ 循环传递函数矩阵 $\boldsymbol{G}(s)$ 为“严真”，补偿器的 $p\times q$ 传递函数矩阵 $\boldsymbol{C}(s)$ 为“真”。表

$$\boldsymbol{G}(s) = \text{不可简约 } \bar{\boldsymbol{N}}(s)\bar{\boldsymbol{D}}^{-1}(s) = \text{不可简约 } \bar{\boldsymbol{D}}_{\mathrm{L}}^{-1}(s)\bar{\boldsymbol{N}}_{\mathrm{L}}(s)$$

$$\bar{\boldsymbol{D}}(s)\text{ 列次数}=\{k_1,k_2,\cdots,k_p\}$$
$$\bar{\boldsymbol{D}}_{\mathrm{L}}(s)\text{ 行次数}=\{k_{r1},k_{r2},\cdots,k_{rq}\}$$
$$\boldsymbol{G}(s)\text{ 能控性指数}=\max\{k_1,k_2,\cdots,k_p\}=\mu$$
$$\boldsymbol{G}(s)\text{ 能观测性指数}=\max\{k_{r1},k_{r2},\cdots,k_{rq}\}=\nu$$
$$\boldsymbol{C}(s)\text{ 的阶数}=m$$

那么,若取

$$m\geqslant\min\{\mu-1,\nu-1\}\tag{13.124}$$

则存在补偿器 $\boldsymbol{C}(s)$可使闭环系统 Σ_{CF} 的所有 $n+m$ 个极点实现任意期望配置。

结论 13.34［补偿器综合结论］　对图 13.9(a)所示具有补偿器的线性时不变输出反馈系统 Σ_{CF},设受控系统的 $q\times p$ 循环传递函数矩阵 $\boldsymbol{G}(s)$为"真",补偿器的 $p\times q$ 传递函数矩阵 $\boldsymbol{C}(s)$为"严真"。那么,若取

$$m\geqslant\min\{\mu,\nu\}\tag{13.125}$$

则存在补偿器 $\boldsymbol{C}(s)$可使闭环系统 Σ_{CF} 的所有 $n+m$ 个极点实现任意期望配置。其中,符号的含义参看结论 13.33。

8. 综合补偿器的算法

算法 13.4［补偿器综合算法］　对图 13.9(a)所示具有补偿器的线性时不变输出反馈系统 Σ_{CF},给定受控系统的 $q\times p$ 严真或真循环传递函数矩阵 $\boldsymbol{G}(s)$,要求综合补偿器的 $p\times q$ 真或严真传递函数矩阵 $\boldsymbol{C}(s)$使 Σ_{CF} 实现期望极点配置。

Step 1：对 $q\times p$ 传递函数矩阵 $\boldsymbol{G}(s)$,任取一个 $p\times 1$ 实向量 $\boldsymbol{t}_1$,使下式成立

$$\Delta[\boldsymbol{G}(s)]=k_1\Delta[\boldsymbol{G}(s)\boldsymbol{t}_1]$$

且实向量 $\boldsymbol{t}_1$ 不唯一。

Step 2：表 $q\times 1$ 的 $\boldsymbol{G}(s)\boldsymbol{t}_1$ 为

$$\boldsymbol{G}(s)\boldsymbol{t}_1=\text{不可简约 }\boldsymbol{N}(s)D^{-1}(s)$$

其中,$D(s)$为标量多项式,$\boldsymbol{N}(s)$为 $q\times 1$ 多项式矩阵,且右互质$\{D(s),\boldsymbol{N}(s)\}$不唯一。

Step 3：定出$\{D(s),\boldsymbol{N}(s)\}$的矩阵系数多项式

$$D(s)=D_ns^n+\cdots+D_1s+D_0$$
$$\boldsymbol{N}(s)=\boldsymbol{N}_ns^n+\cdots+\boldsymbol{N}_1s+\boldsymbol{N}_0$$

Step 4：组成系数矩阵

$$\boldsymbol{S}_{\mathrm{L}}=\begin{bmatrix}D_0 & D_1 & \cdots & \cdots & \cdots & D_n & 0 & \cdots & \cdots & 0\\ \boldsymbol{N}_0 & \boldsymbol{N}_1 & \cdots & \cdots & \cdots & \boldsymbol{N}_n & \boldsymbol{0} & \cdots & \cdots & \boldsymbol{0}\\ \hdashline 0 & D_0 & \cdots & \cdots & \cdots & D_{n-1} & D_n & 0 & \cdots & 0\\ \boldsymbol{0} & \boldsymbol{N}_0 & \cdots & \cdots & \cdots & \boldsymbol{N}_{n-1} & \boldsymbol{N}_n & \boldsymbol{0} & \cdots & \boldsymbol{0}\\ \hdashline & & & & \vdots & & & & & \\ \hdashline 0 & \cdots & 0 & D_0 & \cdots & D_{n-\mathrm{L}} & \cdots & \cdots & \cdots & D_n\\ \boldsymbol{0} & \cdots & \boldsymbol{0} & \boldsymbol{N}_0 & \cdots & \boldsymbol{N}_{n-\mathrm{L}} & \cdots & \cdots & \cdots & \boldsymbol{N}_n\end{bmatrix}$$

确定使 $\boldsymbol{S}_{\mathrm{L}}$ 列满秩时 L 的最小值 $\mathrm{L}_{\min}$，取 $\bar{\nu}=\mathrm{L}_{\min}+1$。

Step 5：若 $\boldsymbol{G}(s)$为严真，取 $\bar{\boldsymbol{C}}(s)$为真，$m=\bar{\nu}-1$；若 $\boldsymbol{G}(s)$为真，取 $\bar{\boldsymbol{C}}(s)$为严真，$m=\bar{\nu}$。

Step 6：指定 $n+m$ 个实数或共轭复数的期望闭环极点

$$\{\lambda_1^*,\lambda_2^*,\cdots,\lambda_{n+m}^*\}$$

定出对应期望闭环特征多项式：

$$\alpha^*(s)=\prod_{h=1}^{n+m}(s-\lambda_h^*)=s^{n+m}+\alpha_{n+m-1}^*s^{n+m-1}+\cdots+\alpha_1^*s+\alpha_0^*$$

Step 7：取

$$\begin{aligned}D_{\mathrm{CF}}^*(s)&=k\alpha^*(s)=ks^{n+m}+k\alpha_{n+m-1}^*s^{n+m-1}+\cdots+k\alpha_1^*s+k\alpha_0^*\\&=F_{n+m}s^{n+m}+F_{n+m-1}s^{n+m-1}+\cdots+F_1s+F_0\end{aligned}$$

其中，k 为任意非零常数。

Step 8：按类同于 $\boldsymbol{S}_{\mathrm{L}}$ 的形式组成系数矩阵 $\boldsymbol{S}_m$。

Step 9：求解方程

$$[D_{\mathrm{c}0}\quad \boldsymbol{N}_{\mathrm{c}0}\ \vdots\ D_{\mathrm{c}1}\quad \boldsymbol{N}_{\mathrm{c}1}\ \vdots\ \cdots\ \vdots\ D_{\mathrm{c}m}\quad \boldsymbol{N}_{\mathrm{c}m}]\boldsymbol{S}_m=[F_0\quad F_1\quad \cdots\quad F_{n+m}]$$

其中，对真 $\bar{\boldsymbol{C}}(s)$取 $\boldsymbol{N}_{\mathrm{c}m}\neq\boldsymbol{0}$，对严真 $\bar{\boldsymbol{C}}(s)$取 $\boldsymbol{N}_{\mathrm{c}m}=\boldsymbol{0}$。定出

$$[D_{\mathrm{c}0}\quad \boldsymbol{N}_{\mathrm{c}0}\ \vdots\ D_{\mathrm{c}1}\quad \boldsymbol{N}_{\mathrm{c}1}\ \vdots\ \cdots\ \vdots\ D_{\mathrm{c}m}\quad \boldsymbol{N}_{\mathrm{c}m}]$$

Step 10：组成

$$D_{\mathrm{c}}(s)=D_{\mathrm{c}m}s^m+\cdots+D_{\mathrm{c}1}s+D_{\mathrm{c}0}$$

$$\boldsymbol{N}_{\mathrm{c}}(s)=\boldsymbol{N}_{\mathrm{c}m}s^m+\cdots+\boldsymbol{N}_{\mathrm{c}1}s+\boldsymbol{N}_{\mathrm{c}0}$$

Step 11：定出

$$\bar{\boldsymbol{C}}(s)=D_{\mathrm{c}}^{-1}(s)\boldsymbol{N}_{\mathrm{c}}(s)$$

$$\boldsymbol{C}(s)=\boldsymbol{t}_1\bar{\boldsymbol{C}}(s)$$

Step 12：计算停止。

13.3.4 输出反馈极点配置补偿器的综合：非循环 G(s)情形

非循环 $\boldsymbol{G}(s)$情形的输出反馈极点配置补偿器的综合问题可基于循环 $\boldsymbol{G}(s)$情形相应结论求解，其求解思路区分为两个基本的步骤。一是，引入常反馈阵 $\boldsymbol{K}$ 预输出反馈，使导出的闭环传递函数矩阵

$$\bar{\boldsymbol{G}}(s)=\boldsymbol{G}(s)[\boldsymbol{I}+\boldsymbol{K}\boldsymbol{G}(s)]^{-1}\tag{13.126}$$

为循环。二是，基于循环传递函数矩阵情形相应结论，对循环 $\bar{\boldsymbol{G}}(s)$综合补偿器 $\boldsymbol{C}(s)$。

1. 非循环 G(s)情形极点配置输出反馈系统的结构框图

结论 13.35 [输出反馈系统结构]　对受控系统的 $q\times p$ 非循环传递函数矩阵

$\boldsymbol{G}(s)$,极点配置线性时不变输出反馈系统的结构如图 13.10 所示。其中,$p\times q$ 常阵 $\boldsymbol{K}$ 为预输出反馈阵,$p\times q$ 有理分式阵 $\boldsymbol{C}(s)$ 为补偿器传递函数矩阵。

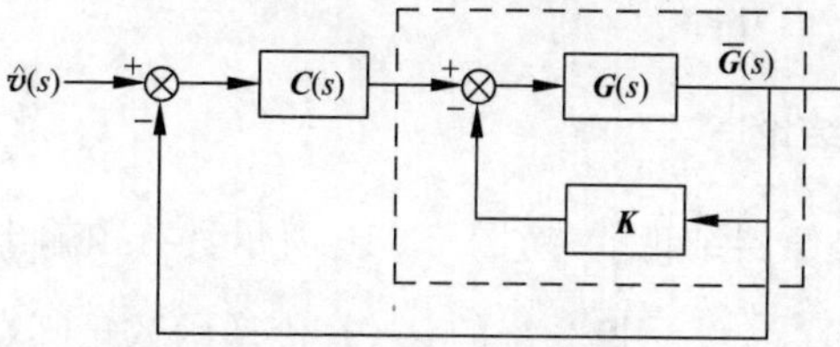

图 13.10 非循环 $\boldsymbol{G}(s)$ 情形极点配置输出反馈系统结构图

2. 基于预输出反馈导出的 $\bar{G}(s)$ 属性

结论 13.36 [$\bar{\boldsymbol{G}}(s)$ 属性] 对图 13.10 所示具有预输出反馈和补偿器的线性时不变输出反馈系统 $\bar{\Sigma}_{CF}$,受控系统的 $q\times p$ 非循环 $\boldsymbol{G}(s)$ 经预输出反馈导出的 $\bar{\boldsymbol{G}}(s)$ 具有如下属性:

(i) 对几乎所有 $p\times q$ 常阵 $\boldsymbol{K}$,$\bar{\boldsymbol{G}}(s)$ 为循环,即有

$$\Delta(\bar{\boldsymbol{G}}(s))=k\phi(\bar{\boldsymbol{G}}(s)),\ k\ \text{为常数} \tag{13.127}$$

(ii) 对几乎所有 $p\times q$ 常阵 $\boldsymbol{K}$,由

$$\lim_{s\to\infty}\det[\boldsymbol{I}+\boldsymbol{K}\boldsymbol{G}(s)]=\text{非零常阵} \tag{13.128}$$

所决定,有

$$\boldsymbol{G}(s)\ \text{为真} \Rightarrow \bar{\boldsymbol{G}}(s)\ \text{为真} \tag{13.129}$$

$$\boldsymbol{G}(s)\ \text{为严真} \Rightarrow \bar{\boldsymbol{G}}(s)\ \text{为严真} \tag{13.130}$$

(iii) 对几乎所有 $p\times q$ 常阵 $\boldsymbol{K}$,有

$$\bar{\boldsymbol{G}}(s)\ \text{的能控性指数}=\boldsymbol{G}(s)\ \text{的能控性指数}=\mu \tag{13.131}$$

$$\bar{\boldsymbol{G}}(s)\ \text{的能观测性指数}=\boldsymbol{G}(s)\ \text{的能观测性指数}=\nu \tag{13.132}$$

3. 具有预输出反馈和补偿器的输出反馈系统 $\bar{\Sigma}_{CF}$ 的传递函数矩阵

结论 13.37 [$\bar{\Sigma}_{CF}$ 的传递函数矩阵] 对图 13.10 所示具有预输出反馈和补偿器的线性时不变输出反馈系统 $\bar{\Sigma}_{CF}$,表受控系统的 $q\times p$ 传递函数矩阵 $\boldsymbol{G}(s)$ 和补偿器的 $p\times q$ 传递函数矩阵 $\boldsymbol{C}(s)$ 为

$$\boldsymbol{G}(s)=\boldsymbol{D}_{L}^{-1}(s)\boldsymbol{N}_{L}(s) \tag{13.133}$$

$$\boldsymbol{C}(s)=\boldsymbol{t}_1\bar{\boldsymbol{C}}(s)=D_{c}^{-1}(s)\boldsymbol{t}_1\boldsymbol{N}_{c}(s) \tag{13.134}$$

其中,$\boldsymbol{D}_{L}(s)$ 和 $\boldsymbol{N}_{L}(s)$ 为 $q\times q$ 和 $q\times p$ 多项式矩阵,$D_{c}(s)$ 和 $\boldsymbol{N}_{c}(s)$ 为 1×1 和 $1\times q$ 多项式矩阵,$\boldsymbol{t}_1$ 为使 $\Delta(\bar{\boldsymbol{G}}(s))=\bar{k}\Delta(\bar{\boldsymbol{G}}(s)\boldsymbol{t}_1)$ 的 $p\times 1$ 实向量,$\bar{\boldsymbol{G}}(s)=\boldsymbol{G}(s)[\boldsymbol{I}+\boldsymbol{K}\boldsymbol{G}(s)]^{-1}$ 为经预输出反馈导出的循环传递函数矩阵。则 $\bar{\Sigma}_{CF}$ 的闭环传递函数矩阵 $\boldsymbol{G}_{CF}(s)$ 为

$$\boldsymbol{G}_{\mathrm{CF}}(s)=\boldsymbol{D}_{\mathrm{CF}}^{-1}(s)\boldsymbol{N}_{\mathrm{CF}}(s) \tag{13.135}$$

$$\boldsymbol{D}_{\mathrm{CF}}(s)=[\boldsymbol{D}_{\mathrm{L}}(s)D_{\mathrm{c}}(s)+\boldsymbol{N}_{\mathrm{L}}(s)\boldsymbol{K}D_{\mathrm{c}}(s)+\boldsymbol{N}_{\mathrm{L}}(s)\boldsymbol{t}_1\boldsymbol{N}_{\mathrm{c}}(s)] \tag{13.136}$$

$$\boldsymbol{N}_{\mathrm{CF}}(s)=\boldsymbol{N}_{\mathrm{L}}(s)\boldsymbol{t}_1\boldsymbol{N}_{\mathrm{c}}(s) \tag{13.137}$$

4. 综合补偿器基本结论

结论 13.38［综合补偿器结论］ 对图 13.10 所示具有预输出反馈和补偿器的线性时不变输出反馈系统 $\bar{\Sigma}_{\mathrm{CF}}$，设受控系统的 $q\times p$ 传递函数矩阵 $\boldsymbol{G}(s)$为“严真”，补偿器的 $p\times q$ 传递函数矩阵 $\boldsymbol{C}(s)$为“真”，表

$$\boldsymbol{G}(s)=\text{不可简约 }\boldsymbol{D}_{\mathrm{L}}^{-1}(s)\boldsymbol{N}_{\mathrm{L}}(s)=\text{不可简约 }\boldsymbol{N}(s)\boldsymbol{D}^{-1}(s)$$

$$\deg\det\boldsymbol{D}_{\mathrm{L}}(s)=\deg\det\boldsymbol{D}(s)=n$$

$$\mu=\boldsymbol{G}(s)\text{ 的能控性指数}$$

$$\nu=\boldsymbol{G}(s)\text{ 的能观测性指数}$$

$$m=\boldsymbol{C}(s)\text{ 的阶数}$$

那么，若取

$$m\geqslant\min\{\mu-1,\nu-1\} \tag{13.138}$$

则存在补偿器 $\boldsymbol{C}(s)$可使闭环系统 $\bar{\Sigma}_{\mathrm{CF}}$ 的所有 $n+m$ 个极点实现任意期望配置。

结论 13.39［综合补偿器结论］ 对图 13.10 所示具有预输出反馈和补偿器的线性时不变输出反馈系统 $\bar{\Sigma}_{\mathrm{CF}}$，设受控系统的 $q\times p$ 传递函数矩阵 $\boldsymbol{G}(s)$为“真”，补偿器的 $p\times q$ 传递函数矩阵 $\boldsymbol{C}(s)$为“严真”。那么，若取

$$m\geqslant\min\{\mu,\nu\} \tag{13.139}$$

则存在补偿器 $\boldsymbol{C}(s)$可使闭环系统 $\bar{\Sigma}_{\mathrm{CF}}$ 的所有 $n+m$ 个极点实现任意期望配置。

5. $\bar{\boldsymbol{\Sigma}}_{\mathrm{CF}}$ 的结构图化简

结论 13.40［$\bar{\Sigma}_{\mathrm{CF}}$ 等价结构图］ 对图 13.10 所示具有预输出反馈和补偿器的线性时不变输出反馈系统 $\bar{\Sigma}_{\mathrm{CF}}$，为工程实施上简单，就相同极点配置意义下可等价地化为图 13.11 所示具有补偿器的输出反馈系统 Σ_{CF}。

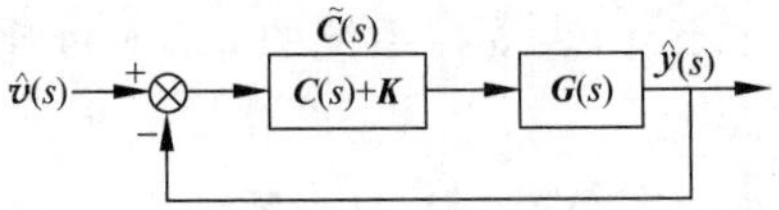

图 13.11 非循环 $\boldsymbol{G}(s)$情形极点配置输出反馈系统结构图

6. 综合举例

例 13.4 给定受控系统的 2×3 传递函数矩阵 $\boldsymbol{G}(s)$为

$$\boldsymbol{G}(s)=\begin{bmatrix}\frac{1}{s^2} & \frac{1}{s} & 0\\ 0 & 0 & \frac{1}{s}\end{bmatrix}$$

(i) 判断 $\boldsymbol{G}(s)$的循环性。容易定出

$$\boldsymbol{G}(s)\text{ 的特征多项式 }\Delta(s)=s^3$$

$$\boldsymbol{G}(s)\text{ 的最小多项式 }\phi(s)=s^2$$

表明 $\boldsymbol{G}(s)$为非循环,且受控系统阶次为 $n=3$。

(ii) 引入预输出反馈导出循环 $\bar{\boldsymbol{G}}(s)$。任意选取 3×2 预输出反馈矩阵 $\boldsymbol{K}$ 为

$$\boldsymbol{K}=\begin{bmatrix}1 & -1\\ -1 & 0\\ 2 & 1\end{bmatrix}$$

基此,导出预输出反馈系统的闭环传递函数矩阵 $\bar{\boldsymbol{G}}(s)$为

$$\begin{aligned}\bar{\boldsymbol{G}}(s)&=[\boldsymbol{I}+\boldsymbol{G}(s)\boldsymbol{K}]^{-1}\boldsymbol{G}(s)\\ &=\begin{bmatrix}\frac{s+1}{s^3+3} & \frac{s(s+1)}{s^3+3} & \frac{1}{s^3+3}\\ \frac{-2}{s^3+3} & \frac{-2s}{s^3+3} & \frac{s^2-s+1}{s^3+3}\end{bmatrix}\end{aligned}$$

容易定出

$$\bar{\boldsymbol{G}}(s)\text{ 的最小多项式 }\bar{\phi}(s)=s^3+3$$

而由 $\bar{\boldsymbol{G}}(s)$的 2 阶子式:

$$m_{21}(s)=\frac{1}{(s^3+3)^2}[-2s(s+1)+2s(s+1)]=0$$

$$m_{22}(s)=\frac{1}{(s^3+3)^2}[s(s+1)(s^2-s+1)+2s]=\frac{s}{s^3+3}$$

$$m_{23}(s)=\frac{1}{(s^3+3)^2}[(s+1)(s^2-s+1)+2]=\frac{1}{s^3+3}$$

又可定出

$$\bar{\boldsymbol{G}}(s)\text{ 的特征多项式 }\Delta(\bar{\boldsymbol{G}}(s))=s^3+3$$

表明 $\bar{\boldsymbol{G}}(s)$为循环有理分式矩阵。并且,容易看出,$\bar{\boldsymbol{G}}(s)$保持为严真。

(iii) 选取补偿器-输出反馈系统结构。注意到,对受控系统:

$$\text{输出维数 }q=2<\text{输入维数 }p=3$$

所以,一般地有

$$\boldsymbol{G}(s)\text{ 的能控性指数 }\mu<\boldsymbol{G}(s)\text{ 的能观测性指数 }\nu$$

基此,采用图 13.9(b)所示补偿器-输出反馈系统结构。

(iv) 综合补偿器的 $\boldsymbol{C}(s)$。任取 1×2 实向量 $\boldsymbol{t}_2=[1\quad 0]$,有

$$\boldsymbol{t}_2\bar{\boldsymbol{G}}(s)=D_{\mathrm{L}}^{-1}(s)\boldsymbol{N}_{\mathrm{L}}(s)=\frac{1}{s^3+3}[s+1\quad s(s+1)\quad 1]$$

并且，显然成立：

$$\Delta(\boldsymbol{t}_2\bar{\boldsymbol{G}}(s))=\Delta(\bar{\boldsymbol{G}}(s))=s^3+3$$

进而，由上述 $\boldsymbol{t}_2\bar{\boldsymbol{G}}(s)$ 的表达式，可以导出

$$D_{\mathrm{L}}(s)=D_3s^3+D_2s^2+D_1s+D_0=s^3+0s^2+0s+3$$

$$\boldsymbol{N}_{\mathrm{L}}(s)=\boldsymbol{N}_3s^3+\boldsymbol{N}_2s^2+\boldsymbol{N}_1s+\boldsymbol{N}_0=[0\quad 0\quad 0]s^3+[0\quad 1\quad 0]s^2+[1\quad 1\quad 0]s+[1\quad 0\quad 1]$$

此后，按算法 13.4 中 $\boldsymbol{S}_{\mathrm{L}}$ 的块阵转置形式组成系数矩阵 $\bar{\boldsymbol{S}}_{\mathrm{L}}$，整数 L 的值从零取起直至 $\bar{\boldsymbol{S}}_{\mathrm{L}}$ 行满秩为止。对讨论的问题，试算结果表明 L=0 矩阵 $\bar{\boldsymbol{S}}_{\mathrm{L}}$ 已为行满秩，即系数矩阵 $\bar{\boldsymbol{S}}_0$ 为

$$\bar{\boldsymbol{S}}_0=\begin{bmatrix}D_0 & \boldsymbol{N}_0\\ D_1 & \boldsymbol{N}_1\\ D_2 & \boldsymbol{N}_2\\ D_3 & \boldsymbol{N}_3\end{bmatrix}=\begin{bmatrix}3&1&0&1\\0&1&1&0\\0&0&1&0\\1&0&0&0\end{bmatrix}$$

从而，可知

$$能控性指数\ \mu=\mathrm{L}+1=1,\quad 补偿器阶数\ m=\mu-1=0$$

进而，指定 $n+m=3+0=3$ 个期望闭环极点，设为

$$\lambda_1^*=-1,\quad \lambda_2^*=-1,\quad \lambda_3^*=-2$$

并定出对应期望特征多项式：

$$D_{\mathrm{CF}}^*(s)=(s+1)^2(s+2)=F_3s^3+F_2s^2+F_1s+F_0=s^3+4s^2+5s+2$$

在此基础上，组成并求解方程：

$$\bar{\boldsymbol{S}}_0\begin{bmatrix}D_{c0}\\ \boldsymbol{N}_{c0}\end{bmatrix}=\begin{bmatrix}3&1&0&1\\0&1&1&0\\0&0&1&0\\1&0&0&0\end{bmatrix}\begin{bmatrix}D_{c0}\\ \boldsymbol{N}_{c0}\end{bmatrix}=\begin{bmatrix}2\\5\\4\\1\end{bmatrix}=\begin{bmatrix}F_0\\F_1\\F_2\\F_3\end{bmatrix}$$

可以得到

$$\begin{bmatrix}D_{c0}\\ \boldsymbol{N}_{c0}\end{bmatrix}=\bar{\boldsymbol{S}}_0^{-1}\begin{bmatrix}F_0\\F_1\\F_2\\F_3\end{bmatrix}=\begin{bmatrix}0&0&0&1\\0&1&-1&0\\0&0&1&0\\1&-1&1&-3\end{bmatrix}\begin{bmatrix}2\\5\\4\\1\end{bmatrix}=\begin{bmatrix}1\\1\\4\\-2\end{bmatrix}$$

即有

$$D_{c0}=1,\ \boldsymbol{N}_{c0}=\begin{bmatrix}1\\4\\-2\end{bmatrix}$$

最后，基于上述结果，就可定出：

$$\bar{C}(s)=D_c^{-1}(s)N_c(s)=D_{c0}^{-1}N_{c0}=\begin{bmatrix}1\\4\\-2\end{bmatrix}$$

$$C(s)=\bar{C}(s)t_2=\begin{bmatrix}1\\4\\-2\end{bmatrix}\begin{bmatrix}1 & 0\end{bmatrix}=\begin{bmatrix}1 & 0\\4 & 0\\-2 & 0\end{bmatrix}$$

(v) 综合图 13.11 所示输出反馈系统的补偿器的 $\tilde{C}(s)$。若为简化工程实施采用图 13.11 所示输出反馈系统结构，则可相应定出补偿器的 $\tilde{C}(s)$ 为

$$\tilde{C}(s)=C(s)+K=\begin{bmatrix}1 & 0\\4 & 0\\-2 & 0\end{bmatrix}+\begin{bmatrix}1 & -1\\-1 & 0\\2 & 1\end{bmatrix}=\begin{bmatrix}2 & -1\\3 & 0\\0 & 1\end{bmatrix}$$

13.4　输出反馈动态解耦控制问题的补偿器的综合

解耦控制广泛应用于工业过程控制领域。解耦控制是控制理论中受到关注的一类综合问题。解耦控制实质是通过引入外部控制把一个耦合的多输入多输出系统解耦为多个独立的单输入单输出系统。解耦控制可分为动态解耦控制和静态解耦控制。本节基于复频率域方法系统和简要讨论动态解耦控制问题，主要内容包括问题提法、基本类型解耦控制、若干推广性讨论等。

13.4.1　问题的提法

考虑线性时不变多输入多输出受控系统。系统为方即输入维数和输出维数相等，且可由 $p\times p$ 传递函数矩阵 $G(s)$ 完全表征。$G(s)$ 为真或严真并采用不可简约右 MFD 表征：

$$G(s)=\text{不可简约 } N(s)D^{-1}(s) \tag{13.140}$$

其中，$D(s)$ 和 $N(s)$ 均为 $p\times p$ 多项式矩阵。

规定控制模式为具有补偿器的输出反馈。动态解耦控制系统 Σ_{CF} 的结构如图 13.12 所示，其中 $C(s)$ 为补偿器的 $p\times p$ 传递函数矩阵。

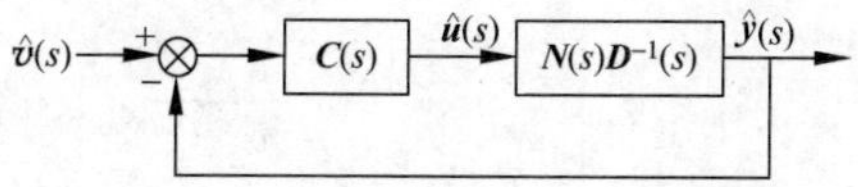

图 13.12　动态解耦控制系统的结构图

基此，动态解耦控制的提法归结为，确定补偿器的一个 $p\times p$ 传递函数矩阵 $C(s)$，使满足如下的三点综合要求。

(i) 控制性能上实现一个输出 y_i 由且仅由一个输入 v_i 所控制，且具有期望动态

过程性能，$i=1,2,\cdots,p$。等价地，即要求控制系统 Σ_{CF} 的 $p\times p$ 传递函数矩阵 $\boldsymbol{G}_{CF}(s)$为非奇异对角阵：

$$\boldsymbol{G}_{CF}(s)=\begin{bmatrix} g_{CF1}(s) & & \\ & \ddots & \\ & & g_{CFp}(s) \end{bmatrix},\quad g_{CFi}(s)\neq 0 \tag{13.141}$$

且 $g_{CFi}(s)$满足期望极点配置，$i=1,2,\cdots,p$。

(ii) 系统结构上具有抑制噪声属性。等价地，即要求控制系统 Σ_{CF} 的 $p\times p$ 传递函数矩阵

$$\boldsymbol{G}_{CF}(s)=\boldsymbol{G}(s)\boldsymbol{C}(s)[\boldsymbol{I}+\boldsymbol{G}(s)\boldsymbol{C}(s)]^{-1} \tag{13.142}$$

为严真或真。

(iii) 补偿器满足物理可实现性。等价地，即要求补偿器的 $p\times p$ 传递函数矩阵 $\boldsymbol{C}(s)$为严真或真。

13.4.2 输出反馈基本解耦控制问题的补偿器的综合

本部分先就基本解耦控制问题讨论补偿器的综合。随后将可看到，对更为一般解耦控制综合问题的讨论都是建立在基本解耦控制结论基础上的。

1. 基本解耦控制问题

结论 13.41 [基本解耦控制问题] 基本解耦控制问题是指，在图 13.12 所示解耦控制系统结构中，对受控系统进而假定

$$\boldsymbol{G}(s)\ \text{为非奇异} \tag{13.143}$$

$$\boldsymbol{G}(s)=\text{不可简约}\ \boldsymbol{N}(s)\boldsymbol{D}^{-1}(s) \tag{13.144}$$

$$\boldsymbol{D}(s)\ \text{稳定},\quad \boldsymbol{N}(s)\ \text{稳定} \tag{13.145}$$

对补偿器则进而取为

$$\boldsymbol{C}(s)=\boldsymbol{G}^{-1}(s)\boldsymbol{P}(s)=\boldsymbol{D}(s)\boldsymbol{N}^{-1}(s)\boldsymbol{P}(s) \tag{13.146}$$

其中

$$\boldsymbol{P}(s)=\begin{bmatrix} \dfrac{\beta_1(s)}{\alpha_1(s)} & & \\ & \ddots & \\ & & \dfrac{\beta_p(s)}{\alpha_p(s)} \end{bmatrix} \tag{13.147}$$

$$\alpha_i(s)\ \text{和}\ \beta_i(s)\ \text{为待定多项式},\quad i=1,2,\cdots,p$$

对应地，基本解耦控制系统 Σ_{CF} 的结构如图 13.13 所示。

2. 基本解耦控制系统 $\boldsymbol{\Sigma}_{CF}$ 的可解耦性

结论 13.42 [Σ_{CF} 的可解耦性] 图 13.13 所示基本解耦控制系统 Σ_{CF} 必可实现

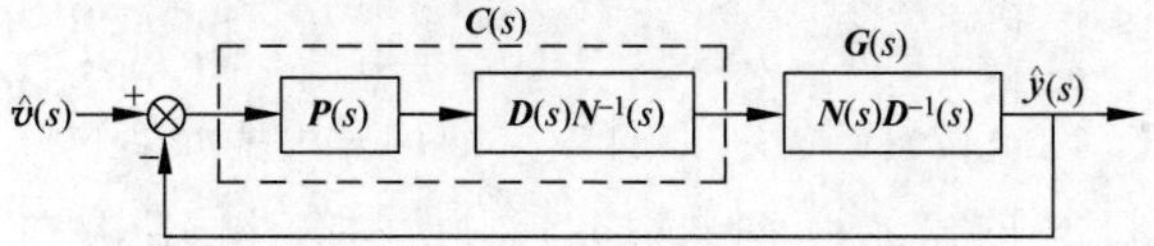

图 13.13　基本解耦控制系统的结构图

动态解耦，且其闭环传递函数矩阵 $\boldsymbol{G}_{CF}(s)$ 为

$$\boldsymbol{G}_{CF}(s)=\begin{bmatrix}\dfrac{\beta_1(s)}{\alpha_1(s)+\beta_1(s)} & & \\ & \ddots & \\ & & \dfrac{\beta_p(s)}{\alpha_p(s)+\beta_p(s)}\end{bmatrix} \tag{13.148}$$

证　由图 13.13 所示 Σ_{CF} 的结构图，可以导出

$$\begin{aligned}\boldsymbol{G}_{CF}(s)&=\boldsymbol{G}(s)\boldsymbol{C}(s)[\boldsymbol{I}+\boldsymbol{G}(s)\boldsymbol{C}(s)]^{-1}\\&=\boldsymbol{G}(s)\boldsymbol{G}^{-1}(s)\boldsymbol{P}(s)[\boldsymbol{I}+\boldsymbol{G}(s)\boldsymbol{G}^{-1}(s)\boldsymbol{P}(s)]^{-1}\\&=\boldsymbol{P}(s)[\boldsymbol{I}+\boldsymbol{P}(s)]^{-1}\end{aligned} \tag{13.149}$$

再将式(13.147)代入式(13.149)，即可得到

$$\begin{aligned}\boldsymbol{G}_{CF}(s)&=\boldsymbol{P}(s)[\boldsymbol{I}+\boldsymbol{P}(s)]^{-1}\\&=\begin{bmatrix}\dfrac{\beta_1(s)}{\alpha_1(s)+\beta_1(s)} & & \\ & \ddots & \\ & & \dfrac{\beta_p(s)}{\alpha_p(s)+\beta_p(s)}\end{bmatrix}\end{aligned} \tag{13.150}$$

并且，$\boldsymbol{G}_{CF}(s)$ 为非奇异。据此，由解耦性定义知，Σ_{CF} 实现动态解耦。证明完成。

3. 综合补偿器的 C(s)

结论 13.43 [$\boldsymbol{C}(s)$的关系式]　对图 13.13 所示的基本解耦控制系统 Σ_{CF}，表

$$\boldsymbol{G}^{-1}(s)=\begin{bmatrix}h_{11}(s) & \cdots & h_{1p}(s)\\ \vdots & & \vdots\\ h_{p1}(s) & \cdots & h_{pp}(s)\end{bmatrix} \tag{13.151}$$

则补偿器的 $\boldsymbol{C}(s)$ 为

$$\boldsymbol{C}(s)=\begin{bmatrix}\dfrac{\beta_1(s)}{\alpha_1(s)}h_{11}(s) & \cdots & \dfrac{\beta_p(s)}{\alpha_p(s)}h_{1p}(s)\\ \vdots & & \vdots\\ \dfrac{\beta_1(s)}{\alpha_1(s)}h_{p1}(s) & \cdots & \dfrac{\beta_p(s)}{\alpha_p(s)}h_{pp}(s)\end{bmatrix} \tag{13.152}$$

证 由图13.13所示Σ_{CF}的结构图，可以导出

$$\boldsymbol{C}(s)=\boldsymbol{D}(s)\boldsymbol{N}^{-1}(s)\boldsymbol{P}(s)=\boldsymbol{G}^{-1}(s)\boldsymbol{P}(s) \tag{13.153}$$

将式(13.151)和式(13.147)代入式(13.153)，即可导出式(13.152)。证明完成。

结论 13.44 [$\boldsymbol{C}(s)$的综合] 对式(13.152)所示的补偿器的$\boldsymbol{C}(s)$关系式，表

$$h_{ij}(s)=\frac{n_{ij}(s)}{d_{ij}(s)},\quad i,j=1,2,\cdots,p \tag{13.154}$$

则$\boldsymbol{C}(s)$的真或严真性可通过合理选取$\alpha_j(s)$和$\beta_j(s)$的次数来保证。

(i) 若取$\{\alpha_j(s),\beta_j(s)\}$使对所有$j=1,2,\cdots,p$成立：

$$(\deg\alpha_j(s)-\deg\beta_j(s))\geqslant\max_i[\deg n_{ij}(s)-\deg d_{ij}(s)] \tag{13.155}$$

则$\boldsymbol{C}(s)$为真。

(ii) 若取$\{\alpha_j(s),\beta_j(s)\}$使对所有$j=1,2,\cdots,p$成立：

$$(\deg\alpha_j(s)-\deg\beta_j(s))>\max_i[\deg n_{ij}(s)-\deg d_{ij}(s)] \tag{13.156}$$

则$\boldsymbol{C}(s)$为严真。

结论 13.45 [$\boldsymbol{C}(s)$的综合] 对图13.13所示的基本解耦控制系统Σ_{CF}和式(13.152)所示的补偿器的$\boldsymbol{C}(s)$关系式，设$\eta_j^*(s)$为对解耦后单输入单输出系统传递函数

$$g_{CFj}(s)=\frac{\beta_j(s)}{\alpha_j(s)+\beta_j(s)},\quad j=1,2,\cdots,p \tag{13.157}$$

指定的期望闭环极点组对应的期望分母多项式。则$g_{CFj}(s),j=1,2,\cdots,p$的极点配置和$\boldsymbol{G}_{CF}(s)$的真或严真，可通过合理地选取多项式$\alpha_j(s)$和$\beta_j(s),j=1,2,\cdots,p$来保证。即，若对$j=1,2,\cdots,p$取

$$\beta_j(s)=\beta_j=\text{常数} \tag{13.158}$$

$$\alpha_j(s)=\eta_j^*(s)-\beta_j\ \text{为稳定} \tag{13.159}$$

$$\deg\alpha_j(s)\geqslant(\text{或}>)\max_i[\deg n_{ij}(s)-\deg d_{ij}(s)] \tag{13.160}$$

则Σ_{CF}可实现期望闭环极点配置，并使闭环传递函数矩阵$\boldsymbol{G}_{CF}(s)$为严真或真。

4. 基本解耦控制系统的机制

结论 13.46 [解耦系统机制] 对图13.13所示的基本解耦控制系统Σ_{CF}和图中补偿器的取定$\boldsymbol{C}(s)$，其解耦机制是基于受控系统与补偿器间"极点-零点准确对消"和$\boldsymbol{P}(s)$的对角矩阵属性。

注 1 上述结论中，受控系统与补偿器间"极点-零点准确对消"表现为

"$\boldsymbol{G}(s)$极点即$\det\boldsymbol{D}(s)=0$根"准确对消"$\boldsymbol{C}(s)$零点即$\det\boldsymbol{D}(s)=0$根"

"$\boldsymbol{G}(s)$零点即$\det\boldsymbol{N}(s)=0$根"准确对消"$\boldsymbol{C}(s)$极点即$\det\boldsymbol{N}(s)=0$根"

注 2 正是由于受控系统与补偿器间"极点-零点准确对消"这种机制，使在基本解耦控制系统Σ_{CF}中需要引入"$\boldsymbol{D}(s)$为稳定，$\boldsymbol{N}(s)$为稳定"附加假定。否则，若$\boldsymbol{D}(s)$不稳定或/和$\boldsymbol{N}(s)$不稳定，而又没有引入其他措施，则就会面临不稳定极点-零点对

消问题。在理论上，不稳定极点-零点对消是允许的；在实际中，不稳定极点-零点对消的任何误差将最终导致系统的不稳定，因而是不允许的。

13.4.3　对输出反馈基本解耦控制系统的推广

本部分中，通过对基本解耦控制系统推广，给出受控系统放宽条件后动态解耦控制问题补偿器综合的有关结论。

1. 推广到非最小相位受控系统

在图 13.13 所示结构解耦控制系统 Σ_{CF} 中，假定受控系统 $\boldsymbol{G}(s)=\boldsymbol{N}(s)\boldsymbol{D}^{-1}(s)$ 不可简约，$\boldsymbol{D}(s)$稳定，$\boldsymbol{N}(s)$不稳定但非奇异，则受控系统为非最小相位，并相应构成 $\boldsymbol{N}(s)$不稳定解耦控制问题。

对 $\boldsymbol{N}(s)$不稳定解耦控制综合问题，基本步骤是通过合理选取 $\beta_j(s)$，$j=1,2,\cdots,p$ 使消除补偿器传递函数矩阵 $\boldsymbol{C}(s)$的表达式

$$\begin{aligned}\boldsymbol{C}(s)&=\boldsymbol{D}(s)\boldsymbol{N}^{-1}(s)\boldsymbol{P}(s)\\&=\boldsymbol{D}(s)\boldsymbol{N}^{-1}(s)\begin{bmatrix}\beta_1(s)&&\\&\ddots&\\&&\beta_p(s)\end{bmatrix}\begin{bmatrix}\alpha_1(s)&&\\&\ddots&\\&&\alpha_p(s)\end{bmatrix}^{-1}\end{aligned}\tag{13.161}$$

中的不稳定极点即 $\det\boldsymbol{N}(s)=0$ 不稳定根。为此，表

$$b_j(s)=\boldsymbol{N}^{-1}(s)\text{ 第 }j\text{ 列诸元有理分式对应“}\det\boldsymbol{N}(s)=0\text{ 不稳定根”的最小公分母，}\quad j=1,2,\cdots,p\tag{13.162}$$

并取

$$\beta_j(s)=\tilde{k}_j b_j(s),\quad \tilde{k}_j\text{ 待定，}\quad j=1,2,\cdots,p\tag{13.163}$$

那么，可使

$$\widetilde{\boldsymbol{N}}^{-1}(s)=\boldsymbol{N}^{-1}(s)\begin{bmatrix}\beta_1(s)&&\\&\ddots&\\&&\beta_p(s)\end{bmatrix}\tag{13.164}$$

的极点中不包含 $\det\boldsymbol{N}(s)=0$ 不稳定根。

在此基础上，并基于基本解耦控制补偿器综合结论，可对 $\boldsymbol{N}(s)$不稳定解耦控制补偿器综合问题直接给出下面一些相关结论。

结论 13.47［补偿器的综合］　对图 13.13 所示结构形式 $\boldsymbol{N}(s)$不稳定解耦控制系统 Σ_{CF}，通过按式(13.163)所示选取 $\beta_j(s)$，$j=1,2,\cdots,p$，可得到极点中不包含 $\det\boldsymbol{N}(s)=0$ 不稳定根的补偿器传递函数矩阵 $\boldsymbol{C}(s)$为

$$\boldsymbol{C}(s)=\boldsymbol{D}(s)\widetilde{\boldsymbol{N}}^{-1}(s)\begin{bmatrix}\alpha_1(s)&&\\&\ddots&\\&&\alpha_p(s)\end{bmatrix}^{-1}\tag{13.165}$$

其中，$\tilde{\boldsymbol{N}}^{-1}(s)$由式(13.164)给出。

注 通常，$\boldsymbol{C}(s)$不包含不稳定极点被认为是补偿器可在物理上实现的前提。

结论 13.48［补偿器的综合］ 对图 13.13 所示结构形式的 $\boldsymbol{N}(s)$不稳定解耦控制系统 Σ_{CF}，表

$$\boldsymbol{D}(s)\boldsymbol{N}^{-1}(s)=\begin{bmatrix}\dfrac{n_{11}(s)}{d_{11}(s)} & \cdots & \dfrac{n_{1p}(s)}{d_{1p}(s)}\\ \vdots & & \vdots\\ \dfrac{n_{p1}(s)}{d_{p1}(s)} & \cdots & \dfrac{n_{pp}(s)}{d_{pp}(s)}\end{bmatrix}\tag{13.166}$$

则可导出

$$\boldsymbol{C}(s)=\begin{bmatrix}\dfrac{\beta_1(s)n_{11}(s)}{\alpha_1(s)d_{11}(s)} & \cdots & \dfrac{\beta_p(s)n_{1p}(s)}{\alpha_p(s)d_{1p}(s)}\\ \vdots & & \vdots\\ \dfrac{\beta_1(s)n_{p1}(s)}{\alpha_1(s)d_{p1}(s)} & \cdots & \dfrac{\beta_p(s)n_{pp}(s)}{\alpha_p(s)d_{pp}(s)}\end{bmatrix}\tag{13.167}$$

且在 $\beta_j(s),j=1,2,\cdots,p$ 取定下，通过对 $j=1,2,\cdots,p$ 选取

$$\deg\alpha_j(s)\geqslant(\text{或}>)\{\deg\beta_j(s)+\max_i[\deg n_{ij}(s)-\deg d_{ij}(s)]\}\tag{13.168}$$

可使 $\boldsymbol{C}(s)$为真(或严真)。

结论 13.49［补偿器的综合］ 对图 13.13 所示结构形式的 $\boldsymbol{N}(s)$不稳定解耦控制系统 Σ_{CF}，在 $\beta_j(s)$和 $\deg\alpha_j(s),j=1,2,\cdots,p$ 取定下，通过对 $j=1,2,\cdots,p$ 选取 $\tilde{k}_j$ 使满足

$$\alpha_j(s)=\eta_j^*(s)-\beta_j(s)=\eta_j^*(s)-\tilde{k}_jb_j(s)\tag{13.169}$$

$$\alpha_j(s)\ \text{为稳定}\tag{13.170}$$

$$\eta_j^*(s)=\text{解耦后第 } j \text{ 个子系统期望特征多项式}\tag{13.171}$$

可定出使 Σ_{CF} 解耦和各个子系统实现期望极点配置的 $\boldsymbol{C}(s)$为

$$\boldsymbol{C}(s)=\boldsymbol{D}(s)\tilde{\boldsymbol{N}}^{-1}(s)\begin{bmatrix}\alpha_1(s) & & \\ & \ddots & \\ & & \alpha_p(s)\end{bmatrix}^{-1}\tag{13.172}$$

进而，还可导出有关 Σ_{CF} 的闭环传递函数矩阵的结论。

结论 13.50［闭环传递函数矩阵］ 对图 13.13 所示结构形式的 $\boldsymbol{N}(s)$不稳定解耦控制系统 Σ_{CF}，基于上述综合得到的补偿器的 $\boldsymbol{C}(s)$，可导出 Σ_{CF} 的闭环传递函数矩阵$\boldsymbol{G}_{\mathrm{CF}}(s)$为

$$\boldsymbol{G}_{\mathrm{CF}}(s)=\begin{bmatrix}\dfrac{\beta_1(s)}{\eta_1^*(s)} & & \\ & \ddots & \\ & & \dfrac{\beta_p(s)}{\eta_p^*(s)}\end{bmatrix}\tag{13.173}$$

且由于 $\beta_j(s)=0$ 根包含 $\det\boldsymbol{N}(s)=0$ 不稳定根，$j=1,2,\cdots,p$，所以 $\boldsymbol{G}_{\mathrm{CF}}(s)$ 为非最小相位。

2. 推广到不稳定受控系统

在图 13.13 所示结构的解耦控制系统 Σ_{CF} 中，假定受控系统 $\boldsymbol{G}(s)=\boldsymbol{N}(s)\boldsymbol{D}^{-1}(s)$ 不可简约，$\boldsymbol{N}(s)$ 稳定，$\boldsymbol{D}(s)$ 不稳定，则受控系统为不稳定系统，并相应地构成 $\boldsymbol{D}(s)$ 不稳定解耦控制问题。

求解 $\boldsymbol{D}(s)$ 不稳定解耦控制问题的思路是，先对不稳定受控系统引入预补偿输出反馈使实现稳定，再对所得到稳定的新受控系统按基本解耦控制问题结论综合其补偿器。基此思路，直接给出如下的相关结论。

结论 13.51 [解耦控制系统结构图]　对 $\boldsymbol{D}(s)$ 不稳定解耦控制问题，其解耦控制系统 Σ_{CF} 的结构如图 13.14 所示。其中，右侧虚线框中为预补偿输出反馈系统，$\widetilde{\boldsymbol{C}}(s)$ 是使不稳定 $\boldsymbol{N}(s)\boldsymbol{D}^{-1}(s)$ 为稳定的镇定补偿器传递函数矩阵，非奇异 $\bar{\boldsymbol{N}}(s)\bar{\boldsymbol{D}}^{-1}(s)$ 为稳定的新受控对象的不可简约 MFD。并且，$\widetilde{\boldsymbol{C}}(s)$ 可按输出反馈极点配置补偿器的综合方法确定，$\bar{\boldsymbol{N}}(s)\bar{\boldsymbol{D}}^{-1}(s)$ 为

$$\bar{\boldsymbol{G}}(s)=\boldsymbol{N}(s)\boldsymbol{D}^{-1}(s)\widetilde{\boldsymbol{C}}(s)[\boldsymbol{I}+\boldsymbol{N}(s)\boldsymbol{D}^{-1}(s)\widetilde{\boldsymbol{C}}(s)]^{-1} \tag{13.174}$$

的不可简约 MFD。

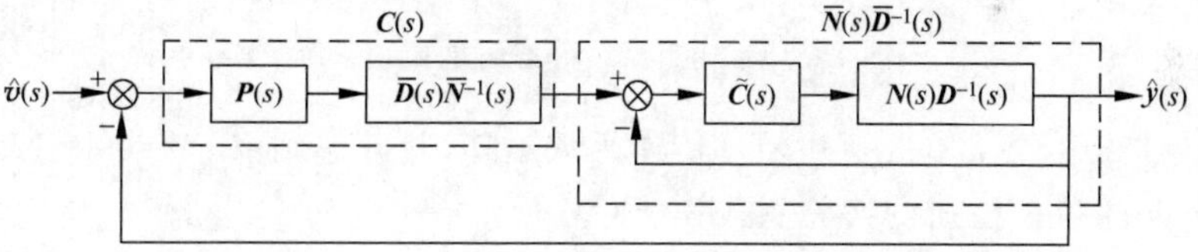

图 13.14　不稳定受控对象的解耦控制系统结构图

结论 13.52 [补偿器综合]　对图 13.14 所示 $\boldsymbol{D}(s)$ 不稳定解耦控制系统 Σ_{CF}，基于稳定的不可简约 $\bar{\boldsymbol{N}}(s)\bar{\boldsymbol{D}}^{-1}(s)$ 为新受控对象，可以导出补偿器传递函数矩阵 $\boldsymbol{C}(s)$ 为

$$\boldsymbol{C}(s)=\bar{\boldsymbol{D}}(s)\bar{\boldsymbol{N}}^{-1}(s)\boldsymbol{P}(s) \tag{13.175}$$

$$\boldsymbol{P}(s)=\begin{bmatrix}\dfrac{\beta_1(s)}{\alpha_1(s)} & & \\ & \ddots & \\ & & \dfrac{\beta_p(s)}{\alpha_p(s)}\end{bmatrix} \tag{13.176}$$

其中，$\alpha_i(s)$ 和 $\beta_i(s)$ 可按基本解耦控制问题有关结论定出，$i=1,2,\cdots,p$。

13.5 输出反馈静态解耦控制问题的补偿器的综合

动态解耦控制的"准确零点-极点对消"机制使其对系统参数摄动具有很强敏感性。动态解耦控制的这一缺点限制了其在某些过程控制领域的有效应用。而对大多数工业控制对象更有意义的是静态解耦控制问题。本节是对输出反馈静态解耦控制的补偿器综合问题的一个简要的讨论。

13.5.1 问题的提法

考虑线性时不变多输入多输出受控系统,系统由其传递函数矩阵 $\boldsymbol{G}(s)$完全表征,$\boldsymbol{G}(s)$为 $q\times p$ 真或严真有理分式矩阵。静态解耦控制系统 Σ_{CF} 的结构如图 13.15 所示,补偿器由 $\boldsymbol{C}(s)$和 $\boldsymbol{P}(s)$串联组成,$\boldsymbol{C}(s)$和 $\boldsymbol{P}(s)$为 $p\times q$ 和$q\times q$ 传递函数矩阵。参考输入$\boldsymbol{v}$ 限定为

$$\boldsymbol{v}(t)=\boldsymbol{d}1(t) \tag{13.177}$$

其中,$\boldsymbol{d}$ 为$q\times1$ 实常向量,$1(t)$为单位阶跃函数。

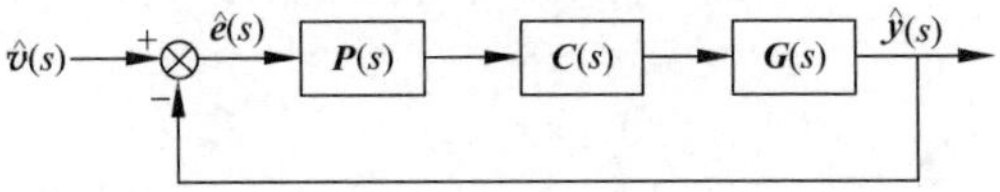

图 13.15 输出反馈静态解耦控制系统

表 $\boldsymbol{G}_{\mathrm{CF}}(s)$为 Σ_{CF} 的 $q\times q$ 闭环传递函数矩阵,并考虑到 $\mathscr{L}[1(t)]=1/s$,可导出系统输出 $\boldsymbol{y}$ 的拉普拉斯变换关系式为

$$\hat{\boldsymbol{y}}(s)=\boldsymbol{G}_{\mathrm{CF}}(s)\,\hat{\boldsymbol{v}}(s)=\frac{1}{s}\boldsymbol{G}_{\mathrm{CF}}(s)\boldsymbol{d} \tag{13.178}$$

且在 Σ_{CF} 为稳定前提下,运用拉普拉斯变换终值定理,又可导出 $q\times1$ 输出 $\boldsymbol{y}(t)$的稳态值为

$$\lim_{t\to\infty}\boldsymbol{y}(t)=\lim_{s\to0}s\hat{\boldsymbol{y}}(s)=\lim_{s\to0}\boldsymbol{G}_{\mathrm{CF}}(s)\boldsymbol{d}=\boldsymbol{G}_{\mathrm{CF}}(0)\boldsymbol{d} \tag{13.179}$$

所谓静态解耦控制问题就是,对图 13.15 所示结构静态解耦控制系统 Σ_{CF},寻找补偿器的一组$\{\boldsymbol{C}(s),\boldsymbol{P}(s)\}$,使 Σ_{CF} 的闭环传递函数矩阵 $\boldsymbol{G}_{\mathrm{CF}}(s)$成立:

$$\boldsymbol{G}_{\mathrm{CF}}(s)=\begin{cases}\text{非对角矩阵},\ \forall s\neq0\\ \text{非奇异对角矩阵},\ \forall s=0\end{cases} \tag{13.180}$$

等价地,若表

$$\boldsymbol{y}(t)=\begin{bmatrix}y_1(t)\\ \vdots\\ y_q(t)\end{bmatrix} \tag{13.181}$$

$$\boldsymbol{G}_{\mathrm{CF}}(0)=\begin{bmatrix}\bar{g}_{11}(0) & & \\ & \ddots & \\ & & \bar{g}_{qq}(0)\end{bmatrix} \tag{13.182}$$

$$\boldsymbol{d}=\begin{bmatrix}d_1\\ \vdots \\ d_q\end{bmatrix} \tag{13.183}$$

则当实现静态解耦控制时，对所有 $i=1,2,\cdots,q$，有

$$y_i(t)=q_{ii}(0)d_i 1(t)\quad \forall t=\infty \tag{13.184}$$

13.5.2 输出反馈静态解耦控制问题的补偿器的综合

本部分中，给出输出反馈静态解耦控制补偿器综合问题的一些相关结论。

1. $\boldsymbol{\Sigma}_{\mathrm{CF}}$ 的闭环传递函数矩阵

结论 13.53［闭环传递函数矩阵］　对图 13.15 所示结构静态解耦控制系统 Σ_{CF}，其闭环传递函数矩阵 $\boldsymbol{G}_{\mathrm{CF}}(s)$ 为

$$\boldsymbol{G}_{\mathrm{CF}}(s)=[\boldsymbol{I}+\boldsymbol{G}(s)\boldsymbol{C}(s)\boldsymbol{P}(s)]^{-1}\boldsymbol{G}(s)\boldsymbol{C}(s)\boldsymbol{P}(s) \tag{13.185}$$

证　由图 13.15 所示 Σ_{CF} 结构图即可导出式(13.185)。具体推证过程略去。

2. $\boldsymbol{\Sigma}_{\mathrm{CF}}$ 的输入-误差传递函数矩阵

结论 13.54［输入-误差传递函数矩阵］　对图 13.15 所示结构静态解耦控制系统 Σ_{CF}，其由参考输入 $\boldsymbol{v}$ 到误差信号 $\boldsymbol{e}$ 的传递函数矩阵 $\boldsymbol{G}_{EV}(s)$ 为

$$\boldsymbol{G}_{EV}(s)=[\boldsymbol{I}+\boldsymbol{G}(s)\boldsymbol{C}(s)\boldsymbol{P}(s)]^{-1} \tag{13.186}$$

进而，闭环传递函数矩阵 $\boldsymbol{G}_{\mathrm{CF}}(s)$ 和输入-误差传递函数矩阵 $\boldsymbol{G}_{EV}(s)$ 之间具有关系：

$$\boldsymbol{G}_{\mathrm{CF}}(s)=\boldsymbol{I}-\boldsymbol{G}_{EV}(s) \tag{13.187}$$

证　关系式(13.186)可由图 13.15 所示 Σ_{CF} 结构图直接导出。进而，由式(13.185)和(13.186)，即可证得

$$\begin{aligned}\boldsymbol{G}_{\mathrm{CF}}(s)&=[\boldsymbol{I}+\boldsymbol{G}(s)\boldsymbol{C}(s)\boldsymbol{P}(s)]^{-1}\boldsymbol{G}(s)\boldsymbol{C}(s)\boldsymbol{P}(s)\\&=\{[\boldsymbol{I}+\boldsymbol{G}(s)\boldsymbol{C}(s)\boldsymbol{P}(s)]^{-1}\boldsymbol{G}(s)\boldsymbol{C}(s)\boldsymbol{P}(s)+[\boldsymbol{I}+\boldsymbol{G}(s)\boldsymbol{C}(s)\boldsymbol{P}(s)]^{-1}\}-\\&\quad\ [\boldsymbol{I}+\boldsymbol{G}(s)\boldsymbol{C}(s)\boldsymbol{P}(s)]^{-1}\\&=\boldsymbol{I}-\boldsymbol{G}_{EV}(s)\end{aligned} \tag{13.188}$$

3. $\boldsymbol{\Sigma}_{\mathrm{CF}}$ 的稳定性

结论 13.55［稳定性］　对图 13.15 所示结构静态解耦控制系统 Σ_{CF}，设受控系统的 $q\times p$ 传递函数矩阵 $\boldsymbol{G}(s)$ 不包含 $s=0$ 的零点，且 $p\geqslant q$。再之

$$由\hat{\boldsymbol{v}}(s)=\frac{1}{s}\boldsymbol{d}\ 取\ \boldsymbol{P}(s)=\frac{1}{s}\boldsymbol{I}_q \tag{13.189}$$

则通过选取补偿器的 $p\times q$ 有理分式阵 $\boldsymbol{C}(s)$ 可使 Σ_{CF} 为渐近稳定。

$\boldsymbol{G}_{EV}(s)$ 的分母矩阵为

$$\boldsymbol{D}_{EV}(s)=[s\boldsymbol{D}_{\mathrm{L}}(s)\boldsymbol{D}_{\mathrm{c}}(s)+\boldsymbol{N}_{\mathrm{L}}(s)\boldsymbol{N}_{\mathrm{c}}(s)] \tag{13.190}$$

注 在结论条件下，$\{\boldsymbol{D}_{\mathrm{c}}(s),\boldsymbol{N}_{\mathrm{c}}(s)\}$ 即静态解耦控制系统 Σ_{CF} 中补偿器的 $\boldsymbol{C}(s)$，可采用输出反馈极点配置问题补偿器综合算法确定。

4. $\boldsymbol{\Sigma}_{\mathrm{CF}}$ 的可静态解耦性

结论 13.56 [可静态解耦性] 对图 13.15 所示结构静态解耦控制系统 Σ_{CF}，设受控系统的 $q\times p$ 传递函数矩阵 $\boldsymbol{G}(s)$ 不包含 $s=0$ 的零点，且 $p\geqslant q$。那么，若取

$$\boldsymbol{P}(s)=\frac{1}{s}\boldsymbol{I}_q \tag{13.191}$$

和

$$\boldsymbol{C}(s)=\boldsymbol{N}_{\mathrm{c}}(s)\boldsymbol{D}_{\mathrm{c}}^{-1}(s) \tag{13.192}$$

使 $\det\boldsymbol{D}_{EV}(s)=0$ 根均有负实部，则 Σ_{CF} 可实现静态解耦。其中，$\boldsymbol{D}_{EV}(s)$ 的关系式由式(13.190)给出。

5. 静态解耦的鲁棒性

结论 13.57 [鲁棒性] 对图 13.15 所示实现静态解耦的输出反馈控制系统 Σ_{CF}，若受控系统的 $\boldsymbol{G}(s)$ 和补偿器的 $\boldsymbol{C}(s)$ 产生参数摄动，则只要这种摄动下 Σ_{CF} 保持为渐近稳定，Σ_{CF} 必仍能保持静态解耦。

注 上述结论表明，静态解耦控制对 $\boldsymbol{G}(s)$ 和 $\boldsymbol{C}(s)$ 的参数摄动具有很好鲁棒性。相比于上一节讨论的动态解耦控制，静态解耦控制的这一属性对工程应用是一个重要优点。

13.6 输出反馈无静差跟踪控制问题的补偿器的综合

跟踪控制广泛存在于运动体控制等领域。跟踪控制是控制理论中受到关注的一类重要理论问题。跟踪控制问题的特点是受控系统同时作用有外部扰动和参考输入。对跟踪控制的基本要求是使系统输出实现对参考输入的无静差跟踪。本章是对输出反馈无静差跟踪补偿器综合问题的简要讨论，主要内容包括问题的提法、补偿器的构成和综合，以及输出反馈跟踪控制系统的特性等。

13.6.1 问题的提法

考虑多输入多输出线性时不变受控系统，其无静差跟踪输出反馈控制系统具有

如图 13.16 所示组成结构。其中，虚线框示部分为受控系统，以 $\boldsymbol{C}(s)$ 表征的环节为补偿器，$\hat{\boldsymbol{v}}(s)$ 和 $\hat{\boldsymbol{w}}(s)$ 分别为参考输入和扰动信号的拉普拉斯变换。

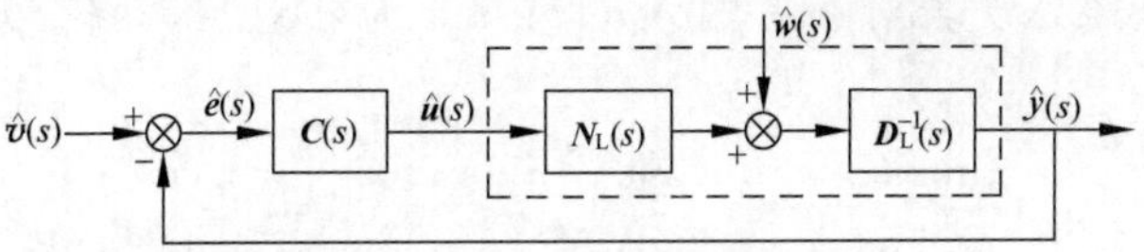

图 13.16　无静差跟踪输出反馈控制系统

受控系统由 $q\times p$ 传递函数矩阵 $\boldsymbol{G}(s)$ 完全表征，设其为满秩和真或严真，并表 $\boldsymbol{G}(s)$ 为 MFD 形式：

$$\boldsymbol{G}(s)=\text{不可简约左 MFD }\boldsymbol{D}_{\mathrm{L}}^{-1}(s)\boldsymbol{N}_{\mathrm{L}}(s) \tag{13.193}$$

其中，$\boldsymbol{D}_{\mathrm{L}}(s)$ 和 $\boldsymbol{N}_{\mathrm{L}}(s)$ 为 $q\times q$ 和 $q\times p$ 多项式矩阵。进而，假定输入维数大于等于输出维数，即有

$$\dim(\boldsymbol{u})=p\geqslant\dim(\boldsymbol{y})=q \tag{13.194}$$

并可导出表征受控系统变量间因果关系的方程：

$$\hat{\boldsymbol{y}}(s)=\boldsymbol{D}_{\mathrm{L}}^{-1}(s)\boldsymbol{N}_{\mathrm{L}}(s)\hat{\boldsymbol{u}}(s)+\boldsymbol{D}_{\mathrm{L}}^{-1}(s)\hat{\boldsymbol{w}}(s) \tag{13.195}$$

其中，$q\times 1$ 参考输入 $\hat{\boldsymbol{v}}(s)$ 和 $q\times 1$ 扰动信号 $\hat{\boldsymbol{w}}(s)$ 为半确知，即 $\boldsymbol{v}(t)$ 和 $\boldsymbol{w}(t)$ 的函数属性(如阶跃函数、确定频率的正弦性函数等)为已知，但其量值属性(如振幅值、相位值等)为未知。复频率域中，可把半确知 $\hat{\boldsymbol{v}}(s)$ 和 $\hat{\boldsymbol{w}}(s)$ 表为真左 MFD 形式信号模型：

$$\hat{\boldsymbol{v}}(s)=\boldsymbol{D}_{v}^{-1}(s)\boldsymbol{N}_{v}(s) \tag{13.196}$$

$$\hat{\boldsymbol{w}}(s)=\boldsymbol{D}_{w}^{-1}(s)\boldsymbol{N}_{w}(s) \tag{13.197}$$

其中，$q\times q$ 多项式矩阵 $\boldsymbol{D}_{v}(s)$ 和 $\boldsymbol{D}_{w}(s)$ 为已知，$q\times 1$ 多项式矩阵 $\boldsymbol{N}_{v}(s)$ 和 $\boldsymbol{N}_{w}(s)$ 为任意。

控制模式采用“串联补偿”和“输出反馈”相结合的方式。补偿器由 $p\times q$ 传递函数矩阵 $\boldsymbol{C}(s)$ 表征，并按物理可实现性要求设 $\boldsymbol{C}(s)$ 为真或严真。

所谓线性时不变系统的无静差跟踪控制是，就图 13.16 所示线性时不变输出反馈系统 Σ_{CF} 的结构，对仅确知结构特性的任意参考输入 $\boldsymbol{v}(t)$ 和任意扰动信号 $\boldsymbol{w}(t)$，即对已知 $\boldsymbol{D}_{v}(s)$ 和 $\boldsymbol{D}_{w}(s)$ 与任意 $\boldsymbol{N}_{v}(s)$ 和 $\boldsymbol{N}_{w}(s)$，寻找补偿器的一个真或严真传递函数矩阵 $\boldsymbol{C}(s)$，使 Σ_{CF} 为渐近稳定且输出 $\boldsymbol{y}(t)$ 相对于参考输入 $\boldsymbol{v}(t)$ 的跟踪误差 $\boldsymbol{e}(t)$ 渐近趋于零，即有

$$\lim_{t\to\infty}\boldsymbol{e}(t)=\lim_{t\to\infty}[\boldsymbol{v}(t)-\boldsymbol{y}(t)]=\boldsymbol{0} \tag{13.198}$$

控制工程上，通常还可把无静差跟踪控制进一步区分为如下三类情形。

(i) 渐近跟踪。若对参考输入 $\boldsymbol{v}(t)\neq\boldsymbol{0}$ 为任意，扰动信号 $\boldsymbol{w}(t)\equiv\boldsymbol{0}$，有

$$\lim_{t\to\infty}\boldsymbol{e}(t)=\boldsymbol{0}\quad\text{即}\quad\lim_{t\to\infty}\boldsymbol{y}(t)=\lim_{t\to\infty}\boldsymbol{v}(t) \tag{13.199}$$

则称 Σ_{CF} 的输出 $\boldsymbol{y}(t)$ 实现对参考输入 $\boldsymbol{v}(t)$ 的渐近跟踪。

(ii) 扰动抑制。若对参考输入 $\boldsymbol{v}(t)\equiv\boldsymbol{0}$，扰动信号 $\boldsymbol{w}(t)\neq\boldsymbol{0}$ 为任意，有

$$\lim_{t\to\infty}\boldsymbol{e}(t)=\boldsymbol{0} \quad 即 \quad \lim_{t\to\infty}\boldsymbol{y}(t)=\boldsymbol{0} \tag{13.200}$$

则称 Σ_{CF} 的输出 $\boldsymbol{y}(t)$实现对扰动 $\boldsymbol{w}(t)$的抑制。

(iii) 无静差跟踪。若对参考输入$\boldsymbol{v}(t)\neq\boldsymbol{0}$ 为任意，扰动信号 $\boldsymbol{w}(t)\neq\boldsymbol{0}$ 为任意，有

$$\lim_{t\to\infty}\boldsymbol{e}(t)=\boldsymbol{0} \quad 即 \quad \lim_{t\to\infty}\boldsymbol{y}(t)=\lim_{t\to\infty}\boldsymbol{v}(t) \tag{13.201}$$

则称 Σ_{CF} 的输出 $\boldsymbol{y}(t)$同时实现对参考输入$\boldsymbol{v}(t)$的渐近跟踪和对扰动 $\boldsymbol{w}(t)$的抑制，简称为无静差跟踪。

13.6.2 补偿器的结构

本部分中，针对图 13.16 所示无静差跟踪输出反馈控制系统 Σ_{CF} 的结构，讨论补偿器的组成结构，并归纳为如下一些结论。

1. 无静差跟踪补偿器的结构

结论 13.58 [补偿器结构] 对图 13.16 所示线性时不变无静差跟踪输出反馈控制系统 Σ_{CF}，补偿器由“内模补偿器—镇定补偿器”顺序串联构成，内模补偿器由 $q\times q$ 传递函数矩阵$\boldsymbol{C}_1(s)$表征，镇定补偿器由 $p\times q$ 传递函数矩阵$\boldsymbol{C}_2(s)$表征，补偿器的传递函数矩阵$\boldsymbol{C}(s)$为

$$\boldsymbol{C}(s)=\boldsymbol{C}_2(s)\boldsymbol{C}_1(s) \tag{13.202}$$

2. 内模补偿器

结论 13.59 [内模补偿器] 对图 13.16 所示线性时不变无静差跟踪输出反馈控制系统 Σ_{CF}，表

$$\phi_v(s)=\text{“}\det\boldsymbol{D}_v(s)=0\ 不稳定根\text{”}\ 组成的特征多项式 \tag{13.203}$$

$$\phi_w(s)=\text{“}\det\boldsymbol{D}_w(s)=0\ 不稳定根\text{”}\ 组成的特征多项式 \tag{13.204}$$

$$\phi(s)=\phi_v(s)\ 和\ \phi_w(s)\ 最小公倍式 \tag{13.205}$$

则内模补偿器传递函数矩阵 $\boldsymbol{C}_1(s)$取为

$$\boldsymbol{C}_1(s)=\phi^{-1}(s)\boldsymbol{I}_q \tag{13.206}$$

注 1 此结论中，$\phi^{-1}(s)\boldsymbol{I}_q$ 表征参考输入$\boldsymbol{v}(t)$和扰动信号 $\boldsymbol{w}(t)$的公共不稳定结构特性，构成植入于补偿器的$\boldsymbol{v}(t)$和 $\boldsymbol{w}(t)$的一个内部模型，这就是把式(13.206)给出的 $\boldsymbol{C}_1(s)$称为内模补偿器的由来。

注 2 考虑到 $\det\boldsymbol{D}_v(s)=0$ 和 $\det\boldsymbol{D}_w(s)=0$ 稳定根对应的$\boldsymbol{v}(t)$和 $\boldsymbol{w}(t)$的各个分量会随 $t\to\infty$而趋向于零，因此它们不会对输出 $\boldsymbol{y}(t)$在 $t\to\infty$时的稳态过程产生影响，而这也就是内模 $\phi^{-1}(s)\boldsymbol{I}_q$ 中不引入上述稳定根的原因。

注 3 在闭环系统 Σ_{CF} 为渐近稳定前提下，在补偿器中植入内模 $\phi^{-1}(s)\boldsymbol{I}_q$ 的

作用是从机理上使 Σ_{CF} 输出 $\boldsymbol{y}(t)$ 实现对参考输入 $\boldsymbol{v}(t)$ 的渐近跟踪和对扰动 $\boldsymbol{w}(t)$ 的抑制。

3. 镇定补偿器

结论 13.60［镇定补偿器］　对图 13.16 所示线性时不变无静差跟踪输出反馈控制系统 Σ_{CF}，镇定补偿器的功能是使闭环系统 Σ_{CF} 实现渐近稳定，或更一般地使闭环系统 Σ_{CF} 实现任意期望极点配置。进而，从物理可实现性，要求镇定补偿器的 $p\times q$ 传递函数矩阵 $\boldsymbol{C}_2(s)$ 为真或严真，并表

$$\boldsymbol{C}_2(s)=\boldsymbol{N}_c(s)\boldsymbol{D}_c^{-1}(s) \tag{13.207}$$

其中，$\boldsymbol{N}_c(s)$ 和 $\boldsymbol{D}_c(s)$ 为 $p\times q$ 和 $q\times q$ 多项式矩阵。

4. 取定补偿器结构下无静差跟踪输出反馈控制系统 $\boldsymbol{\Sigma}_{CF}$ 的组成

结论 13.61［无静差跟踪控制系统组成］　对图 13.16 所示线性时不变无静差跟踪输出反馈控制系统 Σ_{CF}，在补偿器的传递函数矩阵 $\boldsymbol{C}(s)$ 的上述取定下，即有

$$\boldsymbol{C}(s)=\boldsymbol{N}_c(s)\boldsymbol{D}_c^{-1}(s)\phi^{-1}(s)\boldsymbol{I}_q \tag{13.208}$$

则可表对应的无静差跟踪输出反馈控制系统 Σ_{CF} 的组成如图 13.17 所示。

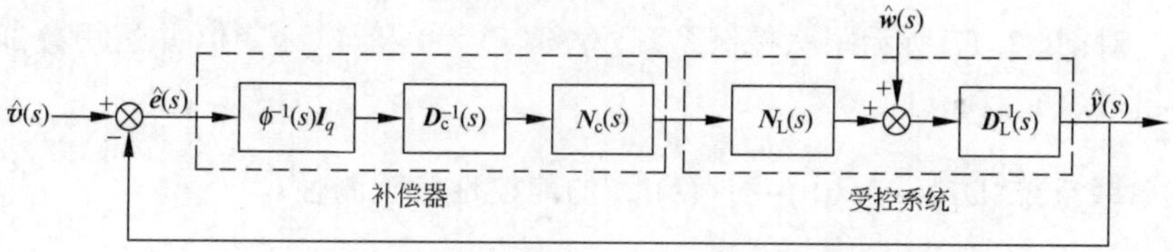

图 13.17　无静差跟踪输出反馈控制系统

13.6.3　输出反馈跟踪控制系统的特性

下面，给出输出反馈跟踪控制系统的一些特性。

1. 误差-参考输入传递函数矩阵

结论 13.62［误差-输入传递函数矩阵］　对图 13.17 所示线性时不变输出反馈跟踪控制系统 Σ_{CF}，表 $\hat{\boldsymbol{e}}(s)$ 和 $\hat{\boldsymbol{v}}(s)$ 为跟踪误差 $\boldsymbol{e}(t)$ 和参考输入 $\boldsymbol{v}(t)$ 的拉普拉斯变换，则由 $\hat{\boldsymbol{v}}(s)$ 到 $\hat{\boldsymbol{e}}(s)$ 的误差-参考输入传递函数矩阵 $\boldsymbol{G}_{EV}(s)$ 为

$$\boldsymbol{G}_{EV}(s)=\phi(s)\boldsymbol{D}_c(s)\boldsymbol{D}_{CF}^{-1}(s)\boldsymbol{D}_L(s) \tag{13.209}$$

$$\boldsymbol{D}_{CF}(s)=[\phi(s)\boldsymbol{D}_L(s)\boldsymbol{D}_c(s)+\boldsymbol{N}_L(s)\boldsymbol{N}_c(s)] \tag{13.210}$$

证　对图 13.17 所示跟踪控制系统，令 $\hat{\boldsymbol{w}}(s)\equiv\boldsymbol{0}$，可以导出

$$\hat{\boldsymbol{e}}(s)=\hat{\boldsymbol{v}}(s)-\boldsymbol{D}_L^{-1}(s)\boldsymbol{N}_L(s)\boldsymbol{N}_c(s)\boldsymbol{D}_c^{-1}(s)\phi^{-1}(s)\boldsymbol{I}_q\hat{\boldsymbol{e}}(s) \tag{13.211}$$

经简单计算整理，有

$$\hat{\boldsymbol{e}}(s)=[\boldsymbol{I}_q+\boldsymbol{D}_{\rm L}^{-1}(s)\boldsymbol{N}_{\rm L}(s)\boldsymbol{N}_{\rm c}(s)\boldsymbol{D}_{\rm c}^{-1}(s)\phi^{-1}(s)]^{-1}\hat{\boldsymbol{v}}(s) \tag{13.212}$$

基此，即证得

$$\begin{aligned}\boldsymbol{G}_{EV}(s)&=[\boldsymbol{I}_q+\boldsymbol{D}_{\rm L}^{-1}(s)\boldsymbol{N}_{\rm L}(s)\boldsymbol{N}_{\rm c}(s)\boldsymbol{D}_{\rm c}^{-1}(s)\phi^{-1}(s)]^{-1}\\&=\phi(s)\boldsymbol{D}_{\rm c}(s)[\phi(s)\boldsymbol{D}_{\rm L}(s)\boldsymbol{D}_{\rm c}(s)+\boldsymbol{N}_{\rm L}(s)\boldsymbol{N}_{\rm c}(s)]^{-1}\boldsymbol{D}_{\rm L}(s)\end{aligned} \tag{13.213}$$

2. 误差-扰动传递函数矩阵

结论 13.63 [误差-扰动传递函数矩阵] 对图 13.17 所示线性时不变输出反馈跟踪控制系统 $\Sigma_{\rm CF}$，表 $\hat{\boldsymbol{e}}(s)$ 和 $\hat{\boldsymbol{w}}(s)$ 为跟踪误差 $\boldsymbol{e}(t)$ 和扰动 $\boldsymbol{w}(t)$ 的拉普拉斯变换，则由 $\hat{\boldsymbol{w}}(s)$ 到 $\hat{\boldsymbol{e}}(s)$ 的误差-扰动传递函数矩阵 $\boldsymbol{G}_{EW}(s)$ 为

$$\boldsymbol{G}_{EW}(s)=-\phi(s)\boldsymbol{D}_{\rm c}(s)\boldsymbol{D}_{\rm CF}^{-1}(s) \tag{13.214}$$

$$\boldsymbol{D}_{\rm CF}(s)=[\phi(s)\boldsymbol{D}_{\rm L}(s)\boldsymbol{D}_{\rm c}(s)+\boldsymbol{N}_{\rm L}(s)\boldsymbol{N}_{\rm c}(s)] \tag{13.215}$$

3. 跟踪误差的复频率域关系式

结论 13.64 [跟踪误差关系式] 对图 13.17 所示线性时不变输出反馈跟踪控制系统 $\Sigma_{\rm CF}$，跟踪误差 $\boldsymbol{e}(t)$ 的拉普拉斯变换 $\hat{\boldsymbol{e}}(s)$ 为

$$\hat{\boldsymbol{e}}(s)=\boldsymbol{G}_{EV}(s)\hat{\boldsymbol{v}}(s)+\boldsymbol{G}_{EW}(s)\hat{\boldsymbol{w}}(s) \tag{13.216}$$

证 对图 13.17 所示跟踪控制系统，令 $\hat{\boldsymbol{v}}(s)\neq\boldsymbol{0}$ 和 $\hat{\boldsymbol{w}}(s)\neq\boldsymbol{0}$，并运用叠加原理，即可导出式(13.216)。

4. 串联系统“$D_{\rm L}^{-1}(s)N_{\rm L}(s)-\phi^{-1}(s)I_q$”的能控性能观测性

结论 13.65 [能控性能观测性] 对包含于图 13.17 所示线性时不变输出反馈跟踪控制系统 $\Sigma_{\rm CF}$ 中的串联系统“$\boldsymbol{D}_{\rm L}^{-1}(s)\boldsymbol{N}_{\rm L}(s)-\phi^{-1}(s)\boldsymbol{I}_q$”，其中 $q\times p$ 满秩 $\boldsymbol{D}_{\rm L}^{-1}(s)\boldsymbol{N}_{\rm L}(s)$ 为不可简约，有

$p\geqslant q$，且 $\boldsymbol{D}_{\rm L}^{-1}(s)\boldsymbol{N}_{\rm L}(s)$ 零点 $\neq$“$\phi(s)=0$ 根”

$\Rightarrow$ 串联系统 $\boldsymbol{D}_{\rm L}^{-1}(s)\boldsymbol{N}_{\rm L}(s)-\phi^{-1}(s)\boldsymbol{I}_q$ 完全能控和完全能观测 (13.217)

5. 输出反馈跟踪控制系统 $\boldsymbol{\Sigma}_{\rm CF}$ 的稳定性

结论 13.66 [$\Sigma_{\rm CF}$ 的稳定性] 对图 13.17 所示线性时不变输出反馈跟踪控制系统 $\Sigma_{\rm CF}$，其中 $q\times p$ 满秩 $\boldsymbol{D}_{\rm L}^{-1}(s)\boldsymbol{N}_{\rm L}(s)$ 为不可简约，有

$p\geqslant q$，且 $\boldsymbol{D}_{\rm L}^{-1}(s)\boldsymbol{N}_{\rm L}(s)$ 零点 $\neq$“$\phi(s)=0$ 根”

$\Rightarrow$ 存在 $p\times q$ 镇定补偿器 $\boldsymbol{C}_2(s)$

$=\boldsymbol{N}_{\rm c}(s)\boldsymbol{D}_{\rm c}^{-1}(s)$ 为真或严真使 $\Sigma_{\rm CF}$ 为渐近稳定 (13.218)

注 上述结论中，可以按任意期望极点配置或按渐近稳定要求来综合镇定补偿器 $\boldsymbol{C}_2(s)=\boldsymbol{N}_{\rm c}(s)\boldsymbol{D}_{\rm c}^{-1}(s)$，算法思路是把 $\bar{\boldsymbol{G}}_{\rm T}(s)=(\phi(s)\boldsymbol{D}_{\rm L}(s))^{-1}\boldsymbol{N}_{\rm L}(s)$ 看作新的受控对象。对此，将不再另行专题讨论。

13.6.4 输出反馈无静差跟踪控制系统的基本结论

这一部分中，基于跟踪控制系统的特性，进而给出输出反馈无静差跟踪控制系统的一些相关结论。

1. 输出反馈无静差跟踪控制的条件

结论 13.67［无静差跟踪条件］ 对图 13.17 所示线性时不变输出反馈跟踪控制系统 Σ_{CF}，其中 $q\times p$ 满秩 $\boldsymbol{D}_L^{-1}(s)\boldsymbol{N}_L(s)$ 为不可简约，参考输入 $\boldsymbol{v}(t)\neq\boldsymbol{0}$ 为任意，扰动信号 $\boldsymbol{w}(t)\neq\boldsymbol{0}$ 为任意，有

$$\begin{aligned}&p\geqslant q\text{，且}\boldsymbol{D}_L^{-1}(s)\boldsymbol{N}_L(s)\text{ 零点}\neq\text{“}\phi(s)=0\text{ 根”}\\&\quad\Rightarrow\text{ 存在 }p\times q\text{ 镇定补偿器 }\boldsymbol{C}_2(s)=\boldsymbol{N}_c(s)\boldsymbol{D}_c^{-1}(s)\text{ 为真或严真}\\&\qquad\text{使 }\Sigma_{CF}\text{ 实现无静差跟踪控制}\end{aligned}\tag{13.219}$$

2. 输出反馈无静差跟踪补偿器综合的分步性

结论 13.68［补偿器综合分步性］ 对图 13.17 所示线性时不变输出反馈跟踪控制系统 Σ_{CF}，其中 $q\times p$ 满秩 $\boldsymbol{D}_L^{-1}(s)\boldsymbol{N}_L(s)$ 为不可简约，$q\times 1$ 参考输入 $\hat{\boldsymbol{v}}(s)=\boldsymbol{D}_v^{-1}\boldsymbol{N}_v(s)$，$q\times 1$ 扰动信号 $\hat{\boldsymbol{w}}(s)=\boldsymbol{D}_w^{-1}\boldsymbol{N}_w(s)$，则其补偿器 $p\times q$ 的 $\boldsymbol{C}(s)=\boldsymbol{C}_2(s)\boldsymbol{C}_1(s)$ 可分两步综合。首先，取内模补偿器 $q\times q$ 的 $\boldsymbol{C}_1(s)$ 为

$$\boldsymbol{C}_1(s)=\phi^{-1}(s)\boldsymbol{I}_q\tag{13.220}$$

其中，$\phi(s)$ 为 $\det\boldsymbol{D}_w(s)$ 不稳定因式和 $\det\boldsymbol{D}_v(s)$ 不稳定因式的最小公倍式。进而，由求解方程

$$[\phi(s)\boldsymbol{D}_L(s)\boldsymbol{D}_c(s)+\boldsymbol{N}_L(s)\boldsymbol{N}_c(s)]=\boldsymbol{D}_{CF}^*(s)\tag{13.221}$$

定出镇定补偿器 $p\times q$ 的

$$\boldsymbol{C}_2(s)=\boldsymbol{N}_c(s)\boldsymbol{D}_c^{-1}(s)\tag{13.222}$$

其中，$\boldsymbol{D}_{CF}^*(s)$ 为由给定任意期望闭环极点组导出的期望闭环分母矩阵。

3. 输出反馈无静差跟踪控制的机制

结论 13.69［无静差跟踪控制机制］ 对图 13.17 所示线性时不变输出反馈跟踪控制系统 Σ_{CF}，使 Σ_{CF} 实现无静差跟踪控制的机制是，在系统为渐近稳定前提下，通过在补偿器中植入反映参考输入 $\boldsymbol{v}(t)$ 和扰动信号 $\boldsymbol{w}(t)$ 的合成不稳定结构特性的内模 $\phi^{-1}(s)\boldsymbol{I}_q$，以完全消除跟踪稳态误差和完全补偿扰动稳态影响，且称此控制原理为内模原理。

4. 输出反馈无静差跟踪控制系统的鲁棒性

结论 13.70［鲁棒性］ 对图 13.17 所示基于内模原理的线性时不变输出反馈跟

踪控制系统 Σ_{CF}，有

(i) Σ_{CF} 对受控系统 $\boldsymbol{D}_{\mathrm{L}}^{-1}(s)\boldsymbol{N}_{\mathrm{L}}(s)$和镇定补偿器 $\boldsymbol{C}_2(s)$的参数摄动具有很强鲁棒性，即只要参数摄动不破坏 Σ_{CF} 渐近稳定，则 Σ_{CF} 仍能做到渐近跟踪和扰动抑制。

(ii) Σ_{CF} 对外部输入和扰动的共同多项式 $\phi(s)$的参数摄动不具有鲁棒性，即参数任何摄动都将直接影响渐近跟踪和扰动抑制。但是，比较表明，针对 $\phi(s)$的参数摄动，如果不采用基于内模原理的输出反馈跟踪控制方案，那么相应控制系统的鲁棒性会更差。

5. 内模原理输出反馈跟踪控制的实质

结论 13.71 [内模原理控制的实质] 图 13.17 所示基于内模原理的输出反馈无静差跟踪控制实质上是对经典控制理论中的单输入单输出Ⅰ型和Ⅱ型无静差控制的推广和一般化。这种推广表现为，一是将受控对象推广到多输入多输出系统，二是将外部信号类型由典型函数即阶跃函数(相应内模为$(1/s)\boldsymbol{I}_1$)和斜坡函数(相应内模为$(1/s^2)\boldsymbol{I}_1$)推广到一般任意函数(相应内模为 $\phi^{-1}(s)\boldsymbol{I}_q$)。

6. 基本结论中两个假设条件的基本性

结论 13.72 [假设条件的基本性] 对"$q\times p$ 不可简约满秩 $\boldsymbol{D}_{\mathrm{L}}^{-1}(s)\boldsymbol{N}_{\mathrm{L}}(s)$的受控对象"和"任意参考输入$\boldsymbol{v}(t)\neq\boldsymbol{0}$ 和任意扰动 $\boldsymbol{w}(t)\neq\boldsymbol{0}$"的图 13.17 所示线性时不变输出反馈跟踪控制系统 Σ_{CF}，综合问题基本结论中的两个假设条件"$p\geqslant q$" 和 $\boldsymbol{D}_{\mathrm{L}}^{-1}(s)\boldsymbol{N}_{\mathrm{L}}(s)$零点≠"$\boldsymbol{\phi}(s)=0$ 根"具有基本重要性。分析表明，不满足其中任何一个条件，都会破坏渐近跟踪和扰动抑制综合目标的实现。

13.7 线性二次型调节器问题的复频率域综合

线性二次型调节器问题简称为 LQ 问题。LQ 问题是以线性系统(L)为受控对象和以状态与控制的二次型函数(Q)的积分为性能指标的一类最优控制问题。在时间域中，LQ 问题是基于状态空间描述和方法来求解的。本节从复频率域描述和方法角度，讨论 LQ 问题的综合方法和有关属性。

13.7.1 问题的提法

通常，LQ 问题以状态空间描述形式给出。考虑线性时不变受控系统和状态与控制的二次型性能指标：

$$\dot{\boldsymbol{x}}=\boldsymbol{A}\boldsymbol{x}+\boldsymbol{B}\boldsymbol{u},\ \boldsymbol{x}(0)=\boldsymbol{x}_0,\ t\geqslant 0 \tag{13.223}$$

$$J=\int_0^{\infty}[\boldsymbol{x}^{\mathrm{T}}\boldsymbol{Q}\boldsymbol{x}+\boldsymbol{u}^{\mathrm{T}}\boldsymbol{R}\boldsymbol{u}]\mathrm{d}t \tag{13.224}$$

其中，$\boldsymbol{A}$ 和 $\boldsymbol{B}$ 为 $n\times n$ 和 $n\times p$ 系数矩阵，$\boldsymbol{R}=\boldsymbol{R}^{\mathrm{T}}>0$(正定)和 $\boldsymbol{Q}=\boldsymbol{Q}^{\mathrm{T}}\geqslant 0$(正半定)为

加权矩阵。再表 $\boldsymbol{Q}=\boldsymbol{C}^{\mathrm{T}}\boldsymbol{C}$，$\boldsymbol{C}$ 为 $q\times n$ 常阵。假定，$(\boldsymbol{A},\boldsymbol{B})$ 为完全能控，$(\boldsymbol{A},\boldsymbol{Q}^{1/2})$ 为完全能观测。所谓 LQ 问题就是，对给定受控系统(13.223)和二次型性能指标(13.224)，综合一个控制 $\boldsymbol{u}^*$ 及其相应状态 $\boldsymbol{x}^*$，使有

$$J^*=\int_0^{\infty}[\boldsymbol{x}^{*\mathrm{T}}\boldsymbol{Q}\boldsymbol{x}^*+\boldsymbol{u}^{*\mathrm{T}}\boldsymbol{R}\boldsymbol{u}^*]\mathrm{d}t=\min_{u}\int_0^{\infty}[\boldsymbol{x}^{\mathrm{T}}\boldsymbol{Q}\boldsymbol{x}+\boldsymbol{u}^{\mathrm{T}}\boldsymbol{R}\boldsymbol{u}]\mathrm{d}t \tag{13.225}$$

并且，称 $\boldsymbol{u}^*$ 为最优控制，$\boldsymbol{x}^*$ 为最优轨线，J^* 为最优性能值。

状态空间方法中，上述 LQ 问题的最优解可基于古典变分法的理论和方法来导出。对受控系统(13.223)，使性能指标(13.224)取为极小的最优控制 $\boldsymbol{u}^*$ 存在和唯一，且为

$$\boldsymbol{u}^*=-\boldsymbol{K}^*\boldsymbol{x}^*(t),\ \boldsymbol{K}^*=\boldsymbol{R}^{-1}\boldsymbol{B}^{\mathrm{T}}\boldsymbol{P} \tag{13.226}$$

最优性能值 J^* 为

$$J^*=\boldsymbol{x}_0^{\mathrm{T}}\boldsymbol{P}\boldsymbol{x}_0 \tag{13.227}$$

而最优闭环控制系统 Σ_K^* 为

$$\dot{\boldsymbol{x}}^*=(\boldsymbol{A}-\boldsymbol{B}\boldsymbol{R}^{-1}\boldsymbol{B}^{\mathrm{T}}\boldsymbol{P})\boldsymbol{x}^*,\ \boldsymbol{x}^*(0)=\boldsymbol{x}_0,\ t\geqslant 0 \tag{13.228}$$

其中，$n\times n$ 实对称常阵 $\boldsymbol{P}$ 为如下黎卡提(Riccati)矩阵代数方程的唯一正定解阵：

$$\boldsymbol{P}\boldsymbol{A}+\boldsymbol{A}^{\mathrm{T}}\boldsymbol{P}+\boldsymbol{Q}-\boldsymbol{P}\boldsymbol{B}\boldsymbol{R}^{-1}\boldsymbol{B}^{\mathrm{T}}\boldsymbol{P}=\boldsymbol{0} \tag{13.229}$$

并且，最优闭环控制系统 Σ_K^* 必为渐近稳定。

13.7.2 状态空间域 LQ 问题的基于特征结构的求解

这一部分中，基于状态空间域的描述和复频率域的方法，讨论 LQ 问题的有关属性和综合方法。对此，给出如下的一些结论。

1. 最优闭环控制系统 $\boldsymbol{\Sigma}_K^*$ 的特征值

结论 13.73 [最优特征值] 对由 n 维受控系统(13.223)和性能指标(13.224)组成的 LQ 问题，定义 $2n\times 2n$ 增广矩阵 $\boldsymbol{M}$ 为

$$\boldsymbol{M}\triangleq\begin{bmatrix}\boldsymbol{A} & -\boldsymbol{B}\boldsymbol{R}^{-1}\boldsymbol{B}^{\mathrm{T}}\\ -\boldsymbol{C}^{\mathrm{T}}\boldsymbol{C} & -\boldsymbol{A}^{\mathrm{T}}\end{bmatrix} \tag{13.230}$$

且简称最优闭环控制系统 Σ_K^* 的特征值为最优特征值，则有

Σ_K^* 的 n 个最优特征值＝“$\det(s\boldsymbol{I}-\boldsymbol{M})=0$ 的位于左半开复平面上的 n 个根” (13.231)

2. 基于特征结构的最优控制 u^* 的关系式

结论 13.74 [最优控制] 对由 n 维受控系统(13.223)和性能指标(13.224)组成的 LQ 问题，按图 13.18 所示构成状态反馈最优控制系统 Σ_K^*。设 Σ_K^* 的 n 个最优特征值

$$\{\mu_1,\mu_2,\cdots,\mu_n\} \tag{13.232}$$

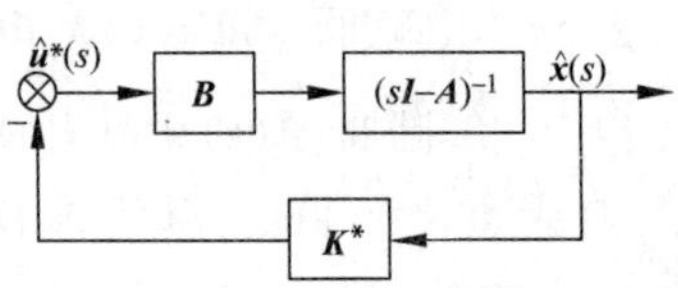

图 13.18 LQ 问题的最优状态反馈控制系统

为两两相异，且满足条件：

$$\mu_i \neq \boldsymbol{A} \text{ 的特征值}, \quad i=1,2,\cdots,n \tag{13.233}$$

再表

$$\begin{bmatrix} \boldsymbol{X}_i \\ \boldsymbol{\Lambda}_i \end{bmatrix} \text{为矩阵} \boldsymbol{M} \text{ 的属于} \mu_i \text{ 的特征向量}, \quad i=1,2,\cdots,n \tag{13.234}$$

其中，$\boldsymbol{X}_i$ 和 $\boldsymbol{\Lambda}_i$ 均为 $n\times 1$ 向量，$\boldsymbol{M}$ 的定义式给出于式(13.230)。那么，LQ 问题的最优控制 $\boldsymbol{u}^*$ 的基于特征结构的关系式为

$$\begin{cases} \boldsymbol{u}^* = -\boldsymbol{K}^* \boldsymbol{x}^*(t) \\ \boldsymbol{K}^* = \boldsymbol{R}^{-1}\boldsymbol{B}^{\mathrm{T}}[\boldsymbol{\Lambda}_1 \cdots \boldsymbol{\Lambda}_n][\boldsymbol{X}_1 \cdots \boldsymbol{X}_n]^{-1} \end{cases} \tag{13.235}$$

注 上述结论中，特征值$\{\mu_1,\mu_2,\cdots,\mu_n\}$两两相异的假设不是本质性的。如若不属于这种情形，即$\{\mu_1,\mu_2,\cdots,\mu_n\}$中包含重特征值，则只要对应于重特征值 μ_i 取

$$\begin{bmatrix} \boldsymbol{X}_{ij} \\ \boldsymbol{\Lambda}_{ij} \end{bmatrix} \text{为矩阵} \boldsymbol{M} \text{ 的属于} \mu_i \text{ 的广义特征向量}, \quad j=1,2,\cdots,\beta_i$$

相应的结论以及如下所介绍的算法仍然成立。

3. 最优控制的基于特征结构的综合算法

算法 13.5［最优控制综合算法］ 给定 n 维线性时不变受控系统(13.223)和性能指标(13.224)组成的 LQ 问题，基于增广矩阵特征结构，确定最优控制 $\boldsymbol{u}^* = -\boldsymbol{K}^*\boldsymbol{x}^*(t)$的最优反馈矩阵 $\boldsymbol{K}^*$。

Step 1：组成 $2n\times 2n$ 增广矩阵

$$\boldsymbol{M} \triangleq \begin{bmatrix} \boldsymbol{A} & -\boldsymbol{B}\boldsymbol{R}^{-1}\boldsymbol{B}^{\mathrm{T}} \\ -\boldsymbol{C}^{\mathrm{T}}\boldsymbol{C} & -\boldsymbol{A}^{\mathrm{T}} \end{bmatrix}$$

Step 2：计算增广矩阵 $\boldsymbol{M}$ 的位于左半开复平面上的 n 个特征值$\{\mu_1,\mu_2,\cdots,\mu_n\}$，不妨设其为两两相异。

Step 3：计算

$$\text{矩阵} \boldsymbol{M} \text{ 的属于} \mu_i \text{ 的特征向量} \begin{bmatrix} \boldsymbol{X}_i \\ \boldsymbol{\Lambda}_i \end{bmatrix}, \quad i=1,2,\cdots,n$$

Step 4：组成 $n\times n$ 矩阵

$$[\boldsymbol{\Lambda}_1,\cdots,\boldsymbol{\Lambda}_n],\ [\boldsymbol{X}_1,\cdots,\boldsymbol{X}_n]$$

Step 5：计算$[\boldsymbol{X}_1,\cdots,\boldsymbol{X}_n]^{-1}$ 和 $\boldsymbol{R}^{-1}$。

Step 6：计算

$$K^* = R^{-1}B^{\mathrm{T}}[\Lambda_1, \cdots, \Lambda_n][X_1, \cdots, X_n]^{-1}$$

Step 7：计算停止。

13.7.3　LQ 调节器问题的复频率域综合

本部分中，讨论 LQ 最优控制系统的复频率域综合问题。

1. 最优控制系统的复频率域结构图

结论 13.75［复频率域结构图］　对由 n 维受控系统(13.223)和性能指标(13.224)组成的 LQ 问题，最优控制系统的复频率域结构图如图 13.19 所示。

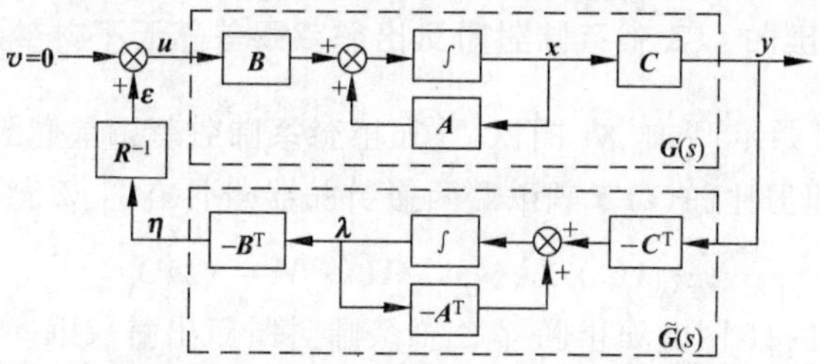

图 13.19　最优控制系统的复频率域结构图

证　对给定 LQ 问题，基于相关理论最优控制 $\boldsymbol{u}^*$、最优状态轨线 $\boldsymbol{x}^*$、协状态 $\boldsymbol{\lambda}$ 之间成立如下关系式：

$$\dot{\boldsymbol{x}}^* = \boldsymbol{A}\boldsymbol{x}^* + \boldsymbol{B}\boldsymbol{u}^*,\ \boldsymbol{x}^*(0) = \boldsymbol{x}_0 \tag{13.236}$$

$$\dot{\boldsymbol{\lambda}} = -\boldsymbol{A}^{\mathrm{T}}\boldsymbol{\lambda} - \boldsymbol{C}^{\mathrm{T}}\boldsymbol{C}\boldsymbol{x}^*,\ \boldsymbol{\lambda}(\infty) = \boldsymbol{0} \tag{13.237}$$

$$\boldsymbol{u}^* = -\boldsymbol{R}^{-1}\boldsymbol{B}^{\mathrm{T}}\boldsymbol{\lambda} \tag{13.238}$$

进而，形式地引入输出向量：

$$\boldsymbol{y} = \boldsymbol{C}\boldsymbol{x}^* \tag{13.239}$$

$$\boldsymbol{\eta} = -\boldsymbol{B}^{\mathrm{T}}\boldsymbol{\lambda} \tag{13.240}$$

于是，将式(13.236)～(13.240)加以改写，可以导出

$$\begin{cases} \dot{\boldsymbol{x}}^* = \boldsymbol{A}\boldsymbol{x}^* + \boldsymbol{B}\boldsymbol{u}^*,\ \boldsymbol{x}^*(0) = \boldsymbol{x}_0 \\ \boldsymbol{y} = \boldsymbol{C}\boldsymbol{x}^* \end{cases} \tag{13.241}$$

$$\begin{cases} \dot{\boldsymbol{\lambda}} = -\boldsymbol{A}^{\mathrm{T}}\boldsymbol{\lambda} - \boldsymbol{C}^{\mathrm{T}}\boldsymbol{y},\ \boldsymbol{\lambda}(\infty) = \boldsymbol{0} \\ \boldsymbol{\eta} = -\boldsymbol{B}^{\mathrm{T}}\boldsymbol{\lambda} \end{cases} \tag{13.242}$$

$$\boldsymbol{u}^* = \boldsymbol{R}^{-1}\boldsymbol{\eta} \tag{13.243}$$

基此，就得到图 13.19 所示最优控制系统的复频率域结构图。证明完成。

2. 最优控制系统的闭环传递函数矩阵

结论 13.76［闭环传递函数矩阵］　对图 13.19 所示线性时不变最优控制系统的

复频率域结构图，受控系统的传递函数矩阵为

$$\boldsymbol{G}(s)=\boldsymbol{C}(s\boldsymbol{I}-\boldsymbol{A})^{-1}\boldsymbol{B} \tag{13.244}$$

协状态系统的传递函数矩阵为

$$\begin{aligned}\widetilde{\boldsymbol{G}}(s)&=\boldsymbol{B}^{\mathrm{T}}(s\boldsymbol{I}+\boldsymbol{A}^{\mathrm{T}})^{-1}\boldsymbol{C}^{\mathrm{T}}=[\boldsymbol{C}(s\boldsymbol{I}+\boldsymbol{A})^{-1}\boldsymbol{B}]^{\mathrm{T}}\\&=-[\boldsymbol{C}(-s\boldsymbol{I}-\boldsymbol{A})^{-1}\boldsymbol{B}]^{\mathrm{T}}=-\boldsymbol{G}^{\mathrm{T}}(-s)\end{aligned} \tag{13.245}$$

则由参考输入 $\boldsymbol{v}$ 到反馈量 $\boldsymbol{\varepsilon}$ 的闭环传递函数矩阵 $\boldsymbol{G}_{\mathrm{f}}(s)$ 为

$$\boldsymbol{G}_{\mathrm{f}}(s)=[\boldsymbol{R}+\boldsymbol{G}^{\mathrm{T}}(-s)\boldsymbol{G}(s)]^{-1}(-\boldsymbol{G}^{\mathrm{T}}(-s)\boldsymbol{G}(s)) \tag{13.246}$$

证 由图 13.19 的结构图，可以导出

$$\hat{\boldsymbol{\varepsilon}}(s)=-\boldsymbol{R}^{-1}\boldsymbol{G}^{\mathrm{T}}(-s)\boldsymbol{G}(s)[\hat{\boldsymbol{v}}(s)+\hat{\boldsymbol{\varepsilon}}(s)] \tag{13.247}$$

基此，经简单运算，可以得到

$$\hat{\boldsymbol{\varepsilon}}(s)=[\boldsymbol{I}+\boldsymbol{R}^{-1}\boldsymbol{G}^{\mathrm{T}}(-s)\boldsymbol{G}(s)]^{-1}(-\boldsymbol{R}^{-1}\boldsymbol{G}^{\mathrm{T}}(-s)\boldsymbol{G}(s))\,\hat{\boldsymbol{v}}(s) \tag{13.248}$$

从而，就即证得

$$\begin{aligned}\boldsymbol{G}_{\mathrm{f}}(s)&=[\boldsymbol{I}+\boldsymbol{R}^{-1}\boldsymbol{G}^{\mathrm{T}}(-s)\boldsymbol{G}(s)]^{-1}(-\boldsymbol{R}^{-1}\boldsymbol{G}^{\mathrm{T}}(-s)\boldsymbol{G}(s))\\&=[\boldsymbol{R}+\boldsymbol{G}^{\mathrm{T}}(-s)\boldsymbol{G}(s)]^{-1}(-\boldsymbol{G}^{\mathrm{T}}(-s)\boldsymbol{G}(s))\end{aligned} \tag{13.249}$$

3. 最优控制系统的特征值

结论 13.77 [最优特征值] 对由 n 维受控系统(13.223)和性能指标(13.224)组成的 LQ 问题，表最优控制系统的特征值为$\{\mu_1,\cdots,\mu_n\}$，则有

$$\{\mu_1,\cdots,\mu_n\}=\text{“}\det[\boldsymbol{R}+\boldsymbol{G}^{\mathrm{T}}(-s)\boldsymbol{G}(s)]=0\text{ 根”} \tag{13.250}$$

4. 最优反馈矩阵 K*

结论 13.78 [最优反馈矩阵] 对由 n 维受控系统(13.223)和性能指标(13.224)组成的 LQ 问题，设

$$q\times p\text{ 的 }\boldsymbol{G}(s)=\text{不可简约 }\boldsymbol{N}(s)\boldsymbol{D}^{-1}(s) \tag{13.251}$$

$$\text{“}\det[\boldsymbol{R}+\boldsymbol{G}^{\mathrm{T}}(-s)\boldsymbol{G}(s)]=0\text{ 根”}=\{\mu_1,\cdots,\mu_n\}\text{ 两两相异} \tag{13.252}$$

$$\mu_i\neq\text{“}\det\boldsymbol{D}(s)=0\text{ 根”},\quad i=1,2,\cdots,n \tag{13.253}$$

再表

$$k_j=\boldsymbol{D}(s)\text{ 的列次数},\quad j=1,2,\cdots,p \tag{13.254}$$

$$\boldsymbol{\Psi}(s)=\begin{bmatrix}\begin{matrix}s^{k_1-1}\\\vdots\\s\\1\end{matrix}&&\\&\ddots&\\&&\begin{matrix}s^{k_p-1}\\\vdots\\s\\1\end{matrix}\end{bmatrix} \tag{13.255}$$

$\hat{\boldsymbol{\zeta}}(\mu_i)$为"$[\boldsymbol{D}^{\mathrm{T}}(-\mu_i)\boldsymbol{R}\boldsymbol{D}(\mu_i)+\boldsymbol{N}^{\mathrm{T}}(-\mu_i)\boldsymbol{N}(\mu_i)]\hat{\boldsymbol{\zeta}}(\mu_i)=\boldsymbol{0}$"的非平凡解

$$i=1,2,\cdots,n \tag{13.256}$$

则计算最优反馈矩阵 $\boldsymbol{K}^*$ 的复频率域关系式为

$$\boldsymbol{K}^*=-[\boldsymbol{D}(\mu_1)\hat{\boldsymbol{\zeta}}(\mu_1),\cdots,\boldsymbol{D}(\mu_n)\hat{\boldsymbol{\zeta}}(\mu_n)]\times [\boldsymbol{\Psi}(\mu_1)\hat{\boldsymbol{\zeta}}(\mu_1),\cdots,\boldsymbol{\Psi}(\mu_n)\hat{\boldsymbol{\zeta}}(\mu_n)]^{-1} \tag{13.257}$$

5. 最优控制的复频率域综合算法

算法 13.6［最优控制综合算法］ 给定由 n 维受控系统(13.223)和性能指标(13.224)组成的 LQ 问题,要求基于复频率域方法,确定最优控制 $\boldsymbol{u}^*=-\boldsymbol{K}^*\boldsymbol{x}^*(t)$ 的最优反馈矩阵 $\boldsymbol{K}^*$。

Step 1:由给定系数矩阵 $\boldsymbol{A}$,$\boldsymbol{B}$ 和加权矩阵 $\boldsymbol{Q}=\boldsymbol{C}^{\mathrm{T}}\boldsymbol{C}$,计算

$$\boldsymbol{G}(s)=\boldsymbol{C}(s\boldsymbol{I}-\boldsymbol{A})^{-1}\boldsymbol{B}$$

Step 2:对 $q\times p$ 的 $\boldsymbol{G}(s)$,导出

$$\boldsymbol{N}(s)\boldsymbol{D}^{-1}(s)=\boldsymbol{G}(s)\ \text{的不可简约右 MFD}$$

其中,$p\times p$ 的 $\boldsymbol{D}(s)$为列既约。

Step 3:定出

$$k_j=\boldsymbol{D}(s)\ \text{的列次数},\ j=1,2,\cdots,p$$

$$\boldsymbol{\Psi}(s)=\begin{bmatrix} \begin{matrix} s^{k_1-1} \\ \vdots \\ s \\ 1 \end{matrix} & & \\ & \ddots & \\ & & \begin{matrix} s^{k_p-1} \\ \vdots \\ s \\ 1 \end{matrix} \end{bmatrix}$$

Step 4:计算矩阵

$$\boldsymbol{D}^{\mathrm{T}}(-s)\boldsymbol{R}\boldsymbol{D}(s)+\boldsymbol{N}^{\mathrm{T}}(-s)\boldsymbol{N}(s)$$

Step 5:计算代数方程

$$\det[\boldsymbol{D}^{\mathrm{T}}(-s)\boldsymbol{R}\boldsymbol{D}(s)+\boldsymbol{N}^{\mathrm{T}}(-s)\boldsymbol{N}(s)]=0$$

的 n 个稳定根$\{\mu_1,\cdots,\mu_n\}$,不妨设其为两两相异。如若不属于这种情形,算法思路仍为可行,但计算特征向量的过程会复杂得多。

Step 6:计算

$$[\boldsymbol{D}^{\mathrm{T}}(-\mu_i)\boldsymbol{R}\boldsymbol{D}(\mu_i)+\boldsymbol{N}^{\mathrm{T}}(-\mu_i)\boldsymbol{N}(\mu_i)],\quad i=1,2,\cdots,n$$

Step 7：对 $i=1,2,\cdots,n$，计算

$$[\boldsymbol{D}^{\mathrm{T}}(-\mu_i)\boldsymbol{R}\boldsymbol{D}(\mu_i)+\boldsymbol{N}^{\mathrm{T}}(-\mu_i)\boldsymbol{N}(\mu_i)]\hat{\boldsymbol{\zeta}}(\mu_i)=\boldsymbol{0}$$

的非平凡解$\hat{\boldsymbol{\zeta}}(\mu_i)$。

Step 8：计算$\boldsymbol{\Psi}(\mu_i)$，$i=1,2,\cdots,n$。

Step 9：计算

$$\boldsymbol{D}(\mu_i)\hat{\boldsymbol{\zeta}}(\mu_i),\quad i=1,2,\cdots,n$$

$$\boldsymbol{\Psi}(\mu_i)\hat{\boldsymbol{\zeta}}(\mu_i),\quad i=1,2,\cdots,n$$

Step 10：组成

$$[\boldsymbol{D}(\mu_1)\hat{\boldsymbol{\zeta}}(\mu_1),\cdots,\boldsymbol{D}(\mu_n)\hat{\boldsymbol{\zeta}}(\mu_n)]$$

$$[\boldsymbol{\Psi}(\mu_1)\hat{\boldsymbol{\zeta}}(\mu_1),\cdots,\boldsymbol{\Psi}(\mu_n)\hat{\boldsymbol{\zeta}}(\mu_n)]$$

计算

$$[\boldsymbol{\Psi}(\mu_1)\hat{\boldsymbol{\zeta}}(\mu_1),\cdots,\boldsymbol{\Psi}(\mu_n)\hat{\boldsymbol{\zeta}}(\mu_n)]^{-1}$$

Step 11：计算

$$\boldsymbol{K}^*=-[\boldsymbol{D}(\mu_1)\hat{\boldsymbol{\zeta}}(\mu_1),\cdots,\boldsymbol{D}(\mu_n)\hat{\boldsymbol{\zeta}}(\mu_n)]\times$$
$$[\Psi(\mu_1)\hat{\boldsymbol{\zeta}}(\mu_1),\cdots,\Psi(\mu_n)\hat{\boldsymbol{\zeta}}(\mu_n)]^{-1}$$

Step 12：计算停止。

13.8 小结和评述

（1）本章的定位。本章是对线性时不变受控对象的复频率域综合问题的系统性讨论。综合问题就是，对给定受控系统和指定性能指标，在指定控制模式下确定一个控制器，使导出的控制系统同时满足期望性能和物理可实现性的要求。综合指标包括极点配置、动态解耦、静态解耦、渐近跟踪和扰动抑制、状态和控制的二次型优化函数等类型。控制模式兼顾输出反馈和状态反馈，以具有串联补偿器的输出反馈为主。讨论内容涉及综合理论和综合算法，研究手段为复频率域描述和方法。本章导出的结果，既具有独立理论意义，也为工程应用提供了理论指导和综合算法。

（2）极点配置问题。综合实质是通过引入控制器使对运动行为具有决定性影响的控制系统极点配置到期望位置上。从兼顾控制功能和物理可实现性角度，具有补偿器输出反馈是极点配置复频率域综合中最为基本和有效的控制模式。若受控系统为严真，取补偿器为真，则当补偿器阶数 $m\geqslant\min\{\mu-1,\nu-1\}$时可实现全部极点任意期望配置；若受控系统为真，取补偿器为严真，则当补偿器阶数 $m\geqslant\min\{\mu,\nu\}$ 时可实现全部极点任意期望配置。这里，ν 和 μ 为受控系统的能观测性指数和能控性指数。极点配置导出的综合理论和算法，既被作为控制系统综合中一种独立方法，也被引入控制系统其他综合方法作为配套组成方法。

（3）动态解耦问题。综合实质是通过引入控制器使导出的控制系统在整个运行过程中实现一个输出由且仅由一个输入所控制。控制模式采用具有串联补偿器的输出反馈。在满足一定限制时，基于"受控系统极点/零点-补偿器零点/极点"间的对消机制可构成和定出同时满足动态解耦和极点配置的补偿器。动态解耦的缺点是对参数摄动非常敏感。

（4）静态解耦问题。综合实质是通过引入控制器使导出的控制系统在稳态运行过程中实现一个输出由且仅由一个输入所控制。静态解耦只适用于参考输入为阶跃函数型向量情形。控制模式采用具有串联补偿器的输出反馈。静态解耦的优点是，易于定出同时满足静态解耦和极点配置的补偿器，且具有很好鲁棒性即只要参数摄动不破坏系统渐近稳定仍可保持静态解耦。

（5）渐近跟踪和扰动抑制问题。综合实质是通过引入控制器使导出的控制系统在稳态过程中同时实现对参考输入的完全跟踪和对扰动的完全抑制。控制模式采用具有串联补偿器的输出反馈，补偿器由内模补偿器和镇定补偿器组成。内模补偿器的传递函数矩阵取为 $\phi^{-1}(s)\boldsymbol{I}$ 形式，其作用是提供实现渐近跟踪和扰动抑制的机制，$\phi(s)$为参考输入和扰动的模型不稳定因式的最小公倍式。镇定补偿器的作用是对系统实现镇定，可按极点配置算法进行综合。通常，称植入于补偿器的外部信号模型为内模，相应控制原理为内模原理。基于内模原理的渐近跟踪和扰动抑制控制方案的优点是对除内模外的参数摄动具有很好的鲁棒性。

（6）LQ 最优控制问题。综合实质是对线性时不变受控对象（L）引入控制使状态和输入的二次型性能指标（Q）取为极小。控制模式采用状态反馈。在复频率域中，用以综合最优状态反馈阵的方法有"基于特征值-特征向量的方法"和"基于复频率域描述的方法"。LQ 最优控制复频率域方法的特点是，避免了状态空间方法中求解矩阵黎卡提方程的复杂步骤。

习题

13.1　判断下列各有理分式矩阵是否为循环：

(i) $$\boldsymbol{G}_1(s)=\begin{bmatrix}\dfrac{1}{(s-1)^2} & \dfrac{s+1}{s-2}\\ \dfrac{1}{s+3} & \dfrac{1}{s}\end{bmatrix}$$

(ii) $$\boldsymbol{G}_2(s)=\begin{bmatrix}\dfrac{1}{s-1} & \dfrac{2}{s-1}\\ \dfrac{1}{(s-1)(s+1)} & \dfrac{2s}{(s-1)(s+1)}\end{bmatrix}$$

(iii) $$\boldsymbol{G}_3(s)=\begin{bmatrix}\dfrac{1}{s+1} & 0 & 0\\ 0 & \dfrac{1}{s+1} & 0\\ 0 & 0 & \dfrac{1}{s+1}\end{bmatrix}$$

13.2 给定一个有理分式矩阵 $\boldsymbol{C}(s)$ 为循环，试证明：对任意同维实常阵 $\boldsymbol{K}$，有理分式矩阵 $\widetilde{\boldsymbol{C}}(s)=\boldsymbol{C}(s)+\boldsymbol{K}$ 也为循环。

13.3 给定线性时不变受控系统的传递函数矩阵为

$$\boldsymbol{G}(s)=\begin{bmatrix}s^2+s+1 & s+1\\ s^2+2s & 2\end{bmatrix}\begin{bmatrix}s^3+2s^2+1 & 0\\ 2s^2+s+1 & 4s^2+2s+1\end{bmatrix}^{-1}$$

试综合一个状态反馈阵 $\boldsymbol{K}$，使得状态反馈控制系统的极点配置为 $\lambda_1^*=-2,\lambda_{2,3}^*=-1\pm \mathrm{j},\lambda_{4,5}^*=-4\pm \mathrm{j}2$。

13.4 对上题中给出的线性时不变受控系统和期望闭环极点组，试确定实现极点配置的一个"观测器-控制器型"补偿器，并画出闭环控制系统的结构图。

13.5 给定图 P13.5 所示具有补偿器的线性时不变单位输出反馈系统，设受控系统的传递函数为

$$\boldsymbol{G}(s)=(s^2-1)/(s^2-3s+1)$$

试确定补偿器的一个次数为 2 的严真传递函数 $\boldsymbol{C}(s)$，使所导出的单位输出反馈系统的极点配置为 $-4,-3,-2,-1$。

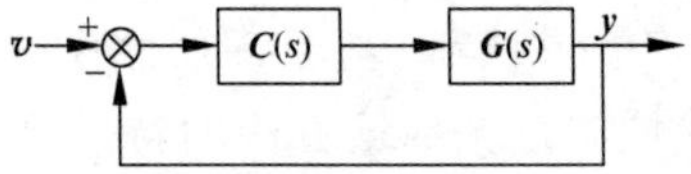

图 P13.5

13.6 给定图 P13.5 所示具有补偿器的线性时不变单位输出反馈系统，设受控系统的传递函数矩阵为

$$\boldsymbol{G}(s)=\begin{bmatrix}\dfrac{s+2}{s(s-2)} & \dfrac{1}{s^2-4}\end{bmatrix}$$

试确定补偿器的一个真或严真传递函数矩阵 $\boldsymbol{C}(s)$，使所导出的单位输出反馈系统的极点配置为 $-1\pm \mathrm{j},-2\pm \mathrm{j},-2$。

13.7 给定图 P13.5 所示具有补偿器的线性时不变单位输出反馈系统，设受控系统的传递函数矩阵为

$$\boldsymbol{G}(s)=\begin{bmatrix}s & 0\\ 0 & s^2\end{bmatrix}^{-1}\begin{bmatrix}s & 1 & 0\\ 0 & 0 & 1\end{bmatrix}$$

试确定补偿器的一个真或严真传递函数矩阵 $\boldsymbol{C}(s)$，使所导出的单位输出反馈系统的分母矩阵配置为

$$\boldsymbol{D}_f^*(s)=\begin{bmatrix}(s+1)^2 & 0\\ 0 & (s+1)^3\end{bmatrix}$$

13.8　给定图 P13.5 所示具有补偿器的线性时不变单位输出反馈系统，设受控系统的 $q\times p$ 传递函数矩阵

$$\boldsymbol{G}(s)=\boldsymbol{N}(s)\boldsymbol{D}^{-1}(s)=\boldsymbol{D}_L^{-1}(s)\boldsymbol{N}_L(s)$$

为互质 MFD，再设 $\boldsymbol{X}(s)$和 $\boldsymbol{Y}(s)$为使 $\boldsymbol{X}(s)\boldsymbol{D}(s)+\boldsymbol{Y}(s)\boldsymbol{N}(s)=\boldsymbol{I}$ 成立的 $p\times p$ 和 $p\times q$ 多项式矩阵。试证明：若 $\boldsymbol{H}(s)$为极点均具有负实部的任意 $p\times q$ 有理分式阵，则形如下式的补偿器：

$$\boldsymbol{C}(s)=[\boldsymbol{X}(s)-\boldsymbol{H}(s)\boldsymbol{N}_L(s)]^{-1}[\boldsymbol{Y}(s)+\boldsymbol{H}(s)\boldsymbol{D}_L(s)]$$

可使单位输出反馈系统为稳定。

13.9　给定线性时不变受控系统的传递函数矩阵为

$$\boldsymbol{G}(s)=\begin{bmatrix}1 & 1\\ s & 1\end{bmatrix}\begin{bmatrix}0 & s^2\\ s-1 & s\end{bmatrix}^{-1}$$

试综合一个“观测器-控制器型”补偿器，使所导出的闭环控制系统的分母矩阵配置为

$$\boldsymbol{D}_f^*(s)=\begin{bmatrix}(s+1)^3 & 0\\ 0 & (s+1)^2\end{bmatrix}$$

13.10　给定图 P13.5 所示具有补偿器的线性时不变单位输出反馈系统，设受控系统的传递函数矩阵为

$$\boldsymbol{G}(s)=\begin{bmatrix}s & 1\\ 1 & 1\end{bmatrix}\begin{bmatrix}s-1 & s\\ 0 & s^2\end{bmatrix}^{-1}$$

试综合补偿器的一个传递函数矩阵 $\boldsymbol{C}(s)$，使所导出的闭环控制系统实现动态解耦，并满足如下要求：(i) $\boldsymbol{C}(s)$为严真；(ii) 闭环控制系统传递函数矩阵 $\boldsymbol{G}_f(s)$为严真；(iii) 对解耦后 SISO 控制系统，配置 $g_1(s)$的期望极点均为-2，配置 $g_2(s)$的期望极点均为-3。

13.11　给定图 P13.11 所示具有补偿器的线性时不变单位输出反馈系统，受控系统的传递函数矩阵 $\boldsymbol{G}(s)$同于上题，试确定补偿器的真或严真传递函数矩阵 $\boldsymbol{P}(s)$和 $\boldsymbol{C}(s)$，使所导出的闭环控制系统相对于单位阶跃型参考输入

$$\boldsymbol{v}(t)=1(t)\begin{bmatrix}1\\ 1\end{bmatrix}$$

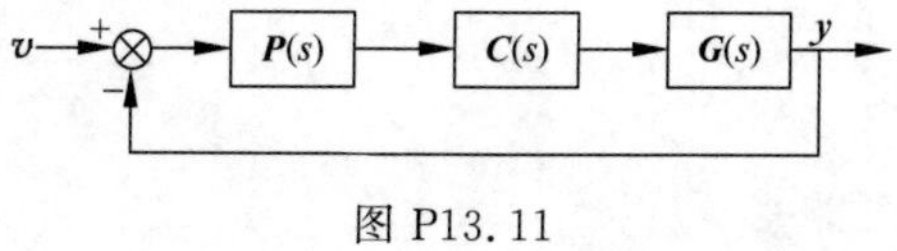

图 P13.11

实现静态解耦，且配置闭环控制系统传递函数矩阵的极点即 $\det\boldsymbol{D}_f(s)=0$ 的根均为-2。

13.12　给定图 P13.12 所示具有补偿器的线性时不变单位输出反馈系统，受控

系统的传递函数矩阵 $\boldsymbol{G}(s)=\boldsymbol{N}(s)\boldsymbol{D}^{-1}(s)$同于题 13.9，再设 $\boldsymbol{D}_{\mathrm{L}}^{-1}(s)\boldsymbol{N}_{\mathrm{L}}(s)$为 $\boldsymbol{G}(s)$的一个不可简约左 MFD，参考输入和扰动为

$$\boldsymbol{v}(t)=1(t)\begin{bmatrix}1\\1\end{bmatrix},\ \boldsymbol{w}(t)=\mathrm{e}^{t}\begin{bmatrix}1\\1\end{bmatrix}$$

试确定补偿器的一个传递函数矩阵 $\boldsymbol{C}(s)$，使所导出的闭环控制系统实现无静差跟踪，且配置系统闭环极点即 $\det\boldsymbol{D}_{\mathrm{f}}(s)=0$ 的根均为-2。

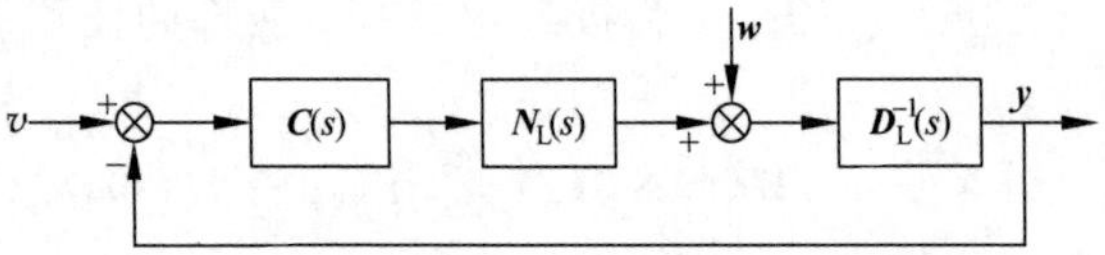

图 P13.12

13.13 给定线性时不变受控系统和二次型性能指标为

$$\dot{\boldsymbol{x}}=\begin{bmatrix}0 & 1\\2 & -3\end{bmatrix}\boldsymbol{x}+\begin{bmatrix}0\\1\end{bmatrix}u$$

$$J=\int_{0}^{\infty}(x_1^2+4x_2^2+2u^2)\mathrm{d}t$$

试利用复频率域法定出其最优状态反馈增益矩阵 $\boldsymbol{K}^{*}$。

参考文献

[1] Anderson B D O, Moore J B. Linear optimal control[M]. Englewood Cliffs, NJ: Prentice-Hall, 1971.

[2] Athans M, Falb P L. Optimal control[M]. New York: McGraw-Hill, 1966.

[3] Belevitch V. On network analysis by polynomial matrices[M]. In Recent Development in Network Theory(S. R. Deards, Ed.). New York: Pergamon, 1963.

[4] Callier F M, Desoer C A. Linear system theory[M]. New York: Springer-Verlag, 1991.

[5] Chen Chi-Tsong. Introduction to linear system theory[M]. New York: Holt, Rinehart and Winston, 1970.

[6] Chen Chi-Tsong. Linear system theory and design[M]. New York: Holt, Rinehart and Winston, 1984.

[7] D'azzo J J, Houpis C H. Linear control system analysis and design[M]. 4th ed. New York: McGraw-Hill, 1995.

[8] Desoer C A, Liu R W, Murray J, et al. Feedback system design: the fractional representation approach to analysis and synthesis[J]. IEEE Trans. Automatic Control, 1980, 25(3): 399-412.

[9] Desoer C A, Schulman J D. Zeros and poles of matrix transfer functions and their dynamical interpretation[J]. IEEE Trans. Circuits and Systems, 1974, 21(1): 3-8.

[10] Driels M. Linear control systems engineering[M]. New York: McGraw-Hill, 1996.

[11] Doyle J C, Stein G. Multivariable feedback design: concepts for a classical/modern synthesis [J]. IEEE Trans. Automatic Control, 1981, 26(1): 4-16.

[12] Fortmann T E, Hitz K L. An introduction to linear control systems[M]. New York: Dekker, 1977.

[13] Francis B A, Wonham W M. The internal model principle of control theory[J]. Automatica, 1976, 12(5): 457-465.

[14] Gilbert E G. Controllability and observability in multivariable control systems[J]. SIAM J. Control, 1963, 2(2): 128-151.

[15] Gilbert E G. The decoupling of multivariable systems by state feedback[J]. SIAM J. Control, 1968, 7(1): 50-63.

[16] 关肇直,陈翰馥.线性控制系统的能控性和能观测性[M].北京:科学出版社,1975.

[17] 韩京清,何关钰,许可康.线性系统理论代数基础[M].沈阳:辽宁科学技术出版社,1985.

[18] 黄琳.系统与控制理论中的线性代数[M].北京:科学出版社,1984.

[19] Kailath T. Linear Systems[M]. Englewood Cliffs, NJ: Prentice-Hall, 1980.

[20] Kailath T.《线性系统》习题解答[M].李清泉,等译.北京:科学出版社,1985.

[21] Kalman R E. On the general theory of control systems[J]. IFAC Proceedings Volumes, 1960, 1(1): 491-502.

[22] Kalman R E, Bertram J E. Control system analysis and design via the second method of Lyapunov[J]. Trans. ASME, Ser. D, 1960, 82: 371-393.

[23] Kalman R E. Contribution to the theory of optimal control[J]. Bol. Soc. Mat. Mex., 1960, 5: 102-119.

[24] Kalman R E, Ho Y C, Narendra K S. Controllability of linear dynamical systems[J]. Contrib.

Differential Equations, 1963, 1(3): 189-213.

[25] Kalman R E. Canonical structure of linear dynamical systems[J]. Proc. Natl. Acad. Sci. US, 1962, 48(4): 596-600.

[26] Kalman R E. Mathematical descriptions of linear dynamical systems[J]. SIAM J. Control, 1963, 1: 152-192.

[27] Kalman R E. When is a linear control system optimal[J]. Trans. ASME Ser. D, 1964, 86: 51-60.

[28] Kalman R E. Irreducible realization and the degree of a rational matrix[J]. SIAM J. Appl. Math., 1965, 13: 520-544.

[29] Kalman R E, Falb P L, Arbib M A. Topics in Mathematical System Theory[M]. New York: McGraw-Hill, 1969.

[30] Kimura H. Pole assignment by gain output feedback[J]. IEEE Trans. Automatic Control, 1975, 20: 509-516.

[31] Kimura H. On pole assignment by output feedback[J]. Int. J. Control, 1978, 28: 11-22.

[32] Kuo B C. Automatic control systems[M]. 6th ed. Englewood Cliffs, NJ: Prentice-Hall, 1991.

[33] Kwakernaak H, Sivan R. Linear optimal control systems[M]. New York: Wiley, 1972.

[34] Leondes C T. Modern control system theory[M]. New York: McGraw-Hill, 1965.

[35] Luenberger D G. Observing the state of a linear system[J]. IEEE Trans. Mil. Electronics, 1964, 8: 74-80.

[36] Luenberger D G. Observers for multivariable systems[J]. IEEE Trans. Automatic Control, 1966, 11: 190-197.

[37] Luenberger D G. Canonical forms for linear multivariable systems[J]. IEEE Trans. Automatic Control, 1967, 12: 290-293.

[38] Luenberger D G. An introduction to observers[J]. IEEE Trans. Automatic Control, 1971, 16: 596-603.

[39] MacFarlane A G J, Karcanias N. Poles and zeros of linear multivariable systems: a survey of the algebraic, geometric and complex variable theory[J]. Int. J. Control, 1976, 24: 33-74.

[40] Moore B C, Wonham W M. Decoupling and pole assignment compensation[J]. SIAM J. Control, 1970, 8: 317-337.

[41] Nise N S. Control systems engineering[M]. 3rd ed. New York: John Wiley & Sons, Inc, 2000.

[42] Ogata K. State space analysis of control systems[M]. Englewood Cliffs, NJ: Prentice-Hall, 1967.

[43] Ogata K. Modern control engineering[M]. Englewood Cliffs, NJ: Prentice-Hall, 1970.

[44] Padulo L, Arbib M A. System theory[M]. Philadelphia: Saunders, 1974.

[45] Patel R V. Computation of matrix fraction descriptions of linear time-invariant systems[J]. IEEE Trans. Automatic Control, 1981, 26: 148-161.

[46] Patel R V, Munro N. Multivariable system theory and design[M]. New York: Pergamon, 1982.

[47] Rosenbrock H H. Stata-space and multivariable theory[M]. New York: Wiley-Interscience, 1970.

[48] Rosenbrock H H. The zeros of a system[J]. Int. J. Control, 1973, 18: 297-299.

[49] Rosenbrock H H. The transformation of strict system equivalence[J]. Int. J. Control, 1977, 25: 11-19.

[50] Saeks R, Murray J. Feedback system design: the tracking and disturbance rejection problems [J]. IEEE Trans. Automatic Control, 1981, 26: 203-217.

[51] Silverman L M, Meadows H E. Controllability and observability in time-varying linear systems [J]. SIAM J. Control, 1967, 5: 64-73.

[52] Silverman L M, Anderson B D O. Controllability, observability and stability of linear systems [J]. SIAM J. Control, 1968, 6: 121-129.

[53] Silverman L M. Realization of linear dynamic systems[J]. IEEE Trans. Automatic Control, 1971, 16: 554-567.

[54] Smith M G. Matrix fraction and strict system equivalence[J]. Int. J. Control, 1981, 34: 869-884.

[55] Willems J G, Mitter S K. Controllability, observability, pole allocation and state reconstruction [J]. IEEE Trans. Automatic Control, 1971, 16: 582-595.

[56] Wolovitch W A and Falb P L. On the structure of multivariable systems[J]. SIAM J. Control, 1969, 7: 437-451.

[57] Wolovitch W A. On the synthesis of multivariable systems[J]. IEEE Trans. Automatic Control, 1973, 18: 46-50.

[58] Wolovich W A. Linear multivariable systems[M]. New York: Springer-Verlag, 1974.

[59] Wolovitch W A. The differential operator approach to linear system analysis and design[J]. J. Franklin Inst., 1976, 301: 27-47.

[60] Wonham W M. On pole assignment in multi-input controllable linear systems[J]. IEEE Trans. Automatic Control, 1967, 12: 660-665.

[61] Wonham W M. Tracking and regulation in linear multivariable systems[J]. SIAM J. Control, 1973, 11: 424-437.

[62] Wonham W M. Linear Multivariable Control: A Geometric Approach[M]. 2nd ed. New York: Springer-Verlag, 1979.

[63] 须田信英,児玉慎三,池田雅夫. 自动控制中的矩阵理论[M]. 曹长修,译. 北京: 科学出版社, 1979.

[64] Zadeh L A, Desoer C A. Linear system theory[M]. New York: McGraw-Hill, 1963.

[65] Zheng Da-Zhong(郑大钟). A new method on computation of the characteristic polynomial for a class of square matrices[J]. IEEE Trans. Automatic Control, 1983, 28: 516-518.

[66] Zheng Da-Zhong(郑大钟). A method for determining the parameter stability regions of linear control systems[J]. IEEE Trans. Automatic Control, 1984, 29: 183-186.

[67] Zheng Da-Zhong(郑大钟), Optimization of linear-quadratic regulator systems in the presence of parameter perturbations[J]. IEEE Trans. Automatic Control, 1986, 31: 667-670.

[68] Zheng Da-Zhong(郑大钟). Some new results on optimal and suboptimal regulators of LQ problem with output feedback[J]. IEEE Trans. Automatic Control, 1989, 34: 557-560.

[69] 郑大钟. 现代控制理论,第一册[M]. 北京: 清华大学, 1978.

[70] 郑大钟. 现代控制理论,第二册[M]. 北京: 清华大学, 1979.

[71] 郑大钟,石纯一. 自动控制原理与系统,下册[M]. 北京: 国防工业出版社, 1980.

[72] 郑大钟. 线性系统按转移矩阵配置的统一公式[J]. 自动化学报, 1982, 8(3): 188-194.

[73] 郑大钟. 线性调节器问题的一种次优控制律和次优性能的一个估计不等式[J]. 控制理论与应用, 1985, 2(3): 74-83.

[74] 郑大钟. 矩阵特征多项式的一种简单算法[J]. 清华大学学报, 1985, 25(2): 60-68.

[75] 郑大钟.控制科学的发展及其启示[J].自然辩证法研究,1986,2(6):57-62.
[76] 郑大钟,王珊珊.线性二次型最优调节系统的参数稳定域[J].清华大学学报,1987,27(1):108-118.
[77] 郑大钟.一类LQ问题的最优控制和次优控制的综合方法[J].清华大学学报,1989,29(4):106-114.
[78] 钟士模,郑大钟.过渡过程分析[M].北京:清华大学出版社,1986.

“高等学校自动化专业系列教材”丛书书目

教材类型	编　号	教材名称	主编/主审	主编单位	备注
本科生教材					
控制理论与工程	Auto-2-(1+2)-V01	自动控制原理(研究型)	吴麒、王诗宓	清华大学	
	Auto-2-1-V01	自动控制原理(研究型)	王建辉、顾树生/杨自厚	东北大学	
	Auto-2-1-V02	自动控制原理(应用型)	张爱民/黄永宣	西安交通大学	
	Auto-2-2-V01	现代控制理论(研究型)	张嗣瀛、高立群	东北大学	
	Auto-2-2-V02	现代控制理论(应用型)	谢克明、李国勇/郑大钟	太原理工大学	
	Auto-2-3-V01	控制理论 CAI 教程	吴晓蓓、徐志良/施颂椒	南京理工大学	
	Auto-2-4-V01	控制系统计算机辅助设计	薛定宇/张晓华	东北大学	
	Auto-2-5-V01	工程控制基础	田作华、陈学中/施颂椒	上海交通大学	
	Auto-2-6-V01	控制系统设计	王广雄、何朕/陈新海	哈尔滨工业大学	
	Auto-2-8-V01	控制系统分析与设计	廖晓钟、刘向东/胡佑德	北京理工大学	
	Auto-2-9-V01	控制论导引	万百五、韩崇昭、蔡远利	西安交通大学	
	Auto-2-10-V01	控制数学问题的 MATLAB 求解	薛定宇、陈阳泉/张庆灵	东北大学	
控制系统与技术	Auto-3-1-V01	计算机控制系统(面向过程控制)	王锦标/徐用懋	清华大学	
	Auto-3-1-V02	计算机控制系统(面向自动控制)	高金源、夏洁/张宇河	北京航空航天大学	
	Auto-3-2-V01	电力电子技术基础	洪乃刚/陈坚	安徽工业大学	
	Auto-3-3-V01	电机与运动控制系统	杨耕、罗应立/ 陈伯时	清华大学、华北电力大学	
	Auto-3-4-V01	电机与拖动	刘锦波、张承慧/陈伯时	山东大学	
	Auto-3-5-V01	运动控制系统	阮毅、陈维钧/陈伯时	上海大学	
	Auto-3-6-V01	运动体控制系统	史震、姚绪梁/谈振藩	哈尔滨工程大学	
	Auto-3-7-V01	过程控制系统(研究型)	金以慧、王京春、黄德先	清华大学	
	Auto-3-7-V02	过程控制系统(应用型)	郑辑光、韩九强/韩崇昭	西安交通大学	
	Auto-3-8-V01	系统建模与仿真	吴重光、夏涛/吕崇德	北京化工大学	
	Auto-3-8-V01	系统建模与仿真	张晓华、王华民/薛定宇	哈尔滨工业大学	
	Auto-3-9-V01	传感器与检测技术	王俊杰/王家祯	清华大学	
	Auto-3-9-V02	传感器与检测技术	周杏鹏、孙永荣/韩九强	东南大学	
	Auto-3-10-V01	嵌入式控制系统	孙鹤旭、林涛/袁著祉	河北工业大学	
	Auto-3-13-V01	现代测控技术与系统	韩九强、张新曼/田作华	西安交通大学	
	Auto-3-14-V01	建筑智能化系统	章云、许锦标/胥布工	广东工业大学	
	Auto-3-15-V01	智能交通系统概论	张毅,姚丹亚/史其信	清华大学	
	Auto-3-16-V01	智能现代物流技术	柴跃廷、申金升/吴耀华	清华大学	

续表

教材类型	编　　号	教 材 名 称	主编/主审	主 编 单 位	备注
本科生教材					
信号处理与分析	Auto-5-1-V01	信号与系统	王文渊/阎平凡	清华大学	
	Auto-5-2-V01	信号分析与处理	徐科军/胡广书	合肥工业大学	
	Auto-5-3-V01	数字信号处理	郑南宁/马远良	西安交通大学	
计算机与网络	Auto-6-1-V01	单片机原理与接口技术	杨天怡、黄勤	重庆大学	
	Auto-6-2-V01	计算机网络	张曾科、阳宪惠/吴秋峰	清华大学	
	Auto-6-4-V01	嵌入式系统设计	慕春棣/汤志忠	清华大学	
	Auto-6-5-V01	数字多媒体基础与应用	戴琼海、丁贵广/林闯	清华大学	
软件基础与工程	Auto-7-1-V01	软件工程基础	金尊和/肖创柏	杭州电子科技大学	
	Auto-7-2-V01	应用软件系统分析与设计	周纯杰、何顶新/卢炎生	华中科技大学	
实验课程	Auto-8-1-V01	自动控制原理实验教程	程鹏、孙丹/王诗宓	北京航空航天大学	
	Auto-8-3-V01	运动控制实验教程	綦慧、杨玉珍/杨耕	北京工业大学	
	Auto-8-4-V01	过程控制实验教程	李国勇、何小刚/谢克明	太原理工大学	
	Auto-8-5-V01	检测技术实验教程	周杏鹏、仇国富/韩九强	东南大学	
研究生教材					
	Auto(＊)-1-1-V01	系统与控制中的近代数学基础	程代展/冯德兴	中科院系统所	
	Auto(＊)-2-1-V01	最优控制	钟宜生/秦化淑	清华大学	
	Auto(＊)-2-2-V01	智能控制基础	韦巍、何衍/王耀南	浙江大学	
	Auto(＊)-2-3-V01	线性系统理论	郑大钟	清华大学	
	Auto(＊)-2-4-V01	非线性系统理论	方勇纯/袁著祉	南开大学	
	Auto(＊)-2-6-V01	模式识别	张长水/边肇祺	清华大学	
	Auto(＊)-2-7-V01	系统辨识理论及应用	萧德云/方崇智	清华大学	
	Auto(＊)-2-8-V01	自适应控制理论及应用	柴天佑、岳恒/吴宏鑫	东北大学	
	Auto(＊)-3-1-V01	多源信息融合理论与应用	潘泉、程咏梅/韩崇昭	西北工业大学	
	Auto(＊)-4-1-V01	供应链协调及动态分析	李平、杨春节/桂卫华	浙江大学	

图书资源支持

感谢您一直以来对清华版图书的支持和爱护。为了配合本书的使用，本书提供配套的资源，有需求的读者请扫描下方的“书圈”微信公众号二维码，在图书专区下载，也可以拨打电话或发送电子邮件咨询。

如果您在使用本书的过程中遇到了什么问题，或者有相关图书出版计划，也请您发邮件告诉我们，以便我们更好地为您服务。

我们的联系方式：

地　　址：北京市海淀区双清路学研大厦 A 座 714

邮　　编：100084

电　　话：010-83470236　010-83470237

客服邮箱：2301891038@qq.com

QQ：2301891038（请写明您的单位和姓名）

资源下载：关注公众号“书圈”下载配套资源。

资源下载、样书申请

书圈

图书案例

清华计算机学堂

观看课程直播